云南昆虫名录

（第一卷）

易传辉　和秋菊　主编

科学出版社
北　京

内 容 简 介

本书为《云南昆虫名录》的第一卷。本名录共记载云南分布节肢动物门（原昆虫纲）4 纲 24 目 278 科 2642 属 8018 种（亚种），其中，原尾纲 3 目 5 科 11 属 78 种，弹尾纲 3 目 14 科 36 属 58 种，双尾纲 1 目 4 科 8 属 13 种，昆虫纲 17 目 255 科 2587 属 7869 种（亚种）。

本书可为昆虫学、生物多样性保护、生物地理学研究提供基础资料，可供从事昆虫学科学研究、生物多样性保护与农林生产部门的研究人员或管理人员及高等院校相关专业师生参考。

图书在版编目（CIP）数据

云南昆虫名录. 第一卷 / 易传辉，和秋菊主编. -- 北京 : 科学出版社，2025. 3

ISBN 978-7-03-078566-4

Ⅰ. ①云… Ⅱ. ①易… ②和… Ⅲ. ①昆虫－云南－名录 Ⅳ. ①Q968. 227. 4-62

中国国家版本馆 CIP 数据核字（2024）第 103003 号

责任编辑：张会格 薛 丽 / 责任校对：郑金红
责任印制：肖 兴 / 封面设计：无极书装

科 学 出 版 社 出版
北京东黄城根北街 16 号
邮政编码：100717
http://www.sciencep.com
北京中石油彩色印刷有限责任公司印刷
科学出版社发行 各地新华书店经销
*
2025 年 3 月第 一 版 开本：889 × 1194 1/16
2025 年 3 月第一次印刷 印张：30 3/4
字数：927 000
定价：298. 00 元
（如有印装质量问题，我社负责调换）

《云南昆虫名录》组织委员会

《云南昆虫名录》编辑委员会

支 持 项 目

云南省生态环境厅生物多样性保护工程项目

云南省林学一流学科建设经费资助项目

云南省农业基础研究联合专项重点项目“尤犀金龟属昆虫在云南的分布、遗传多样性与保护研究”（项目编号：202301BD070001-004）

云南省森林灾害预警与控制重点实验室开放基金项目“昆明草原蝴蝶物种多样性研究”

前　言

云南地处祖国西南，是喜马拉雅山脉、云贵高原、华南台地和中南半岛北部山地交汇区域，横断山脉纵贯滇西，乌蒙山绵延滇东北，地势自西北向东南倾斜，海拔高差悬殊，山川地貌复杂，立体气候明显，是中国-喜马拉雅植物区系、中国-日本植物区系和古热带印度-马来植物区系的交汇处，自然地理大致分属四大区域，即南部热带季节性雨林-砖红壤地带，中南部亚热带季风常绿阔叶林-砖红壤性红壤地带，中部和北部亚热带针阔叶混交林-红壤地带和西北青藏高原东南缘针叶林暗棕壤及高山草甸土地带，复杂的地形地貌和气候造就了复杂的生态系统，孕育了丰富的动植物资源，是中国生物多样性最为丰富的省份和具有全球意义的生物多样性关键地区之一。尽管云南的面积仅为全国国土面积的 4.1%，但却拥有全国 50%以上的物种。据《云南省生物物种名录（2016 版）》记录，云南省大型真菌、地衣、高等植物和脊椎动物 816 科 4727 属 25 426 种（部分类群含种下阶元），但该书中未记录昆虫物种情况。和其他生物一样，云南有非常丰富的昆虫多样性，《云南农业病虫杂草名录》记录昆虫 28 目 298 科 6707 种（不含卫生昆虫），《云南森林昆虫》记录 21 目 253 科 10 959 种，《横断山区昆虫》记录仅云南横断山地区分布的昆虫就有 17 目 187 科 3407 种，《中国昆虫地理》记录云南昆虫 19 707 种，物种 2000 中国节点（http://www.sp2000.org.cn）记录云南昆虫 45 664 种（含亚种，至 2025 年 3 月），但所有权威资料未见对云南昆虫物种进行全面统计。昆虫是生物多样性的重要组成部分，在生态系统中具有非常重要的作用，如自然界 68%的显花植物、87.5%的被子植物和超过 70%的作物都依靠授粉昆虫授粉，人类可利用的 1300 种植物中，有 1100 多种需要蜜蜂授粉，食物中有 30%以上直接或间接来源于昆虫授粉作物，全球 107 种重要作物中有 90%依赖于授粉昆虫传粉。云南昆虫物种多样性数据的缺乏，影响了对云南生物多样性的保护与利用。全面、系统地整理云南分布昆虫名录，已成为云南生物多样性保护与利用最为迫切的需要。云南省生态环境厅高度重视云南生物多样性保护与利用工作，设立了生物多样性保护工程项目专项，大力推动云南生物多样性保护与利用工作，《云南昆虫名录》编纂被列为生物多样性保护工程项目中的重要任务，委托西南林业大学开展此项重要工作。西南林业大学高度重视，成立了由王卫斌校长为主任的组织委员会，云南生物多样性研究院组织国内相关领域专家即刻开展工作，全面、系统地整理了云南分布昆虫物种名录。

《云南昆虫名录》参考六足纲最新分类系统编纂，包含原尾纲、弹尾纲、双尾纲和昆虫纲物种，并整合不同分类系统中的物种名录，以求最大限度地包含云南分布的所有昆虫物种，呈现完整的云南昆虫物种多样性。为方便使用，本名录中仍将半翅目和同翅目分别整理，资料主要来源于《中国动物志（昆虫纲）》、《中国经济昆虫志》、《云南森林昆虫》、Web of Science 数据库（https://webofscience.clarivate.cn）、中国知网、万方等国内外公开发表有云南分布昆虫的论文与专著等资料，物种 2000 中国节点等数据库资料，以及参编人员历年来积累的云南昆虫多样性本底调查数据。

感谢所有在本名录编纂过程中给予帮助的专家学者。北京林业大学史宏亮博士、保山学院柳青教授和云南林业职业技术学院王琳教授等专家对本名录的编纂提供了帮助；另外，西南林业大学硕士研究生舒旭、尹晶、张鸿辉、付忠洪、王有慧、王灵敏、卢斐、付元生、李根丽、王宇宸、张正旺、朱恩骄及大理大学硕士研究生贾亮杰，西南林业大学本科生杨明娟、张志杰、龙子豪、杨雪苗、黄贵妃、罗丽萍、聂依兰，以及西南交通大学希望学院本科生刘承康等参加了本名录的资料整理，在此一并表示感谢。

昆虫物种数量巨大，资料浩瀚，工作中编纂团队成员竭尽全力，尽量做到全面、准确，但由于水平和能力所限，书中难免有疏漏之处，敬请读者提出修改意见和建议，有待今后进一步改进、完善。

编　者

2025年3月5日

目　录

原尾纲 Protura

蚖目 Acerentomata

壁蚖科 Berberentulidae

巴蚖属 *Baculentulus* Tuxen, 1977

倍毛巴蚖 *Baculentulus bisetuli* Yin, 1985
分布：云南（大理、德宏、西双版纳）。

短爪巴蚖 *Baculentulus breviunguis* (Condé, 1961)
分布：云南（丽江、大理、德宏、西双版纳），四川。

微小巴蚖 *Baculentulus leptos* Yin, 1985
分布：云南（西双版纳），四川。

森川巴蚖 *Baculentulus morikawai* (Imadaté & Yosii, 1956)
分布：云南（昆明），安徽，香港，台湾；日本，韩国。

天目山巴蚖 *Baculentulus tianmushanensis* (Yin, 1963)
分布：云南（昆明、楚雄、西双版纳），贵州，四川，重庆，陕西，河南，辽宁，内蒙古，河北，甘肃，上海，安徽，浙江，江西，湖北，湖南。

云南巴蚖 *Baculentulus yunnanensis* Yin, 1985
分布：云南（大理、西双版纳）。

格蚖属 *Gracilentulus* Tuxen, 1963

扇饰格蚖 *Gracilentulus flabelli* Yin, 1985
分布：云南（西双版纳）。

梅坞格蚖 *Gracilentulus meijiawensis* Yin & Imadaté, 1979
分布：云南（西双版纳），浙江，上海，江苏，江西，安徽，湖南。

石屏格蚖 *Gracilentulus shipingensis* Yin, 1984
分布：云南（昆明、大理、楚雄、红河），江西。

肯蚖属 *Kenyentulus* Tuxen, 1981

哀牢山肯蚖 *Kenyentulus ailaoshanensis* Yin, Xie, Zhang & Imadaté, 1995
分布：云南（普洱）。

毛萼肯蚖 *Kenyentulus ciliciocalyci* Yin, 1987
分布：云南（大理、西双版纳），贵州，四川，重庆，陕西，浙江，湖南，海南，香港。

大理肯蚖 *Kenyentulus daliensis* Yin, Xie, Zhang & Imadaté, 1995
分布：云南（大理）。

河南肯蚖 *Kenyentulus henanensis* Yin, 1983
分布：云南（昆明），贵州，河南，湖北，江西，浙江，海南。

日本肯蚖 *Kenyentulus japonicus* (Imadaté, 1961)
分布：云南（西双版纳），贵州，四川，陕西，上海，安徽，浙江，江西，湖南，海南；日本。

景洪肯蚖 *Kenyentulus jinghongensis* Yin, 1983
分布：云南（西双版纳），贵州，海南。

金江肯蚖 *Kenyentulus jinjiangensis* Tang et Yin, 1986
分布：云南，贵州，四川，江西。

昆明肯蚖 *Kenyentulus kunmingensis* Yin, Xie & Zhang, 1995
分布：云南（昆明）。

小肯蚖 *Kenyentulus minys* Yin, 1983
分布：云南（西双版纳），广西，江西，海南。

勐龙肯蚖 *Kenyentulus monlongensis* Yin, 1983
分布：云南（西双版纳），广西。

勐仑肯蚖 *Kenyentulus menglunensis* Yin, Xue, Zhang & Imadaté, 1995
分布：云南（西双版纳），广西；印度尼西亚。

三治肯蚖 *Kenyentulus sanjianus* (Imadaté, 1965)
分布：云南（西双版纳），湖北，湖南，江西，浙江；文莱。

小金山肯蚖 *Kenyentulus xiaojinshanensis* Yin, Xie, Zhang & Imadaté, 1995
分布：云南（昆明、大理）。

雅安肯蚖 *Kenyentulus yaanensis* Tang & Yin, 1987
分布：云南（丽江、大理、普洱），四川。

马蚖属 *Madagascaridia* Nosek, 1978

西藏马蚖 *Madagascaridia xizangensis* Yin, 1983
分布：云南（昆明、大理、西双版纳），贵州，四川，西藏。

夕蚖科 Hesperentomidae

夕蚖属 *Hesperentomon* Price, 1960

青海夕蚖 *Hesperentomon chinghaiensis* Yin, 1982
分布：云南（丽江），四川，青海，甘肃，湖北。

滇夕蚖 *Hesperentomon dianicum* Yin, Xie & Imadaté, 1994
分布：云南（丽江、大理、西双版纳）。
勐仑夕蚖 *Hesperentomon monlunicum* Yin, 1984
分布：云南（西双版纳）。

始蚖科 Protentomidae

康蚖属 *Condeellum* Tuxen, 1963

石井康蚖 *Condeellum ishiianun* Imadaté, 1965
分布：云南（昆明、丽江、大理、普洱、西双版纳），四川，西藏；泰国。
景洪康蚖 *Condeellum jinghongense* Tuxen & Yin, 1982
分布：云南（普洱、红河、西双版纳）。

近康蚖属 *Paracondeellum* Yin, Xie & Zhang, 1994

渡口近康蚖 *Paracondeellum dukouensis* (Tang & Yin, 1988)
分布：云南（西双版纳）。

华蚖目 Sinentomata

华蚖科 Sinentomidae

富蚖属 *Fujientomon* Imadaté, 1964

双腰富蚖 *Fujientomon dicestum* Yin, 1977
分布：云南（红河），浙江，江苏，安徽，海南。

华蚖属 *Sinentomon* Yin, 1965

红华蚖 *Sinentomon erythranum* Yin, 1965
分布：云南（西双版纳），贵州，上海，江苏，浙江，安徽，广西，湖南，福建，广东。

古蚖目 Eosentomata

古蚖科 Eosentomidae

古蚖属 *Eosentomon* Berlese, 1908

哀牢古蚖 *Eosentomon ailaoense* Imadaté, Yin & Xie, 1995
分布：云南（普洱）。
版纳古蚖 *Eosentomon bannaense* Yin, Xie & Imadaté, 1995
分布：云南（西双版纳）。
秀美古蚖 *Eosentomon belli* Yin, 1982
分布：云南（西双版纳）。
短身古蚖 *Eosentomon brevicorpusculum* Yin, 1965
分布：云南（昆明），陕西，广西，上海，江苏，浙江，江西，福建。
春城古蚖 *Eosentomon chunchengense* Yin, Xie & Imadaté, 1995
分布：云南（昆明）。
楚雄古蚖 *Eosentomon chuxiongense* Yin, Xie & Imadaté, 1995
分布：云南（楚雄）。
领结古蚖 *Eosentomon collarum* Yin, 1963
分布：云南（丽江），上海，江苏。
普通古蚖 *Eosentomon communis* Yin, 1965
分布：云南（西双版纳），四川，江苏，上海，浙江，安徽，江西，湖南，湖北。
傣古蚖 *Eosentomon daii* Yin, 1982
分布：云南（西双版纳）。
大理古蚖 *Eosentomon daliense* Imadaté, Yin & Xie, 1995
分布：云南（大理）。
滇古蚖 *Eosentomon dianense* Yin, 1999
分布：云南（普洱）。
林栖古蚖 *Eosentomon drymoetes* Yin, 1982
分布：云南（西双版纳）。
高黎贡山古蚖 *Eosentomon gaoligongense* Xie, 2000
分布：云南（高黎贡山）。
古永古蚖 *Eosentomon guyongense* Xie & Yin, 2000
分布：云南（保山）。
海南古蚖 *Eosentomon hainanense* Yin, 1986
分布：云南，海南。
华亭古蚖 *Eosentomon huatingense* Yin, Xie & Imadaté, 1995
分布：云南（昆明）。
景洪古蚖 *Eosentomon jinghongensis* Yin, 1982
分布：云南（西双版纳）。
金秀古蚖 *Eosentomon jinxiuensis* Zhang, 1984
分布：云南（昆明），贵州，四川，广西。
澜沧古蚖 *Eosentomon lancanicum* Yin, 1982
分布：云南（西双版纳）。
禄劝古蚖 *Eosentomon luquanense* Xie, 2000
分布：云南（楚雄）。
巨形古蚖 *Eosentomon magnum* Yin & Zhang, 1982
分布：云南（昆明、楚雄），贵州，广西，湖南，安徽。

珠目古蚖 *Eosentomon margarops* Yin & Zhang, 1982

分布：云南（楚雄），贵州，四川，湖南，广西，江西，福建，广东。

大眼古蚖 *Eosentomon megaglenum* Yin, 1990

分布：云南（昆明西山），贵州，四川，陕西，宁夏，甘肃，江苏，上海，湖北，湖南。

大孔古蚖 *Eosentomon megastigma* Xie & Yin, 2000

分布：云南（保山）。

大跗古蚖 *Eosentomon meizotarsi* Yin, 1982

分布：云南（西双版纳）。

奇目古蚖 *Eosentomon miroglenum* Yin, 1981

分布：云南（昆明），西藏。

勐腊古蚖 *Eosentomon monlaense* Yin, 1982

分布：云南（西双版纳）。

南宁古蚖 *Eosentomon nanningense* Yin & Zhang, 1982

分布：云南（昆明、大理、西双版纳），贵州，四川，江西，湖南，江苏，广西，广东。

怒江古蚖 *Eosentomon nujiangense* Xie, 2000

分布：云南（高黎贡山）。

热海古蚖 *Eosentomon rehaiense* Xie & Yin, 2000

分布：云南（保山）。

瑞丽古蚖 *Eosentomon ruiliense* Xie, 2000

分布：云南（德宏）。

樱花古蚖 *Eosentomon sakura* Imadaté & Yosii, 1959

分布：云南（丽江、西双版纳），贵州，四川，陕西，江苏，上海，安徽，浙江，湖北，江西，广东，海南，香港，台湾；日本，所罗门群岛。

纹目古蚖 *Eosentomon strioculi* Yin, 1982

分布：云南（西双版纳），西藏。

腾冲古蚖 *Eosentomon tengchongense* Xie & Yin, 2000

分布：云南（保山）。

桃氏古蚖 *Eosentomon torbongsi* Imadaté, 1965

分布：云南（西双版纳）；泰国。

雁山古蚖 *Eosentomon yanshanense* Yin & Zhang, 1982

分布：云南（西双版纳），广西，湖南，湖北，广东，福建。

伊岭古蚖 *Eosentomon yilingense* Yin & Zhang, 1982

分布：云南（大理、西双版纳），广西，湖南，广东，福建。

盈江古蚖 *Eosentomon yingjiangense* Xie, 2000

分布：云南（德宏）。

云南古蚖 *Eosentomon yunnanicum* Yin, 1982

分布：云南（丽江、西双版纳），西藏。

紫溪古蚖 *Eosentomon zixiensis* Xie, 2000

分布：云南（楚雄）。

拟异蚖属 *Pseudanisentomon* Zhang & Yin, 1984

苍山拟异蚖 *Pseudanisentomon cangshanense* Imadaté, Yin & Xie, 1995

分布：云南（大理）。

惠州拟异蚖 *Pseudanisentomon huichouense* Zhang & Yin, 1984

分布：云南（大理），广东。

小孔拟异蚖 *Pseudanisentomon minystigmum* (Yin, 1979)

分布：云南（昆明），上海，江苏，浙江，安徽，湖北，福建。

软拟异蚖 *Pseudanisentomon molykos* Zhang & Yin

分布：云南（西双版纳），广西，广东，香港。

佘山拟异蚖 *Pseudanisentomon sheshanensis* (Yin, 1965)

分布：云南（昆明、西双版纳），上海，浙江，湖南。

三纹拟异蚖 *Pseudanisentomon trilinum* (Zhang & Yin, 1981)

分布：云南（西双版纳），贵州，四川，广西，江西，广东，福建。

弹尾纲 Collembola

原蛛目 Poduromorpha

球角蛛科 Hypogastruridae

Acherontiella Absolon, 1913

***Acherontiella aokii* Tamura & Yue, 1999**

分布：云南。

泡角蛛属 *Ceratophysella* Börner, 1932

萧氏泡角蛛 *Ceratophysella xiaoi* (Tamura, 1998)

分布：云南。

张氏泡角蛛 *Ceratophysella zhangi* (Zhao, 1998)

分布：云南。

球角蛛属 *Hypogastrura* Bourlet, 1839

球角蛛 *Hypogastrura analpapillata* Jiang & Yin, 2013

分布：云南（普洱）。

米氏球角蛛属 *Mitchellania* Wary, 1953

萧氏米氏球角蛛 *Mitchellania xiaoi* (Tamura, 1998)

分布：云南。

威蛛属 *Willemia* Börner, 1901

旺达威蛛 *Willemia wandae* Tamura & Zhao, 1997

分布：云南（丽江）；尼泊尔，泰国。

赵氏威蛛 *Willemia zhaoi* Tamura, Yin & Weiner, 2000

分布：云南（丽江）。

长颚蛛虫科 Neanuridae

亚蛛属 *Anurida* Laboulbène, 1865

小野亚蛛 *Anurida kazukoae* Tamura & Zhao, 1997

分布：云南。

Coreanura Deharveng & Weiner, 1984

***Coreanura hypostoma* (Denis, 1929)**

分布：云南。

奇刺蛛属 *Friesea* von Dalla Torre, 1895

大理奇刺蛛 *Friesea daliensis* Tamura & Yue, 1998

分布：云南（大理）。

丽奇奇刺蛛 *Friesea lijiangensis* Tamura & Yue, 1998

分布：云南（丽江）。

Propeanura Yosii, 1956

***Propeanura hypostoma* (Denis, 1929)**

分布：云南。

拟亚蛛属 *Stachorutes* Dallai, 1973

鸡足山拟亚蛛 *Stachorutes jizuensis* Tamura & Zhao, 1997

分布：云南。

齿蛛科 Odontellidae

纯蛛属 *Axenyllodes* Stach, 1949

中国纯蛛 *Axenyllodes sinensis* Tamura & Yue, 1999

分布：云南。

齿蛛属 *Odontella* Schäffer, 1897

尹氏齿蛛 *Odontella yinae* Zhao, 1997

分布：云南。

云南齿蛛 *Odontella yunnanensis* Tamura, 1997

分布：云南。

棘蛛科 Onychiuridae

Deuteraphorura Absolon, 1901

***Deuteraphorura inermis* (Tullberg, 1869)**

分布：云南，北京；欧洲。

***Deuteraphorura himalayensis* (Choudhuri, 1958)**

分布：云南；尼泊尔。

***Deuteraphorura kratochvili* (Nosek, 1963)**

分布：云南，北京；欧洲。

Heteraphorura Bagnall, 1948

***Heteraphorura conjungens* (Börner, 1909)**

分布：云南。

棘蛛属 *Onychiurus* Bagnall, 1948

康氏棘蛛 *Onychiurus conjungens* (Börner, 1909)

分布：云南（昆明）；日本。

喜马拉雅棘蛛 *Onychiurus himalayensis* Choudhuri, 1958

分布：云南（昆明）；尼泊尔。

麦棘蛛 *Onychiurus dibiricus* (Tullberg, 1876)

分布：全国广布。

具刺棘蛛 *Onychiurus armatus* (Tullberg, 1869)

分布：世界广布。

小棘蛛 ***Onychiurus folsomi*** **(Schaeffer, 1900)**
分布：世界广布。
粪棘蛛 ***Onychiurus fimetarius*** **Denis, 1983**
分布：世界广布。

直棘蛛属 *Orthonychiurus* Stach, 1954
喜马拉雅直棘蛛 ***Orthonychiurus himalayensis*** **(Choudhuri, 1958)**
分布：云南；尼泊尔。

滨棘蛛属 *Thalassaphorura* Bagnall, 1949
日本棘蛛 ***Thalassaphorura yodai*** **(Yosii, 1966)**
分布：云南，上海；日本，尼泊尔。

土蛛科 Tullbergiidae

美土蛛属 *Mesaphorura* Börner, 1901
吉井氏美土蛛 ***Mesaphorura yosii*** **(Rusek, 1967)**
分布：世界广布。

Prabhergia Salmon, 1965
Prabhergia Imadatéi **Tamura, 1996**
分布：云南。

长角蛛目 Entomobryomorpha

长角蛛科 Entomobryidae

拟裸长角蛛属 *Coecobrya* Yosii, 1956
秦氏拟裸长角蛛 ***Coecobrya qinae*** **Xu & Zhang, 2015**
分布：云南。

长蛛属 *Entomobrya* Rondani, 1861
丁氏长蛛 ***Entomobrya dingi*** **Ma & Shi, 2018**
分布：云南（昭通）。

刺齿蛛属 *Homidia* Börner, 1906
索氏刺齿蛛 ***Homidia sauteri*** **(Börner, 1909)**
分布：云南，山西，河北，浙江，福建，北京，台湾；日本，越南，北美洲。

裸长角蛛属 *Sinella* Brook, 1882
单胞裸长角蛛 ***Sinella monoculata*** **(Denis, 1928)**
分布：云南（昆明）。
孙氏裸长角蛛 ***Sinella sunae*** **Pan, Zhang & Shi, 2012**
分布：云南，四川。
云南裸长角蛛 ***Sinella yunnanica*** **Zhang & Deharveng, 2011**
分布：云南（昭通）。
滇裸长角蛛 ***Sinella yunnanensis*** **Ma, 2018**
分布：云南（保山）。

Sinodicranocentrus Zhang, 2020
Sinodicranocentrus gaoligongensis **(Zhang, 2018)**
分布：云南。
Sinodicranocentrus similis **(Zhang, 2018)**
分布：云南。
Sinodicranocentrus pallidus **(Zhang, 2018)**
分布：云南。
Sinodicranocentrus varicolor **(Zhang, 2018)**
分布：云南。

柳蛛属 *Willowsia* Shoebotham, 1917
保山柳蛛 ***Willowsia baoshanensis*** **Chai & Ma, 2017**
分布：云南（保山）。
Willowsia pseudobartkei **Zhou, Ren & Ma, 2021**
分布：云南（玉溪）。
昭通柳蛛 ***Willowsia zhaotongensis*** **Chai & Ma, 2017**
分布：云南（昭通）

等节蛛科 Isotomidae

近缺蛛属 *Paranurophorus* Denis, 1929
简近缺蛛 ***Paranurophorus simplex*** **Denis, 1929**
分布：云南（昆明），江苏，上海；全北区。

长角长蛛科 Orchesellidae

Alloscopus Börner, 1906
Alloscopus bannaensis **Zhang, 2020**
分布：云南（西双版纳）。

爪蛛科 Paronellidae

盐长蛛属 *Salina* MacGillivray, 1894
云南盐长蛛 ***Salina yunnanensis*** **(Denis, 1929)**
分布：云南。

鳞蛛科 Tomoceridae

Tomocerina Yosii, 1955
Tomocerina varia **Folsom, 1899**
分布：云南；日本。

鳞蛛属 *Tomocerus* Nicolet, 1842
Tomocerus barius **Folsom, 1899**
分布：云南。
云南鳞蛛 ***Tomocerus folsomi*** **Denis, 1929**
分布：云南。

Tomocerus nabanensis **Yu, Yang et Liu, 2018**
分布：云南（西双版纳）。

愈姚目 Symphypleona

齿棘姚科 **Arrhopalitidae**

Pygmarrhopalites Vargovitsh, 2009

Pygmarrhopalites amarus **(Christiansen, 1966)**
分布：云南；北美洲。

伪圆姚科 **Dicyrtomidae**

环角圆姚属 *Papirioides* Folsom, 1924

云南环角圆姚 ***Papirioides yunnanus*** **Itoh & Zhao, 1993**
分布：云南。

锯姚属 *Ptenothrix* Börner, 1906

高黎贡山锯姚 ***Ptenothrix gaoligongshanensis*** **Itoh & Zhao, 2000**
分布：云南。

Ptenothrix jacobsoni **(Folsom, 1924)**
分布：云南（西双版纳）。

云南锯姚 ***Ptenothrix yunnanus*** **Itoh, 1993**
分布：云南。

卡天姚科 **Katiannidae**

拟姚属 *Sminthurinus* Börner, 1901

三点拟圆姚 ***Sminthurinus trinotatus*** **Axelson, 1905**
分布：云南；日本。

圆姚科 **Sminthuridae**

Afrosminthurus Delamare Deboutteville & Massoud, 1964

Afrosminthurus imadatei **Itoh & Zhao, 2000**
分布：云南。

长角圆姚属 *Temeritas* Richards, 1963

Temeritas tamurai **Itoh & Zhao, 2000**
分布：云南。

双尾纲 Diplura

双尾目 Diplura

康虮科 Campodeidae

康虮属 *Campodea* Westwood, 1842

莫氏康虮 *Campodea mondainii* Silvestri, 1931

分布：云南，贵州，北京，河南，山东，广西，浙江，江苏，安徽，湖南。

羽虮属 *Leniwytsmania* Paclt, 1957

东方羽虮 *Leniwytsmania orientalis* Silvestri, 1931

分布：云南（昆明），贵州，四川，湖北，湖南，广西。

东方羽虮下方亚种 *Leniwytsmania orientalis inferior* (Silvestri, 1931)

分布：云南，贵州，四川，湖北，湖南。

鳞虮属 *Lepidocampa* Oudemans, 1890

塔氏鳞虮 *Lepidocampa takahashi* Silvestri, 1931

分布：云南（保山），四川，广西，广东，海南。

韦氏鳞虮 *Lepidocampa weberi* Oudemans, 1890

分布：世界广布。

拟黎虮属 *Pseudlibanocampa* Xie & Yang, 1991

中国拟黎虮 *Pseudlibanocampa sinensis* Xie & Yang, 1990

分布：云南，贵州，广西，广东。

铗虮科 Japygidae

铗虮属 *Japyx* Haliday, 1864

索氏铗虮 *Japyx suwerbyi* Silvestri, 1928

分布：云南，广东。

偶铗虮属 *Occasjapyx* Silvestri, 1984

齐偶铗虮 *Occasjapyx girodoi* (Silvestri, 1928)

分布：云南，广西，湖南。

八孔虮科 Octostigmatidae

八孔虮属 *Octostigma* Ruse, 1982

中国八孔虮 *Octostigma sinensis* Xie & Yang, 1990

分布：云南（西双版纳），广东。

副铗虮科 Parajapygidae

副铗虮属 *Parajapyx* Silvestri, 1903

爱媚副铗虮 *Parajapyx emeryanus* Silvestri, 1928

分布：云南，贵州，四川，吉林，北京，河南，山东，宁夏，甘肃，上海，江苏，江西，浙江，安徽，湖南，湖北，广西，福建，广东；日本。

黄副铗虮 *Parajapyx isahellae* (Grassi, 1886)

分布：云南，贵州，四川，吉林，北京，河南，山东，上海，宁夏，甘肃，江苏，浙江，安徽，福建，湖南，湖北，广西，广东；日本，欧洲，非洲，美洲。

景洪副铗虮 *Parajapyx jinghongensis* Xie & Yang, 1989

分布：云南（保山、丽江、西双版纳）。

杨氏副铗虮 *Parajapyx yangi* Chou, 1966

分布：云南，贵州，四川，河南，湖北，浙江，安徽，广西，湖南。

昆虫纲 Insecta

衣鱼目 Zygentoma

衣鱼科 Lepismatidae

栉衣鱼属 *Ctenolepisma* Escherich, 1905

多毛栉衣鱼 *Ctenolepisma villosa* (Fabricius, 1775)
分布：全国广布。

家衣鱼属 *Thermobia* Bergroth, 1890

家衣鱼 *Thermobia domestica* (Packard, 1837)
分布：云南（大理），安徽。

土衣鱼科 Nicoletiidae

二爪土衣鱼属 *Allobrinckina* Kaplin, 2019

别氏二爪土衣鱼 *Allobrinckina belousovi* Kaplin, 2019
分布：云南（丽江）。

Lepidospora Escherich, 1905

***Lepidospora hemitrica* Silvestri, 1942**
分布：云南（昆明），上海。

蜉蝣目 Ephemeroptera

栉颚蜉科 Ameletidae

亚美蜉属 *Ameletus* Eaton, 1885

大理亚美蜉 *Ameletus daliensis* Tong, 2021
分布：云南（大理）。

四节蜉科 Baetidae

狭翅蜉属 *Acentrella* Bengtsson, 1912

扁体狭翅蜉 *Acentrella lata* (Müller-Liebenau, 1985)
分布：云南（西双版纳），贵州，四川，吉林，山西，陕西，安徽，广西，台湾。

花翅蜉属 *Baetiella* Uéno, 1931

奥氏花翅蜉 *Baetiella ausobskyi* Braasch, 1983
分布：云南（西双版纳），贵州，山西，福建。
二刺花翅蜉 *Baetiella bispinosus* (Gose, 1980)
分布：云南（西双版纳），新疆，河南，山西，湖北，安徽，广东，福建，香港，台湾。
茶色花翅蜉 *Baetiella japonica* (Imanishi, 1930)
分布：云南（丽江），贵州，四川，新疆，台湾；日本。
缘花翅蜉 *Baetiella marginata* Braasch, 1983
分布：云南（迪庆）。
史氏花翅蜉 *Baetiella spathae* Shi & Tong, 2015
分布：云南（迪庆）。
三刺花翅蜉 *Baetiella trispinata* Tong & Dudgeon, 2000
分布：云南，广西，广东，安徽，香港。

四节蜉属 *Baetis* Leach, 1815

棕红四节蜉 *Baetis fuscatus* (Linnaeus, 1761)
分布：云南，贵州，黑龙江，吉林，辽宁；日本，韩国，蒙古国，俄罗斯（远东地区）。
熊纹四节蜉 *Baetis ursinus* Kazlauskas, 1963
分布：云南（大理），贵州；韩国。
非常四节蜉 *Baetis pseudothermicus* Kluge, 1983
分布：云南，贵州，黑龙江，吉林，湖北；韩国，俄罗斯（远东地区）。

森蜉属 *Centroptella* Braasch&Soldán, 1980

***Centroptella ingridae* Kluge, Godunko & Svitok, 2020**
分布：云南，广西，广东；泰国，越南。

二翅蜉属 *Cloeon* Leach, 1815

双翼二翅蜉 *Cloeon dipterum* (Linnaeus, 1761)
分布：云南；澳大利亚，欧洲，非洲。

突唇蜉属 *Labiobaetis* (Novikova & Kluge, 1987)

菲律宾突唇蜉 *Labiobaetis molawinensis* (Müller-Liebenau, 1982)
分布：云南（西双版纳），湖北，台湾；菲律宾。

无爪蜉科 Behningiidae

无爪蜉属 *Behningia* Lestage, 1930

掘沙无爪蜉 *Behningia nujiangensis* Zhou & Bisset, 2019
分布：云南（怒江）。

细蜉科 Caenidae

细蜉属 *Caenis* Stephens, 1835

黑点细蜉 *Caenis nigropunctata* Klapálek, 1905
分布：云南（普洱、西双版纳、丽江），贵州，四川，北京，浙江，江西，江苏，安徽；印度尼西亚。

短铗细蜉 *Caenis parviforcipis* (Zhou, Gui & Su, 2000)

分布：云南（昆明）。

***Caenoculis* Soldán, 1986**

尖刺眼细蜉 *Caenoculis acutalis* Zhou, Sun & McCafferty, 2003

分布：云南（大理）。

寡毛蜉属 *Sparbarus* Sun & McCafferty, 2008

灰腹寡毛蜉 *Sparbarus capnicus* (Zhou, Sun & McCafferty, 2003)

分布：云南（普洱）。

小蜉科 Ephemerellidae

带肋蜉属 *Cincticostella* Allen, 1971

叉角带肋蜉 *Cincticostella bifurcata* Xie, Jia, Chen, Jacobus & Zhou, 2009

分布：云南（大理），四川；印度。

扁腿带肋蜉 *Cincticostella femorata* (Tshernova, 1972)

分布：云南（西双版纳），贵州，陕西，浙江，江西，湖南，广东；越南，泰国。

大带肋蜉 *Cincticostella fusca* Kang & Yang, 1995

分布：云南（西双版纳），陕西，浙江，安徽，广西，台湾。

御氏带肋蜉 *Cincticostella gosei* Allen, 1975

分布：云南（大理），贵州，四川，陕西，甘肃，河南，江西，安徽，浙江，江苏；泰国。

稀贝带肋蜉 *Cincticostella insolta* Allen, 1971

分布：云南（普洱、大理），陕西；泰国，尼泊尔，印度。

黑带肋蜉 *Cincticostella nigra* (Uéno, 1928)

分布：云南（普洱、大理），贵州，四川，陕西，浙江，安徽；日本，俄罗斯（远东地区）。

弯握蜉属 *Drunella* Needham, 1905

隐足弯握蜉 *Drunella cryptomeria* (Iimanishi, 1937)

分布：云南（普洱、大理、丽江），四川，重庆，甘肃，陕西，湖南，湖北，安徽。

小蜉属 *Ephemerella* Walsh, 1863

景洪小蜉 *Ephemerella jinghongensis* Xu & You & Hsu, 1984

分布：云南（西双版纳）。

大茎蜉属 *Hyrtanella* Allen & Edmunds, 1976

宽茎大茎蜉 *Hyrtanella grandipennis* (Zhou, Su & Gui, 2000)

分布：云南（普洱），贵州，陕西，山西，湖南；越南，泰国。

背刺蜉属 *Notacanthella* Jacobus & McCafferty, 2008

金乌背棘蜉 *Notacanthella jinwu* Li & Jacobus, 2022

分布：云南（大理）。

方头背刺蜉 *Notacanthella quadrata* (Kluge & Zhou, 2004)

分布：云南（普洱、西双版纳）；泰国。

锯形蜉属 *Serratella* Edmunds, 1959

短尾锯形蜉 *Serratella brevicauda* Jacobus, Zhou & McCafferty, 2009

分布：云南（大理），陕西。

景洪锯形蜉 *Serratella jinghongensis* (Xu, You, & Hsu, 1984)

分布：云南（普洱、西双版纳），贵州，陕西。

长铗锯形蜉 *Serratella longforceps* Gui, Zhou & Hsu, 1999

分布：云南（丽江），秦岭以南地区。

多刺蜉属 *Spinorea* Jacobus & McCafferty, 2008

山地多刺蜉 *Spinorea montana* (Kang & Yang, 1995)

分布：云南（文山），贵州，台湾。

亮蜉属 *Teloganopsis* Ulmer, 1939

景洪亮蜉 *Teloganopsis jinghongensis* (Xu, You & Hsu, 1984)

分布：云南（西双版纳、普洱），贵州，河南，陕西，浙江，江西，广东，海南。

大鳃蜉属 *Torleya* Lestage, 1917

多毛大鳃蜉 *Torleya coheri* (Allen & Edmunds, 1963)

分布：云南（大理），四川，内蒙古，江西，湖南，安徽，广东；尼泊尔，印度，马来西亚，越南，泰国。

长铗大鳃蜉 *Torleya longforceps* (Gui, Zhou & Su, 1999)

分布：云南（大理），江西，湖南，安徽，广西，福建，广东。

尼大鳃蜉 *Torleya nepalica* (Allen & Edmunds, 1963)

分布：云南（普洱、西双版纳），贵州，四川，陕西，甘肃，河南，湖南，安徽，浙江，福建。

天角蜉属 *Uracanthella* Belov, 1979

红天角蜉 *Uracanthella rufa* (Imanishi, 1937)

分布：云南（昆明、普洱、丽江），贵州，四川，黑龙江，北京，甘肃，陕西，河南，浙江，江西，安徽，湖北，福建。

蜉蝣科 Ephemeridae

蜉蝣属 *Ephemera* Linnaeus, 1758

徐氏蜉 *Ephemera hsui* Zhang, Gui & You, 1995

分布：云南（昆明、楚雄、丽江），四川，贵州，重庆，陕西，湖南。

红斑蜉 *Ephemera rufomaculata* Zhou & Zheng, 2003

分布：云南（玉溪、文山、普洱、丽江、西双版纳），贵州。

腹色蜉 *Ephemera pictiventris* McLachlan, 1904

分布：云南（丽江、大理），四川，甘肃，陕西，宁夏，湖北。

梧州蜉 *Ephemera wuchowensis* Hsu, 1937

分布：云南（迪庆），贵州，北京，河南，河北，陕西，甘肃，广西，湖南，湖北，安徽。

扁蜉科 Heptageniidae

亚非蜉属 *Afronurus* Lestage, 1924

肋亚非蜉 *Afronurus costatus* (Navas, 1936)

分布：云南，贵州，北京，河南，浙江，江西，江苏，安徽，福建，海南。

镰叶亚非蜉 *Afronurus drepanophyllus* Zhang, Lei & Zhou, 2021

分布：云南（西双版纳），贵州，重庆，浙江，安徽，广西。

江苏亚非蜉 *Afronurus kiangsuensis* (Puthz, 1971)

分布：云南（西双版纳、普洱），华东，华南；俄罗斯（远东地区）。

斜纹亚非蜉 *Afronurus obliquistrita* (You, Wu, Gui & Hsu, 1981)

分布：云南，贵州，湖北，湖南，广东。

红斑亚非蜉 *Afronurus rubromaculatus* (You, Wu, Gui & Hsu, 1981)

分布：云南，贵州，四川，河南，陕西，湖南，湖北，江西，广东；泰国。

宜兴亚非蜉 *Afronurus yixingensis* (Wu & You, 1986)

分布：云南，贵州，湖北，湖南，广东。

高翔蜉属 *Epeorus* Eaton, 1881

刺高翔蜉 *Epeorus aculeatus* Braasch, 1990

分布：云南（怒江、西双版纳），贵州；泰国，越南。

叉高翔蜉 *Epeorus bifurcatus* Braasch & Soldán, 1979

分布：云南（大理、怒江），贵州；泰国，越南。

奇异高翔蜉 *Epeorus extraordinarius* Chen, Wang & Zhou, 2010

分布：云南（怒江），贵州，四川，西藏。

因他侬高翔蜉 *Epeorus inthanonensis* Braasch & Boonsoong, 2011

分布：云南（迪庆），贵州；泰国。

阮氏高翔蜉 *Epeorus nguyeni* Webb & McCafferty, 2007

分布：云南（西双版纳）；越南。

激流高翔蜉 *Epeorus rheophilus* Brodsky, 1930

分布：云南，四川；中亚。

独刺高翔蜉 *Epeorus unispinosus* Braasch, 1980

分布：云南，贵州，四川。

扁蜉属 *Heptagenia* Walsh, 1863

黑扁蜉 *Heptagenia ngi* Hsu, 1936

分布：云南，贵州，湖南，湖北，广东，香港。

背刺蜉属 *Notacanthurus* Tshernova, 1974

裴氏背刺蜉 *Notacanthurus baei* Braasch & Boonsoong, 2009

分布：云南（怒江）；越南。

独龙江背刺蜉 *Notacanthurus dulongjiangensis* Li, Xu & Liu, 2019

分布：云南（怒江）。

多斑背刺蜉 *Notacanthurus maculatus* Zhang, Zhang, Han & Zhou, 2020

分布：云南（大理），四川，山西，陕西，湖北，河南。

溪颏蜉属 *Rhithrogena* Eaton, 1881

独特溪颏蜉 *Rhithrogena unica* Zhou & Peters, 2004

分布：云南（保山、普洱），贵州。

似溪颏蜉属 *Rhithrogeniella* Ulmer, 1939

三港似溪颏蜉 *Rhithrogeniella sangangensis* (You, Su & Hsu, 1982)
分布：云南（普洱、西双版纳），贵州，安徽，福建。

赞蜉属 *Paegniodes* Eaton, 1881

桶形赞蜉 *Paegniodes cupulatus* (Eaton, 1871)
分布：云南，贵州，四川，湖南，江西，浙江，福建。

短腮蜉属 *Thalerosphyrus* Eaton, 1881

越南短腮蜉 *Thalerosphyrus vietnamensis* (Dang, 1967)
分布：云南（丽江、西双版纳），广西；越南，泰国。

细裳蜉科 Leptophlebiidae

宽基蜉属 *Choroterpes* Eaton, 1881

膨铗宽基蜉 *Choroterpes tumebasalis* Zhou, 2006
分布：云南（普洱、丽江），贵州。

似宽基蜉属 *Choroterpides* Ulmer, 1919

锐茎似宽基蜉 *Choroterpides apiculate* Li, 2006
分布：云南（普洱、西双版纳），贵州，广西。

吉氏蜉属 *Gilliesia* Peters & Edmunds, 1970

美脉吉氏蜉 *Gilliesia pulchra* Zhou, 2004
分布：云南（德宏），贵州，重庆，湖南。

思罗蜉属 *Thraulus* Eaton, 1881

浅粟思罗蜉 *Thraulus semicastanea* Gillies, 1951
分布：云南（西双版纳、普洱），贵州，河南，湖南，浙江，江苏，福建，海南。

新蜉科 Neoephemeridae

小河蜉属 *Potamanthellus* Lestage, 1930

细小河蜉 *Potamanthellus caenoides* (Ulmer, 1939)
分布：云南（普洱、西双版纳）；东南亚。

埃氏小河蜉 *Potamanthellus edmundsi* Bae & McCafferty, 1998
分布：云南（普洱、西双版纳），除东北和西北以外全国大部分地区。

Pulchephemera Zhou, 2021

***Pulchephemera projecta* (Zhou & Zheng, 2001)**
分布：云南，四川，陕西。

寡脉蜉科 Oligoneuriidae

网脉蜉属 *Chromarcys* Navás, 1932

大网脉蜉 *Chromarcys magnifica* Navás, 1932
分布：云南。

河花蜉科 Potamanthidae

红纹蜉属 *Rhoenanthus* Eaton, 1881

大红纹蜉 *Rhoenanthus magnificus* Ulmer, 1920
分布：云南（普洱、西双版纳），贵州，广东；东南亚。

暗色红纹蜉 *Rhoenanthus obscurus* Navás, 1922
分布：云南（普洱）；东南亚。

河花蜉属 *Potamanthus* Pictet, 1843

美丽河花蜉 *Potamanthus formosus* Eaton, 1892
分布：云南（西双版纳），江西，安徽，福建，海南，广东；日本，东南亚。

大眼河花蜉 *Potamanthus macrophthalmus* (You, 1984)
分布：云南（丽江），四川，陕西，甘肃，江西。

云南河花蜉 *Potamanthus yunnanensis* (You, Wu, Gui & Hsu, 1982)
分布：云南（西双版纳）。

鲎蜉科 Prosopistomatidae

鲎蜉属 *Prosopistoma* Latreille, 1833

三刺鲎蜉 *Prosopistoma trispinum* Zhou & Zheng, 2004
分布：云南（普洱）。

单色鲎蜉 *Prosopistoma unicolor* Zhou & Zheng, 2004
分布：云南（普洱）。

短丝蜉科 Siphlonuridae

短丝蜉属 *Siphlonurus* Eaton, 1868

东西短丝蜉 *Siphlonurus dongxi* Li & Tong, 2023
分布：云南（迪庆）。

晚蜉科 Teloganodidae

晚蜉属 *Teloganodes* Eaton, 1882

暗淡晚蜉 *Teloganodes tristis* (Hagen, 1858)
分布：云南（普洱），贵州，海南，香港；东南亚。

越南蜉科 Vietnamellidae

越南蜉属 *Vietnamella* Tshernova, 1972

大别山越南蜉 *Vietnamella dabieshanensis* You & Su, 1987

分布：云南（普洱），贵州，四川，陕西，甘肃，广西，江西，浙江，湖北，福建。

装饰越南蜉 *Vietnamella ornate* (Tshernova, 1972)

分布：云南（普洱），贵州；越南。

中华越南蜉 *Vietnamella sinensis* (Hsu, 1936)

分布：云南，浙江，甘肃，陕西，湖北，湖南，江西，安徽，福建。

蜻蜓目 Odonata

蜓科 Aeshnidae

翠蜓属 *Anaciaeschna* Selys, 1878

碧翠蜓 *Anaciaeschna jaspidea* Burmeister, 1839

分布：云南，广西，广东，海南，福建，香港，台湾；南亚，东南亚，大洋洲。

褐翠蜓 *Anaciaeschna martini* Selys, 1897

分布：云南（文山），贵州，重庆，湖北，江西，广东，台湾；泰国，老挝，越南，日本，朝鲜半岛。

伟蜓属 *Anax* Leach, 1815

斑伟蜓 *Anax guttatus* Burmeister, 1839

分布：云南（玉溪、红河、普洱），华中、华南广布；南亚，东南亚，大洋洲。

印度伟蜓 *Anax indicus* Lieftinck, 1942

分布：云南（德宏、西双版纳、临沧），香港；印度，尼泊尔，巴基斯坦，斯里兰卡，泰国，越南。

黑纹伟蜓 *Anax nigrofasciatus* Oguma, 1915

分布：云南（红河、大理、临沧、昭通），除西北和海南外全国其他地区广布；印度，不丹，尼泊尔，缅甸，泰国，老挝，越南，日本，朝鲜半岛。

东亚伟蜓 *Anax panybeus* Hagen, 1867

分布：云南（德宏、西双版纳），台湾；日本，东南亚。

碧伟蜓东亚亚种 *Anax parthenope julius* Brauer, 1865

分布：云南（昆明、大理），全国其余地区广布；日本，缅甸，越南，朝鲜半岛。

细腰蜓属 *Boyeria* McLachlan, 1895

褐面细腰蜓 *Boyeria karubei* Yokoi, 2002

分布：云南（西双版纳），福建，广东，广西，海南；老挝，越南。

头蜓属 *Cephalaeschna* Selys, 1883

长角头蜓 *Cephalaeschna cornifrons* Zhang & Cai, 2013

分布：云南（大理）。

黑额头蜓 *Cephalaeschna masoni* Martin, 1909

分布：云南（昆明、昭通、丽江、大理、普洱），贵州，四川，陕西，安徽，海南；印度，缅甸，老挝，越南。

蝶斑头蜓 *Cephalaeschna ordopapiliones* Zhang & Cai, 2013

分布：云南（大理）。

朱氏头蜓 *Cephalaeschna zhuae* Yang, 2019

分布：云南（怒江）。

长尾蜓属 *Gynacantha* Rambur, 1842

无纹长尾蜓 *Gynacantha bayadera* Selys, 1891

分布：云南（玉溪、文山、德宏），广东，海南，台湾；南亚，东南亚。

基凹长尾蜓 *Gynacantha incisura* Fraser, 1935

分布：云南（大理），贵州；印度。

日本长尾蜓 *Gynacantha japonica* Bartenef, 1909

分布：云南（红河、普洱），陕西，湖北，湖南，安徽，浙江，江西，广西，广东，福建，香港，台湾；朝鲜半岛，日本。

细腰长尾蜓 *Gynacantha subinterrupta* Rambur, 1842

分布：云南（西双版纳），贵州，湖南，福建，广东，广西，海南，香港；印度，尼泊尔，柬埔寨，老挝，越南，泰国，新加坡，印度尼西亚。

棘蜓属 *Gynacanthaeschna* Fraser, 1921

锡金棘蜓 *Gynacanthaeschna sikkima* Karsch, 1891

分布：云南（德宏），西藏；不丹，尼泊尔，印度。

佩蜓属 *Periaeschna* Martin, 1908

福临佩蜓 *Periaeschna flinti* Asahina, 1978

分布：云南，贵州，四川，湖北，湖南，安徽，浙江，福建，广东，广西；印度。

狭痣佩蜓 *Periaeschna magdalena* Martin, 1909

分布：云南（大理），贵州，四川，重庆，陕西，湖北，湖南，江苏，安徽，浙江，江西，广西，福建，广东，台湾；不丹，印度，老挝，越南。

浅色佩蜓 *Periaeschna nocturnalis* Fraser, 1927

分布：云南；印度，老挝，泰国。

叶蜓属 *Petaliaeschna* Fraser, 1927

黄纹叶蜓 *Petaliaeschna flavipes* Karube, 1999

分布：云南（红河）；泰国，老挝，越南。

黑额蜓属 *Planaeschna* McLachlan, 1896

清迈黑额蜓 *Planaeschna chiengmaiensis* Asahina, 1981

分布：云南（西双版纳）；泰国。

高山黑额蜓 *Planaeschna monticola* Zhang & Cai, 2013

分布：云南（昆明、大理）。

褐面黑额蜓 *Planaeschna owadai* Karube, 2002

分布：云南（西双版纳、普洱、临沧、德宏）；越南。

多棘蜓属 *Polycanthagyna* Fraser, 1933

红褐多棘蜓 *Polycanthagyna erythromelas* McLachlan, 1896

分布：云南，贵州，四川，陕西，湖北，湖南，江西，广西，福建，广东，海南，香港，台湾；不丹，印度，尼泊尔，巴基斯坦，缅甸，老挝，泰国，越南。

黄绿多棘蜓 *Polycanthagyna melanictera* Selys, 1883

分布：云南（玉溪），贵州，四川，陕西，山西，山东，河南，湖北，湖南，浙江，广东，台湾；朝鲜半岛，日本。

沼蜓属 *Sarasaeschna* Karube & Yeh, 2001

高峰沼蜓 *Sarasaeschna gaofengensis* Yeh & Kiyoshi, 2015

分布：云南（楚雄）；越南。

短痣蜓属 *Tetracanthagyna* Selys, 1883

沃氏短痣蜓 *Tetracanthagyna waterhousei* McLachlan, 1898

分布：云南，广西，福建，广东，海南，香港；孟加拉国，印度，马来西亚，印度尼西亚，缅甸，泰国，柬埔寨，老挝，越南。

裂唇蜓科 Chlorogomphidae

裂唇蜓属 *Chlorogomphus* Selys, 1854

金翅裂唇蜓 *Chlorogomphus canhvang* Kompier & Karube, 2018

分布：云南（红河）；越南。

戴维裂唇蜓 *Chlorogomphus daviesi* Karube, 2001

分布：云南（临沧）。

老挝裂唇蜓 *Chlorogomphus hiten* Sasamoto, Yokoi & Teramoto, 2011

分布：云南（红河、西双版纳）；老挝，越南。

黄唇裂唇蜓 *Chlorogomphus miyashitai* Karube, 1995

分布：云南（普洱）；老挝。

长鼻裂唇蜓越南亚种 *Chlorogomphus nasutus satoi* Asahina, 1995

分布：云南（红河）；越南。

朴氏裂唇蜓 *Chlorogomphus piaoacensis* Karube, 2013

分布：云南（红河）；越南。

蝴蝶裂唇蜓 *Chlorogomphus papilio* Ris, 1927

分布：云南（西双版纳），华中和华南广布；老挝，缅甸，越南。

中越裂唇蜓 *Chlorogomphus sachiyoae* Karube, 1995

分布：云南（红河）；广西，越南。

褐基裂唇蜓 *Chlorogomphus yokoii* Karube, 1995

分布：云南（红河、普洱、西双版纳）；泰国，老挝。

凹尾裂唇蜓属 *Chloropetalia* Carle, 1995

赛丽裂唇蜓 *Chloropetalia selysi* Fraser, 1929

分布：云南（大理）；印度，尼泊尔。

华裂唇蜓属 *Sinorogomphus* Carle, 1995

侗乡华裂唇蜓 *Sinorogomphus tuntii* Needham, 1930

分布：云南（玉溪、西双版纳），四川，河南，陕西，湖南。

大蜓科 Cordulegastridae

圆臀大蜓属 *Anotogaster* Selys, 1854

赵氏圆臀大蜓 *Anotogaster chaoi* Zhou, 1998

分布：云南（昆明、红河、大理、保山、德宏、西双版纳）。

黑额圆臀大蜓 *Anotogaster gigantica* Fraser, 1924

分布：云南（红河、普洱、西双版纳）；缅甸，越南。

格氏圆臀大蜓 *Anotogaster gregoryi* Fraser, 1924

分布：云南（大理、临沧、普洱、红河、德宏、西双版纳），贵州；印度，尼泊尔，泰国，老挝，越南。

金斑圆臀大蜓 *Anotogaster klossi* Fraser, 1919
分布：云南（红河），广西；越南。
双斑圆臀大蜓 *Anotogaster kuchenbeiseri* Förster, 1899
分布：云南（全省），四川，北京，河北，山西，陕西，河南，山东，浙江，福建。
褐面圆臀大蜓 *Anotogaster nipalensis* Selys, 1854
分布：云南（德宏），西藏；不丹，印度，尼泊尔，缅甸。
萨帕圆臀大蜓 *Anotogaster sapaensis* Karube, 2012
分布：云南（红河）；越南。

角臀大蜓属 *Neallogaster* Cowley, 1934

云南角臀大蜓 *Neallogaster annandalei* Fraser, 1924
分布：云南（大理、迪庆），陕西。
浅色角臀大蜓 *Neallogaster hermionae* Fraser, 1927
分布：云南（大理）；印度，尼泊尔。
褐面角臀大蜓 *Neallogaster latifrons* Selys, 1878
分布：云南（大理）；印度，尼泊尔。

伪蜻科 Corduliidae

半伪蜻属 *Hemicordulia* Selys, 1870

高山半伪蜻 *Hemicordulia edai* Karube & Katatani, 2012
分布：云南（红河、大理、保山、德宏），贵州；老挝，越南。

褐伪蜻属 *Procordulia* Martin, 1907

朝比奈褐伪蜻 *Procordulia asahinai* Karube, 2007
分布：云南（普洱、红河）；越南。

金光伪蜻属 *Somatochlora* Selys, 1871

绿金光伪蜻 *Somatochlora dido* Needham, 1930
分布：云南（大理），贵州，四川，黑龙江，北京，山西，河南；日本。

春蜓科 Gomphidae

安春蜓属 *Amphigomphus* Chao, 1954

娜卡安春蜓 *Amphigomphus nakamurai* Karube, 2001
分布：云南（红河）；老挝，越南。
索氏安春蜓 *Amphigomphus somnuki* Hämäläinen, 1996
分布：云南（西双版纳）；泰国，老挝。

异春蜓属 *Anisogomphus* Selys, 1858

安氏异春蜓 *Anisogomphus anderi* Lieftinck, 1948
分布：云南（昆明、玉溪、大理），贵州，四川，湖北，湖南，江西，浙江，广西，福建，广东。
双条异春蜓 *Anisogomphus bivittatus* Selys, 1854
分布：云南（普洱、大理）；不丹，印度，尼泊尔。
镰尾异春蜓 *Anisogomphus caudalis* Fraser, 1926
分布：云南（德宏）；印度，缅甸。
黄脸异春蜓 *Anisogomphus flavifacies* Klots, 1947
分布：云南（昆明）。
福氏异春蜓 *Anisogomphus forresti* Morton, 1928
分布：云南（大理、德宏、红河、文山）。
国姓异春蜓 *Anisogomphus koxingai* Chao, 1954
分布：云南（西双版纳），贵州，河南，广西，福建，广东，海南，香港，台湾；越南。
马奇异春蜓 *Anisogomphus maacki* Selys, 1872
分布：云南（昆明、大理、丽江、怒江），西南其他地区，东北至华中地区；朝鲜半岛，日本，俄罗斯（远东地区），越南。
高山异春蜓 *Anisogomphus nitidus* Yang & Davies, 1993
分布：云南（大理）。
***Anisogomphus pinratani* Hämäläinen, 1991**
分布：云南（普洱、西双版纳）；泰国。
云南异春蜓 *Anisogomphus yunnanensis* Zhou & Wu, 1992
分布：云南（普洱、德宏、西双版纳）；柬埔寨。

亚春蜓属 *Asiagomphus* Asahina, 1985

黄基亚春蜓 *Asiagomphus acco* Asahina, 1996
分布：云南（红河），广西；老挝，越南。
金斑亚春蜓 *Asiagomphus auricolor* (Fraser, 1926)
分布：云南（红河）；越南。
云南亚春蜓 *Asiagomphus corniger* Morton, 1928
分布：云南（德宏、西双版纳）。
贡山亚春蜓 *Asiagomphus gongshanensis* Yang, Mao & Zhang, 2006
分布：云南（保山）。
面具亚春蜓 *Asiagomphus personatus* Selys, 1873
分布：云南（普洱、西双版纳）；印度，缅甸。
凸缘亚春蜓 *Asiagomphus xanthenatus* Williamson, 1907
分布：云南（普洱、临沧）；缅甸，泰国，老挝。

缅春蜓属 *Burmagomphus* Williamson, 1907

太阳缅春蜓 *Burmagomphus apricus* Zhang, Kostazin & Cai, 2015
分布：云南（西双版纳）。

朝比奈缅春蜓 *Burmagomphus asahinai* Kosterin, Makbun & Dawwrueng, 2012
分布：云南（西双版纳）；泰国，柬埔寨，越南。

歧角缅春蜓 *Burmagomphus divaricatus* Lieftinck, 1964
分布：云南（德宏、普洱、西双版纳）；泰国，老挝，柬埔寨，越南，马来西亚，新加坡。

林神缅春蜓 *Burmagomphus latescens* Zhang, Kosterin & Cai, 2015
分布：云南（临沧）。

巨缅春蜓 *Burmagomphus magnus* Zhang, Kosterin & Cai, 2015
分布：云南（红河），广西，广东。

联纹缅春蜓 *Burmagomphus vermicularis* Martin, 1904
分布：云南，广西，福建，广东，海南，香港，台湾；老挝，越南。

威廉缅春蜓 *Burmagomphus williamsoni* Förster, 1914
分布：云南（德宏、西双版纳）；缅甸，泰国，马来西亚，新加坡，印度尼西亚。

戴春蜓属 *Davidius* Selys, 1878

赵氏戴春蜓 *Davidius chaoi* Cao & Zhou, 1988
分布：云南（大理），陕西。

戴氏戴春蜓云南亚种 *Davidius davidii yunnanensis* Yang & Davies, 1996
分布：云南。

细纹戴春蜓 *Davidius delineatus* Fraser, 1926
分布：云南（德宏）；印度，尼泊尔。

弗鲁戴春蜓 *Davidius fruhstorferi* Martin, 1904
分布：云南（普洱），贵州，广西，广东，福建；泰国，老挝，越南。

扎洛克戴春蜓 *Davidius zallorensis* Hagen, 1878
分布：云南（大理、怒江）；印度，尼泊尔。

周氏戴春蜓 *Davidius zhoui* Chao, 1995
分布：云南（大理、红河）。

小叶春蜓属 *Gomphidia* Selys, 1854

黄纹小叶春蜓 *Gomphidia abbotti* Williamson, 1907
分布：云南，广西，海南；缅甸，泰国，柬埔寨，老挝，越南，马来西亚，新加坡，印度尼西亚。

并纹小叶春蜓 *Gomphidia kruegeri* Martin, 1904
分布：云南（西双版纳），贵州，福建，广西，广东，海南；泰国，老挝，越南。

间纹小叶春蜓 *Gomphidia interruptistria* Zha, Zhang & Zheng, 2005
分布：云南（西双版纳）。

类春蜓属 *Gomphidictinus* Fraser, 1942

黄纹类春蜓 *Gomphidictinus perakensis* Laidlaw, 1902
分布：云南（临沧、普洱、西双版纳）；泰国，老挝，柬埔寨，越南，缅甸，马来西亚，新加坡。

曦春蜓属 *Heliogomphus* Laidlaw, 1922

独角曦春蜓 *Heliogomphus scorpio* (Ris, 1912)
分布：云南（红河），浙江，广西，广东，福建，海南，香港；老挝，越南。

赛丽曦春蜓 *Heliogomphus selysi* Fraser, 1925
分布：云南（西双版纳）；印度，缅甸，泰国，老挝。

叶春蜓属 *Ictinogomphus* Cowley, 1934

华饰叶春蜓 *Ictinogomphus decoratus* Selys, 1854
分布：云南（德宏、临沧、普洱、西双版纳）；东南亚广布。

小团扇春蜓 *Ictinogomphus rapax* Rambur, 2005
分布：云南（红河、玉溪、文山、西双版纳），贵州，四川，山东，河南，湖北，陕西，江苏，广西，湖北，浙江，安徽，福建，广东，海南，台湾。

环尾春蜓属 *Lamelligomphus* Fraser, 1922

安娜环尾春蜓 *Lamelligomphus annakarlorum* Zhang, Yang & Cai, 2016
分布：云南（西双版纳）。

黄尾环尾春蜓 *Lamelligomphus biforceps* Bolys, 1878
分布：云南（大理）；印度，不丹，尼泊尔。

驼峰环尾春蜓 *Lamelligomphus camelus* (Martin, 1904)
分布：云南，贵州，浙江，广西，福建，广东，海南；老挝，越南。

赵氏环尾春蜓 *Lamelligomphus chaoi* Zhu, 1999
分布：云南（大理、普洱）。

李氏环尾春蜓 *Lamelligomphus risi* Fraser, 1922
分布：云南（德宏）；印度，尼泊尔。

小环尾春蜓 *Lamelligomphus parvulus* Zhou & Li, 2000
分布：云南（大理）。

纤春蜓属 *Leptogomphus* Selys, 1878

尖尾纤春蜓 *Leptogomphus gestroi* Selys, 1891

分布：云南（德宏、普洱、西双版纳）；缅甸，泰国，越南。

圆腔纤春蜓 *Leptogomphus perforatus* Ris, 1912

分布：云南（红河），广西，广东，越南。

大春蜓属 *Macrogomphus* Selys, 1858

黄绿大春蜓 *Macrogomphus matsukii* Asahina, 1986

分布：云南（西双版纳）；泰国，柬埔寨，老挝。

Melligomphus Chao, 1990

越南长钩春蜓 *Melligomphus longihamulus* (Karube, 2014)

分布：云南（红河）；越南。

长足春蜓属 *Merogomphus* Martin, 1904

马丁长足春蜓 *Merogomphus martini* Fraser, 1922

分布：云南（德宏）。

越南长足春蜓 *Merogomphus tamdaoensis* Karube, 2001

分布：云南（红河）；越南。

小春蜓属 *Microgomphus* Selys, 1858

越南小春蜓 *Microgomphus jurzitzai* Karube, 2000

分布：云南（红河、西双版纳）；越南。

内春蜓属 *Nepogomphus* Fraser, 1934

沃尔内春蜓 *Nepogomphus walli* Fraser, 1924

分布：云南；缅甸，泰国，柬埔寨，老挝，越南，马来西亚，新加坡。

日春蜓属 *Nihonogomphus* Oguma, 1926

汤氏日春蜓 *Nihonogomphus thomassoni* Kirby, 1900

分布：云南，贵州，广西，广东，海南，福建；越南。

奈春蜓属 *Nychogomphus* Carle, 1986

双齿奈春蜓 *Nychogomphus bidentatus* Yang, Mao & Zhang, 2010

分布：云南（大理、临沧）。

基齿奈春蜓 *Nychogomphus duaricus* (Fraser, 1924)

分布：云南（昆明、玉溪、普洱、西双版纳）；孟加拉国，印度，尼泊尔，泰国，柬埔寨，老挝，越南，马来西亚，新加坡。

黄尾奈春蜓 *Nychogomphus flavicaudus* Chao, 1982

分布：云南（红河），海南；越南。

卢氏奈春蜓 *Nychogomphus lui* Zhou, Zhou & Lu, 2005

分布：云南（红河、文山、普洱）；越南。

双条奈春蜓 *Nychogomphus striatus* Fraser, 1924

分布：云南（红河、德宏）。

杨氏奈春蜓 *Nychogomphus yangi* Zhang, 2014

分布：云南（西双版纳）。

副春蜓属 *Paragomphus* Cowley, 1934

钩尾副春蜓 *Paragomphus capricornis* Förster, 1914

分布：云南，广西，福建，广东，香港；缅甸，泰国，老挝，越南，新加坡，马来西亚。

贺副春蜓 *Paragomphus hoffmanni* Needham, 1931

分布：云南（红河），海南。

豹纹副春蜓 *Paragomphus pardalinus* Needham, 1942

分布：云南（红河、大理），广东，海南。

奇春蜓属 *Perissogomphus* Laidlaw, 1922

朝氏奇春蜓 *Perissogomphus asahinai* Zhu, Yang & Wu, 2007

分布：云南（大理）。

显春蜓属 *Phaenandrogomphus* Lieftinck, 1964

金黄显春蜓 *Phaenandrogomphus aureas* Laidlaw, 1922

分布：云南（普洱、德宏、西双版纳）；印度，缅甸。

丁格显春蜓 *Phaenandrogomphus dingavani* Fraser, 1924

分布：云南（西双版纳）。

细尾显春蜓 *Phaenandrogomphus tonkinicus* Fraser, 1926

分布：云南（红河），海南；老挝，泰国，越南。

云南显春蜓 *Phaenandrogomphus yunnaneasis* Zhou, 1999

分布：云南（普洱）。

刀春蜓属 *Scalmogomphus* Chao, 1990

镰状刀春蜓 *Scalmogomphus falcatus* Chao, 1990

分布：云南（大理、临沧、怒江），四川。

黄条刀春蜓 *Scalmogomphus histrigatus* Hagea, 1854

分布：云南（大理、保山）；不丹，印度，尼泊尔。

文山刀春蜓 *Scalmogomphus wenshanensis* Zhou, Zhou & Lu, 2005

分布：云南（红河、文山）。

施春蜓属 *Sieboldius* Selys, 1854

黑纹施春蜓 *Sieboldius nigricolor* (Fraser, 1924)

分布：云南（普洱、西双版纳）；缅甸，泰国，老挝，越南。

新叶春蜓属 *Sinictinogomphus* Fraser, 1939

大团扇春蜓 *Sinictinogomphus clavatus* Fabricius, 1775

分布：云南（昆明、保山、德宏），贵州，四川，吉林，北京，天津，河北，陕西，河南，山东，浙江，江苏，湖南，广西，安徽，福建，海南，香港，台湾。

尖尾春蜓属 *Stylogomphus* Fraser, 1922

越中尖尾春蜓 *Stylogomphus annamensis* Kompier, 2012

分布：云南（红河），广西；越南。

英格尖尾春蜓 *Stylogomphus inglisi* Fraser, 1922

分布：云南（德宏）；孟加拉国，印度，尼泊尔，缅甸。

劳伦斯尖尾春蜓 *Stylogomphus lawrenceae* Yang & Davies, 1996

分布：云南（红河、西双版纳）；老挝。

棘尾春蜓属 *Trigomphus* Bartenev, 1911

云南棘尾春蜓 *Trigomphus yunnanensis* Zhou & Wu, 1992

分布：云南（昆明）。

蜻科 Libellulidae

锥腹蜻属 *Acisoma* Rambur, 1842

锥腹蜻 *Acisoma panorpoides* Rambur, 1842

分布：云南（临沧、红河），贵州，西藏，河南，陕西，山东，江苏，广西，湖南，安徽，浙江，福建，海南，香港，台湾；欧洲。

异蜻属 *Aethriamanta* Kirby, 1889

褐基异蜻 *Aethriamanta aethra* Ris, 1912

分布：云南（德宏）；柬埔寨，印度尼西亚，马来西亚，新加坡，泰国，越南。

红腹异蜻 *Aethriamanta brevipennis* Rambur, 1842

分布：云南（德宏），广东，香港；孟加拉国，印度，尼泊尔，斯里兰卡，马来西亚，印度尼西亚，新加坡，缅甸，泰国，柬埔寨。

霜蓝异蜻 *Aethriamanta gracilis* Brauer, 1878

分布：云南（德宏、西双版纳）；柬埔寨，印度尼西亚，马来西亚，新加坡，泰国，老挝，菲律宾。

豹纹蜻属 *Agrionoptera* Brauer, 1864

豹纹蜻指名亚种 *Agrionoptera insignis insignis* (Rambur, 1842)

分布：云南（德宏、西双版纳）；东南亚，大洋洲。

安蜻属 *Amphithemis* Selys, 1891

红安蜻 *Amphithemis curvistyla* Selys, 1891

分布：云南（西双版纳）；缅甸，泰国，越南。

长腹安蜻 *Amphithemis vacillans* Selys, 1891

分布：云南（德宏）；印度，缅甸。

黑斑蜻属 *Atratothemis* Wilson, 2005

黑斑蜻 *Atratothemis reelsi* Wilson, 2005

分布：云南（红河），贵州，广西，海南；泰国，越南，老挝。

疏脉蜻属 *Brachydiplax* Brauer, 1868

褐胸疏脉蜻 *Brachydiplax chalybea* Brauer, 1868

分布：云南（红河、德宏、西双版纳），河南，上海，浙江，安徽，福建；南亚，东南亚。

霜白疏脉蜻 *Brachydiplax farinosa* Krüger, 1902

分布：云南（临沧、德宏、西双版纳）；孟加拉国，文莱，印度，缅甸，泰国，老挝，越南，马来西亚，印度尼西亚。

暗色疏脉蜻 *Brachydiplax sobrina* Rambur, 1842

分布：云南（德宏）；孟加拉国，印度，斯里兰卡，尼泊尔，缅甸，泰国，柬埔寨，越南。

云南疏脉蜻 *Brachydiplax yunnanensis* Fraser, 1924

分布：云南（红河、文山）。

黄翅蜻属 *Brachythemis* Brauer, 1868

黄翅蜻 *Brachythemis contaminata* Fabricius, 1793

分布：云南，河南，陕西，江苏，湖北，湖南，广西，浙江，福建，广东，安徽，香港，海南，台湾；印度。

岩蜻属 *Bradinopyga* Kirby, 1889

赭岩蜻 *Bradinopyga geminate* Rambur, 1842

分布：云南（德宏）；印度，斯里兰卡，泰国。

巨蜻属 *Camacinia* Kirby, 1889

亚洲巨蜻 *Camacinia gigantea* Brauer, 1867

分布：云南（临沧、西双版纳），西藏；印度，缅甸，泰国，老挝，柬埔寨，越南，马来西亚，印度尼西亚，巴布亚新几内亚，菲律宾，新加坡。

森林巨蜻 *Camacinia harterti* Karsch, 1890

分布：云南（普洱、西双版纳），广东；泰国，老挝，越南，马来西亚，印度尼西亚。

林蜻属 *Cratilla* Kirby, 1900

线纹林蜻指名亚种 *Cratilla lineata lineata* Brauer, 1878

分布：云南，广西，海南；斯里兰卡，缅甸，泰国，越南，马来西亚，印度尼西亚，菲律宾，新加坡。

红蜻属 *Crocothemis* Brauer, 1868

长尾红蜻 *Crocothemis erythraea* Brullé, 1832

分布：云南（红河），贵州，西藏，浙江，广东，广西，香港；欧洲，非洲。

红蜻 *Crocothemis servilia* Drury, 1770

分布：云南（迪庆、临沧、普洱、保山、曲靖、西双版纳），四川，北京，江苏，江西，广西，福建，广东，海南；日本，印度。

红蜻指名亚种 *Crocothemis servilia servilia* Drury, 1773

分布：云南（全省），中国南方其他地区；亚洲热带和亚热带地区广布，中东。

多纹蜻属 *Deielia* Kirby, 1889

异色多纹蜻 *Deielia phaon* Selys, 1883

分布：云南（昆明），四川，重庆，北京，陕西，吉林，天津，河北，河南，山西，山东，江苏，浙江，安徽，广西，福建，台湾。

蓝小蜻属 *Diplacodes* Kirby, 1889

斑蓝小蜻 *Diplacodes nebulosa* Fabricius, 1793

分布：云南，广东，广西，海南，香港；南亚，东南亚，澳大利亚，巴布亚新几内亚。

纹蓝小蜻 *Diplacodes trivialis* Rambur, 1842

分布：云南（玉溪、红河、保山、临沧、德宏、西双版纳），江西，福建；亚洲其他地区，大洋洲。

楔翅蜻属 *Hydrobasileus* Kirby, 1889

臀斑楔翅蜻 *Hydrobasileus croceus* Brauer, 1867

分布：云南（西双版纳），中国南方其他地区；日本，南亚，东南亚。

沼蜻属 *Hylaeothemis* Ris, 1909

雨林沼蜻 *Hylaeothemis clementia* Ris, 1909

分布：云南，海南；文莱，泰国，老挝，越南，马来西亚，印度尼西亚。

印蜻属 *Indothemis* Ris, 1909

深蓝印蜻 *Indothemis carnatica* Fabricius, 1798

分布：云南，广西，广东；印度，斯里兰卡，泰国，柬埔寨，越南。

蓝黑印蜻 *Indothemis limbata* Selys, 1891

分布：云南（德宏）；印度，斯里兰卡，缅甸，泰国，老挝，越南，马来西亚，新加坡。

秘蜻属 *Lathrecista* Kirby, 1889

亚洲秘蜻 *Lathrecista asiatica* Fabricius, 1798

分布：云南，海南，台湾；亚洲的热带和亚热带地区，大洋洲。

蜻属 *Libellula* Linnaeus, 1758

高斑蜻 *Libellula basilinea* McLachlan, 1894

分布：云南（昆明、红河、大理、保山），四川，西藏，重庆，宁夏，湖北；印度。

基斑蜻 *Libellula depressa* Linnaeus, 1758

分布：云南（曲靖），四川。

小斑蜻 *Libellula quadrimaculata* Linnaeus, 1758

分布：云南（迪庆）。

宽腹蜻属 *Lyriothemis* Brauer, 1868

双纹宽腹蜻 *Lyriothemis bivittata* Rambur, 1842

分布：云南（红河、西双版纳）；印度，尼泊尔，缅甸，泰国，老挝，越南。

卡米宽腹蜻 *Lyriothemis kameliyae* Kompier, 2017

分布：云南，贵州，广西，广东；越南。

闪绿宽腹蜻 *Lyriothemis pachygastra* Selys, 1878

分布：云南（昆明、大理、保山、怒江），四川，江苏，广西，福建；日本，朝鲜半岛，泰国，俄罗斯（远东地区）。

脉蜻属 *Neurothemis* Brauer, 1867

斜斑脉蜻 *Neurothemis feralis* Burmeister, 1839

分布：云南（西双版纳）。

月斑脉蜻 *Neurothemis fluctuans* Fabricius, 1793

分布：云南（德宏）；广布于亚洲热带和亚热带地区。

网脉蜻 *Neurothemis fulvia* Drury, 1773

分布：云南（全省），江苏，福建，广东，广西，海南，香港，台湾；不丹，印度，南亚，东南亚。

褐基脉蜻 *Neurothemis intermedia* Rambur, 1842

分布：云南（德宏、红河），海南；广布于亚洲热带和亚热带地区。

截斑脉蜻 *Neurothemis tullia* Drury, 1773

分布：云南（红河、德宏、西双版纳），西藏，广西，浙江，安徽，福建，广东，海南，香港，台湾。

斜斑脉蜻 *Neurothemis tullia feralis* (Burmeister, 1839)

分布：云南（德宏）；印度。

爪蜻属 *Onychothemis* Brauer, 1868

红腹爪蜻 *Onychothemis culminicola* Förster, 1904

分布：云南（普洱、临沧、西双版纳）；文莱，缅甸，泰国，老挝，越南，马来西亚，印度尼西亚。

雨林爪蜻 *Onychothemis testacea* Laidlaw, 1902

分布：云南（普洱、西双版纳）；缅甸，泰国，老挝，马来西亚，新加坡。

海湾爪蜻 *Onychothemis tonkinensis* Martin, 1904

分布：云南（红河），广东，广西，海南，香港，台湾；越南。

灰蜻属 *Orthetrum* Newman, 1833

白尾灰蜻 *Orthetrum albistylum* (Selys, 1848)

分布：云南（全省），贵州，四川，吉林，新疆，北京，河北，山西，河南，陕西，山东，江苏，安徽，广西，湖北，浙江，江西，福建，广东，海南，台湾；日本，韩国，俄罗斯（远东地区）。

华丽灰蜻 *Orthetrum chrysis* Selys, 1891

分布：云南（红河），广西，广东，海南，香港；广布于亚洲热带和亚热带地区。

齿背灰蜻 *Orthetrum devium* Needham, 1930

分布：云南（西双版纳），四川，江西，广西，广东。

黑尾灰蜻 *Orthetrum glaucum* Brauer, 1865

分布：云南（昆明、大理、文山、红河、昭通），华中，华南；亚洲热带与亚热带地区广布。

褐肩灰蜻 *Orthetrum internum* McLachlan, 1894

分布：云南（昆明、保山、大理、迪庆、怒江），华中，华南；朝鲜半岛，日本，印度。

线痣灰蜻 *Orthetrum lineostigma* Selys, 1886

分布：云南（红河、大理、文山、西双版纳），吉林，辽宁，北京，河北，山西，陕西，河南，山东，江苏，浙江，福建，广东。

吕宋灰蜻 *Orthetrum luzonicum* Brauer, 1868

分布：云南（红河），四川，北京，浙江，福建；亚洲热带与亚热带地区广布。

异色灰蜻 *Orthetrum melania* Selys, 1883

分布：云南（昆明、红河、保山、昭通、西双版纳），四川，北京，浙江，福建，广西；朝鲜半岛，俄罗斯（远东地区），日本。

赤褐灰蜻中印亚种 *Orthetrum pruinosum neglectum* Rambur, 1842

分布：云南（红河、临沧、西双版纳），福建，江西，广西，广东，海南；南亚，东南亚。

狭腹灰蜻 *Orthetrum sabina* Drury, 1770

分布：云南（全省），浙江，福建，海南；印度，从地中海至亚洲南部到大洋洲广布。

黄翅灰蜻 *Orthetrum testaceum* Burmeister, 1839

分布：云南（昆明、昭通、大理、保山、怒江、红河），陕西，浙江，福建，海南，台湾；其他热带亚洲地区。

鼎异色灰蜻 *Orthetrum triangulare* Selys, 1878

分布：云南（红河）。

曲缘蜻属 *Palpopleura* Rambur, 1842

六斑曲缘蜻 *Palpopleura sexmaculata* Fabricius, 1787

分布：云南（全省），贵州，四川，西藏，河南，江西，广西，湖南，湖北，浙江，福建，广东，香港，海南；阿富汗，孟加拉国，不丹，印度，斯里兰卡，尼泊尔，缅甸，泰国，老挝，柬埔寨，越南。

黄蜻属 *Pantala* Hagen, 1861

黄蜻 *Pantala flavescens* Fabricius, 1798

分布：全国广布；除南极外的所有大陆地区。

长足蜻属 *Phyllothemis* Fraser, 1935

沼长足蜻 *Phyllothemis eltoni* Fraser, 1935

分布：云南（德宏）；缅甸、泰国。

狭翅蜻属 *Potamarcha* Karsch, 1890

湿地狭翅蜻 *Potamarcha congener* Rambur, 1842

分布：云南，广西，福建，广东，海南，香港，台湾；南亚，东南亚，澳大利亚。

暗色狭翅蜻 *Potamarcha obscura* Rambur, 1842

分布：云南（红河、西双版纳），西藏，河南，海南，台湾。

玉带蜻属 *Pseudothemis* Kirby, 1889

玉带蜻 *Pseudothemis zonata* Burmeister, 1839

分布：全国广布；朝鲜半岛，日本，老挝，越南。

红胭蜻属 *Rhodothemis* Ris, 1909

红胭蜻 *Rhodothemis rufa* Rambur, 1842

分布：云南，广东，广西，海南，香港；南亚，东南亚。

丽翅蜻属 *Rhyothemis* Hagen, 1867

黑丽翅蜻 *Rhyothemis fuliginosa* Selys, 1883
分布：云南（德宏），贵州，西藏，北京，河南，天津，广西，湖南，浙江，江西，福建，广东，香港，海南；朝鲜半岛，日本。

青铜丽翅蜻 *Rhyothemis obsolescens* Kirby, 1889
分布：云南（德宏），海南；东南亚。

臀斑丽翅蜻 *Rhyothemis phyllis* Sulzer, 1776
分布：云南（西双版纳）；东南亚，大洋洲，太平洋岛屿。

曜丽翅蜻 *Rhyothemis plutonia* Selys, 1883
分布：云南（德宏、红河、西双版纳），广西，海南；南亚，东南亚。

三角丽翅蜻 *Rhyothemis triangularis* Kirby, 1889
分布：云南（德宏），广西，广东，海南，福建，香港，台湾；南亚，东南亚。

斑丽翅蜻多斑亚种 *Rhyothemis variegata arria* Drury, 1773
分布：云南（红河、临沧、普洱），山东，广西，广东，浙江，安徽，海南，福建，香港，台湾；日本，越南。

斑丽翅蜻指名亚种 *Rhyothemis variegata variegata* Linnaeus, 1763
分布：云南（临沧）；孟加拉国，印度，斯里兰卡，尼泊尔，缅甸，泰国，老挝，柬埔寨。

赤蜻属 *Sympetrum* Newman, 1833

大赤蜻 *Sympetrum baccha* Selys, 1884
分布：云南（昆明、曲靖、玉溪），贵州，四川，河南，山东，浙江，安徽，福建，台湾。

大理赤蜻 *Sympetrum daliensis* Zhu, 1999
分布：云南（大理）。

夏赤蜻 *Sympetrum darwinianum* Selys, 1883
分布：云南（昆明、大理、怒江、红河），四川，福建，广西；朝鲜半岛，日本。

竖眉赤蜻多纹亚种 *Sympetrum eroticum ardens* McLachlan, 1894
分布：云南（红河、西双版纳），贵州，四川，重庆，安徽，湖北，湖南，浙江，福建，广东，台湾；越南。

眉斑赤蜻 *Sympetrum eroticum eroticum* Selys, 1883
分布：云南（红河），贵州，四川，山西，河南，广西，江苏，湖南，浙江，安徽，福建。

方氏赤蜻 *Sympetrum fonscolombii* Selys, 1840
分布：云南（昆明、玉溪、大理、文山），除西北外全国其他地区广布；亚洲其他地区，欧洲，非洲。

旭光赤蜻 *Sympetrum hypomelas* Selys, 1884
分布：云南；孟加拉国，印度，尼泊尔，缅甸。

黄腿赤蜻 *Sympetrum imitans* Selys
分布：云南（昆明），北京。

东方赤蜻 *Sympetrum orientale* Selys, 1883
分布：云南（保山、迪庆）；印度。

双横赤蜻 *Sympetrum parvulum* (Bartenev, 1912)
分布：云南（大理），福建。

黄基赤蜻微斑亚种 *Sympetrum speciosum haematoneura* Fraser, 1924
分布：云南（大理、保山、德宏、红河），西藏；印度，尼泊尔。

黄基赤蜻指名亚种 *Sympetrum speciosum speciosum* Oguma, 1915
分布：除西北外全国其他地区广布；朝鲜半岛，日本，越南。

条斑赤蜻喜马亚种 *Sympetrum striolatum commixtum* Selys, 1884
分布：云南（大理、保山）；不丹，印度，尼泊尔。

方蜻属 *Tetrathemis* Brauer, 1868

钩尾方蜻 *Tetrathemis irregularis* Brauer, 1868
分布：云南（德宏、临沧、西双版纳）；东南亚，澳大利亚。

宽翅方蜻 *Tetrathemis platyptera* Selys, 1878
分布：云南（红河、西双版纳），广西，安徽，江苏，浙江，福建，广东，海南；印度，缅甸，泰国，老挝，柬埔寨，越南，马来西亚，新加坡，印度尼西亚。

云斑蜻属 *Tholymis* Hagen, 1867

云斑蜻 *Tholymis tillarga* Fabricius, 1798
分布：云南（红河、怒江、临沧、西双版纳），西藏，福建，广东，广西，海南，香港，台湾；亚洲其他地区，非洲，大洋洲。

斜痣蜻属 *Tramea* Hagen, 1861

浅色斜痣蜻 *Tramea basilaris burmeisteri* Kirby, 1889
分布：云南（德宏、红河、西双版纳），广西；印度，东南亚，日本。

中华斜痣蜻 *Tramea chinensis* Geer, 1773
分布：云南（昆明、临沧），四川，广西，北京，江苏，湖南，浙江，安徽，福建。
海神斜痣蜻微斑亚种 *Tramea transmarina euryale* Selys, 1878
分布：云南，广东，海南，香港，台湾；东南亚，日本。
华斜痣蜻 *Tramea virginia* Rambur, 1842
分布：除西北外全国其他地区广布；朝鲜半岛，日本，东南亚。

褐蜻属 *Trithemis* Brauer, 1868

晓褐蜻 *Trithemis aurora* Burmerister, 1839
分布：云南（大理、怒江、红河、文山、临沧、普洱、西双版纳），广西，广东，海南；日本，南亚，东南亚。
庆褐蜻 *Trithemis festiva* Rambur, 1842
分布：云南（红河、文山、怒江、德宏、临沧、西双版纳），广西，广东，台湾；欧洲，南亚，东南亚。
灰脉褐蜻 *Trithemis pallidinervis* Kirby, 1889
分布：云南，广东，广西，海南，香港，台湾；南亚，东南亚。

曲钩脉蜻属 *Urothemis* Brauer, 1868

赤斑曲钩脉蜻微斑亚种 *Urothemis signata insignata* Selys, 1872
分布：云南（德宏）；马来群岛。
赤斑曲钩脉蜻指名亚种 *Urothemis signata signata* (Rambur, 1842)
分布：云南（文山、红河）。

虹蜻属 *Zygonyx* Hagen, 1867

朝比奈虹蜻 *Zygonyx asahinai* Matsuki & Saito, 1995
分布：云南，贵州，湖北，福建，广东，广西，香港；越南。
彩虹蜻 *Zygonyx iris insignis* Kirby, 1900
分布：云南（红河），贵州，福建，广东，广西，海南，香港；南亚，东南亚。
高砂虹蜻 *Zygonyx takasago* Asahina, 1966
分布：云南，贵州，浙江，广东，广西，海南，台湾；老挝，越南。

开臀蜻属 *Zyxomma* Rambur, 1842

细腹开臀蜻 *Zyxomma petiolatum* Rambur, 1842
分布：云南，福建，广东，广西，海南，香港，台湾；南亚，东南亚，大洋洲。

大伪蜻科 Macromiidae

丽大伪蜻属 *Epophthalmia* Burmeister, 1839

闪蓝丽大伪蜻 *Epophthalmia elegans* Brauer, 1865
分布：云南（昆明、大理、保山、文山、德宏），四川，湖南，广东；朝鲜半岛，俄罗斯（远东地区），老挝，越南，菲律宾。
黄斑丽大伪蜻 *Epophthalmia frontalis* Selys, 1871
分布：云南（德宏、西双版纳）；印度，尼泊尔，缅甸，泰国，柬埔寨，老挝。

大伪蜻属 *Macromia* Rambur, 1842

伯兰大伪蜻 *Macromia berlandi* Lieftinck, 1941
分布：云南，广西，广东，福建，海南，香港；越南。
笛尾大伪蜻 *Macromia calliope* Ris, 1916
分布：云南，广西，广东，海南；老挝，越南。
泰国大伪蜻 *Macromia chaiyaphumensis* Hämäläinen, 1986
分布：云南（西双版纳）；泰国，柬埔寨，老挝。
海神大伪蜻 *Macromia clio* Ris, 1916
分布：云南（红河），贵州，浙江，福建，广西，广东，海南，台湾；日本，越南。
褐蓝大伪蜻 *Macromia cupricincta* Fraser, 1924
分布：云南（西双版纳）；印度，缅甸，泰国，柬埔寨，老挝。
大斑大伪蜻 *Macromia daimoji* Okumura, 1949
分布：云南（红河），贵州，广东，广西，海南，台湾；朝鲜半岛，日本，俄罗斯（远东地区），越南。
黄斑大伪蜻 *Macromia flavocolorata* Fraser, 1922
分布：云南（临沧、德宏、西双版纳）；印度，尼泊尔，泰国，老挝，缅甸。
克氏大伪蜻 *Macromia kiautai* Zhou, Wang, Shuai & Liu, 1994
分布：云南（德宏）。
莫氏大伪蜻指名亚种 *Macromia moorei moorei* Selys, 1874
分布：云南（昆明、大理、保山、普洱、德宏），贵州，四川，湖北，广西；南亚。
莫氏大伪蜻马来亚种 *Macromia moorei malayana* Laidlaw, 1928
分布：云南（德宏、临沧、普洱、西双版纳），广西，广东，海南；南亚，东南亚。

褐面大伪蜻 *Macromia pinratani vietnamica* Asahina, 1996
分布：云南（普洱、红河、西双版纳）；老挝，越南。
沙天马大伪蜻 *Macromia septima* Martin, 1904
分布：云南（普洱、西双版纳），福建，广东，海南；泰国，老挝，越南，印度尼西亚。
天王大伪蜻 *Macromia urania* Ris, 1916
分布：云南（红河），贵州，福建，广西，广东，海南，香港，台湾；日本，越南。
万荣大伪蜻 *Macromia vangviengensis* Yokoi & Mitamura, 2002
分布：云南（普洱）；老挝。
云南大伪蜻 *Macromia yunnanensis* Zhou, Luo, Hu & Wu, 1993
分布：云南，浙江。

综蜻科 Synthemistidae

异伪蜻属 *Idionyx* Hagen, 1867

朝比奈异伪蜻 *Idionyx asahinai* Karube, 2011
分布：云南（红河）；越南。
郁异伪蜻 *Idionyx claudia* Ris, 1912
分布：云南（红河），贵州，浙江，福建，广西，广东，香港。
三角异伪蜻 *Idionyx optata* Selys, 1878
分布：云南（普洱、西双版纳）；印度，泰国，老挝。
赛丽异伪蜻 *Idionyx selysi* Fraser, 1926
分布：云南（临沧、普洱、西双版纳）；缅甸，泰国，老挝。
黄面异伪蜻 *Idionyx stevensi* Fraser, 1924
分布：云南（保山、德宏）；印度，尼泊尔。
威异伪蜻 *Idionyx victor* Hämäläinen, 1991
分布：云南（红河），福建，广西，广东，海南，香港；越南。
云南异伪蜻 *Idionyx yunnanensis* Zhou, Wang, Shuai & Liu, 1994
分布：云南（德宏、临沧）。

中伪蜻属 *Macromidia* Martin, 1907

黑尾中伪蜻 *Macromidia genialis* Laidlaw, 1923
分布：云南（西双版纳）；缅甸，泰国，老挝，马来西亚，新加坡，印度尼西亚。
飓中伪蜻 *Macromidia rapida* Martin, 1907
分布：云南（红河），广东，广西，海南，香港；泰国，老挝，越南。

色蟌科 Calopterygidae

基色蟌属 *Archineura* Kirby, 1894

霜基色蟌 *Archineura hetaerinoides* Fraser, 1933
分布：云南（红河、普洱），广西；老挝，越南。
赤基色蟌 *Archineura incarnata* Karsch, 1891
分布：云南，贵州，四川，重庆，河北，江西，浙江，广东，湖南，广西，湖北，福建。

暗色蟌属 *Atrocalopteryx* Dumont, Vanfleteren, De Jonckheere & Weekers, 2005

黑暗色蟌 *Atrocalopteryx atrata* Selys, 1853
分布：除西北外全国其他地区广布；日本，朝鲜半岛，俄罗斯（远东地区）。
越南暗色蟌 *Atrocalopteryx coomani* Fraser, 1935
分布：云南（红河）；老挝，越南。
褐带暗色蟌 *Atrocalopteryx fasciata* Yang, Hämäläinen & Zhang, 2014
分布：云南（德宏、保山、普洱）；老挝。
黑顶暗色蟌 *Atrocalopteryx melli* Ris, 1912
分布：云南（文山）。
透顶暗色蟌 *Atrocalopteryx oberthueri* McLachlan, 1894
分布：云南（保山、大理、丽江），四川，广西。

闪色蟌属 *Caliphaea* Hagen, 1859

昂卡闪色蟌 *Caliphaea angka* Hämäläinen, 2003
分布：云南（大理）；泰国。
绿闪色蟌 *Caliphaea confusa* Hagen, 1859
分布：云南（红河、大理、保山、怒江），贵州，四川，河南，湖北，江西，浙江，湖南，广西，福建，广东；不丹，印度，尼泊尔，缅甸，老挝，越南。
紫闪色蟌 *Caliphaea consimilis* Mclachlan, 1894
分布：云南（大理、红河、文山、西双版纳），贵州，四川，甘肃，河南，浙江，湖北，广西，江西。
荷氏闪色蟌 *Caliphaea hermannkunzi* Zhang & Hämäläinen, 2020
分布：云南（楚雄）。
泰国闪色蟌 *Caliphaea thailandica* Asahina, 1976
分布：云南（普洱）；老挝，泰国，越南。

色蟌属 *Calopteryx* Leach, 1815

老挝色蟌 *Calopteryx laosica* Fraser, 1933
分布：云南（德宏、红河）；老挝。

亮翅色蟌属 *Echo* Selys, 1853

白背亮翅色蟌 *Echo candens* Zhang, Hämäläinen & Cai, 2015

分布：云南（德宏）；缅甸。

黑顶亮翅色蟌 *Echo margarita* Selys, 1853

分布：云南（德宏、西双版纳）；印度，缅甸。

单脉色蟌属 *Matrona* Selys, 1853

透顶单脉色蟌 *Matrona basilaris* Selys, 1853

分布：云南（昆明、文山、昭通），北京，江西，福建，广西；印度。

黑单脉色蟌 *Matrona nigripectus* Selys, 1879

分布：云南（大理），贵州，四川，西藏，新疆，北京，山西，陕西，河北，河南，湖北，安徽，江苏，江西，浙江，广西，湖南，福建，广东，海南，台湾；印度，日本，越南，老挝，孟加拉国。

绿色蟌属 *Mnais* Selys, 1853

安氏绿色蟌 *Mnais andersoni* McLachlan, 1873

分布：云南（德宏、普洱、西双版纳），贵州，四川，河南，湖北，江西，浙江，安徽，福建，广东，海南；缅甸，泰国，老挝，越南。

黄翅绿色蟌 *Mnais auripennis* Needham, 1930

分布：云南（大理、文山、红河），贵州，四川，山西，甘肃，江西，浙江，安徽，福建，广东，海南，台湾；日本。

亮翅绿色蟌 *Mnais maclachlani* Fraser, 1924

分布：云南（昆明、丽江、迪庆、红河、大理、德宏），贵州，四川，陕西，浙江，安徽。

烟翅绿色蟌 *Mnais mneme* Ris, 1916

分布：云南（红河、大理、怒江、丽江、迪庆），福建，广西，广东，海南，香港；柬埔寨，老挝，越南。

红痣绿色蟌 *Mnais icteroptera* Fraser, 1929

分布：云南（红河），安徽，浙江，广东，福建；越南。

艳色蟌属 *Neurobasis* Selys, 1853

华艳色蟌 *Neurobasis chinensis* Linnaeus, 1758

分布：云南（玉溪、保山、红河、普洱、临沧、德宏、西双版纳），贵州，江西，安徽，广西，福建，广东，海南，香港，台湾；印度，南亚，东南亚。

爱色蟌属 *Noguchiphaea* Asahina, 1976

美子爱色蟌 *Noguchiphaea yoshikoae* Asahina, 1976

分布：云南（德宏、红河、西双版纳）；泰国，越南。

黄细色蟌属 *Vestalaria* May, 1935

透翅黄细色蟌 *Vestalaria smaragdina* Selys, 1879

分布：云南（西双版纳），西藏；印度，缅甸，泰国，老挝，越南。

细色蟌属 *Vestalis* Selys, 1853

多横细色蟌 *Vestalis gracilis* Rambur, 1842

分布：云南（红河、普洱、德宏、临沧、玉溪、西双版纳）；不丹，印度，尼泊尔，缅甸，泰国，老挝，柬埔寨，越南，马来西亚，新加坡。

鼻蟌科 Chlorocyphidae

圣鼻蟌属 *Aristocypha* Laidlaw, 1950

黄脊圣鼻蟌 *Aristocypha fenestrella* Rambur, 1842

分布：云南（昆明、玉溪、普洱、德宏、红河、西双版纳），贵州，广西，海南；缅甸，印度，泰国，柬埔寨，老挝，越南，马来西亚，新加坡。

喜圣鼻蟌 *Aristocypha hilaryae* Fraser, 1917

分布：云南（大理）；缅甸。

蓝纹圣鼻蟌 *Aristocypha iridea* Selys, 1891

分布：云南（德宏、文山）；缅甸，泰国，老挝，印度。

四斑圣鼻蟌 *Aristocypha quadrimaculata* Selys, 1853

分布：云南（德宏）；孟加拉国，印度，尼泊尔，不丹，缅甸。

阳鼻蟌属 *Heliocypha* Fraser, 1949

月斑阳鼻蟌 *Heliocypha biforata* Selys, 1859

分布：云南（红河、临沧、西双版纳），广西，海南；印度，尼泊尔，缅甸，泰国，柬埔寨，老挝，越南，马来西亚，新加坡。

三斑阳鼻蟌 *Heliocypha perforata* Percheron, 1835

分布：云南（红河、文山、德宏、西双版纳），贵州，浙江，福建，安徽，广西，广东，海南，香港，台湾；印度，缅甸，泰国，柬埔寨，老挝，越南，马来西亚，新加坡。

云南太阳鼻蟌 *Heliocypha yunnanensis* Zhou & Zhou, 2004

分布：云南（文山）。

隐鼻蟌属 *Heterocypha* Laidlaw, 1950

印度隐鼻蟌 *Heterocypha vitrinella* Fraser, 1935

分布：云南（德宏）；印度。

印鼻蟌属 *Indocypha* Fraser, 1949

蓝尾印鼻蟌 *Indocypha cyanicauda* Zhang & Hämäläinen, 2018

分布：云南（临沧、西双版纳）；越南。

卡萨印鼻蟌 *Indocypha katharina* Needham, 1930
分布：云南（红河、普洱），贵州，四川，广西，广东；越南。
红尾印鼻蟌 *Indocypha silbergliedi* Asahina, 1988
分布：云南（西双版纳）；泰国，老挝。
黑白印鼻蟌 *Indocypha vittata* Selys, 1891
分布：云南（普洱、西双版纳）；印度，缅甸，老挝，泰国，越南。

隼蟌属 *Libellago* Selys, 1840

点斑隼蟌 *Libellago lineata* Burmeister, 1839
分布：云南（西双版纳），福建，广西，海南，广东，台湾；南亚，东南亚。

鼻蟌属 *Rhinocypha* Rambur, 1842

黄侧鼻蟌 *Rhinocypha arguta* Hämäläinen & Divasiri, 1997
分布：云南（德宏、红河）；泰国，越南。
线纹鼻蟌 *Rhinocypha drusilla* Needham, 1930
分布：云南（大理、怒江），贵州，重庆，安徽，浙江，广西，广东。

蟌科 Coenagrionidae

狭翅蟌属 *Aciagrion* Selys, 1891

霜蓝狭翅蟌 *Aciagrion approximans* Selys, 1876
分布：云南（红河、德宏），广西，广东，海南，香港；印度，泰国，柬埔寨，越南，印度尼西亚。
赭细蟌 *Aciagrion hisopa* Selys, 1876
分布：云南（红河、普洱），贵州，四川，陕西，湖北，广西，浙江，安徽，福建，台湾；缅甸，老挝，越南，印度，马来西亚。
针尾狭翅蟌 *Aciagrion migratum* Selys, 1876
分布：云南（楚雄），贵州，四川，江西，浙江，福建，广东，广西，海南，台湾；朝鲜半岛，日本。
蓝尾狭翅蟌 *Aciagrion olympicum* Laidlaw, 1919
分布：云南（大理、保山、德宏、普洱），西藏，湖南，江西，广东；不丹，印度，尼泊尔。
森狭翅蟌 *Aciagrion pallidum* Selys, 1891
分布：云南（德宏、西双版纳），广东；南亚，东南亚。

小蟌属 *Agriocnemis* Selys, 1877

蓝斑小蟌 *Agriocnemis clauseni* Fraser, 1922
分布：云南（德宏）；孟加拉国，不丹，印度，尼泊尔，缅甸，泰国。
眼斑小蟌 *Agriocnemis dabreui* Fraser, 1919
分布：云南（大理），江西；缅甸。
杯斑小蟌 *Agriocnemis femina* Brauer, 1868
分布：云南（玉溪、红河、普洱、西双版纳），西南其他地区，华中，华南；日本，南亚，东南亚，大洋洲。
白腹小蟌 *Agriocnemis lacteola* Selys, 1877
分布：云南（红河），四川，河南，江苏，湖南，浙江，江西，广西，福建，广东，海南，香港；孟加拉国，印度，尼泊尔，泰国，柬埔寨，老挝。
樽斑小蟌 *Agriocnemis nana* Laidlaw, 1914
分布：云南（保山、红河、德宏、西双版纳）；东南亚。
蓝唇小蟌 *Agriocnemis rubescens* Selys, 1877
分布：云南（西双版纳）；印度，东南亚。
印度小蟌 *Agriocnemis splendidissima* Laidlaw, 1919
分布：云南（德宏、临沧）；印度，巴基斯坦。
黄尾小蟌 *Agriocnemis pygmaea* Rambur, 1842
分布：云南等西南，华中，华南；日本，南亚，东南亚，大洋洲。

黄蟌属 *Ceriagrion* Selys, 1876

翠胸黄蟌 *Ceriagrion auranticum ryukyuanum* Asahina, 1967
分布：云南（红河），湖北，湖南，浙江，福建，广西，广东，海南，香港，台湾；朝鲜半岛，日本。
天蓝黄蟌 *Ceriagrion azureum* Selys, 1891
分布：云南（红河），广西，广东；印度，尼泊尔，孟加拉国，缅甸，泰国，柬埔寨，老挝，越南。
橙黄蟌 *Ceriagrion chaoi* Schmidt, 1964
分布：云南；缅甸，泰国，柬埔寨，老挝，越南，马来西亚，新加坡。
园尾黄蟌 *Ceriagrion coromandelianum* Fabricius, 1798
分布：云南（文山）；印度，缅甸。
长尾黄蟌 *Ceriagrion fallax* Ris, 1914
分布：云南等西南地区，华中，华南；南亚，东南亚。
短尾黄蟌 *Ceriagrion melanurum* Selys, 1876
分布：云南（昆明、文山、红河），西南其他地区，华中，华南；朝鲜半岛，日本。
柠檬黄蟌 *Ceriagrion indochinense* Asahina, 1967
分布：云南（德宏），海南；泰国，柬埔寨，老挝，越南。

钩尾黄蟌 *Ceriagrion olivaceum* Laidlaw, 1914

分布：云南（德宏、保山、西双版纳），贵州，福建；南亚，东南亚。

蟌属 *Coenagrion* Kirby, 1890

腾冲蟌 *Coenagrion exclamationis* Fraser, 1919

分布：云南（保山、德宏），西藏；不丹，印度，尼泊尔。

绿蟌属 *Enallagma* Charpentier, 1840

心斑绿蟌 *Enallagma cyathigerum* Charpentier, 1840

分布：云南，四川，西藏，陕西，新疆，吉林，黑龙江，内蒙古，宁夏，河北；欧洲，北美洲，亚洲大部分温带地区。

火蟌属 *Huosoma* Guan，Dumont, Yu, Han & Vierstraete, 2013

阔叶火蟌 *Huosoma latiloba* Yu,Yang & Bu, 2008

分布：云南（丽江、大理、保山）。

窄叶火蟌 *Huosoma tinctipenne* McLachlan, 1894

分布：云南（大理），四川；缅甸，不丹。

异痣蟌属 *Ischnura* Charpentier, 1840

东亚异痣蟌 *Ischnura asiatica* Brauer, 1865

分布：云南等西南地区，华北，华中，华南；朝鲜半岛，日本，俄罗斯（远东地区）。

黄腹异痣蟌 *Ischnura aurora* Brauer, 1865

分布：云南（德宏），台湾；日本，南亚，东南亚，大洋洲。

贞洁异痣蟌 *Ischnura praematura* Sanmartí n-Villar & Zhang, 2022

分布：云南（丽江）。

赤斑异痣蟌 *Ischnura rufostigma* Selys, 1876

分布：云南（昆明、玉溪、大理、普洱、红河、德宏、文山、西双版纳、临沧），贵州，四川，福建，广西，广东；南亚，东南亚。

褐斑异痣蟌 *Ischnura senegalensis* Rambur, 1842

分布：云南（玉溪、普洱、文山、红河、西双版纳），西南其他地区，华中，华南；日本，南亚，东南亚，非洲。

妹蟌属 *Mortonagrion* Fraser, 1920

蓝尾妹蟌 *Mortonagrion aborense* Laidlaw, 1914

分布：云南（西双版纳）；印度，泰国，老挝，柬埔寨，越南，缅甸，马来西亚，新加坡，印度尼西亚。

钩斑妹蟌 *Mortonagrion selenion* Ris, 1916

分布：云南，贵州，台湾；朝鲜半岛，日本，俄罗斯（远东地区）。

尾蟌属 *Paracercion* Weekers & Dumont, 2004

挫齿尾蟌 *Paracercion barbatum* (Needham, 1930)

分布：云南（丽江、文山）。

蓝纹尾蟌 *Paracercion calamorum* Ris, 1916

分布：全国广布；朝鲜半岛，俄罗斯（远东地区），日本，南亚，东南亚。

钳尾蟌 *Paracercion dorothea* Fraser, 1924

分布：云南（保山、怒江、丽江、迪庆）。

黑背尾蟌 *Paracercion melanotum* Selys, 1876

分布：全国广布；朝鲜半岛，日本，越南。

捷尾蟌 *Paracercion v-nigrum* (Needham, 1930)

分布：云南，华北，华中，华南；朝鲜半岛，俄罗斯（远东地区），越南。

斑蟌属 *Pseudagrion* Selys, 1876

大斑蟌 *Pseudagrion decorum* Rambur, 1842

分布：云南（保山），安徽；印度，巴基斯坦，中东。

绿斑蟌 *Pseudagrion microcephalum* Rambur, 1842

分布：云南（红河），福建，广东，香港，台湾；日本，南亚，东南亚，大洋洲。

赤斑蟌 *Pseudagrion pruinosum* Burmeister, 1839

分布：云南（保山、西双版纳），贵州，福建，海南，广东，广西，香港；东南亚。

丹顶斑蟌 *Pseudagrion rubriceps* Selys, 1876

分布：云南（红河），贵州，广西，广东，海南，香港；南亚，东南亚。

褐斑蟌 *Pseudagrion spencei* Fraser, 1922

分布：云南（德宏），华中，华南；南亚，越南。

德丽蟌科 Devadattidae

德丽蟌属 *Devadatta* Kirby, 1890

褐顶德丽蟌 *Devadatta ducatrix* Lieftinck, 1969

分布：云南（红河），广西；老挝，越南。

溪蟌科 Euphaeidae

异翅溪蟌属 *Anisopleura* Selys, 1853

康米异翅溪蟌 *Anisopleura comes* Hagen, 1880

分布：云南（西双版纳）。

蓝斑异翅溪蟌 *Anisopleura furcata* Selys, 1891
分布：云南；泰国，缅甸。
斧尾异翅溪蟌 *Anisopleura pelecyphora* Zhang, Hämäläinen & Cai, 2014
分布：云南（普洱、临沧）。
庆元异翅溪蟌 *Anisopleura qingyuanensis* Zhou, 1982
分布：云南，贵州，湖北，湖南，江西，浙江，广西，福建，广东；老挝，越南。
三彩异翅溪蟌 *Anisopleura subplatystyla* Fraser, 1927
分布：云南（红河、西双版纳）；印度，尼泊尔，不丹，泰国，越南。
云南异翅溪蟌 *Anisopleura yunnanensis* Zhu & Zhou, 1999
分布：云南（大理、怒江），广西，浙江，福建；印度。

黄翅溪蟌属 *Allophaea* Fraser, 1929

黄翅溪蟌 *Allophaea ochracea* Selys, 1859
分布：云南（普洱、保山、怒江、西双版纳），安徽，海南，广东；印度。

尾溪蟌属 *Bayadera* Selys, 1853

钳尾溪蟌 *Bayadera forcipata* Needham, 1930
分布：云南（大理、保山），四川，浙江。
墨端尾溪蟌 *Bayadera hatvan* Hämäläinen & Kompier, 2015
分布：云南（普洱）；越南。
透翅尾溪蟌 *Bayadera hyalina* Selys, 1879
分布：云南（大理），贵州，四川；印度，泰国，老挝，越南。
印尾溪蟌 *Bayadera indica* Selys, 1853
分布：云南（文山）；印度。
科氏尾溪蟌 *Bayadera kirbyi* Wilson & Reells, 2001
分布：云南（红河），海南。
巨齿尾溪蟌 *Bayadera melanopteryx* Ris, 1912
分布：云南（昭通），西南其他地区，西北，华中，华南。
锯齿尾溪蟌 *Bayadera serrata* Davies & Yang, 1996
分布：云南（大理、普洱、西双版纳）；泰国，老挝，越南。
条斑尾溪蟌 *Bayadera strigata* Davies & Yang, 1996
分布：云南（大理、保山）。

隐溪蟌属 *Cryptophaea* Hämäläinen, 2003

优雅隐溪蟌 *Cryptophaea saukra* Hämäläinen, 2003
分布：云南（普洱）；泰国。
越南隐溪蟌 *Cryptophaea vietnamensis* van Tol & Rozendaal, 1995
分布：云南（红河），广西；老挝，越南。
云南隐溪蟌 *Cryptophaea yunnanensis* Davies & Yang, 1996
分布：云南（普洱、西双版纳），贵州。

暗溪蟌属 *Dysphaea* Selys, 1853

黑斑暗溪蟌 *Dysphaea basitincta* Martin, 1904
分布：云南（红河），广西，海南；越南。
华丽暗溪蟌 *Dysphaea gloriosa* Fraser, 1938
分布：云南（西双版纳），海南；印度，不丹，泰国，柬埔寨，老挝，越南。
浩淼暗溪蟌 *Dysphaea haomiao* Hämäläinen, 2012
分布：云南（红河），贵州，广西；越南。

溪蟌属 *Euphaea* Selys, 1840

方带暗溪蟌 *Euphaea decorata* Hagen, 1853
分布：云南，华南；越南。
透顶溪蟌 *Euphaea masoni* Selys, 1879
分布：云南（普洱、红河、文山、西双版纳）；印度，缅甸，泰国，柬埔寨，老挝，越南。
黄翅暗溪蟌 *Euphaea ochracea* Selys, 1859
分布：云南（红河）；南亚，东南亚。
褐翅溪蟌 *Euphaea opaca* Selys, 1853
分布：云南（红河、普洱、西双版纳），安徽，浙江，福建，广东，海南，香港。
宽带溪蟌 *Euphaea ornata* Campion, 1924
分布：云南（文山），广西，广东，福建，海南。

丝蟌科 Lestidae

印丝蟌属 *Indolestes* Fraser, 1922

黄面印丝蟌 *Indolestes assamicus* Fraser, 1930
分布：云南（昆明、楚雄、大理、保山、丽江、普洱、红河）；印度。
黑脊赭丝蟌 *Indolestes birmanus* Selys, 1891
分布：云南（普洱、文山、玉溪、西双版纳），河南；缅甸，越南。
蓝腹赭丝蟌 *Indolestes coerulea* Fraser, 1924
分布：云南（德宏）。
外齿赭丝蟌 *Indolestes extraneus* Needham, 1930
分布：云南（昆明），湖北，浙江，江西，福建。

斑脊印丝蟌 *Indolestes gracilis* Hagen, 1862

分布：云南（普洱、西双版纳）。

奇印丝蟌 *Indolestes peregrinus* Ris, 1916

分布：云南（昆明、怒江），贵州，安徽，江苏，江西，浙江，福建，广东，台湾；朝鲜半岛，日本。

丝蟌属 *Lestes* Leach, 1815

多罗丝蟌 *Lestes dorothea* Fraser, 1924

分布：云南（德宏、保山、西双版纳）；不丹，印度，尼泊尔，泰国，越南，马来西亚，新加坡。

蕾尾丝蟌 *Lestes nodalis* Selys, 1891

分布：云南（普洱、保山、德宏、西双版纳），河南，广西，广东，香港，台湾；印度，缅甸，泰国，柬埔寨，老挝。

艳丽丝蟌 *Lestes sponsa* Hansemann, 1823

分布：云南（迪庆）。

舟尾丝蟌 *Lestes praemorsus* Hagen, 1862

分布：云南（红河、楚雄），四川，浙江，福建，海南，广东，香港，台湾；南亚，东南亚，巴布亚新几内亚。

锯尾丝蟌 *Lestes umbrina* Selys, 1891

分布：云南（大理），广西，海南。

长痣丝蟌属 *Orolestes* McLachlan, 1895

长痣丝蟌 *Orolestes selysi* McLachlan, 1895

分布：云南（普洱、红河、西双版纳），广西，海南，台湾；印度，老挝，越南。

山蟌科 Megapodagrionidae

藏山蟌属 *Mesopodagrion* McLachlan, 1896

藏山蟌 *Mesopodagrion tibetanum* McLachlan, 1896

分布：云南（丽江、迪庆、大理、怒江），贵州，四川，西藏，河南，陕西，浙江；缅甸，越南，印度。

大溪蟌科 Philogangidae

大溪蟌属 *Philoganga* Kirby, 1890

壮大溪蟌指名亚种 *Philoganga robusta robusta* Navás, 1936

分布：云南，贵州，四川，河南，河北，湖南，江西，浙江，福建，广西，广东，海南；越南。

大溪蟌 *Philoganga vetusta* Ris, 1912

分布：云南（红河），贵州，四川，湖南，江西，浙江，广西，福建，广东，海南，香港；老挝，越南。

扇蟌科 Platycnemididae

丽扇蟌属 *Calicnemia* Strand, 1928

古蔺丽扇蟌 *Calicnemia gulinensis* Yu & Bu, 2008

分布：云南（昭通），四川，重庆，湖北。

赭腹丽扇蟌 *Calicnemia erythromelas* Selys, 1891

分布：云南（德宏、普洱、临沧、红河、西双版纳），贵州；缅甸，泰国，老挝，印度。

朱腹丽扇蟌 *Calicnemia eximia* Selys, 1863

分布：云南（全省），贵州，四川，西藏，广西，安徽，福建，海南，广东，香港，台湾；印度，南亚，东南亚，巴布亚新几内亚。

灰丽扇蟌 *Calicnemia imitans* Lieftinck, 1948

分布：云南（德宏）；印度，缅甸，泰国，老挝，越南。

迈尔丽扇蟌 *Calicnemia miles* Laidlaw, 1917

分布：云南，西藏，广西；印度，缅甸，泰国，老挝，越南。

黑袜丽扇蟌 *Calicnemia soccifera* Yu & Chen, 2013

分布：云南（红河）；越南。

华丽扇蟌 *Calicnemia sinensis* Lieftinck, 1984

分布：云南（文山、西双版纳），浙江，广东，福建，香港。

长腹扇蟌属 *Coeliccia* Kirby, 1890

金脊长腹扇蟌 *Coeliccia chromothorax* Selys, 1891

分布：云南（红河、大理、西双版纳），福建，广西，江西；缅甸，泰国，老挝，越南。

黄纹长腹扇蟌 *Coeliccia cyanomelas* Ris, 1912

分布：云南等西南地区，西北，华中，华南；印度。

四斑长腹扇蟌 *Coeliccia didyma* Selys, 1863

分布：云南（德宏），贵州，四川，西藏，陕西，河南，广西，浙江，安徽，江西，福建；印度，缅甸，泰国，老挝，马来西亚，新加坡。

蓝黑长腹扇蟌 *Coeliccia furcata* Hämaläinen, 1986

分布：云南（德宏），安徽；缅甸。

蓝斑长腹扇蟌 *Coeliccia loogali* Fraser, 1932

分布：云南（德宏、临沧、普洱、文山、玉溪、保山、西双版纳），贵州；印度，尼泊尔，缅甸，泰国，老挝。

蓝脊长腹扇蟌 *Coeliccia poungyi* Fraser, 1924

分布：云南（大理、保山、文山、临沧、普洱、西双版纳），贵州，广西，江西；缅甸，泰国，老挝。

黄蓝长腹扇蟌 *Coeliccia pyriformis* Laidlaw, 1932

分布：云南（红河），广西；越南。

佐藤长腹扇蟌 *Coeliccia satoi* Asahina, 1997
分布：云南（普洱、西双版纳），贵州；越南。
截斑长腹扇蟌 *Coeliccia scutellum* Laidlaw, 1932
分布：云南（红河）；老挝，越南。
双色长腹扇蟌 *Coeliccia svihleri* Asahina, 1970
分布：云南（德宏）；印度，缅甸。
铜壁关长腹扇蟌 *Coeliccia tongbiguan* Dow & Zhang, 2020
分布：云南（德宏）。
云南长腹扇蟌 *Coeliccia yunnanensis* Dow & Zhang, 2020
分布：云南（德宏）。

狭扇蟌属 *Copera* Kirby, 1890

毛狭扇蟌 *Copera ciliata* Selys, 1863
分布：云南（全省），贵州，广西，广东，香港，台湾；南亚，东南亚。
黄狭扇蟌 *Copera marginipes* Rambur, 1842
分布：云南（红河、保山、西双版纳），贵州，陕西，安徽，浙江，江西，广西，福建，广东，海南，香港，台湾；南亚，东南亚。
褐狭扇蟌 *Copera vittata* Selys, 1863
分布：云南（德宏、普洱、西双版纳），海南；南亚，东南亚。

印扇蟌属 *Indocnemis* Laidlaw, 1917

黑背印扇蟌 *Indocnemis ambigua* (Asahina, 1997)
分布：云南，广西。
印扇蟌 *Indocnemis orang* Förster, 1907
分布：云南（文山），贵州，湖北，湖南，浙江，广西，福建，广东；孟加拉国，印度，泰国，老挝，越南，马来西亚，缅甸，新加坡。

同痣蟌属 *Onychargia* Selys, 1865

毛面同痣蟌 *Onychargia atrocyana* Selys, 1865
分布：云南（德宏、普洱、西双版纳），海南，广东，香港，台湾；南亚，东南亚。

扇蟌属 *Platycnemis* Burmeister, 1839

叶足扇蟌 *Platycnemis phyllopoda* Djakonov, 1926
分布：云南（昆明），重庆，黑龙江，辽宁，北京，湖南，河南，山东，天津，湖北，江苏，江西，上海，浙江；朝鲜半岛，俄罗斯（远东地区）。

微桥原蟌属 *Prodasineura* Cowley, 1934

金脊微桥原蟌 *Prodasineura auricolor* Fraser, 1927
分布：云南（西双版纳）；缅甸，印度，泰国。
乌微桥原蟌 *Prodasineura autumnalis* Fraser, 1922
分布：云南，广西，广东，海南，香港，台湾；东南亚。
黑微桥原蟌 *Prodasineura nigra* Fraser, 1922
分布：云南；印度，缅甸，尼泊尔。
黄条微桥原蟌 *Prodasineura sita* Kirby, 1893
分布：云南，福建，海南，广东；印度，斯里兰卡。
赤微桥原蟌 *Prodasineura verticalis* Selys, 1860
分布：云南，广西；印度，老挝，马来西亚，缅甸。

Pseudocopera Fraser, 1922

***Pseudocopera annulata* (Selys, 1863)**
分布：云南（玉溪、西双版纳），贵州，四川，重庆，北京，陕西，湖北，浙江，安徽，湖南，广西，福建，广东，台湾；朝鲜半岛，日本。

扁蟌科 Platystictidae

原扁蟌属 *Protosticta* Selys, 1885

卡罗原扁蟌 *Protosticta caroli* van Tol, 2008
分布：云南（红河、西双版纳）；柬埔寨，老挝，越南。
奇异原扁蟌 *Protosticta curiosa* Fraser, 1934
分布：云南（临沧、西双版纳）。
暗色原扁蟌 *Protosticta grandis* Asahina, 1985
分布：云南（红河）；泰国，柬埔寨，老挝，越南。
泰国原扁蟌 *Protosticta khaosoidaoensis* Asahina, 1984
分布：云南（红河）；泰国，老挝，越南。
郑氏原扁蟌 *Protosticta zhengi* Yu & Bu, 2009
分布：云南（西双版纳）。

云扁蟌属 *Yunnanosticta* Dow & Zhang, 2018

蓝颈云扁蟌 *Yunnanosticta cyaneocollaris* Dow & Zhang, 2018
分布：云南（德宏）。
韦氏云扁蟌 *Yunnanosticta wilsoni* Dow & Zhang, 2018
分布：云南（德宏）。

综蟌科 Synlestidae

绿综蟌属 *Megalestes* Selys, 1862

褐尾绿综蟌 *Megalestes distans* Needham, 1930
分布：云南，贵州，四川，重庆，河南，山西，甘肃，湖北，广西，广东；越南。

郝氏绿综蟌 *Megalestes haui* Wilson & Reels, 2003
分布：云南（文山、红河、普洱），广西；越南。
泰国绿综蟌 *Megalestes kurahashii* Asahina, 1985
分布：云南（德宏、大理、保山、普洱、西双版纳）；印度，泰国。
细腹绿综蟌 *Megalestes micans* Needham, 1930
分布：云南（玉溪、德宏、大理、保山、红河、怒江），贵州，四川，广西；印度，老挝，越南。

Thaumatoneuridae

野蟌属 *Agriomorpha* May, 1933

白尾野蟌 *Agriomorpha fusca* May, 1933
分布：云南（红河），福建，广西，海南，广东，香港；越南。

缅山蟌属 *Burmargiolestes* Kennedy, 1925

黑缅山蟌 *Burmargiolestes melanothorax* Selys, 1891
分布：云南（普洱、西双版纳）；缅甸，泰国，越南，老挝。

扇山蟌属 *Rhipidolestes* Ris, 1912

黄白扇山蟌 *Rhipidolestes owadai* Asahina, 1997
分布：云南（红河），广西；老挝，越南。

襀翅目 Plecoptera

叉襀科 Nemouridae

倍叉襀属 *Amphinemura* Ris, 1902

球端倍叉襀 *Amphinemura apiciglobosa* Li & Yang, 2008
分布：云南（怒江）。
叶端倍叉襀 *Amphinemura apicilobata* Li, Wang & Yang, 2016
分布：云南（保山）。
耳突倍叉襀 *Amphinemura auriculata* Du & Wang, 2007
分布：云南（大理）。
双斑倍叉襀 *Amphinemura bimaculata* Li, Wang & Yang, 2016
分布：云南（保山）。
角叶倍叉襀 *Amphinemura cornuloba* (Wu, 1973)
分布：云南（西双版纳）。
栉刺倍叉襀 *Amphinemura ctenospina* Li & Yang, 2008
分布：云南（怒江）。
齿叶倍叉襀 *Amphinemura dentiloba* (Wu, 1973)
分布：云南（西双版纳）。
排刺倍叉襀 *Amphinemura dispositspina* Du & Wang, 2007
分布：云南（大理）。
丝叶倍叉襀 *Amphinemura fililoba* (Wu, 1973)
分布：云南（西双版纳）。
扇叶倍叉襀 *Amphinemura flabellata* Li & Yang, 2008
分布：云南（红河）。
海南倍叉襀 *Amphinemura hainana* Li & Yang, 2008
分布：云南（怒江），内蒙古，广西，海南；越南。
钩叶倍叉襀 *Amphinemura hamatmicroda* Du & Wang, 2007
分布：云南（大理）。
间臂倍叉襀 *Amphinemura interrupta* Li & Yang, 2008
分布：云南（怒江）。
康氏倍叉襀 *Amphinemura kondratieffi* Li, Yang & Li, 2023
分布：云南（昭通）。
侧囊倍叉襀 *Amphinemura latifollicula* Du & Wang, 2007
分布：云南（保山）。
环突倍叉襀 *Amphinemura macrotubifera* Du & Zhou, 2007
分布：云南（迪庆、保山）。
黑管倍叉襀 *Amphinemura nigritubulata* Li & Yang, 2008
分布：云南（红河）。
椭圆倍叉襀 *Amphinemura oblonga* Rehman, Du & Zhao, 2021
分布：云南（迪庆）。
喙叶倍叉襀 *Amphinemura rostroloba* (Wu, 1962)
分布：云南（西双版纳）。
刚毛倍叉襀 *Amphinemura setosa* Li, Yang & Li, 2023
分布：云南（昭通）。
细刺倍叉襀 *Amphinemura spinellosa* Du & Ji, 2014
分布：云南（迪庆），四川，陕西。
三支倍叉襀 *Amphinemura triramia* (Wu, 1962)
分布：云南（怒江、红河）。
管突倍叉襀 *Amphinemura tubulata* Du & Zhou, 2007
分布：云南（保山）。

印叉蟦属 *Indonemoura* Baumann, 1975

弯刺印叉蟦*Indonemoura curvispina* Li, Wu & Yang, 2017
分布：云南（怒江）。

长钩印叉蟦*Indonemoura longihamata* Bai & Qian, 2022
分布：云南（德宏）。

旋角印叉蟦*Indonemoura spirocornua* Li, Wu & Yang, 2017
分布：云南（怒江）。

三叉印叉蟦*Indonemoura trichotoma* Li & Yang, 2008
分布：云南（迪庆、保山）。

盈江印叉蟦*Indonemoura yingjiangensis* Bai & Qian, 2022
分布：云南（德宏）。

中叉蟦属 *Mesonemoura* Baumann, 1975

迪庆中叉蟦*Mesonemoura diqinga* Rehman, Du & Zhao, 2021
分布：云南（迪庆）。

长鞭中叉蟦*Mesonemoura longiflagellata* Xiao & Qian, 2019
分布：云南（迪庆）。

施氏中叉蟦*Mesonemoura sbordonii* Fochetti & Sezzi, 2000
分布：云南（迪庆）。

肿叶中叉蟦*Mesonemoura tumida* Qian & Du, 2019
分布：云南（大理、迪庆）。

玉龙中叉蟦*Mesonemoura yulongana* Li & Yang, 2009
分布：云南（丽江）。

叉蟦属 *Nemoura* Latreille, 1796

阿氏叉蟦*Nemoura arlingtoni* Wu, 1939
分布：云南。

匙尾叉蟦*Nemoura cochleocercia* Wu, 1962
分布：云南（普洱、怒江、保山），四川。

凹缘叉蟦*Nemoura concava* Li & Yang, 2008
分布：云南（保山）。

叉尾叉蟦*Nemoura furcocauda* Wu, 1973
分布：云南（西双版纳），四川。

张氏叉蟦*Nemoura junhuae* Li & Yang, 2008
分布：云南（红河）。

侧长刺叉蟦*Nemoura latilongispina* Qian, Xiao, Chen & Du, 2018
分布：云南（楚雄）。

圆突叉蟦*Nemoura rotundprojecta* Du & Zhou, 2008
分布：云南（丽江），四川。

多刺叉蟦*Nemoura spinosa* Wu, 1939
分布：云南，贵州，陕西；印度。

三齿叉蟦*Nemoura tridenticula* Li, Wang & Yang, 2012
分布：云南（怒江、迪庆、大理、玉溪）。

云南叉蟦*Nemoura yunnanensis* Wu, 1939
分布：云南。

原叉蟦属 *Protonemura* Kempny, 1898

双突原叉蟦*Protonemura bidigitata* Du & Wang, 2007
分布：云南（大理）。

球尾叉蟦属 *Sphaeronemoura* Shimizu & Sivec, 2001

曲尾球尾叉蟦*Sphaeronemoura campylura* Qian & Du, 2019
分布：云南（昭通）。

钩突球尾叉蟦*Sphaeronemoura hamistyla* (Wu, 1962)
分布：云南（红河）。

昆明球尾叉蟦*Sphaeronemoura kunmingensis* Qian & Du, 2019
分布：云南（昆明）。

黑蟦科 Capniidae

黑蟦属 *Capnia* Pictet, 1841

扁突黑蟦*Capnia oblata* Chen & Du, 2017
分布：云南（迪庆）。

云南黑蟦*Capnia yunnana* Li & Yang, 2011
分布：云南（迪庆），西藏。

球黑蟦属 *Eucapnopsis* Okamoto, 1922

有斑球黑蟦*Eucapnopsis stigmatica* Okamoto, 1922
分布：云南（迪庆），新疆；日本，尼泊尔，巴基斯坦，韩国，中亚。

云南球黑蟦*Eucapnopsis yunnana* Cao, Yang & Li, 2020
分布：云南（迪庆）。

卷蜻科 Leuctridae

拟卷蜻属 *Paraleuctra* Hanson, 1941

东方拟卷蜻*Paraleuctra orientalis* (Chu, 1928)
分布：云南（大理、丽江），四川，河南，陕西，浙江，安徽，湖北；俄罗斯（远东地区）。

诺蜻属 *Rhopalopsole* Klapálek, 1912

短突诺蜻*Rhopalopsole brevidigitata* Qian & Du, 2017
分布：云南（红河）。
齿叶诺蜻*Rhopalopsole dentiloba* (Wu, 1973)
分布：云南（西双版纳）。
峨眉山诺蜻*Rhopalopsole emeishan* Sivec & Harper, 2008
分布：云南（大理），贵州，四川，陕西。
熊脸诺蜻*Rhopalopsole faciursina* Qian & Du, 2017
分布：云南（红河）。
鸡足山诺蜻*Rhopalopsole jizushana* Mo, Wang, Yang & Li, 2018
分布：云南（大理）。
短剑诺蜻*Rhopalopsole siculiformis* Qian & Du, 2012
分布：云南（保山）。
中华诺蜻*Rhopalopsole sinensis* Yang & Yang, 1993
分布：云南（大理），贵州，四川，浙江，江西，福建，湖北，湖南，河南，广东，广西，陕西，宁夏；越南。
云南诺蜻*Rhopalopsole yunnana* Sivec & Harper, 2008
分布：云南（大理、迪庆）。

带蜻科 Taeniopterygidae

驼翅带蜻属 *Kyphopteryx* Kimmins, 1947

锥形驼翅带蜻*Kyphopteryx coniformis* Chen & Du, 2019
分布：云南（迪庆）。
杨氏驼翅带蜻*Kyphopteryx yangi* Du & Chen, 2019
分布：云南（迪庆）。

绿蜻科 Chloroperlidae

长绿蜻属 *Sweltsa* Ricker, 1943

云南长绿蜻*Sweltsa yunnan* Tierno de Figueroa & Fochetti, 2002
分布：云南（迪庆）。

钩绿蜻属 *Suwallia* Ricker, 1943

登巴钩绿蜻*Suwallia dengba* Rehman, Huo & Du, 2022
分布：云南（迪庆），西藏。

蜻科 Perlidae

剑蜻属 *Agnetina* Klapálek, 1907

倍突剑蜻*Agnetina duplistyla* (Wu, 1962)
分布：云南（普洱）。
刀状剑蜻*Agnetina gladiata* (Wu, 1962)
分布：云南（普洱）。
克氏剑蜻*Agnetina kryzhanovskii* Sivec & Zhiltzova, 1997
分布：云南（普洱）。

华蜻属 *Chinoperla* Zwick, 1980

戈氏华蜻*Chinoperla gorohovi* Sivec & Stark, 2010
分布：云南（西双版纳），广东，海南；越南。
长刺华蜻*Chinoperla longispina* Yan & Li, 2022
分布：云南（西双版纳）。
勐满华蜻*Chinoperla mengmanensis* Qian & Du, 2012
分布：云南（西双版纳）。

棒蜻属 *Etrocorema* Klapálek, 1909

云南棒蜻*Etrocorema yunnanensis* Chen, 2020
分布：云南（西双版纳）。

偻蜻属 *Gibosia* Okamoto, 1912

二刺偻蜻*Gibosia bispinata* Wu, 1962
分布：云南（德宏）。

瘤钮蜻属 *Hemacroneuria* Enderlein, 1909

长形瘤钮蜻*Hemacroneuria elongata* Li, Mo & Murányi, 2019
分布：云南（昭通）。
黄边瘤钮蜻*Hemacroneuria flavomarginata* (Wu, 1962)
分布：云南（西双版纳），甘肃，陕西。

钩蜻属 *Kamimuria* Klapálek, 1907

尖刺钩蜻*Kamimuria acutispina* Wu, 1973
分布：云南（红河）。
刘氏钩蜻*Kamimuria liui* (Wu, 1940)
分布：云南，四川，陕西；尼泊尔。

黑色钩蜻*Kamimuria nigrita* (Wu, 1962)
分布：云南（普洱）。
相似钩蜻*Kamimuria similis* Klapálek, 1912
分布：云南；越南。
梯形钩蜻*Kamimuria trapezoidea* Wu, 1962
分布：云南（红河），广西。

新蜻属 *Neoperla* Needham, 1905

卡氏新蜻*Neoperla cavaleriei* (Navás, 1922)
分布：云南（文山、德宏、西双版纳），贵州，河南，河北，广西，广东，台湾；越南，泰国，缅甸。
狄氏新蜻*Neoperla diehli* Sivec, 1985
分布：云南（德宏），海南；印度尼西亚。
高黎贡山新蜻*Neoperla gaoligongshana* Wang, Li & Li, 2022
分布：云南（保山）。
哈氏新蜻*Neoperla hajeki* Wang, Li & Li, 2022
分布：云南（保山）。
赫氏新蜻*Neoperla hubleyi* Stark & Sivec, 2008
分布：云南（德宏），广西；越南。
王氏新蜻*Neoperla lihuae* Li & Murányi, 2014
分布：云南（西双版纳）。
有边新蜻*Neoperla limbatella* Navás, 1933
分布：云南（普洱、德宏），贵州，四川，山东，浙江，江西，湖北，湖南，广西，福建，海南。
路氏新蜻*Neoperla lui* Du & Sivec, 2004
分布：云南（西双版纳），广西。
深褐新蜻*Neoperla obscurofulva* (Wu, 1962)
分布：云南（红河）。
李岩新蜻*Neoperla yanlii* Li & Wang, 2014
分布：云南（红河）。
云南新蜻*Neoperla yunnana* Wang, Murányi & Li, 2014
分布：云南（保山）。

纯蜻属 *Paragnetina* Klapálek, 1907

缺刻纯蜻*Paragnetina indentata* Wu & Claassen, 1934
分布：云南（保山）。

珐蜻属 *Phanoperla* Banks, 1938

曲管珐蜻*Phanoperla pallipennis* (Banks, 1938)
分布：云南，海南。
越南珐蜻*Phanoperla vietnamensis* Zwick, 1986
分布：云南（红河）；越南。
王氏珐蜻*Phanoperla wangi* Wang, Li & Li, 2022
分布：云南（德宏）。
维哥珐蜻*Phanoperla wieng* Sivec & Stark, 2010
分布：云南（西双版纳）；泰国。

瘤蜻属 *Tyloperla* Sivec & Stark, 1988

伊利瘤蜻*Tyloperla illiesi* Stark & Sivec, 2005
分布：云南（红河）；越南。
扁突瘤蜻*Tyloperla planistyla* (Wu, 1973)
分布：云南（西双版纳）。
横形瘤蜻*Tyloperla transversa* (Wu, 1962)
分布：云南（红河）。

刺蜻科 Styloperlidae

爪蜻属 *Cerconychia* Klapálek, 1913

曲刺爪蜻*Cerconychia flectospina* Wu, 1962
分布：云南（红河）；越南。

扁蜻科 Peltoperlidae

刺扁蜻属 *Cryptoperla* Needham, 1909

有刺刺扁蜻*Cryptoperla aculeata* (Wu, 1973)
分布：云南（西双版纳），四川，甘肃。
指状刺扁蜻*Cryptoperla dactylina* Du, 2018
分布：云南（文山）。
杜氏刺扁蜻*Cryptoperla dui* Sivec, 2005
分布：云南（文山），四川。

短扁蜻属 *Peltoperlopsis* Illies, 1966

勐满短扁蜻*Peltoperlopsis mengmanensis* Chen, 2019
分布：云南（西双版纳）。
黑褐短扁蜻*Peltoperlopsis nigrifulva* (Wu, 1962)
分布：云南（普洱）。
箭状短扁蜻*Peltoperlopsis sagittata* Cao, Mo, Li & Murányi, 2019
分布：云南（保山）。

蜚蠊目 Blattodea

褶翅蠊科 Anaplectidae

褶翅蠊属 *Anaplecta* Burmeister, 1838

异褶翅蠊 *Anaplecta anomala* Zhu & Che, 2022
分布：云南（普洱）。

黑肩褶翅蠊 *Anaplecta basalis* Bey-Bienko, 1969
分布：云南（普洱、西双版纳），浙江。
异板褶翅蠊 *Anaplecta bicolor* Deng & Che, 2020
分布：云南（西双版纳）。
纤褶翅蠊 *Anaplecta bombycina* Zhu & Che, 2022
分布：云南（普洱、西双版纳）。
弯钩褶翅蠊 *Anaplecta cruciata* Deng & Che, 2020
分布：云南（普洱、西双版纳）。
长钩褶翅蠊 *Anaplecta longihamata* Zhu & Che, 2022
分布：云南（普洱、西双版纳）。
黑斑褶翅蠊 *Anaplecta nigra* Deng & Che, 2020
分布：云南，西藏。
峨眉褶翅蠊 *Anaplecta omei* Bey-Bienko, 1958
分布：云南（西双版纳），贵州，四川，重庆，湖南，湖北，江苏，江西，浙江，福建，广西，广东。
缘齿褶翅蠊 *Anaplecta serrata* Zhu & Che, 2022
分布：云南（西双版纳）。
浅纹褶翅蠊 *Anaplecta strigata* Deng & Che, 2020
分布：云南（普洱、西双版纳），海南。
豕褶翅蠊 *Anaplecta ungulata* Zhu & Che, 2022
分布：云南（普洱、西双版纳）。

硕蠊科 Blaberidae

糙蠊属 *Anisolampra* Bey-Bienko, 1969

潘氏糙蠊 *Anisolampra panfilovi* Bey-Bienko, 1969
分布：云南（西双版纳），海南，广西。

安弯翅蠊属 *Annamoblatta* Sergeev, 1984

越南安弯翅蠊 *Annamoblatta vietnamica* Sergeev, 1984
分布：云南（德宏），西藏；越南。

短茎光蠊属 *Brephallus* Wang, Zhao, Li, Che & Wang, 2018

斑腹短茎光蠊 *Brephallus tramlapensis* Anisyutkin, 1999
分布：云南（红河）。

彩蠊属 *Caeparia* Stål, 1877

毛彩蠊 *Caeparia donskoffi* Roth, 1979
分布：云南（保山、普洱）。

丽光蠊属 *Calolamprodes* Bey-Bienko, 1969

毕氏丽光蠊 *Calolamprodes beybienkoi* Anisyutkin, 2006
分布：云南（红河）。
光滑丽光蠊 *Calolamprodes laevis* Brunner-Wattenwyl, 1893
分布：云南（红河），广西。

龟蠊属 *Corydidarum* Brunner-Wattenwyl, 1865

近似龟蠊 *Corydidarum fallax* Bey-Bienko, 1969
分布：云南，浙江，湖北，安徽，江西，福建。

米蠊属 *Miopanesthia* Serville, 1895

中华米蠊 *Miopanesthia sinica* Bey-Bienko, 1969
分布：云南（西双版纳）。

弯翅蠊属 *Panesthia* Servile, 1831

狭翅弯翅蠊 *Panesthia angustipennis* Illiger, 1801
分布：云南（德宏、西双版纳），西藏，广西，广东；缅甸，菲律宾，老挝，泰国，越南，印度。
狭翅弯翅蠊阔斑亚种 *Panesthia angusripennis cognavita* Bey-Bienko, 1969
分布：云南（西双版纳），西藏，浙江，江西，广西，海南；越南，老挝，泰国，缅甸，印度。
黄角弯翅蠊 *Panesthia antennata* Brunner, 1893
分布：云南（丽江、保山）；缅甸。
小弯翅蠊 *Panesthia birmanica* Brunner von Wattenwyl, 1893
分布：云南（西双版纳），海南；缅甸，印度，越南，泰国。
幼弯翅蠊 *Panesthia larvata* Bey-Bienko, 1969
分布：云南。
波形弯翅蠊 *Panesthia sinuata* Saussure, 1895
分布：云南（西双版纳），海南；越南，老挝，马来西亚。
拟大弯翅蠊 *Panesthia spadica* Shiraki, 1906
分布：云南（西双版纳），西藏，广东，福建，台湾，湖南；日本。
横弯翅蠊 *Panesthia transversa* Burmeister, 1838
分布：云南；印度尼西亚，马来西亚。
八重山弯翅蠊 *Panesthia yaeyamensis* Asahina, 1988
分布：云南（红河），浙江，福建。

纹蠊属 *Paranauphoeta* Brunner von Wattenwyl, 1865

黑纹蠊 *Paranauphoeta nigra* Bey-Bienko, 1969
分布：云南（德宏）。

冠蠊属 *Pseudoglomeris* Brunner, 1893

镜斑冠蠊 *Pseudoglomeris aerea* Bey-Bienko, 1958
分布：云南（大理、保山）。

半翅冠蠊*Pseudoglomeris angustifolia* Wang & Che, 2011
分布：云南（昆明、大理、玉溪、昭通）。
别边科冠蠊 *Pseudoglomeris beybienkoi* Anisyutkin, 2003
分布：云南（普洱）。
迷冠蠊 *Pseudoglomeris dubia* Hanitsch, 1924
分布：云南（迪庆）。
丽冠蠊 *Pseudoglomeris magnifica* Shelford, 1907
分布：云南（红河），江西。
赤胸冠蠊 *Pseudoglomeris montshadskii* Bey-Bienko, 1969
分布：云南（大理）。
麻冠蠊 *Pseudoglomeris planiuscula* Brunner, 1893
分布：云南（西双版纳）；缅甸。
琢冠蠊 *Pseudoglomeris sculpta* Bey-Bienko, 1958
分布：云南（普洱、西双版纳）。
裂板冠蠊 *Pseudoglomeris semisulcata* Hanitsch, 1924
分布：云南（红河、迪庆、丽江）。
三孔冠蠊小亚种 *Pseudoglomeris valida moderata* Bey-Bienko, 1969
分布：云南（西双版纳），贵州，广西，海南。

拟光蠊属 *Pseudophoraspis* Kirby, 1903

细直拟光蠊 *Pseudophoraspis clavellata* Wang, Wu & Che, 2013
分布：云南（普洱）。
卡氏拟光蠊 *Pseudophoraspis kabakovi* Anisyutkin, 1999
分布：云南（红河、西双版纳）；越南。

大光蠊属 *Rhabdoblatta* Kirby, 1903

三刺大光蠊 *Rhabdoblatta atra* Bey-Bienko, 1970
分布：云南（德宏），广西。
钩口大光蠊 *Rhabdoblatta bazyluki* Bey-Bienko, 1970
分布：云南（怒江）；越南。
贝氏大光蠊 *Rhabdoblatta beybienkoi* Anisyutkin, 2003
分布：云南（红河）。
黑带大光蠊 *Rhabdoblatta brunneonigra* Caudell, 1915
分布：云南，四川，河南，安徽，浙江，江西，湖南，广西，福建。
稠斑大光蠊 *Rhabdoblatta densimaculata* Yang, Wang, Zhou, Wang & Che, 2019
分布：云南（普洱），四川，西藏。
华丽大光蠊 *Rhabdoblatta elegans* Anisyutkin, 2000
分布：云南（红河、保山、西双版纳），广西，江西，广东。
黄褐大光蠊 *Rhabdoblatta fulvida* Jang, 2018
分布：云南（红河）。
凹缘大光蠊 *Rhabdoblatta incisa* Bey-Bienko, 1969
分布：云南（临沧、玉溪、红河、普洱），贵州，广西。
丽大光蠊 *Rhabdoblatta krasnovi* Bey-Bienko, 1969
分布：云南（红河），重庆，广西。
科氏大光蠊 *Rhabdoblatta kryzhanovskii* Bey-Bienko, 1957
分布：云南（红河、怒江、西双版纳），西藏。
云斑大光蠊 *Rhabdoblatta marmorata* Brunner-Wattenwyl, 1893
分布：云南（怒江），西藏；缅甸。
阳刚大光蠊 *Rhabdoblatta mascifera* Bey-Bienko, 1969
分布：云南（西双版纳）。
黑褐大光蠊 *Rhabdoblatta melancholica* Bey-Bienko, 1954
分布：云南（临沧），贵州，四川，重庆，陕西，甘肃，广西，江西，湖南，湖北，浙江，安徽，广东，福建，海南。
黑胫大光蠊 *Rhabdoblatta nigrotibilis* Jang, 2018
分布：云南（红河）。
黑带麻蠊 *Rhabdoblatta nigrovittata* Bey-Bienko, 1954
分布：云南，贵州，四川，重庆，湖南，湖北，广西，浙江，福建，广东。
峨眉大光蠊 *Rhabdoblatta omei* Bey-Bienko, 1958
分布：云南（德宏），四川。
奥氏大光蠊 *Rhabdoblatta orlovi* Anisyutkin, 2000
分布：云南（德宏）。
小大光蠊 *Rhabdoblatta parvula* Bey-Bienko, 1958
分布：云南，四川，浙江，江西，广西，福建。
星翅大光蠊 *Rhabdoblatta regina* Saussure, 1869
分布：云南（怒江），贵州，四川，广西，浙江，安徽，江西，福建；越南。

雷氏大光蠊 *Rhabdoblatta ridleyi* Kirby, 1903
分布：云南（红河）；印度，缅甸，马来西亚。
萨氏大光蠊 *Rhabdoblatta saussurei* Kirby, 1903
分布：云南（西双版纳），广西，广东。
印记大光蠊 *Rhabdoblatta sigillata* Jang, 2018
分布：云南（红河）。
中华大光蠊 *Rhabdoblatta sinensis* Walker, 1869
分布：云南，贵州，四川，广西，安徽，浙江，江西，福建；越南。
波缘大光蠊 *Rhabdoblatta sinuata* Bey-Bienko, 1958
分布：云南（玉溪、红河、普洱、临沧），四川，广东。
拟钩口大光蠊 *Rhabdoblatta similsinuata* Yang, Wang, Zhou, Wang & Che, 2019
分布：云南（玉溪）。
相似大光蠊 *Rhabdoblatta simulans* Anisyutkin, 2000
分布：云南（普洱、德宏），西藏；越南。
白梢大光蠊 *Rhabdoblatta terminata* Kirby, 1903
分布：云南（普洱）。
条纹大光蠊 *Rhabdoblatta vittata* (Brunner, 1865)
分布：云南（西双版纳），贵州，福建；泰国，缅甸。

棒光蠊属 *Rhabdoblattella* Anisyutkin, 2000

***Rhabdoblattella densimaculata* Yang, Wang, Zhou, Wang & Che, 2019**
分布：云南（普洱、大理、丽江、玉溪、保山、怒江），四川，西藏。
异棒光蠊 *Rhabdoblattella disparis* Wang & Wang, 2017
分布：云南（德宏）。
***Rhabdoblattella similsinuata* Yang, Wang, Zhou, Wang & Che, 2019**
分布：云南（普洱、红河）。

木蠊属 Salganea Stål, 1877

异齿木蠊 *Salganea anisodonta* Wang, Shi, Wang & Che, 2014
分布：云南（保山）。
双翅木蠊 *Salganea biglumis* (Saussure, 1895)
分布：云南；印度，菲律宾。
弯尾木蠊 *Salganea flexibilis* Wang & Che, 2014
分布：云南（怒江）。
未木蠊 *Salganea incerta* (Brunner von Wattenwyl, 1893)
分布：云南（德宏），四川，重庆；泰国，缅甸。
爪木蠊 *Salganea raggei* Roth, 1979
分布：云南（德宏、西双版纳），西藏，四川，广东，海南。

麻蠊属 *Stictolampra* Hanitsch, 1930

克氏麻蠊 *Stictolampra krasnovi* Bey-Bienko, 1969
分布：云南（红河、西双版纳），海南。
显凹麻蠊 *Stictolampra incisa* Bey-Bienko, 1969
分布：云南（红河）。
萨氏麻蠊 *Stictolampra saussurei* Kirby, 1903
分布：云南（普洱、西双版纳），台湾，广西；越南。
云南麻蠊 *Stictolampra yunnanica* Jang, 2018
分布：云南（西双版纳）。

蜚蠊科 Blattidae

郝氏蠊属 *Hebardina* Bey-Bienko, 1938

丽都郝氏蠊 *Hebardina concinna* Hann, 1842
分布：云南（保山、红河）。

平板蠊属 *Homalosilpha* Stål, 1874

双弧平板蠊 *Homalosilpha kryzhaneyskii* Bey-Bienko, 1969
分布：云南（临沧）。

斑蠊属 *Neostylopyga* Shelford, 1911

脸谱斑蠊 *Neostylopyga rhombifolia* Stoll, 1813
分布：云南（玉溪），贵州，广西，福建，台湾，海南；日本，菲律宾，马来西亚，斯里兰卡。

水蠊属 *Opisthoplatia* Brunner-Wattenwyl, 1865

东方水蠊 *Opisthoplatia orientalis* Burmeister, 1838
分布：云南，贵州，广西，福建，台湾，广东，海南，香港；日本，越南，印度尼西亚，印度。

大蠊属 *Periplaneta* Burmeister, 1838

美洲大蠊 *Periplaneta americana* Linnaeus, 1758
分布：云南，贵州，重庆，吉林，河北，北京，河南，安徽，江苏，上海，广西，福建，海南，广东，香港；世界其他地区广布。
澳洲大蠊 *Periplaneta australariae* Fabricius, 1775
分布：云南，贵州，福建，台湾，海南，广西；

日本。

褐色大蠊 *Periplaneta brunnea* Burmeister, 1836

分布：云南（昆明），贵州，福建，广西，江西，广东，台湾。

淡翅大蠊 *Periplaneta ceylonica* Karny, 1908

分布：云南（昆明、普洱），上海，江苏。

淡赤褐大蠊 *Periplaneta fallax* Bey-Bienko, 1957

分布：云南（普洱）。

黑胸大蠊 *Periplaneta fuliginosa* Serville, 1838

分布：云南（昆明、普洱），贵州。

鳖蠊科 Corydiidae

贝蠊属 *Beybienkonus* Qiu, Wang & Che, 2019

刺尾贝蠊 *Beybienkonus acuticercus* (Bey-Bienko, 1957)

分布：云南（德宏），西藏。

异板蠊属 *Ctenoneura* Hanitsch, 1925

尖尾异板蠊 *Ctenoneura acuticerca* Bey-Bienko, 1957

分布：云南（德宏）；马来西亚。

延骨异板蠊 *Ctenoneura elongata* Qiu, Che & Wang, 2017

分布：云南（怒江）；缅甸。

旋骨异板蠊 *Ctenoneura helicata* Qiu, Che & Wang, 2017

分布：云南（西双版纳）。

大围异板蠊 *Ctenoneura misera* Bey-Bienko, 1969

分布：云南（红河）。

黄缘异板蠊 *Ctenoneura qiuae* Qiu, Che & Wang, 2017

分布：云南（红河）。

相似异板蠊 *Ctenoneura simulans* Bey-Bienko, 1969

分布：云南（普洱、西双版纳）。

云南异板蠊 *Ctenoneura yunnanea* Bey-Bienko, 1957

分布：云南（德宏）。

浑地鳖属 *Epipolyphaga* Qiu, Che & Wang, 2019

悟空浑地鳖 *Epipolyphaga wukong* Qiu, Che & Wang, 2019

分布：云南（迪庆）。

真鳖蠊属 *Eucorydia* Hebard, 1929

多毛真鳖蠊 *Eucorydia dasytoides* Walk, 1868

分布：云南（昭通、西双版纳），广西，湖南，浙江，福建，海南，台湾；日本，越南。

脐真鳖蠊 *Eucorydia hilaris* (Kirby, 1903)

分布：云南（红河）。

玲珑真鳖蠊 *Eucorydia linglong* Qiu, Che & Wang, 2017

分布：云南（红河），贵州，广西，海南；越南。

疏毛真鳖蠊 *Eucorydia paucipilosa* Woo & Feng, 1986

分布：云南（昭通）。

毛肩真鳖蠊 *Eucorydia pilosa* Qiu, Che & Wang, 2017

分布：云南（普洱、西双版纳）。

丽真鳖蠊 *Eucorydia splendida* Qiu, Che & Wang, 2017

分布：云南（怒江、保山）。

威氏真鳖蠊 *Eucorydia westwoodi* (Gerstaecker, 1861)

分布：云南（德宏）；印度，尼泊尔。

云南真鳖蠊 *Eucorydia yunnanensis* Woo & Feng, 1986

分布：云南（西双版纳），贵州。

真地鳖属 *Eupolyphaga* Chopard, 1929

大围山真地鳖 *Eupolyphaga daweishana* Qiu, Che & Wang, 2018

分布：云南（红河）。

稠斑真地鳖 *Eupolyphaga densiguttata* Feng & Woo, 1988

分布：云南（昆明、大理）。

董氏真地鳖 *Eupolyphaga dongi* Qiu, Che & Wang, 2018

分布：云南（保山）。

冯氏真地鳖 *Eupolyphaga fengi* Qiu, Che & Wang, 2018

分布：云南（楚雄），四川。

冯氏真地鳖玉龙亚种 *Eupolyphaga fengi yongshengensis* Qiu, Che & Wang, 2018

分布：云南（丽江）。

黑暗真地鳖 *Eupolyphaga fusca* Chopard, 1929

分布：云南（昆明、玉溪、大理）。

横断真地鳖 *Eupolyphaga hengduana* Woo & Feng, 1992

分布：云南（丽江）。

淡边真地鳖 *Eupolyphaga limbata* Kirby, 1903

分布：云南（大理），贵州。

斑真地鳖 ***Eupolyphaga maculate*** **Qiu, Che & Wang, 2018**
分布：云南（大理）。
狭缘真地鳖 ***Eupolyphaga nigrifera*** **Qiu, Che & Wang, 2018**
分布：云南（昆明、大理）。
多毛真地鳖 ***Eupolyphaga pilosa*** **Qiu, Che & Wang, 2018**
分布：云南（丽江、迪庆）。
中华真地鳖 ***Eupolyphaga sinensis*** **(Walker, 1868)**
分布：云南（玉溪、红河、西双版纳），贵州，重庆，北京，河北，内蒙古，辽宁，吉林，天津，山西，陕西，宁夏，河南，山东，江苏，湖南，湖北，上海，安徽；俄罗斯（远东地区）。
隐缘真地鳖 ***Eupolyphaga wooi*** **Qiu, Che & Wang, 2018**
分布：云南（昆明、玉溪、保山、临沧）。
云南真地鳖 ***Eupolyphaga yunnanensis*** **Chopard, 1922**
分布：云南（昆明、大理、楚雄、丽江、迪庆），贵州，四川，西藏，甘肃，内蒙古，青海，江西，广西。

蜡蠊属 *Holocompsa* Burmeister, 1838

东洋蜡蠊 ***Holocompsa debilis*** **Walker, 1868**
分布：云南（保山），广西，海南，台湾；日本，越南，斯里兰卡，缅甸，印度尼西亚，菲律宾，巴布亚新几内亚。
张氏蜡蠊 ***Holocompsa zhangi*** **Qiu, Wang & Che, 2020**
分布：云南（德宏）。

纤蠊属 *Sinolatindia* Qiu, Che & Wang, 2016

素色纤蠊 ***Sinolatindia petila*** **Qiu, Che & Wang, 2016**
分布：云南（普洱、西双版纳）。

尾蠊科 Cryptocercidae

隐尾蠊属 *Cryptocercus* Scudder, 1862

柄圆隐尾蠊 ***Cryptocercus arcuatus*** **Wang, Li, Che & Wang, 2015**
分布：云南（迪庆）。
哈巴隐尾蠊 ***Cryptocercus habaensis*** **Che, Wang, Shi, Du, Zhao, Lo & Wang, 2016**
分布：云南（迪庆）。
老君山隐尾蠊 ***Cryptocercus laojunensis*** **Bai, Wang, Wang, Lo & Che, 2018**
分布：云南（丽江）。
滇南隐尾蠊 ***Cryptocercus meridianus*** **Grandcolas & Legendre, 2005**
分布：云南（丽江）。
普达措隐尾蠊 ***Cryptocercus pudacuoensis*** **Bai, Wang, Wang, Lo & Che, 2018**
分布：云南（迪庆）。
维西隐尾蠊 ***Cryptocercus weixiensis*** **Bai, Wang, Wang, Lo & Che, 2018**
分布：云南（迪庆）。

姬蠊科 Ectobiidae

全蠊属 *Allacta* Saussure & Zehntner, 1895

Allacta bifolium **Li & Wang, 2024**
分布：云南（保山）。
双斑全蠊 ***Allacta bimaculata*** **Bey-Bienko, 1969**
分布：云南（西双版纳）。
Allacta bruna **Li & Wang, 2024**
分布：云南（普洱），海南。
Allacta hemiptera **Li & Wang, 2024**
分布：云南（保山），海南。
Allacta lunulara **Li & Wang, 2024**
分布：云南（楚雄）。
饰带全蠊 ***Allacta ornata*** **Bey-Bienko, 1969**
分布：云南，海南。
Allacta redacta **Li & Wang, 2024**
分布：云南（红河）。
壮全蠊 ***Allacta robusta*** **Bey-Bienko, 1969**
分布：云南（普洱），海南。
Allacta unicaudata **Li & Wang, 2024**
分布：云南（红河）。

伪褶翅蠊属 *Anaplectoidea* Shelford, 1906

卷翅蠊 ***Anaplectoidea nitida*** **Shelford, 1906**
分布：云南（西双版纳）。
突卷翅翅蠊 ***Anaplectoidea popovi*** **Bey-Bienko, 1969**
分布：云南。
锥刺卷翅翅蠊 ***Anaplectoidea spinea*** **Wang, Jiang & Feng, 2006**
分布：云南（临沧、西双版纳）。
异卷翅翅蠊 ***Anaplectoidea varia*** **Bey-Bienko, 1958**
分布：云南（西双版纳），贵州，四川，湖南，江西，广西，浙江，福建，海南。

姬蠊属 *Blattella* Caudell, 1903

朝氏姬蠊 ***Blattella asahinai*** **Mizukubo, 1981**
分布：云南（德宏、西双版纳），西藏，山东，海南；日本，印度，缅甸，泰国，斯里兰卡，美国。

贝氏姬蠊 *Blattella beybienkoi* Roth, 1985

分布：云南（保山、普洱、德宏、临沧、大理、西双版纳），西藏。

双纹姬蠊 *Blattella bisignata* Brunner von Wattenwyl, 1893

分布：云南（文山、西双版纳），贵州，四川，海南，广东，广西，甘肃，江西，湖南；印度，泰国，越南，缅甸。

长刺姬蠊 *Blattella confusa* Princis, 1950

分布：云南（怒江），西藏；缅甸，法国。

德国小蠊 *Blattella germanica* Linnaeus, 1767

分布：云南（文山、红河），贵州，四川，北京，吉林，辽宁，黑龙江，内蒙古，山东，河南，河北，陕西，新疆，天津，广西，江苏，江西，浙江，上海，安徽，湖南，湖北，福建，广东，台湾，海南；日本，中东，欧洲。

亨伯姬蠊 *Blattella humbertiana* Saussure, 1863

分布：云南（西双版纳）。

广纹小蠊 *Blattella latistriga* (Walk, 1868)

分布：云南（昆明、玉溪、普洱、西双版纳），贵州。

拟德国小蠊 *Blattella liturieollis* Walk, 1868

分布：云南（昆明、玉溪、普洱、保山、西双版纳），贵州，江西，广西，福建，海南，台湾；缅甸，菲律宾，美国。

日本姬蠊 *Blattella nipponica* Asahina, 1963

分布：云南，贵州，四川，河南，陕西，江苏，上海，安徽，浙江，江西，湖南，福建；日本，韩国。

带茎姬蠊 *Blattella radicifera* Hanitsch, 1928

分布：云南（西双版纳），福建，海南；越南，老挝，泰国，马来西亚，印度。

沙氏姬蠊 *Blattella sauteri* (Karny, 1915)

分布：云南（西双版纳），甘肃，台湾；印度尼西亚。

锯爪蠊属 *Chorisoserrata* Roth, 1998

短尾锯爪蠊 *Chorisoserrata brevicaudata* Wu & Wang, 2011

分布：云南（西双版纳）。

异歪尾蠊属 *Disymploce* Bey-Bienko, 1958

云南异歪尾蠊 *Disymploce yunnanea* Bey-Bienko, 1958

分布：云南（普洱）。

拟歪尾蠊属 *Episymploce* Bey-Beinko, 1950

北越拟歪尾蠊 *Episymploce bispina* Bey-Bienko, 1970

分布：云南（玉溪、西双版纳），福建，广东，广西。

短突拟歪尾蠊 *Episymploce brevis* Qiao & Che, 2022

分布：云南（昆明、西双版纳），贵州，广西。

陈氏拟歪尾蠊 *Episymploce cheni* Bey-Bienko, 1957

分布：云南（西双版纳），贵州，四川，湖北，福建，重庆。

大理拟歪尾蠊 *Episymploce daliensis* Qiao & Che, 2022

分布：云南（大理）。

滇西拟歪尾蠊 *Episymploce dianxica* Zhang, Liu & Li, 2019

分布：云南（怒江）。

晰拟歪尾蠊 *Episymploce dispar* (Bey-Bienko, 1957)

分布：云南。

隐刺拟歪尾蠊 *Episymploce fangensis* Roth, 1987

分布：云南；泰国。

酷啦拟歪尾蠊 *Episymploce forficula* Bey-Bienko, 1957

分布：云南。

台湾拟歪尾蠊 *Episymploce formosana* Shiraki, 1907

分布：云南，浙江，安徽，湖北，广东，台湾。

裂板拟歪尾蠊 *Episymploce kryzhanovshii* Bey-Bienko, 1957

分布：云南（西双版纳），贵州，重庆，甘肃，北京，河北。

昆明拟歪尾蠊 *Episymploce kunmingi* Bey-Bienko, 1969

分布：云南（昆明、怒江），四川，重庆。

舌拟歪尾蠊 *Episymploce ligulata* Bey-Bienko, 1957

分布：云南（普洱、西双版纳）。

长突拟歪尾蠊 *Episymploce longiloba* Bey-Bienko, 1969

分布：云南（红河、西双版纳），贵州。

长棘拟歪尾蠊 *Episymploce longispina* Qiao & Cheng, 2022

分布：云南（红河）。

马来拟歪尾蠊 *Episymploce malaisei* Princis, 1950

分布：云南（西双版纳），贵州，江西，广东；马来西亚。

乳突拟歪尾蠊 ***Episymploce mamillatus* (Feng & Woo, 1988)**
分布：云南（昆明），贵州。
猫儿山拟歪尾蠊 ***Episymploce maoershanica* Zhang, Liu & Li, 2019**
分布：云南，广西。
缘拟歪尾蠊 ***Episymploce marginata* Bey-Bienko, Roth, 1957**
分布：云南，贵州，重庆。
叉拟歪尾蠊 ***Episymploce multa* Qiao & Che, 2022**
分布：云南（楚雄）。
副拟歪尾蠊 ***Episymploce paradoxure* Bey-Bienko, 1950**
分布：云南（红河），四川，福建。
伴晶拟歪尾蠊 ***Episymploce paravicina* Bey-Bienko, 1969**
分布：云南，广西，陕西。
朴氏拟歪尾蠊 ***Episymploce popovi* Bey-Bienko, 1957**
分布：云南。
双刺拟歪尾蠊 ***Episymploce prima* Bey-Bienko, 1957**
分布：云南（西双版纳），广西，广东。
普氏拟歪尾蠊 ***Episymploce princisi* Bey-Bienko, 1969**
分布：云南（玉溪、西双版纳）；泰国。
丁拟歪尾蠊 ***Episymploce quarta* Bey-Bienko, 1969**
分布：云南（西双版纳）；泰国。
罗斯拟歪尾蠊 ***Episymploce rothi* Zhang, Liu & Li, 2019**
分布：云南（红河）。
纯色拟歪尾蠊 ***Episymploce secunda* Hebard, 1929**
分布：云南（保山），贵州，福建，台湾。
中华拟歪尾蠊 ***Episymploce sinensis* Walker, 1869**
分布：云南，贵州，四川，北京，湖北，安徽，河南，江苏，浙江，广东，福建，海南，台湾。
弯刺拟歪尾蠊 ***Episymploce spinosa* Bey-Bienko, 1969**
分布：云南（红河、临沧），四川。
红斑拟歪尾蠊 ***Episymploce splendens* Bey-Bienko, 1957**
分布：云南，贵州，四川，重庆，广西。
近晶拟歪尾蠊 ***Episymploce subvicina* Bey-Bienko, 1969**
分布：云南。
巽它拟歪尾蠊 ***Episymploce sundaica* Hebard, 1929**
分布：云南（西双版纳），贵州，重庆，广西，福建，广东，台湾；日本，菲律宾，泰国，越南，印度尼西亚，马来西亚。
等棘拟歪尾蠊 ***Episymploce symmetrica* Qiao & Cheng, 2022**
分布：云南（玉溪）。
丙拟歪尾蠊 ***Episymploce tertia* Bey-Bienko, 1957**
分布：云南（普洱）；泰国。
三刺拟歪尾蠊 ***Episymploce tridens* Bey-Bienko, 1957**
分布：云南（西双版纳）；老挝。
钩形拟歪尾蠊 ***Episymploce uncinata* Bey-Bienko, 1969**
分布：云南（红河）。
一色拟歪尾蠊 ***Episymploce unicolor* Bey-Bienko, 1958**
分布：云南。
晶拟歪尾蠊 ***Episymploce vicina* Bey-Bienko, 1954**
分布：云南，浙江，福建，广东。
扎古拟歪尾蠊 ***Episymploce zagulajevi* Bey-Bienko, 1969**
分布：云南。

小蠊属 *Eublattella* Princis, 1950

广纹小蠊 ***Eublattella latistriga* Walker, 1868**
分布：云南（昆明、元江、普洱、西双版纳），贵州，广西，湖北，湖南，福建，海南；日本。

Haplosymploce Hanitsch, 1933

安达曼姬蠊 ***Haplosymploce andamanica* Princis, 1951**
分布：云南（德宏、普洱）；安达曼群岛。

拟截尾蠊属 *Hemithyrsocera* Saussure, 1893

弯突拟截尾蠊 ***Hemithyrsocera banvaneuensis* Roth, 1985**
分布：云南。
福拟截尾蠊 ***Hemithyrsocera fulmeki* Hanisch, 1932**
分布：云南（红河、西双版纳），福建，湖南；泰国，印度尼西亚，越南，缅甸。
斑纹拟截尾蠊 ***Hemithyrsocera forcipata* Wang & Che, 2017**
分布：云南。
短翅拟截尾蠊 ***Hemithyrsocera hemiptera* Zhang, 2019**
分布：云南（红河）。

边拟截尾蠊 *Hemithyrsocera limbata* Bey-Bienko, 1969
分布：云南。
刺突拟截尾蠊 *Hemithyrsocera macifera* Roth, 1985
分布：云南（普洱、西双版纳），广西；越南，泰国。
缘拟截尾蠊 *Hemithyrsocera marginalis* (Hanitsch, 1933)
分布：云南（西双版纳），广东；泰国，马来西亚，印度尼西亚。
多突拟截尾蠊 *Hemithyrsocera multicuspidata* Wang, 2009
分布：云南（西双版纳）。
云南拟截尾蠊 *Hemithyrsocera simulans* (Bey-Bienko, 1969)
分布：云南（西双版纳）。
毛刺拟截尾蠊 *Hemithyrsocera spinibarbis* Wang & Che, 2017
分布：云南。
烟褐拟截尾蠊 *Hemithyrsocera palliata* (Fabricius, 1793)
分布：云南（红河、西双版纳），福建，湖南；越南。
黄缘拟截尾蠊 *Hemithyrsocera vittata* (Brunner von Wattenwyl, 1865)
分布：云南（文山、红河、西双版纳、保山），贵州，福建；缅甸，泰国，越南。

毡蠊属 *Jacobsonina* Hebard, 1929

特毡蠊 *Jacobsonina aliena* (Brunner von Wattenwyl, 1893)
分布：云南（西双版纳），贵州，西藏；缅甸。
弧毡蠊 *Jacobsonina arca* Wang, Jiang & Che, 2009
分布：云南（文山）。
清迈毡蠊 *Jacobsonina chiangmaiensis* Roth, 1999
分布：云南（红河）；泰国。
阔体毡蠊 *Jacobsonina platysoma* Walker, 1868
分布：云南（西双版纳），广西；澳大利亚，印度，缅甸。
扭毡蠊 *Jacobsonina tortuosa* Wang, Jiang & Che, 2009
分布：云南（西双版纳）。
徐氏毡蠊 *Jacobsonina xui* Wang, 2006
分布：云南（西双版纳）。

璐蠊属 *Lupparia* Walker, 1868

黑璐蠊 *Lupparia picea* Bey-Bienko, 1958
分布：云南（西双版纳）。
壮璐蠊 *Lupparia valida* (Bey-Bienko, 1958)
分布：云南（西双版纳）。

玛啦蠊属 *Malaccina* Hebard, 1929

暗玛啦蠊 *Malaccina discoidalis* Princis, 1957
分布：云南（普洱）。
中华玛啦蠊 *Malaccina sinica* Bey-Bienko, 1954
分布：云南，贵州，浙江，广西，江西，福建，广东，海南。

玛蠊属 *Margattea* Shelford, 1911

二叉玛蠊 *Margattea bicruris* He & Wang, 2021
分布：云南（西双版纳）。
尾板玛蠊 *Margattea caudata* He & Wang, 2021
分布：云南（普洱）。
尖尾玛蠊 *Margattea cuspidata* He & Wang, 2021
分布：云南（红河）。
锥突玛蠊 *Margattea deltodonta* He & Wang, 2021
分布：云南（红河）。
异板玛蠊 *Margattea disparilis* He & Wang, 2021
分布：云南（西双版纳）。
半翅玛蠊 *Margattea hemiptera* Bey-Bienko, 1958
分布：云南。
浅缘玛蠊 *Margattea limbata* Bey-Beinko, 1954
分布：云南。
麦氏玛蠊 *Margattea mckittrickae* Wang, 2006
分布：云南，广西。
多斑玛蠊 *Margattea multipuncta* Wang, Che &Wang, 2009
分布：云南（西双版纳）。
妮玛蠊 *Margattea nimbata* Shelford, 1907
分布：云南（西双版纳），重庆。
拟浅缘玛蠊 *Margattea paralimbata* Wang, 2006
分布：云南。
似横带玛蠊 *Margattea paratransversa* He & Wang, 2021
分布：云南（普洱）。
刺缘玛蠊 *Margattea spinifera* Bey-Beinko, 1958
分布：云南，湖南，海南，福建，浙江；缅甸。
横带玛蠊 *Margattea transversa* He & Wang, 2021
分布：云南（普洱）。

三刺玛蠊 *Margattea trispinosa* Bey-Bienko, 1958
分布：云南。
异玛蠊 *Margattea variata* Wang, 2006
分布：云南。

新叶蠊属 *Neoloboptera* Princis, 1953

全亮新叶翅蠊 *Neoloboptera hololampra* Bey-Bienko, 1958
分布：云南（保山、大理）。
塞新叶蠊 *Neoloboptera reesei* Roth, 1989
分布：云南（西双版纳）；泰国。

蔗蠊属 *Pycnoscelus* Scudder, 1862

蔗蠊 *Pycnoscelus surinamensis* Linnacus, 1750
分布：云南，福建，台湾，海南，广西，广东，江西。

刺板蠊属 *Scalida* Hebard, 1929

异向刺板蠊 *Scalida biclavata* Bey-Bienko, 1958
分布：云南（西双版纳）。
缅甸刺板蠊 *Scalida birmanica* Brunner, 1893
分布：云南（普洱、保山、西双版纳）；缅甸。
外刺板蠊 *Scalida ectobiodes* Saussure, 1873
分布：云南（红河、西双版纳），贵州；越南，缅甸。
四刺刺板蠊 *Scalida quardrispinata* Wang & Che, 2010
分布：云南（西双版纳），贵州。
红顶刺板蠊 *Scalida pyrrhocephala* Wang & Che, 2010
分布：云南（西双版纳）。

乙蠊属 *Sigmella* Hebard, 1940

双斑乙蠊 *Sigmella biguttata* Bey-Bienko, 1954
分布：云南（红河），贵州，四川，重庆，安徽，广西，江苏，江西，浙江，湖北，福建，广东。
缅乙蠊 *Sigmella birmanica* Brunner von Wattenwyl, 1893
分布：云南。
申氏乙蠊 *Sigmella schenklingi* Karny, 1915
分布：云南，贵州，上海，浙江，福建，台湾。
简乙蠊 *Sigmella simples* Bey-Bienko, 1969
分布：云南（红河）。

丘蠊属 *Sorineuchora* Caudell, 1927

双斑丘蠊 *Sorineuchora bimaculata* Li, Che, Zheng & Wang, 2017
分布：云南（西双版纳），贵州。
双纹丘蠊 *Sorineuchora bivitta* (Bey-Bienko, 1969)
分布：云南（文山），贵州，浙江，福建；越南。
莱特丘蠊 *Sorineuchora lativitrea* (Walker, 1868)
分布：云南（西双版纳），台湾。
黑丘蠊 *Sorineuchora nigra* (Shiraki, 1907)
分布：云南，浙江，安徽，福建，台湾，江西，湖南；日本。
山丘蠊 *Sorineuchora shanensis* (Princis, 1950)
分布：云南（普洱、西双版纳）；缅甸。

歪尾蠊属 *Symploce* Hebard, 1916

铗突歪尾蠊 *Symploce forficula* Bey-Bienko, 1957
分布：云南（西双版纳）。
舌歪尾蠊 *Symploce ligulata* Bey-Bienko, 1957
分布：云南（普洱、西双版纳）。
马来歪尾蠊 *Symploce malaisei* Princis, 1950
分布：云南（怒江），贵州；马来西亚。
暗黑歪尾蠊 *Symploce nigra* Jin & Che, 2022
分布：云南（红河），海南。
四刺歪尾蠊 *Symploce quadrispinis* Woo & Feng, 1992
分布：云南（怒江）。
多刺歪尾蠊 *Symploce spinosolobata* Bey-Bienko, 1969
分布：云南（红河），贵州，海南，广西。
纹歪尾蠊 *Symploce striata* Shiraki, 1906
分布：云南，贵州，江西，台湾。

齿爪蠊属 *Symplocodes* Hebard, 1929

云南齿爪蠊 *Symplocodes amicus* Bey-Bienko, 1958
分布：云南（保山、丽江）。
臂突齿爪蠊 *Symplocodes brachialis* Feng & Guo, 1990
分布：云南（西双版纳）。
长柄齿爪蠊 *Symplocodes mamubria* Feng & Guo, 1990
分布：云南（西双版纳）。
云斑齿爪蠊指名亚种 *Symplocodes marmorata marmorata* (Brunner von Wattenwyl, 1893)
分布：云南（西双版纳），贵州，四川，福建；缅甸，泰国。
直齿爪蠊 *Symplocodes marmorata tsaii* (Bey-Bienko, 1958)
分布：云南（西双版纳），贵州，四川，福建；缅甸，泰国。

长鬃齿爪螽 *Symplocodes ridleyi* (Shelford, 1912)
分布：云南。

蔡氏齿爪螽 *Symplocodes tsaii* Bey-Bienko, 1958
分布：云南（普洱、西双版纳），贵州，四川，西藏。

等翅目 Isoptera

古白蚁科 Archotermopsidae

古白蚁属 *Archotermopsis* Desneux, 1904

罗夫顿古白蚁 *Archotermopsis wroughtoni* Desneux, 1904
分布：云南（红河、临沧）；印度。

原白蚁属 *Hodotermopsis* Holmgren, 1911

山林原白蚁 *Hodotermopsis sjostedti* Holmgren, 1911
分布：云南（红河），贵州，四川，广西，江西，浙江，湖南，福建，海南，广东，台湾；越南，日本。

木白蚁科 Kalotermitidae

堆砂白蚁属 *Cryptotermes* Banks, 1906

铲头堆砂白蚁 *Cryptotermes declivis* Tsai & Chen, 1963
分布：云南，贵州，四川，广西，浙江，福建，海南，广东。

截头堆砂白蚁 *Cryptotermes domesticus* (Haviland, 1898)
分布：云南（红河），台湾，广东，海南；新加坡，泰国，印度，缅甸，马来西亚。

树白蚁属 *Glyptotermes* Froggatt, 1897

金平树白蚁 *Glyptotermes chinpingensis* Tsai & Chen, 1963
分布：云南（红河），西藏，湖南，广西，福建。

大围山树白蚁 *Glyptotermes daweishanensis* Huang, Zhu, Ping, He, Li & Gao, 2000
分布：云南（红河）。

黑树白蚁 *Glyptotermes fuscus* Oshima, 1912
分布：云南（红河），四川，湖北，广东，海南，台湾；日本。

小树白蚁 *Glyptotermes parvus* Fan & Xia, 1980
分布：云南（西双版纳）。

赤树白蚁 *Glyptotermes satsumensis* (Matsumura, 1907)
分布：云南（红河），广东，海南，台湾；日本。

思茅树白蚁 *Glyptotermes simaoensis* Li, 1987
分布：云南（普洱）。

蔡氏树白蚁 *Glyptotermes tsaii* Huang, Huang & Zhu, 1986
分布：云南（怒江）。

叶白蚁属 *Lobitermes* Holmgren, 1911

黑额叶白蚁 *Lobitermes nigrifrons* Tsai & Chen, 1963
分布：云南（红河）。

新白蚁属 *Neotermes* Holmgren, 1911

宽唇新白蚁 *Neotermes amplilabralis* Xu & Han, 1985
分布：云南（红河）。

细颏新白蚁 *Neotermes angustigulus* Han, 1984
分布：云南（德宏）。

异距新白蚁 *Neotermes dubiocalcaratus* Han, 1984
分布：云南（德宏）。

洼额新白蚁 *Neotermes fovefrons* Xu & Han, 1985
分布：云南（西双版纳）。

恒春新白蚁 *Neotermes koshunensis* (Shiraki, 1909)
分布：云南（保山、红河、德宏、西双版纳），浙江，福建，台湾，广东，海南。

奇头新白蚁 *Neotermes miracapitalis* Xu & Han, 1985
分布：云南（红河）。

云南新白蚁 *Neotermes yunnanensis* Xu & Han, 1985
分布：云南（西双版纳）。

鼻白蚁科 Rhinotermitidae

乳白蚁属 *Coptotermes* Wasmann, 1896

版纳乳白蚁 *Coptotermes bannaensis* Xia & He, 1986
分布：云南（西双版纳）。

匙颏乳白蚁 *Coptotermes cochlearus* Xia & He, 1896
分布：云南（西双版纳）。

二型乳白蚁 *Coptotermes dimorphus* Xia & He, 1986
分布：云南（红河）。

格斯特乳白蚁 *Coptotermes gestroi* Wasmann, 1896
分布：云南（玉溪、德宏）；缅甸，泰国，马来西亚，印度尼西亚，印度。

河口乳白蚁 *Coptotermes hekouensis* Xia & He, 1986
分布：云南（红河）。

长颚乳白蚁 *Coptotermes longignathus* Xia & He, 1986
分布：云南（红河）。

棒鼻白蚁属 *Parrhinotermes* Holmgren, 1910

瑞丽棒鼻白蚁 *Parrhinotermes ruiliensis* Tsai & Huang, 1982
分布：云南（德宏）。

原鼻白蚁属 *Prorhinotermes* Silvestri, 1909

奇丽原鼻白蚁 *Prorhinotermes spectabilis* Ping & Xu, 1989
分布：云南（红河）。

散白蚁属 *Reticulitermes* Holmgren, 1913

高山散白蚁 *Reticulitermes altus* Gao & Pen, 1982
分布：云南（保山），四川，福建。
肖若散白蚁 *Reticulitermes affinis* Hsia & Fan, 1965
分布：云南（保山），贵州，四川，浙江，江苏，安徽，湖北，湖南，江西，福建，广东，台湾。
黑胸散白蚁 *Reticulitermes chinensis* Snyder, 1923
分布：云南，四川，北京，天津，陕西；印度。
短头散白蚁 *Reticulitermes curticeps* Yang, Zhu & Huang, 1992
分布：云南（红河）。
大头散白蚁 *Reticulitermes grandis* Hsia & Fan, 1965
分布：云南（红河），重庆。
江城散白蚁 *Reticulitermes jiangchengensis* Yang, Zhu & Huang, 1992
分布：云南（普洱）。
栖北散白蚁 *Reticulitermes speratus* (Kolbe, 1885）
分布：云南。
尹氏散白蚁 *Reticulitermes yinae* (Zhu, Huang & Li, 1986)
分布：云南（普洱）。

长鼻白蚁属 *Schedorhinotermes* Silvestri & Silvestri, 1909

强颚长鼻白蚁 *Schedorhinotermes fortignathus* Xia & He, 1980
分布：云南（普洱）。
橄榄坝长鼻白蚁 *Schedorhinotermes ganlanbaensis* Xia & He, 1980
分布：云南（西双版纳）。
异盟长鼻白蚁 *Schedorhinotermes insolitus* Xia & He, 1980
分布：云南（西双版纳）。
大长鼻白蚁 *Schedorhinotermes magnus* Tsai & Chen, 1963
分布：云南（红河），广西。
梨头长鼻白蚁 *Schedorhinotermes pyricephalus* Xia & He, 1980
分布：云南（西双版纳）。

杆白蚁属 *Stylotermes* Holmgren & Holmgren, 1917

高山杆白蚁 *Stylotermes alpinus* Ping, 1983
分布：云南（保山）。
蔡氏杆白蚁 *Stylotermes tsaii* Ma, Ji, Yang, Zhu & Gao, 1982
分布：云南（德宏）。
宽唇杆白蚁 *Stylotermes latilabrum* (Tsai & Chen, 1963）
分布：云南（西双版纳）。
阔颏杆白蚁 *Stylotermes latipedunculus* (Yu & Ping, 1964)
分布：云南。

白蚁科 Termitidae

钝颚白蚁属 *Ahmaditermes* Akhta, 1975

角头钝颚白蚁 *Ahmaditermes deltocephalus* (Tsai & Chen, 1963)
分布：云南（红河、普洱、西双版纳），广东，海南。
丘额钝颚白蚁 *Ahmaditermes sinuosus* (Tsai & Chen, 1963)
分布：云南，四川，江西，广西，福建，广东。
祥云钝颚白蚁 *Ahmaditermes xiangyunensis* Gao & Cong, 1989
分布：云南（大理）。

钩白蚁属 *Ancistrotermes* Silvestri, 1900

厚头钩白蚁 *Ancistrotermes crassiceps* Zhu & Wang, 1991
分布：云南（西双版纳）。
小头钩白蚁 *Ancistrotermes dimorphus* (Tsai & Chen, 1963)
分布：云南（红河、玉溪、西双版纳），广西。

橄榄坝钩白蚁 ***Ancistrotermes ganlanbaensis* Zhu & Huang, 1991**
分布：云南（西双版纳）。
河口钩白蚁 ***Ancistrotermes hekouensis* Zhu & Wang, 1991**
分布：云南（红河）。
孟连钩白蚁 ***Ancistrotermes menglianensis* Zhu & Huang, 1991**
分布：云南（普洱）。
夏氏钩白蚁 ***Ancistrotermes xiai* Zhu & Huang, 1991**
分布：云南（西双版纳）。

突扭白蚁属 *Dicuspiditermes* Krishna, 1968

龙头突扭白蚁 ***Dicuspiditermes garthwaitei* (Gardner, 1944)**
分布：云南（红河、普洱、德宏、西双版纳），广东，海南。

亮白蚁属 *Euhamitermes* Holmgren, 1912

大围亮白蚁 ***Euhamitermes daweishanensis* Ping, 1987**
分布：云南（红河）。
多毛亮白蚁 ***Euhamitermes hamatus* (Holmgren, 1912)**
分布：云南（红河、西双版纳），广东；新加坡，马来西亚。
黑头亮白蚁 ***Euhamitermes melanocephalus* Ping & Li, 1987**
分布：云南（红河）。
孟定亮白蚁 ***Euhamitermes mengdingensis* Zhu & Li, 1987**
分布：云南（临沧）。
凹唇亮白蚁 ***Euhamitermes retusus* Ping & Xu, 1987**
分布：云南（普洱）。
云南亮白蚁 ***Euhamitermes yunnanensis* Ping & Xu, 1987**
分布：云南（西双版纳），广西。
云台山亮白蚁 ***Euhamitermes yuntaishanensis* Zhu & Huang, 1987**
分布：云南（大理）。

球白蚁属 *Globitermes* Holmgren, 1912

短角球白蚁 ***Globitermes brachycerastes* Han, 1987**
分布：云南（西双版纳）。
勐腊球白蚁 ***Globitermes menglaensis* Huang & Zhu, 1990**
分布：云南（西双版纳）。
勐棒球白蚁 ***Globitermes mengpengensis* Zhu & Huang, 1990**
分布：云南（西双版纳）。
小球白蚁 ***Globitermes minor* Han, 1987**
分布：云南（西双版纳）。
黄球白蚁 ***Globitermes sulphureus* (Haviland, 1898)**
分布：云南（西双版纳）；缅甸。

歧颚白蚁属 *Havilanditermes* Light, 1930

直鼻歧颚白蚁 ***Havilanditermes orthonasus* Tsai & Chen, 1963**
分布：云南（红河、德宏、西双版纳），福建，广东。

须白蚁属 *Hospitalitermes* Holmgren, 1912

大勐龙须白蚁 ***Hospitalitermes damenglongensis* He & Gao, 1984**
分布：云南（西双版纳）。
景洪须白蚁 ***Hospitalitermes jinghongensis* He & Gao, 1984**
分布：云南（西双版纳）。
吕宋须白蚁 ***Hospitalitermes luzonensis* (Oshima, 1917)**
分布：云南（德宏、西双版纳）；菲律宾。
大须白蚁 ***Hospitalitermes majusculus* He & Gao, 1984**
分布：云南（西双版纳）。

地白蚁属 *Hypotermes* Holmgren, 1913

坝湾地白蚁 ***Hypotermes bawanensis* Zhu & Wang, 1990**
分布：云南（保山）。
梅子地白蚁 ***Hypotermes meiziensis* Huang & Zhu, 1990**
分布：云南（保山）。
孟定地白蚁 ***Hypotermes mengdingensis* Zhu & Huang, 1990**
分布：云南（临沧）。
暗齿地白蚁 ***Hypotermes sumatrensis* (Holmgren, 1914)**
分布：云南（德宏）；印度尼西亚。
畹町地白蚁 ***Hypotermes wandingensis* Zhu & Huang, 1990**
分布：云南（德宏）。
瓦窑地白蚁 ***Hypotermes wayaoensis* Zhu & Wang, 1990**
分布：云南（保山）。

印白蚁属 *Indotermes* Roonwal & Sen-Sarma, 1960

等齿印白蚁 *Indotermes isodentatus* (Tsai & Chen, 1963)
分布：云南（红河、普洱、西双版纳、德宏），广西，广东，海南。

勐戛印白蚁 *Indotermes menggarensis* Tsai & Zhu, 1984
分布：云南（德宏）。

大白蚁属 *Macrotermes* Holmgren, 1909

隆头大白蚁 *Macrotermes acrocephalus* Ping, 1985
分布：云南（德宏）。

土垅大白蚁 *Macrotermes annandalei* (Silvestri, 1914)
分布：云南（德宏），广西；缅甸，泰国。

黄翅大白蚁 *Macrotermes barneyi* Light, 1924
分布：云南（红河、普洱、保山、德宏、西双版纳），四川，广西，浙江，江西，湖南，福建，广东。

周氏大白蚁 *Macrotermes choui* Ping, 1985
分布：云南（德宏）。

箕头大白蚁 *Macrotermes declivatus* Zhu, 1995
分布：云南（普洱）。

细齿大白蚁 *Macrotermes denticulatus* Li & Ping, 1983
分布：云南（西双版纳），广西，海南。

景洪大白蚁 *Macrotermes jinghongensis* Ping & Li, 1985
分布：云南（西双版纳）。

海南大白蚁 *Macrotermes hainanensis* Li & Ping, 1983
分布：云南（德宏），海南。

勐龙大白蚁 *Macrotermes menglongensis* Han, 1986
分布：云南（德宏）。

梯头大白蚁 *Macrotermes trapezoides* Ping & Xu, 1985
分布：云南（德宏），海南。

云南大白蚁 *Macrotermes yunnanensis* Han, 1986
分布：云南（西双版纳）。

马扭白蚁属 *Malaysiocapritermes* Ahmad & Akhtar, 1981

华南马扭白蚁 *Malaysiocapritermes huananensis* (Yu & Ping, 1966)
分布：云南（德宏），广西，海南。

章凤马扭白蚁 *Malaysiocapritermes zhangfengensis* Zhuang & Huang, 1995
分布：云南（德宏）。

瘤白蚁属 *Mirocapritermes* Holmgren, 1914

云南瘤白蚁 *Mirocapritermes hsuchiafui* Yu & Ping, 1966
分布：云南（德宏）；印度尼西亚。

江城瘤白蚁 *Mirocapritermes jiangchengensis* Yang, Zhu & Huang, 1995
分布：云南（普洱）。

锯白蚁属 *Microcerotermes* Silvestri, 1901

大锯白蚁 *Microcerotermes crassus* Snyder, 1934
分布：云南（普洱）；缅甸，孟加拉国，泰国，越南。

蛮白蚁属 *Microtermes* Wasmann, 1902

曼庄蛮白蚁 *Microtermes manzhuangensis* Huang & Zhu, 1991
分布：云南（西双版纳）。

勐仑蛮白蚁 *Microtermes menglunensis* Zhu & Huang, 1991
分布：云南（西双版纳）。

勐棒蛮白蚁 *Microtermes mengpengensis* Zhu & Huang, 1991
分布：云南（西双版纳）。

象白蚁属 *Nasutitermes* Dudley, 1890

版纳象白蚁 *Nasutitermes bannaensis* Li, 1986
分布：云南（西双版纳）。

栗色象白蚁 *Nasutitermes fulvus* Tsai & Chen, 1963
分布：云南（红河、西双版纳）。

印度象白蚁 *Nasutitermes moratus* (Silvestfi, 1914)
分布：云南（红河、德宏、西双版纳），江西，福建。

卵头象白蚁 *Nasutitermes ovatus* Fan, 1983
分布：云南（德宏），江西。

高山象白蚁 *Nasutitermes takasagoensis* (Nawa, 1911)
分布：云南（德宏、西双版纳），台湾。

土白蚁属 *Odontotermes* Holmgren, 1910

细颚土白蚁 *Odontotermes angustignathus* Tsai & Chen, 1963
分布：云南（西双版纳），海南。

环角土白蚁 *Odontotermes annulicornis* Xia & Fan, 1982
分布：云南（西双版纳）。

锥颚土白蚁 *Odontotermes conignathus* Xia & Fan, 1982

分布：云南（普洱、保山、西双版纳）。

囟土白蚁 *Odontotermes fontanellus* Kemner, 1925

分布：云南，江苏，安徽。

黑翅土白蚁 *Odontotermes formosanus* (Shiraki, 1909)

分布：云南（昆明、红河、普洱、德宏、西双版纳），贵州，四川，广西，河南，江苏，浙江，湖北，湖南，福建，台湾，广东；缅甸，泰国。

凹额土白蚁 *Odontotermes foveafrons* Xia & Fan, 1982

分布：云南（普洱、德宏、西双版纳）。

粗颚土白蚁 *Odontotermes gravelyi* Silvestri, 1914

分布：云南（普洱、红河、德宏、西双版纳）。

海南土白蚁 *Odontotermes hainanensis* (Light, 1924)

分布：云南（红河、普洱、临沧、西双版纳），广西，福建，海南，广东。

梨头土白蚁 *Odontotermes pyriceps* Fan, 1985

分布：云南（红河）。

云南土白蚁 *Odontotermes yunnanensis* Tsai & Chen, 1963

分布：云南（红河、普洱、保山、德宏、西双版纳）。

壤白蚁属 *Parahypotermes* Zhu & Huang, 1990

曼允壤白蚁 *Parahypotermes manyunensis* Zhu & Huang, 1990

分布：云南（德宏）。

瑞丽壤白蚁 *Parahypotermes ruiliensis* Zhu & Wang, 1990

分布：云南（德宏）。

暗齿壤白蚁 *Parahypotermes sumatrensis* (Holmgren, 1913-1914)

分布：云南（德宏），广西。

盈江壤白蚁 *Parahypotermes yingjiangensis* Huang & Zhu, 1990

分布：云南（德宏）。

近针白蚁属 *Periaciculitermes* Li, 1986

勐仑近针白蚁 *Periaciculitermes menglunensis* Li, 1986

分布：云南（西双版纳）。

近瓢白蚁属 *Peribulitermes* Li, 1985

景洪近瓢白蚁 *Peribulitermes jinghongensis* Li, 1985

分布：云南（西双版纳）。

黄色近瓢白蚁 *Peribulitermes parafulvus* (Tsai & Chen, 1963)

分布：云南（德宏）。

近扭白蚁属 *Pericapritermes* Silvestri, 1914

多毛近扭白蚁 *Pericapritermes latignathus* (Holmgren, 1913)

分布：云南（西双版纳），广东。

近扭白蚁 *Pericapritermes nitobei* (Shiraki, 1909)

分布：云南（红河、德宏），贵州，四川，广西，河南，安徽，江苏，浙江，湖北，湖南，江西，福建，广东，海南，台湾；日本。

三宝近扭白蚁 *Pericapritermes semarangi* (Holmgren, 1913)

分布：云南（普洱、德宏），海南。

大近扭白蚁 *Pericapritermes tetraphilus* (Silvestri, 1922)

分布：云南（红河、普洱、德宏），福建，广东；印度。

原歪白蚁属 *Procapritermes* Holmgren, 1912

华南原歪白蚁 *Procapritermes huananensis* (Yu & Ping, 1966)

分布：云南。

钩扭白蚁属 *Pseudocapritermes* Kemner, 1934

江城钩扭白蚁 *Pseudocapritermes jiangchengensis* Yang, Zhu & Huang, 1992

分布：云南（普洱）。

小钩扭白蚁 *Pseudocapritermes minutus* (Tsai & Chen, 1963)

分布：云南（红河）。

平颏钩扭白蚁 *Pseudocapritermes planimentus* Yang, Zhu & Huang, 1992

分布：云南（红河）。

隆额钩扭白蚁 *Pseudocapritermes pseudolaetus* (Tsai & Chen, 1963)

分布：云南（红河）。

中华钩扭白蚁 *Pseudocapritermes sinensis* Xu & Ping, 1986

分布：云南（西双版纳）。

圆囟钩扭白蚁 *Pseudocapritermes sowerbyi* (Light, 1924)

分布：云南（红河、德宏、普洱），福建，海南，广东。

华扭白蚁属 *Sinocapritermes* Ping & Xu, 1986

白翅华扭白蚁 *Sinocapritermes albipennis* (Tsai & Chen, 1963)
分布：云南（红河）。

台湾华扭白蚁 *Sinocapritermes mushae* (Oshima & Maki, 1919)
分布：云南（红河），重庆，广西，浙江，福建，海南，广东，台湾。

平额华扭白蚁 *Sinocapritermes planifrons* Ping & Xu, 1986
分布：云南（西双版纳）。

华扭白蚁 *Sinocapritermes sinensis* Ping & Xu, 1986
分布：云南（保山）。

滇华扭白蚁 *Sinocapritermes yunnanensis* Ping & Xu, 1986
分布：云南（西双版纳、红河）。

华白蚁属 *Sinotermes* He & Xia, 1981

潞西华白蚁 *Sinotermes luxiensis* Huang & Zhu, 1984
分布：云南（德宏）。

云南华白蚁 *Sinotermes yunnanensis* He & Xia, 1981
分布：云南。

稀白蚁属 *Speculitermes* Wasmann, 1902

狭颏稀白蚁 *Speculitermes angustigulus* He, 1985
分布：云南（西双版纳）。

白蚁属 *Termes* Linnaeus, 1758

钳白蚁 *Termes marjoriae* (Snyder, 1934)
分布：云南（西双版纳）；缅甸。

螳螂目 Mantodea

怪螳科 Amorphoscelidae

怪螳属 *Amorphoscelis* Stål, 1871

中华怪螳 *Amorphoscelis chinensis* Tinkham, 1937
分布：云南，江苏，江西，福建，广东，海南。

新加坡怪螳 *Amorphoscelis singaporana* Giglio-Tos, 1915
分布：云南（西双版纳）；柬埔寨，泰国，新加坡，印度，印度尼西亚。

枯叶螳科 Deroplatyidae

孔雀螳属 *Pseudempusa* Brunner, 1893

华丽孔雀螳 *Pseudempusa pinnapavonis* Brunner, 1893
分布：云南（西双版纳）；泰国，缅甸。

跳螳科 Gonypetidae

捷跳螳属 *Gimantis* Giglio-Tos, 1915

中南捷跳螳 *Gimantis authaemon* (Wood-Mason, 1882)
分布：云南（普洱、西双版纳）；马来西亚，缅甸，泰国，印度。

石纹螳属 *Humbertiella* Saussure, 1869

云南石纹螳 *Humbertiella yunnanensis* Wang & Bi, 1995
分布：云南（西双版纳）。

毛螳属 *Spilomantis* Giglio-Tos, 1915

顶毛螳 *Spilomantis occipitalis* Westwood, 1889
分布：云南（德宏、文山、西双版纳），贵州，湖南，江西，浙江，福建，广东，广西，海南；越南。

广缘螳属 *Theopompa* Stål, 1877

多斑广缘螳 *Theopompa maculosa* Yang, 1997
分布：云南（普洱）。

虎甲螳属 *Tricondylomimus* Chopard, 1930

库氏虎甲螳 *Tricondylomimus coomani* Chopard, 1930
分布：云南（东南部）；越南。

角螳科 Haaniidae

古细足螳属 *Arria* Stål, 1877

带足阿氏螳 *Arria cinctipes* Stål, 1877
分布：云南（德宏）。

淡色古细足螳 *Arria pallida* Zhang, 1987
分布：云南（怒江、保山），贵州，广东。

艳虹螳属 *Caliris* Giglio-Tos, 1915

美艳虹螳 *Caliris melli* Beier, 1933
分布：云南，贵州，广东，江西。

花螳科 Hymenopodidae

姬螳属 *Acromantis* Saussure, 1870

印度姬螳 *Acromantis indica* Giglio-Tos, 1914
分布：云南（西双版纳），西藏；印度。

枝螳属 *Ambivia* Stål, 1877

拟枝螳 *Ambivia parapopa* Wang, 1993
分布：云南（西双版纳）。

中印枝螳 *Ambivia undata* (Fabricius, 1793)
分布：云南（红河）。

原螳属 *Anaxarcha* Stål, 1877

采文原螳 *Anaxarcha caiwenae* Wu, 2023
分布：云南（红河）。
小原螳 *Anaxarcha graminea* Stål, 1877
分布：云南（红河、西双版纳），海南；缅甸，中南半岛。
浅色原螳 *Anaxarcha hyalina* Zhang, 1988
分布：云南（文山）。
褐缘原螳 *Anaxarcha limbata* Giglio-Tos, 1915
分布：云南（红河）。
粗壮原螳 *Anaxarcha robusta* Wu & Liu, 2023
分布：云南（西双版纳）；缅甸。
单色原螳 *Anaxarcha unicolor* Wu & Liu, 2023
分布：云南（德宏）。
茱萸原螳 *Anaxarcha zhuyuae* Wu, 2023
分布：云南（红河）。

无刺螳属 *Astyliasula* Schwarz & Shcherbakov, 2017

基黑无刺螳 *Astyliasula basinigra* Zhang, 1992
分布：云南（西双版纳）。
大无刺螳 *Astyliasula major* Beier, 1929
分布：云南（普洱），贵州，福建；越南。

小巨腿螳属 *Catestiasula* Giglio-Tos, 1915

半黑小巨腿螳 *Catestiasula seminigra* Zhang, 1992
分布：云南（西双版纳）。

角胸螳属 *Ceratomantis* Wood-Mason, 1876

索氏角胸螳 *Ceratomantis saussurii* Wood-Mason, 1876
分布：云南（西双版纳），贵州，海南；中南半岛。
云南角胸螳 *Ceratomantis yunnanensis* Zhang, 1986
分布：云南（德宏、红河、西双版纳）。

眼斑螳属 *Creobroter* Westwood, 1889

明端眼斑螳 *Creobroter apicalis* Saussure, 1869
分布：云南（红河），贵州，广西；印度。
浓妆眼斑螳 *Creobroter bugula* Yang, 1999
分布：云南（德宏）。
丽眼斑螳 *Creobroter gemmatus* Saussure, 1869
分布：云南（文山、红河），福建，广东，海南，香港；印度，印度尼西亚，缅甸，越南，马来西亚，新加坡。
云眼斑螳 *Creobroter nebulosa* Zheng, 1988
分布：云南，贵州，广西，湖北，江西，福建，广东，海南；越南，缅甸，印度，印度尼西亚。
艳眼斑花螳 *Creobroter urbanus* Fabricius, 1775
分布：云南（文山），四川，西藏，广西，江西，湖南，广东。
透翅眼斑螳 *Creobroter vitripennis* Beier, 1939
分布：云南（文山）。

巨腿螳属 *Hestiasula* Saussure, 1871

霍氏巨腿螳 *Hestiasula hoffmanni* Tinkham, 1937
分布：云南（怒江），广东，西藏。

花螳属 *Hymenopus* Serville, 1831

冕花螳 *Hymenopus coronatus* Olivier, 1792
分布：云南（西双版纳）；印度，泰国，印度尼西亚。

苔螳属 *Majangella* Giglio-Tos, 1915

莫氏苔螳 *Majangella moultoni* Giglio-Tos, 1915
分布：云南（西双版纳）；马来西亚，泰国。

耀螳属 *Nemotha* Wood-Mason, 1884

金色耀螳 *Nemotha metallica* Westwood, 1845
分布：云南（保山、怒江）；孟加拉国，印度。

齿螳属 *Odontomantis* Saussure, 1871

海南齿螳 *Odontomantis hainana* Tinkham, 1937
分布：云南（保山），海南。
斑齿螳 *Odontomantis maculate* (Mao & Yang, 2002)
分布：云南。
云南齿螳 *Odontomantis monticola* Beier, 1933
分布：云南（大理），贵州。

屏顶螳属 *Phyllothelys* Wood-Mason, 1877

短屏顶螳 *Phyllothelys breve* Wang, 1993
分布：云南（德宏、西双版纳）；老挝，缅甸。
苍山屏顶螳 *Phyllothelys cangshanensis* Mao, 2001
分布：云南（昆明、大理、楚雄、曲靖），四川。
独龙屏顶螳 *Phyllothelys dulongense* Wu & Liu, 2021
分布：云南（怒江）。
棕褐屏顶螳 *Phyllothelys hepaticus* Zhang, 1988
分布：云南（玉溪），福建。
小屏顶螳 *Phyllothelys parvula* Xu & Mao, 2004
分布：云南（大理、昭通），贵州。

腾冲屏顶螳 *Phyllothelys tengchongense* Wu & Liu, 2021
分布：云南（保山）。
小魏氏屏顶螳 *Phyllothelys westoodi* Wood-Mason, 1876
分布：云南（德宏）；印度。
獬豸屏顶螳 *Phyllothelys xiezhi* Wu & Liu, 2021
分布：云南（红河）。

弧纹螳属 *Theopropus* Saussure, 1898

浅色弧纹螳 *Theopropus cattulus* Westwood, 1889
分布：云南（西双版纳），贵州，广西，海南；印度尼西亚。
华丽弧纹螳 *Theopropus elegans* Westwood, 1832
分布：云南，贵州，海南，广西，广东，福建；越南，印度尼西亚。

小丝螳科 Leptomantellidae

小丝螳属 *Leptomantella* Uvarov, 1940

乳绿小丝螳 *Leptomantella lactea* Saussure, 1870
分布：云南（保山），广西；印度，菲律宾，马来西亚，印度尼西亚。
越南小丝螳 *Leptomantella tonkinae* Hebard, 1920
分布：云南（玉溪、红河），贵州，广西，福建，海南；越南。

螳科 Mantidae

亚叶螳属 *Asiadodis* Roy, 2004

云南亚叶螳 *Asiadodis yunnanensis* Wang & Liang, 1995
分布：云南（西双版纳）；中南半岛。

龙螳属 *Dracomantis* Shcherbakov & Vermeersch, 2020

近茎龙螳 *Dracomantis mirofraternus* Shcherbakov & Vermeersch, 2020
分布：云南（西双版纳）；越南，老挝。

宽额斧螳属 *Ephierodula* Giglio-Tos, 1912

白斑宽额斧螳 *Ephierodula albomaculata* Zhang, 1991
分布：云南（普洱、西双版纳）。

斧螳属 *Hierodula* Burmeister, 1838

短背斧螳 *Hierodula brachynota* Wang & Dong, 1993
分布：云南（临沧）。
中华斧螳 *Hierodula chinensis* Werner, 1929
分布：云南（昆明），贵州，四川，北京，河南，湖南，安徽，广西，浙江。
迷惑斧螳 *Hierodula confusa* Vermeersch & Unnahachote, 2020
分布：云南（西双版纳）；泰国。
迪亚卡斧螳 *Hierodula dyaka* Westwood, 1889
分布：云南（西双版纳）；越南，印度，印度尼西亚，马来西亚。
宽翅斧螳 *Hierodula latipennis* Brunner de Wattenwyl, 1893
分布：云南（西双版纳）；缅甸。
长背斧螳 *Hierodula longa* (Yang, 1997)
分布：云南（西双版纳），四川。
巨齿斧螳 *Hierodula macrodentata* Wang, Zhou & Zhang, 2020
分布：云南（西双版纳）。
勇斧螳 *Hierodula membranacea* (Burmeister, 1838)
分布：云南（文山、西双版纳），贵州，四川，西藏，浙江，安徽，湖南，广西，海南；印度，斯里兰卡，印度尼西亚，尼泊尔，泰国。
广斧螳 *Hierodula patellifera* Serville, 1839
分布：云南（临沧、普洱、怒江、西双版纳），贵州，四川，西藏，北京，河北，山东，上海，陕西，浙江，江苏，福建，广东，台湾，海南；日本，印度尼西亚，菲律宾，美洲。
杵胸斧螳 *Hierodula pistillinota* Wang, Zhou & Zhang, 2020
分布：云南（西双版纳）；泰国，越南。
单斑斧螳 *Hierodula unimaculata* Olivier, 1792
分布：云南（红河）；印度，印度尼西亚，马尔代夫，缅甸，越南，斯里兰卡，马来西亚。
亮翅斧螳 *Hierodula venosa* Olivier, 1792
分布：云南（普洱）；中南半岛。
张氏斧螳 *Hierodula zhangi* (Wang & Dong, 1993)
分布：云南（保山、德宏）。

螳属 *Mantis* Linnaenus, 1758

薄翅螳 *Mantis religiosa* Linnaeus, 1758
分布：云南（文山、红河）；欧洲，非洲，大洋洲，美洲。

湄公螳属 *Mekongomantis* Schwarz, Ehrmann & Shcherbakov, 2018

五刺湄公螳 *Mekongomantis quinquespinosa* Schwarz, Ehrmann & Shcherbakov, 2018
分布：云南（西双版纳）；马来西亚，越南，泰国，印度。

绿脉螳属 *Pseudogousa* Tinkham, 1937

中华绿脉螳 *Pseudogousa sinensis* Tinkham, 1937
分布：云南（红河）。

菱背螳属 *Rhombodera* Burmeister, 1838

宽菱背螳 *Rhombodera latipronotum* Zhang, 1990
分布：云南（西双版纳）。
长菱背螳 *Rhombodera longa* Yang, 1997
分布：云南（西双版纳）。
广腹圆胸螳 *Rhombodera valida* (Burmeister, 1838)
分布：云南（红河、西双版纳），广西；日本，印度，泰国，马来西亚，印度尼西亚，东帝汶，大洋洲。

短背螳属 *Rhombomantis* Ehrmann & Borer, 2015

褐菱背螳 *Rhombomantis fusca* Lombardo, 1992
分布：云南（保山、临沧）；老挝，缅甸，马来西亚，泰国。
线短背螳 *Rhombomantis longipennis* Wang, Ehrmann & Borer, 2021
分布：云南（西双版纳）；泰国，缅甸，印度。

静螳属 *Statilia* Stål, 1877

田野静螳 *Statilia agresta* Zheng, 1987
分布：云南（保山、文山），西藏。
棕静螳 *Statilia maculata* Thunberg, 1784
分布：云南，贵州，四川，西藏，重庆，北京，山东，江苏，上海，浙江，江西，湖南，广西，福建，台湾，广东，海南；东亚其他地区。
小静螳 *Statilia parva* Yang, 1999
分布：云南（红河），福建；日本。

刀螳属 *Tenodera* Burmeister, 1838

枯叶大刀螳 *Tenodera aridifolia* Stoll, 1813
分布：云南（昆明、西双版纳），贵州，四川，西藏，江苏，浙江，湖南，广西，福建，广东，海南；东南亚。
短胸大刀螳 *Tenodera brevicollis* Beier, 1933
分布：云南（西双版纳），贵州，四川，西藏，辽宁，北京，山东，江苏，浙江，安徽，湖北，福建，广东，海南；东亚其他地区。
中华大刀螳 *Tenodera sinensis* Saussure, 1871
分布：云南（昆明、迪庆、红河），贵州，四川，西藏，辽宁，北京，河北，陕西，山东，江苏，上海，浙江，安徽，江西，河南，湖南、湖北，福建，台湾，广东，广西；朝鲜，日本，美国。

巨斧螳属 *Titanodula* Vermeersh, 2020

台湾巨斧螳 *Titanodula formosana* (Giglio-Tos, 1912)
分布：云南，贵州，四川，广西，浙江，广东，海南，台湾；越南，马来西亚，印度尼西亚。
勐仑巨斧螳 *Titanodula menglaensis* Liu, Liu, Wang & Yin, 2021
分布：云南（西双版纳）。

矮螳科 Nanomantidae

黎明螳属 *Eomantis* Giglio-Tos, 1915

宽翅黎明螳 *Eomantis guttatipennis* Stål, 1877
分布：云南（普洱）。
云南黎明螳 *Eomantis yunnanensis* Wang , 1993
分布：云南（临沧、德宏）。

矮螳属 *Nanomantis* Saussure, 1871

云南矮螳 *Nanomantis yunnanensis* Wang, 1993
分布：云南（临沧、德宏、保山、丽江、西双版纳）。

细螳属 *Miromantis* Giglio-Tos, 1927

云南细螳 *Miromantis yunnanensis* Wang, 1993
分布：云南（西双版纳），贵州。

彩螳属 *Pliacanthopus* Giglio-Tos, 1927

二斑彩螳 *Pliacanthopus bimaculatus* (Wang, 1993)
分布：云南（德宏、普洱、西双版纳）。

华螳属 *Sinomantis* Beier, 1933

齿华螳 *Sinomantis denticulata* Beier, 1933
分布：云南（西双版纳），贵州，福建，广东，广西，海南，香港。

铆螳科 Rivetinidae

惧螳属 *Deiphobe* Stål, 1877

云南惧螳 *Deiphobe mesomelas* Olivier, 1792
分布：云南（楚雄）。

细足螳科 Thespidae

古细足螳属 *Palaeothespis* Tinkham, 1937

白古细足螳 *Palaeothespis pallidus* Zhang, 1987
分布：云南（红河），贵州。

箭螳科 Toxoderidae

拟箭螳属 *Paratoxodera* Wood-Mason, 1889

梅氏拟箭螳 *Paratoxodera meggitti* Uvarov, 1927
分布：云南（西双版纳）；缅甸。

箭螳属 *Toxodera* Serville, 1837

多齿箭螳 *Toxodera denticulata* Serville, 1837
分布：云南。

赫氏箭螳 *Toxodera hauseri* Roy, 2009
分布：云南（西双版纳）；马来西亚，缅甸。

杂斑箭螳 *Toxodera maculata* Beier, 1913
分布：云南（西双版纳）。

佤族箭螳 *Toxodera vana* Yang, 1997
分布：云南（西双版纳）。

革翅目 Dermaptera

肥螋科 Anisolabididae

肥螋属 *Anisolabis* Fieber, 1853

环纹肥螋 *Anisolabis annulipes* Lucas, 1847
分布：云南（大理、怒江），印度。

触黄肥螋 *Anisolabis cheni* Bey-Bienko, 1959
分布：云南（保山、大理）。

沟肥螋 *Anisolabis gaudens* Burr, 1904
分布 云南（西双版纳)；印度，马来西亚。

蒙肥螋 *Anisolabis montshadskii* Bey-Bienko, 1955
分布：云南（普洱、西双版纳），四川，湖北。

曲肥螋 *Anisolabis undata* Bey-Bienko, 1959
分布：云南（大理、保山）。

小肥螋属 *Euborellia* Burr, 1910

端小肥螋 *Euborellia externa* (Bey-Bienko, 1959)
分布：云南（红河、普洱）。

环纹小肥螋 *Euborellia annulipes* (Lucas, 1847)
分布：云南，贵州，四川，江苏，浙江，湖北，湖南，福建，海南，广西；世界其他地区广布。

环腿小肥螋 *Euborellia femoralis* (Dohrn, 1863)
分布：云南，湖南，福建，广西；南亚，东南亚。

贝小肥螋 *Euborellia plebeja* (Dohrn, 1863)
分布：云南，江苏，福建，台湾；朝鲜，日本，印度，菲律宾，马达加斯加，澳大利亚。

殖肥螋属 *Gonolabis* Burr, 1900

卡殖肥螋 *Gonolabis cavaleriei* (Borelli, 1921)
分布：云南（大理、丽江、怒江、迪庆、普洱、保山、红河、西双版纳），贵州，四川，甘肃，山东，安徽，江苏，浙江，湖南，广西，福建，台湾，海南；缅甸，越南，印度，菲律宾，澳大利亚，非洲，南美洲。

明殖肥螋 *Gonolabis distincta* (Nishikawa, 1969)
分布：云南，江苏，福建，广西，台湾，香港；日本。

镰殖肥螋 *Gonolabis fallax* (Bey-Bienko, 1959)
分布：云南，四川。

黄殖肥螋 *Gonolabis hwangi* (Bey-Bienko, 1959)
分布：云南（红河），四川。

玛殖肥螋 *Gonolabis magna* Bey-Bienko, 1959
分布：云南（红河）。

缘殖肥螋 *Gonolabis marginolis* (Dohrn, 1864)
分布：云南（普洱），四川，江苏，福建，台湾，广西，香港；日本，朝鲜，印度尼西亚。

潘殖肥螋 *Gonolabis panfilovi* (Bey-Bienko, 1959)
分布：云南，甘肃，福建，广西。

川殖肥螋 *Gonolabis sechuana* Bey-Bienko, 1934
分布：云南（昆明），四川。

波殖肥螋 *Gonolabis undata* (Bey-Bienko, 1959)
分布：云南（昆明、玉溪、普洱、迪庆、大理、保山、西双版纳），四川，广西。

板肥螋属 *Placolabis* Bey-Bienko, 1959

方板肥螋 *Placolabis mira* Bey-Bienko, 1959
分布：云南（西双版纳）。

扁肥螋属 *Platylabia* Dohrn, 1867

扁肥螋 *Platylabia major* Dohrn, 1867
分布：云南，广西，海南；越南，缅甸，印度，马来西亚，印度尼西亚。

扁螋科 Apachyidae

黄扁螋属 *Apachyus* Audinet-Serville, 1831

黄扁螋 *Apachyus feae* Bormans, 1894
分布：云南（大理、德宏），四川，西藏，广东，海南，香港；不丹，缅甸，越南，印度。

垫跗螋科 Chelisochidae

娇垫跗螋属 *Adiathella* Brindle, 1970

暗后娇垫跗螋 *Adiathella fuscipennis* (Haan, 1842)
分布：云南（西双版纳），广西；越南，印度，菲律宾。

丰垫跗螋属 *Adiathetus* Burr, 1907

海绿丰垫跗螋 *Adiathetus glaucopterus* Bormans, 1888

分布：云南（西双版纳）；越南，缅甸，尼泊尔，不丹，印度。

垫跗螋属 *Chelisoches* Scudder, 1876

垫跗螋 *Chelisoches morio* (Fabricius, 1775)

分布：云南（西双版纳），海南；越南。

车垫跗螋属 *Hamaxas* Burr, 1907

车垫跗螋 *Hamaxas feae* Bormans, 1894

分布：云南（西双版纳、红河）；缅甸，越南，新西兰。

首垫跗螋属 *Proreus* Burr, 1907

谊首垫跗螋 *Proreus coalescens* (Borelli, 1927)

分布：云南（西双版纳）；印度，越南。

简首垫跗螋 *Proreus inermia* Bey-Bienko, 1959

分布：云南，湖南。

首垫跗螋 *Proreus simulans* (Stål, 1860)

分布：云南（普洱），广西，海南；缅甸，印度。

太首垫跗螋 *Proreus tezpurensis* (Srivastava, 1969)

分布：云南；印度。

齿首垫跗螋 *Proreus unidentatus* Bey-Bienko, 1970

分布：云南（西双版纳）。

末首垫跗螋 *Proreus weissi* Burr, 1904

分布：云南（普洱、西双版纳)。

歧垫跗螋属 *Schizoproreus* Srivastava, 1991

柯歧垫跗螋 *Schizoproreus kozlovi* Semenov & Bey-Bienko, 1934

分布：云南，四川；缅甸。

歧垫跗螋 *Schizoproreus ritsemae* (Bormans, 1884)

分布：云南（西双版纳）。

阴垫跗螋属 *Solenosoma* Burr, 1907

阴垫跗螋 *Solenosoma birmanum* (Bormans, 1888)

分布：云南（普洱）；缅甸，印度。

丝尾螋科 Diplatyidae

丝尾螋属 *Diplatys* Audinet-Serville, 1831

锯齿丝尾螋 *Diplatys denticulatus* Hincks, 1957

分布：云南（怒江），四川；缅甸，印度。

刀丝尾螋 *Diplatys dolens* Hincks, 1957

分布：云南（红河）。

钳丝尾螋 *Diplatys forcipatus* Ma & Chen, 1991

分布：云南，四川，湖北。

分离丝尾螋 *Diplatys liberatus* Burr, 1910

分布：云南（西双版纳）；缅甸。

六库丝尾螋 *Diplatys liukuensis* Zhou & Zhou, 2005

分布：云南（怒江）。

暗丝尾螋 *Diplatys nilgiriensis* Hincks, 1955

分布：云南（西双版纳、普洱）；印度。

长刺丝尾螋 *Diplatys popovi* Bey-Bienko, 1959

分布：云南（德宏）。

云南丝尾螋 *Diplatys yunnaneus* Bey-Bienko, 1959

分布：云南（红河、普洱、西双版纳）；越南。

单突丝尾螋属 *Haplodiplatys* Hincks, 1955

双齿单突丝尾螋 *Haplodiplatys bidentatus* (Hincks, 1955)

分布：云南，西藏；印度。

二叶单突丝尾螋 *Haplodiplatys bilobus* (Bey-Bienko, 1959)

分布：云南，西藏。

中华单突丝尾螋 *Haplodiplatys chinensis* (Hincks, 1955)

分布：云南，四川，西藏。

达单突丝尾螋 *Haplodiplatys darwini* Bey-Bienko, 1959

分布：云南，福建。

歇单突丝尾螋 *Haplodiplatys siva* (Burr, 1904)

分布：云南（怒江、红河），四川，湖南；缅甸，印度。

相单突丝尾螋 *Haplodiplatys similis* Bey-Bienko, 1959

分布：云南（大理）。

瓦单突丝尾螋 *Haplodiplatys wallacei* Bey-Bienko, 1959

分布：云南。

球螋科 Forficulidae

张球螋属 *Anechura* Scudder, 1876

雯张球螋 *Anechura sven-hedini* Bey-Bienko, 1933

分布：云南，四川，西藏，江苏。

环张球螋 *Anechura torquata* Burr, 1905

分布：云南，四川，西藏，湖南；越南。

异螋属 *Allodahlia* Verhoeff, 1902

双斑异螋 *Allodahlia ahrimanes* (Burr, 1900)

分布：云南（保山、红河）；印度。

双刺异螋 *Allodahlia bispina* Bey-Bienko, 1959

分布：云南（普洱、红河），贵州，四川，湖南，湖北，台湾；缅甸，越南，不丹，印度，印度尼西亚。

革异螋 *Allodahlia coriacea* (Bormans, 1894)

分布：云南（西双版纳），西藏，海南；缅甸，印度，马来西亚。

黄柄异螋 *Allodahlia coriacea signata* Bey-Bienko, 1959

分布：云南，四川。

巨臀异螋 *Allodahlia macropyga* (Westwood, 1893)

分布：云南，西藏，湖北；缅甸，印度。

异螋 *Allodahlia scabriuscula* Serville, 1839

分布：云南（西双版纳、德宏），四川，西藏，甘肃，湖北，湖南，广西，广东，台湾；缅甸，不丹，印度，越南，印度尼西亚。

敬螋属 *Cordax* Burr, 1910

脊角敬螋 *Cordax armatus* (De Haan, 1842)

分布：云南（红河、西双版纳），贵州，四川，西藏，广西；缅甸，印度尼西亚，越南。

库螋属 *Cosmiella* Verhoeff, 1902

角库螋 *Cosmiella cornuta* (Bey-Bienko, 1959)

分布：云南（普洱）。

协库螋属 *Cosmiola* Bey-Bienko, 1959

协库螋 *Cosmiola simplex* Bey-Bienko, 1959

分布：云南（红河）。

慈螋属 *Eparchus* Burr, 1907

首慈螋 *Eparchus dux* (Bormans, 1894)

分布：云南（德宏、西双版纳）；缅甸。

慈螋 *Eparchus insignis* (de Haan, 1842)

分布：云南（保山、普洱），四川，西藏，新疆，广西，浙江，福建，广东，海南；缅甸，印度，泰国，斯里兰卡，印度尼西亚。

简慈螋 *Eparchus simplex* Bormans, 1894

分布：云南，江西，湖南，福建；缅甸，不丹，尼泊尔，印度，泰国，马来西亚，菲律宾，巴布亚新几内亚。

娇柔慈螋 *Eparchus tenellus* (Haan, 1842)

分布：云南（红河）。

侧瘤慈螋 *Eparchus tuberculatus* (Borelli, 1921)

分布：云南（红河），贵州，西藏，广西，江西，湖南，海南，台湾。

东慈螋 *Eparchus yezoensis* (Matsumura & Shiraki, 1905)

分布：云南，陕西；朝鲜，日本。

垂缘螋属 *Eudohrnia* Burr, 1907

毛垂缘螋 *Eudohrnia hirsute* Zhang, Ma & Chen, 1993

分布：云南（红河），四川，重庆，湖北，湖南，浙江，福建。

垂缘螋 *Eudohrnia metallica* (Dohrn, 1865)

分布：云南（红河、怒江、迪庆、文山），四川，西藏，湖北，湖南，广西，福建，广东，海南；越南，尼泊尔，缅甸，印度。

谷垂缘螋 *Eudohrnia zeae* (Liu, 1946)

分布：云南，四川。

球螋属 *Forficula* Linnaeus, 1758

艾球螋 *Forficula acris* Burr, 1905

分布：云南（保山），四川。

质球螋 *Forficula ambigua* Burr, 1904

分布：云南，陕西，湖南，福建，台湾；越南，印度。

比球螋 *Forficula beelzebub* (Burr, 1900)

分布：云南，西藏，福建，广西；尼泊尔，缅甸，印度。

贝球螋 *Forficula berezovskii* Bey-Bienko, 1934

分布：云南，四川，西藏，湖北。

二斑球螋 *Forficula biplaga* Bey-Bienko, 1959

分布：云南，四川。

达球螋 *Forficula davidi* Burr, 1905

分布：云南，四川，西藏，甘肃，宁夏，河北，山西，陕西，山东，湖北，湖南。

侨球螋 *Forficula externa* Bey-Bienko, 1959

分布：云南（保山、大理）；缅甸，印度。

大扁球螋 *Forficula kinfu-montis* Liu, 1946

分布：云南，贵州，四川。

哈球螋 *Forficula harberi* Burr, 1911

分布：云南，台湾。

饰球螋 *Forficula ornata* Bormans, 1884

分布：云南，西藏，湖南，广西，广东，海南；越南，尼泊尔，缅甸，不丹。

仰球螋 *Forficula planicollis* Kirby, 1891

分布：云南；不丹，尼泊尔，缅甸，印度。

瑞丽球螋 *Forficula ruiliensis* Zhou & Sakai, 1996
分布：云南（德宏）。
施球螋 *Forficula schlagintwiti* (Burr, 1904)
分布：云南，贵州，四川，西藏，湖南；缅甸，印度。
华球螋 *Forficula sinica* (Bey-Bienko, 1934)
分布：云南，贵州，四川，江苏，安徽，湖北，湖南，广西。
辉球螋 *Forficula splenidida* Bey-Bienko, 1933
分布：云南（迪庆），四川，甘肃，陕西，湖北。
乌球螋 *Forficula uvarovi* Semenov & Bey-Bienko, 1953
分布：云南（大理、迪庆），四川，西藏。
瘦小球螋 *Forficula vesca* Zhang & Yang, 1992
分布：云南（德宏）。
迭球螋 *Forficula vicaria* Semenov, 1902
分布：云南，四川，西藏，黑龙江，吉林，辽宁，内蒙古，河北，山东，江苏，湖北；俄罗斯（远东地区），蒙古国，朝鲜，日本。
维球螋 *Forficula wittmeri* Srivastava, 1982
分布：云南（西双版纳），广西，海南；印度。

秽球螋属 *Guanchia* Burr, 1911

双肋秽球螋 *Guanchia bicarinata* Hincks, 1947
分布：云南（保山），四川；缅甸。
乌秽球螋 *Guanchia uvarovi* (Semenov & Bey-Bienko, 1935)
分布：云南，四川，西藏，青海。

亥长铗螋属 *Hypurgus* Burr, 1907

变色亥长铗螋 *Hypurgus discolor* Steinmann, 1983
分布：云南（红河）；越南。
筛亥长铗螋 *Hypurgus grata* (Hebard, 1923)
分布：云南（西双版纳）；印度。
亥长铗螋 *Hypurgus humeralis* (Kirby, 1891)
分布：云南（西双版纳），福建；缅甸，印度，泰国，斯里兰卡。

滑螋属 *Liparura* Burr, 1907

滑螋 *Liparura punctata* Burr, 1910
分布：云南，西藏；印度。

庸螋属 *Mesolabia* Shiraki, 1906

长支庸螋 *Mesolabia ramosa* (Zhang, Ma & Chen, 1992)
分布：云南（怒江），四川，湖南。

剑螋属 *Obelura* Burr, 1907

高剑螋 *Obelura montana* (Hincks, 1947)
分布：云南，四川；缅甸。

翅球螋属 *Pterygida* Verhoeff, 1902

安氏绔螋 *Pterygida annandalei* (Burr, 1904)
分布：云南；泰国。
宽翅球螋 *Pterygida eurypyga* (Bey-Bienko, 1959)
分布：云南（西双版纳）。
斑翅球螋 *Pterygida maculata* (Bey-Bienko, 1959)
分布：云南（西双版纳），贵州。
威翅球螋 *Pterygida vishnu* (Burr, 1904)
分布：云南（西双版纳），陕西，海南；印度。

乔球螋属 *Timomenus* Burr, 1907

堂乔球螋 *Timomenus aesculapius* (Burr, 1905)
分布：云南（怒江、迪庆），贵州，四川，西藏；越南，缅甸，不丹，印度，印度尼西亚。
毕氏乔球螋 *Timomenus bii* Sun, Li & Liu, 2016
分布：云南（怒江）。
净乔球螋 *Timomenus inermis* Borelli, 1915
分布：云南，陕西，山西，湖北，福建，台湾，广东。
素乔球螋 *Timomenus lugens* (Bormans, 1894)
分布：云南（保山、大理、红河、德宏、西双版纳），四川，西藏，湖北，浙江，江西，广西；日本，缅甸，印度，马来西亚。
乔球螋 *Timomenus oannes* (Burr, 1900)
分布：云南，西藏，福建，海南；缅甸，越南。

蠼螋科 Labiduridae

钳螋属 *Forcipula* Bolivar, 1879

阿波钳螋 *Forcipula aborensis* Brindle, 1966
分布：云南，西藏；缅甸，印度。
素钳螋 *Forcipula decolyi* Bormans, 1900
分布：云南（保山），四川，西藏，湖北，广西，福建；尼泊尔，越南，印度，巴布亚新几内亚。
三刺钳螋 *Forcipula trispinosa* (Dohrn, 1863)
分布：云南（保山），海南；不丹，尼泊尔，缅甸，印度。
云南钳螋 *Forcipula yunnanea* Bey-Bienko, 1970
分布：云南。

蠼螋属 *Labidura* Lench, 1815

蠼螋 *Labidura riparia* (Pallas, 1773)
分布：云南（怒江、保山、红河），四川，内蒙古，河北，甘肃，新疆，江苏，福建，广东；世界其他地区广布。

纳蠼螋属 *Nala* Zacher, 1910

纳蠼螋 *Nala lividipes* (Dufour, 1829)
分布：云南（普洱、德宏、西双版纳），海南；欧洲，非洲。

尼纳蠼螋 *Nala nepalensis* Burr, 1907
分布：云南（保山），贵州，福建，湖北，湖南，广西，台湾；尼泊尔，印度，马来西亚，阿富汗。

大尾螋科 Pygidicranidae

盔螋属 *Cranopygia* Burr, 1908

宁张盔螋 *Cranopygia beybienkoi* Gorokhov & Anisyutkin, 1994
分布：云南（大理）。

客盔螋 *Cranopygia marmoricrura* (Serville, 1839)
分布：云南；不丹，缅甸，泰国，印度尼西亚，菲律宾，巴布亚新几内亚。

宁盔螋 *Cranopygia modesta* (Bormans, 1894)
分布：云南（普洱、保山）。

泰盔螋 *Cranopygia siamensis* (Dohrn, 1863)
分布：云南；缅甸，泰国。

越盔螋 *Cranopygia tonkinensis* (Hincks, 1955)
分布：云南；越南。

云盔螋 *Cranopygia yunnanea* Bey-Bienko, 1959
分布：云南（西双版纳），海南。

棘螋属 *Echinosoma* Audinet-Serville, 1839

环棘螋 *Echinosoma convolutum* Hincks, 1959
分布：云南（西双版纳）；缅甸，越南，巴布亚新几内亚。

修棘螋 *Echinosoma excisum* Bey-Bienko, 1970
分布：云南。

南棘螋 *Echinosoma sumatranum* (de Haan, 1842)
分布：云南（丽江、迪庆、普洱、西双版纳），西藏，广西，台湾；不丹，越南，缅甸，巴布亚新几内亚，澳大利亚，印度，马来西亚。

异元螋属 *Parapsalis* Borelli, 1921

阴异元螋 *Parapsalis infernalis* (Burr, 1913)
分布：云南（普洱、西双版纳），四川，台湾；印度，马来西亚。

苔螋科 Spongiphoridae

后苔螋属 *Apovostox* Hebard, 1927

后苔螋 *Apovostox pygidiatus* (Dubrony, 1879)
分布：云南；缅甸，印度尼西亚，美国。

毛苔螋属 *Chaetospania* Karsch, 1886

影毛苔螋 *Chaetospania fallax* (Bormans, 1894)
分布：云南，海南；缅甸，印度，菲律宾。

扁毛苔螋 *Chaetospania feae* Bormans, 1894
分布：云南；缅甸，印度，斯里兰卡，印度尼西亚，菲律宾。

森毛苔螋 *Chaetospania silvestrii* Borelli, 1927
分布：云南，西藏，广西；越南，不丹，缅甸。

虹苔螋属 *Irdex* Burr, 1911

毛虹苔螋 *Irdex pilosus* (Bey-Bienko, 1959)
分布：云南。

玛苔螋属 *Marava* Burr, 1911

暗玛苔螋 *Marava nigrella* (Dubrony, 1879)
分布：云南；缅甸，印度，菲律宾，印度尼西亚。

异姬苔螋属 *Paralabella* Steinmann, 1989

异姬苔螋 *Paralabella curvicauda* (Motschulsky, 1863)
分布：云南，西藏；东南亚，欧洲，非洲。

绵苔螋属 *Spongovostox* Burr, 1911

利绵苔螋 *Spongovostox mucronatus* (Stål, 1860)
分布：云南；缅甸，印度，马来西亚，菲律宾，印度尼西亚，巴布亚新几内亚。

间黄绵苔螋 *Spongovostox semiflavus* (Bormans, 1894)
分布：云南，西藏，广西，台湾；缅甸，越南，印度，马来西亚，菲律宾，新西兰。

直翅目 Orthoptera

瘤锥蝗科 Chrotogonidae

黄星蝗属 *Aularches* Stål, 1873

黄星蝗 *Aularches miliaris* (Linnaeus, 1758)
分布：云南（昆明、大理、丽江、楚雄、普洱、临沧、保山、西双版纳），贵州，四川，西藏，广西，广东，海南；印度，孟加拉国，斯里兰卡，巴基斯坦，尼泊尔，缅甸，越南，老挝，泰国，马来西亚，印度尼西亚。

绿锥蝗属 *Chlorizeina* Brunner von Wattenwyl, 1893

云南绿锥蝗 *Chlorizeina yunnana* Mao & Li, 2015
分布：云南（德宏）。

湄公蝗属 *Mekongiana* Uvarov, 1940

戈弓湄公蝗 *Mekongiana gregoryi* (Uvarov, 1925)
分布：云南（迪庆、大理），四川，西藏。

拟澜沧蝗属 *Paramekongiella* Huang, 1990

中甸拟澜沧蝗 *Paramekongiella zhongdianensis* Huang, 1990
分布：云南（丽江）。

似橄蝗属 Pseudomorphacris Carl, 1916

曲尾似橄蝗 *Pseudomorphacris hollisi* Kevan, 1968
分布：云南（西双版纳）；老挝，泰国。

橄蝗属 *Tagasta* Bolivar, 1905

短翅橄蝗 *Tagasta brachyptera* Liang, 1988
分布：云南（红河）。
印度橄蝗 *Tagasta insularis* Bolívar, 1905
分布：云南（红河、普洱、临沧、西双版纳），西藏，广西，广东，福建；印度，缅甸，越南，泰国，不丹，马来西亚，尼泊尔。
黑胫橄蝗 *Tagasta nigritibia* Mao & Li, 2015
分布：云南（德宏）。
云南橄蝗 *Tagasta yunnana* Bi, 1983
分布：云南（西双版纳）。

云南蝗属 *Yunnanites* Uvarov, 1925

白边云南蝗 *Yunnanites albomargina* Mao & Zheng, 1999
分布：云南（怒江）。
革衣云南蝗 *Yunnanites coriacea* Uvarov, 1925
分布：云南（昆明、昭通、曲靖、楚雄、大理、丽江、迪庆、临沧、普洱、西双版纳），贵州，四川。
郑氏云南蝗 *Yunnanites zhengi* Mao & Yang, 2003
分布：云南（丽江、迪庆）。

锥头蝗科 Pyrgomorphidae

负蝗属 *Atractomorpha* Saussure, 1862

纺梭负蝗 *Atractomorpha burri* Bolívar, 1905
分布：云南（大理、德宏、红河、文山、普洱、西双版纳），四川，陕西，广西，广东；尼泊尔，不丹，印度，缅甸，泰国，越南，马来西亚。
喜马拉雅负蝗 *Atractomorpha himalayica* Bolívar, 1905
分布：云南（怒江、德宏），西藏；尼泊尔，印度，不丹。
奇异负蝗 *Atractomorpha peregrina* Bi & Xia, 1981
分布：云南（昆明、曲靖），贵州，四川。
柳枝负蝗 *Atractomorpha psittacina* (Haan, 1842)
分布：云南（红河、普洱、西双版纳），广西；巴基斯坦，印度，泰国，缅甸，印度尼西亚，马来西亚，菲律宾。
短额负蝗 *Atractomorpha sinensis* Bolívar, 1905
分布：云南（全省），贵州，四川，辽宁，吉林，黑龙江，山东，河南，河北，北京，山西，陕西，甘肃，青海，浙江，江苏，上海，湖南，湖北，江西，安徽，广西，广东，福建，台湾；日本，越南。
云南负蝗 *Atractomorpha yunnanensis* Bi & Xia, 1981
分布：云南（普洱、文山、红河、德宏、临沧、西双版纳）。

斑腿蝗科 Catantopidae

小翅蝗属 *Alulacris* Zheng, 1981

石林小翅蝗 *Alulacris shilinensis* (Zheng, 1977)
分布：云南（昆明）。
砚山小翅蝗 *Alulacris yanshanensis* Mao, Ren & Ou, 2011
分布：云南（文山）。

珂蝗属 *Anepipodisma* Huang, 1984

点珂蝗 *Anepipodisma punctata* Huang, 1984
分布：云南（迪庆），西藏。

胸斑蝗属 *Apalacris* Walker, 1870

长角胸斑蝗 *Apalacris antennata* Liang, 1988
分布：云南（红河、普洱、西双版纳）。
异角胸斑蝗 *Apalacris varicornis* Walker, 1870
分布：云南（怒江、大理、临沧、德宏、保山、普洱、玉溪、红河、西双版纳），贵州，四川，陕西，广西，广东，福建；日本，越南，泰国，马来西亚，印度尼西亚，印度。
绿胸斑蝗 *Apalacris viridis* Huang & Xia, 1984
分布：云南（红河）。

阿萨姆蝗属 *Assamacris* Uvarov, 1942

二齿阿萨姆蝗 *Assamacris bidentata* Mao, Ren & Ou, 2007
分布：云南（文山）。
华丽阿萨姆蝗 *Assamacris splendida* Mao, Niu & Huang, 2021
分布：云南（德宏、怒江）。

三斑阿萨姆蝗 ***Assamacris trimaculata*** **Mao, Ren & Ou, 2007**
分布：云南（怒江）。

卵翅蝗属 *Caryanda* Stål, 1878

白斑卵翅蝗 ***Caryanda albomaculata*** **Mao, Ren & Ou, 2007**
分布：云南（普洱、西双版纳）。

抱须卵翅蝗 ***Caryanda amplexicerca*** **Ou, Liu & Zheng, 2007**
分布：云南（红河）。

金黄卵翅蝗 ***Caryanda aurata*** **Mao, Ren & Ou, 2007**
分布：云南（文山、红河）。

双齿卵翅蝗 ***Caryanda biserrata*** **Mao & Yin, 2023**
分布：云南（文山、玉溪）。

蓝背卵翅蝗 ***Caryanda caesinota*** **Mao & Li, 2016**
分布：云南（临沧、普洱）。

彩色卵翅蝗 ***Caryanda colourfula*** **Mao, Ren & Ou, 2011**
分布：云南（红河、玉溪）。

犁须卵翅蝗 ***Caryanda cultricerca*** **Ou, Liu & Zheng, 2007**
分布：云南（临沧）。

圆板卵翅蝗 ***Caryanda cyclata*** **Zheng, 2008**
分布：云南（普洱）。

青脊卵翅蝗 ***Caryanda cyanonota*** **Mao & Li, 2015**
分布：云南（普洱）。

德宏卵翅蝗 ***Caryanda dehongensis*** **Mao, Xu & Yang, 2003**
分布：云南（德宏、保山）。

尾齿卵翅蝗 ***Caryanda dentata*** **Mao & Ou, 2006**
分布：云南（红河、普洱、西双版纳）。

峨山卵翅蝗 ***Caryanda eshana*** **Mao, 2015**
分布：云南（玉溪）。

异色卵翅蝗 ***Caryanda heterochromia*** **Mao & Huang, 2016**
分布：云南（西双版纳、普洱）。

江城卵翅蝗 ***Caryanda jiangchenga*** **Mao, Niu & Zheng, 2015**
分布：云南（普洱）。

金平卵翅蝗 ***Caryanda jinpingensis*** **Mao, Ren & Ou, 2011**
分布：云南（红河）。

澜沧卵翅蝗 ***Caryanda lancangensis*** **Zheng, 1982**
分布：云南（普洱、西双版纳）。

大尾须卵翅蝗 ***Caryanda macrocercusa*** **(Mao & Ren, 2007)**
分布：云南（大理、临沧）。

马关卵翅蝗 ***Caryanda maguanensis*** **Mao, Ren & Ou, 2011**
分布：云南（文山）。

小卵翅蝗 ***Caryanda neoelegans*** **Otte, 1995**
分布：云南（西双版纳、普洱、红河），广西；越南。

黑刺卵翅蝗 ***Caryanda nigrospina*** **Mao, Ren & Ou, 2011**
分布：云南（红河）。

黑胫卵翅蝗 ***Caryanda nigrotibia*** **Mao, Xu & Li, 2017**
分布：云南（普洱）。

方板卵翅蝗 ***Caryanda quadrata*** **Bi & Xia, 1984**
分布：云南（保山）。

红股卵翅蝗 ***Caryanda rufofemorata*** **Ma & Zheng, 1992**
分布：云南（西双版纳）。

双江卵翅蝗 ***Caryanda shuangjinga*** **Mao & Li, 2015**
分布：云南（临沧）。

拟三齿卵翅蝗 ***Caryanda triodontoides*** **Zheng & Xi, 2008**
分布：云南（普洱）。

绿卵翅蝗 ***Caryanda virida*** **Ma, Guo & Zheng, 2000**
分布：云南（西双版纳）。

清水卵翅蝗 ***Caryanda viridis*** **(Zheng & Mao, 1996)**
分布：云南（大理、怒江）。

拟绿卵翅蝗 ***Caryanda viridoides*** **Mao, Ren & Ou, 2011**
分布：云南（红河）。

新平卵翅蝗 ***Caryanda xinpingensis*** **Mao, 2017**
分布：云南（玉溪）。

云南卵翅蝗 ***Caryanda yunnana*** **Zheng, 1981**
分布：云南（红河、西双版纳）。

镇沅卵翅蝗 ***Caryanda zhenyuanensis*** **Mao, Xu & Li, 2017**
分布：云南（普洱、玉溪）。

棉蝗属 *Chondracris* Uvarov, 1923

棉蝗 ***Chondracris rosea*** **(De Geer, 1773)**
分布：云南（文山、玉溪、普洱、怒江、红河、临沧、德宏、大理、西双版纳），贵州，四川，广西，广东，湖南，湖北，福建，江苏，浙江，陕西，河北，山东，内蒙古；朝鲜，韩国，日本，缅甸，越南，柬埔寨，马来西亚，印度尼西亚，印度。

长夹蝗属 *Choroedocus* Bolívar, 1914

长夹蝗 *Choroedocus capensis* (Thunberg, 1815)

分布：云南（玉溪、红河），贵州，广西，福建，广东；缅甸，柬埔寨，泰国，印度，越南，斯里兰卡，非洲。

无斑长夹蝗 *Choroedocus robustus* (Serville, 1838)

分布：云南（德宏）。

紫胫长夹蝗 *Choroedocus violaceipes* Miller, 1934

分布：云南（普洱、大理、德宏、临沧、保山、迪庆、西双版纳）；马来西亚，泰国。

拟裸蝗属 *Conophymacris* Willemse, 1933

苍山拟裸蝗 *Conophymacris cangshanensis* Zheng & Mao, 1996

分布：云南（大理、楚雄、丽江、迪庆）。

中华拟裸蝗 *Conophymacris chinensis* Willemse, 1933

分布：云南（昆明、曲靖），重庆。

锥尾拟裸蝗 *Conophymacris conicerca* Bi & Xia, 1984

分布：云南（保山）。

黑股拟裸蝗 *Conophymacris nigrofemora* Liang, 1993

分布：云南（丽江），四川。

云南拟裸蝗 *Conophymacris yunnanensis* Zheng, 1977

分布：云南（红河、曲靖、文山）。

香格里拉拟裸蝗 *Conophymacris xianggelilaensis* Zheng, Niu & Shi, 2009

分布：云南（迪庆）。

切翅蝗属 *Coptacra* Stål, 1873

越北切翅蝗 *Coptacra tonkinensis* Willemse, 1939

分布：云南（红河、德宏、玉溪、普洱、西双版纳）；越南。

云南切翅蝗 *Coptacra yunnanensis* Zhang & Yin, 2002

分布：云南（西双版纳）。

曲翅蝗属 *Curvipennis* Huang, 1984

维西曲翅蝗 *Curvipennis wixiensis* Huang, 1984

分布：云南（迪庆、怒江、大理）。

刺胸蝗属 *Cyrtacanthacris* Walker, 1870

塔达刺胸蝗 *Cyrtacanthacris tatarica* (Linnaeus, 1758)

分布：云南（玉溪、楚雄、临沧、保山、大理），广东，海南；泰国，印度，孟加拉国，巴基斯坦，斯里兰卡。

异斑腿蝗属 *Diabolocatantops* Jago, 1984

红褐异斑腿蝗 *Diabolocatantops pinguis* (Stål, 1861)

分布：云南（昆明、文山、红河、楚雄、大理、迪庆、保山、临沧），贵州，四川，西藏，陕西，河北，江西，湖北，江苏，广西，广东，台湾，福建；印度，斯里兰卡，缅甸，日本。

异色蝗属 *Dimeracris* Niu & Zheng, 1993

草绿异色蝗 *Dimeracris prasina* Niu & Zheng, 1993

分布：云南（西双版纳）。

罕蝗属 *Ecphanthacris* Tinkham, 1940

罕蝗 *Ecphanthacris mirabilis* Tinkham, 1940

分布：云南（德宏、红河、临沧、普洱、西双版纳），贵州，西藏，广东，广西；缅甸。

疹蝗属 *Ecphymacris* Bi, 1984

罗浮山疹蝗 *Ecphymacris lofaoshana* (Tinkham, 1940)

分布：云南（文山、大理、西双版纳），贵州，广西，广东。

峨眉蝗属 *Emeiacris* Zheng, 1981

斑腿峨眉蝗 *Emeiacris maculata* Zheng, 1981

分布：云南（昭通），四川。

十字蝗属 *Epistaurus* Bolívar, 1889

长翅十字蝗 *Epistaurus aberrans* Brunner von Wattenwyl, 1893

分布：云南（红河、普洱、玉溪、临沧、德宏、保山、西双版纳），贵州，广西，广东，台湾；越南，泰国，缅甸。

斜翅蝗属 *Eucoptacra* Bolívar, 1902

秉汉斜翅蝗 *Eucoptacra binghami* Uvarov, 1921

分布：云南（普洱、西双版纳、红河、保山、临沧、玉溪、怒江、德宏）；印度，缅甸，泰国，越南。

大眼斜翅蝗 *Eucoptacra megaocula* Wang, Xiangyu, Mu & He, 1994

分布：云南（文山、红河）。

墨脱斜翅蝗 *Eucoptacra motuoensis* Yin, 1984
分布：云南（大理），西藏。
斜翅蝗 *Eucoptacra praemorsa* (Stål, 1861)
分布：云南（大理、红河、普洱、西双版纳），江西，浙江，广西，广东，福建，台湾；缅甸，尼泊尔，印度。

黑背蝗属 *Eyprepocnemis* Fieber, 1853

斑腿黑背蝗 *Eyprepocnemis maculata* Huang, 1983
分布：云南（普洱、西双版纳）。
筱翅黑背蝗 *Eyprepocnemis perbrevipennis* Bi & Xia, 1984
分布：云南（大理、丽江、德宏、楚雄）。
云南黑背蝗 *Eyprepocnemis yunnanensis* Zheng, Lian & Xi, 1982
分布：云南（普洱、怒江、保山、西双版纳）。

野蝗属 *Fer* Bolivar, 1918

云南野蝗 *Fer yunnanensis* Huang & Xia, 1984
分布：云南（普洱、西双版纳）。

腹露蝗属 *Fruhstorferiola* Willemse, 1992

峨眉腹露蝗 *Fruhstorferiola emei* (Rehn & Rehn, 1939)
分布：云南（昭通），四川，甘肃，广西。

庚蝗属 *Genimen* Bolivar, 1918

版纳庚蝗 *Genimen bannanum* Mao, Ren & Ou, 2010
分布：云南（西双版纳）。
缅甸庚蝗 *Genimen burmanum* Ramme, 1941
分布：云南（西双版纳）；缅甸。
云南庚蝗 *Genimen yunnanensis* Zheng, Huang & Liu, 1988
分布：云南（德宏）。
郑氏庚蝗 *Genimen zhengi* Mao, Ren & Ou, 2010
分布：云南（德宏）。

拟庚蝗属 *Genimenoides* Henry, 1934

条纹拟庚蝗 *Genimenoides vittatum* Mao, Ren & Ou, 2010
分布：云南（临沧、普洱）。

点翅蝗属 *Gerenia* Stål, 1878

间点翅蝗 *Gerenia intermedia* Brunner von Wattenwyl, 1893
分布：云南（西双版纳）；缅甸。

芋蝗属 *Gesonula* Uvarov, 1940

芋蝗 *Gesonula punctifrons* (Stål, 1861)
分布：云南（红河、玉溪、普洱、怒江、西双版纳），四川，湖南，江西，浙江，江苏，广西，广东，海南，台湾，福建；日本，印度，缅甸，斯里兰卡，印度尼西亚。
思茅芋蝗 *Gesonula szemaoensis* Zheng, 1977
分布：云南（普洱、红河、楚雄、西双版纳）。

丽足蝗属 *Habrocnemis* Uvarov, 1942

掸邦丽足蝗 *Habrocnemis shanensis* Uvarov, 1942
分布：云南（普洱）；缅甸。

蔗蝗属 *Hieroglyphus* Krauss, 1877

斑角蔗蝗 *Hieroglyphus annulicornis* (Shiraki, 1910)
分布：云南（玉溪），四川，河北，山东，江苏，安徽，浙江，湖北，江西，湖南，广西，福建，广东，台湾；日本，印度，越南，泰国。
等岐蔗蝗 *Hieroglyphus banian* (Fabricius, 1798)
分布：云南（红河），四川，广西，福建，广东；阿富汗，巴基斯坦，印度，尼泊尔，不丹，斯里兰卡，孟加拉国，缅甸，越南，泰国。

舟形蝗属 *Lemba* Huang, 1983

大关舟形蝗 *Lemba daguanensis* Huang, 1983
分布：云南（昭通）。
绿胫舟形蝗 *Lemba viriditibia* Niu & Zheng, 1992
分布：云南（昆明、曲靖）。
云南舟形蝗 *Lemba yunnana* Ma & Zheng, 1994
分布：云南（昭通）。

龙川蝗属 *Longchuanacris* Zheng & Fu, 1989

二齿龙川蝗 *Longchuanacris bidentata* (Zheng & Liang, 1985)
分布：云南（怒江）。
曲尾龙川蝗 *Longchuanacris curvifurcula* Mao, Ren & Ou, 2007
分布：云南（保山）。
叶尾龙川蝗 *Longchuanacris lobata* Niu & Ou, 2011
分布：云南（德宏）。
巨尾片龙川蝗 *Longchuanacris macrofurcula* Zheng & Fu, 1989
分布：云南（德宏）。
小尾片龙川蝗 *Longchuanacris microfurcula* Niu & Zheng, 2011
分布：云南（德宏）。

绿龙川蝗 *Longchuanacris virida* Mao & Ou, 2007
分布：云南（德宏、保山、大理）。

陇根蝗属 *Longgenacris* You & Li, 1983

斑边陇根蝗 *Longgenacris maculacarina* You & Li, 1983
分布：云南（红河），广西。

龙州蝗属 *Longzhouacris* You & Bi, 1983

长翅龙州蝗 *Longzhouacris longipennis* Huang & Xia, 1984
分布：云南（红河、文山）。

梅荔蝗属 *Melliacris* Ramme, 1941

中华梅荔蝗 *Melliacris sinensis* Ramme, 1941
分布：云南（大理）。

黑纹蝗属 *Meltripata* Bolívar, 1923

黄条黑纹蝗 *Meltripata chloronema* Zheng, 1982
分布：云南（西双版纳）。

勐腊蝗属 *Menglacris* Jiang & Zheng, 1994

斑腿勐腊蝗 *Menglacris maculata* Jiang & Zheng, 1994
分布：云南（普洱、红河、西双版纳）。

稻蝗属 *Oxya* Serville, 1831

山稻蝗 *Oxya agavisa* Tsai, 1931
分布：云南（文山、德宏），贵州，四川，江苏，上海，湖南，湖北，浙江，江西，安徽，广西，福建，广东。

黄股稻蝗 *Oxya flavefemura* Ma, Guo & Zheng, 1994
分布：云南（临沧、保山、普洱、西双版纳）。

小稻蝗 *Oxya intricata* (Stål, 1861)
分布：云南（昆明、大理、德宏、临沧、普洱、红河、文山、玉溪、楚雄、怒江、保山、迪庆、昭通、西双版纳），贵州，四川，西藏，辽宁，浙江，江苏，湖北，湖南，江西，广西，广东，海南，福建，台湾，香港；日本，越南，泰国，马尔代夫，马来西亚，印度尼西亚，菲律宾。

日本稻蝗 *Oxya japonica* (Thunberg, 1824)
分布：云南（红河、临沧、普洱、德宏、怒江、保山、大理、迪庆、丽江），四川，西藏，河北，山东，湖北，江苏，浙江，广西，台湾，广东；日本，新加坡，马来西亚，菲律宾，斯里兰卡，越南，巴基斯坦，印度，缅甸，泰国。

三斑稻蝗 *Oxya trimaculata* Mao & Luo, 2014
分布：云南（德宏）。

长翅稻蝗 *Oxya velox* (Fabricius, 1787)
分布：云南（红河、临沧、怒江、保山、西双版纳），西藏；巴基斯坦，印度，缅甸，孟加拉国，泰国。

云南稻蝗 *Oxya yunnana* Bi, 1986
分布：云南（文山、昭通、大理）。

郑氏稻蝗 *Oxya zhengi* Li, Zhang & Ma, 2011
分布：云南（保山）。

大头蝗属 *Oxyrrhepes* Stål, 1873

长翅大头蝗 *Oxyrrhepes obtusa* (Haan, 1842)
分布：云南（昆明、文山、红河、普洱、怒江、保山、大理、西双版纳），广西，广东，台湾，江西；马来西亚，印度尼西亚。

板角蝗属 *Oxytauchira* Ramme, 1941

无斑板角蝗 *Oxytauchira amaculata* Mao, Ren & Ou, 2011
分布：云南（保山、德宏）。

曙黄板角蝗 *Oxytauchira aurora* (Brunner von Wattenwyl, 1893)
分布：云南（德宏）；缅甸。

短翅板角蝗 *Oxytauchira brachyptera* Zheng, 1981
分布：云南（普洱、红河、玉溪、西双版纳）。

突缘板角蝗 *Oxytauchira flange* Mao, Ren & Ou, 2011
分布：云南（西双版纳）。

小板角蝗 *Oxytauchira oxyelegans* Otte, 1995
分布：云南（普洱）。

佯曙板角蝗 *Oxytauchira paraurora* Mao, Ren & Ou, 2011
分布：云南（德宏、保山）。

红角板角蝗 *Oxytauchira ruficorni* (Huang, 1985)
分布：云南（西双版纳）。

云南板角蝗 *Oxytauchira yunnana* (Zheng, 1981)
分布：云南（西双版纳）。

厚蝗属 *Pachyacris* Uvarov, 1923

厚蝗 *Pachyacris vinosa* (Walker, 1870)
分布：云南（大理、玉溪、普洱、迪庆），广西，广东；印度，尼泊尔，孟加拉国，缅甸，越南，泰国。

刺秃蝗属 *Parapodisma* Mistshenko, 1947

无纹刺秃蝗 *Parapodisma astris* Huang, 2006
分布：云南（迪庆）。

黄脊蝗属 *Patanga* Uvarov, 1923

日本黄脊蝗 *Patanga japonica* (Bolivar, 1898)
分布：云南（昆明、大理、迪庆、怒江、丽江、曲靖、文山、红河、普洱），贵州，四川，辽宁，河南，陕西，甘肃，山东，江苏，安徽，浙江，江西，广西，广东，福建，台湾；日本，欧洲。

印度黄脊蝗 *Patanga succincta* (Johannson, 1763)
分布：云南（玉溪、昆明、文山、楚雄、西双版纳），贵州，广西，广东，台湾，福建；印度，巴基斯坦，马来西亚，印度尼西亚。

拟凹背蝗属 *Pseudoptygonotus* Zheng, 1977

无齿拟凹背蝗 *Pseudoptygonotus adentatus* Zheng & Yao, 2006
分布：云南（昆明）。

高山拟凹背蝗 *Pseudoptygonotus alpinus* Mao, Ren & Ou, 2011
分布：云南（大理、怒江）。

蓝胫拟凹背蝗 *Pseudoptygonotus cyanipes* (Wang & Xiangyu, 1995)
分布：云南（文山）。

贡山拟凹背蝗 *Pseudoptygonotus gunshanensis* Zheng & Liang, 1986
分布：云南（怒江）。

昆明拟凹背蝗 *Pseudoptygonotus kunmingensis* Zheng, 1977
分布：云南（昆明）。

突缘拟凹背蝗 *Pseudoptygonotus prominemarginis* Zheng & Mao, 1996
分布：云南（大理）。

拟凸额蝗属 *Pseudotraulia* Laosinchai & Jago, 1980

角瓣拟凸额蝗 *Pseudotraulia cornuata* Laosinchai & Jago, 1980
分布：云南（西双版纳）；泰国。

伪稻蝗属 *Pseudoxya* Yin & Liu, 1987

赤胫伪稻蝗 *Pseudoxya diminuta* (Walker, 1871)
分布：云南（普洱、临沧、西双版纳、红河、玉溪、文山），贵州，广西，广东，福建；越南，泰国。

稞蝗属 *Quilta* Stål, 1861

短翅稞蝗 *Quilta mitrata* (Stål, 1861)
分布：云南，广东，广西，福建，江西，海南。

稻稞蝗 *Quilta oryzae* Uvarov, 1925
分布：云南，山东，湖南，湖北，江苏，广东，广西，福建；泰国。

蛙蝗属 *Ranacris* You & Lin, 1983

云南蛙蝗 *Ranacris yunnanensis* Mao, Ren & Ou, 2011
分布：云南（红河）。

沙漠蝗属 *Schistocerca* Stål, 1873

沙漠蝗 *Schistocerca gregaria* (Forskål, 1775)
分布：云南，西藏；印度，巴基斯坦，阿富汗，斯里兰卡，非洲。

素木蝗属 *Shirakiacris* Dirsh, 1958

短翅素木蝗 *Shirakiacris brachyptera* Zheng, 1983
分布：云南（昆明、大理、丽江、迪庆）。

云贵素木蝗 *Shirakiacris yunkweiensis* (Chang, 1937)
分布：云南（昆明、昭通、曲靖、大理、文山、普洱、红河、西双版纳），贵州，四川。

蹦蝗属 *Sinopodisma* Chang, 1940

滇西蹦蝗 *Sinopodisma dianxia* Mao, Ren & Ou, 2011
分布：云南（大理）。

橄榄蹦蝗 *Sinopodisma oliva* Mao, Ren & Ou, 2011
分布：云南（曲靖）。

郑氏蹦蝗 *Sinopodisma zhengi* Liang & Lin, 1994
分布：云南（丽江）。

板胸蝗属 *Spathosternum* Krauss, 1877

板胸蝗指名亚种 *Spathosternum prasiniferum prasiniferum* (Walker, 1871)
分布：云南（昆明、大理、临沧、怒江、保山、德宏、普洱、文山、红河、西双版纳），贵州，四川，浙江，江苏，广西，广东；越南，泰国，缅甸，巴基斯坦，孟加拉国，尼泊尔，印度。

板胸蝗云南亚种 *Spathosternum prasiniferum yunnanense* Wei & Zheng, 2005
分布：云南（西双版纳）。

直斑腿蝗属 *Stenocatantops* Dirsh, 1953

长角直斑腿蝗 *Stenocatantops splendens* (Thunberg, 1815)
分布：云南（普洱、玉溪、临沧、丽江、大理、怒江、德宏、文山、红河、楚雄、西双版纳），海南，广东，福建，台湾；印度，尼泊尔，斯里兰卡，越南，缅甸，泰国，马来西亚，菲律宾，印度尼西亚。

板突蝗属 *Tauchira* Stål, 1878

长翅板突蝗 *Tauchira longipennis* (Liang, 1989)
分布：云南（红河、德宏、西双版纳）。

爱山板突蝗 *Tauchira oreophila* (Tinkham, 1940)
分布：云南（西双版纳），贵州，广西，广东，福建。

越北蝗属 *Tonkinacris* Carl, 1916

中华越北蝗 *Tonkinacris sinensis* Chang, 1937
分布：云南（文山），贵州，四川，广西；越南。

凸额蝗属 *Traulia* Stål, 1873

长翅凸额蝗 *Traulia aurora* Willemse, 1921
分布：云南（普洱、西双版纳）。

小凸额蝗 *Traulia minuta* Huang & Xia, 1985
分布：云南（红河、普洱、西双版纳）。

高黎贡山凸额蝗 *Traulia gaoligongshanensis* Zheng & Mao, 1996
分布：云南（怒江）。

东方凸额蝗 *Traulia orientalis* Ramme, 1941
分布：云南（昆明、曲靖），贵州，广西，湖南，福建。

四川凸额蝗 *Traulia szetschuanensis* Ramme, 1941
分布：云南（昆明、大理、昭通、文山、红河），贵州，四川，陕西，甘肃，广西，湖北。

越北凸额蝗 *Traulia tonkinensis* Bolívar, 1917
分布：云南（红河、文山、西双版纳），广西；越南。

梭蝗属 *Tristria* Stål, 1873

细尾梭蝗 *Tristria pulvinate* (Uvarov, 1921)
分布：云南（怒江、保山、德宏）；印度，斯里兰卡，马来西亚。

棒腿蝗属 *Tylotropidius* Stål, 1873

云南棒腿蝗 *Tylotropidius yunnanensis* Zheng & Liang, 1990
分布：云南（昆明、楚雄、文山、大理、丽江、迪庆、保山）。

外斑腿蝗属 *Xenocatantops* Dirsh, 1953

短角外斑腿蝗 *Xenocatantops brachycerus* (Willemse, 1932)
分布：云南（昆明、昭通、曲靖、文山、红河、玉溪、普洱、临沧、楚雄、大理、迪庆、怒江、丽江、保山、德宏、西双版纳），西藏，广西；印度，尼泊尔，孟加拉国，斯里兰卡，缅甸，越南，泰国，马来西亚，菲律宾，印度尼西亚，巴布亚新几内亚。

大斑外斑腿蝗 *Xenocatantops humile* (Serville, 1838)
分布：云南（昆明、玉溪、文山、普洱、红河、怒江、保山、临沧、德宏、西双版纳），西藏，广西；印度，尼泊尔，孟加拉国，斯里兰卡，缅甸，越南，泰国，马来西亚，菲律宾，印度尼西亚，巴布亚新几内亚。

香格里拉蝗属 *Xiangelilacris* Zheng, Huang & Zhou, 2008

中甸香格里拉蝗 *Xiangelilacris zhongdianensis* Zheng, Huang & Zhou, 2008
分布：云南（迪庆）。

云秃蝗属 *Yunnanacris* Chang, 1940

文山云秃蝗 *Yunnanacris wenshanensis* Wang & Xiangyu, 1995
分布：云南（文山）。

云南云秃蝗 *Yunnanacris yunnaneus* (Ramme, 1939)
分布：云南（昆明、曲靖、红河、保山、大理、丽江、楚雄、普洱）。

斑翅蝗科 Oedipodidae

绿纹蝗属 *Aiolopus* Fieber, 1853

花胫绿纹蝗 *Aiolopus thalassinus tamulus* (Fabricius, 1798)
分布：云南（昆明、红河、大理、楚雄、玉溪、临沧、普洱、怒江、西双版纳），全国其他地区广布；伊朗，韩国，印度，印度尼西亚。

绿纹蝗 *Aiolopus thalassinus thalassinus* (Fabricius, 1781)
分布：云南（大理、文山、临沧、昭通、普洱、怒江、保山、丽江、迪庆、玉溪），新疆；欧洲，非洲。

车蝗属 *Gastrimargus* Saussure, 1884

非洲车蝗 *Gastrimargus africanus africanus* (Saussure, 1888)
分布：云南（昆明、昭通、大理、泸水、迪庆、丽江、保山）；非洲。

黄股车蝗 *Gastrimargus africanus parvulus* Sjöstedt, 1928
分布：云南（大理、丽江、迪庆、保山、临沧、普洱、玉溪、曲靖、文山、昭通），福建，广东，广西，海南，香港；印度尼西亚，泰国，越南，缅甸。

云斑车蝗 *Gastrimargus marmoratus* (Thunberg, 1815)
分布：云南（昆明、大理、楚雄、文山、玉溪、普洱、西双版纳、红河、怒江），四川，重庆，吉林，辽宁，山东，浙江，江苏，广东，广西，福建，海南，香港；朝鲜，日本，印度，缅甸，越南，泰国，菲律宾，马来西亚，印度尼西亚。

黑股车蝗 *Gastrimargus nubilus* Uvarov, 1925
分布：云南（昆明、曲靖、昭通、楚雄、大理、丽江、迪庆、怒江），四川，西藏。

异距蝗属 *Heteropternis* Stål, 1873

小异距蝗 *Heteropternis micronus* Huang, 1981
分布：云南（昆明、大理、迪庆、保山、德宏、红河、文山、曲靖），西藏。

墨脱异距蝗 *Heteropternis motuoensis* Yin, 1984
分布：云南（怒江），西藏。

方异距蝗 *Heteropternis respondens* (Walker, 1859)
分布：云南（昆明、红河、德宏、普洱、临沧大理、玉溪、怒江、迪庆、西双版纳），贵州，四川，陕西，甘肃，江苏，浙江，湖北，江西，广西，广东，福建，香港，台湾；日本，印度，尼泊尔，孟加拉国，斯里兰卡，印度尼西亚，泰国，菲律宾，马来西亚，缅甸。

大异距蝗 *Heteropternis robusta* Bey-Bienko, 1951
分布：云南（昆明、大理、保山、德宏、普洱、怒江、迪庆、丽江、文山、红河、昭通、曲靖），贵州，四川，西藏。

赤胫异距蝗 *Heteropternis rufipes* (Shiraki, 1910)
分布：云南（文山、大理、普洱），贵州，河北，江苏，广西，福建，台湾；日本。

金沙蝗属 *Kinshaties* Zheng, 1977

元谋金沙蝗 *Kinshaties yuanmowensis* Zheng, 1977
分布：云南（大理，楚雄），四川。

飞蝗属 *Locusta* Linnaeus, 1758

东亚飞蝗 *Locusta migratoria manilensis* (Meyen, 1835)
分布：云南（昆明、玉溪、楚雄、红河、曲靖、大理、保山、迪庆、普洱、临沧、文山、丽江），河北、山西以南各省；日本，菲律宾，印度尼西亚，泰国，越南，缅甸，柬埔寨。

小车蝗属 *Oedaleus* Fieber, 1853

隆叉小车蝗 *Oedaleus abruptus* (Thunberg, 1815)
分布：云南（玉溪），贵州，广西，湖南，湖北，福建，广东，海南；巴基斯坦，印度，斯里兰卡，尼泊尔，孟加拉国，缅甸，泰国，马来西亚。

透翅小车蝗 *Oedaleus hyalinus* Zheng & Mao, 1997
分布：云南（大理）。

红胫小车蝗 *Oedaleus manjius* Chang, 1939
分布：云南（大理、昭通），四川，陕西，江苏，浙江，湖北，福建，广西，广东，海南。

踵蝗属 *Pternoscirta* Saussure, 1884

黄翅踵蝗 *Pternoscirta caliginosa* (Haan, 1842)
分布：云南（玉溪、怒江、大理、临沧、红河、西双版纳、普洱），贵州，四川，陕西，江苏，浙江，安徽，广西，广东，福建；印度，马来西亚，印度尼西亚，越南。

长翅踵蝗 *Pternoscirta longipennis* Xia, 1981
分布：云南（普洱），西藏。

红胫踵蝗 *Pternoscirta pulchripes* Uvarov, 1925
分布：云南（昆明、大理、迪庆、德宏），四川，广西。

红翅踵蝗 *Pternoscirta sauteri* (Karny, 1915)
分布：云南（红河、大理、玉溪、普洱），贵州，四川，河南，陕西，江苏，浙江，安徽，广东，广西，福建，台湾；越南。

束颈蝗属 *Sphingonotus* Fieber, 1852

长翅束颈蝗 *Sphingonotus longipennis* Saussure, 1884
分布：云南（大理、丽江、德宏、红河、普洱、临沧、迪庆、玉溪），四川，西藏，广西；阿富汗，印度，尼泊尔，泰国。

勐腊束颈蝗 *Sphingonotus menglaensis* Wei & Zheng, 2005
分布：云南（西双版纳）。

云南束颈蝗 *Sphingonotus yunnaneus* Uvarov, 1925
分布：云南（迪庆），四川，西藏。

疣蝗属 *Trilophidia* Stål, 1873

疣蝗 *Trilophidia annulata* (Thunberg, 1815)
分布：全国广布；蒙古国，日本，韩国，阿富汗，巴基斯坦，印度，尼泊尔，泰国，斯里兰卡，缅甸，越南，菲律宾，马来西亚，新加坡，印度尼西亚。

网翅蝗科 Arcypteridae

缺背蝗属 *Anaptygus* Mishchenko, 1951

长翅缺背蝗 *Anaptygus longipennis* Mao & Xu, 2004
分布：云南（大理）。

红胫缺背蝗 *Anaptygus rufitibialus* Zheng & Mao, 1997
分布：云南（大理）。

月亮湾缺背蝗 *Anaptygus yueliangwan* Mao, Ren & Ou, 2011
分布：云南（迪庆）。

玉龙缺背蝗 *Anaptygus yulongensis* Wang, Zheng & Lian, 2005
分布：云南（丽江）。

隆背蝗属 *Carinacris* Liu, 1984

条纹隆背蝗 *Carinacris vittatus* Liu, 1984
分布：云南（昆明、楚雄、大理、丽江），四川。

竹蝗属 *Ceracris* Walker, 1870

黑翅竹蝗 *Ceracris fasciata* (Brunner von Wattenwyl, 1893)
分布：云南（普洱、红河、西双版纳），广东，湖南，广西，海南；印度，马来西亚，缅甸，越南。

青脊竹蝗 *Ceracris nigricornis nigricornis* Walker, 1870
分布：云南（文山、普洱、临沧、西双版纳），贵州，四川，广西，福建，陕西，甘肃；印度，马来西亚，越南。

大青脊竹蝗 *Ceracris nigricornis laeta* (Bolívar, 1914)
分布：云南（文山、西双版纳），贵州，四川，浙江，江西，湖南，福建，广东，海南，台湾；印度，马来西亚，越南。

黄脊竹蝗 *Ceracris kiangsu* Tsai, 1929
分布：云南（普洱、临沧、西双版纳），四川，陕西，江苏，浙江，江西，湖南，湖北，福建，广东；越南。

蒲氏竹蝗 *Ceracris pui* Liang, 1988
分布：云南（红河）。

思茅竹蝗 *Ceracris szemaoensis* Zheng, 1977
分布：云南（普洱、大理、怒江、保山、红河、西双版纳），广西。

西藏竹蝗短翅亚种 *Ceracris xizangensis brachypennis* Zheng, 1983
分布：云南（保山、大理、怒江、临沧、德宏、文山、曲靖）。

拟竹蝗属 *Ceracrisoides* Liu, 1985

昆明拟竹蝗 *Ceracrisoides kunmingensis* Liu, 1985
分布：云南（昆明）。

临沧拟竹蝗 *Ceracrisoides lincangensis* Mao, 2001
分布：云南（临沧）。

雏蝗属 *Chorthippus* Fieber, 1852

异翅雏蝗 *Chorthippus anomopterus* Liu, 1984
分布：云南（迪庆）。

大山雏蝗 *Chorthippus dashanensis* Mao, Ren & Ou, 2011
分布：云南（昭通）。

德钦雏蝗 *Chorthippus deqinensis* Liu, 1984
分布：云南（迪庆）。

贡山雏蝗 *Chorthippus gongshanensis* Zheng & Mao, 1997
分布：云南（怒江）。

林草雏蝗 *Chorthippus nemus* Liu, 1984
分布：云南（迪庆）。

钝尾雏蝗 *Chorthippus obtusicaudatus* Mao, Ren & Ou, 2011
分布：云南（昭通）。

雪山雏蝗 *Chorthippus xueshanensis* Zheng & Mao, 1997
分布：云南（丽江、怒江、迪庆、大理），四川。

玉案山雏蝗 *Chorthippus yuanshanensis* Zheng, 1980
分布：云南（昆明、曲靖、丽江、大理）。

暗蝗属 *Dnopherula* Karsch, 1896

带暗蝗 *Dnopherula loratus* (Zheng & Xie, 1986)
分布：云南（昆明、文山）。

元谋暗蝗 *Dnopherula yuanmowensis* (Zheng, 1977)
分布：云南（楚雄）。

云南暗蝗 *Dnopherula yunnanensis* (Zheng, 1977)
分布：云南（昆明、文山、红河）。

斜窝蝗属 *Epacromiacris* Willemse, 1933

爪哇斜窝蝗 *Epacromiacris javana* Willemse, 1933
分布：云南，贵州，四川，陕西，甘肃，浙江，湖南，广西，广东，福建，台湾；马来西亚，印度尼西亚。

雪蝗属 *Nivisacris* Liu, 1984

中甸雪蝗 *Nivisacris zhongdianensis* Liu, 1984
分布：云南（迪庆）。

牧草蝗属 *Omocestus* Bolívar, 1878

红股牧草蝗 *Omocestus enitor* Uvarov, 1925
分布：云南，西藏。
老君山牧草蝗 *Omocestus laojunshanensis* Mao & Xu, 2004
分布：云南（丽江）。
马耳山牧草蝗 *Omocestus maershanensis* Mao & Xu, 2004
分布：云南（大理）。

锡金蝗属 *Sikkimiana* Uvarov, 1940

大吉岭锡金蝗 *Sikkimiana darjeelingensis* (Bolívar, 1914)
分布：云南（大理、文山、红河、普洱、临沧），西藏；印度，尼泊尔。

奇翅蝗属 *Xenoderus* Uvarov, 1925

山奇翅蝗 *Xenoderus montanus* Uvarov, 1925
分布：云南。

剑角蝗科 Acrididae

剑角蝗属 *Acrida* Linnaeus, 1758

线剑角蝗 *Acrida lineata* (Thunberg, 1815)
分布：云南（昆明、玉溪、大理、保山、怒江、楚雄、普洱、临沧、文山、红河、西双版纳）。
中华剑角蝗 *Acrida cinerea* (Thunberg, 1815)
分布：云南（大理、德宏、玉溪、普洱），贵州，四川，甘肃，陕西，宁夏，河北，北京，山西，山东，江苏，安徽，浙江，湖南，湖北，江西，福建，广东；印度尼西亚。

坳蝗属 *Aulacobothrus* Bolívar, 1902

条纹坳蝗 *Aulacobothrus taeniatus* Bolívar, 1902
分布：云南（保山、临沧、大理、丽江、德宏、楚雄、文山），贵州，四川，西藏，广西，江西，湖南，广东；南亚，东南亚。
中华坳蝗 *Aulacobothrus sinensis* (Uvarov, 1925)
分布：云南（昆明、大理、怒江、迪庆、楚雄、昭通、丽江），四川。
无斑坳蝗 *Aulacobothrus svenhedini* Sjöstedt, 1933
分布：云南（大理、楚雄），四川，河南，江西，广西；泰国。

细肩蝗属 *Calephorus* Fieher, 1853

细肩蝗 *Calephorus vitalisi* Bolívar, 1914
分布：云南，海南，广西；印度，中南半岛。

卡蝗属 *Carsula* Stål, 1878

短须卡蝗 *Carsula brachycerca* Huang & Xia, 1985
分布：云南（西双版纳）。
短翅卡蝗 *Carsula brachyptera* Huang & Xia, 1985
分布：云南（保山、普洱、德宏）。
云南卡蝗 *Carsula yunnana* Zheng, 1981
分布：云南（普洱、西双版纳）。

黄佛蝗属 *Chlorophlaeoba* Ramme, 1941

长翅黄佛蝗 *Chlorophlaeoba longusala* Zheng, 1982
分布：云南（红河、普洱、德宏、西双版纳）。
越黄佛蝗 *Chlorophlaeoba tonkinensis* Ramme, 1941
分布：云南（红河）；印度，马来西亚，越南。

滇蝗属 *Dianacris* Yin, 1983

周氏滇蝗 *Dianacris choui* Yin, 1983
分布：云南（丽江）。

戛蝗属 *Gonista* Bolívar, 1898

二色戛蝗 *Gonista bicolor* (Haan, 1842)
分布：云南（大理、怒江、丽江），贵州，四川，西藏，河北，陕西，甘肃，山东，江苏，浙江，湖南，福建，台湾；印度，马来西亚，印度尼西亚。
云南戛蝗 *Gonista yunnana* Zheng, 1980
分布：云南（德宏、文山），广西。
温泉戛蝗 *Gonista wenquanensis* Zheng & Yao, 2006
分布：云南（昆明）。

小戛蝗属 *Paragonista* Willemse, 1932

小戛蝗 *Paragonista infumata* Willemse, 1932
分布：云南（昆明），贵州，湖南，江苏，广西，海南，福建。
长顶小戛蝗 *Paragonista fastigiate* Bi, 1990
分布：云南（大理）。

佛蝗属 *Phlaeoba* Stål, 1861

长角佛蝗 *Phlaeoba antennata* Brunner von Wattenwyl, 1893
分布：云南（普洱、临沧、红河、德宏、文山、西双版纳），贵州，广西，广东，海南，福建，香港，台湾；缅甸，马来西亚，新加坡。

暗色佛蝗 *Phlaeoba tenebrosa* (Walker, 1871)

分布：云南（玉溪），西藏。

中华佛蝗 *Phlaeoba sinensis* Bolívar, 1914

分布：云南，四川，甘肃，陕西，江苏，福建，台湾。

僧帽佛蝗 *Phlaeoba infumata* Brunner von Wattenwyl, 1893

分布：云南（大理、怒江、迪庆、保山、德宏、普洱、文山、临沧、楚雄、玉溪、西双版纳），贵州，四川，福建，广东，海南，湖北，江西，江苏，陕西；缅甸。

华佛蝗属 *Sinophlaeoba* Niu & Zheng, 2005

版纳华佛蝗 *Sinophlaeoba bannaensis* Niu & Zheng, 2005

分布：云南（西双版纳）。

老阴山华佛蝗 *Sinophlaeoba laoyinshan* Mao, Ou & Ren, 2008

分布：云南（红河）。

筱翅华佛蝗 *Sinophlaeoba brachyptera* Mao, Ou & Ren, 2008

分布：云南（玉溪）。

脊蜢科 Chorotypidae

平蜢属 *Bennia* Burr, 1899

双枝平蜢 *Bennia biramosa* Hsia & Liu, 1989

分布：云南（保山）。

双峰平蜢 *Bennia innotata* (Walker, 1871)

分布：云南。

多刺平蜢 *Bennia multispinata* Hsia & Liu, 1989

分布：云南（西双版纳）。

南糯山平蜢 *Bennia nannuoshana* Hsia & Liu, 1989

分布：云南（西双版纳）。

布蜢属 *Butania* Bolivar, 1903

暗色布蜢 *Butania lugubris lugubris* (Brunner von Wattenwyl, 1898)

分布：云南，西藏；印度。

乌蜢属 *Erianthus* Stål, 1875

多氏乌蜢 *Erianthus dohrni* Bolívar, 1914

分布：云南，广东，广西，江西；越南。

枝背蚱科 Cladonotidae

盾蚱属 *Aspiditettix* Liang, 2009

云南盾蚱 *Aspiditettix yunnanensis* Liang, 2009

分布：云南（红河、普洱）。

后蚱属 *Epitettix* Hancock, 1907

隆背后蚱 *Epitettix convexa* (Deng, 2021)

分布：云南（红河、玉溪）。

云南后蚱 *Epitettix yunnanensis* (Zheng, 1995)

分布：云南（普洱）。

瘤背后蚱 *Epitettix torulosinota* Zheng & Lin, 2016

分布：云南（临沧）。

驼背蚱属 *Gibbotettix* Zheng, 1992

红河驼背蚱 *Gibbotettix hongheensis* Zheng, 1992

分布：云南（红河、西双版纳）。

四瘤蚱属 *Tetradinodula* Zha, 2017

高黎贡山四瘤蚱 *Tetradinodula gaoligongshanensis* Li & Mao, 2020

分布：云南（怒江）。

网纹四瘤蚱 *Tetradinodula reticulata* Li & Mao, 2020

分布：云南（曲靖）。

狭顶四瘤蚱 *Tetradinodula strictivertex* Mao & Li, 2023

分布：云南（普洱）。

瘤股蚱属 *Tuberfemurus* Zheng, 1992

郑氏瘤股蚱 *Tuberfemurus zhengi* Xu & Mao, 2007

分布：云南（红河）。

绿瘤股蚱 *Tuberfemurus viridulus* Wang, Deng, Guan, Mao & Li, 2021

分布：云南（红河）。

云南蚱属 *Yunnantettix* Zheng, 1995

版纳云南蚱 *Yunnantettix bannaensis* Zheng, 1995

分布：云南（红河、西双版纳）；印度，泰国。

泰云南蚱 *Yunnantettix thaicus* Storozhenko & Pushkar, 2015

分布：云南（西双版纳）；印度，泰国。

刺翼蚱科 Scelimenidae

二齿蚱属 *Bidentatettix* Zheng, 1992

云南二齿蚱 *Bidentatettix yunnanensis* Zheng, 1992

分布：云南（西双版纳）。

羊角蚱属 *Criotettix* Bolívar, 1887

版纳羊角蚱 *Criotettix bannanensis* Zheng & Xie, 2000

分布：云南（文山、西双版纳）。

二刺羊角蚱 *Criotettix bispinosus* (Dalman, 1818)
分布：云南（文山、曲靖、红河、西双版纳），四川，广西，广东，海南，福建，台湾，江西，上海，江苏，浙江；印度，缅甸，菲律宾，越南，泰国，马来西亚，印度尼西亚。
短翅羊角蚱 *Criotettix brevipennis* Zheng & Xie, 2002
分布：云南（西双版纳）。
断隆羊角蚱 *Criotettix interrupta* Zheng & Xie, 2002
分布：云南（文山），广西。
断脊羊角蚱 *Criotettix interrupticostus* Zheng, 2006
分布：云南（西双版纳）。
日本羊角蚱 *Criotettix japonicus* (De Haan, 1842)
分布：云南（红河、文山），广西，澳门；日本。
龙陵羊角蚱 *Criotettix longlingensis* Zheng & Ou, 2003
分布：云南（保山），广西。
长背羊角蚱 *Criotettix longinota* Wei, Zheng & Deng, 2007
分布：云南（西双版纳）。
瑞丽羊角蚱 *Criotettix ruiliensis* Zheng & Ou, 2009
分布：云南（德宏）。
狭顶羊角蚱 *Criotettix stritvertexoides* Zheng, Wei & Li, 2009
分布：云南（西双版纳）。
瘤背羊角蚱 *Criotettix torulisinotus* Zheng, Wei & Liu, 1999
分布：云南（西双版纳）。
三角羊角蚱 *Criotettix triangularis* Zheng, 2008
分布：云南（西双版纳）。
波股羊角蚱 *Criotettix undatifemurus* Deng, 2019
分布：云南（西双版纳）。
云南羊角蚱 *Criotettix yunnanensis* Zheng & Ou, 2003
分布：云南（昆明、曲靖、昭通）。

优角蚱属 *Eucriotettix* Hebard, 1929

宽股优角蚱 *Eucriotettix amplifemurus* Zheng, 1998
分布：云南（红河、西双版纳）。
钝优角蚱 *Eucriotettix dohertyi* (Hancock, 1915)
分布：云南（大理、怒江、普洱），贵州，四川，西藏，广西，湖南，湖北；印度。
大优角蚱 *Eucriotettix grandis* (Hancock, 1912)
分布：云南（曲靖、文山、丽江），贵州，四川，西藏，河南，广西，广东，香港；印度，尼泊尔，越南。
断隆优角蚱 *Eucriotettix interrupta* Deng, Zheng & Wei, 2006
分布：云南（红河）。
长背优角蚱 *Eucriotettix longidorsalis* Zheng & Ou, 2011
分布：云南（保山）。
长翅优角蚱 *Eucriotettix longipennis* Deng, Zheng & Wei, 2007
分布：云南（文山）。
眼优角蚱 *Eucriotettix oculatus* (Bolívar, 1898)
分布：云南（大理、文山、红河、怒江、德宏、普洱、西双版纳），贵州，广西，广东，海南，福建，台湾，湖南；印度，越南，印度尼西亚。
瑞氏优角蚱 *Eucriotettix ridleyi* Günther, 1938
分布：云南（昆明），湖北。
无量山优角蚱 *Eucriotettix wuliangshanensis* Zheng & Ou, 2003
分布：云南（普洱）。

镰蚱属 *Falconius* Bolívar, 1898

波股镰蚱 *Falconius undatifemura* Zheng & Wang, 2006
分布：云南（西双版纳）。

赫蚱属 *Hebarditettix* Günther, 1938

尖刺赫蚱 *Hebarditettix armatus* (Hancock, 1915)
分布：云南（西双版纳、保山）；印度。
长背赫蚱 *Hebarditettix dolichonota* Zheng, 2008
分布：云南（普洱）。

斜叶蚱属 *Loxilobus* Hancock, 1904

阿萨姆斜叶蚱 *Loxilobus assamus* Hancock, 1907
分布：云南（西双版纳），西藏；印度。
铜壁关斜叶蚱 *Loxilobus tongbiguanensis* Zheng & Mao, 2010
分布：云南（德宏）。

刺翼蚱属 *Scelimena* Serville, 1839

广西刺翼蚱 *Scelimena guangxiensis* Zheng & Jiang, 1994
分布：云南（西双版纳），广西。
梅氏刺翼蚱 *Scelimena melli* Günther, 1938
分布：云南（红河、德宏），贵州，四川，广西，广东。

尖翅刺翼蚱 *Scelimena spicupennis* Zheng & Ou, 2003

分布：云南（普洱）。

瘤蚱属 *Thoradonta* Hancock, 1908

澜沧瘤蚱 *Thoradonta lancangensis* Zheng, 1991

分布：云南（普洱、德宏）。

宽顶瘤蚱 *Thoradonta lativertex* Günther, 1938

分布：云南（怒江、普洱、红河、临沧、西双版纳），广西，海南；印度，越南。

瘤蚱 *Thoradonta nodulosa* (Stål, 1860)

分布：云南（昆明、昭通、普洱、曲靖、大理、红河、西双版纳），湖南，广西，福建，广东，海南，香港；印度，印度尼西亚，新加坡，马来西亚，斯里兰卡。

钝叶瘤蚱 *Thoradonta obtusilobata* Zheng, 1996

分布：云南（昆明、红河、大理、普洱、昭通、怒江），贵州，四川，广西；马来西亚，印度，印度尼西亚，新加坡，斯里兰卡。

侧刺瘤蚱 *Thoradonta spiculoba* Hancock, 1912

分布：云南（文山、普洱、西双版纳），广东，广西，澳门；印度。

横刺瘤蚱 *Thoradonta transpicula* Zheng, 1996

分布：云南（红河、普洱、西双版纳）。

云南瘤蚱 *Thoradonta yunnana* Zheng, 1983

分布：云南（玉溪、大理、德宏、普洱、昭通、曲靖、保山、红河、文山、怒江、西双版纳），广西。

郑蚱属 *Zhengitettix* Liang, 1994

隆背郑蚱 *Zhengitettix convexa* Deng, 2022

分布：云南（怒江）。

三角郑蚱 *Zhengitettix triangularis* Zheng, Zeng & Ou, 2010

分布：云南（西双版纳）。

短翼蚱科 Metrodorinae

波蚱属 *Bolivaritettix* Günther, 1939

尖齿波蚱 *Bolivaritettix acumindentatus* Zheng, Shi & Mao, 2010

分布：云南（大理、西双版纳），广东。

褐胫波蚱 *Bolivaritettix avellanitibis* Zheng & Mao, 2010

分布：云南（德宏、怒江、保山）。

圆头波蚱 *Bolivaritettix circocephalus* Zheng, 1992

分布：云南（曲靖、文山、普洱），西藏，湖南，广西，广东。

大围山波蚱 *Bolivaritettix daweishanensis* Deng & Zheng, 2007

分布：云南（红河），广西。

福贡波蚱 *Bolivaritettix fugongensis* Zheng & Mao, 2002

分布：云南（怒江）。

黄纹波蚱 *Bolivaritettix galbustrial* Zheng, Wei & Li, 2009

分布：云南（西双版纳）。

高黎贡山波蚱 *Bolivaritettix gaoligongensis* Zheng & Ou, 2012

分布：云南（怒江）。

古姆波蚱 *Bolivaritettix ghumtianus* (Hancock, 1915)

分布：云南（怒江），西藏；印度。

肩波蚱 *Bolivaritettix humeralis* Günther, 1939

分布：云南（普洱、保山、德宏、怒江），贵州，四川，湖南，广西，福建，广东。

虎跳峡波蚱 *Bolivaritettix hutiaoxiana* Zheng & Ou, 2003

分布：云南（丽江、怒江、德宏）。

爪哇波蚱 *Bolivaritettix javanicus* (Bolívar, 1909)

分布：云南（怒江），贵州，四川，广西。

绿春波蚱 *Bolivaritettix luchunensis* Liang, 2008

分布：云南（红河）。

长跗波蚱 *Bolivaritettix longitarsus* Liang, 2008

分布：云南（红河、德宏、普洱、保山）。

小翅波蚱 *Bolivaritettix microptera* Zheng & Ou, 2003

分布：云南（普洱、临沧）。

黑股波蚱 *Bolivaritettix nigrifemurus* Deng & Zheng, 2007

分布：云南（临沧），广西。

黑胫波蚱 *Bolivaritettix nigritibialis* Zheng, 2002

分布：云南（保山），广西。

宽顶波蚱 *Bolivaritettix lativertex* (Brunner von Wattenwyl, 1893)

分布：云南（普洱、怒江、德宏、红河、保山），贵州，四川，西藏，广西，湖南；缅甸，越南，马来西亚，印度尼西亚。

黄条波蚱 *Bolivaritettix luteolineatus* Zheng, 2003

分布：云南（德宏、普洱、红河、西双版纳）。

黑翅波蚱 *Bolivaritettix nigropennis* Deng, Zheng & Wei, 2007
分布：云南（文山）。
片马波蚱 *Bolivaritettix pianmaensis* Zheng & Ou, 2003
分布：云南（怒江、普洱）。
平背波蚱 *Bolivaritettix platynotus* Zheng & Xu, 2010
分布：云南（普洱、保山）。
锡金波蚱 *Bolivaritettix sikkinensis* (Bolívar, 1909)
分布：云南（红河），西藏，湖南，安徽，广西，广东，海南，台湾；印度，越南。
腾冲波蚱 *Bolivaritettix tengchongensis* Zheng & Ou, 2011
分布：云南（保山）。
三齿波蚱 *Bolivaritettix tridentate* Zheng & Ou, 2003
分布：云南（保山、大理），西藏，安徽。
无量山波蚱 *Bolivaritettix wuliangshanensis* Zheng & Ou, 2003
分布：云南（普洱）。
元宝山波蚱 *Bolivaritettix yuanbaoshanensis* Zheng & Jiang, 1995
分布：云南（文山），广西。
元江波蚱 *Bolivaritettix yuanjiangensis* Zheng & Ou, 2010
分布：云南（红河）。
云南波蚱 *Bolivaritettix yunnanensis* Zheng & Mao, 2002
分布：云南（大理、保山、普洱、红河），贵州，湖南。

冠顶蚱属 *Calyptraeus* Wang, 2001

勐腊冠顶蚱 *Calyptraeus menglaensis* Wang, 2001
分布：云南（西双版纳）。

拟科蚱属 *Cotysoides* Zheng & Jiang, 2000

白须拟科蚱 *Cotysoides albipalpulus* Zheng & Jiang, 2003
分布：云南（普洱、红河、大理、临沧、文山、怒江、保山、德宏），广西，台湾。
版纳拟科蚱 *Cotysoides bannaensis* Zheng, 2014
分布：云南（西双版纳）。
断隆拟科蚱 *Cotysoides interruptus* Zheng & Ou, 2011
分布：云南（保山）。
云南拟科蚱 *Cotysoides yunnanensis* Zheng & Mao, 2010
分布：云南（怒江、德宏、保山、普洱、西双版纳）。

蟾蚱属 *Hyboella* Hancock, 1915

黑斑蟾蚱 *Hyboella nigrimaculata* Li, Han & Mao, 2019
分布：云南（德宏）。
普洱蟾蚱 *Hyboella puerensis* Zheng, 2014
分布：云南（普洱）。
云南蟾蚱 *Hyboella yunnana* Zheng, 1998
分布：云南（普洱、大理）。

大磨蚱属 *Macromotettix* Günther, 1939

短背大磨蚱 *Macromotettix brachynotus* Zheng, 1998
分布：云南（红河、西双版纳），广西。
长翅大磨蚱 *Macromotettix longipennis* Zheng, 1998
分布：云南（红河、普洱、德宏、西双版纳）。
瘤背大磨蚱 *Macromotettix torulosinotus* Zheng, 1998
分布：云南（普洱、西双版纳），广西。
望乡台大磨蚱 *Macromotettix wangxiangtaiensis* Zheng & Ou, 2010
分布：云南（红河）。
无量山大磨蚱 *Macromotettix wuliangshana* Zheng & Ou, 2003
分布：云南（普洱）。
云龙大磨蚱 *Macromotettix yunlongensis* Fan, Mao & Li, 2023
分布：云南（大理）。
拟大磨蚱属 *Macromotettixoides* Zheng, Wei & Jiang, 2005
宽额拟大磨蚱 *Macromotettixoides amplifronta* Fan, Mao & Li, 2023
分布：云南（西双版纳）。
大围山拟大磨蚱 *Macromotettixoides daweishana* Wei & Deng, 2022
分布：云南（红河）。
丘背拟大磨蚱 *Macromotettixoides cliva* Zheng, Li, Wang & Niu, 2006
分布：云南（德宏）。
凹缘拟大磨蚱 *Macromotettixoides curvimarginus* (Zheng & Xu, 2010)
分布：云南（普洱、怒江、红河）。

龙陵拟大磨蚱 *Macromotettixoides longling* Deng, 2016
分布：云南（保山），江西，广西。
皱背拟大磨蚱 *Macromotettixoides rugodorsalis* Li & Mao, 2020
分布：云南（大理）。
瘤拟大磨蚱 *Macromotettixoides tuberculata* Mao, Li & Han, 2020
分布：云南（德宏）。
截顶拟大磨蚱 *Macromotettixoides truncata* Mao, Li & Han, 2020
分布：云南（德宏）。
盈江拟大磨蚱 *Macromotettixoides yingjiangensis* Fan, Mao & Li, 2023
分布：云南（德宏）

玛蚱属 *Mazarredia* Bolívar, 1887

短背玛蚱 *Mazarredia brachynota* Zheng, 2005
分布：云南（西双版纳）。
曲缘玛蚱 *Mazarredia curvimarginia* Zheng, 1998
分布：云南（西双版纳）。
贡山玛蚱 *Mazarredia gongshanensis* Zheng, 2003
分布：云南（怒江）。
拟长翅玛蚱 *Mazarredia longipennioides* Zheng & Ou, 2010
分布：云南（红河）。
黑胫玛蚱 *Mazarredia nigritibia* Zheng & Ou, 2011
分布：云南（德宏、西双版纳）。
拟短背玛蚱 *Mazarredia parabrachynota* Zheng & Ou, 2010
分布：云南（普洱）。
平背玛蚱 *Mazarredia platynota* Zheng & Ou, 2010
分布：云南（普洱、红河）。
普者黑玛蚱 *Mazarredia puzheheiensis* Deng, Zheng & Wei, 2008
分布：云南（文山）。

拟直蚱属 *Orthotettixoides* Zheng, 1998

版纳拟直蚱 *Orthotettixoides bannaensis* Zheng, 1998
分布：云南（保山、西双版纳）。

拟双背蚱属 *Paramphinotus* Zheng, 2004

云南拟双背蚱 *Paramphinotus yunnanensis* (Zheng, 1993)
分布：云南（西双版纳）

狭顶蚱属 *Systolederus* Bolívar, 1887

无刺狭顶蚱 *Systolederus aspinus* Deng, 2019
分布：云南（西双版纳）。
短背狭顶蚱 *Systolederus brachynotus* Zheng & Ou, 2010
分布：云南（西双版纳）。
福建狭顶蚱 *Systolederus fujianensis* Zheng, 1993
分布：云南（文山、普洱、大理、德宏、西双版纳、红河），广西，福建。
长背狭顶蚱 *Systolederus longinota* Zheng, 2005
分布：云南（普洱、红河、西双版纳），广西。
突眼狭顶蚱 *Systolederus oculatus* Zheng & Ou, 2012
分布：云南（怒江）。
直背狭顶蚱 *Systolederus orthonotus* Zheng, 1998
分布：云南（西双版纳）。
尖翅狭顶蚱 *Systolederus spicupennis* Zheng & Jiang, 2003
分布：云南（红河、文山），广西。

狭蚱属 *Xistra* Bolívar, 1887

版纳狭蚱 *Xistra bannanensis* Deng, Wang, Mao & Li, 2021
分布：云南（西双版纳）。
小叶狭蚱 *Xistra foliolata* Liang, 2010
分布：云南（普洱）。
宽顶狭蚱 *Xistra lativertex* Zheng & Mao, 2010
分布：云南（保山、德宏）。
黑背狭蚱 *Xistra nigrinota* Zheng & Xu, 2010
分布：云南（红河）。
黄胫狭蚱 *Xistra orchotibra* Deng, Wang, Mao & Li, 2021
分布：云南（怒江）。
小狭蚱 *Xistra paravula* Liang, 2010
分布：云南（普洱）。
石林狭蚱 *Xistra shilinensis* Zheng, 2015
分布：云南（昆明）。
狭顶狭蚱 *Xistra strictivertex* Zheng & Ou, 2010
分布：云南（红河、大理、怒江）。

蚱科 Tetrigidae

无翅蚱属 *Aalatettix* Zheng & Mao, 2002

苍山无翅蚱 *Aalatettix cangshanensis* Zheng, Lin & Zhang, 2013
分布：云南（大理）。

宽顶无翅蚱 *Aalatettix lativertex* Zheng, 2014
分布：云南（普洱）。
长垫无翅蚱 *Aalatettix longipulvillus* Zheng & Mao, 2002
分布：云南（西双版纳）。

微翅蚱属 *Alulatettix* Liang, 1993

楚雄微翅蚱 *Alulatettix chuxiongensis* Zheng, 2001
分布：云南（曲靖、楚雄、普洱、玉溪）。
昆明微翅蚱 *Alulatettix kunmingensis* Zheng, 2006
分布：云南（昆明、曲靖）。
黑缘微翅蚱 *Alulatettix nigromarginalis* Li, Deng & Zha, 2014
分布：云南（红河）。
褐胫微翅蚱 *Alulatettix ochrotibis* Deng & Zheng, 2009
分布：云南（文山）。
平缘微翅蚱 *Alulatettix rectimargina* Zheng, 2012
分布：云南（德宏）。
云南微翅蚱 *Alulatettix yunnanensis* Liang, 1993
分布：云南（昆明、大理、曲靖、丽江、迪庆、文山、西双版纳）。

版纳蚱属 *Bannatettix* Zheng, 1993

短翅版纳蚱 *Bannatettix brevipennis* Deng, Zheng & Wei, 2008
分布：云南（文山、玉溪、怒江、大理、临沧、保山、德宏、红河、普洱）。
长角版纳蚱 *Bannatettix longicornia* Zheng, 1993
分布：云南（普洱、大理、西双版纳）。
勐海版纳蚱 *Bannatettix menghaiensis* Zheng, 1993
分布：云南（西双版纳），尼泊尔。
粗角版纳蚱 *Bannatettix oedicerus* Zheng & Xu, 2010
分布：云南（普洱、红河、怒江）。
瑞丽版纳蚱 *Bannatettix ruiliensis* Zheng, 1993
分布：云南（德宏、怒江、保山）。
细股版纳蚱 *Bannatettix tenuifemura* Deng, Zheng & Wei, 2007
分布：云南（文山）。

柯蚱属 *Coptotettix* Bolívar, 1887

版纳柯蚱 *Coptotettix bannaensis* Zheng, 2006
分布：云南（西双版纳）。
北海柯蚱 *Coptotettix beihaiensis* Deng, 2006
分布：云南（红河、临沧、大理、西双版纳），广西。
短翅柯蚱 *Coptotettix brachypterus* Zheng, Lin & Zhang, 2013
分布：云南（怒江）。
苍山柯蚱 *Coptotettix cangshanensis* Zheng, Nie & He, 2005
分布：云南（大理、丽江、迪庆、文山、临沧、怒江、德宏）。
凹缘柯蚱 *Coptotettix curvimarginus* Zheng & Shi, 2003
分布：云南（德宏、普洱），广西。
防城柯蚱 *Coptotettix fangchengensis* Zheng, 2002
分布：云南（德宏、普洱），广西。
沟柯蚱 *Coptotettix fossulatus* Bolívar, 1887
分布：云南（大理、怒江、德宏、丽江、保山），广西，福建；斯里兰卡，印度。
贡山柯蚱 *Coptotettix gongshanensis* Zheng, 1992
分布：云南（怒江），广西。
桂南柯蚱 *Coptotettix guinanensis* Deng & Zheng, 2006
分布：云南（文山、曲靖、红河、保山、丽江），广西。
河池柯蚱 *Coptotettix hechiensis* Zheng & Deng, 2004
分布：云南（普洱、红河），广西。
环江柯蚱 *Coptotettix huanjiangensis* Zheng, 1994
分布：云南（临沧），广西。
印度柯蚱 *Coptotettix indicus* Hancock, 1912
分布：云南（大理、怒江、丽江、迪庆、保山、楚雄、玉溪、西双版纳），西藏，广西，福建；印度。
宽股柯蚱 *Coptotettix latifemurus* Zheng, 2010
分布：云南（玉溪）。
龙江柯蚱 *Coptotettix longjiangensis* Zheng & Wei, 2000
分布：云南（文山、曲靖、昭通、普洱、怒江、西双版纳），广西。
龙滩柯蚱 *Coptotettix longtanensis* Zheng & Jiang, 2004
分布：云南（文山、曲靖），广西。
闽侯柯蚱 *Coptotettix minhouensis* Zheng & Li, 2001
分布：云南（普洱、西双版纳），福建。
断脊柯蚱 *Coptotettix rupticosta* Zheng & Ou, 2004
分布：云南（曲靖、昭通、普洱、临沧）。

瘤背柯蚱 *Coptotettix torulidosalis* Ou, 2011
分布：云南（德宏、怒江）。
波缘柯蚱 *Coptotettix undulatimarginis* Zheng, Nie & He, 2005
分布：云南（大理）。

突眼蚱属 *Ergatettix* Kirby, 1914

短翅突眼蚱 *Ergatettix brachyptera* Zheng, 1992
分布：云南（怒江、保山、大理），广西。
突眼蚱 *Ergatettix dorsiferus* (Walker, 1871)
分布：云南（玉溪、文山、昭通、曲靖、大理、怒江、红河、楚雄、西双版纳），广西，湖北，台湾；印度，斯里兰卡。
宽顶突眼蚱 *Ergatettix lativertex* Zheng & Xu, 2010
分布：云南（临沧）。
黑股突眼蚱 *Ergatettix nigrifemura* Zheng, 2007
分布：云南（普洱）。
齿股突眼蚱 *Ergatettix serrifemora* Deng, Zheng & Wei, 2008
分布：云南（德宏、西双版纳），广西。
拟齿股突眼蚱 *Ergatettix serrifemoroides* Zheng & Shi, 2009
分布：云南（怒江），西藏。

悠背蚱属 *Euparatettix* Hancock, 1904

白斑悠背蚱 *Euparatettix albomaculatus* Zheng & Xu, 2010
分布：云南（临沧）。
缺翅悠背蚱 *Euparatettix apterus* Zheng & Ou, 2009
分布：云南（保山、德宏）。
褐胫悠背蚱 *Euparatettix avellanitibis* Zheng & Jiang, 2006
分布：云南（红河）。
毛股悠背蚱 *Euparatettix barbifemura* Zheng & Ou, 2003
分布：云南（普洱）。
短翅悠背蚱 *Euparatettix brachypterra* Zheng & Mao, 2002
分布：云南（大理、普洱），四川。
短背悠背蚱 *Euparatettix brachynotus* Zheng & Jiang, 1996
分布：云南（大理、临沧、德宏、西双版纳）。
球顶悠背蚱 *Euparatettix globivertex* Zheng, Shi & Mao, 2010
分布：云南（西双版纳）。
贡山悠背蚱 *Euparatettix gongshanensis* Zheng, 1992
分布：云南（怒江、丽江），四川。
印悠背蚱 *Euparatettix indicus* (Bolívar, 1887)
分布：云南（怒江、丽江、大理、西双版纳）；印度，缅甸，斯里兰卡。
景东悠背蚱 *Euparatettix jingdongensis* Zheng & Ou, 2003
分布：云南（普洱）。
景洪悠背蚱 *Euparatettix jinghongensis* Zheng, Zeng & Ou, 2011
分布：云南（西双版纳）。
九万山悠背蚱 *Euparatettix jiuwanshanensis* Zheng & Deng, 2004
分布：云南（文山、曲靖、昭通、西双版纳），广西。
丽江悠背蚱 *Euparatettix lijiangensis* Zheng & Ou, 2010
分布：云南（丽江）。
长翅悠背蚱 *Euparatettix longipennis* (Zheng & Jiang, 2000)
分布：云南（红河），广西。
孟连悠背蚱 *Euparatettix menglianensis* Zheng & Xu, 2010
分布：云南（普洱）。
勐仑悠背蚱 *Euparatettix menlunensis* Zheng, 2006
分布：云南（西双版纳）。
黑带悠背蚱 *Euparatettix nigrifasciatus* Zheng & Ou, 2010
分布：云南（玉溪）。
扁足悠背蚱 *Euparatettix planipedonus* Zheng, 1998
分布：云南（普洱、西双版纳），广西。
尖顶悠背蚱 *Euparatettix spicuvertex* Zheng, 1998
分布：云南（西双版纳、文山）。
瘤背悠背蚱 *Euparatettix torulosinotus* Zheng, 1998
分布：云南（红河、西双版纳）。
瘦悠背蚱 *Euparatettix variabilis* (Bolívar, 1887)
分布：云南（文山、曲靖、昭通、大理、德宏、保山），贵州，西藏，广西，广东，福建，台湾；印度，尼泊尔，孟加拉国，斯里兰卡，缅甸，印度尼西亚，菲律宾。
云南悠背蚱 *Euparatettix yunnanensis* Zheng & Xie, 2000
分布：云南（普洱、大理、西双版纳）。

台蚱属 *Formosatettix* Tinkham, 1937

白斑台蚱 *Formosatettix albomaculata* Zheng & Ou, 2010
分布：云南（丽江），湖北，安徽。

东川台蚱 *Formosatettix dongchuanensis* Zheng & Ou, 2009
分布：云南（昆明）。

凹缘台蚱 *Formosatettix camurimargina* Zheng & Ou, 2004
分布：云南（昆明、保山）。

苍山台蚱 *Formosatettix cangshanensis* Zheng & Mao, 1997
分布：云南（大理、丽江、迪庆）。

弧缘台蚱 *Formosatettix curvimarginus* Zheng & Ou, 2009
分布：云南（昆明、大理）。

昆明台蚱 *Formosatettix kunmingensis* Deng, Zheng & Wei, 2007
分布：云南（昆明）。

宽股拟台蚱 *Formosatettix latifemurus* Deng, 2023
分布：云南（大理、丽江、普洱）。

壮台蚱 *Formosatettix robustus* Storozhenko, 1981
分布：云南（德宏），辽宁；俄罗斯（远东地区），朝鲜，日本。

瘤背台蚱 *Formosatettix torulosinota* Zheng & Mao, 2002
分布：云南（昆明、大理）。

五老山台蚱 *Formosatettix wulaoshanensis* Zheng & Xu, 2010
分布：云南（临沧）。

无量山台蚱 *Formosatettix wuliangshanensis* Zheng & Ou, 2004
分布：云南（昆明、普洱）。

香格里拉台蚱 *Formosatettix xianggelila* Zheng & Ou, 2004
分布：云南（迪庆、丽江）。

雪山台蚱 *Formosatettix xueshanensis* Zheng & Ou, 2010
分布：云南（丽江）。

云南台蚱 *Formosatettix yunnanensis* Zheng, 1992
分布：云南（大理、红河）。

郑氏台蚱 *Formosatettix zhengi* Ou, 2011
分布：云南（德宏）。

拟台蚱属 Formosatettixoides Zheng, 1994

云南拟台蚱 *Formosatettixoides yunnanensis* Zheng & Mao, 1997
分布：云南（大理），中国中南部地区。

庭蚱属 *Hedotettix* Bolívar, 1887

白须庭蚱 *Hedotettix albipalpulus* Zheng & Xie, 2000
分布：云南（怒江、丽江、西双版纳）。

渐狭庭蚱 *Hedotettix attenuatus* Hancock, 1904
分布：云南（丽江、迪庆、保山），西藏；印度。

版纳庭蚱 *Hedotettix bannaensis* Zheng, 2014
分布：云南（西双版纳）。

保山庭蚱 *Hedotettix baoshanensis* (Zheng, Wei & Liu, 1999)
分布：云南（保山）。

二瓣庭蚱 *Hedotettix bivalvatus* Zheng & Jiang, 2002
分布：云南（普洱、德宏），广西。

短背庭蚱 *Hedotettix brachynota* Zheng & Ou, 2005
分布：云南（昆明），广西。

黑背庭蚱 *Hedotettix eremnotus* Zheng & Ou, 2013
分布：云南（红河、普洱、文山、大理、怒江、西双版纳）。

细庭蚱 *Hedotettix gracilis* (DeHaan, 1843)
分布：云南（德宏、普洱、怒江、红河、曲靖、西双版纳、丽江），西藏，湖北，广西，广东，福建，海南，台湾；印度，巴基斯坦，孟加拉国，斯里兰卡，缅甸，泰国，越南，印度尼西亚。

粗瓣庭蚱 *Hedotettix grossivalva* Zheng & Ou, 2005
分布：云南（楚雄、普洱）。

断隆线庭蚱 *Hedotettix interrupta* (Zheng & Mao, 1997)
分布：云南（大理、怒江、丽江）。

拟宽股庭蚱 *Hedotettix latifemuroides* Zheng & Jiang, 2004
分布：云南（文山、昭通），广西，广东，香港。

宽股庭蚱 *Hedotettix latifemurus* Zheng & Wei, 2005
分布：云南（文山、大理、迪庆），广西。

怒江庭蚱 *Hedotettix nujiangensis* Zheng, 2014
分布：云南（怒江）。

皱背庭蚱 *Hedotettix rugodorsalis* Zheng & Ou, 2013
分布：云南（怒江、保山）。
狭顶庭蚱 *Hedotettix strictivertex* Zheng, 2006
分布：云南（文山、昭通、曲靖、保山、临沧、玉溪、西双版纳）。
雪山庭蚱 *Hedotettix xueshanensis* Zheng & Ou, 2005
分布：云南（丽江）。

叶蚱属 Lamellitettigodes Günther, 1939

二斑叶蚱 *Lamellitettigodes bimaculatus* (Zheng, 1993)
分布：云南（红河、文山、曲靖、德宏），广西，广东，海南，浙江，福建。
卡氏叶蚱 *Lamellitettigodes karwinkeli* Tumbrinck, 2019
分布：云南（大理、西双版纳）。

卵节蚱属 *Phaesticus* Uvarov, 1940

梅卵节蚱 *Phaesticus mellerborgi* (Stål, 1855)
分布：云南（文山）。

长背蚱属 *Paratettix* Bolívar, 1887

翼长背蚱 *Paratettix alatus* Hancock, 1915
分布：云南（怒江、丽江）；印度，缅甸。
短翅长背蚱 *Paratettix curtipennis* Hancock, 1912
分布：云南（红河）。
伊斯的利亚长背蚱 *Paratettix histricus* (Stål, 1861)
分布：云南（西双版纳），广西，台湾；印度，印度尼西亚，菲律宾，日本。
长翅长背蚱 *Paratettix uvarovi* Semenov, 1915
分布：云南（普洱），广西；俄罗斯（远东地区），伊朗，哈萨克斯坦。

股沟蚱属 *Saussurella* Bolívar, 1887

尖角股沟蚱 *Saussurella acuticornis* Zheng, 1998
分布：云南（西双版纳）。
加里曼丹股沟蚱 *Saussurella borneensis* Hancock, 1912
分布：云南（西双版纳），广西；印度尼西亚。
短角股沟蚱 *Saussurella brachycornis* Deng, Zheng & Lei, 2017
分布：云南（红河）。
角股沟蚱 *Saussurella cornuta* (DeHaan, 1843)
分布：云南（西双版纳、怒江、德宏、临沧、普洱、大理、红河），贵州，广西，广东，海南，福建；缅甸，印度，越南，印度尼西亚。
钩角股沟蚱 *Saussurella decurva* Brunnervon Wattenwyl, 1893
分布：云南（西双版纳）；印度，马来西亚，老挝，越南，泰国。
云南股沟蚱 *Saussurella yunnanensis* Mao, Han & Li, 2020
分布：云南（德宏）。

尖顶蚱属 *Teredorus* Hancock, 1906

拟短背尖顶蚱 *Teredorus brachinotoides* Zheng, Ou & Lin, 2012
分布：云南（怒江）。
卡尖顶蚱 *Teredorus carmichaeli* Hancock, 1915
分布：云南（西双版纳），广西，陕西，甘肃，河南，安徽，浙江，江西，福建；印度，尼泊尔。
周氏尖顶蚱 *Teredorus choui* Zheng, Ou & Lin, 2012
分布：云南（怒江）。
黄条尖顶蚱 *Teredorus flavistrial* Zheng, 2006
分布：云南（西双版纳）。
细垫尖顶蚱 *Teredorus parvipulvillus* Deng, Li & Zheng, 2014
分布：云南（红河），广西。
突缘尖顶蚱 *Teredorus prominemarginis* Zheng, 1993
分布：云南（西双版纳），广西。

蚱属 *Tetrix* Latreilla, 1802

缺翅蚱 *Tetrix aelytra* Deng, Zheng & Wei, 2009
分布：云南（昭通）。
白条蚱 *Tetrix albistriatus* Yao & Zheng, 2006
分布：云南（红河、文山）。
白边蚱 *Tetrix albomarginis* Zheng & Nie, 2005
分布：云南（大理）。
毛股蚱 *Tetrix barbifemura* Zheng, 1998
分布：云南（玉溪、红河、普洱、西双版纳），广西。
波氏蚱 *Tetrix bolivari* Saulcy, 1901
分布：云南（曲靖、大理），贵州，西藏，黑龙江，辽宁，吉林，内蒙古，北京，湖南，湖北，青海，新疆，甘肃，宁夏，河北，山西，陕西，山东，河南，江苏，安徽，浙江，江西，广西，广东，福建，台湾；俄罗斯（远东地区），日本。

短翅蚱 *Tetrix brevipennis* Zheng & Ou, 2010
分布：云南（丽江）。
苍山蚱 *Tetrix cangshanensis* Deng, Wang & Mao, 2021
分布：云南（大理）。
喀蚱 *Tetrix ceperoi* (Bolívar, 1887)
分布：云南（西双版纳），广西；亚洲其他地区，非洲。
洱海蚱 *Tetrix erhaiensis* Zheng & Mao, 1997
分布：云南（大理）。
拟佛蚱 *Tetrix fuliginosaoides* (Zheng & Xu, 2010)
分布：云南（普洱）。
粗体蚱 *Tetrix grossus* Zheng & Shi, 2003
分布：云南（文山、红河、曲靖、昭通），广西。
拟桂北蚱 *Tetrix guibeioides* Deng, Zheng & Wei, 2007
分布：云南（昆明、普洱）。
日本蚱 *Tetrix japonica* Bolívar, 1887
分布：云南（昆明、玉溪、昭通、文山、曲靖、迪庆、保山、普洱、丽江、怒江、楚雄、红河、大理、西双版纳），四川，重庆，山西，陕西，宁夏，青海，甘肃，广西，湖北，安徽，浙江，广东；日本，朝鲜，俄罗斯（远东地区）。
昆明蚱 *Tetrix kunmingensis* Zheng & Ou, 1993
分布：云南（昆明、怒江、大理、玉溪、普洱、迪庆、保山、红河、西双版纳），广西。
断隆蚱 *Tetrix interrupta* Zheng, 2004
分布：云南（普洱、临沧），广西。
长翅蚱 *Tetrix longipennis* Zheng, 2006
分布：云南（大理）。
拟长翅蚱 *Tetrix longipennioides* Zheng & Ou, 2010
分布：云南（玉溪）。
龙州蚱 *Tetrix longzhouensis* Zheng & Jiang, 2000
分布：云南（红河、临沧、文山、西双版纳），广西。
马关蚱 *Tetrix maguanensis* Deng, Zheng & Wei, 2007
分布：云南（文山）。
曼旦蚱 *Tetrix mandanensis* Zheng & Ou, 2010
分布：云南（玉溪）。
南盘江蚱 *Tetrix nanpanjiangensis* Deng, Zheng & Wei, 2008
分布：云南（曲靖）。
黑条蚱 *Tetrix nigristriatus* Zheng & Nie, 2005
分布：云南（大理、玉溪、西双版纳）。
黑缘蚱 *Tetrix nigrimarginis* Zheng & Ou, 2004
分布：云南（丽江）。
无斑蚱 *Tetrix nonmaculata* Zheng & Ou, 2004
分布：云南（昆明、普洱）。
拟毛股蚱 *Tetrix parabarbifemura* Zheng & Ou, 2004
分布：云南（普洱）。
拟二斑蚱 *Tetrix parabipunctata* Zheng & Ou, 2004
分布：云南（普洱）。
普洱蚱 *Tetrix puerensis* Zheng, 2007
分布：云南（普洱）。
秦岭蚱 *Tetrix qinlingensis* Zheng & Huo, 2000
分布：云南（红河、文山、曲靖、昭通），广西。
乳源蚱 *Tetrix ruyuanensis* Liang, 1998
分布：云南（大理、怒江、红河、曲靖、昭通、普洱、丽江、迪庆、玉溪），四川，重庆，黑龙江，青海，山西，陕西，甘肃，江苏，广西，湖北，广东。
齿股蚱 *Tetrix serrifemoralis* Zheng, 1998
分布：云南（红河、曲靖、楚雄），广西。
钻形蚱 *Tetrix subulata* (Linnaeus, 1761)
分布：云南（玉溪、西双版纳），广西；俄罗斯（远东地区），欧洲，美洲。
隆背蚱 *Tetrix tartara* (Bolívar, 1887)
分布：云南（迪庆、大理、丽江），甘肃，陕西，宁夏，河北；俄罗斯（远东地区）。
细角蚱 *Tetrix tenuicornis* (Sahlberg, 1891)
分布：云南（西双版纳），广西；俄罗斯（远东地区），蒙古国，日本，欧洲。
丁氏蚱 *Tetrix tinkhami* Zheng & Liang, 1998
分布：云南（昆明、红河、大理），广西。
瘤背蚱 *Tetrix torulosinota* Zheng, 1998
分布：云南（玉溪、大理、西双版纳）。
瘤肩蚱 *Tetrix totulihumerus* Zheng & Nie, 2005
分布：云南（大理）。
巍山蚱 *Tetrix weishanensis* Zheng & Mao, 2002
分布：云南（大理）。
云龙蚱 *Tetrix yunlongensis* Zheng & Mao, 2002
分布：云南（大理）。
云南蚱 *Tetrix yunnanensis* Zheng, 1992
分布：云南（昭通、曲靖、丽江）。

夏蚱属 *Xiaitettix* Zheng & Liang, 1993

云南夏蚱 *Xiaitettix yunnanensis* Zheng & Mao, 2010
分布：云南（德宏）。

蝼蛄科 Gryllotalpidae

蝼蛄属 *Gryllotalpa* Latreille, 1802

周氏蝼蛄 *Gryllotalpa choui* Ma & Zhang, 2010
分布：云南（西双版纳）。

东方蝼蛄 *Gryllotalpa orientalis* Burmeister, 1838
分布：云南（全省），贵州，四川，西藏，重庆，黑龙江，吉林，辽宁，内蒙古，青海，甘肃，宁夏，河北，北京，天津，山东，江苏，上海，浙江，湖北，江西，湖南，安徽，广西，福建，广东，海南，香港，澳门；俄罗斯（远东地区），日本，菲律宾，马来西亚。

蚤蝼科 Tridactylidae

溪蚤蝼属 *Xya* Latreille, 1809

西双版纳溪蚤蝼 *Xya xishangbanna* Cao, Rong & Naveed, 2020
分布：云南（西双版纳）。

云南溪蚤蝼 *Xya yunnanensis* Cao, Rong & Naveed, 2020
分布：云南（西双版纳）。

蟋蟀科 Gryllidae

甲蟋属 *Acanthoplistus* Saussure, 1877

缅甸甲蟋 *Acanthoplistus birmanus* Saussure, 1877
分布：云南（西双版纳），海南，江苏，上海，广东，台湾；越南，缅甸，印度。

赤褐甲蟋 *Acanthoplistus testaceus* Zheng & Woo, 1992
分布：云南（西双版纳）。

革翅蟋属 *Agryllus* Gorochov, 1994

无翅革翅蟋 *Agryllus apterus* He, 2018
分布：云南（德宏）。

强茎革翅蟋 *Agryllus magnigenitalis* He & Gorochov, 2017
分布：云南（西双版纳）。

贝蟋属 *Beybienkoana* Gorochov, 1988

台湾贝蟋 *Beybienkoana formosana* (Shiraki, 1930)
分布：云南（普洱、德宏），湖南，浙江，海南，安徽，广西，广东，福建，台湾。

长翅贝蟋 *Beybienkoana longipennis* (Liu & Yin, 1993)
分布：云南（德宏、西双版纳），海南。

大贝蟋 *Beybienkoana majora* Liu & Shi, 2012
分布：云南（德宏）。

短翅蟋属 *Callogryllus* Sjöstedt, 1910

云南短翅蟋 *Callogryllus yunnanus* Wu & Zheng, 1992
分布：云南（大理），四川。

多兰蟋属 *Duolandrevus* Kirby, 1906

版纳多兰蟋 *Duolandrevus bannanus* Zhang, Liu & Shi, 2017
分布：云南（西双版纳）。

香港多兰蟋 *Duolandrevus dendrophilus* (Gorochov, 1988)
分布：云南（普洱），贵州，四川，广西，浙江，江西，福建，广东，香港；越南。

长叶多兰蟋 *Duolandrevus unguiculatus* Ma, Gorochov & Zhang, 2015
分布：云南（西双版纳）；老挝。

真姬蟋属 *Eumodicogryllus* Gorochov, 1986

布德真姬蟋指名亚种 *Eumodicogryllus bordigalensis bordigalensis* (Latreille, 1804)
分布：云南（红河、大理、临沧、普洱、曲靖），四川，新疆，河北，内蒙古，江苏，福建，山东，湖南，浙江，广西，广东，台湾；阿富汗，哈萨克斯坦，伊朗，非洲，欧洲。

中国真姬蟋 *Eumodicogryllus chinensis* (Weber, 1801)
分布：云南（曲靖、红河、大理、普洱、临沧、德宏），四川，新疆，宁夏，广西，安徽，上海，江西，河南，浙江，河北，山东，江苏，湖南，福建，海南，广东，台湾。

拟纤蟋属 *Euscyrtodes* Gorochov, 1987

奥加拟纤蟋 *Euscyrtodes ogatai* (Shiraki, 1930)
分布：云南（德宏、普洱、大理、红河），台湾，海南。

纤蟋属 *Euscyrtus* Guérin-Méneville, 1844

灵巧纤蟋 *Euscyrtus hemelytrus* (Haan, 1844)
分布：云南（德宏），贵州，四川，陕西，浙江，湖北，上海，山东，江苏，江西，湖南，广西，福建，海南，台湾；朝鲜，缅甸，印度，日本，马来西亚，印度尼西亚，斯里兰卡，澳大利亚。

四斑纤蟋 *Euscyrtus quadropunctatus* Ingrisch, 1987
分布：云南（德宏、红河、临沧、普洱、保山、西双版纳）；泰国。

遁蟋属 *Fodigryllus* He, 2022

双毛遁蟋 *Fodigryllus bisetus* He, 2022
分布：云南（红河）。

哑蟋属 *Goniogryllus* Chopard, 1936

粗点哑蟋 *Goniogryllus asperopunctatus* Wu & Wang, 1992
分布：云南（西双版纳），浙江，湖南，广西。

双纹哑蟋 *Goniogryllus bistriatus* Wu & Wang, 1992
分布：云南（大理），浙江，湖南，广西。

光亮哑蟋 *Goniogryllus glaber* Wu & Wang, 1992
分布：云南（怒江）。

八刺哑蟋 *Goniogryllus octospinatus* Chen & Zheng, 1995
分布：云南（昭通、曲靖），四川。

刻点哑蟋 *Goniogryllus punctatus* Chopard, 1936
分布：云南（红河、怒江、大理），贵州，四川，浙江，江西，陕西，江苏，安徽，上海，河南，湖南，湖北，广西，福建，海南，台湾。

云南哑蟋 *Goniogryllus yunnanensis* Xie & Ou, 2005
分布：云南（曲靖、丽江、大理、玉溪）。

灶蟋属 *Gryllodes* Saussure, 1874

短翅灶蟋 *Gryllodes sigillatus* (Walker, 1869)
分布：云南（曲靖、红河、大理、普洱、西双版纳、德宏、丽江、保山、玉溪），贵州，四川，辽宁，吉林，黑龙江，北京，河南，陕西，江苏，浙江，河北，上海，山东，安徽，江西，湖南，广西，福建，广东，海南，台湾；朝鲜，日本，印度，缅甸，巴基斯坦，孟加拉国，斯里兰卡，尼泊尔，欧洲，非洲，大洋洲。

蟋蟀属 *Gryllus* Linnaeus, 1758

双斑蟋 *Gryllus bimaculatus* De Geer, 1773
分布：云南（昆明、德宏、红河、丽江、楚雄、文山、西双版纳、大理），四川，西藏，陕西，内蒙古，浙江，海南，广西，江西，广东，福建，台湾，香港。

裸蟋属 *Gymnogryllus* Saussure, 1877

狭膜裸蟋 *Gymnogryllus contractus* Liu, Yin & Liu, 1995
分布：云南（西双版纳）。

长突裸蟋 *Gymnogryllus dolichodens* Ma & Zhang, 2011
分布：云南（普洱，红河）。

外突裸蟋 *Gymnogryllus extrarius* Ma & Zhang, 2011
分布：云南（西双版纳）。

齿瓣裸蟋 *Gymnogryllus odonopetalus* Xie & Zheng, 2003
分布：云南（西双版纳）。

条斑裸蟋 *Gymnogryllus striatus* Ma & Zhang, 2011
分布：云南（西双版纳）。

云南裸蟋 *Gymnogryllus yunnanensis* Ma & Zhang, 2011
分布：云南（西双版纳）。

额蟋属 *Itara* Walker, 1869

刺突额蟋 *Itara acri* He & Ma, 2021
分布：云南（普洱），西藏。

缺盖额蟋 *Itara aperta* Gorochov, 1996
分布：云南（西双版纳）；越南，泰国。

基齿额蟋 *Itara basidentata* Ma & Zhang, 2015
分布：云南（文山、德宏、西双版纳）。

普通额蟋 *Itara communis* Gorochov, 1997
分布：云南（西双版纳、普洱、临沧）；越南，泰国。

小突额蟋 *Itara denudata* Ma & Zhang, 2015
分布：云南（德宏）。

小额蟋 *Itara minor* Chopard, 1925
分布：云南（红河、德宏、临沧、怒江、普洱、西双版纳），西藏，海南，广西，广东；越南，泰国。

越南额蟋 *Itara vietnamensis* Gorochov, 1985
分布：云南（德宏、西双版纳），广东，海南，广西，香港；越南，泰国。

夜额蟋 *Itara nocturna* Gorochov, 1988
分布：云南（临沧、西双版纳）。

拟额蟋属 *Itaropsis* Chopard, 1925

瘦拟额蟋 *Itaropsis tenella* (Walker, 1869)
分布：云南（红河），重庆。

棺头蟋属 *Loxoblemmus* Saussure, 1877

小棺头蟋 *Loxoblemmus aomoriensis* Shiraki, 1930

分布：云南（西双版纳），四川，浙江，陕西，河南，山东，安徽，湖北，广西，福建，海南；日本。

附突棺头蟋 *Loxoblemmus appendicularis* Shiraki, 1930

分布：云南（红河、保山、文山、大理、西双版纳），四川，福建，广西，陕西，甘肃，江西，湖南，海南，台湾。

铜翅棺头蟋 *Loxoblemmus bronzus* He, 2021

分布：云南（德宏）。

多伊棺头蟋 *Loxoblemmus doenitzi* Stein, 1881

分布：云南（昭通），贵州，四川，重庆，辽宁，河北，陕西，天津，内蒙古，北京，河北，山西，山东，河南，安徽，江西，湖南，江苏，浙江，上海，湖北，广西，台湾；朝鲜，日本。

石首棺头蟋 *Loxoblemmus equestris* Saussure, 1877

分布：云南（德宏、西双版纳、文山、昭通、普洱、昆明、保山），贵州，四川，西藏，重庆，陕西，辽宁，黑龙江，吉林，山西，内蒙古，宁夏，青海，北京，河北，浙江，安徽，湖南，江苏，海南，上海，湖北，江西，广西，福建，广东，海南，台湾；朝鲜，越南，印度，日本，菲律宾，印度尼西亚，斯里兰卡。

台湾棺头蟋 *Loxoblemmus formosanus* Shiraki, 1930

分布：云南（西双版纳），浙江，广西，北京，广东，海南，台湾。

哈尼棺头蟋 *Loxoblemmus haanii* Saussure, 1877

分布：云南（昭通、保山、德宏、西双版纳），贵州，四川，西藏，北京，陕西，江苏，广西，海南，台湾；越南，菲律宾，印度尼西亚。

介棺头蟋 *Loxoblemmus intermedius* Chopard, 1929

分布：云南（文山、西双版纳），贵州，重庆，湖南，广西，江西，海南；越南，印度，印度尼西亚。

雅棺头蟋 *Loxoblemmus jacobsoni* Chopard, 1927

分布：云南（西双版纳），四川，重庆，湖南，江西，广西，海南；泰国，马来西亚，新加坡，印度尼西亚。

光华棺头蟋 *Loxoblemmus kwanghua* (Liu, Shen, Zhang & He, 2019)

分布：云南（德宏）。

短额棺头蟋 *Loxoblemmus rectilineus* Ma & Qiao, 2020

分布：云南（西双版纳）。

网膜棺头蟋 *Loxoblemmus reticularus* Liu, Yin & Liu, 1995

分布：云南（西双版纳）。

泰康棺头蟋 *Loxoblemmus taicoun* Saussure, 1877

分布：云南（德宏、保山），陕西，北京，河北，广西，台湾；日本。

马甲蟋属 Majialandrevus He, 2021

定国马甲蟋 *Majialandrevus dingguo* He, 2021

分布：云南（德宏）。

素蟋属 *Mitius* Gorochov, 1985

洱源素蟋 *Mitius eryuanensis* Yuan, Xie & Liu, 2021

分布：云南（大理）。

黄足素蟋 *Mitius flavipes* (Chopard, 1928)

分布：云南（普洱），贵州，江苏，广西，海南，福建；斯里兰卡。

靓素蟋 *Mitius splendens* (Shiraki, 1930)

分布：云南（西双版纳），台湾，海南，福建。

阔胫蟋属 *Mnesibulus* Stål, 1877

双色阔胫蟋 *Mnesibulus bicolor* (Haan, 1844)

分布：云南（保山、西双版纳），贵州，陕西，安徽，江西，浙江，湖南，海南；马来西亚，印度尼西亚。

姬蟋属 *Modicogryllus* Chopard, 1961

曲脉姬蟋 *Modicogryllus confirmatus* (Walker, 1859)

分布：云南（保山、红河、西双版纳），贵州，四川，广西，江西，福建，海南，广东；印度，巴基斯坦，尼泊尔，斯里兰卡，孟加拉国，利比亚。

广布姬蟋 *Modicogryllus consobrinus* (Saussure, 1877)

分布：云南（红河、西双版纳），浙江，上海，广西，广东，海南，台湾；泰国，菲律宾，尼泊尔。

夜蟋属 *Noctitrella* Gorochov, 1990

齿夜蟋 *Noctitrella denticulata* Liu & Shi, 2013

分布：云南（西双版纳）。

长额蟋属 *Patiscus* Stål, 1877

短翅长额蟋 *Patiscus brevipennis* Chopard, 1969

分布：云南（德宏、红河、西双版纳），广西；印度。

宽头长额蟋 *Patiscus cephalotes* (Saussure, 1878)
分布：云南（红河、西双版纳），西藏，安徽，福建，海南，台湾，浙江；越南，印度。
马来长额蟋 *Patiscus malayanus* Chopard, 1969
分布：云南（西双版纳），贵州，广西，湖南，湖北，浙江，安徽，海南，台湾；马来西亚，新加坡。

音蟋属 *Phonarellus* Gorochov, 1983

黄足音蟋 *Phonarellus flavipes* Xia, Liu & Yin, 1991
分布：云南（红河、西双版纳），海南，广西。
小音蟋 *Phonarellus minor* (Chopard, 1959)
分布：云南（西双版纳、红河、德宏），贵州，广西，湖南，广东，海南；越南，缅甸，印度，巴基斯坦，印度尼西亚。
斑腿音蟋 *Phonarellus zebripes* He, 2022
分布：云南（红河）。

珀蟋属 *Plebeiogryllus* Randell, 1964

珠腹珀蟋指名亚种 *Plebeiogryllus guttiventris guttiventris* (Walker, 1871)
分布：云南，广西，福建，广东，海南；印度，斯里兰卡。

拟长蟋属 *Parapentacentrus* Shiraki, 1930

短翅拟长蟋 *Parapentacentrus brevipennis* He, 2021
分布：云南（红河）。
台湾拟长蟋 *Parapentacentrus formosanus* Shiraki, 1930
分布：云南（西双版纳），贵州，四川，台湾，湖南，广西，浙江，江西，福建；越南，缅甸。
暗色拟长蟋 *Parapentacentrus fuscus* Gorochov, 1988
分布：云南（红河），贵州，四川，西藏，广西，浙江，江西，香港，福建；越南。

长蟋属 *Pentacentrus* Saussure, 1878

尖突长蟋 *Pentacentrus acutiparamerus* Liu & Shi, 2014
分布：云南（普洱、西双版纳）。
独龙江长蟋 *Pentacentrus dulongjiangensis* Li, Xu & Liu, 2019
分布：云南（怒江）。
台湾长蟋 *Pentacentrus formosanus* Karny, 1915
分布：云南（西双版纳），福建，台湾，广西；越南，缅甸。
姐妹长蟋 *Pentacentrus sororius* Zong, Qiu & Liu, 2017
分布：云南（德宏）。

进蟋属 *Progoniogryllus* Ma, Jing & Zheng, 2021

圆端进蟋 *Progoniogryllus rotundus* Ma, Jing & Zheng, 2021
分布：云南（怒江），西藏。

铁蟋属 *Sclerogryllus* Gorochov, 1985

革翅铁蟋 *Sclerogryllus coriaceus* (Haan, 1844)
分布：云南（西双版纳），广西，江苏，浙江，海南，台湾；越南，缅甸，印度，巴基斯坦，马来西亚，尼泊尔，孟加拉国。
刻点铁蟋 *Sclerogryllus punctatus* (Brunner von Wattenwyl, 1893)
分布：云南（红河），贵州，四川，陕西，北京，山东，上海，江苏，安徽，浙江，江西，湖南，广西，福建，海南，台湾；朝鲜，越南，缅甸，日本，印度，印度尼西亚。

冠蟋属 *Stephoblemmus* Saussure, 1877

宽肩冠蟋 *Stephoblemmus humbertiellus* Saussure, 1877
分布：云南（德宏），西藏。

冷蟋属 *Svercacheta* Gorochov, 1993

萨姆冷蟋 *Svercacheta siamensis* (Chopard, 1961)
分布：云南（普洱、保山），贵州，四川，陕西，河南，山东，安徽，浙江，江苏，江西，广西，上海，海南，福建，广东，台湾；朝鲜，印度，泰国，日本，尼泊尔，沙特阿拉伯，美国（夏威夷）。
半暗冷蟋 *Svercacheta semiobscurus* (Chopard, 1961)
分布：云南（红河、普洱、西双版纳），广东，海南。

大蟋属 *Tarbinskiellus* Gorochov, 1983

花生大蟋 *Tarbinskiellus portentosus* (Lichtenstein, 1796)
分布：云南（昆明、德宏、玉溪、保山、西双版纳），四川，西藏，陕西，青海，北京，浙江，广西，江西，湖南，福建，广东，海南，台湾；越南，缅甸，印度，巴基斯坦，马来西亚。

姊妹大蟋 *Tarbinskiellus sororius* Wang, Zhang & Liu, 2020
分布：云南（红河）。

油葫芦属 *Teleogryllus* Chopard, 1961

黄脸油葫芦 *Teleogryllus emma* (Ohmachi & Matsuura, 1951)
分布：云南（昭通、文山、红河），贵州，四川，西藏，吉林，河北，陕西，甘肃，山西，河南，山东，安徽，江苏，湖南，江西，福建，上海，浙江，湖北，广西，广东，海南，香港；朝鲜，日本。

黑脸油葫芦指名亚种 *Teleogryllus occipitalis occipitalis* (Serville, 1838)
分布：云南（昆明、玉溪、曲靖、红河、文山、普洱、临沧、德宏、西双版纳），贵州，四川，西藏，吉林，陕西，山东，河北，浙江，湖北，江西，湖南，广西，广东，海南，福建，台湾；越南，缅甸，泰国，日本，马来西亚，菲律宾，斯里兰卡，印度尼西亚。

污褐油葫芦 *Teleogryllus derelictus* Gorochov, 1985
分布：云南（保山、西双版纳），海南，甘肃，广西，福建，台湾，广东，香港，陕西；越南，印度，柬埔寨，印度尼西亚。

北京油葫芦 *Teleogryllus mitratus* (Burmeister, 1838)
分布：云南（文山、德宏、大理、怒江、西双版纳），贵州，四川，西藏，宁夏，陕西，北京，辽宁，天津，河北，山东，河南，安徽，湖南，江苏，上海，江西，广西，海南，台湾，广东，福建；越南，缅甸，泰国，日本，印度，柬埔寨，马来西亚，新加坡，菲律宾，斯里兰卡，尼泊尔，不丹，印度尼西亚。

白须油葫芦 *Teleogryllus albipalpus* He, 2018
分布：云南（保山）。

特蟋属 *Turanogryllus* Tarbinsky, 1940

红背特蟋 *Turanogryllus rufoniger* (Chopard, 1925)
分布：云南（临沧、普洱、保山、西双版纳），广西，海南，广东；越南，老挝，缅甸，印度。

斗蟋属 *Velarifictorus* Randell, 1964

灵斗蟋云南亚种 *Velarifictorus agitatus minutus* Ma, 2019
分布：云南（临沧、西双版纳）。

长颚斗蟋 *Velarifictorus aspersus* (Walker, 1869)
分布：云南（西双版纳、红河、临沧、保山），贵州，四川，河北，陕西，甘肃，北京，山东，河南，江苏，安徽，上海，浙江，江西，广西，湖南，福建，广东，海南，香港，台湾；朝鲜，印度，日本，泰国，马来西亚，斯里兰卡。

版纳斗蟋 *Velarifictorus bannaensis* Zhang, Liu & Shi, 2017
分布：云南（西双版纳）。

滇西斗蟋 *Velarifictorus dianxiensis* He, 2018
分布：云南（德宏）。

黄额斗蟋 *Velarifictorus flavifrons* Chopard, 1966
分布：云南（普洱、德宏、红河、怒江、西双版纳），西藏，广东，广西；越南，印度，尼泊尔。

卡西斗蟋 *Velarifictorus khasiensis* Vasanth & Ghosh, 1975
分布：云南（普洱、保山），贵州，浙江，河南，江西，湖南，广西，海南，福建；印度，巴基斯坦，尼泊尔。

兰斗蟋 *Velarifictorus landrevus* Ma, Qiao & Zhang, 2019
分布：云南（西双版纳）。

迷卡斗蟋 *Velarifictorus micado* (Saussure, 1877)
分布：云南（昆明、德宏、红河），贵州，四川，西藏，重庆，吉林，辽宁，北京，天津，上海，河北，陕西，山西，山东，江苏，浙江，江西，湖南，河南，安徽，湖北，广西，福建，广东，台湾；朝鲜，越南，日本，菲律宾，俄罗斯（远东地区），美国。

丽斗蟋 *Velarifictorus ornatus* (Shiraki, 1911)
分布：云南（普洱），贵州，四川，重庆，陕西，江苏，浙江，上海，江西，山东，河南，湖南，湖北，广西，福建，台湾；朝鲜，日本。

小斗蟋 *Velarifictorus parvus* (Chopard, 1928)
分布：云南，贵州，四川，西藏，山东，安徽，上海，浙江，广西，海南；印度。

愚斗蟋 *Velarifictorus stultus* Ma, 2019
分布：云南（红河）。

郑氏斗蟋 *Velarifictorus zhengi* Zheng & Ma, 2022
分布：云南（普洱）。

越蟋属 *Vietacheta* Gorochov, 1992

钩叶越蟋 *Vietacheta harpophylla* Ma, Liu & Xu, 2015
分布：云南（普洱、临沧、红河、西双版纳）。

黑色越蟋 *Vietacheta picea* Gorochov, 1992
分布：云南（西双版纳），浙江。

金蟋属 *Xenogryllus* Bolívar, 1890

麦州金蟋 *Xenogryllus maichauensis* Gorochov, 1992
分布：云南（西双版纳），广东；越南，泰国。

大金蟋 *Xenogryllus transversus* (Walker, 1869)
分布：云南（西双版纳），西藏。

树蟋科 Oecanthidae

玛玳蟋属 *Madasumma* Walker, 1869

阿萨姆玛玳蟋 *Madasumma assamensis* Chopard, 1969
分布：云南；印度。

树蟋属 *Oecanthus* Serville, 1831

宽叶树蟋 *Oecanthus euryelytra* Ichikawa, 2001
分布：云南（普洱、保山、德宏、西双版纳），陕西，上海，浙江，福建，台湾；朝鲜，日本。

印度树蟋 *Oecanthus indicus* Saussure, 1878
分布：云南（红河、临沧），贵州，重庆，新疆，陕西，江苏，广西，湖南，广东，台湾，福建，海南；印度，日本，马来西亚，菲律宾。

长瓣树蟋 *Oecanthus longicauda* Matsumura, 1904
分布：云南（昆明、保山、临沧、普洱、文山、德宏、大理），贵州，四川，新疆，黑龙江，吉林，辽宁，北京，河北，河南，陕西，山西，江苏，浙江，江西，湖南，湖北，广西，福建，台湾；朝鲜，日本，俄罗斯（远东地区）。

黄树蟋 *Oecanthus rufescens* Serville, 1838
分布：云南（德宏、临沧、怒江、西双版纳），贵州，四川，重庆，北京，上海，河北，安徽，浙江，湖北，江苏，湖南，广东，广西，福建；越南，印度，马来西亚，巴基斯坦，孟加拉国，尼泊尔，印度尼西亚，澳大利亚。

郑氏树蟋 *Oecanthus zhengi* Xie, 2003
分布：云南（昆明）。

隐蟋属 *Sonotrella* Gorochov, 1988

四纹隐蟋 *Sonotrella quadrivittata* Liu, Shi & Ou, 2006
分布：云南（德宏）。

大隐蟋 *Sonotrella major* Liu, Yin & Wang, 1993
分布：云南（西双版纳）；越南。

啼蟋属 *Trelleora* Gorochov, 1988

相似啼蟋 *Trelleora consimilis* Gorochov, 2003
分布：云南（普洱）；越南。

褐啼蟋 *Trelleora fumosa* Gorochov, 1988
分布：云南（德宏、保山）；越南。

柯氏啼蟋 *Trelleora kryszhanovskiji* Gorochov, 1988
分布：云南（红河、普洱、大理）；越南。

片蟋属 *Truljalia* Gorochov, 1985

梨片蟋 *Truljalia hibinonis* (Matsumura, 1917)
分布：云南（文山），四川，陕西，河南，山东，安徽，江苏，浙江，江西，湖南，广西，福建。

梨片蟋指名亚种 *Truljalia hibinonis hibinonis* (Matsumura, 1917)
分布：云南（文山、西双版纳），贵州，四川，重庆，陕西，江苏，浙江，山东，上海，江西，湖南，广西，福建；日本，朝鲜。

霍氏片蟋 *Truljalia hofmanni* (Saussure, 1878)
分布：云南（西双版纳）；缅甸，印度，印度尼西亚。

长突片蟋 *Truljalia meloda* Gorochov, 1992
分布：云南（临沧、文山），广西，海南；越南，柬埔寨。

多突片蟋 *Truljalia multiprotubera* Liu & Shi, 2011
分布：云南（普洱）。

维曼片蟋 *Truljalia viminea* Gorochov, 2002
分布：云南（西双版纳、临沧）；越南。

维蟋属 *Valiatrella* Gorochov, 2005

多突维蟋 *Valiatrella multiprotubera* Liu & Shi, 2007
分布：云南（德宏）。

丽维蟋 *Valiatrella pulchra* (Gorochov, 1985)
分布：云南（红河），贵州，四川，湖南，广西，广东；越南。

莎蟋属 *Xabea* Walker, 1869

光滑小莎蟋 *Xabea levissima* Gorochov, 1992
分布：云南（普洱、保山），海南；越南。

赤带莎蟋 *Xabea zonata* Chopard, 1969
分布：云南（西双版纳）。

茨娓蟋属 *Zvenella* Gorochov, 1988

尖角茨娓蟋 *Zvenella acutangulata* Xia, Liu & Yin, 1991
分布：云南（保山、德宏、临沧、普洱、大理、西双版纳），广西，海南。

膝状茨娓蟋 *Zvenella geniculata* (Chopard, 1931)

分布：云南（西双版纳）；越南，老挝，泰国。

云南茨娓蟋 *Zvenella yunnana* (Gorochov, 1985)

分布：云南（德宏、保山、大理、临沧、普洱、西双版纳），广西，海南；越南，泰国。

鳞蟋科 Mogoplistidae

奥蟋属 *Ornebius* Guérin-Méneville, 1844

云南奥蟋 *Ornebius yunnanensis* Wang, Zhang & Liu, 2020

分布：云南（文山）。

蛛蟋科 Phalangopsidae

似芫蟋属 *Meloimorpha* Walker, 1870

日本似芫蟋指名亚种 *Meloimorpha japonica japonica* (Haan, 1844)

分布：云南，贵州，四川，湖南，山东，河北，北京，河南，江苏，上海，浙江，湖南，广西，福建，台湾；朝鲜，印度，日本。

日本似芫蟋云南亚种 *Meloimorpha japonica yunnanensis* (Yin, 1998)

分布：云南（西双版纳），广西；越南。

新亮蟋属 *Neophaloria* He, 2019

滇西新亮蟋 *Neophaloria dianxiensis* He, 2019

分布：云南（德宏）。

格亮蟋属 *Trellius* Gorochov, 1988

云南格亮蟋 *Trellius yunnanensis* Ma & Jing, 2018

分布：云南（西双版纳）。

蛉蟋科 Trigonidiidae

Abstrigonidium He, 2020

绿足拟蛉蟋 *Abstrigonidium chloropodum* (He, 2017)

分布：云南（红河），海南，广东。

黄蛉蟋属 *Anaxipha* Saussure, 1874

暗带黄蛉蟋 *Anaxipha nigritorquis* Ma & Pan, 2019

分布：云南（德宏）。

拟黄蛉蟋属 *Anaxiphomorpha* Gorochov, 1987

短突拟黄蛉蟋 *Anaxiphomorpha brevisparamerus* Liu & Shi, 2015

分布：云南（文山、怒江、普洱）。

齿突拟黄蛉蟋 *Anaxiphomorpha serratiprotuberus* Liu & Shi, 2015

分布：云南（西双版纳）。

突蛉蟋属 *Amusurgus* Brunner von Wattenwyl, 1893

双刺突蛉蟋 *Amusurgus bispinosus* He, Li, Fang & Liu, 2010

分布：云南（普洱、西双版纳）。

侧突蛉蟋 *Amusurgus fulvus* Brunner von Wattenwyl, 1893

分布：云南（德宏、西双版纳），浙江，海南，上海；缅甸，印度，马来西亚，斯里兰卡，印度尼西亚。

奥迪突蛉蟋 *Amusurgus oedemeroides* (Walker, 1871)

分布：云南；斯里兰卡。

滑针蟋属 *Claranemobius* He & Ma, 2021

瑶区滑针蟋 *Claranemobius yaoquensis* He & Ma, 2021

分布：云南（西双版纳）。

双针蟋属 *Dianemobius* Vickery, 1973

白须双针蟋 *Dianemobius furumagiensis* (Ohmachi & Furukawa, 1929)

分布：云南（西双版纳），四川，重庆，山西，内蒙古，山东，河北，浙江，广西，台湾，海南；朝鲜，缅甸，日本，俄罗斯（远东地区）。

滨双针蟋 *Dianemobius csikii* (Bolívar, 1901)

分布：云南（西双版纳、保山），四川，重庆，吉林，内蒙古，河北，河南，北京，山东，陕西，宁夏，甘肃，江苏，浙江，海南；印度，俄罗斯（远东地区），日本，斯里兰卡，朝鲜。

斑腿双针蟋 *Dianemobius fascipes* (Walker, 1869)

分布：云南（普洱、保山、德宏、西双版纳），四川，西藏，重庆，陕西，甘肃，吉林，辽宁，河北，内蒙古，北京，河南，天津，广西，上海，湖北，安徽，湖南，江苏，浙江，福建，广东，海南，台湾；越南，缅甸，印度，泰国，新加坡，斯里兰卡，印度尼西亚。

斑腿双针蟋指名亚种 *Dianemobius fascipes fascipes* (Walker, 1869)

分布：云南（保山、德宏、大理、临沧、文山、红河、曲靖、普洱、西双版纳），四川，重庆，陕西，吉林，海南，上海，浙江，湖北，福建，江西，广东，台湾，湖南，广西；越南，缅甸，印度，泰国，新加坡，斯里兰卡，印度尼西亚。

郑氏双针蟋 *Dianemobius zhengi* Chen, 1994

分布：云南（昆明、西双版纳），四川。

花蛉蟋属 *Flospes* Ma & He, 2022

福建花蛉蟋 *Flospes fujianensis* (Wang, Zheng & Woo, 1999)

分布：云南（西双版纳），浙江，福建，海南，广东。

墨蛉蟋属 *Homoeoxipha* Saussure, 1874

宽叶墨蛉蟋 *Homoeoxipha eurylobus* Ma, Liu & Zhang, 2016

分布：云南（怒江），西藏。

赤胸墨蛉蟋 *Homoeoxipha lycoides* (Walker, 1869)

分布：云南（红河、德宏、普洱、临沧、西双版纳），贵州，四川，西藏，重庆，广东，海南，广西，浙江，江苏，安徽，江西，上海，福建，台湾；越南，缅甸，印度，泰国，斯里兰卡，马来西亚，新加坡，印度尼西亚，巴基斯坦，马尔代夫，澳大利亚。

黑足墨蛉蟋 *Homoeoxipha nigripes* Xia & Liu, 1993

分布：云南（文山、保山），贵州，四川，浙江，广西，海南，湖南，福建；日本。

黑头墨蛉蟋 *Homoeoxipha obliterata* (Caudell, 1927)

分布：云南（红河、德宏、西双版纳），四川，西藏，安徽，河南，海南，江苏，上海，江西，福建，台湾，广东，广西，浙江；朝鲜，日本。

同针蟋属 *Homonemobius* Chopard, 1935

内弯同针蟋 *Homonemobius curifolis* Zhang, Wang & Liu, 2020

分布：云南（临沧）。

黑色同针蟋 *Homonemobius nigrus* Li, He & Liu, 2010

分布：云南（大理、西双版纳）。

痴同针蟋 *Homonemobius amare* He & Ma, 2021

分布：云南（大理）。

短翅同针蟋 *Homonemobius brevipennis* He & Ma, 2022

分布：云南（普洱、丽江）。

滑蟋属 *Lissotrachelus* Brunner von Wattenwyl, 1893

锈背滑蟋 *Lissotrachelus ferrugineonotatus* Brunner von Wattenwyl, 1893

分布：云南（德宏、西双版纳），西藏，广西。

斜蛉蟋属 *Metioche* Stål, 1877

双色斜蛉蟋 *Metioche bicolor* (Stål, 1861)

分布：云南（保山），贵州，海南，广西；印度，马来西亚。

哑蛉蟋属 *Metiochodes* Chopard, 1932

黄褐哑蛉蟋 *Metiochodes flavescens* Chopard, 1932

分布：云南（西双版纳），贵州，四川，重庆，湖北；越南，新加坡。

细哑蛉蟋 *Metiochodes gracilus* Ma & Pan, 2019

分布：云南（临沧）。

截突哑蛉蟋 *Metiochodes truncatus* Li, He & Liu, 2010

分布：云南（红河）。

真蛉蟋属 *Natula* Gorochov, 1987

长翅真蛉蟋 *Natula longipennis* (Serville, 1838)

分布：云南（红河、德宏、普洱），贵州，西藏，浙江，海南；越南，缅甸，马来西亚，新加坡，斯里兰卡。

普拉德真蛉蟋 *Natula pravdini* (Gorochov, 1985)

分布：云南（普洱、德宏、保山），江苏，上海，广西，福建，海南；越南。

拟蛉蟋属 *Paratrigonidium* Brunner von Wattenwyl, 1893

亮黑拟蛉蟋 *Paratrigonidium nitidum* Brunner von Wattenwyl, 1893

分布：云南（德宏、临沧、普洱、红河、西双版纳），贵州，西藏，福建，江西，广西，安徽，浙江；越南，缅甸，泰国，日本，印度。

斑翅拟蛉蟋 *Paratrigonidium venustulum* (Saussure, 1878)

分布：云南（临沧、德宏、保山、西双版纳），海南；缅甸，印度，泰国，马来西亚。

灰针蟋属 *Polionemobius* Gorochov, 1983

环角灰针蟋 *Polionemobius annulicornis* Li, He & Liu, 2010

分布：云南（丽江）。

斑翅灰针蟋 *Polionemobius taprobanensis* (Walker, 1869)

分布：云南（德宏、临沧、普洱、昭通、文山、红河、西双版纳），贵州，四川，黑龙江，吉林，辽宁，北京，河北，内蒙古，山东，河南，山西，湖北，江西，广西，湖南，上海，江苏，浙江，福建，海南，台湾；缅甸，印度，日本，巴基斯坦，马来西亚，斯里兰卡，印度尼西亚，马尔代夫，孟加拉国。

云南灰针蟋 *Polionemobius yunnanus* Liu & Shi, 2014

分布：云南（临沧、怒江、保山）。

异针蟋属 *Pteronemobius* Jacobson, 1904

赫氏异针蟋素色亚种 *Pteronemobius heydenii concolor* (Walker, 1871)

分布：云南（保山、怒江、德宏、西双版纳），贵州，四川，黑龙江，吉林，辽宁，北京，河北，内蒙古，山东，河南，山西，湖北，江西，海南，广西，湖南，上海，江苏，浙江，福建，台湾；印度，越南，柬埔寨，欧洲，非洲。

黑异针蟋 *Pteronemobius nigriscens* (Shiraki, 1911)

分布：云南（红河），浙江，广西，福建，台湾；日本。

印度异针蟋 *Pteronemobius indicus* (Walker, 1869)

分布：云南（保山、德宏、西双版纳），陕西，广西，湖北，海南；越南，缅甸，印度，马来西亚，斯里兰卡，印度尼西亚。

亮褐异针蟋 *Pteronemobius nitidus* (Bolívar, 1901)

分布：云南（普洱、西双版纳），四川，重庆，山东，吉林，辽宁，宁夏，甘肃，陕西，青海，河北，北京，河南，上海，湖南，广西，湖北，江苏，浙江，江西，福建，海南；朝鲜，日本，俄罗斯（远东地区）。

绿尾异针蟋 *Pteronemobius osuviridis* He & Ma, 2022

分布：云南（普洱）。

毛角异针蟋 *Pteronemobius pilicornis* Chopard, 1969

分布：云南（西双版纳），福建，海南；缅甸，印度。

截叶异针蟋 *Pteronemobius truncates* Zhang, Wang & Liu, 2020

分布：云南（临沧、德宏、怒江）。

云南异针蟋 *Pteronemobius yunnanicus* Li, He & Liu, 2010

分布：云南（西双版纳）。

叉蛉蟋属 *Sectus* Ma & Pan, 2019

啼叉蛉蟋 *Sectus integrus* Ma & Pan, 2019

分布：云南（普洱、德宏、西双版纳），福建。

奇针蟋属 *Speonemobius* Chopard, 1924

双带奇针蟋 *Speonemobius bifasciatus* He, Lu, Wang & Li, 2016

分布：云南（怒江），西藏。

黄褐奇针蟋 *Speonemobius fulvus* He, Lu, Wang & Li, 2016

分布：云南（怒江）。

斯蛉蟋属 *Svistella* Gorochov, 1987

白基斯蛉蟋 *Svistella argentata* Ma, Jing & Zhang, 2019

分布：云南（西双版纳），广东。

双带斯蛉蟋 *Svistella bifasciata* (Shiraki, 1911)

分布：云南（德宏、西双版纳），贵州，四川，陕西，河南，浙江，上海，江苏，安徽，江西，湖南，台湾，海南，广东；朝鲜，越南，日本。

疑斯蛉蟋 *Svistella dubia* (Liu & Yin, 1993)

分布：云南（保山、普洱、德宏、大理）。

褐端斯蛉蟋 *Svistella fuscoterminata* He & Liu, 2018

分布：云南（德宏、西双版纳）。

马鹿斯蛉蟋 *Svistella malu* He, 2021

分布：云南（昆明、保山）。

红胸斯蛉蟋 *Svistella rufonotata* (Chopard, 1932)

分布：云南（红河、西双版纳），贵州，西藏，上海，浙江，湖南，广西，安徽，广东，海南，福建；越南，马来西亚，印度尼西亚。

误用斯蛉蟋 *Svistella wuyong* He, 2021

分布：云南（德宏）。

蛉蟋属 *Trigonidium* Rambur, 1838

虎甲蛉蟋 *Trigonidium cicindeloides* Rambur, 1838

分布：云南（德宏、迪庆、保山、大理、临沧、西双版纳），贵州，四川，甘肃，陕西，上海，湖北，安徽，江西，湖南，广西，海南，福建，广东，台湾；越南，印度，马来西亚，斯里兰卡，欧洲，非洲。

日本斜蛉蟋 *Trigonidium japonicum* Ichikawa, 2001

分布：云南（西双版纳），贵州，四川，陕西，上海，浙江，湖北，江西，湖南，台湾；朝鲜，日本。

长翼蛉蟋 *Trigonidium humbertianum* (Saussure, 1878)

分布：云南（普洱、西双版纳），贵州，四川，广西，海南，福建；印度，斯里兰卡，马尔代夫。

赤瞳蛉蟋 *Trigonidium rubrumoculum* He & Ma, 2022

分布：云南（保山）。

髭蛉蟋属 *Zilingxi* He, 2022

淡脉髭蛉蟋 *Zilingxi danmai* He, 2022

分布：云南（西双版纳）。

点髭蛉蟋 *Zilingxi dian* He, 2022

分布：云南（西双版纳）。

螽斯科 Tettigoniidae

远素螽属 *Abaxisotima* Gorochov, 2005

歧尾远素螽 *Abaxisotima furca* (Gorochov & Kang, 2002)

分布：云南（昆明、曲靖、大理）。

巨尾远素螽 *Abaxisotima macrocaudata* Wang & Shi, 2012

分布：云南（昭通）。

刺尾远素螽 *Abaxisotima spiniforma* Wang & Shi, 2009

分布：云南（昭通）。

拟异饰尾螽属 *Acosmetides* Chang, Wang & Shi, 2021

盾形拟异饰尾螽 *Acosmetides peltates* Chang, Wang & Shi, 2021

分布：云南（昭通）。

宽尾拟异饰尾螽 *Acosmetides platycerca* Chang, Wang & Shi, 2021

分布：云南（昭通）。

异条螽属 *Alloducetia* Xia & Liu, 1993

歧异条螽 *Alloducetia bifurcata* Xia & Liu, 1992

分布：云南（曲靖），贵州。

异畸螽属 *Alloteratura* Hebard, 1922

五突拟异畸螽 *Alloteratura pentadactyla* Xin & Shi, 2019

分布：云南（临沧）。

四刺异畸螽 *Alloteratura quaternispina* Shi, Di & Chang, 2014

分布：云南（保山、德宏）。

箭形异畸螽 *Alloteratura sagittala* Xin & Shi, 2019

分布：云南（德宏）。

异剑螽属 *Alloxiphidiopsis* Liu & Zhang, 2007

弧片异剑螽 *Alloxiphidiopsis cyclolamina* Liu & Zhang, 2007

分布：云南（保山、普洱、西双版纳）。

凹缘异剑螽 *Alloxiphidiopsis emarginata* (Tinkham, 1944)

分布：云南（红河、西双版纳），贵州，四川，湖北，湖南，广西。

指突异剑螽 *Alloxiphidiopsis fingera* Shi & Li, 2010

分布：云南（普洱、保山、临沧）。

方突异剑螽 *Alloxiphidiopsis quadratis* Shi & Li, 2010

分布：云南（大理、保山、普洱、德宏）。

缺翅螽属 *Anelytra* Redtenbacher, 1891

相似缺翅螽 *Anelytra adjacens soror* Gorochov, 1994

分布：云南（普洱）；越南。

小凹缺翅螽 *Anelytra fovea* Yang & Bian, 2021

分布：云南（红河）。

景洪缺翅螽 *Anelytra jinghonga* Shi & Qiu, 2009

分布：云南（西双版纳）。

凹尾缺翅螽 *Anelytra medicavia* Yang & Bian, 2021

分布：云南（玉溪）。

多曲缺翅螽 *Anelytra multicurvata* Shi & Qiu, 2009

分布：云南（西双版纳）。

钝尾缺翅螽 *Anelytra obtusa* Liu & Bian, 2021

分布：云南（文山）。

点刻缺翅螽 *Anelytra punctata* Redtenbacher, 1891

分布：云南；缅甸。

特螽属 *Anormalous* Liu, 2011

张氏特螽 *Anormalous zhangi* Liu, 2011

分布：云南（迪庆）。

重螽属 *Baryprostha* Karsch, 1891

叶形重螽 *Baryprostha foliacea* Ingrisch, 1990

分布：云南（西双版纳），海南，广西；泰国。

钱螽属 *Chandozhinskia* Gorochov, 1993

双纹钱螽 *Chandozhinskia bivittata bivittata* (Bey-Bienko, 1957)

分布：云南（普洱），西藏；泰国，越南。

戟尾钱螽 *Chandozhinskia hastaticerca* (Tinkham, 1936)

分布：云南（文山、西双版纳），广东，广西；越南。

翠螽属 *Chloracris* Pictet & Saussure, 1892

布尔翠螽 *Chloracris brullei* Pictet & Saussure, 1892

分布：云南（德宏）；孟加拉国，越南，马来西亚，印度尼西亚。

布鲁纳翠螽 *Chloracris brunneri* Beier, 1954

分布：云南（西双版纳），西藏，海南，广西；印度，越南，孟加拉国。

川饰尾螽属 *Chuanicosmetura* Guo, Wang & Shi, 2021

凹缘川饰尾螽 *Chuanicosmetura emarginata* (Liu, 2000)

分布：云南（昭通），四川。

原翅螽属 *Climacoptera* Redtenbacher, 1895

直脉原翅螽 *Climacoptera venosa* (Walker, 1869)

分布：云南（西双版纳）；印度，孟加拉国。

锥尾螽属 *Conanalus* Tinkham, 1943

双叶锥尾螽 *Conanalus bilobus* Du, Song & Shi, 2015

分布：云南（玉溪）。

短尾锥尾螽 *Conanalus brevicaudus* Shi, Mao & Ou, 2008

分布：云南（昆明、曲靖、昭通）。

粗尾锥尾螽 *Conanalus robustus* Shi, Mao & Ou, 2008

分布：云南（普洱）。

草螽属 *Conocephalus* Thunberg, 1815

竹草螽 *Conocephalus bambusanus* Ingrisch, 1990

分布：云南（西双版纳），贵州，四川，西藏，河南，湖南，广西，海南；韩国，日本，越南，泰国，马来西亚，印度尼西亚。

二齿草螽 *Conocephalus bidentatus* Shi & Zheng, 1994

分布：云南（西双版纳），贵州，四川，重庆，浙江，安徽，广西，福建，广东。

豁免草螽 *Conocephalus exemptus* (Walker, 1869)

分布：云南（文山），贵州，四川，西藏，重庆，辽宁，陕西，北京，河北，河南，上海，湖北，江西，湖南，安徽，浙江，广西，广东，福建，台湾；韩国，日本，尼泊尔，泰国。

长翅草螽 *Conocephalus longipennis* (Haan, 1843)

分布：云南，四川，西藏，河南，上海，安徽，浙江，湖北，广西，福建，香港，台湾，广东，海南；印度，尼泊尔，缅甸，泰国，斯里兰卡，菲律宾，新加坡，印度尼西亚。

斑翅草螽 *Conocephalus maculatus* (Le Guillou, 1841)

分布：云南（普洱、文山），贵州，四川，西藏，重庆，北京，河北，山西，陕西，江苏，上海，浙江，湖北，江西，湖南，广西，福建，广东，台湾，海南，香港；缅甸，印度，韩国，日本，尼泊尔，印度尼西亚，巴布亚新几内亚，马来西亚，新西兰，菲律宾，斯里兰卡，泰国，澳大利亚，非洲。

悦鸣草螽 *Conocephalus melaenus* (Haan, 1843)

分布：云南（普洱、红河），贵州，四川，河南，江苏，上海，安徽，浙江，湖北，江西，湖南，广西，福建，台湾，广东，海南；日本，印度，尼泊尔，新加坡，泰国，印度尼西亚。

云南草螽 *Conocephalus yunnanensis* Shi & Feng, 2009

分布：云南（红河）。

刺膝螽属 *Cyrtopsis* Bey-Bienko, 1962

蚰蜒刺膝螽 *Cyrtopsis scutigera* Bey-Bienko, 1962

分布：云南（红河）。

涤螽属 *Decma* Gorochov, 1993

双刺副涤螽 *Decma bispinosa* Liu & Zhou, 2007

分布：云南（西双版纳）；马来西亚。

裂涤螽 *Decma fissa* (Xia & Liu, 1993)

分布：云南（红河），贵州，四川，重庆，江苏，湖北，江西，湖南，广西，福建，广东，海南。

斯氏涤螽 *Decma sjostedti* (Karny, 1927)

分布：云南（西双版纳）；越南，印度尼西亚。

长叶螽属 *Dolicholobosa* Bian, Zhu & Shi, 2017

扁端长叶螽 *Dolicholobosa complanatis* (Bian, Zhu & Shi, 2017)

分布：云南（昭通）。

条螽属 *Ducetia* Stål, 1874

尖翅条螽 *Ducetia attenuata* Xia & Liu, 1990

分布：云南（昭通、大理、普洱），四川。

日本条螽 *Ducetia japonica* (Thunberg, 1815)

分布：云南（昆明、普洱、德宏、怒江、保山、西双版纳），贵州，四川，西藏，重庆，河北，山西，河南，陕西，江苏，上海，安徽，浙江，湖北，江西，湖南，广西，福建，台湾，广东，海南；朝鲜，日本，印度，柬埔寨，斯里兰卡，菲律宾，新加坡，印度尼西亚，大洋洲。

扎氏条螽 *Ducetia zagulajevi* Gorochov, 2001

分布：云南（普洱）。

仰螽属 *Ectadia* Brunner von Wattenwyl, 1878

黄褐仰螽 *Ectadia fulva* Brunner, 1893

分布：云南（保山、西双版纳），广西；缅甸，泰国。

废齿仰螽 *Ectadia obsolescens* Liu, Kang & Liu, 2004

分布：云南（德宏、保山、文山、西双版纳）。

弧锉仰螽 *Ectadia sinuata* Liu, Kang & Liu, 2004

分布：云南（红河、德宏）。

钩尾仰螽 *Ectadia sulcata* Xia & Liu, 1990

分布：云南（保山、怒江）。

掩耳螽属 *Elimaea* Stål, 1874

贝形掩耳螽 *Elimaea brachysterna* Liu, 2011

分布：云南（红河、西双版纳），广西。

沧源掩耳螽 *Elimaea cangyuanensis* Liu, 2011

分布：云南（临沧）。

内叶狭掩耳螽 *Elimaea emlobata* Wang & Shi, 2017

分布：云南（德宏）。

秋掩耳螽 *Elimaea fallax* Bey-Bienko, 1951

分布：云南（怒江、保山、红河、西双版纳），中国其他地区广布；朝鲜。

舰掩耳螽 *Elimaea nautica* Ingrisch, 1998

分布：云南（德宏、怒江、保山），浙江，湖南，广西；越南，泰国，柬埔寨，美国（夏威夷）。

圆缺掩耳螽 *Elimaea obtusilota* Kang & Yang, 1992

分布：云南（红河），浙江，江西，广西。

痧点掩耳螽 *Elimaea punctifera* (Walker, 1869)

分布：云南（昭通），四川，西藏，浙江，湖南，湖北，江西，广西，福建，广东，海南，台湾，香港；巴基斯坦，印度。

优草螽属 *Euconocephalus* Karny, 1907

股特优草螽 *Euconocephalus femoralis* (Walker, 1869)

分布：云南。

长顶优草螽 *Euconocephalus longissimus* Wang, Shi & Ou, 2011

分布：云南（德宏）。

鼻优草螽 *Euconocephalus nasutus* (Thunberg, 1815)

分布：云南，贵州，四川，重庆，浙江，湖北，湖南，广西，福建，台湾，广东，海南；印度，日本，泰国，菲律宾，印度尼西亚。

苍白优草螽 *Euconocephalus pallidus* (Redtenbacher, 1891)

分布：云南（德宏、普洱、西双版纳），湖南，福建，台湾，广东，海南，广西；印度，缅甸，越南，泰国，菲律宾，马来西亚，新加坡，斯里兰卡，印度尼西亚，巴布亚新几内亚。

格戈螽属 *Gregoryella* Uvarov, 1925

二裂格戈螽 *Gregoryella dimorpha* Uvarov, 1925

分布：云南（昆明、丽江、楚雄、普洱），贵州，四川。

戈螽属 *Grigoriora* Gorochov, 1993

陈氏戈螽 *Grigoriora cheni* (Bey-Bienko, 1955)

分布：云南（红河），河南，安徽，浙江，湖北，江西，福建，广东。

半掩螽属 *Hemielimaea* Brunner von Wattenwyl, 1878

中华半掩螽 *Hemielimaea chinensis* Brunner von Wattenwyl, 1878

分布：云南（昭通），贵州，四川，西藏，浙江，湖北，湖南，广西，福建，广东，海南。

弧翅螽属 *Hemigyrus* Brunner von Wattenwyl, 1893

大弧翅螽 *Hemigyrus amplus* Brunner von Wattenwyl, 1893

分布：云南；印度，缅甸。

小突弧翅螽 *Hemigyrus minor* Gorochov & Kang, 2003

分布：云南（普洱、德宏、保山、西双版纳）。

似织螽属 *Hexacentrus* Serville, 1831

日本似织螽 *Hexacentrus japonicus* Karny, 1907
分布：云南（文山），贵州，四川，重庆，山东，河南，上海，江苏，浙江，安徽，湖北，湖南，广西，福建；日本。

洁饰似织螽 *Hexacentrus mundus* (Walker, 1869)
分布：云南（普洱、德宏、西双版纳），广西，海南；日本，印度，菲律宾，印度尼西亚。

素色似织螽 *Hexacentrus unicolor* Serville, 1831
分布：云南（西双版纳），贵州，四川，重庆，上海，浙江，湖北，江西，湖南，福建，台湾，广东；日本，缅甸，越南，菲律宾，马来西亚，新加坡，印度尼西亚。

云南似织螽 *Hexacentrus yunnaneus* Bey-Bienko, 1962
分布：云南（红河），广西。

绿螽属 *Holochlora* Stål, 1873

异脉绿螽 *Holochlora allovenosa* Liu, Liu & Kang, 2008
分布：云南（西双版纳），广西；新加坡。

双叶绿螽 *Holochlora bilobata* (Karny, 1926)
分布：云南（德宏、西双版纳），广西；印度，马来西亚。

傅氏绿螽 *Holochlora fruhstorferi* Carl, 1914
分布：云南（普洱、怒江、西双版纳），广西；越南。

日本绿螽 *Holochlora japonica* Brunner von Wattenwyl, 1878
分布：云南（普洱、西双版纳），四川，江苏，上海，浙江，湖南，广西，福建，台湾，广东，海南，香港；日本，韩国，越南，美国（夏威夷）。

澜沧绿螽 *Holochlora lancangensis* Liu, Zheng & Xi, 1991
分布：云南（保山、普洱、临沧、怒江、德宏、西双版纳）。

巨绿螽 *Holochlora magna* Xia & Liu, 1990
分布：云南（普洱、德宏、西双版纳）。

小绿螽 *Holochlora minor* Liu, Liu & Kang, 2008
分布：云南（西双版纳）。

黑刺绿螽 *Holochlora nigrospinulosa* Brunner von Wattenwyl, 1893
分布：云南（西双版纳）；缅甸，泰国。

黑耳绿螽 *Holochlora nigrotympana* Ingrisch, 1990
分布：云南（保山、西双版纳），海南；泰国。

钩尾绿螽 *Holochlora unciformis* Liu, Liu & Kang, 2008
分布：云南（西双版纳）。

平背螽属 *Isopsera* Brunner von Wattenwyl, 1878

刺平背螽 *Isopsera spinosa* Ingrisch, 1990
分布：云南（怒江、保山、文山、德宏、丽江），四川，西藏，河北，陕西，湖北，福建，海南；印度，尼泊尔。

显沟平背螽 *Isopsera sulcata* Bey-Bienko, 1955
分布：云南（西双版纳），贵州，四川，安徽，浙江，江西，湖南，广西，福建，海南。

亮革翅螽属 *Khaoyaiana* Ingrisch, 1990

亮革翅螽 *Khaoyaiana nitens* Ingrisch, 1990
分布：云南（德宏），海南，香港，广西；印度，不丹，泰国。

桑螽属 *Kuwayamaea* Matsumura & Shiraki, 1908

长翅桑螽 *Kuwayamaea longipennis* Shi & Zheng, 1999
分布：云南（红河），江西。

库螽属 *Kuzicus* Gorochov, 1993

双卷库螽 *Kuzicus bicurvus* Cui & Shi, 2019
分布：云南（保山、普洱）。

扁尾库螽 *Kuzicus compressus* Han & Shi, 2014
分布：云南（保山）。

细齿库螽 *Kuzicus denticulatus* (Karny, 1926)
分布：云南（红河、西双版纳）；印度，尼泊尔，越南，泰国，马来西亚，新加坡。

柯氏库螽 *Kuzicus koeppeli* Sänger & Helfert, 2004
分布：云南（临沧）；泰国。

细尾库螽 *Kuzicus leptocercus* Zhu & Shi, 2017
分布：云南（德宏）。

膨基新库螽 *Kuzicus inflatus* (Shi & Zheng, 1995)
分布：云南（西双版纳）。

雅螽属 *Liara* Redtenbacher, 1891

石氏雅螽 *Liara shii* Liu & Bian, 2021
分布：云南（文山）。

细颈螽属 *Leptoderes* Serville, 1838

滇南细颈螽 *Leptoderes dianensis* Wu & Liu, 2018

分布：云南（普洱、西双版纳）。

丽翅细颈螽 *Leptoderes ornatipennis* Serville, 1838

分布：云南（西双版纳），西藏，福建；缅甸，印度尼西亚。

淑珍细颈螽 *Leptoderes shuzhenae* Wu & Liu, 2018

分布：云南（怒江）。

环螽属 *Letana* Walker, 1869

瘦环螽 *Letana gracilis* Ingrisch, 1990

分布：云南（怒江、保山），西藏；印度。

赤褐环螽 *Letana rubescens* (Stål, 1861)

分布：云南（德宏、保山、红河、玉溪、西双版纳、大理），贵州，四川，河南，陕西，甘肃，江苏，安徽，浙江，湖北，湖南，广西，福建，广东，香港；越南，老挝，泰国。

大畸螽属 *Macroteratura* Gorochov, 1993

内刺大畸螽 *Macroteratura inospina* Chen, Cui & Chang, 2020

分布：云南（德宏）。

柯氏瘦畸螽 *Macroteratura kryzhanovskii* (Bey-Bienko, 1957)

分布：云南（普洱、大理、西双版纳），西藏；尼泊尔。

中华大畸螽 *Macroteratura sinica* (Bey-Bienko, 1957)

分布：云南（昆明、普洱）。

三刺大畸螽 *Macroteratura thrinaca* (Qiu & Shi, 2010)

分布：云南（普洱、保山）。

云南瘦畸螽 *Macroteratura yunnanea* (Bey-Bienko, 1957)

分布：云南（普洱），贵州，四川，重庆，河南，江苏，安徽，浙江，湖北，广西，福建，广东；越南。

纺织娘属 *Mecopoda* Serville, 1831

音升纺织娘 *Mecopoda crescendo* Liu, 2020

分布：云南（西双版纳）。

吱吱纺织娘 *Mecopoda confracta* Liu, 2020

分布：云南（文山、红河、德宏、西双版纳），广东，广西。

纺织娘 *Mecopoda elongata* (Linnaeus, 1758)

分布：云南（德宏、西双版纳），贵州，西藏，湖北，广西，福建，台湾，广东，海南；日本，印度，马来西亚，大洋洲。

相似纺织娘 *Mecopoda fallax* He, 2019

分布：云南（德宏、普洱、文山、西双版纳），广东，广西，海南。

金平纺织娘 *Mecopoda himalaya* Liu, 2020

分布：云南（红河）。

云纹纺织娘 *Mecopoda mamorata* He, 2019

分布：云南（西双版纳）。

日本纺织娘 *Mecopoda niponensis* (Haan, 1843)

分布：云南（红河），贵州，四川，重庆，河南，陕西，甘肃，江苏，上海，安徽，浙江，湖北，江西，湖南，广西，福建，广东，海南；日本。

音破纺织娘 *Mecopoda synconfracta* Liu, 2020

分布：云南（红河），广东，海南，广西。

云南纺织娘 *Mecopoda yunnana* Liu, 2020

分布：云南（玉溪、楚雄、保山）。

小蛩螽属 *Microconema* Liu, 2005

狭片小蛩螽 *Microconema arctilamina* Duan, Liu & Chang, 2022

分布：云南（昭通）。

奇螽属 *Mirollia* Stål, 1873

靴尾奇螽 *Mirollia caligata* Ingrisch, 1998

分布：云南（德宏、普洱）；泰国。

复合奇螽 *Mirollia composita* Bey-Bienko, 1962

分布：云南（普洱、西双版纳）。

秋奇螽 *Mirollia fallax* Bey-Bienko, 1962

分布：云南（红河、临沧），广西。

刘氏奇螽 *Mirollia liui* Bey-Bienko, 1957

分布：云南（临沧、怒江、西双版纳）。

斑翅奇螽 *Mirollia maculosus* Wang & Shi, 2015

分布：云南（保山）。

梗尾奇螽 *Mirollia petiolulata* Wang, Wang & Shi, 2015

分布：云南（怒江），西藏。

红点奇螽 *Mirollia rufonotata* Mu, He & Wang, 1998

分布：云南（文山、普洱、西双版纳），湖北。

云南奇螽 *Mirollia yunnani* Gorochov & Kang, 2004

分布：云南（临沧）。

叶尾螽属 *Molpa* Walker, 1870

独龙叶尾螽 *Molpa dulongensis* Wu & Liu, 2017
分布：云南（怒江）。

新畸螽属 *Neoteratura* Shi & Zhang, 2021

箭形新畸螽 *Neoteratura arrowa* Shi & Zhang, 2021
分布：云南（德宏）。
锥形新畸螽 *Neoteratura conica* Shi & Zhang, 2021
分布：云南（保山）。
细尾新畸螽 *Neoteratura gracila* Shi & Zhang, 2021
分布：云南（德宏）。
长尾新畸螽 *Neoteratura longigenitala* Shi & Zhang, 2021
分布：云南（德宏）。
卵形新畸螽 *Neoteratura ovata* Shi & Zhang, 2021
分布：云南（怒江）。
方形新畸螽 *Neoteratura quadrata* Shi & Zhang, 2021
分布：云南（德宏）。

霓螽属 *Nicephora* Bolívar, 1900

狭叶霓螽 *Nicephora angustifolia* Su, Wang & Chang, 2023
分布：云南（普洱）。
弯尾霓螽 *Nicephora curvata* Su, Wang & Chang, 2023
分布：云南（德宏）。
滇西真霓螽 *Nicephora dianxiensis* Wang & Liu, 2013
分布：云南（怒江）。

斑背螽属 *Nigrimacula* Shi, Bian & Zhou, 2016

双突斑背螽 *Nigrimacula biprotubera* Duan, Su, Shi & Chang, 2023
分布：云南（普洱）。
扁尾斑背螽 *Nigrimacula compressata* Duan, Guo & Shi, 2022
分布：云南（文山）。
内叶斑背螽 *Nigrimacula inlobata* Cui, Liu & Shi, 2021
分布：云南（大理）。
片尾斑背螽 *Nigrimacula laminata* Cui, Liu & Shi, 2021
分布：云南（大理）。
宽尾斑背螽 *Nigrimacula platycerca* Duan, Guo & Shi, 2022
分布：云南（红河）。
四点斑背螽 *Nigrimacula quadrinotata* (Bey-Bienko, 1971)
分布：云南（德宏）；缅甸。
角突斑背螽 *Nigrimacula trigona* Duan, Su, Shi & Chang, 2023
分布：云南（怒江）。
无量山斑背螽 *Nigrimacula wuliangshanensis* Duan, Su, Shi & Chang, 2023
分布：云南（普洱）。

肘隆螽属 *Onomarchus* Stål, 1874

纯清肘隆螽 *Onomarchus uninotatus* (Serville, 1838)
分布：云南，广西；越南，马来西亚，印度尼西亚。

直掩螽属 *Orthelimaea* Karny, 1926

梯板直掩螽 *Orthelimaea trapezialis* Liu, 2011
分布：云南（德宏），西藏。

古猛螽属 *Palaeoagraecia* Ingrisch, 1998

布氏古猛螽 *Palaeoagraecia brunnea* Ingrisch, 1998
分布：云南，贵州，广西；印度，不丹，越南，泰国，马来西亚。

似条螽属 *Paraducetia* Gorochov & Kang, 2002

十字似条螽 *Paraducetia cruciata* (Brunner von Wattenwyl, 1891)
分布：云南（德宏、西双版纳）。
近十似条螽 *Paraducetia paracruciata* Gorochov & Kang, 2002
分布：云南（临沧、普洱、曲靖、西双版纳）。

副吟螽属 *Paraphlugiolopsis* Bian & Shi, 2014

蒋氏副吟螽 *Paraphlugiolopsis jiangi* Bian & Shi, 2014
分布：云南（昆明）。
叶尾副吟螽 *Paraphlugiolopsis lobocera* Bian & Shi, 2014
分布：云南（昆明）。

副缘螽属 *Parapsyra* Carl, 1914

褐缘副缘螽 *Parapsyra fuscomarginalis* Liu & Kang, 2006
分布：云南（保山、文山、迪庆、怒江、西双版纳）。

黑带副缘螽 *Parapsyra nigrovittata* Xia & Liu, 1992
分布：云南（文山），贵州，四川，湖南，广西。

露螽属 *Phaneroptera* Serville, 1831

镰尾露螽 *Phaneroptera falcata* (Poda, 1761)
分布：云南（文山、德宏、普洱、丽江、玉溪、大理、保山、红河），贵州，四川，重庆，黑龙江，吉林，内蒙古，北京，河北，河南，陕西，甘肃，新疆，江苏，上海，安徽，浙江，湖北，湖南，福建，台湾；俄罗斯（远东地区），朝鲜，韩国，日本，中亚，西亚，欧洲。

瘦露螽 *Phaneroptera gracilis* Burmeister, 1838
分布：云南（西双版纳），贵州，四川，西藏，陕西，甘肃，江苏，湖北，广西，福建，海南；非洲，欧洲。

黑角露螽 *Phaneroptera nigroantennata* Brunner von Wattenwyl, 1878
分布：云南（丽江），贵州，四川，河南，陕西，安徽，浙江，湖北，湖南，台湾；朝鲜，韩国，日本。

呤螽属 *Phlugiolopsis* Zeuner, 1940

缺齿呤螽 *Phlugiolopsis adentis* Bian, Shi & Chang, 2012
分布：云南（普洱、红河）。

狭缘呤螽 *Phlugiolopsis angustimarginis* Bian & Shi, 2018
分布：云南（德宏）。

二齿呤螽 *Phlugiolopsis bidentis* Zheng, Duan, Liu & Chang, 2023
分布：云南（昭通）。

双刺呤螽 *Phlugiolopsis bispinata* Bian & Shi, 2018
分布：云南（红河、普洱）。

短突呤螽 *Phlugiolopsis breviproceris* Zheng, Shi & Chang, 2023
分布：云南（文山）。

圆叶呤螽 *Phlugiolopsis circolobosis* Bian, Shi & Chang, 2013
分布：云南（红河、文山）。

扁刺呤螽 *Phlugiolopsis complanispinis* Bian, Shi & Chang, 2013
分布：云南（昭通）。

弯尾呤螽 *Phlugiolopsis curvis* Zheng, Duan, Liu & Chang, 2023
分布：云南（红河）。

指突呤螽 *Phlugiolopsis digitusis* Bian, Shi & Chang, 2012
分布：云南（红河）。

长突呤螽 *Phlugiolopsis elongata* Bian, Shi & Chang, 2013
分布：云南（西双版纳）。

凹缘呤螽 *Phlugiolopsis emarginata* Bian, Shi & Chang, 2013
分布：云南（红河）。

扩尾呤螽 *Phlugiolopsis expansis* Zheng, Duan, Liu & Chang, 2023
分布：云南（昭通）。

叉尾呤螽 *Phlugiolopsis furcicaudis* Zheng, Shi & Chang, 2023
分布：云南（普洱）。

宽突呤螽 *Phlugiolopsis latusiprocera* Bian & Shi, 2018
分布：云南（保山）。

长角呤螽 *Phlugiolopsis longiangulis* Bian, Shi & Chang, 2013
分布：云南（红河）。

山地呤螽 *Phlugiolopsis montana* Wang, Li & Liu, 2012
分布：云南（保山、德宏）。

五角呤螽 *Phlugiolopsis pentagonis* Bian, Shi & Chang, 2013
分布：云南（红河、文山）。

扁叶呤螽 *Phlugiolopsis platylobosis* Bian & Shi, 2018
分布：云南（临沧）。

点状呤螽 *Phlugiolopsis punctata* Wang, Li & Liu, 2012
分布：云南（普洱、西双版纳）。

三叉呤螽 *Phlugiolopsis tribranchis* Bian, Shi & Chang, 2012
分布：云南（普洱、红河）。

勺尾呤螽 *Phlugiolopsis trullis* Bian, Shi & Chang, 2012
分布：云南（德宏、文山）。

钩尾呤螽 *Phlugiolopsis uncicercis* Bian, Shi & Chang, 2013
分布：云南（红河）。

黑腹呤螽 *Phlugiolopsis ventralis* Wang, Li & Liu, 2012
分布：云南（昆明）。

新安吟螽 *Phlugiolopsis xinanensis* Bian, Shi & Chang, 2013
分布：云南（文山），贵州。
云南吟螽 *Phlugiolopsis yunnanensis* Shi & Ou, 2005
分布：云南（红河、文山、普洱）。

翡螽属 *Phyllomimus* Stål, 1873

尖缘翡螽 *Phyllomimus acutipennis* Brunner von Wattenwyl, 1895
分布：云南；菲律宾。
并脉翡螽 *Phyllomimus coalitus* Xia & Liu, 1991
分布：云南（德宏）。
弯瓣翡螽 *Phyllomimus curvicauda* Bey-Bienko, 1955,
分布：云南（临沧、红河），贵州，四川，广西。
洁净翡螽 *Phyllomimus detersus* (Walker, 1869)
分布：云南（德宏），香港；印度，菲律宾，马来西亚，印度尼西亚。
柯氏翡螽 *Phyllomimus klapperichi* Beier, 1954
分布：云南（昭通、红河、文山），贵州，四川，安徽，浙江，湖南，广西，福建，广东。
乐翡螽 *Phyllomimus musicus* Carl, 1914
分布：云南（德宏、红河、保山），广西；越南。
中华翡螽 *Phyllomimus sinicus* Beier, 1954
分布：云南（昆明、红河、文山），贵州，四川，陕西，浙江，湖北，江西，湖南，广西，福建，台湾，广东，海南；菲律宾。
宽板翡螽 *Phyllomimus tonkinae* Hebard, 1922
分布：云南（红河、文山），广西；越南。
瘤突翡螽 *Phyllomimus verruciferus* Beier, 1954
分布：云南；越南。

角螽属 *Prohimerta* Hebard, 1922

云南角螽 *Prohimerta yunnanea* (Bey-Bienko, 1962)
分布：云南（红河），四川，河南，江西，湖南，福建，广东。

拟吟螽属 *Pseudophlugiolopsis* Wang, Zhou & Chang, 2020

双突拟吟螽 *Pseudophlugiolopsis bitubera* Wang, Zhou & Chang, 2020
分布：云南（红河）。

拟叶螽属 *Pseudophyllus* Serville, 1831

连脉拟叶螽 *Pseudophyllus ligatus* (Brunner von Wattenwyl, 1895)
分布：云南，广西，广东，海南；印度。
巨拟叶螽 *Pseudophyllus titan* White, 1846
分布：云南（西双版纳），广东；缅甸。

拟缘螽属 *Pseudopsyra* Hebard, 1922

云南拟缘螽 *Pseudopsyra yunnani* Liu & Kang, 2006
分布：云南（西双版纳）。

拟喙螽属 *Pseudorhynchus* Serville, 1838

小锥拟喙螽 *Pseudorhynchus acuminatus parvus* Bey-Bienko, 1957
分布：云南（红河），贵州，四川，浙江。
锥头拟喙螽 *Pseudorhynchus concisus* (Walker, 1869)
分布：云南，广西。
厚头拟喙螽 *Pseudorhynchus crassiceps* (Haan, 1843)
分布：云南（西双版纳），贵州，四川，西藏，重庆，河南，上海，安徽，浙江，湖北，江西，湖南，广西，福建，台湾；韩国，日本，印度，缅甸，菲律宾。
小拟喙螽 *Pseudorhynchus minor* Redtenbacher, 1891
分布：云南，广西；菲律宾。
爵拟喙螽 *Pseudorhynchus nobilis* (Walker, 1869)
分布：云南（西双版纳），广西；印度。
锥拟喙螽 *Pseudorhynchus pyrgocorypha* (Karny, 1920)
分布：云南，贵州，四川，重庆，江苏，浙江，江西，湖南，福建。

锥头螽属 *Pyrgocorypha* Stål, 1873

环角锥头螽 *Pyrgocorypha annulatus* (Karny, 1907)
分布：云南（德宏）；印度。
瘦锥头螽 *Pyrgocorypha gracilis* Liu, 1997
分布：云南（西双版纳、普洱），贵州，四川，重庆。
平刺锥头螽 *Pyrgocorypha planispina* (Haan, 1843)
分布：云南（西双版纳），广西，福建，台湾，广东，海南；印度，柬埔寨。

锡金锥头螽 *Pyrgocorypha sikkimensis* (Karny, 1907)
分布：云南（德宏）；印度。

钻状锥头螽 *Pyrgocorypha subulata* (Thunberg, 1815)
分布：云南（德宏、红河、保山、西双版纳），四川，广西，福建，海南；印度，缅甸，泰国，印度尼西亚。

鼻畸螽属 *Rhinoteratura* Gorochov, 1993

饶安鼻畸螽 *Rhinoteratura raoani* (Gorochov, 2008)
分布：云南（红河）。

糙颈螽属 *Ruidocollaris* Liu, 1993

凸翅糙颈螽 *Ruidocollaris convexipennis* (Caudell, 1935)
分布：云南（保山、西双版纳），贵州，四川，西藏，陕西，安徽，浙江，湖北，江西，湖南，福建，广东，海南，广西。

中华糙颈螽 *Ruidocollaris sinensis* Liu & Kang, 2014
分布：云南（红河、西双版纳），贵州，四川，西藏，河南，陕西，安徽，浙江，湖北，江西，湖南，广西，福建，台湾，广东，海南。

截叶糙颈螽 *Ruidocollaris truncatolobata* (Brunner von Wattenwyl, 1878)
分布：云南（西双版纳），贵州，西藏，福建，海南，广西。

钩顶螽属 *Ruspolia* Schulthess, 1898

印度钩顶螽 *Ruspolia indica* (Redtenbacher, 1891)
分布：云南，西藏，广西，海南；印度，泰国，缅甸，新加坡，马来西亚，印度尼西亚，澳大利亚。

黑胫钩顶螽 *Ruspolia lineosa* (Walker, 1869)
分布：云南（保山、普洱），贵州，四川，重庆，河南，上海，安徽，浙江，湖北，江西，湖南，福建，台湾；日本。

云南钩顶螽 *Ruspolia yunnana* Lian & Liu, 1992
分布：云南（昆明），四川。

华饰尾螽属 *Sinocosmetura* Guo, Shi & Chang, 2021

三江口华饰尾螽 *Sinocosmetura sanjiangkouensis* Guo, Shi & Chang, 2021
分布：云南（昭通）。

华绿螽属 *Sinochlora* Tinkham, 1945

长裂华绿螽 *Sinochlora longifissa* (Matsumura & Shiraki, 1908)
分布：云南（普洱），贵州，四川，河南，陕西，安徽，浙江，湖北，江西，湖南，广西，福建，台湾，广东；韩国，日本。

长尾华绿螽 *Sinochlora longipenis* Wang, Lu & Shi, 2012
分布：云南（临沧、保山），广西，海南。

广西华绿螽 *Sinochlora nonspinosa* Liu & Kang, 2007
分布：云南（文山），广西。

中华华绿螽 *Sinochlora sinensis* Tinkham, 1945
分布：云南（昭通），贵州，四川，重庆，河南，安徽，浙江，湖北，江西，湖南，广西，福建，台湾，广东。

四川华绿螽 *Sinochlora szechwanensis* Tinkham, 1945
分布：云南（昭通），贵州，四川，河南，陕西，甘肃，安徽，浙江，湖南，湖北，福建。

华涤螽属 *Sinodecma* Shi, Bian & Chang, 2011

尖顶华涤螽 *Sinodecma acuta* Shi, Bian & Chang, 2011
分布：云南（保山）。

异缘螽属 *Stictophaula* Hebard, 1922

短板异缘螽 *Stictophaula brevis* (Liu, Zheng & Xi, 1991)
分布：云南（临沧）。

中华异缘螽 *Stictophaula sinica* Gorochov & Kang, 2004
分布：云南（西双版纳）。

并脉螽属 *Sympaestria* Brunner von Wattenwyl, 1878

黑膝并脉螽 *Sympaestria genualis* Karny, 1923
分布：云南（西双版纳）；马来西亚。

三岛螽属 *Tamdaora* Gorochov, 1998

长翅三岛螽 *Tamdaora longipennis* (Liu & Zhang, 2000)
分布：云南（西双版纳）。

麻螽属 *Tapiena* Bolívar, 1906

双叶麻螽 *Tapiena bilobata* Liu & Kang, 2010

分布：云南（怒江、德宏）。

副七角麻螽 *Tapiena parapentagona* Liu & Kang, 2010

分布：云南（普洱）。

四齿麻螽 *Tapiena quadridens* Liu & Xia, 1996

分布：云南（普洱、西双版纳）。

细刺麻螽 *Tapiena spinicaudata* Liu & Xia, 1996

分布：云南（西双版纳）。

云南麻螽 *Tapiena yunnana* Xia & Liu, 1990

分布：云南（德宏）。

覆翅螽属 *Tegra* Walker, 1870

绿背覆翅螽 *Tegra novaehollandiae viridinotata* (Stål, 1874)

分布：云南（临沧），贵州，四川，陕西，上海，安徽，浙江，湖北，江西，湖南，广西，福建，海南；印度，缅甸，越南，泰国。

瘤螽属 *Tegrolcinia* de Jong, 1939

胫突瘤螽 *Tegrolcinia mirotibialis* Xia & Liu, 1991

分布：云南（红河），广西。

畸螽属 *Teratura* Gorochov, 1993

佩带畸螽 *Teratura cincta* (Bey-Bienko, 1962)

分布：云南（文山、怒江），贵州，四川，重庆，浙江，湖北，江西，湖南，广西，福建。

矛畸螽 *Teratura hastata* Shi, Mao & Ou, 2007

分布：云南（保山、怒江）。

拟佩带畸螽 *Teratura paracincta* Gorochov & Kang, 2005

分布：云南（临沧、西双版纳）。

杉螽属 *Thaumaspis* Bolívar, 1900

山地杉螽 *Thaumaspis montanus* Bey-Bienko, 1957

分布：云南（保山）。

棘卒螽属 *Trachyzulpha* Dohrn, 1892

傅氏棘卒螽 *Trachyzulpha fruhstorferi* Dohrn, 1892

分布：云南（红河）。

波缘棘卒螽 *Trachyzulpha sinuosa* Liu, 2014

分布：云南（怒江、西双版纳），西藏。

光额螽属 *Xestophrys* Redtenbacher, 1891

霍瓦斯光额螽 *Xestophrys horvathi* Bolívar, 1905

分布：云南（红河），贵州，广西；巴布亚新几内亚。

剑螽属 *Xiphidiopsis* Redtenbacher, 1891

奇异旋剑螽 *Xiphidiopsis abnormalis* (Gorochov & Kang, 2005)

分布：云南（西双版纳）。

异叶剑螽 *Xiphidiopsis anisolobula* Han, Chang & Shi, 2015

分布：云南（西双版纳）；老挝。

双叶剑螽 *Xiphidiopsis bifoliata* Shi & Zheng, 1995

分布：云南（西双版纳）。

叉尾旋剑螽 *Xiphidiopsis bifurcatis* Cui, Liu & Chang, 2020

分布：云南（临沧、德宏、西双版纳）。

凸顶剑螽 *Xiphidiopsis convexis* Shi & Zheng, 1995

分布：云南（西双版纳）。

黄氏剑螽 *Xiphidiopsis hwangi* Bey-Bienko, 1962

分布：云南（红河）。

压痕优剑螽 *Xiphidiopsis impressa* (Bey-Bienko, 1962)

分布：云南（红河），浙江，湖北，湖南，安徽，福建；越南。

金秀剑螽 *Xiphidiopsis jinxiuensis* Xia & Liu, 1990

分布：云南（红河、文山），广西。

侧边剑螽 *Xiphidiopsis lata* Bey-Bienko, 1962

分布：云南（红河）。

长尾剑螽 *Xiphidiopsis longicauda* (Liu & Zhang, 2007)

分布：云南（西双版纳）。

黑纹优剑螽 *Xiphidiopsis nigrovittata* (Bey-Bienko, 1962)

分布：云南（临沧）。

扁尾优剑螽 *Xiphidiopsis platycerca* (Bey-Bienko, 1962)

分布：云南（西双版纳）。

匙叶剑螽 *Xiphidiopsis spoona* Cui, Liu & Chang, 2020

分布：云南（红河）。

栖螽属 *Xizicus* Gorochov, 1993

双叶叉栖螽 *Xizicus bilobus* (Bey-Bienko, 1962)

分布：云南（大理、西双版纳）。

长突副栖螽 *Xizicus elongatus* Zhang & Bian, 2023
分布：云南（文山）。
岐尾亚栖螽 *Xizicus furcus* Cui, Liu & Shi, 2020
分布：云南（保山）。
高黎贡山原栖螽 *Xizicus gaoligongshanensis* Cui, Liu & Shi, 2020
分布：云南（保山）。
钩尾原栖螽 *Xizicus uncicercus* (Mao & Shi, 2015)
分布：云南（文山）。
无量山原栖螽 *Xizicus wuliangshanensis* Su, Duan, Liu & Chang, 2023
分布：云南（普洱）。
四川简栖螽 *Xizicus szechwanensis* (Tinkham, 1944)
分布：云南（文山），贵州，四川，重庆，安徽，浙江，湖北，江西，湖南，海南，广西。

蟋螽科 Gryllacrididae

拟钩蟋螽属 *Aancistroger* Bey-Bienko, 1957

埃本拟钩蟋螽 *Aancistroger elbenioides* (Karny, 1926)
分布：云南（普洱），广东，广西，海南，福建。
中华拟钩蟋螽 *Aancistroger sinicus* Bey-Bienko, 1957
分布：云南（普洱）。

缺翅原蟋螽属 *Apterolarnaca* Gorochov, 2004

黄连缺翅原蟋螽 *Apterolarnaca huanglianensis* Bian & Lu, 2021
分布：云南（红河）。
黑面缺翅原蟋螽 *Apterolarnaca nigrifrontis* Bian & Shi, 2016
分布：云南（保山）。
四点缺翅原蟋螽 *Apterolarnaca quadrimaculata* Bian & Shi, 2016
分布：云南（德宏）。
方板缺翅原蟋螽 *Apterolarnaca tenuispinacia* Lu, Zhang & Bian, 2022
分布：云南（红河）。
三叶缺翅原蟋螽 *Apterolarnaca trilobus* (Bian & Shi, 2014)
分布：云南（昭通）。

烟蟋螽属 *Capnogryllacris* Karny, 1937

双斑烟蟋螽 *Capnogryllacris bimaculata* (Li, Liu & Li, 2014)
分布：云南（西双版纳）。
越北烟蟋螽 *Capnogryllacris erythrocephala borealis* Gorochov, 2003
分布：云南（西双版纳）；越南。
斑背烟蟋螽 *Capnogryllacris erythrocephala maculates* Liu, Lu & Bian, 2022
分布：云南（西双版纳）。
亨氏烟蟋螽 *Capnogryllacris humberti* (Griffini, 1914)
分布：云南；越南。
杂红烟蟋螽 *Capnogryllacris rufonotata* Li, Liu & Li, 2014
分布：云南（西双版纳）。
黄面西畴烟蟋螽 *Capnogryllacris xichou flavifrons* Liu, Lu & Bian, 2022
分布：云南（文山）。
西畴指名烟蟋螽 *Capnogryllacris xichou xichou* Peng & Bian, 2021
分布：云南（文山）。
旭军烟蟋螽 *Capnogryllacris xujuni* Zhang & Bian, 2022
分布：云南（西双版纳）。

双刺蟋螽属 *Dialarnaca* Gorochov, 2005

周氏双刺蟋螽 *Dialarnaca longicerca* Shi & Bian, 2016
分布：云南（红河）。

透翅蟋螽属 *Diaphanogryllacris* Karny, 1937

短刺透翅蟋螽 *Diaphanogryllacris brevispina* Du, Bian & Shi, 2016
分布：云南（西双版纳）。
潘菲透翅蟋螽 *Diaphanogryllacris panfilovi* Gorochov & Woznessenskij, 2000
分布：云南（文山）。

荒蟋螽属 *Eremus* Brunner von Wattenwyl, 1888

皱面荒蟋螽 *Eremus rugosifrons* Brunner von Wattenwyl, 1888
分布：云南（临沧）。

真蟋螽属 *Eugryllacris* Karny, 1937

过马山真蟋螽 *Eugryllacris guomashan* Ingrisch, 2018
分布：云南（普洱）。
黑腹真蟋螽 *Eugryllacris nigriabdominis* Bin & Bian, 2021
分布：云南（文山）。

迪迦真蟋螽 *Eugryllacris tiga* Yin & Shen, 2021
分布：云南（楚雄）。
鞘真蟋螽 *Eugryllacris vaginalis* (Pictet & Saussure, 1893)
分布：云南；印度。

叉蟋螽属 *Furcilarnaca* Gorochov, 2004

邻突叉蟋螽 *Furcilarnaca affinis* Li, Sun, Liu & Li, 2015
分布：云南（西双版纳），广西。
刺叉蟋螽 *Furcilarnaca armata* (Bey-Bienko, 1962)
分布：云南（普洱）。
贝氏叉蟋螽 *Furcilarnaca beybienkoi* Gorochov, 2004
分布：云南（普洱）。
裂叉蟋螽 *Furcilarnaca chirurga* (Bey-Bienko, 1962)
分布：云南（红河）。
具毛叉蟋螽 *Furcilarnaca hirta* Li, Sun, Liu & Li, 2015
分布：云南（红河）。
铗叉蟋螽 *Furcilarnaca forceps* (Bey-Bienko, 1962)
分布：云南（红河）。
扭曲叉蟋螽 *Furcilarnaca fractiflexa* Li, Sun, Liu & Li, 2015
分布：云南（西双版纳）。
黄氏叉蟋螽 *Furcilarnaca huangi* Gorochov, 2004
分布：云南（红河）。
巨叉蟋螽 *Furcilarnaca superfurca* Gorochov, 2004
分布：云南（保山）。
五峰叉蟋螽 *Furcilarnaca wufengensis* Bian, Shi & Guo, 2013
分布：云南，贵州，湖北，广西。

球蟋螽属 *Glolarnaca* Gorochov, 2008

坤舆球蟋螽 *Glolarnaca kunyui* Yang, Lu & Bian, 2021
分布：云南（红河）。
黑斑球蟋螽 *Glolarnaca nigrimacula* Yang, Lu & Bian, 2021
分布：云南（文山）。

蟋螽属 *Gryllacris* Serville, 1831

勐腊蟋螽 *Gryllacris menglaensis* Bian, Zhu & Shi, 2017
分布：云南（西双版纳）。
蜗突蟋螽 *Gryllacris stylommatoprocera* Wang & Liu, 2022
分布：云南（西双版纳）。

单蟋螽属 *Haplogryllacris* Karny, 1937

双叶单蟋螽 *Haplogryllacris bilobulata* Ingrisch, 2018
分布：云南；泰国。

同蟋螽属 *Homogryllacris* Liu, 2007

缺翅同蟋螽 *Homogryllacris anelytra* Shi, Guo & Bian, 2012
分布：云南（普洱）。
双叶同蟋螽 *Homogryllacris biloba* (Bey-Bienko, 1957)
分布：云南（大理）。
短翅同蟋螽 *Homogryllacris brevipenna* Du, Bian & Shi, 2016
分布：云南（保山）。
粗壮同蟋螽 *Homogryllacris erromena* Duan, Su & Shi, 2023
分布：云南（普洱）。
弯突同蟋螽 *Homogryllacris incurva* Duan, Su & Shi, 2023
分布：云南（普洱）。
斑背同蟋螽 *Homogryllacris irregularis* Lu, Zhang & Bian, 2022
分布：云南（文山）。
黑腹同蟋螽 *Homogryllacris nigeriabdominalis* Lu, Zhang & Bian, 2022
分布：云南（文山）。
粗尾同蟋螽 *Homogryllacris obtusitubera* Li, Dou & Shi, 2019
分布：云南（德宏）。
异短翅同蟋螽 *Homogryllacris parcibrevipenna* Liu, Lu & Bian, 2021
分布：云南（西双版纳）。
宽刺同蟋螽 *Homogryllacris platycis* Liu & Bian, 2021
分布：云南（文山）。
素色同蟋螽 *Homogryllacris unicolor* Lu, Zhang & Bian, 2022
分布：云南（红河）。
云南同蟋螽 *Homogryllacris yunnana* Shi, Guo & Bian, 2012
分布：云南（普洱）。

原蟋螽属 *Larnaca* Walker, 1869

凹缘原蟋螽 *Larnaca emarginata* Bian, Guo & Shi, 2015
分布：云南（保山）。

内叠原蟋螽 *Larnaca infolda* Du, Bian & Shi, 2017
分布：云南（西双版纳）。

临沧原蟋螽 *Larnaca lincangensis* (Yang, Jing & Bian, 2020)
分布：云南（临沧）。

长刺原蟋螽 *Larnaca longispina* Zhang, Zhang & Bian, 2023
分布：云南（德宏）。

黑斑原蟋螽 *Larnaca nigrimacula* Zhang, Zhang & Bian, 2023
分布：云南（德宏）。

瓦力原蟋螽 *Larnaca walle* Yin & Meng, 2021
分布：云南（德宏）。

姬蟋螽属 *Metriogryllacris* Karny, 1937

黑缘姬蟋螽 *Metriogryllacris nigrilimbis* Liu & Bian, 2021
分布：云南（文山），广西。

大小姬蟋螽 *Metriogryllacris tamado* Gorochov, 2004
分布：云南（普洱）。

小蟋螽属 *Microlarnaca* Gorochov, 2004

长突小蟋螽 *Microlarnaca dicrana* (Bey-Bienko, 1962)
分布：云南（红河）。

郑氏小蟋螽 *Microlarnaca zhengi* Lu & Bian, 2021
分布：云南（文山）。

拟原蟋螽属 *Neolarnaca* Gorochov, 2004

郭氏拟原蟋螽 *Neolarnaca vera guoi* Yang, Peng & Bian, 2021
分布：云南（文山）。

眼斑蟋螽属 *Ocellarnaca* Gorochov, 2004

角眼斑蟋螽 *Ocellarnaca angulata* Gorochov, 2004
分布：云南，四川，广西；越南。

长叶眼斑蟋螽 *Ocellarnaca longilobulata* Lu, Zhang & Bian, 2022
分布：云南（西双版纳）。

黑股眼斑蟋螽 *Ocellarnaca nigrofemora* Shi & Zhu, 2021
分布：云南（怒江）。

吴氏眼斑蟋螽 *Ocellarnaca wolffii* (Krausze, 1906)
分布：云南，广西；越南。

杆蟋螽属 Phryganogryllacris Karny, 1937

短瓣杆蟋螽 *Phryganogryllacris brevixipha* (Brunner von Wattenwyl, 1893)
分布：云南，贵州，河南，广西，福建。

梅尔杆蟋螽 *Phryganogryllacris mellii* (Karny, 1926)
分布：云南，福建，广东，广西，湖南，湖北，浙江。

四川杆蟋螽 *Phryganogryllacris sichuanensis* Li, Liu & Li, 2014
分布：云南，四川。

暹罗蟋螽属 *Siamgryllacris* Ingrisch, 2018

方突暹罗蟋螽 *Siamgryllacris quadrateprocera* (Bian, Zhu & Shi, 2017)
分布：云南（西双版纳）。

华蟋螽属 *Sinagryllacris* Zhang & Bian, 2023

钩尾华蟋螽 *Sinagryllacris cirrhatis* Zhang & Bian, 2023
分布：云南（西双版纳）。

众蟋螽属 *Ultragryllacris* Gorochov & Dawwrueng, 2015

红头众蟋螽 *Ultragryllacris pulchra rubricapitis* Bin & Bian, 2021
分布：云南（西双版纳）。

维蟋螽属 *Woznessenskia* Gorochov, 2002

双斑维蟋螽 *Woznessenskia bimacula* Guo & Shi, 2011
分布：云南（文山）。

并脉维蟋螽 *Woznessenskia incurva* Shi, Zhu & Wang, 2022
分布：云南（普洱）。

驼螽科 Rhaphidophoridae

双突灶螽属 *Bidiestramima* Zhu & Shi, 2023

二叉双突灶螽 *Bidiestramima dicha* (Zhu, Wu & Shi, 2018)
分布：云南（文山）。

河口双突灶螽 *Bidiestramima hekouensis* Zhu & Shi, 2023
分布：云南（红河）。

突灶螽属 *Diestramima* Storozhenko, 1990

贝氏突灶螽 ***Diestramima beybienkoi* Qin, Wang, Liu & Li, 2016**

分布：云南（昭通、文山），贵州，四川，重庆，湖北，湖南，广西。

锥突灶螽 ***Diestramima conica* Qin, Wang, Liu & Li, 2016**

分布：云南（保山、怒江）。

隐尾突灶螽 ***Diestramima cryptopygia* (Chopard, 1918)**

分布：云南（德宏）；印度。

宽突灶螽 ***Diestramima eurya* Zhu & Shi, 2018**

分布：云南（红河）。

长叶突灶螽 ***Diestramima longifolia* Zhu & Shi, 2022**

分布：云南（红河）。

刺突灶螽 ***Diestramima spinata* Zhu & Shi, 2022**

分布：云南（红河）。

微突灶螽 ***Diestramima subtilis* Zhu & Shi, 2018**

分布：云南（昆明、普洱、文山、曲靖、红河）。

云南突灶螽 ***Diestramima yunnanensis* Gorochov & Storozhenko, 2015**

分布：云南（普洱、西双版纳）。

优驼螽属 *Eurhaphidophora* Gorochov, 1999

弯板优驼螽 ***Eurhaphidophora curvata* Lu, Huang & Bian, 2022**

分布：云南（文山）。

凹板优驼螽 ***Eurhaphidophora fossa* Lu, Huang & Bian, 2022**

分布：云南（西双版纳）。

截缘优驼螽 ***Eurhaphidophora truncata* Bian & Shi, 2016**

分布：云南（德宏）。

新驼螽属 *Neorhaphidophora* Gorochov, 1999

长刺新驼螽 ***Neorhaphidophora longispinula* (Bian, Zhu & Shi, 2017)**

分布：云南（普洱）。

拟芒灶螽属 *Paradiestrammena* Chopard, 1919

三角拟芒灶螽 ***Paradiestrammena trigona* Zhu, Lu & Shi, 2020**

分布：云南（德宏）。

昔马拟芒灶螽 ***Paradiestrammena xima* Zhu, Lu & Shi, 2020**

分布：云南（德宏）。

驼螽属 *Rhaphidophora* Serville, 1838

扁尾驼螽 ***Rhaphidophora complanatis* Lu & Bian, 2022**

分布：云南（文山）。

指突驼螽 ***Rhaphidophora digitata* Lu & Bian, 2022**

分布：云南（文山）。

长板驼螽 ***Rhaphidophora longitabula* Bian, Zhu & Shi, 2017**

分布：云南（德宏）。

磨憨驼螽 ***Rhaphidophora mohanensis* Lu & Bian, 2022**

分布：云南（西双版纳）。

四齿驼螽 ***Rhaphidophora quadridentata* Qin, Jiang, Liu & Li, 2018**

分布：云南（怒江）。

四刺驼螽 ***Rhaphidophora quadrispina* Liu & Bian, 2021**

分布：云南（临沧）。

石氏驼螽 ***Rhaphidophora shii* Lu & Bian, 2022**

分布：云南（西双版纳）。

中华驼螽 ***Rhaphidophora sinica* Bey-Bienko, 1962**

分布：云南（红河）。

刺板驼螽 ***Rhaphidophora spinita* Lu & Bian, 2022**

分布：云南（文山）。

西双驼螽 ***Rhaphidophora xishuang* Gorochov, 2012**

分布：云南（西双版纳）。

疾灶螽属 *Tachycines* Adelung, 1902

二叉疾灶螽 ***Tachycines bifurcatus* (Gorochov, 2010)**

分布：云南（西双版纳）。

滇西疾灶螽 ***Tachycines dianxicus* Qin, Liu & Li, 2019**

分布：云南（怒江）。

伪裸灶螽 ***Tachycines fallax* (Zhang & Liu, 2009)**

分布：云南（保山）。

泸水裸灶螽 ***Tachycines lushuicus* Qin, Liu & Li, 2019**

分布：云南（怒江）。

苍色裸灶螽 ***Tachycines pallidus* Qin, Liu & Li, 2019**

分布：云南（大理、怒江）。

小裸灶螽 *Tachycines parvus* Qin, Liu & Li, 2019
分布：云南（怒江）。
圆裸灶螽 *Tachycines roundatus* (Zhang & Liu, 2009)
分布：云南（普洱）。
邻近裸灶螽 *Tachycines vicinus* Qin, Liu & Li, 2019
分布：云南（怒江、迪庆）。

越突灶螽属 *Tamdaotettix* Gorochov, 1998

哀牢山越突灶螽 *Tamdaotettix ailaoshanicus* Gorochov & Storozhenko, 2019
分布：云南（普洱）。
下弯越突灶螽 *Tamdaotettix curvatus* Gorochov & Storozhenko, 2015
分布：云南（西双版纳）；老挝。
淡色越突灶螽 *Tamdaotettix dilutus* Gorochov, 1998
分布：云南（红河）；越南。
细长越突灶螽 *Tamdaotettix gracilus* (Zhu, Wu & Shi, 2018)
分布：云南（普洱）。
截形越突灶螽 *Tamdaotettix truncatus* Qin, Wang & Li, 2019
分布：云南（普洱）。

蝗螽科 Anostostomatidae

黯螽属 *Anabropsis* Rehn, 1901

哀牢山短翅黯螽 *Anabropsis ailaoshanica* Gorochov, 2021
分布：云南（玉溪）。
卡氏长翅黯螽 *Anabropsis carli* Griffini, 1911
分布：云南（德宏、红河、文山），广西；越南。
短脊缺翅黯螽 *Anabropsis costulata* (Gorochov, 2001)
分布：云南（红河、普洱）。
大围山短翅黯螽 *Anabropsis daweishanensis* Pang, Lu & Bian, 2023
分布：云南（红河）。
红背缺翅黯螽 *Anabropsis erythronota* Pang, Lu & Bian, 2023
分布：云南（红河）。
斧尾长翅黯螽指名亚种 *Anabropsis falcata falcata* (Shi & Bian, 2016)
分布：云南（大理、红河、临沧）。
斧尾长翅黯螽苍白亚种 *Anabropsis falcata pallescens* Gorochov, 2021
分布：云南（玉溪）。
卡耐尔氏隆线黯螽 *Anabropsis karnyi* (Wang, Liu & Li, 2015)
分布：云南（红河）。
马关长翅黯螽 *Anabropsis maguanensis* Lu, Zhang & Bian, 2022
分布：云南（普洱、文山）。
黑斑拟缺翅黯螽 *Anabropsis nigrimaculatis* Pang, Lu & Bian, 2023
分布：云南（文山）。
拟短脊短翅黯螽 *Anabropsis paracostulata* (Gorochov, 2010)
分布：云南（西双版纳）。
彭氏缺翅黯螽 *Anabropsis pengi* Pang, Lu & Bian, 2023
分布：云南（临沧）。
中华缺翅黯螽 *Anabropsis sinica* Bey-Bienko, 1962
分布：云南（红河、普洱）。
腾冲隆线黯螽 *Anabropsis tenchongensis* (Wang, Liu & Li, 2015)
分布：云南（保山）。
越北拟缺翅黯螽 *Anabropsis tonkinensis* Rehn, 1906
分布：云南（红河、文山）；越南。

裂跗螽科 Schizodactylidae

裂跗螽属 *Schizodactylus* Brullé, 1835

寂寞裂跗螽 *Schizodactylus jimo* He, 2021
分布：云南（保山）。

䗛目 Phasmatodea

杆䗛科 Bacillidae

仿圆足䗛属 *Paragongylopus* Chen & He, 1997

短角仿圆足䗛 *Paragongylopus brevicornis* Ho, 2019
分布：云南（昆明）。
陈氏仿圆足䗛 *Paragongylopus cheni* Ho, 2017
分布：云南（红河）。
李氏仿圆足䗛 *Paragongylopus lii* Ho, 2017
分布：云南（红河）。
纳板河仿圆足䗛 *Paragongylopus nabanheensis* Ho, 2017
分布：云南（西双版纳）。
钝齿仿圆足䗛 *Paragongylopus obtusidentatus* Ho, 2019
分布：云南（红河）。

中华仿圆足䗛屏边亚种 ***Paragongylopus sinensis pingbianensis*** **Ho, 2017**

分布：云南（红河）。

异翅䗛科 Heteropterygidae

小异瘤䗛属 *Microrestes* Bresseel & Constant, 2020

梯形小异瘤䗛 ***Microrestes trapezius*** **(Ho, 2016)**

分布：云南（西双版纳）。

瘤䗛属 *Pylaemenes* Stål, 1875

古林箐瘤䗛 ***Pylaemenes gulinqingensis*** **Gao & Xie, 2022**

分布：云南（文山）。

蒲氏瘤䗛 ***Pylaemenes pui*** **Ho, 2013**

分布：云南（普洱）。

叶䗛科 Phylliidae

隐叶䗛属 *Cryptophyllium* Cumming, Bank, Bresseel, Constant, Le Tirant, Dong, Sonet & Bradler, 2021

达普罗隐叶䗛 ***Cryptophyllium daparo*** **Cumming, Bank, Bresseel, Constant, Le Tirant, Dong, Sonet & Bradler, 2021**

分布：云南（西双版纳）。

独龙隐叶䗛 ***Cryptophyllium drunganum*** **(Yang, 1995)**

分布：云南（怒江）。

陈氏隐叶䗛 ***Cryptophyllium wennae*** **Cumming, Bank, Bresseel, Constant, Le Tirant, Dong, Sonet & Bradler, 2021**

分布：云南（普洱）。

滇隐叶䗛 ***Cryptophyllium yunnanense*** **(Liu, 1993)**

分布：云南（西双版纳）。

䗛科 Phasmatidae

刺䗛属 *Cnipsomorpha* Hennemann, Conle, Zhang & Liu, 2008

无翅刺䗛 ***Cnipsomorpha apteris*** **(Liu & Cai, 1992)**

分布：云南（怒江）。

毕氏刺䗛 ***Cnipsomorpha bii*** **Ho, 2017**

分布：云南（怒江）。

污色无翅刺䗛 ***Cnipsomorpha colorantis*** **(Chen & He, 1996)**

分布：云南（西双版纳）。

大理刺䗛 ***Cnipsomorpha daliensis*** **Ho, 2017**

分布：云南（大理）。

刺猬刺䗛 ***Cnipsomorpha erinacea*** **Hennemann, Conle, Zhang & Liu, 2008**

分布：云南（怒江）。

弯尾刺䗛 ***Cnipsomorpha inflexa*** **Ho, 2021**

分布：云南（大理）。

金平刺䗛 ***Cnipsomorpha jinpingensis*** **Ho, 2021**

分布：云南（红河）。

昆明刺䗛 ***Cnipsomorpha kunmingensis*** **Chen & Pan, 2009**

分布：云南（昆明）。

黑斑刺䗛 ***Cnipsomorpha nigromaculata*** **Ho, 2021**

分布：云南（德宏）。

黑棘刺䗛 ***Cnipsomorpha nigrospina*** **Ho, 2021**

分布：云南（玉溪）。

多棘刺䗛 ***Cnipsomorpha polyspina*** **Ho, 2021**

分布：云南（保山）。

齿胫刺䗛 ***Cnipsomorpha serratitibia*** **Ho, 2021**

分布：云南（红河）。

三突刺䗛 ***Cnipsomorpha trituberculata*** **Ho, 2021**

分布：云南（红河）。

绿刺䗛 ***Cnipsomorpha viridis*** **Ho, 2021**

分布：云南（玉溪）。

圆足䗛属 *Gongylopus* Brunner von Wattenwyl, 1907

云南圆足䗛 ***Gongylopus adiposus*** **Brunner von Wattenwyl, 1907**

分布：云南。

介䗛属 *Interphasma* Chen & He, 2008

长臀介䗛 ***Interphasma elongatum*** **Ho, 2017**

分布：云南（红河）。

黄连山介䗛 ***Interphasma huanglianshanense*** **Ho, 2017**

分布：云南（红河）。

弱脊介䗛 ***Interphasma indistinctum*** **Ho, 2022**

分布：云南（昆明）。

黑缘介䗛 ***Interphasma marginatum*** **Chen & Zhang, 2008**

分布：云南（保山）。

黑条介䗛 ***Interphasma nigrolineatum*** **Chen & He, 2008**

分布：云南（西双版纳）。

小介蟖*Interphasma pusillum* Ho, 2022
分布：云南（玉溪）。
粗介蟖*Interphasma robustum* Ho, 2022
分布：云南（玉溪）。
云南介蟖*Interphasma yunnanense* Ho, 2022
分布：云南（大理）。

莫蟖属 *Medaura* Stål, 1875

针突莫蟖*Medaura aculeiformis* Xie & Qian, 2022
分布：云南（西双版纳）。

巨刺蟖属 Megacnipsomorpha Ho, 2021

文煊巨刺蟖*Megacnipsomorpha wenxuani* (Ho, 2017)
分布：云南（怒江）。

中蟖属 *Mesentoria* Chen & He, 2008

尖尾中蟖*Mesentoria acuticaudata* Chen & He, 2008
分布：云南（丽江）。
双带中蟖*Mesentoria bifasciata* Chen & He, 2008
分布：云南（楚雄）。
褐纹中蟖*Mesentoria testacea* Chen & He, 2008
分布：云南（楚雄）。
元谋中蟖*Mesentoria yuanmouensis* Chen & He, 2008
分布：云南（楚雄）。

新华蟖属 *Neosinophasma* Ho, 2017

双角新华蟖*Neosinophasma biangulatum* (Chen & Zhang, 2008)
分布：云南（保山）。
唐氏新华蟖*Neosinophasma tangliangi* Ho, 2017
分布：云南（怒江）。
云南新华蟖*Neosinophasma yunnanense* Ho, 2017
分布：云南（怒江）。

新刺蟖属 Neospiniphasma Ho, 2021

拟新刺蟖*Neospiniphasma similis* Ho, 2021
分布：云南（红河）。
三角新刺蟖*Neospiniphasma triangulatum* Ho, 2021
分布：云南（红河）。

厚蟖属 *Pachymorpha* Gray, 1835

尖腹厚蟖*Pachymorpha arguta* Chen & He, 2008
分布：云南（西双版纳）。
突尾厚蟖*Pachymorpha belocerca* Chen & He, 2008
分布：云南（昆明）。

拟短肛蟖属 *Parabaculum* Brock, 1999

光亮拟短肛蟖*Parabaculum laevigatum* Chen & Zhang, 2008
分布：云南（保山）。

无肛蟖属 *Paraentoria* Chen & He, 1997

版纳无肛蟖*Paraentoria bannaensis* (Chen & He, 1997)
分布：云南（西双版纳）。

仿润蟖属 *Paraleiophasma* Chen & He, 2008

云南仿润蟖*Paraleiophasma yunnanense* (Chen & He, 2008)
分布：云南（香格里拉）。

副厚蟖属 *Parapachymorpha* Brunner von Wattenwyl, 1893

尖尾副厚蟖*Parapachymorpha apicalis* Ho, 2020
分布：云南（德宏）。
锐刺副厚蟖*Parapachymorpha dentata* Ho, 2017
分布：云南（西双版纳）。
颗粒副厚蟖*Parapachymorpha granulata* Ho, 2021
分布：云南（红河）。
小角副厚蟖*Parapachymorpha parvicorne* Ho, 2021
分布：云南（玉溪）。
三齿副厚蟖*Parapachymorpha tridentata* Ho, 2020
分布：云南（西双版纳）。

短角棒蟖属 *Ramulus* Saussure, 1862

尖突短角棒蟖*Ramulus acutus* (Chen & He, 2004)
分布：云南（西双版纳、昆明），四川，广西。
高山短角棒蟖*Ramulus altissimus* (Chen & Zhang, 2008)
分布：云南（保山）。
版纳短角棒蟖*Ramulus bannaensis* (Chen, Shang & Pei, 2000)
分布：云南（西双版纳）。
缺隆线短角棒蟖*Ramulus ecarinatus* (Bi & Lian, 1991)
分布：云南（昆明）。
何氏短角棒蟖*Ramulus hoi* Brock & Büscher, 2022
分布：云南（昆明、玉溪）。

断脊短角棒䗛*Ramulus interruptus* (Chen & He, 2008)
分布：云南（西双版纳）。
剑臀短角棒䗛*Ramulus lanceus* Liu & Cai, 1992
分布：云南（迪庆）。
线纹短角棒䗛*Ramulus lineatus* (Liu & Cai, 1992)
分布：云南（大理）。
长臀短角棒䗛*Ramulus longianalus* (Chen & He, 2008)
分布：云南（西双版纳）。
黑齿短角棒䗛*Ramulus nigrodentatus* (Chen & Yin, 1996)
分布：云南（怒江）。
叶角短角棒䗛*Ramulus phyllodeus* (Chen & He, 2008)
分布：云南（昆明、楚雄）。
拟硕短角棒䗛*Ramulus pseudoarrogans* (Chen & He, 2008)
分布：云南（西双版纳）。
圆粒短角棒䗛*Ramulus rotundus* (Chen & He, 1992)
分布：云南（昆明），贵州，广东，广西，湖南，海南，香港。
刀臀短角棒䗛*Ramulus scalpratus* Liu & Cai, 1992
分布：云南（怒江）。
下关短角棒䗛*Ramulus xiaguanense* (Chen & He, 2008)
分布：云南（大理）。
永仁短角棒䗛*Ramulus yongrenense* (Chen & He, 2008)
分布：云南（楚雄）。

喙尾䗛属 *Rhamphophasma* Brunner von Wattenwyl, 1893

滇喙尾䗛*Rhamphophasma dianicum* Chen & He, 1994
分布：云南（大理）。
钝缘喙尾䗛*Rhamphophasma obtusum* Ho, 2017
分布：云南（红河）。

华奇䗛属 Sinoxenophasmina Ho, 2021

短华奇䗛*Sinoxenophasmina abbreviatum* Ho, 2021
分布：云南（德宏、玉溪、红河）。

刺副厚䗛属 *Spinoparapachymorpha* Ho, 2021

道英刺副厚䗛*Spinoparapachymorpha daoyingi* (Ho, 2014)
分布：云南（保山）。
金平刺副厚䗛*Spinoparapachymorpha jinpingensis* (Ho, 2017)
分布：云南（红河）。
中华刺副厚䗛*Spinoparapachymorpha sinica* (Ho, 2017)
分布：云南（西双版纳）。
四刺刺副厚䗛*Spinoparapachymorpha tetracantha* (Chen & He, 2001)
分布：云南（西双版纳）。
西双版纳刺副厚䗛 *Spinoparapachymorpha xishuangbannaensis* (Ho, 2014)
分布：云南（西双版纳）。

彪䗛属 *Tirachoidea* Brunner von Wattenwyl, 1893

尖峰岭彪䗛*Tirachoidea jianfenglingensis* (Bi, 1994)
分布：云南（红河），海南。

长角棒䗛科 Lonchodidae

棘䗛属 *Acanthophasma* Chen & He, 2000

短尾棘䗛*Acanthophasma brevicercum* Ho, 2020
分布：云南（德宏）。
膨股棘䗛*Acanthophasma dilatatum* Ho, 2020
分布：云南（大理）。

粗棘䗛属 *Andropromachus* Carl, 1913

古林箐粗棘䗛*Andropromachus gulinqingensis* Xie & Qian, 2022
分布：云南（文山）。
云农粗棘䗛*Andropromachus ynau* Gao, Huang, Wang, Xie & Li, 2022
分布：云南（文山）。

蔷䗛属 *Asceles* Redtenbacher, 1908

双齿蔷䗛*Asceles bidentatus* (Chen & He, 2008)
分布：云南（西双版纳），海南。

竹异䗛属 *Carausius* Stål, 1875

双角竹异䗛*Carausius bicornis* Ho, 2017
分布：云南（西双版纳）；越南。

股叶竹异䗛*Carausius femoralis* Chen & He, 2002
分布：云南（丽江）。
细尾竹异䗛*Carausius gracilicercus* Ho, 2021
分布：云南（保山）。
细角竹异䗛*Carausius gracilicornis* Ho, 2021
分布：云南（保山）。
黄连山竹异䗛*Carausius huanglianshanensis* Ho, 2017
分布：云南（红河）。
丽江竹异䗛*Carausius lijiangensis* Chen & He, 2002
分布：云南（丽江）。
绿春竹异䗛*Carausius luchunensis* Ho, 2017
分布：云南（红河）。
新竹异䗛*Carausius novus* Ho, 2017
分布：云南（西双版纳）。
赤瘤竹异䗛*Carausius rubrogranulatus* Ho, 2021
分布：云南（大理）。
盈江竹异䗛*Carausius yingjiangensis* Ho, 2017
分布：云南（德宏）。
云南竹异䗛*Carausius yunnanensis* Ho, 2017
分布：云南（德宏）。

陈䗛属 *Cheniphasma* Ho, 2012

细齿陈䗛*Cheniphasma parvidentatum* Ho, 2020
分布：云南（红河）。

滇䗛属 *Dianphasma* Chen & He, 1997

微翅滇䗛*Dianphasma microptera* Chen & He, 1997
分布：云南（迪庆）。
于氏滇䗛*Dianphasma yui* Ho, 2017
分布：云南（红河）。

股䗛属 *Lopaphus* Westwood, 1859

单齿股䗛*Lopaphus unidentatus* (Chen & He, 1995)
分布：云南（怒江），西藏。
云南股䗛*Lopaphus yunnanensis* (Chen & He, 1995)
分布：云南（西双版纳）。

角臀䗛属 *Necroscia* Audinet-Serville, 1838

滇角臀䗛*Necroscia dianica* Ho, 2017
分布：云南（西双版纳）。
刺胸角臀䗛*Necroscia notata* (Chen & Zhang, 2008)
分布：云南（保山）。

新棘䗛属 *Neohirasea* Rehn, 1904

单刺新棘䗛*Neohirasea unispina* Ho, 2017
分布：云南（红河）。

新介䗛属 *Neointerphasma* Ho, 2017

微粒新介䗛*Neointerphasma minutigranulatum* Ho, 2017
分布：云南（大理）。

膨胸棘䗛属 *Oedohirasea* Ho, 2020

分水岭膨胸棘䗛*Oedohirasea fenshuilingensis* (Ho, 2017)
分布：云南（红河）。
黄连山膨胸棘䗛*Oedohirasea huanglianshanensis* Ho, 2020
分布：云南（红河）。
王氏膨胸棘䗛*Oedohirasea wangpengi* (Ho, 2017)
分布：云南（红河）。

直安䗛属 *Orthostheneboea* Seow-Choen, 2016

小叶直安䗛 *Orthostheneboea foliculata* (Hennemann, Conle, Zhang & Liu, 2008)
分布：云南（怒江）。

刺异䗛属 *Oxyartes* Stål, 1875

密粒刺异䗛*Oxyartes densigranulatus* Ho, 2020
分布：云南（保山）。
褐刺异䗛*Oxyartes despectus* (Westwood, 1848)
分布：云南（德宏）；孟加拉国。
瘤背刺异䗛*Oxyartes dorsalis* Chen & He, 2008
分布：云南（西双版纳）。
金平刺异䗛*Oxyartes jinpingensis* Ho, 2017
分布：云南（红河）。
黑粒刺异䗛*Oxyartes nigrigranulatus* Ho, 2020
分布：云南（玉溪）。
赤刺异䗛*Oxyartes rubris* Ho, 2017
分布：云南（红河）。
疏刺刺异䗛*Oxyartes sparsispinosus* Ho, 2020
分布：云南（保山）。
西双版纳刺异䗛*Oxyartes xishuangbannaensis* Ho, 2020
分布：云南（西双版纳）。
云南刺异䗛*Oxyartes yunnanus* Chen & He, 2008
分布：云南（西双版纳）。

薇䗛属 *Pachyscia* Redtenbacher, 1908

四斑薇䗛*Pachyscia quadriguttata* (Chen & He, 1996)

分布：云南（西双版纳），广东，海南。

副华枝䗛属 *Parasinophasma* Chen & He, 2006

绿春副华枝䗛*Parasinophasma luchunense* Ho, 2017

分布：云南（红河）。

斑副华枝䗛*Parasinophasma maculatum* Ho, 2015

分布：云南（西双版纳）。

无齿股䗛属 *Parasipyloidea* Redtenbacher, 1908

暗绿无齿股䗛*Parasipyloidea galbina* Ho, 2013

分布：云南（红河）。

黑缘无齿股䗛*Parasipyloidea nigrimarginata* Ho, 2017

分布：云南（红河）。

皱背无齿股䗛*Parasipyloidea rugulosa* Chen & He, 2008

分布：云南（西双版纳）。

皮䗛属 *Phraortes* Stål, 1875

球臀皮䗛*Phraortes sphaeroidalis* Chen & He, 2008

分布：云南（红河）。

平健䗛属 *Planososibia* Seow-Choen, 2016

云南平健䗛*Planososibia yunnana* (Chen & He, 2008)

分布：云南（西双版纳）。

伪健䗛属 Pseudososibia Ho, 2017

波缘伪健䗛*Pseudososibia undulatomarginata* Ho, 2017

分布：云南（红河）。

突臀䗛属 *Scionecra* Karny, 1923

刺突臀䗛*Scionecra spinosa* Ho, 2013

分布：云南（临沧）。

华枝䗛属 *Sinophasma* Günther, 1940

毕氏华枝䗛*Sinophasma bii* Ho, 2012

分布：云南（红河）。

管䗛属 *Sipyloidea* Brunner von Wattenwyl, 1893

棉管䗛*Sipyloidea sipylus* (Westwood, 1859)

分布：云南（文山），贵州，四川，河南，浙江，广西，福建，广东，海南，台湾，香港；日本，越南，老挝，泰国，印度，孟加拉国，马来西亚，印度尼西亚，马达加斯加，毛里求斯，新加坡。

健䗛属 *Sosibia* Stål, 1875

隆突健䗛*Sosibia gibba* Li & Bu, 2022

分布：云南（西双版纳）。

椭圆健䗛*Sosibia ovata* Li & Bu, 2022

分布：云南（普洱）。

瘤胸䗛属 *Trachythorax* Redtenbacher, 1908

云南瘤胸䗛 *Trachythorax yunnanensis* Gao & Liang, 2021

分布：云南（西双版纳）；老挝，泰国，越南。

纺足目 Embioptera

等尾丝蚁科 Oligotomidae

等尾足丝蚁属 *Oligotoma* Westwood, 1837

桑氏等尾足丝蚁 *Oligotoma saundersii* (Westwood, 1837)

分布：云南（大理、西双版纳），广东，海南；印度，非洲，美洲，大洋洲。

缺翅目 Zoraptera

缺翅虫科 Zorotypidae

缺翅虫属 *Zorotypus* Silvestri, 1913

黄氏缺翅虫 *Zorotypus huangi* Yin & Li, 2017

分布：云南（西双版纳）。

啮虫目 Psocoptera

双啮科 Amphipsocidae

双啮属 *Amphipsocus* McLachlan, 1872

两色双啮 *Amphipsocus bicolor* Li, 2002

分布：云南（玉溪）。

多波双啮 *Amphipsocus fluctosus* Li, 2002

分布：云南（德宏）。

凹缘双啮 *Amphipsocus intrans* Li, 2002

分布：云南（楚雄）。

圆尾双啮 *Amphipsocus orbiculatus* Li, 2002
分布：云南（保山）。
弯曲双啮 *Amphipsocus pandus* Li, 2002
分布：云南（德宏）。
短径双啮 *Amphipsocus perbervis* Li, 2002
分布：云南（德宏）。
云南双啮 *Amphipsocus yunnanicus* Li, 2002
分布：云南（西双版纳）。

扁室双啮属 *Complaniamphus* Li, 2002

黑斑扁室双啮 *Complaniamphus atrimaculatus* Li, 2002
分布：云南（德宏）。
黑带扁室双啮 *Complaniamphus fascigrus* Li, 2002
分布：云南（德宏）。

带啮属 *Taeniostigma* Enderlein, 1901

锥形带啮 *Taeniostigma conoidalium* Li, 2002
分布：云南（德宏）。
膝形带啮 *Taeniostigma genuflexum* Li, 2002
分布：云南（德宏）。
钩突带啮 *Taeniostigma hamatum* Li, 2002
分布：云南（临沧）。
艳带啮 *Taeniostigma pulcha* Li & Yang, 1992
分布：云南（大理、德宏）。
红斑带啮 *Taeniostigma pyrrhospilum* Li, 2002
分布：云南（德宏）。
三齿带啮 *Taeniostigma ternidentalium* Li, 2002
分布：云南（德宏）。
条突带啮 *Taeniostigma strigulosum* Li, 2002
分布：云南（德宏）。

塔双啮属 *Tagalopsocus* Banks, 1916

褐痣塔双啮 *Tagalopsocus phaeostigmus* Li, 1995
分布：云南。

重啮科 Amphientomidae

双眼重啮属 *Biocellientomia* Li, 2002

二带双眼重啮 *Biocellientomia bitrigata* Li, 2002
分布：云南（西双版纳）。

刺重啮属 *Stimulopalpus* Enderlein, 1906

狭瓣刺重啮 *Stimulopalpus angustivalvus* Li, 2002
分布：云南（西双版纳）。
长角刺重啮 *Stimulopalpus dolichogonus* Li, 2002
分布：云南（西双版纳）。
异形刺重啮 *Stimulopalpus heteroideus* Li, 2002
分布：云南（西双版纳）。
钩弯刺重啮 *Stimulopalpus introcurvus* Li, 2002
分布：云南（西双版纳）。
五斑刺重啮 *Stimulopalpus pentospilus* Li, 2002
分布：云南（西双版纳）。
瘦瓣刺重啮 *Stimulopalpus psednopetalus* Li, 2002
分布：云南（西双版纳）。

尹氏啮属 *Yinia* Li, 1995

黑头尹氏啮 *Yinia capitinigra* Li, 1995
分布：云南。

云重啮属 *Yunientomia* Li, 2002

双带云重啮 *Yunientomia ditaenia* Li, 2002
分布：云南（西双版纳）。

古啮科 Archipsocidae

古啮属 *Archipsocus* Hagen, 1882

多毛古啮 *Archipsocus polytrichus* Li, 2002
分布：云南（西双版纳）。

单啮科 Caeciliusidae

双单啮属 *Amphicaecilius* Li, 2002

花美双单啮 *Amphicaecilius floribundus* Li, 2002
分布：云南（玉溪）。
亚美双单啮 *Amphicaecilius pulchellus* Li, 2002
分布：云南（西双版纳）。

单啮属 *Caecilius* Curtis, 1837

版纳单啮 *Caecilius bannaicus* Li, 2002
分布：云南（西双版纳）。
二叉单啮 *Caecilius bicruris* Li, 2002
分布：云南（西双版纳）。
巨痣单啮 *Caecilius colossostigmus* Li, 2002
分布：云南（西双版纳）。
合斑单啮 *Caecilius connveaus* Li, 2002
分布：云南（西双版纳）。
鞍斑单啮 *Caecilius ephippioideus* Li, 2002
分布：云南（昆明）。
小单啮 *Caecilius exilis* Li, 2002
分布：云南（德宏）。

颊斑单啮 ***Caecilius genospilus*** **Li, 2002**
分布：云南（德宏）。
明脉单啮 ***Caecilius hyalinonemus*** **Li, 2002**
分布：云南（西双版纳）。
斜截单啮 ***Caecilius inclinans*** **Li, 2002**
分布：云南（玉溪）。
无饰单啮 ***Caecilius indecorus*** **Li, 2002**
分布：云南（保山）。
内叉单啮 ***Caecilius infurcus*** **Li, 2002**
分布：云南（普洱）。
细翅单啮 ***Caecilius leptopterus*** **Li, 2002**
分布：云南（德宏）。
龙陵单啮 ***Caecilius longlingensis*** **Li, 2002**
分布：云南（保山）。
长把单啮 ***Caecilius manubriatus*** **Li, 2002**
分布：云南（德宏）。
长痣单啮 ***Caecilius mecostigmus*** **Li, 2002**
分布：云南（德宏）。
中带单啮 ***Caecilius medivittatus*** **Li, 1992**
分布：云南，贵州，四川，陕西，福建，江西，浙江，湖南，广东，广西。
透羽单啮 ***Caecilius optilohyalinus*** **Li, 2002**
分布：云南（德宏）。
窄纵带单啮 ***Caecilius persimilaris*** **(Thornton & Wong, 1966)**
分布：云南，陕西，浙江，湖北，湖南，广西，广东，福建，海南，香港；印度。
松单啮 ***Caecilius pinalis*** **Li, 2002**
分布：云南（昆明）。
弯钩单啮 ***Caecilius resupinatus*** **Li, 2002**
分布：云南（德宏）。
亮褐带单啮 ***Caecilius spadicitaensis*** **Li, 1995**
分布：云南。
横红斑单啮 ***Caecilius spiloerythrinus*** **Li, 1993**
分布：云南，贵州，浙江，湖北，广西，福建。
小钩单啮 ***Caecilius uncinellus*** **Li, 2002**
分布：云南（德宏）。

粗角啮属 *Dypsocus* Hagen, 1866

截头粗角啮 ***Dypsocus abruptus*** **Li, 2002**
分布：云南（大理）。
双毛粗角啮 ***Dypsocus ambuotrichus*** **Li, 2002**
分布：云南（西双版纳）。
二脉粗角啮 ***Dypsocus binervis*** **Li, 2002**
分布：云南（德宏）。
头瓣粗角啮 ***Dypsocus capitivalvus*** **Li, 2002**
分布：云南（德宏）。
黄褐粗角啮 ***Dypsocus cervinus*** **Li, 2002**
分布：云南（德宏）。
斧头粗角啮 ***Dypsocus cestrocephalus*** **Li, 2002**
分布：云南（德宏）。
角突粗角啮 ***Dypsocus cornutus*** **Li, 2002**
分布：云南（德宏）。
粗角啮 ***Dypsocus fortis*** **Li, 2002**
分布：云南（德宏）。
长瓣粗角啮 ***Dypsocus longivalvus*** **Li, 2002**
分布：云南（西双版纳）。
七瓣粗角啮 ***Dypsocus septemfidus*** **Li, 2002**
分布：云南（德宏）。

安啮属 *Enderleinella* Badonnel, 1932

金黄安啮 ***Enderleinella aureola*** **Li, 2002**
分布：云南（昆明）。
角凹安啮 ***Enderleinella concava*** **Li, 2002**
分布：云南（保山）。
褐色安啮 ***Enderleinella lurida*** **Li, 2002**
分布：云南（德宏）。
云南安啮 ***Enderleinella yunnanana*** **Li, 2002**
分布：云南（德宏）。

寇啮属 *Kodamaius* Okamoto, 1907

刀痣寇啮 ***Kodamaius acinacostigmus*** **Li, 2002**
分布：云南（普洱）。
尖痣寇啮 ***Kodamaius acisostigmus*** **Li, 2002**
分布：云南（西双版纳）。
中国寇啮 ***Kodamaius chinensis*** **Li, 2002**
分布：云南（德宏）。
短叉寇啮 ***Kodamaius curtifurcus*** **Li, 2002**
分布：云南（德宏）。
曲瓣寇啮 ***Kodamaius curvativalvus*** **Li, 2002**
分布：云南（德宏）。
大角寇啮 ***Kodamaius grandicornis*** **Li, 2002**
分布：云南（西双版纳）。
宽叉寇啮 ***Kodamaius latifurcus*** **Li, 2002**
分布：云南（德宏）。

三角寇啮 ***Kodamaius trigonicus* Li, 2002**
分布：云南（德宏）。
云南寇啮 ***Kodamaius yunnanicus* Li, 2002**
分布：云南（德宏）。

新单啮属 *Neocaecilius* Li, 2002

芒市新单啮 ***Neocaecilius mangshiensis* Li, 2002**
分布：云南（德宏）。

肿腿单啮属 *Phymocaecilius* Li, 2002

红带肿腿单啮 ***Phymocaecilius puniceifascus* Li, 2002**
分布：云南（昆明）。

离啮科 Dasydemellidae

离啮属 *Dasydemella* Enderlein, 1909

七斑离啮 ***Dasydemella septenpunctata* (Li, 1992)**
分布：云南（大理）。

斧啮科 Dolabellopsocidae

耳斧啮属 *Aurorpsocus* Eertmoed, 1973

锥突耳斧啮 ***Aurorpsocus conoidalis* Li, 2002**
分布：云南（德宏）。
棕色耳斧啮 ***Aurorpsocus fumeus* Li, 2002**
分布：云南（德宏）。
多毛耳斧啮 ***Aurorpsocus setosus* Li, 2002**
分布：云南（德宏）。
长叉耳斧啮 ***Aurorpsocus spatiosifurcatus* Li, 2002**
分布：云南（德宏）。

外啮科 Ectopsocidae

外啮属 *Ectopsocus* McLachlan, 1899

斜切外啮 ***Ectopsocus inclinans* Li, 2002**
分布：云南（大理）。
方端外啮 ***Ectopsocus quadratiapicius* Li, 2002**
分布：云南（保山）。

无柄外啮属 *Estipulaceus* Li, 2002

双钩无柄外啮 ***Estipulaceus biuncialis* Li, 2002**
分布：云南。
大理无柄外啮 ***Estipulaceus daliensis* Li, 2002**
分布：云南（大理）。
锥叶无柄外啮 ***Estipulaceus subulifolius* Li, 2002**
分布：云南（西双版纳）。

上啮科 Epipsocidae

叉上啮属 *Dichoepipsocus* Li & Mockford, 1997

小翅叉上啮 ***Dichoepipsocus micropterus* Li & Mockford, 1997**
分布：云南（西双版纳）。

上啮属 *Epipsocus* Hagen, 1866

棒枝上啮 ***Epipsocus rhabdolepis* Li, 2002**
分布：云南（西双版纳）。

拟上啮属 *Epipsocopsis* Badonnel, 1955

冠带拟上啮 ***Epipsocopsis corollifer* Li, 2002**
分布：云南（西双版纳）。

异上啮属 Heteroepipsocus Li, 1995

斑异上啮 ***Heteroepipsocus maculatus* Li, 2002**
分布：云南（西双版纳）。

脊上啮属 *Liratepipsocus* Li, 2002

景洪脊上啮 ***Liratepipsocus jinghongicus* Li, 2002**
分布：云南（西双版纳）。

散上啮属 *Spordoepipsocus* Li, 2002

丽散上啮 ***Spordoepipsocus formosus* Li, 2002**
分布：云南。

半啮科 Hemipsocidae

圆半啮属 *Cyclohemipsocus* Li, 2002

中华圆半啮 ***Cyclohemipsocus chinensis* Li, 2002**
分布：云南（西双版纳）。

半啮属 *Hemipsocus* Selys-Longchamps, 1872

平行半啮 ***Hemipsocus parallelicus* Li, 1996**
分布：云南。

后半啮属 *Metahemipsocus* Li, 1995

楔角后半啮 ***Metahemipsocus cunestus* Li, 1996**
分布：云南。
斑翅后半啮 ***Metahemipsocus spilopterus* Li, 1996**
分布：云南。
黄斑后半啮 ***Metahemipsocus vitellinus* Li, 2002**
分布：云南（保山）。
云南后半啮 ***Metahemipsocus yunnanicus* Li, 2002**
分布：云南（普洱）。

分啮科 Lachesillidae

带分啮属 *Zonolachesillus* Li, 2002

小眼带分啮 *Zonolachesillus exilicellus* Li, 2002
分布：云南（西双版纳）。
黑边带分啮 *Zonolachesillus lomatomelus* Li, 2002
分布：云南（普洱）。
尖尾带分啮 *Zonolachesillus oxyurus* Li, 2002
分布：云南（西双版纳）。
横带带分啮 *Zonolachesillus preductifascus* Li, 2002
分布：云南（昆明）。
网纹带分啮 *Zonolachesillus retimaculus* Li, 2002
分布：云南（保山）。

虱啮科 Liposcelididae

无鳞啮属 *Illepidopsocus* Li, 1994

云南无鳞啮 *Illepidopsocus yunnanicus* Li, 1994
分布：云南。

虱啮属 *Liposcelis* Motschulsky, 1852

嗜卷虱啮 *Liposcelis bostrychophila* Badonnel, 1931
分布：云南，四川，北京，山西，陕西，河南，广东；世界其他地区广布。
雅虱啮 *Liposcelis elegantis* Li & Li, 1995
分布：云南。
黑胫虱啮 *Liposcelis nigritibia* Li & Li, 1995
分布：云南。
云南虱啮 *Liposcelis yunnaniensis* Li & Li, 1995
分布：云南。

鼠啮科 Myopsocidae

苔鼠啮属 *Lichenomima* Enderlein, 1910

单钩苔鼠啮 *Lichenomima hamata* Li, 1995
分布：云南。

鼠啮属 *Myopsocus* Hagen, 1866

云南鼠啮 *Myopsocus yunnanicus* Li, 2002
分布：云南（普洱）。

角鼠啮属 *Polygonomyus* Li, 2002

杆突角鼠啮 *Polygonomyus scapiformis* Li, 2002
分布：云南（西双版纳）。
中华角鼠啮 *Polygonomyus sinicus* Li, 2002
分布：云南（西双版纳）。

厚啮科 Pachytroctidae

卑啮属 *Tapinella* Enderlein, 1908

版纳卑啮 *Tapinella bannana* Li, 1992
分布：云南。

围啮科 Peripsocidae

圆围啮属 *Cycloperipsocus* Li, 1993

双球圆围啮 *Cycloperipsocus diplocyclus* Li, 2002
分布：云南（西双版纳）。
多斑圆围啮 *Cycloperipsocus plurimaculatus* Li, 2002
分布：云南（西双版纳）。

双突围啮属 *Diplopsocus* Li & Mockford, 1993

柏双突围啮 *Diplopsocus cupressicola* Li & Mockford, 1993
分布：云南（昆明）。
多刺双突围啮 *Diplopsocus lophacanthus* Li & Mockford, 1993
分布：云南（临沧）。
掌茎双突围啮 *Diplopsocus palmiformis* Li & Mockford, 1993
分布：云南（临沧、保山）。
弧突双突围啮 *Diplopsocus parabolicus* Li & Mockford, 1993
分布：云南（普洱）。
喜松双突围啮 *Diplopsocus philopinnus* Li & Mockford, 1993
分布：云南（昆明）。
多孔双突围啮 *Diplopsocus porosus* Li & Mockford, 1993
分布：云南（临沧）。

环围啮属 *Orbiperipsocus* Li, 2002

曲茎环围啮 *Orbiperipsocus fractiflexus* Li, 2002
分布：云南（保山）。

围啮属 *Peripsocus* Hagen, 1866

等茎双刺围啮 *Peripsocus equispineus* Li, 2002
分布：云南（德宏）。
中带围啮 *Peripsocus medifasciarius* Li, 2002
分布：云南（西双版纳）。
中斑围啮 *Peripsocus medimacularis* Li, 1995
分布：云南。

中茎双刺围啮 *Peripsocus medispineus* Li, 2002
分布：云南（昆明）。
昆明围啮 *Peripsocus kunmingiensis* Li, 2002
分布：云南（昆明）。
齿突围啮 *Peripsocus odontopetalus* Li, 2002
分布：云南（昆明）。
石林围啮 *Peripsocus shilinensis* Li, 2002
分布：云南（昆明）。
波突围啮 *Peripsocus undulatus* Li, 2002
分布：云南（昆明）。

美啮科 Philotarsidae

阿啮属 *Aaroniella* Mockford, 1951

黑环阿啮 *Aaroniella gyratigra* Li, 2002
分布：云南（西双版纳）。

亮啮属 *Haplophallus* Thronton, 1959

棒锤亮啮 *Haplophallus rhabdocladus* Li, 2002
分布：云南（德宏）。

叉啮科 Pseudocaeciliidae

异叉啮属 *Heterocaecilius* Lee & Thornton, 1967

明脉异叉啮 *Heterocaecilius deloneurous* Li, 2002
分布：云南。
褐脉异叉啮 *Heterocaecilius hepaticivenus* Li, 2002
分布：云南（德宏）。
景洪异叉啮 *Heterocaecilius jinghongicus* Li, 1995
分布：云南。

角叉啮属 *Kerocaecilius* Li, 2002

杉角叉啮 *Kerocaecilius cunninghamius* Li, 2002
分布：云南（大理）。
滇西角叉啮 *Kerocaecilius dianxiensis* Li, 2002
分布：云南（保山）。
斑头角叉啮 *Kerocaecilius grammocephalus* Li, 2002
分布：云南（大理）。
褐头角叉啮 *Kerocaecilius luridicapitus* Li, 2002
分布：云南（临沧）。
小角叉啮 *Kerocaecilius minisculus* Li, 2002
分布：云南（大理）。
粗角角叉啮 *Kerocaecilius pachyoceratus* Li, 2002
分布：云南（保山）。

劳叉啮属 *Lobocaecilius* Lee & Thornton, 1967

横带劳叉啮 *Lobocaecilius perductivirgus* Li, 2002
分布：云南（保山）。
四裂劳叉啮 *Lobocaecilius quadripartitus* Li, 1995
分布：云南。

脉叉啮属 *Mepleres* Enderlein, 1926

山尾脉叉啮 *Mepleres oresbius* Li, 2002
分布：云南（临沧）。
多斑脉叉啮 *Mepleres plenimacularis* Li, 2002
分布：云南（德宏）。
连斑脉叉啮 *Mepleres unitus* Li, 2002
分布：云南（临沧）。
断斑脉叉啮 *Mepleres ulterior* Li, 2002
分布：云南（临沧）。
云南脉叉啮 *Mepleres yunnanicus* Li, 2002
分布：云南（临沧）。

中叉啮属 *Mesocaecilius* Okamoto, 1910

精美中叉啮 *Mesocaecilius bellus* Li, 2002
分布：云南（德宏）。
阔翅中叉啮 *Mesocaecilius euryopterus* Li, 2002
分布：云南（西双版纳）。

圆叉啮属 *Orbocaecilius* Li, 1999

锐尖圆叉啮 *Orbocaecilius argutus* Li, 2002
分布：云南（普洱）。
短痣圆叉啮 *Orbocaecilius brachystigmus* Li, 2002
分布：云南（德宏）。
长角圆叉啮 *Orbocaecilius longicornis* Li, 2002
分布：云南（保山）。

蛇叉啮属 *Ophiodopelma* Enderlein, 1908

波纹蛇叉啮 *Ophiodopelma fluctosa* Li, 1995
分布：云南。
灰背蛇叉啮 *Ophiodopelma semiceps* Lee & Thornton, 1967
分布：云南；菲律宾。

叉啮属 *Pseudocaecilius* Enderleinella, 1903

角尾叉啮 *Pseudocaecilius ceratocercus* Li, 2002
分布：云南（西双版纳）。
宽尾叉啮 *Pseudocaecilius euryocercus* Li, 2002
分布：云南（保山）。

白条叉啮 *Pseudocaecilius galactozonalis* Li, 2002
分布：云南（普洱）。
单带叉啮 *Pseudocaecilius monotaeniatus* Li, 2002
分布：云南（大理）。
无斑叉啮 *Pseudocaecilius immaculatus* Li, 2002
分布：云南（德宏）。
八斑叉啮 *Pseudocaecilius octomaculatus* Li, 2002
分布：云南。
脉斑叉啮 *Pseudocaecilius venimaculatus* Li, 2002
分布：云南（楚雄）。

突叉啮属 Thelocaecilius Li, 2002

长角突叉啮 *Thelocaecilius mecokeratus* Li, 2002
分布：云南（西双版纳）。
乳突突叉啮 *Thelocaecilius papillatus* Li, 2002
分布：云南。

啮科 Psocidae

黑麻啮属 *Atrichadenotecnum* Yoshizawa, 1998

三叉黑麻啮 *Atrichadenotecnum trifurcatum* (Li, 1993)
分布：云南（德宏），贵州，山西，福建，浙江，广东；日本。

枝啮属 *Clematoscenea* Enderlein, 1907

多齿枝啮 *Clematoscenea spinosus* Liu, Li & Liu, 2013
分布：云南（红河、西双版纳）。
云南枝啮 *Clematoscenea yunnanica* Li, 2002
分布：云南（德宏）。

锥胸麻啮属 *Conothoracalis* Li, 1997

冠锥胸麻啮 *Conothoracalis corollatus* Li, 2002
分布：云南（普洱）。
九角锥胸麻啮 *Conothoracalis enneagonus* Li, 2002
分布：云南（普洱）。
五边锥胸麻啮 *Conothoracalis quinaria* Li, 2002
分布：云南（昆明、西双版纳）。
圆尾啮属 *Cyclotus* Li, 2002
版纳圆尾啮 *Cyclotus bannaicus* Li, 2002
分布：云南（德宏、西双版纳）。

点麻啮属 *Loensia* Enderlein, 1924

版纳点麻啮 *Loensia bannaensis* Li, 2002
分布：云南（西双版纳）。
叶瓣点麻啮 *Loensia folivalva* Li, 2002
分布：云南（西双版纳）。

瓣啮属 *Longivalvus* Li, 1993

侧叶瓣啮 *Longivalvus pleuranthus* Li, 2002
分布：云南。

昧啮属 *Metylophorus* Pearman, 1932

弯齿昧啮 *Metylophorus camptodontus* Li & Yang, 1992
分布：云南（迪庆）。
迷纹昧啮 *Metylophorus daedaleus* Li, 2002
分布：云南（保山）。
大眼昧啮 *Metylophorus giganteus* Li, 2002
分布：云南（昆明）。
无角昧啮 *Metylophorus uncorneus* Li, 2002
分布：云南（德宏）。

拟新啮属 *Neopsocopsis* Badonnel, 1936

圆突拟新啮 *Neopsocopsis convexa* Liu, Li & Liu, 2012
分布：云南（红河），甘肃。

拟皱啮属 Pseudoptycta Li, 2002

松拟皱啮 *Pseudoptycta pinicola* Li, 2002
分布：云南（大理）。

触啮属 *Psococerastis* Pearman, 1932

金黄触啮 *Psococerastis aurata* Li, 2002
分布：云南（西双版纳）。
小头触啮 *Psococerastis capitulatis* Li, 2002
分布：云南（西双版纳）。
小触啮 *Psococerastis exilis* Li, 2002
分布：云南（德宏）。
窗斑触啮 *Psococerastis fenestralis* Li, 2002
分布：云南（德宏）。
琴形触啮 *Psococerastis pandurata* Li, 2002
分布：云南（昆明）。
褶皱触啮 *Psococerastis plicata* Li, 2002
分布：云南（德宏）。
宽痣触啮*Psococerastis platynota* Li, 2002
分布：云南（西双版纳）。
六点触啮 *Psococerastis sexpunctata* Li, 2002
分布：云南（德宏、西双版纳）。
塔形触啮 *Psococerastis turriformis* Li, 2002
分布：云南（普洱）。

壶形触啮 *Psococerastis urceolaris* Li, 2002
分布：云南（西双版纳）。
云南触啮 *Psococerastis yunnanensis* Li, 2002
分布：云南（德宏）。

伞啮属 Sciadionopsocus Li, 2002

葵花松伞啮 *Sciadionopsocus fenzelianae* Li, 2002
分布：云南（昆明）。

曲啮属 *Sigmatoneura* Enderlein, 1908

椭瓣长叶曲啮 *Sigmatoneura ellipsoidalis* Li, 2002
分布：云南（红河），广西。
屏边曲啮 *Sigmatoneura pinbiensis* Liu & Liu, 2011
分布：云南（红河）。

联啮属 *Symbiopsocus* Li, 1997

双尾联啮 *Symbiopsocus diplocyclus* Li, 2002
分布：云南（德宏）。

斑麻啮属 *Trichadenopsocus* Roesler, 1943

叉突斑麻啮 *Trichadenopsocus alternatus* Li, 2002
分布：云南（普洱）。
多突斑麻啮 *Trichadenopsocus multicuspidatus* Li, 2002
分布：云南（临沧）。
刺锯斑麻啮 *Trichadenopsocus spiniserrulus* Li, 2002
分布：云南；印度。
四斑斑麻啮 *Trichadenopsocus quadruplex* Li, 2002
分布：云南。
近梯斑麻啮 *Trichadenopsocus subscalaris* Li, 2002
分布：云南（普洱）。

带麻啮属 *Trichadenotecnum* Enderlein, 1909

二突带麻啮 *Trichadenotecnum diplodurum* Li, 2002
分布：云南（普洱）。
等茎带麻啮 *Trichadenotecnum isocaulum* Li, 2002
分布：云南（普洱）。
昆明带麻啮 *Trichadenotecnum kunmingicum* Li, 2002
分布：云南（昆明）。
柄突带麻啮 *Trichadenotecnum mamillatum* Li, 2002
分布：云南（昆明）。
锥形带麻啮 *Trichadenotecnum obsubulatum* Li, 2002
分布：云南（临沧）。
单突带麻啮 *Trichadenotecnum univittatum* Li, 2002
分布：云南（德宏）。

跳啮科 Psyllipsocidae

窃跳啮属 *Psocathropos* Ribaga, 1899

具室窃跳啮 *Psocathropos cameriferus* Li, 2002
分布：云南（西双版纳）。
二支窃跳啮 *Psocathropos dyadoclemus* Li, 2002
分布：云南（西双版纳）。
侧带窃跳啮 *Psocathropos pleurotaenus* Li, 2002
分布：云南（西双版纳）。
紫斑窃跳啮 *Psocathropos purpuripsarous* Li, 2002
分布：云南（西双版纳）。
中华窃跳啮 *Psocathropos sinensis* Li, 1994
分布：云南。
三出窃跳啮 *Psocathropos tridymus* Li, 2002
分布：云南（西双版纳）。

狭啮科 Stenopsocidae

肘狭啮属 *Cubipilis* Li, 1993

黄头肘狭啮 *Cubipilis flavicapitus* Li, 2002
分布：云南（玉溪）。
掌斑肘狭啮 *Cubipilis palmatus* Li, 2002
分布：云南（玉溪）。
透明肘狭啮 *Cubipilis pellucidus* Li, 2002
分布：云南（临沧）。

毛狭啮属 *Malostenopsocus* Li, 1992

叉毛狭啮 *Malostenopsocus intertextus* Li, 1992
分布：云南。
云南毛狭啮 *Malostenopsocus yunnanicus* Li, 1992
分布：云南。

狭啮属 *Stenopsocus* Hagen, 1866

二星狭啮 *Stenopsocus bipunctatus* Li, 2002
分布：云南（保山）。
竹狭啮 *Stenopsocus bombusus* Li, 2002
分布：云南（保山）。
双球狭啮 *Stenopsocus disphaeroides* Li, 2002
分布：云南（昆明）。
颊斑狭啮 *Stenopsocus genostictus* Li, 2002
分布：云南（德宏）。
细斑狭啮 *Stenopsocus gracilimaculatus* Li, 2002
分布：云南（德宏）。

半斑狭啮 *Stenopsocus hemiostictus* Li, 2002
分布：云南（昆明）。
昆明狭啮 *Stenopsocus kunmingiensis* Li, 2002
分布：云南（昆明）。
钉瓣狭啮 *Stenopsocus paxillivalvaris* Li, 2002
分布：云南（保山）。
孔雀狭啮 *Stenopsocus pavonicus* Li, 2002
分布：云南（西双版纳）。
显条狭啮 *Stenopsocus phaneostriatus* Li, 2002
分布：云南（昆明）。
黄痣狭啮 *Stenopsocus xanthostigmus* Li, 2002
分布：云南（德宏）。

窃啮科 Trogiidae

鳞啮属 *Lepinotus* Heyden, 1850

网翅鳞啮 *Lepinotus reticulatus* Enderlein, 1904
分布：云南（丽江）。

虱目 Phthiraptera

Ancistronidae

Actornithophilus Ferris, 1916

***Actornithophilus hoplopteri* (Mjöberg, 1910)**
分布：云南（普洱）。

恩兰虱科 Enderleinellidae

恩兰虱属 *Enderleinellus* Fahrenholz, 1912

长吻松鼠恩兰虱 *Enderleinellus dremomydis* Ferris, 1919
分布：云南（大理），贵州，四川。
条纹松鼠恩兰虱 *Enderleinellus menetensis* (Ferris, 1919)
分布：云南（普洱）；泰国。
普文恩兰虱 *Enderleinellus puvensis* Blagoveschtcensky, 1972
分布：云南（西双版纳）。

颚虱科 Linognathidae

颚虱属 *Linognathus* Enderlein, 1905

非洲颚虱 *Linognathus africanus* Kellogg & Paine, 1911
分布：云南，甘肃，陕西，新疆，内蒙古，浙江，福建。
绵羊颚虱 *Linognathus ovillus* (Neumann, 1907)
分布：云南，贵州，四川，西藏，重庆，安徽，甘肃，河北，湖北，江苏，江西，内蒙古，宁夏，青海，天津，新疆。
棘颚虱 *Linognathus setosus* (von Olfers, 1816)
分布：云南，贵州，四川，黑龙江，吉林，安徽，江苏，江西，福建。
狭颚虱 *Linognathus stenopsis* Burmeister, 1838
分布：云南，贵州，四川，西藏，重庆，黑龙江，内蒙古，宁夏，青海，山东，陕西，天津，新疆，甘肃，河北，河南，安徽，江苏，江西，浙江，广西，福建。
牛颚虱 *Linognathus vituli* (Linnaeus, 1758)
分布：云南，贵州，四川，西藏，重庆，新疆，黑龙江，吉林，内蒙古，宁夏，甘肃，河北，河南，青海，陕西，天津，浙江，安徽，湖北，广西，江苏，江西，福建，广东。

管虱属 *Solenopotes* Enderlein, 1904

麂管虱 *Solenopotes muntiacus* Thompson, 1938
分布：云南，贵州；斯里兰卡，柬埔寨，泰国，尼泊尔。

拟血虱科 Haematopinoididae

钩板虱属 *Ancistroplax* Waterston, 1929

长尾钩板虱 *Ancistroplax chodsigoae* Chin, 1984
分布：云南，贵州。
麝鼩钩板虱 *Ancistroplax crocidurae* Waterston, 1929
分布：云南（玉溪、大理、丽江、怒江、文山、西双版纳），贵州，四川，湖北，安徽。

血虱科 Haematopinidae

血虱属 *Haematopinus* Leach, 1815

驴血虱 *Haematopinus asini* (Linnaeus, 1758)
分布：云南，贵州，四川，重庆，黑龙江，吉林，内蒙古，宁夏，青海，陕西，天津，新疆，甘肃，河南，河北，安徽，湖北，江苏，江西，广西，福建。
阔胸血虱 *Haematopinus eurysternus* Denny, 1842
分布：云南，贵州，四川，西藏，重庆，吉林，辽宁，宁夏，青海，山东，陕西，天津，新疆，甘肃，河北，河南，湖南，江苏，江西，浙江，安徽，广西，福建，广东，海南。
长形血虱 *Haematopinus longus* Neumann, 1912
分布：云南；尼泊尔，柬埔寨。

猪血虱 *Haematopinus suis* (Linnaeus, 1758)
分布：世界广布。
瘤突血虱 *Haematopinus tuberculatus* (Burmeister, 1893)
分布：云南，贵州，四川，重庆，陕西，河南，湖北，湖南，江苏，江西，安徽，上海，浙江，广西，广东，海南。

甲胁虱科 Hoplopleuridae

甲胁虱属 *Hoplopleura* Enderlein, 1904

棘足甲胁虱 *Hoplopleura acanthopus* (Burmeister, 1839)
分布：云南（大理、迪庆），西藏，黑龙江，内蒙古，青海；欧洲，北美洲。
相关甲胁虱 *Hoplopleura affinis* (Burmeister, 1839)
分布：云南（大理、丽江、迪庆、怒江、昭通），贵州，四川，西藏，吉林，安徽；俄罗斯（远东地区），美国，巴拉圭，秘鲁，阿根廷，欧洲。
红姬甲胁虱 *Hoplopleura akanezumi* Sasa, 1950
分布：云南（大理、丽江、怒江、迪庆、昭通），四川，台湾；日本。
家鼠甲胁虱 *Hoplopleura apomydis* Ferris, 1921
分布：云南（怒江）；菲律宾。
混误甲胁虱 *Hoplopleura captiosa* Johnson, 1960
分布：云南，西藏，宁夏，内蒙古；非洲。
社鼠甲胁虱 *Hoplopleura confuciana* Blagoveshtchensky, 1972
分布：云南（大理、迪庆、怒江、文山、昭通），贵州，福建。
仓鼠甲胁虱 *Hoplopleura cricetuli* Ferris, 1951
分布：云南（怒江），宁夏，山西，北京，河北，河南，内蒙古，陕西，山东。
不同甲胁虱 *Hoplopleura dissimilis* Blagoveshtchensky, 1972
分布：云南（普洱）。
缺齿甲胁虱 *Hoplopleura edentula* Fahredholz, 1916
分布：云南（大理、丽江、迪庆），贵州，新疆，安徽。
争持甲胁虱 *Hoplopleura erismata* Ferris, 1921
分布：云南（大理、丽江、迪庆、怒江），贵州，福建。
姜氏甲胁虱 *Hoplopleura johnsonae* Kim, 1966
分布：云南（大理、红河），贵州，广西，广东，福建；泰国。
克氏甲胁虱 *Hoplopleura kitti* Kim, 1966
分布：云南（大理、普洱、怒江、文山、红河）；马来西亚，老挝，泰国。
长板甲胁虱 *Hoplopleura longula* (Neumann, 1909)
分布：云南（大理、红河），四川，安徽；欧洲，日本，朝鲜。
板齿鼠甲胁虱 *Hoplopleura malabarica* Werneck, 1954
分布：西南地区广布。
鼠兔甲胁虱 *Hoplopleura ochotonae* Ferris, 1922
分布：云南（迪庆），四川，西藏，甘肃，青海，宁夏；蒙古国。
太平洋甲胁虱 *Hoplopleura pacifica* Ewing, 1924
分布：云南（玉溪、大理、丽江、怒江、普洱、文山、红河、昭通、西双版纳），贵州，广西，海南，安徽，山西，广东。
锡鼠甲胁虱 *Hoplopleura pahari* Johnson, 1972
分布：云南（大理、普洱、文山、红河、西双版纳），贵州；老挝。
小刺甲胁虱 *Hoplopleura spicula* Blag, 1972
分布：云南（普洱）。
佘氏甲胁虱 *Hoplopleura thurmanae* Johnson, 1959
分布：云南（大理），贵州，四川，西藏，福建，海南。
解氏甲胁虱 *Hoplopleura xiei* Chin, 1996
分布：云南（大理）。

短角鸟虱科 Menoponidae

胸首羽虱属 *Colpocephalum* Nitzsch, 1818

鸽胸首羽虱 *Colpocephalum turbinatum* Denny, 1842
分布：云南，贵州，河北，陕西；印度。

体虱属 *Menacanthus* Neumann, 1912

牛体虱 *Menacanthus eurysternus* (Burm, 1838)
分布：云南，四川，新疆，黑龙江，山东，江苏，广东；中东，俄罗斯（西伯利亚）。
斯德宝体虱 *Menacanthus stubbei* Mey, 1982
分布：云南，四川，西藏，新疆。

禽虱属 *Menopon* Nitzssch, 1818

鸡短角羽虱 *Menopon gallinae* (Linnaeus, 1758)
分布：世界广布。

迷禽虱属 *Myrsidea* Waterston, 1915

***Myrsidea anathakrishnani* Rai, 1978**
分布：云南。

***Myrsidea argentauris* Price, Arnold, & Bush, 2006**
分布：云南；泰国。

***Myrsidea liopari* Lei, Chu, Dik, Zou, Wang & Gustafsson, 2020**
分布：云南（玉溪）。

小黑领噪鹛迷禽虱 *Myrsidea monilegeri* Tandan, 1972
分布：云南，贵州，广西，海南；尼泊尔，老挝。

猴虱科 Pedicinidae

猴虱属 *Pedicinus* Gervais, 1844

阔腹猴虱 *Pedicinus eurygaster* (Burmeister, 1838)
分布：云南，贵州，广西。

钝猴虱 *Pedicinus obtusus* (Rudow, 1869)
分布：云南，贵州。

虱科 Pediculidae

虱属 *Pediculus* Linnaeus, 1758

人虱 *Pediculus humanus* Linnaeus, 1758
分布：世界广布。

长角鸟虱科 Philopteridae

布鸟虱属 *Brueelia* Kéler, 1936

***Brueelia leiae* Gustafsson, Najer, Zou & Bush, 2022**
分布：云南（文山）。

***Brueelia ljosalfar* (Gustafsson & Bush, 2017)**
分布：云南（普洱）。

***Brueelia oxyrhyncha* Gustafsson, Chu, Bush & Zou, 2018**
分布：云南（保山）。

云南布鸟虱 *Brueelia yunnanensis* Gustafsson, Najer, Zou & Bush, 2022
分布：云南（德宏）。

Cataphractomimus Gustafsson, Lei, Chu & Zou, 2020

***Cataphractomimus impervius* Gustafsson, Lei, Chu & Zou, 2020**
分布：云南。

鸽虱属 *Coloceras* Taschenberg, 1882

珠颈斑鸠羽虱 *Coloceras chinense* (Kellogg & Chapman, 1902)
分布：云南，四川，重庆，陕西，山西，甘肃，河北，福建，台湾，海南；日本。

鸽羽虱属 *Columbicola* (Ewing, 1929)

福鸽羽虱 *Columbicola fulmeki* Eichler, 1942
分布：云南，重庆。

杜鹃鸟虱属 *Cuculicola* Clay & Meinertzhagen, 1939

***Cuculicola calyptocamptus* Gustafsson, Tian & Zou, 2021**
分布：云南（红河）。

圆鸟虱属 *Goniodes* Nitzsch, 1818

竹鸡圆鸟虱 *Goniodes bambusicolus* Liu, 1989
分布：云南。

Guimaraesiella Eichler, 1949

***Guimaraesiella ailaoshanensis* Gustafsson, Lie, Luo, Chu & Zhao, 2019**
分布：云南（普洱）。

***Guimaraesiella citreisoma* Gustafsson, Tian, Ren & Liu, 2021**
分布：云南（大理），广东。

***Guimaraesiella montisodalis* Gustafsson, Lie, Luo, Chu & Zhao, 2019**
分布：云南（普洱）。

***Guimaraesiella petilorica* Gustafsson, Tian, Ren & Liu, 2021**
分布：云南（德宏）。

***Guimaraesiella yuhinae* Gustafsson, Tian, Ren & Liu, 2021**
分布：云南（德宏）。

Laimoloima Gustafsson, Adam & Zou, 2022

***Laimoloima ruiliensis* Gustafsson, Adam & Zou, 2022**
分布：云南（德宏）。

长羽虱属 *Lipeurus* Nitzsch, 1818

鸡翅长羽虱 *Lipeurus caponis* (Linnaeus, 1758)
分布：世界广布。

突头鸟虱属 *Oxylipeurus* Mjoberg, 1910

血雉突头鸟虱 *Oxylipeurus ithaginis* (Clay, 1938)
分布：云南；印度。

长角鸟虱属 *Philopteroides* Mey, 2004

***Philopteroides flavala* Najer & Sychra, 2012**
分布：云南（红河、德宏），广西；越南。

Picophilopterus Ansari, 1947

***Picophilopterus pici* (Fabricius, 1798)**

分布：云南（德宏）。

Priceiella Gustafsson & Bush, 2017

***Priceiella chuae* Gustafsson, Tian, Ren, Liu, Yu & Zou, 2021**

分布：云南（西双版纳）。

***Priceiella dehongensis* Gustafsson, Tian, Ren, Liu, Yu & Zou, 2021**

分布：云南（德宏）。

夸鸟虱属 *Quadraceps* Clay & Meinertzhagen, 1939

中国夸鸟虱 *Quadraceps sinensis* Timmermann, 1954

分布：云南（普洱）。

Resartor Gustafsson & Bush, 2017

***Resartor albofulvus* Gustafsson, Chu, Bush & Zou, 2018**

分布：云南（大理）。

***Resartor aterrimus* Gustafsson, Chu, Bush & Zou, 2018**

分布：云南（红河）。

***Resartor elugeus* Gustafsson, Tian & Zou, 2021**

分布：云南（普洱）。

***Resartor extraneus* Gustafsson, Chu, Bush & Zou, 2018**

分布：云南（普洱）。

***Resartor longisuturalis* Gustafsson, Chu, Bush & Zou, 2018**

分布：云南（红河）。

鸟虱属 *Ricinus* de Geer, 1778

鸲姬鹟鸟虱 *Ricinus mugimaki* (Uchida, 1915)

分布：云南（普洱）。

Sinolipeurus Gustafsson, Lei, Chu & Zou, 2020

***Sinolipeurus tetraophasis* (Clay, 1938)**

分布：云南。

Vinceopterus Gustafsson, Lei, Chu, Zou & Bush, 2019

***Vinceopterus erythrocephali* Gustafsson, Lei, Chu, Zou & Bush, 2019**

分布：云南（德宏），广西；泰国。

多板虱科 Polyplacidae

血渴虱属 *Haemodipsus* Enderlein, 1904

兔血渴虱 *Haemodipsus leporis* Blagoveshtchensky, 1966

分布：云南，甘肃，内蒙古。

拟颚虱属 *Linognathoides* Cummings, 1914

古北拟颚虱 *Linognathoides palaearctus* (Olsoufiev, 1938)

分布：云南，四川，西藏，青海，甘肃，新疆，内蒙古。

新血虱属 *Neohaematopinus* Mjoberg, 1910

丽松鼠新血虱 *Neohaematopinus callosciuri* Johnson, 1959

分布：云南（大理、迪庆），贵州，台湾。

中华新血虱 *Neohaematopinus chinensis* Blagoveshtchensky, 1972

分布：云南（怒江、大理）。

艾氏新血虱 *Neohaematopinus elbeli* Johnson, 1959

分布：云南，海南；泰国，马来西亚。

条纹松鼠新血虱 *Neohaematopinus menetensis* Blagoveshtchensky, 1972

分布：云南。

岩松鼠新血虱 *Neohaematopinus rupestis* Chin, 1985

分布：云南（大理、丽江）。

多毛新血虱 *Neohaematopinus setosus* Chin, 1985

分布：云南（大理），贵州。

多板虱属 *Polyplax* Enderlein, 1904

亚洲多板虱 *Polyplax asiatica* Ferris, 1923

分布：云南（红河），四川，广西，台湾；缅甸，泰国。

大齿鼠多板虱 *Polyplax dacnomydi* Chin, 1990

分布：云南（大理）。

纤雅多板虱 *Polyplax gracilis* Fahrenholz, 1910

分布：云南（大理），四川；日本，朝鲜。

弯多板虱 *Polyplax reclinata* (Nitzsch, 1864)

分布：云南（玉溪、大理、丽江、普洱、昭通、西双版纳），贵州，四川，安徽，福建。

锯多板虱 *Polyplax serrata* (Burmeister, 1839)

分布：云南（玉溪、大理、丽江、普洱、怒江、迪庆、昭通），贵州，四川，东北，安徽，陕西，甘肃，福建；欧洲。

棘多板虱 *Polyplax spinulosa* (Burmeister, 1839)

分布：云南（玉溪、大理、丽江、普洱、文山、红河、昭通），贵州，四川，山西，上海，广西，福建，海南。

附近多板虱 *Polyplax vicina* Blagoveshtchensky, 1972

分布：云南。

树鼩虱属 *Sathrax* Johnson, 1964

硬棘树鼩虱 *Sathrax durus* Johnson, 1964

分布：云南（大理、丽江、普洱）；马来西亚。

阴虱科 Pthiridae

阴虱属 *Pthirus* Leach, 1815

耻阴虱 *Pthirus pubis* (Linnaeus, 1758)

分布：世界广布。

啮毛虱科 Trichodectidae

牛嚼虱属 *Bovicola* Ewing, 1929

牛毛虱 *Bovicola bovis* (Linnaeus, 1758)

分布：云南，四川，重庆。

山羊毛虱 *Bovicola caprae* (Gurlt, 1843)

分布：云南，四川，重庆。

安哥拉山羊羽虱 *Bovicola limbatus* (Gervais, 1844)

分布：云南，贵州。

绵羊毛虱 *Bovicola ovis* (Schrank, 1781)

分布：云南，四川，重庆。

畜虱属 *Damalinia* Mjoberg, 1910

印度犊虱 *Damalinia indicus* (Werneck, 1950)

分布：云南（西双版纳），贵州，四川。

蜂猴虱属 *Lorisicola* Bedford, 1936

周氏蜂猴虱 *Lorisicola mjoebergi* (Stobbe, 1913)

分布：云南（德宏）。

兽鸟虱属 *Trichodectes* Nitzsch, 1818

犬啮毛虱 *Trichodectes canis* (De Geer, 1778)

分布：云南，贵州，四川，江苏，湖南，广东。

韦嚼虱属 *Werneckiella* Eichler, 1940

马沃尼虱 *Werneckiella equi* (Denny, 1842)

分布：云南，内蒙古，新疆。

缨翅目 Thysanoptera

纹蓟马科 Aeolothripidae

Aduncothrips Ananthakrish, 1963

***Aduncothrips albus* Li, Elif, Liu & Zhang, 2022**

分布：云南（大理、西双版纳）。

***Aduncothrips japonicus* Masumoto & Okajima, 2019**

分布：云南（昭通）。

***Aduncothrips huapingensi* Li, Elif, Liu & Zhang, 2022**

分布：云南（丽江）。

纹蓟马属 *Aeolothrips* Haliday, 1836

横纹蓟马 *Aeolothrips fasciqtus* Linnaeus, 1758

分布：云南（玉溪、大理），中国其他地区。

黑泽纹蓟马 *Aeolothrips kurosawai* Bhatti, 1971

分布：云南。

条纹蓟马 *Aeolothrips vittatus* Haliday, 1836

分布：云南，四川。

云南纹蓟马 *Aeolothrips yunnanensis* Han, 1986

分布：云南（昆明、玉溪、文山、楚雄、大理）。

长角蓟马属 *Franklinothrips* Back, 1912

大长角蓟马 *Franklinothrips megalops* Trybom, 1912

分布：云南，湖北，福建，台湾，海南；印度，中东，非洲。

扁角纹蓟马属 *Mymarothrips* Bagnall, 1928

黄脊扁角纹蓟马 *Mymarothrips garuda* Ramakrishna & Margabandhu, 1931

分布：云南（西双版纳），福建，广东；印度。

Streothrips Bhatti, 1971

***Streothrips jianshuiensis* Liu, Mound & Zhang, 2020**

分布：云南（红河）。

大腿蓟马科 Merothripidae

大腿蓟马属 *Merothrips* Hood, 1912

印度大腿蓟马 *Merothrips indicus* Bhatti & Ananthakrishnan, 1975

分布：云南，广东，海南；印度。

光滑大腿蓟马 ***Merothrips laevis* Hood, 1938**
分布：云南，广西，广东，海南；日本，美国。

管蓟马科 Phlaeothripidae

近鬃管蓟马属 *Ablemothrips* Ananthakrishnan, 1969

下颚近鬃管蓟马 ***Ablemothrips maxillatus* Ananthakrishnan, 1969**
分布：云南，广西，台湾；日本，印度，印度尼西亚，菲律宾，泰国。

斑管蓟马属 *Adraneothrips* Hood, 1925

中华斑管蓟马 ***Adraneothrips chinensis* Zhang & Tong, 1990**
分布：云南（西双版纳），湖南，广东，福建，海南；马来西亚。

两色斑管蓟马 ***Adraneothrips russatus* Haga, 1973**
分布：云南（西双版纳），贵川，四川，广西，浙江，江西，海南，广东，湖南；日本。

云南斑管蓟马 ***Adraneothrips yunnanensis* Dang, Mound & Qiao, 2013**
分布：云南，湖北，浙江，湖南，江西，广东，海南。

粉虱管蓟马属 *Aleurodothrips* Franklin, 1909

带翅粉虱管蓟马 ***Aleurodothrips fasciapennis* Franklin, 1908**
分布：云南，四川，广西，湖南，福建，台湾，广东，海南；世界其他地区广布。

奇管蓟马属 *Allothrips* Hood, 1908

台湾奇管蓟马 ***Allothrips taiwanus* Okajima, 1987**
分布：云南，广西，广东，台湾。

云南奇管蓟马 ***Allothrips yunnanensis* Mound, Li& Zhang, 2020**
分布：云南（昆明）。

棘腿管蓟马属 *Androthrips* Karny, 1911

拉马棘腿管蓟马 ***Androthrips ramachandrai* Karny, 1926**
分布：云南，贵州，西藏，广西，海南，广东，台湾，福建；印度。

网管蓟马属 *Apelaunothrips* Karny, 1925

两色网管蓟马 ***Apelaunothrips bicolor* Okajima, 1979**
分布：云南，贵州，海南；泰国。

同色网管蓟马 ***Apelaunothrips consimilis* (Ananthakrishnan, 1969)**
分布：云南，广东，台湾，湖南；日本，印度，马来西亚，印度尼西亚。

小齿网管蓟马 ***Apelaunothrips dentiellus* Zhao, Jia & Tong, 2018**
分布：云南（普洱、西双版纳），湖南。

海南网管蓟马 ***Apelaunothrips hainanensis* Zhang & Tong, 1990**
分布：云南（西双版纳），湖南，江西，广东，海南。

小眼网管蓟马 ***Apelaunothrips lieni* Okajima, 1979**
分布：云南（西双版纳），广东，台湾。

褐斑网管蓟马 ***Apelaunothrips luridus* Okajima, 1979**
分布：云南，贵州，四川，浙江，江西，广东，海南；马来西亚。

长头网管蓟马 ***Apelaunothrips medioflavus* Karny, 1925**
分布：云南，四川，广西，湖南，广东，福建，海南，台湾；印度尼西亚，菲律宾。

翅鬃网管蓟马 ***Apelaunothrips montanus* Okajima, 1979**
分布：云南；日本。

褐翅网管蓟马 ***Apelaunothrips nigripennis* Okajima, 1979**
分布：云南，贵州，河南，湖南，广西，广东，海南，台湾；日本。

焦管蓟马属 *Azaleothrips* Ananthakrishnan, 1964

暹罗焦管蓟马 ***Azaleothrips siamensis* Okajima, 1978**
分布：云南，贵州，重庆；泰国。

棒管蓟马属 *Bactrothrips* Karny, 1912

短管棒管蓟马 ***Bactrothrips brevitubus* Takahashi, 1935**
分布：云南（西双版纳），西藏，河南，浙江，湖北，广西，安徽，福建，广东，海南，台湾；日本。

荣棒管蓟马 ***Bactrothrips honoris* Bagnall, 1921**
分布：云南，广西，台湾；日本。

圈棒管蓟马 ***Bactrothrips quadrituberculatus* (Bagnall, 1908)**
分布：云南，贵州，海南；日本。

贝管蓟马属 *Baenothrips* Crawford, 1948

楔贝管蓟马 *Baenothrips cuneatus* Zhao & Tong, 2016

分布：云南（西双版纳），广西，湖南，广东，海南。

竹管蓟马属 *Bamboosiella* Ananthakrishnan, 1957

触角竹管蓟马 *Bamboosiella antennatus* Dang & Qiao, 2016

分布：云南（西双版纳）。

双色竹管蓟马 *Bamboosiella bicoloripes* Ananthakrishnan, 1957

分布：云南；泰国，印度。

短竹管蓟马 *Bamboosiella brevis* Okajima, 1995

分布：云南（普洱），广东，海南；泰国。

丽竹管蓟马 *Bamboosiella exastis* Ananthakrishnan & Kudo, 1974

分布：云南，台湾，山东，浙江，海南；日本，泰国。

黄竹管蓟马 *Bamboosiella flavescens* Okajima, 1995

分布：云南，海南；泰国。

长鬃竹管蓟马 *Bamboosiella longisetis* Dang & Qiao, 2016

分布：云南（西双版纳）。

娜竹管蓟马 *Bamboosiella nayari* Ananthakrishnan, 1958

分布：云南，广东，海南；印度。

半黄竹管蓟马 *Bamboosiella semiflava* Okajima, 1995

分布：云南；马来西亚。

黑角竹管蓟马 *Bamboosiella varia* Ananthakrishnan & Jagadish, 1969

分布：云南，河南，广东，海南；日本，印度。

端突竹管蓟马 *Bamboosiella xiphophora* Okajima, 1995

分布：云南（西双版纳），广东；泰国。

硕管蓟马属 *Dinothrips* Bagnall, 1908

叉突硕管蓟马 *Dinothrips spinosus* Schmutz, 1913

分布：云南（西双版纳），海南；印度，缅甸，斯里兰卡，印度尼西亚。

修管蓟马属 *Dolichothrips* Karny, 1912

柳修管蓟马 *Dolichothrips zyziphi* (Bagnall, 1924)

分布：云南（昆明），福建，河南；印度。

锥管蓟马属 *Ecacanthothrips* Bagnall, 1909

胫锥管蓟马 *Ecacanthothrips tibialis* Ashmead, 1905

分布：云南，甘肃，江西，广西，海南，广东，台湾；日本，印度，越南，斯里兰卡，菲律宾，马来西亚，新加坡，印度尼西亚，文莱，巴布亚新几内亚，澳大利亚，新西兰，非洲。

轻管蓟马属 *Elaphrothrips* Buffa, 1909

阿莫轻管蓟马 *Elaphrothrips amoenus* Priesner, 1935

分布：云南，贵州，江西，广西，海南；越南，印度尼西亚。

贝克轻管蓟马 *Elaphrothrips bakeri* Karny, 1920

分布：云南，湖北，海南，福建；菲律宾，马来西亚。

齿轻管蓟马 *Elaphrothrips denticollis* Bagnall, 1909

分布：云南，广西，海南，广东，台湾，福建；印度，缅甸，马来西亚，印度尼西亚。

格林轻管蓟马 *Elaphrothrips greeni* Bagnall, 1914

分布：云南，西藏，广东，福建，海南；印度，斯里兰卡，印度尼西亚。

短突钩鬃管蓟马 *Elaphrothrips insignis* Ananthakrishnan, 1973

分布：云南，湖北；印度。

马来钩鬃管蓟马 *Elaphrothrips malayensis* Bagnall, 1909

分布：云南，贵州，西藏，广西，湖北，广东，海南；泰国，马来西亚，印度尼西亚，斯里兰卡。

步钩鬃管蓟马 *Elaphrothrips procer* Schmutz, 1913

分布：云南，贵州，湖北，湖南，广西，广东，海南；斯里兰卡，印度。

刺钩鬃管蓟马 *Elaphrothrips spiniceps* Bagnall, 1932

分布：云南，贵州，广东，福建，海南，台湾；越南，印度尼西亚，印度，新加坡，新西兰，澳大利亚。

佳喙管蓟马属 *Eurhynchothrips* Bagnall, 1918

杧果佳喙管蓟马 *Eurhynchothrips ordinarius* Hood, 1919

分布：云南，湖南，湖北，河南；印度。

母管蓟马属 *Gynaikothrips* Zimmermann, 1900

榕母管蓟马 *Gynaikothrips ficorum* Marchal, 1908

分布：云南（西双版纳），四川，北京，内蒙古，广西，福建，海南，广东，台湾；世界其他地区广布。

榕管蓟马 *Gynaikothrips uzeli* Zimmermann, 1900

分布：云南（西双版纳），四川，广西，海南，广东，台湾，福建；日本，印度，东南亚，澳大利亚，美洲。

简管蓟马属 *Haplothrips* Amyot & Serville, 1843

稻简管蓟马 *Haplothrips aculeatus* Fabricius, 1803

分布：云南，贵州，四川，西藏，黑龙江，吉林，辽宁，内蒙古，北京，河北，山西，河南，陕西，宁夏，甘肃，新疆，江苏，安徽，湖北，湖南，福建，台湾，广西，广东，海南；俄罗斯（远东地区），朝鲜，日本，东南亚，西欧。

葱简管蓟马 *Haplothrips allii* Priesner, 1935

分布：云南，海南，广东，台湾。

顶简管蓟马 *Haplothrips apicalis* Bagnall, 1915

分布：云南（保山）；印度，巴基斯坦，印度尼西亚。

华简管蓟马 *Haplothrips chinensis* Priesner, 1933

分布：云南（昆明、大理、保山、玉溪、红河），贵州，西藏，内蒙古，吉林，北京，河北，山西，河南，宁夏，新疆，江苏，安徽，浙江，湖北，湖南，广西，福建，台湾，广东，海南；朝鲜，日本。

草皮简管蓟马 *Haplothrips ganglbaueri* Schmutz, 1913

分布：云南，贵州，四川，广西，山东，河南，江苏，上海，浙江，湖北，江西，湖南，福建，台湾，广东，海南；日本，印度，斯里兰卡，印度尼西亚。

菊简管蓟马 *Haplothrips gowdeyi* Franklin, 1908

分布：云南，贵州，四川，新疆，浙江，江西，湖南，福建，台湾，广东；日本，印度，拉丁美洲。

狭翅简管蓟马 *Haplothrips tenuipennis* Bagnall, 1918

分布：云南（昆明、玉溪、保山、临沧、西双版纳），西藏，浙江；印度，印度尼西亚。

全管蓟马属 *Holothrips* Karny, 1911

羽贺全管蓟马 *Holothrips hagai* Okajima, 1987

分布：云南，广东，福建，台湾；日本。

武雄管蓟马属 *Hoplandrothrips* Hood, 1912

黄褐武雄管蓟马 *Hoplandrothrips ochraceus* Okajima & Urushihara, 1992

分布：云南，广东，海南；日本。

长鬃管蓟马属 *Karnyothrips* Watson, 1923

白千层长鬃管蓟马 *Karnyothrips melaleucus* Bagnall, 1911

分布：云南，贵州，广西，海南，广东，浙江，台湾；日本，印度，越南，印度尼西亚，欧洲。

毛管蓟马属 *Leeuwenia* Karny, 1912

黄角毛管蓟马 *Leeuwenia flavicornata* Zhang & Tong, 1993

分布：云南。

帕氏毛管蓟马 *leeuwenia pasanii* Mukaigawa, 1912

分布：云南，广东，台湾；日本，越南。

滑管蓟马属 *Liothrips* Uzel, 1895

波密滑管蓟马 *Liothrips bomiensis* Han, 1988

分布：云南，西藏，河南。

黄角滑管蓟马 *Liothrips citriocornis* Moulton, 1928

分布：云南，河南，湖北，广西，海南，台湾。

灰莉滑管蓟马 *Liothrips fagraeae* Priesner, 1968

分布：云南（昆明），贵州，四川，河南；印度尼西亚。

荚蒾滑管蓟马 *Liothrips kuwayamai* Moulton, 1928

分布：云南，内蒙古，台湾；日本。

塔滑管蓟马 *Liothrips takahashii* Moulton, 1928

分布：云南（昆明），内蒙古，山东，台湾；印度尼西亚。

巨眼管蓟马属 *Macrophthalmothrips* Karny, 1922

丽巨眼管蓟马 *Macrophthalmothrips splendidus* Ananthakrishnan, 1968

分布：云南（西双版纳）。

长角管蓟马属 *Meiothrips* Priesner, 1929

褐长角管蓟马 *Meiothrips fuscicrus* Dang & Qiao, 2012

分布：云南。

美诺长角管蓟马 *Meiothrips menoni* Ananthakrishnan, 1964

分布：云南（西双版纳），海南；印度，泰国，马来西亚。

尼泊尔长角管蓟马 *Meiothrips nepalensis* Kudo & Ananthakrishnan, 1974

分布：云南；尼泊尔，泰国。

端宽管蓟马属 *Mesothrips* Zimmermann, 1900

榕端宽管蓟马 *Mesothrips jordani* Zimmermann, 1900

分布：云南（普洱），广西，福建，台湾，广东，海南，香港；印度，印度尼西亚。

匙管蓟马属 *Mystrothrips* Priesner, 1949

长角匙管蓟马 *Mystrothrips longantennus* Wang, Tong & Zhang, 2008

分布：云南，广东；日本。

岛管蓟马属 *Nesothrips* Kirkaldy, 1907

边腹岛管蓟马 *Nesothrips lativentris* Karny, 1913

分布：云南，广东，福建，海南，台湾；日本，马来西亚，菲律宾，印度尼西亚，美洲。

盾板岛管蓟马 *Nesothrips peltatus* Han & Cui, 1991

分布：西南地区。

皮岛管蓟马 *Nesothrips propinquus* Bagnall, 1916

分布：中国；澳大利亚，新西兰，南非，美洲。

脊背管蓟马属 *Oidanothrips* Moulton, 1944

长额脊背管蓟马 *Oidanothrips frontalis* Bagnall, 1914

分布：云南，湖南，广西，广东；日本。

眼管蓟马属 *Ophthalmothrips* Hood, 1919

芒眼管蓟马 *Ophthalmothrips miscanthicola* Haga, 1975

分布：云南（西双版纳）。

云南眼管蓟马 *Ophthalmothrips yunnanensis* Cao, Guo & Feng, 2010

分布：云南，海南。

扇鬃管蓟马属 *Paractinothrips* Mound & Palmer, 1983

扇鬃管蓟马 *Paractinothrips peratus* Mound & Palmer, 1983

分布：云南；马来西亚，菲律宾。

距管蓟马属 *Plectrothrips* Hood, 1908

树皮距管蓟马 *Plectrothrips corticinus* Priesner, 1935

分布：云南，台湾。

肢管蓟马属 *Podothrips* Hood, 1913

股足蓟马 *Podothrips femoralis* Dang & Qiao, 2019

分布：云南（西双版纳），福建。

前肢管蓟马 *Praepodothrips* Priesner & Seshandri, 1952

云南前肢管蓟马 *Praepodothrips yunnanensis* Zhang & Tong, 1993

分布：云南。

根翅管蓟马属 *Preeriella* Hood, 1939

细棍翅管蓟马 *Preeriella parvula* Okajima, 1978

分布：云南，广东，福建；泰国，印度，菲律宾，马来西亚。

剪管蓟马属 *Psalidothrips* Priesner, 1932

黑头剪管蓟马 *Psalidothrips ascitus* Ananthakrishnan, 1969

分布：云南，贵州，海南，广东，台湾；印度，马来西亚。

残翅剪管蓟马 *Psalidothrips lewisi* Bagnall, 1914

分布：云南，贵州，山东，湖南，江西，广东，福建，海南；日本。

黑角剪管蓟马 *Psalidothrips nigroterminatus* Zhao, Zhang & Tong, 2018

分布：云南，海南。

缺眼剪管蓟马 *Psalidothrips simplus* Haga, 1973

分布：云南，贵州，湖北，湖南，江西，广东，海南；韩国，日本。

平管蓟马属 *Psephenothrips* Reyes, 1994

细角平管蓟马 *Psephenothrips leptoceras* Okajima, 2006

分布：云南，广西，海南；日本。

冠管蓟马属 *Stephanothrips* Trybom, 1913

西方冠管蓟马 *Stephanothrips occidentalis* Hood & Williams, 1925

分布：云南（西双版纳），广东，海南，台湾；日本，印度，泰国，菲律宾，马来西亚，非洲，美洲。

胫管蓟马属 *Terthrothrips* Karny, 1925

掌状胫管蓟马 *Terthrothrips Palmatus* Wang & Tong, 2011

分布：云南（西双版纳），海南。

四鬃胫管蓟马 *Terthrothrips parvus* Okajima, 2006

分布：云南，贵州，广东，海南，台湾；日本。

斯氏胫管蓟马 *Terthrothrips strasseni* Dang, Mound & Qiao, 2014

分布：云南，贵州，广东，海南；印度尼西亚。

Trachythrips Hood, 1930

***Trachythrips brevitubus* Stannard, 1957**

分布：云南（西双版纳），台湾；日本。

尾管蓟马属 *Urothrips* Bagnall, 1909

澜沧尾管蓟马 *Urothrips lancangensis* Zhao & Tong, 2017

分布：云南（普洱、临沧）。

突疣尾管蓟马 *Urothrips probolus* Lu & Wang, 2019

分布：云南（西双版纳）。

塔莱尾管蓟马 *Urothrips tarai* Stannard, 1970

分布：云南（西双版纳），海南；印度。

木管蓟马属 *Xylaplothrips* Priesner, 1928

绣纹木管蓟马 *Xylaplothrips pictipes* Bagnall, 1919

分布：云南，湖南，江西，广东，海南；印度。

蓟马科 Thripidae

蒜蓟马属 *Ajothrips* Bhatti, 1967

卡玛蒜蓟马 *Ajothrips karma* Bhatti, 1967

分布：云南，广东；印度。

Amalothrips Ananthakrishnan, 1967

***Amalothrips bifurcu* Li, Liu & Zhang, 2021**

分布：云南（文山）。

***Amalothrips noorazlani* Ng, 2015**

分布：云南（文山）。

阿莫蓟马属 *Amomothrips* Bhatti, 1978

伴阿莫蓟马 *Amomothrips associatus* Priesner, 1938

分布：云南（西双版纳）；马来西亚，印度尼西亚。

呆蓟马属 *Anaphothrips* Uzel, 1895

花呆蓟马 *Anaphothrips floralis* Karny, 1922

分布：云南（西双版纳）；越南。

附着呆蓟马 *Anaphothrips incertus* Girault, 1929

分布：云南（西双版纳），贵州，西藏，广西；澳大利亚。

玉米呆蓟马 *Anaphothrips obscurus* Muller, 1776

分布：世界广布。

呆蓟马 *Anaphothrips sudanensis* Trybom, 1911

分布：云南（玉溪、保山），贵州，四川，重庆，广西，山东，江苏，浙江，湖北，湖南，福建，台湾，广东，海南；巴基斯坦，印度，印度尼西亚，澳大利亚，中亚，欧洲，非洲，美洲。

类硬蓟马属 *Anascirtothrips* Bhatti, 1961

榕类硬蓟马 *Anascirtothrips arorai* Bhatti, 1961

分布：云南，海南，台湾；印度，澳大利亚，以色列，美国。

迪斯类硬蓟马 *Anascirtothrips discordiae* Chen & Lu, 1994

分布：云南（西双版纳），台湾。

异毛针蓟马属 *Anisopilothrips* Stannard & Mitri, 1962

丽异毛针蓟马 *Anisopilothrips venustulus* Priesner, 1923

分布：云南（西双版纳），台湾，广东，海南；马来西亚，澳大利亚，美洲。

奥拉蓟马属 *Aoratothrips* Priesner, 1933

细奥拉蓟马 *Aoratothrips tenuis* Priesner, 1933

分布：云南（西双版纳）；泰国，印度尼西亚，马来西亚，澳大利亚。

缺翅蓟马属 *Aptinothrips* Haliday, 1836

淡红缺翅蓟马 *Aptinothrips rufus* Haliday, 1836

分布：世界广布。

五加蓟马属 *Araliacothrips* Li, Li & Zhang, 2018

大围山五加蓟马 *Araliacothrips daweishanensis* Li, Li & Zhang, 2018

分布：云南（文山、西双版纳）。

安柔拉蓟马属 *Arorathrips* Bhatti, 1990

墨西哥安柔拉蓟马 *Arorathrips mexicanus* Crawford, 1909

分布：云南（西双版纳）；美洲。

Aroidothrips Ananthakrishnan, 1960

长针安柔拉蓟马 *Aroidothrips longistylus* Ananthakrishnan, 1960

分布：云南（西双版纳）；印度。

星针蓟马属 *Astrothrips* Karny, 1921

亚洲星针蓟马 *Astrothrips asiaticus* Bhatti, 1967

分布：云南（临沧、西双版纳），四川，海南；西非到澳大利亚北部，日本。

珊星针蓟马 *Astrothrips aucubae* Kurosawa, 1932

分布：云南（普洱、西双版纳），贵州，广西，福建，广东，海南；日本，菲律宾。

金星针蓟马 *Astrothrips aureolus* Stannard & Mitri, 1962

分布：云南（西双版纳）；马来半岛，澳大利亚北部至中国南部。

七星寮星针蓟马 *Astrothrips chisinliaoensis* Chen, 1980

分布：云南（西双版纳），海南；欧洲。

腺星针蓟马 *Astrothrips glanduculus* Li, Mound, Xie & Zhang, 2021

分布：云南（楚雄）。

球星针蓟马 *Astrothrips globiceps* Karny, 1913

分布：云南（西双版纳），海南；印度尼西亚，巴布亚新几内亚。

斯氏星针蓟马 *Astrothrips strasseni* Kudo, 1979

分布：云南（西双版纳）；缅甸，日本。

图米星针蓟马 *Astrothrips tumiceps* Karny, 1923

分布：云南（西双版纳），中国南部其他地区；印度，印度尼西亚，菲律宾，澳大利亚。

毛蓟马属 *Ayyaria* Karny, 1926

豇豆毛蓟马 *Ayyaria chaetophora* Karny, 1926

分布：云南，重庆，广西，湖北，福建，台湾，广东，海南；日本，印度，菲律宾，新加坡，印度尼西亚。

贝蓟马属 *Bathrips* Bhatti, 1962

茉莉贝蓟马 *Bathrips jasminae* Ananthakrishnan, 1968

分布：云南（西双版纳）；印度。

黑角贝蓟马 *Bathrips melanicornis* Shumsher, 1946

分布：云南（红河），广西，福建，台湾；印度，缅甸，泰国，马来西亚，印度尼西亚，澳大利亚。

比蓟马属 *Biltothrips* Bhatti, 1973

微比蓟马 *Biltothrips minutus* Bhatti, 1967

分布：云南；印度，泰国，马来西亚。

包蓟马属 *Bolacothrips* Uzel, 1895

褐尾包蓟马 *Bolacothrips graminis* Priesner, 1930

分布：云南（西双版纳）；埃及。

东方包蓟马 *Bolacothrips striatopennatus* Schmutz, 1913

分布：云南（西双版纳），浙江，台湾；澳大利亚，印度尼西亚，斯里兰卡，日本，美国（夏威夷，关岛），非洲。

前囟蓟马属 *Bregmatothrips* Hood, 1912

中国前囟蓟马 *Bregmatothrips sinensis* Wang & Tong, 2016

分布：云南（西双版纳），广东。

巢针蓟马属 *Caliothrips* Daniel, 1904

印度巢针蓟马 *Caliothrips indicus* Bagnall, 1913

分布：云南（保山），浙江，广东，海南；印度，喜马拉雅山南麓。

四带巢针蓟马 *Caliothrips quadrifasciatus* Girault, 1927

分布：云南，四川，浙江，广东，海南；印度。

童氏巢针蓟马 *Caliothrips tongi* Mound, Zhang & Bei, 2011

分布：云南（西双版纳），浙江。

盾蓟马属 *Caprithrips* Faure, 1933

黑眼盾蓟马 *Caprithrips melanophthalmus* Bagnall, 1927

分布：云南（昆明），四川。

角蓟马属 *Ceratothripoides* Bagnall, 1918

番茄角蓟马 *Ceratothripoides claratris* Shumsher, 1946

分布：云南（红河），西藏；印度，泰国，菲律宾。

毛呆蓟马属 *Chaetanaphothrips* Priesner, 1926

长鬃毛呆蓟马 *Chaetanaphothrips longisetis* Nonaka & Okajima, 1992

分布：云南（西双版纳），台湾。

兰毛呆蓟马 *Chaetanaphothrips orchidii* Moulton, 1907

分布：世界广布。

栎树毛呆蓟马 *Chaetanaphothrips querci* Kudô, 1985

分布：云南（西双版纳）；日本。

特氏毛呆蓟马 *Chaetanaphothrips theiperdus* Karny, 1921

分布：云南（西双版纳），台湾；日本，印度尼西亚。

矛鬃针蓟马属 *Copidothrips* Hood, 1954

剑矛鬃针蓟马 *Copidothrips octarticulatus* Schmutz, 1913

分布：云南（西双版纳），台湾；斯里兰卡，泰国，太平洋岛屿，澳大利亚。

缘膜蓟马属 *Craspedothrips* Strassen, 1966

微缘膜蓟马 *Craspedothrips minor* Bagnall, 1921

分布：云南，贵州，江西，广东，海南，台湾；东亚，东南亚，南亚，澳大利亚。

Cricothrips Trybom, 1913

***Cricothrips bourbonensis* (Bournier & Bournier), 1988**

分布：云南（西双版纳）；留尼汪岛。

梳蓟马属 *Ctenothrips* Franklin, 1907

黑角梳蓟马 *Ctenothrips niger* Kudô, 1977

分布：云南，四川，湖北；尼泊尔。

开山梳蓟马 *Ctenothrips kwanzanensis* Takahashi, 1937

分布：西南地区。

重楼梳蓟马 *Ctenothrips parisae* Wang, Li, Tong & Mound, 2020

分布：云南。

横纹梳蓟马 *Ctenothrips transeolineae* Chen, 1979

分布：云南，台湾；印度，尼泊尔。

杨氏梳蓟马 *Ctenothrips yangi* Xie, Yuan, Li & Zhang, 2023

分布：云南（昆明）。

丹蓟马属 *Danothrips* Bhatti, 1971

***Danothrips salicis* Li, Xie & Zhang, 2016**

分布：云南（普洱）。

***Danothrips theivorus* Karny, 1921**

分布：云南（西双版纳），广东；印度尼西亚。

背刺蓟马属 *Dendrothripoides* Bagnall, 1923

无害背刺蓟马 *Dendrothripoides innoxius* Karny, 1914

分布：云南（西双版纳），广西，福建，台湾，广东，海南，香港；朝鲜，日本，印度，菲律宾，约旦，澳大利亚，美洲。

矛鬃背刺蓟马 *Dendrothripoides poni* Kudô, 1977

分布：云南（西双版纳），广东；马来西亚，泰国。

棍蓟马属 *Dendrothrips* Uzel, 1895

茶棍蓟马 *Dendrothrips minowai* Priesner, 1935

分布：云南（西双版纳、普洱、临沧）；尼泊尔，日本，巴基斯坦，马来西亚，印度尼西亚。

饰棍蓟马 *Dendrothrips ornatus* Jablonowski, 1894

分布：云南，北京，辽宁；俄罗斯（远东地区），美国，欧洲。

棕翅棍蓟马 *Dendrothrips stannardi* Ananthakrishnan, 1958

分布：云南（玉溪、保山、西双版纳、昆明），四川，湖北，广西，福建，海南；日本，印度。

斯氏棍蓟马 *Dendrothrips strasseni* Bhatti, 1971

分布：云南（西双版纳）；印度。

二鬃蓟马属 *Dichromothrips* Priesner, 1932

***Dichromothrips nakahari* Mound, 1976**

分布：云南（西双版纳）；美国，印度。

斯密二鬃蓟马 *Dichromothrips smithi* Zimmermann, 1900

分布：云南（西双版纳），台湾；印度尼西亚，印度，马来西亚，日本，所罗门群岛。

棘蓟马属 *Echinothrips* Moulton, 1911

美洲棘蓟马 *Echinothrips americanus* Morgan, 1913

分布：云南（西双版纳）；世界其他地区广布。

片膜蓟马属 *Ernothrips* Bhatti, 1967

***Ernothrips immsi* Bagnall, 1926**

分布：云南（西双版纳）；印度尼西亚。

裂片膜蓟马 *Ernothrips lobatus* Bhatti, 1967

分布：云南（西双版纳），福建，广东，海南，台湾；印度，印度尼西亚，泰国，马来西亚，日本。

纵纹片膜蓟马 *Ernothrips longitudinalis* Zhou, Zhang & Feng, 2008

分布：云南（西双版纳），河南以南广大地区。

突蓟马属 *Exothrips* Priesner, 1939

蔗突蓟马 *Exothrips sacchari* Moulton, 1936

分布：云南，广东；菲律宾，巴布亚新几内亚，澳大利亚。

Filicopsothrips Mound, 1999

***Filicopsothrips pulcher* Li, Yuan & Zhang, 2020**

分布：云南（文山、西双版纳）。

坚蓟马属 *Firmothrips* Schliephake, 1972

固坚蓟马 *Firmothrips firmus* Uzel, 1895

分布：云南，江苏；欧洲。

花蓟马属 *Frankliniella* Karny, 1910

烟褐花蓟马 *Frankliniella fusca* Hinds, 1902
分布：云南（西双版纳）；世界其他地区广布。

花蓟马 *Frankliniella intonsa* Trybom, 1895
分布：世界广布。

西花蓟马 *Frankliniella occidentalis* Pergande, 1895
分布：云南（昆明、保山、西双版纳），贵州，四川，广西，北京，山东，河南，陕西，江苏，安徽，浙江，湖北，福建，广东，海南；朝鲜，日本，蒙古国，印度，土耳其，俄罗斯（远东地区），欧洲。

梳缺花蓟马 *Frankliniella schultzei* Trybom, 1910
分布：云南（西双版纳），广东，台湾；世界其他地区广布。

禾蓟马 *Frankliniella tenuicornis* Uzel, 1895
分布：云南，贵州，四川，广西，黑龙江，吉林，辽宁，内蒙古，北京，河北，山西，山东，河南，陕西，宁夏，甘肃，青海，新疆，江苏，湖北，江西，湖南，福建，台湾，广东；全北区。

腹齿蓟马属 *Fulmekiola* Karny, 1925

蔗腹齿蓟马 *Fulmekiola serrata* Kobus, 1892
分布：云南，贵州，四川，陕西，江苏，浙江，湖南，广西，福建，台湾，广东，海南；日本，巴基斯坦，印度，孟加拉国，越南，菲律宾，马来西亚，印度尼西亚，毛里求斯。

领针蓟马属 *Helionothrips* Bagnall, 1932

安领针蓟马 *Helionothrips aino* Ishida, 1931
分布：云南，贵州，四川，广西，陕西，河南，湖南，江西，广东，福建，台湾；朝鲜，尼泊尔，印度，日本。

木姜子领针蓟马 *Helionothrips annosus* Wang, 1993
分布：云南（红河、西双版纳），四川，重庆，广东，广西，海南；马来西亚，菲律宾。

赤翅领针蓟马 *Helionothrips brunneipennis* Bagnall, 1915
分布：云南（西双版纳）；斯里兰卡。

长头领针蓟马 *Helionothrips cephalicus* Hood, 1954
分布：云南（西双版纳），四川，台湾，广西，广东，甘肃，湖南，江西，香港；日本，尼泊尔，马来西亚，印度。

游领针蓟马 *Helionothrips errans* Williams, 1916
分布：云南（西双版纳），河南，台湾，广东，广西；朝鲜，日本，非洲，欧洲，北美洲。

山胡椒领针蓟马 *Helionothrips linderae* Kudô, 1992
分布：云南，湖南，福建，台湾，广东，海南；日本。

木领针蓟马 *Helionothrips mube* Kudô, 1992
分布：云南（玉溪、西双版纳），陕西，台湾；日本。

苍白领针蓟马 *Helionothrips pallidus* Xie, Li & Zhang, 2022
分布：云南（红河），贵州。

微领针蓟马 *Helionothrips parvus* Bhatti, 1968
分布：云南（西双版纳），广西。

皱纹领针蓟马 *Helionothrips rugatus* Mirab-balou & Tong, 2017
分布：云南（西双版纳），贵州，广东。

神农架领针蓟马 *Helionothrips shennongjiaensis* Feng Yang & Zhang, 2007
分布：云南（西双版纳），贵州，四川，湖南，福建，广东，海南。

阳针蓟马属 *Heliothrips* Haliday, 1836

温室蓟马 *Heliothrips haemorrhoidalis* Bouché, 1833
分布：云南（普洱、西双版纳），贵州，广西，北京，浙江，福建，台湾，广东，海南；朝鲜，日本，越南，菲律宾，德国，法国。

***Heliothrips longisensibilis* Xie, Mound & Zhang, 2019**
分布：云南（西双版纳）。

横断蓟马属 *Hengduanothrips* Han & Cui, 1992

金横断蓟马 *Hengduanothrips chrysu* Han & Cui, 1992
分布：云南（迪庆）。

裂绢蓟马属 *Hydatothrips* Karny, 1913

***Hydatothrips aureus* Bhatti, 1973**
分布：云南（西双版纳）；世界其他地区广布。

***Hydatothrips dorax* Bhatti, 1973**
分布：云南（西双版纳）；印度。

黄裂绢蓟马 *Hydatothrips flavidus* Wang, 2007
分布：云南（西双版纳），贵州，湖南，江西，广东，台湾，海南。

侣金裂绢蓟马 *Hydatothrips heteraureus* Han, 1990
分布：西南地区。

成裂绢蓟马 *Hydatothrips onari* Kudô, 1997
分布：云南；日本，马来西亚。

被膜蓟马属 *Indusiothrips* Priesner, 1952

蔗被膜蓟马 *Indusiothrips seshadrii* Priesner, 1952
分布：云南，贵州，重庆，江西；日本，印度，尼泊尔。

Isunidothrips Kudô, 1992

***Isunidothrips serangga* Kudô, 1992**
分布：云南（西双版纳）；马来西亚。

爪哇蓟马属 *Javathrips* Bhatti, 1978

蕉爪哇蓟马 *Javathrips musae* Zhang & Tong, 1990
分布：云南（西双版纳），广东。

拉蓟马属 *Laplothrips* Bhatti, 1972

两色拉蓟马 *Laplothrips bicolor* Bhatti, 1972
分布：云南（楚雄）；印度。

三鬃蓟马属 *Lefroyothrips* Priesner, 1938

褐三鬃蓟马 *Lefroyothrips lefroyi* (Bagnall, 1913)
分布：云南（昆明、普洱、西双版纳），贵州，广西，浙江，江西，福建，台湾，广东；日本，印度，印度尼西亚。

大蓟马属 *Megalurothrips* Bagnall, 1915

基毛大蓟马 *Megalurothrips basisetae* Han & Cui, 1992
分布：云南。

端大蓟马 *Megalurothrips distalis* Karny, 1913
分布：云南（昆明、玉溪、大理、保山、西双版纳），贵州，四川，北京，广西，辽宁，河北，山东，河南，陕西，江苏，湖北，湖南，福建，台湾，广东，海南；朝鲜，日本，印度，斯里兰卡，印度尼西亚，菲律宾，斐济，加罗林群岛，澳大利亚。

台湾大蓟马 *Megalurothrips formosae* Moulton, 1928
分布：云南（红河），台湾；印度尼西亚。

***Megalurothrips typicus* Bagnall, 1915**
分布：云南（西双版纳），台湾；马来西亚，印度尼西亚。

普通大蓟马 *Megalurothrips usitatus* Bagnall, 1913
分布：云南（玉溪、西双版纳），广西，陕西，湖北，台湾；日本，印度，斯里兰卡，菲律宾，澳大利亚。

小头蓟马属 *Microcephalothrips* Bagnall, 1926

腹小头蓟马 *Microcephalothrips abdominalis* Crawford, 1910
分布：云南（西双版纳），贵州，四川，广西，北京，河南，陕西，江苏，上海，浙江，湖北，湖南，福建，台湾，广东，海南；朝鲜，日本，印度，菲律宾，印度尼西亚，澳大利亚，新西兰，埃及，墨西哥。

圈针蓟马属 *Monilothrips* Moulton, 1929

指圈针蓟马 *Monilothrips kempi* Moulton, 1929
分布：云南（昆明），四川，重庆，广西，浙江，台湾；日本，印度，埃及，美国。

蒙蓟马属 *Moundinothrips* Bhatti, 1999

壮蒙蓟马 *Moundinothrips robustus* (Bhatti, 1995)
分布：云南；印度尼西亚。

喙蓟马属 *Mycterothrips* Trybom, 1910

Mycterothrips bicolo Li & Zhang, 2022
分布：云南（曲靖）。

苍山喙蓟马 *Mycterothrips cangshanens* Li & Zhang, 2022
分布：云南（大理）。

井喙蓟马 *Mycterothrips consociatus* Targioni-Tozzetti, 1887
分布：西南地区。

大围山喙蓟马 *Mycterothrips daweishanensi* Li & Zhang, 2022
分布：云南（红河）。

***Mycterothrips fasciatus* Masumoto & Okajima, 2006**
分布：云南（大理、红河），贵州。

豆喙蓟马 *Mycterothrips glycines* Okamoto, 1911
分布：西南地区。

贡山喙蓟马 *Mycterothrips gongshanensis* Li, Li & Zhang, 2017
分布：云南（昆明、保山、临沧、普洱、红河、西双版纳），贵州。

边喙蓟马 *Mycterothrips latus* Bagnall, 1912
分布：云南（西双版纳）。

尼尔吉里喙蓟马 *Mycterothrips nilgiriensis* Ananthakrishnan, 1960
分布：云南（临沧、西双版纳）。

石楠喙蓟马 *Mycterothrips photinia* Li & Zhang, 2022
分布：云南（昆明）。

新绢蓟马属 *Neohydatothrips* John, 1929

杨新绢蓟马 *Neohydatothrips elaeagni* Kudô, 1919
分布：西南地区。

木兰新绢蓟马 *Neohydatothrips magnoliae* Zhang, Xie & Li, 2012
分布：云南，广东，广西。

褐新绢蓟马 *Neohydatothrips plynopygus* Karny, 1925
分布：云南（西双版纳），台湾；新加坡，印度，印度尼西亚，澳大利亚。

萨满新绢蓟马 *Neohydatothrips samayunkur* Kudô, 1995
分布：云南（西双版纳），台湾；日本，澳大利亚，新西兰，非洲，美洲。

蝶新绢蓟马 *Neohydatothrips xestosternitus* Han & Cui, 1991
分布：西南地区。

奥克突蓟马属 *Octothrips* Moulton, 1940

巴氏奥克突蓟马 *Octothrips bhatti* Wilson, 1972
分布：云南（西双版纳），台湾，广东，海南，香港；日本，印度，泰国，菲律宾，马来西亚，新加坡。

齿蓟马属 *Odontothrips* Amyot & Serville, 1843

五毛齿蓟马 *Odontothrips pentatrichopus* Han & Cui, 1992
分布：云南（昆明），四川。

云南齿蓟马 *Odontothrips yunnanens* Xie, Zhang & Mound, 2010
分布：云南（德宏）。

奥匹蓟马属 *Opimothrips* Nonaka & Okajima, 1992

突奥匹蓟马 *Opimothrips tubulatus* Nonaka & Okajima, 1992
分布：云南，海南，台湾；缅甸，印度。

器官蓟马属 *Organothrips* Hood, 1940

长鬃器官蓟马 *Organothrips longisetosus* Zhang & Tong, 1992
分布：云南（西双版纳），广西。

针蓟马属 *Panchaetothrips* Bagnall, 1912

叉缺缨针蓟马 *Panchaetothrips bifurcus* Mirab-balou & Tong, 2016
分布：云南（西双版纳），江西，广东，海南。

印度针蓟马 *Panchaetothrips indicus* Bagnall, 1912
分布：云南（西双版纳），广西，广东，海南；印度。

拟斑蓟马属 *Parabaliothrips* Priesner, 1935

栎拟斑蓟马 *Parabaliothrips coluckus* Kudô, 1997
分布：云南，广东，福建；尼泊尔，马来西亚。

深色拟斑蓟马 *Parabaliothrips grandiceps* Priesner, 1935
分布：云南，台湾。

塔氏拟斑蓟马 *Parabaliothrips takahashii* Priesner, 1935
分布：西南地区。

长胸蓟马属 *Perissothrips* Karny, 1913

微长胸蓟马 *Perissothrips parviceps* Hood, 1919
分布：云南（保山）；印度。

缺缨针蓟马属 *Phibalothrips* Hood, 1918

二色缺缨针蓟马 *Phibalothrips peringueyi* Faure, 1925
分布：云南（保山、西双版纳），河南，陕西，广西，福建，广东，海南，台湾；印度，非洲。

皱纹缺缨针蓟马 *Phibalothrips rugosus* Kudô, 1979
分布：云南（西双版纳）；日本，马来西亚。

伸顶蓟马属 *Plesiothrips* Hood, 1915

淡腹伸顶蓟马 *Plesiothrips perplexus* Beach, 1896
分布：云南（西双版纳）；美国（夏威夷）。

伪棍蓟马属 *Pseudodendrothrips* Schmutz, 1913

巴氏伪棍蓟马 *Pseudodendrothrips bhattii* Kudô, 1984
分布：云南（西双版纳）；日本。

伪棍桑蓟马 *Pseudodendrothrips mori* Niwa, 1908
分布：云南（西双版纳），台湾；朝鲜，欧洲，北美洲。

葛藤伪棍蓟马 *Pseudodendrothrips puerariae* Zhang & Tong, 1990
分布：云南（西双版纳），贵州，广东，海南。

长嘴蓟马属 *Rhamphothrips* Karny, 1913

金长嘴蓟马 *Rhamphothrips aureus* Ananthakrishnan, 1954

分布：云南（西双版纳）；印度。

***Rhamphothrips bruceae* Li & Zhang, 2018**

分布：云南（西双版纳）。

微长嘴蓟马 *Rhamphothrips parviceps* Hood, 1919

分布：云南（保山、西双版纳），海南，广东；印度。

森长嘴蓟马 *Rhamphothrips santokhi* Kulshrestha & Vijay Veer, 1984

分布：云南（西双版纳）；印度。

云南长嘴蓟马 *Rhamphothrips yunnanensi* Li, Liu & Zhang, 2021

分布：云南（西双版纳）。

皱针蓟马属 *Rhipiphorothrips* Morgan, 1913

同色皱针蓟马 *Rhipiphorothrips concoloratus* Zhang & Tong, 1993

分布：云南（西双版纳），海南。

腹突皱针蓟马 *Rhipiphorothrips cruentatus* Hood, 1919

分布：云南（西双版纳），台湾，广东，海南；印度，巴基斯坦，斯里兰卡，南非。

丽色皱针蓟马 *Rhipiphorothrips pulchellus* Morgan, 1913

分布：云南（西双版纳）；斯里兰卡，菲律宾，印度，印度尼西亚。

长吻蓟马属 *Salpingothrips* Hood, 1935

葛藤长吻蓟马 *Salpingothrips aimotofus* Kudô, 1972

分布：云南，台湾，广东，海南；日本，澳大利亚，美国。

豆蔻蓟马属 *Sciothrips* Bhatti, 1970

小豆蔻蓟马 *Sciothrips cardamomi* (Ramakrishna, 1935)

分布：云南，广东，海南；印度，孟加拉国，哥斯达黎加。

硬蓟马属 *Scirtothrips* Shull, 1909

多布硬蓟马 *Scirtothrips dobroskyi* Moulton, 1936

分布：云南（保山）；菲律宾，澳大利亚。

茶黄硬蓟马 *Scirtothrips dorsalis* Hood, 1919

分布：云南（保山，玉溪、普洱、西双版纳），广西，河南，陕西，江苏，安徽，浙江，福建，台湾，广东，海南；日本，巴基斯坦，印度，马来西亚，印度尼西亚，澳大利亚，非洲。

食螨蓟马属 *Scolothrips* Hinds, 1902

缩头食螨蓟马 *Scolothrips asura* Ramakrishna & Margabandhu, 1931

分布：云南（西双版纳、保山），四川，福建，广东，海南，台湾；印度，泰国，澳大利亚，日本。

狂食螨蓟马 *Scolothrips rhagebianus* Priesner, 1950

分布：云南，四川，广西，广东，海南，福建，台湾；印度，澳大利亚，非洲。

塔食螨蓟马 *Scolothrips takahashii* Priesner, 1950

分布：云南（昆明、西双版纳），北京，河北，河南，台湾；美国（夏威夷）。

滑胸针蓟马属 *Selenothrips* Karny, 1911

红带滑胸针蓟马 *Selenothrips rubrocinctus* Giard, 1901

分布：云南（西双版纳），四川，江苏，浙江，福建，湖北，湖南，广西，广东，海南，台湾；斯里兰卡，印度，非洲，南美洲。

绢蓟马属 *Sericothrips* Haliday, 1836

丝毛绢蓟马 *Sericothrips cingulatus* Hinds, 1902

分布：西南地区。

卡绢蓟马 *Sericothrips kaszabi* Pelikan, 1984

分布：云南，四川，西藏，陕西，宁夏，山东，湖南，江西，福建，北京，江苏，内蒙古，河南，河北，浙江；日本。

楔蓟马属 *Smilothrips* Bhatti, 1976

长楔蓟马 *Smilothrips productus* Bhatti, 1976

分布：云南，四川；印度。

毛角蓟马属 *Sorghothrips* Priesner, 1936

梅山蓟马 *Sorghothrips meishanensis* Chen, 1977

分布：云南（玉溪、西双版纳），台湾。

直鬃蓟马属 *Stenchaetothrips* Bagnall, 1926

班洪直鬃蓟马 *Stenchaetothrips banhongensi* Hu & Feng, 2016

分布：云南（西双版纳）。

二色直鬃蓟马 *Stenchaetothrips bicolor* (Ananthakrishnan & Jagadish, 1967)

分布：云南。

稻直鬃蓟马 *Stenchaetothrips biformis* Bagnall, 1913
分布：云南（保山、西双版纳），贵州，四川，辽宁，河北，河南，宁夏，江苏，浙江，湖北，江西，湖南，广西，福建，台湾，广东，海南；日本，泰国，越南，尼泊尔，印度，斯里兰卡，巴基斯坦，孟加拉国，马来西亚，印度尼西亚，菲律宾，欧洲，南美洲。
侧齿直鬃蓟马 *Stenchaetothrips brochus* Wang, 2000
分布：云南（西双版纳），广东，台湾；日本。
柄直鬃蓟马 *Stenchaetothrips caulis* Bhatti, 1982
分布：云南，贵州，四川，广东，海南，台湾；印度，澳大利亚，新西兰。
香茅直鬃蓟马 *Stenchaetothrips cymbopogoni* Zhang & Tong, 1990
分布：云南（西双版纳）；美国（夏威夷）。
褐直鬃蓟马 *Stenchaetothrips fuscus* Moulton, 1936
分布：云南，台湾，广东，海南；菲律宾。
微直鬃蓟马 *Stenchaetothrips minutus* Deventer, 1906
分布：云南（西双版纳）；印度尼西亚，美国（夏威夷）。
暗直鬃蓟马 *Stenchaetothrips tenebricus* Ananthakrishnan & Jagadish, 1968
分布：云南，陕西，浙江，广西，福建，台湾，广东，海南；印度。

带蓟马属 *Taeniothrips* Amyot & Serville, 1843

窄腺带蓟马 *Taeniothrips angustiglandus* Han & Cui, 1992
分布：云南（迪庆）。
大带蓟马 *Taeniothrips major* Bagnall, 1916
分布：西南地区。
蕉带蓟马 *Taeniothrips musae* Zhang & Tong, 1990
分布：云南（西双版纳），江西，广东，海南。

Tameothrips Bhatti, 1978

***Tameothrips arundo* Tyagi, Kumar & Chauhan, 2015**
分布：云南（西双版纳）；印度。

梯背蓟马属 *Tenothrips* Bhatti, 1967

蒲公英梯背蓟马 *Tenothrips frici* Uzel, 1895
分布：云南，浙江，陕西，宁夏；美洲，欧洲，大洋洲。

蓟马属 *Thrips* Linnaeus, 1758

翅蓟马 *Thrips alatus* Bhatti, 1980
分布：西南地区。
淡蓟马 *Thrips alius* Palmer, 1992
分布：云南，宁夏，广西，广东，海南；菲律宾。
葱韭蓟马 *Thrips alliorum* Priesner, 1935
分布：云南（玉溪）。
杜鹃蓟马 *Thrips andrewsi* Bagnall, 1921
分布：云南（昆明、保山、临沧、红河、西双版纳），贵州，四川，河南，陕西，江苏，浙江，湖北，湖南，广西，广东，海南；日本，印度。
***Thrips atactus* Bhatti, 1967**
分布：云南（西双版纳）；印度。
南方蓟马 *Thrips australis* Bagnall, 1915
分布：云南（西双版纳）；澳大利亚。
短角蓟马 *Thrips brevicornis* Priesner, 1920
分布：云南（迪庆、保山），四川，广西，山东，河南，陕西，甘肃；蒙古国，俄罗斯（远东地区），欧洲。
色蓟马 *Thrips coloratus* Schmutz, 1913
分布：云南（昆明、玉溪、保山、西双版纳），贵州，四川，广西，河南，陕西，浙江，湖北，江西，湖南，台湾，广东，海南；朝鲜，日本，巴基斯坦，印度，尼泊尔，斯里兰卡，印度尼西亚，巴布亚新几内亚，澳大利亚。
麦蓟马 *Thrips flavidulus* Bagnall, 1923
分布：云南（昆明、玉溪、文山、保山、丽江、红河、普洱、西双版纳），贵州，四川，西藏，广西，辽宁，河北，山东，河南，陕西，宁夏，甘肃，江苏，浙江，湖北，江西，湖南，福建，台湾，广东，海南；朝鲜，日本，印度，尼泊尔，斯里兰卡，东南亚。
黄蓟马 *Thrips flavus* Schrank, 1776
分布：云南（西双版纳），贵州，广西，河北，河南，陕西，江苏，浙江，湖北，湖南，福建，台湾，广东，海南；朝鲜，日本；欧洲，北美洲，非洲。
黄胸蓟马 *Thrips hawaiiensis* Morgan, 1913
分布：云南（昆明、普洱、大理、保山、西双版纳），四川，西藏，广西，河南，陕西，甘肃，江苏，浙江，湖北，湖南，台湾，广东，海南；朝鲜，日本，印度，斯里兰卡，菲律宾，印度尼西亚，美国（夏威夷），新西兰，英国，澳大利亚。

喜马拉雅蓟马 *Thrips himalayanus* Pelikan, 1970

分布：云南（迪庆），四川，西藏；尼泊尔，印度。

八节黄蓟马 *Thrips lavidalus* Bagnall, 1923

分布：云南（保山、怒江），贵州，四川，西藏，辽宁，河北，河南，江苏，浙江，江西，湖北，湖南，广西，福建，台湾，广东；朝鲜，日本，尼泊尔，印度，斯里兰卡，东南亚。

暗足蓟马 *Thrips obscuripes* Priesner, 1934

分布：云南（怒江、曲靖、丽江），贵州，四川，广西；印度尼西亚。

东方蓟马 *Thrips orientalis* Bagnall, 1915

分布：云南（西双版纳），广西，福建，台湾，广东，海南；印度，泰国，菲律宾，日本，马来西亚，印度尼西亚，美国。

棕榈蓟马 *Thrips palmi* Karny, 1925

分布：云南（昆明、保山、玉溪、迪庆、大理、西双版纳），四川，西藏，广西，浙江，湖北，湖南，台湾，广东，海南，香港；日本，印度，泰国，菲律宾，新加坡，印度尼西亚。

微刺蓟马 *Thrips parvispinus* Karny, 1922

分布：云南，台湾，广东；泰国，马来西亚，新加坡，印度尼西亚，菲律宾，澳大利亚。

横腺蓟马 *Thrips subnudula* Karny, 1926

分布：云南（西双版纳）；印度，巴基斯坦，菲律宾，马来西亚，澳大利亚，中东，非洲。

烟蓟马 *Thrips tabaci* Lindeman, 1889

分布：云南（昆明、大理、保山、西双版纳），贵州，四川，广西，吉林，辽宁，内蒙古，河北，山西，山东，河南，陕西，宁夏，甘肃，新疆，江苏，湖北，湖南，台湾，广东，海南；新西兰，澳大利亚，欧洲，北美洲。

台湾蓟马 *Thrips taiwanus* Takahashi, 1936

分布：云南（西双版纳），台湾；泰国，菲律宾，澳大利亚。

粗蓟马属 *Trachynotothrips* Masumoto & Okajima, 2005

短棘粗蓟马 *Trachynotothrips brevispinis* Masumoto & Okajima, 2005

分布：云南（文山），海南；泰国。

纹粗蓟马 *Trachynotothrips striatus* Masumoto & Okajima, 2005

分布：云南（西双版纳），海南；越南，印度。

异色蓟马属 *Trichromothrips* Priesner, 1930

白异色蓟马 *Trichromothrips albus* Bhatti, 1978

分布：西南地区。

爱丽丝异色蓟马 *Trichromothrips alis* Bhatti, 1967

分布：云南（西双版纳）；印度。

五月茶异色蓟马 *Trichromothrips antidesmae* Li, Li & Zhang, 2019

分布：云南（西双版纳）。

阿萨姆异色蓟马 *Trichromothrips assamensis* Tyagi & Kumar, 2017

分布：云南（西双版纳）；印度。

卷异色蓟马 *Trichromothrips crispator* Karny, 1915

分布：云南（西双版纳），贵州；印度尼西亚。

镰异色蓟马 *Trichromothrips falcus* Bhatti, 1967

分布：云南（西双版纳）；印度。

福异色蓟马 *Trichromothrips formosus* Masumoto & Okajima, 2005

分布：云南（西双版纳），台湾。

易脆异色蓟马 *Trichromothrips fragilis* Masumoto & Okajima, 2005

分布：云南（红河）。

贵州异色蓟马 *Trichromothrips guizhouensis* Li, Li & Zhang, 2019

分布：云南（西双版纳），贵州。

印度异色蓟马 *Trichromothrips indicus* Bhatti, 1978

分布：云南（西双版纳）；印度。

蒙氏异色蓟马 *Trichromothrips moundi* Li, Li & Zhang, 2019

分布：西南地区。

台湾异色蓟马 *Trichromothrips taiwanus* Masumoto & Okajima, 2005

分布：云南，湖南，台湾，海南；日本。

三带异色蓟马 *Trichromothrips trifasciatus* Priesner, 1936

分布：云南（西双版纳）；印度尼西亚。

黄异色蓟马 *Trichromothrips xanthius* Williams, 1917

分布：云南，广西，台湾，广东，海南；朝鲜，日本，西班牙，美国，巴西。

尾突蓟马属 *Tusothrips* Bhatti, 1967

金尾突蓟马 *Tusothrips aureus* Moulton, 1936

分布：云南（保山），广东，海南；菲律宾，印度。

无斑尾突蓟马 *Tusothrips immaculatus* Reyes, 1994
分布：云南（西双版纳）；菲律宾。
苏门答腊尾突蓟马 *Tusothrips sumatrensis* Karny, 1925
分布：云南（保山），湖南，广东，海南；日本，印度，菲律宾，印度尼西亚。

普通蓟马属 *Vulgatothrips* Han, 1997

菝葜普通蓟马 *Vulgatothrips smilax* Bhatti, 1976
分布：云南；尼泊尔，印度。

Yaobinthrips Zhang, Mound & Xie, 2010

***Yaobinthrips yangtzei* Zhang, Mound & Xie, 2010**
分布：云南（楚雄），四川。

吉野蓟马属 *Yoshinothrips* Kudô, 1985

大主吉野蓟马 *Yoshinothrips pasekamui* Kudô, 1985
分布：云南（昆明、西双版纳），上海，福建，广东；日本。

胸鬃针蓟马属 *Zaniothrips* Bhatti, 1967

蓖麻胸鬃针蓟马 *Zaniothrips ricini* Bhatti, 1967
分布：云南（西双版纳）；印度。

同翅目 Homoptera

斑蚜科 Drepanosiphidae

黑斑蚜属 *Chromaphis* Walker, 1870

核桃多毛黑斑蚜 *Chromaphis hirsutustibis* Kumar & Lavigne, 1970
分布：云南（丽江），甘肃；尼泊尔，印度。

楠叶蚜属 *Machilaphis* Takahashi, 1960

楠叶蚜 *Machilaphis machili* (Takahashi, 1928)
分布：云南（昆明），四川，浙江，台湾；日本。

全斑蚜属 *Panaphis* Kirkaldy, 1904

尼泊尔全斑蚜指名亚种 *Panaphis nepalensis nepalensis* (Quednau, 1973)
分布：云南（丽江），西藏；尼泊尔。
尼泊尔全斑蚜云龙亚种 *Panaphis nepalensis yunlongensis* (Zhang, 1985)
分布：云南（大理）。

绵叶蚜属 *Shivaphis* Das, 1918

朴绵叶蚜 *Shivaphis celti* Das, 1918
分布：云南（昆明、丽江、西双版纳），贵州，四川，广西，北京，辽宁，河北，上海，江苏，浙江，福建，山东，广东，台湾；日本，朝鲜，印度，斯里兰卡。

凸唇斑蚜属 *Takecallis* Matsumura, 1917

竹纵斑蚜 *Takecallis arundinariae* (Essig, 1917)
分布：云南（昆明、丽江），四川，河北，浙江，福建，江西，北京，山东，湖北，湖南，甘肃，台湾；日本，朝鲜，欧洲，北美洲。
竹梢凸唇斑蚜 *Takecallis taiwanus* (Takahashi, 1926)
分布：云南（丽江），四川，上海，江苏，浙江，山东，陕西，台湾；日本，新西兰，欧洲，北美洲。

陶斑蚜属 *Taoia* Quednau, 1973

桤木陶斑蚜 *Taoia indica* (Ghosh & Raychaudhuri, 1972)
分布：云南（昆明），西藏；尼泊尔，日本。

彩斑蚜属 *Therioaphis* Walker, 1870

三叶草彩斑蚜 *Therioaphis trifolii* (Monell, 1882)
分布：云南（昆明、大理），北京，辽宁，吉林，江苏，山东，山西，河南，陕西，甘肃，新疆；印度，中亚，东，俄罗斯（远东地区、西伯利亚），欧洲，非洲，美洲，大洋洲。

侧棘斑蚜属 *Tuberculatus* Mordvilko, 1894

钉侧棘斑蚜 *Tuberculatus capitatus* (Essig & Kuwana, 1918)
分布：云南（昆明），四川，北京，辽宁，江苏，山东，台湾；日本，朝鲜半岛。
栗斑蚜 *Tuberculatus castanocallis* (Zhang & Zhong, 1981)
分布：云南（玉溪），辽宁，河北，山东，浙江，湖南，广西。
缘瘤栗斑蚜 *Tuberculatus margituberculatus* (Zhang & Zhong, 1981)
分布：云南（玉溪），广西，北京，河北，福建，江西，浙江，山东，湖南，陕西。

扁蚜科 Hormaphididae

粉虱蚜属 *Aleurodaphis* van der Goot, 1917

艾纳香粉虱蚜 *Aleurodaphis blumeae* van der Goot, 1917
分布：云南（昆明），贵州，四川，山东，浙江，江西，湖南，广西，台湾；韩国，日本，菲律宾，马来西亚，印度尼西亚。

米甘草粉虱蚜 *Aleurodaphis mikaniae* Takahashi, 1925

分布：云南（昆明），贵州，四川，陕西，湖南，台湾；日本。

舞蚜属 *Astegopteryx* Karsch, 1890

居竹舞蚜 *Astegopteryx bambusifoliae* (Takahashi, 1921)

分布：云南（昆明、怒江），台湾；越南。

台湾舞蚜 *Astegopteryx formosana* (Takahashi, 1924)

分布：云南（西双版纳），台湾，广东；印度尼西亚。

小舞蚜 *Astegopteryx minuta* (van der Goot, 1917)

分布：云南（昆明、昭通、普洱），四川，台湾，福建，广东；日本，印度尼西亚。

坚蚜属 *Cerataphis* Lichtenstein, 1882

居竹坚蚜 *Cerataphis bambusifoliae* Takahashi, 1925

分布：云南，四川，湖北，福建，台湾；日本。

坚角蚜属 *Ceratoglyphina* van der Goot, 1917

杨坚角蚜 *Ceratoglyphina populisucta* Zhang & Zhong, 1985

分布：云南（昆明、丽江），山东。

粉角蚜属 *Ceratovacuna* Zehntner, 1897

白茅粉角蚜 *Ceratovacuna imperata* Qiao, 2015

分布：云南（普洱），西藏。

甘蔗粉角蚜 *Ceratovacuna lanigera* Zehntner, 1897

分布：云南（德宏、怒江），贵州，四川，西藏，广西，河北，江苏，安徽，江西，福建，台湾，广东，海南；日本，印度，泰国，尼泊尔，孟加拉国，越南，菲律宾，印度尼西亚，斐济。

林栖粉角蚜 *Ceratovacuna silvestrii* (Takahashi, 1927)

分布：云南（西双版纳），贵州，四川，浙江，陕西，湖北，福建，台湾；印度。

琉球粉角蚜 *Ceratovacuna uscare* (Tao, 1964)

分布：云南（普洱）。

毛角蚜属 *Chaitoregma* Hille Ris Lambers & Basu, 1966

塔毛角蚜 *Chaitoregma tattakana* (Takahashi, 1925)

分布：云南，贵州，四川，陕西，湖北，湖南，台湾；印度。

一条角蚜属 *Doraphis* Matsumura & Hori, 1929

杨一条角蚜 *Doraphis populi* (Maskell, 1898)

分布：云南（昆明、丽江、大理），四川，河北；韩国，日本，印度。

真胸蚜属 *Euthoracaphis* Takahashi, 1938

异毛真胸蚜 *Euthoracaphis heterotricha* Ghosh & Raychaudhuri, 1973

分布：云南；印度，印度尼西亚。

寡毛真胸蚜 *Euthoracaphis oligostricha* Chen, Fang & Qiao, 2009

分布：云南（昆明）。

后扁蚜属 *Metanipponaphis* Takahashi, 1959

大颗瘤后扁蚜 *Metanipponaphis cuspidatae* (Essig & Kuwana, 1918)

分布：云南（昆明），四川，福建，台湾。

新扁蚜属 *Neohormaphis* Noordam, 1991

食栎新扁蚜 *Neohormaphis quercisucta* (Qiao, Guo & Zhang, 2005)

分布：云南（昆明）。

新胸蚜属 *Neothoracaphis* Takahashi, 1958

狭长新胸蚜 *Neothoracaphis elongata* (Takahashi, 1958)

分布：云南（昆明）；日本。

居栎新胸蚜 *Neothoracaphis quercicola* (Takahashi, 1921)

分布：云南（昆明、德宏），广西，湖北，台湾。

佳阳新胸蚜 *Neothoracaphis saramaoensis* (Takahashi, 1935)

分布：云南（普洱），台湾；日本。

蚊母新胸蚜 *Neothoracaphis yanonis* (Matsumura, 1917)

分布：云南（普洱、昆明），江苏，上海，浙江，湖南，台湾；朝鲜，日本。

副胸蚜属 *Parathoracaphis* Takahashi, 1958

粗毛副胸蚜 *Parathoracaphis setigera* (Takahashi, 1932)

分布：云南（昆明），四川，台湾；日本。

***Parathoracaphis spinapilosa* Chen, Jiang & Qiao, 2016**

分布：云南（昆明），福建。

伪角蚜属 Pseudoregma Doncaster, 1966

爱伪角蚜 *Pseudoregma alexanderi* (Takahashi, 1924)

分布：云南（大理、普洱），贵州，四川，广西，湖南，福建，台湾；印度尼西亚，尼泊尔。

居竹伪角蚜 *Pseudoregma bambusicola* (Takahashi, 1921)

分布：云南（红河、保山、大理、玉溪、西双版纳），四川，西藏，广西，浙江，江西，福建，台湾，广东，香港；日本，印度尼西亚。

禾伪角蚜 *Pseudoregma panicola* (Takahashi, 1921)

分布：云南（西双版纳），湖南，福建，台湾，香港，广西；日本，印度，澳大利亚，新西兰，非洲，美洲。

管扁蚜属 Tuberaphis Takahashi, 1933

和田氏管扁蚜 *Tuberaphis owadai* Kurosu & Aoki, 2003

分布：云南（红河）；越南。

槲寄生管扁蚜 *Tuberaphis viscisucta* (Zhang, 1985)

分布：云南（昆明）。

纩蚜科 Mindaridae

纩蚜属 Mindarus Koch, 1856

冷杉纩蚜 *Mindarus abietinus* Koch, 1857

分布：云南（丽江）。

油杉纩蚜 *Mindarus keteleerifoliae* Zhang, 1984

分布：云南（昆明）。

云杉纩蚜 *Mindarus piceasuctus* Zhang & Qiao, 1997

分布：云南（昆明），四川，辽宁。

蚜科 Aphididae

无网长管蚜属 Acyrthosiphon Mordvilko, 1914

棉长管蚜 *Acyrthosiphon gossypii* Mordvilko, 1914

分布：云南（昆明），新疆；印度，俄罗斯（远东地区），中东，非洲。

苜蓿无网蚜 *Acyrthosiphon kondoi* Shinji, 1938

分布：云南（丽江），东北；日本，大洋洲。

猫眼无网蚜 *Acyrthosiphon pareuphorbiae* Zhang, 1980

分布：云南（昆明）。

豌豆蚜 *Acyrthosiphon pisum* (Harris, 1776)

分布：云南（丽江）。

忍冬圆尾蚜属 Amphicercidus Oestlund, 1923

连翘忍冬圆尾蚜 *Amphicercidus forsythiae* Zhang, Zhong & Zhang, 1992

分布：云南（丽江）。

中华忍冬圆尾蚜 *Amphicercidus sinilonicericola* Zhang, 1980

分布：云南，山东。

蚜属 Aphis Linnaeus, 1758

橘二叉声蚜 *Aphis aurantii aurantii* Boyer de Fonscolombe, 1841

分布：云南（昆明、昭通、普洱、西双版纳、楚雄、大理、德宏、保山），广西，山东，江苏，浙江，台湾，广东；非洲，欧洲，大洋洲，美洲。

金丝梅蚜 *Aphis chloris* Koch, 1853

分布：云南（昆明）；欧洲。

褐橘声蚜 *Aphis citricidus* (Kirkaldy, 1907)

分布：云南（昆明、西双版纳），四川，山东，江苏，浙江，湖南，福建，台湾，广东；朝鲜，越南，日本，印度，印度尼西亚，美国（夏威夷），菲律宾，非洲，南美洲。

豆蚜 *Aphis cracciivora* Koch, 1854

分布：全国广布；欧洲，北美洲。

卫矛蚜 *Aphis fabae evonymi* Fabricius, 1775

分布：云南（丽江），北京；欧洲。

大豆蚜 *Aphis glycines* Matsumura, 1917

分布：云南（昆明），东北，华北，华东，华南，宁夏；朝鲜，日本，泰国，马来西亚。

棉蚜 *Aphis gossypii* Glover, 1877

分布：云南（曲靖、迪庆）。

东亚接骨木蚜 *Aphis horii* Takahashi, 1923

分布：云南（昆明），北京；日本。

草莓蚜 *Aphis ichigocola* Shinji, 1924

分布：云南（昆明）；日本。

夹竹桃蚜 *Aphis nerii* Boyer de Fonscolombe, 1841

分布：云南（昆明），广西，上海，江苏，浙江，台湾，广东；朝鲜，印度，印度尼西亚，非洲，欧洲，美洲。

杧果蚜 *Aphis odinae* (van der Goot, 1917)

分布：云南（昆明、玉溪、昭通、西双版纳、大理、德宏），北京，山东，江苏，浙江，江西，福建，台湾，广东，湖南，河南；朝鲜，日本，印度，印度尼西亚。

苹蚜 *Aphis pomi* Vallot, 1802

分布：云南（昆明）。

罗格蚜 *Aphis rogeri* Qiao, 2022

分布：云南（玉溪、保山、德宏、西双版纳），西藏，广西。

酸模蚜 *Aphis rumicis* Linnaeus, 1758

分布：云南（丽江），吉林，山东，江苏，浙江，台湾；亚洲，非洲，欧洲，美洲。

菊苣蚜 *Aphis serissae* Shinji, 1922

分布：云南（昆明）；日本。

绣线菊蚜 *Aphis spiraecola* Patch, 1914

分布：云南（昆明、楚雄、大理、丽江），北京，河北，内蒙古，山东，浙江，台湾，河南；朝鲜，日本，美洲。

盾疣蚜属 *Aspidophorodon* Verma, 1967

长缘盾疣蚜 *Aspidophorodon longituberculatum* (Zhang, Zhong & Zhang, 1992)

分布：云南（丽江）。

沟无网长管蚜属 *Aulacorthum* Mordvilko, 1914

木兰沟无网蚜 *Aulacorthum magnoliae* (Easig & Kuwana, 1918)

分布：云南（昆明），东北；朝鲜，日本，印度。

鸡矢藤无网蚜 *Aulacorthum myriopteroni* (Zhang, 1980)

分布：云南（西双版纳）。

猫眼无网蚜 *Aulacorthum pareuphorbiae* (Zhang & Zhong, 1980)

分布：云南（昆明）。

茜草沟无网蚜 *Aulacorthum rubifoliae* (Shinji, 1922)

分布：云南（丽江）；日本。

茄无网蚜 *Aulacorthum solani* (Kaltenbach, 1843)

分布：云南（曲靖、丽江），浙江；日本，大洋洲，北美洲。

角瘿绵蚜属 *Baizongia* Rondani, 1848

黄连木角瘿绵蚜 *Baizongia pistaciae* (Linnaeus, 1767)

分布：云南（大理），四川，台湾，广东；印度，巴基斯坦，中东，北非，欧洲。

云龙角瘿绵蚜 *Baizongia yunlongensis* Zhang & Zhong, 1985

分布：云南（大理）。

短尾蚜属 *Brachycaudus* van der Goot, 1913

酸模短尾蚜 *Brachycaudus rumicicolens* (Patch, 1917)

分布：云南（昆明）。

短棒蚜属 *Brevicoryne* Das, 1915

甘蓝蚜 *Brevicoryne brassicae* (Linnaeus, 1758)

分布：云南（昆明、玉溪、文山、曲靖、迪庆、丽江），吉林，辽宁，内蒙古，宁夏，河北，新疆，湖北，台湾；朝鲜，日本，中东，欧洲，大洋洲，美洲。

二尾蚜属 *Cavariella* Del Guercio, 1911

埃二尾蚜 *Cavariella aegopodii* (Seopoli, 1939)

分布：云南（丽江）；日本，欧洲，非洲，大洋洲，美洲。

楤木二尾蚜 *Cavariella araliae* Takahashi, 1921

分布：云南（昆明），河南，江苏，浙江，台湾，广东；朝鲜，日本。

康二尾蚜 *Cavariella konoi* Takahashi, 1939

分布：云南（大理）；日本，欧洲，北美洲。

柳二尾蚜 *Cavariella salicicola* (Matsumura, 1917)

分布：云南（昆明、大理、丽江），北京，吉林，辽宁，河北，山东，河南，宁夏，江苏，浙江，江西，台湾，广东；朝鲜，日本。

钉毛蚜属 *Capitophorus* van der Goot, 1911

菊钉毛蚜 *Capitophorus formosartemisiae* (Takahashi, 1921)

分布：云南（昆明），四川，台湾；朝鲜，日本。

类钉毛蚜 *Capitophorus similis* van der Goot, 1915

分布：云南（昆明）；中亚，欧洲。

毛根蚜属 *Chaetogeoica* Remaudiere & Tao, 1957

梳齿毛根蚜 *Chaetogeoica foliodentata* (Tao, 1947)

分布：云南（大理），四川，山东，江苏，江西，浙江。

卡蚜属 *Coloradoa* Wilson, 1910

蒿卡蚜 *Coloradoa artemisicola* Takahashi, 1965

分布：云南（丽江），山东；日本。

隐管蚜属 *Cryptosiphum* Buckton, 1879

艾隐管蚜 *Cryptosiphum artemisiae* Buckton, 1879

分布：云南（丽江）；朝鲜，日本，欧洲。

西圆尾蚜属 *Dysaphis* Börner, 1931

峨参西圆尾蚜 *Dysaphis anthrisci* Börner, 1950
分布：云南（丽江）；欧洲。

三堡瘿绵蚜属 *Epipemphigus* Hille Ris Lambers, 1966

滇叶三堡瘿绵蚜 *Epipemphigus yunnanensis* (Zhang & Zhong, 1979)
分布：云南（昆明、红河、大理、丽江），贵州。

杜鹃蚜属 *Ericolophium* Tao, 1963

高山石杜鹃蚜 *Ericolophium alpiginae* Zhang, Zhong & Zhang, 1992
分布：云南（丽江）。

绵蚜属 *Eriosoma* Leach, 1818

苹果绵蚜 *Eriosoma lanigerum* (Hausmann, 1802)
分布：云南（昆明、楚雄），西藏，辽宁，山东；北美洲。

根蚜属 *Forda* von Heyden, 1837

西昌卷根蚜 *Forda sichangensis* Remaudière & Tao, 1957
分布：云南（丽江），四川。

藜蚜属 *Hayhurstia* del Guercio, 1917

藜蚜 *Hayhurstia atriplicis* (Linnaeus, 1761)
分布：云南，北京，河北，辽宁，山东，河南，台湾，广东；亚洲，欧洲，北美洲。

大尾蚜属 *Hyalopterus* Koch, 1854

桃粉大尾蚜 *Hyalopterus amygdali* (Blanchard, 1840)
分布：云南（昆明、普洱、西双版纳、大理、丽江），华北，东北，华东；欧洲。

桃大尾蚜 *Hyalopterus arundinis* (Fabricius, 1775)
分布：云南（昆明）。

李大尾蚜 *Hyalopterus pruni* (Geoffroy, 1762)
分布：世界广布。

超瘤蚜属 *Hyperomyzus* Börner, 1933

玉龙山超瘤蚜 *Hyperomyzus yulongshanensis* Zhang, Zhong & Zhang, 1992
分布：云南（丽江）。

一点红蚜属 *Ipuka* van Harten & Ilharco, 1976

扩散一点红蚜 *Ipuka dispersum* (van der Goot, 1917)
分布：云南（普洱）。

铁倍蚜属 *Kaburagia* Takagi, 1937

肚倍蚜枣铁亚种 *Kaburagia rhusicola ensigallis* (Tsai et Tang, 1945)
分布：云南，贵州，四川，陕西，湖北，湖南。

肚倍蚜蛋肚亚种 *Kaburagia rhusicola ovatirhusicola* Xiang, 1980
分布：云南（昆明），陕西，湖北。

肚倍蚜蛋铁亚种 *Kaburagia rhusicola ovogallis* (Tsai & Tang, 1945)
分布：云南，贵州，四川，陕西，湖北，湖南。

刻蚜属 *Kurisakia* Takahashi, 1924

枫栎刻蚜 *Kurisakia onigurumi* (Shinji, 1923)
分布：云南（昆明），北京，山东，江苏，湖北；朝鲜，日本。

麻栎刻蚜 *Kurisakia querciphila* Takahashi, 1960
分布：云南（昆明），辽宁，山东，江苏，浙江；朝鲜，日本。

铁刀木刻蚜 *Kurisakia yunnanensis* Zhang, 1979
分布：云南（西双版纳）。

苞蚜属 *Liosomaphis* Walker, 1868

喜马拉雅苞蚜 *Liosomaphis himalayensis* Basu, 1964
分布：云南（昆明、丽江）；尼泊尔，印度。

杜鹃苞蚜 *Liosomaphis rhododendrophila* Zhang, Zhong & Zhang, 1992
分布：云南（丽江）。

十蚜属 *Lipaphis* Mordvilko, 1928

萝卜蚜 *Lipaphis erysimi* (Kaltenbach, 1843)
分布：云南，四川，北京，辽宁，内蒙古，河北，山东，河南，宁夏，甘肃，上海，江苏，浙江，湖南，台湾，福建，广东；朝鲜，日本，印度尼西亚，印度，中东，非洲，北美洲。

小长管蚜属 *Macrosiphoniella* DelGuercio, 1911

大尾小长管蚜 *Macrosiphoniella grandicauda* Takahashi & Kuwana, 1963
分布：云南（丽江）；朝鲜，日本，印度。

北海道小长管蚜 *Macrosiphoniella hokkaidensis* Miyazaki, 1971
分布：云南（昆明），河南；日本。

丽江小长管蚜 *Macrosiphoniella lijiangensis* Zhang, Zhong & Zhang, 1992
分布：云南（丽江）。

伪蒿小长管蚜 *Macrosiphoniella pseudoartemisiae* Shinji, 1933
分布：云南（丽江），四川，山东；朝鲜，日本。
裸小长管蚜 *Macrosiphoniella sensorinuda* Zhang, Zhong & Zhang, 1992
分布：云南（丽江）。

长管蚜属 *Macrosiphum* Passerini, 1860

铁线莲长管蚜 *Macrosiphum clematifoliae* Shinji, 1924
分布：云南（丽江），浙江，台湾；日本。
大戟长管蚜 *Macrosiphum euphorbiae* (Thomas, 1878)
分布：云南（昆明）。

修尾蚜属 *Megoura* Buckton, 1876

豌豆修尾蚜 *Megoura crassicauda* Mordvilko, 1919
分布：云南（昆明），北京，吉林，辽宁，内蒙古，台湾；朝鲜，日本。

色蚜属 *Melanaphis* van der Goot, 1917

竹色蚜 *Melanaphis bambusae* (Fullaway, 1910)
分布：云南（昆明、大理），浙江，湖南，广东，台湾；朝鲜，日本，马来西亚，印度尼西亚，美国（夏威夷），埃及，高加索，大洋洲。
粗管小竹色蚜 *Melanaphis meghalayensis* Raychaudhuri & Banerjee, 1974
分布：云南（丽江）；印度。
高粱蚜 *Melanaphis sacchari* (Zehntner, 1897)
分布：云南，东北，华北，华东，华中，华南；朝鲜，日本，印度，印度尼西亚。

中斑蚜属 *Mesocallis* Matsumura, 1919

云南榛翅斑蚜 *Mesocallis yunnanensis* (Zhang, 1985)
分布：云南（丽江）；印度。

米无网蚜属 *Metopolophium* Mordvilko, 1914

麦无网长管蚜 *Metopolophium dirhodum* (Walker, 1849)
分布：云南（昆明、丽江），北京，河北，河南，宁夏，西藏；亚洲，欧洲。

小无网蚜属 *Microlophium* Mordvilko, 1914

荨麻小无网蚜 *Microlophium carnosum* (Buckton, 1976)。
分布：云南（昆明、丽江），四川；日本，欧洲，北美洲。

小瘤蚜属 *Micromyzodium* David, 1958

日本肖小瘤蚜 *Micromyzodium nipponicum* (Moritsu, 1949)
分布：云南（保山）；日本。

冠蚜属 *Myzaphis* van der Goot, 1913

月季冠蚜 *Myzaphis rosarum* (Kaltenbach, 1843)
分布：云南（昆明、丽江）；日本，新西兰，欧洲，北美洲。

瘤蚜属 *Myzus* Passerini, 1860

荨麻瘤蚜 *Myzus dycei* Carver, 1961
分布：云南（昆明、丽江）；日本，尼泊尔，大洋洲。
苹果瘤蚜 *Myzus malisactus* Matsumura, 1918
分布：云南（昆明），华北，东北，华中；朝鲜，日本。
桃蚜 *Myzus persicae* (Sulzer, 1776)
分布：云南（昆明、丽江、曲靖、迪庆）。
冷水花瘤蚜 *Myzus pileae* Takahashi, 1965
分布：云南（昆明）；日本。
黄药子瘤蚜 *Myzus varians* Davidson, 1912
分布：云南（昆明），浙江，山东，台湾；朝鲜，日本，欧洲，北美洲。

名根蚜属 *Namaforda* Zhang, 1997

西昌名根蚜 *Namaforda marginaia* (Tao, 1947)
分布：云南（大理），四川。

新无网蚜属 *Neoacyrthosiphon* Tao, 1963

黑斑新无网蚜 *Neoacyrthosiphon nigripunctatum* Zhang, Zhong & Zhang, 1992
分布：云南（丽江）。
直管新无网蚜 *Neoacyrthosiphon rectisiphon* Zhang, Zhong & Zhang, 1992
分布：云南（丽江）。
台黑山新无网蚜 *Neoacyrthosiphon taiheishanum* (Takahashi, 1935)
分布：云南（丽江），台湾。

新缢瘤蚜属 *Neorhopalomyzus* Tao, 1963

忍冬新缢瘤蚜 *Neorhopalomyzus lonicericola* (Takahashi, 1921)
分布：云南（昆明），江苏；日本。

吸忍冬新缢瘤蚜 *Neorhopalomyzus lonicerisuctus* Zhang, Zhong & Zhang, 1992
分布：云南（丽江）。

新弓蚜属 *Neotoxoptera* Theobald, 1915

葱蚜 *Neotoxoptera formosana* (Takahashi, 1921)
分布：云南（昆明），四川，北京，台湾；日本。

Nigritergaphis Zhang, Lou & Qiao, 2013

***Nigritergaphis crassisetosa* Zhang, Lou & Qiao, 2013**
分布：云南（昆明）。

圆角倍蚜属 *Nurudea* Matsumura, 1917

倍花蚜 *Nurudea shiraii* Matsumura, 1917
分布：云南，贵州，四川，广西，陕西，浙江，湖北，湖南，台湾；日本。

瘤圆蚜属 *Ovatomyzus* Hille Ris Lambers, 1947

苹果瘤圆蚜 *Ovatomyzus melisuctus* (Shinji & Kondo, 1938)
分布：云南（昆明）。

圆瘤蚜属 *Ovatus* van der Goot, 1913

山楂圆瘤蚜 *Ovatus crataegarius* (Walker, 1850)
分布：云南（昆明、丽江），北京，河北，辽宁，江苏，浙江，台湾；朝鲜，日本，印度，欧洲，北美洲。

粗毛绵蚜属 *Pachypappa* Koch, 1856

杨粗毛绵蚜 *Pachypappa populi* (Linnaeus, 1758)
分布：云南（丽江）；欧洲，俄罗斯（远东地区）。

山杨多毛绵蚜 *Pachypappa tramulae* (Linnaeus, 1761)
分布：云南（丽江）；俄罗斯（西伯利亚），欧洲，北美洲。

山杨粗毛绵蚜 *Pachypappa tremulae* (Linnaeus, 1761)
分布：云南（丽江），西藏；俄罗斯（远东地区），欧洲，北美洲。

瘿绵蚜属 *Pemphigus* Hartig, 1839

远东枝瘿绵蚜 *Pemphigus borealis* Tullgren, 1909
分布：云南（昆明），北京，黑龙江，吉林，辽宁，新疆；欧洲，北美洲。

环瘿绵蚜 *Pemphigus circellatus* Zhang & Zhong, 1985
分布：云南（丽江），山东。

杨柄叶瘿绵蚜 *Pemphigus matsumurai* Monzen, 1919
分布：云南（昆明、丽江），贵州，西藏，北京，黑龙江，辽宁，吉林，内蒙古，宁夏；日本。

柄脉叶瘿绵蚜 *Pemphigus sinobursarius* Zhang, 1979
分布：云南（昆明），黑龙江，辽宁，内蒙古，宁夏。

滇枝瘿绵蚜 *Pemphigus yangcola* Zhang, 1979
分布：云南（昆明、楚雄、大理、红河）。

交脉蚜属 *Pentalonia* Coquerel, 1859

香蕉交脉蚜 *Pentalonia nigronervosa* Coquerel, 1859
分布：云南，福建，台湾，广东；北美洲，欧洲。

卷粉毛蚜属 *Plocamaphis* Oestlund, 1923

蜡卷粉毛蚜 *Plocamaphis flocculosa* (Weed, 1891)
分布：云南（丽江）；欧洲，北美洲。

卷叶绵蚜属 *Prociphilus* Koch, 1857

梨卷叶绵蚜 *Prociphilus kuwanai* Monzen, 1927
分布：云南（丽江），四川，辽宁，山西；朝鲜，日本，俄罗斯（远东地区）。

女贞卷叶绵蚜 *Prociphilus ligustrifoliae* (Tseng & Tao, 1927)
分布：云南（大理），贵州，四川。

粉毛蚜属 *Pterocomma* Buckton, 1879

高山粉毛蚜 *Pterocomma alpinum* Zhang, Zhong & Zhang, 1992
分布：云南（丽江）。

柳粉毛蚜 *Pterocomma salicis* (Linnaeus, 1758)
分布：云南，北京；欧洲，北美洲。

Qiao Hébert, Xu, Yang & Favret, 2022

***Qiao jinshaensis* Hébert, Xu, Yang & Favret, 2022**
分布：云南（昭通）。

蔷无网蚜属 *Rhodobium* Hille Ris Lambers, 1947

蔷无网蚜 *Rhodobium porosum* (Sanderson, 1900)
分布：云南（昆明、普洱），河北，台湾；印度，越南，非洲，欧洲，美洲。

缢管蚜属 *Rhopalosiphum* Koch, 1854

玉米蚜 *Rhopalosiphum maidis* (Fitch, 1856)
分布：云南（昆明），四川，辽宁，内蒙古，河北，山东，河南，陕西，江苏，浙江，台湾，福建，广东。

莲缢管蚜 *Rhopalosiphum nymphaeae* (Linnaeus, 1761)

分布：云南（昆明），北京，吉林，辽宁，河北，山东，宁夏，上海，江苏，浙江，江西，台湾，福建，广东；朝鲜，日本，印度，印度尼西亚，新西兰，非洲，欧洲，美洲。

禾谷缢管蚜 *Rhopalosiphum padi* (Linnaeus, 1758)

分布：云南（昆明、曲靖、丽江、迪庆），华北，东北，华东，华南，西北；朝鲜，日本，新西兰，中东，非洲，欧洲，北美洲。

二叉蚜属 *Schizaphis* Börner, 1931

麦二叉蚜 *Schizaphis graminum* (Rondani, 1852)

分布：云南，北京，黑龙江，河北，山西，内蒙古，山东，江苏，浙江，福建，台湾，河南，新疆，甘肃，陕西，宁夏；朝鲜，日本，印度，亚洲中部，非洲，欧洲，美洲。

梨二叉蚜 *Schizaphis piricola* (Matsumura, 1917)

分布：云南（昆明），北京，吉林，辽宁，河北，山东，河南，江苏，台湾；朝鲜，日本，印度。

倍蚜属 *Schlechtendalia* Lichtenstein, 1883

角倍蚜 *Schlechtendalia chinensis* (Bell, 1848)

分布：云南（玉溪），贵州，四川，广西，河南，陕西，江苏，浙江，安徽，江西，湖北，湖南，台湾，福建，广东；日本，朝鲜。

倍蛋蚜 *Schlechtendalia peitan* (Tsai & Tang, 1946)

分布：云南，贵州，四川，陕西，湖北，湖南。

半蚜属 *Semiaphis* van der Goot, 1913

胡萝卜微管蚜 *Semiaphis heraclei* (Takahashi, 1921)

分布：云南（昆明、丽江），北京，吉林，辽宁，河北，山东，河南，浙江，台湾，福建；朝鲜，日本，印度尼西亚，印度，美国（夏威夷）。

中华修尾蚜属 *Sinomegoura* Takahashi, 1960

樟修尾蚜 *Sinomegoura citricola* (van der Goot, 1917)

分布：云南（昆明），上海，浙江，台湾，福建，广东；日本，印度，印度尼西亚，尼泊尔，菲律宾，新加坡，澳大利亚。

谷网蚜属 *Sitobion* Mordvilko, 1914

麦长管蚜 *Sitobion avenae* (Fabricius, 1775)

分布：云南；东非，欧洲，北美洲。

菝葜谷网蚜 *Sitobion dismilaceti* (Zhang, 1980)

分布：云南（曲靖、迪庆、西双版纳）。

月季长管蚜 *Sitobion rosivorum* (Zhang, 1980)

分布：云南（曲靖、迪庆）。

菝葜黑长管蚜 *Sitobion smilacifoliae* (Takahashi, 1921)

分布：云南（曲靖、迪庆）。

四脉绵蚜属 *Tetraneura* Hartig, 1841

秋四脉绵蚜 *Tetraneura akinire* Sasaki, 1909

分布：云南，广西，黑龙江，辽宁，内蒙古，天津，河北，山西，山东，上海，江苏，浙江，北京；朝鲜，日本，俄罗斯（远东地区），北美洲，欧洲。

黑腹四脉绵蚜 *Tetraneura nigriabdominalis* (Sasaki, 1899)

分布：云南（文山），贵州，北京，吉林，天津，山西，山东，湖南，台湾，福建；朝鲜，日本，印度，斯里兰卡，马来西亚，巴基斯坦，菲律宾，俄罗斯（远东地区），巴布亚新几内亚，澳大利亚，古巴。

伪卷叶绵蚜属 *Thecabius* Koch, 1857

杨伪卷叶绵蚜 *Thecabius populi* (Tao, 1970)

分布：云南（大理），四川，山西，甘肃。

皱背蚜属 *Trichosiphonaphis* Takahashi, 1922

丽江皱背蚜 *Trichosiphonaphis lijiangensis* Zhang, Zhong & Zhang, 1992

分布：云南（丽江）。

忍冬皱背蚜 *Trichosiphonaphis lonicerae* (Uye, 1923)

分布：云南（昆明）。

管蚜属 *Tubaphis* Hille Ris Lambers, 1947

铁线莲管蚜 *Tubaphis clematophila* (Takahashi, 1965)

分布：云南；日本，韩国。

瘤头蚜属 *Tuberocephalus* Shinji, 1929

桃瘤头蚜 *Tuberocephalus momonis* (Matsumura, 1917)

分布：云南（昆明、丽江），北京，辽宁，河北，山东，河南，江苏，浙江，江西，台湾，福建；朝鲜，日本。

樱桃瘤头蚜 *Tuberocephalus sakurae* (Matsumura, 1917)

分布：云南（昆明），浙江；朝鲜，日本.

曾瘤蚜 *Tuberocephalus tsengi* (Tao, 1963)

分布：云南（丽江），四川。

指网管蚜属 *Uroleucon* Mordvilko, 1914

莴苣指管蚜 *Uroleucon formosanum* (Takahashi, 1921)

分布：云南，四川，广西，北京，吉林，天津，河北，山东，江苏，江西，台湾，福建，广东；朝鲜，日本。

红花指管蚜 *Uroleucon gobonis* (Matsumura, 1917)

分布：云南（昆明、大理），北京，黑龙江，吉林，辽宁，河北，山东，河南，宁夏，江苏，浙江，台湾，福建；朝鲜，日本，印度尼西亚。

毛连菜指管蚜 *Uroleucon picridis* (Fabricius, 1775)

分布：云南（昆明、丽江）；日本，欧洲，中东。

毛管蚜科 Greenideidae

刺蚜属 *Cervaphis* van der Goot, 1917

潞江刺蚜 *Cervaphis lujiangensis* Qiao & Zhang, 2000

分布：云南（保山）。

真毛管蚜属 *Eutrichosiphum* Essig & Kuwana, 1918

玉龙山真毛管蚜 *Eutrichosiphum dubium yulongshanense* (Zhang, 1985)

分布：云南（昆明、丽江）；印度。

依真毛管蚜 *Eutrichosiphum izas* Zhang, 1985

分布：云南（丽江）。

勐仑真毛管蚜 *Eutrichosiphum menglunense* Zhang, 1980

分布：云南（西双版纳）。

丽江真毛管蚜 *Eutrichosiphum russallee lijiangense* (Zhang, 1985)

分布：云南（丽江）。

塔真毛管蚜 *Eutrichosiphum tattakanum* (Takahashi, 1925)

分布：云南（昆明、丽江），台湾；日本，印度。

毛管蚜属 *Greenidea* Schouteden, 1905

杭黑毛管蚜 *Greenidea hangnigra* Zhang, 1979

分布：云南（大理），浙江。

昆明毛管蚜 *Greenidea kunmingensis* Zhang, 1979

分布：云南（昆明）。

库毛管蚜 *Greenidea kuwanai* (Pergande, 1906)

分布：云南（昆明），台湾；朝鲜，日本，俄罗斯（西伯利亚）。

台湾毛管蚜 *Greenidea psidii* van der Goot, 1917

分布：云南（德宏），台湾，广东；日本，印度，印度尼西亚。

声毛管蚜属 *Mollitrichosiphum* Suenaga, 1934

桤木声毛管蚜 *Mollitrichosiphum montanum* (van der Goot, 1917)

分布：云南（昆明、怒江），西藏；印度。

南声毛管蚜 *Mollitrichosiphum nandii* Basu, 1964

分布：云南（昆明、保山），西藏；印度。

台湾声毛管蚜 *Mollitrichosiphum taiwanus* (Takahashi, 1921)

分布：云南（昆明），台湾。

细长毛管蚜 *Mollitrichosiphum tenuicorpus* (Okajima, 1908)

分布：云南（保山、德宏），西藏，广西，海南，福建，广东。

Sumatraphis Takahashi, 1935

***Sumatraphis tubercaudatus* Qiao & Zhang, 2000**

分布：云南（西双版纳）。

毛蚜科 Chaitophoridae

毛蚜属 *Chaitophorus* Koch, 1854

白杨毛蚜 *Chaitophorus populeti* (Panzer, 1801)

分布：云南（大理），四川，新疆，北京，吉林，辽宁，河北，山东，河南；亚洲，欧洲。

白毛蚜 *Chaitophorus populialbae* (Boyer de Fonscolombe, 1841)

分布：云南（曲靖、迪庆）。

住杨毛蚜 *Chaitophorus populihabitans* Zhang, 1985

分布：云南（丽江）。

滇杨毛蚜 *Chaitophorus populiyunnanensis* Zhang, 1985

分布：云南（昆明、丽江）。

柳黑毛蚜 *Chaitophorus salinigri* Shinji, 1924

分布：云南（昆明、大理、曲靖、迪庆），四川，北京，辽宁，河北，山东，河南，上海，江苏，浙江，台湾，福建；日本。

刚毛蚜属 *Schoutedenia* Rübsaamen, 1905

酸果藤刚毛蚜 *Schoutedenia emblica* (Patel & Kulkarni, 1952)

分布：云南（怒江）；印度，尼泊尔，泰国。

拉鲁刚毛蚜 *Schoutedenia ralumensis* Rübsaamen, 1905

分布：云南（文山、西双版纳），四川，广西，浙江，江西，广东，福建，香港，海南；印度，巴基斯坦，斯里兰卡，菲律宾，泰国，马来西亚，印度尼西亚，巴布亚新几内亚，澳大利亚，非洲。

大蚜科 Lachnidae

长足大蚜属 *Cinara* Curtis, 1835

冷杉长足大蚜 *Cinara abietihabitans* Zhang & Zhong, 1985

分布：云南（昆明）。

云南云杉大蚜 *Cinara alba* Zhang, 1982

分布：云南（丽江）。

肖东方大蚜 *Cinara formosanum* (Takahashi, 1924)

分布：云南（昆明、昭通、大理、临沧、保山）。

油杉长足大蚜 *Cinara keteleeriae* Zhang, 1985

分布：云南（昆明）。

柏绿大蚜 *Cinara louisianensis* Boudreaux, 1949

分布：云南（昆明），四川；美国。

东方长足大蚜丽江亚种 *Cinara orientalis lijiangensis* Zhang, 1985

分布：云南（丽江）。

东方钝喙大蚜 *Cinara orientalis* (Takahashi, 1924)

分布：云南（昆明），四川，福建，台湾；日本。

松针粉大蚜 *Cinara pineti* (Fabricius, 1781)

分布：云南（丽江）；欧洲。

日本赤松大蚜 *Cinara pinidensiflorae* (Essig & Kuwana, 1918)

分布：云南（丽江），山东，台湾；朝鲜，日本。

云南松长足大蚜 *Cinara piniyunnanensis* Zhang, Zhong & Zhang, 1992

分布：云南（昆明、玉溪、昭通、楚雄、大理、丽江、保山、德宏）。

柏大蚜 *Cinara tujafilina* (del Guercio, 1909)

分布：云南（昆明），北京，辽宁，河北，山东，陕西，宁夏，江苏，浙江，江西，台湾；朝鲜，日本，土耳其，巴勒斯坦，非洲，欧洲，大洋洲，美洲。

长大蚜属 *Eulachnus* del Guercio, 1909

捷长大蚜 *Eulachnus agilis* (Kaltenbach, 1843)

分布：云南（丽江），四川，福建，台湾，广东；土耳其，俄罗斯（远东地区），欧洲，非洲，北美洲。

五针松长大蚜 *Eulachnus cembrae* Borner, 1950

分布：云南（昆明）。

黑长大蚜 *Eulachnus rileyi* (Williams, 1911)

分布：云南（玉溪）；土耳其，欧洲，北美洲。

钉毛长大蚜 *Eulachnus tuberculostemmatus* (Theobald, 1915)

分布：云南（昆明），福建，广东；非洲。

大蚜属 *Lachnus* Burmeister, 1835

栲大蚜 *Lachnus quercihabitans* (Takahashi, 1924)

分布：云南，广东；朝鲜。

栎大蚜 *Lachnus roboris* (Linnaeus, 1758)

分布：云南（西双版纳）；中东，欧洲。

云龙大蚜 *Lachnus yunlongensis* Zhang, 1985

分布：云南（大理）。

板栗大蚜 *Lachnus tropicallis* (van der Goot, 1916)

分布：云南（昆明、玉溪、楚雄、大理、西双版纳），四川，北京，吉林，辽宁，河北，山东，河南，江苏，浙江，江西，台湾，广东；朝鲜，日本，马来西亚。

长痣大蚜属 *Longistigma* Wilson, 1909

藏柳长痣大蚜 *Longistigma xizangensis* Zhang, 1981

分布：云南（丽江），西藏。

日本大蚜属 *Nippolachnus* Matsumura, 1917

枇杷日本大蚜 *Nippolachnus xitianmushanus* Zhang & Zhong, 1982

分布：云南，浙江。

梨大蚜属 *Pyrolachnus* Basu & Hille Ris Lambers, 1968

巨锥梨大蚜 *Pyrolachnus macroconus* Zhang & Zhong, 1982

分布：云南（昆明）。

梨大蚜 *Pyrolachnus pyri* (Buckton, 1899)

分布：云南（昆明），四川；印度，斯里兰卡。

长喙大蚜属 *Stomaphis* Walker, 1870

漆长喙大蚜 *Stomaphis rhusivernicifluae* Zhang, 1985

分布：云南（昭通），湖北。

瘤大蚜属 *Tuberolachnus* Mordvilko, 1909

柳瘤大蚜 *Tuberolachnus salignus* (Gmelin, 1790)
分布：云南（昆明、玉溪、丽江、大理、迪庆）。

短痣蚜科 Anoeciidae

伪短痣蚜属 *Aiceona* Takahashi, 1921

木姜子伪短痣蚜 *Aiceona actinodaphnis* Takahashi, 1921
分布：云南（保山、大理），四川，台湾，广东；日本。

短痣蚜属 *Anoecia* Koch, 1857

桤木短痣蚜 *Anoecia corni* (Fabricius, 1775)
分布：云南（昆明、玉溪），山东，四川，台湾；世界其他地区广布。

球蚜科 Adelgidae

球蚜属 *Adelges* Vallot, 1836

黄球蚜 *Adelges abietis* (Linnaeus, 1758)
分布：世界广布。

***Adelges funitectus* (Dreyfus, 1888)**
分布：世界广布。

冷杉迹球蚜 *Adelges glandulae* (Zhang, 1980)
分布：云南，四川。

落叶松球蚜红杉亚种 *Adelges laricis potaninilaricis* Zhang, 1980
分布：云南（丽江），四川。

铁杉球蚜 *Adelges tsugae* Annand, 1924
分布：云南（丽江），四川。

松球蚜属 *Pineus* Shimer, 1869

华山松球蚜 *Pineus armandicola* Zhang, Zhong & Zhang, 1992
分布：云南（昆明、玉溪）。

松球蚜 *Pineus laevis* Maskell, 1885
分布：世界广布。

云南松干球蚜 *Pineus piniyunnanensis* Zhang, Zhong & Zhang, 1992
分布：云南（丽江）。

蜀云杉松球蚜 *Pineus sichunanus* Zhang, 1980
分布：云南，四川。

扁木虱科 Liviidae

弓顶叶木虱属 *Crytophyllura* Li, 2011

多刺弓顶叶木虱 *Crytophyllura polyacantha* Li, 2011
分布：云南（德宏）。

呆木虱属 *Diaphorina* Löw, 1880

柑橘呆木虱 *Diaphorina citri* Kuwayama, 1908
分布：云南（西双版纳），贵州，四川，福建，浙江，台湾，广东，广西，海南，湖南，湖北，江西，香港，澳门；日本，印度，巴基斯坦，缅甸，斯里兰卡，马来西亚，菲律宾，印度尼西亚。

腐婢呆木虱 *Diaphorina premnae* Li, 2011
分布：云南（德宏）。

长角木虱属 *Epipsylla* Kuwayama, 1908

猪屎豆长角木虱 *Epipsylla crotalariae* Yang & Li, 1984
分布：云南（德宏）。

山黧豆长角木虱 *Epipsylla mucunae* Yang & Li, 1984
分布：云南（德宏）。

瑞丽长角木虱 *Epipsylla ruiliana* Yang & Li, 1984
分布：云南（德宏）。

云南长角木虱 *Epipsylla yunnanica* Yang & Li, 1984
分布：云南（德宏）。

叶木虱属 *Euphyllura* Förster, 1848

蜡梅叶木虱 *Euphyllura chimonathea* Li, 2011
分布：云南（昆明）。

滑头木虱属 *Homalocephala* Yang & Li, 1986

母生滑头木虱 *Homalocephala homali* Yang & Li, 1986
分布：云南，广东，广西，海南，福建。

扁木虱属 *Livia* Latreille, 1802

印度扁木虱 *Livia khaziensis* Heslop-Harrison, 1949
分布：云南（保山），贵州，重庆，浙江，广东，广西，香港；印度，越南。

马尾松扁木虱 *Livia pinicola* Li, 1993
分布：云南（大理），贵州，重庆，广东，广西，浙江。

皱翅扁木虱 *Livia rhyssoptera* Li, 2011
分布：云南。

小头木虱属 *Paurocephala* Crawford, 1913

水麻小头木虱 *Paurocephala debregiasiae* Yang & Li, 1986
分布：云南（西双版纳）。

八节小头木虱 *Paurocephala octisegrega* Li, 2011
分布：云南（普洱，西双版纳)。

桑小头木虱 *Paurocephala sauteri* (Enderlein, 1914)
分布：云南（西双版纳），台湾；泰国。

斑木虱科 Aphalaridae

边木虱属 *Craspedolepta* Enderlein, 1921

白条边木虱 *Craspedolepta leucotaenia* Li, 2005
分布：云南（丽江），贵州，四川，甘肃，陕西，湖北。

梳木虱属 *Ctenarytaina* Ferris & Klyver, 1932

桉梳木虱 *Ctenarytaina eucalypti* (Maskell, 1890)
分布：云南（昆明）。

胖胖梳木虱 *Ctenarytaina pandai* (Li, 2011)
分布：云南。

多棘木虱属 *Togepsylla* Kuwayama, 1931

日本多棘木虱 *Togepsylla takahashii* Kuwayama, 1931
分布：云南（保山），台湾；日本，尼泊尔。

木虱科 Psyllidae

羞木虱属 *Acizzia* Heslop-Harrison, 1961

金合欢新羞木虱 *Acizzia albizzialis* Li, 2011
分布：云南（普洱）。

楹树新羞木虱 *Acizzia albizzicola* Li & Yang, 1992
分布：云南（保山）。

双凹新羞木虱 *Acizzia bicavata* Li & Yang, 1992
分布：云南（保山）。

扁头羞木虱 *Acizzia complana* Li & Yang, 1992
分布：云南（大理）。

黑荆羞木虱 *Acizzia dealbotae* Li & Yang, 1992
分布：云南（大理）。

剑茎羞木虱 *Acizzia ensifolia* Li, 2011
分布：云南。

合欢新羞木虱 *Acizzia jamatonica* (Kuwayama, 1908)
分布：云南（昆明），贵州，四川，山西，陕西，北京，山东，甘肃，河南，安徽，浙江，江苏，湖北，湖南，广西，台湾；日本。

山合欢新羞木虱 *Acizzia kalkorae* (Li, 2011)
分布：云南（德宏）。

多斑羞木虱 *Acizzia punctata* Li, 2002
分布：云南，海南。

单毛新羞木虱 *Acizzia unioniseta* (Li, 2011)
分布：云南（普洱）。

暗木虱属 *Auchmerina* Enderlein, 1918

核果木暗木虱 *Auchmerina drypetisuga* Li, 2004
分布：云南，广西。

长带暗木虱 *Auchmerina longitaenialis* Li, 2011
分布：云南（西双版纳）。

云南暗木虱 *Auchmerina yunnanensis* Li, 2011
分布：云南（西双版纳）。

喀木虱属 *Cacopsylla* Ossiannilsson, 1970

哀牢山喀木虱 *Cacopsylla ailaoshanensis* Li, 2011
分布：云南。

艾梨喀木虱 *Cacopsylla aili* (Yang & Li, 1984)
分布：云南（保山)。

杏黄喀木虱 *Cacopsylla armeniacinigra* Li, 2011
分布：云南（西双版纳）。

垂柳喀木虱 *Cacopsylla babylonica* Li & Yang, 1991
分布：云南（迪庆），贵州，四川，广西，河北，甘肃，重庆，宁夏，山西，陕西，山东。

夜关门喀木虱 *Cacopsylla baeckinie* Li, 2011
分布：云南。

苍山喀木虱 *Cacopsylla cangshanli* (Yang & Li, 1984)
分布：云南（大理），辽宁，内蒙古，宁夏，陕西，山西，河北，福建。

棒斑喀木虱 *Cacopsylla clavimaculata* Li, 2011
分布：云南。

柑栖喀木虱 *Cacopsylla citricola* (Yang & Li, 1984)
分布：云南（保山、德宏）。

柚喀木虱 *Cacopsylla citrisuga* (Yang & Li, 1984)
分布：云南（保山、德宏）。

曲锥红喀木虱 *Cacopsylla curvaturirubra* Li & Yang, 1992
分布：云南。

曲斑喀木虱 *Cacopsylla cyphospila* Li, 2011
分布：云南。

指突喀木虱 *Cacopsylla dactylina* Li, 2011
分布：云南。

滇梨喀木虱 *Cacopsylla dianli* (Yang & Li, 1984)
分布：云南（昆明）。

滇南喀木虱 *Cacopsylla diannsnsis* Li, 2011
分布：云南。

洱海梨喀木虱 *Cacopsylla erhaili* (Li & Yang, 1984)
分布：云南（大理）。

宽头喀木虱 *Cacopsylla euryocephala* Li, 2011
分布：云南。
凤庆喀木虱 *Cacopsylla fengqingica* Li, 2011
分布：云南。
黄顶黑锥喀木虱 *Cacopsylla flaviatera* Li, 2011
分布：云南。
长尾喀木虱 *Cacopsylla flexicaudata* Li & Yang, 1992
分布：云南。
阶突喀木虱 *Cacopsylla gradita* Li, 2011
分布：云南。
异颊喀木虱 *Cacopsylla heterogena* Li, 2011
分布：云南。
角花胡颓子喀木虱 *Cacopsylla kunmingli* (Yang & Li, 1984)
分布：云南（昆明）。
细条喀木虱 *Cacopsylla leptogramma* Li, 2011
分布：云南。
丽江喀木虱 *Cacopsylla lijiangica* Li, 2011
分布：云南。
珍珠花喀木虱 *Cacopsylla lyoniae* Li, 2011
分布：云南。
牛奶子喀木虱 *Cacopsylla maculiumbellatae* (Li & Yang, 1987)
分布：云南（大理），西藏。
木半夏喀木虱 *Cacopsylla multiflorae* Li, 2011
分布：云南。
黑锥斑喀木虱 *Cacopsylla nigrigenimacula* Li, 2011
分布：云南。
荚形喀木虱 *Cacopsylla phaseola* Li, 2011
分布：云南。
扁核木喀木虱 *Cacopsylla prinsepiae* Li, 2011
分布：云南。
方颊喀木虱 *Cacopsylla quadraticonica* Li, 2011
分布：云南。
直脉喀木虱 *Cacopsylla rectinerva* Li, 2011
分布：云南。
橘红喀木虱 *Cacopsylla salmonacer* Li, 2011
分布：云南。
红头喀木虱 *Cacopsylla salmoneicapita* Li, 2011
分布：云南。
思茅梨喀木虱 *Cacopsylla simaoli* (Yang & Li, 1984)
分布：云南（普洱）。
腾冲喀木虱 *Cacopsylla tengchongica* Li, 2011
分布：云南。
三角顶喀木虱 *Cacopsylla trigonoivertia* Li, 2011
分布：云南。
单齿喀木虱 *Cacopsylla unionidentia* Li, 2011
分布：云南。
下关梨喀木虱 *Cacopsylla xiaguanli* (Li & Yang, 1984)
分布：云南（大理）。
黄梨喀木虱 *Cacopsylla xanthisma* (Yang & Li, 1984)
分布：云南。
云梨喀木虱 *Cacopsylla yunli* (Yang & Li, 1984)
分布：云南（昆明）。
云南松喀木虱 *Cacopsylla yunnanpini* Li, 2011
分布：云南。

云实木虱属 *Colophorina* Capener, 1973

皂荚云实木虱 *Colophorina robinae* (Shinji, 1938)
分布：云南，贵州，辽宁，北京，山东，陕西；韩国，日本。

角木虱属 *Cornopsylla* Li, 1994

肉实树角木虱 *Cornopsylla sarcospermae* Li, 2011
分布：云南（西双版纳）。

豆木虱属 *Cyamophila* Loginova, 1976

琼楠豆木虱 *Cyamophila beilschmiediae* Li, 2011
分布：云南。
黄檀豆木虱 *Cyamophila dalbergiae* Li, 2011
分布：云南，广西。
棕背豆木虱 *Cyamophila dorsibadia* Li, 2011
分布：云南。
陆氏豆木虱 *Cyamophila lui* Li, 2011
分布：云南。
马蹄针豆木虱 *Cyamophila viccifoliae* (Yang & Li, 1984)
分布：云南，贵州，北京，山西，甘肃，陕西。
槐豆木虱 *Cyamophila willieti* (Wu, 1932)
分布：云南，贵州，吉林，安徽，陕西，宁夏，甘肃，北京，河北，河南，山西，山东，江苏，湖南，湖北，广东，内蒙古；日本。
虞氏豆木虱 *Cyamophila yuae* Li, 2011
分布：云南。

筒木虱属 Cylindropsylla Li, 2011

腾冲筒木虱 *Cylindropsylla tengchongica* Li, 2011
分布：云南（保山）。

前角木虱属 *Epiacizzia* Li, 2002

白斑前角木虱 *Epiacizzia albimacula* Li, 2011
分布：云南。

外翘前角木虱 *Epiacizzia ectocampyla* Li, 2011
分布：云南（保山）。

白背前角木虱 *Epiacizzia lacteidersa* Li, 2011
分布：云南。

平顶前角木虱 *Epiacizzia planocephala* Li, 2011
分布：云南（普洱）。

郑氏前角木虱 *Epiacizzia zhengi* Li, 2011
分布：云南。

幽木虱属 *Euphalerus* Schwarz, 1904

滇西幽木虱 *Euphalerus dianxinicus* Li & Yang, 1992
分布：云南。

木虱属 *Psylla* Geoffroy, 1762

金头木虱 *Psylla aureicapita* Li, 2011
分布：云南（德宏）。

苍山梨木虱 *Psylla cangshanli* (Yang & Li, 1984)
分布：云南（大理）。

棠梨木虱 *Psylla chaenomelei* Li & Yang, 1984
分布：云南（大理、昆明）。

马蹄针木虱 *Psylla viccifoliae* Yang & Li, 1984
分布：云南（昆明、保山、普洱、玉溪、曲靖、楚雄），贵州，四川，河北，宁夏，甘肃，山西。

斜斑木虱 *Psylla plagiosticta* Li, 2011
分布：云南（昆明）。

三毛木虱属 *Trisetipsylla* Yang & Li, 1984

中华三毛木虱 *Trisetipsylla sinica* Yang & Li, 1984
分布：云南（普洱、德宏、保山）。

蓬木虱属 *Yangus* Fang, 1990

臭菜藤蓬木虱 *Yangus pennatae* Li, 2011
分布：云南（西双版纳）。

丽木虱科 Calophyidae

丽木虱属 *Calophya* Liw, 1878

红麸杨丽木虱 *Calophya rhopenjabensis* Li, 2011
分布：云南。

杜英丽木虱 *Calophya elaeocarpae* Li, 2011
分布：云南。

瘿木虱属 *Cecidopsylla* Kieffer, 1905

木荷瘿木虱 *Cecidopsylla schimae* Kieffer, 1905
分布：云南，广西，广东；印度，尼泊尔。

小丽木虱属 *Microceropsylla* Boselli, 1930

杧果小丽木虱 *Microceropsylla nigra* (Kuwayama, 1908)
分布：云南，广西，台湾，海南；日本，菲律宾，印度。

花木虱科 Phacopteronidae

角颊木虱属 *Cornegenapsylla* Yang & Li, 1982

龙眼角颊木虱 *Cornegenapsylla sinica* Yang & Li, 1982
分布：云南，广西，广东，福建，台湾。

星室木虱属 *Pseudophacopteron* Enderlein, 1921

***Pseudophacopteron tuberculatum* (Crawford, 1912)**
分布：云南（西双版纳）。

同木虱科 Homotomidae

硕木虱属 *Dynopsylla* Crawford, 1913

云南硕木虱 *Dynopsylla yunnanana* Li, 2011
分布：云南。

厚毛木虱属 *Homotoma* Guerin-Meneville, 1844

高山榕厚毛木虱 *Homotoma altissimae* (Yang & Li, 1984)
分布：云南（西双版纳）。

安纳士厚毛木虱 *Homotoma annesleae* (Yang & Li, 1984)
分布：云南（普洱）。

笔管榕厚毛木虱 *Homotoma benjaminae* (Yang & Li, 1984)
分布：云南（临沧），四川。

黄脊厚毛木虱 *Homotoma galbvittata* (Yang & Li, 1984)
分布：云南（保山）。

拉祜厚毛木虱 *Homotoma lahui* (Yang & Li, 1984)
分布：云南（普洱、临沧）。

杧果厚毛梨木虱 *Homotoma mangiferae* (Yang & Li, 1984)
分布：云南（玉溪）。
舶梨榕厚毛木虱 *Homotoma pyriformicola* (Yang & Li, 1984)
分布：云南（德宏）。
瑞丽厚毛木虱 *Homotoma ruiliana* (Yang & Li, 1984)
分布：云南（德宏）。
绣线菊厚毛木虱 *Homotoma spiraea* (Yang & Li, 1981)
分布：云南，四川，浙江，福建，广东，台湾。
西双厚毛木虱 *Homotoma xishuangana* (Yang & Li, 1984)
分布：云南（西双版纳）。
云南厚毛木虱 *Homotoma yunnanica* (Yang & Li, 1984)
分布：云南（西双版纳）。

卵痣木虱属 *Macrohomotoma* Kuwayama, 1908

林卵痣木虱 *Macrohomotoma hylocola* Yang & Li, 1984
分布：云南（德宏、昭通)。
大卵痣木虱 *Macrohomotoma magna* Yang & Li, 1984
分布：云南（西双版纳）。
华卵痣木虱 *Macrohomotoma sinica* Yang & Li, 1984
分布：云南（西双版纳），贵州，广西，福建，广东，海南，台湾。
绥江痣木虱 *Macrohomotoma suijiangiense* Li, 2011
分布：云南。
绿卵痣木虱 *Macrohomotoma viridis* Yang & Li, 1984
分布：云南（临沧）。
云卵痣木虱 *Macrohomotoma yunana* Yang & Li, 1984
分布：云南（西双版纳）。

裂木虱科 Carsidaridae

瘦木虱属 *Mesohomotoma* Kuwayama, 1908

黄槿瘦木虱 *Mesohomotoma camphora* Kuwayama, 1908
分布：云南（德宏），广西，海南，广东，台湾；日本，印度，印度尼西亚，菲律宾，泰国，斐济。

乔木虱属 *Tenaphalara* Kuwayama, 1908

木棉乔木虱 *Tenaphalara acutipennis* Kuwayama, 1908
分布：云南，广西，福建，台湾，广东；菲律宾，印度。
杧果乔木虱 *Tenaphalara mangiferae* Yang & Li, 1985
分布：云南（玉溪），四川。

裂个木虱科 Carsitriidae

裂个木虱属 *Carsitria* Li, 1997

赵氏裂个木虱 *Carsitria zhaoi* Li, 1997
分布：云南，西藏。

个木虱科 Triozidae

线角木虱属 *Bactericera* Puton, 1876

柳黑线角木虱 *Bactericera salicigra* (Li & Yuan, 1994)
分布：云南（大理、丽江），贵州，吉林，甘肃，陕西。
赵氏线角木虱 *Bactericera zhaoi* (Li, 1997)
分布：云南（大理、德宏、西双版纳），贵州，四川，西藏。

瘿个木虱属 *Cecidotrioza* Kieffer, 1908

哀牢山瘿个木虱 *Cecidotrioza ailaoshanensis* (Li, 2011)
分布：云南。
长颊瘿个木虱 *Cecidotrioza longigena* (Li, 2011)
分布：云南，浙江。
尖翅瘿个木虱 *Cecidotrioza oxyptera* (Li, 2011)
分布：云南。
近端瘿个木虱 *Cecidotrioza proximitermina* (Li, 2011)
分布：云南。

角个木虱属 *Ceropsylla* Riley, 1885

窄顶角个木虱 *Ceropsylla angustirerta* Li, 2011
分布：云南（玉溪）。

锥翅个木虱属 *Conicotrioza* Li, 2005

郑氏翅个木虱 *Conicotrioza zhengi* Li, 2011
分布：云南（普洱）。

异个木虱属 *Heterotrioza* Dobreanu & Manolache, 1960

白黎异个木虱 *Heterotrioza albae* Li, 2011
分布：云南（玉溪）。
藜异个木虱 *Heterotrioza chenopodii* (Reuter, 1876)
分布：云南，贵州，四川，吉林，辽宁，宁夏，陕西，山西，甘肃，北京，河北，山东，湖北，浙江。
小藜异个木虱 *Heterotrioza fausta* (Fang, 1990)
分布：云南（西双版纳），山东，台湾。

同个木虱属 *Homotrioza* Yang, 1984

长颊同个木虱 *Homotrioza longigena* Li, 2011
分布：云南，浙江。
尖翅同个木虱 *Homotrioza oxyptera* Li, 2011
分布：云南。
近端同个木虱 *Homotrioza proximitermina* Li, 2011
分布：云南。

象个木虱属 *Neorhinopsylla* Drohojowska, 2006

哀牢山象个木虱 *Neorhinopsylla ailaoshanana* Li, 2011
分布：云南（丽江）。

小木虱属 *Pauropsylla* Rübsaamen, 1899

聚果榕小木虱 *Pauropsylla depressa* Crawford, 1912
分布：云南（玉溪、德宏、西双版纳），广西，香港；印度，斯里兰卡，越南，印度尼西亚，孟加拉国，马来西亚，菲律宾。
驼突小个木虱 *Pauropsylla gibberulosa* (Li, 2000)
分布：云南（德宏）。

缨个木虱属 *Petalolyma* Scott, 1882

华缨个木虱 *Petalolyma sinica* Yang & Li, 1984
分布：云南（昆明）。
云缨个木虱 *Petalolyma yunnanana* Yang & Li, 1984
分布：云南（昆明）。

叶个木虱属 *Phylloplecta* Riley, 1884

南方叶个木虱 *Phylloplecta meridionalis* (Li, 2003)
分布：云南（德宏），广西；印度。

粗角个木虱属 *Trachotrioza* Li, 2011

端黑粗角个木虱 *Trachotrioza apicinigra* Li, 2011
分布：云南（昆明）。

个木虱属 *Trioza* Föerster, 1848

柑橘个木虱 *Trioza citroimpura* (Yang & Li, 1984)
分布：云南（普洱、临沧、德宏、西双版纳）。
缘凹邻个木虱 *Trioza coelolomus* (Li, 2011)
分布：云南（普洱）。
糙头后个木虱 *Trioza confragosus* (Li, 2011)
分布：云南。
荨麻皮个木虱 *Trioza frangulae* Li, 2011
分布：云南（昆明、保山），西藏。
棒瓣个木虱 *Trioza fustiformis* (Li, 1994)
分布：云南（昆明）。
黑亮邻个木虱 *Trioza luminiaterus* (Li, 2011)
分布：云南（普洱）。
南蠋后个木虱 *Trioza lyoniae* (Li, 2011)
分布：云南。
粗糠柴大后个木虱 *Trioza macromalloti* (Li & Yang, 1991)
分布：云南（西双版纳），广西，海南。
樟大个木虱 *Trioza magnicamphorae* (Li, 1993)
分布：云南（昆明）。

锤突个木虱 *Trioza malleiprocerus* (Li, 2011)
分布：云南。
粗糠柴小后个木虱 *Trioza micromalloti* (Li & Yang, 1991)
分布：云南（临沧，德宏），广西。
粗糠柴个木虱 *Trioza neolitseae* Miyatake, 1965
分布：云南（德宏、普洱），广西，广东，台湾；日本。
黑色邻个木虱 *Trioza nigra* Kuwayama, 1910
分布：云南（大理），福建，台湾；韩国，日本。
光黑邻个木虱 *Trioza nigranigrus* (Li, 2011)
分布：云南（德宏、普洱、西双版纳）。
大头邻个木虱 *Trioza pelorocephalus* (Li, 2011)
分布：云南（大理、临沧）。
褐斑邻个木虱 *Trioza phaeospilus* (Li, 2011)
分布：云南（丽江）。
瑞丽邻个木虱 *Trioza ruiliensis* (Li, 2011)
分布：云南（德宏），广西。
带形后个木虱 *Trioza taeniatus* (Li, 2011)
分布：云南，四川。
荨麻个木虱 *Trioza urticae* (Linné, 1758)
分布：云南（保山），西藏，广西，山西，甘肃，宁夏，新疆，内蒙古；印度。

三毛个木虱属 *Trisetitrioza* Li, 1995

哀牢山三毛个木虱 *Trisetitrioza ailaoshanana* (Li, 2011)

分布：云南。

叶蝉科 Cicadellidae

匍匐叶蝉属 *Aalinga* Viraktamath & Webb, 2019

黄褐匍匐叶蝉 *Aalinga brunoflava* Viraktamath & Webb, 2019

分布：云南（德宏）；印度。

柔突叶蝉属 *Abrus* Dai & Zhang, 2002

双枝柔突叶蝉 *Abrus biprocessus* Li, 2011

分布：云南（红河），贵州。

短茎柔突叶蝉 *Abrus brevis* Dai & Zhang, 2002

分布：云南（文山），贵州，广西。

宽突柔突叶蝉 *Abrus expansivus* Xing & Li, 2014

分布：云南（文山），贵州。

黄氏柔突叶蝉 *Abrus huangi* Dai & Zhang, 2002

分布：云南（红河），广西。

齿突叶蝉属 *Aconurella* Ribaut, 1948

长刺齿突叶蝉 *Aconurella diplachnis* Emeljanov, 1964

分布：云南，北京，河北，内蒙古，辽宁，吉林；蒙古国，俄罗斯（远东地区）。

叉齿突叶蝉 *Aconurella furcata* Duan & Zhang, 2012

分布：云南（大理、保山）。

蒙塔娜齿突叶蝉 *Aconurella montana* (Distant, 1908)

分布：云南（丽江），四川，西藏，广西；印度。

***Aconurella paradiplachnis* Duan & Zhang, 2012**

分布：云南（迪庆），四川，广西。

东方齿突叶蝉 *Aconurella prolixa* (Lethierry, 1885)

分布：云南（普洱），陕西，新疆，浙江，安徽，江西，广西，福建，广东；日本，印度，巴基斯坦，中东，欧洲。

片茎叶蝉属 *Acharis* Emeljanov, 1902

乌苏里片茎叶蝉 *Acharis ussuriensis* (Melichar, 1902)

分布：云南（保山），黑龙江，吉林，辽宁，陕西，宁夏；蒙古国，俄罗斯（远东地区），韩国。

叉突叶蝉属 *Aequoreus* Huang, 1989

细纹叉突叶蝉 *Aequoreus linealaus* (Li & Wang, 2003)

分布：云南（红河），贵州。

带小叶蝉属 *Agnesiella* Dworakowska, 1970

七点带小叶蝉 *Agnesiella aldera* Thapa, 1984

分布：云南（红河）；尼泊尔。

戟带小叶蝉 *Agnesiella azra* Dworakowska, 1994

分布：云南（大理）；印度。

指状带小叶蝉 *Agnesiella digita* Yan & Yang, 2019

分布：云南（昆明），四川。

齿背带小叶蝉 *Agnesiella ela* Dworakowska, 1977

分布：云南（红河）；越南。

叉带小叶蝉 *Agnesiella furca* Yan & Yang, 2019

分布：云南（昆明）。

无突带小叶蝉 *Agnesiella innota* Yan & Yang, 2019

分布：云南（红河）。

玛带小叶蝉 *Agnesiella irma* Dworakowska, 1977

分布：云南；越南。

核桃带小叶蝉 *Agnesiella juglandis* Chou & Ma, 1981

分布：云南，陕西。

卡玛带小叶蝉 *Agnesiella kamala* Dworakowska, 1982

分布：云南（怒江）；尼泊尔。

阔片带小叶蝉 *Agnesiella latusa* Yan & Yang, 2016

分布：云南（昆明）。

丽带小叶蝉 *Agnesiella lidia* Dworakowska, 1977

分布：云南（楚雄）；越南。

缘带小叶蝉 *Agnesiella marginata* Dworakowska, 1994

分布：云南（临沧）；印度。

叉突带小叶蝉 *Agnesiella rita* Dworakowska, 1982

分布：云南（保山）。

波片带小叶蝉 *Agnesiella sinuata* Yan & Yang, 2019

分布：云南（大理、红河）。

黄斑带小叶蝉 *Agnesiella xantha* Yan & Yang, 2016

分布：云南（怒江）。

辜小叶蝉属 *Aguriahana* Distant, 1918

灰褐辜小叶蝉 *Aguriahana adusta* Chiang, Hsu & Knight, 1989

分布：云南（大理），陕西，台湾。

婀辜小叶蝉 ***Aguriahana aptera*** **Dworakowska, 1972**
分布：云南（保山），四川；印度。
大理辜小叶蝉 ***Aguriahana daliensis*** **Chou & Ma, 1981**
分布：云南（大理、德宏）。
指突辜小叶蝉 ***Aguriahana digitata*** **Huang & Zhang, 2011**
分布：云南（西双版纳）。
迪氏辜小叶蝉 ***Aguriahana distanti*** **Dworakowska, 1972**
分布：云南（昆明、保山、西双版纳）；印度，尼泊尔。
褐带辜小叶蝉 ***Aguriahana fuscovittata*** **Zhang, Chou & Huang, 1992**
分布：云南（德宏）。
灰辜小叶蝉 ***Aguriahana grisea*** **Dworakowska, 1982**
分布：云南（丽江）；印度。
核桃辜小叶蝉 ***Aguriahana juglandis*** **Chou & Ma, 1981**
分布：云南（保山），陕西，福建。
长突辜小叶蝉 ***Aguriahana longicorna*** **Huang & Zhang, 2011**
分布：云南（丽江）。
帕辜小叶蝉 ***Aguriahana paivana*** **(Distant, 1918)**
分布：云南（楚雄、大理），贵州，四川，湖南；印度，孟加拉国。
四齿辜小叶蝉 ***Aguriahana quadridens*** **Dworakowska, 1972**
分布：云南（昆明），四川；印度，尼泊尔。
直突辜小叶蝉 ***Aguriahana recticornis*** **Huang & Zhang, 2011**
分布：云南（丽江）。
回突辜小叶蝉 ***Aguriahana recurva*** **Huang & Zhang, 2011**
分布：云南（大理、丽江）。
核桃红辜小叶蝉 ***Aguriahana rubra*** **Chou & Ma, 1981**
分布：云南（昆明），陕西，湖北。
陕西辜小叶蝉 ***Aguriahana shaanxiensis*** **Chou & Ma, 1981**
分布：云南，陕西。
单角突辜小叶蝉 ***Aguriahana singularis*** **Huang & Zhang, 2011**
分布：云南（保山、临沧）。
白辜小叶蝉 ***Aguriahana stellulata*** **(Burmeister, 1841)**
分布：云南，甘肃；蒙古国，日本，欧洲，北美洲。
三角辜小叶蝉 ***Aguriahana triangularis*** **(Matsumura, 1932)**
分布：云南（昆明、保山），贵州，四川，陕西，浙江，湖北，福建，台湾，广西；日本。
鼎突辜小叶蝉 ***Aguriahana tripoda*** **Huang & Zhang, 2011**
分布：云南（大理、保山）。
云南辜小叶蝉 ***Aguriahana yunnanensis*** **Chou & Ma, 1981**
分布：云南（大理）。

翼小叶蝉属 *Alafrasca* Lu & Qin, 2014

Alafrasca dworakowskae **(Chou & Zhang, 1987)**
分布：云南，贵州，四川，重庆，陕西，甘肃，湖北，湖南，广东，广西。
Alafrasca falcatus **(Sohi & Dworakowska, 1979)**
分布：云南，贵州，四川，重庆，陕西；印度，尼泊尔。
Alafrasca fumosus **(Sohi & Dworakowska, 1979)**
分布：云南；印度，尼泊尔。
Alafrasca haedus **(Sohi & Dworakowska, 1979)**
分布：云南，西藏；印度。
Alafrasca lutens **(Sohi & Dworakowska, 1979)**
分布：云南；印度。
Alafrasca nigroscutellus **(Distant, 1918)**
分布：云南，四川，湖南，海南，台湾；印度，尼泊尔，泰国，印度尼西亚，日本。
Alafrasca obliteratus **(Dworakowska, 1997)**
分布：云南；印度，尼泊尔。
Alafrasca parafuscus **(Qin & Zhang, 2011)**
分布：云南，广西。
Alafrasca rayi **(Dworakowska, 1997)**
分布：云南；缅甸。
Alafrasca salicis **(Vilbaste, 1968)**
分布：云南，贵州，四川，陕西，湖南，台湾；韩国，俄罗斯（远东地区）。
Alafrasca similis **(Dworakowska, 1977)**
分布：云南，四川，陕西；越南。
匀突翼小叶蝉 ***Alafrasca shirakiellus*** **(Matsumura, 1931)**
分布：云南，四川，湖南，河南，广东，广西，台湾。

巴塔叶蝉属 *Alebrasca* Hayashi & Okada, 1994

弯茎巴塔叶蝉 *Alebrasca actinidiae* Hayashi & Okada, 1994

分布：云南，四川，福建，河南，湖南，甘肃，浙江，江西，广西；日本。

长柄叶蝉属 *Alebroides* Matsumura, 1931

曲率长柄叶蝉 *Alebroides curvatus* Dworakowska, 1981

分布：云南（保山）；印度，尼泊尔。

德氏长柄叶蝉 *Alebroides dworakowskae* Chou & Zhang, 1987

分布：云南（昆明），陕西，甘肃，宁夏，青海，湖南，湖北，广西。

镰长柄叶蝉 *Alebroides falcatus* Sohi & Dworakowska, 1979

分布：云南（楚雄、大理、丽江），陕西，四川；印度，尼泊尔。

折曲长柄叶蝉 *Alebroides flexus* Dworakowska, 1997

分布：云南（保山）；缅甸。

烟色长柄叶蝉 *Alebroides fumosus* Sohi & Dworakowska, 1979

分布：云南（西双版纳）；印度，尼泊尔。

背带长柄叶蝉 *Alebroides gallus* Dworakowska, 1994

分布：云南（大理）；印度。

土黄长柄叶蝉 *Alebroides luteus* Sohi & Dworakowska, 1979

分布：云南（西双版纳）；印度。

黑盾长柄叶蝉 *Alebroides nigroscutellus* (Distant, 1918)

分布：云南（昆明、大理、保山、临沧、西双版纳），四川，湖南，海南，台湾；印度，尼泊尔，泰国，印度尼西亚，日本。

片突长柄叶蝉 *Alebroides obliteratus* Dworakowska, 1997

分布：云南（大理）；印度，尼泊尔。

拟羡长柄叶蝉 *Alebroides paraxanthus* Wang, Xu & Qin, 2023

分布：云南（昆明、保山、德宏），陕西，甘肃，湖北。

里氏长柄叶蝉 *Alebroides rayi* Dworakowska, 1997

分布：云南（保山）；缅甸。

柳长柄叶蝉 *Alebroides salicis* (Vilbaste, 1968)

分布：云南（昆明、西双版纳），贵州，四川，湖南，陕西，河南，台湾；朝鲜，俄罗斯（远东地区）。

叉突长柄叶蝉 *Alebroides similis* Dworakowska, 1977

分布：云南（昆明、楚雄、大理、保山、丽江、普洱、西双版纳），四川，陕西；越南。

匀突长柄叶蝉 *Alebroides shirakiellus* (Matsumura, 1931)

分布：云南（昆明、普洱、红河、迪庆、临沧、西双版纳），四川，河南，台湾，湖南，广西。

瓣突长柄叶蝉 *Alebroides vicarius* Dworakowska, 1997

分布：云南（丽江）；缅甸。

卫斯长柄叶蝉 *Alebroides wesleyi* Dworakowska, 1994

分布：云南；印度。

剑刺长柄叶蝉 *Alebroides xiphenax* Dworakowska, 1997

分布：云南（红河）；菲律宾。

梯顶叶蝉属 *Allygus* Fieber, 1872

黄边梯顶叶蝉 *Allygus mixtus* (Fabricius, 1794)

分布：云南；斯里兰卡。

妍小叶蝉属 *Almunisna* Dworakowska, 1968

圆端妍小叶蝉 *Almunisna bulbosa* Dworakowska, 1969

分布：云南（临沧）；印度，尼泊尔。

杨小叶蝉属 *Alnetoidia* Dlabola, 1958

***Alnetoidia dentata* Cao, Yang & Zhang, 2016**

分布：云南（丽江）。

东方杨小叶蝉 *Alnetoidia orientalis* Dworakowska, 1979

分布：云南（西双版纳）；印度。

锡金杨小叶蝉 *Alnetoidia sikkimensis* Dworakowska, 1994

分布：云南（保山、西双版纳）；印度。

***Alnetoidia sudzuchenica* Anufriev, 1971**

分布：云南（保山），四川；俄罗斯（远东地区），韩国，印度。

***Alnetoidia triseta* Dworakowska, 1994**

分布：云南（丽江）；印度。

噶叶蝉属 *Alobaldia* Emeljanov, 1972

烟草噶叶蝉 *Alobaldia tobae* (Matsumura, 1902)

分布：云南（西双版纳），贵州，四川，广西，甘肃，陕西，河南，湖北，浙江，湖南，江西，福建；日本，朝鲜，俄罗斯（远东地区），美国。

杧果叶蝉属 *Amrasca* Ghauri, 1967

棉叶蝉 *Amrasca biguttula* (Ishida, 1913)

分布：云南（西双版纳），东北，广西，河北，陕西，河南，山东，江苏，安徽，浙江，湖北，湖南，江西，台湾，广东；日本，印度，孟加拉国，斯里兰卡，越南，阿富汗。

***Amrasca complana* Qin, Wang & Xu, 2017**

分布：云南（西双版纳），四川，海南。

折板杧果叶蝉 *Amrasca czerwcowa* (Dworakowska, 1972)

分布：云南（西双版纳），四川，广东，海南；越南。

缪小叶蝉属 *Amurta* Dworakowska, 1977

奇妙缪小叶蝉 *Amurta mirabilis* Dworakowska, 1977

分布：云南，贵州；越南，尼泊尔。

无齿缪小叶蝉 *Amurta upunctata* Zhang & Huang, 2005

分布：云南（丽江、迪庆），四川。

平大叶蝉属 *Anagonalia* Young, 1986

红纹平大叶蝉 *Anagonalia melichari* (Distant, 1908)

分布：云南（保山、普洱、德宏、红河、西双版纳），贵州，广西，浙江，海南，广东；印度，缅甸，泰国，斯里兰卡，老挝，越南，马来西亚。

安乐小叶蝉属 *Anaka* Dworakowska & Viraktamath, 1975

缅甸安乐小叶蝉 *Anaka burmensis* Dworakowska, 1993

分布：云南（临沧），贵州，四川，重庆，广东，福建，湖南；缅甸，印度。

深色安乐小叶蝉 *Anaka colorata* Dworakowska & Viraktamath, 1975

分布：云南（临沧、普洱、西双版纳），贵州，湖南；印度。

尼泊尔安乐小叶蝉 *Anaka nepalica* Thapa & Sohi, 1986

分布：云南（临沧）；尼泊尔。

斑大叶蝉属 *Anatkina* Young, 1986

翼突斑大叶蝉 *Anatkina alata* Yang, Meng & Yu, 2015

分布：云南（保山）。

阿萨姆斑大叶蝉 *Anatkina assamensis* (Distant, 1880)

分布：云南（怒江）；印度。

齿茎斑大叶蝉 *Anatkina attenuata* (Walker, 1851)

分布：云南，贵州，广西，广东，湖北，福建，江西，海南，香港。

基斑大叶蝉 *Anatkina basimacula* Kuoh, 1993

分布：云南（临沧）。

比利斑大叶蝉 *Anatkina billingsi* Young, 1986

分布：云南（大理、玉溪、西双版纳）。

双突斑大叶蝉 *Anatkina biprocessa* Yang, Meng & Li, 2017

分布：云南（怒江、德宏）。

双条斑大叶蝉 *Anatkina bistriata* Yang & Li, 2001

分布：云南（保山、德宏），贵州。

钩突斑大叶蝉 *Anatkina harpaga* Yang & Li, 1999

分布：云南（临沧、西双版纳、玉溪），海南。

印斑大叶蝉 *Anatkina infecta* (Distant, 1908)

分布：云南（德宏、保山、西双版纳）；印度，缅甸，孟加拉国。

黑条斑大叶蝉 *Anatkina inflammata* (Distant, 1908)

分布：云南（德宏）；印度。

点翅斑大叶蝉 *Anatkina illustris* (Distant, 1908)

分布：云南（怒江、玉溪），贵州，四川，重庆，广西，广东，浙江，福建，湖南；印度，缅甸，泰国，斯里兰卡，马来西亚。

紫色斑大叶蝉 *Anatkina jocosa* Walker, 1857

分布：云南（西双版纳），贵州；印度，缅甸，马来西亚。

中斑大叶蝉 *Anatkina mediana* Kuoh, 1993

分布：云南（保山）。

多色斑大叶蝉 *Anatkina polycolora* Yang, 2005

分布：云南（怒江），西藏。

金翅斑大叶蝉 *Anatkina vespertinula* (Breddin, 1903)

分布：云南（德宏、红河、西双版纳），贵州，四川，重庆，江西，广西，福建，广东，海南；印度，越南，马来西亚，印度尼西亚。

黄斑大叶蝉 *Anatkina xanthomacula* Kuoh, 1993
分布：云南（临沧），贵州，广西。
盈江斑大叶蝉 *Anatkina yingjiangana* Yang & Li, 2005
分布：云南（德宏、红河），四川。
张氏斑大叶蝉 *Anatkina zhangi* Yang, Meng & Yu, 2015
分布：云南（普洱、玉溪）。

小角突叶蝉属 *Anidiocerus* Maldonado-Capriles, 1976

条斑小角突叶蝉 *Anidiocerus fasciatus* Xue & Zhang, 2016
分布：云南（西双版纳）。

安小叶蝉属 *Anufrievia* Dworakowska, 1970

弓安小叶蝉 *Anufrievia arcuata* Yang & Zhang, 2018
分布：云南（西双版纳）。
安巴小叶蝉 *Anufrievia badjawae* Dworakowska, 1976
分布：云南（西双版纳）；泰国，印度尼西亚。
***Anufrievia bauhinicola* Dworakowska & Viraktamath, 1978**
分布：云南（普洱）；印度。
***Anufrievia curva* Yang & Zhang, 2018**
分布：云南（西双版纳）。
***Anufrievia falcata* Yang & Zhang, 2018**
分布：云南（丽江），四川。
铗安小叶蝉 *Anufrievia forcipiformis* Yang & Zhang, 2018
分布：云南（丽江），四川。
***Anufrievia fusina* Yang & Zhang, 2018**
分布：云南（保山）。
景洪安小叶蝉 *Anufrievia jinghongensis* Cao & Zhang, 2018
分布：云南（西双版纳）。
***Anufrievia plana* Yang & Zhang, 2018**
分布：云南（西双版纳）。
球安小叶蝉 *Anufrievia sphenoides* Yang & Zhang, 2018
分布：云南（西双版纳）。
***Anufrievia sufflata* Yang & Zhang, 2018**
分布：云南（丽江）。
塔安小叶蝉 *Anufrievia zelta* Dworakowska, 1977
分布：云南（西双版纳），海南；印度。

Aparaphysis Duan & Zhang, 2013

***Aparaphysis lushuiiensis* Duan & Zhang, 2013**
分布：云南（怒江）。

光小叶蝉属 *Apheliona* Kirkaldy, 1907

锈光小叶蝉 *Apheliona ferruginea* (Matsumura, 1931)
分布：云南（大理），四川，浙江，湖北，湖南，广东，海南，陕西，台湾；日本，印度，马来西亚，泰国，印度尼西亚，文莱。
印度光小叶蝉 *Apheliona indica* Dworakowska & Sohi, 1978
分布：云南（保山），陕西；印度。

脊冠叶蝉属 *Aphrodes* Curtis, 1831

横带脊冠叶蝉 *Aphrodes bicincta* (Schrank, 1776)
分布：世界广布。

狭顶叶蝉属 *Apphia* Distant, 1918

白翅狭顶叶蝉 *Apphia albida* (Li & Li, 2011)
分布：云南（西双版纳）。
白斑狭顶叶蝉 *Apphia albonotata* (Yang & Zhang, 1999)
分布：云南（保山、德宏、西双版纳）。
景洪狭顶叶蝉 *Apphia jinghongensis* (Li & Li, 2011)
分布：云南（西双版纳）。
白边狭顶叶蝉 *Apphia leucostriata* (Li & Wang, 1992)
分布：云南（保山、红河、西双版纳），贵州，广西。
长尾狭顶叶蝉 *Apphia longipyga* (Li & Wang, 2003)
分布：云南（德宏）。
勐仑狭顶叶蝉 *Apphia menglunensis* Li & Xing, 2020
分布：云南（西双版纳）。
黑脊狭顶叶蝉 *Apphia nigricarina* (Li, 1986)
分布：云南（保山、红河、西双版纳），贵州，湖北，湖南。
黑尾狭顶叶蝉 *Apphia nigricauda* (Chen, Yang & Li, 2012)
分布：云南（红河）。
黑缘狭顶叶蝉 *Apphia nigrimargina* (Li & Li, 2011)
分布：云南（红河、西双版纳）。
黑背狭顶叶蝉 *Apphia nigrinota* (Yang & Zhang, 1999)
分布：云南（怒江、红河、西双版纳）。

盘县狭顶叶蝉 *Apphia panxianensis* (Li & Li, 2011)
分布：云南（红河、西双版纳），贵州。
红背狭顶叶蝉 *Apphia rudorsuma* Xing & Li, 2013
分布：云南（红河）。
红翅狭顶叶蝉 *Apphia rufipenna* (Li & Wang, 2003)
分布：云南（红河、保山、德宏）。

阿小叶蝉属 *Arboridia* Zachvatkin, 1946

永善阿小叶蝉 *Arboridia sinensis* Guglielmino, Xu, Bückle & Dong, 2012
分布：云南（昭通）。

砂片叶蝉属 *Arenoledra* Kuoh, 1992

黑面砂片叶蝉 *Arenoledra nigrfirons* kuoh, 1992
分布：云南（怒江）。
黑点砂片叶蝉 *Arenoledra nigrimaculata* kuoh, 1992
分布：云南（怒江）。
黄面砂片叶蝉 *Arenoledra ochracea* kuoh, 1992
分布：云南（迪庆）。

盾大叶蝉属 *Aspidia* Yang & Zhang, 2001

刀突盾大叶蝉 *Aspidia falcata* Yang & Zhang, 2001
分布：云南（红河、西双版纳）。

凹冠叶蝉属 *Assiringia* Distant, 1908

雷公山凹冠叶蝉 *Assiringia leigongshana* (Li & Zhang, 2007)
分布：云南，贵州。

偏小叶蝉属 *Asymmetrasca* Dlabola, 1958

单偏小叶蝉 *Asymmetrasca mona* (Dworakowska, 1994)
分布：云南（丽江）；印度。
板井小绿叶蝉 *Asymmetrasca sakaii* (Dworakowska, 1971)
分布：云南，四川，陕西，山东，湖南，福建；印度，日本。

条大叶蝉属 *Atkinsoniella* Distant, 1908

白斑条大叶蝉 *Atkinsoniella albimacula* Yang & Li, 2002
分布：云南（怒江）。
白翅条大叶蝉 *Atkinsoniella albipenna* Yang, Meng & Li, 2017
分布：云南（德宏、红河），广西。
橙条大叶蝉 *Atkinsoniella alternata* Young, 1986
分布：云南，贵州，台湾。
角斑条大叶蝉 *Atkinsoniella angula* Kuoh, 1992
分布：云南（大理），甘肃。
亮黑条大叶蝉 *Atkinsoniella atrata* Yang, Meng & Li, 2017
分布：云南（保山）。
橙色条大叶蝉 *Atkinsoniella aurantiaca* Cai & kuoh, 1995
分布：云南（保山、怒江），贵州，浙江，湖北，江西。
喙端条大叶蝉 *Atkinsoniella beaka* Yang Meng & Li, 2017
分布：云南（德宏）。
波缘条大叶蝉 *Atkinsoniella biundulata* Meng, Yang & Ni, 2010
分布：云南（怒江、保山）。
弓突条大叶蝉 *Atkinsoniella bowa* Yang, Meng & Li, 2017
分布：云南（保山、怒江）。
短突条大叶蝉 *Atkinsoniella brevistyla* Yang & Li, 2004
分布：云南（保山、德宏），西藏。
常氏条大叶蝉 *Atkinsoniella changae* Yang, Meng & Li, 2017
分布：云南（红河）。
黄绿条大叶蝉 *Atkinsoniella chloritta* Yang & Li, 2002
分布：云南（丽江）。
曲斑条大叶蝉 *Atkinsoniella curvata* Zhang & Kuoh, 1993
分布：云南（保山），西藏。
箭尾条大叶蝉 *Atkinsoniella cuspidata* Meng, Yang & Ni, 2010
分布：云南（保山）。
短茎条大叶蝉 *Atkinsoniella cyclops* (Melichar, 1914)
分布：云南（西双版纳、德宏），贵州，四川，广西，湖南，海南；印度尼西亚，尼泊尔。
指突条大叶蝉 *Atkinsoniella dactylia* Yang & Li, 2000
分布：云南（保山、德宏、玉溪、红河、西双版纳），贵州，广西，广东，江西，福建，海南。

隐斑条大叶蝉 ***Atkinsoniella dormana*** **Li, 1992**
分布：云南（怒江），贵州，四川，重庆，陕西，湖北，江西，福建。

黄褐条大叶蝉 ***Atkinsoniella duna*** **Yang, Meng & Li, 2017**
分布：云南（德宏），贵州。

膨端条大叶蝉 ***Atkinsoniella expanda*** **Yang, Meng & Li, 2017**
分布：云南（保山）。

黄足条大叶蝉 ***Atkinsoniella flavilega*** **Yang, Meng & Li, 2017**
分布：云南（红河）。

弯纹条大叶蝉 ***Atkinsoniella flexa*** **Kuoh, 1992**
分布：云南（迪庆）。

叉尾条大叶蝉 ***Atkinsoniella furipygofera*** **Yang & Meng, 2011**
分布：云南（西双版纳）。

格氏条大叶蝉 ***Atkinsoniella grahami*** **Young, 1986**
分布：云南（丽江、大理、迪庆），贵州，四川，重庆，河南，陕西，甘肃，湖南，湖北，广东，海南。

圆斑条大叶蝉 ***Atkinsoniella guttata*** **Kuoh, 1992**
分布：云南（怒江、大理），西藏。

黑圆条大叶蝉 ***Atkinsoniella heiyuana*** **Li, 1992**
分布：云南（临沧、德宏、怒江、大理、红河、保山、西双版纳），四川，西藏，重庆，陕西，甘肃，广东，湖南，广西，湖北，海南，江西，福建。

黄氏条大叶蝉 ***Atkinsoniella huangi*** **Yang & Zhang, 2000**
分布：云南（德宏、玉溪、保山、红河），贵州，四川，广西。

黑色条大叶蝉 ***Atkinsoniella insignata*** **(Haupt, 1924)**
分布：云南（怒江、迪庆、大理），四川，青海，湖北。

箭尾条大叶蝉 ***Atkinsoniella kuspidata*** **Meng, Yang & Ni, 2010**
分布：云南（保山）。

污黄条大叶蝉 ***Atkinsoniella lactea*** **Kuoh & Cai, 1994**
分布：云南（临沧）。

李氏条大叶蝉 ***Atkinsoniella lii*** **Yang & Zhang, 2000**
分布：云南（红河）。

长突条大叶蝉 ***Atkinsoniella longa*** **Yang, Meng & Li, 2017**
分布：云南（保山、玉溪、红河）。

裂端条大叶蝉 ***Atkinsoniella longiaurita*** **Yang, Meng & Li, 2017**
分布：云南（保山）。

长斑条大叶蝉 ***Atkinsoniella longinotata*** **Kuoh, 1992**
分布：云南（怒江、迪庆），四川。

细长条大叶蝉 ***Atkinsoniella longiuscula*** **Feng & Zhang, 2015**
分布：云南（怒江、保山），四川。

披纹条大叶蝉 ***Atkinsoniella malaisei*** **Young, 1986**
分布：云南（玉溪、普洱、怒江、保山）；缅甸。

膜突条大叶蝉 ***Atkinsoniella membrana*** **Yang, Meng & Li, 2017**
分布：云南（玉溪）。

多毛条大叶蝉 ***Atkinsoniella multiseta*** **Yang, Meng & Li, 2017**
分布：云南（保山）。

黑体条大叶蝉 ***Atkinsoniella nigra*** **Kuoh & Cai, 1994**
分布：云南。

黑翅条大叶蝉 ***Atkinsoniella nigripennis*** **Yang & Li, 1999**
分布：云南（丽江）。

黑颜条大叶蝉 ***Atkinsoniella nigriscens*** **Yang & Li, 2004**
分布：云南（保山），西藏。

黑纹条大叶蝉 ***Atkinsoniella nigrisigna*** **Li, 1992**
分布：云南（丽江、怒江、保山），贵州，四川，重庆，广西，湖北。

色条大叶蝉 ***Atkinsoniella opponens*** **(Walker, 1851)**
分布：云南（德宏、普洱、保山、临沧、红河、西双版纳），四川，重庆，江西，广西，广东，海南，福建；缅甸，印度，越南，老挝，尼泊尔，泰国，菲律宾，马来西亚，印度尼西亚。

基红条大叶蝉 ***Atkinsoniella punica*** **Yang & Li, 2002**
分布：云南（怒江）。

直突条大叶蝉 ***Atkinsoniella recta*** **Yang, Meng & Li, 2017**
分布：云南（保山）。

弯突条大叶蝉 ***Atkinsoniella rectangulata*** **Yang, Meng & Li, 2017**
分布：云南（保山、怒江）。

菱纹条大叶蝉 ***Atkinsoniella rhomboida*** **Yang, Meng & Li, 2017**
分布：云南（玉溪）。

红斑条大叶蝉 *Atkinsoniella rubra* Kuoh & Cai, 1994
分布：云南（大理、保山、怒江、西双版纳）；菲律宾，马来西亚。
红条大叶蝉 *Atkinsoniella rubrostriata* Kuoh, 1992
分布：云南（大理、迪庆、丽江）。
红点条大叶蝉 *Atkinsoniella rufistingma* Yang, Meng & Li, 2017
分布：云南（怒江、玉溪）。
磺条大叶蝉 *Atkinsoniella sulphurata* (Distant, 1908)
分布：云南（保山、临沧、怒江、德宏），贵州，四川，重庆，广西，浙江，湖南，湖北，福建；印度，缅甸，印度尼西亚。
隐纹条大叶蝉 *Atkinsoniella thalia* (Distant, 1918)
分布：云南（西双版纳），贵州，四川，西藏，重庆，陕西，浙江，河南，河北，福建，湖南，湖北，广西，海南；印度，泰国，缅甸，孟加拉国。
拟隐条大叶蝉 *Atkinsoniella thaloidea* Young, 1986
分布：云南（保山、德宏），贵州，西藏，广西，广东，海南；缅甸。
田氏条大叶蝉 *Atkinsoniella tiani* Young, Meng & Li, 2017
分布：云南（德宏）。
横带条大叶蝉 *Atkinsoniella transifasciata* Yang, Meng & Li, 2017
分布：云南（保山、德宏、红河）。
三齿条大叶蝉 *Atkinsoniella tridentata* Yang & Meng, 2011
分布：云南（保山、怒江、玉溪）。
三点条大叶蝉 *Atkinsoniella triguttata* Zhang & Kuoh, 1993
分布：云南（西双版纳），福建。
三斑条大叶蝉 *Atkinsoniella trimaculata* Li, 1992
分布：云南（怒江、保山），贵州，四川。
***Atkinsoniella tripunctata* Dmitriev, 2020**
分布：云南，贵州，四川。
瘤齿条大叶蝉 *Atkinsoniella tuberostyla* Yang, Meng & Li, 2017
分布：云南（怒江）。
单斑条大叶蝉 *Atkinsoniella uniguttata* Li, 1993
分布：云南（德宏、普洱、西双版纳），贵州，广西，福建，海南。
变异条大叶蝉 *Atkinsoniella variata* Young, 1986
分布：云南（怒江、保山），贵州，四川，西藏；尼泊尔。
翘尾条大叶蝉 *Atkinsoniella warpa* Yang, Meng & Li, 2017
分布：云南（保山），西藏。
吴氏条大叶蝉 *Atkinsoniella wui* Yang, Meng & Li, 2017
分布：云南（保山），西藏。
黄腹条大叶蝉 *Atkinsoniella xanthoabdomena* Yang, Meng & Li, 2017
分布：云南（德宏、保山）。
黄斑条大叶蝉 *Atkinsoniella xanthonota* Kuoh, 1994
分布：云南（怒江、保山、德宏、大理）。
黄脉条大叶蝉 *Atkinsoniella xanthovena* Yang & Li, 2002
分布：云南（西双版纳、红河），贵州，广西，江西，福建，海南。
黄条大叶蝉 *Atkinsoniella xanthovitta* Kuoh, 1994
分布：云南（红河、怒江、保山、德宏、玉溪、大理）。
歆逢条大叶蝉 *Atkinsoniella xinfengi* Yang, Meng & Li, 2017
分布：云南（玉溪）。
严氏条大叶蝉 *Atkinsoniella yani* Yang, Meng & Li, 2017
分布：云南（迪庆、大理）。
***Atkinsoniella yingjiangensis* Jiang & Yang, 2023**
分布：云南（德宏）。
云南条大叶蝉 *Atkinsoniella yunnanana* Yang, Meng & Li, 2017
分布：云南（普洱、保山、怒江）。
再华条大叶蝉 *Atkinsoniella zaihuai* Yang & Meng, 2011
分布：云南（临沧、保山）。

奥小叶蝉属 *Austroasca* Lower, 1952

蒙奥小叶蝉 *Austroasca mitjaevi* Dworakowska, 1970
分布：云南（昆明），贵州，四川，黑龙江，河南，陕西，甘肃，山东，山西，湖南，广西，广东，福建；朝鲜，蒙古国。

宽尾小叶蝉属 *Ayubiana* Ahmed, 1969

恩小叶蝉 *Ayubiana enta* Dworakowska, 1993
分布：云南（红河）；印度，尼泊尔。

异巴小叶蝉属 *Baaora* Dworakowska, 1981

异巴小叶蝉 *Baaora aberranta* Huang & Zhang, 2006

分布：云南（西双版纳）。

顶斑巴小叶蝉 *Baaora apicimaculata* Huang & Zhang, 2006

分布：云南（丽江）。

褐巴小叶蝉 *Baaora fusca* Huang & Zhang, 2006

分布：云南（德宏），四川。

黑背巴小叶蝉 *Baaora nigritergita* Huang & Zhang, 2006

分布：云南（西双版纳）。

东方巴小叶蝉 *Baaora orientalis* (Dworakowska, 1977)

分布：云南（丽江）；越南，印度。

尤巴小叶蝉 *Baaora uhna* Dworakowska, 1981

分布：云南（保山、西双版纳），四川；印度。

巴小叶蝉属 *Baguoidea* Mahmood, 1967

猩红巴小叶蝉 *Baguoidea rufa* (Melichar, 1903)

分布：云南（西双版纳）。

片胫杆蝉属 *Balala* Distant, 1908

黑面片胫杆蝉 *Balala nigrifrons* Kuoh, 1992

分布：云南（丽江），贵州，陕西，河南，浙江，江西。

巴小叶蝉属 *Balanda* Dworakowska, 1979

褐斑巴小叶蝉 *Balanda kara* Dworakowska, 1979

分布：云南（西双版纳）；越南。

二室叶蝉属 *Balclutha* Kirkaldy, 1900

黄绿二室叶蝉 *Balclutha incisa* (Matsumura, 1902)

分布：云南，贵州，四川，重庆，福建，台湾；广泛分布于东洋区。

斑翅二室叶蝉 *Balclutha punctata* (Fabricius, 1775)

分布：云南（昆明、丽江、大理），贵州，东北，北京，河北，新疆，江苏，浙江，福建，台湾；俄罗斯（远东地区），朝鲜，日本，斯里兰卡，巴布亚新几内亚，澳大利亚，北美洲，非洲，欧洲。

紫色二室叶蝉 *Balclutha rubrostriata* (Melichar, 1903)

分布：云南，贵州，四川，福建，台湾；广泛分布于东洋区。

长茎二室叶蝉 *Balclutha sternalis* (Distant, 1918)

分布：云南（大理），贵州，西藏，陕西，安徽，福建；印度，俄罗斯（远东地区）。

竹叶蝉属 *Bambusana* (Matsumura, 1914)

长刺竹叶蝉 *Bambusana longispina* Luo & Chen, 2019

分布：云南（文山）。

黑斑竹叶蝉 *Bambusana nigrimaculata* Li, 2011

分布：云南（临沧），四川。

拟竹叶蝉属 *Bambusananus* Li & Xing, 2011

双棘拟竹叶蝉 *Bambusananus bispinosus* Xing & Li, 2016

分布：云南（德宏）。

斑翅拟竹叶蝉 *Bambusananus maculipennis* (Li & Wang, 1993)

分布：云南（西双版纳），贵州，四川，湖南，广西。

竹额垠叶蝉属 *Bambusimukaria* Yang, Chen & Li, 2016

五斑竹额垠叶蝉 *Bambusimukaria quinquepunctata* Chen & Yang, 2016

分布：云南（西双版纳），贵州，福建。

令叶蝉属 *Banus* Distant, 1908

扁令叶蝉 *Banus oblatus* Distant, 1908

分布：云南（西双版纳）；印度。

窄头叶蝉属 *Batracomorphus* Lewis, 1834

齿茎窄头叶蝉 *Batracomorphus allionii* (Turton, 1802)

分布：云南（昆明、丽江、临沧、文山、西双版纳），贵州，四川，陕西，黑龙江，吉林，辽宁，内蒙古，河南，河北，安徽，山东，浙江；欧洲。

齿突窄头叶蝉 *Batracomorphus dentestyleus* Li & Wang, 2003

分布：云南（德宏）。

叉突窄头叶蝉 *Batracomorphus furcatus* Li & Wang, 2003

分布：云南（大理、怒江），贵州。

褐点窄头叶蝉 *Batracomorphus fuscomaculatus* (Kuoh, 1986)

分布：云南（西双版纳），贵州。

叉茎长突叶蝉 *Batracomorphus geminatus* (Li & Wang, 1993)
分布：云南，贵州，陕西。
阔突窄头叶蝉 *Batracomorphus lateprocessus* Li & Wang, 2003
分布：云南（德宏）。
黑缘窄头叶蝉 *Batracomorphus nigromarginattus* Cai, 1999
分布：云南（昆明），浙江，陕西，河南，安徽。
端点窄头叶蝉 *Batracomorphus notatus* (Kuoh, 1986)
分布：云南（临沧），贵州。
类齿茎长突叶蝉 *Batracomorphus paradentatus* (Li & Wang, 1993)
分布：云南（丽江），贵州，四川。
片马窄头叶蝉 *Batracomorphus pianmaensis* Li & Wang, 2003
分布：云南（怒江）。
刺茎窄头叶蝉 *Batracomorphus reflexus* (Kuoh, 1986)
分布：云南（临沧）。
浅绿窄头叶蝉 *Batracomorphus viridula* (Melichar, 1902)
分布：云南，四川，河南，浙江；日本，朝鲜。

巴伯叶蝉属 *Bhavapura* Chalam & Rao, 2005

红纹巴伯叶蝉 *Bhavapura rufobilineata* (Melichar, 1914)
分布：云南，贵州，广西，福建，海南，台湾；印度。

巴大叶蝉属 *Bharagonalia* Young, 1986

巴大叶蝉 *Bharagonalia yalma* Young, 1986
分布：云南（西双版纳），广西；马来西亚。

类沟顶叶蝉属 *Bhatiahamus* Lu & Zhang, 2014

曲茎类沟顶叶蝉 *Bhatiahamus sinuatus* Lu & Zhang, 2014
分布：云南，广西。

二歧叶蝉属 *Bifurcus* Xu, Dietrich & Qin, 2022

黄二歧叶蝉 *Bifurcus flavidus* Xu, Dietrich & Qin, 2022
分布：云南（西双版纳）。

双突叶蝉属 *Biprocessa* Meng & Yang, 2015

斜纹双突叶蝉 *Biprocessa obliquizonata* (Li & Wang, 2003)
分布：云南（保山），西藏。
盾斑双突叶蝉 *Biprocessa shielda* Meng & Yang, 2015
分布：云南（保山、红河）。
褐纹双突叶蝉 *Biprocessa specklea* Li, Li & Xing, 2020
分布：云南（怒江）。

博小叶蝉属 *Bolanusoides* Distant, 1918

云南博小叶蝉 *Bolanusoides yunnanensis* Huang & Zhang, 2005
分布：云南（德宏）。

凹大叶蝉属 *Bothrogonia* Melichar, 1926

尖凹大叶蝉 *Bothrogonia acuminata* Yang & Li, 1980
分布：云南（德宏、普洱、西双版纳），贵州，河北，江苏，江西，广西，广东，福建，海南；老挝。
苞斑凹大叶蝉 *Bothrogonia buda* Yang, Meng & Li, 2017
分布：云南（德宏）。
周凹大叶蝉 *Bothrogonia choui* Yang & Li, 1980
分布：云南（西双版纳）。
弯凹大叶蝉 *Bothrogonia curvata* Yang & Li, 1980
分布：云南（昆明、丽江、西双版纳），四川，西藏，广西；印度，缅甸。
滇凹大叶蝉 *Bothrogonia diana* Kuoh, 1986
分布：云南（临沧），四川。
鄂凹大叶蝉 *Bothrogonia eana* Yang & Li, 1980
分布：云南（西双版纳），湖北。
短凹大叶蝉 *Bothrogonia exigua* Yang & Li, 1980
分布：云南（保山、西双版纳），贵州，广西，海南。
黑尾凹大叶蝉 *Bothrogonia ferruginea* (Fabricius, 1787)
分布：云南（红河、普洱、德宏、保山），贵州，四川，辽宁，黑龙江，吉林，江苏，浙江，安徽，福建，江西，山东，河南，湖北，湖南，广西，广东，台湾；朝鲜半岛，日本，印度，缅甸，越南，泰国，老挝，柬埔寨，印度尼西亚，菲律宾，非洲。
黄凹大叶蝉 *Bothrogonia flava* Kuoh, 1992
分布：云南（怒江）。
黄带凹大叶蝉 *Bothrogonia flavovittata* Kuoh, 1992
分布：云南（德宏、西双版纳）。
桂凹大叶蝉 *Bothrogonia guiana* Yang & Li, 1980
分布：云南（保山、德宏、西双版纳），贵州，广西。

钩凹大叶蝉 *Bothrogonia hamata* Yang & Li, 1980

分布：云南（西双版纳），贵州，江西，广西，广东，福建，海南。

剑凹大叶蝉 *Bothrogonia jianchuana* Yang & Li, 1980

分布：云南（大理），贵州，广西。

宽凹大叶蝉 *Bothrogonia lata* Yang & Li, 1980

分布：云南（昆明、红河、德宏、西双版纳），四川，广西。

刘凹大叶蝉 *Bothrogonia liui* Yang & Li, 1980

分布：云南（红河），广西，海南。

长斑凹大叶蝉 *Bothrogonia longimaculata* Kuoh, 1992

分布：云南（昆明、丽江、迪庆、西双版纳），四川。

大斑凹大叶蝉 *Bothrogonia macromaculata* Kuoh, 1992

分布：云南（保山），四川。

黑盾凹大叶蝉 *Bothrogonia nigroscutellata* Kuoh, 1992

分布：云南（西双版纳）。

紫凹大叶蝉 *Bothrogonia punicea* Kuoh, 1992

分布：云南（西双版纳）。

直凹大叶蝉 *Bothrogonia rectia* Yang & Li, 1980

分布：云南（普洱、怒江、西双版纳）；越南，印度，缅甸。

红翅凹大叶蝉 *Bothrogonia scarlatina* Cai & He, 2002

分布：云南，海南。

水凹大叶蝉 *Bothrogonia shuichengana* Li, 1983

分布：云南，贵州。

华凹大叶蝉 *Bothrogonia sinica* Yang & Li, 1980

分布：云南，陕西，河南，江西，浙江，湖北，湖南，福建。

藏凹大叶蝉 *Bothrogonia tibetana* Yang & Li, 1980

分布：云南（西双版纳），西藏；尼泊尔，不丹，缅甸，印度。

通凹大叶蝉 *Bothrogonia tongmaiana* Yang & Li, 1980

分布：云南（普洱、怒江、保山、德宏、西双版纳），西藏。

云凹大叶蝉 *Bothrogonia yunana* Yang & Li, 1980

分布：云南（普洱、保山、大理、临沧、西双版纳），广西；老挝，越南，泰国。

Brevivalvala Dai, Qu & Yang, 2016

***Brevivalvala melanosticta* Dai, Qu & Yang, 2016**

分布：云南（德宏）。

布罗叶蝉属 *Buloria* Distant, 1908

白条布罗叶蝉 *Buloria gyponinoides* Distant, 1908

分布：云南（西双版纳）；印度。

长头叶蝉属 *Bumizana* Distant, 1918

卡西亚长头叶蝉 *Bumizana khasiana* Viraktamath & Viraktamath, 1989

分布：云南（西双版纳），贵州，广东；印度。

斜脊叶蝉属 *Bundera* Distant, 1908

竹子斜脊叶蝉 *Bundera bambusana* Yang, Chen & Li, 2012

分布：云南（大理、怒江）。

四斑斜脊叶蝉 *Bundera fourmacula* Li, Li & Xing, 2020

分布：云南（怒江）。

黑翅斜脊叶蝉 *Bundera heichiana* Li & Wang, 1992

分布：云南（红河），四川，湖南，湖北，河北。

斑翅斜脊叶蝉 *Bundera maculata* Kuoh, 1987

分布：云南（怒江），西藏。

透斑斜脊叶蝉 *Bundera pellucida* Li & Wang, 2001

分布：云南（大理、丽江、保山、德宏、西双版纳），贵州，四川，广西，湖北。

红条斜脊叶蝉 *Bundera rufistriana* Li & Wang, 2001

分布：云南（怒江），西藏。

双斑斜脊叶蝉 *Bundera venata* Distant, 1908

分布：云南（西双版纳），贵州，四川，西藏，重庆，陕西，湖北，广东；越南，缅甸。

缺缝叶蝉属 *Busonia* Distant, 1908

黑缘缺缝叶蝉 *Busonia amentata* Distant, 1908

分布：云南（保山）；印度，缅甸，泰国，菲律宾。

***Busonia albilateralis* Maldonado-Capriles, 1977**

分布：云南；越南。

丽叶蝉属 *Calodia* Nielson, 1982

哀牢山丽叶蝉 *Calodia ailaoshanensis* Li & Fan, 2017

分布：云南。

二刺丽叶蝉 ***Calodia bispinea*** **Li & Fan, 2017**
分布：云南。
弯突丽叶蝉 ***Calodia curveprocessa*** **Li & Fan, 2017**
分布：云南。
阔突丽叶蝉 ***Calodia expenda*** **Li & Fan, 2017**
分布：云南。
叉突丽叶蝉 ***Calodia forkstyla*** **Li & Fan, 2017**
分布：云南。
暗褐丽叶蝉 ***Calodia fusca*** **(Melichar, 1903)**
分布：云南；印度，斯里兰卡。
钩突丽叶蝉 ***Calodia harpagota*** **Zhang, 1994**
分布：云南（昆明），陕西。
长片单突丽叶蝉 ***Calodia longilamina*** **(Zhang, 1994)**
分布：云南。
黄边丽叶蝉 ***Calodia ostentus*** **(Distant, 1918)**
分布：云南，西藏；印度，斯里兰卡。
四斑丽叶蝉 ***Calodia quadrimacula*** **Wang, Li & Dai, 2021**
分布：云南（玉溪），贵州。
盾斑单突叶蝉 ***Calodia scutopunctata*** **(Zhang, 1994)**
分布：云南（大理），陕西，广西。
左氏丽叶蝉 ***Calodia zuoae*** **Wang, Li & Dai, 2021**
分布：云南（怒江）。

脊额叶蝉属 *Carinata* Li & Wang, 1992

双钩脊额叶蝉 ***Carinata bihamuluca*** **Li, Li & Xing, 2020**
分布：云南（红河）。
周氏脊额叶蝉 ***Carinata choui*** **Yang & Zhang, 1999**
分布：云南（文山），贵州，广西，海南。
黄盾脊额叶蝉 ***Carinata flaviscutata*** **Li & Wang, 1992**
分布：云南（红河），贵州，甘肃，广西，福建，浙江，海南，江西，湖北，湖南，安徽。
白边脊额叶蝉 ***Carinata kelloggii*** **(Baker, 1923)**
分布：云南（西双版纳），贵州，四川，广东，广西，湖南，江西，福建。
白腹脊额叶蝉 ***Carinata leucoventera*** **Li & Wang, 1993**
分布：云南（西双版纳）。
中带脊额叶蝉 ***Carinata midfasciana*** **Wang & Li, 2001**
分布：云南（怒江）。
黑带脊额叶蝉 ***Carinata nigrofasciata*** **Li & Wang, 1994**
分布：云南（保山、怒江），四川，重庆，甘肃，陕西，河南，浙江，江西，湖北。

姹小叶蝉属 *Chagria* Dworakowska, 1994

弯突姹小叶蝉 ***Chagria camptoprocessa*** **Cao, Huang & Zhang, 2011**
分布：云南（西双版纳）。

肛突叶蝉属 *Changwhania* Kwon, 1980

指突肛突叶蝉 ***Changwhania digitata*** **Zhang & Duan, 2009**
分布：云南（保山）。

网翅叶蝉属 *Chanohirata* Hayashi & Machida, 1996

双冀网翅叶蝉 ***Chanohirata bipennata*** **(Xu, Yu, Dai & Yang, 2020)**
分布：云南（保山、红河、西双版纳）。
桂花网翅叶蝉 ***Chanohirata eurya*** **(Fu & Zhang, 2015)**
分布：云南（红河、楚雄），西藏。
钩网翅叶蝉 ***Chanohirata hamata*** **(Wang & Zhang, 2019)**
分布：云南（玉溪）。
Chanohirata lageniformia **(Wang & Zhang, 2019)**
分布：云南，贵州，海南。
小网翅叶蝉 ***Chanohirata minima*** **Wang & Zhang, 2022**
分布：云南（保山、西双版纳）。
茶网翅叶蝉 ***Chanohirata theae*** **(Matsumura, 1912)**
分布：云南，贵州，陕西，河南，湖南，江西，浙江，安徽，广西，福建，广东，台湾；日本。
云南网翅叶蝉 ***Chanohirata yunnana*** **Wang & Zhang, 2022**
分布：云南（大理）。

华叶蝉属 *Chinaocerus* Zhang & Li, 2016

双刺华叶蝉 ***Chinaocerus bispinatus*** **Zhang & Li, 2016**
分布：云南（普洱）。
齿茎华叶蝉 ***Chinaocerus dentaedeagus*** **Li, Wang, Wang & Dai, 2022**
分布：云南（玉溪、红河、德宏）。

多刺华叶蝉 *Chinaocerus sexspinosus* Zhang & Webb, 2018
分布：云南（丽江）。
管胫华叶蝉 *Chinaocerus tubulatus* Zhang & Webb, 2018
分布：云南（怒江）。

双叉叶蝉属 *Chlorotettix* van Duzee, 1892

黑斑双叉叶蝉 *Chlorotettix nigromaculatus* (Dai, Chen & Li, 2006)
分布：云南，贵州，四川，甘肃，河南，江西。

消室叶蝉属 *Chudania* Distant, 1908

印度消室叶蝉 *Chudania delecta* Distant, 1908
分布：云南（红河、保山），贵州，四川，福建；印度，斯里兰卡。
峨眉消室叶蝉 *Chudania emeiana* Yang & Zhang, 1990
分布：云南（红河），贵州，四川，湖南。
福建消室叶蝉 *Chudania fujianana* Cai & Kuoh, 1992
分布：云南（大理、保山、红河），贵州，四川，西藏，福建。
赫氏消室叶蝉 *Chudania hellerina* Zhang & Yang, 1990
分布：云南（西双版纳），贵州，四川，广西，湖南。
金平消室叶蝉 *Chudania jinpinga* Li, Li & Xing, 2020
分布：云南（红河）。
昆明消室叶蝉 *Chudania kunmingana* Zhang & Yang, 1990
分布：云南（昆明、大理、保山、德宏、临沧），贵州，重庆。
丽江消室叶蝉 *Chudania lijiangensis* Li & Chen, 2001
分布：云南（丽江、迪庆），四川。
多刺消室叶蝉 *Chudania multispinata* Li, Li & Xing, 2001
分布：云南（保山、大理、红河），四川。
中华消室叶蝉 *Chudania sinica* Zhang & Yang, 1990
分布：云南（大理、迪庆、保山、文山、德宏、西双版纳），贵州，四川，河北，河南，山东，陕西，湖北，湖南，安徽，浙江，江苏，广西，福建，广东，海南。
云南消室叶蝉 *Chudania yunnana* Yang & Zhang, 1990
分布：云南（普洱、德宏、保山、怒江、文山、红河、西双版纳），贵州，四川，陕西，广西。

大叶蝉属 *Cicadella* Latreille, 1817

烟翅大叶蝉 *Cicadella fumosa* Kuoh & Zhang, 1991
分布：云南（昆明、丽江、大理），贵州。
大青叶蝉 *Cicadella viridis* (Linaeus, 1758)
分布：世界广布。

阔茎叶蝉属 *Cladolidia* Nielson, 2015

背枝单突叶蝉 *Cladolidia biungulata* (Nielson, 1982)
分布：云南，贵州，四川，重庆，河南，广西，湖北，浙江。

可大叶蝉属 *Cofana* Mellichar, 1926

黑纹可大叶蝉 *Cofana nigrilinea* (Stål, 1870)
分布：云南，台湾，海南；印度，菲律宾，马来西亚，新加坡，印度尼西亚，巴布亚新几内亚，澳大利亚。
倪氏可大叶蝉 *Cofana nii* Yang, Meng & Li, 2015
分布：云南（德宏），广西。
白大叶蝉 *Cofana spectra* (Distant, 1908)
分布：云南（临沧、德宏、怒江、保山、普洱、西双版纳），贵州，四川，西藏，甘肃，广西，福建，海南，广东，台湾；澳大利亚，非洲。
淡色可大叶蝉 *Cofana subvirescens* (Stål, 1870)
分布：云南（德宏、西双版纳），贵州，广西，福建，海南，台湾；印度，巴基斯坦，缅甸，越南，斯里兰卡，马来西亚，巴布亚新几内亚，印度尼西亚，菲律宾。
绿斑大叶蝉 *Cofana unimaculata* (Signoret, 1854)
分布：云南（德宏、临沧、西双版纳），贵州，四川，广西，福建，广东，海南，台湾；菲律宾，印度尼西亚，印度，缅甸，巴基斯坦，尼泊尔，巴布亚新几内亚，澳大利亚，非洲。
凹痕可大叶蝉 *Cofana yasumatsui* Young, 1979
分布：云南（德宏、怒江、西双版纳），贵州，西藏，广西，广东，福建，海南，台湾；印度，缅甸，越南，泰国，马来西亚，印度尼西亚。

同缘小叶蝉属 *Coloana* Dworakowska, 1971

***Coloana accrescens* Cao & Zhang, 2014**
分布：云南（普洱）。

***Coloana latiprocessa* Yang & Zhang, 2014**
分布：云南（西双版纳）。
***Coloana orthoprocessa* Cao & Zhang, 2014**
分布：云南（红河）。
***Coloana recta* Cao & Zhang, 2014**
分布：云南（西双版纳）。
弯同缘小叶蝉 *Coloana sinuata* Cao & Zhang, 2014
分布：云南（普洱）。

扁耳叶蝉属 *Complanledra* Cai, 1998

扁耳叶蝉 *Complanledra complana* Cai & Huang, 1998
分布：云南（西双版纳、怒江），海南。

陷冠叶蝉属 *Concaves* Li, Li & Xing, 2020

白额陷冠叶蝉 *Concaves albiclypeus* (Li & Wang, 1993)
分布：云南（西双版纳）。
双斑陷冠叶蝉 *Concaves bipunctatus* (Li & Wang, 1993)
分布：云南（德宏）。
黄斑陷冠叶蝉 *Concaves flavopunctatus* (Li & Wang, 1991)
分布：云南（大理、迪庆、西双版纳），贵州，广西，福建，浙江，湖北，台湾，安徽，河北，山西。

Condensella Xu, Dietrich & Qin, 2017

***Condensella filamenta* Xu, Dietrich & Qin, 2017**
分布：云南（普洱），广西；泰国。

凸冠叶蝉属 *Convexana* Li, 1994

白脊凸冠叶蝉 *Convexana albicarinata* Li, 1994
分布：云南（保山），贵州，四川，陕西，山西，河南，广西。
白带凸冠叶蝉 *Convexana albitapeta* Li, Li & Xing, 2020
分布：云南（丽江）。
曲突凸冠叶蝉 *Convexana fleura* Chen, Yang & Li, 2012
分布：云南（丽江、怒江、保山、德宏）。
黑背凸冠叶蝉 *Convexana nigridorsuma* Li, Li & Xing, 2020
分布：云南（大理、怒江、保山、德宏）。
黑腹凸冠叶蝉 *Convexana nigriventrala* Li, Li & Xing, 2001
分布：云南（怒江）。
红色凸冠叶蝉 *Convexana rufa* Li, 1994
分布：云南（红河、保山），贵州，广西。

隆额叶蝉属 *Convexfronta* Li, 1997

郭氏隆额叶蝉 *Convexfronta guoi* Li, 1997
分布：云南（保山），贵州，陕西，河北，湖北。

Coriojassus Evans, 1972

***Coriojassus yunnanensis* Dai, Dietrich & Zhang, 2015**
分布：云南（西双版纳）。

刺茎叶蝉属 *Creberulidia* Nielson, 2015

巴氏刺茎叶蝉 *Creberulidia barnesi* (Nielson, 1982)
分布：云南（西双版纳）；泰国。
刺板刺茎叶蝉 *Creberulidia bispinosa* (Nielson, 1982)
分布：云南。
棘刺茎叶蝉 *Creberulidia centata* (Zhang, 1994)
分布：云南（普洱）。
短刺刺茎叶蝉 *Creberulidia setulosa* (Zhang, 1994)
分布：云南（普洱、西双版纳）。
刺列刺茎叶蝉 *Creberulidia spinifera* (Zhang, 1990)
分布：云南（西双版纳）。
中带刺茎叶蝉 *Creberulidia yayeyamae* (Matsumura, 1913)
分布：云南（西双版纳），海南，台湾；日本。
云南刺茎叶蝉 *Creberulidia yunnanensis* (Zhang, 1994)
分布：云南。

梳叶蝉属 *Ctenurellina* McKamey, 2003

缘梳叶蝉 *Ctenurellina paludosa* (Vilbaste, 1968)
分布：云南（大理、保山），陕西，湖南，海南；日本，韩国，俄罗斯（远东地区）。

楔叶蝉属 *Cunedda* Distant, 1918

褐额楔叶蝉 *Cunedda brownfronsa* Li, Li & Xing, 2020
分布：云南（红河、普洱、西双版纳）。
红河楔叶蝉 *Cunedda honghensis* Li, Li & Xing, 2020
分布：云南（红河、德宏）。

弓背叶蝉属 *Cyrta* Melichar, 1902

连理弓背叶蝉 *Cyrta coalita* Wei, Webb & Zhang, 2008
分布：云南。

乌樽弓背叶蝉 *Cyrta nigrocupuliferous* (Zhang & Wei, 2002)
分布：云南（西双版纳）。
条痕弓背叶蝉 *Cyrta striolata* (Zhang & Wei, 2002)
分布：云南（红河）。
黄褐小头叶蝉 *Cyrta testacea* (Kuoh, 1992)
分布：云南（迪庆）。

刀翅叶蝉属 *Daochia* Wei, Zhang & Webb, 2006

双突刀翅叶蝉 *Daochia bicornis* Wei, Zhang & Webb, 2006
分布：云南（西双版纳）。
网脉刀翅叶蝉 *Daochia reticulata* Wei, Zhang & Webb, 2006
分布：云南（德宏、西双版纳），四川，西藏。

大卫叶蝉属 *Davmata* Dworakowska, 1979

镰突大卫叶蝉 *Davmata falcata* Cao, Huang & Zhang, 2011
分布：云南（西双版纳）。

Decliviassus Wang, Wu & Dai, 2018

***Decliviassus sagittatus* Wang, Wu & Dai, 2018**
分布：云南（西双版纳）。

对突叶蝉属 *Decursusnirvana* Gao, Dai & Zhang, 2014

端黑对突叶蝉 *Decursusnirvana excelsa* (Melichar, 1902)
分布：云南（怒江），贵州，四川，甘肃，青海，陕西，河南，湖北。
纵带对突叶蝉 *Decursusnirvana fasciiformis* Gao & Zhang, 2014
分布：云南（怒江），四川。

角顶叶蝉属 *Deltocephalus* Burmeister, 1938

常角顶叶蝉 *Deltocephalus vulgaris* Dash & Viraktamath, 1998
分布：云南（西双版纳），陕西，浙江，江西，湖南，广西，福建，广东，海南。

宽片叶蝉属 *Destinia* Nast, 1952

双齿宽片叶蝉 *Destinia bidentata* Cai & He, 1998
分布：云南（德宏、西双版纳）。
长突宽片叶蝉 *Destinia producta* Nast, 1952
分布：云南；印度尼西亚。

阔片叶蝉属 *Destinoides* Cai & He, 2000

单阔片叶蝉 *Destinoides conspicuus* (Distant, 1907)
分布：云南，广西，海南；越南，新加坡。
棕翅阔片叶蝉 *Destinoides latifrons* (Walker, 1851)
分布：云南（红河、西双版纳），海南，广东；越南，印度，斯里兰卡。

迪小叶蝉属 *Dialecticopteryx* Kirkaldy, 1907

莱科迪小叶蝉 *Dialecticopteryx akonis* (Matsumura, 1931)
分布：云南（西双版纳），台湾。

滇叶蝉属 *Dianica* Zhang, 2018

横皱滇叶蝉 *Dianica rugulosa* Zhang, 2018
分布：云南（德宏）。

叉脉小叶蝉属 *Dikraneura* Hardy, 1850

齿突迪克小叶蝉 *Dikraneura denticulata* Knight, 1968
分布：云南（保山、红河），贵州；尼泊尔。
脆弱叉脉小叶蝉 *Dikraneura fragilis* Dworakowska, 1993
分布：云南（昆明、红河），贵州；印度。
东方叉脉小叶蝉 *Dikraneura orientalis* Dworakowska, 1993
分布：云南（昆明），贵州，四川，陕西，河南，山东，湖北，安徽，浙江，福建，台湾；日本。
黄金叉脉小叶蝉 *Dikraneura zlata* Dworakowska, Singh & Nagaich, 1979
分布：云南（昆明）；印度。

戴小叶蝉属 *Diomma* Motschulsky, 1863

巽他戴小叶蝉 *Diomma ilsae* (Jacobi, 1941)
分布：云南（西双版纳）。
台湾戴小叶蝉 *Diomma taiwana* Dworakowska, 1981
分布：云南（普洱），海南，台湾；印度，日本。

娜小叶蝉属 *Direnaia* Zhang & Huang, 2005

四点娜小叶蝉 *Direnaia quadripunctata* Zhang & Huang, 2005
分布：云南（丽江），四川。

蒂小叶蝉属 *Distantasca* Dworakowska, 1972

狭茎蒂小绿叶蝉 *Distantasca faciata* Dworakowska, 1972
分布：云南（西双版纳），贵州，广东，海南；印度，越南。

纳塔蒂小叶蝉 *Distantasca latava* (Dworakowska, 1981)

分布：云南（西双版纳），海南；印度。

阔蒂小叶蝉 *Distantasca latibasis* (Zhang & Liu, 2010)

分布：云南。

翘突蒂小叶蝉 *Distantasca interrupta* (Dworakowska, 1976)

分布：云南（西双版纳），广东，海南。

端蒂小叶蝉 *Distantasca paraterminalis* (Qin & Zhang, 2007)

分布：云南。

***Distantasca ricina* Zhang & Liu, 2014**

分布：云南（大理、西双版纳），海南。

里奥蒂小叶蝉 *Distantasca riora* (Dworakowska, 1977)

分布：云南（西双版纳）；越南。

片腹蒂小叶蝉 *Distantasca rokasa* (Dworakowska, 1981)

分布：云南（西双版纳），湖南；尼泊尔。

***Distantasca serratipenis* (Qin & Zhang, 2007)**

分布：云南。

端突蒂小叶蝉 *Distantasca terminalis* (Distant, 1918)

分布：云南（保山），海南，台湾；印度，密克罗尼西亚。

蒂卡蒂小叶蝉 *Distantasca tiaca* (Dworakowska, 1994)

分布：云南（保山），贵州，湖南；印度。

梯纳蒂小叶蝉 *Distantasca tna* (Dworakowska, 1980)

分布：云南，广东；印度。

瘤蒂小叶蝉 *Distantasca tuberculata* (Zhang & Liu, 2010)

分布：云南。

Doratulina Melichar, 1903

楠迪矛叶蝉 *Doratulina speciosa* (Distant, 1918)

分布：云南，贵州，内蒙古，广东，海南；印度。

Dorycnia Dworakowska, 1972

越南异小叶蝉 *Dorycnia vietnamica* Dworakowska, 1979

分布：云南（保山、德宏）；印度。

阔颈叶蝉属 *Drabescoides* Kwon & Lee, 1979

阔颈叶蝉 *Drabescoides nuchalis* (Jacobi, 1943)

分布：全国广布；朝鲜，俄罗斯（远东地区）。

胫槽叶蝉属 *Drabescus* Stål, 1870

阔胫槽叶蝉 *Drabescus extensus* Kuoh, 1985

分布：云南（临沧）。

酱红胫槽叶蝉 *Drabescus fuscorufous* Kuoh, 1985

分布：云南（西双版纳）。

白带胫槽叶蝉 *Drabescus limbaticeps* (Stål, 1858)

分布：云南，贵州，陕西，台湾；日本，印度，斯里兰卡，菲律宾。

细茎胫槽叶蝉 *Drabescus minipenis* Zhang, Zhang & Chen, 1997

分布：云南（西双版纳），四川，陕西，河南，湖北，台湾。

点脉胫槽叶蝉 *Drabescus nervosopunctatus* Signoret, 1880

分布：云南（保山），贵州，江西，湖北，台湾；印度，斯里兰卡。

宽胫槽叶蝉 *Drabescus ogumae* Matsumura, 1912

分布：云南（昭通），贵州，四川，甘肃，山东，山西，陕西，浙江，广东，台湾。

沥青胫槽叶蝉 *Drabescus piceatus* Kuoh, 1985

分布：云南（昭通、保山），湖北，河南。

黑额胫槽叶蝉 *Drabescus piceus* (Kuoh, 1985)

分布：云南（昆明、临沧）。

石龙胫槽叶蝉 *Drabescus shillongensis* Rao, 1989

分布：云南，贵州，广东；印度，越南。

黄额胫槽叶蝉 *Drabescus testaceus* (Kuoh, 1985)

分布：云南（临沧、保山），湖北。

纹脉叶蝉属 *Durgades* Distant, 1912

黑斑纹脉叶蝉 *Durgades nigropictus* Distant, 1912

分布：云南（保山），贵州，四川；印度，尼泊尔。

凹室叶蝉属 *Dusuna* Distant, 1907

二纹凹室叶蝉 *Dusuna bimaculata* Cai & Kuoh, 1993

分布：云南（西双版纳），广西。

红褐凹室叶蝉 *Dusuna brunnea* Cai & Yang, 1997

分布：云南（普洱、西双版纳）。

白小叶蝉属 *Elbelus* Mahmood, 1967

三点白小叶蝉 *Elbelus tripunctatus* Mahmood, 1967
分布：云南（红河、西双版纳），贵州，四川，上海，江苏，浙江，安徽，江西，湖北，湖南，广东，广西；泰国，越南，印度。

云南白小叶蝉 *Elbelus yunnanensis* Chou & Ma, 1981
分布：云南（红河、临沧、西双版纳），贵州，海南，湖南，河南，安徽，江苏，上海，江西，湖北，浙江，广西，广东。

角耳叶蝉属 *Eleazara* Distant, 1908

杨氏角耳叶蝉 *Eleazara yangi* Cai & He, 1997
分布：云南（保山）。

异径叶蝉属 *Elginus* Theron, 1975

延尾异径叶蝉 *Elginus productus* Xing & Li, 2011
分布：云南。

小绿叶蝉属 *Empoasca* Walsh, 1862

白翅小绿叶蝉 *Empoasca albipennis* Dworakowska, 1977
分布：云南（西双版纳）；越南。

唇基小绿叶蝉 *Empoasca clypealata* Qin & Zhang, 2008
分布：云南（保山）。

大蒿坪小绿叶蝉 *Empoasca dahaopingensis* Qin & Liu, 2011
分布：云南（保山）。

滇南小绿叶蝉 *Empoasca dianella* Qin & Zhang, 2011
分布：云南。

叉脉小绿叶蝉 *Empoasca dichotomous* Zhang & Xiao, 2000
分布：云南（玉溪）。

棉小绿叶蝉 *Empoasca faciata* (Dworakowska, 1972)
分布：云南（西双版纳），贵州，广东，海南；越南。

台湾雅氏小叶蝉 *Empoasca formosana* Paoli, 1932
分布：云南；日本，印度，泰国。

纳塔小绿叶蝉 *Empoasca latava* Dworakowska, 1981
分布：云南（西双版纳），海南；印度。

丽江小绿叶蝉 *Empoasca lijiangensis* Liu, 2011
分布：云南（丽江）。

烟翅小绿叶蝉 *Empoasca limbifera* (Matsumura, 1931)
分布：云南，贵州，四川，湖北，河南，安徽，浙江，福建；日本。

大贯小绿叶蝉 *Empoasca onukii* Matsuda, 1952
分布：云南（保山、临沧、西双版纳），贵州，四川，西藏，重庆，山东，河南，山西，湖北，湖南，江西，安徽，江苏，福建，广西，广东，海南，台湾，香港；日本，越南。

***Empoasca paraterminalis* Qin & Zhang, 2007**
分布：云南（西双版纳）。

井小绿叶蝉 *Empoasca parvifacia* Dworakowska, 1994
分布：云南（普洱），陕西；印度。

四突小绿叶蝉 *Empoasca quadrialata* Qin & Zhang, 2008
分布：云南，四川。

***Empoasca serratipenis* Qin & Zhang, 2007**
分布：云南（西双版纳）。

端突小绿叶蝉 *Empoasca terminalis* Distant, 1918
分布：云南（保山），广东，海南，台湾；印度，密克罗尼西亚。

假眼小绿叶蝉 *Empoasca vitis* (Gothe, 1875)
分布：云南（昆明、临沧、保山），贵州，安徽，湖南，浙江，福建；日本。

顶斑叶蝉属 *Empoascanara* Distant, 1918

***Empoascanara angkhangica* Hongsaprug, 1983**
分布：云南（文山）；泰国。

黄缘顶斑叶蝉 *Empoascanara circumscripta* (Matsumura, 1910)
分布：云南（临沧），江西，台湾；日本。

胫耳顶斑叶蝉 *Empoascanara conchata* Song & Li, 2013
分布：云南（西双版纳）。

香港顶斑叶蝉 *Empoascanara hongkongica* Dworakowska, 1971
分布：云南（西双版纳），广东，海南，香港；越南，缅甸，泰国，马来西亚，新加坡。

纤茎顶斑叶蝉 *Empoascanara longiaedeaga* Song & Li, 2013
分布：云南（西双版纳）。

曲顶斑叶蝉 *Empoascanara plamka* Dworakowska, 1979
分布：云南（西双版纳）；泰国，越南，印度。

斜胸叶蝉属 *Epiclinata* Metcalf, 1952

栗带斜胸叶蝉 *Epiclinata acutangulata* (Distant, 1908)
分布：云南（保山）；印度，印度尼西亚。

凸唇叶蝉属 *Erragonalia* Young, 1986

双色凸唇叶蝉 *Erragonalia bicolorata* Yang, Meng & Li, 2017
分布：云南（保山、怒江、临沧），贵州。
周氏凸唇叶蝉 *Erragonalia choui* Li, 1989
分布：云南（保山、德宏），贵州，四川，重庆，广西，辽宁，湖北，江西，湖南，福建，广东，海南。
凹缺凸唇叶蝉 *Erragonalia fucina* Young, 1986
分布：云南（临沧、保山、怒江）；缅甸。
云南凸唇叶蝉 *Erragonalia yunnana* Yang, Meng & Li, 2017
分布：云南（保山、临沧、普洱）。

斑叶蝉属 *Erythroneura* Fitch, 18514

白翅斑叶蝉 *Erythroneura subrufa* (Motschulsky, 1863)
分布：云南，贵州，广西，安徽，浙江，江西，湖南，福建，台湾，广东；日本，斯里兰卡，印度，印度尼西亚。

恩伦叶蝉属 *Etmaria* Cao & Dmitriev, 2020

勐养恩伦叶蝉 *Etmaria mengyanga* (Song & Li, 2012)
分布：云南。
三角恩伦叶蝉 *Etmaria triquetra* Cao & Zhang, 2020
分布：云南（德宏）。
后恩伦叶蝉 *Etmaria ulterior* Cao & Zhang, 2020
分布：云南（德宏）。

蒿小叶蝉属 *Eupteryx* Curtis, 1829

黑白蒿小叶蝉 *Eupteryx albonigra* Dworakowska, 1994
分布：云南（西双版纳）；印度，尼泊尔。
细突蒿小叶蝉 *Eupteryx graciliramus* Hou, Zhang & Huang, 2016
分布：云南（大理、保山）。
枝突蒿小叶蝉 *Eupteryx hela* Dworakowska, 1982
分布：云南（昆明、保山、丽江），西藏；尼泊尔。
无突蒿小叶蝉 *Eupteryx irminae* Dworakowska, 1969
分布：云南（西双版纳），四川；印度，尼泊尔。
荨麻蒿小叶蝉 *Eupteryx janeki* Dworakowska, 1969
分布：云南（西双版纳）；印度，尼泊尔。
五纹蒿小叶蝉 *Eupteryx pentavittatus* Hu & Kuoh, 1991
分布：云南（昆明、保山）。

雅小叶蝉属 *Eurhadina* Haupt, 1929

斑雅小叶蝉 *Eurhadina amacularis* Zhang & Huang, 2022
分布：云南。
安雅小叶蝉 *Eurhadina anurous* Zhang & Xiao, 2000
分布：云南（玉溪），湖北。
双禽雅小叶蝉 *Eurhadina biavis* (Yang & Li, 1991)
分布：云南（保山），浙江，福建。
中斑雅小叶蝉 *Eurhadina centralis* Yang & Li, 1991
分布：云南（西双版纳），湖南，浙江，福建。
大竹岚雅小叶蝉 *Eurhadina dazhulana* Yang & Li, 1991
分布：云南（西双版纳），浙江，湖南，福建。
尾斑雅小叶蝉 *Eurhadina dipiopunctata* Huang & Zhang, 1999
分布：云南（西双版纳），福建，浙江。
异雅小叶蝉 *Eurhadina dissimilis* Zhang & Huang, 2021
分布：云南（西双版纳）。
***Eurhadina extensa* Zhang & Huang, 2022**
分布：云南。
***Eurhadina fasciata* Dworakowska, 2002**
分布：云南（西双版纳）。
***Eurhadina flatilis* Zhang & Huang, 2021**
分布：云南。
***Eurhadina foliiformis* Zhang & Huang, 2022**
分布：云南。
台湾雅小叶蝉 *Eurhadina fumosa* Zhang & Huang, 2021
分布：云南（西双版纳）。
叉端雅小叶蝉 *Eurhadina furca* Zhang & Huang, 2021
分布：云南（昆明、西双版纳）。
褐盾雅小叶蝉 *Eurhadina fusca* Cai & Kuoh, 1993
分布：云南（保山），福建。

乳雅小叶蝉 ***Eurhadina galacta* Zhang & Huang, 2022**
分布：云南（大理）。
***Eurhadina gracilifurca* Zhang & Huang, 2022**
分布：云南（大理）。
***Eurhadina immatura* Zhang & Huang, 2021**
分布：云南（西双版纳）。
***Eurhadina jarrayi* Dworakowska, 2002**
分布：云南。
***Eurhadina krispinilla* Dworakowska, 2002**
分布：云南（西双版纳）。
***Eurhadina lata* Zhang & Huang, 2022**
分布：云南。
玛雅小叶蝉 ***Eurhadina mamata* Dworakowska, 1981**
分布：云南（德宏、西双版纳），贵州，浙江，安徽，福建，湖南，陕西；巴基斯坦，尼泊尔。
勐仑雅小叶蝉 ***Eurhadina menglunensis* Huang & Zhang, 1999**
分布：云南（西双版纳）。
***Eurhadina parilintanonica* Zhang & Huang, 2022**
分布：云南（西双版纳）。
***Eurhadina pookiewica* Dworakowska, 2002**
分布：云南。
***Eurhadina prima* Dworakowska, 2002**
分布：云南；泰国。
***Eurhadina quadrimacularis* Zhang & Huang, 2022**
分布：云南（楚雄）。
红雅小叶蝉 ***Eurhadina rubra* Dworakowska, 1969**
分布：云南（西双版纳），湖南，福建；越南，马来西亚。
黄红雅小叶蝉 ***Eurhadina rutilans* Hu & Kuoh, 1991**
分布：云南（昆明、西双版纳）；泰国。
***Eurhadina scalesa* Zhang & Huang, 2022**
分布：云南。
***Eurhadina scamba* Zhang & Huang, 2022**
分布：云南。
***Eurhadina scandens* Zhang & Huang, 2022**
分布：云南。
刺突雅小叶蝉 ***Eurhadina spinifera* Huang & Zhang, 1999**
分布：云南，福建。
三斑雅小叶蝉 ***Eurhadina tripunctata* Huang & Zhang, 1999**
分布：云南（普洱），福建。
紫雅小叶蝉 ***Eurhadina unipunicea* Hu & Kuoh, 1991**
分布：云南（西双版纳）。
***Eurhadina uprotrusa* Zhang & Huang, 2022**
分布：云南。
圈饰雅小叶蝉 ***Eurhadina vittata* Ahmed, 1969**
分布：云南（保山）；印度，巴基斯坦。
武夷雅小叶蝉 ***Eurhadina wuyiana* Yang & Li, 1991**
分布：云南（保山、西双版纳），四川，浙江，福建，湖南。
***Eurhadina yingfengica* Dworakowska, 2002**
分布：云南。
踵端雅小叶蝉 ***Eurhadina zadyma* Dworakowska, 2002**
分布：云南（昆明、西双版纳）；泰国。

横脊叶蝉属 *Evacanthus* Le Peletier & Audinet-Servillle, 1825

褐带横脊叶蝉 ***Evacanthus acuminatus* (Fabricius, 1794)**
分布：云南（玉溪），贵州，四川，西藏，山西，陕西，广西，台湾；日本，朝鲜，俄罗斯（远东地区），北美洲。
白边横脊叶蝉 ***Evacanthus albicostatus* Kuoh, 1987**
分布：云南（怒江），四川，西藏。
二点横脊叶蝉 ***Evacanthus biguttatus* Kuoh, 1987**
分布：云南（大理），贵州，四川，西藏，吉林，陕西，山西，湖北，台湾。
双斑横脊叶蝉 ***Evacanthus bimaculatus* Li & Wang, 2002**
分布：云南（怒江）。
二带横脊叶蝉 ***Evacanthus bivittatus* Kuoh, 1992**
分布：云南（迪庆、大理、怒江），四川，西藏，吉林。
齿片横脊叶蝉 ***Evacanthus densus* Kuoh, 1992**
分布：云南（怒江、大理）。
指片横脊叶蝉 ***Evacanthus digitatus* Kuoh, 1992**
分布：云南（大理、迪庆），新疆，陕西，甘肃。
三斑横脊叶蝉 ***Evacanthus extremes* (Walker, 1851)**
分布：云南（大理），西藏，甘肃，福建；印度。
黑面横脊叶蝉 ***Evacanthus heimianus* Kuoh, 1980**
分布：云南（红河），贵州，四川，西藏，陕西；泰国。

黄面横脊叶蝉 ***Evacanthus interruptus*** **(Linnaeus, 1758)**
分布：云南，贵州，四川，西藏，新疆，吉林，黑龙江，甘肃，陕西，宁夏，河北，山西，河南，浙江，湖北，广西，福建，台湾；朝鲜，日本，俄罗斯（远东地区），欧洲，北美洲。

葛氏横脊叶蝉 ***Evacanthus kuohi*** **Liang, 1995**
分布：云南（迪庆）。

片突横脊叶蝉 ***Evacanthus longianus*** **Yang & Zhang, 2000**
分布：云南（怒江），贵州，四川，陕西，山西，河南，湖北。

黑盾横脊叶蝉 ***Evacanthus nigriscutus*** **Li & Wang, 1996**
分布：云南（大理、怒江、保山、红河），贵州，四川，广西。

黑条横脊叶蝉 ***Evacanthus nigristreakus*** **Li & Wang, 2002**
分布：云南（丽江、大理）。

黄褐横脊叶蝉 ***Evacanthus ochraceus*** **Kuoh, 1992**
分布：云南（迪庆），四川，陕西。

前斑横脊叶蝉 ***Evacanthus ogumae*** **(Matsumura, 1911)**
分布：云南，贵州，四川，陕西，湖北，青海，辽宁，吉林，河北，山西，河南；朝鲜，俄罗斯（远东地区）。

浅色横脊叶蝉 ***Evacanthus qiansus*** **Kuoh, 1980**
分布：云南，四川，西藏。

黄带横脊叶蝉 ***Evacanthus repexus*** **Distant, 1908**
分布：云南（大理、保山、怒江、红河），贵州，四川，西藏，广西，甘肃，陕西，湖北；印度。

红缘横脊叶蝉 ***Evacanthus rufomarginatus*** **Kuoh, 1987**
分布：云南（大理、丽江），四川，西藏。

条翅横脊叶蝉 ***Evacanthus taeniatus*** **Li, 1985**
分布：云南，贵州。

端钩横脊叶蝉 ***Evacanthus uncinatus*** **Li, 1989**
分布：云南（大理、迪庆），贵州，四川。

Evinus Dlabola, 1977

Evinus macrospinus **Lu, 2011**
分布：云南（大理）。

Evinus obscurus **Lu, Dietrich & Zhang, 2013**
分布：云南。

Evinus tenuis **Lu, Dietrich & Zhang, 2013**
分布：云南（临沧）。

Exitianus Baii, 1929

中黑顶带叶蝉 ***Exitianus fusconervosus*** **(Motschulsky, 1863)**
分布：云南（丽江、大理、临沧、怒江），贵州，安徽；日本，印度，斯里兰卡，菲律宾，印度尼西亚。

黑角顶带叶蝉 ***Exitianus indicus*** **(Distant, 1908)**
分布：云南（临沧），贵州，四川，新疆，吉林，陕西，河南，安徽，江苏，浙江，湖北，湖南，广西，福建，广东，台湾；日本，印度，尼泊尔，孟加拉国，斯里兰卡，菲律宾。

横线叶蝉 ***Exitianus nanus*** **(Distant, 1908)**
分布：云南，湖北，河南，福建，广东，海南；印度。

棒顶带叶蝉 ***Exitianus turneri*** **Ross, 1968**
分布：云南（怒江），河南；南非。

端突叶蝉属 *Extenda* Li, Li & Xing, 2020

宽带端突叶蝉 ***Extenda broadbanda*** **Li, Li & Xing, 2020**
分布：云南（大理）。

横带端突叶蝉 ***Extenda fasciata*** **(Li & Wang, 1992)**
分布：云南（大理、丽江），贵州，四川，陕西，湖北，河南。

黑背端突叶蝉 ***Extenda nigronotum*** **(Li & Chen, 1999)**
分布：云南（昆明、普洱），贵州，西藏；日本。

内突叶蝉属 *Extensus* Huang, 1989

宽带内突叶蝉 ***Extensus latus*** **Huang, 1989**
分布：云南（红河、保山），贵州，四川，重庆，江西，湖北，安徽，浙江，湖南，广西，福建，海南，广东，台湾。

Faiga Dworakowska, 1980

德罗匙板叶蝉 ***Faiga dropia*** **Dworakowska, 1980**
分布：云南（西双版纳）；印度。

Fangamanus He, Zhang, McKamey & Zahniser, 2019

Fangamanus rufofascianus **(Li, 1990)**
分布：云南（丽江、大理、临沧），贵州，四川，湖南。

蕃氏小叶蝉属 *Farynala* Dworakowska, 1970

岐突蕃氏小叶蝉 *Farynala starica* Dworakowska, 1977

分布：云南（西双版纳），贵州，湖南；越南。

索突叶蝉属 *Favintiga* Webb, 1981

索突叶蝉 *Favintiga camphorae* (Matsumura, 1912)

分布：云南，福建；日本。

长茎索突叶蝉 *Favintiga gracilipenis* Shang & Zhang, 2006

分布：云南（保山、德宏、西双版纳），贵州，浙江，海南。

扁小叶蝉属 *Flatseta* Jiao & Yang, 2015

弯扁小叶蝉 *Flatseta scimitara* Jiao & Yang, 2015

分布：云南（西双版纳），福建。

平额叶蝉属 *Flatfronta* Chen & Li, 1997

叉突平额叶蝉 *Flatfronta pronga* Chen & Li, 1997

分布：云南（临沧），贵州，江西，福建，广东。

弗来叶蝉属 *Flaviata* Lu & Qin, 2014

长干弗来叶蝉 *Flaviata longa* Xu, Lu & Qin, 2015

分布：云南（保山）。

曲茎叶蝉属 *Fractata* Song & Li, 2011

扭干曲茎叶蝉 *Fractata sinuata* Song & Li, 2011

分布：云南（西双版纳）。

窗耳叶蝉属 *Funkikonia* Kato, 1931

浙江窗耳叶蝉 *Funkikonia zheana* Cai & Huang, 1998

分布：云南（德宏），浙江，台湾。

瘤翅耳叶蝉 *Funkikonia tuberculata* (Kato, 1929)

分布：云南，台湾；日本。

加姆叶蝉属 *Gambialoa* Dworakowska, 1972

亚洲加姆叶蝉 *Gambialoa asiatica* Dworakowska, 1979

分布：云南（西双版纳），海南；越南。

短茎加姆叶蝉 *Gambialoa borealis* Dworakowska, 1981

分布：云南（迪庆）；印度，尼泊尔。

点线叶蝉属 *Gessius* Distant, 1908

叉突点线叶蝉 *Gessius furcatus* Wang & Li, 1997

分布：云南（丽江）。

红背点线叶蝉 *Gessius rufidorsus* Wang & Li, 1997

分布：云南（保山），湖南。

点线叶蝉 *Gessius verticalis* Distant, 1908

分布：云南（怒江），江西，台湾；缅甸，印度，尼泊尔，孟加拉国。

戛小叶蝉属 *Ghauriana* Thapa, 1985

中华戛小叶蝉 *Ghauriana sinensis* Qin & Zhang, 2011

分布：云南（昆明、保山、迪庆、西双版纳），广西，浙江。

钩茎叶蝉属 *Glaberana* Nielson, 2015

矛尾钩茎叶蝉 *Glaberana acontata* (Zhang, 1994)

分布：云南（西双版纳）。

周氏钩茎叶蝉 *Glaberana choui* (Zhang, 1994)

分布：云南（昆明、西双版纳）。

尖板钩茎叶蝉 *Glaberana cuspidata* (Xu, Ge & Kuoh, 2002)

分布：云南（西双版纳）。

指钩茎叶蝉 *Glaberana digitata* (Xu, Ge & Kuoh, 2002)

分布：云南（西双版纳）。

勐宋钩茎叶蝉 *Glaberana mengshuengensis* (Zhang, 1994)

分布：云南（西双版纳）。

德宏钩茎叶蝉 *Glaberana ruiliensis* (Zhang, 1994)

分布：云南（德宏）。

折突叶蝉属 *Gladkara* Dworakowska, 1995

无斑折突叶蝉 *Gladkara albida* Dworakowska, 1995

分布：云南（西双版纳）；印度。

双叉折突叶蝉 *Gladkara bifida* Cao, Dmitriev, Dietrich & Zhang, 2019

分布：云南（西双版纳）。

扁铲头叶蝉属 *Glossocratus* Fieber, 1866

二点扁头叶蝉 *Glossocratus bimaculatus* Kuoh, 1986

分布：云南（临沧）。

东方扁铲头叶蝉 *Glossocratus orientalis* (Ishihara, 1961)

分布：云南，广西；东南亚。

法小叶蝉属 *Goifa* Dworakowska, 1977

坦盖法小叶蝉 *Goifa tangailensis* (Ahmed & Samad, 1972)

分布：云南（西双版纳），海南；印度，巴基斯坦。

高氏小叶蝉属 *Golwala* Dworakowska, 1993

毕高氏小叶蝉 *Golwala bipunctata* Dworakowska, 1993

分布：云南（西双版纳）；泰国。

萨姆高氏小叶蝉 *Golwala sommaiae* Dworakowska, 1993

分布：云南（西双版纳）；泰国。

刻纹叶蝉属 *Goniagnathus* Fieber, 1866

短刻纹叶蝉 *Goniagnathus brevis* (Herrich-Schäffer, 1835)

分布：云南；印度。

一色刻纹叶蝉 *Goniagnathus uniformis* Distant, 1908

分布：云南，湖南，福建；印度。

扁体叶蝉属 *Gredzinskiya* Dworakowska, 1972

张氏扁体叶蝉 *Gredzinskiya zhangae* Cao & Zhang, 2014

分布：云南（西双版纳）。

顾小叶蝉属 *Guheswaria* Thapa, 1983

***Guheswaria brevicula* Hou, Zhang & Huang, 2016**

分布：云南，湖南。

胸窄顾小叶蝉 *Guheswaria linguplata* Thapa, 1983

分布：云南（西双版纳）；印度，尼泊尔。

Hamata Cao, Dmitriev, Dietrich & Zhang, 2019

***Hamata coralliformis* Cao, Dmitriev, Dietrich & Zhang, 2019**

分布：云南（西双版纳）。

红纹叶蝉属 *Hamulotettix* Dai & Zhang, 2011

马蹄红纹叶蝉 *Hamulotettix ungulates* Dai & Zhang, 2011

分布：云南（红河）；泰国。

长盾叶蝉属 *Haranga* Distant, 1908

无脊长盾叶蝉 *Haranga aridgina* Sun & Zhang, 2001

分布：云南（西双版纳），海南。

双突长盾叶蝉 *Haranga biprocessa* Xing & Dai, 2014

分布：云南（怒江）。

黑长盾叶蝉 *Haranga orientalis* (Walker, 1851)

分布：云南；尼泊尔，印度。

长盾叶蝉 *Haranga scutellaris* Distant, 1908

分布：云南（昆明），浙江；印度，尼泊尔。

哈提叶蝉属 *Hatigoria* Distant, 1908

***Hatigoria longistylia* Tang & Zhang, 2021**

分布：云南；越南。

Hebata De Long, 1931

喇嘛小绿叶蝉 *Hebata amasa* (Dworakowska, 1984)

分布：云南（西双版纳），海南；马来西亚。

金小绿叶蝉 *Hebata ariadnae* (Dworakowska, 1971)

分布：云南（昆明、保山、临沧、大理、丽江），陕西，湖南，广西；朝鲜。

齿端小绿叶蝉 *Hebata majowa* (Dworakowska, 1972)

分布：云南（西双版纳），广东；越南。

持田小绿叶蝉 *Hebata mochidai* (Dworakowska, 1972)

分布：云南（昆明），贵州，湖南，广西，江苏；日本。

毛绨小绿叶蝉 *Hebata motti* (Singh-Pruthi, 1940)

分布：云南（玉溪），海南；南亚，东南亚。

扁突小绿叶蝉 *Hebata simbava* (Dworakowska, 1981)

分布：云南（西双版纳）；印度。

塔诺小绿叶蝉 *Hebata tanova* (Dworakowska, 1980)

分布：云南（西双版纳），广东，海南；印度。

小绿叶蝉 *Hebata vitis* (Göthe, 1875)

分布：全球广布。

铲头叶蝉属 *Hecalus* Stål, 1864

***Hecalus feithailandus* He, Zhang, Mckamey & Zahniser, 2019**

分布：云南（大理）。

小叉突铲头叶蝉 *Hecalus furcatus* Morrison, 1973

分布：云南（临沧）。

尼氏铲头叶蝉 *Hecalus nitobei* (Matsumura, 1912)

分布：云南（西双版纳、德宏、怒江、保山、普洱、大理、丽江、红河），贵州，四川，西藏，吉林，江西，湖南，湖北，江苏，浙江，广西，福建，海南，台湾；日本。

褐脊铲头叶蝉 *Hecalus prasinus* (Matsumura, 1905)

分布：云南（西双版纳），贵州，福建，北京，陕西，广东，台湾，甘肃；日本，印度尼西亚，泰国，菲律宾，老挝。

橙带铲头叶蝉 *Hecalus porrecta* (Walker, 1858)
分布：云南（红河、西双版纳、普洱），贵州，新疆，甘肃，湖南，广西，海南，福建，广东，台湾；印度尼西亚，印度，越南，斯里兰卡，菲律宾，泰国，缅甸，老挝，澳大利亚。
泰国铲头叶蝉 *Hecalus thailandensis* Morrison, 1973
分布：云南（西双版纳、大理），贵州，广西，福建；泰国。
元谋铲头叶蝉 *Hecalus yuanmouensis* He, Zhang, Mckamey & Zahniser, 2019
分布：云南（楚雄）。

华铲头叶蝉属 *Hecalusina* He, Zhang & Webb, 2008

华铲头叶蝉 *Hecalusina unispinosa* He, Zhang & Webb, 2008
分布：云南，贵州，广西，海南，广东。

金小叶蝉属 *Heliona* Melichar, 1903

纷突金小叶蝉 *Heliona constricta* Melichar, 1903
分布：云南（西双版纳）；斯里兰卡，印度。

凹茎叶蝉属 *Hiatusorus* Nielson, 2015

双带凹茎叶蝉 *Hiatusorus bifasciatus* (Zhang, 1990)
分布：云南（西双版纳）。
横带凹茎叶蝉 *Hiatusorus fascianus* (Li, 1991)
分布：云南，贵州。
齿列无突叶蝉 *Hiatusorus prionophyllus* (Zhang, 1990)
分布：云南（西双版纳）。
尚氏凹茎叶蝉 *Hiatusorus schonhorsti* (Nielson, 1982)
分布：云南；越南，泰国。
刺板凹茎叶蝉 *Hiatusorus spineus* (Zhang, 1990)
分布：云南（怒江）。

黑小叶蝉属 *Hiratettix* Matsumura, 1931

迪氏黑小叶蝉 *Hiratettix distanti* Dworakowska, 1982
分布：云南（西双版纳）；印度。
马氏黑小叶蝉 *Hiratettix malaisei* Dworakowska, 1982
分布：云南，贵州，四川；缅甸。

拟菱纹叶蝉属 *Hishimonoides* Ishihara, 1965

橙带拟菱纹叶蝉 *Hishimonoides aurifascialis* Kuoh, 1976
分布：云南（丽江、西双版纳），四川，山西，河南，湖北，湖南。
侧刺拟菱纹叶蝉 *Hishimonoides spiniferous* Kuoh, 1976
分布：云南（昆明、临沧）。

菱纹叶蝉属 *Hishimonus* Ishihara, 1953

基刺菱纹叶蝉 *Hishimonus aberrans* Knight, 1970
分布：云南（大理），海南，台湾；泰国，印度。
二叉菱纹叶蝉 *Hishimonus dichotomous* Kuoh, 1976
分布：云南（红河、德宏、西双版纳），海南。
端齿菱纹叶蝉 *Hishimonus dietrichi* Du & Dai, 2019
分布：云南（玉溪、红河）。
侧突菱纹叶蝉 *Hishimonus fletcheri* Du & Dai, 2019
分布：云南（保山、西双版纳）。
直刺菱纹叶蝉 *Hishimonus kuohi* Du & Dai, 2019
分布：云南（楚雄、丽江），贵州。
端刺菱纹叶蝉 *Hishimonus phycitis* (Distant, 1908)
分布：云南（玉溪、红河），贵州，四川，江苏，江西，福建，广东，海南，台湾，香港；印度，马来西亚，巴基斯坦，菲律宾，斯里兰卡，泰国，中东，澳大利亚。
长突菱纹叶蝉 *Hishimonus prolongatus* Li & Wang, 2004
分布：云南（保山），四川。
侧刺菱纹叶蝉 *Hishimonus spiniferous* Kuoh, 1976
分布：云南（昆明、大理），贵州，四川，甘肃，陕西，湖北，海南。
细端菱纹叶蝉 *Hishimonus tenuis* Du & Dai, 2019
分布：云南（西双版纳）。
元谋菱纹叶蝉 *Hishimonus yuanmouensis* Du & Dai, 2019
分布：云南（楚雄）。

同小叶蝉属 *Homa* Distant, 1908

血红同小叶蝉 *Homa haematoptilus* (Kirkaldy, 1906)
分布：云南（西双版纳）；菲律宾，斯里兰卡，澳大利亚。
华同小叶蝉 *Homa sinensis* Qin & Zhang, 2011
分布：云南（西双版纳）。

Hyalojassus Evans, 1972

***Hyalojassus menglaensis* Dai, Dietrich & Zhang, 2015**

分布：云南（西双版纳）。

杆叶蝉属 *Hylica* Stål, 1863

杆叶蝉 *Hylica paradoxa* Stål, 1863

分布：云南。

扁喙叶蝉属 *Idioscopus* Baker, 1915

双钩扁喙叶蝉 *Idioscopus bihamulus* Wang, Wang, Dai & Webb, 2022

分布：云南（保山）。

龙眼扁喙叶蝉 *Idioscopus clypealis* (Lethiierry, 1889)

分布：云南（昆明、红河、西双版纳），福建，海南；日本，印度，孟加拉国，巴基斯坦，斯里兰卡，新加坡，菲律宾，澳大利亚。

***Idioscopus furcaprocessus* Wang, Wang, Zhou & Dai, 2021**

分布：云南（德宏）。

长突扁喙叶蝉 *Idioscopus longiprocessus* Wang, Wang, Zhou & Dai, 2021

分布：云南（红河）。

黑唇扁喙叶蝉 *Idioscopus nigroclypeatus* Melichar, 1903

分布：云南（保山），福建，海南，台湾；印度，日本，马来西亚，巴基斯坦，缅甸，孟加拉国，斯里兰卡，菲律宾，澳大利亚。

艳丽扁喙叶蝉 *Idioscopus nitellicus* Kuoh & Fang, 1985

分布：云南（昆明）。

白斑扁喙叶蝉 *Idioscopus nitidulus* (Walker, 1870)

分布：云南（红河、西双版纳），福建，海南，广东；日本，印度，巴基斯坦，印度尼西亚，缅甸，越南，菲律宾，马来西亚，斯里兰卡，新加坡，澳大利亚。

弯突扁喙叶蝉 *Idioscopus recurvatus* Kuoh & Fang, 1985

分布：云南（昆明）。

锯齿扁喙叶蝉 *Idioscopus serratastylus* Wang, Wang, Zhou & Dai, 2021

分布：云南（保山）。

***Idioscopus ventrispinus* Wang, Wang, Dai & Webb, 2022**

分布：云南（玉溪）。

纤细叶蝉属 *Igerna* Kirkaldy, 1903

瘦茎纤细叶蝉 *Igerna tenuicaula* Li, Dai & Li, 2012

分布：云南（保山）。

Inflatopina Lu, Dietrich & Qin, 2017

***Inflatopina aprocessa* Xu, Lu, Dietrich & Qin, 2019**

分布：云南（红河）；泰国。

***Inflatopina intonsa* Lu, Dietrich & Qin, 2017**

分布：云南。

***Inflatopina rayi* (Dworakowska, 1997)**

分布：云南。

凯旋长柄叶蝉 *Inflatopina victor* (Dworakowska, 1994)

分布：云南（保山）；印度。

内曲叶蝉属 *Introrsa* Dai & Zhang, 2010

姚曲内曲叶蝉 *Introrsa yaoquensis* Dai & Zhang, 2010

分布：云南（西双版纳）。

艾小叶蝉属 *Irenaneura* Cao, Huang & Zhang, 2012

二叉艾小叶蝉 *Irenaneura bifurcata* Cao, Huang & Zhang, 2012

分布：云南（德宏）。

背脊艾小叶蝉 *Irenaneura dorsispina* Cao, Huang & Zhang, 2012

分布：云南（西双版纳）。

德瓦艾小叶蝉 *Irenaneura dworakowski* Cao, Huang & Zhang, 2012

分布：云南（西双版纳）。

长突艾小叶蝉 *Irenaneura longiprocessa* Cao, Huang & Zhang, 2012

分布：云南（西双版纳）。

石原叶蝉属 *Ishiharella* Dworakowska, 1970

齿突石原叶蝉 *Ishiharella dentidensa* Yu & Yang, 2015

分布：云南（西双版纳）。

膨石原叶蝉 *Ishiharella inflata* Yu & Yang, 2015

分布：云南（保山）。

雅氏叶蝉属 *Jacobiasca* Dworakowska, 1972

波宁雅氏叶蝉 *Jacobiasca boninensis* (Matsumura, 1931)

分布：云南（大理、丽江、临沧、西双版纳），贵州，四川，陕西，甘肃，湖南，江苏，浙江，广西，广东，海南；马来西亚，越南，日本，印度。

台湾雅氏叶蝉 *Jacobiasca formosana* (Paoli, 1932)

分布：云南（西双版纳），湖南，广西，广东，台湾；印度，泰国，马来西亚，斯里兰卡。

叉突雅氏叶蝉 *Jacobiasca furcostylus* (Ramakrishnan & Menon, 1972)

分布：云南（西双版纳），海南；日本，印度。

任雅氏叶蝉 *Jacobiasca renschi* (Dworakowska, 1970)

分布：云南（西双版纳），海南；印度，马来西亚。

淡脉叶蝉属 *Japanagallia* Ishihara, 1955

多刺淡脉叶蝉 *Japanagallia multispina* Viraktamath, Dai & Zhang, 2012

分布：云南（西双版纳），贵州，陕西，广西。

掌淡脉叶蝉 *Japanagallia palmata* Viraktamath, Dai & Zhang, 2012

分布：云南（昆明）。

刺茎淡脉叶蝉 *Japanagallia spinosa* Zhang, 2010

分布：云南，贵州。

三叉淡脉叶蝉 *Japanagallia trifurcata* Li, Dai & Li, 2014

分布：云南（玉溪、红河），贵州，广西。

塔状淡脉叶蝉 *Japanagallia turriformis* Zhan, Li & Dai, 2018

分布：云南，广西。

吉岭叶蝉属 *Jilinga* Ghauri, 1974

异齿吉岭叶蝉 *Jilinga asymmetrica* Xing, 2012

分布：云南（红河），贵州，台湾。

掌茎叶蝉属 *Jogocerus* Viraktamarth, 1979

凹缘掌茎叶蝉 *Jogocerus concavus* Xue & Zhang, 2017

分布：云南（西双版纳）。

花斑叶蝉属 *Kabakra* Dworakowska, 1979

尖缘花斑叶蝉 *Kabakra acutata* Cao, Huang & Zhang, 2012

分布：云南（西双版纳）。

短瓣花斑叶蝉 *Kabakra augusta* Dworakowska, 1979

分布：云南（西双版纳）；越南。

黄鹂花斑叶蝉 *Kabakra aviformis* Cao, Huang & Zhang, 2012

分布：云南（西双版纳）；泰国。

叉突杆蝉属 *Kalasha* Distant, 1908

叉突杆蝉 *Kalasha nativa* Distant, 1908

分布：云南，广西，海南；印度。

卡小叶蝉属 *Kapsa* Dworakowska, 1972

叉突卡小叶蝉 *Kapsa acuminata* Song & Li, 2012

分布：云南（西双版纳），贵州。

白卡小叶蝉 *Kapsa alba* Dworakowska, 1981

分布：云南（西双版纳）；印度。

***Kapsa apicispina* Yang & Zhang, 2013**

分布：云南（西双版纳）。

刀卡小叶蝉 *Kapsa dolka* Dworakowska, 1979

分布：云南（昆明、大理、保山），四川，陕西，湖南，福建；越南。

短钩卡小叶蝉 *Kapsa imminuta* Yang & Zhang, 2013

分布：云南（临沧）。

考小叶蝉属 *Kaukania* Dworakowska, 1972

塔茎考小叶蝉 *Kaukania anser* Dworakowska, 1972

分布：云南（西双版纳）；越南，老挝。

凯米叶蝉属 *Keumiata* Qin & Dietrich, 2014

东方凯米叶蝉 *Keumiata orientalis* Qin & Dietrich, 2014

分布：云南（西双版纳）；泰国。

边大叶蝉属 *Kolla* Distant, 1908

锡兰大叶蝉 *Kolla ceylonica* (Melichar, 1903)

分布：云南（德宏、临沧），贵州，广西，广东，海南；印度，斯里兰卡，巴基斯坦，尼泊尔，缅甸，越南，泰国，柬埔寨，菲律宾，马来西亚，新加坡，印度尼西亚。

条斑边大叶蝉 *Kolla elongatula* (Melichar, 1951)

分布：云南；非洲。

褐纹边大叶蝉 *Kolla fusciosigna* Yang & Li, 2002

分布：云南（怒江），贵州。

边大叶蝉 *Kolla insignis* Distant, 1908

分布：云南（保山、德宏、怒江、普洱、临沧、西双版纳），贵州，福建，台湾；印度，尼泊尔，泰国，缅甸，马来西亚，印度尼西亚。

污黄边大叶蝉 *Kolla lactea* (Kuoh & Cai, 1994)

分布：云南（普洱，德宏）。

侧斑边大叶蝉 *Kolla lateromacula* Yang, Meng & Li, 2017

分布：云南（保山、怒江、西双版纳）。

月斑边大叶蝉 *Kolla lunulata* Li & Wang, 1992
分布：云南（德宏、普洱、怒江、西双版纳），贵州，四川，广西，广东，海南；缅甸。

泸水边大叶蝉 *Kolla lushuiensis* Yang, Meng & Li, 2017
分布：云南（怒江、玉溪）。

黑条边大叶蝉 *Kolla nigrifascia* Yang & Li, 2000
分布：云南（昆明、丽江、德宏、大理、怒江、保山），贵州，四川，重庆，陕西，湖北，广西。

顶斑边大叶蝉 *Kolla paulula* (Walker, 1858)
分布：云南（临沧、西双版纳、德宏、丽江、大理），贵州，四川，重庆，黑龙江，吉林，辽宁，北京，宁夏，陕西，河南，天津，河北，山西，安徽，浙江，广西，福建，广东，海南，台湾；日本，印度，尼泊尔，孟加拉国，缅甸，越南，泰国，柬埔寨，斯里兰卡，菲律宾，马来西亚，印度尼西亚。

棒突边大叶蝉 *Kolla rhabdoma* Yang & Li, 2000
分布：云南（昆明、怒江），贵州。

红背边大叶蝉 *Kolla rufidorsa* Yang, Meng & Li, 2017
分布：云南（怒江、保山、德宏），西藏。

红条边大叶蝉 *Kolla rufistripa* Yang, Meng & Li, 2017
分布：云南（德宏），西藏。

翘缘叶蝉属 *Krisna* Kirkaldy, 1990

凹痕翘缘叶蝉 *Krisna concava* Li & Wang, 1991
分布：云南（西双版纳），贵州，四川，西藏，浙江，河南，安徽，湖北，湖南，广西，海南。

宽茎网脉叶蝉 *Krisna expansiva* Li & Li, 2011
分布：云南（保山）。

叉突翘缘叶蝉 *Krisna furcata* Zhang, Zhang & Dai, 2008
分布：云南（西双版纳）。

黑缘网脉叶蝉 *Krisna kirbyi* (Kirkaldy, 1891)
分布：云南（曲靖、临沧），江西；斯里兰卡，菲律宾，印度尼西亚。

红边翘缘叶蝉 *Krisna rufimarginata* Cai & Shen, 1999
分布：云南（德宏），西藏，广西，河南，浙江。

金翅翘缘叶蝉 *Krisna sherwilli* Distant, 1908
分布：云南，贵州，福建；印度。

黑点网脉叶蝉 *Krisna strigicollis* (Spinola, 1850)
分布：云南（西双版纳），广西，福建，海南；菲律宾，缅甸，印度，日本，马来西亚，印度尼西亚，新加坡，非洲。

盈江网脉叶蝉 *Krisna yingjiangensis* Li & Li, 2011
分布：云南（德宏）。

短胸叶蝉属 *Kunasia* Distant, 1908

白痕短胸叶蝉 *Kunasia novisa* Distant, 1908
分布：云南（西双版纳）；泰国，缅甸。

葛耳叶蝉属 *Kuohledra* Cai & He, 1997

郑氏葛耳叶蝉 *Kuohledra zhengi* Cai & He, 1997
分布：云南（昆明），浙江。

增脉叶蝉属 *Kutara* Distant, 1908

增脉叶蝉 *Kutara brunnescens* Distant, 1908
分布：云南（临沧、西双版纳），贵州，海南，广东；印度，斯里兰卡，非洲。

路氏增脉叶蝉 *Kutara lui* Zhang & Chen, 1997
分布：云南（昆明、保山、普洱、德宏、西双版纳），贵州，广西，广东。

黑带增脉叶蝉 *Kutara nigrifasciata* Kuoh, 1992
分布：云南（保山），四川。

中华增脉叶蝉 *Kutara sinensis* (Walker, 1851)
分布：云南（玉溪、红河），贵州，湖北，广西，福建，海南，广东，香港。

刺茎增脉叶蝉 *Kutara spinifera* Zhang & Chen, 1997
分布：云南（西双版纳、红河），四川。

锯缘叶蝉属 *Laciniata* Song & Li, 2013

丽江锯缘叶蝉 *Laciniata lijianga* Song & Li, 2013
分布：云南（丽江）。

灯叶蝉属 *Lamprotettix* Ribaut, 1942

云南灯叶蝉 *Lamprotettix yunnanensis* Dai, Shen & Zhang, 2003
分布：云南（大理、临沧），广西。

翘片叶蝉属 *Latycephala* McKamey, 2006

交突翘片叶蝉 *Latycephala decussala* (Kuoh, 1992)
分布：云南（迪庆）。

浓绿翘片叶蝉 *Latycephala graminea* (Kuoh, 1992)
分布：云南（丽江）。

血边翘片叶蝉 *Latycephala sanguineomarginata* (Kuoh, 1984)
分布：云南（文山、楚雄、丽江、德宏）。

扭突翘片叶蝉 *Latycephala tortilla* (Kuoh, 1992)
分布：云南（怒江）。
淡绿片头叶蝉 *Latycephala viridula* (Kuoh, 1984)
分布：云南（普洱、临沧）。

耳叶蝉属 *Ledra* Fabricius, 1803

淡缘耳叶蝉 *Ledra depravata* Jacobi, 1944
分布：云南（昆明），河南，湖南，安徽，浙江，福建。
烟灰耳叶蝉 *Ledra fumata* Kuoh, 1992
分布：云南（迪庆）。
片脊耳叶蝉 *Ledra lamella* Kuoh & Cai, 1994
分布：云南（西双版纳）。
黑耳叶蝉 *Ledra nigra* Kuoh, 1992
分布：云南（迪庆）。
锈耳叶蝉 *Ledra rubiginosa* Kuoh, 1992
分布：云南（临沧、迪庆）。
带耳叶蝉 *Ledra serrulata* Fabricius, 1803
分布：云南，贵州，四川，河南，湖南；印度，马来西亚。

肖耳叶蝉属 *Ledropsis* White, 1844

狭冠肖耳叶蝉 *Ledropsis stenocephala* Cai & He, 1998
分布：云南（西双版纳）。
赭肖耳叶蝉 *Ledropsis umbratas* Cai & Kuoh, 1991
分布：云南（迪庆），贵州。

Levigata Cao, Dmitriev, Dietrich & Zhang, 2019

***Levigata arborea* Cao, Dmitriev, Dietrich & Zhang, 2019**
分布：云南（西双版纳）。

线突叶蝉属 *Lineana* Li & Xing, 2011

白点线突叶蝉 *Lineana albipunctata* Li & Xing, 2011
分布：云南（西双版纳），贵州。

零叶蝉属 *Limassolla* Dlabola, 1965

达华零叶蝉 *Limassolla dworakowskae* Chou & Ma, 1981
分布：云南（保山）。
钳突零叶蝉 *Limassolla forcipata* Song & Li, 2015
分布：云南（西双版纳）。
吉零叶蝉 *Limassolla galewskii* Dworakowska, 1969
分布：云南；越南。
丽零叶蝉 *Limassolla unica* Zhang & Xiao, 2000
分布：云南（玉溪）。
盈江零叶蝉 *Limassolla yingjianga* Song & Li, 2015
分布：云南（德宏）。
云南零叶蝉 *Limassolla yunnanana* Zhang & Chou, 1988
分布：云南。

林氏小叶蝉属 *Linnavuoriana* Dlabola, 1958

朴林氏小叶蝉 *Linnavuoriana antiqua* Dworakowska, 1982
分布：云南（保山）；印度。

林氏叶蝉属 *Linnavuoriella* Evans 1966

红带铲头叶蝉 *Linnavuoriella arcuata* (Motschulsky, 1859)
分布：云南（怒江、丽江、保山、普洱、临沧），贵州，四川，西藏，吉林，湖南，江西，湖北，广西，福建，广东，海南，澳门，台湾；印度尼西亚，印度，越南，斯里兰卡，菲律宾，泰国，澳大利亚。

长茎叶蝉属 *Longiaedeagus* Wang, Wang & Dai, 2021

黄带长茎叶蝉 *Longiaedeagus flavofasciatus* Wang, Wang & Dai, 2021
分布：云南（保山、德宏）。

长尾叶蝉属 *Longicaudata* Dmitriev, 2020

三带长尾叶蝉 *Longicaudata trilineata* (Zhang & Wu, 2000)
分布：云南（西双版纳）。

新长索叶蝉属 *Longiconnecta* Li & Xing, 2016

斑缘新长索叶蝉 *Longiconnecta marginalspota* Li & Xing, 2016
分布：云南（保山、西双版纳）。

长角叶蝉属 *Longicornus* Li & Song, 2008

短突长角叶蝉 *Longicornus brevispinus* Fang & Xing, 2019
分布：云南（红河）。
粗壮长角叶蝉 *Longicornus grossus* Gou & Xing, 2022
分布：云南（普洱）。

黄斑长角叶蝉 *Longicornus flavipuncatus* Li & Song, 2008
分布：云南（怒江、保山），贵州，四川。
长干长角叶蝉 *Longicornus longus* Xing & Li, 2011
分布：云南（保山）。

Longiheada Li, Li & Xing, 2020
猩红长头叶蝉 *Longiheada scarleta* Li, Li & Xing, 2020
分布：云南（红河）。

罗甸叶蝉属 *Luodianasca* Qin & Zhang, 2008
弯茎罗甸叶蝉 *Luodianasca recurvata* Qin & Zhang, 2008
分布：云南（大理），贵州。

广头叶蝉属 *Macropsis* Lewis, 1835
外突广头叶蝉 *Macropsis exteria* Li, Dai & Li, 2012
分布：云南（保山）。
黄绿广头叶蝉 *Macropsis flavovirens* Kuoh, 1992
分布：云南（迪庆、丽江），陕西。
黄板广头叶蝉 *Macropsis huangbana* Li & Tishechkin, 2014
分布：云南（大理），陕西。
重斑广头叶蝉 *Macropsis illota* (Horváth, 1899)
分布：云南，吉林，宁夏；韩国，蒙古国，日本，俄罗斯（远东地区）。
艾琳广头叶蝉 *Macropsis irenae* Viraktamath, 1981
分布：云南（玉溪、普洱、保山、怒江），海南；日本，印度，尼泊尔。
丽江广头叶蝉 *Macropsis lijiangensis* Li, Dai & Li, 2012
分布：云南（丽江）。
长突广头叶蝉 *Macropsis longiprocessa* Li & Tishechkin, 2014
分布：云南（丽江、大理），广西。
双带广头叶蝉 *Macropsis matsumurana* (China, 1925)
分布：云南（迪庆、红河、玉溪、普洱），贵州，四川，广西，宁夏，甘肃，陕西，山西，河南，海南，台湾；日本，俄罗斯（远东地区）。
眉峰广头叶蝉 *Macropsis meifengensis* Huang & Viraktamath, 1993
分布：云南（普洱、怒江、保山、西双版纳），陕西，湖北，浙江，广东，海南，台湾；泰国。
黑斑广头叶蝉 *Macropsis notata* (Prohaska, 1923)
分布：云南（大理、丽江），贵州，黑龙江，吉林，辽宁，内蒙古，陕西，山西，河南，山东；俄罗斯（远东地区），哈萨克斯坦，日本，欧洲，北美洲。
淡点广头叶蝉 *Macropsis pallidinota* Kuoh, 1992
分布：云南（迪庆）。
粗壮广头叶蝉 *Macropsis robusta* Li, Dai & Li, 2012
分布：云南（保山、怒江、丽江、大理）。
透斑广头叶蝉 *Macropsis speculum* Kuoh, 1992
分布：云南（怒江）。

二叉叶蝉属 *Macrosteles* Fieber, 1866
高山二叉叶蝉 *Macrosteles alpinus* (Zetterstedt, 1828)
分布：云南（临沧），东北，华北，华东；俄罗斯（远东地区），朝鲜，日本，印度，欧洲。
周氏二叉叶蝉 *Macrosteles choui* Zhang & Lu, 2013
分布：云南（昆明、保山）。
镰茎二叉叶蝉 *Macrosteles falcatus* Zhang & Lu, 2013
分布：云南（迪庆）。
钩茎二叉叶蝉 *Macrosteles harperatus* Zhang & Lu, 2013
分布：云南（昆明）。
斑颜二叉叶蝉 *Macrosteles striifrons* Anufriev, 1968
分布：云南（丽江），贵州，四川，西藏，黑龙江，陕西，甘肃，新疆，山东，河南，湖北，湖南，浙江，江西，福建，广东，海南，香港，台湾；印度尼西亚，菲律宾，中亚。

肖斜胸叶蝉属 *Macrotrichia* Zhang, Sun & Dai, 2009
钩突肖斜胸叶蝉 *Macrotrichia hamata* Zhang, Sun & Dai, 2009
分布：云南（临沧）。

愈叶蝉属 *Maiestas* Distant, 1917
双突愈叶蝉 *Maiestas biproductus* Xing & Li, 2012
分布：云南（保山）。
修愈叶蝉 *Maiestas crura* Zhang & Duan, 2011
分布：云南（西双版纳）。
纹愈叶蝉 *Maiestas distincta* (Motschulsky, 1859)
分布：云南（西双版纳），江西，浙江，湖南，福建，广西，海南。

电光叶蝉 *Maiestas dorsalis* (Motschulsky, 1859)
分布：除内蒙古和新疆外其他地区；日本，印度。
***Maiestas hopponis* (Matsumura, 1914)**
分布：云南（西双版纳），海南。
宽额愈叶蝉 *Maiestas latifrons* (Matsumura, 1902)
分布：云南（保山），四川，陕西，湖北，江西，浙江，福建，广东，广西，海南。
斑愈叶蝉 *Maiestas maculata* (Pruthi, 1930)
分布：云南（保山），贵州，陕西，安徽，广西。
类丽愈叶蝉 *Maiestas pararemigia* Zhang & Duan, 2011
分布：云南（保山）。
塔氏愈叶蝉 *Maiestas tareni* (Dash & Viraktamath, 1995)
分布：云南（保山），四川，海南。
黄头愈叶蝉 *Maiestas xanthocephalus* (Dash & Viraktamath, 1998)
分布：云南（西双版纳），贵州，四川，湖北，广西，广东；印度，斯里兰卡。

松村叶蝉属 *Matsumurasca* Anufriev, 1973

隆茎松村叶蝉 *Matsumurasca grandisoma* (Dworakowska, 1981)
分布：云南（丽江），湖南；尼泊尔。
坎地松村叶蝉 *Matsumurasca kantipurensis* (Thapa, 1985)
分布：云南（西双版纳）；尼泊尔。
大贯松村叶蝉 *Matsumurasca onukii* (Matsuda, 1952)
分布：云南（保山、临沧、西双版纳），四川，浙江，湖南，河南，甘肃，福建，海南；日本，越南。
塔帕松村叶蝉 *Matsumurasca thapae* (Dworakowska, 1994)
分布：云南（西双版纳）。

玛氏叶蝉属 *Matsumurina* Dworakowska, 1972

长臂玛氏叶蝉 *Matsumurina longa* Cao & Zhang, 2013
分布：云南（德宏）。
长瓣玛氏叶蝉 *Matsumurina longissima* Yang & Zhang, 2013
分布：云南（德宏）。
秦氏玛氏叶蝉 *Matsumurina qini* Yang & Zhang, 2013
分布：云南（西双版纳）；泰国。

斑带叶蝉属 *Melanetettix* Knight & Fletcher, 2007

勐养斑带叶蝉 *Melanetettix mengyangensis* Xing & Li, 2011
分布：云南（西双版纳）。

中瘿叶蝉属 *Mesargus* Melichar, 1903

中盾中瘿叶蝉 *Mesargus castaneus* (Kuoh, 1986)
分布：云南（楚雄、昭通）。
斑额中瘿叶蝉 *Mesargus maculigena* (Kuoh, 1986)
分布：云南（昆明、丽江）。

米氏小叶蝉属 *Michalowskiya* Dworakowska, 1972

橙色米氏小叶蝉 *Michalowskiya aurantiaca* Kang & Zhang, 2013
分布：云南（丽江、迪庆），四川。
无纹米氏小叶蝉 *Michalowskiya lutea* Dworakowska, 1972
分布：云南（玉溪、大理、丽江、保山、临沧），贵州，浙江，湖南，福建。
足突米氏小叶蝉 *Michalowskiya pedata* Kang & Zhang, 2013
分布：云南（昆明、红河）。
斯米氏小叶蝉 *Michalowskiya sikkimensis* Dworakowska, 1993
分布：云南（红河）；印度。

肖点叶蝉属 *Midoria* Kato, 1931

钩突肖点叶蝉 *Midoria hamulata* Li & Li, 2011
分布：云南（怒江）。
戟突肖点叶蝉 *Midoria hastifera* Li & Li, 2011
分布：云南（怒江）。
何氏肖点叶蝉 *Midoria hei* Cai & Jiang, 2000
分布：云南（昆明）。
黑面肖点叶蝉 *Midoria nigrifrons* (Kuoh, 1992)
分布：云南。
黑点肖点叶蝉 *Midoria nigrimaculata* (Kuoh, 1992)
分布：云南。
扭肖点叶蝉 *Midoria torsiva* Li & Li, 2011
分布：云南（怒江）。

窗翅叶蝉属 *Mileewa* Distant, 1907

翼枝窗翅叶蝉 *Mileewa alara* Yang & Li, 1998
分布：云南（德宏、西双版纳），广西，广东，海南。

白条窗翅叶蝉 *Mileewa albovittata* Chiang & Knight, 1991

分布：云南（德宏、怒江、保山，普洱），贵州，山东，广西，广东，台湾。

大斑窗翅叶蝉 *Mileewa amplimacula* Yang & Li, 2002

分布：云南（怒江、德宏、保山、丽江、西双版纳、红河），西藏。

锚纹窗翅叶蝉 *Mileewa anchora* Yang & Li, 1999

分布：云南（西双版纳、德宏），贵州，广西。

十刺窗翅叶蝉 *Mileewa decemspina* Yang & Li, 2010

分布：云南（怒江、德宏、保山）。

突头窗翅叶蝉 *Mileewa exsertocaputa* Yang & Meng, 2010

分布：云南（怒江、德宏、保山、红河、丽江），广西。

高黎窗翅叶蝉 *Mileewa gaoligongana* Yang & Li, 2010

分布：云南（怒江、保山）。

金平窗翅叶蝉 *Mileewa jinpingana* Yang, Meng & Li, 2017

分布：云南（红河）。

无纹窗翅叶蝉 *Mileewa lackstripa* Yang & Li, 1998

分布：云南（德宏），浙江，福建，海南。

长毛窗翅叶蝉 *Mileewa longiseta* Yang & Li, 2004

分布：云南（怒江），浙江，台湾。

陵崎窗翅叶蝉 *Mileewa lynchi* (Distant, 1908)

分布：云南（保山、怒江、红河）；印度。

窗翅叶蝉 *Mileewa margheritae* Distant, 1908

分布：云南（丽江、怒江、德宏、红河），贵州，四川，重庆，陕西，甘肃，浙江，安徽，江西，湖北，湖南，广西，福建，广东，台湾；日本，朝鲜，印度，缅甸，印度尼西亚。

褐点窗翅叶蝉 *Mileewa mira* Yang & Li, 1998

分布：云南（德宏、西双版纳），贵州，西藏，广东，广西。

倪氏窗翅叶蝉 *Mileewa nii* Yang, Meng & Li, 2017

分布：云南（怒江、德宏、西双版纳），广西。

八刺窗翅叶蝉 *Mileewa octospina* Yang, 2010

分布：云南（怒江）。

船茎窗翅叶蝉 *Mileewa ponta* Yang & Li, 1999

分布：云南（红河），贵州，安徽，浙江，江西，福建，台湾，广东，广西，海南。

红脉窗翅叶蝉 *Mileewa rufivena* Cai & Kuoh, 1997

分布：云南（丽江、大理），贵州，四川，重庆，浙江，河南，湖南，陕西。

蛇头窗翅叶蝉 *Mileewa snakecephala* Yang, Meng & Li, 2017

分布：云南（怒江）。

四刺窗翅叶蝉 *Mileewa tetraapina* Yang, 2010

分布：云南（怒江）。

三刺窗翅叶蝉 *Mileewa tripina* Yang & Meng, 2010

分布：云南（普洱），贵州。

易贡窗翅叶蝉 *Mileewa yigongana* Yang, 2005

分布：云南（怒江），西藏。

詹氏窗翅叶蝉 *Mileewa zhanae* Yang, Meng & Li, 2017

分布：云南（迪庆）。

斑翅叶蝉属 *Mimotettix* Matsumura, 1914

白星斑翅叶蝉 *Mimotettix alboguttulatus* (Melichar, 1903)

分布：云南（西双版纳），贵州，四川，广西，福建；日本，印度，斯里兰卡，泰国，越南，非洲。

端齿斑翅叶蝉 *Mimotettix distiflangentus* Dai, Zhang & Webb, 2010

分布：云南（西双版纳）。

背凹斑翅叶蝉 *Mimotettix dorsocavatus* Dai, Zhang & Webb, 2010

分布：云南（西双版纳）。

多刺斑翅叶蝉 *Mimotettix multispinosus* Wei & Xing, 2018

分布：云南（红河）。

宽突斑翅叶蝉 *Mimotettix robustistylus* Dai, Zhang & Webb, 2010

分布：云南（昆明）。

曲突斑翅叶蝉 *Mimotettix sinuatus* Wei & Xing, 2018

分布：云南（红河）。

刺瓣斑翅叶蝉 *Mimotettix spinosus* Li & Xing, 2010

分布：云南（西双版纳），贵州，陕西；马来西亚。

微室叶蝉属 *Minucella* Li & Li, 2012

对突微室叶蝉 *Minucella leucomaculata* (Li & Zhang, 2006)

分布：云南，四川，陕西，福建，浙江。

柄大叶蝉属 *Miscana* Yang & Zhang, 2001

双突柄大叶蝉 *Miscana biangula* Yang & Zhang, 2001
分布：云南（普洱）。

米氏叶蝉属 *Mitjaevia* Dworakowska, 1970

***Mitjaevia acrodonta* Lin & Zhang, 2022**
分布：云南（文山），贵州，广西，江西，福建，广东。

戴安娜米氏叶蝉 *Mitjaevia diana* (Distant, 1918)
分布：云南（昆明、保山）；印度，哈萨克斯坦。

痕叶蝉属 *Mohunia* Distant, 1908

双带痕叶蝉 *Mohunia bifasciana* Li & Chen, 1999
分布：云南（西双版纳），贵州。

双斑痕叶蝉 *Mohunia biguttata* Wang & Li, 2003
分布：云南（保山）。

内突痕叶蝉 *Mohunia introspina* Chen & Yang, 2007
分布：云南（临沧），贵州。

长突痕叶蝉 *Mohunia splendens* Distant, 1908
分布：云南。

莫小叶蝉属 *Motaga* Dworakowska, 1979

***Motaga rokfaoides* Lin & Zhang, 2023**
分布：云南（西双版纳）。

多突叶蝉属 *Multiformis* Li & Li, 2012

龙陵多突叶蝉 *Multiformis longlingensis* Li & Li, 2012
分布：云南（保山）。

黑面多突叶蝉 *Multiformis nigrifacialis* Li & Li, 2012
分布：云南（保山）。

叉突多突叶蝉 *Multiformis ramosus* Li & Li, 2014
分布：云南（保山）。

额垠叶蝉属 *Mukaria* Distant, 1908

黄片额垠叶蝉 *Mukaria flavida* Cai & Kuoh, 1996
分布：云南（西双版纳），福建。

李氏额垠叶蝉 *Mukaria lii* Yang & Chen, 2011
分布：云南（红河、西双版纳），贵州。

斑翅额垠叶蝉 *Mukaria maculata* (Matsumura, 1912)
分布：云南（临沧），贵州，重庆，湖南，福建，海南，广东，香港，台湾；日本，印度尼西亚。

黑额垠叶蝉 *Mukaria nigra* Kuoh & Kuoh, 1983
分布：云南（西双版纳），福建。

亮黑额垠叶蝉 *Mukaria splendida* Distant, 1908
分布：云南（红河）；印度，巴基斯坦。

类额垠叶蝉属 *Mukariella* Viraktamath & Webb, 2019

竹类额垠叶蝉 *Mukariella bambusana* (Li & Chen, 1999)
分布：云南（怒江、保山、德宏、红河、文山、西双版纳），贵州，广东。

Myittana Distant, 1908

***Myittana biflaka* Luo, Yang & Chen, 2019**
分布：云南（红河）。

***Myittana curvata* Luo, Yang & Chen, 2019**
分布：云南（德宏）。

***Myittana introspina* (Chen & Yang, 2007)**
分布：云南（文山、红河、西双版纳），贵州。

***Myittana ventrospina* (Chen & Yang, 2007)**
分布：云南（红河），贵州。

桨头叶蝉属 *Nacolus* Jacobi, 1914

黑带桨头叶蝉 *Nacolus nigrovittatus* Kuoh, 1992
分布：云南（西双版纳）。

桨头叶蝉 *Nacolus tuberculatus* (Walker, 1858)
分布：云南，贵州，四川，陕西，北京，河南，浙江，安徽，湖北，福建，广东，台湾。

翅叶蝉属 *Nakaharanus* Ishihara, 1953

双斑纹翅叶蝉 *Nakaharanus bimaculatus* Li, 1988
分布：云南（大理、丽江、迪庆、保山、怒江、德宏、西双版纳），贵州，四川，陕西，河南，湖南。

李氏纹翅叶蝉 *Nakaharanus lii* Wei & Xing, 2019
分布：云南（丽江），贵州，广西。

纹翅叶蝉 *Nakaharanus maculosus* Kuoh, 1986
分布：云南（昆明、大理、怒江、保山），贵州，山西，河南，山东。

纳叶蝉属 *Nakula* Distant, 1918

多彩纳叶蝉 *Nakula multicolor* Distant, 1918
分布：云南（西双版纳），贵州，广西，海南；缅甸，泰国。

南无僧叶蝉属 *Namsangia* Distant, 1908

竹南无僧叶蝉 *Namsangia armata* (Melichar, 1925)
分布：云南（保山、德宏）。

笏头叶蝉 *Namsangia flavostriata* Kuoh, 1986
分布：云南（怒江、丽江、德宏、保山、大理）。

匙南无僧叶蝉 *Namsangia garialis* Distant, 1908
分布：云南（西双版纳）；印度。

丽江南无僧叶蝉 *Namsangia lijiangana* Yang, Li & Chiang, 1999
分布：云南（丽江）。

临沧南无僧叶蝉 *Namsangia lincangana* Yang, Meng & Li, 2017
分布：云南（临沧）。

透大叶蝉属 *Nanatka* Young, 1986

栗条透大叶蝉 *Nanatka castenea* Cai & Kuoh, 1995
分布：云南（迪庆），四川。

黑条透大叶蝉 *Nanatka nigrilinea* Cai & Kuoh, 1995
分布：云南（迪庆），四川，陕西，甘肃，湖北。

片马透大叶蝉 *Nanatka pianmanana* Yang, Meng & Li, 2017
分布：云南（怒江）。

一色透大叶蝉 *Nanatka unica* Cai & Kuoh, 1995
分布：云南（迪庆），四川，甘肃。

Neobiprocessa Xing & Li, 2022

***Neobiprocessa obliquizonata* (Li & Wang, 2003)**
分布：云南（保山）。

Neohecalus Linnavuori, 1975

尖角铲头叶蝉 *Neohecalus apicalis* (van Duzee, 1909)
分布：云南（丽江），贵州，海南，福建；印度。

新网翅叶蝉属 *Neoreticulum* Dai, 2009

细突新网翅叶蝉 *Neoreticulum attenuatum* Dai, Xing & Li, 2012
分布：云南（德宏）。

矛突新网翅叶蝉 *Neoreticulum lanceolatum* (Dai & Zhang, 2008)
分布：云南。

横带新网翅叶蝉 *Neoreticulum transvittatum* (Dai, Li & Chen, 2006)
分布：云南（丽江），贵州，山西，河南，甘肃，陕西，湖北。

黑尾叶蝉属 *Nephotettix* Matsumura, 1902

二条黑尾叶蝉 *Nephotettix apicalis* (Motschulsky, 1859)
分布：云南，贵州，广东，海南，台湾；日本，菲律宾，斯里兰卡，马来西亚，印度，缅甸，朝鲜，非洲。

黑尾叶蝉 *Nephotettix cincticeps* (Uhler, 1896)
分布：云南（临沧），河南，安徽，浙江，广西，福建；日本，朝鲜，菲律宾，欧洲，非洲。

马来西亚黑尾叶蝉 *Nephotettix malayanus* Ishihara & Kawaze, 1968
分布：云南（德宏），海南；马来西亚。

二条斑黑尾叶蝉 *Nephotettix nigropictus* (Stål, 1870)
分布：云南（楚雄、临沧），福建，台湾，广东；日本，印度，东南亚。

二点黑尾叶蝉 *Nephotettix virescens* (Distant, 1908)
分布：云南（临沧），贵州，海南，台湾，广东；日本，印度，菲律宾，孟加拉国。

纵带叶蝉属 *Nicolaus* Lindberg, 1958

双钩纵带叶蝉 *Nicolaus bihamatus* Xing & Li, 2011
分布：云南。

尼小叶蝉属 *Nikkotettix* Matsumura, 1931

尖突尼小叶蝉 *Nikkotettix cuspidata* Qin & Zhang, 2003
分布：云南（大理、保山、红河、西双版纳），贵州，四川，湖南，陕西。

埃里尼小叶蝉 *Nikkotettix erythrinae* Dworakowska, 1995
分布：云南（西双版纳）；印度尼西亚，尼泊尔。

伽氏尼小叶蝉 *Nikkotettix galloisi* Matsumura, 1931
分布：云南（大理、临沧、红河），贵州，四川，陕西，湖南，浙江，广东；日本。

隐脉叶蝉属 *Nirvana* Kirkaldy, 1900

淡色隐脉叶蝉 *Nirvana placida* (Stål, 1859)
分布：云南（德宏、红河、西双版纳），贵州，四川，广西，湖南，陕西，福建，海南，台湾；斯里兰卡，印度，巴基斯坦，马来西亚，新加坡，泰国，菲律宾，日本。

宽带隐脉叶蝉 *Nirvana suturalis* Melichar, 1903
分布：云南（保山、西双版纳），贵州，四川，重庆，甘肃，广西，广东，海南，台湾；日本，印度，缅甸，斯里兰卡。

聂耳叶蝉属 *Nirvanguina* Zhang & Webb, 1996

***Nirvanguina bifurcatus* Xu & Zhang, 2021**
分布：云南（西双版纳）。

奥库叶蝉属 *Okubasca* Dworakowska, 1982

卷奥库叶蝉 *Okubasca convoluta* Yu & Yang, 2019
分布：云南（保山、德宏）。

单突叶蝉属 *Olidiana* McKamey, 2006

黄冠单突叶蝉 *Olidiana atkinsoni* (Distant, 1908)
分布：云南（普洱、西双版纳），四川；印度，斯里兰卡，马达加斯加。

黑颜单突叶蝉 *Olidiana brevis* (Walker, 1851)
分布：云南，贵州，四川，广西，浙江，湖北，湖南，广东，海南，香港，福建；缅甸，泰国，越南，老挝，印度。

黄带单突叶蝉 *Olidiana brevisina* (Zhang, 1990)
分布：云南（西双版纳）。

曲刺单突叶蝉 *Olidiana curvispinata* (Zhang, 1994)
分布：云南（西双版纳）。

树突单突叶蝉 *Olidiana dendritica* Fan & Dai, 2013
分布：云南（丽江）。

穗单突叶蝉 *Olidiana fringa* (Zhang, 1994)
分布：云南（西双版纳）。

印度单突叶蝉 *Olidiana indica* (Walker, 1851)
分布：云南，四川，福建，台湾；日本，缅甸，印度，斯里兰卡。

刺片单突叶蝉 *Olidiana laminispinosa* (Zhang, 1994)
分布：云南（西双版纳）。

片单突叶蝉 *Olidiana laminapellucida* (Zhang, 1994)
分布：云南（红河），广西。

长茎单突叶蝉 *Olidiana longiforma* Fan & Dai, 2013
分布：云南（保山、德宏）。

黑缘单突叶蝉 *Olidiana nocturna* (Distant, 1908)
分布：云南，四川；印度，尼泊尔。

斑翅单突叶蝉 *Olidiana perculta* (Distant, 1908)
分布：云南（西双版纳），四川；缅甸，印度，泰国。

里奇单突叶蝉 *Olidiana ritcheri* (Nielson, 1982)
分布：云南。

刺单突叶蝉 *Olidiana spina* (Zhang, 1990)
分布：云南（西双版纳）。

郑氏单突叶蝉 *Olidiana zhengi* (Zhang, 1994)
分布：云南（西双版纳）。

长索叶蝉属 *Omanellinus* Zhang, 1999

杨长索叶蝉 *Omanellinus populus* Zhang, 1999
分布：云南（西双版纳），广西。

横皱叶蝉属 *Oncopsis* Burmeister, 1838

凹面横皱叶蝉 *Oncopsis aomians* Kuoh, 1981
分布：云南，四川，西藏。

橙翅横皱叶蝉 *Oncopsis aurantiaca* kuoh, 1992
分布：云南。

双斑横皱叶蝉 *Oncopsis bimaculiformis* Dai, Li & Li, 2018
分布：云南（迪庆）。

楔形横皱叶蝉 *Oncopsis cuneiforma* Dai & Li, 2013
分布：云南（怒江）。

黄绿横皱叶蝉 *Oncopsis flavovirens* Kuoh & Chen, 1992
分布：云南（丽江、迪庆）。

烟翅横皱叶蝉 *Oncopsis fumosa* Kuoh, 1992
分布：云南（昆明、迪庆）。

康定横皱叶蝉 *Oncopsis kangdingensis* Dai & Li, 2013
分布：云南（怒江、迪庆），四川，山西。

钝圆横皱叶蝉 *Oncopsis latusoid* Yang & Zhang, 2015
分布：云南（怒江）。

黑带横皱叶蝉 *Oncopsis nigrofasciata* Xu, Liang & Li, 2006
分布：云南（迪庆），四川，吉林，青海，宁夏，山西，河北，陕西。

黑斑横皱叶蝉 *Oncopsis nigromaculata* Dai, Li & Li, 2018
分布：云南（迪庆）。

迪庆横皱叶蝉 *Oncopsis shangrilaensis* Dai, Li & Li, 2018
分布：云南（迪庆）。

细突横皱叶蝉 *Oncopsis tenuiprocessa* Dai, Li & Li, 2018
分布：云南（怒江），贵州。

黄褐横皱叶蝉 *Oncopsis testacea* kuoh, 1992
分布：云南（迪庆）。

隆脊叶蝉属 *Oncusa* Matsumura, 1912

兰坪隆脊叶蝉 *Oncusa lanpingensis* (Li & Wang, 2001)
分布：云南（丽江）。

小板叶蝉属 *Oniella* Matsumura, 1912

白头小板叶蝉 *Oniella honesta* (Melichar, 1902)
分布：云南（大理），贵州，四川，重庆，新疆，宁夏，甘肃，陕西，河北，山西，河南，江西，湖北，浙江，安徽，湖南，广西。

短翅叶蝉属 *Oniroxis* China, 1945

短翅大叶蝉 *Oniroxis kariana* China, 1945
分布：云南（迪庆）。

大贯叶蝉属 *Onukia* Matsumura, 1912

白额大贯叶蝉 *Onukia abliclypeus* Li & Wang, 1993
分布：云南（西双版纳）；泰国。

工字大贯叶蝉 *Onukia burmanica* Baker, 1923
分布：云南（红河）；缅甸。

黄斑大贯叶蝉 *Onukia flavopunctata* Li & Wang, 1996
分布：云南，贵州，安徽，广西，福建，台湾；越南。

斑驳大贯叶蝉 *Onukia guttata* Li & Wang, 1991
分布：云南（保山），贵州，湖北，湖南。

黑面锥头叶蝉 *Onukia heimiana* Li & Wang, 1991
分布：云南，贵州，广西，福建，台湾。

白缘大贯叶蝉 *Onukia palemargina* Li, Li & Xing, 2020
分布：云南（红河）。

乌黑大贯叶蝉 *Onukia pitchara* Li, Li & Xing, 2020
分布：云南（玉溪）。

Onukigallia Matsumura, 1955

松村锥茎叶蝉 *Onukigallia matsumurai* Zhang, 2011
分布：云南（保山）。

拟锥头叶蝉属 *Onukindia* Viraktamath & Webb, 2018

双突拟锥头叶蝉 *Onukindia connexia* (Distant, 1918)
分布：云南（红河、怒江、保山、德宏、西双版纳），西藏；印度，缅甸。

齿板小叶蝉属 *Opamata* Dworakowska, 1971

四点齿板小叶蝉 *Opamata lipcowa* Dworakowska, 1977
分布：云南，广东，广西，海南；越南。

褐黄齿板小叶蝉 *Opamata novembris* Dworakowska, 1982
分布：云南（德宏），广西；泰国。

列齿板小叶蝉 *Opamata styczniowa* Dworakowska, 1982
分布：云南（德宏、西双版纳）；缅甸。

奥腹突叶蝉属 *Osbornellus* Ball, 1932

锥尾奥腹突叶蝉 *Osbornellus conoideus* Xing & Li, 2011
分布：云南（丽江）。

罐小叶蝉属 *Ossuaria* Dworakowska, 1979

云南罐小叶蝉 *Ossuaria yunnanensis* Zhang & Yang, 2011
分布：云南（西双版纳）。

异冠叶蝉属 *Pachymetopius* Matsumura, 1914

齿茎异冠叶蝉 *Pachymetopius dentatus* Wei, Zhang & Webb, 2008
分布：云南（德宏、西双版纳），贵州，海南。

脊翅叶蝉属 *Parabolopona* Matsumura, 1912

石原脊翅叶蝉 *Parabolopona ishihari* Webb, 1981
分布：云南，北京，陕西，湖北，湖南，广西，海南；日本。

四突脊翅叶蝉 *Parabolopona quadrispinosa* Zhang, Shen & Li, 2006
分布：云南，广西，福建，浙江，海南。

云南脊翅叶蝉 *Parabolopona yunnanensis* Xu & Zhang, 2020
分布：云南（西双版纳）。

肖大叶蝉属 *Paracicadella* Kuoh, 1991

红条肖大叶蝉 *Paracicadella rubrovitta* Kuoh, 1991
分布：云南，西藏。

拟脊额叶蝉属 *Paracarinata* Li, Li & Xing, 2020

黄冠拟脊额叶蝉 *Paracarinata crocicrowna* Li, Li & Xing, 2020
分布：云南（西双版纳）。

肩叶蝉属 *Paraconfucius* Cai, 1992

淡缘肩叶蝉 *Paraconfucius pallidus* Cai, 1992
分布：云南（昆明、楚雄、昭通），陕西，安徽，浙江，福建，广东。

蟠小叶蝉属 *Paracyba* Vilbaste, 1968

褐带蟠小叶蝉 ***Paracyba soosi* Dworakowska, 1977**
分布：云南，四川，山东，河南，湖南，陕西；越南。

异弓背叶蝉属 *Paracyrta* Wei, Webb & Zhang, 2008

版纳异弓背叶蝉 ***Paracyrta banna* (Zhang & Wei, 2002)**
分布：云南（西双版纳）。

双斑异弓背叶蝉 ***Paracyrta bimaculata* (Zhang & Sun, 2002)**
分布：云南（昆明）。

异额异弓背叶蝉 ***Paracyrta parafrons* (Zhang & Wei, 2002)**
分布：云南（丽江）。

逆毛异弓背叶蝉 ***Paracyrta recusetosa* (Zhang & Wei, 2002)**
分布：云南（昆明、西双版纳）。

具毛异弓背叶蝉 ***Paracyrta setosa* (Zhang & Sun, 2002)**
分布：云南（德宏）。

肖榉叶蝉属 *Parafagocyba* Kuoh & Hu, 1992

二点肖榉叶蝉 ***Parafagocyba binaria* Kuoh & Hu, 1992**
分布：云南（昆明、普洱、丽江、临沧），贵州，四川。

叉突肖榉小叶蝉 ***Parafagocyba forficula* Huang & Zhang, 2013**
分布：云南。

长柄肖榉小叶蝉 ***Parafagocyba longa* Yan & Yang, 2017**
分布：云南（迪庆）。

异滑叶蝉属 *Paralaevicephalus* Ishihara, 1953

长突异滑叶蝉 ***Paralaevicephalus longistylus* Dai, Zhang & Hu, 2005**
分布：云南（大理、保山）。

折板异滑叶蝉 ***Paralaevicephalus prima* (Rao, 1989)**
分布：云南（普洱、西双版纳），广西，海南；印度。

平缘叶蝉属 *Parallelus* Zhang, 1990

红线平缘叶蝉 ***Parallelus rubrolineatus* Zhang, 1990**
分布：云南（西双版纳）。

冠带叶蝉属 *Paramesodes* Ishihara, 1953

苍山冠带叶蝉 ***Paramesodes cangshanae* Duan & Zhang, 2012**
分布：云南（保山）。

一字冠带叶蝉 ***Paramesodes lineaticollis* (Distant, 1908)**
分布：云南（临沧、保山、德宏），台湾，广东；印度，印度尼西亚，菲律宾。

莫干山冠带叶蝉 ***Paramesodes mokanshanae* Wilson, 1983**
分布：云南（西双版纳），甘肃，河南，湖南，浙江，广西，广东，福建；非洲。

斑片叶蝉属 *Paramidoria* Cai & He, 1998

异突斑片叶蝉 ***Paramidoria asymmetrica* Cai & He, 1998**
分布：云南（西双版纳）。

叉茎斑片叶蝉 ***Paramidoria bifurcata* (Cai & Kuoh, 1995)**
分布：云南（普洱），广西，浙江，福建。

片茎斑片叶蝉 ***Paramidoria lamina* Cai & He, 1998**
分布：云南，河南。

长突斑片叶蝉 ***Paramidoria longa* Cai & He, 1998**
分布：云南（大理）。

拟长突叶蝉属 *Paramritodus* Xue & Zhang, 2019

***Paramritodus introflexus* Xue & Zhang, 2019**
分布：云南（保山）。

阔拟长突叶蝉 ***Paramritodus spatiosus* Xue & Zhang, 2019**
分布：云南（大理）。

三角拟长突叶蝉 ***Paramritodus triangulus* Xue & Zhang, 2019**
分布：云南（普洱）。

拟类带叶蝉属 *Parascaphoidella* Wei, Fang & Xing, 2020

横纹拟类带叶蝉 ***Parascaphoidella transversa* (Li & Xing, 2009)**
分布：云南（红河、西双版纳），湖北，江西，广西，海南。

拟塔叶蝉属 *Parazyginella* Chou & Zhang, 1985

田氏拟塔叶蝉 ***Parazyginella tiani* Gao, Huang & Zhang, 2012**
分布：云南。

尖尾叶蝉属 *Pedionis* Hamilton, 1980

金翅尖尾叶蝉 *Pedionis garuda* (Distant, 1916)
分布：云南（西双版纳），广东，福建；印度。
伯尔尼尖尾叶蝉 *Pedionis palniensis* Viraktamath, 1981
分布：云南（怒江），贵州，四川，湖南；印度。
箭茎尖尾叶蝉 *Pedionis sagittata* Li, Dai & Li, 2011
分布：云南（保山）。
杨氏尖尾叶蝉 *Pedionis yangi* Li, Dai & Li, 2013
分布：云南（怒江），贵州。
云南尖尾叶蝉 *Pedionis yunnana* Zhang & Viraktamath, 2010
分布：云南（保山、普洱），贵州，广西，海南，广东，福建。

斜皱叶蝉属 *Pediopsis* Burmeister, 1838

版纳斜皱叶蝉 *Pediopsis bannanensis* Yang & Zhang, 2015
分布：云南（西双版纳），海南；泰国。
片马斜皱叶蝉 *Pediopsis pianmaensis* Li & Dai, 2023
分布：云南（怒江）。

暗纹叶蝉属 *Pediopsoides* Matsumura, 1912

哀牢山暗纹叶蝉 *Pediopsoides ailaoshanensis* Li & Dai, 2023
分布：云南（玉溪）。
白色暗纹叶蝉 *Pediopsoides alba* Li, Dai & Li, 2016
分布：云南（德宏）。
白盾暗纹叶蝉 *Pediopsoides albus* Li, Dai & Li, 2016
分布：云南（西双版纳）。
锚纹暗纹叶蝉 *Pediopsoides anchorides* Yang & Zhang, 2013
分布：云南（丽江、迪庆）。
凹面暗纹叶蝉 *Pediopsoides aomians* (Kuoh, 1981)
分布：云南（大理、丽江、迪庆），四川，西藏，陕西，山西，青海，甘肃。
黄色暗纹叶蝉 *Pediopsoides flavus* Li & Dai, 2023
分布：云南（怒江）。
景东暗纹叶蝉 *Pediopsoides jingdongensis* Zhang, 2010
分布：云南（普洱）。
科代暗纹叶蝉 *Pediopsoides kodaiana* Viraktamath, 1996
分布：云南（丽江）；印度。
片马暗纹叶蝉 *Pediopsoides pianmaensis* Li & Dai, 2023
分布：云南（怒江）。
四棘暗纹叶蝉 *Pediopsoides quadrispinosus* Li & Dai, 2023
分布：云南（迪庆）。

乌叶蝉属 *Penthimia* Germar, 1821

亮黑乌叶蝉 *Penthimia distanti* Baker, 1912
分布：云南，广东；缅甸。
小黑乌叶蝉 *Penthimia erebus* Distant, 1908
分布：云南（西双版纳）；斯里兰卡，印度，印度尼西亚。
烟端乌叶蝉 *Penthimia fumosa* Kuoh, 1992
分布：云南（丽江、怒江），广西。
盾脊乌叶蝉 *Penthimia juno* Distant, 1908
分布：云南，江苏；斯里兰卡。
黑头乌叶蝉 *Penthimia melanocephala* Motschulsky, 1863
分布：云南（德宏），福建，广西；斯里兰卡，缅甸，印度。
乌叶蝉 *Penthimia nigra* (Goeze, 1778)
分布：云南，贵州，四川，吉林，黑龙江，河南，陕西，湖北，浙江，江苏，山西，宁夏，甘肃，北京，内蒙古，湖南，安徽，广西，广东，福建，海南，台湾；澳大利亚，日本，印度尼西亚，印度，韩国，菲律宾，缅甸，中东，欧洲，美洲，非洲。
锈条乌叶蝉 *Penthimia rubrostriata* Kuoh, 1992
分布：云南（西双版纳）。
云乌叶蝉 *Penthimia yunnana* Kuoh, 1992
分布：云南（大理、迪庆、西双版纳）。

片头叶蝉属 *Petalocephala* Stål, 1853

圆冠片头叶蝉 *Petalocephala arcuata* Cai & Kuoh, 1992
分布：云南（临沧、西双版纳），贵州。
黄绿片头叶蝉 *Petalocephala chlorophana* Kuoh, 1984
分布：云南（西双版纳、临沧、怒江）。
绿片头叶蝉 *Petalocephala chlorocephala* (Walker, 1851)
分布：云南（保山、临沧），贵州；印度，斯里兰卡。

片头叶蝉 *Petalocephala confusa* Distant, 1908
分布：云南；印度，斯里兰卡。
淡点片头叶蝉 *Petalocephala conspersa* Kuoh, 1992
分布：云南（西双版纳）。
褐缘片头叶蝉 *Petalocephala fuscomarginata* Cai & Kuoh, 1992
分布：云南（西双版纳），安徽。
长顶片头叶蝉 *Petalocephala glauca* (Melichar, 1903)
分布：云南；印度，斯里兰卡。
高黎贡山片头叶蝉 *Petalocephala gongshanensis* Li & Li, 2011
分布：云南（保山）。
阔冠片头叶蝉 *Petalocephala obtuse* Kuoh, 1984
分布：云南（临沧）。
赭片头叶蝉 *Petalocephala ochracea* Cai & Kuoh, 1992
分布：云南（西双版纳），四川，安徽，广东，海南。
赤边片头叶蝉 *Petalocephala rubromarginella* Kuoh, 1984
分布：云南（昆明、楚雄）。
红缘片头叶蝉 *Petalocephala rufomarginata* Kuoh, 1984
分布：云南（临沧）。

Philipposcopus Maldonado-Capriles, 1972

***Philipposcopus processus* Xue & Zhang, 2017**
分布：云南（西双版纳）。

木叶蝉属 *Phlogotettix* Ribaut, 1942

一点木叶蝉 *Phlogotettix cyclops* (Mulsant & Rey, 1855)
分布：云南（临沧、德宏、保山、西双版纳），贵州，四川，甘肃，东北，山东，湖北，湖南，浙江，福建，海南，台湾；俄罗斯（远东地区），朝鲜半岛，日本，印度，澳大利亚，欧洲。
喜马拉雅木叶蝉 *Phlogotettix subhimalyanus* Meshram & Ramamurthy, 2015
分布：云南（西双版纳）；印度，尼泊尔。

缘毛叶蝉属 *Phlogothamnus* Ishihara, 1961

双斑缘毛叶蝉 *Phlogothamnus maculiceps* Ishihara, 1961
分布：云南（西双版纳），海南；泰国。
多斑缘毛叶蝉 *Phlogothamnus polymaculatus* Li & Song, 2010
分布：云南（西双版纳），江西，江苏。

布雷小叶蝉属 *Platfusa* Dworakowska, 1993

阿布雷小叶蝉 *Platfusa arooni* Dworakowska, 1993
分布：云南（红河）；泰国。

凹叶蝉属 *Platyretus* Melichar, 1903

恒河回脉叶蝉 *Platyretus gangeticus* Viraktamath & Webb, 2008
分布：云南，广西；印度，孟加拉国。
带缘凹叶蝉 *Platyretus marginatus* Melichar, 1903
分布：云南（怒江、西双版纳），贵州，广西；印度，缅甸，泰国，印度尼西亚，斯里兰卡。

干大叶蝉属 *Processina*Yang, Deitz & Li, 2005

黑颜干大叶蝉 *Processina nigroscens* (Yang & Meng, 2010)
分布：云南（保山）。
瑞丽干大叶蝉 *Processina ruiliensis* Yang, Meng & Li, 2017
分布：云南（德宏）。
六斑干大叶蝉 *Processina sexmaculata* Yang, Meng & Li, 2017
分布：云南（红河、保山），贵州，四川。

大突叶蝉属 *Processus* Huang, 1992

叉突大突叶蝉 *Processus bistigmanus* (Lin & Zhang, 1993)
分布：云南（西双版纳），河南，陕西，浙江。
中带大突叶蝉 *Processus midfascianus* (Wang & Li, 2001)
分布：云南（保山、怒江）。

沙叶蝉属 *Psammotettix* Haupt, 1929

条沙叶蝉 *Psammotettix striatus* (Linnaeus, 1758)
分布：世界广布。

拟多达叶蝉属 *Pseudododa* Zhang, Wei & Webb, 2007

东方拟多达叶蝉 *Pseudododa orientalis* Zhang, Wei & Webb, 2007
分布：云南（西双版纳），海南；印度，泰国。

Pseudomaiestas Xu, Shah & Duan, 2023

***Pseudomaiestas dietrichi* Xu, Shah & Duan, 2023**

分布：云南（西双版纳）。

布尔维叶蝉属 *Purvigallia* Viraktamath, Dai & Zhang, 2012

多斑布尔维叶蝉 *Purvigallia maculata* Viraktamath, Dai & Zhang, 2012

分布：云南（昭通）。

优小叶蝉属 *Qadria* Mahmood, 1967

版纳优小叶蝉 *Qadria bannaensis* Song & Li, 2014

分布：云南（西双版纳）。

大理优小叶蝉 *Qadria daliensis* Song & Li, 2014

分布：云南（大理）。

长突叶蝉属 *Raabeina* Dworakowska, 1972

双角长突叶蝉 *Raabeina biangulara* Zhang & Cao, 2011

分布：云南。

补蚌长钩叶蝉 *Raabeina bubengensis* Zhang & Cao, 2011

分布：云南（西双版纳）。

突长钩叶蝉 *Raabeina curtihamata* Zhang & Cao, 2011

分布：云南（红河）。

福长钩叶蝉 *Raabeina fuscofasciata* Dworakowska, 1972

分布：云南（红河、西双版纳）。

纤体长钩叶蝉 *Raabeina gracila* Zhang & Cao, 2011

分布：云南（西双版纳）。

Radicafurcus Qin & Zhang, 2010

***Radicafurcus breviprocessus* Qin & Zhang, 2010**

分布：云南，四川；菲律宾，马来西亚。

网背叶蝉属 *Reticuluma* Cheng & Li, 2005

柑橘网背叶蝉 *Reticuluma citrana* Cheng & Li, 2005

分布：云南，贵州，西藏，海南。

突额叶蝉属 *Risefronta* Li & Wang, 2001

白带突额叶蝉 *Risefronta albicincta* Li & Wang, 2001

分布：云南（怒江），西藏。

突脉叶蝉属 *Riseveinus* Li, 1995

白脉突脉叶蝉 *Riseveinus albiveinus* (Li, 1993)

分布：云南（昆明、保山），贵州，四川，陕西，福建，浙江，江西，湖北。

单钩突脉叶蝉 *Riseveinus asymmetricus* Zhang, Zhang & Wei, 2010

分布：云南（西双版纳）。

保山突脉叶蝉 *Riseveinus baoshanensis* Li & Li, 2012

分布：云南（保山）。

红小叶蝉属 *Rubiparvus* Xu, Dietrich & Qin, 2016

二斑红小叶蝉 *Rubiparvus bistigma* Xu, Dietrich & Qin, 2016

分布：云南（西双版纳）。

长板叶蝉属 *Sabourasca* Ramakrishnan & Menon, 1972

保海长板叶蝉 *Sabourasca baohaiensis* (Dworakowska, 1972)

分布：云南（西双版纳）；越南。

拟小茎长板叶蝉 *Sabourasca paraparvipenis* (Zhang & Liu, 2008)

分布：云南（西双版纳）。

茎长板叶蝉 *Sabourasca parvipenis* (Dworakowska, 1994)

分布：云南（保山、临沧、西双版纳）；印度。

囊突叶蝉属 *Saccata* Cao & Zhang, 2013

大毛囊突叶蝉 *Saccata insolita* Cao & Zhang, 2013

分布：云南（西双版纳）。

山小叶蝉属 *Salka* Dworakowska, 1972

缅甸山小叶蝉 *Salka kerzhneri* Dworakowska, 2006

分布：云南（保山、德宏）；缅甸。

宋氏山小叶蝉 *Salka songae* Song & Li, 2012

分布：云南（大理）。

萨吉叶蝉属 *Sangeeta* Viraktamath, 2011

吉斑萨吉叶蝉 *Sangeeta sinuomacula* Li, Dai & Li, 2015

分布：云南（保山）。

短板萨吉叶蝉 *Sangeeta viraktamathi* Zhang, 2014

分布：云南（德宏）。

类带叶蝉属 *Scaphoidella* Vilbaste, 1968

尖突类带叶蝉 *Scaphoidella acaudata* Zhang & Dai, 2006

分布：云南（保山），贵州。

棒茎类带叶蝉 *Scaphoidella clavatella* Dai & Dietrich, 2011

分布：云南（西双版纳），广西；泰国。

迪氏类带叶蝉 *Scaphoidella dietrichi* Xing & Li, 2015

分布：云南（西双版纳）。

宽茎类带叶蝉 *Scaphoidella wideaedeagus* (Wang & Li, 2004)

分布：云南（保山），西藏；泰国。

张氏类带叶蝉 *Scaphoidella zhangi* (Viraktamath & Mohan, 2004)

分布：云南（西双版纳），贵州；印度，泰国。

带叶蝉属 *Scaphoideus* Uhler, 1889

白斑带叶蝉 *Scaphoideus albomaculatus* Li, 1990

分布：云南，贵州，四川，江西，广西，福建，台湾。

白纵带叶蝉 *Scaphoideus albotaeniatus* Kuoh, 1986

分布：云南（临沧）。

白条带叶蝉 *Scaphoideus albovittatus* Matsumura, 1914

分布：云南（红河），贵州，四川，西藏，广西，海南，河北，河南，湖北，湖南，陕西，山东；印度，泰国，日本，韩国，俄罗斯（远东地区）。

橙横带叶蝉 *Scaphoideus aurantiacus* Kuoh, 1986

分布：云南（临沧），河南。

版纳带叶蝉 *Scaphoideus bannaensis* Li, 2011

分布：云南（西双版纳）。

双斑带叶蝉 *Scaphoideus bimaculatus* Li & Wang, 2002

分布：云南（怒江、大理）。

双突带叶蝉 *Scaphoideus biprocessus* Li & Song, 2007

分布：云南（大理）。

长茎带叶蝉 *Scaphoideus changjinganus* Li, 1990

分布：云南，贵州，湖南，河南，浙江，江苏；缅甸。

锥茎带叶蝉 *Scaphoideus coniceus* Li, 2011

分布：云南（西双版纳），海南。

曲茎带叶蝉 *Scaphoideus curvanus* Li & Wang, 2005

分布：云南（保山）。

弯茎带叶蝉 *Scaphoideus curvatureus* Li, Song & Song, 2007

分布：云南（怒江）。

齿茎带叶蝉 *Scaphoideus dentaedeagus* Li & Wang, 2002

分布：云南，贵州，陕西，甘肃，浙江，湖北，湖南，广西，福建。

红横带叶蝉 *Scaphoideus erythraeous* Li, 1990

分布：云南，贵州。

阔横带叶蝉 *Scaphoideus festivus* Matsumura, 1902

分布：云南（临沧），贵州，四川，东北，陕西，宁夏，天津，北京，河北，河南，浙江，江西，湖北，湖南，广西，福建，广东，海南，台湾；朝鲜，日本，韩国，印度，斯里兰卡。

细板带叶蝉 *Scaphoideus graciliplateus* Li & Wang, 2002

分布：云南（怒江），贵州。

白背带叶蝉 *Scaphoideus kumamotonis* Matsumura, 1914

分布：云南（玉溪、西双版纳），贵州，四川，西藏，陕西，河南，浙江，湖北，湖南，安徽，广西；日本。

绿春带叶蝉 *Scaphoideus luchunensis* Chen, Yang & Li, 2012

分布：云南（红河）。

马氏带叶蝉 *Scaphoideus maai* Kitbamroong & Freytag, 1978

分布：云南（临沧、西双版纳），海南；泰国。

斑腿带叶蝉 *Scaphoideus maculatus* Li, 1990

分布：云南，贵州，浙江，广西，福建。

栅栏带叶蝉 *Scaphoideus palingus* Li & Dai, 2004

分布：云南（保山），广西。

喙突带叶蝉 *Scaphoideus rostratus* Chen, Dai & Zhang, 2015

分布：云南（普洱）。

红色带叶蝉 *Scaphoideus rufilineatus* Li, 1990

分布：云南（德宏），贵州，四川，河南，湖北。

红点带叶蝉 *Scaphoideus rufomaculatus* Kuoh, 1986

分布：云南（普洱）。

箭突带叶蝉 *Scaphoideus sagittatus* Chen, Dai & Zhang, 2015

分布：云南（西双版纳）。

铲茎带叶蝉 *Scaphoideus shovelaedeagus* Li, Song & Song, 2007
分布：云南（怒江）。
刺板带叶蝉 *Scaphoideus spiniplateus* Li & Wang, 2002
分布：云南（丽江），贵州，湖北。
刺茎带叶蝉 *Scaphoideus spinulosus* Li, Song & Song, 2007
分布：云南（怒江）。
三斑带叶蝉 *Scaphoideus trimaculatus* Wang & Li, 2004
分布：云南（德宏）。
盈江带叶蝉 *Scaphoideus yingjiangensis* Wang & Li, 2004
分布：云南（德宏），西藏，广西；印度。
藏氏带叶蝉 *Scaphoideus zangi* Li & Liang, 2005
分布：云南（西双版纳）。
周氏带叶蝉 *Scaphoideus zhoui* Li & Xing, 2011
分布：云南，广西，海南。

透斑叶蝉属 *Scaphomonus* Viraktamath, 2009

片茎透斑叶蝉 *Scaphomonus flataedeagus* Li, 2011
分布：云南（普洱），浙江，福建。
叉茎透斑叶蝉 *Scaphomonus furcatus* Xing & Li, 2013
分布：云南（西双版纳），广西。
长板透斑叶蝉 *Scaphomonus longistylus* (Li & Wang, 2005)
分布：云南（普洱、西双版纳）。
刺茎透斑叶蝉 *Scaphomonus splinterus* (Li & Wang, 2005)
分布：云南（西双版纳），湖北，广东。
宽突透斑叶蝉 *Scaphomonus widestyleus* Li, 2011
分布：云南（西双版纳），广西，福建。

拟带叶蝉属 *Scaphotettix* Matsumura, 1914

长板拟带叶蝉 *Scaphotettix longistyleus* Li & Wang, 2005
分布：云南（西双版纳）。
齿茎拟带叶蝉 *Scaphotettix pectinatus* Dai & Zhang, 2009
分布：云南（文山）；越南。
纵条拟带叶蝉 *Scaphotettix striatus* Dai & Zhang, 2009
分布：云南（西双版纳），福建，海南，台湾；世界其他地区广布。

洋大叶蝉属 *Seasogonia* Young, 1986

无毛洋大叶蝉 *Seasogonia impubisa* Yang, Meng & Li, 2017
分布：云南（西双版纳）。
印支洋大叶蝉 *Seasogonia indosinica* (Jacobi, 1905)
分布：云南（红河、普洱），贵州，四川，广西，福建，广东，海南；印度，缅甸，越南。
矛突洋大叶蝉 *Seasogonia lanceolata* Yang, Meng & Li, 2017
分布：云南（西双版纳）。
黑斑洋大叶蝉 *Seasogonia nigromaculata* Kuoh, 1991
分布：云南（临沧、西双版纳），贵州，广西。
红斑洋大叶蝉 *Seasogonia rosea* Kuoh, 1991
分布：云南（保山、德宏、临沧、怒江），海南。
橙斑洋大叶蝉 *Seasogonia sandaracata* (Distant, 1908)
分布：云南（德宏、保山、怒江），西藏；印度，缅甸。

赛小叶蝉属 *Seriana* Dworakowska, 1971

背齿赛小叶蝉 *Seriana dentata* Sohi & Mann, 1992
分布：云南（西双版纳）；尼泊尔。
顶冠赛小叶蝉 *Seriana equata* (Singh, 1969)
分布：云南（西双版纳），河南。
纵纹赛小叶蝉 *Seriana indefinita* Dworakowska, 1971
分布：云南，贵州，四川，重庆，广东，广西，海南；印度。
马来赛小叶蝉 *Seriana malaica* Dworakowska, 1978
分布：云南（西双版纳）；马来西亚。
勐腊赛小叶蝉 *Seriana menglaensis* Song & Li, 2012
分布：云南（西双版纳）。
纤突赛小叶蝉 *Seriana ochrata* Dworakowska, 1971
分布：云南（西双版纳），台湾；越南。
异赛小叶蝉 *Seriana paraequata* Lin & Zhang, 2023
分布：云南（文山）。

沙小叶蝉属 *Shaddai* Distant, 1918

陕西沙小叶蝉 *Shaddai shaanxiensis* Ma, 1981
分布：云南（丽江），四川，陕西，甘肃；越南。

Shamala Dworakowska, 1980

Shamala annulata **Zhou, Zhang & Huang, 2022**

分布：云南。

长胸叶蝉属 *Signoretia* Stål, 1859

金翅长胸叶蝉 *Signoretia aureola* Distant, 1908

分布：云南，海南，广西；缅甸。

黑色长胸叶蝉 *Signoretia sumatrana* Schmidt, 1911

分布：云南；印度尼西亚。

思茅叶蝉属 *Simaonukia* Li & Li, 2017

长刺思茅叶蝉 *Simaonukia longispinus* Li & Li, 2017

分布：云南（红河、普洱、保山、西双版纳），贵州。

新小叶蝉属 *Singapora* Mahmood, 1967

艾瑞新小叶蝉 *Singapora arifi* Ghauri, 1985

分布：云南（德宏）；印度。

版纳新小叶蝉 *Singapora bannaensis* Song & Li, 2010

分布：云南（西双版纳）；泰国。

烛新小叶蝉 *Singapora candela* Yang & Zhang, 2014

分布：云南（普洱），广西，海南。

细齿新小叶蝉 *Singapora excedens* Yang & Zhang, 2014

分布：云南（西双版纳）。

桃点新小叶蝉 *Singapora shinshana* (Matsumura, 1932)

分布：云南（保山、临沧），安徽，台湾；日本。

艾氏新小叶蝉 *Singapora shivae* Dworakowska, 1983

分布：云南（西双版纳）；泰国。

三棘新小叶蝉 *Singapora triacantha* Yang & Zhang, 2014

分布：云南（普洱）。

盈江新小叶蝉 *Singapora yingjiangica* Cao & Zhang, 2014

分布：云南（德宏）。

光滑叶蝉属 *Singillatus* Nielson, 2015

腹片光滑叶蝉 *Singillatus lamina* (Nielson, 1982)

分布：云南（西双版纳），西藏；老挝。

Siniassus Dai, Dietrich & Zhang, 2010

Siniassus aspinus **(Dai, Zhang & Zhang, 2010)**

分布：云南，四川。

Siniassus compressus **(Dai, Zhang & Zhang, 2010)**

分布：云南；泰国。

Siniassus gracilitus **Yang & Dai, 2022**

分布：云南（红河）。

Siniassus hamulus **Wang, Wu & Dai, 2018**

分布：云南（玉溪）。

Siniassus loberus **(Dai, Zhang & Zhang, 2010)**

分布：云南（西双版纳）。

类隐脉叶蝉属 *Sinonirvana* Gao, Dai & Zhang, 2014

多毛类隐脉叶蝉 *Sinonirvana hirsuta* Gao, Dai & Zhang, 2014

分布：云南（红河）。

Sinoagallia Viraktamath, Dai & Zhang, 2012

Sinoagallia serrata **Viraktamath, Dai & Zhang, 2012**

分布：云南（西双版纳）。

Skandagallia Viraktamath, Dai & Zhang, 2012

Skandagallia dietrichi **Viraktamath, Dai & Zhang, 2012**

分布：云南（楚雄）。

索布小叶蝉属 *Sobrala* Dworakowska, 1977

阿卡小叶蝉 *Sobrala acanthophylla* Kang & Zhang, 2015

分布：云南。

戴小叶蝉 *Sobrala dactylina* Kang & Zhang, 2015

分布：云南。

雷姆小叶蝉 *Sobrala lamellaris* Kang & Zhang, 2015

分布：云南（西双版纳），浙江。

阔达小叶蝉 *Sobrala quadrilateral* Kang & Zhang, 2015

分布：云南（西双版纳），浙江。

花突索布小叶蝉 *Sobrala tmava* Dworakowska, 1977

分布：云南（西双版纳）；越南。

拟隐脉叶蝉属 *Sophonia* Walker, 1869

饰纹拟隐脉叶蝉 *Sophonia adorana* Li, Li & Xing, 2020

分布：云南（西双版纳）。

白色拟隐脉叶蝉 *Sophonia albuma* Li & Wang, 1991

分布：云南（怒江、保山），贵州，四川，陕西，河北，河南，江西，湖北，安徽，广西，福建。

肛突拟隐脉叶蝉 *Sophonia anushamata* Chen & Li, 1998
分布：云南（迪庆、保山），贵州，四川，浙江，江西，湖北，湖南，广西。
弧纹拟隐脉叶蝉 *Sophonia arcuata* Chen & Li, 1998
分布：云南（西双版纳），贵州。
双线拟隐脉叶蝉 *Sophonia bilineara* Li & Chen, 1999
分布：云南（德宏），贵州，广西，海南，广东。
枝突拟隐脉叶蝉 *Sophonia branchuma* Li & Wang, 2003
分布：云南（保山、德宏）。
红纹拟隐脉叶蝉 *Sophonia erythrolinea* (Kuoh & Kuoh, 1983)
分布：云南（德宏、西双版纳）。
叉线拟隐脉叶蝉 *Sophonia furcilinea* (Kuoh & Kuoh, 1983)
分布：云南（西双版纳），福建，海南，广东。
褐缘拟隐脉叶蝉 *Sophonia fuscomarginata* Li & Wang, 1991
分布：云南（保山），贵州，四川，陕西，河南，湖北，广东。
细线拟隐脉叶蝉 *Sophonia hairlinea* Li, Li & Xing, 2020
分布：云南（保山、德宏）。
长线拟隐脉叶蝉 *Sophonia longitudinalis* (Distant, 1908)
分布：云南（临沧、红河、西双版纳），福建，海南，广东；印度，斯里兰卡。
庐山拟隐脉叶蝉 *Sophonia lushana* (Kuoh, 1973)
分布：云南（保山），浙江，江西。
细点拟隐脉叶蝉 *Sophonia microstaina* Li, Li & Xing, 2020
分布：云南（保山）。
黑面拟隐脉叶蝉 *Sophonia nigrifrons* (Kuoh, 1992)
分布：云南（大理、德宏），贵州，四川，西藏，山西。
黑线拟隐脉叶蝉 *Sophonia nigrilineata* Chen & Li, 1998
分布：云南（丽江、大理、怒江、保山、文山），贵州，四川，山西，河南，湖南。
东方拟隐脉叶蝉 *Sophonia orientalis* (Matsumura, 1912)
分布：云南（保山），贵州，广西，福建，浙江，安徽，湖北，广东，台湾；印度，美国（夏威夷）。
蔷薇拟隐脉叶蝉 *Sophonia rosae* Li & Wang, 1991
分布：云南（昆明、大理、红河），贵州，陕西，河南，湖南，广西。
剑突拟隐脉叶蝉 *Sophonia spathulata* Chen & Li, 2000
分布：云南（德宏、保山），贵州。
宽带拟隐脉叶蝉 *Sophonia suturalis* (Melichar, 1903)
分布：云南（西双版纳），贵州，四川，甘肃，青海，广东，台湾；日本，缅甸，印度，斯里兰卡。
曲茎拟隐脉叶蝉 *Sophonia tortuosa* Li, Li & Xing, 2020
分布：云南（迪庆），四川。
横纹拟隐脉叶蝉 *Sophonia transvittata* Li & Chen, 2005
分布：云南（怒江），贵州。
盈江拟隐脉叶蝉 *Sophonia yingjianga* Li, Li & Xing, 2020
分布：云南（德宏）。
云南拟隐脉叶蝉 *Sophonia yunnanensis* Li & Chen, 2005
分布：云南（怒江）。

Splonia Signoret, 1891

黑颜丽叶蝉 *Splonia brevis* (Walker, 1851)
分布：云南，贵州，四川，浙江，湖北，湖南，广西，广东，海南，香港，福建；缅甸，泰国，越南，老挝，印度。

长冠叶蝉属 *Stenatkina* Young, 1986

白翅长冠叶蝉 *Stenatkina albopennis* Young, 2007
分布：云南（德宏）。
赫氏长冠叶蝉 *Stenatkina heveli* Young, 1986
分布：云南（西双版纳）；印度。
龙氏长冠叶蝉 *Stenatkina longi* Young, Meng & Li, 2017
分布：云南（怒江）。
黄斑长冠叶蝉 *Stenatkina luteimacula* Meng, Young & Li, 2012
分布：云南（保山、德宏）。
莫里长冠叶蝉 *Stenatkina moliensis* Meng, Young & Li, 2012
分布：云南（德宏、保山、西双版纳）。

矛叶蝉属 *Stirellus* Osborn & Ball, 1902

头状矛叶蝉 *Stirellus capitatus* (Distant, 1918)

分布：云南（红河），湖南，海南；印度，泰国。

戴氏矛叶蝉 *Stirellus daii* Duan, Webb & Zhang, 2016

分布：云南（西双版纳），广东，海南。

二点矛叶蝉 *Stirellus indra* (Distant, 1908)

分布：云南（德宏），贵州。

丽矛叶蝉 *Stirellus neospeciosus* Duan, Webb & Zhang, 2016

分布：云南（德宏、西双版纳），广西，广东，海南。

锥冠矛叶蝉 *Stirellus productus* (Matsumura, 1902)

分布：云南（大理），贵州，四川，陕西，安徽，上海，江西，湖南，福建，广东，海南；日本，韩国。

突冠矛叶蝉 *Stirellus projectus* (Distant, 1918)

分布：云南（普洱）；印度。

***Stirellus translucidus* Duan, Webb & Zhang, 2016**

分布：云南（红河、西双版纳）。

双带矛叶蝉 *Stirellus viridicans* (Distant, 1918)

分布：云南，贵州；印度。

***Stirellus yeongnamensis* (Kwon & Lee, 1979)**

分布：云南（普洱、西双版纳），四川，浙江，广西，广东，福建，海南；韩国。

皱背叶蝉属 *Striatanus* Li & Wang, 1995

曲突皱背叶蝉 *Striatanus curvatanus* Li & Wang, 1995

分布：云南（红河、玉溪、保山、西双版纳），贵州，四川，陕西，湖北，湖南。

齿突皱背叶蝉 *Striatanus dentatus* Li & Wang, 1995

分布：云南（红河、怒江、德宏、西双版纳），贵州；泰国。

直突皱背叶蝉 *Striatanus erectus* Zhang, Zhang & Wei, 2009

分布：云南（红河）。

网纹叶蝉属 *Stroggylocephalus* Flor, 1861

星叶网纹叶蝉 *Stroggylocephalus agrestis* (Fallén, 1806)

分布：云南（保山），黑龙江，甘肃，浙江，福建，海南；俄罗斯（远东地区），中亚，欧洲。

多室叶蝉属 *Subhimalus* Ghauri, 1971

细突多室叶蝉 *Subhimalus attenuatus* Xing, Dai & Li, 2011

分布：云南（红河、保山）。

锥茎叶蝉属 *Subulatus* Yang & Zhang, 2001

二点锥茎叶蝉 *Subulatus bipunctatus* Yang & Zhang, 2001

分布：云南（怒江），四川，湖南。

黄背锥茎叶蝉 *Subulatus flavidus* Li & Li, 2014

分布：云南（怒江、保山）。

三斑锥茎叶蝉 *Subulatus trimaculatus* Yang & Zhang, 2001

分布：云南（西双版纳）。

锥头叶蝉属 *Sudra* Distant, 1908

栗黑锥头叶蝉 *Sudra picea* Kuoh, 1992

分布：云南，四川，西藏。

Sungallia Viraktamath, Dai & Zhang, 2012

***Sungallia truncata* Viraktamath, Dai & Zhang, 2012**

分布：云南（楚雄）。

淡小叶蝉属 *Sweta* Viraktamath & Dietrich, 2011

幻淡小叶蝉 *Sweta hallucinate* Viraktamath & Dietrich, 2011

分布：云南（德宏）；印度，泰国。

Sylhetia Ahmed, 1972

双刺小板叶蝉 *Sylhetia spinata* Mathew & Ramakrishnan, 2002

分布：云南（西双版纳）；印度。

无突叶蝉属 *Taharana* Nielson, 1982

齿无突叶蝉 *Taharana serrata* Nielson, 1982

分布：云南，贵州；越南，泰国，马来西亚，菲律宾，新加坡。

原无突叶蝉 *Taharana sparsa* (Stål, 1854)

分布：云南（西双版纳），四川，海南，台湾，广东；菲律宾，越南，泰国，马来西亚。

微突叶蝉属 *Takagiella* Vilbaste, 1969

微突叶蝉 *Takagiella tezuyae* (Matsumura, 1902)

分布：云南（红河、保山），贵州，湖北，湖南，广西，福建，海南，台湾；日本，朝鲜半岛，马来西亚。

塔小叶蝉属 *Takagioma* Thapa, 1993

龙塔小叶蝉 *Takagioma anguis* Qin & Huang, 2020
分布：云南（西双版纳）。

弯塔小叶蝉 *Takagioma curvata* Kang & Zhang, 2020
分布：云南（西双版纳）。

光塔小叶蝉 *Takagioma gladius* Kang & Zhang, 2020
分布：云南（西双版纳）。

长尾塔小叶蝉 *Takagioma longicuada* Qin & Huang, 2020
分布：云南（西双版纳）。

宝塔小叶蝉 *Takagioma pagoda* Kang & Zhang, 2020
分布：云南（临沧、西双版纳）。

喙塔小叶蝉 *Takagioma rostra* Qin & Huang, 2020
分布：云南（西双版纳）。

四塔氏小叶蝉 *Takagioma silvicola* Dworakowska, 1993
分布：云南（西双版纳）；印度。

犹塔小叶蝉 *Takagioma unita* Thapa, 1989
分布：云南（红河）；印度。

角突叶蝉属 *Taperus* Li & Wang, 1994

白带角突叶蝉 *Taperus albivittatus* Li & Wang, 1993
分布：云南（普洱、西双版纳），四川，青海。

端黑角突叶蝉 *Taperus apicalis* Li & Wang, 1994
分布：云南（昆明），贵州。

版纳角突叶蝉 *Taperus bannaensis* Zhang, Zhang & Wei, 2010
分布：云南（西双版纳），海南；泰国。

横带角突叶蝉 *Taperus fasciatus* Li & Wang, 1994
分布：云南（红河、西双版纳），贵州，四川，广西，陕西，浙江，江西，湖北，湖南，福建，海南；越南。

福贡角突叶蝉 *Taperus fugongensis* Li, Li & Xing, 2020
分布：云南（怒江）。

兰坪角突叶蝉 *Taperus lanpingensis* Li & Wang, 2001
分布：云南（大理、怒江）。

绿春角突叶蝉 *Taperus luchunensis* Zhang, Zhang & Wei, 2010
分布：云南（红河、保山），贵州，四川，湖北，湖南，广西，福建；泰国。

丹小叶蝉属 *Tautoneura* Anufriev, 1969

黄丹小叶蝉 *Tautoneura ahmedi* Dworakowska, 1977
分布：云南（昆明、西双版纳）；印度。

近黄丹小叶蝉 *Tautoneura albida* (Dworakowska, 1970)
分布：云南（普洱），贵州，四川；印度。

无突丹小叶蝉 *Tautoneura elscinta* (Chiang & Knight, 1990)
分布：云南（西双版纳），台湾。

钩翅丹小叶蝉 *Tautoneura hamula* Song & Li, 2013
分布：云南（西双版纳）。

莫卡丹小叶蝉 *Tautoneura mukla* Dworakowska, 1981
分布：云南（西双版纳）；印度。

普洱丹小叶蝉 *Tautoneura puerensis* (Song & Li, 2012)
分布：云南（普洱、西双版纳）。

尖顶丹小叶蝉 *Tautoneura tripunctula* (Melichar, 1903)
分布：云南，贵州。

云南丹小叶蝉 *Tautoneura yunnanensis* Song, Li & Xiong, 2011
分布：云南（丽江）。

白翅叶蝉属 *Thaia* Ghauri, 1962

须泰白翅叶蝉 *Thaia barbata* Dworakowska, 1979
分布：云南（西双版纳），广西；老挝，越南。

长茎白翅叶蝉 *Thaia longipenia* Thapa & Sohi, 1982
分布：云南（西双版纳），西藏。

稻白翅叶蝉 *Thaia oryzivora* Ghauri, 1962
分布：云南（临沧），贵州，四川，河南，江苏，浙江，安徽，江西，湖北，湖南，广西，福建，广东，台湾；泰国。

白翅叶蝉 *Thaia oryzivora* Ghauri, 1962
分布：云南（西双版纳），贵州，四川，河南，江苏，浙江，安徽，江西，湖北，湖南，广西，福建，广东，台湾；泰国。

黄稻白翅叶蝉 *Thaia subrufa* (Motschulsky, 1863)
分布：云南（西双版纳），贵州，四川，重庆，江苏，浙江，安徽，江西，河南，湖北，湖南，广东，广西，福建，海南，台湾；马来西亚，孟加拉国，缅甸，斯里兰卡，泰国，印度，印度尼西亚，越南，日本。

片叶蝉属 *Thagria* Melichar, 1903

齿脊片叶蝉 *Thagria carinata* Zhang, 1994
分布：云南（西双版纳）。
弯钩片叶蝉 *Thagria circumcincta* (Jacobi, 1944)
分布：云南，贵州，四川，福建，广东，海南。
大勐龙片叶蝉 *Thagria damenglongensis* Zhang, 1994
分布：云南（西双版纳）。
指片叶蝉 *Thagria digitata* Li, 1989
分布：云南，贵州，四川，陕西，湖北，湖南，广西，广东，海南；越南。
指突片叶蝉 *Thagria fimbriata* Wang, Li & Dai, 2020
分布：云南（保山）。
凹片叶蝉 *Thagria fossa* Nielson, 1977
分布：云南，贵州，四川，河南，福建，广东，广西，浙江，江西，湖南；缅甸。
叉突片叶蝉 *Thagria furcata* Li, 1989
分布：云南，广西，福建。
剑突片叶蝉 *Thagria gladiiformis* Zhang, 1994
分布：云南（红河）。
刀片叶蝉 *Thagria incurvata* Wang & Zhang, 2017
分布：云南（西双版纳）。
简氏片叶蝉 *Thagria janssoni* Nielson, 1977
分布：云南（西双版纳）；泰国。
金氏片叶蝉 *Thagria jinia* Zhang, 1994
分布：云南（普洱）。
克氏片叶蝉 *Thagria kromestedti* Nielson, 1977
分布：云南（西双版纳）；泰国。
弯突片叶蝉 *Thagria incurvata* Wang & Zhang, 2017
分布：云南（西双版纳）。
奇片叶蝉 *Thagria lisa* Zhang & An, 1994
分布：云南。
勐腊片叶蝉 *Thagria menglana* Wang & Zhang, 2017
分布：云南（西双版纳）。
黑缘片叶蝉 *Thagria melanoloma* Wang & Zhang, 2017
分布：云南（西双版纳）。
奥氏片叶蝉 *Thagria obrienae* Nielson, 1977
分布：云南（西双版纳）；泰国。
楔斑片叶蝉 *Thagria pega* Zhang, 1990
分布：云南（德宏）。
尖头片叶蝉 *Thagria projecta* (Distant, 1908)
分布：云南，贵州，西藏，湖北，浙江，广西，福建；缅甸，越南，泰国，老挝，印度。
斑翅片叶蝉 *Thagria rutata* (Distant, 1908)
分布：云南，贵州，四川；缅甸。
齿斑片叶蝉 *Thagria soosi* Nielson, 1977
分布：云南（西双版纳），海南。
特纳片叶蝉 *Thagria tenasserimensis* (Distant, 1908)
分布：云南（西双版纳）；缅甸。
泰国片叶蝉 *Thagria thailandensis* Nielson, 1980
分布：云南（西双版纳）；泰国。
铗片叶蝉 *Thagria triementia* Nielson, 1977
分布：云南（普洱）；泰国。
齿突片叶蝉 *Thagria unidentalis* Zhang, 1994
分布：云南。
郑氏片叶蝉 *Thagria zhengi* Zhang & An, 1994
分布：云南。

泰小叶蝉属 *Thailocyba* Huang, Zhang & Fang, 2003

二瓣泰小叶蝉 *Thailocyba bilobula* Huang, Zhang & Fang, 2003
分布：云南（保山、西双版纳）。
长瓣泰小叶蝉 *Thailocyba longilobula* Huang, Zhang & Fang, 2003
分布：云南（保山）。
梅亘泰小叶蝉 *Thailocyba meigengia* Huang, Zhang & Fang, 2003
分布：云南（保山、西双版纳）。
瘤突泰小叶蝉 *Thailocyba tubercula* Huang, Zhang & Fang, 2003
分布：云南（保山）。

泰斑叶蝉属 *Thailus* Mahmood, 1967

异色泰斑叶蝉 *Thailus versicolor* Cao & Zhang, 2013
分布：云南（临沧、西双版纳）。

坦小叶蝉属 *Thampoa* Huang & Zhang, 2002

版纳坦小叶蝉 *Thampoa bannaensis* Huang & Zhang, 2002
分布：云南（西双版纳）。

丹赛坦小叶蝉 *Thampoa dansaiensis* Mahmood, 1967
分布：云南（西双版纳）；泰国。

异茎坦小叶蝉 *Thampoa dissimilis* Huang & Zhang, 2002
分布：云南（昆明），贵州，湖北。

叶突坦小叶蝉 *Thampoa foliacea* Huang & Zhang, 2002
分布：云南（西双版纳）。

五斑坦小叶蝉 *Thampoa quinquemaculata* Hou, Zhang & Huang, 2016
分布：云南（西双版纳）。

旋突坦小叶蝉 *Thampoa rotara* Huang & Zhang, 2002
分布：云南（西双版纳）。

齿突坦小叶蝉 *Thampoa serrata* Huang & Zhang, 2002
分布：云南（西双版纳）。

田氏坦小叶蝉 *Thampoa tiani* Huang & Zhang, 2002
分布：云南（西双版纳）。

三角斑坦小叶蝉 *Thampoa triangularis* Huang & Zhang, 2002
分布：云南（西双版纳）。

三带坦小叶蝉 *Thampoa trifasciata* Huang & Zhang, 2002
分布：云南（西双版纳）。

六室叶蝉属 *Thomsonia* Signor, 1879

大理六室叶蝉 *Thomsonia daliensis* He, Zhang, Mckamery & Zahniser, 2019
分布：云南（大理）。

异突六室叶蝉 *Thomsonia gressitti* (Linnavuori, 1960)
分布：云南（丽江、大理、怒江）；新加坡，老挝，菲律宾，马来西亚。

角胸叶蝉属 *Tituria* Stål, 1965

栗带角胸叶蝉 *Tituria acutangulata* Distant, 1908
分布：云南（西双版纳、普洱），江西；印度，印度尼西亚。

楔形角胸叶蝉 *Tituria cuneata* Distant, 1908
分布：云南（怒江、德宏、保山、丽江），贵州，西藏，甘肃；缅甸。

斑翅角胸叶蝉 *Tituria maculata* Kuoh, 1992
分布：云南（迪庆）。

黑脊角胸叶蝉 *Tituria nigricarinata* Kuoh, 1992
分布：云南（迪庆），贵州。

红纹角胸叶蝉 *Tituria plagiata* Kuoh, 1992
分布：云南（迪庆）。

红缘角胸叶蝉 *Tituria planata* (Fabricius, 1794)
分布：云南（德宏、保山、怒江、楚雄、临沧、西双版纳），广西，海南，台湾；日本，印度，尼泊尔，中南半岛。

横脉叶蝉属 *Transvenosus* Wang & Zhang, 2015

白脉横脉叶蝉 *Transvenosus albovenosus* (Li & Webb, 1996)
分布：云南（红河、西双版纳）；越南。

扩茎横脉叶蝉 *Transvenosus expansinus* Li, Li & Xing, 2020
分布：云南（红河、西双版纳）。

囊茎横脉叶蝉 *Transvenosus sacculuses* Li, Li & Xing, 2020
分布：云南（红河）。

端斑横脉叶蝉 *Transvenosus signuma* (Li & Webb, 1996)
分布：云南（德宏）；泰国。

曲突叶蝉属 *Trocnadella* Singh-Pruthi, 1930

锈盾曲突叶蝉 *Trocnadella arisana* (Matsumura, 1912)
分布：云南（大理、昆明、临沧、丽江、文山），四川，黑龙江，吉林，内蒙古，甘肃，河南，陕西，山西，浙江，福建；日本。

端叉曲突叶蝉 *Trocnadella furculata* Cai & He, 1998
分布：云南（丽江），四川，西藏，陕西，山西，河南，湖南，湖北。

片马缺突叶蝉 *Trocnadella pianmaensis* Li & Li, 2009
分布：云南（大理、怒江）。

锈盾短头叶蝉 *Trocnadella rubiginosa* (Kuoh, 1983)
分布：云南（临沧、文山），河南，浙江。

Tropicognathus Viraktamath & Gneaneswaran, 2009

刻纹叶蝉 ***Tropicognathus punctifer* (Walker, 1858)**

分布：云南（保山、德宏、临沧），贵州，河南，广西，福建，海南；印度，缅甸，斯里兰卡，孟加拉国，非洲。

截翅叶蝉属 *Trunchinus* Zhang, Webb & Wei, 2007

老挝截翅叶蝉 ***Trunchinus laoensis* Zhang, Webb & Wei, 2007**

分布：云南。

中斑截翅叶蝉 ***Trunchinus medius* Zhang, Webb & Wei, 2007**

分布：云南。

小叶蝉属 *Typhlocyba* Germar, 1833

婀小叶蝉 ***Typhlocyba aptera* Dworakowska, 1979**

分布：云南。

端片小叶蝉 ***Typhlocyba bilaminata* Huang & Zhang, 2009**

分布：云南，贵州。

周氏小叶蝉 ***Typhlocyba choui* Huang & Zhang, 2012**

分布：云南，贵州。

大理小叶蝉 ***Typhlocyba daliensis* Huang & Zhang, 2012**

分布：云南。

栎小叶蝉 ***Typhlocyba quercus* (Fabricius, 1777)**

分布：云南（保山），贵州，湖北，湖南，陕西；蒙古国。

齿突小叶蝉 ***Typhlocyba serrata* Huang & Zhang, 2009**

分布：云南。

瘤突小叶蝉 ***Typhlocyba tubercula* Huang & Zhang, 2009**

分布：云南（西双版纳）。

淡翅叶蝉属 *Ujna* Distant, 1908

普洱窗翅叶蝉 ***Ujna consors* Distant, 1908**

分布：云南（普洱）。

梁氏淡翅叶蝉 ***Ujna liangae* Yang, Meng & He, 2014**

分布：云南（西双版纳）。

普洱淡翅叶蝉 ***Ujna puerana* (Yang & Meng, 2010)**

分布：云南（普洱、德宏、西双版纳），海南。

Uniformus Jiao & Yang, 2020

***Uniformus inclusus* Jiao & Yang, 2020**

分布：云南（西双版纳）。

***Uniformus rostellatus* Jiao & Yang, 2020**

分布：云南（红河）。

芜小叶蝉属 *Usharia* Dworakowska, 1977

锚突芜小叶蝉 ***Usharia ancora* Zhang & Qin, 2005**

分布：云南（西双版纳）。

缘突芜小叶蝉 ***Usharia constricta* Zhang & Qin, 2005**

分布：云南（西双版纳）。

齿缘芜小叶蝉 ***Usharia denticulata* Zhang & Qin, 2005**

分布：云南（西双版纳）。

钝突芜小叶蝉 ***Usharia obtusa* Thapa, 1985**

分布：云南（西双版纳），海南；尼泊尔。

棘突芜小叶蝉 ***Usharia spinosa* Zhang & Qin, 2005**

分布：云南（西双版纳）。

乌小叶蝉属 *Uzeldikra* Dworakowska, 1971

珍珠灰乌小叶蝉 ***Uzeldikra grisea* Dworakowska, 1979**

分布：云南。

弯头叶蝉属 *Vangama* Distant, 1908

白脉弯头叶蝉 ***Vangama albiveina* Li, 1994**

分布：云南（昆明、西双版纳），贵州。

哲小叶蝉属 *Vatana* Dworakowska, 1994

魔哲小叶蝉 ***Vatana ogromna* (Dworakowska, 1977)**

分布：云南（楚雄、大理、临沧、怒江、德宏、红河），四川；越南。

硕哲小叶蝉 ***Vatana robusta* Huang & Zhang, 2006**

分布：云南（丽江）。

齿茎哲小叶蝉 ***Vatana serrata* Huang & Zhang, 2006**

分布：云南（怒江，丽江）。

兜小叶蝉属 *Velu* Ghauri, 1963

叉突兜小叶蝉 ***Velu furcatum* Zhang & Qin, 2004**

分布：云南（临沧）。

长突兜小叶蝉 ***Velu longiprojectum* Zhang & Qin, 2004**

分布：云南（临沧）。

腹突叶蝉属 *Ventroprojecta* Li, Li & Xing, 2020

黄斑腹突叶蝉 *Ventroprojecta luteina* Li, Li & Xing, 2020

分布：云南（西双版纳）。

黑斑腹突叶蝉 *Ventroprojecta nigriguttata* Li, Li & Xing, 2020

分布：云南（红河、西双版纳）。

沃小叶蝉属 *Warodia* Dworakowska, 1970

环沃小叶蝉 *Warodia annulata* Zhang & Huang, 2007

分布：云南（保山）。

赭点沃小叶蝉 *Warodia biguttata* Hu & Kuoh, 1991

分布：云南（楚雄、西双版纳），贵州。

宽茎沃小叶蝉 *Warodia euryaedeaga* Zhang & Xiao, 2000

分布：云南（玉溪）。

镰刀沃小叶蝉 *Warodia falcata* Zhang & Huang, 2007

分布：云南（保山）。

纤突沃小叶蝉 *Warodia gracilicornis* Zhang & Huang, 2007

分布：云南（保山）。

格氏沃小叶蝉 *Warodia gregoryi* Dworakowska, 1982

分布：云南（保山）。

长突沃小叶蝉 *Warodia lineata* Zhang & Huang, 2007

分布：云南（昆明、保山）。

硬突沃小叶蝉 *Warodia rigida* Zhang & Huang, 2007

分布：云南（保山）。

三突沃小叶蝉 *Warodia tricornis* Zhang & Huang, 2007

分布：云南（昆明）。

端叉叶蝉属 *Watanabella* Vilbaste, 1969

腹突端叉叶蝉 *Watanabella curvatua* Zhang & Xing, 2020

分布：云南（怒江）。

黑斑端叉叶蝉 *Watanabella graminea* (Choe, 1981)

分布：云南（怒江），贵州，四川，甘肃，山西，山东，河南，江西；韩国。

瓦小叶蝉属 *Watara* Dworakowska, 1977

***Watara cordata* Zhang & Yang, 2011**

分布：云南（普洱、西双版纳）。

苏瓦小叶蝉 *Watara sudra* (Distant, 1908)

分布：云南（保山、西双版纳），台湾；印度，巴基斯坦，泰国，孟加拉国。

韦氏叶蝉属 *Webbolidia* Nielson, 2015

三刺韦氏叶蝉 *Webbolidia obliqua* (Nielson, 1982)

分布：云南，四川，江西，浙江，广西，福建，广东，海南；越南。

二刺韦氏叶蝉 *Webbolidia obliquasimilaris* (Zhang, 1990)

分布：云南，贵州，四川，陕西，湖北，广西，广东，海南，福建；越南。

韦氏叶蝉 *Webbolidia webbi* (Nielson, 1982)

分布：云南（西双版纳）；泰国，越南，老挝，柬埔寨。

犀角叶蝉属 *Wolfella* Spinola, 1850

华犀角叶蝉 *Wolfella sinensis* Zhang & Shen, 1994

分布：云南（红河），贵州，广西。

残瓣叶蝉属 *Wyuchiva* Zhang, Wei & Webb, 2006

勐腊残瓣叶蝉 *Wyuchiva menglaensis* Zhang, Wei & Webb, 2006

分布：云南（西双版纳）。

颜脊叶蝉属 *Xenovarta* Viraktamath, 2004

李氏颜脊叶蝉 *Xenovarta lii* Xing, 2018

分布：云南（文山）。

陆氏颜脊叶蝉 *Xenovarta lui* Duan & Zhang, 2013

分布：云南（怒江、西双版纳）。

小眼叶蝉属 *Xestocephalus* van Duzee, 1892

斑翅小眼叶蝉 *Xestocephalus apicalis* Melichar, 1903

分布：云南（临沧、西双版纳），湖北，福建，海南；斯里兰卡。

双突小眼叶蝉 *Xestocephalus biprocessus* Li & Zhang, 2006

分布：云南，贵州，重庆。

圆顶小眼叶蝉 *Xestocephalus ishidae* Matsumura, 1914

分布：云南（西双版纳），广西，海南；日本。

片马小眼叶蝉 *Xestocephalus pianmaensis* Li & Dai, 2005
分布：云南（怒江）。

雅库叶蝉属 *Yakuza* Dworakowska, 2002

苏门雅库叶蝉 *Yakuza sumatrana* Dworakowska, 2002
分布：云南（西双版纳），四川，海南；印度尼西亚。

杨氏小叶蝉属 *Yangisunda* Zhang, 1990

端叉杨氏小叶蝉 *Yangisunda apicibicruris* Zhang, Huang & Shen, 2011
分布：云南（西双版纳）。

周氏杨氏小叶蝉 *Yangisunda choui* Zhang, Huang & Shen, 2003
分布：云南（西双版纳）。

德氏杨氏小叶蝉 *Yangisunda dworakowskaia* Zhang, Huang & Shen, 2003
分布：云南（西双版纳）。

拟周氏杨氏小叶蝉 *Yangisunda parachoui* Zhang, Huang & Shen, 2003
分布：云南（西双版纳）。

田氏杨氏小叶蝉 *Yangisunda tiani* Zhang, Huang & Shen, 2003
分布：云南（西双版纳）。

橙纹叶蝉属 *Yinformibus* Du, Liang & Dai, 2018

勐腊橙纹叶蝉 *Yinformibus menglaensis* Du, Liang & Dai, 2018
分布：云南（西双版纳）。

异小叶蝉属 *Yisiona* Kuoh, 1981

紫黑异小叶蝉 *Yisiona ziheina* Kuoh, 1981
分布：云南，西藏。

元谋叶蝉属 *Yuanamia* Zhang & Duan, 2006

合脉元谋叶蝉 *Yuanamia anastoma* Zhang & Duan, 2006
分布：云南（楚雄）。

Yunicella Suo, Dietrich & Qin, 2016

***Yunicella rotunda* Suo, Dietrich & Qin, 2016**
分布：云南（西双版纳）；泰国。

张氏叶蝉属 *Zhangolidia* Nielson, 2015

多刺张氏叶蝉 *Zhangolidia polyspinata* (Zhang, 1994)
分布：云南（普洱，西双版纳），贵州。

棒张氏叶蝉 *Zhangolidia spiculata* (Nielson, 1982)
分布：云南（西双版纳）；泰国。

点小叶蝉属 *Zorka* Dworakowska, 1970

安娜点小叶蝉 *Zorka annae* Dworakowska, 1970
分布：云南（保山），江苏。

安琪点小叶蝉 *Zorka angelinae* Dworakowska, 1970
分布：云南（大理）。

安丽娜点小叶蝉 *Zorka ariadnae* Dworakowska, 1970
分布：云南，贵州；越南。

双角点小叶蝉 *Zorka bicornis* Dworakowska, 1977
分布：云南（保山）；越南。

膜突点小叶蝉 *Zorka lamellata* Thapa, 1989
分布：云南（保山）；印度。

塔叶蝉属 *Zyginella* Löw, 1885

勐海塔叶蝉 *Zyginella menghaiensis* Song & Li, 2012
分布：云南（西双版纳）。

中斑塔叶蝉 *Zyginella punctata* Zhang, 1990
分布：云南（玉溪）。

Zyginopsis Ramakrishnan & Menon, 1973

***Zyginopsis gracilis* Jiang & Zhang, 2016**
分布：云南（西双版纳）。

***Zyginopsis paraverticalis* Jiang & Zhang, 2016**
分布：云南（西双版纳）。

尖胸沫蝉科 Aphrophoridae

尖胸沫蝉属 *Aphrophora* Germar, 1821

二斑尖胸沫蝉 *Aphrophora bimaculata* Distant, 1908
分布：云南（红河、怒江、保山、西双版纳），西藏；缅甸，越南。

忆尖胸沫蝉 *Aphrophora memorabilis* Walker, 1858
分布：云南（昆明、红河、文山），四川，江苏，浙江。

美沫蝉属 *Ariptyelus* Matsumura, 1907

日本美沫蝉 *Ariptyelus auropilosus* (Matsumura, 1907)
分布：云南（昆明），四川，台湾；日本，朝鲜。

Capnodistes Breddin, 1903

***Capnodistes arietarius* (Distant, 1908)**
分布：云南（德宏、西双版纳）；缅甸，老挝，马

来西亚。

周氏沫蝉属 *Choua* Liang, 1989

卵圆周氏沫蝉 *Choua ovalis* Liang, 1989
分布：云南（西双版纳）；日本。

铲头沫蝉属 *Clovia* Stål, 1866

二点铲头沫蝉 *Clovia bipunctata* Kirby, 1891
分布：云南（西双版纳），台湾；印度，印度尼西亚。

条纹铲头沫蝉 *Clovia conifer* (Walker, 1851)
分布：云南（红河、文山、大理、怒江、临沧、德宏、西双版纳），贵州，四川，黑龙江，甘肃，江西，广西，福建，广东；印度，缅甸，印度尼西亚，菲律宾。

松铲头沫蝉 *Clovia conifera* (Walker, 1851)
分布：云南，贵州，西藏，青海，甘肃，广西，广东，福建，台湾；印度，缅甸，泰国，老挝，越南，柬埔寨，马来西亚，印度尼西亚，菲律宾。

Dinda Distant, 1908

***Dinda flavimacula* Liang, 2015**
分布：云南（红河），贵州，广西。

卵沫蝉属 *Peuceptyelus* Sahlberg, 1871

一带卵沫蝉 *Peuceptyelus sigillifer* (Walker, 1851)
分布：云南，贵州，西藏，河北，江西，浙江，广西，广东，海南，福建，台湾；印度，东南亚。

象沫蝉属 *Philagra* Stål, 1864

白条象沫蝉 *Philagra albinotata* Uhler, 1896
分布：云南（大理），四川，陕西，安徽，浙江，福建；日本

双斑象沫蝉 *Philagra bimaculata* Liang, 2022
分布：云南（丽江），西藏；孟加拉国。

陈氏象沫蝉 *Philagra cheni* Liang, 1988
分布：云南（怒江）。

纺缍象沫蝉 *Philagra fusifirmis* (Walker, 1858)
分布：云南（普洱、楚雄、怒江、临沧、西双版纳）；印度，缅甸。

多斑锤形象沫蝉 *Philagra fusiformis numerosa* Lallemand, 1912
分布：云南（西双版纳），西藏，台湾；印度，日本。

大象沫蝉 *Philagra major* Metcalf & Horton, 1934
分布：云南（怒江、西双版纳），西藏。

象沫蝉 *Philagra subrecta* Jacobi, 1921
分布：云南，四川，西藏，江西，浙江，广西，广东，海南，福建，台湾；越南。

嗜禾沫蝉属 *Poophilus* Stål, 1866

缘嗜禾沫蝉 *Poophilus costalis* (Walker, 1851)
分布：云南，西藏，青海，新疆，内蒙古，江西，广西，广东，福建，海南，台湾；伊朗，阿富汗，阿塞拜疆，印度，斯里兰卡，巴基斯坦，尼泊尔，泰国，老挝，越南，马来西亚，菲律宾，非洲。

小无脊沫蝉属 *Ptyelinellus* Lallemand, 1946

裂纹小无脊沫蝉 *Ptyelinellus praefractus* (Distant, 1808)
分布：云南（西双版纳），广西，福建；印度，缅甸，马来西亚，印度尼西亚。

华沫蝉属 *Sinophora* Melichar, 1902

卧龙华沫蝉 *Sinophora wolongensis* Chou & Yuan, 1986
分布：云南（迪庆），四川。

疣胸华沫蝉 *Sinophora submacula* Metcalf & Horton, 1934
分布：云南，四川，陕西，甘肃，山西，河北，湖北；朝鲜，日本，俄罗斯（远东地区）。

沫蝉科 Cercopidae

长头沫蝉属 *Abidama* Distant, 1908

长头沫蝉 *Abidama producta* (Walker, 1851)
分布：云南，贵州；印度，尼泊尔，孟加拉国，缅甸。

赤褐长头沫蝉 *Abidama rufescens* Metcalf & Horton, 1934
分布：云南，四川。

一斑长头沫蝉 *Abidama unumacula* Zhou & Wu, 1987
分布：云南。

黑沫蝉属 *Callitettix* Stål, 1865

稻赤斑黑沫蝉 *Callitettix versicolor* (Fabricius, 1794)
分布：云南（文山、普洱），贵州，四川，陕西，湖北，江西，湖南，福建，广东；印度，缅甸，马来西亚，日本。

Circulocercopis Liang & Webb, 2002

***Circulocercopis fasciatus* Liang & Webb, 2002**

分布：云南（红河）；越南，老挝。

丽沫蝉属 *Cosmoscarta* Stål, 1869

斑带丽沫蝉 *Cosmoscarta bispecularis* (White, 1844)

分布：云南（昆明），贵州，四川，广西，安徽，江西，福建，广东；日本，印度，马来西亚。

黑斑丽沫蝉 *Cosmoscarta dorsimacula* (Walker, 1851)

分布：云南（昭通），贵州，四川，江西；印度，马来西亚。

荒丽沫蝉 *Cosmoscarta egens* (Walker, 1858)

分布：云南（红河），贵州，四川；印度。

黑胸丽沫蝉 *Cosmoscarta exultans* (Walker, 1858)

分布：云南（昭通），贵州，四川，江西，福建。

二带短脊沫蝉 *Cosmoscarta mandarina* Distant, 1900

分布：云南（昭通、怒江），贵州，四川，安徽，浙江，湖北。

七斑隆背沫蝉 *Cosmoscarta septempunctata* (Walker, 1851)

分布：云南（红河、普洱、临沧、西双版纳）；印度，缅甸。

曙沫蝉属 *Eoscarta* Breddin, 1902

金色曙沫蝉 *Eoscarta aurora* Kirkaldy, 1909

分布：云南，贵州，湖北，湖南，江西，广西，广东，福建，澳门。

南方曙沫蝉 *Eoscarta borealis* (Distant, 1878)

分布：云南（西双版纳），贵州，四川，西藏，江西，浙江，广西，广东，福建，海南；印度，老挝，越南，马来西亚，印度尼西亚。

黑点曙沫蝉 *Eoscarta liternoides* Breddin, 1902

分布：云南（西双版纳），西藏，江西，浙江，广西，福建，海南；印度，老挝，越南，泰国，马来西亚，印度尼西亚。

卡氏曙沫蝉 *Eoscarta karschi* Schmidt, 1920

分布：云南，江西，福建，广东。

赭曙沫蝉 *Eoscarta ochraceous* (Metcalf & Horton, 1934)

分布：云南（大理、迪庆），四川，陕西。

小曙沫蝉 *Eoscarta parva* Liang, 1996

分布：云南（红河），广西，福建。

北部湾曙沫蝉 *Eoscarta tonkinensis* Lallemand, 1949

分布：云南，贵州，广西，广东，福建，海南；越南。

脊冠沫蝉属 *Kanozata* Matsumura, 1940

周氏脊冠沫蝉 *Kanozata choui* (Yuan & Wu, 1992)

分布：云南（保山、怒江、大理、西双版纳），贵州，四川，西藏，陕西，河南，湖北，广西；泰国，印度，越南。

邻脊冠沫蝉 *Kanozata contermina* (Distant, 1916)

分布：云南（保山、德宏）；印度，缅甸，泰国，尼泊尔。

西隆脊冠沫蝉 *Kanozata shillongana* (Distant, 1916)

分布：云南（保山、怒江、红河、德宏），西藏，广西，广东，福建，海南；印度，泰国，老挝。

Opistharsostethus Schmidt, 1911

***Opistharsostethus parvus* Liang, 2001**

分布：云南（普洱、西双版纳），广西；老挝。

瘤胸沫蝉属 *Phymatostetha* Stål, 1870

红斑瘤胸沫蝉 *Phymatostetha dorsivitta* (Walker, 1851)

分布：云南（昭通），四川，安徽。

克伦瘤胸沫蝉 *Phymatostetha karenia* Distant, 1900

分布：云南（临沧、西双版纳）；印度，缅甸。

叟沫蝉属 *Sounama* Distant, 1908

黑叟沫蝉 *Sounama nigras* Liang & Webb, 2002

分布：云南（西双版纳）。

阔茎叟沫蝉 *Sounama robustipenis* Liang & Webb, 2002

分布：云南（西双版纳）；老挝。

特洛沫蝉属 *Telogmometopius* Jacobi, 1921

脊唇特洛沫蝉 *Telogmometopius carinilabratus* (Chou & Wu, 1988)

分布：云南（迪庆、怒江）。

巢沫蝉科 Machaerotidae

Dianmachaerota Nie & Liang, 2009

***Dianmachaerota serratiphalla* Nie & Liang, 2009**

分布：云南（西双版纳）。

巢沫蝉属 *Machaerota* Burmeister, 1835

周氏巢沫蝉 *Machaerota choui* Lu, 1982

分布：云南。

***Machaerota conicapita* Nie & Liang, 2008**
分布：云南（西双版纳）；老挝。
考氏巢沫蝉 *Machaerota coomani* Lallemand, 1942
分布：云南，广西，海南；越南。
平冠巢沫蝉 *Machaerota coronata* (Maa, 1947)
分布：云南，广西，福建，香港，海南。
***Machaerota flavolineata* Distant, 1907**
分布：云南；缅甸，越南。
梁氏巢沫蝉 *Machaerota liangi* Sun & Dai, 2022
分布：云南（红河）。
云南巢沫蝉 *Machaerota yunnanensis* Lu, 1982
分布：云南（西双版纳）。

新象棘蝉属 *Neosigmasoma* Lu, 1982

周氏棘蝉 *Neosigmasoma chou* Lu, 1982
分布：云南（西双版纳）。

Platymachaerota Schmidt, 1919

***Platymachaerota gressitti* Maa, 1963**
分布：云南；越南，老挝。

Romachaeta Maa, 1963

***Romachaeta brachynotum* Maa, 1963**
分布：云南；泰国。

象棘蝉属 *Sigmasoma* Schmidt, 1907

新象棘蝉 *Sigmasoma chakratongi* Maa, 1963
分布：云南 (西双版纳)；泰国，老挝。

Tapinacaena Maa, 1963

***Tapinacaena sigmatoides* Maa, 1963**
分布：云南；印度。

犁胸蝉科 Aetalionidae

管尾犁胸蝉属 *Darthula* Kirkaldy, 1900

云管尾犁胸蝉 *Darthula hardwickii* (Gray, 1832)
分布：云南（昆明、楚雄、大理）；印度，缅甸，尼泊尔，孟加拉国。

角蝉科 Membracidae

屈角蝉属 *Anchon* Buckton, 1903

白条屈角蝉 *Anchon lineatus* Funkhouser, 1938
分布：云南（德宏、普洱、西双版纳），贵州，四川，广西，湖北，海南，广东，湖南，福建；越南。
云南屈角蝉 *Anchon yunnanensis* Chou, 1980
分布：云南（西双版纳）。

结角蝉属 *Antialcidas* Distant, 1916

丽结角蝉 *Antialcidas callichromus* Yuan & Chou, 1992
分布：云南（保山）。

弓角蝉属 *Arcuatocornum* Yuan & Tian, 1995

思茅弓角蝉 *Arcuatocornum simaoensis* Yuan, 2002
分布：云南（普洱）。

驼角蝉属 *Camelocentrus* Chou, 1976

驼角蝉 *Camelocentrus yunnanensis* Chou, 1976
分布：云南（西双版纳）。

雅角蝉属 *Centrochares* Stål, 1866

花翅雅角蝉 *Centrochares floripennis* Yuan & Fan, 1995
分布：云南（西双版纳）。
斑翅雅角蝉 *Centrochares maculopterus* Hou & Yuan, 1984
分布：云南（德宏）。

秃角蝉属 *Centrotoscelus* Funkhouser, 1914

阿里山秃角蝉 *Centrotoscelus arisanus* (Masumura, 1912)
分布：云南，贵州，四川，广西，福建，海南，广东，台湾；日本。
短唇秃角蝉 *Centrotoscelus brevifrontoclypei* Yuan & Li, 2002
分布：云南（西双版纳），广西；越南。
褐斑秃角蝉 *Centrotoscelus brunneimaculae* Yuan & Li, 2002
分布：云南（西双版纳）。
细长秃角蝉 *Centrotoscelus longus* Yuan & Li, 2002
分布：云南（昆明），贵州，陕西，北京。
栎秃角蝉 *Centrotoscelus querneus* Yuan & Li, 2002
分布：云南（普洱）。
云南秃角蝉 *Centrotoscelus yunnanensis* Yuan & Li, 1943
分布：云南（红河、德宏、西双版纳）。

巨刺角蝉属 *Centrotypus* Stål, 1866

榕巨刺角蝉 *Centrotypus assamensis* Fairmaire, 1846
分布：云南（普洱、西双版纳）；印度，缅甸，马来西亚，柬埔寨。

金翅巨刺角蝉 ***Centrotypus chrysopterus*** **Chou & Yuan, 1983**
分布：云南（楚雄、普洱、怒江、西双版纳），西藏。

扭巨刺角蝉 ***Centrotypus flexuosus*** **Fabricius, 1794**
分布：云南（西双版纳）；印度，缅甸，孟加拉国，马来西亚，印度尼西亚。

叶巨刺角蝉 ***Centrotypus folicornis*** **Chou & Yuan, 1983**
分布：云南（西双版纳）。

长巨刺角蝉 ***Centrotypus laticornis*** **Funkhouser, 1921**
分布：云南（西双版纳）；越南。

新巨刺角蝉 ***Centrotypus neocornis*** **Chou & Yuan, 1983**
分布：云南（西双版纳）。

锐巨刺角蝉 ***Centrotypus oxyricornis*** **Chou & Yuan, 1983**
分布：云南（红河、西双版纳），广西。

周氏角蝉属 *Choucentrus* Yuan, 1985

周氏角蝉 ***Choucentrus sinensis*** **Yuan, 1985**
分布：云南（红河、德宏、西双版纳），西藏。

埃角蝉属 *Ebhul* Distant, 1907

隆背埃角蝉 ***Ebhul formicarium*** **Distant, 1916**
分布：云南（普洱、德宏、保山），西藏，广西；缅甸。

金平埃角蝉 ***Ebhul jingpingensis*** **Yuan & Li, 2002**
分布：云南（红河）。

赤褐埃角蝉 ***Ebhul russum*** **Yuan & Li, 2002**
分布：云南（红河、西双版纳）。

白线埃角蝉 ***Ebhul varium*** **(Walker, 1858)**
分布：云南（红河、德宏、西双版纳）；缅甸，印度，马来西亚，新加坡，印度尼西亚。

鹿角蝉属 *Elaphiceps* Buckton, 1903

鹿角蝉 ***Elaphiceps cervus*** **Buckton, 1903**
分布：云南（西双版纳），贵州，广东，福建，海南，台湾。

新鹿角蝉 ***Elaphiceps necocervus*** **Yuan & Chou, 1988**
分布：云南（普洱、西双版纳），四川，福建。

圆角蝉属 *Gargara* Amyot & Serville, 1843

黑圆角蝉 ***Gargara genistae*** **(Fabricius, 1775)**
分布：东亚地区广布。

海南圆角蝉 ***Gargara hainanensis*** **Funkhouser, 1937**
分布：云南（西双版纳），贵州，广西，福建，广东。

印度圆角蝉 ***Gargara indica*** **Bierman, 1910**
分布：云南，海南；印度，印度尼西亚。

油杉圆角蝉 ***Gargara keteleeriae*** **Yuan & Li, 2002**
分布：云南（昆明）。

棒角圆角蝉 ***Gargara rhopalocera*** **Yuan & Li, 2002**
分布：云南（西双版纳）。

二刺角蝉属 *Hemicentrus* Melichar, 1914

长盾二刺角蝉 ***Hemicentrus cornutus*** **(Funkhouser, 1927)**
分布：云南。

宽二刺角蝉 ***Hemicentrus latus*** **Yuan & Tian, 1994**
分布：云南（西双版纳)。

斜二刺角蝉 ***Hemicentrus obliquus*** **Yuan & Tian, 1994**
分布：云南（西双版纳）。

高冠角蝉属 *Hypsauchenia* Germar, 1835

中华高冠角蝉 ***Hypsauchenia chinensis*** **Chou, 1975**
分布：云南（昆明、保山、德宏），贵州，四川，西藏，重庆，北京，福建；印度，孟加拉国。

褐翅高冠角蝉 ***Hypsauchenia hardwickii*** **(Kirby, 1829)**
分布：云南（怒江、曲靖、文山），贵州，四川，西藏，福建；印度，缅甸，尼泊尔，孟加拉国。

印角蝉属 *Indicopleustes* Distant, 1907

云南印角蝉 ***Indicopleustes yunnanensis*** **Yuan, 2002**
分布：云南（红河）。

犀角蝉属 *Jingkara* Hou, 1964

犀角蝉 ***Jingkara hyalipunctata*** **Chou, 1964**
分布：云南（楚雄），贵州，四川，陕西，河南，湖北，江西，福建。

卡圆角蝉属 *Kotogargara* Matsumura, 1938

瘤脉卡圆角蝉 ***Kotogargara guttulinervis*** **(Matsumura, 1912)**
分布：云南（普洱、保山、西双版纳），台湾；日本。

小卡圆角蝉 ***Kotogargara minuta*** **(Kato, 1928)**
分布：云南（西双版纳），海南，广东，台湾，福建；日本。

黑带卡圆角蝉 *Kotogargara nigrofasciata* (Stål, 1870)
分布：云南（红河、西双版纳），广西；菲律宾，缅甸，马来西亚，柬埔寨、越南，老挝，印度尼西亚。

结翅卡圆角蝉 *Kotogargara nodipennis* (Funkhouser, 1927)
分布：云南（西双版纳）；印度尼西亚。

微唇卡圆角蝉 *Kotogargara parvifrontclypei* Yuan & Li, 2002
分布：云南（红河）。

微卡圆角蝉 *Kotogargara parvula* (Lindberg, 1927)
分布：云南，四川，黑龙江，北京，河北，陕西，山西，河南，福建；俄罗斯（远东地区）。

刻背卡圆角蝉 *Kotogargara punctata* Yuan & Li, 2002
分布：云南（西双版纳）。

矛角蝉属 *Leptobelus* Stål, 1866

羚羊矛角蝉 *Leptobelus gazella* Fairmaire, 1846
分布：云南（昆明、曲靖、普洱、楚雄、大理、保山、德宏、西双版纳），贵州，四川，西藏，陕西，湖北，广东；印度，印度尼西亚。

弧角蝉属 *Leptocentrus* Stål, 1866

白条弧角蝉 *Leptocentrus albolineatus* Funkhouser, 1937
分布：云南（临沧、西双版纳），贵州，四川，广西，海南，广东，湖南，台湾。

花面弧角蝉 *Leptocentrus florifacialis* Yuan, 2002
分布：云南（西双版纳）。

长刺弧角蝉 *Leptocentrus longispinus* Distant, 1907
分布：云南（西双版纳），贵州；缅甸，新加坡，文莱，印度尼西亚，马来西亚，印度。

金牛弧角蝉 *Leptocentrus taurus* (Fabricius, 1775)
分布：云南（西双版纳），贵州，广西，海南，广东；印度，马来西亚，菲律宾，缅甸，印度尼西亚，东帝汶，孟加拉国，柬埔寨，斯里兰卡，巴基斯坦，日本，文莱，新加坡。

截盾弧角蝉 *Leptocentrus truncatoscutellus* Yuan, 2002
分布：云南（西双版纳）。

齿瓣角蝉属 *Lobocentrus* Stål, 1870

三角齿瓣角蝉 *Lobocentrus triangularis* Chou & Yuan, 1983
分布：云南（德宏、怒江）。

脊角蝉属 *Machaerotypus* Uhler, 1896

茶花红脊角蝉 *Machaerotypus camelliae* Hou & Yuan, 1981
分布：云南（昆明、楚雄、昭通、丽江）。

耳角蝉属 *Maurya* Distant, 1916

安耳角蝉 *Maurya angulata* Funkhouser, 1921
分布：云南，贵州，江西，浙江，福建，山东，江苏，台湾；日本。

新瘤耳角蝉 *Maurya neonodosa* Yuan, 1988
分布：云南（迪庆），四川。

巨弧角蝉属 *Megalocentrus* Yuan, 2002

五脊巨弧角蝉 *Megalocentrus quinquecarinalis* Yuan, 2002
分布：云南（德宏、西双版纳），广西。

中华巨弧角蝉 *Megalocentrus sinensis* Yuan, 2002
分布：云南（德宏、西双版纳）。

无齿角蝉属 *Nondenticentrus* Yuan & Chou, 1992

短瓣无齿角蝉 *Nondenticentrus brevivalvulatus* Chou & Yuan, 1992
分布：云南（德宏、迪庆），四川。

弯刺无齿角蝉 *Nondenticentrus curvispineus* Chou & Yuan, 1992
分布：云南（迪庆），四川，陕西。

长瓣无齿角蝉 *Nondenticentrus longivalvulatus* Yuan & Chou, 1992
分布：云南（迪庆、大理）。

壮无齿角蝉 *Nondenticentrus oedothorectus* Yuan & Chou, 1992
分布：云南（迪庆、德宏）。

中甸无齿角蝉 *Nondenticentrus zhongdianensis* Yuan & Chou, 1992
分布：云南（德宏）。

隐盾角蝉属 *Oxyrhachis* Germar, 1835

中华隐盾角蝉 *Oxyrhachis sinensis* Yuan & Tian, 1993
分布：云南（西双版纳）。

锯角蝉属 *Pantaleon* Distant, 1916

蟾锯角蝉 *Pantaleon bufo* (Kato, 1928)
分布：云南（西双版纳），四川，江西，广西，福建，台湾；日本，新加坡。

背峰锯角蝉 *Pantaleon dorsalis* (Matsumura, 1912)
分布：云南（德宏），贵州，四川，河北，陕西，安徽，浙江，湖北，江西，福建，台湾；日本

倾峰锯角蝉 *Pantaleon obliquinodatus* Chou & Yuan, 1983
分布：云南（西双版纳）。

华角蝉属 *Sinocentrus* Yuan, 2002

华角蝉 *Sinocentrus sinensis* Yuan, 2002
分布：云南（西双版纳）。

楔角蝉属 *Sipylus* Stål, 1866

白边楔角蝉 *Sipylus albomarginis* Yuan & Cui, 2002
分布：云南（保山）。

丫纹楔角蝉 *Sipylus auriculatus* Funkhouser, 1937
分布：云南（西双版纳），广西，海南。

黑楔角蝉 *Sipylus nigrer* Yuan & Fan, 2002
分布：云南（西双版纳）。

负角蝉属 *Telingana* Distant, 1907

斑翅负角蝉 *Telingana maculoptera* Yuan, 2002
分布：云南（德宏、西双版纳）。

等盾负角蝉 *Telingana scutellata* China, 1925
分布：云南（大理），四川，西藏，甘肃，陕西。

玳角蝉属 *Terentius* Stål, 1866

白带玳角蝉 *Terentius albofasciarius* Tian & Yuan, 1997
分布：云南（德宏、西双版纳）。

东方玳角蝉 *Terentius orientalis* Yuan & Xu, 1997
分布：云南（德宏）。

三刺角蝉属 *Tricentrus* Stål, 1866

尖三刺角蝉 *Tricentrus acuticornis* Funkhouser, 1919
分布：云南，广西，广东，福建；菲律宾，印度尼西亚。

拟白胸三刺角蝉 *Tricentrus albescens* Funkhouser, 1929
分布：云南，江西，广东，海南；马来西亚，文莱，印度尼西亚。

白翅三刺角蝉 *Tricentrus albipennis* Kato, 1930
分布：云南（怒江），台湾；日本。

白斑三刺角蝉 *Tricentrus albomaculatus* Distant, 1907
分布：云南（保山），西藏，广东，海南；印度，新加坡，马来西亚，印度尼西亚，巴基斯坦，美国（夏威夷），巴西。

油桐三刺角蝉 *Tricentrus aleuritis* Chou, 1975
分布：云南，贵州，四川，甘肃，陕西，浙江，福建，江西，湖南，湖北，广西。

白胸三刺角蝉 *Tricentrus allabens* Distant, 1916
分布：云南（文山），西藏，陕西，江苏，浙江，台湾；印度尼西亚，马来西亚。

阿萨姆三刺角蝉 *Tricentrus assamensis* Distant, 1907
分布：云南，四川；新加坡，印度尼西亚，印度，马来西亚。

耳三刺角蝉 *Tricentrus auriculatus* Yuan & Fan, 2002
分布：云南（德宏、西双版纳）。

贝克三刺角蝉 *Tricentrus bakeri* Funkhouser, 1929
分布：云南（怒江）；印度尼西亚，文莱，马来西亚。

二褐带三刺角蝉 *Tricentrus bibrunneifasciatus* Yuan & Fan, 2002
分布：云南（怒江）。

二色三刺角蝉 *Tricentrus bicolor* Distant, 1907
分布：云南，广西；印度，巴基斯坦。

黄盘三刺角蝉 *Tricentrus bovillus* Distant, 1916
分布：云南（德宏）；缅甸。

短唇三刺角蝉 *Tricentrus breviceps* Yuan & Tian, 2002
分布：云南（西双版纳）。

褐缘三刺角蝉 *Tricentrus brunneimarginis* Yuan & Fan, 2002
分布：云南（西双版纳）。

褐三刺角蝉 *Tricentrus brunneus* Funkhouser, 1918
分布：云南，贵州，陕西，甘肃，山东，广西；越南，新加坡，马来西亚，印度尼西亚，文莱。

嵴三刺角蝉 *Tricentrus carinatus* Funkhouser, 1937
分布：云南（西双版纳），贵州；印度尼西亚。

铁刀木三刺角蝉 ***Tricentrus cassiae*** **Yuan & Xu, 1997**

分布：云南（西双版纳）。

马桑三刺角蝉 ***Tricentrus coriariae*** **Yuan & Fan, 1997**

分布：云南（楚雄）。

粗三刺角蝉 ***Tricentrus crassispinatus*** **Yuan & Cui, 2002**

分布：云南，四川，广西。

肖融瓣三刺角蝉 ***Tricentrus colligatoclypeides*** **Yuan & Cui, 1997**

分布：云南（西双版纳）。

弯三刺角蝉 ***Tricentrus curvicornis*** **Funkhouser, 1927**

分布：云南，内蒙古，湖南，广东。

费氏三刺角蝉 ***Tricentrus fairmairei*** **(Stål, 1859)**

分布：云南（西双版纳）；菲律宾，印度尼西亚，文莱，马来西亚。

锈三刺角蝉 ***Tricentrus ferruginosus*** **Funkhouser, 1929**

分布：云南，西藏；印度，马来西亚，印度尼西亚。

黄翅三刺角蝉 ***Tricentrus flavidopennae*** **Yuan & Fan, 2002**

分布：云南（西双版纳）。

花翅三刺角蝉 ***Tricentrus floripinnae*** **Yuan & Cui, 1987**

分布：云南（西双版纳），西藏。

福建三刺角蝉 ***Tricentrus fukienensis*** **Funkhouser, 1935**

分布：云南，福建，陕西，湖南，广东，海南；越南，巴基斯坦。

耀光三刺角蝉 ***Tricentrus fulgidus*** **Funkhouser, 1929**

分布：云南（西双版纳、德宏），广西，广东；越南，印度尼西亚，文莱，马来西亚。

拟耀三刺角蝉 ***Tricentrus fulgiformis*** **Yuan & Fan, 2002**

分布：云南（西双版纳）。

丫纹三刺角蝉 ***Tricentrus gammamaculatus*** **Yuan & Cui, 1992**

分布：云南（怒江、大理、红河、西双版纳）。

圆耀三刺角蝉 ***Tricentrus gargarformae*** **Chou & Yuan, 1986**

分布：云南（西双版纳、临沧、红河）。

河口三刺角蝉 ***Tricentrus hekouensis*** **Yuan & Fan, 2002**

分布：云南（红河）。

明翅三刺角蝉 ***Tricentrus hyalinipennis*** **Kato, 1928**

分布：云南（保山），广西，福建，广东，台湾；日本。

兰坪三刺角蝉 ***Tricentrus lanpingensis*** **Yuan & Fan, 2002**

分布：云南（丽江）。

端褐三刺角蝉 ***Tricentrus maculatus*** **Funkhouser, 1938**

分布：云南，广东，湖南。

斑翅三刺角蝉 ***Tricentrus maculopennae*** **Yuan & Fan, 2002**

分布：云南。

新耀三刺角蝉 ***Tricentrus neofulgidus*** **Yuan & Cui, 1986**

分布：云南（西双版纳）；越南。

平三刺角蝉 ***Tricentrus neoplanicornis*** **Yuan, 1995**

分布：云南（德宏、保山、楚雄、西双版纳）。

端黑三刺角蝉 ***Tricentrus nigriapiculus*** **Yuan & Fan, 2002**

分布：云南（保山）。

拟壮三刺角蝉 ***Tricentrus oedothorectoidis*** **Yuan & Fan, 2002**

分布：云南（保山），贵州。

班乃岛三刺角蝉 ***Tricentrus panayensis*** **Funkhouser, 1927**

分布：云南（丽江）；菲律宾。

前三刺角蝉 ***Tricentrus projectus*** **Distant, 1907**

分布：云南（西双版纳），西藏，福建；缅甸，印度，孟加拉国，菲律宾，巴基斯坦。

旁遮普三刺角蝉 ***Tricentrus punjabensis*** **Yasmeen & Ahmad, 1976**

分布：云南（西双版纳），西藏。

紫黑三刺角蝉 ***Tricentrus purpureus*** **Funkhouser, 1942**

分布：云南，广西，香港。

栎三刺角蝉 ***Tricentrus quernales*** **Hou & Yuan, 1992**

分布：云南（德宏），西藏。

萨三刺角蝉 ***Tricentrus samai*** **Funkhouser, 1937**

分布：云南（丽江），海南。

刺状三刺角蝉 *Tricentrus spincornis* Funkhouser, 1918
分布：云南（德宏、大理、西双版纳）；印度尼西亚，新加坡，马来西亚。
斯氏三刺角蝉 *Tricentrus strumpeli* Ahmad & Yasmeen, 1978
分布：云南（西双版纳）；巴基斯坦。
细三刺角蝉 *Tricentrus tenuispinatus* Yuan & Cui, 2002
分布：云南，广西。
板三刺角蝉 *Tricentrus tubulaticornis* Yuan & Fan, 2002
分布：云南（西双版纳）。
绿背三刺角蝉 *Tricentrus viridipronoti* Yuan & Tian, 2002
分布：云南（红河、西双版纳）。
剑三刺角蝉 *Tricentrus xiphistes* Kato, 1928
分布：云南（西双版纳），台湾；日本。
云南三刺角蝉 *Tricentrus yunnanensis* Yuan & Fan, 2002
分布：云南（西双版纳、红河）。

截角蝉属 *Truncatocornum* Yuan & Tian, 1995

小截角蝉 *Truncatocornum parvum* Yuan & Tian, 1995
分布：云南（普洱、文山），贵州。

褶角蝉属 *Zigzagicentrus* Chou, 1976

褶角蝉 *Zigzagicentrus bannaensis* Chou, 1976
分布：云南（西双版纳）。

杯瓢蜡蝉科 Caliscelidae

昴瓢蜡蝉属 *Augilina* Melichar, 1914

***Augilina tetraina* Chen & Gong, 2021**
分布：云南（德宏）。
***Augilina triaina* Chen & Gong, 2021**
分布：云南（西双版纳）。

犀杯瓢蜡蝉属 *Augilodes* Fennah, 1963

端斑犀杯瓢蜡蝉 *Augilodes apicomacula* Wang, Chou & Yuan, 2002
分布：云南（西双版纳）。
犀杯瓢蜡蝉 *Augilodes binghami* (Distant, 1906)
分布：云南（德宏、西双版纳）；印度，缅甸。

竹杯瓢蜡蝉属 *Bambusicaliscelis* Chen & Zhang, 2011

黄竹杯瓢蜡蝉 *Bambusicaliscelis flavus* Chen & Gong, 2018
分布：云南（怒江）。

宽足短翅蜡蝉属 *Chirodisca* Emeljanov, 1996

宽足短翅蜡蝉 *Chirodisca eximia* (Stål, 1859)
分布：云南（西双版纳）。

Neosymplana Chen & Gong, 2020

***Neosymplana vittatum* Gong, Yang & Chen, 2020**
分布：云南（德宏）。

长杯瓢蜡蝉属 *Pseudosymplanella* Che, Zhang & Webb, 2009

长杯瓢蜡蝉 *Pseudosymplanella nigrifasciata* Che, Zhang & Webb, 2009
分布：云南（德宏、西双版纳）；泰国。

斯杯瓢蜡蝉属 *Symplana* Kirby, 1891

短头斯瓢蜡蝉 *Symplana brevicephala* Zou, Yuan & Wang, 1994
分布：云南（西双版纳）。
李氏斯杯瓢蜡蝉 *Symplana lii* Chen, Zhang & Chang, 2014
分布：云南（西双版纳）。
长头斯杯瓢蜡蝉 *Symplana longicephala* Chou, Yuan & Wang, 1994
分布：云南（西双版纳）。
绿斯瓢蜡蝉 *Symplana viridinervis* Kirby, 1891
分布：云南；印度，印度尼西亚。

露额杯瓢蜡蝉属 *Symplanella* Fennah, 1987

短头露额杯瓢蜡蝉 *Symplanella brevicephala* (Chou, Yuan & Wang, 1994)
分布：云南（保山、西双版纳），四川，海南。
红黄露额杯瓢蜡蝉 *Symplanella fulva* Gong & Chen, 2020
分布：云南（德宏）。
浅黑露额杯瓢蜡蝉 *Symplanella nigricans* Gong & Chen, 2020
分布：云南（德宏）。

弯突露额杯瓢蜡蝉 *Symplanella recurvata* Yang & Chen, 2014
分布：云南，广西，广东。
中突露额杯瓢蜡蝉 *Symplanella zhongtua* Yang & Chen, 2014
分布：云南（西双版纳）。

瓢蜡蝉科 Issidae

Ceratogergithus Gnezdilov, 2017
***Ceratogergithus brachyspinus* Yang & Chen, 2019**
分布：云南（红河）。

巨齿瓢蜡蝉属 *Dentatissus* Chen, Zhang & Chang, 2014
恶性巨齿瓢蜡蝉 *Dentatissus damnosus* (Chou & Lu, 1985)
分布：云南，贵州，四川，辽宁，陕西，山西，北京，山东，湖北，江苏。

Duplexissus Wang, Zhang & Bourgoin, 2019
***Duplexissus punctatulus* Wang, Zhang & Bourgoin, 2019**
分布：云南（西双版纳）。

拟角唇瓢蜡蝉属 *Euxaldar* Fennah, 1978
大围山拟角唇瓢蜡蝉 *Euxaldar daweishanensis* Yang, Chang & Chen, 2021
分布：云南（红河）。

黄瓢蜡蝉属 *Flavina* Stål, 1861
海南黄瓢蜡蝉 *Flavina hainana* (Wang & Wang, 1999)
分布：云南，海南。
带黄瓢蜡蝉 *Flavina nigrifascia* Che & Wang, 2010
分布：云南。
云南黄瓢蜡蝉 *Flavina yunnanensis* Chen, Zhang & Chang, 2014
分布：云南（怒江）。

叶瓢蜡蝉属 *Folifemurum* Che, Wang & Zhang, 2013
双叶瓢蜡蝉 *Folifemurum duplicatum* Che, Wang & Zhang, 2013
分布：云南，四川。

铲头瓢蜡蝉属 *Fortunia* Distant, 1909
中华铲头瓢蜡蝉 *Fortunia sinensis* (Ouchi, 1940)
分布：云南，贵州，广西，浙江，江西，海南，福建。

脊额瓢蜡蝉属 *Gergithoides* Schumacher, 1915
皱脊额瓢蜡蝉 *Gergithoides rugulosus* (Melichar, 1906)
分布：云南，四川，广西，福建；马来西亚。

圆瓢蜡蝉属 *Gergithus* Stål, 1870
双斑圆瓢蜡蝉 *Gergithus bimaculatus* Zhang & Che, 2009
分布：云南（红河）。
长额圆瓢蜡蝉 *Gergithus frontilongus* Meng, Webb & Wang, 2017
分布：云南（西双版纳）。
三角圆瓢蜡蝉 *Gergithus triangularis* Che, Wang & Chou, 2003
分布：云南。
异色圆瓢蜡蝉 *Gergithus variabilis* Butler, 1875
分布：云南（西双版纳），台湾；日本。

格氏瓢蜡蝉属 *Gnezdilovius* Meng, Webb & Wang, 2017
方格氏瓢蜡蝉 *Gnezdilovius affinis* (Schumacher, 1915)
分布：云南（西双版纳）。
双斑格氏瓢蜡蝉 *Gnezdilovius bimaculatus* (Zhang & Che, 2009)
分布：云南。
龟纹圆格氏瓢蜡蝉 *Gnezdilovius tessellatus* (Matsumura, 1916)
分布：云南，海南，台湾。
三带格氏瓢蜡蝉 *Gnezdilovius tristriatus* (Meng & Wang, 2012)
分布：云南。
云南格氏瓢蜡蝉 *Gnezdilovius yunnanensis* (Che, Zhang & Wang, 2007)
分布：云南（西双版纳）。

球瓢蜡蝉属 *Hemisphaerius* Schaum, 1850
双眼球瓢蜡蝉 *Hemisphaerius binocularis* Chen, Zhang & Chang, 2014
分布：云南（德宏）。
长臂球瓢蜡蝉 *Hemisphaerius palaemon* Fennah, 1978
分布：云南；越南。

红球瓢蜡蝉 *Hemisphaerius rufovarius* Walker, 1858
分布：云南，广西，海南；缅甸，泰国，马来西亚。
铜壁关球瓢蜡蝉 *Hemisphaerius tongbiguanensis* Chen, Zhang & Chang, 2014
分布：云南（德宏）。
三瓣球瓢蜡蝉 *Hemisphaerius trilobulus* Che, Zhang & Wang, 2006
分布：云南（西双版纳）。

柯瓢蜡蝉属 *Kodaianella* Fennah, 1956

短刺柯瓢蜡蝉 *Kodaianella bicinctifrons* Fennah, 1956
分布：云南，贵州，四川，广西。
长刺柯瓢蜡蝉 *Kodaianella longispina* Zhang & Chen, 2010
分布：云南（大理、保山）。

Kodaianellissus Wang, Bourgoin & Zhang, 2017

***Kodaianellissus intorqueus* Wang, Bourgoin & Zhang, 2017**
分布：云南（西双版纳）。

弘瓢蜡蝉属 *Macrodarumoides* Che, Zhang & Wang, 2012

瓣弘瓢蜡蝉 *Macrodarumoides petalinus* Che, Zhang & Wang, 2012
分布：云南（保山），广西。

Microsarimodes Chang & Chen, 2019

***Microsarimodes flavomaculata* Wang & Bourgoin, 2020**
分布：云南（德宏）。

蒙瓢蜡蝉属 *Mongoliana* Distant, 1909

锐蒙瓢蜡蝉 *Mongoliana arcuata* Meng, Wang & Qin, 2016
分布：云南（保山）。
褐斑蒙瓢蜡蝉 *Mongoliana naevia* Che, Wang & Chou, 2003
分布：云南。
片马蒙瓢蜡蝉 *Mongoliana pianmaensis* Chen, Zhang & Chang, 2014
分布：云南（怒江）。
曲纹蒙瓢蜡蝉 *Mongoliana sinuata* Che, Wang & Chou, 2003
分布：云南。
三角蒙瓢蜡蝉 *Mongoliana triangularis* Che, Wang & Chou, 2003
分布：云南。

扁足瓢蜡蝉属 *Neodurium* Fennah, 1956

双突扁足瓢蜡蝉 *Neodurium duplicadigitum* Zhang & Chen, 2008
分布：云南（大理）。
钩扁足瓢蜡蝉 *Neodurium hamatum* Wang & Wang, 2011
分布：云南（德宏、保山、西双版纳）。
芬纳扁足瓢蜡蝉 *Neodurium fennahi* Chang & Chen, 2015
分布：云南，贵州。
平扁足瓢蜡蝉 *Neodurium flatidum* Ran & Liang, 2005
分布：云南（昆明）。
扇扁足瓢蜡蝉 *Neodurium postfasciatum* Fefnnah, 1956
分布：云南，四川，湖北。

拟瘤额瓢蜡蝉属 *Neotetricodes* Zhang & Chen, 2012

长突拟瘤额瓢蜡蝉 *Neotetricodes longispinus* Chang & Chen, 2015
分布：云南（普洱）。
剑突拟瘤额瓢蜡蝉 *Neotetricodes xiphoideus* Chang & Chen, 2015
分布：云南（红河）。

阔瓢蜡蝉属 *Rotundiforma* Meng, Wang & Qin, 2013

黑斑阔瓢蜡蝉 *Rotundiforma nigrimaculata* Meng, Wang & Qin, 2013
分布：云南（西双版纳）。

萨瓢蜡蝉属 *Sarima* Melichar, 1903

双叉萨瓢蜡蝉 *Sarima bifurea* Meng & Wang, 2016
分布：云南（西双版纳）。

瘤额瓢蜡蝉属 *Tetricodes* Fennah, 1956

宋氏瘤额瓢蜡蝉 *Tetricodes songae* Zhang & Chen, 2009
分布：云南（怒江），贵州，湖南。

苏额瓢蜡蝉属 *Tetricodissus* Wang, Bourgoin & Zhang, 2015

环线苏额瓢蜡蝉 *Tetricodissus pandlineus* Wang, Bourgoin & Zhang, 2015

分布：云南（西双版纳）。

圆顶瓢蜡蝉属 *Thabena* Stål, 1866

兰坪圆顶瓢蜡蝉 *Thabena lanpingensis* Zhang & Chen, 2012

分布：云南（大理、保山、怒江）。

云南众瓢蜡蝉 *Thabena yunnanensis* (Ran & Liang, 2006)

分布：云南。

扁蜡蝉科 Tropiduchidae

巴扁蜡蝉属 *Barunoides* Distant, 1912

白斑巴扁蜡蝉 *Barunoides albosignata* (Distant, 1906)

分布：云南（保山、德宏、西双版纳），福建，湖南，陕西，浙江，安徽，海南，台湾；印度尼西亚，菲律宾，日本。

鳖扁蜡蝉属 *Cixiopsis* Matsumura, 1900

鳖扁蜡蝉 *Cixiopsis punctatus* Matsumura, 1900

分布：云南（大理、丽江、怒江、德宏），贵州，四川，西藏，内蒙古，黑龙江，吉林，广西，福建，陕西；日本，韩国，俄罗斯（远东地区），越南，斯里兰卡，印度。

尼扁蜡蝉属 *Neommatissus* Muir, 1913

台湾尼扁蜡蝉 *Neommatissus formosanus* Kato, 1933

分布：云南（德宏），贵州，湖南，广西，台湾；日本。

赞尼扁蜡蝉 *Neommatissus zanatus* Kato, 1933

分布：云南（德宏、西双版纳），贵州，四川，陕西，广西，福建，海南，台湾；日本，巴西。

傲扁蜡蝉属 *Ommatissus* Fieber, 1875

褐傲扁蜡蝉 *Ommatissus fuscus* Chang & Chen, 2014

分布：云南（红河），贵州，湖南。

侧傲扁蜡蝉 *Ommatissus lateralis* Chang & Chen, 2014

分布：云南（昆明），贵州。

三斑傲扁蜡蝉 *Ommatissus trimaculatus* Chang & Chen, 2014

分布：云南（大理）。

Paraepora Chang & Chen, 2014

***Paraepora bifurca* Chang & Chen, 2014**

分布：云南（怒江）。

***Paraepora cultellata* Chang & Chen, 2014**

分布：云南（保山）。

***Paraepora tegula* Chang & Chen, 2014**

分布：云南（保山）。

梭扁蜡蝉属 *Sogana* Matsumura, 1914

彩梭扁蜡蝉 *Sogana clara* Liang & Wang, 2008

分布：云南（普洱）；老挝。

齿突梭扁蜡蝉 *Sogana hopponis* Matsumura, 1914

分布：云南，贵州，浙江，广西，广东，海南，台湾；老挝，缅甸，越南，马来西亚，印度尼西亚，日本。

鳎扁蜡蝉属 *Tambinia* Stål, 1859

勐仑鳎扁蜡蝉 *Tambinia menglunensis* Men & Qin, 2009

分布：云南（西双版纳），海南；越南。

红线鳎扁蜡蝉 *Tambinia rubrolineata* Liang, 2003

分布：云南（西双版纳），海南；越南，老挝。

似鳎扁蜡蝉 *Tambinia similis* Liang, 2003

分布：云南（西双版纳），广西，海南；越南，日本。

弯鳎扁蜡蝉 *Tambinia sinuata* Men & Qin, 2012

分布：云南（临沧）。

笠扁蜡蝉属 *Trypetimorpha* Costa, 1862

比笠扁蜡蝉 *Trypetimorpha biermani* (Dammerman, 1910)

分布：云南（怒江），贵州，山东，山西，安徽，海南，台湾，澳门；印度，马来群岛，菲律宾。

日本笠扁蜡蝉 *Trypetimorpha japonica* Ishihara, 1954

分布：云南（大理），贵州，山东，北京，陕西，安徽，天津，台湾；日本，韩国。

瓦扁蜡蝉属 *Varma* Distant, 1906

小裂瓦扁蜡蝉 *Varma lobata* Chang & Chen, 2014

分布：云南（红河）。

锯齿瓦扁蜡蝉 *Varma serrata* Men & Qin, 2010
分布：云南（德宏、怒江），湖南。

斧扁蜡蝉属 *Zema* Fennah, 1956

斧扁蜡蝉 *Zema gressitti* Fennah, 1956
分布：云南（保山、丽江、怒江），四川，西藏，甘肃，陕西，广西，湖北；尼泊尔。

高山斧扁蜡蝉 *Zema montana* Wang & Liang, 2007
分布：云南（昆明、大理）；尼泊尔。

蛾蜡蝉科 Flatidae

Amasha Medler, 1992

***Amasha inepta* Medler, 1992**
分布：云南；越南。

叶蛾蜡蝉属 *Atracis* Stål, 1866

伞叶蛾蜡蝉 *Atracis fimbria* (Walker, 1851)
分布：云南；印度，斯里兰卡。

***Atracis patefacta* Ai, Peng & Zhang, 2020**
分布：云南（西双版纳）。

宽额蛾蜡蝉属 *Bythopsyrna* Melichar, 1901

环纹宽额蛾蜡蝉 *Bythopsyrna circulata* (Guérin-Méneville, 1844)
分布：云南；印度，缅甸，新加坡，马来西亚。

三色宽额蛾蜡蝉 *Bythopsyrna trichrousa* Peng, Zhang & Wang, 2010
分布：云南（普洱）；马来西亚，印度尼西亚。

彩蛾蜡蝉属 *Cerynia* Stål, 1862

指突彩蛾蜡蝉 *Cerynia digitula* Wang & Peng, 2007
分布：云南（西双版纳）。

线彩蛾蜡蝉 *Cerynia lineoda* Melichar, 1902
分布：云南（德宏、西双版纳），海南；日本，越南，印度。

彩蛾蜡蝉 *Cerynia maria* (White, 1846)
分布：云南（普洱、西双版纳），贵州，四川，湖南，江西，浙江，山东，江苏，广西，广东，福建，海南；日本，印度，越南，孟加拉国，缅甸。

梅花彩蛾蜡蝉 *Cerynia parnassioodes* China, 1925
分布：云南（昆明、红河），贵州，海南；日本，越南。

弯蛾蜡蝉属 *Flata* Fabricius, 1798

弯蛾蜡蝉 *Flata sinuata* Peng, Fletcher & Zhang, 2012
分布：云南（西双版纳）。

蛾蜡蝉属 *Flatida* White, 1846

卷刺蛾蜡蝉 *Flatida floccosa* (Guerin-Meneville, 1829)
分布：云南，贵州；印度。

红缘蛾蜡蝉 *Flatida marginella* (Olivier, 1791)
分布：云南，西藏，广西，广东；斯里兰卡。

梅氏蛾蜡蝉 *Flatida melichari* (China, 1925)
分布：云南，重庆；缅甸，马来西亚，越南。

Flatoides Guérin-Méneville, 1844

Flatoides vagans (Melichar, 1902)
分布：云南。

碧蛾蜡蝉属 *Geisha* Kirkaldy, 1900

碧蛾蜡蝉 *Geisha distinctissima* (Walker, 1858)
分布：云南，贵州，四川，东北，山东，江苏，浙江，广西，台湾，福建，江西，湖南，广东；日本。

长蛾蜡蝉属 *Gomeda* Distant, 1906

素长蛾蜡蝉 *Gomeda unicolorata* Peng, Zhang & Wang, 2010
分布：云南。

青蛾蜡蝉属 *Herbiflata* Peng, Fletcher & Zhang, 2016

云南青蛾蜡蝉 *Herbiflata sacera* Peng, Fletcher & Zhang, 2016
分布：云南（西双版纳）。

络蛾蜡蝉属 *Lawana* Distant, 1903

褐点络蛾蜡蝉 *Lawana conspersa* (Walker, 1851)
分布：云南，重庆；印度，孟加拉国，缅甸，日本，斯里兰卡，越南。

紫络蛾蜡蝉 *Lawana imitata* (Melichar, 1902)
分布：云南，贵州，湖南，广西，广东，海南，福建；印度，日本。

射线络蛾蜡蝉 *Lawana radiata* (Distant, 1906)
分布：云南；印度。

妮蛾蜡蝉属 *Neosalurnis* Distant, 1910

短刺妮蛾蜡蝉 *Neosalurnis bonenda* Medler, 1992
分布：云南，贵州；日本。

卵翅蛾蜡蝉属 *Phromnia* Stål, 1860

卵翅蛾蜡蝉 *Phromnia intacta* (Walker, 1851)
分布：云南；印度。

Pseudoseliza Peng, Wang & Zhang, 2010

***Pseudoseliza crassiprocessa* Peng, Wang & Zhang, 2010**
分布：云南。

缘蛾蜡蝉属 *Salurnis* Stål, 1870

二斑缘蛾蜡蝉 *Salurnis bipunctata* (Walker, 1862)
分布：云南（西双版纳），贵州，陕西，广西，广东，海南，香港；柬埔寨，印度，马来西亚，缅甸，泰国，越南。

埃缘蛾蜡蝉 *Salurnis estora* Medler, 1992
分布：云南（临沧、西双版纳），海南；越南，老挝。

海缘蛾蜡蝉 *Salurnis hesita* Medler, 1992
分布：云南（德宏、西双版纳）；老挝，泰国。

涩蛾蜡蝉属 *Seliza* Stål, 1862

锈涩蛾蜡蝉 *Seliza ferruginea* Walker, 1851
分布：云南，贵州，四川，安徽，浙江，福建，广东，湖南；印度。

飞虱科 Delphacidae

小黑飞虱属 *Altekon* Fennah, 1973

特小黑飞虱 *Altekon charcamis* Fennah, 1973
分布：云南，山西，广西，海南；斯里兰卡。

小黑飞虱 *Altekon marpessa* (Fennah, 1956)
分布：云南，贵州，广西，山西；基里巴斯。

凹缘飞虱属 *Aoyuanus* Ding & Chen, 2001

片突凹缘飞虱 *Aoyuanus spathulus* Zhou, Yang & Chen, 2019
分布：云南（普洱）。

异突凹缘飞虱 *Aoyuanus varius* Zhou, Yang & Chen, 2019
分布：云南（大理）。

突额飞虱属 *Arcifrons* Ding & Yang, 1986

突额飞虱 *Arcifrons arcifrontalis* (Ding & Yang, 1986)
分布：云南（西双版纳）。

角颜飞虱属 *Arcofaciella* Fennah, 1956

弯基角颜飞虱 *Arcofaciella obflexa* Guo & Liang, 2005
分布：云南（西双版纳）。

角颜飞虱 *Arcofaciella verrucosa* (Fennah, 1956)
分布：云南（西双版纳），香港，台湾。

梯顶飞虱属 *Arcofacies* Muir, 1915

梯顶飞虱 *Arcofacies fullawayi* Muir, 1915
分布：云南，贵州，重庆，海南，福建，台湾；菲律宾，马来西亚，印度尼西亚，日本。

长刺梯顶飞虱 *Arcofacies longispinus* Li, Yang & Chen, 2019
分布：云南（德宏）。

莫里梯顶飞虱 *Arcofacies moliensis* Hou & Chen, 2010
分布：云南。

异梯顶飞虱 *Arcofacies varius* Li, Yang & Chen, 2019
分布：云南（西双版纳）。

竹飞虱属 *Bambusiphaga* Huang & Ding, 1979

橘色竹飞虱 *Bambusiphaga citricolorata* Huang & Tian, 1979
分布：云南（普洱），贵州。

叉突竹飞虱 *Bambusiphaga furca* (Huang & Ding, 1979)
分布：云南（昆明、西双版纳），贵州，台湾；印度。

黄氏竹飞虱 *Bambusiphaga huangi* (Ding & Hu, 1982)
分布：云南（临沧）。

景洪竹飞虱 *Bambusiphaga jinghongensis* (Ding & Hu, 1986)
分布：云南（西双版纳）。

奇突竹飞虱 *Bambusiphaga mirostylis* (Huang & Ding, 1979)
分布：云南（昆明、普洱），贵州。

片马竹飞虱 *Bambusiphaga pianmaensis* Chen & Liang, 2007
分布：云南。

类竹飞虱 *Bambusiphaga similis* (Huang & Tian, 1979)
分布：云南（普洱）。

盈江竹飞虱 *Bambusiphaga yingjiangensis* Li, Yang & Chen, 2018
分布：云南（德宏）。

簇角飞虱属 *Belocera* Muir, 1913

兰坪簇角飞虱 *Belocera lanpingensis* Chen & Yang, 2007
分布：云南（大理）。

黑背簇角飞虱 *Belocera nigrinotalis* Ding & Yang, 1986
分布：云南（西双版纳）。

隆脊飞虱属 *Carinodelphax* Ding & Yang, 1987

隆脊飞虱 *Carinodelphax carinatus* (Ding & Yang, 1987)
分布：云南（西双版纳）。

纹翅飞虱属 *Cemus* Fennah, 1964

端突纹翅飞虱 *Cemus duantus* Kuoh, 1981
分布：云南（西双版纳），福建，安徽。

黑斑纹翅飞虱 *Cemus nigropunctatus* (Matsumura, 1940)
分布：云南，贵州，四川，吉林，陕西，甘肃，河北，湖南，江西，浙江，安徽，江苏，广西，海南，广东，台湾，福建；日本，韩国。

黑点纹翅飞虱 *Cemus nigromaculosus* (Muir, 1917)
分布：云南（德宏），贵州，海南，台湾；日本，菲律宾，巴布亚新几内亚，斐济，太平洋岛屿。

斑点纹翅飞虱 *Cemus punctatus* (Muir, 1917)
分布：云南（西双版纳），海南，台湾。

索特纹翅飞虱 *Cemus sauteri* (Muir, 1917)
分布：云南（普洱），贵州，四川，浙江，江西，广西，福建，海南，台湾；越南，斯里兰卡，斐济。

支突纹翅飞虱 *Cemus zhitus* Kuoh, 1981
分布：云南（西双版纳）。

中突纹翅飞虱 *Cemus zhongtus* Kuoh, 1981
分布：云南，贵州，福建，海南，广东。

塞莫飞虱属 *Cemopsis* Fennah, 1978

塞莫飞虱 *Cemopsis griphus* Fennah, 1978
分布：云南，海南，台湾；越南。

王冠飞虱属 *Coronacella* Metcalf, 1950

白缘王冠飞虱 *Coronacella sinhalana* (Kirkaldy, 1906)
分布：云南（西双版纳），台湾，海南；菲律宾，斯里兰卡，澳大利亚，太平洋岛屿。

滇飞虱属 *Dianus* Ding, 2006

黄褐滇飞虱 *Dianus testaceus* Ding, 2006
分布：云南（西双版纳），海南。

额叉飞虱属 *Dicranotropis* Fieber, 1866

扭叉额叉飞虱 *Dicranotropis tortilis* Kuoh, 1982
分布：云南，广西。

大叉飞虱属 *Ecdelphax* Yang, 1989

大叉飞虱 *Ecdelphax cervina* (Muir, 1917)
分布：云南，贵州，四川，山东，浙江，江西，广西，福建，海南，台湾；菲律宾。

扁飞虱属 *Eoeurysa* Muir, 1913

芦竹扁飞虱 *Eoeurysa arundina* (Kuoh & Ding, 1980)
分布：云南（保山），海南，台湾。

甘蔗扁飞虱 *Eoeurysa flavocapitata* (Muir, 1913)
分布：云南（西双版纳），广西，福建，广东，海南，台湾；马来西亚，印度。

短头飞虱属 *Epeurysa* Matsumura, 1900

显脊短头飞虱 *Epeurysa distincta* (Huang & Ding, 1979)
分布：云南，贵州，四川，湖南，广东，福建，台湾。

烟翅短头飞虱 *Epeurysa infumata* (Huang & Ding, 1979)
分布：云南（昆明），贵州，四川，浙江，福建，台湾。

短头飞虱 *Epeurysa nawaii* (Matsumura, 1900)
分布：云南（西双版纳），贵州，四川，陕西，湖南，湖北，江西，浙江，安徽，江苏，广西，广东，福建，海南，台湾；日本，斯里兰卡，俄罗斯（远东地区）。

峨山飞虱属 *Eshanus* Ding, 2006

黄褐峨山飞虱 *Eshanus flavotestaceus* Ding, 2006
分布：云南（玉溪）。

长口飞虱属 *Euidellana* Metcalf, 1950

浅脊长口飞虱 *Euidellana pallida* Kuoh, 1982
分布：云南，广西，福建，海南。

瘤膈飞虱属 *Euidopsis* Ribaut, 1948

瘤膈飞虱 *Euidopsis truncata* Ribaut, 1948
分布：云南（西双版纳），台湾；中东，非洲，欧洲。

镰飞虱属 *Falcotoya* Fennah, 1969

打洛镰飞虱 *Falcotoya daluoensis* Ding, 2006
分布：云南（西双版纳）。

琴镰飞虱 *Falcotoya lyaeformis* (Matsumura, 1900)
分布：云南，贵州，陕西，江苏，浙江，湖南，海南，福建；韩国，日本，太平洋岛屿。

芳飞虱属 *Fangdelphax* Ding, 2006

贡山芳飞虱 *Fangdelphax gongshanensis* Ding, 2006
分布：云南（怒江）。

叉飞虱属 *Garaga* Anufriev, 1977

叉飞虱 *Garaga nagaragawana* (Matsumura, 1900)
分布：云南，贵州，浙江，湖南，广西，台湾；韩国，日本，菲律宾，俄罗斯（远东地区）。

三裂叉飞虱 *Garaga trifurca* Guo & Liang, 2004
分布：云南，广西，海南。

背刺飞虱属 *Hagamiodes* Fennah, 1973

暗尾背刺飞虱 *Hagamiodes fuscicaudata* (Muir, 1917)
分布：云南（西双版纳），贵州，四川，海南；菲律宾。

淡肩飞虱属 *Harmalia* Fennah, 1969

膜稃淡肩飞虱 *Harmalia anacharis* (Fennah, 1969)
分布：云南，海南；新喀里多尼亚，斯里兰卡。

暗黑淡肩飞虱 *Harmalia obscura* Ding, 2006
分布：云南（西双版纳）。

白颈淡肩飞虱 *Harmalia sirokata* (Matsumura & Ishihara, 1945)
分布：云南（西双版纳），贵州，四川，重庆，江苏，浙江，安徽，福建，江西，湖南，广西，广东，台湾；日本。

黑面淡肩飞虱 *Harmalia tiphys* Fennah, 1971
分布：云南（普洱），海南；斯里兰卡，太平洋岛屿。

带背飞虱属 *Himeunka* Matsumura & Ishihara, 1945

滇带背飞虱 *Himeunka yunnanana* Ding, 1985
分布：云南（普洱）。

小飞虱属 *Horcoma* Fennah, 1969

周氏小飞虱 *Horcoma choui* (Chen & Li, 2000)
分布：云南（西双版纳），贵州，海南。

乳翅小飞虱 *Horcoma colorata lacteipennis* (Muir, 1971)
分布：云南（西双版纳），贵州，海南，台湾；印度尼西亚，斯里兰卡，太平洋岛屿。

灰飞虱属 *Laodelphax* Fennah, 1963

灰飞虱 *Laodelphax striatellus* (Fallén, 1826)
分布：亚洲，欧洲，非洲。

阔条飞虱属 *Latistria* Huang & Ding, 1980

暗翅阔条飞虱 *Latistria fuscipennis* Huang & Ding, 1980
分布：云南，海南，广东。

黄褐阔条飞虱 *Latistria testacea* Huang & Ding, 1980
分布：云南（普洱）。

龙潭飞虱属 *Longtania* Ding, 2006

黑龙潭飞虱 *Longtania picea* Ding, 2006
分布：云南（昆明）。

芦飞虱属 *Luda* Ding, 2006

滇芦飞虱 *Luda dianica* Ding, 2006
分布：云南（普洱）。

马来飞虱属 *Malaxa* Melichar, 1914

窈窕马来飞虱 *Malaxa delicata* (Ding & Yang, 1986)
分布：云南（西双版纳），贵州，浙江，福建，台湾。

钩茎马来飞虱 *Malaxa hamuliferum* Li, Yang & Chen, 2019
分布：云南（德宏）。

小头飞虱属 *Malaxella* Ding & Hu, 1986

黄小头飞虱 *Malaxella flava* Ding & Hu, 1986
分布：云南（西双版纳），贵州，台湾，广东。

***Malaxella macracantha* Ren & Qin, 2015**
分布：云南（西双版纳）。

条背飞虱属 *Matutinus* Distant, 1917

白脊条背飞虱 *Matutinus baijis* Kuoh, 1980
分布：云南。

隆脇飞虱属 *Mestus* Motschulsky, 1863

宽突隆脇飞虱 *Mestus cruciatus* Ren, Xie & Qin, 2015
分布：云南（迪庆）。

梅塔飞虱属 *Metadelphax* Wagner, 1963

布里梅塔飞虱 *Metadelphax bridwelli* (Muir, 1920)
分布：云南，台湾，海南；非洲。

黑边梅塔飞虱 *Metadelphax propinqua* (Fieber, 1866)
分布：云南，贵州，四川，重庆，新疆，吉林，辽宁，黑龙江，内蒙古，北京，甘肃，山东，陕西，青海，天津，山西，宁夏，河南，河北，浙江，上海，湖南，湖北，安徽，江苏，江西，广西，广东，福建，澳门，香港，海南，台湾。

小突飞虱属 *Micistylus* Guo & Liang, 2006

三刺小突飞虱 *Micistylus triprocerus* Guo & Liang, 2006
分布：云南。

奇臀飞虱属 *Miranus* Chen & Ding, 2001

环鳞奇臀飞虱 *Miranus circus* Chen & Ding, 2001
分布：云南，贵州，广西。

葛氏奇臀飞虱 *Miranus kuohi* Chen & Li, 2001
分布：云南，贵州。

齿缘奇臀飞虱 *Miranus serrulatus* Qin, 2012
分布：云南，广西。

刺茎奇臀飞虱 *Miranus spinaphallus* Guo & Liang, 2005
分布：云南（西双版纳）。

片刺奇臀飞虱 *Miranus varians* (Kuoh, 1981)
分布：云南（西双版纳）。

单突飞虱属 *Monospinodelphax* Ding, 2006

单突飞虱 *Monospinodelphax dantur* (Kuoh, 1980)
分布：云南（普洱），贵州，河北，江苏，安徽，浙江，湖北，江西，湖南，广西，福建，台湾，广东，海南；韩国。

小褐飞虱属 *Muellerianella* Wagner, 1963

拟小褐飞虱 *Muellerianella extrusa* (Scott, 1871)
分布：云南，吉林，陕西，甘肃，江苏，台湾；欧洲。

偏角飞虱属 *Neobelocera* Ding & Yang, 1986

偏角飞虱 *Neobelocera asymmetrica* (Ding & Yang, 1986)
分布：云南（西双版纳），贵州。

兰坪偏角飞虱 *Neobelocera lanpingensis* Chen, 2003
分布：云南（大理）。

新叉飞虱属 *Neodicranotropis* Yang, 1989

石林新叉飞虱 *Neodicranotropis shilinensis* Ding, 2006
分布：云南（昆明），贵州，海南，广西。

棒突飞虱属 *Neometopina* Yang, 1989

澎湖棒突飞虱 *Neometopina penghuensis* Yang, 1989
分布：云南，安徽，海南，台湾。

腹突飞虱属 *Neoterthrona* Yang, 1989

直茎腹突飞虱 *Neoterthrona recta* Qin, 2006
分布：云南。

Neovizcaya Liang, 2002

***Neovizcaya sinica* Liang, 2002**
分布：云南（昆明）。

拟白脊飞虱属 *Neunkanodes* Yang, 1989

双刺拟白脊飞虱 *Neunkanodes bispinatus* Hou, Yang & Chen, 2014
分布：云南（怒江）。

台湾拟白脊飞虱 *Neunkanodes formosana* (Yang, 1989)
分布：云南（怒江），贵州，海南，台湾。

具刺拟白脊飞虱 *Neunkanodes ispinatus* Yang, 1989
分布：云南，台湾，贵州。

无刺拟白脊飞虱 *Neunkanodes unispinatus* Hou, Yang & Chen, 2014
分布：云南（怒江），贵州，台湾。

淡脊飞虱属 *Neuterthron* Ding, 2006

钩突淡脊飞虱 *Neuterthron hamuliferum* Ding, 2006
分布：云南，贵州，四川，浙江，湖北。

宽突淡脊飞虱 *Neuterthron platynotum* Qin, 2007
分布：云南（保山）。

褐飞虱属 *Nilaparvata* Distant, 1906

拟褐飞虱 *Nilaparvata bakeri* (Muir, 1917)
分布：云南（普洱），贵州，四川，吉林，河南，江苏，安徽，浙江，江西，湖北，湖南，广西，福建，台湾，广东，海南；日本，韩国，菲律宾，印度，印度尼西亚，泰国，马来西亚。

栗褐飞虱 *Nilaparvata castanea* (Huang & Ding, 1979)
分布：云南（普洱）。

线斑褐飞虱 *Nilaparvata lineolae* (Huang & Ding, 1979)
分布：云南（普洱）。
褐飞虱 *Nilaparvata lugens* (Stål, 1854)
分布：云南（保山），贵州，吉林，河南，江苏，安徽，浙江，江西，湖北，湖南，广西，福建，台湾，广东，海南；俄罗斯（远东地区），日本，韩国，东南亚，太平洋岛屿，澳大利亚。
伪褐飞虱 *Nilaparvata muiri* (China, 1925)
分布：云南（昆明、普洱、大理、西双版纳），贵州，四川，吉林，河南，江苏，安徽，浙江，江西，湖北，湖南，广西，福建，台湾，广东，海南；日本，韩国，越南。

瓶额飞虱属 *Numata* Matsumura, 1935

瓶额飞虱 *Numata muiri* (Kirkaldy, 1907)
分布：云南（西双版纳），贵州，广西，广东，福建，海南，台湾；日本，越南，菲律宾，印度尼西亚，太平洋岛屿，非洲。

欧尼飞虱属 *Onidodelphax* Yang, 1989

锯茎欧尼飞虱 *Onidodelphax serratus* (Yang, 1989)
分布：云南（普洱），福建，台湾。

皱茎飞虱属 *Opiconsiva* Distant, 1917

膜稃皱茎飞虱 *Opiconsiva anacharis* Fennah, 1969
分布：云南，海南；太平洋岛屿，斯里兰卡。
白肩皱茎飞虱 *Opiconsiva albicollis* (De Motschulsky, 1863)
分布：云南，广西，海南；日本，菲律宾，印度尼西亚，斯里兰卡。
黑皱茎飞虱 *Opiconsiva nigra* Ding & Tian, 1980
分布：云南（昆明），海南。
暗黑皱茎飞虱 *Opiconsiva obscura* (Ding, 2006)
分布：云南（西双版纳），海南。
白颈皱茎飞虱 *Opiconsiva sirokata* (Matsumura & Ishihara, 1945)
分布：云南（西双版纳），贵州，四川，广西，广东，福建，海南，台湾；日本。
黑面皱茎飞虱 *Opiconsiva tiphys* Fennah, 1971
分布：云南（普洱），海南；太平洋岛屿，斯里兰卡。

披突飞虱属 *Palego* Fennah, 1978

刺披突飞虱 *Palego simulator* (Fennah, 1978)
分布：云南，贵州，广西，海南；越南。

粒脉飞虱属 *Paraconon* Yang, 1989

暗额粒脉飞虱 *Paraconon fuscifrons* (Muir, 1910)
分布：云南（普洱），贵州；印度尼西亚。
膜突粒脉飞虱 *Paraconon membranacea* Yang, 1989
分布：云南，贵州，台湾。

拟长唇基飞虱属 *Parasogata* Zhou, Yang & Chen, 2018

倍突拟长唇基飞虱 *Parasogata binaria* Zhou, Yang & Chen, 2018
分布：云南（红河）。
叉拟长唇基飞虱 *Parasogata furca* Zhou, Yang & Chen, 2018
分布：云南（红河），贵州。

帕拉飞虱属 *Paratoya* Ding, 2006

沥黑帕拉飞虱 *Paratoya picina* Ding, 2006
分布：云南（普洱）。

扁角飞虱属 *Perkinsiella* Kirkaldy, 1903

奇异扁角飞虱 *Perkinsiella miriamae* Emeljanov, 1987
分布：云南。
甘蔗扁角飞虱 *Perkinsiella saccharicida* (Kirkaldy, 1903)
分布：云南（玉溪），贵州，安徽，广西，台湾，福建，广东，海南；马来西亚，印度尼西亚，太平洋诸岛，澳大利亚，非洲。
中华扁角飞虱 *Perkinsiella sinensis* Kirkaldy, 1907
分布：云南（西双版纳），安徽，浙江，江西，广西，台湾，广东；日本，印度，巴布亚新几内亚，太平洋岛屿。
台湾扁角飞虱 *Perkinsiella taiwana* Yang, 1989
分布：云南，台湾。
元江扁角飞虱 *Perkinsiella yuanjiangensis* (Ding, 1985)
分布：云南（玉溪）。

双脊飞虱属 *Pseudaraeopus* Kirkaldy, 1904

甘蔗双脊飞虱 *Pseudaraeopus sacchari* (Muir, 1913)
分布：云南，贵州，广东，安徽，海南，甘肃。

叶角飞虱属 *Purohita* Distant, 1906

褐叶角飞虱 *Purohita castaneus* Li, Yang & Chen, 2019
分布：云南（德宏）。

环叶角飞虱 *Purohita circumcincta* Li, Yang & Chen, 2019
分布：云南（德宏）。
斑点叶角飞虱 *Purohita maculata* Muir, 1916
分布：云南，台湾。
中华叶角飞虱 *Purohita sinica* (Huang & Ding, 1979)
分布：云南（普洱），贵州，台湾。
台湾叶角飞虱 *Purohita taiwanensis* (Muir, 1914)
分布：云南（昆明、玉溪、临沧、西双版纳），贵州，广西，海南，台湾。

倩丽飞虱属 *Qianlia* Ding, 2006

橘条倩丽飞虱 *Qianlia citristriata* Ding, 2006
分布：云南（普洱）。

菱飞虱属 *Rhombotoya* Fennah, 1973

黑翅菱飞虱 *Rhombotoya pseudonigripennis* (Muir, 1918)
分布：云南（怒江），福建，台湾。

长飞虱属 *Saccharosydne* Kirkaldy, 1907

长绿飞虱 *Saccharosydne procerus* (Matsumura, 1910)
分布：云南，贵州，四川，辽宁，吉林，黑龙江，河南，山东，陕西，江苏，安徽，江西，湖南，广西，广东，台湾；日本，朝鲜，俄罗斯（远东地区）。

喙头飞虱属 *Sardia* Melichar, 1903

喙头飞虱 *Sardia rostrata* (Melichar, 1903)
分布：云南（西双版纳），贵州，广西，安徽，浙江，湖南，福建，台湾，广东，海南；缅甸，印度，斯里兰卡，马来西亚，菲律宾，伊朗，印度尼西亚，太平洋岛屿，非洲。

茎刺飞虱属 *Sinolacme* Fennah, 1978

扭旋茎刺飞虱 *Sinolacme tortilla* (Kuoh, 1982)
分布：云南，江西，湖南，海南，福建，台湾。

长唇基飞虱属 *Sogata* Distant, 1906

多氏长唇基飞虱 *Sogata dohertyi* Distant, 1906
分布：云南，贵州，台湾，海南；缅甸。
黑额长唇基飞虱 *Sogata nigrifrons* (Muir, 1917)
分布：云南，贵州，四川，重庆，浙江，江西，安徽，江苏，湖北，湖南，广西，福建，海南，台湾。

白背飞虱属 *Sogatella* Fennah, 1963

白背飞虱 *Sogatella furcifera* (Horvath, 1899)
分布：云南（临沧），贵州，四川，重庆，浙江，江西，安徽，江苏，湖北，湖南，广西，福建，海南，台湾；尼泊尔，巴基斯坦，沙特阿拉伯，蒙古国，韩国，日本，印度，马来西亚，印度尼西亚，斯里兰卡，菲律宾，澳大利亚。
烟翅白背飞虱 *Sogatella kolophon* (Kirkaldy, 1907)
分布：云南（普洱），贵州，四川，西藏，安徽，浙江，江苏，江西，广西，广东，福建，海南，台湾；韩国，日本，泰国，老挝，柬埔寨，印度，斐济，斯里兰卡，印度尼西亚，马来西亚，菲律宾，巴布亚新几内亚，澳大利亚，非洲，南美洲。
稗飞虱 *Sogatella vibix* (Haupt, 1927)
分布：云南（西双版纳），贵州，四川，辽宁，吉林，甘肃，陕西，河北，河南，山东，江西，湖南，湖北，安徽，浙江，江苏，广西，福建，海南，广东，台湾。

淡背飞虱属 *Sogatellana* Kuoh, 1980

弯突淡背飞虱 *Sogatellana curva* Guo & Liang, 2005
分布：云南。
滇淡背飞虱 *Sogatellana yunnanana* (Ding, 1985)
分布：云南。

异脉飞虱属 *Specinervures Kuoh* & Ding, 1980

断带异脉飞虱 *Specinervures interrupta* (Ding & Hu, 1986)
分布：云南（西双版纳），台湾。

长突飞虱属 *Stenocranus* Fieber, 1866

长角长突飞虱 *Stenocranus agamopsyche* (Kirkaldy, 1906)
分布：云南，贵州，海南，广东，台湾；澳大利亚，菲律宾，太平洋岛屿。
莎草长突飞虱 *Stenocranus cyperi* Ding, 2006
分布：云南（昆明），贵州，湖南，江西，安徽，广西，广东，福建；日本。
山类芦长突飞虱 *Stenocranus montanus* (Huang & Ding, 1980)
分布：云南，四川，重庆。

沟茎飞虱属 *Sulculus* Ding & Chen, 2002

沟茎飞虱 *Sulculus sulcatus* (Ding, 2002)

分布：云南（普洱），贵州，四川，海南。

中带飞虱属 *Tagosodes* Asche & Wilson, 1990

丽中带飞虱 *Tagosodes pusanus* (Distant, 1912)

分布：云南（西双版纳），贵州，广西，广东，福建，海南，台湾；菲律宾，斯里兰卡，巴基斯坦。

白条飞虱属 *Terthron* Fennah, 1965

白条飞虱 *Terthron albovittatum* (Matsumura, 1900)

分布：云南，贵州，四川，吉林，甘肃，河北，河南，江苏，安徽，浙江，湖北，江西，湖南，福建，台湾，广东，海南；韩国，日本，印度，越南，马来西亚。

托亚飞虱属 *Toya* Distant, 1906

黑胸托亚飞虱 *Toya attenuata* (Distant, 1906)

分布：云南（普洱、德宏），台湾；斯里兰卡。

黑颜托亚飞虱 *Toya larymna* Fennah, 1973

分布：云南（普洱），福建。

黑边黄脊飞虱 *Toya propinqua* (Fieber, 1866)

分布：除西藏外全国广布；马来西亚，印度，越南，日本，斯里兰卡，巴基斯坦，菲律宾，太平洋岛屿，澳大利亚，欧洲，非洲，美洲。

黑面托亚飞虱 *Toya terryi* (Muir, 1917)

分布：云南，贵州，广西，江苏，浙江，江西，福建，台湾，广东，海南；韩国，日本，印度尼西亚。

黑面黄脊飞虱 *Toya tuberculosa* (Distant, 1916)

分布：云南，贵州，陕西，江苏，江西，湖南，广西，福建，广东，台湾；日本，印度尼西亚，越南，斯里兰卡。

匙顶飞虱属 *Tropidocephala* Stål, 1853

暗盾匙顶飞虱 *Tropidocephala andunna* (Kuoh, 1979)

分布：云南，贵州。

二刺匙顶飞虱 *Tropidocephala brunnipennis* (Signoret, 1860)

分布：云南（西双版纳），贵州，四川，甘肃，江苏，浙江，江西，湖南，广西，福建，广东，海南，台湾；日本，印度，斯里兰卡，菲律宾，印度尼西亚，马来西亚，大洋洲，南欧，非洲。

额斑匙顶飞虱 *Tropidocephala festiva* (Distant, 1906)

分布：云南（普洱），贵州，广西，江苏，浙江，福建，广东，海南，台湾。

肩纹匙顶飞虱 *Tropidocephala jiawenna* (Kuoh, 1979)

分布：云南（普洱、西双版纳），贵州。

长刺匙顶飞虱 *Tropidocephala longispina* (Ding, 1982)

分布：云南（西双版纳），贵州。

锈色匙顶飞虱 *Tropidocephala russa* Ding, 2006

分布：云南（大理）。

锈黄匙顶飞虱 *Tropidocephala serendiba* (Melichar)

分布：云南，贵州，重庆，海南；印度，斯里兰卡。

思茅匙顶飞虱 *Tropidocephala simaoensis* Ding, 2006

分布：云南（普洱）。

中华匙顶飞虱 *Tropidocephala sinica* Ding, 2006

分布：云南（玉溪），海南，福建。

美丽匙顶飞虱 *Tropidocephala speciasa* Ding, 2006

分布：云南（西双版纳），海南，福建；印度尼西亚。

透翅匙顶飞虱 *Tropidocephala touchi* (Kuoh, 1979)

分布：云南（普洱），贵州。

姬飞虱属 *Ulanar* Fennah, 1973

姬飞虱 *Ulanar muiri* (Metcalf, 1943)

分布：云南，浙江，福建，台湾，海南；印度尼西亚，菲律宾，斯里兰卡。

白脊飞虱属 *Unkanodes* Fennah, 1956

白脊飞虱 *Unkanodes sapporona* (Matsumura, 1935)

分布：云南（昆明），贵州，四川，西藏，黑龙江，吉林，辽宁，甘肃，河北，陕西，山东，河南，江苏，安徽，浙江，湖北，江西，湖南，广西，福建，台湾，广东，海南；俄罗斯（远东地区），韩国，日本。

Vizcaya Muir, 1917

***Vizcaya longispinosa* Liang, 2002**

分布：云南（西双版纳）。

广蜡蝉科 Ricaniidae

疏广蜡蝉属 *Euricania* Melichar, 1898

长刺疏广蜡蝉 *Euricania longa* Xu, Liang & Jiang, 2006

分布：云南（西双版纳），贵州，四川，湖南。

广翅蜡蝉属 *Ricania* Germar, 1818

暗带广翅蜡蝉 *Ricania fumosa* (Walker, 1851)

分布：云南（德宏）。

八点广翅蜡蝉 *Ricania speculum* (Walker, 1851)

分布：云南，贵州，陕西，河南，江苏，浙江，湖北，湖南，广西，福建，广东，海南，台湾；尼泊尔，印度，菲律宾，斯里兰卡，印度尼西亚。

柿广翅蜡蝉 *Ricania sublimbata* Jacobi, 1916

分布：云南（临沧），黑龙江，山东，福建，广东，台湾。

拟广翅蜡蝉属 *Ricanula* Melichar, 1898

靴拟广翅蜡蝉 *Ricanula peronata* Zhang, Wang, Stroiński & Qin, 2021

分布：云南（西双版纳），广西。

粉黛广翅蜡蝉 *Ricanula pulverosa* (Stål, 1865)

分布：云南（西双版纳），浙江，福建，广东，台湾。

蚁蜡蝉科 Tettigometridae

额蚁蜡蝉属 *Egropa* Melichar, 1903

缅额蚁蜡蝉 *Egropa tenasserimensis* Distant, 1916

分布：云南；印度。

蜡蝉科 Fulgoridae

梵蜡蝉属 *Aphaena* Guerin-Meneville, 1834

金黄梵蜡蝉 *Aphaena aurantia* (Hope, 1840)

分布：云南（普洱）；印度，孟加拉国，菲律宾。

纯翅梵蜡蝉 *Aphaena decolorata* Chou & Wang, 1984

分布：云南（保山）。

蜡蝉属 *Fulgora* Linnaeus, 1767

弧头蜡蝉 *Fulgora spinolae* Westwood, 1842

分布：云南，广西，台湾；印度。

斑衣蜡蝉属 *Lycorma* Stål, 1863

斑衣蜡蝉 *Lycorma delicatula* (White, 1845)

分布：云南，贵州，福建，河北，山西，陕西，山东，河南，江苏，安徽，湖北，浙江，台湾，广东；日本，越南，印度。

悲蜡蝉属 *Penthicodes* Blanchard, 1845

锈悲蜡蝉 *Penthicodes caja* (Walker, 1851)

分布：云南（临沧）；印度。

瓦里悲蜡蝉 *Penthicodes variegate* (Guerin-Menevill, 1829)

分布：云南（西双版纳）；越南，泰国，马来西亚，印度，缅甸，不丹。

东方蜡蝉属 *Pyrops* Spinola, 1839

龙眼鸡 *Pyrops candelaria* (Linnaeus, 1758)

分布：云南，广西，广东，海南，福建，香港；印度，马来西亚，泰国，越南，印度尼西亚，柬埔寨。

拉氏东方蜡蝉 *Pyrops lathburii* (Kirby, 1818)

分布：云南（普洱、西双版纳），广西，广东，福建，香港，澳门；印度，泰国，越南，孟加拉国。

弧头东方蜡蝉 *Pyrops spinolae* (Westwood, 1842)

分布：云南，广西，台湾；印度，越南，马来西亚。

鼻蜡蝉属 *Zanna* Kirkaldy, 1902

中华鼻蜡蝉 *Zanna chinensis* (Distant, 1893)

分布：云南，贵州，四川，广西，广东，海南，台湾；印度，缅甸，越南，泰国 。

巨头鼻蜡蝉 *Zanna robusticephalica* Liang, 2017

分布：云南（红河）。

粒脉蜡蝉科 Meenoplidae

阿脉蜡蝉属 *Anigrus* Stål, 1866

台湾阿脉蜡蝉 *Anigrus formosanus* (Matsumura, 1914)

分布：云南（西双版纳），台湾。

凹颜阿脉蜡蝉 *Anigrus nudifrons* Fennah, 1978

分布：云南（西双版纳），台湾，越南。

宽翅脉蜡蝉属 *Kermesia* Melichar, 1903

云南宽翅脉蜡蝉 *Kermesia yunnanensis* Yang & Hu, 1987

分布：云南（西双版纳）。

美脉蜡蝉属 *Metanigrus* Tsaur, Yang & Wilson, 1986

素美脉蜡蝉 *Metanigrus gremius* Lv & Chen, 2021

分布：云南（红河）。

钝头美脉蜡蝉 *Metanigrus rotundatus* Liu & Qin, 2020

分布：云南（西双版纳）。

单突美脉蜡蝉 *Metanigrus spinatus* Lv, Chen & Bourgoin, 2021
分布：云南（西双版纳）。
晚美脉蜡蝉 *Metanigrus yami* Tsaur, Yang & Wilson, 1986
分布：云南（西双版纳），台湾。

脉蜡蝉属 *Nisia* Melichar, 1903

粉白脉蜡蝉 *Nisia atrovenosa* (Lethierry, 1888)
分布：云南，贵州，四川，陕西，甘肃，江苏，浙江，安徽，湖南，江西，福建，广东，海南；斐济，日本，巴基斯坦，斯里兰卡，越南，非洲，欧洲。
黑花虱 *Nisia fuliginosa* Yang & Hu, 1985
分布：云南（普洱），贵州。
条纹小虱 *Nisia striata* Yang & Hu, 1985
分布：云南（德宏）。

苏粒脉蜡蝉属 *Suva* Kirkaldy, 1906

黄斑苏粒脉蜡蝉 *Suva flavimaculata* Yang & Hu, 1985
分布：云南（西双版纳）。

菱蜡蝉科 Cixiidae

安菱蜡蝉属 *Andes* Stål, 1866

裂安菱蜡蝉 *Andes bifidus* Wang, Zhi & Chen, 2022
分布：云南（红河）。
半安菱蜡蝉 *Andes hemina* Fennah, 1978
分布：云南（西双版纳）；马来西亚，越南。

仲安菱蜡蝉属 *Andixius* Emeljanov & Hayashi, 2007

长刺仲安菱蜡蝉 *Andixius longispinus* Zhi & Chen, 2018
分布：云南（怒江）。
三叉仲安菱蜡蝉 *Andixius trifurcus* Zhi & Chen, 2018
分布：云南（怒江）。

贝菱蜡蝉属 *Betacixius* Matsumura, 1914

双突贝菱蜡蝉 *Betacixius bispinus* Zhang & Chen, 2011
分布：云南（文山、保山），贵州，四川，新疆，广西。
丽贝菱蜡蝉 *Betacixius delicatus* Tsaur & Hsu, 1991
分布：云南，陕西，台湾，浙江。
高黎贡山贝菱蜡蝉 *Betacixius gongshanensis* Zhi & Chen, 2022
分布：云南（怒江）。
绿贝菱蜡蝉 *Betacixius herbaceus* Tsaur & Hsu, 1991
分布：云南（西双版纳），台湾。
宽带贝菱蜡蝉 *Betacixius latissimus* Zhi, Zhang, Yang & Chen, 2020
分布：云南（红河）。
马关贝菱蜡蝉 *Betacixius maguanensis* Zhi, Zhang, Yang & Chen, 2020
分布：云南（文山）。
米氏贝菱蜡蝉 *Betacixius michioi* Hori, 1982
分布：云南（西双版纳），台湾。
斜纹贝菱蜡蝉 *Betacixius obliquus* Matsumura, 1914
分布：云南，贵州，四川，湖南，浙江，广西，福建，广东，海南；日本。
眼斑贝菱蜡蝉 *Betacixius ocellatus* Matsumura, 1914
分布：云南，福建，台湾。
莎贝菱蜡蝉 *Betacixius shirozui* Hori, 1982
分布：云南（西双版纳），台湾。

菱蜡蝉属 *Cixius* Latreille, 1804

克斯菱蜡蝉 *Cixius velox* Matsumura, 1914
分布：云南，台湾。

戴菱蜡蝉属 *Dilacreon* Fennah, 1980

五角伊戴菱蜡蝉 *Dilacreon pentagonus* Fennah, 1980
分布：云南（红河、西双版纳）；巴布亚新几内亚。

莹菱蜡蝉属 *Indolipa* Emeljanov, 2001

福贡莹菱蜡蝉 *Indolipa fugongensis* Zhi & Chen, 2020
分布：云南（怒江）。
龙陵莹菱蜡蝉 *Indolipa longlingensis* Zhi & Chen, 2020
分布：云南（保山）。
柯斯莹菱蜡蝉 *Indolipa kurseongensis* (Distant, 1911)
分布：云南（红河），西藏，重庆，广西。

黑带菱蜡蝉属 *Kirbyana* Distant, 1906

叉黑带菱蜡蝉 *Kirbyana furcata* Zhi & Chen, 2021
分布：云南（文山），广西。

林氏黑带菱蜡蝉 *Kirbyana lini* Tsaur & Hsu, 2003
分布：云南（玉溪），贵州，台湾。

黄顶黑带菱蜡蝉 *Kirbyana urcata* Zhi & Chen, 2021
分布：云南（文山），广西。

库菱蜡蝉属 *Kuvera* Distant, 1906

弯库菱蜡蝉 *Kuvera campylotropa* Zhi & Chen, 2023
分布：云南（怒江），贵州。

千岛库菱蜡蝉 *Kuvera kurilensis* Anufriev, 1987
分布：云南（文山、怒江），贵州；俄罗斯（远东地区）。

台湾库菱蜡蝉 *Kuvera taiwana* Tsaur & Hsu, 1991
分布：云南（迪庆），台湾。

盖库菱蜡蝉 *Kuvera toroensis* Matsumura, 1914
分布：云南（西双版纳），台湾。

横叉库菱蜡蝉 *Kuvera transversa* Tsaur & Hsu, 1991
分布：云南（保山），台湾。

乌苏里库菱蜡蝉 *Kuvera ussuriensis* Vilbaste, 1968
分布：云南（怒江、文山），四川，贵州，山西，陕西，河北，安徽，湖南，广西；俄罗斯（远东地区）。

大菱蜡蝉属 *Macrocixius* Matsumura, 1914

硕大菱蜡蝉 *Macrocixius grossus* Tsaur & Hsu, 1991
分布：云南（保山），贵州，四川，台湾，浙江；越南。

单突大菱蜡蝉 *Macrocixius unispinus* Zhang & Chen, 2013
分布：云南（德宏）。

同线菱蜡蝉属 *Neocarpia* Tsaur & Hsu, 2003

尖突同线菱蜡蝉 *Neocarpia acutata* Zhi & Chen, 2017
分布：云南（红河）。

倒突同线菱蜡蝉 *Neocarpia reversa* Zhi & Chen, 2017
分布：云南（文山）。

冠脊菱蜡蝉属 *Oecleopsis* Emeljanov, 1971

片突冠脊菱蜡蝉 *Oecleopsis laminatus* Zhi & Chen, 2018
分布：云南（普洱、大理）。

莫里冠脊菱蜡蝉 *Oecleopsis mori* (Matsumura, 1914)
分布：云南（西双版纳），广西，福建，台湾。

派特冠脊菱蜡蝉 *Oecleopsis petasatus* (Noualhier, 1896)
分布：云南（保山、西双版纳），四川，海南，台湾；柬埔寨。

长突冠脊菱蜡蝉 *Oecleopsis productus* Zhi & Chen, 2018
分布：云南（怒江）。

吉川脊菱蜡蝉 *Oecleopsis yoshikawai* (Ishihara, 1961)
分布：云南（普洱）；泰国。

脊菱蜡蝉属 *Oliarus* Stål, 1862

褐带脊菱蜡蝉 *Oliarus cingalensis* (Distant, 1911)
分布：云南（楚雄）；越南，斯里兰卡。

褐脉脊菱蜡蝉 *Oliarus insetosus* Jacobi, 1947
分布：云南，贵州，四川，西藏，广西，福建，广东；日本。

帽顶脊菱蜡蝉 *Oliarus petasatus* Noualh, 1896
分布：西南地区；日本。

巴兰菱蜡蝉属 *Parandes* Muir, 1925

旋卷巴兰菱蜡蝉 *Parandes circinatus* Wang & Chen, 2023
分布：云南（西双版纳）。

褐带巴兰菱蜡蝉 *Parandes fuscus* Wang & Chen, 2023
分布：云南（西双版纳）。

五胸脊菱蜡蝉属 *Pentastiridius* Kirschbaum, 1868

猫五胸脊菱蜡蝉 *Pentastiridius felis* (Kirkaldy, 1906)
分布：云南（西双版纳）；澳大利亚，斐济。

璐蜡蝉科 Lophopidae

阿柯璐蜡蝉属 *Acothrura* Melichar, 1915

褐带阿柯璐蜡蝉 *Acothrura fucizona* Wang, Zou & Yuan, 2000
分布：云南（西双版纳）；越南。

红缘阿柯璐蜡蝉 *Acothrura impunctata* (Jacobi, 1905)
分布：云南（西双版纳）；日本，越南。

东方阿柯璐蜡蝉 *Acothrura orientalis* (Liang, 2000)
分布：云南；越南，老挝。

兰璐蜡蝉属 *Lacusa* Stål, 1862

指突兰璐蜡蝉 *Lacusa digitata* Xing & Chen, 2014

分布：云南（德宏）。

横带兰璐蜡蝉 *Lacusa fuscofasciata* (Stål, 1854)

分布：云南（德宏、西双版纳），贵州，广东，海南；斯里兰卡。

突茎兰璐蜡蝉 *Lacusa producta* Xing & Chen, 2014

分布：云南（西双版纳）。

云南兰璐蜡蝉 *Lacusa yunnanensis* Chou & Huang, 1985

分布：云南。

秀璐蜡蝉属 *Pitambara* Distant, 1906

多纳秀璐蜡蝉 *Pitambara dawnana* Distant, 1912

分布：云南（西双版纳）；缅甸。

节秀璐蜡蝉 *Pitambara impudica* Wang & Bourgoin, 2016

分布：云南（西双版纳）。

暗斑秀璐蜡蝉 *Pitambara nigrofuscana* Liang, 2000

分布：云南。

***Pitambara triremiprocta* Wang & Soulier-Perkins, 2016**

分布：云南（西双版纳）。

狭璐蜡蝉属 *Podoschtroumpfa* Soulier-Perkins, 1998

红带狭璐蜡蝉 *Podoschtroumpfa rubrolineata* Liang, 2000

分布：云南（德宏）；泰国。

皮璐蜡蝉属 *Pyrilla* Stål, 1859

畸形皮璐蜡蝉 *Pyrilla aberrans* (Kirby, 1891)

分布：云南（西双版纳）；印度，孟加拉国，缅甸，斯里兰卡，太平洋岛屿。

波普皮璐蜡蝉 *Pyrilla perpusilla* (Walker, 1851)

分布：云南；印度，孟加拉国，缅甸，泰国，柬埔寨，斯里兰卡，菲律宾。

中华皮璐蜡蝉 *Pyrilla sinica* Liang, 1997

分布：云南，江西，福建，海南，广西。

Silvispina Wang & Soulier-Perkins, 2016

***Silvispina changpotou* Wang & Soulier-Perkins, 2016**

分布：云南（红河）。

颜蜡蝉科 Eurybrachidae

旌翅颜蜡蝉属 *Ancyra* White, 1845

附突旌翅颜蜡蝉 *Ancyra appendiculata* White, 1845

分布：云南（德宏、临沧、西双版纳），海南；印度，缅甸，柬埔寨。

珞颜蜡蝉属 *Loxocephala* Schaum, 1850

全斑珞颜蜡蝉 *Loxocephala perpunctata* Jacobi, 1944

分布：云南（大理、迪庆、红河、丽江、怒江、西双版纳），西藏，福建。

半斑珞颜蜡蝉 *Loxocephala semimaculata* Chou & Huang, 1984

分布：云南（丽江、怒江、红河）。

列点珞颜蜡蝉 *Loxocephala seropunctata* Chou & Huang, 1984

分布：云南（大理）。

单点珞颜蜡蝉 *Loxocephala unipunctata* Chou & Huang, 1984

分布：云南（德宏）。

直立珞颜蜡蝉 *Loxocephala verticalis* Wang & Wang, 2013

分布：云南（丽江、大理）。

讷颜蜡蝉属 *Nesiana* Metcalf, 1952

串讷颜蜡蝉 *Nesiana seresis* China, 1925

分布：云南。

娜蜡蝉科 Nogodinidae

莹娜蜡蝉属 *Indogaetulia* Schmidt, 1919

红眼莹娜蜡蝉 *Indogaetulia rubiocellata* Chou & Lu, 1977

分布：云南（临沧、西双版纳），广西。

帕娜蜡蝉属 *Paravarcia* Schmidt, 1919

大帕娜蜡蝉 *Paravarcia deceptrix* Schmidt, 1919

分布：云南（西双版纳），海南，广东，广西；越南。

象蜡蝉科 Dictyopharidae

类刺象蜡蝉属 *Avephora* Bierman, 1910

类刺象蜡蝉 *Avephora pasteuriana* Bierman, 1910

分布：云南，贵州，四川，重庆，江西，河南，湖北，广西，海南，澳门；印度，日本，马来西亚，印度尼西亚。

类长象蜡蝉属 *Dictyomorpha* Melichar, 1912

叉类长象蜡蝉 *Dictyomorpha furca* Liang & Song, 2012

分布：云南（德宏）。

长头象蜡蝉属 *Doryphorina* Melichar, 1912

弯长头象蜡蝉 *Doryphorina subdeflexa* Fennah, 1978

分布：云南（普洱、德宏）；越南。

Metaurus Stål, 1866

***Metaurus ramusitis* Song & Liang, 2012**

分布：云南；老挝。

弥象蜡蝉属 *Miasa* Distant, 1906

二叉弥象蜡蝉 *Miasa dichotoma* Zheng & Chen, 2018

分布：云南（西双版纳）。

六叶弥象蜡蝉 *Miasa trifoliusa* Zheng & Chen, 2018

分布：云南（西双版纳）。

彩象蜡蝉属 *Raivuna* Fennah, 1976

中野彩象蜡蝉 *Raivuna nakanonis* Matsumura, 1910

分布：云南（西双版纳），贵州，江苏，陕西，东北；日本。

伯瑞彩象蜡蝉 *Raivuna patruelis* Stål, 1859

分布：云南，贵州，四川，黑龙江，吉林，辽宁，甘肃，新疆，河北，山西，陕西，河南，山东，浙江，江苏，江西，湖北，湖南，广西，福建，台湾，广东，香港，海南；韩国，日本，斯里兰卡，马来西亚。

鼻象蜡蝉属 *Saigona* Matsumura, 1910

尖鼻象蜡蝉 *Saigona capitata* (Distant, 1914)。

分布：云南；中南半岛。

宽带鼻象蜡蝉 *Saigona latifasciata* Liang & Song, 2006

分布：云南（丽江、大理）。

乌苏里鼻象蜡蝉 *Saigona ussuriensis* (Lethierry, 1878)

分布：云南，贵州，吉林，黑龙江，甘肃，河南，广东，湖北，湖南，江西，浙江，广西，福建，台湾；韩国，日本，俄罗斯（远东地区），中南半岛。

阉蜡蝉科 Kinnaridae

阉蜡蝉属 *Kinnara* Distant, 1906

白翅阉蜡蝉 *Kinnara albipennis* Liang, 2002

分布：云南（西双版纳）。

黄缘阉蜡蝉 *Kinnara flavinarginalis* Wang, Zhou & Yuan, 2001

分布：云南（西双版纳）。

中突阉蜡蝉 *Kinnara mediprocessa* Wang, Zhou & Yuan, 2001

分布：云南（西双版纳）。

袖蜡蝉科 Derbidae

红袖蜡蝉属 *Diostrombus* Uhler, 1896

红袖蜡蝉 *Diostrombus politus* Uhler, 1896

分布：云南（西双版纳、保山、怒江、德宏），贵州，四川，辽宁，甘肃，陕西，浙江，台湾，福建，海南；日本，韩国，朝鲜。

皑袖蜡蝉属 *Epotiocerus* Matsumura, 1914

红点皑袖蜡蝉 *Epotiocerus rubipunctatus* Chou & Wang, 1984

分布：云南（西双版纳）。

琥袖蜡蝉属 *Hauptenia* Szwedo, 2006

大理琥袖蜡蝉 *Hauptenia daliensis* Sui & Chen, 2023

分布：云南（大理）。

似端钩琥袖蜡蝉 *Hauptenia fellea* (Yang & Wu, 1994)

分布：云南（西双版纳），贵州，四川，台湾。

端钩琥袖蜡蝉 *Hauptenia magnifica* (Yang & Wu, 1994)

分布：云南（西双版纳），贵州，广西，海南，台湾。

卡袖蜡蝉属 *Kakha* Kirkaldy, 1906

角斑卡袖蜡蝉 *Kakha aglata* Muir, 1917

分布：云南（西双版纳），海南。

美袖蜡蝉属 *Megatropis* Muir, 1913

台湾美袖蜡蝉 *Megatropis formosana* (Matsumura, 1914)

分布：云南（西双版纳），广西，海南，福建，台湾。

新斑袖蜡蝉属 *Neoproutista* Yang & Wu, 1994

尖突新斑袖蜡蝉 *Neoproutista acutata* Wu & Liang, 2003

分布：云南（红河）。

双突新斑袖蜡蝉 *Neoproutista bisaccata* Wu & Liang, 2003

分布：云南（西双版纳），贵州，福建。

黑背新斑袖蜡蝉 *Neoproutista furva* Wu & Liang, 2003

分布：云南（红河），福建，海南。

叉突新斑袖蜡蝉 *Neoproutista pullata* (Distant, 1911)

分布：云南（西双版纳）；印度。

刺突新斑袖蜡蝉 *Neoproutista spinellosa* Wu & Liang, 2003

分布：云南（西双版纳），贵州。

葩袖蜡蝉属 *Pamendanga* Distant, 1906

纤突葩袖蜡蝉 *Pamendanga filaris* Wu & Liang, 2003

分布：云南（昆明）。

拟葩袖蜡蝉属 *Parapamendanga* Yang & Wu, 1994

莎拟葩袖蜡蝉 *Parapamendanga sauterii* (Muir, 1915)

分布：云南（西双版纳），台湾。

斑袖蜡蝉属 *Proutista* Kirkaldy, 1904

甘蔗斑袖蜡蝉 *Proutista moesta* (Westwood, 1851)

分布：云南（德宏、西双版纳），海南，福建，台湾，广东；日本，缅甸，印度，菲律宾，斯里兰卡，马来西亚，新加坡，孟加拉国，太平洋岛屿，非洲。

拟甘蔗斑袖蜡蝉 *Proutista pseudomoesta* Muir, 1915

分布：云南（西双版纳、红河、临沧），福建；印度尼西亚。

广袖蜡蝉属 *Rhotana* Walker, 1857

引广袖蜡蝉 *Rhotana inorata* Yang & Wu, 1994

分布：云南（西双版纳），台湾。

欧广袖蜡蝉 *Rhotana obaerata* Yang & Wu, 1994

分布：云南，台湾。

小袖蜡蝉属 *Rhotanella* Fennah, 1970

九斑小袖蜡蝉 *Rhotanella novemmacula* Wang & Chou, 1993

分布：云南（西双版纳）。

萨袖蜡蝉属 *Saccharodite* Kirkaldy, 1907

哆罗焉萨袖蜡蝉 *Saccharodite toroensis* (Matsumura, 1914)

分布：云南（西双版纳）。

饰袖蜡蝉属 *Shizuka* Matsumura, 1914

台湾饰袖蜡蝉 *Shizuka formosana* Matsumura, 1914

分布：云南（西双版纳），浙江，福建，台湾；日本，印度。

素袖蜡蝉属 *Sumangala* Distant, 1911

二突素袖蜡蝉 *Sumangala furcata* Zelazny, 1981

分布：云南（西双版纳）；菲律宾。

寡室袖蜡蝉属 *Vekunta* Distant, 1906

雪白寡室袖蜡蝉 *Vekunta nivea* Fennah, 1956

分布：云南（西双版纳），河南，浙江，安徽，台湾。

五突寡室袖蜡蝉 *Vekunta pentaprocessusa* Sui & Chen, 2019

分布：云南（保山、西双版纳）；韩国，日本，俄罗斯（远东地区）。

翅痣寡室袖蜡蝉 *Vekunta stigmata* Matsumura, 1914

分布：云南（临沧），湖南，台湾。

三突寡室袖蜡蝉 *Vekunta triprotrusa* Wu & Liang, 2001

分布：云南（昆明、普洱、红河、西双版纳）。

暗翅寡室袖蜡蝉 *Vekunta umbripennis* Muir, 1914

分布：云南（西双版纳），台湾。

薇袖蜡蝉属 *Vinata* Distant, 1906

四斑薇袖蜡蝉 *Vinata quattumaculata* Wang & Chou, 2001

分布：云南（普洱、怒江、西双版纳），贵州。

三斑薇袖蜡蝉 *Vinata trimaculata* Wang & Chou, 2001

分布：云南（西双版纳）。

肖长袖蜡蝉属 *Zoraidoides* Distant, 1914

玛肖长袖蜡蝉 *Zoraidoides malabarensis* Distant, 1914

分布：云南（西双版纳）；印度。

颖蜡蝉科 Achilidae

卡颖蜡蝉属 *Caristianus* Distant, 1916

歪阳卡颖蜡蝉 *Caristianus asymmetrius* Chou, Yuan & Wang, 1994
分布：云南（西双版纳）。

黑胸卡颖蜡蝉 *Caristianus nigripectus* Chou, Yuan & Wang, 1994
分布：云南（德宏）。

正阳卡颖蜡蝉 *Caristianus symmetrias* Chou, Yuan & Wang, 1994
分布：云南（德宏）。

条背卡颖蜡蝉 *Caristianus ulysses* Fennah, 1949
分布：云南（昆明），四川；太平洋岛屿。

紫阳卡颖蜡蝉 *Caristianus ziyangensis* Chou, Yuan & Wang, 1994
分布：云南（丽江）。

德颖蜡蝉属 *Deferunda* Distant, 1912

尖头德颖蜡蝉 *Deferunda acuminata* Chou & Wang, 1985
分布：云南，海南；孟加拉国。

滇德颖蜡蝉 *Deferunda diana* Chen & He, 2010
分布：云南（昆明、保山、怒江、大理）。

黔德颖蜡蝉 *Deferunda qiana* Chen & He, 2010
分布：云南（丽江），贵州。

哈颖蜡蝉属 *Hamba* Distant, 1907

赛哈颖蜡蝉 *Hamba seleucus* Fennah, 1978
分布：云南（西双版纳）；越南。

马颖蜡蝉属 *Magadha* Distant, 1906

太白山马颖蜡蝉 *Magadha taibaishanensis* Wang, 1989
分布：云南，贵州，四川，河南，陕西。

Magadhaideus Long & Chen, 2017

***Magadhaideus luchunensis* Xu, Long & Chen, 2018**
分布：云南。

***Magadhaideus pingbianensis* Xu, Long & Chen, 2018**
分布：云南。

Paracatonidia Long, Yang & Chen, 2015

***Paracatonidia webbeda* Long, Yang & Chen, 2015**
分布：云南。

尤颖蝉属 *Usana* Distant, 1906

凹尤颖蝉 *Usana concava* Long, Yang & Chen, 2015
分布：云南。

蝉科 Cicadidae

小螗蝉属 *Aetanna* Lee, 2014

小瘤小螗蝉 *Aetanna condyla* (Chou & Lei, 1997)
分布：云南（西双版纳）。

塔利亚小螗蝉 *Aetanna thalia* (Walker, 1850)
分布：云南，四川，西藏。

云南小螗蝉 *Aetanna yunnanensis* (Lei & Chou, 1997)
分布：云南（西双版纳），四川。

非洲蟪蛄属 *Afzeliada* Boulard, 1973

非洲蟪蛄 *Afzeliada badia* (Distant, 1888)
分布：云南（德宏、西双版纳）。

琥珀蝉属 *Ambragaeana* Chou & Yao, 1985

琥珀蝉 *Ambragaeana ambra* (Chou & Yao, 1985)
分布：云南（普洱、西双版纳）。

昂蝉属 *Angamiana* Distant, 1890

昂蝉 *Angamiana floridula* (Distant, 1904)
分布：云南，四川，广西。

褐斑昂蝉 *Angamiana fuscula* (Chou & Yao, 1986)
分布：云南（西双版纳）。

缺斑昂蝉 *Angamiana vemacula* (Chou & Yao, 1986)
分布：云南（大理、德宏、西双版纳）。

云南昂蝉 *Angamiana yunnanensis* (Chou & Yao, 1986)
分布：云南（西双版纳）。

蓁蝉属 *Auritibicen* Lee, 2015

中华蓁蝉 *Auritibicen atrofasciatus* (Kirkaldy, 1909)
分布：云南（丽江），四川，西藏。

黎氏蓁蝉 *Auritibicen leechi* (Distant, 1890)
分布：云南，四川。

丽江蓁蝉 *Auritibicen lijiangensis* (Wang, Hayashi & Wei, 2018)
分布：云南（丽江）。

洁蓁蝉 *Auritibicen purus* (Wang, Hayashi & Wei, 2018)
分布：云南（丽江）。

分瓣蟋蝉 *Auritibicen septatus* (Wang, Hayashi & Wei, 2018)
分布：云南，西藏。
暗斑蟋蝉 *Auritibicen tsaopaonensis* (Chen, 1943)
分布：云南（昭通），四川。

雪蝉属 *Ayuthia* Distant, 1919

白斑雪蝉 *Ayuthia spectabile* (Distant, 1919)
分布：云南（西双版纳）。

豹斑蝉属 *Balinta* Distant, 1905

橙红豹斑蝉 *Balinta auriginea* (Distant, 1905)
分布：云南，广西，海南。
黑豹斑蝉 *Balinta tenebricosa* (Distant, 1888)
分布：云南（普洱）。

虎斑蝉属 *Becquartina* Kato, 1940

虎斑蝉 *Becquartina electa* (Jacobi, 1902)
分布：云南，贵州。
多彩虎斑蝉 *Becquartina versicolor* (Boulard, 2005)
分布：云南（西双版纳）。

彩蝉属 *Callogaeana* Chou & Yao, 1985

庆彩蝉 *Callogaeana festiva* (Fabricius, 1803)
分布：云南（西双版纳）。
景洪彩蝉 *Callogaeana jinghongensis* (Chou & Yao, 1985)
分布：云南（西双版纳）。
绿彩蝉 *Callogaeana viridula* (Chou & Yao, 1985)
分布：云南（西双版纳）。

长嘉蝉属 *Changa* Lee, 2016

黑斑长嘉蝉 *Changa jsguillotsi* (Boulard, 2005)
分布：云南（西双版纳）。

安蝉属 *Chremistica* Stål, 1870

白斑安蝉 *Chremistica maculata* (Chou & Lei, 1997)
分布：云南。
空斑安蝉 *Chremistica numida* (Distant, 1911)
分布：云南。

黑蝉属 *Cicadatra* Kolenati, 1857

格尔黑蝉 *Cicadatra gregoryi* (China, 1925)
分布：云南。
云南黑蝉 *Cicadatra shaluensis* (China, 1925)
分布：云南。

姬蝉属 *Cicadetta* Kolenati, 1857

苏利姬蝉 *Cicadetta soulii* (Distant, 1905)
分布：云南。

蚱蝉属 *Cryptotympana* Stål, 1861

蚱蝉 *Cryptotympana atrata* (Fabriclus, 1775)
分布：云南，四川，重庆，江西，湖北，浙江，湖南，广西，福建，广东，海南。
南蚱蝉 *Cryptotympana holsti* (Distant, 1914)
分布：云南，贵州，四川，重庆，广西，福建，湖南，广东。
黄蚱蝉 *Cryptotympana mandarina* (Distant, 1850)
分布：云南，贵州，四川，广西，湖南，广东。

迪氏蝉属 *Distantalna* Boulard, 2009

条迪氏蝉 *Distantalna splendida* (Distant, 1878)
分布：云南（西双版纳）；印度，缅甸，泰国。

蜩蝉属 *Dundubia* Amyot & Audinet-Serville, 1843

蜩蝉 *Dundubia feae* (Distant, 1892)
分布：云南，四川。
长瓣蜩蝉 *Dundubia hainanensis* (Distant, 1901)
分布：云南（西双版纳），广西，海南。
云南蜩蝉 *Dundubia nagarasingna* (Distant, 1881)
分布：云南，四川。
阔片蜩蝉 *Dundubia spiculata* (Noualhier, 1896)
分布：云南（西双版纳）；缅甸，泰国，老挝，越南，柬埔寨，马来西亚。
尖瓣蜩蝉 *Dundubia terpsichore* (Walker, 1850)
分布：云南（西双版纳）；缅甸，越南，老挝，泰国。
广东蜩蝉 *Dundubia vaginata* Fabricius, 1787
分布：云南（西双版纳）。

油蛉蛄属 *Eopycna* Sanborn, 2020

青油蛉蛄 *Eopycna coelestia* (Distant, 1904)
分布：云南，贵州，四川，重庆，陕西，湖南，广西，海南，广东，福建。
离斑油蛉蛄 *Eopycna concinna* (Boulard, 2005)
分布：云南（昆明、保山），四川；泰国。
油蛉蛄 *Eopycna repanda* (Linnaeus, 1758)
分布：云南，贵州，四川，西藏，重庆，陕西，湖南。

真宁蝉属 *Euterpnosia* Matsumura, 1917

真宁蝉 *Euterpnosia chibensis* (Matsumura, 1917)
分布：云南，四川，陕西，江西，广西；日本。

宝岛蝉属 *Formotosena* Kato, 1925

半斑宝岛蝉 *Formotosena montivaga* (Distant, 1889)
分布：云南（德宏、西双版纳）。
黑丽宝岛蝉 *Formotosena seebohmi* (Distant, 1904)
分布：云南，广西，广东，海南，福建，台湾。

斑蝉属 *Gaeana* Amyot & Serville, 1843

妹斑蝉/亲斑蝉 *Gaeana consors* (Atkinso, 1884)
分布：云南，四川，海南，广东。
程氏斑蝉 *Gaeana cheni* (Chou & Yao, 1985)
分布：云南（德宏、西双版纳）。
海南斑蝉 *Gaeana hainanensis* (Chou & Yao, 1985)
分布：云南，海南。
斑蝉 *Gaeana maculata* (Drury, 1773)
分布：云南（普洱、西双版纳），四川，浙江，湖南，广西，广东，福建，海南。

唇沟蝉属 *Graptotettix* Stål, 1866

唇沟蝉 *Graptotettix guttatus* Stål, 1866
分布：云南，西藏，福建；尼泊尔，印度。

微螗蝉属 *Gudaba* Distant, 1906

长尾微螗蝉 *Gudaba longicauda* (Lei, 1996)
分布：云南（西双版纳）。
线斑微螗蝉 *Gudaba maculata* (Distant, 1912)
分布：云南（西双版纳），海南；印度，泰国。

毗瓣蝉属 *Haphsa* Distant, 1905

端毗瓣蝉 *Haphsa apicoinfuscata* (Sanborn, 2013)
分布：云南，海南。
狭瓣毗瓣蝉 *Haphsa bindusara* (Distant, 1881)
分布：云南（西双版纳）；孟加拉国，缅甸，印度，老挝，泰国。
滇毗瓣蝉 *Haphsa dianensis* Chou, Lei, Li, Lu & Yao, 1997
分布：云南；印度，斯里兰卡，孟加拉国。
突片毗瓣蝉 *Haphsa durga* (Distant, 1881)
分布：云南（西双版纳），福建，广东；印度，越南，泰国，老挝。
凯伦毗瓣蝉 *Haphsa karenensis* (Ollenbach, 1929)
分布：云南（普洱、西双版纳）。
云南毗瓣蝉 *Haphsa opercularis* (Distant, 1917)
分布：云南；越南。
小毗瓣蝉 *Haphsa scitula* (Distant, 1888)
分布：云南，广西，新疆；缅甸，印度，越南，泰国，柬埔寨。

碧蝉属 *Hea* Distant, 1906

碧蝉 *Hea fasciata* Distant, 1906
分布：云南，贵州，四川，安徽，湖北，江西，浙江；越南，尼泊尔。
邱氏碧蝉 *Hea qiuae* Wang, 2023
分布：云南（迪庆），重庆。
云南碧蝉 *Hea yunnanensis* Lei, Chou, Yao & Lu, 1995
分布：云南（临沧）；越南，老挝。

红蝉属 *Huechys* Amyot & Audinet-Serville, 1843

小黑红蝉 *Huechys beata* Distant, 1892
分布：云南，广西；印度，马来西亚，越南，印度尼西亚，泰国。
褐翅红蝉 *Huechys sanguinea sanguinea* (De Geer, 1773)
分布：云南（红河），四川，陕西，浙江，福建，广东。
云南红蝉 *Huechys thoracica* Distant, 1879
分布：云南（普洱、德宏），福建。

透翅蝉属 *Hyalessa* China, 1925

小透翅蝉 *Hyalessa ella* (Lei & Chou, 1997)
分布：云南，四川。
斑透翅蝉 *Hyalessa maculaticollis* (Motschulsky, 1866)
分布：云南，贵州，四川，西藏，重庆，北京，安徽，江西，湖南，湖北，广东，福建。
透翅蝉 *Hyalessa ronshana* China, 1925
分布：云南。
荣莎透翅蝉 *Hyalessa ronshana* (China, 1925)
分布：云南（迪庆）。
盾透翅蝉 *Hyalessa scutata* (Puissant & Lee, 2016)
分布：云南，西藏。
云透翅蝉 *Hyalessa stratoria* (Distant, 1905)
分布：云南（迪庆），四川；尼泊尔。
绿透翅蝉 *Hyalessa virescens* (Distant, 1905)
分布：云南，四川，西藏，北京，安徽，江西。

王氏透翅蝉 *Hyalessa wangi* (Wang, Qiu & Wei, 2016)
分布：云南（临沧）。

哑蝉属 *Karenia* Distant, 1888

茶马哑蝉 *Karenia chama* Wei & Zhang, 2010
分布：云南（迪庆、西双版纳）。

加藤蝉属 *Katoa* Ouchi, 1938

绿加藤蝉 *Katoa chlorotica* Chou & Lu, 1997
分布：云南，海南；越南。

小加藤蝉 *Katoa paura* Chou & Lu, 1997
分布：云南。

指蝉属 *Kosemia* Matsumura, 1927

小黑指蝉 *Kosemia phaea* (Chou & Lei, 1997)
分布：云南。

小蝉属 *Leptopsaltria* Stål, 1866

陶小蝉 *Leptopsaltria samia* (Walker, 1850)
分布：云南，西藏，广西；印度，越南，泰国。

细蝉属 *Leptosemia* Matsumura, 1917

南细蝉 *Leptosemia sakaii* (Matsumura, 1913)
分布：云南，贵州，四川，浙江，台湾。

大马蝉属 *Macrosemia* Kato, 1925

印度大马蝉 *Macrosemia assamensis* (Distant, 1905)
分布：云南（普洱、丽江、西双版纳），广西；印度，泰国，越南。

叉大马蝉 *Macrosemia divergens* (Distant, 1917)
分布：云南，四川，福建；泰国，老挝。

大马蝉 *Macrosemia kareisana* (Matsumura, 1907)
分布：云南，台湾。

北部湾大马蝉 *Macrosemia tonkiniana* (Jacobi, 1905)
分布：云南，海南；印度，缅甸，泰国，老挝，越南。

暗斑大马蝉 *Macrosemia umbrata* (Distant, 1888)
分布：云南，四川，西藏，湖南；缅甸，斯里兰卡，尼泊尔，印度，泰国，老挝，不丹。

寒蝉属 *Meimuna* Distant, 1905

毗瓣寒蝉 *Meimuna crassa* (Distant, 1905)
分布：云南（西双版纳）。

大腹寒蝉 *Meimuna gamameda* (Distant, 1902)
分布：云南；印度，斯里兰卡。

褐斑寒蝉 *Meimuna infuscata* (Lei & Beuk, 1997)
分布：云南；越南。

窄瓣寒蝉 *Meimuna microdon* (Walker, 1850)
分布：云南，西藏，海南；印度，越南。

松寒蝉 *Meimuna opalifera* (Walker, 1850)
分布：云南，贵州，四川，陕西，河北，江西，山东，河南，浙江，安徽，湖北，湖南，广西，广东，福建，澳门，台湾。

岸寒蝉 *Meimuna silhetana* (Distant, 1888)
分布：云南，四川，广东，福建，香港；印度，孟加拉国。

尖瓣寒蝉 *Meimuna tavoyana* (Distant, 1888)
分布：云南；缅甸，泰国，马来西亚。

寒蝉 *Meimuna tripurasura* (Distant, 1881)
分布：云南（西双版纳），广西，广东；印度，北部湾。

草蝉属 *Mogannia* Amyot & Serville, 1843

明基草蝉 *Mogannia basalis* (Matsumura, 1913)
分布：云南（德宏）。

草蝉 *Mogannia conica* (Germar, 1830)
分布：云南，贵州，四川，西藏，广西，广东。

兰草蝉 *Mogannia cyanea* (Walker, 1858)
分布：云南（普洱），四川，广西，广东，福建，浙江，湖南，海南，台湾，江西。

绿草蝉 *Mogannia hebes* (Walker, 1858)
分布：云南，四川，广西，广东，湖南，湖北，浙江，福建，海南。

靛青草蝉 *Mogannia indigotea* (Distant, 1917)
分布：云南，四川，广西，广东，福建，湖南，海南。

角斑草蝉 *Mogannia obliqua* Walker, 1858
分布：云南（德宏）。

瑞丽草蝉 *Mogannia ruiliensis* (Chen, Yang & Wei, 2012)
分布：云南（德宏）。

拟宁蝉属 *Paranosia* Lee, 2014

安德拟宁蝉 *Paranosia andersoni* (Distant, 1892)
分布：云南（西双版纳）。

海贝拟宁蝉 *Paranosia clio* (Walker, 1850)
分布：云南（昭通）。

拟红眼蝉属 *Paratalainga* He, 1984

褐翅拟红眼蝉 *Paratalainga fumosa* (Chou & Lei, 1992)
分布：云南。
云南拟红眼蝉 *Paratalainga yunnanensis* (Chou & Lei, 1992)
分布：云南（西双版纳）。

马蝉属 *Platylomia* Stål, 1870

瓢瓣马蝉 *Platylomia bocki* (Distant, 1882)
分布：云南（红河、德宏、临沧、西双版纳），四川，海南；老挝，越南，泰国，印度，印度尼西亚。
麦丽马蝉 *Platylomia malickyi* (Beuk, 1998)
分布：云南（普洱、临沧、西双版纳）；越南，缅甸，柬埔寨，老挝，泰国。
皱瓣马蝉 *Platylomia radha* (Distant, 1881)
分布：云南（德宏、西双版纳），四川，江西，福建，海南；缅甸，斯里兰卡，尼泊尔，印度，柬埔寨，老挝，越南，不丹，泰国。

蟪蛄属 *Platypleura* Amyot & Audinet-Serville, 1843

印度蟪蛄 *Platypleura assamensis* (Atkinson, 1884)
分布：云南（普洱、德宏）；印度。
群蟪蛄 *Platypleura badia* Distant, 1888
分布：云南（西双版纳）。
黄蟪蛄 *Platypleura hilpa* (Walker, 1850)
分布：云南，浙江，湖南，广西，广东，海南。
蟪蛄 *Platypleura kaempferi* (Fabricius, 1794)
分布：云南，贵州，四川，重庆，广西，广东，湖南，湖北，浙江，江西。

网翅蝉属 *Polyneura* Westwood, 1840

程氏网翅蝉 *Polyneura cheni* (Chou & Yao, 1986)
分布：云南，贵州，四川。
网翅蝉 *Polyneura ducalis* Westwood, 1840
分布：云南。
郭亮网翅蝉 *Polyneura guoliangi* Wang & Liu, 2022
分布：云南（保山）。

螂蝉属 *Pomponia* Stål, 1866

螂蝉 *Pomponia linearis* (Walker, 1850)
分布：云南（保山），贵州，四川，西藏，重庆，浙江，江西，湖南，湖北，广东，海南，福建。
东方螂蝉 *Pomponia orientalis* (Distant, 1912)
分布：云南（红河）；越南，缅甸。
窄瓣螂蝉 *Pomponia subtilita* (Lee, 2009)
分布：云南（西双版纳），海南，福建；泰国，柬埔寨。
小螂蝉 *Pomponia thalia* (Walker, 1850)
分布：云南（普洱），广东。

洁蝉属 *Purana* Distant, 1905

半洁蝉 *Purana dimidia* (Chou & Lei, 1997)
分布：云南（红河），广西；越南。

云南微蝉属 *Rustia* Stål, 1866

云南微蝉 *Rustia tigrina* (Distant, 1888)
分布：云南。

丽蝉属 *Salvazana* Distant, 1913

丽蝉 *Salvazana mirabilis* (Distant, 1913)
分布：云南（西双版纳），广西。

暗翅蝉属 *Scieroptera* Stål, 1866

淡暗翅蝉 *Scieroptera crocea* (Guérin-Méneville, 1838)
分布：云南，广西。
台湾暗翅蝉 *Scieroptera formosana* Schmidt, 1918
分布：云南（西双版纳），湖北，江西，浙江，广西，福建，广东，台湾；菲律宾，越南，马来西亚，缅甸，印度，日本。
暗翅蝉 *Scieroptera splendidula* (Fabricius, 1775)
分布：云南（红河、临沧、大理），贵州，四川，湖南，广西，广东，福建，海南，台湾；印度，菲律宾，越南，老挝，泰国，马来西亚，印度尼西亚，缅甸，尼泊尔。

刺蝉属 *Scolopita* Chou & Lei, 1997

小刺蝉 *Scolopita cupis* Chou & Lu, 1997
分布：云南（楚雄）。

半瓣蝉属 *Semia* Matsumura, 1917

Semia brevidilata Yang & Wei, 2014
分布：云南，海南。
大半瓣蝉 *Semia majuscula* Yang & Wei, 2014
分布：云南；越南，老挝。
海南半瓣蝉 *Semia hainanensis* Yang & Wei, 2013
分布：云南，海南。

毛蟪蛄属 *Suisha* Kato, 1928

毛蟪蛄 *Suisha coreana* (Matsumura, 1927)
分布：云南，四川，陕西，甘肃，湖南，浙江，江苏，广西，台湾，福建，广东。
台湾毛蟪蛄 *Suisha formosana* (Kato, 1927)
分布：云南，四川，广西，湖南，浙江，广东，台湾，福建。

硫磺蝉属 *Sulphogaeana* Chou & Yao, 1985

长硫磺蝉 *Sulphogaeana dolicha* (Lei, 1997)
分布：云南（德宏）。
硫磺蝉 *Sulphogaeana sulphurea* (Westwood, 1839)
分布：云南（大理、德宏、迪庆）。
衣硫磺蝉 *Sulphogaeana vestita* (Distant, 1905)
分布：云南（德宏、西双版纳）。

红眼蝉属 *Talainga* Distant, 1890

平氏红眼蝉 *Talainga binghami* (Distant, 1890)
分布：云南（德宏）。
中华红眼蝉 *Talainga chinensis* (Distant, 1900)
分布：云南，贵州，广西，陕西，江西，湖南，广东。
峨眉红眼蝉 *Talainga omeishana* (Chen, 1957)
分布：云南，四川。

螗蝉属 *Tanna* Distant, 1905

腹螗蝉 *Tanna abdominalis* (Kato, 1938)
分布：云南，贵州，四川，重庆，湖北，湖南。
小瘤螗蝉 *Tanna conyla* (Chou & Lei, 1997)
分布：云南（西双版纳）。
螗蝉 *Tanna japonensis* (Distant, 1892)
分布：云南，贵州，四川，西藏，重庆，湖北，浙江，湖南，广西，广东，福建。
塔利亚螗蝉 *Tanna thalia* (Walker, 1850)
分布：云南，四川，西藏；印度。
云南螗蝉 *Tanna yunnanensis* (Lei & Chou, 1997)
分布：云南（玉溪、西双版纳）；越南。

宁蝉属 *Terpnosia* Distant, 1892

安德宁蝉 *Terpnosia andersoni* Distant, 1892
分布：云南（西双版纳）；尼泊尔，不丹，缅甸，泰国。
云南宁蝉 *Terpnosia clio* (Walker, 1850)
分布：云南（保山）；印度，尼泊尔，缅甸。
金平宁蝉 *Terpnosia jinpingensis* (Lei & Chou, 1997)
分布：云南。
黑背宁蝉 *Terpnosia nigella* (Lei & Chou, 1997)
分布：云南（保山），湖南。
绿宁蝉 *Terpnosia puriticis* (Lei & Chou, 1997)
分布：云南（西双版纳、德宏）。

西蝉属 *Tibeta* Lei & Chou, 1997

赤西蝉 *Tibeta zenobia* (Distant, 1912)
分布：云南（昆明、丽江），西藏，浙江。

陀螺蝉属 *Tibicina* Kolenati, 1857

菜陀螺蝉 *Tibicina pieris* (Kirkaldy, 1909)
分布：云南。

笃蝉属 *Tosena* Amyot & Serville, 1843

白笃蝉 *Tosena albata* (Distant, 1878)
分布：云南，西藏，广西；缅甸，泰国，尼泊尔，印度。
白带笃蝉 *Tosena melanoptera* (White, 1846)
分布：云南（德宏、西双版纳）。
帕维笃蝉 *Tosena paviei* (Noualhier, 1896)
分布：云南（临沧、西双版纳）；尼泊尔，印度，越南，泰国，老挝，柬埔寨。

Versicolora Wei, Wang, Hayashi, He & Pham, 2020

***Versicolora bellula* Wei, Wang, Hayashi, He & Pham, 2020**

黧蝉属 *Vittagaeana* Hill, 2021

帕维黧蝉 *Vittagaeana paviei* (Noualhier, 1896)
分布：云南（西双版纳）。

粉虱科 Aleyrodidae

刺粉虱属 *Aleurocanthus* Quaintance & Baker, 1914

柑橘刺粉虱 *Aleurocanthus citriperdus* Quaintance & Baker, 1916
分布：云南，广西，江苏，浙江，湖南，福建，台湾，广东，海南，香港；日本，印度，孟加拉国，越南，泰国，柬埔寨，斯里兰卡，菲律宾，马来西亚，新加坡，印度尼西亚。
粉背黑刺粉虱 *Aleurocanthus inceratus* Silvestri, 1927
分布：云南，广西，福建，广东，海南，香港，台湾；印度，越南。

黑刺粉虱 *Aleurocanthus spiniferus* (Quaintance, 1903)

分布：云南，贵州，四川，江苏，浙江，湖北，江西，湖南，福建，台湾，广东，海南，香港；印度，泰国，菲律宾，斯里兰卡，马来西亚，澳大利亚，美国。

穴粉虱属 *Aleurolobus* Quaintance & Baker, 1914

黑粉虱 *Aleurolobus marlatti* (Quaintance, 1903)

分布：云南，贵州，四川，重庆，安徽，江苏，上海，浙江，江西，湖南，广西，福建，广东，台湾。

栉毛穴粉虱 *Aleurolobus setigerus* Quaintance & Baker, 1917

分布：云南，贵州，香港，台湾。

四川穴粉虱 *Aleurolobus szechwanensis* Young, 1942

分布：云南，四川，重庆，陕西，浙江，湖南，广西，福建。

伯粉虱属 *Bemisia* Quaintance & Baker, 1914

姬伯粉虱 *Bemisia giffardi* (Kotinsky, 1907)

分布：云南，四川，浙江，湖南，福建，台湾，广东，海南，香港；日本，印度，尼泊尔，泰国，马来西亚，美国（夏威夷），澳大利亚，新西兰。

烟粉虱 *Bemisia tabaci* (Gennadius, 1889)

分布：云南。

卡粉虱属 *Cockerelliella* Sundararaj & David, 1992

番石榴卡粉虱 *Cockerelliella psidii* (Corbett, 1935)

分布：云南（西双版纳），海南，湖南；马来西亚，泰国，巴布亚新几内亚。

大孔粉虱属 *Dialeuropora* Quaintance & Baker, 1917

环刺大孔粉虱 *Dialeuropora decempuncta* (Quaintance & Baker, 1917)

分布：云南，香港，海南，广东，台湾；印度，伊朗，斯里兰卡，巴基斯坦，泰国。

皮粉虱属 *Pealius* Quaintance & Baker, 1914

桑粉虱 *Pealius mori* (Takahashi, 1932)

分布：云南，贵州，四川，广西，重庆，新疆，河南，宁夏，山东，江苏，安徽，浙江，湖北，江西，湖南，福建，台湾，广东；印度，泰国。

蚧科 Coccidae

蜡蚧属 *Ceroplastes* Gray, 1828

红帽蜡蚧 *Ceroplastes centroroseus* Chen, 1974

分布：云南（昆明），贵州，四川，湖南。

角蜡蚧 *Ceroplastes ceriferus* (Fabricius, 1798)

分布：云南（昆明、曲靖、玉溪、保山、大理、丽江、临沧、文山），四川，辽宁，山西，陕西，山东，江苏，浙江，湖南，香港，台湾，福建，广东；印度尼西亚，印度，柬埔寨，斯里兰卡，马来西亚，菲律宾，越南，日本，太平洋岛屿，美洲，大洋洲。

藤壶蜡蚧 *Ceroplastes cirripediformis* Comstock, 1881

分布：云南（普洱、保山、红河、西双版纳），贵州，四川，江西，浙江，广西，广东，福建；印度尼西亚，菲律宾，欧洲，美洲。

龟蜡蚧 *Ceroplastes floridensis* Comstock, 1881

分布：云南（西双版纳），贵州，四川，河北，山东，江苏，浙江，江西，安徽，湖北，湖南，广西，福建，广东，香港，台湾；印度，日本，印度尼西亚，斯里兰卡，马来西亚，澳大利亚，中东，非洲，欧洲，美洲。

日本龟蜡蚧 *Ceroplastes japonicus* (Green, 1921)

分布：云南（昆明、保山、普洱、曲靖、文山），贵州，四川，辽宁，甘肃，山西，天津，河北，陕西，山东，河南，上海，浙江，湖北，江苏，江西，湖南，广西，福建，广东；日本，朝鲜，俄罗斯（远东地区），欧洲。

昆明龟蜡蚧 *Ceroplastes kunmingensis* (Tang & Xie, 1991)

分布：云南（昆明、曲靖、大理），福建。

杧果蜡蚧 *Ceroplastes magnifica* (Green, 1930)

分布：云南；印度尼西亚。

丽蜡蚧 *Ceroplastes magnificus* (Green, 1930)

分布：云南（普洱）。

默氏蜡蚧 *Ceroplastes murrayi* Froggatt, 1919

分布：云南（普洱），香港；巴布亚新几内亚。

扁蜡蚧 *Ceroplastes planus* Wu & Wang, 2019

分布：云南（西双版纳）。

伪角蜡蚧 *Ceroplastes pseudoceriferus* Green, 1935

分布：云南（昆明、普洱、曲靖、大理、文山、西双版纳），四川，广西，上海，江苏，浙江，湖北，湖南，福建，广东，台湾；日本，朝鲜，斯里兰卡，印度，孟加拉国。

红蜡蚧 *Ceroplastes rubens* Maskell, 1893

分布：云南（昆明、楚雄、曲靖、昭通、红河、文山、大理、丽江），贵州，四川，西藏，辽宁，青海，河北，陕西，山西，江苏，安徽，浙江，湖北，江西，湖南，广西，福建，台湾，广东，香港；日本，印度，斯里兰卡，缅甸，菲律宾，印度尼西亚，朝鲜，马来西亚，泰国，越南，非洲，美洲，大洋洲。

无花果蜡蚧 *Ceroplastes rusci* Linnaeus, 1758

分布：云南（普洱），四川，广东；印度尼西亚，越南。

七角星蜡蚧 *Ceroplastes stellifer* Westwood, 1871

分布：云南，台湾；印度，印度尼西亚，马来西亚，马尔代夫，巴基斯坦，菲律宾，斯里兰卡，泰国，越南，太平洋诸岛，澳大利亚，非洲，欧洲，美洲。

西双版纳蜡蚧 *Ceroplastes xishuangensis* Tang & Xie in Tang, 1991

分布：云南（保山、西双版纳）。

软蜡蚧属 *Coccus* Linnaeus, 1758

尖软蜡蚧 *Coccus acuminatus* (Signoret, 1873)

分布：云南，海南，台湾；日本，马来西亚，斯里兰卡。

锐软蜡蚧 *Coccus acutissimus* Green, 1896

分布：云南，台湾，广东，海南；菲律宾，印度尼西亚，马来西亚，印度，斯里兰卡，非洲，美洲。

马槟榔软蜡蚧 *Coccus capparidis* (Green, 1904)

分布：云南（西双版纳），香港；印度，斯里兰卡，中东，非洲，大洋洲，美洲。

***Coccus celatus* De Lotto, 1960**

分布：云南（西双版纳）。

以色列软蜡蚧 *Coccus elatensis* Ben-Dov, 1981

分布：云南（德宏）；以色列。

蚁软蜡蚧 *Coccus formicarii* Green, 1896

分布：云南（红河），福建，香港，台湾；印度尼西亚，印度，斯里兰卡，马来西亚，马达加斯加。

榕软蜡蚧 *Coccus ficicola* Choi & Lee, 2018

分布：云南（曲靖）；韩国。

褐软蜡蚧 *Coccus hesperidum* Linnaeus, 1758

分布：云南（昆明、大理、保山、曲靖、文山、西双版纳），贵州，四川，西藏，辽宁，陕西，甘肃，河北，山东，河南，江苏，浙江，湖北，江西，山西，湖南，广西，福建，台湾，广东，海南，香港；日本，朝鲜，韩国，缅甸，印度尼西亚，印度，斯里兰卡，马来西亚，菲律宾，泰国，越南，阿富汗，中东，非洲，欧洲，美洲，大洋洲。

囊盖软蜡蚧 *Coccus latioperculatum* Green, 1922

分布：云南（昆明）；老挝，印度，斯里兰卡。

长软蜡蚧 *Coccus longulus* Douglas, 1887

分布：云南（西双版纳），山西，福建，广东，海南，香港，台湾；印度，澳大利亚，印度尼西亚，日本，斯里兰卡，菲律宾，泰国，巴布亚新几内亚，非洲，欧洲，美洲。

杧果软蜡蚧 *Coccus moestus* De Lotto, 1959

分布：云南，海南；日本，非洲，欧洲。

多毛软蜡蚧 *Coccus multisetus* Wang & Feng, 2012

分布：云南（西双版纳）。

咖啡绿软蜡蚧 *Coccus viridis* Green, 1889

分布：云南（昆明、大理、丽江、迪庆、保山、红河、普洱、西双版纳），贵州，四川，江苏，浙江，江西，湖南，广西，海南，福建，广东，香港，台湾；印度尼西亚，澳大利亚，缅甸，印度，泰国，老挝，越南，斯里兰卡，菲律宾，中东，非洲，欧洲，美洲。

筛棉蜡蚧属 *Cribropulvinaria* Hodgson & Martin, 2001

泰隆筛棉蚧 *Cribropulvinaria tailungensis* Hodgson & Martin, 2001

分布：云南（德宏），香港。

双角蜡蚧属 *Dicyphococcus* Borchsenius, 1959

滇双角蜡蚧 *Dicyphococcus bigibbus* Borchsenius, 1959

分布：云南（普洱、玉溪）。

榕双角蜡蚧 *Dicyphococcus ficicola* Borchsenius, 1959

分布：云南（普洱、保山）。

毛球蚧属 *Didesmococcus* Borchsenius, 1953

朝鲜毛球蚧 *Didesmococcus koreanus* Borchsenius, 1955

分布：云南，甘肃，陕西，宁夏，河北，山西，山东，河南，浙江，安徽。

箭蜡蚧属 *Drepanococcus* Williams & Watson, 1990

豆箭蜡蚧 *Drepanococcus cajani* (Maskell, 1891)

分布：云南，广西，福建，广东，海南；马来西亚，印度，巴基斯坦，斯里兰卡。

白蜡蚧属 *Ericerus* Guérin-Méneville, 1858

白蜡蚧 *Ericerus pela* (Chavannes, 1848)

分布：云南（昆明、丽江、迪庆、大理、曲靖、昭通），贵州，四川，西藏，陕西，江苏，湖北，湖南，浙江，江西，广西，福建，广东；日本，朝鲜，俄罗斯（远东地区），巴西。

类白蜡蚧属 *Ericeroides* Danzig, 1990

越南类白蜡蚧 *Ericeroides zaitzevi* Danzig, 1990

分布：云南（保山）；越南。

网蜡蚧属 *Eucalymnatus* Cockerell, 1901

网蜡蚧 *Eucalymnatus tessellatus* Signoret, 1873

分布：云南（昆明、大理、楚雄、德宏、保山、玉溪），四川，西藏，江苏，浙江，广西，福建，广东，香港，台湾；朝鲜，澳大利亚，斯里兰卡，马来西亚，日本，老挝，印度尼西亚，泰国，印度，太平洋诸岛，非洲，欧洲，美洲。

球蜡蚧属 *Eulecanium* Cockerell, 1896

黑条球蜡蚧 *Eulecanium nigrivitta* Borchsenius, 1859

分布：云南（昆明），青海。

昆明球蜡蚧 *Eulecanium kunmingi* (Ferris, 1950)

分布：云南（昆明），吉林。

克里蜡蚧属 *Kilifia* De Lotto, 1965

泛布克里蜡蚧 *Kilifia acuminata* Signoret, 1873

分布：云南（西双版纳），海南，香港，台湾；印度，斯里兰卡，日本，马来西亚，巴布亚新几内亚，非洲，欧洲，美洲。

美国克里蜡蚧 *Kilifia americana* Ben-Dov, 1979

分布：云南（保山），海南；墨西哥，美国。

南非克里蜡蚧 *Kilifia deltoides* De Lotto, 1965

分布：云南（曲靖、西双版纳），海南；印度尼西亚，马来西亚，非洲。

中国克里蜡蚧 *Kilifia sinensis* Ben-Dov, 1979

分布：云南，山西。

鲁丝蜡蚧属 *Luzulaspis* Cockerell, 1902

云南鲁丝蜡蚧 *Luzulaspis crassispina* Borchsenius, 1959

分布：云南（普洱）。

脊纹蜡蚧属 *Maacoccus* Tao & Wong, 1983

中纵脊纹蜡蚧 *Maacoccus arundinariae* (Green, 1904)

分布：云南；斯里兰卡。

士字脊纹蜡蚧 *Maacoccus bicruciatus* (Green, 1904)

分布：云南（保山），香港，台湾；印度，斯里兰卡，肯尼亚。

大棉蜡蚧属 *Megapulvinaria* Young, 1982

亚洲大棉蜡蚧 *Megapulvinaria maxima* (Green, 1904)

分布：云南（普洱、德宏），广西，台湾；印度尼西亚，印度，斯里兰卡，菲律宾，泰国，越南，巴布亚新几内亚，特鲁克群岛。

卷毛毡蜡蚧属 *Metaceronema* Takahashi, 1955

日本卷毛毡蜡蚧 *Metaceronema japonica* (Maskell, 1897）。

分布：云南，贵州，四川，浙江，江西，湖南，广西，台湾；日本，印度。

粘棉蜡蚧属 *Milviscutulus* Williams & Watson, 1990

杧果粘棉蜡蚧 *Milviscutulus mangiferae* Green, 1889

分布：云南（保山、西双版纳），浙江，广东，香港，台湾；斯里兰卡，孟加拉国，印度，新加坡，印度尼西亚，日本，老挝，泰国，马来西亚，巴基斯坦，菲律宾，越南，澳大利亚，美洲。

副盔蜡蚧属 *Parasaissetia* Takahashi, 1955

乌黑副盔蜡蚧 *Parasaissetia nigra* (Nietner, 1861)

分布：云南（普洱、大理），内蒙古，甘肃，广西，广东，海南，香港，台湾；韩国，日本，文莱，斯里兰卡，马尔代夫，菲律宾，巴基斯坦，泰国，越南，马来西亚，印度，印度尼西亚，大洋洲，非洲，欧洲，美洲。

木坚蚧属 Parthenolecanium Šulc, 1908

桃盔蜡蚧 *Parthenolecanium persicae* (Fabrricius, 1776)

分布：云南（昆明、大理、迪庆、曲靖、丽江）。

扁片蜡蚧属 *Platylecanium* Cockerell & Robinson, 1915

尼泊尔扁片蜡蚧 *Platylecanium nepalense* Takagi, 1975

分布：云南（西双版纳）；尼泊尔。

原软蜡蚧属 *Prococcus* Avasthi, 1993

锐原软蜡蚧 *Prococcus acutissimus* Green, 1896

分布：云南（西双版纳），贵州，四川，西藏，江苏，浙江，江西，湖北，湖南，广西，福建，海南，广东，台湾，香港；印度，印度尼西亚，越南，泰国，斯里兰卡，日本，马来西亚，新加坡，非洲，美洲。

原绵蜡蚧属 *Protopulvinaria* Cockerell, 1894

日本原绵蜡蚧 *Protopulvinaria fukayai* Kuwana, 1909

分布：云南（昆明、普洱），四川，广西，浙江；日本。

长肛板原绵蜡蚧 *Protopulvinaria longivalvata* Green, 1909

分布：云南（西双版纳），香港；印度，马来西亚，菲律宾，斯里兰卡，欧洲，南美洲。

梨形原绵蜡蚧 *Protopulvinaria pyriformis* Cockerell, 1894

分布：云南（昆明、保山），四川，广西，香港，台湾，北京，福建；日本，越南，美洲，欧洲，非洲。

伪绵蚧属 *Pseudopulvinaria* Atkinson, 1889

锡金伪绵蚧 *Pseudopulvinaria sikkimensis* Atkinson, 1889

分布：云南（昆明、普洱），印度。

绵蜡蚧属 *Pulvinaria* Targioni-Tozzetti, 1866

黄绿绵蜡蚧 *Pulvinaria aurantii* Cockerell, 1896

分布：云南，贵州，四川，江苏，浙江，湖北，江西，湖南，广西，海南，福建，广东，台湾；日本，越南，俄罗斯（远东地区），中东，欧洲。

柑橘绵蜡蚧 *Pulvinaria citricola* Kuwana, 1909

分布：云南（大理、保山、文山、普洱、德宏、西双版纳），贵州，内蒙古，浙江；日本，韩国，美国。

饰绵蜡蚧 *Pulvinaria decorata* Borchsenius, 1957

分布：云南（普洱），陕西，河南；澳大利亚。

木兰绵蜡蚧 *Pulvinaria ferrisi* Ali, 1971

分布：云南。

油茶绵蜡蚧 *Pulvinaria floccifera* (Westwood, 1870)

分布：云南，贵州，四川，辽宁，河南，陕西，山东，浙江，江西，江苏，安徽，湖北，湖南，广西，福建，广东；印度，越南，日本，大洋洲，非洲，欧洲，美洲。

绣球绵蜡蚧 *Pulvinaria hydangeae* Steinweden, 1946

分布：云南，贵州，湖南，海南，福建，香港；日本，印度，俄罗斯（远东地区），韩国，大洋洲，欧洲，美洲。

桑树绵蜡蚧 *Pulvinaria kuwacola* Kuwana, 1907

分布：云南（德宏），香港；日本。

角绵蜡蚧 *Pulvinaria neocellulosa* Takahashi, 1940

分布：云南（西双版纳），上海，安徽，河南，台湾；日本。

柿绵蜡蚧 *Pulvinaria peregrina* Borchsenius, 1953

分布：云南，山西；俄罗斯（远东地区），欧洲。

锈毛绵蜡蚧 *Pulvinaria pistaciae* Cao & Feng, 2020

分布：云南（昆明）。

多角绵蜡蚧 *Pulvinaria polygonata* Cockerell, 1905

分布：云南（德宏），贵州，内蒙古，山西，甘肃，宁夏，河南，河北，山东，湖北，江西，湖南，江苏，浙江，广东，海南，福建，香港，台湾；澳大利亚，孟加拉国，印度，日本，老挝，菲律宾，斯里兰卡，越南。

刷毛绵蜡蚧 *Pulvinaria psidii* Maskell, 1893

分布：云南（西双版纳、大理、红河），贵州，四川，甘肃，宁夏，河南，山西，河北，山东，湖北，湖南，浙江，江西，广西，广东，海南，福建，香港，台湾；阿富汗，孟加拉国，印度，日本，柬埔寨，老挝，马来西亚，尼泊尔，菲律宾，印度尼西亚，斯里兰卡，新加坡，泰国，中东，欧洲，大洋洲，非洲，美洲。

葡萄绵蜡蚧 *Pulvinaria vitis* Linnaeus, 1758

分布：云南（西双版纳、德宏），西藏，吉林，黑龙江，新疆，内蒙古，青海，北京，山西，浙江，广西；日本，俄罗斯（远东地区），中东，中亚，大洋洲，欧洲，美洲。

盔蚧属 *Saissetia* Déplanche, 1859

咖啡盔蚧 *Saissetia coffeae* Walker, 1952
分布：云南（文山、西双版纳），贵州，四川，内蒙古，山西，浙江，江西，湖南，广西，福建，广东，海南，香港，台湾；阿富汗，俄罗斯（远东地区），新加坡，朝鲜，菲律宾，欧洲，非洲，美洲，大洋洲。

网珠盔蚧 *Saissetia hemisphaerica* (Targioni-Tozzetti, 1867)
分布：云南（普洱、楚雄、大理、玉溪、德宏、保山、西双版纳），贵州，四川，山西，浙江，江西，广西，广东，福建，台湾；俄罗斯（远东地区），印度，印度尼西亚，菲律宾，日本，朝鲜，非洲，美洲，大洋洲。

杜兰盔蚧 *Saissetia jocunda* De Lotto, 1957
分布：云南（德宏、丽江、保山）；坦桑尼亚。

昆明盔蚧 *Saissetia kunmingensis* Cao & Feng, 2019
分布：云南。

美洲盔蚧 *Saissetia miranda* (Cockerell & Parrott, 1899)
分布：云南（西双版纳、玉溪），台湾，香港；印度，老挝，韩国，伊朗，印度尼西亚，欧洲，非洲，美洲。

弗州盔蚧 *Saissetia neglecta* De Lotto, 1969
分布：云南（德宏、西双版纳），香港；美洲。

橄榄盔蚧 *Saissetia oleae* (Olivier, 1791)
分布：云南（昆明、楚雄、普洱、玉溪、红河、文山、德宏、大理、西双版纳），四川，西藏，内蒙古，湖南，福建，广东，香港，台湾；伊朗，缅甸，印度尼西亚，印度，老挝，日本，越南，泰国，斯里兰卡，巴基斯坦，马来西亚，菲律宾，大洋洲，非洲，欧洲，美洲。

环盔蚧 *Saissetia orbiculata* De Lotto, 1963
分布：云南（昆明）；非洲。

普洱盔蚧 *Saissetia puerensis* Zhang & Feng, 2018
分布：云南（普洱）。

三鬃蜡蚧属 *Trijuba* De Lotto, 1975

眼三鬃蜡蚧 *Trijuba oculata* Brain, 1920
分布：云南（德宏、普洱）；印度，非洲。

绛蚧科 Kermesidae

付绛蚧属 *Fulbrightia* Ferris, 1950

瘿付绛蚧 *Fulbrightia gallicola* Ferris, 1950
分布：云南（昆明）。

绛蚧属 *Kermes* Borchsenius, 1960

版纳绛蚧 *Kermes bannaensis* Liu, 1995
分布：云南（西双版纳）。

球绛蚧 *Kermes globosus* (Borchsenius, 1960)
分布：云南（昆明、大理）。

栗黄绛蚧 *Kermes flavus* Liu, 1995
分布：云南（普洱）。

褐纹绛蚧 *Kermes fuscuatum* Liu & Shi, 1993
分布：云南（昆明、大理）。

双黑绛蚧 *Kermes nakagawae* Kuwana, 1902
分布：云南，贵州，吉林，辽宁，山东，山西，湖南。

黑斑红蚧 *Kermes roboris* (Fourcroy, 1785)
分布：云南（昆明、大理、丽江、迪庆）。

黄绛蚧 *Kermes punctatus* (Borchsenius, 1960)
分布：云南（昆明、普洱、保山、丽江、西双版纳）。

泰绛蚧 *Kermes siamensis* (Cockerell, 1929)
分布：云南（普洱、西双版纳）。

绿绛蚧 *Kermes viridis* (Borchsenius, 1960)
分布：云南（昆明）。

绛绒蚧属 *Physeriococcus* Borchsenius, 1959

绛绒蚧 *Physeriococcus cellulosis* Borchsenius, 1959
分布：云南（昆明、普洱）。

壶蚧科 Cerococcidae

链壶蚧属 *Asterococcus* Borchsenius, 1960

黑链壶蚧 *Asterococcus atratus* Wang, 1980
分布：云南（西双版纳），四川，广东。

扁球链壶蚧 *Asterococcus oblatus* Xue & Zhang, 1990
分布：云南。

褐链壶蚧 *Asterococcus quercicola* Borchsenius, 1960
分布：云南。

柯链壶蚧 *Asterococcus schimae* Borchsenius, 1960
分布：云南，贵州，四川，浙江，福建，广东。

云南链壶蚧 *Asterococcus yunnanensis* Borchsenius, 1960
分布：云南。

壶蚧属 *Cerococcus* Comstock, 1882

榕壶蚧 *Cerococcus ficoides* Green, 1899
分布：云南，台湾；印度。

木兰壶蚧 *Cerococcus indigoferae* (Borchsenius, 1960)
分布：云南。

胶蚧科 Lacciferidae

Albotachardina Zhang, 2015

***Albotachardina sinensis* Zhang, 2015**
分布：云南（临沧）。
***Albotachardina yunnanensis* Zhang, 2015**
分布：云南（普洱）。

紫胶蚧属 *Kerria* Targioni-Tozzetti, 1884

中国紫胶虫 *Kerria chinensis* (Mahdihassan, 1923)
分布：西南地区。
榕紫胶虫 *Kerria fici* (Green, 1903)
分布：云南（玉溪）；东南亚。
格氏紫胶虫 *Kerria greeni* (Chamberlin, 1923)
分布：云南，台湾；泰国。
紫胶蚧指名亚种 *Kerria lacca lacca* (Kerr, 1782)
分布：云南；印度，巴基斯坦，尼泊尔，孟加拉国，不丹。
孟定紫胶虫 *Kerria mengdingensis* Zhang, 2012
分布：云南（临沧）。
尼泊尔紫胶虫 *Kerria nepalensis* Varshney, 1976
分布：云南（红河）；印度，缅甸，尼泊尔。
田紫胶虫 *Kerria ruralis* (Wang, Yao, Teiu & Liang, 1982)
分布：云南（普洱、丽江、德宏、西双版纳）。
信德紫胶虫 *Kerria sindica* (Mahdihassan, 1923)
分布：云南；巴基斯坦。
云南紫胶虫 *Kerria yunnanensis* Ou & Hong, 1990
分布：云南（普洱、临沧）。

翠胶蚧属 *Metatachardia* Chamberlin, 1925

云南翠胶蚧 *Metatachardia yunnanensis* Zhang, 2012
分布：云南（临沧）。

旌蚧科 Ortheziidae

旌蚧属 *Orthezia* Bosc, 1784

昆明旌蚧 *Orthezia quadrua* Ferris, 1950
分布：云南（昆明、德宏）。
菊旌蚧 *Orthezia urticae* (Linnaeus, 1758)
分布：云南（昆明、丽江）。

盘蚧科 Lecanodiaspididae

雕盘蚧属 *Cosmococcus* Borchsenius, 1959

合欢雕盘蚧 *Cosmococcus albizziae* Borchsenius, 1960
分布：云南（大理）。
雕盘蚧 *Cosmococcus erythrinae* Borchsenius, 1959
分布：云南。
戟雕盘蚧 *Cosmococcus euphorbiae* Borchsenius, 1959
分布：云南（大理）。

生盘蚧属 *Cresococcus* Wang, 1982

白生盘蚧 *Cresococcus candidus* Wang, 1982
分布：云南（昆明、大理、丽江、红河）。

屑盘蚧属 *Psoraleococcus* Borchsenius, 1959

思茅屑盘蚧 *Psoraleococcus costatus* Borchsenius, 1959
分布：云南（普洱）。
云南屑盘蚧 *Psoraleococcus verrucosus* Borchsenius, 1959
分布：云南（普洱）。

头蚧科 Beesoniidae

头蚧属 *Beesonia* Green, 1926

青冈头蚧 *Beesonia napiformis* (Kuwana, 1914)
分布：云南（昆明、普洱），广东，江苏。

毡蚧科 Eriococcidae

刺毡蚧属 *Aculeococcus* Lepage, 1941

永平刺毡蚧 *Aculeococcus yongpingensis* Tang & Hao, 1995
分布：云南（大理）。

白毡蚧属 *Asiacornococcus* Tang & Hao, 1995

柿树白毡蚧 *Asiacornococcus kaki* (Kuwana, 1931)
分布：云南（昆明、丽江），贵州，四川，西藏，黑龙江，吉林，辽宁，北京，河北，山西，山东，河南，陕西，江苏，安徽，浙江，湖北，江西，湖南，广西，福建，广东。

毡蚧属 *Eriococcus* Targioni-Tozzetti, 1868

厚皮香毡蚧 *Eriococcus corniculatus* Ferris, 1950
分布：云南，福建，广东。
石榴囊毡蚧 *Eriococcus lagerostroemiae* Kuwana, 1907
分布：云南，贵州，山东，北京，浙江。
下关囊毡蚧 *Eriococcus siakwanensis* (Borchsenius, 1960)
分布：云南，四川。

马蹄囊毡蚧 *Eriococcus transversus* Green, 1922
分布：云南，贵州，四川，河南，江苏，安徽，浙江，江西，湖北，广西，福建，广东，台湾；印度，斯里兰卡。

毛毡蚧属 *Gossypariella* Borchsenius, 1960

暹罗毛毡蚧 *Gossypariella siamensis* (Takahashi, 1942)
分布：云南（普洱）；泰国。

柯毡蚧属 *Proteriococcus* Borchsenius, 1960

尖刺柯毡蚧 *Proteriococcus acutispinatus* Borchsenius, 1960
分布：云南（西双版纳）。

蛛蚧科 Margarodidae

桑名蚧属 *Kuwania* Cockerell, 1903

昆明桑名蚧 *Kuwania bipora* Borchsenius, 1960
分布：云南（昆明、大理、丽江、迪庆、保山）。
景东桑名蚧 *Kuwania pasaniae* Borchsenius, 1960
分布：云南（普洱）。
日本桑名蚧 *Kuwania quercus* (Kuwana, 1902)
分布：云南。

松干蚧属 *Matsucoccus* Cockerell, 1909

中华松干蚧 *Matsucoccus sinensis* Chen, 1937
分布：云南（昆明、丽江、曲靖、临沧、大理、保山、迪庆、楚雄），贵州，四川，陕西，浙江。
云南松干蚧 *Matsucoccus yunnanensis* Ferris, 1950
分布：云南（昆明、楚雄、大理、丽江、德宏、曲靖、保山）。
云南松梢蚧 *Matsucoccus yunnansonsaus* Young & Hu, 1980
分布：云南（昆明、楚雄、大理、丽江、怒江、迪庆、保山、曲靖、普洱、文山、昭通）。

密绵蚧属 *Misracoccus* Prabhaker Rao, 1950

印度密绵蚧 *Misracoccus xyliae* (Ramakrishna, 1930)
分布：云南。

毛履蚧属 *Sishania* Ferris, 1950

昆明毛履蚧 *Sishania nigropilata* (Ferris, 1950)
分布：云南（昆明）。
黄毛履蚧 *Sishania flavopilata* (Tang & Hao, 1995)
分布：云南。

链蚧科 Asterolecaniidae

斑链蚧属 *Asterodiaspis* Signoret, 1876

双型栎链蚧 *Asterodiaspis biformis* Liu & Shi, 1993
分布：云南（昆明）。
异形栎链蚧 *Asterodiaspis deformis* Liu, 1992
分布：云南（昆明）。
昆明斑链蚧 *Asterodiaspis inermis* Borchsenius, 1960
分布：云南。
小斑链蚧 *Asterodiaspis liui* Borchsenius, 1960
分布：云南（昆明、普洱）。

链蚧属 *Asterolecanium* Targioni-Tozzetti, 1868

樟链蚧 *Asterolecanium cinnamomi* Borchsenius, 1960
分布：云南（普洱），四川，浙江，福建。

竹斑链蚧属 *Bambusaspis* Cockerell, 1902

竹斑链蚧 *Bambusaspis bambusae* (Boisduval, 1869)
分布：云南，四川，黑龙江，山东，江苏，浙江，安徽，湖南，广西，广东，福建，台湾；印度，斯里兰卡，菲律宾，日本，澳大利亚，美洲，非洲，欧洲。
罗竹斑链蚧 *Bambusaspis disiunctus* (Russell, 1941)
分布：云南，广东。
缘竹斑链蚧 *Bambusaspis marginalis* (Borchsenius, 1960)
分布：云南（普洱）。
小竹斑链蚧 *Bambusaspis pseudominuscula* (Borchsenius, 1960)
分布：云南（西双版纳），福建。

小链蚧属 *Hsuia* Ferris, 1950

小链蚧 *Hsuia vitrea* Ferris, 1950
分布：云南（昆明）。

背链蚧属 *Liuaspis* Borchsenius, 1960

中华背链蚧 *Liuaspis sinensis* Borchsenius, 1960
分布：云南，福建。

新链蚧属 *Neoasterodiaspis* Borchsenius, 1960

昆明新链蚧 *Neoasterodiaspis kunminensis* Borchsenius, 1960
分布：云南。
黄新链蚧 *Neoasterodiaspis pasaniae* (Kuwana & Cockerell, 1909)
分布：云南，浙江，台湾；日本。

思茅新链蚧 ***Neoasterodiaspis szemaoensis* Borchsenius, 1960**
分布：云南。

绵蚧科 Monophlebidae

履绵蚧属 *Drosicha* Walker, 1858

桑树履绵蚧 *Drosicha contrahens* (Walker, 1858)
分布：云南，四川，吉林，辽宁，山东，河北，江苏，浙江，福建，台湾；斯里兰卡。

日本履绵蚧 *Drosicha corpulenta* (Kuwana, 1902)
分布：云南（昆明、曲靖、昭通、楚雄、大理、丽江、保山、临沧），四川，西藏，新疆，辽宁，内蒙古，山东，山西，北京，河南，湖北，湖南，江苏，江西，安徽，浙江，香港；俄罗斯（远东地区），朝鲜，韩国，日本。

大红履绵蚧 *Drosicha turkestanica* (Archangelskaya, 1931)
分布：云南，贵州，四川，新疆，辽宁，陕西，浙江，湖北；中东，中亚。

吹绵蚧属 *Icerya* Signoret, 1876

埃及吹绵蚧 *Icerya aegyptiaca* (Douglas, 1890)
分布：云南，贵州，广东，台湾，香港；日本，东南亚，西亚，北非。

果吹绵蚧 *Icerya mangiferae* (Tang & Hao, 1995)
分布：云南。

澳洲吹绵蚧 *Icerya purchasi* (Maskell, 1897)
分布：云南，贵州，四川，西藏，陕西，山东，安徽，湖北，湖南，江苏，江西，浙江，上海，广西，广东，福建；非洲，欧洲，美洲，大洋洲。

吹绵蚧 *Icerya purchasi* Maskell, 1879
分布：云南（昆明、临沧、玉溪、普洱、保山、德宏、西双版纳）。

银毛吹绵蚧 *Icerya seychellarum* (Westwood, 1855)
分布：云南（丽江、楚雄、曲靖、文山、普洱、昆明、大理、临沧、西双版纳），贵州，四川，北京，江西，广西，广东，福建，台湾；印度，缅甸，菲律宾，日本，非洲，大洋洲。

唇绵蚧属 *Labioproctus* Green, 1922

柑橘唇绵蚧 *Labioproctus poleii* (Green, 1896)
分布：云南（普洱）；孟加拉国，斯里兰卡，印度，印度尼西亚，泰国。

伪绵蚧属 *Pseudaspidoproctus* Morriso, 1927

埃及伪绵蚧 *Pseudaspidoproctus hyphaeniacus* (Hall, 1925)
分布：云南；印度，中东，中亚，非洲。

球链蚧科 Lecaniodiaspididae

球链蚧属 *Lecanodiaspis* Targioni-Tozzetti, 1869

栗球链蚧 *Lecanodiaspis castanea* Sun & Zhang, 1991
分布：云南（普洱）。

长形球链蚧 *Lecanodiaspis elongata* (Ferris, 1950)
分布：云南。

思茅球链蚧 *Lecanodiaspis simaoensis* Sun & Shi, 1991
分布：云南（普洱）。

黍球链蚧属 *Prosopophora* Douglas, 1892

圆黍球链蚧 *Prosopophora circularis* Borchsenius, 1960
分布：云南。

云南黍球链蚧 *Prosopophora pasaniae* Borchsenius, 1960
分布：云南（普洱、保山、德宏、西双版纳）。

春黍球链蚧 *Prosopophora robiniae* Borchsenius, 1960
分布：云南。

景东黍球链蚧 *Prosopophora tingtunensis* Borchsenius, 1960
分布：云南（普洱）。

仁蚧科 Aclerdidae

仁蚧属 *Aclerda* Signoret, 1874

禾尖仁蚧 *Aclerda acuta* Borchsenius, 1960
分布：云南（普洱、玉溪、德宏、西双版纳）。

高桥仁蚧 *Aclerda takahashii* Kuwana, 1932
分布：云南，台湾；巴西，毛里求斯，菲律宾。

盾蚧科 Diaspididae

棘蛎蚧属 *Acanthomytilus* Borchsenius, 1947

荻棘蛎蚧 *Acanthomytilus chui* Takagi, 1970
分布：云南（普洱），台湾。

莎草棘蛎蚧 *Acanthomytilus cypericola* Borchsenius, 1959
分布：云南。

云南棘蛎蚧 *Acanthomytilus yunnanensis* Yang & Hu, 1980
分布：云南（昆明）。

安蛎蚧属 *Andaspis* MacGillivray, 1921

柚安蛎蚧 *Andaspis citricola* Yang & Hu, 1981
分布：云南（西双版纳）。
榕安蛎蚧 *Andaspis ficicola* Yang & Hu, 1981
分布：云南（玉溪）。
印度安蛎蚧 *Andaspis indica* Borchsenius, 1967
分布：云南（昆明、楚雄）。
油杉安蛎蚧 *Andaspis keteleeriae* Yuan & Feng, 2007
分布：云南（昆明）。
桑安蛎蚧 *Andaspis mori* Ferris, 1952
分布：云南。
橡安蛎蚧 *Andaspis quercicola* Borchsenius, 1967
分布：云南。
栎安蛎蚧 *Andaspis raoi* Borchsenius, 1967
分布：云南。
西双版纳安蛎蚧 *Andaspis xishuangbannae* Yang & Hu, 1981
分布：云南（西双版纳）。
云南安蛎蚧 *Andaspis yunnanensis* Ferris, 1953
分布：云南。

肾盾蚧属 *Aonidiella* Berlese & Leonardi, 1896

橘红肾盾蚧 *Aonidiella aurantii* Maskell, 1879
分布：除西藏外全国其他地区均有分布；蒙古国，缅甸，印度，印度尼西亚，尼泊尔，巴基斯坦，菲律宾，斯里兰卡，泰国，阿富汗，非洲，大洋洲，美洲，欧洲。
橘黄肾盾蚧 *Aonidiella citrina* (Corquillet, 1891)
分布：云南（昆明、大理），西藏，青海，甘肃，河北，河南，江苏，浙江，江西，湖南，福建，台湾，广东，香港；韩国，印度，印度尼西亚，尼泊尔，巴基斯坦，菲律宾，泰国，阿富汗，中东，巴布亚新几内亚，澳大利亚，非洲。
番荔枝肾圆盾蚧 *Aonidiella comperei* McKenzie, 1937
分布：云南（昆明），江西，台湾；美洲，蒙古国，印度，日本，基里巴斯，巴布亚新几内亚，菲律宾，越南。
苏铁肾盾蚧 *Aonidiella inornata* McKenzie, 1938
分布：云南（昆明、西双版纳），四川，香港，台湾，河南，广东；澳大利亚，太平洋诸岛，美洲，印度，印度尼西亚，菲律宾，泰国，日本。
东方肾圆盾蚧 *Aonidiella orientalis* (Newstead, 1894)
分布：云南（昆明），广西，广东，海南。
苏铁肾圆盾蚧 *Aonidiella sotetsu* (Takahashi, 1933)
分布：云南（昆明），台湾，湖南，上海，香港；日本，泰国。
紫杉肾圆盾蚧 *Aonidiella taxus* Leonardi, 1906
分布：云南（昆明），四川，辽宁，河南，上海，湖南，台湾；日本，欧洲，美洲。

小圆盾蚧属 *Aspidiella* Leonardi, 1898

稗小圆盾蚧 *Aspidiella dentata* Borchsenius, 1958
分布：云南，贵州，广东。

圆盾蚧属 *Aspidiotus* Bouclé, 1833

安宁圆盾蚧 *Aspidiotus anningensis* Tang & Chu, 1983
分布：云南（昆明、丽江、西双版纳）；日本。
柳杉圆盾蚧 *Aspidiotus cryptomeriae* Kuwana, 1902
分布：云南（昆明），山东，上海，福建，台湾；日本，朝鲜，俄罗斯（远东地区）。
透明圆盾蚧 *Aspidiotus destructor* Singnoret, 1869
分布：云南（昆明、西双版纳），贵州，四川，山东，江苏，浙江，江西，湖北，湖南，广西，福建，台湾，广东；印度，缅甸，日本，菲律宾，美洲，非洲。
飞蓬圆盾蚧 *Aspidiotus excisus* Green, 1896
分布：云南（大理）；日本，印度，印度尼西亚，蒙古国，巴基斯坦，菲律宾，新加坡，斯里兰卡，泰国，巴布亚新几内亚，美洲。
夹竹桃圆盾蚧 *Aspidiotus nerii* Bouché, 1833
分布：云南，山西，山东，浙江，江西；日本，越南，印度，菲律宾，澳大利亚，南美洲，非洲，欧洲。
中央圆盾蚧 *Aspidiotus sinensis* (Ferris, 1952)
分布：云南（昆明）。
橡胶圆盾蚧 *Aspidiotus taraxacus* (Tang, 1984)
分布：云南（西双版纳），海南，福建。

白轮蚧属 *Aulacaspis* Cockerell, 1893

大缺白轮蚧 *Aulacaspis amamiana* Takagi, 1961
分布：云南（西双版纳）；日本。

柑橘白轮蚧 *Aulacaspis citri* Chen, 1954
分布：云南，贵州，四川，广西，内蒙古。
云南白轮蚧 *Aulacaspis crawii* (Cockerell, 1898)
分布：云南，贵州，四川，西藏，内蒙古，天津，山西，山东，河南，浙江，江苏，江西，湖南，广西，福建，广东，海南，台湾，香港；韩国，日本，埃及。
胡颓白轮蚧 *Aulacaspis difficilis* (Cockerell, 1896)
分布：云南（大理）；日本。
荻白轮蚧 *Aulacaspis divergens* Takahashi, 1935
分布：云南，贵州，浙江，福建，台湾，香港，海南。
费氏白轮蚧 *Aulacaspis ferrisi* Scott, 1952
分布：云南，贵州，湖南，广东，香港；印度，马来西亚，尼泊尔。
准白轮蚧 *Aulacaspis ima* Scott, 1952
分布：云南（昆明、大理）。
禾白轮蚧 *Aulacaspis madiunensis* (Zehntner, 1898)
分布：云南，台湾；印度尼西亚，非洲，大洋洲。
巨叶白轮蚧 *Aulacaspis megaloba* Scott, 1952
分布：云南，贵州，广东，香港，台湾；尼泊尔。
南洋森白轮蚧 *Aulacaspis nitida* Scott, 1952
分布：云南。
匍白轮蚧 *Aulacaspis pudica* (Ferris, 1953)
分布：云南。
蔷薇白轮蚧 *Aulacaspis rosae* (Bouché, 1833)
分布：世界广布。
月季白轮蚧 *Aulacaspis rosarum* Borchsenius, 1958
分布：云南，贵州，四川，北京，内蒙古，山东，江苏，浙江，江西，湖南，广西，福建，广东；印度，韩国，汤加。
甘蔗白轮蚧 *Aulacaspis tegalensis* (Zehntner, 1898)
分布：云南（文山），台湾；印度尼西亚，菲律宾，非洲。
宽胸白轮蚧 *Aulacaspis thoracica* (Robinson, 1917)
分布：云南，四川，广西，广东，福建，香港；菲律宾。
杧果白轮蚧 *Aulacaspis tubercularis* Newstead, 1906
分布：云南，贵州，四川，广东，海南，台湾，香港；泰国，日本，美国。
日本白轮蚧 *Aulacaspis yabunikkei* Kuwana, 1926
分布：云南，贵州，四川，湖南，广东；日本。
苏铁白轮蚧 *Aulacaspis yasumatsui* Takagi, 1977
分布：云南，贵州，山西，福建，台湾，广东；北美洲。

雪盾蚧属 *Chionaspis* Signoret, 1868

无棘雪盾蚧 *Chionaspis agranulata* Chen, 1983
分布：云南（昆明）。
栎雪盾蚧 *Chionaspis dryina* (Ferris, 1953)
分布：云南，湖南，贵州，海南；日本，欧洲。
耿马雪盾蚧 *Chionaspis gengmaensis* (Chen, 1983)
分布：云南（文山、临沧）。
硕轭雪盾蚧 *Chionaspis megazygosis* Chen, 1983
分布：云南（临沧）。
木樨白盾蚧 *Chionaspis osmanthi* (Ferris, 1953)
分布：云南。
雪盾蚧 *Chionaspis pseudopolypora* Chen, 1983
分布：云南。
琦玉雪盾蚧 *Chionaspis saitamaensis* Kuwana, 1928
分布：云南，贵州，四川，吉林，山东，广西，福建，海南，广东，台湾；日本，俄罗斯（远东地区），韩国，斯里兰卡。
紫藤雪盾蚧 *Chionaspis wistariae* Cooley, 1897
分布：云南，台湾；日本，美国。

稞盾蚧属 *Chortinaspis* Ferris, 1938

饰稞圆盾蚧 *Chortinaspis decorata* Ferris, 1952
分布：云南。

金顶盾蚧属 *Chrysomphalus* Ashmead, 1880

拟褐圆金顶盾蚧 *Chrysomphalus bifasciculatus* Ferris, 1938
分布：云南，河南，陕西，浙江，台湾；孟加拉国，日本，越南，蒙古国，韩国，欧洲，美洲。
橙圆金顶盾蚧 *Chrysomphalus dictyospermi* (Morgan, 1889)
分布：云南，四川，山东，山西，浙江，湖北，湖南，广西，江西，福建，台湾；印度，印度尼西亚，蒙古国，菲律宾，斯里兰卡，泰国，日本，美洲，非洲。
柑橘金顶盾蚧 *Chrysomphalus ficus* Ashmead, 1880
分布：云南，广西，福建。
梅金顶盾蚧 *Chrysomphalus mume* Tang, 1984
分布：云南（红河、西双版纳），上海。
松针金顶盾蚧 *Chrysomphalus pinnulifer* (Maskell, 1891)
分布：云南（昆明），广西；非洲，欧洲，美洲。

雪氏金顶盾蚧 *Chrysomphalus silvestrii* Chou, 1946
分布：云南（西双版纳），新疆。

康氏盾蚧属 *Comstockaspis* MacGillivray, 1921

梨康氏盾蚧 *Comstockaspis perniciosa* (Comstock, 1881)
分布：云南，四川，新疆，黑龙江，吉林，辽宁，内蒙古，陕西，山东，山西，甘肃，河北，河南，湖北，江苏，江西，浙江，安徽，广东，台湾；阿富汗，印度，伊朗，日本，蒙古国，尼泊尔，朝鲜，巴基斯坦，越南，中亚，中东，非洲，欧洲，美洲。

灰圆盾蚧属 *Diaspidiotus* Berlese, 1896

桧灰圆盾蚧 *Diaspidiotus cryptus* (Ferris, 1953)
分布：云南（西双版纳）。

梨灰圆盾蚧 *Diaspidiotus perniciosus* (Comstock, 1881)
分布：云南，四川，辽宁，黑龙江，甘肃，山西，陕西，河北，河南，山东，湖南，江西，安徽，浙江，江苏，广东；澳大利亚，中亚，蒙古国，巴基斯坦，阿富汗，日本，哈萨克斯坦，朝鲜，非洲，美洲，欧洲。

厚皮香灰圆盾蚧 *Diaspidiotus ternstroemiae* (Ferris, 1952)
分布：云南（大理），四川。

盾蚧属 *Diaspis* Costa, 1828

仙人掌盾蚧 *Diaspis echinocacti* (Bouché, 1833)
分布：云南，贵州，西藏，北京，山西，内蒙古，河南，陕西，江苏，浙江，江西，湖南，广西，福建，广东，台湾；日本，欧洲，北美洲。

盘顶蛎蚧属 *Ductofronsaspis* Yang & Hu, 1981

山竹盘顶蛎蚧 *Ductofronsaspis garciniae* Yang & Hu, 1981
分布：云南。

景东盘顶蛎蚧 *Ductofronsaspis jingdongensis* Yang & Hu, 1981
分布：云南（普洱）。

兜盾蚧属 *Duplachionaspis* MacGillivray, 1921

矩圆复盾蚧 *Duplachionaspis oblonga* Chen, 1983
分布：云南（保山）。

云南兜盾蚧 *Duplachionaspis yunnanensis* Feng, Wang, Li & Zhou 2004
分布：云南（红河）。

重圆盾蚧属 *Duplaspidiotus* MacGillivray, 1921

石榴重圆盾蚧 *Duplaspidiotus claviger* (Cockerell, 1901)
分布：云南（昆明、红河、西双版纳）巴布亚新几内亚，斯里兰卡，日本，非洲，北美洲。

西双重圆盾蚧 *Duplaspidiotus xishuangensis* Young, 1986
分布：云南（西双版纳）。

等角圆盾蚧属 *Dynaspidiotus* Thiem & Gerneck, 1934

冬青狭腹盾蚧 *Dynaspidiotus britannicus* (Newstead, 1898)
分布：云南（昆明、文山、楚雄、德宏、保山、西双版纳）。

围盾蚧属 *Fiorinia* Targioni-Tozzetti, 1868

橙围盾蚧 *Fiorinia citri* Young, 1987
分布：云南（西双版纳）。

尖角盾蚧 *Fiorinia fioriniae* (Targioni-Tozzetti, 1867)
分布：云南（保山、曲靖、西双版纳）。

油杉围盾蚧 *Fiorinia keteleeriae* Young, 1987
分布：云南（昆明）。

钩樟围盾蚧 *Fiorinia linderae* Takagi, 1970
分布：云南，台湾；阿曼。

杨梅围盾蚧 *Fiorinia myricae* Young, 1987
分布：云南（昆明），江西，广西，湖南。

松围盾蚧 *Fiorinia pinicola* Maskell, 1897
分布：云南，浙江，湖南，广西，福建，广东，海南，香港，台湾；日本，欧洲，北美洲。

松皮围盾蚧 *Fiorinia pinicorticis* Ferris, 1950
分布：云南。

象鼻围盾蚧 *Fiorinia proboscidaria* Green, 1900
分布：云南（普洱），四川，河南，江西，浙江，广西，福建，广东，台湾；太平洋诸岛，印度，印度尼西亚，斯里兰卡，日本。

栎围盾蚧 *Fiorinia quercifolii* Ferris, 1950
分布：云南，浙江。

茶围盾蚧 *Fiorinia theae* Green, 1900
分布：云南，贵州，广西，福建，广东，香港，台湾；美洲，文莱，印度，印度尼西亚，柬埔寨，马来西亚，尼泊尔，菲律宾，斯里兰卡，日本。

山香圆围盾蚧 *Fiorinia turpiniae* Takahashi, 1934

分布：云南，四川，广东，江西，香港，台湾；印度，菲律宾，斯里兰卡，日本，南美洲。

云南围盾蚧 *Fiorinia yunnanensis* Hu, 1984

分布：云南（昆明）。

美盾蚧属 *Formosaspis* Takahashi, 1932

西山美盾蚧 *Formosaspis stegana* Ferris, 1952,

分布：云南（昆明），江苏。

黑美盾蚧 *Formosaspis takahashii* (Lindinger, 1932)

分布：云南，贵州，四川，浙江，安徽，台湾。

甲盾蚧属 *Genaparlatoria* McGillivray, 1921

甲盾蚧 *Genaparlatoria pseudaspidiotus* (Lindinger, 1905)

分布：云南；日本，印度，菲律宾，新加坡，马来西亚，印度尼西亚，非洲，欧洲，北美洲。

竹盾蚧属 *Greenaspis* MacGillivray, 1921

竹盾蚧 *Greenaspis elongata* (Green, 1896)

分布：云南（昆明），贵州，四川，安徽，浙江，广东，福建，台湾，香港；印度，日本，马来西亚。

栉圆盾蚧属 *Hemiberlesia* Cockerell, 1881

茶栉圆盾蚧 *Hemiberlesia cyanophylli* (Signoret, 1869)

分布：云南（西双版纳），浙江，台湾，湖南，湖北；日本，印度，斯里兰卡，印度尼西亚，巴布亚新几内亚，斐济，澳大利亚，美洲，欧洲，非洲。

棕榈栉圆盾蚧 *Hemiberlesia lataniae* (Signoret, 1869)

分布：云南（西双版纳、红河），贵州，浙江，江苏，湖北，广东，福建，台湾；日本，印度，中东，非洲，大洋洲，欧洲，美洲。

夹竹桃栉圆盾蚧 *Hemiberlesia palmae* (Cockerell, 1892)

分布：云南，贵州，山东；印度，印度尼西亚，菲律宾，蒙古国，新加坡，斯里兰卡，泰国，非洲，欧洲，美洲。

桂花栉圆盾蚧 *Hemiberlesia rapax* Comstock, 1881

分布：云南（昆明、西双版纳），台湾，福建；印度，印度尼西亚，澳大利亚，非洲，欧洲，北美洲。

中华栉圆盾蚧 *Hemiberlesia sinensis* Ferris, 1953

分布：云南。

双锤盾蚧属 *Howardia* Berlese & Leonardi, 1896

双锤盾蚧 *Howardia biclavis* (Comstock, 1883)

分布：云南（保山、德宏、西双版纳），广东；日本，印度，斯里兰卡，印度尼西亚，太平洋诸岛，非洲，欧洲，美洲。

长盾蚧属 *Kuwanaspis* MacGillivray, 1921

和长盾蚧 *Kuwanaspis howardi* (Cooley, 1898)

分布：云南，贵州，浙江，安徽，江苏，江西，湖北，湖南，福建，广东；日本，俄罗斯（远东地区），美国。

竹长盾蚧 *Kuwanaspis pseudoleucaspis* (Kuwana, 1923)

分布：云南，贵州，河南，浙江，安徽，江西，广西，福建，台湾；日本，欧洲，美洲。

细长盾蚧 *Kuwanaspis suishana* (Takahashi, 1930)

分布：云南，贵州，河南，浙江，安徽，江西，广西，福建，台湾；日本，法国，美国。

豸形长盾蚧 *Kuwanaspis vermiformis* (Takahashi, 1930)

分布：云南，贵州，江苏，福建，安徽，广东，台湾；马来西亚，非洲，北美洲。

牡蛎蚧属 *Lepidosaphes* Shimer, 1868

紫牡蛎蚧 *Lepidosaphes beckii* (Newman, 1869)

分布：云南（红河、西双版纳），贵州，四川，湖北，湖南，浙江，上海，广西，福建，台湾，广东，海南；日本，缅甸，印度，印度尼西亚，菲律宾，斯里兰卡，非洲，欧洲，大洋洲，美洲。

茶牡蛎蚧 *Lepidosaphes camelliae* Hoke, 1921

分布：云南（昆明），贵州，四川，浙江，江苏，上海，广东；日本，美国。

中华牡蛎蚧 *Lepidosaphes chinensis* Chamberlin, 1925

分布：云南（昆明），四川，广东；美国。

梨牡蛎蚧 *Lepidosaphes conchiformis* (Gmelin, 1790)

分布：云南，贵州，四川，新疆，辽宁，黑龙江，河北，甘肃，山东，河南，湖北，江苏，山西，浙江，江西，安徽，广西，福建，广东，海南，台湾；日本，欧洲，北美洲

柏牡蛎蚧 *Lepidosaphes cupressi* Borchsenius, 1958

分布：云南，四川，南京，上海，浙江，安徽，陕西，福建，广西；日本。

柃木牡蛎蚧 ***Lepidosaphes euryae*** **(Kuwana, 1902)**
分布：云南，广西；日本，越南。
长牡蛎蚧 ***Lepidosaphes gloverii*** **(Packard, 1869)**
分布：云南（红河、西双版纳），贵州，四川，山东，河北，湖北，海南，浙江，江苏，江西，湖南，广西，广东，福建，台湾；朝鲜，日本，越南，缅甸，泰国，印度，斯里兰卡，中东，非洲，大洋洲，欧洲，美洲。
日本牡蛎蚧 ***Lepidosaphes japonica*** **(Kuwana, 1902)**
分布：云南，山东，宁夏，河北，浙江，台湾；朝鲜，日本。
油杉牡蛎蚧 ***Lepidosaphes keteleeriae*** **Ferris, 1953**
分布：云南。
侧骨牡蛎蚧 ***Lepidosaphes laterochitinosa*** **Green, 1925**
分布：云南（红河、西双版纳），江西，山东，广东，海南，台湾；菲律宾，马来西亚，日本，欧洲。
松牡蛎蚧 ***Lepidosaphes pini*** **(Maskell, 1897)**
分布：云南，辽宁，山东，上海，浙江，台湾；朝鲜，日本。
金松牡蛎蚧 ***Lepidosaphes pitysophila*** **Takagi, 1970**
分布：云南，浙江，湖南，上海，广西，广东；日本。
木兰牡蛎蚧 ***Lepidosaphes pseudomachili*** **(Borchsenius, 1964)**
分布：云南；朝鲜，印度。
石榴牡蛎蚧 ***Lepidosaphes rubrovittatus*** **Cockerell, 1905**
分布：云南，广东；菲律宾，印度尼西亚。
瘤额牡蛎蚧 ***Lepidosaphes tubulorum*** **Ferris, 1921**
分布：云南，上海，浙江，福建，广东，台湾；日本。
榆牡蛎蚧 ***Lepidosaphes ulmi*** **(Linnaeus, 1758)**
分布：云南，四川，西藏，新疆，黑龙江，陕西，青海，宁夏，河北，山东，山西，安徽，江西，江苏，广东；日本，欧洲，美洲，大洋洲。
杨牡蛎蚧 ***Lepidosaphes yanagicola*** **Kuwana, 1925**
分布：云南，四川，山东，山西，宁夏，新疆，浙江；日本，俄罗斯（远东地区），朝鲜。

林圆蚧属 *Lindingaspis* MacGillivray, 1921

费氏林圆蚧 ***Lindingaspis ferrisi*** **Mckenzie, 1950**
分布：云南，福建，广东，海南。
夹竹桃轮圆盾蚧 ***Lindingaspis rossi*** **(Maskell, 1892)**
分布：云南（西双版纳），上海，广西，福建，台湾；印度，菲律宾，斯里兰卡，澳大利亚，日本，非洲，美洲，欧洲。

白片盾蚧属 *Lopholeucaspis* Balachowsky, 1953

长白盾蚧 ***Lopholeucaspis japonica*** **(Cockerell, 1897)**
分布：云南（昆明、大理、丽江、保山、曲靖、玉溪）。

长毛盾蚧属 *Morganella* Cockerell, 1897

长毛盾蚧 ***Morganella longispina*** **(Morgan, 1889)**
分布：云南，贵州，福建，广东；印度，菲律宾，斯里兰卡，日本，美洲，非洲，大洋洲。

并蛎蚧属 *Neopinnaspis* Mckenzie, 1949

弥渡并蛎蚧 ***Neopinnaspis meduensis*** **Borchsenius, 1959**
分布：云南（大理）。

新栎盾蚧属 *Neoquernaspis* Howell & Takagi, 1981

石柯新栎盾蚧 ***Neoquernaspis beshearae*** **Liu & Tippins, 1988**
分布：云南（丽江）；尼泊尔。
细管新栎盾蚧 ***Neoquernaspis leptosipha*** **Cao, 2001**
分布：云南（西双版纳）。
尼泊尔新栎盾蚧 ***Neoquernaspis nepalensis*** **Takagi, 1977**
分布：云南（丽江）；尼泊尔。

刺圆盾蚧属 *Octaspidiotus* MacGillivray, 1921

杜鹃刺圆盾蚧 ***Octaspidiotus rhododendronii*** **Tang, 1984**
分布：云南（昆明）。
楠刺圆盾蚧 ***Octaspidiotus stauntoniae*** **(Takahashi, 1933)**
分布：云南，四川，陕西，湖南，广西，广东，台湾；美国（夏威夷），蒙古国，菲律宾，日本。
云南刺圆盾蚧 ***Octaspidiotus yunnanensis*** **(Tang & Chu, 1983)**
分布：云南（昆明）。

齿盾蚧属 *Odonaspis* Leonardi, 1897

葛氏绵盾蚧 ***Odonaspis greenii*** **Cockerell, 1902**
分布：云南。
竹绵盾蚧 ***Odonaspis secreta*** **(Cockerell, 1896)**
分布：云南，台湾；日本，斯里兰卡，法国，萨摩亚，古巴，美国，俄罗斯（远东地区）。

片盾蚧属 *Parlatoria* Targioni-Tozzetti, 1868

山茶片盾蚧 *Parlatoria camelliae* Comstock, 1883

分布：云南（昆明、大理、保山、普洱、西双版纳），江西，福建，台湾，广东；朝鲜，日本，印度，印度尼西亚，大洋洲，非洲，欧洲，北美洲。

柏片盾蚧 *Parlatoria cupressi* Ferris, 1953

分布：云南（昆明）。

一叶萩片盾蚧 *Parlatoria fluggeae* Hall, 1929

分布：云南（昆明、普洱、红河），台湾；欧洲。

油衫片盾蚧 *Parlatoria keteleericola* Tang & Chu, 1983

分布：云南（昆明）。

勐腊片盾蚧 *Parlatoria menglaensis* Niu & Feng, 2018

分布：云南（西双版纳）。

勐仑片盾蚧 *Parlatoria menglunensis* Feng & Zhang, 2005

分布：云南（西双版纳）。

多孔片盾蚧 *Parlatoria multipora* McKenzie, 1945

分布：云南（昆明）。

橄榄片盾蚧 *Parlatoria oleae* (Colvee, 1880)

分布：云南（昆明）；印度，巴基斯坦，伊朗，阿富汗，中东，大洋洲，非洲，欧洲，北美洲。

糠片盾蚧 *Parlatoria pergandii* Comstock, 1881

分布：云南，贵州，四川，河北，山东，陕西，山西，湖北，江西，江苏，浙江，湖南，广西，福建，广东，台湾；非洲，美洲，欧洲，大洋洲。

昆明松片盾蚧 *Parlatoria piniphila* Tang, 1984

分布：云南（昆明）。

黄片盾蚧 *Parlatoria proteus* (Curtis, 1843)

分布：云南（昆明、大理、西双版纳），浙江，江西，湖南，福建，台湾，广东；日本，印度，马来西亚，印度尼西亚，泰国，非洲，欧洲，美洲。

芦苇片盾蚧 *Parlatoria reedia* Zhang, Feng & Liu, 2006

分布：云南。

多盘孔片盾蚧 *Parlatoria stigmadisculosa* Bellio, 1929

分布：云南。

茶片盾蚧 *Parlatoria theae* Cockerell, 1896

分布：云南（昆明、大理），辽宁，河南，江苏，浙江，江西，福建，广东；朝鲜，日本，巴布亚新几内亚，非洲，欧洲，北美洲。

云南片盾蚧 *Parlatoria yunnanensis* Ferris, 1950

分布：云南（昆明）。

黑片盾蚧 *Parlatoria ziziphi* (Lucas, 1853)

分布：云南，贵州，四川，河北，浙江，江苏，湖北，湖南，广西，江西，台湾，广东，福建；美洲，非洲，欧洲，大洋洲。

并盾蚧属 *Pinnaspis* Cockerell, 1892

一叶并盾蚧云南亚种 *Pinnaspis aspidistrae yunnanensis* Chen, 1983

分布：云南（德宏）。

黄杨并盾蚧 *Pinnaspis buxi* (Bouché, 1851)

分布：世界广布。

梾木并盾蚧 *Pinnaspis indivisa* Ferris, 1950

分布：云南，贵州。

香蕉并盾蚧 *Pinnaspis muntingi* Takagi, 1965

分布：云南（大理）；斯里兰卡，南非。

拟额瘤并盾蚧 *Pinnaspis pseudotuberculatus* Feng, Wang, Li & Zhou, 2004

分布：云南（红河）。

夹白并盾蚧 *Pinnaspis strachani* (Cooley, 1899)

分布：云南，广东，台湾；日本，韩国，俄罗斯（远东地区），印度，斯里兰卡，菲律宾，印度尼西亚，非洲，美洲。

茶并盾蚧 *Pinnaspis theae* (Maskell, 1891)

分布：云南，贵州，江苏，江西，福建，台湾，浙江；印度，斯里兰卡，马来西亚。

单瓣并盾蚧 *Pinnaspis uniloba* (Kuwana, 1909)

分布：云南，贵州，四川，河南，湖北，江苏，浙江，江西，广西，福建，广东，台湾；印度，韩国，日本，美国（夏威夷）。

宽并盾蚧 *Pinnaspis yamamotoi* Takagi, 1965

分布：云南（西双版纳）；南美洲。

网纹圆盾蚧属 *Pseudaonidia* Cockerell, 1897

网纹圆盾蚧 *Pseudaonidia duplex* (Cockerell, 1896)

分布：云南（西双版纳），贵州，四川，陕西，上海，湖北，湖南，广西，广东，台湾，浙江；印度，印度尼西亚，斯里兰卡，美国，韩国，日本。

牡丹网纹圆盾蚧 *Pseudaonidia paeoniae* (Cockerell, 1899)

分布：云南（昆明），贵州，广西，湖南，台湾；日本，欧洲，北美洲。

三叶网纹圆盾蚧 *Pseudaonidia trilobitiformis* (Green, 1896)
分布：云南，四川，陕西，浙江，江西，广西，广东，香港，台湾；日本，缅甸，泰国，印度，斯里兰卡，印度尼西亚，非洲，美洲。

拟轮蚧属 *Pseudaulacaspis* MacGillivray, 1921

类巨腺拟轮蚧 *Pseudaulacaspis abbrideliae* (Chen, 1983)
分布：云南（西双版纳）。

册茶拟轮蚧 *Pseudaulacaspis camelliae* (Chen, 1983)
分布：云南（大理）。

刺胸拟轮蚧 *Pseudaulacaspis centreesa* (Ferris, 1953)
分布：云南（昆明），贵州，四川，浙江。

考氏拟轮蚧 *Pseudaulacaspis cockerelli* (Cooley, 1897)
分布：云南（昆明、楚雄、大理、普洱、丽江、保山、曲靖、玉溪、临沧、西双版纳），贵州，四川，陕西，内蒙古，河北，山东，浙江，河南，湖北，江西，江苏，湖南，广西，广东，台湾，香港；世界其他地区广布。

石斛拟轮蚧 *Pseudaulacaspis dendrobii* (Kuwana, 1931)
分布：云南，广东，香港；菲律宾。

杜鹃拟轮蚧 *Pseudaulacaspis ericacea* (Ferris, 1953)
分布：云南，浙江，广东。

棕榈拟轮蚧 *Pseudaulacaspis kentiae* (Kuwana, 1931)
分布：云南，贵州，四川，陕西，山西，安徽，江西，浙江，湖南，江苏，广西，福建，广东；日本，韩国。

甜槠拟轮蚧 *Pseudaulacaspis kiushiuensis* (Kuwana, 1909)
分布：云南，台湾；日本。

宽体拟轮蚧 *Pseudaulacaspis latisoma* (Chen, 1983)
分布：云南（西双版纳）。

巨尾拟轮蚧 *Pseudaulacaspis megacauda* Takagi, 1970
分布：云南，台湾。

油杉雪盾蚧 *Pseudaulacaspis momi* (Kuwana, 1931)
分布：云南。

桑拟轮蚧 *Pseudaulacaspis pentagona* (Targioni-Tozzetti, 1886)
分布：全国广布；日本，欧洲，北美洲。

海桐白轮蚧 *Pseudaulacaspis poloosta* (Ferris, 1953)
分布：云南。

杧果雪盾蚧 *Pseudaulacaspis subcorticalis* Green, 1905
分布：云南，广东；斯里兰卡，印度尼西亚，毛里求斯。

微圆盾蚧属 *Remotaspidiotus* MacGillivray, 1921

波斯豆微圆盾蚧 *Remotaspidiotus bossieae* (Maskell, 1892)
分布：云南；澳大利亚。

高山圆盾蚧属 *Sadaotakagia* (Ben-Dov & German, 2003)

西山高山圆盾蚧 *Sadaotakagia sishanensis* (Tang, 1984)
分布：云南（昆明、西双版纳）。

西山盾蚧属 *Sishanaspis* Ferris, 1952

西山盾蚧 *Sishanaspis quercicola* Ferris, 1952
分布：云南（昆明）。

崇化盾蚧属 *Superturmaspis* Chen, 1983

楠崇化盾蚧 *Superturmaspis schizosoma* (Takagi, 1970)
分布：云南，贵州，四川，广西，福建，台湾。

黑盖长盾蚧属 *Tegmelanaspis* Chen, 1983

间型黑盖长盾蚧 *Tegmelanaspis mediforma* Chen, 1983
分布：云南（昆明）。

矢尖蚧属 *Unaspis* MacGillivray, 1921

勐仑矢尖盾蚧 *Unaspis menglunensis* Niu & Feng, 2019
分布：云南（西双版纳）。

矢尖盾蚧 *Unaspis yanonensis* (Kuwana, 1923)
分布：云南，贵州，四川，西藏，重庆，内蒙古，甘肃，陕西，河南，河北，江西，江苏，安徽，浙江，湖北，湖南，广西，福建，广东，台湾，香港；澳大利亚，日本，欧洲。

粉蚧科 Pseudococcidae

安粉蚧属 *Anaparaputo* Borchsenius, 1962

刘氏安粉蚧 *Anaparaputo liui* Borchsenius, 1962
分布：云南（普洱、大理、保山、玉溪、西双版纳）。

竹粉蚧属 *Antonina* Signoret, 1875

鞘竹粉蚧 *Antonina crawi* Cockerell, 1900
分布：云南，四川，广西，北京，浙江，湖南，福建，广东；美国，法国，亚洲其他地区。

草竹粉蚧 *Antonina graminis* (Maskell, 1897)
分布：云南，四川，福建，台湾，广东；日本，朝鲜，印度，斯里兰卡，美国。

盾竹粉蚧 *Antonina pretiosa* Ferris, 1953
分布：云南（普洱、德宏），四川，内蒙古，山西，福建，广东；日本，美国。

带竹粉蚧 *Antonina zonata* Green, 1919
分布：云南（普洱、西双版纳）。

滇粉蚧属 *Cannococcus* Borchsenius, 1960

云南蕉粉蚧 *Cannococcus cannicola* Borchsenius, 1960
分布：云南（西双版纳）。

丝粉蚧属 *Caulococcus* Borchsenius, 1960

草丝粉蚧 *Caulococcus herbaceus* Borchsenius, 1960
分布：云南（普洱）。

扁粉蚧属 *Chaetococcus* Maskell, 1897

竹扁粉蚧 *Chaetococcus bambusae* (Maskell, 1893)
分布：云南（普洱、临沧、保山），四川，西藏，内蒙古，河北，浙江，台湾，广东；日本，斯里兰卡，印度，大洋洲，欧洲，非洲，美洲。

带扁粉蚧 *Chaetococcus zonata* (Green, 1992)
分布：云南，四川，江苏，浙江，江西，湖北，湖南，广西，福建，广东，海南；斯里兰卡，菲律宾。

英粉蚧属 *Coleococcus* Borchsenius, 1962

英粉蚧 *Coleococcus scotophilus* Borchsenius, 1962
分布：云南（西双版纳、普洱）。

松白粉蚧属 *Crisicoccus* Ferris, 1950

松白粉蚧 *Crisicoccus pini* (Kuwana, 1902)
分布：云南（丽江、昆明），黑龙江，吉林，辽宁，河北，山东，浙江，江西，湖北，湖南；日本，美国。

核桃松粉蚧 *Crisicoccus matsumotoi* (Siraiwa, 1935)
分布：云南（西双版纳），台湾；印度，菲律宾，韩国，日本。

林粉蚧属 *Drymococcus* Borchsenius, 1962

根林粉蚧 *Drymococcus rhizophilus* Borchsenius, 1962
分布：云南（普洱、德宏、玉溪、临沧、西双版纳）。

洁粉蚧属 *Dysmicoccus* Ferris, 1950

菠萝洁粉蚧 *Dysmicoccus brevipes* (Cockerell, 1893)
分布：云南（昆明、玉溪、临沧、丽江、德宏、西双版纳），贵州，四川，河北，浙江，湖北，江西，湖南，广西，福建，台湾，广东；亚洲东南部，美洲，非洲，欧洲，大洋洲。

拂粉蚧属 *Ferrisia* Fullaway, 1923

热带拂粉蚧 *Ferrisia malvastra* McDaniel, 1962
分布：云南；印度，斯里兰卡，巴布亚新几内亚，澳大利亚，中东，非洲，欧洲，美洲。

腺刺粉蚧 *Ferrisia virgata* (Cockerell, 1893)
分布：云南（普洱、玉溪、德宏、西双版纳），四川，浙江，湖北，湖南，江西，广西，福建，台湾，广东；亚洲东南部，非洲，美洲。

蚁粉蚧属 *Formicococcus* Takahashi, 1928

凤凰木蚁粉蚧 *Formicococcus delonicola* Zhang & Wu, 2022
分布：云南（西双版纳）。

刘氏蚁粉蚧 *Formicococcus liui* (Borchsenius, 1962)
分布：云南（西双版纳）。

广布蚁粉蚧 *Formicococcus polyspheres* Williams, 2014
分布：云南（德宏、西双版纳），广西；印度，马来西亚，菲律宾，泰国，越南。

印度蚁粉蚧 *Formicococcus robustus* (Ezzat & McConnell, 1956)
分布：云南；印度，巴基斯坦，孟加拉国，伊朗。

中国蚁粉蚧 *Formicococcus sinensis* (Borchsenius, 1962)
分布：云南。

异粉蚧属 *Heterococcus* Ferris, 1918

云南异粉蚧 *Heterococcus abludens* Borchsenius, 1962
分布：云南（大理、丽江、普洱）。

云粉蚧属 *Lachnodiopsis* Borchsenius, 1960

思茅云粉蚧 *Lachnodiopsis szemaoenis* Borchsenius, 1906
分布：云南（普洱、西双版纳）。

景粉蚧属 *Liucoccus* Borchsenius, 1960

芦竹景粉蚧 *Liucoccus ehrhormioides* Barchsenius, 1960

分布：云南（普洱、西双版纳），广西。

缘管粉蚧属 *Lomatococcus* Borchsenius, 1960

缘管粉蚧 *Lomatococcus ficiphilus* Borchsenius, 1960

分布：云南（普洱、西双版纳），四川，广东。

曼粉蚧属 *Maconellicoccus* Ezzat, 1958

科曼粉蚧 *Maconellicoccus hirsutus* (Green, 1908)

分布：云南（昆明、西双版纳），广东。

圆粉蚧属 *Mizococcus* Takahashi, 1928

甘蔗圆粉蚧 *Mizococcus sacchari* (Takahashi, 1928)

分布：云南（西双版纳），台湾。

禾粉蚧属 *Neoripersia* Kanda, 1943

云南禾粉蚧 *Neoripersia yunnanensis* (Borchsenius, 1960)

分布：云南，西藏，山西，广西，广东，海南，台湾，香港。

新粉蚧属 *Neotrionymus* Borchsenius, 1948

云南新粉蚧 *Neotrionymus yunnanensis* (Borchsenius, 1960)

分布：云南（普洱、西双版纳）。

堆粉蚧属 *Nipaecoccus* Šulc, 1945

柑橘堆粉蚧 *Nipaecoccus viridis* (Newstead, 1894)

分布：云南（昆明、大理、保山、丽江、临沧、文山、西双版纳），贵州，四川，内蒙古，陕西，山东，河北，河南，湖北，江西，浙江，湖南，广西，福建，广东，香港，台湾；阿富汗，孟加拉国，缅甸，印度，印度尼西亚，日本，柬埔寨，尼泊尔，巴基斯坦，菲律宾，新加坡，澳大利亚，非洲，欧洲，美洲。

秀粉蚧属 *Paracoccus* Ezzat & McConnell, 1956

木瓜秀粉蚧 *Paracoccus marginatus* Williams & Granara de Willink, 1992

分布：云南，广东，海南，台湾；泰国，印度，马来西亚，印度尼西亚，斯里兰卡，孟加拉国，菲律宾，柬埔寨，太平洋诸岛，美洲。

簇粉蚧属 *Paraputo* Laing, 1929

思茅簇粉蚧 *Paraputo albizzicola* Borchsenius, 1962

分布：云南（普洱）。

榕树簇粉蚧 *Paraputo banzigeri* Williams, 2004

分布：云南（普洱、西双版纳）；泰国。

榕树劳簇粉蚧 *Paraputo ficiphilus* (Borchsenius, 1960)

分布：云南（普洱）。

多孔簇粉蚧 *Paraputo porosus* Borchsenius, 1962

分布：云南（昆明）。

栎根簇粉蚧 *Paraputo rhizophilus* (Borchsenius, 1962)

分布：云南（楚雄、普洱）。

中华簇粉蚧 *Paraputo sinensis* Borchsenius, 1962

分布：云南（普洱、西双版纳），四川。

思茅茸粉蚧 *Paraputo szemaoensis* (Borchsenius, 1960)

分布：云南（普洱）。

云南簇粉蚧 *Paraputo yunnanensis* Zhang & Wu, 2017

分布：云南（临沧）。

背粉蚧属 *Pedronia* Green, 1922

景东背粉蚧 *Pedronia tremae* Borchsenius, 1962

分布：云南（普洱、玉溪、西双版纳）。

绵粉蚧属 *Phenacoccus* Cockerell, 1893

梅绵粉蚧 *Phenacoccus aceris* (Signoret, 1875)

分布：云南（大理、普洱、德宏、玉溪、丽江、西双版纳）。

蜡绵粉蚧 *Phenacoccus fraxinus* Tang, 1977

分布：云南（大理、丽江）。

景东绵粉蚧 *Phenacoccus herbaceus* Borchsenius, 1962

分布：云南（普洱）。

***Phenacoccus prodigialis* Ferris, 1950**

分布：云南（昆明）。

石蒜绵粉蚧 *Phenacoccus solani* Ferris, 1918

分布：云南（西双版纳），山东。

刺粉蚧属 *Physeriococcus* Borkhsenius, 1959

球刺粉蚧 *Physeriococcus cellulosus* Borchsenius, 1959

分布：云南（文山、德宏、临沧、西双版纳）。

臀纹粉蚧属 *Planococcus* Ferris, 1950

柬埔寨臀纹粉蚧 *Planococcus angkorensis* (Takahashi, 1942)

分布：云南，香港，台湾；菲律宾，柬埔寨，马来西亚，泰国，印度，印度尼西亚，越南。

柑橘臀纹粉蚧 *Planococcus citri* (Risso, 1813)

分布：云南（昆明、玉溪、曲靖、保山、大理、丽江、临沧、文山、德宏、西双版纳），全国其他地区广布；阿富汗，澳大利亚，巴基斯坦，韩国，泰国，越南，中东，中亚，大洋洲，非洲，欧洲。

铁臀纹粉蚧 *Planococcus dorsospinosus* Ezzat & McConnell, 1956

分布：云南（大理、普洱）。

杜鹃臀纹粉蚧 *Planococcus japonicus* Cox, 1989

分布：云南（昆明、曲靖）；印度，日本，马来西亚，菲律宾，美国。

大理臀纹粉蚧 *Planococcus krauhniae* (Kuwana, 1906)

分布：云南（大理、普洱）。

紫藤臀纹粉蚧 *Planococcus kraunhiae* (Kuwana, 1902)

分布：云南，四川，湖北，浙江，福建，台湾；菲律宾，韩国，日本，美国。

南洋臀纹粉蚧 *Planococcus lilacinus* (Cockerell, 1905)

分布：云南，浙江，广西，福建，广东，海南，台湾；孟加拉国，不丹，文莱，缅甸，印度，印度尼西亚，日本，柬埔寨，马来西亚，菲律宾，斯里兰卡，泰国，越南，太平洋诸岛，美洲。

大洋臀纹粉蚧 *Planococcus minor* (Maskell, 1897)

分布：云南（德宏、临沧、西双版纳），新疆，北京，上海，广东，海南，香港，台湾；澳大利亚，孟加拉国，文莱，缅甸，印度，印度尼西亚，柬埔寨，马来西亚，巴布亚新几内亚，菲律宾，新加坡，斯里兰卡，泰国，越南，非洲，美洲。

密蒙花臀纹粉蚧 *Planococcus planococcoides* (Borchsenius, 1962)

分布：云南（普洱），北京，广西，香港；日本，老挝，菲律宾，文莱，新加坡，泰国，越南。

粉蚧属 *Pseudococcus* Westwood, 1840

长尾粉蚧 *Pseudococcus longispinus* (Targioni-Tozzetti, 1867)

分布：云南（普洱、西双版纳）。

康氏粉蚧 *Pseudococcus comstocki* (Kuwana, 1902)

分布：云南，四川，新疆，吉林，辽宁，黑龙江，内蒙古，青海，山东，山西，陕西，北京，广西，河北，河南，湖南，湖北，江西，浙江，福建，广东；日本，印度，斯里兰卡，俄罗斯（远东地区），大洋洲，美洲，欧洲。

柑橘棘粉蚧 *Pseudococcus cryptus* Hempel, 1918

分布：云南（西双版纳），四川，陕西，山东，江苏，浙江，湖北，湖南，江西，广西，广东，福建，澳门，台湾，香港；阿富汗，菲律宾，韩国，柬埔寨，老挝，马来西亚，马尔代夫，孟加拉国，尼泊尔，日本，斯里兰卡，泰国，文莱，新加坡，印度，印度尼西亚，中东，非洲，美洲。

奥德曼粉蚧 *Pseudococcus odermatti* Miller & Williams, 1997

分布：云南，广西，广东；巴哈马，伯利兹，哥斯达黎加，印度，日本，美国（夏威夷）。

拟葡萄粉蚧 *Pseudococcus viburni* (Signoret, 1875)

分布：云南，黑龙江，宁夏，广西；阿富汗，澳大利亚，朝鲜，韩国，新西兰，欧洲，美洲。

禾鞘粉蚧属 *Pseudorhodania* Borchsenius, 1962

景东禾鞘粉蚧 *Pseudorhodania marginata* Borchsenius, 1962

分布：云南（普洱、文山、西双版纳）。

根粉蚧属 *Rhizoecus* Künckel d'Herculais, 1878

三裂根粉蚧 *Rhizoecus tricirculus* Wu & Liu, 2008

分布：云南（西双版纳）。

土粉蚧属 *Ripersiella* Tinsley, 1899

多裂土粉蚧 *Ripersiella plurostiolatus* Wu & Liu, 2009

分布：云南（西双版纳）。

小印尼土粉蚧 *Ripersiella carolinensis* (Beardsley), 1976

分布：云南（西双版纳），福建；马来西亚，太平洋岛屿。

糖粉蚧属 *Saccharicoccus* Ferris, 1950

糖粉蚧 *Saccharicoccus sacchari* (Cockerell, 1895)

分布：云南（玉溪），贵州，四川，湖北，湖南，江西，浙江，广西，福建，台湾，广东，海南；印度，美洲，非洲。

锯尾粉蚧属 *Serrolecanium* Shinji, 1935

竹锯尾粉蚧 *Serrolecanium tobai* (Kuwana, 1932)
分布：云南（昆明）；日本。

清粉蚧属 *Stachycoccus* Borchsenius, 1962

清粉蚧 *Stachycoccus caulicola* Borchsenius, 1962
分布：云南（普洱、西双版纳）。

垒粉蚧属 *Synacanthococcus* Morrison, 1920

垒粉蚧 *Synacanthococcus minusculus* Borchsenius, 1962
分布：云南（大理、丽江、普洱）。

长粉蚧属 *Trionymus* Berg, 1899

芦苇条粉蚧 *Trionymus cannicola* (Borchsenius, 1960)
分布：云南，贵州，江西。

云南长粉蚧 *Trionymus plurostiolatus* Borchsenius, 1962
分布：云南（普洱、西双版纳、保山、德宏）。

半翅目 Hemiptera

扁蝽科 Aradidae

无脉扁蝽属 *Aneurus* Curtis, 1825

蔡无脉扁蝽 *Aneurus cai* Heiss, 2017
分布：云南（大理）。

琼无脉扁蝽 *Aneurus hainanensis* Kormilev, 1968
分布：云南（红河、西双版纳），海南。

岛无脉扁蝽 *Aneurus insularis* Kormilev, 1971
分布：云南（西双版纳），广西，海南。

硕无脉扁蝽 *Aneurus magnus* Liu, 1992
分布：云南（迪庆）。

华无脉扁蝽 *Aneurus sinensis* Kiritshenko, 1913
分布：云南（怒江），四川。

粤无脉扁蝽 *Aneurus sublobatus* Kormilev, 1968
分布：云南（玉溪、红河、文山、德宏），四川，陕西。

滇无脉扁蝽 *Aneurus yunnanensis* Hsiao, 1964
分布：云南（西双版纳）。

扁蝽属 *Aradus* Fabricius, 1803

黑扁蝽 *Aradus aterrimus* Fieber, 1864
分布：云南，内蒙古；蒙古国，俄罗斯（远东地区），欧洲。

高黎贡扁蝽 *Aradus gaoligongensis* Heiss, Bai & Cai, 2010
分布：云南（保山）。

霍氏扁蝽 *Aradus holzschuhi* Heiss, 2003
分布：云南（丽江、迪庆），四川。

蒙氏扁蝽 *Aradus montandoni* Reuter, 1885
分布：云南；罗马尼亚。

似滇扁蝽 *Aradus parayunnanus* Heiss, 2010
分布：云南。

瘦扁蝽 *Aradus semilacer* Kiritshenko, 1913
分布：云南（怒江），四川，黑龙江；俄罗斯（远东地区）。

纹斑扁蝽 *Aradus signaticornis* Sahlberg, 1848
分布：云南；俄罗斯（远东地区），韩国，美国（阿拉斯加）。

越北扁蝽 *Aradus tonkinensis* Kormilev & Heiss, 1976
分布：云南；越南。

云南扁蝽 *Aradus yunnanus* Heiss, 2003
分布：云南（丽江、迪庆、怒江），台湾。

合扁蝽属 *Arbanatus* Kormilev, 1955

大合扁蝽 *Arbanatus maguns* (Hsiao, 1964)
分布：云南（昆明、普洱、西双版纳），广西。

翘角合扁蝽 *Arbanatus majusculus* (Hsiao, 1964)
分布：云南（普洱），广东，海南。

圆角合扁蝽 *Arbanatus rotundatus* Liu, 1980
分布：云南（西双版纳）。

乐扁蝽属 *Artabanus* Stål, 1865

福建乐扁蝽 *Artabanus halasgfyae* Kormilev, 1955
分布：云南（西双版纳），福建；越南，老挝，印度尼西亚。

瘤扁蝽属 *Arictus* Stål, 1865

尤瘤扁蝽 *Arictus usingeri* (Kormilev, 1955)
分布：云南（西双版纳），广西，广东，海南；老挝。

鬃扁蝽属 *Brachybarcinus* Heiss, 2010

白氏短翅鬃扁蝽 *Brachybarcinus baianus* Heiss, 2010
分布：云南（红河）。

短喙扁蝽属 *Brachyrhynchus* Laporte, 1833

大喙扁蝽 *Brachyrhynchus funebrus* (Kormilev, 1971)
分布：云南（西双版纳）；菲律宾，印度尼西亚，所罗门群岛，巴布亚新几内亚。

萧喙扁蝽 *Brachyrhynchus hsiaoi* (Biöte, 1965)
分布：云南（普洱、红河、怒江、德宏、西双版纳），贵州，广西，福建，广东，海南，台湾；越南，老挝。

膜喙扁蝽 *Brachyrhynchus membranaceus* (Fabricius, 1798)
分布：云南（普洱、红河、玉溪），西藏，广西，福建，海南；东洋区。

似喙扁蝽 *Brachyrhynchus similis* (Hsiao, 1964)
分布：云南（昆明、德宏、普洱、红河、西双版纳）；泰国，老挝，越南。

次角喙扁蝽 *Brachyrhynchus subtriangulus* (Kormilev, 1957)
分布：云南（玉溪、西双版纳）；所罗门群岛，巴布亚新几内亚，澳大利亚。

角喙扁蝽 *Brachyrhynchus triangulus* Bergroth, 1889
分布：云南（红河、德宏、玉溪、西双版纳），西藏，海南，台湾；印度，缅甸，泰国，老挝，马来西亚，菲律宾，印度尼西亚。

Cathaycoris Bai, Heiss & Cai, 2017

***Cathaycoris bibulbosus* Bai, Heiss & Cai, 2017**
分布：云南（红河）。

毛扁蝽属 *Daulocoris* Usinger & Matsuda, 1959

角毛扁蝽 *Daulocoris cornigerus* (Kormilev, 1953)
分布：云南（红河）；印度尼西亚，泰国，菲律宾。

台湾毛扁蝽 *Daulocoris formosanus* Kormilev, 1971
分布：云南（德宏）。

衣毛扁蝽 *Daulocoris vestitus* Hsiao, 1964
分布：云南（西双版纳），海南，广东。

Heterobarcinus Heiss, 2010

***Heterobarcinus minor* Heiss, 2010**
分布：云南。

喙扁蝽属 *Mezira* Amyot & Serville, 1843

白翅喙扁蝽 *Mezira albipennis* Fabricius, 1803
分布：云南（红河、普洱、西双版纳）。

山喙扁蝽 *Mezira montana* Bergroth, 1889
分布：云南（普洱、红河、德宏、西双版纳），广东，海南。

坦喙扁蝽 *Mezira plana* Hsiao, 1984
分布：云南（普洱、西双版纳）；越南。

奇喙扁蝽 *Mezira pygmaea* Hsiao, 1964
分布：云南（西双版纳），广西。

毛喙扁蝽 *Mezira setosa* Jakovlev, 1880
分布：云南（怒江），湖北；俄罗斯（西伯利亚）。

素喙扁蝽 *Mezira unicolor* Liu, 1992
分布：云南（怒江）。

滇喙扁蝽 *Mezira yunnana* Hsiao, 1964
分布：云南（保山、怒江、西双版纳）；老挝。

脊扁蝽属 *Neuroctenus* Fieber, 1860

窄脊扁蝽 *Neuroctenus angustus* Hsiao, 1964
分布：云南（红河、西双版纳），广西。

海南脊扁蝽 *Neuroctenus hainanensis* Liu, 1981
分布：云南（普洱、怒江、红河、西双版纳），贵州，广东，海南。

湖北脊扁蝽 *Neuroctenus hubeiensis* Liu, 1981
分布：云南（昆明、保山、普洱、怒江、西双版纳），广西，湖北。

黄腹脊扁蝽 *Neuroctenus par* Bergroth, 1887
分布：云南（怒江、普洱、红河、临沧、西双版纳）；缅甸，印度尼西亚。

等脊扁蝽 *Neuroctenus parus* Hsiao, 1964
分布：云南（保山、普洱、红河、临沧、西双版纳）。

皱脊扁蝽 *Neuroctenus scabrosus* Kormilev, 1971
分布：云南（文山）。

台湾脊扁蝽 *Neuroctenus taiwanicus* Kormilev, 1955
分布：云南（红河），福建，海南，台湾；日本，越南。

云南脊扁蝽 *Neuroctenus yunnanensis* Hsiao, 1964
分布：云南（普洱、保山、大理、红河、怒江、西双版纳），贵州，广西，陕西，浙江，广东，福建，海南。

新乐扁蝽属 *Neartabanus* Heiss, 1999

短翅新乐扁蝽 *Neartabanus barchypterus* Liu, 1980
分布：云南（西双版纳），广西。

齿扁蝽属 *Odontonotus* Kormilev, 1955

环齿扁蝽 *Odontonotus annulipes* Hsiao, 1964
分布：云南（红河），广东，海南；越南。

Papuabarcinus Heiss, 2010

Papuabarcinus baianus **Heiss, 2010**

分布：云南。

Paracrassocoris Bai, Heiss & Cai, 2018

Paracrassocoris hekouensis **Bai, Heiss & Cai, 2018**

分布：云南（红河）。

Paracremastaptera Bai, Heiss & Cai, 2020

Paracremastaptera ximaensis **Bai, Heiss & Cai, 2020**

分布：云南（德宏）。

副无脉扁蝽属 *Paraneurus* Jacobs, 1986

曲无脉扁蝽 *Paraneurus sinuatipennis* (Bergroth, 1914)

分布：云南（西双版纳），台湾；印度，越南。

滇无脉扁蝽 *Paraneurus yunnanensis* (Hsiao, 1964)

分布：云南（西双版纳）。

Pseudowuiessa Bai, Heiss & Cai, 2016

Pseudowuiessa producta **Bai, Heiss & Cai, 2016**

分布：云南（怒江）。

Scironocoris Kormilev, 1957

Scironocoris brachyptera **(Liu, 1980)**

分布：云南（西双版纳）。

Scironocoris distincta **(Usinger & Mabuda, 1959)**

分布：云南（西双版纳）；印度尼西亚。

Taiwanaptera Heiss & Nagashima, 2008

Taiwanaptera montana **Bai, Heiss & Cai, 2017**

分布：云南（红河）。

尤扁蝽属 *Usingerida* Kormilev, 1955

脊尤扁蝽 *Usingerida carinata* Hsiao, 1964

分布：云南（普洱、西双版纳）。

长头尤扁蝽 *Usingerida pingbiena* Hsiao, 1964

分布：云南（红河、西双版纳）。

圆肩尤扁蝽 *Usingerida rotundata* Liu, 1992

分布：云南（怒江）。

大尤扁蝽 *Usingerida tuberosa* Hsiao, 1964

分布：云南（红河、西双版纳），广西。

疣尤扁蝽 *Usingerida verruciger* Bergroth, 1892

分布：云南（普洱、红河、怒江、保山、西双版纳），福建，台湾；俄罗斯（远东地区），日本，印度尼西亚。

Vietnamaptera Zhang, Bai, Heiss & Cai, 2010

Vietnamaptera quarta **Bai, Heiss & Cai, 2011**

分布：云南。

Vietnamaptera secunda **Bai, Heiss & Cai, 2011**

分布：云南。

Vietnamaptera tertia **Bai, Heiss & Cai, 2011**

分布：云南。

胡扁蝽属 *Wuiessa* Hsiao, 1964

原胡扁蝽 *Wuiessa unica* Hsiao, 1964

分布：云南（红河）。

杨扁蝽属 *Yangiella* Hsiao, 1964

原杨扁蝽 *Yangiella mimetica* Hsiao, 1964

分布：云南（大理、红河、普洱、临沧、保山）。

山地杨扁蝽 *Yangiella montana* Zhang, Bai, Heiss & Cai, 2010

分布：云南（红河）。

臭虫科 Cimicidae

臭虫属 *Cimex* Linnaeus, 1758

温带臭虫 *Cimex lectularius* Linnaeus, 1758

分布：云南（红河），贵州，东北，华东，华北，西北，华南；日本，朝鲜，印度，欧洲，北美洲，大洋洲，非洲。

热带臭虫 *Cimex hemipterus* (Fabricius, 1803)

分布：云南，贵州，广西，广东，福建，湖南；印度，缅甸，马来西亚。

捷蝽科 Velocipedidae

斯捷蝽属 *Scotomedes* Stål, 1873

杜斯捷蝽 *Scotomedes doesburgi* Ren, 2020

分布：云南（普洱）。

云南斯捷蝽 *Scotomedes yunnanensis* Ren, 2020

分布：云南（德宏）。

树蝽科 Isometopidae

树蝽属 *Isometopus* Fieber, 1860

陕西柚树蝽 *Isometopus citri* Ren, 1987

分布：云南（玉溪），陕西，福建。

长谷川树蝽 *Isometopus hasegawai* Miyamoto, 1965

分布：云南（玉溪），海南，台湾；日本。

淡缘树蝽 *Isometopus marginatus* Ren & Yang, 1988

分布：云南（普洱），福建。

黑痣树蝽 *Isometopus nigrosignatus* Ren, 1987
分布：云南（昆明），台湾。
毛角树蝽 *Isometopus puberus* Ren, 1991
分布：云南（普洱），福建，海南。

蝽科 Pentatomidae

阔头蝽属 *Acesines* Stål, 1876

三齿阔头蝽 *Acesines tridentatus* Xiong & Liu, 1995
分布：云南（保山）。
三带阔头蝽 *Acesines trifasciatus* Xiong & Liu, 1995
分布：云南（德宏）。

裙蝽属 *Aednus* Dallas, 1851

暗色裙蝽 *Aednus obscurus* Dallas, 1851
分布：云南（西双版纳），西藏，湖南；印度。
裙蝽 *Aednus ventralis* Dallas, 1852
分布：云南（西双版纳），福建，广东，海南；印度。

麦蝽属 *Aelia* Fabricius, 1803

华麦蝽 *Aelia fieberi* Scott, 1874
分布：云南，四川，西藏，黑龙江，吉林，甘肃，宁夏，内蒙古，山西，山东，陕西，北京，天津，河北，河南，浙江，湖北，湖南，江苏，江西；俄罗斯（远东地区），朝鲜，日本。

拟麦蝽属 *Aeliomorpha* Stål, 1858

云南拟麦蝽 *Aeliomorpha yunnanensis* Zheng & Liu, 1987
分布：云南（昆明、大理、玉溪）。

枝蝽属 *Aeschrocoris* Bergroth, 1887

锡兰枝蝽 *Aeschrocoris ceylonicus* Distant, 1899
分布：云南（德宏），贵州，四川，浙江，福建，江西，湖北，湖南，广西，广东，台湾；印度，斯里兰卡。
大枝蝽 *Aeschrocoris obscurus* (Dallas, 1851)
分布：云南（红河、德宏、西双版纳），广东，福建，浙江，湖南；缅甸，印度，印度尼西亚，斯里兰卡，泰国，菲律宾。
粗枝蝽 *Aeschrocoris rugulosa* (Distant, 1921)
分布：云南（德宏），江西，湖南，广西；越南。
突枝蝽 *Aeschrocoris tuberculatus* (Stål, 1865)
分布：云南（怒江、德宏、普洱、西双版纳）；印度，缅甸。

艳蝽属 *Agaeus* Dallas, 1851

长喙艳蝽 *Agaeus longirostris* Lin & Zhang, 1984
分布：云南（文山）。
格艳蝽 *Agaeus mimus* Distant, 1887
分布：云南，江西；印度，越南。

宽边蝽属 *Agathocles* Stål, 1876

黑缘宽边蝽 *Agathocles limbatus* Stål, 1876
分布：云南（临沧），福建；印度。
云南宽边蝽 *Agathocles yunnanensis* Zhang & Lin, 1984
分布：云南（红河、临沧），广西。

云蝽属 *Agonoscelis* Spinola, 1837

红云蝽 *Agonoscelis femoralis* Walker, 1868
分布：云南（昆明、红河、普洱、怒江、保山、文山、西双版纳），贵州，广西；越南，印度，斯里兰卡，缅甸。
云蝽 *Agonoscelis nubilis* (Fabricius, 1775)
分布：云南（昆明、红河、楚雄、保山、大理、怒江、文山、西双版纳），贵州，四川，西藏，浙江，江西，湖南，广西，福建，广东，海南，台湾；缅甸，巴基斯坦，印度，斯里兰卡，日本，菲律宾，印度尼西亚，马来西亚。

丹蝽属 *Amyotea* Ellenreider, 1862

宽丹蝽 *Amyotea lata* Zhao, Bu & Liu, 2011
分布：云南（普洱），西藏。
丹蝽 *Amyotea malabarica* (Fabricius, 1775)
分布：云南（昆明、德宏、普洱、西双版纳），贵州，西藏，江西，福建，台湾，广东，海南；日本，印度，缅甸，菲律宾，孟加拉国，斯里兰卡，印度尼西亚，新西兰。

丽蝽属 *Antestia* Stål, 1864

六纹丽蝽 *Antestia modificata* (Distant, 1887)
分布：云南（西双版纳）；越南，印度。
花丽蝽 *Antestia pulchra* Dallas, 1851
分布：云南（红河、玉溪、普洱、德宏、西双版纳），青海；印度，不丹，缅甸，越南。

拟丽春属 *Antestiopsis* Leston, 1952

丽蝽 *Antestiopsis anchora* (Thunberg, 1783)
分布：云南（保山、德宏、西双版纳），西藏，广西，广东，海南；日本，印度尼西亚，缅甸，印度，孟加拉国，马来西亚。

十字丽蝽 *Antestiopsis cruciata* (Fabricius, 1775)

分布：云南（西双版纳）；非洲，印度，斯里兰卡，缅甸。

翠蝽属 *Anaca* Bergroth, 1891

翠蝽 *Anaca fasciata* (Distant, 1900)

分布：云南（普洱、西双版纳），江西，福建，广东；东南亚，印度，斯里兰卡。

羚蝽属 *Alcimocoris* Bergroth, 1891

黑角羚蝽 *Alcimocoris coronatus* (Stål, 1876)

分布：云南（红河、普洱），广西，广东，海南；印度，缅甸，越南。

黄角羚蝽 *Alcimocoris flavicornis* (Distant, 1887)

分布：云南（昆明、德宏）；印度。

钝顶蝽属 *Amblycara* Bergroth, 1891

钝顶蝽 *Amblycara gladiatoria* (Stål, 1876)

分布：云南；印度，斯里兰卡，日本，菲律宾，澳大利亚。

侧刺蝽属 *Andrallus* Bergroth, 1905

侧刺蝽 *Andrallus spinidens* (Fabricius, 1787)

分布：云南，贵州，四川，西藏，湖北，江西，湖南，江苏，福建，台湾，广东，海南；印度，缅甸，菲律宾，孟加拉国，斯里兰卡，印度尼西亚，新西兰。

蠋蝽属 *Arma* Hahn, 1832

蠋蝽 *Arma chinensis* Fallou, 1881

分布：云南（昆明、文山），贵州，四川，黑龙江，辽宁，内蒙古，甘肃，新疆，河北，山西，陕西，山东，河南，江苏，浙江，湖北，江西，福建，广东；蒙古国，朝鲜，中亚，俄罗斯（西伯利亚），日本，欧洲。

锈色蠋蝽 *Arma ferruginea* (Hsiao & Zheng, 1977)

分布：云南（迪庆、大理），贵州，四川，西藏，黑龙江，吉林，甘肃，湖北。

朝鲜蠋蝽 *Arma koreana* Josifov & Kerzhner, 1978

分布：云南，贵州，四川，重庆，宁夏，陕西，甘肃，河北，天津，湖北；越南，朝鲜。

斑翅蠋蝽 *Arma maculata* Zheng, 1980

分布：云南（丽江、昆明），贵州，四川，湖北，江西；越南。

腹突蠋蝽 *Arma tubercula* (Yang, 1934)

分布：云南（玉溪），四川，湖北。

菘蝽属 *Bagrada* Stål, 1862

萝卜菘蝽 *Bagrada hilaris* (Burmeister, 1835)

分布：云南（昆明、玉溪、德宏、大理、文山），四川，西藏，新疆；缅甸，印度，斯里兰卡，非洲。

菘蝽 *Bagrada picta* (Fabricius, 1775)

分布：云南（红河）。

贝蝽属 *Bathycoelia* Amyot & Serville, 1843

中华贝蝽 *Bathycoelia sinica* Zheng & Lin, 1987

分布：云南，广东。

必蝽属 *Belopis* Distant, 1879

必蝽 *Belopis unicolor* Distant, 1879

分布：云南（普洱、德宏），贵州，广东，广西；印度，缅甸。

捕蝽属 *Blachia* Walker, 1867

捕蝽 *Blachia ducalis* Walker, 1867

分布：云南（普洱、德宏、西双版纳）；印度，缅甸，泰国。

长叶蝽属 *Bolaca* Walker, 1867

长叶蝽 *Bolaca unicolor* Walker, 1867

分布：云南（昆明、曲靖、红河、文山、普洱、楚雄、大理、丽江、临沧、玉溪、保山、昭通），贵州，四川，江西，湖北，广西；印度。

薄蝽属 *Brachymna* Stål, 1861

薄蝽 *Brachymna tenuis* Stål, 1861

分布：云南（文山），贵州，四川，江苏，浙江，安徽，福建，江西，河南，湖北，湖南，广西，广东。

棘峰蝽属 *Breddiniella* Schouteden, 1907

云南棘峰蝽 *Breddiniella yunnanica* Zhang & Lin, 1982

分布：云南（普洱、西双版纳）。

卡蝽属 *Cahara* Ghauri, 1978

***Cahara nodula* Fan & Liu, 2013**

分布：云南（昆明），贵州。

厉蝽属 *Cantheconidea* Schouteden, 1907

尖角厉蝽 *Cantheconidea humeralis* (Distant, 1907)

分布：云南（西双版纳），广西；印度，缅甸，泰国。

格蝽属 *Cappaea* Ellenrieder, 1862

柑橘格蝽 *Cappaea taprobanensis* (Dallas, 1851)

分布：云南（全省），贵州，四川，江西，湖北，湖南，广西，福建，广东，海南，台湾；印度，斯里兰卡，孟加拉国，缅甸，印度尼西亚。

辉蝽属 *Carbula* Stål, 1864

红角辉蝽 *Carbula crassiuentris* (Dallas, 1849)

分布：云南（昆明、玉溪、曲靖、文山、大理、怒江、临沧、迪庆、红河、德宏、普洱、西双版纳），贵州，四川，西藏，黑龙江，陕西，甘肃，山西，江苏，浙江，安徽，福建，江西，湖北，湖南，广西，广东，海南，台湾；不丹，印度，缅甸，日本，泰国。

辉蝽 *Carbula humerigera* (Uhler, 1860)

分布：云南（昭通、迪庆），贵州，四川，青海，陕西，甘肃，山西，河北，河南，湖北，湖南，江西，浙江，安徽，广西，福建，广东；日本。

大斑辉蝽 *Carbula maculata* Hsiao & Cheng, 1977

分布：云南（迪庆、保山、怒江），四川。

***Carbula producta* Distant, 1901**

分布：云南。

棘角辉蝽 *Carbula scutellata* Distant, 1887

分布：云南（玉溪、红河、普洱、西双版纳），贵州，广西，广东；越南，缅甸，印度。

显蝽属 *Catacanthus* Spinola, 1837

红显蝽 *Catacanthus incarnatus* (Drury, 1773)

分布：云南（昭通、普洱、德宏、红河、西双版纳），河南，江西，广东，海南；巴基斯坦，印度，斯里兰卡，朝鲜，日本，缅甸，马来西亚。

棕蝽属 *Caystrus* Stål, 1861

棕蝽 *Caystrus obscurus* (Distant, 1901)

分布：云南（临沧、红河、保山），贵州，西藏，广西，江西，广东，海南；缅甸。

疣蝽属 *Cazira* Amyot & Serville, 1843

背线疣蝽 *Cazira breddini* Schouteden, 1907

分布：云南（昆明、红河、德宏、保山、西双版纳），贵州，四川，西藏；不丹，印度。

丽疣蝽 *Cazira concinna* Hsiao & Cheng, 1982

分布：云南，四川，福建，湖南。

峨嵋疣蝽 *Cazira emeia* Zhang & Lin, 1982

分布：云南（昆明、保山、大理、怒江），贵州，四川，西藏，甘肃，陕西，安徽，浙江，湖北，湖南，广西，福建，广东，台湾。

普洱疣蝽 *Cazira flava* Yang, 1934

分布：云南（普洱），贵州，广东。

削疣蝽 *Cazira frivaldszkyi* Horvath, 1889

分布：云南（丽江、怒江、临沧、保山），贵州，四川，江苏，安徽，浙江，江西，福建；印度，尼泊尔，不丹。

黄疣蝽 *Cazira montandoni* Breddin, 1903

分布：云南（西双版纳）；越南。

西藏疣蝽 *Cazira thibetensis* Schouteden, 1907

分布：云南，四川。

红疣蝽 *Cazira vegeta* Kirkaldy, 1909

分布：云南（红河、西双版纳），香港，广东；日本，印度，越南，泰国。

疣蝽 *Cazira verrucosa* (Westwood, 1835)

分布：云南（昆明、红河、普洱、德宏、西双版纳），贵州，四川，西藏，青海，河北，江西，湖南，广西，福建，台湾，海南，广东；日本，越南，缅甸，印度，泰国，柬埔寨，菲律宾，印度尼西亚，孟加拉国。

云南疣蝽 *Cazira yunnanica* (Zhang & Lin, 1982)

分布：云南。

象蝽属 *Cecyrina* Walker, 1867

平象蝽 *Cecyrina flata* Zhao, Bu & Liu, 2016

分布：云南（西双版纳）。

象蝽 *Cecyrina platyrhinoides* Walker, 1867

分布：云南（保山、迪庆、大理、怒江），贵州，四川，西藏，湖南，广西，福建；印度，不丹。

红象蝽 *Cecyrina rubra* Zhao, Bu & Liu, 2016

分布：云南（红河）。

臭蝽属 *Chalcopis* Kirkaldy, 1909

大臭蝽 *Chalcopis glandulosa* (Wolff, 1811)

分布：云南（文山、红河、曲靖），贵州，辽宁，山东，江苏，浙江，江西，安徽，广西，福建，广东，台湾，海南；越南，印度，斯里兰卡，印度尼西亚。

陷蝽属 *Cratonotus* Distant, 1879

陷蝽 *Cratonotus coloratus* Distant, 1879

分布：云南（西双版纳），广西，广东；印度，缅甸。

克蝽属 *Cresphontes* Stål, 1868

扁圆克蝽 *Cresphontes monsoni* (Westwood, 1837)

分布：云南，广西，西藏，湖南；印度。

叉蝽属 *Cressona* Dallas, 1851

歧角叉蝽 *Cressona divaricata* Zheng & Zou, 1982

分布：云南（普洱、保山、德宏）。

滇红叉蝽 *Cressona rufa* Zhang & Lin, 1984

分布：云南（红河、文山、西双版纳）。

叉蝽 *Cressona valida* Dallas, 1851

分布：云南（普洱、德宏、保山、西双版纳），贵州；印度，泰国。

纹头蝽属 *Critheus* Stål, 1868

印度纹头蝽 *Critheus indicus* (Distant, 1900)

分布：云南（玉溪、西双版纳）；印度，缅甸。

纹头蝽 *Critheus lineatifrons* Stål, 1870

分布：云南（普洱、西双版纳），贵州，四川，广西，浙江，福建，江西，广东，海南；日本，巴基斯坦，印度，斯里兰卡，菲律宾，澳大利亚。

库蝽属 *Cuspicona* Dallas, 1851

绿库蝽 *Cuspicona antica* Vollenhoven, 1868

分布：云南（西双版纳）；菲律宾。

岱蝽属 *Dalpada* Amyot & Serville, 1843

中华岱蝽 *Dalpada cinctipes* Walker, 1867

分布：云南，贵州，四川，陕西，甘肃，河北，河南，山西，江苏，安徽，江西，湖北，湖南，广西，福建，广东，海南，台湾；朝鲜，日本。

沟腹岱蝽 *Dalpada concinna* (Wcstwood, 1837)

分布：云南（昆明、玉溪、曲靖、昭通、红河、文山、普洱、楚雄、大理、丽江、迪庆、怒江、临沧、保山、德宏、西双版纳），贵州，广西，广东；缅甸，印度，斯里兰卡，印度尼西亚。

长叶岱蝽 *Dalpada jugatoria* (Lcthierry, 1891)

分布：云南（昆明、玉溪、曲靖、昭通、红河、文山、楚雄、大理、丽江、怒江、临沧、保山、德宏、西双版纳），贵州，四川，西藏，广西，广东；缅甸，印度。

小斑岱蝽 *Dalpada nodifera* Walker, 1867

分布：云南（红河）。

岱蝽 *Dalpada oculata* (Fabricius, 1775)

分布：云南（红河、文山、普洱、楚雄、大理、保山、临沧、德宏、西双版纳），贵州，四川，江苏，浙江，江西，湖南，广西，福建，广东，海南；印度，朝鲜，日本，马来西亚，印度尼西亚，越南，缅甸。

红缘岱蝽 *Dalpada perelegans* Breddin, 1904

分布：云南（红河、临沧、普洱、丽江、西双版纳），四川，西藏，广西，广东；越南。

绿岱蝽 *Dalpada smaragdina* (Walker, 1868)

分布：云南（楚雄、昭通、西双版纳、红河、文山），贵州，四川，西藏，黑龙江，山西，陕西，甘肃，河南，江苏，安徽，福建，江西，湖北，浙江，湖南，广西，广东，台湾。

Dalsira Amyot & Serville, 1843

皱臭蝽 *Dalsira scabrata* (Distant, 1901)

分布：云南（西双版纳）；越南，缅甸。

剪蝽属 *Diplorhinus* Amyot & Serville, 1843

剪蝽 *Diplorhinus furcatus* (Westwood, 1837)

分布：云南（红河、文山），贵州，四川，浙江，湖北，江西，湖南，广西，福建，广东，海南；印度，印度尼西亚。

Diplostira Dallas, 1851

二脊蝽 *Diplostira valida* Dallas, 1851

分布：云南（西双版纳）；印度。

斑须蝽属 *Dolycoris* Mulsant & Rey, 1866

斑须蝽 *Dolycoris baccarum* (Linnaeus, 1758)

分布：云南（昆明、昭通），贵州，四川，西藏，吉林，辽宁，黑龙江，新疆，陕西，甘肃，青海，宁夏，河北，内蒙古，山西，江苏，安徽，浙江，江西，山东，河南，湖北，湖南，广西，福建，广东，海南；日本，朝鲜，俄罗斯（远东地区），土耳其，印度。

云南斑须蝽 *Dolycoris indicus* Stål, 1876

分布：云南（昆明、曲靖、红河、大理、丽江、临沧、保山、怒江、迪庆、文山、西双版纳），贵州，四川，西藏，河南，江苏，浙江，江西；印度。

平蝽属 *Drinostia* Stål, 1861

川平蝽 *Drinostia angulata* Hsiao & Cheng, 1977

分布：云南，西藏，湖南；印度。

宽蝽属 *Dunnius* Distant, 1902

版纳宽蝽 *Dunnius fulvescens* Distant, 1902
分布：云南（普洱、红河、西双版纳）；不丹，印度。
宽蝽 *Dunnius laticeps* (Zheng & Liu, 1987)
分布：云南（西双版纳），江西。
小宽蝽 *Dunnius minor* Zheng & Liu, 1987
分布：云南（西双版纳）。
三齿宽蝽 *Dunnius tridentatus* (Xiong & Liu, 1995)
分布：云南（德宏、大理、西双版纳）。
三带宽蝽 *Dunnius trifasciatus* (Xiong & Liu, 1995)
分布：云南（德宏、普洱、西双版纳），贵州。

曙厉蝽属 *Eocanthecona* Bergroth, 1915

二斑曙厉蝽 *Eocanthecona binotata* (Distant, 1879)
分布：云南（昆明、文山、西双版纳），贵州，四川，重庆，江西，浙江，广西，广东，香港，海南；印度。
曙厉蝽 *Eocanthecona concinna* (Walker, 1867)
分布：云南（丽江、西双版纳），贵州，四川，西藏，河南，浙江，湖南，广西，福建，台湾，广东，海南。
叉角曙厉蝽 *Eocanthecona furcellata* (Wolff, 1811)
分布：云南（玉溪、丽江、临沧、文山、红河），贵州，四川，西藏，广西，广东，海南，福建，台湾；日本，印度，菲律宾，泰国，孟加拉国，斯里兰卡，印度尼西亚。
九州曙厉蝽 *Eocanthecona kyushuensis* (Esaki & Ishihara, 1950)
分布：云南。
小曙厉蝽 *Eocanthecona parva* (Distant, 1902)
分布：云南（德宏、西双版纳），西藏，台湾；缅甸，印度。
宽曙厉蝽 *Eocanthecona shikokuensis* (Esaki & Ishihara, 1950)
分布：云南，贵州，重庆，江西，湖南，广西，福建，浙江；日本。

菜蝽属 *Eurydema* Laporte, 1833

菜蝽 *Eurydema dominulus* (Scopoli, 1763)
分布：云南（迪庆、红河、文山），贵州，四川，西藏，吉林，内蒙古，陕西，甘肃，山东，江苏，浙江，江西，湖北，安徽，山西，广西，福建；朝鲜，俄罗斯（远东地区），欧洲。
横纹菜蝽 *Eurydema gebleri* Kolenati, 1846
分布：云南（昆明、玉溪、曲靖、大理、迪庆、文山），西藏，黑龙江，吉林，辽宁，内蒙古，甘肃，河北，山西，陕西，山东，江苏，安徽；俄罗斯（远东地区），土耳其，欧洲。
印缅菜蝽 *Eurydema liturifera* (Walker, 1867)
分布：云南（迪庆），贵州，西藏；巴基斯坦，斯里兰卡，缅甸，印度。
甘蓝菜蝽 *Eurydema ornata* (Linnaeus, 1758)
分布：云南，西藏，新疆，北京，甘肃，河南，宁夏，青海；古北区广布。
云南菜蝽 *Eurydema pulchra* (Westwood, 1837)
分布：云南（昆明、玉溪、曲靖、昭通、红河、文山、普洱、楚雄、大理、丽江、迪庆、怒江、保山、临沧、德宏、西双版纳），四川，西藏，北京；印度尼西亚，缅甸，印度，日本。

麻皮蝽属 *Erthesina* Spinola, 1837

麻皮蝽 *Erthesina fullo* (Thunberg, 1783)
分布：云南（昆明、玉溪、曲靖、昭通、红河、文山、普洱、楚雄、大理、丽江、临沧、保山、德宏、西双版纳），贵州，四川，新疆，辽宁，陕西，甘肃，北京，河北，山西，内蒙古，山东，河南，江苏，浙江，安徽，江西，湖北，湖南，广西，福建，广东，海南，台湾；阿富汗，巴基斯坦，印度，斯里兰卡，日本，印度尼西亚，缅甸。
***Erthesina ilia* China, 1925**
分布：云南，浙江，福建，山东。

厚蝽属 *Exithemus* Distant, 1902

厚蝽 *Exithemus assamensis* Distant, 1902
分布：云南（红河）。

二星蝽属 *Eysarcoris* Hahn, 1834

大斑二星蝽 *Eysarcoris aenescens* (Walker, 1867)
分布：云南（普洱、德宏），贵州，西藏，浙江，广西，福建；印度尼西亚，马来西亚，文莱，缅甸。
拟二星蝽 *Eysarcoris annamita* Breddin, 1909
分布：云南（丽江、迪庆、怒江），贵州，四川，西藏，广西，安徽，福建，甘肃，广东，海南，湖北，湖南，江苏，江西，山西，浙江，山东，陕西，北京，天津，河南；朝鲜，日本，越南。
宽角二星蝽 *Eysarcoris fallax* Breddin, 1909
分布：云南（昆明、大理、保山），贵州，四川，广西，甘肃，湖北，浙江，江西，湖南，福建，广东；日本，朝鲜，韩国，越南。

黑斑二星蝽 *Eysarcoris gibbosus* Jakovlev, 1904

分布：云南，贵州，四川，西藏，黑龙江，吉林，甘肃，山西，江苏，安徽，浙江，福建，江西，湖南，湖北，广西，广东，海南；俄罗斯（远东地区），日本，越南。

二星蝽 *Eysarcoris guttigerus* (Thunberg, 1783)

分布：云南（昆明、玉溪、昭通、大理、普洱、丽江、怒江、临沧、德宏、保山、红河、文山），贵州，四川，西藏，内蒙古，河北，山西，陕西，山东，河南，江苏，安徽，浙江，湖北，江西，湖南，广西，福建，台湾，广东；朝鲜，日本，越南，缅甸，印度，斯里兰卡。

锚纹二星蝽 *Eysarcoris montivagus* (Distant, 1902)

分布：云南（普洱、红河、德宏、文山、西双版纳），贵州，四川，河南，安徽，湖北，江苏，江西，浙江，湖南，广西，福建，广东，海南；阿富汗，巴基斯坦，印度，越南，缅甸，斯里兰卡。

红角二星蝽 *Eysarcoris rosaceus* Distant, 1901

分布：云南（曲靖、普洱、临沧、德宏、大理、红河、文山、西双版纳），四川，西藏，广西，台湾，广东；日本，越南，缅甸，不丹，印度，泰国。

尖腹二星蝽 *Eysarcoris trigonus* Kiritshenko, 1931

分布：云南，四川，西藏。

广二星蝽 *Eysarcoris ventralis* (Westwood, 1837)

分布：云南（普洱、文山、德宏、西双版纳），贵州，四川，新疆，辽宁，河北，北京，天津，山西，陕西，山东，河南，安徽，浙江，江西，湖北，广西，福建，广东，海南，台湾；古北区广布。

篁蝽属 *Fernelius* Distant, 1900

印度篁蝽 *Fernelius indicus* Distant, 1900

分布：云南（临沧）；印度，缅甸。

青蝽属 *Glaucias* Kirkaldy, 1908

黄肩青蝽 *Glaucias crassus* (Westwood, 1837)

分布：云南（玉溪、德宏、保山、普洱、红河、丽江、西双版纳），河南，广西，福建，广东；印度，越南。

黑缘青蝽 *Glaucias nigromarginatus* (Stål, 1871)

分布：云南（红河）；菲律宾，印度尼西亚。

绿艳青蝽 *Glaucias subpunctatus* (Walker, 1867)

分布：云南（迪庆、红河、德宏），广西，湖南，福建，广东；朝鲜，日本，印度尼西亚，越南，斯里兰卡。

谷蝽属 *Gonopsis* Amyot & Serville, 1843

谷蝽 *Gonopsis affinis* (Uhler, 1860)

分布：云南（临沧、红河），贵州，河北，山东，陕西，上海，江苏，浙江，湖北，江西，湖南，广西，福建，台湾，广东，海南；日本。

红谷蝽 *Gonopsis coccinea* (Walker, 1868)

分布：云南（普洱、楚雄、迪庆、红河、临沧、保山、大理、文山、德宏、西双版纳），四川，西藏，广西，广东；越南，缅甸，印度。

平角谷蝽 *Gonopsis rubescens* Distant, 1887

分布：云南（红河）；印度。

条蝽属 *Graphosoma* Laporte, 1833

赤条蝽 *Graphosoma rubrolineatum* (Westwood, 1837)

分布：云南（昭通、曲靖），贵州，四川，新疆，辽宁，吉林，黑龙江，天津，内蒙古，陕西，山东，山西，甘肃，河北，河南，湖北，湖南，江苏，江西，浙江，广西，广东；俄罗斯（远东地区），韩国，日本，蒙古国。

茶翅蝽属 *Halyomorpha* Mayr, 1864

茶翅蝽 *Halyomorpha halys* (Stål, 1855)

分布：云南（昆明、玉溪、曲靖、昭通、楚雄、大理、沧源、保山、文山、德宏、怒江），贵州，四川，西藏，辽宁，吉林，黑龙江，内蒙古，陕西，河北，河南，山西，江苏，浙江，安徽，江西，湖北，湖南，广西，福建，广东，台湾；朝鲜，日本，越南，缅甸，印度，斯里兰卡，印度尼西亚。

胝盾茶翅蝽 *Halyomorpha scutellata* Distant, 1879

分布：云南（楚雄、大理）。

素蝽属 *Halyabbas* Distant, 1900

素蝽 *Halyabbas unicolor* Distant, 1900

分布：云南（普洱、西双版纳），台湾，广东，海南；印度，印度尼西亚，缅甸，泰国，越南。

全蝽属 *Homalogonia* Jakovlev, 1876

桔斑全蝽 *Homalogonia crocemaculata* Chen, 1983

分布：云南（昆明、丽江），贵州，四川，河北。

全蝽指名亚种 *Homalogonia obtusa obtusa* (Walker, 1868)

分布：云南（昆明、大理、迪庆、怒江、丽江、文山、红河、德宏），贵州，四川，西藏，辽宁，吉林，黑龙江，内蒙古，陕西，甘肃，河北，山东，河南，江苏，浙江，江西，湖北，广西，福建，广东；俄罗斯（远东地区），朝鲜，日本，印度。

全蝽云南亚种 *Homalogonia obtusa yunnana* Zheng & Liu, 1987

分布：云南（昆明、玉溪、曲靖、大理、西双版纳）。

玉蝽属 *Hoplistodera* Westwood, 1837

玉蝽 *Hoplistodera fergussoni* Distant, 1911

分布：云南（昆明、怒江、文山、昭通、丽江），贵州，四川，西藏，陕西，浙江，安徽，江西，湖北，湖南，广西，福建，广东，海南。

叉角玉蝽 *Hoplistodera incisa* Distant, 1887

分布：云南（玉溪、保山、德宏、普洱、大理、红河、西双版纳），贵州，西藏，湖北，广西，海南，广东；印度，缅甸，越南。

长棘玉蝽 *Hoplistodera longispina* Hsiao & Cheng, 1977

分布：云南（曲靖、楚雄、红河、西双版纳）。

红玉蝽 *Hoplistodera pulchra* Yang, 1934

分布：云南（昭通、红河、西双版纳），贵州，四川，西藏，浙江，安徽，江西，湖北，湖南，广西，福建，广东，海南，陕西，甘肃。

绿玉蝽 *Hoplistodera virescens* Dallas, 1851

分布：云南（昆明、红河、文山、普洱、楚雄、怒江、临沧、保山、德宏、西双版纳），贵州，西藏；缅甸，印度。

剑蝽属 *Iphiarusa* Breddin, 1904

剑蝽 *Iphiarusa compacta* (Distant, 1887)

分布：云南（普洱、迪庆），四川，河南，湖南，江西，广西，福建，广东；印度，缅甸，越南。

尖尾剑蝽 *Iphiarusa longicauda* Hsiao & Cheng, 1977

分布：云南（迪庆），四川。

捉蝽属 *Jalla* Hahn, 1832

黑胫捉蝽 *Jalla subcalcarata* Jakovlev, 1855

分布：云南（昆明），四川，西藏，内蒙古，河北，北京；俄罗斯（西伯利亚），土耳其。

绒蝽属 *Lakhonia* Yang, 1936

玉色绒蝽 *Lakhonia nigripes* Yang, 1936

分布：云南（大理、普洱），贵州；泰国。

弯角蝽属 *Lelia* Walker, 1867

弯角蝽 *Lelia decempunctata* (Motschulsky, 1859)

分布：云南（楚雄、大理、迪庆、保山、丽江、怒江），贵州，四川，西藏，内蒙古，辽宁，吉林，黑龙江，陕西，甘肃，天津，山东，浙江，安徽，江西，湖北，湖南；俄罗斯（远东地区），朝鲜，日本。

八点弯角蝽 *Lelia octopunctata* (Dallas, 1849)

分布：云南（昆明、楚雄、大理、丽江、保山），贵州；不丹，印度。

广蝽属 *Laprius* Stål, 1861

广蝽 *Laprius varicornis* (Dallas, 1851)

分布：云南（昭通、大理、红河、临沧、文山），贵州，四川，陕西，江苏，浙江，安徽，江西，山东，河南，湖北，湖南，广西，福建，广东，海南；巴基斯坦，印度，日本，缅甸，越南，菲律宾。

纹蝽属 *Madates* Strand, 1910

赫氏纹蝽 *Madates heissi* Rider, 2006

分布：云南（西双版纳），广西，广东；越南。

纹蝽 *Madates limbata* (Fabricius, 1803)

分布：云南（德宏、西双版纳），贵州，广西，广东；印度尼西亚，马来西亚，老挝，缅甸，泰国，越南。

狞蝽属 *Martinina* Sehouteden, 1907

深色狞蝽 *Martinina inexpectata* Schouteden, 1907

分布：云南（迪庆、大理、怒江），四川，西藏，湖北。

窄蝽属 *Mecidea* Dallas, 1851

窄蝽 *Mecidea indica* Dallas, 1851

分布：云南（昆明），四川；巴基斯坦，印度。

梭蝽属 *Megarrhamphus* Laporte, 1832

梭蝽 *Megarrhamphus hastatus* (Fabricius, 1803)

分布：云南（文山、红河、临沧、普洱、西双版纳），贵州，四川，江苏，安徽，浙江，湖北，江西，湖南，广西，福建，台湾，广东，海南；日本，越南，缅甸，老挝，印度，泰国，马来西亚，印度尼西亚，菲律宾。

平尾梭蝽 *Megarrhamphus truncatus* (Westwood, 1837)

分布：云南（普洱、临沧、西双版纳），贵州，河北，山东，河南，江苏，安徽，浙江，湖北，江西，湖南，广西，广东，福建，台湾；印度，缅甸，越南，老挝，马来西亚，印度尼西亚。

墨蝽属 *Melanophara* Stål, 1867

墨蝽 *Melanophara dentata* Haglund, 1868

分布：云南，贵州，江苏，浙江，安徽，湖南，广西，福建，广东，海南；缅甸，印度。

曼蝽属 *Menida* Motschulsky, 1861

笑曼蝽 *Menida atkinsoni* Distant, 1900

分布：云南（德宏、文山），广西，台湾。

北曼蝽 *Menida disjecta* (Uhler, 1860)

分布：云南（丽江、德宏、昆明、昭通、大理），贵州，四川，西藏，重庆，新疆，黑龙江，辽宁，青海，河北，天津，内蒙古，山东，河南，北京，山西，陕西，宁夏，甘肃，浙江，江西，湖北，湖南，广西，广东，台湾，香港；俄罗斯（西伯利亚、远东地区），朝鲜，韩国，日本。

黑斑曼蝽 *Menida formosa* (Westwood, 1837)

分布：云南（红河、德宏、保山、玉溪、西双版纳），贵州，西藏，山西，河南，江苏，安徽，浙江，湖北，江西，广西，福建，广东，海南，台湾；印度，斯里兰卡，印度尼西亚，越南，缅甸，日本。

金绿曼蝽 *Menida metallica* Hsiao & Cheng, 1977

分布：云南（昭通），贵州，四川。

斑驳曼蝽 *Menida mosaica* Zheng & Liu, 1987

分布：云南（丽江）。

东北曼蝽 *Menida musiva* (Jakovlev, 1876)

分布：云南（迪庆），四川，黑龙江，吉林，河南，台湾；俄罗斯（远东地区），朝鲜，日本。

饰纹曼蝽 *Menida ornata* Kirkaldy, 1910

分布：云南（保山、红河、大理），贵州，四川。

松曼蝽 *Menida pinicola* Zheng & Liu, 1987

分布：云南（丽江、玉溪），湖北。

华美曼蝽 *Menida speciosa* Zheng & Xiong, 2001

分布：云南（普洱、保山、西双版纳），台湾，海南。

四川曼蝽 *Menida szechuensis* Hsiao & Cheng, 1977

分布：云南（昆明、曲靖、丽江、迪庆、怒江），贵州，四川，西藏，宁夏，江西，福建。

异曼蝽 *Menida varipennis* (Westwood, 1837)

分布：云南（怒江），贵州，四川，西藏，江苏，浙江，湖北，江西，湖南，广西，福建，广东，海南；阿富汗，巴基斯坦，印度，菲律宾，印度尼西亚，缅甸，马来西亚。

稻赤曼蝽 *Menida versicolor* (Gmelin, 1790)

分布：云南（普洱、玉溪、怒江、文山、德宏、西双版纳），贵州，四川，西藏，浙江，江西，广西，福建，台湾，广东，海南，澳门；日本，巴基斯坦，印度，斯里兰卡，菲律宾，印度尼西亚。

紫蓝曼蝽 *Menida violacea* Motschulsky, 1861

分布：云南（昭通），贵州，四川，吉林，辽宁，内蒙古，河北，山西，山东，河南，陕西，甘肃，江苏，安徽，江西，浙江，湖北，湖南，广西，福建，台湾，广东；俄罗斯（远东地区），朝鲜，日本，印度。

黑角曼蝽 *Menida vitalisana* Distant, 1921

分布：云南；越南。

秀蝽属 *Neojurtina* Distant, 1921

秀蝽 *Neojurtina typica* Distant, 1921

分布：云南（德宏、红河、西双版纳），广西，福建，广东，浙江，江西，湖南，台湾；马来西亚，越南，印度尼西亚。

稻绿蝽属 *Nezara* Amyot & Serville, 1843

黑须稻绿蝽 *Nezara antennata* Scott, 1874

分布：云南（昆明、普洱、大理、迪庆、怒江），贵州，四川，西藏，新疆，陕西，甘肃，河北，河南，山西，江苏，江西，湖北，湖南，广西，福建，广东，海南，台湾；印度，斯里兰卡，朝鲜，日本，菲律宾，欧洲。

稻绿蝽 *Nezara viridula* (Linnaeus, 1758)

分布：世界广布。

黄肩稻绿蝽 *Nezara viridula torquata* (Fabricius, 1775)

分布：云南（普洱、德宏、玉溪、红河、西双版纳），贵州，四川，河北，北京，广西，江西，安徽。

云南稻绿蝽 *Nezara yunnana* Zheng, 1982

分布：云南（怒江、德宏）；印度。

褐蝽属 *Niphe* Stål, 1867

稻褐蝽 *Niphe elongata* (Dallas, 1851)

分布：云南（昭通、红河），贵州，四川，西藏，陕西，河南，湖北，江西，湖南，浙江，江苏，安徽，广西，广东，福建，台湾，海南；日本，菲律宾，越南，缅甸，印度。

宽褐蝽 *Niphe subferruginea* (Westwood, 1837)
分布：云南（普洱），贵州，广东，广西；印度，印度尼西亚。

涯蝽属 *Ochrophara* Stål, 1871

中国涯蝽 *Ochrophara chinensis* Zheng & Liu, 1987
分布：云南（西双版纳），广西，海南。

毛角蝽属 *Oncinoproctus* Breddin, 1904

毛角蝽 *Oncinoproctus griseolus* Breddin, 1904
分布：云南（保山、普洱）；印度，尼泊尔。

浩蝽属 *Okeanos* Distant, 1911

浩蝽 *Okeanos quelpartensis* Distant, 1911
分布：云南（迪庆），四川，吉林，陕西，甘肃，河北，江西，湖北，湖南；朝鲜，俄罗斯（远东地区）。

花丽蝽属 *Otantestia* Breddin, 1900

花丽蝽 *Otantestia heterospila* (Walker, 1867)
分布：云南（红河、玉溪、普洱、德宏、西双版纳），贵州，青海，广东，海南；不丹，缅甸，越南，印度尼西亚，巴基斯坦，印度。

六纹花丽蝽 *Otantestia modificata* (Distant, 1887)
分布：云南（西双版纳）；印度。

碧蝽属 *Palomena* Mulsant & Rey, 1866

碧蝽 *Palomena angulosa* (Motschulsky, 1861)
分布：云南（昭通、迪庆），贵州，四川，西藏，河北，山西，内蒙古，辽宁，吉林，黑龙江，浙江，江西，河南，陕西；俄罗斯（远东地区），朝鲜，日本。

川甘碧蝽 *Palomena chapana* (Distant, 1921)
分布：云南（昆明、普洱、大理、玉溪、迪庆），贵州，四川，西藏，陕西，甘肃，宁夏，河北，浙江，湖南，湖北；尼泊尔，缅甸，越南。

肖氏碧蝽 *Palomena hsiaoi* Zheng & Ling, 1989
分布：云南，贵州，四川，浙江，江西，湖北。

缘腹碧蝽 *Palomena limbata* Jakovlev, 1904
分布：云南（丽江、迪庆、怒江），四川，西藏，甘肃，宁夏。

尖角碧蝽 *Palomena unicolorella* Kirkaldy, 1909
分布：云南（昆明、玉溪、曲靖、昭通、红河、楚雄、大理、迪庆、怒江、临沧、保山），贵州，四川，西藏；印度，孟加拉国。

宽碧蝽 *Palomena viridissima* (Poda, 1761)
分布：云南，贵州，吉林，黑龙江，内蒙古，陕西，甘肃，青海，宁夏，山东，天津，河北，山西；古北区广布。

卷蝽属 *Paterculus* Distant, 1902

斑卷蝽 *Paterculus aberrans* Distant, 1921
分布：云南（普洱、西双版纳）。

大卷蝽 *Paterculus affinis* (Distant, 1900)
分布：分布（普洱、西双版纳），四川，西藏，湖南；不丹，印度。

二齿卷蝽 *Paterculus bidentatus* Xiong & Liu, 1996
分布：云南（西双版纳）。

卷蝽 *Paterculus elatus* (Yang, 1934)
分布：云南（西双版纳），贵州，四川，浙江，江西，安徽，江苏，福建，湖北，湖南，广西，广东。

圆卷蝽 *Paterculus ovatus* Hsiao & Cheng, 1977
分布：云南（迪庆），四川，重庆，湖北。

小卷蝽 *Paterculus parvus* Hsiao & Cheng, 1977
分布：云南（西双版纳），广西，浙江，湖南。

真蝽属 *Pentatoma* Olivier, 1789

角肩真蝽 *Pentatoma angulata* Hsiao & Cheng, 1977
分布：云南（昆明、昭通、红河、大理、怒江），四川，西藏，吉林，甘肃，湖南，湖北。

脊腹真蝽 *Pentatoma carinata* Yang, 1934
分布：云南（临沧），贵州，四川，广西，福建，江西，湖南，陕西，甘肃。

中纹真蝽 *Pentatoma distincta* Hsiao & Cheng, 1977
分布：云南（红河）。

昆明真蝽 *Pentatoma kunmingensis* Xiong, 1981
分布：云南（昆明、大理、丽江、迪庆），贵州，四川。

川康真蝽 *Pentatoma montana* Hsiao & Cheng, 1977
分布：云南（迪庆、丽江），四川，甘肃，宁夏。

川康真蝽玉龙亚种 *Pentatoma montana yulongica* Zheng & Liu, 1987
分布：云南（丽江）。

日本真蝽 *Pentatoma japonica* (Distant, 1882)
分布：云南（丽江），贵州，内蒙古，辽宁，吉林，黑龙江，浙江，福建，陕西，甘肃，青海，湖北，湖南；俄罗斯（远东地区），朝鲜，日本。

光腹真蝽 *Pentatoma laeviventris* (Stål, 1876)
分布：云南（普洱）；印度。

大理真蝽 *Pentatoma leliiformis* Kirkaldy, 1909
分布：云南。
斑真蝽 *Pentatoma mosaicus* Hsiao & Cheng, 1977
分布：云南（德宏）。
黑真蝽 *Pentatoma nigra* Hsiao & Cheng, 1977
分布：云南（丽江），四川。
褐脉真蝽 *Pentatoma venosa* Zheng & Ling, 1983
分布：云南（丽江、昆明、迪庆）。

益蝽属 *Picromerus* Amyotea & Serville, 1843

翘益蝽 *Picromerus elevatus* Zhao, Liu & Bu, 2013
分布：云南（昆明、大理、怒江、曲靖、迪庆）。
黄额益蝽 *Picromerus fasciaticeps* Zheng & Liu, 1987
分布：云南（昆明、大理）。
黑益蝽 *Picromerus griseus* (Dallas, 1851)
分布：云南（文山、普洱、德宏、保山、怒江、大理、迪庆、红河、西双版纳），贵州，四川，西藏，新疆，江西，浙江，湖南，广西，福建，广东，海南；巴基斯坦，不丹，印度，缅甸，印度尼西亚，孟加拉国。
益蝽 *Picromerus lewisi* Scott, 1874
分布：云南（怒江、昭通），贵州，四川，广西，黑龙江，吉林，辽宁，新疆，内蒙古，宁夏，甘肃，河北，福建，陕西，山东，山西，江苏，浙江，安徽，湖北，湖南，江西，海南，广东；日本，朝鲜，俄罗斯（远东地区）。

壁蝽属 *Piezodorus* Fieber, 1860

壁蝽 *Piezodorus rubrofasciatus* (Fabricius, 1787)
分布：云南（昆明、大理、丽江、临沧）。

并蝽属 *Pinthaeus* Stål, 1868

并蝽 *Pinthaeus sanguinipes* (Fabricius, 1781)
分布：云南（大理、德宏），贵州，四川，西藏，黑龙江，吉林，内蒙古，山东，江西，湖南，福建；澳大利亚，日本，韩国，俄罗斯（远东地区），欧洲。

莽蝽属 *Placosternum* Amyot & Serville, 1843

斯兰莽蝽 *Placosternum alces* Stål, 1876
分布：云南（临沧），陕西；巴基斯坦，印度，斯里兰卡。
莽蝽 *Placosternum taurus* (Fabricius, 1781)
分布：云南（昆明、红河、楚雄、大理、临沧、保山、德宏、普洱、丽江、昭通），贵州，广东，海南；印度，缅甸，泰国，越南，马来西亚。
斑莽蝽 *Placosternum urus* Stål, 1876
分布：云南（昆明、红河、迪庆、临沧、保山），贵州，四川，西藏；印度，斯里兰卡。

珀蝽属 *Plautia* Stål, 1864

珀蝽 *Plautia crossota* (Dallas, 1851)
分布：云南（昆明、迪庆、丽江、文山、红河、德宏、曲靖、昭通、普洱、楚雄、临沧、西双版纳），贵州，四川，西藏，黑龙江，河北，陕西，浙江，江西，广西，福建，台湾，广东；朝鲜，日本，缅甸，印度，马来西亚，菲律宾，斯里兰卡，印度尼西亚，非洲。
黄珀蝽 *Plautia flavifusca* Liu & Zheng, 1994
分布：云南（文山），西藏，湖南；印度。
庐山珀蝽 *Plautia lushanica* Yang, 1934
分布：云南（昭通、红河），贵州，四川，陕西，河南，浙江，湖北，江西，福建。
庐山珀蝽云南亚种 *Plautia lushanica yunnanensis* Liu & Zheng, 1994
分布：云南（昆明）。
邻珀蝽 *Plautia propinqua* Liu & Zheng, 1994
分布：云南（昆明、大理），贵州，四川，陕西，甘肃，湖北，广西。
暗色珀蝽 *Plautia sordida* Xiong & Liu, 1996
分布：云南（西双版纳），浙江，福建，广东，广西，海南。

普蝽属 *Priassus* Stål, 1867

光尖角普蝽 *Priassus excoffieri* Martin, 1902
分布：云南（昆明），四川，广西。
景东普蝽 *Priassus exemptus* (Walker, 1868)
分布：云南（普洱、红河、保山、德宏、西双版纳）；缅甸，印度，印度尼西亚。
尖角普蝽 *Priassus spiniger* Haglund, 1868
分布：云南（昆明、玉溪、红河、文山、楚雄、大理、临沧、保山、德宏），贵州，浙江，江西，福建；缅甸，印度，印度尼西亚。
褐普蝽 *Priassus testaceus* Hsiao & Cheng, 1977
分布：云南（临沧、德宏、迪庆、西双版纳），贵州，四川，西藏，湖北，甘肃。

锯蝽属 *Prionaca* Dallas, 1851

锯蝽 *Prionaca tonkinensis* Distant, 1921
分布：云南（昆明、曲靖、昭通、临沧、保山、怒江、大理、普洱、红河、德宏、文山、西双版纳），贵州，广西；越南。

云南锯蝽 *Prionaca yunnanensis* Zhang & Lin, 1992

分布：云南（怒江），贵州。

枝脉蝽属 *Ramivena* Fan & Liu, 2010

黑带枝脉蝽 *Ramivena nigrivitta* Fan & Liu, 2010

分布：云南（保山）。

拟郑氏枝脉蝽 *Ramivena parazhengi* Fan & Liu, 2010

分布：云南（普洱）。

郑氏枝脉蝽 *Ramivena zhengi* (Zheng & Ling, 1983)

分布：云南（昆明、丽江、保山）。

棱蝽属 *Rhynchocoris* Westwood, 1837

棱蝽 *Rhynchocoris humeralis* (Thunberg, 1783)

分布：云南（玉溪、曲靖、红河、文山、普洱、临沧、德宏、保山、大理、西双版纳），贵州，四川，山东，江苏，湖北，江西，湖南，浙江，广西，福建，台湾，广东，海南，澳门；巴基斯坦，越南，泰国，缅甸，印度，斯里兰卡，印度尼西亚。

黑角棱蝽 *Rhynchocoris nigridens* Stål, 1781

分布：云南（德宏、西双版纳），贵州，广东，福建，海南；越南，菲律宾。

小棱蝽 *Rhynchocoris plagiatus* (Walker, 1867)

分布：云南（西双版纳），浙江，海南；印度，斯里兰卡，越南。

鳖蝽属 *Rolstoniellus* Rider, 1997

鳖蝽 *Rolstoniellus boutanicus* (Dallas, 1851)

分布：云南（玉溪、红河），四川，西藏；不丹，印度，缅甸。

短线鳖蝽 *Rolstoniellus malacanicus* (Yang, 1935)

分布：云南（保山），广西。

邻鳖蝽 *Rolstoniellus neoexstimulatus* (Yang, 1935)

分布：云南（红河、保山）；不丹。

刺角蝽属 *Sabaeus* Stål, 1868

红斑刺角蝽 *Sabaeus humeralis* (Dallas, 1851)

分布：云南（西双版纳）。

短蝽属 *Saceseurus* Breddin, 1900

短蝽 *Saceseurus insignis* (Distant, 1900)

分布：云南，广西，广东，海南；印度，斯里兰卡，缅甸，印度尼西亚。

赛蝽属 *Salvianus* Distant, 1902

黑角赛蝽 *Salvianus dilatatus* (Distant, 1879)

分布：云南（红河）。

赛蝽 *Salvianus lunatus* (Distant, 1901)

分布：云南（曲靖、红河、文山、普洱、楚雄、迪庆、大理、保山、怒江、西双版纳），贵州，广东，海南；缅甸，印度。

萨蝽属 *Sarju* Ghauri, 1977

缅甸萨蝽 *Sarju burmana burmana* Ghauri, 1977

分布：云南（德宏、保山），贵州，西藏；缅甸。

东枝萨蝽 *Sarju taungyiana* Ghauri, 1977

分布：云南（迪庆），四川，西藏；越南，缅甸。

长叶萨蝽 *Sarju taungyiana chapa* Ghauri, 1977

分布：云南（保山、玉溪、大理、普洱、红河），贵州，四川，广西；日本，印度，尼泊尔。

片蝽属 *Sciocoris* Fallén, 1829

短翅蝽 *Sciocoris abbreviatus* (Reuter, 1879)

分布：云南，西藏，山西，内蒙古，山东，湖南；印度。

印度片蝽 *Sciocoris indicus* Dallas, 1851

分布：云南（昆明、普洱、丽江、玉溪、保山、大理、怒江、红河、西双版纳），四川，西藏，广东，海南；印度，巴基斯坦。

小片蝽 *Sciocoris lateralis* Fieber, 1851

分布：云南（普洱、丽江、德宏、怒江、西双版纳），贵州，广东，海南；缅甸，印度尼西亚，不丹，印度，巴基斯坦，斯里兰卡。

黑蝽属 *Scotinophara* Stål, 1867

双刺黑蝽 *Scotinophara bispinosa* (Fabricius, 1798)

分布：云南（文山），广西，广东，海南；印度，斯里兰卡。

褐黑蝽 *Scotinophara coarctata* (Fabricius, 1798)

分布：云南，海南；巴基斯坦，印度，斯里兰卡，马来西亚，印度尼西亚，菲律宾。

稻黑蝽 *Scotinophara lurida* (Burmeister, 1834)

分布：云南（昆明、玉溪）。

赭黑蝽 *Scotinophara ochracea* (Distant, 1902）

分布：云南。

短刺黑蝽 *Scotinophara scottii* Horváth, 1879

分布：云南（德宏），贵州，四川，西藏，江西，湖北，浙江，广西，广东，台湾，福建；日本，韩国。

齿缘黑蝽 *Scotinophara serrata* (Vollenhoven, 1863)
分布：云南，贵州；印度尼西亚，印度，马来西亚，菲律宾。

丸蝽属 *Spermatodes* Bergroth, 1914

丸蝽 *Spermatodes variolosus* (Walker, 1867)
分布：云南（普洱、丽江、红河），贵州，四川，浙江，江西，湖北，湖南，广西，福建，广东，海南；日本，巴基斯坦，印度，斯里兰卡，菲律宾，澳大利亚。

拟玉蝽属 *Stachyomia* Stål, 1871

黄斑拟玉蝽 *Stachyomia flavomaculata* Lin & Zhang, 1994
分布：云南。

乌蝽属 *Storthecoris* Horváth, 1883

乌蝽 *Storthecoris nigriceps* Horváth, 1883
分布：云南，贵州，广东，海南；尼泊尔，印度，巴基斯坦。

斑蝽属 *Strachia* Hahn, 1831

斑蝽 *Strachia crucigera* Hahn, 1831
分布：云南（临沧、西双版纳），广东，海南；越南，马来西亚，巴基斯坦，印度，缅甸，印度尼西亚。

土字纹蝽 *Strachia cruciger* Hahn, 1883
分布：云南（临沧、西双版纳），广东；马来西亚，印度尼西亚，缅甸，印度。

彩蝽属 *Stenozygum* Fieber, 1861

彩蝽 *Stenozygum speciosum* (Dallas, 1851)
分布：云南（昆明、玉溪、曲靖、大理、临沧、红河、楚雄），四川，广西；缅甸，印度，斯里兰卡，巴基斯坦，伊朗。

滇蝽属 *Tachengia* China, 1925

滇蝽 *Tachengia ascra* China, 1925
分布：云南（昆明、丽江、大理、昭通），贵州。

绿滇蝽 *Tachengia viridula* Hsiao & Cheng, 1977
分布：云南（玉溪、昆明），贵州，四川，西藏。

紫滇蝽 *Tachengia yunnana* Hsiao & Cheng, 1977
分布：云南（临沧、保山、普洱、德宏、昭通、西双版纳），西藏。

角胸蝽属 *Tetroda* Amyot & Serville, 1843

角胸蝽 *Tetroda histeroides* (Fabricius, 1798)
分布：云南（大部），贵州，四川，河南，江苏，浙江，湖北，江西，湖南，广西，福建，台湾，广东，海南；日本，越南，缅甸，印度，马来西亚，印度尼西亚。

耳蝽属 *Troilus* Stål, 1867

耳蝽 *Troilus luridus* (Fabricius, 1775)
分布：云南（迪庆、丽江、德宏、昆明、保山、西双版纳），贵州，四川，西藏，内蒙古，黑龙江，吉林，甘肃，新疆，河北，山西，宁夏，海南；朝鲜，印度，缅甸，印度尼西亚，俄罗斯（远东地区），欧洲。

褐耳蝽 *Troilus testaceus* Zheng & Liu, 1987
分布：云南（大理、怒江），西藏。

点蝽属 *Tolumnia* Stål, 1867

横带点蝽 *Tolumnia basalis* (Dallas, 1851)
分布：云南（文山、西双版纳），贵州，浙江，陕西，江西，广西，广东，福建，海南；越南，印度尼西亚。

单星蝽 *Tolumnia gutta* (Dallas, 1851)
分布：云南（西双版纳、普洱、德宏、丽江、保山、红河），四川，广西，陕西，浙江，福建，广东，海南；越南。

点蝽 *Tolumnia latipes* (Dallas, 1851)
分布：云南（文山、临沧、保山、昭通、德宏、普洱、丽江、迪庆、西双版纳），贵州，四川，西藏，山西，陕西，河南，浙江，江西，安徽，湖北，湖南，广西，福建，广东，海南，台湾；印度，马来西亚，印度尼西亚，越南，缅甸，柬埔寨。

三星蝽 *Tolumnia trinotata* (Westwood, 1837)
分布：云南（昆明、红河、保山、普洱、西双版纳）；越南，柬埔寨，马来西亚，印度尼西亚。

突蝽属 *Udonga* Distant, 1921

突蝽 *Udonga spinidens* Distant, 1921
分布：云南（昆明、大理、玉溪、红河、普洱、德宏），贵州，西藏，陕西，山西，浙江，江西，湖北，湖南，广西，广东，福建，海南，澳门；越南，老挝。

芸蝽属 *Vitellus* Stål, 1865

芸蝽 *Vitellus orientalis* Distant, 1900
分布：云南（文山、西双版纳），贵州，广西，广东；印度。

藏蝽属 *Zhengius* Rider, 1998

刺缘藏蝽 *Zhengius spiniferus* Zheng & Liu, 1987

分布：云南（怒江），西藏。

蓝蝽属 *Zicrona* Amyot & Serville, 1843

蓝蝽 *Zicrona caerulea* (Linnaeus, 1758)

分布：云南（昆明、迪庆、怒江、玉溪、红河、文山），贵州，四川，黑龙江，辽宁，内蒙古，新疆，河北，北京，甘肃，陕西，山东，山西，河南，浙江，江苏，江西，湖北，湖南，广西，福建，广东，海南，台湾；日本，缅甸，印度，马来西亚，北美洲，古北区广布。

大红蝽科 Largidae

翘红蝽属 *Iphita* Stål, 1870

翘红蝽 *Iphita limbata* Stål, 1870

分布：云南（保山、西双版纳），海南；越南，印度，柬埔寨，孟加拉国，印度尼西亚，马来西亚，缅甸，老挝，泰国，尼泊尔。

巨红蝽属 *Macrocheraia* Guérin-Méneville, 1835

巨红蝽 *Macrocheraia grandis* (Gray, 1832)

分布：云南（红河、普洱、西双版纳），浙江，福建，海南；印度，孟加拉国，菲律宾，印度尼西亚。

斑红蝽属 *Physopelta* Amyot & Serville, 1843

小斑红蝽 *Physopelta cinctiollis* Stål, 1863

分布：云南（文山）。

突背斑红蝽 *Physopelta gutta* (Burmeister, 1834)

分布：云南（普洱、保山、红河、文山、德宏、西双版纳），贵州，四川，西藏，浙江，广西，广东，海南，台湾；印度，越南，孟加拉国，缅甸，斯里兰卡，日本，印度尼西亚，澳大利亚，马来西亚。

四斑红蝽 *Physopelta quadriguttata* Bergroth, 1894

分布：云南（文山、红河、德宏、怒江、临沧、保山、西双版纳），贵州，四川，西藏，浙江，福建，广东，海南，台湾；印度，老挝，泰国。

浑斑红蝽 *Physopelta robusta* Stål, 1863

分布：云南（临沧），广东，海南；老挝，越南。

显斑红蝽 *Physopelta slanbuschii* (Fabricius, 1787)

分布：云南（西双版纳），海南，台湾，广东；日本，印度，缅甸，孟加拉国，马来西亚。

兜蝽科 Dinidoridae

兜蝽属 *Coridius* Illiger, 1807

褐兜蝽 *Coridius brunneus* (Thunberg, 1783)

分布：云南（文山、普洱、大理、怒江、临沧、保山、德宏、红河、西双版纳），西藏，甘肃，广西；印度，缅甸，马来西亚，印度尼西亚。

九香虫 *Coridius chinensis* (Dallas, 1851)

分布：云南（昆明、楚雄、大理、临沧、文山、红河、保山、德宏、迪庆、普洱、西双版纳），贵州，四川，江西，湖北，浙江，江苏，安徽，湖南，广西，广东，福建，台湾；越南，缅甸，印度。

棕兜蝽 *Coridius fuscus* (Westwood, 1837)

分布：云南（西双版纳），四川，浙江，广东；越南，泰国，新加坡，印度尼西亚，印度，斯里兰卡，马来西亚，缅甸。

黑腹兜蝽 *Coridius nepalensis* (Westwood, 1837)

分布：云南（昆明、玉溪、曲靖、昭通、红河、普洱、楚雄、怒江、临沧、保山、德宏、西双版纳），贵州，四川，西藏，广西，福建，广东；越南，印度，印度尼西亚。

红边兜蝽 *Coridius sanguinolentus* (Westwood, 1837)

分布：云南（昆明、玉溪、红河、普洱、怒江、临沧、保山、德宏、大理、昭通、文山、西双版纳），青海，广东，海南；越南，缅甸，印度。

皱蝽属 *Cyclopelta* Amyot & Serville, 1843

大皱蝽 *Cyclopelta obscura* (Lepeletier & Serville, 1828)

分布：云南（昭通、普洱、临沧、文山、红河、保山、西双版纳），贵州，四川，甘肃，河南，江苏，浙江，江西，湖南，广西，福建，广东，海南，台湾；越南，缅甸，菲律宾，印度尼西亚，老挝，印度，孟加拉国。

小皱蝽 *Cyclopelta parva* Distant, 1900

分布：云南（临沧、德宏、普洱、文山），贵州，四川，辽宁，甘肃，内蒙古，河北，山东，河南，江苏，安徽，浙江，湖北，江西，湖南，广西，福建，台湾，广东，海南；越南，印度，缅甸，不丹。

黑皱蝽 *Cyclopelta siccifolia* (Westwood, 1837)

分布：云南（临沧、德宏、保山、西双版纳），贵州，广东，海南；印度，缅甸，马来西亚，斯里兰卡，印度尼西亚。

怪蝽属 *Eumenotes* Westwood, 1844

怪蝽 *Eumenotes obscura* Westwood, 1844

分布：云南（西双版纳），贵州，西藏，广东，海南，台湾；日本，印度，缅甸，菲律宾，马来西亚，印度尼西亚。

瓜蝽属 *Megymenum* Guérin, 1831

短角瓜蝽 *Megymenum brevicorne* (Fabricius, 1787)

分布：云南（普洱、红河、保山、昭通、文山、大理、怒江、临沧、西双版纳），贵州，四川，西藏，河北，安徽，浙江，湖北，江西，湖南，广西，福建，广东，海南；印度，不丹，缅甸，老挝，泰国，马来西亚，斯里兰卡，印度尼西亚。

瓜蝽 *Megymenum dentatum* Guérin-Méneville, 1831

分布：云南（红河、文山）；印度尼西亚，澳大利亚。

细角瓜蝽 *Megymenum gracillicorne* Dallas, 1851

分布：云南（文山）。

无刺瓜蝽 *Megymenum inerme* (Herrich & Schaeffer, 1839)

分布：云南（红河、文山、保山、西双版纳），贵州，北京，福建，河北，江西，广西，广东，海南；印度，越南，老挝，泰国，柬埔寨，斯里兰卡，孟加拉国。

飒兜蝽属 *Sagriva* Spinola, 1850

版纳飒兜蝽 *Sagriva banna* Rédei, 2017

分布：云南（西双版纳）；越南。

中线飒兜蝽 *Sagriva vittata* Spinola, 1850

分布：云南（西双版纳），广西；印度，泰国，越南，老挝，马来西亚，印度尼西亚。

盾蝽科 Scutelleridae

狭盾蝽属 *Brachyaulax* Stål, 1871

狭盾蝽 *Brachyaulax oblonga* (Westood, 1837)

分布：云南（普洱），贵州，上海，江苏，江西，福建，台湾，广东；不丹，新加坡，越南，缅甸，马来西亚，印度尼西亚，印度。

美盾蝽属 *Calliphara* Germar, 1839

红腿美盾蝽 *Calliphara excellens* (Bureister, 1835)

分布：云南（临沧），广东；尼泊尔，菲律宾。

角盾蝽属 *Cantao* Amyot & Audinet-Serville, 1843

角盾蝽 *Cantao ocellatus* (Thunberg, 1784)

分布：云南（昆明、红河、文山、楚雄、怒江、临沧、保山、大理、玉溪、普洱、丽江、德宏、西双版纳），贵州，四川，西藏，浙江，江西，广西，湖南，广东，台湾，海南；日本，越南，马来西亚，缅甸，斯里兰卡，印度，印度尼西亚，菲律宾，老挝，不丹，孟加拉国，泰国。

丽盾蝽属 *Chrysocoris* Hahn, 1834

小丽盾蝽 *Chrysocoris patricius* (Fabricius, 1798)

分布：云南（红河、西双版纳），福建，广东，海南；泰国，越南，柬埔寨，缅甸，印度，斯里兰卡。

紫蓝丽盾蝽 *Chrysocoris purpureus* (Westwood, 1781)

分布：云南（玉溪、红河、文山、普洱、楚雄、大理、临沧、德宏、西双版纳），贵州，四川，西藏，甘肃，广西，福建，台湾，广东，海南；越南，印度，缅甸，斯里兰卡。

紫兰丽盾蝽 *Chrysocoris stollii* (Wolff, 1801)

分布：云南（红河、文山、普洱、临沧、德宏、西双版纳）。

金盾蝽属 *Eucorysses* Amyot & Serville, 1843

大金盾蝽 *Eucorysses grandis* Thunberg, 1783

分布：云南（红河、普洱、文山、楚雄、大理、丽江、临沧、保山、德宏、西双版纳），贵州，四川，河南，江西，广西，福建，台湾，广东，海南；日本，越南，老挝，缅甸，印度，不丹，泰国，印度尼西亚。

鼻盾蝽属 *Hotea* Amyot & Serville, 1843

鼻盾蝽 *Hotea curculionoides* (Herrich-Schaeffer, 1836)

分布：云南（曲靖、文山、红河、大理、丽江、临沧、普洱、楚雄、西双版纳），贵州，广西，福建，台湾，海南，广东；越南，缅甸，马来西亚，印度尼西亚，印度，斯里兰卡。

半球盾蝽属 *Hyperoncus* Stål, 1871

半球盾蝽 *Hyperoncus lateritius* (Westwood, 1837)

分布：云南（红河、大理、怒江、普洱、德宏、西双版纳），贵州，四川，西藏，浙江，江西，广西，广东，福建；印度。

绒盾蝽属 *Irochrotus* Amyot & Serville, 1843

叶胸绒盾蝽 *Irochrotus lobatus* Zheng & Liu, 1987

分布：云南（丽江）。

绒盾蝽 *Irochrotus mongolicus* Jakovlev, 1902

分布：云南，四川，内蒙古，新疆；蒙古国。

亮盾蝽属 *Lamprocoris* Stål, 1864

红缘亮盾蝽 *Lamprocoris lateralis* (Guérin-Méneville, 1830)

分布：云南（昭通、红河、德宏、西双版纳），贵州，台湾；缅甸，印度尼西亚，不丹，印度。

亮盾蝽 *Lamprocoris roylii* (Westwood, 1837)

分布：云南（红河、普洱、大理、德宏），贵州，四川，西藏，江西，浙江，广西，福建；不丹，印度。

角胸亮盾蝽 *Lamprocoris spiniger* (Dallas, 1849)

分布：云南（玉溪、临沧、保山、红河、大理、德宏、西双版纳）；缅甸，不丹，印度。

宽盾蝽属 *Poecilocoris* Dallas, 1848

彩圈宽盾蝽 *Poecilocoris capitatus* Yang, 1934

分布：云南（德宏、普洱、文山），贵州；不丹。

斜纹宽盾蝽 *Poecilocoris dissimilis* Martin, 1902

分布：云南（昆明、普洱、玉溪、昭通、红河、文山、迪庆、保山、德宏、曲靖、楚雄、大理、怒江、丽江、西双版纳），贵州，四川，广西，江西，广东。

桑宽盾蝽 *Poecilocoris druraei* (Linnaeus, 1771)

分布：云南（昆明、曲靖、德宏、普洱、楚雄、临沧、红河、文山、西双版纳），贵州，四川，江西，广西，广东，台湾，福建；缅甸，印度，斯里兰卡。

油茶宽盾蝽 *Poecilocoris latus* Dallas, 1848

分布：云南（红河、临沧、文山、普洱、大理、保山、德宏、怒江、西双版纳），贵州，广西，江西，浙江，福建，广东；越南，缅甸，印度。

金绿宽盾蝽 *Poecilocoris lewisi* (Dastant, 1883)

分布：云南（昭通），贵州，四川，黑龙江，吉林，河北，山西，陕西，河南，山东，北京，江西，江苏；日本，朝鲜。

泥泊尔宽盾蝽 *Poecilocoris nepalensis* (Herrich-Schaeffer, 1837)

分布：云南（红河、文山、德宏、西双版纳、普洱、大理、保山、丽江），贵州，四川，福建，广东，海南；缅甸，印度，不丹，尼泊尔。

黑胸宽盾蝽 *Poecilocoris nigricollis* Horváth, 1912

分布：云南（红河），广西；越南。

黄宽盾蝽 *Poecilocoris rufigenis* Dallas, 1851

分布：云南（红河、文山、临沧、保山、西双版纳），贵州，广西；缅甸，不丹，印度。

山字宽盾蝽 *Poecilocoris sanszesignatus* Yang, 1934

分布：云南（昆明、玉溪、昭通、红河、大理、丽江、迪庆、保山），贵州，四川，西藏。

大斑宽盾蝽 *Poecilocoris splendidulus* Esaki, 1935

分布：云南（文山），贵州；日本，朝鲜。

长盾蝽属 *Scutellera* Lamarck, 1801

米字蝽 *Scutellera amethystina* (Germar, 1839)

分布：云南（德宏、西双版纳），广东；越南，泰国，缅甸，马来西亚，印度，印度尼西亚。

米字长盾蝽 *Scutellera fasciata* (Panzer, 1797)

分布：云南（楚雄、文山、德宏、西双版纳），四川，河南，福建；缅甸，印度，马来西亚，斯里兰卡。

长盾蝽 *Scutellera perplexa* (Westwood, 1837)

分布：云南（昆明、昭通、红河、文山、普洱、楚雄、大理、临沧、保山、丽江、西双版纳），四川，河南，福建，广东；马来西亚，印度，斯里兰卡。

沟盾蝽属 *Solenostethium* Spinola, 1837

华沟盾蝽 *Solenostethium chinense* Stål, 1854

分布：云南（昭通、文山），江西，福建，台湾，广东，广西；越南。

沟盾蝽 *Solenostethium rubropunctatum* (Guérin-Méneville, 1830)

分布：云南（临沧、西双版纳），贵州，广西，福建，广东，海南；越南，缅甸，印度，泰国，柬埔寨，马来西亚，印度尼西亚。

四节盾蝽属 *Tetrarthria* Dallas, 1851

角四节盾蝽 *Tetrarthria variegata* Dallas, 1851

分布：云南（德宏、西双版纳），广东；缅甸，印度，菲律宾，马来西亚，印度尼西亚。

龟蝽科 Plataspidae

平龟蝽属 *Brachyplatys* Boisduval, 1835

黑头平龟蝽 *Brachyplatys funebris* Distant, 1901

分布：云南（西双版纳），西藏，贵州，江西，湖北，福建，广东；印度。

斑足平龟蝽 *Brachyplatys punctipes* Montandon, 1894

分布：云南（红河、西双版纳），贵州，四川，福建，广东，海南；越南，柬埔寨，缅甸，泰国，马来西亚，印度尼西亚，菲律宾，印度。

锡平龟蝽 *Brachyplatys silphoides* (Fabricius, 1784)

分布：云南，广西，福建，广东，海南，台湾；越南，柬埔寨，缅甸，泰国，马来西亚，印度尼西亚，菲律宾，印度，斯里兰卡。

亚铜平龟蝽 *Brachyplatys subaeneus* (Westwood, 1837)

分布：云南（西双版纳），贵州，广西，福建，广东，海南，台湾，澳门；日本，越南，柬埔寨，缅甸，泰国，马来西亚，印度尼西亚，印度，菲律宾。

圆龟蝽属 *Coptosoma* Laporte, 1832

贝圆龟蝽 *Coptosoma belmonti* Piton, 1940

分布：云南。

双痣圆龟蝽 *Coptosoma biguttula* Motschulsky, 1859

分布：云南（迪庆），四川，西藏，黑龙江，内蒙古，河北，山西，浙江，江西，福建；朝鲜，日本。

双斑圆龟蝽 *Coptosoma bipunctatum* Abroad & Moizuddin, 1992

分布：云南（西双版纳)；孟加拉国。

滇黔圆龟蝽 *Coptosoma dianqianum* Xue & Liu, 2002

分布：云南（怒江），贵州。

突尾圆龟蝽 *Coptosoma excoffieri* Montandon, 1899

分布：云南（昆明、迪庆），贵州，四川。

叉头圆龟蝽 *Coptosoma fidiceps* Hsiao & Jen, 1977

分布：云南（大理、迪庆），四川。

黄圆龟蝽 *Coptosoma flavidum* Hsiao & Jen, 1977

分布：云南（西双版纳）。

执中圆龟蝽 *Coptosoma intermedium* Yang, 1934

分布：云南（怒江、西双版纳），贵州，四川，西藏，甘肃，湖北，广西，福建，广东，海南；越南。

刺盾圆龟蝽 *Coptosoma lascivum* Bergroth, 1892

分布：云南（昆明、普洱、怒江、西双版纳），贵州，河南，江西，福建，海南；缅甸，越南，马来西亚，印度尼西亚。

月圆龟蝽 *Coptosoma lunatum* Ren, 1984

分布：云南（西双版纳），贵州。

黎黑圆龟蝽 *Coptosoma nigricolor* Montandon, 1896

分布：云南，贵州，四川，江西，广东，海南；印度尼西亚。

那氏圆龟蝽 *Coptosoma noualhieri* Montandon, 1896

分布：云南（西双版纳），福建；印度。

平伐圆龟蝽 *Coptosoma pinfa* Yang, 1934

分布：云南（丽江、大理），贵州，福建，广东。

子都圆龟蝽 *Coptosoma pulchellum* Montandon, 1894

分布：云南（丽江、迪庆），四川，西藏，福建，湖南，广东；缅甸，印度，印度尼西亚。

滇越圆龟蝽 *Coptosoma rabieri* Montandon, 1896

分布：云南；越南。

类变圆龟蝽 *Coptosoma simillimum* Hsiao & Jen, 1977

分布：云南（丽江、昆明、西双版纳），西藏，福建，江西，广东，海南。

浑圆龟蝽 *Coptosoma sphaerula* (Germar), 1839

分布：云南（红河、普洱），华北，福建，香港；印度，印度尼西亚，澳大利亚。

齿突圆龟蝽 *Coptosoma tuberculatum* Ren, 1984

分布：云南。

多变圆龟蝽 *Coptosoma variegalum* (Herrich-Schaeffer, 1844)

分布：云南（丽江、德宏、怒江、西双版纳），贵州，四川，西藏，山西，陕西，山东，河南，安徽，浙江，江西，福建，广东；印度尼西亚，东帝汶，巴布亚新几内亚，马来西亚，印度，缅甸，越南，澳大利亚。

云南圆龟蝽 *Coptosoma yunnanum* Ren, 1984

分布：云南（保山、普洱、丽江、迪庆、怒江），广西。

豆龟蝽属 *Megacopta* Hsiao & Jen, 1977

花豆龟蝽 *Megacopta bicolor* Hsiao & Jen, 1977

分布：云南，贵州，四川，福建，江西，广西，广东。

双峰豆龟蝽 *Megacopta bituminata* (Montandon, 1896)

分布：云南（西双版纳），贵州，四川，天津，河南，浙江，江西，湖北，湖南，广西，福建，海南。

斑疤豆龟蝽 *Megacopta callosa* (Yang, 1934)

分布：云南（昭通、昆明）。

中云豆龟蝽 *Megacopta centronubila* (Yang, 1934)
分布：云南（普洱、临沧、西双版纳），贵州，四川。

筛豆龟蝽 *Megacopta cribraria* (Fabricius, 1798)
分布：云南（普洱、德宏、保山、文山、红河、西双版纳），贵州，四川，西藏，陕西，天津，河北，山西，山东，上海，江苏，浙江，安徽，江西，湖北，湖南，广西，福建，广东，海南，台湾，澳门；朝鲜，日本，越南，缅甸，泰国，印度尼西亚，印度，孟加拉国，斯里兰卡，大洋洲。

圆头豆龟蝽 *Megacopta cycloceps* Hsiao & Jen, 1977
分布：云南（迪庆、怒江），广西。

鼎湖豆龟蝽 *Megacopta dinghushana* Chen, 1989
分布：云南，广东，海南。

狄豆龟蝽 *Megacopta distanti* (Montandon, 1893)
分布：云南（楚雄），贵州，四川，西藏，陕西，甘肃，北京，河北，浙江，江西，河南，湖南，广西，福建；印度。

和豆龟蝽 *Megacopta horvathi* (Montandon, 1894)
分布：云南（文山），贵州，四川，陕西，甘肃，河南，浙江，湖北，湖南，广西，福建，广东，台湾。

巨豆龟蝽 *Megacopta majuscula* Hsiao & Jen, 1977
分布：云南（普洱），福建，浙江。

小黄豆龟蝽 *Megacopta subsolitare* (Yang, 1934)
分布：云南（保山，西双版纳），广西。

突尾豆龟蝽 *Megacopta tubercula* Hsiao& Jen, 1977
分布：云南（西双版纳）。

同龟蝽属 *Paracopta* Hsiao & Jen, 1977

点同龟蝽 *Paracopta duodecimpunctata* (Germar, 1839)
分布：云南，贵州，江西，湖南，广西，福建，广东；缅甸，马来西亚，印度，孟加拉国。

斑同龟蝽 *Paracopta maculata* Hsiao & Jen, 1977
分布：云南（西双版纳）。

边同龟蝽 *Paracopta marginata* Hsiao & Jen, 1977
分布：云南（西双版纳）。

红盾同龟蝽 *Paracopta rufiscuta* Hsiao & Jen, 1977
分布：云南（西双版纳）。

异龟蝽属 *Ponsilasia* Heinze, 1934

圆头异龟蝽 *Ponsilasia cycloceps* (Hsiao & Jen, 1977)
分布：云南（文山）。

云南异龟蝽 *Ponsilasia yunnanensis* Xue & Liu, 2002
分布：云南（普洱），广西。

华龟蝽属 *Tarichea* Stål, 1865

大华龟蝽 *Tarichea chinensis* (Dallas, 1851)
分布：云南，贵州，四川，甘肃，广西，福建，广东。

红蝽科 Pyrrhocoridae

颈红蝽属 *Antilochus* Stål, 1863

颈红蝽 *Antilochus coquebertii* (Fabricius, 1803)
分布：云南（昆明、大理、保山、普洱、红河、怒江、文山、西双版纳），贵州，江苏，广西，广东，海南，台湾；印度，斯里兰卡，缅甸，克什米尔。

黑足颈红蝽 *Antilochus nigripes* (Burmeister, 1835)
分布：云南（红河、西双版纳），广西，广东，海南；菲律宾，缅甸，斯里兰卡，马来西亚，印度尼西亚。

朱颈红蝽 *Antilochus russus* Stål, 1863
分布：云南（普洱、德宏、临沧、西双版纳）；印度，不丹，缅甸，马来西亚，越南。

龟红蝽属 *Armatillus* Distant, 1908

云南龟红蝽 *Armatillus verticalis* Hsiao, 1964
分布：云南（普洱），湖北。

华红蝽属 *Brancucciana* Ahmad & Zaidi, 1986

华红蝽 *Brancucciana rufa* (Hsiao, 1964)
分布：云南（怒江、德宏）。

曲华红蝽 *Brancucciana sinuaticollis* (Liu, 1987)
分布：云南（临沧）。

光红蝽属 *Dindymus* Stål, 1861

泛光红蝽 *Dindymus rubiginosus* (Fabricius, 1787)
分布：云南（德宏、红河、西双版纳），西藏，广西，广东，台湾；印度，缅甸。

阔胸光红蝽 *Dindymus lanius* Stål, 1863
分布：云南（迪庆、文山、红河、保山），四川，湖北，浙江，福建；缅甸，印度。

异泛光红蝽 *Dindymus sanguineus* (Fabricius, 1794)
分布：云南（德宏、红河、西双版纳），广西，广东，海南；印度，缅甸。

棉红蝽属 *Dysdercus* Guerin-Méneville, 1831

离斑棉红蝽 *Dysdercus cingulatus* (Fabricius, 1775)
分布：云南（红河、文山、德宏、怒江、昆明、普洱、大理、保山、西双版纳），四川，湖北，浙江，广西，广东，福建；菲律宾，印度，斯里兰卡，缅甸，马来西亚，印度尼西亚，澳大利亚。

细斑棉红蝽 *Dysdercus evanescens* Distant, 1902
分布：云南（怒江、文山、德宏、曲靖、临沧、楚雄、普洱、红河、保山、西双版纳），贵州，西藏，台湾；印度，缅甸，孟加拉国。

联斑棉红蝽 *Dysdercus poecilus* (Herrich-Schaefer, 1843)
分布：云南（怒江、德宏、文山、保山、红河、普洱、西双版纳），广东，福建，台湾；日本，菲律宾，缅甸，印度，印度尼西亚，马来西亚。

眼红蝽属 *Ectatops* Amyot & Serville, 1843

乌眼红蝽 *Ectatops gelanor* Kirkaldy & Edwards, 1843
分布：云南（西双版纳）；缅甸，印度，老挝，泰国。

云南眼红蝽 *Ectatops grandis* Stehlík & Kment, 2017
分布：云南（西双版纳）；越南。

丹眼红蝽 *Ectatops ophthalmicus* (Burmeister, 1835)
分布：云南（红河、西双版纳），广西，广东，海南；马来西亚，菲律宾，印度尼西亚。

锐红蝽属 *Euscopus* Stål, 1870

华锐红蝽 *Euscopus chinensis* Blöte, 1932
分布：云南（昆明、曲靖、文山、临沧、德宏、保山、红河、西双版纳），贵州，四川，广东；越南。

棕锐红蝽 *Euscopus fuscus* Hsiao, 1964
分布：云南（保山）。

原锐红蝽 *Euscopus rufipes* Stål, 1870
分布：云南（迪庆、文山、红河、保山、普洱、西双版纳），广西，台湾；日本，印度，缅甸，越南，印度尼西亚。

绒红蝽属 *Melamphaus* Stål, 1868

绒红蝽 *Melamphaus faber* (Fabricius, 1787)
分布：云南（怒江、德宏、红河、西双版纳），西藏，广西，台湾；印度，缅甸，马来西亚，菲律宾。

艳绒红蝽 *Melamphaus rubrocinctus* (Stål, 1863)
分布：云南（怒江、德宏、红河、西双版纳）；印度，缅甸 。

红蝽属 *Pyrrhocoris* Fallén, 1814

先地红蝽 *Pyrrhocoris sibiricus* Kuschakewitsch, 1866
分布：云南（昆明），贵州，四川，西藏，辽宁，内蒙古，青海，河北，北京，天津，山东，江苏，上海，浙江，湖北，台湾；朝鲜，韩国，蒙古国，俄罗斯（西伯利亚东部）。

曲缘红蝽 *Pyrrhocoris sinuaticollis* Reuter, 1885
分布：云南（文山），贵州，广东，广西，湖北，浙江，北京，江苏；日本，韩国，俄罗斯（西伯利亚）。

地红蝽 *Pyrrhocoris tibialis* Statz & Wagner, 1950
分布：云南（昆明、迪庆、红河），西藏，辽宁，内蒙古，河北，北京，天津，山东，江苏，上海，浙江；朝鲜，日本。

直红蝽属 *Pyrrhopeplus* Stål, 1870

直红蝽 *Pyrrhopeplus carduelis* (Stål, 1863)
分布：云南（保山），贵州，湖南，安徽，江苏，浙江，江西，福建，广东，香港，台湾；越南。

素直红蝽 *Pyrrhopeplus impictus* Hsiao, 1964
分布：云南（普洱、红河）。

斑直红蝽 *Pyrrhopeplus posthumus* Horváth, 1892
分布：云南（昆明、大理、红河、普洱、丽江、德宏、迪庆、西双版纳），贵州，西藏；缅甸，孟加拉国，印度，越南。

花蝽科 Anthocoridae

点刻花蝽属 *Almeida* Distant, 1910

长毛点刻花蝽 *Almeida pilosa* (Poppius, 1909)
分布：云南（西双版纳），台湾，海南；尼泊尔，斯里兰卡，印度。

叉胸花蝽属 *Amphiareus* Distant, 1904

束翅叉胸花蝽 *Amphiareus constrictus* (Stål, 1860)
分布：云南（西双版纳），贵州，浙江，湖北，福建，广东，台湾，海南；日本，新加坡，缅甸，印度，斯里兰卡，印度尼西亚，巴布亚新几内亚，美洲，非洲。

黑头叉胸花蝽 *Amphiareus obscuriceps* (Poppius, 1909)
分布：云南，四川，内蒙古，辽宁，天津，北京，河北，山东，河南，陕西，甘肃，江苏，浙江，湖南，广西，海南，台湾；欧洲，中东，中亚，日本，朝鲜。

原花蝽属 *Anthocoris* Fallen, 1814

哀牢原花蝽 *Anthocoris ailaoanus* Bu & Zheng, 1991
分布：云南（楚雄、红河）。

横断原花蝽 *Anthocoris alpinus* Zheng, 1984
分布：云南（迪庆），四川，西藏。

刺突原花蝽 *Anthocoris armatus* Bu & Zheng, 1991
分布：云南（普洱、楚雄、红河）。

黑角原花蝽 *Anthocoris atricornis* Bu & Zheng, 1991
分布：云南（怒江），四川。

丽原花蝽 *Anthocoris dividens* Bu & Zheng, 2001
分布：云南（丽江、保山、西双版纳），四川。

阔原花蝽 *Anthocoris expansus* Bu, 1995
分布：云南。

横带原花蝽 *Anthocoris fasciatus* Bu & Zheng, 1990
分布：云南（楚雄）。

长毛原花蝽 *Anthocoris hirsutus* Zheng, 1982
分布：云南（楚雄、红河、西双版纳），西藏。

克氏原花蝽 *Anthocoris kerzhneri* Bu & Zheng, 2001
分布：云南。

宫本原花蝽 *Anthocoris miyamotoi* Hiura, 1959
分布：云南（丽江）。

山地原花蝽 *Anthocoris montanus* Zheng, 1984
分布：云南（迪庆），四川，西藏，甘肃。

欧原花蝽 *Anthocoris nemorum* (Linnaeus, 1761)
分布：云南（丽江、迪庆），四川，甘肃；古北区。

杨氏原花蝽 *Anthocoris yangi* Bu & Zheng, 1991
分布：云南（楚雄、红河、普洱）。

云南原花蝽 *Anthocoris yunnanus* Zheng, 1984
分布：云南（红河）。

邹氏原花蝽 *Anthocoris zoui* Bu & Zheng, 2001
分布：云南（昆明、保山）。

郑氏原花蝽 *Anthocoris zhengi* Péricart, 1996
分布：云南（楚雄）。

拟刷花蝽属 *Blaptostethoides* Carayon, 1972

江崎拟刷花蝽 *Blaptostethoides esakii* (Hiura, 1960)
分布：云南（西双版纳），广东，海南；日本。

镰花蝽属 *Cardiastethus* Fieber, 1860

***Cardiastethus hiurai* Yamada, 2016**
分布：云南（西双版纳），台湾；越南，泰国，马来西亚，日本。

小花蝽属 *Orius* Wolff, 1811

二叉小花蝽 *Orius bifilarus* Ghauri, 1972
分布：云南（昆明、丽江、楚雄、大理），四川，湖南；巴基斯坦，印度。

中国小花蝽 *Orius chinensis* Bu & Zheng, 2001
分布：云南（丽江、楚雄、红河），四川，陕西。

微小花蝽 *Orius minutus* (Linnaeus, 1758)
分布：云南。

内蒙古小花蝽 *Orius neimongolanus* Bu & Zheng, 2001
分布：云南，西藏，新疆；俄罗斯（远东地区），印度，中东，欧洲，非洲，美洲。

肩毛小花蝽 *Orius niger* Wolff, 1811
分布：云南（保山、普洱、楚雄、红河），西藏，新疆；中亚，西亚，欧洲，北非。

齿股花蝽属 *Scoloposcelis* Fieber, 1864

双齿股花蝽 *Scoloposcelis parallelus* (Motschulsky, 1863)
分布：云南（西双版纳），西藏，台湾；印度，斯里兰卡，菲律宾，印度尼西亚，太平洋岛屿。

肩花蝽属 *Tetraphleps* Fieber, 1860

斑翅肩花蝽 *Tetraphleps galchanoides* Ghauri, 1972
分布：云南（昆明），四川；印度。

玉龙肩花蝽 *Tetraphleps yulongensis* Bu & Zheng, 1991
分布：云南（丽江），四川。

乌花蝽属 *Wollastoniella* Reuter, 1884

宽边乌花蝽 *Wollastoniella marginella* Bu & Zheng, 1990
分布：云南（楚雄）。

云南乌花蝽 *Wollastoniella yunnanensis* Bu & Zheng, 1990
分布：云南（西双版纳）。

仓花蝽属 *Xylocoris* Dufour, 1831

黄色仓花蝽 *Xylocoris flavipes* (Reuter, 1875)
分布：云南（红河、德宏），贵州，四川，湖南，湖北，江西，福建，海南；巴基斯坦，印度，中东，欧洲，非洲。

姬蝽科 Nabidae

异姬蝽属 *Alloeorhynchus* Fieber, 1860

裸异姬蝽 *Alloeorhynchus corallinus* (Stål, 1873)
分布：云南（西双版纳）；缅甸，印度，马来西亚，印度尼西亚，文莱。

黄头异姬蝽 *Alloeorhynchus notatus* Distant, 1919
分布：云南（西双版纳）。

云南异姬蝽 *Alloeorhynchus yunnanensis* Zhao, Mao & Cao, 2019
分布：云南（西双版纳）。

阿姬蝽属 *Aptus* Sharpe, 1909

昆明阿姬蝽 *Aptus kunmingus* Hsiao, 1981
分布：云南（昆明、怒江）。

阿姬蝽 *Aptus mirmicoides* (Costa, 1834)
分布：云南（昆明）。

丽阿姬蝽 *Aptus pulchellus* Ren & Hsiao, 1981
分布：云南（丽江）。

棒姬蝽属 *Arbela* Stål, 1865

光棒姬蝽 *Arbela nitidula* (Stål, 1860)
分布：云南（红河、西双版纳），北京，广东；印度尼西亚，斯里兰卡，所罗门群岛，西印度群岛。

云棒姬蝽 *Arbela yunnana* Hsiao, 1964
分布：云南（西双版纳），广西，海南。

高姬蝽属 *Gorpis* Stål, 1859

环斑高姬蝽 *Gorpis annulatus* Paiva, 1919
分布：云南，西藏，广西，海南。

齿山高姬蝽 *Gorpis denticollis* Hsiao, 1964
分布：云南（保山、西双版纳）。

雅高姬蝽 *Gorpis elegans* Popplus, 1914
分布：云南（西双版纳）。

纹足高姬蝽 *Gorpis liniolipes* Hsiao, 1981
分布：云南（西双版纳）。

长刺高姬蝽 *Gorpis longispinis* Harris, 1939
分布：云南，西藏，广西，湖北。

小高姬蝽 *Gorpis minor* Hsiao, 1964
分布：云南（西双版纳）。

云南高姬蝽 *Gorpis yunnanus* Hsiao, 1964
分布：云南（西双版纳）。

希姬蝽属 *Himacerus* Wolff, 1811

阿萨姆希姬蝽 *Himacerus assamensis* (Paiva, 1919)
分布：云南，四川，西藏。

泛希姬蝽 *Himacerus apterus* (Fabricius, 1798)
分布：云南（保山、迪庆、丽江、大理），四川，黑龙江，内蒙古，青海，河北，山西，陕西；欧洲，北非，俄罗斯（远东地区），日本。

昆明希姬蝽 *Himacerus kunmingus* (Hsiao, 1981)
分布：云南（昆明）。

拟希姬蝽 *Himacerus mirmicoides* (Costa, 1834)
分布：云南（昆明）。

穆索里希姬蝽 *Himacerus mussooriensis* (Distant, 1909)
分布：云南，四川。

邻希姬蝽 *Himacerus vicinus* Hsiao, 1981
分布：云南（红河、大理、怒江），贵州，西藏，湖北，广西，福建。

藏希姬蝽 *Himacerus xizangensis* Ren, 1988
分布：云南（迪庆），四川，西藏。

姬蝽属 *Nabis* Latreille, 1802

窄姬蝽 *Nabis capsiformis* Germar, 1837
分布：云南（西双版纳），浙江，福建，广东，海南岛；日本，印度，斯里兰卡，太平洋岛屿，非洲，欧洲，南美洲。

小金姬蝽 *Nabis consobrinus* Bianchi, 1896
分布：云南（保山）。

原姬蝽 *Nabis ferns* (Linnaeus, 1758)
分布：云南，四川，西藏，吉林，新疆，内蒙古，陕西，甘肃，宁夏，青海。

波姬蝽 *Nabis potanini* Bianchi, 1896
分布：云南（红河、普洱、大理、西双版纳），贵州，四川，西藏，陕西，河南，湖北；欧洲。

拟原姬蝽中国亚种 *Nabis pseudoferus chinensis* Ren & Hsiao, 1981
分布：云南（丽江、迪庆、大理、怒江），四川，湖北。

类原姬蝽亚洲亚种 *Nabis punctatus mimoferus* Hsiao, 1964
分布：云南，贵州，四川，新疆，黑龙江，甘肃，宁夏，内蒙古，陕西，河南，山东，吉林，北京，天津，河北。

华姬蝽 *Nabis sinoferus* Hsiao, 1964
分布：云南（昭通、红河）。
暗色姬蝽 *Nabis stenoferus* Hsiao, 1964
分布：云南（丽江），四川，新疆，黑龙江，吉林，辽宁，甘肃，宁夏，山西，陕西，河南，江西，山东，北京，天津，河北，安徽，湖北，江苏，浙江，福建。

晦姬蝽属 *Phorticus* Stål, 1865

版纳晦姬蝽 *Phorticus bannanus* Hsiao, 1981
分布：云南（西双版纳）。
云晦姬蝽 *Phorticus yunnanus* Hsiao, 1981
分布：云南（西双版纳）。

罗姬蝽属 *Reuteronabis* Kerzhner, 1968

波罗姬蝽 *Reuteronabis potanini* (Bianchi, 1896)
分布；云南（迪庆），四川，西藏；欧洲。

光姬蝽属 *Rhamphocoris* Kirkaldy, 1901

红盾光姬蝽 *Rhamphocoris borneensis* (Schumacher, 1914)
分布：云南（保山、西双版纳），海南。
黑头光姬蝽 *Rhamphocoris hasegawai* (Ishihara, 1953)
分布：云南（普洱、大理），海南，台湾。
黑胫光姬蝽 *Rhamphocoris tibialis* Hsiao, 1981
分布：云南（普洱）。

狭姬蝽属 *Stenonabis* Reuter, 1890

版纳狭姬蝽 *Stenonabis bannaensis* Hsiao, 1981
分布：云南（西双版纳）。
红斑狭姬蝽 *Stenonabis roseisignis* Hsiao, 1964
分布：云南（红河）。
胫狭姬蝽 *Stenonabis tibialis* (Distant, 1904)
分布：云南，广西，福建，海南，台湾。

姬缘蝽科 Rhopalidae

猎缘蝽属 *Agraphopus* Stål, 1872

滇猎缘蝽 *Agraphopus yunnanus* Hsiao, 1965
分布：云南（德宏）。

红姬缘蝽属 *Leptocoris* Hahn, 1831

大红姬缘蝽 *Leptocoris abdominalis* (Fabricus, 1803)
分布：云南（西双版纳）。
小红姬缘蝽 *Leptocoris augur* (Fabricius, 1781)
分布：云南（红河、保山、德宏、西双版纳），贵州，广东，海南；中东，印度尼西亚，毛里求斯。
凸头红姬缘蝽 *Leptocoris capitis* (Hsiao, 1963)
分布：云南（西双版纳）。
异红姬缘蝽 *Leptocoris dispar* Hsiao, 1963
分布：云南（德宏、保山）；印度，柬埔寨，越南。

粟缘蝽属 *Liorhyssus* Stål, 1870

粟缘蝽 *Liorhyssus hyalinus* (Fabricius, 1794)
分布：云南（昆明、怒江、迪庆、玉溪、普洱、大理、德宏），贵州，四川，西藏，黑龙江，河北，江苏，安徽，江西，湖北，广西，广东；世界其他地区广布。
红粟缘蝽 *Liorhyssus rubicundus* (Signoret, 1859)
分布：云南（南部），广西，海南，广东；印度，斯里兰卡，马来半岛。

伊缘蝽属 *Rhopalus* Schilling, 1829

点伊缘蝽 *Rhopalus latus* (Jakovlev, 1883)
分布：云南（昆明、昭通、保山、怒江、楚雄、大理、丽江、迪庆），四川，西藏，黑龙江，内蒙古，河北，山西，甘肃，湖北；日本，朝鲜，中亚。
克氏伊缘蝽 *Rhopalus kerzhneri* Göllner-Scheiding, 1984
分布：云南（迪庆、丽江），四川，西藏，甘肃；朝鲜，俄罗斯（西伯利亚、远东地区）。
黄伊缘蝽 *Rhopalus maculatus* (Fieber, 1837)
分布：云南（保山、德宏、西双版纳），贵州，四川，新疆，黑龙江，内蒙古，吉林，辽宁，河北，北京，天津，山东，河南，甘肃，江苏，安徽，湖北，浙江，上海，江西，广东，福建；日本，哈萨克斯坦，蒙古国，俄罗斯（远东地区），欧洲。
黑角伊缘蝽 *Rhopalus nigricornis* (Hsiao, 1965)
分布：云南（昆明、迪庆、丽江），四川，甘肃。
褐伊缘蝽 *Rhopalus sapporensis* (Matsumura, 1905)
分布：云南（昆明、楚雄、大理、保山、普洱、红河、西双版纳），贵州，四川，黑龙江，内蒙古，北京，河北，山西，陕西，湖北，江苏，浙江，江西，广西，广东，福建；朝鲜，日本，俄罗斯（远东地区），蒙古国。

环缘蝽属 *Stictopleurus* Stål, 1872

开环缘蝽 *Stictopleurus minutus* Blote, 1934

分布：云南（丽江、迪庆、德宏、昆明），四川，西藏，吉林，黑龙江，新疆，河北，山西，陕西，河南，江苏，浙江，江西，福建，台湾，广东；日本。

欧环缘蝽 *Stictopleurus punctatonervosus* (Goeze, 1788)

分布：云南（昆明、红河、保山、普洱、丽江、西双版纳），四川，西藏，江西，内蒙古，新疆，山西，安徽，江西，湖北，广东；中亚，北非，俄罗斯（远东地区），欧洲。

绿环缘蝽 *Stictopleurus subviridis* Hsiao, 1977

分布：云南（迪庆），四川，甘肃。

荔蝽科 Tessaratomidae

方蝽属 *Asiarcha* Stål, 1870

方蝽 *Asiarcha angulosa* Zia, 1957

分布：云南（昆明、红河、文山、普洱、保山、德宏、昭通、西双版纳），贵州，广西。

黑背方蝽 *Asiarcha nigridorsis* (Stål, 1863)

分布：云南（玉溪、红河），贵州，广西，福建。

矩蝽属 *Carpona* Dohrn, 1863

黑矩蝽 *Carpona amplicollis* (Stål, 1863)

分布：云南（红河、普洱、文山、德宏），贵州，江西，广东；印度，柬埔寨。

黄矩蝽 *Carpona stabilis* (Walker, 1868)

分布：云南（临沧、西双版纳）；印度。

达丽蝽属 *Dalcantha* Amyot & Servile, 1843

藏达丽蝽 *Dalcantha dilatata* Amyot & servile, 1843

分布：云南（西双版纳），贵州，广西。

圆肩达丽蝽 *Dalcantha inermipes* Stål, 1863

分布：云南（保山）。

硕蝽属 *Eurostus* Dallas, 1851

粗腿硕蝽 *Eurostus grossipes* Dallas, 1851

分布：云南（普洱、红河、德宏），贵州，广西，广东。

长硕蝽 *Eurostus ochraceus* Montandon, 1894

分布：云南（昆明、红河、普洱、楚雄、大理、丽江、怒江、临沧、保山、德宏、文山），贵州，西藏，广西，安徽。

硕蝽 *Eurostus validus* Dallas, 1851

分布：云南（昭通、红河、文山），贵州，四川，天津，江苏、浙江，安徽，山东，湖北，湖南，广西，福建，广东，海南，香港，台湾，河北，江西；老挝。

巨蝽属 *Eusthenes* Laporte, 1833

异色巨蝽 *Eusthenes cupreus* (Westwood, 1837)

分布：云南（昆明、玉溪、曲靖、昭通、红河、文山、普洱、楚雄、大理、丽江、迪庆、临沧、保山、德宏、怒江、西双版纳），贵州，四川，西藏，浙江，江西，安徽，广西，广东，福建，台湾；越南，老挝，泰国，缅甸，不丹，印度，尼泊尔，斯里兰卡，马来西亚。

斑缘巨蝽 *Eusthenes femopalis* Zia, 1957

分布：云南（红河、文山），贵州，广西，浙江，江西，湖南，广东，福建。

巨蝽 *Eusthenes robustus* (Lcpeletier & Serville, 1828)

分布：云南（昆明、红河、普洱、德宏、西双版纳），贵州，四川，江西，湖北，广西，广东，福建，海南，澳门；越南，印度尼西亚，不丹，印度，斯里兰卡。

暗绿巨蝽 *Eusthenes saevus* Stål, 1863

分布：云南（红河、文山、大理、迪庆、临沧、德宏、楚雄），贵州，四川，陕西，浙江，安徽，江西，湖北，广西，广东，香港，福建；不丹，印度。

狭巨荔蝽 *Eusthenes theseus* Stål, 1870

分布：云南（红河），贵州，四川，西藏，浙江，福建，台湾。

变色巨荔蝽 *Eusthenes variegatus* Yang, 1935

分布：云南，贵州，四川，广西，江西，福建。

玛蝽属 *Mattiphus* Amyot & Serville, 1843

贵州玛蝽 *Mattiphus jaspideus* (Herrich-Schäffer, 1851)

分布：云南（西双版纳），贵州，四川，广西，福建。

狭玛蝽 *Mattiphus minutus* Blöte, 1945

分布：云南（昆明、红河），浙江，江西。

玛蝽 *Mattiphus splendidus* Distant, 1921

分布：云南（玉溪、红河、文山、德宏、临沧、普洱、西双版纳），贵州，四川，浙江，江西，广西，广东，福建；老挝。

云南玛蝽 *Mattiphus yunnanensis* Zia, 1957
分布：云南（德宏、西双版纳）。

侧尖荔蝽属 *Neosalica* Distant, 1882

黑纹侧尖荔蝽 *Neosalica pedestris* (Breddin, 1902)
分布：云南（红河）；不丹，印度。

比蝽属 *Pycanum* Amyot & Audinet-Serville, 1843

红比蝽 *Pycanum alternatum* (Lepeletier & Serville, 1828)
分布：云南。

比蝽 *Pycanum ochraceum* Distant, 1893
分布：云南（曲靖、红河、文山、德宏、普洱、西双版纳），贵州，四川，西藏，广西，广东，福建；越南，缅甸，不丹，印度。

黄比蝽 *Pycanum ponderosum* Stål, 1854
分布：云南（西双版纳）。

荔蝽属 *Tessaratoma* Berthold, 1827

爪哇荔蝽 *Tessaratoma javanica* (Thunberg, 1783)
分布：云南。

荔蝽 *Tessaratoma papillosa* (Drury, 1770)
分布：云南（红河、文山），贵州，四川，河南，江西，浙江，广西，广东，福建，台湾，海南；老挝，越南，马来西亚，泰国，缅甸，印度，斯里兰卡，印度尼西亚，菲律宾。

方肩荔蝽 *Tessaratoma quadrata* Distant, 1902
分布：云南（昆明、红河、文山、德宏、临沧、普洱、玉溪、昭通、楚雄、丽江、保山、西双版纳），贵州，四川，广西，广东；印度，越南，尼泊尔，斯里兰卡。

伟蝽属 *Vitruvius* Distant, 1901

伟蝽 *Vitruvius insignis* Distant, 1901
分布：云南（普洱、西双版纳），广西，海南；缅甸，印度尼西亚。

邹蝽属 *Zouicoris* Zheng, 1986

秀丽邹蝽 *Zouicoris elegans* Zheng, 1986
分布：云南（德宏、西双版纳）。

猎蝽科 Reduviidae

荆猎蝽属 *Acanthaspis* Amyot & Serville, 1843

淡带荆猎蝽 *Acanthaspis cincticrus* Stål, 1859
分布：云南（普洱、西双版纳），贵州，辽宁，内蒙古，北京，河北，陕西，山西，山东，河南，江苏，甘肃，安徽，江西，湖北，湖南，广西；日本，朝鲜，印度，缅甸。

四斑荆猎蝽 *Acanthaspis collaris* Hsiao, 1976
分布：云南（西双版纳）；老挝，泰国。

丽荆猎蝽 *Acanthaspis concinnula* Stål, 1863
分布：云南（红河），海南；印度。

黄缘荆猎蝽 *Acanthaspis fulviconnexa* Cao, Dědei, Li & Cai, 2014
分布：云南（西双版纳）。

槽斑荆猎蝽 *Acanthaspis fuscinervis* Hsiao, 1976
分布：云南（普洱、德宏、怒江）。

圆斑荆猎蝽 *Acanthaspis geniculata* Hsiao, 1976
分布：云南，广西，海南，广东。

异斑荆猎蝽 *Acanthaspis laoensis* Distant, 1919
分布：云南（西双版纳）；老挝，泰国。

连斑荆猎蝽 *Acanthaspis picta* Hsiao, 1976
分布：云南（红河、普洱、西双版纳）；老挝，泰国，缅甸。

红荆猎蝽 *Acanthaspis ruficeps* Hsiao, 1976
分布：云南（红河、德宏、西双版纳），广西；越南，老挝，泰国。

黄革荆猎蝽 *Acanthaspis westermanni* Reuter, 1881
分布：云南（西双版纳），广西，福建，广东，江西，海南，香港，台湾。

暴猎蝽属 *Agriosphodrus* Stål, 1866

暴猎蝽 *Agriosphodrus dohrni* Signoret, 1862
分布：云南，贵州，四川，陕西，甘肃，河南，江苏，浙江，安徽，江西，湖北，上海，广西，福建，广东，海南；印度，日本，越南。

宽背盗猎蝽属 *Androclus* Stål, 1863

粒宽背盗猎蝽 *Androclus granulatus* Stål, 1863
分布：云南（红河）；印度。

争猎蝽属 *Apechtia* Reuter, 1881

争猎蝽 *Apechtia tofaikwongi* China, 1940
分布：云南（红河），广东，海南。

秀猎蝽属 *Astinus* Stål, 1859

秀猎蝽 *Astinus siamensis* Distant, 1903
分布：云南（普洱、红河、西双版纳），广西；越南，泰国。

显颊猎蝽属 *Aulacogenia* Stål, 1870

显颊猎蝽 *Aulacogenia corniculata* Stål, 1870

分布：云南（临沧），广东；斯里兰卡，印度尼西亚，菲律宾。

张氏显颊猎蝽 *Aulacogenia zhangi* Wang, Cai & Li, 2008

分布：云南（西双版纳）。

奥猎蝽属 *Audernacus* Distant, 1904

红奥猎蝽 *Audernacus atropictus* (Distant, 1903)

分布：云南；缅甸，印度。

版纳猎蝽属 *Bannania* Hsiao, 1973

丽版纳猎蝽 *Bannania pulchella* Hsiao, 1973

分布：云南（西双版纳）。

柔毛猎蝽属 *Bayerus* Distant, 1904

柔毛猎蝽 *Bayerus pilosus* Hsiao, 1973

分布：云南（西双版纳）。

壮猎蝽属 *Biasticus* Stål, 1866

艳腹壮猎蝽 *Biasticus confusus* Hsiao, 1979

分布：云南（保山）。

小壮猎蝽 *Biasticus flavinotus* (Matsumura, 1913)

分布：云南（普洱、红河、西双版纳），贵州，四川，江西，广西，福建，台湾，广东，海南；日本，泰国，缅甸，印度，马来西亚，印度尼西亚。

黄壮猎蝽 *Biasticus flavus* Distant, 1903

分布：云南（丽江、红河、文山、德宏、普洱），贵州，广西，广东，海南，台湾，香港；印度，缅甸，印度尼西亚，马来西亚。

黑腹壮猎蝽 *Biasticus ventralis* Hsiao, 1979

分布：云南（西双版纳）。

短猎蝽属 *Brachytonus* China, 1925

二色短猎蝽 *Brachytonus bicolor* China, 1925

分布：云南。

黑足短猎蝽 *Brachytonus nigripes* Hsiao, 1976

分布：云南（红河）；越南。

垢猎蝽属 *Caunus* Stål, 1865

垢猎蝽 *Caunus noctulus* Hsiao, 1977

分布：云南（普洱、西双版纳），贵州，四川，山东，浙江，广西，福建。

斑猎蝽属 *Canthesancus* Amyot & Serville, 1843

六斑猎蝽 *Canthesancus dislurco* Hsiao, 1977

分布：云南（普洱、西双版纳）。

短斑猎蝽 *Canthesancus helluo* Stål, 1863

分布：云南（普洱、红河、西双版纳），广东；印度尼西亚，斯里兰卡，印度。

狭斑猎蝽 *Canthesancus lurco* Stål, 1863

分布：云南（红河、西双版纳），安徽，浙江，东南沿海岛屿。

蟹瘤蝽属 *Carcinochelis* Fieber, 1861

版纳蟹瘤蝽 *Carcinochelis bannaensis* Hsiao & Liu, 1979

分布：云南（西双版纳）。

刺瘤蝽属 *Carcinocoris* Handlirsch, 1897

宾刺瘤蝽 *Carcinocoris binghami* (Sharp, 1897)

分布：云南（普洱、临沧、西双版纳）；缅甸，泰国。

Chinemesa Wygodzinsky, 1966

***Chinemesa chinensis* Chen & Cai, 2020**

分布：云南（德宏、红河）。

土猎蝽属 *Coranus* Curtis, 1833

斑缘土猎蝽 *Coranus fuscipennis* Reuter, 1881

分布：云南（玉溪、红河、西双版纳），四川，浙江，广西，广东；缅甸，印度，印度尼西亚。

红缘土猎蝽 *Coranus marginatus* Hsiao, 1979

分布：云南（怒江、红河、保山、西双版纳），西藏，广西，海南。

四川土猎蝽 *Coranus sichuensis* Hsiao & Ren, 1981

分布：云南，四川。

黑尾土猎蝽 *Coranus spiniscutis* Reuter, 1881

分布：云南（西双版纳），江西，浙江，广西，福建，广东，海南；越南，缅甸，印度，印度尼西亚。

狭臀土猎蝽 *Coranus stenopygus* Putshkov, 1982

分布：云南（保山），西藏，内蒙古，甘肃。

勺猎蝽属 *Cosmolestes* Stål, 1866

环勺猎蝽 *Cosmolestes annulipes* Distant, 1879

分布：云南（保山、红河、普洱、西双版纳），河南，江西，广西，广东，海南，福建；印度，缅甸。

丽勺猎蝽 *Cosmolestes pulcher* Hsiao, 1979
分布：云南（普洱）。
云南勺猎蝽 *Cosmolestes yunnanus* Hsiao, 1979
分布：云南（西双版纳）。

红猎蝽属 *Cydnocoris* Stål, 1859

双斑红猎蝽 *Cydnocoris binotatus* Hsiao, 1979
分布：云南（昆明、昭通），西藏，广西，广东，海南。
乌带红猎蝽 *Cydnocoris fasciatus* Reuter, 1881
分布：云南（保山、红河），西藏，广西，福建，广东，海南；马来西亚，印度。
斑腹红猎蝽 *Cydnocoris geniculatus* Hsiao, 1979
分布：云南（西双版纳），广西，江西。
橘红猎蝽 *Cydnocoris gilvus* (Burmeister, 1837)
分布：云南（保山、普洱、西双版纳），贵州，广西，福建；缅甸，印度，印度尼西亚，斯里兰卡。
二星红猎蝽 *Cydnocoris hyalinus* Miller, 1955
分布：云南（普洱、红河）；菲律宾。
层斑红猎蝽 *Cydnocoris tabularis* Distant, 1903
分布：云南（西双版纳）；马来西亚。
晦腹红猎蝽 *Cydnocoris ventralis* Hsiao, 1979
分布：云南（西双版纳）。

杜猎蝽属 *Durganda* Amyot & Serville, 1843

蓝光杜猎蝽 *Durganda pedestris* Distant, 1919
分布：云南（西双版纳），广东，海南；越南。
红杜猎蝽 *Durganda rubra* Amyot & Serville, 1843
分布：云南（西双版纳）。

坚猎蝽属 *Durgandana* Miller, 1957

红坚猎蝽 *Durgandana formidabilis* (Distant, 1919)
分布：云南（西双版纳）；越南。

哎猎蝽属 *Ectomocoris* Mayr, 1865

黑哎猎蝽 *Ectomocoris atrox* Stål, 1885
分布：云南（迪庆、大理、德宏、红河、普洱、西双版纳），贵州，四川，西藏，陕西，江苏，浙江，江西，湖南，广西，福建，台湾，广东，海南；缅甸，印度，斯里兰卡，菲律宾，马来西亚，印度尼西亚。
二星哎猎蝽 *Ectomocoris biguttulus* Stål, 1870
分布：云南（玉溪），贵州，广西，湖南，福建，台湾，广东；日本，菲律宾。
黑缘哎猎蝽 *Ectomocoris erebus* Distant, 1903
分布：云南（德宏）。
黄斑哎猎蝽 *Ectomocoris flavomaculatus* Stål, 1870
分布：云南（西双版纳），广西，台湾；越南，菲律宾。
亚哎猎蝽 *Ectomocoris yayeyamae* (Mutsmura, 1913)
分布：云南，广西，台湾，广东，海南；越南，菲律宾，日本。
小黑哎猎蝽 *Ectomocoris yunnanensis* Ren, 1990
分布：云南，贵州，浙江，江西，湖南，广西，福建，广东，海南。

光猎蝽属 *Ectrychotes* Burmeister, 1931

安氏光猎蝽 *Ectrychotes andersoni* (Distant, 1903)
分布：云南。
黑光猎蝽 *Ectrychotes andreae* (Thunberg, 1784)
分布：云南（德宏、昭通、西双版纳），贵州，四川，辽宁，甘肃，北京，河北，山东，江苏，上海，浙江，湖北，湖南，广西，福建，广东，海南；朝鲜半岛，日本，印度尼西亚。
黑足光猎蝽 *Ectrychotes atripes* Hsiao, 1973
分布：云南（玉溪、红河）。
短头光猎蝽 *Ectrychotes breviceps* Hsiao, 1973
分布：云南（红河、西双版纳）。
缘斑光猎蝽 *Ectrychotes comottoi* Lethierry, 1883
分布：云南（昭通、普洱、德宏、红河、西双版纳），贵州，四川，陕西，江西，广西，福建，广东，海南，台湾；日本，越南，缅甸。
红腹光猎蝽 *Ectrychotes gressitti* China, 1940
分布：云南（西双版纳），海南。
南方光猎蝽 *Ectrychotes lingnanensis* China, 1940
分布：云南（西双版纳），贵州，重庆，陕西，浙江，湖北，广西，福建，广东。
艳红光猎蝽 *Ectrychotes rubellus* Hsiao, 1973
分布：云南（保山、德宏、怒江、西双版纳）。
河内光猎蝽 *Ectrychotes tonkinensis* Distant, 1919
分布：云南，广西，海南；越南。
黑腹光猎蝽 *Ectrychotes ventralis* Hsiao, 1973
分布：云南（西双版纳），河南。

蚋蚊猎蝽属 *Emesopsis* Uhler, 1893

淡斑蚋蚊猎蝽 *Emesopsis spicatus* McAtee & Malloch, 1926
分布：云南（西双版纳）；菲律宾。

二节蚊猎蝽属 *Empicoris* Wolff, 1881

红痣二节蚊猎蝽 *Empicoris rubromaculatus* Blackburn, 1889

分布：云南，贵州，四川，甘肃，天津，山东，浙江，湖南，广西，广东，香港，澳门；蒙古国，俄罗斯（远东地区），日本，印度，菲律宾，美洲，欧洲，非洲，大洋洲。

小嗯猎蝽属 *Endochiella* Hsiao, 1979

角小嗯猎蝽 *Endochiella angulata* Hsiao, 1979

分布：云南（西双版纳）。

类嗯猎蝽属 *Endochopsis* Hsiao, 1979

黑背类嗯猎蝽 *Endochopsis confusus* Hsiao, 1979

分布：云南（西双版纳）。

丽类嗯猎蝽 *Endochopsis pulcher* Hsiao, 1979

分布：云南（西双版纳）。

四斑类嗯猎蝽 *Endochopsis quadrimaculatus* Hsiao, 1979

分布：云南（西双版纳），广西。

嗯猎蝽属 *Endochus* Stål, 1859

霜斑嗯猎蝽 *Endochus albomaculatus* Stål, 1859

分布：云南（红河、西双版纳），广东，广西，海南；柬埔寨。

多变嗯猎蝽 *Endochus cingalensis* Stål, 1861

分布：云南（德宏、普洱、西双版纳），贵州，西藏，广西，江西，江苏，福建，广东，海南；缅甸，斯里兰卡，印度，印度尼西亚。

黑角嗯猎蝽 *Endochus nigricornis* Stål, 1859

分布：云南，贵州，四川，西藏，湖北，河北，江西，浙江，广西，福建，广东，海南；印度尼西亚，马来西亚，缅甸，印度，菲律宾。

黑嗯猎蝽 *Endochus niger* Hsiao, 1979

分布：云南（红河、西双版纳）。

黑嗯猎蝽黑股亚种 *Endochus niger flavopectus* Hsiao, 1979

分布：云南（西双版纳）。

黑嗯猎蝽橘股亚种 *Endochus niger bicoloripes* Hsiao, 1979

分布：云南（西双版纳）。

脊猎蝽属 *Epidaucus* Hsiao, 1979

脊猎蝽 *Epidaucus carinatus* Hsiao, 1979

分布：云南，四川，江西，湖北，浙江，广西，福建，台湾，广东，海南；越南，印度尼西亚，斯里兰卡，印度，缅甸，日本。

素猎蝽属 *Epidaus* Stål, 1859

素猎蝽 *Epidaus famulus* Stål, 1863

分布：云南（文山、红河、西双版纳），四川，广东，海南，福建；印度，缅甸。

白斑素猎蝽 *Epidaus famulus* (Stål, 1863)

分布：云南（保山），贵州，四川，浙江，江西，湖南，广西，福建，广东，海南；印度，缅甸，马来西亚，印度尼西亚。

暗素猎蝽 *Epidaus nebulo* (Stål, 1863)

分布：云南（文山），四川，黑龙江，江西。

六刺素猎蝽 *Epidaus sexspinus* Hsiao, 1979

分布：云南（文山、红河），贵州，西藏，浙江，江西，湖南，广西，福建，广东，海南；日本。

彩猎蝽属 *Euagoras* Burmeister, 1835

纹彩猎蝽 *Euagoras plagiatus* Burmeister, 1834

分布：云南（红河、西双版纳），贵州，浙江，湖南，广西，福建，广东，台湾，海南；日本，越南，缅甸，印度，斯里兰卡，菲律宾，印度尼西亚，新加坡，马来西亚。

丽猎蝽属 *Euagoropsis* Hsiao, 1979

丽猎蝽 *Euagoropsis inermis* Hsiao, 1979

分布：云南（西双版纳)。

Flexitibia Zhao, Pham, Truong & Cai, 2014

***Flexitibia orientalis* Zhao, Pham, Truong & Cai, 2014**

分布：云南（西双版纳）；越南。

蚊猎蝽属 *Gardena* Dohrn, 1859

一色蚊猎蝽 *Gardena concolorata* Hsiao & Ren, 1981

分布：云南（红河）。

云南蚊猎蝽 *Gardena yunnan* Hsiao, 1965

分布：云南（红河）。

赤猎蝽属 *Haematoloecha* Stål, 1874

安赤猎蝽 *Haematoloecha andersoni* Distant, 1903

分布：云南。

沙坝赤猎蝽 *Haematoloecha chapana* Distant, 1919

分布：云南（红河）。

福建赤猎蝽 *Haematoloecha fokiensis* Distant, 1903

分布：云南，河南，江西，浙江，湖南，广西，福建，广东。

红腹赤猎蝽 *Haematoloecha nigrorubra* Distant, 1919

分布：云南（普洱，西双版纳），台湾。

黑红赤猎蝽 *Haematoloecha nigrorufa* (Stål, 1866)

分布：云南（西双版纳），贵州，安徽，北京，河北，陕西，山东，河南，湖北，浙江，江西，湖南，广西，福建，台湾，广东；日本，朝鲜。

黑环赤猎蝽 *Haematoloecha rubescens* Disant, 1883

分布：云南（昆明、德宏），四川，浙江，江西，广西；日本。

长头猎蝽属 *Henricohahnia* Breddin, 1900

众突长头猎蝽 *Henricohahnia cauta* Miller, 1954

分布：云南（红河），贵州，江西，广西，广东，海南；老挝，印度。

小长头猎蝽 *Henricohahnia parva* Zhao, Wang & Cai, 2014

分布：云南（普洱）。

双突长头猎蝽 *Henricohahnia tuberosa* Hsiao & Ren, 1981

分布：云南（保山）。

长头猎蝽 *Henricohahnia vittata* Miller, 1954

分布：云南（普洱），广西，海南；老挝，印度。

王氏长头猎蝽 *Henricohahnia wangi* Ren, 2001

分布：云南（西双版纳），四川，广东。

扁胸猎蝽属 *Homalosphodrus* Stål, 1866

亮扁胸猎蝽 *Homalosphodrus depressus* (Stål, 1863)

分布：云南，贵州；印度。

菱猎蝽属 *Isyndus* Stål, 1858

毛翅菱猎蝽 *Isyndus lativentris* Distant, 1919

分布：云南，四川，广西；越南，印度。

褐菱猎蝽 *Isyndus obscurus* Dallas, 1850

分布：云南（怒江、丽江、迪庆、红河），贵州，四川，西藏，辽宁，北京，甘肃，山东，河南，河北，山西，陕西，江苏，安徽，湖北，浙江，江西，广西，福建，广东，海南；朝鲜，日本，印度，不丹，越南。

毛足菱猎蝽 *Isyndus pilosipes* Reuter, 1881

分布：云南（红河），贵州，四川，西藏，福建，广东，广西；印度，缅甸。

圆肩菱猎蝽 *Isyndus planicollis* Lindberg, 1934

分布：云南（普洱、怒江），贵州，四川，甘肃，陕西。

锥盾菱猎蝽 *Isyndus reticulatus* Stål, 1858

分布：云南（德宏、红河、西双版纳），贵州，四川，浙江，江西，广西，福建，广东，香港；印度。

锥盾菱猎蝽短刺亚种 *Isyndus reticulatus brevispinus* Breddin, 1900

分布：云南（红河）。

华菱猎蝽 *Isyndus sinicus* Hsiao & Ren, 1981

分布：云南（普洱、西双版纳），四川，广西。

云南菱猎蝽 *Isyndus yunnanus* Ren, 1986

分布：云南（迪庆、怒江）。

虎猎蝽属 *Inara* Stål, 1859

淡斑虎猎蝽 *Inara alboguttata* Stål, 1863

分布：云南（西双版纳）；缅甸，越南。

沙猎蝽属 *Karenocoris* Miller, 1954

沙猎蝽 *Karenocoris granulus* Hsiao & Ren, 1981

分布：云南（德宏、红河）。

角沙猎蝽 *Karenocoris rudis* Hsiaoet & Ren, 1954

分布：云南（西双版纳）。

矛猎蝽属 *Lanca* Distant, 1906

大矛猎蝽 *Lanca major* Hsiao, 1970

分布：云南（西双版纳）。

隶猎蝽属 *Lestomerus* Amyot & Serville, 1843

黑股隶猎蝽 *Lestomerus affinis* Amyot & Serville, 1831

分布：云南（红河、文山），上海，江苏，广西，台湾，海南；缅甸，马来西亚，印度尼西亚，印度。

红股隶猎蝽 *Lestomerus femoralis* Walker, 1873

分布：云南（昆明），贵州，四川，陕西，上海，江苏，浙江，江西，湖北，广西，福建，广东；印度，印度尼西亚，马来半岛。

直盾光猎蝽属 *Liroctinus* Wang, 1988

红腹直盾光猎蝽 *Liroctinus rubescenis* Wang, 1988

分布：云南（保山）。

剑猎蝽属 *Lisarda* Stål, 1859

环斑剑猎蝽 *Lisarda annulosa* Stål, 1874

分布：云南（德宏、西双版纳）；印度，斯里兰卡，缅甸。

毛剑猎蝽 *Lisarda pilosa* Hsiao, 1974

分布：云南（西双版纳）。

晦纹剑猎蝽 *Lisarda rhypara* Stål, 1859
分布：云南（大理、红河、西双版纳），贵州，广西，福建，广东，海南；越南，印度尼西亚，缅甸，新加坡。

刺剑猎蝽 *Lisarda spinosa* Hsiao, 1974
分布：云南（德宏），广西。

角猎蝽属 *Macracanthopsis* Reuter, 1881

结股角猎蝽 *Macracanthopsis nodipes* Reuter, 1881
分布：云南（西双版纳），贵州，广西，福建，广东，海南；越南，缅甸，马来西亚，印度。

大蚊猎蝽属 *Myiophanes* Reuter, 1881

大蚊猎蝽 *Myiophanes tipulina* Reuter, 1881
分布：云南，贵州，西藏，广西，湖北，江西，福建，广东，香港，海南；日本，马来西亚，越南，缅甸，澳大利亚。

曼猎蝽属 *Mendis* Stål, 1859

红曼猎蝽 *Mendis rufus* Hsiao & Ren, 1981
分布：云南（西双版纳）。

云南曼猎蝽 *Mendis yunnana* Hsiao & Ren, 1981
分布：云南（红河）。

平背猎蝽属 *Narsetes* Distant, 1903

平背猎蝽 *Narsetes longinus* Distant, 1903
分布：云南（红河）；缅甸，印度。

新舟猎蝽属 *Neostaccia* Miller, 1940

新舟猎蝽 *Neostaccia plebeja* Stål, 1866
分布：云南（西双版纳），贵州，广西，湖南。

长背猎蝽属 *Neothodelmus* Distant, 1919

长背猎蝽 *Neothodelmus yangmingshengi* China, 1940
分布：云南（普洱，西双版纳），广西，广东，福建，海南。

新猎蝽属 *Neocentrocnemis* Miller, 1956

云南新猎蝽 *Neocentrocnemis yunnana* Hsiao, 1974
分布：云南（西双版纳）。

单眼蚊猎蝽属 *Ocelliemesina* Wang, Wang, Cao & Cai, 2015

中华单眼蚊猎蝽 *Ocelliemesina sinica* Wang, Wang, Cao & Cai, 2015
分布：云南（红河）。

普猎蝽属 *Oncocephalus* Klug, 1830

双环普猎蝽 *Oncocephalus breviscutum* Reuter, 1882
分布：云南（红河），贵州，重庆，河南，陕西，浙江，江西，湖南，广西，广东；日本，印度尼西亚。

短斑普猎蝽 *Oncocephalus confusus* Hsiao, 1977
分布：云南，四川，黑龙江，辽宁，吉林，内蒙古，北京，河北，山东，河南，陕西，江苏，上海，浙江，安徽，湖北，广西，广东，海南，福建；澳大利亚。

粗股普猎蝽 *Oncocephalus impudicus* Reuter, 1883
分布：云南（德宏），贵州，江西，浙江，广西，福建，广东，海南；缅甸，斯里兰卡，印度，印度尼西亚，越南。

颗普猎蝽 *Oncocephalus impurus* Hsiao, 1977
分布：云南（德宏、普洱、西双版纳），四川，陕西，湖北，江西，浙江，广西，广东，海南，福建，台湾；菲律宾。

南普猎蝽 *Oncocephalus philippinus* Lethierry, 1981
分布：云南（西双版纳），四川，陕西，河南，湖北，江西，浙江，广西，福建，广东，海南，台湾；日本，朝鲜，菲律宾。

毛眼普猎蝽 *Oncocephalus pudicus* Hsiao, 1977
分布：云南（德宏、普洱、红河、西双版纳），西藏，广西，广东，海南。

盾普猎蝽 *Oncocephalus scutellaris* Reuter, 1881
分布：云南（保山、大理、红河），贵州，陕西，湖南，广西，福建；越南，印度尼西亚。

锥绒猎蝽属 *Opistoplatys* Westwood, 1835

大锥绒猎蝽 *Opistoplatys majusculus* Distant, 1903
分布：云南（红河、西双版纳），广西，广东，香港，海南；缅甸，印度。

Paralenaeus Reuter, 1881

***Paralenaeus schaeferi* Yang, Cao & Cai, 2012**
分布：云南（西双版纳）。

棒猎蝽属 *Parendochus* Hsiao, 1982

棒猎蝽 *Parendochus leptocorisoides* (China, 1940)
分布：云南（普洱），江西，广东。

副斯猎蝽属 *Parascadra* Miller, 1954

红副斯猎蝽 *Parascadra rubida* Hsiao, 1973
分布：云南（西双版纳），广西，海南。

帕猎蝽属 *Pasira* Stål, 1859

帕猎蝽 *Pasira perpusilla* (Walker, 1873)
分布：云南（西双版纳）；缅甸。

萧猎蝽属 *Pasiropusis* Reuter, 1881

褐萧猎蝽 *Pasiropusis bicolor* Hsiao, 1976
分布：云南（西双版纳），广西。

青突胸猎蝽 *Pasiropusis maculata* Distant, 1903
分布：云南（德宏，保山、西双版纳）。

跃猎蝽属 *Peregrinator* Kirkaldy, 1904

双环跃猎蝽 *Peregrinator biannulipes* Montrouzier & Signoret, 1861
分布：云南，湖北，广西，福建，海南；越南，缅甸，印度，斯里兰卡，马来西亚，菲律宾，中美洲，非洲。

叶胫猎蝽属 *Petalochirus* Palisot de Beauvois, 1805

叶胫猎蝽 *Petalochirus spinosissimus* Distant, 1903
分布：云南（红河、西双版纳），广西；越南，印度，马来西亚。

盗猎蝽属 *Pirates* Serville, 1831

日月盗猎蝽 *Pirates arcuatus* (Stål, 1871)
分布：云南（红河、普洱、曲靖、文山），贵州，四川，重庆，陕西，河南，江苏，浙江，江西，湖南，广西，福建，台湾，广东，海南；日本，缅甸，印度，菲律宾，斯里兰卡，印度尼西亚。

黄纹盗猎蝽 *Pirates atromaculatus* (Såtl, 1871)
分布：云南（普洱、德宏、红河、文山），贵州，四川，重庆，辽宁，山东，北京，河南，山西，陕西，浙江，江苏，江西，广西，广东，福建；菲律宾，日本，朝鲜，印度，印度尼西亚，缅甸，越南，斯里兰卡，俄罗斯（远东地区）。

细盗猎蝽 *Pirates lepturoides* Wolff, 1804
分布：云南（德宏、普洱、西双版纳），贵州，四川，河北，陕西，江西，湖北，湖南，广西，福建，台湾；朝鲜，日本，缅甸，印度尼西亚，斯里兰卡，越南。

四点盗猎蝽 *Pirates quadrinotatus* (Fabricius, 1798)
分布：云南（德宏）。

污黑盗猎蝽 *Pirates turpis* Walker, 1873
分布：云南（昭通），贵州，四川，北京，山东，河南，陕西，江苏，浙江，江西，湖北，广西，广东；日本，越南。

伐猎蝽属 *Phalantus* Stål, 1863

粒伐猎蝽 *Phalantus geniculatus* Stål, 1863
分布：云南（西双版纳），贵州，四川，湖北，江西，湖南，广西，广东，香港；缅甸，印度，日本。

棘猎蝽属 *Polididus* Stål, 1958

棘猎蝽 *Polididus armatissimus* Stål, 1859
分布：云南（昆明、德宏、西双版纳），江西，湖北，广西，福建，台湾，广东，海南；越南，印度尼西亚，斯里兰卡，马来西亚，印度，缅甸，日本。

盲猎蝽属 *Polytoxus* Spinola, 1840

褐翅盲猎蝽 *Polytoxus fuscipennis* Hsiao, 1965
分布：云南（西双版纳）。

淡翅盲猎蝽 *Polytoxus pallipennis* Hsiao, 1965
分布：云南（普洱、西双版纳）。

中褐盲猎蝽 *Polytoxus ruficeps* Hsiao, 1965
分布：云南（德宏），湖北，广西，海南；越南，缅甸，菲律宾，斯里兰卡。

红脉盲猎蝽 *Polytoxus rufinervis* Hsiao, 1965
分布：云南（红河）。

梭头猎蝽属 *Psophis* Stål, 1863

红梭头猎蝽 *Psophis consanguinea* Distant, 1903
分布：云南（德宏、西双版纳），广西，江西；缅甸。

刺胸猎蝽属 *Pygolampis* Germar, 1824

窄刺胸猎蝽 *Pygolampis angusta* Hsiao, 1977
分布：云南（红河），广西，海南；越南。

双刺胸猎蝽 *Pygolampis bidentata* Goeze, 1778
分布：云南，四川，新疆，黑龙江，内蒙古，北京，河南，河北，山西，陕西，山东，湖北，江苏，广西，台湾，广东；日本，朝鲜，欧洲。

污刺胸猎蝽 *Pygolampis foeda* Stål, 1859
分布：云南（红河、西双版纳），贵州，四川，辽宁，河南，陕西，上海，湖南，浙江，湖北，江西，江苏，广西，福建，广东，海南；缅甸，印度，斯里兰卡，印度尼西亚，日本，澳大利亚，斐济，马来西亚。

小刺胸猎蝽 *Pygolampis longipes* Hsiao, 1977
分布：云南（普洱、德宏、西双版纳），贵州，湖南，江西，广西。

赭刺胸猎蝽 *Pygolampis rufescens* Hsiao, 1977

分布：云南（普洱、西双版纳），贵州，江西，广西，广东；越南。

中刺胸猎蝽 *Pygolampis simulipes* Hsiao, 1977

分布：云南（普洱、红河），广西，河南，江西，广东，台湾；越南。

齿胫猎蝽属 *Rihirbus* Stål, 1861

多变齿胫猎蝽 *Rihirbus trochantericus* Stål, 1861

分布：云南（红河、西双版纳），贵州，西藏，陕西，甘肃，河南，浙江，江西，湖南，广西，福建，广东，海南；印度，斯里兰卡，印度尼西亚，缅甸，菲律宾。

猎蝽属 *Reduvius* Fabricius, 1775

双色背猎蝽 *Reduvius gregoryi* China, 1925

分布：云南，广西。

红缘猎蝽 *Reduvius lateralis* Hsiao, 1976

分布：云南，四川。

黑背猎蝽 *Reduvius nigerrimus* Hsiao, 1976

分布：云南（西双版纳）。

红头猎蝽 *Reduvius ruficeps* Hsiao, 1976

分布：云南（西双版纳）。

橘红背猎蝽 *Reduvius tenebrosus* Stål, 1863

分布：云南（西双版纳），贵州，四川，江苏，安徽，浙江，江西，湖南，广西，福建，广东。

瑞猎蝽属 *Rhynocoris* Hahn, 1834

云斑瑞猎蝽 *Rhynocoris incertis* (Distant, 1903)

分布：云南（红河、文山）。

黄缘瑞猎蝽 *Rhynocoris marginellus* Fabricius, 1803

分布：云南（红河、西双版纳），广西，广东，海南；越南，印度，缅甸。

红股瑞猎蝽 *Rhynocoris mendicus* Stål, 1866

分布：云南（文山），广西，江苏，广东；印度，缅甸，柬埔寨，马来西亚。

山彩瑞猎蝽 *Rhynocoris costallis* Stål, 1866

分布：云南（迪庆、丽江、大理），贵州，四川，西藏，广西，浙江，江西，湖南，福建，广东，海南；越南，老挝，泰国，斯里兰卡，缅甸，印度，马来西亚。

红彩瑞猎蝽 *Rhynocoris fuscipes* (Fabricius, 1787)

分布：云南（文山、红河、玉溪、普洱、德宏、大理、西双版纳），四川，西藏，吉林，湖北，江苏，江西，浙江，广西，福建，台湾，广东，湖南，海南；日本，缅甸，斯里兰卡，印度，印度尼西亚，马来西亚。

梭猎蝽属 *Sastrapada* Amyot & Serville, 1843

娇梭猎蝽 *Sastrapada baerensprungi* (Stål, 1859)

分布：云南（红河）。

短翅梭猎蝽 *Sastrapada brevipennis* China, 1940

分布：云南（西双版纳），广西，海南。

石纹梭猎蝽 *Sastrapada marmorata* Hsiao, 1977

分布：云南（昆明，普洱）。

敏梭猎蝽 *Sastrapada oxyptera* Bergroth, 1922

分布：云南，浙江，湖北，广西，福建，海南；印度尼西亚。

斯猎蝽属 *Scadra* Stål, 1859

双斑斯猎蝽 *Scadra fuscira* Stål, 1859

分布：云南（德宏，怒江）；缅甸，斯里兰卡，印度。

红斯猎蝽 *Scadra militaris* Distant, 1909

分布：云南（昆明、大理），西藏；印度。

小斯猎蝽 *Scadra minuta* Shi & Cai, 1997

分布：云南（昆明、大理、丽江）。

滇红斯猎蝽 *Scadra rubida* Hsiao, 1973

分布：云南（保山、怒江），贵州，广西。

褐斯猎蝽 *Scadra wuchenfui* China, 1940

分布：云南（玉溪），贵州，广西，广东，海南。

轮刺猎蝽属 *Scipinia* Stål, 1861

轮刺猎蝽 *Scipinia horrida* Stål, 1860

分布：云南（普洱、红河、西双版纳），贵州，四川，西藏，陕西，甘肃，河南，江西，浙江，湖南，广西，福建，广东，海南；日本，缅甸，印度，斯里兰卡，菲律宾，印度尼西亚。

刺猎蝽属 *Sclomina* Stål, 1861

齿缘刺猎蝽 *Sclomina erinacea* Stål, 1861

分布：云南，贵州，四川，湖北，安徽，江西，广西，福建，台湾，广东，香港，浙江，湖南，海南。

雅猎蝽属 *Serendus* Hsiao, 1979

斑腹雅猎蝽 *Serendus geniculatus* Hsiao, 1979

分布：云南（红河）。

黄足猎蝽属 *Sirthenea* Spinola, 1837

半黄足直头猎蝽 *Sirthenea dimidiata* Horváth, 1911

分布：云南（普洱），四川，湖北，安徽，湖南，广西，江西，福建，台湾。

黄足直头猎蝽 *Sirthenea flavipes* Stål, 1885

分布：云南（玉溪，德宏、普洱、红河），贵州，四川，陕西，甘肃，河南，江苏，上海，安徽，湖北，浙江，江西，湖南，广西，福建，广东，海南；朝鲜，日本，越南，印度，老挝，斯里兰卡，菲律宾，印度尼西亚。

猛猎蝽属 *Sphedanolestes* Stål, 1866

小红猛猎蝽 *Sphedanolestes anellus* Hsiao, 1979

分布：云南（西双版纳）。

双环猛猎蝽 *Sphedanolestes annulipes* Distant, 1903

分布：云南（普洱、红河、西双版纳），贵州，西藏，广西；缅甸。

二色猛猎蝽 *Sphedanolestes bicolor* Hsiao, 1910

分布：云南（西双版纳）。

红缘猛猎蝽 *Sphedanolestes gularis* Hsiao, 1979

分布：云南（大理、怒江、文山、西双版纳），贵州，四川，西藏，重庆，甘肃，河南，安徽，湖北，浙江，江西，湖南，广西，福建，广东。

环斑猛猎蝽 *Sphedanolestes impressicollis* Stål, 1861

分布：云南（文山、红河、德宏），贵州，四川，重庆，辽宁，河北，北京，陕西，甘肃，山东，河南，江苏，安徽，湖北，浙江，江西，湖南，广西，福建，广东；朝鲜，日本，印度。

斑腹猛猎蝽 *Sphedanolestes pilosus* Hsiao, 1973

分布：云南（普洱、迪庆、楚雄、西双版纳），四川。

赤腹猛猎蝽 *Sphedanolestes pubinotum* Reuter, 1881

分布：云南（普洱、迪庆、文山，西双版纳），贵州，四川，西藏，安徽，浙江，江西，广西，福建，广东，海南；印度，缅甸，印度尼西亚。

四点猛猎蝽 *Sphedanolestes quadrinotatus* Cai, Cai & Wang, 2004

分布：云南（大理），贵州。

红股猛猎蝽 *Sphedanolestes rubripes* Cai, Cai & Wang, 2004

分布：云南（西双版纳）。

斑缘猛猎蝽 *Sphedanolestes subtilis* (Jakovlev, 1893)

分布：云南，贵州，四川，陕西，甘肃，河南，安徽，湖北，浙江，福建，广东，海南。

红猛猎蝽 *Sphedanolestes trichrous* Stål, 1874

分布：云南（普洱、红河、西双版纳），广西，福建，广东，海南，香港；印度，斯里兰卡。

熊氏猛猎蝽 *Sphedanolestes xiongi* Cai, Cai & Wang, 2004

分布：云南（西双版纳）。

舟猎蝽属 *Staccia* Stål, 1859

淡舟猎蝽 *Staccia diluta* Stål, 1859

分布：云南（红河、临沧），贵州，四川，河南，浙江，江苏，江西，湖北，广西，福建，广东；越南，缅甸，斯里兰卡，印度，印度尼西亚。

片猎蝽属 *Staliastes* Kirkaldy, 1900

红片猎蝽 *Staliastes rufus* (Laporte, 1832)

分布：云南（西双版纳）；印度尼西亚。

犀猎蝽属 *Sycanus* Amyot & Serville, 1843

二色犀猎蝽 *Sycanus bicolor* Hsiao, 1979

分布：云南（德宏、怒江、西双版纳）。

黄带犀猎蝽 *Sycanus croceovittatus* Dohrn, 1859

分布：云南（普洱、红河、文山），贵州，广西，福建，广东，海南，香港；新加坡，马来西亚，缅甸，印度。

黄犀猎蝽 *Sycanus croceus* Hsiao, 1979

分布：云南（红河），江西，广西，广东，福建。

大红犀猎蝽 *Sycanus falleni* Stål, 1863

分布：云南（保山、红河），广西；缅甸，泰国，柬埔寨。

赭缘犀猎蝽 *Sycanus marginellus* Putshkov, 1987

分布：云南（普洱、西双版纳）。

小犀猎蝽 *Sycanus minor* Hsiao, 1979

分布：云南（西双版纳）。

红犀猎蝽 *Sycanus rufus* Hsiao, 1979

分布：云南（临沧、普洱、西双版纳）。

四川犀猎蝽 *Sycanus sichuanensis* Hsiao, 1979

分布：云南（临沧），四川。

达猎蝽属 *Tamaonia* China, 1940

云南达猎蝽 *Tamaonia yunnana* Hsiao, 1973

分布：云南（保山、红河、西双版纳）。

平腹猎蝽属 *Tapeinus* Laporte, 1883

黑片平腹猎蝽 *Tapeinus bicolor* (Hsiao, 1976)
分布：云南（西双版纳）。

平腹猎蝽 *Tapeinus fuscipennis* Stål, 1874
分布：云南（红河、西双版纳），西藏，广西，海南，台湾；泰国，印度，缅甸，日本。

褐平腹猎蝽 *Tapeinus singularis* (Walker, 1873)
分布：云南，广东；印度尼西亚，缅甸，马来西亚。

塔猎蝽属 *Tapirocoris* Miller, 1954

齿塔猎蝽 *Tapirocoris densus* Hsiao & Ren, 1981
分布：云南，贵州，四川，广西，湖南。

边塔猎蝽 *Tapirocoris limbatus* Miller, 1954
分布：云南（昆明、曲靖、大理、保山、怒江、西双版纳）；缅甸。

敏猎蝽属 *Thodelmus* Stål, 1859

敏猎蝽 *Thodelmus falleni* Stål, 1859
分布：云南（普洱、玉溪、红河、楚雄），贵州，四川，河南，江西，福建，广东，湖南，广西，海南；斯里兰卡，印度尼西亚，澳大利亚，缅甸，印度，巴基斯坦。

椎猎蝽属 *Triatoma* Laporte, 1833

广椎猎蝽 *Triatoma rubrofasciata* De Geer, 1773
分布：世界广布。

绒猎蝽属 *Tribelocephala* Stål, 1854

瓦绒猎蝽 *Tribelocephala walkeri* China, 1940
分布：云南（普洱、西双版纳），广西，广东，香港。

锤胫猎蝽属 *Valentia* Stål, 1863

锤胫猎蝽 *Valentia compressipes* Stål, 1874
分布：云南，广西，广东，海南；越南，缅甸，印度。

小锤胫猎蝽 *Valentia hoffmanni* China, 1940
分布：云南（红河、西双版纳），广东，海南，广西。

脂猎蝽属 *Velinus* Stål, 1866

革红脂猎蝽 *Velinus annulatus* Distant, 1879
分布：云南（普洱、红河、文山、西双版纳），贵州，广西，福建，广东；缅甸，印度。

小脂猎蝽 *Velinus apicalis* Hsiao, 1979
分布：云南（普洱）。

黄背脂猎蝽 *Velinus malayus* (Stål, 1863)
分布：云南；缅甸。

赭翅脂猎蝽 *Velinus marginatus* Hsiao, 1979
分布：云南（普洱、红河、文山、西双版纳），广西；马来半岛。

黑脂猎蝽 *Velinus nodipes* Uhler, 1860
分布：云南（普洱、文山），贵州，四川，河南，湖北，江苏，浙江，江西，广西，福建，广东，香港；日本，朝鲜，印度。

红腹脂猎蝽 *Velinus rufiventris* Hsiao, 1979
分布：云南（红河、西双版纳），贵州，广西，福建。

委猎蝽属 *Velitra* Stål, 1866

斑翅委猎蝽 *Velitra melanomeris* Distant, 1919
分布：云南，广西，海南；越南。

凹窝委猎蝽 *Velitra scrobicalara* Wang, 1988
分布：云南（西双版纳）。

小猎蝽属 *Vesbius* Stål, 1865

红小猎蝽 *Vesbius purpureus* Thunberg, 1784
分布：云南（普洱、红河、西双版纳），广西，台湾，广东，海南；印度尼西亚，缅甸，印度，斯里兰卡，马来西亚，泰国，新几内亚岛。

红股小猎蝽 *Vesbius sanguinosus* Stål, 1874
分布：云南（普洱）。

爪盾猎蝽属 *Vilius* Stål, 1863

爪盾猎蝽 *Vilius melanopterus* Stål, 1863
分布：云南（临沧），上海，江苏；缅甸，马来西亚，印度。

文猎蝽属 *Villanovanus* Distant, 1904

黑文猎蝽 *Villanovanus nigrorufus* Hsiao, 1979
分布：云南（西双版纳），贵州，广西，广东，海南。

裙猎蝽属 *Yolinus* Amyot & Serville, 1843

环角裙猎蝽 *Yolinus annulicornis* Hsiao, 1979
分布：云南（红河、普洱、西双版纳）。

淡裙猎蝽 *Yolinus albopustulatus* China, 1940
分布：云南（保山），四川，广西，浙江，广东。

瘤蝽科 Phymatidae

菱瘤蝽属 *Amblythyreus* Westwood, 1842

山菱瘤蝽 *Amblythyreus esakii* Maa & Lin, 1956
分布：云南（昆明），台湾。

钝菱瘤蝽 *Amblythyreus gestroi* Handlirsch, 1897
分布：云南（普洱），台湾；缅甸。
短角菱瘤蝽 *Amblythyreus martini* Handlirsch, 1899
分布：云南。
长角菱瘤蝽 *Amblythyreus oberthuri* Handlirsch, 1899
分布：云南。
小菱瘤蝽 *Amblythyreus potaninae* (Bianchi, 1899)
分布：云南（昆明、玉溪、昭通、大理、丽江），贵州，四川；印度。

龟瘤蝽属 *Chelocoris* Bianchi, 1899

异角龟瘤蝽 *Chelocoris dissimilis* Liu, 1988
分布：云南（丽江）。
原龟瘤蝽 *Chelocoris handlirschi* Bianchi, 1899
分布：云南（丽江），四川。
华龟瘤蝽 *Chelocoris sinicus* Hsiao & Liu, 1979
分布：云南（昭通、红河），福建。
滇龟瘤蝽 *Chelocoris yunnanus* Hsiao & Liu, 1979
分布：云南（昆明、大理、迪庆），贵州，四川。

螳瘤蝽属 *Cnizocoris* Handlirsch, 1897

模螳瘤蝽 *Cnizocoris davidi* Handlirsch, 1897
分布：云南（保山、丽江），四川。
萧螳瘤蝽 *Cnizocoris hsiaoi* Liu, 1988
分布：云南（丽江）。
显螳瘤蝽 *Cnizocoris obvius* Hsiao & Liu, 1979
分布：云南（保山）。

盾瘤蝽属 *Glossopelta* Handlirsch, 1897

原盾瘤蝽 *Glossopelta acuta* Handlirsch, 1897
分布：云南（昆明、红河、普洱、大理、德宏、西双版纳）；缅甸，印度尼西亚。

盲蝽科 Miridae

苜蓿盲蝽属 *Adelphocoris* Reuter, 1896

苜蓿盲蝽 *Adelphocoris lineolatus* (Goeze, 1778)
分布：云南，四川，西藏，新疆，辽宁，吉林，黑龙江，陕西，甘肃，青海，宁夏，北京，天津，河北，山西，内蒙古，山东，河南，浙江，江西，湖北，广西。
污苜蓿盲蝽 *Adelphocoris luridus* Reuter, 1906
分布：云南，四川，陕西，甘肃。

点盾盲蝽属 *Alloeotomus* Fieber, 1858

云南点盾盲蝽 *Alloeotomus yunnanensis* Zheng & Ma, 2004
分布：云南。

驼盲蝽属 *Angerianus* Distant, 1904

斑盾驼盲蝽 *Angerianus fractus* Distant, 1904
分布：云南（昆明、普洱），贵州，广东。
长角驼盲蝽 *Angerianus longicornis* Xu & Liu, 2022
分布：云南。
暗色驼盲蝽 *Angerianus maurus* Distant, 1904
分布：云南（普洱、玉溪、西双版纳），贵州，海南，台湾，广东；尼泊尔，缅甸，越南，老挝，泰国。

拟束盲蝽属 *Apilophorus* Hsiao & Ren, 1983

横带拟束盲蝽 *Apilophorus fasciatus* Hsiao & Ren, 1983
分布：云南（普洱、保山），广西。

异丽盲蝽属 *Apolygopsis* Yasunaga, Schwartz & Cherot, 2002

东亚异丽盲蝽 *Apolygopsis nigritulus* (Linnavuori, 1961)
分布：云南，贵州，四川，浙江，湖北，湖南，广西，福建，广东；日本，朝鲜。
云南异丽盲蝽 *Apolygopsis yunnananus* (Zheng & Wang, 1983)
分布：云南（西双版纳）。

后丽盲蝽属 *Apolygus* China, 1941

宝岛后丽盲蝽 *Apolygus fuhoshoensis* (Poppius, 1915)
分布：云南，台湾。
绿后丽盲蝽 *Apolygus lucorum* (Meyer-Dur, 1843)
分布：云南，贵州，吉林，黑龙江，河北，陕西，甘肃，宁夏，山西，江西，河南，湖北，湖南，福建；日本，俄罗斯（远东地区），埃及，欧洲，北美洲。
斯氏后丽盲蝽 *Apolygus spinolae* (Meyer-Dur, 1841)
分布：云南，四川，黑龙江，陕西，甘肃，北京，天津，河南，浙江，广东；俄罗斯（远东地区），日本，朝鲜，埃及，欧洲。

树丽盲蝽属 *Arbolygus* Kerzhner, 1979

哀牢树丽盲蝽 *Arbolygus ailaoensis* Lu & Zheng, 1998
分布：云南（普洱）。

横断树丽盲蝽 *Arbolygus difficilis* Lu & Zheng, 1998
分布：云南（怒江、丽江），四川，西藏，湖北。

喜马树丽盲蝽 *Arbolygus himalayicus* Lu & Zheng, 1998
分布：云南（迪庆），西藏。

黑褐树丽盲蝽 *Arbolygus picinus* Lu & Zheng, 1998
分布：云南（普洱）。

拟猬盲蝽属 *Argenis* Distant, 1904

点缘拟猬盲蝽 *Argenis incisuratus* (Walker, 1873)
分布：云南，海南，台湾；斯里兰卡。

隆胸盲蝽属 *Bertsa* Kirkaldy, 1904

大隆胸盲蝽 *Bertsa major* Zheng, 2004
分布：云南，浙江，海南，福建。

蕨盲蝽属 *Bryocoris* Fallén, 1829

锥喙蕨盲蝽 *Bryocoris biquadrangulifer* (Reuter, 1906)
分布：云南（大理、丽江、迪庆），四川。

卜氏蕨盲蝽 *Bryocoris bui* Hu & Zheng, 2000
分布：云南（红河），贵州，台湾。

凹背蕨盲蝽 *Bryocoris concavus* Hu & Zheng, 2000
分布：云南（丽江、大理），四川，西藏。

黄头蕨盲蝽 *Bryocoris flaviceps* Zheng & Liu, 1992
分布：云南（保山），四川，浙江，湖北，湖南，海南，台湾。

纤蕨盲蝽 *Bryocoris gracilis* Linnavuori, 1962
分布：云南，贵州，四川，湖北，浙江，湖南，广西，广东，台湾；日本，新几内亚岛。

奇突蕨盲蝽 *Bryocoris insuetus* Hu & Zheng, 2000
分布：云南（昆明、红河、普洱），四川，广东，台湾。

李氏蕨盲蝽 *Bryocoris lii* Hu & Zheng, 2000
分布：云南（红河、大理），西藏。

叶突蕨盲蝽 *Bryocoris lobatus* Hu & Zheng, 2000
分布：云南（红河）。

带蕨盲蝽 *Bryocoris vittatus* Hu & Zheng, 2000
分布：云南（红河、丽江），西藏，广西，台湾。

熊氏蕨盲蝽 *Bryocoris xiongi* Hu & Zheng, 2000
分布：云南（红河）。

木盲蝽属 *Castanopsides* Yasunaga, 1992

毛翅木盲蝽 *Castanopsides dasypterus* (Reoter, 1906)
分布：云南，贵州，四川，西藏，湖南，湖北。

纹唇盲蝽属 *Charagochilus* Fieber, 1858

狭领纹唇盲蝽 *Charagochilus angusticollis* Linnavuori, 1961
分布：云南，贵州，四川，陕西，甘肃，河南，河北，浙江，安徽，广西，广东，福建，台湾；日本，朝鲜，俄罗斯（远东地区）。

长角纹唇盲蝽 *Charagochilus longicornis* Reuter, 1885
分布：云南，贵州，四川，湖北，福建，广东，海南，台湾；日本，印度，印度尼西亚。

淡领纹唇盲蝽 *Charagochilus pallidicollis* Zheng, 1990
分布：云南，贵州，四川，湖北，江西，广西，广东，福建。

玉龙纹唇盲蝽 *Charagochilus yulongensis* Zheng, 1990
分布：云南（丽江）。

乌毛盲蝽属 *Cheilocapsus* Kirkaldy, 1902

乌毛盲蝽 *Cheilocapsus thibetanus* (Reuter, 1903)
分布：云南，四川，西藏，宁夏，甘肃，湖北，湖南，广西，福建。

光盲蝽属 *Chilocrates* Horvath, 1889

多变光盲蝽 *Chilocrates patulus* (Walker, 1873)
分布：云南，贵州，四川，西藏，陕西，甘肃，河南，湖北，广西；缅甸，尼泊尔，不丹，印度。

淡盲蝽属 *Creontiades* Distant, 1883

花肢淡盲蝽 *Creontiades coloripes* Hsiao, 1963
分布：云南，贵州，四川，陕西，山东，河南，湖北，江西，台湾；日本，朝鲜半岛

环盲蝽属 *Cimicicapsus* Poppius, 1915

小头环盲蝽 *Cimicicapsus parviceps* Poppius, 1915
分布：云南（普洱、西双版纳），台湾；日本。

百花环盲蝽 *Cimicicapsus splendus* Xu & Liu, 2009
分布：云南（保山、德宏）。

皮盲蝽属 *Coridromius* Signoret, 1862

赭皮盲蝽 *Coridromius testaceous* Liu & Zhao, 1999
分布：云南，海南。

棕黑皮盲蝽 *Coridromius zetteli* Cherot, Konstantinov & Yasunaga, 2004
分布：云南，海南。

点翅盲蝽属 *Compsidolon* Reuter, 1899

哀牢山点翅盲蝽 *Compsidolon ailaoshanensis* Li & Liu, 2014
分布：云南。
淡黄点翅盲蝽 *Compsidolon flavidum* Li & Liu, 2014
云南：云南（丽江）。
叉突点翅盲蝽 *Compsidolon furcillatum* Li & Liu, 2007
分布：云南。

羊角盲蝽属 *Criocoris* Fieber, 1858

四斑羊角盲蝽 *Criocoris quadrimaculatus* (Fallén, 1807)
分布：云南（玉溪、德宏）；泰国。

塞盲蝽属 *Cylapofulvidius* Cherot & Gorczyca, 2000

线塞盲蝽 *Cylapofulvidius lineolatus* Chérot & Gorczyca, 2000
分布：云南；泰国。

盔盲蝽属 *Cyrtorhinus* Fieber, 1858

黑肩绿盔盲蝽 *Cyrtorhinus lividipennis* Reuter, 1844
分布：云南（红河、楚雄、昭通、德宏、普洱），贵州，四川，陕西，山东，河北，河南，江苏，浙江，湖北，安徽，上海，湖南，广西，江西，台湾，福建，广东，海南。

拟草盲蝽属 *Cyphodemidea* Reuter, 1903

萨氏拟草盲蝽 *Cyphodemidea saundersi* (Reuter, 1896)
分布：云南，四川，吉林，黑龙江，陕西，甘肃，宁夏，湖北；俄罗斯（远东地区），朝鲜，日本。

圆头盲蝽属 *Decomia* Poppius, 1915

泰国圆头盲蝽 *Decomia chiangdaoensis* Schuh, 1984
分布：云南；泰国。

齿爪盲蝽属 *Deraeocoris* Kirschbaum, 1856

圆斑齿爪盲蝽 *Deraeocoris ainoicus* Kerzhner, 1979
分布：云南（保山、红河、普洱、玉溪），黑龙江，山西，浙江。
白盾齿爪盲蝽 *Deraeocoris albidus* Liu & Xu, 2022
分布：云南（德宏）。
窄顶齿爪盲蝽 *Deraeocoris angustiverticalis* Ma & Liu, 2002
分布：云南（西双版纳）。
环齿爪盲蝽 *Deraeocoris annulus* Hsiao & Ren, 1983
分布：云南（西双版纳），四川。
环足齿爪盲蝽 *Deraeocoris aphidicidus* Ballard, 1927
分布：云南，贵州，四川，陕西，浙江，湖北，湖南，广西，广东，福建。
弓盾齿爪盲蝽 *Deraeocoris conspicuus* Ma & Liu, 2002
分布：云南（红河、保山、玉溪），广西。
铜黄齿爪盲蝽 *Deraeocoris cupreus* Ma & Liu, 2002
分布：云南（昆明、迪庆、楚雄、丽江、大理、保山），贵州。
滇西齿爪盲蝽 *Deraeocoris dianxiensis* Liu & Xu, 2022
分布：云南（保山）。
丽盾齿爪盲蝽 *Deraeocoris elegantulus* Horváth, 1905
分布：云南（保山）；俄罗斯（远东地区），日本。
多斑齿盲蝽 *Deraeocoris maculosus* Liu & Xu, 2022
分布：云南（西双版纳），海南。
黑胸齿爪盲蝽 *Deraeocoris nigropectus* Hsiao, 1941
分布：云南（昆明），贵州，甘肃，陕西，浙江，江西，湖北，湖南，广西，广东，福建。
东洋齿爪盲蝽 *Deraeocoris orientalis* (Distant, 1904)
分布：云南。
平背齿爪盲蝽 *Deraeocoris planus* Xu & Ma, 2005
分布：云南（丽江）。
西南齿爪盲蝽 *Deraeocoris xinanensis* Liu & Xu, 2022
分布：云南（普洱）。
郑氏齿爪盲蝽 *Deraeocoris zhengi* Liu & Xu, 2022
分布：云南（红河）。

显胝盲蝽属 *Dicyphus* Fieber, 1858

斑显胝盲蝽 *Dicyphus bimaculiformis* Mu & Liu, 2022
分布：云南（楚雄）。
黑额显胝盲蝽 *Dicyphus nigrifrons* Reuter, 1906
分布：云南（丽江），四川。

榕盲蝽属 *Dioclerus* Distant, 1910

卢榕盲蝽 *Dioclerus lutheri* (Poppius, 1912)
分布：云南（普洱），广西；斯里兰卡。

泰榕盲蝽 *Dioclerus thailandensis* Stonedahl, 1988
分布：云南（德宏），广西，广东；泰国。

多盲蝽属 *Dortus* Distant, 1910

黑带多盲蝽 *Dortus chinai* Miyamoto, 1965
分布：云南（玉溪、普洱、保山、大理、怒江、西双版纳），四川，江西，广西，福建，海南，广东，台湾；日本。

长盲蝽属 *Dolichomiris* Reuter, 1882

大长盲蝽 *Dolichomiris antennatis* (Distant, 1904)
分布：云南，四川，陕西，甘肃，宁夏，湖北，广西，福建，广东，台湾；印度。

毛角长盲蝽 *Dolichomiris hirticornis* Zbeng, 1986
分布：云南，西藏，福建，海南。

勐海长盲蝽 *Dolichomiris menghaiensis* Tang & Lu, 1992
分布：云南。

平头长盲蝽 *Dolichomiris planiceps* Zheng, 1986
分布：云南，西藏。

跃盲蝽属 *Ectmetopterus* Reuter, 1906

甘薯跃盲蝽 *Ectmetopterus micantulus* (Horvath, 1905)
分布：云南，贵州，四川，甘肃，陕西，河南，山东，北京，河北，天津，湖北，湖南，海南，浙江，江西，广西，福建，广东。

芋盲蝽属 *Ernestinus* Distant, 1911

淡盾芋盲蝽 *Ernestinus pallidiscutum* (Poppius, 1915)
分布：云南（普洱，德宏），贵州，广西，海南，广东，台湾；日本。

拟厚盲蝽属 *Eurystylopsis* Poppius, 1911

中国拟厚盲蝽 *Eurystylopsis chinensis* Zheng & Chen, 1991
分布：云南，四川。

棒角拟厚盲蝽 *Eurystylopsis clavicornis* (Jakovlev, 1890)
分布：云南，贵州，四川，陕西，甘肃，浙江，广西，福建，广东。

厚盲蝽属 *Eurystylus* Stål, 1871

缅甸厚盲蝽 *Eurystylus burmanicus* (Distant, 1904)
分布：云南；缅甸，印度。

淡缘厚盲蝽 *Eurystylus costalis* Stål, 1871
分布：云南，四川，北京，天津，河北，山东，河南，陕西，甘肃，江苏，浙江，安徽；菲律宾，印度尼西亚。

灰黄厚盲蝽 *Eurystylus luteus* Hsiao, 1941
分布：云南，贵州，四川，浙江，安徽，江西，福建，广东，海南；朝鲜。

欧盲蝽属 *Europiella* Reuter, 1909

小欧盲蝽 *Europiella artemisiae* (Becker, 1864)
分布：云南，四川，新疆，辽宁，吉林，黑龙江，内蒙古，陕西，宁夏，北京，天津，河北，山西，山东，河南，安徽，江西，湖北；日本，俄罗斯（远东地区），欧洲，美国。

菲盲蝽属 *Felisacus* Distant, 1904

艳丽菲盲蝽 *Felisacus bellus* Linnaeus, 2000
分布：云南（德宏），海南，广东，台湾。

岛菲盲蝽 *Felisacus insularis* Miyamoto, 1965
分布：云南（西双版纳），福建，海南，广东，台湾。

黑角菲盲蝽 *Felisacus nigricornis* Poppius, 1912
分布：云南（德宏）。

亮盲蝽属 *Fingulus* Distant, 1904

阿坡亮盲蝽 *Fingulus apoensis* Stonedahl & Cassis, 1991
分布：云南（保山）；菲律宾。

短喙亮盲蝽 *Fingulus brevirostris* Ren, 1983
分布：云南（普洱），浙江。

光领亮盲蝽 *Fingulus collaris* Miyamoto, 1965
分布：云南，浙江。

长角亮盲蝽 *Fingulus longicornis* Miyamoto, 1965
分布：云南，浙江，台湾；日本，菲律宾。

平亮盲蝽 *Fingulus inflatus* Stonedahl & Cassis, 1991
分布：云南（普洱、保山），浙江，台湾；印度，越南，泰国，马来西亚。

红头亮盲蝽 *Fingulus ruficeps* Hsiao & Ren, 1983
分布：云南（德宏、保山），四川，福建，浙江，海南。

尖头盲蝽属 *Fulvius* Stål, 1862

地尖头盲蝽 *Fulvius dimidiatus* Poppius, 1909
分布：云南（保山），海南，台湾；日本，马来西亚。

云南尖头盲蝽 *Fulvius yunnanicus* Gorczyca, Wolski & Taszakowski, 2020
分布：云南。

拟肿角盲蝽属 *Guisardinus* Carvalho, 1979

瘤颚拟肿角盲蝽 *Guisardinus bui* Zheng, 2004
分布：云南。

肿角盲蝽属 *Guisardus* Distant, 1904

中国肿角盲蝽 *Guisardus chinensis* Carvalho, 1979
分布：云南，海南。

蚁叶盲蝽属 *Hallodapus* Fiber, 1858

横带蚁叶盲蝽 *Hallodapus albofasciatus* (Motschuisky, 1863)
分布：云南，上海，海南，香港；柬埔寨，越南，印度尼西亚，泰国，斯里兰卡，非洲。

跳盲蝽属 *Halticus* Hahn, 1832

微小跳盲蝽 *Halticus minutus* Reuter, 1885
分布：云南，四川，陕西，河南，北京，湖北，广西，江西，浙江，福建，广东，台湾。

薯蓣盲蝽属 *Harpedona* Distant, 1904

缘薯蓣盲蝽 *Harpedona marginata* Distant, 1904
分布：云南，福建，海南，广东；斯里兰卡，菲律宾，巴布亚新几内亚。

突薯蓣盲蝽 *Harpedona projecta* Liu & Mu, 2022
分布：云南（普洱、保山），海南。

亥盲蝽属 *Hekista* Kirkaldy, 1902

褐亥盲蝽 *Hekista novitius* (Distant, 1904)
分布：云南（西双版纳），四川，广西，海南，湖北，台湾。

角盲蝽属 *Helopeltis* Signoret, 1858

金鸡纳角盲蝽 *Helopeltis cinchonae* Mann, 1907
分布：云南（红河、普洱、大理、保山、玉溪、德宏、西双版纳），贵州，西藏，江西，广西，海南，广东，台湾。

台湾角盲蝽 *Helopeltis fasciaticollis* Poppius, 1915
分布：云南（玉溪、德宏、西双版纳），广西，海南，台湾。

腰果角盲蝽 *Helopeltis theivora* Waterhouse, 1886
分布：云南（西双版纳），海南；印度，斯里兰卡，马来西亚，印度尼西亚。

异草盲蝽属 *Heterolygus* Zheng & Yu, 1990

邻异草盲蝽 *Heterolygus duplicatus* (Reuter, 1903)
分布：云南，四川，陕西，甘肃，北京，湖北。

长异草盲蝽 *Heterolygus longus* Zheng & Yu, 1990
分布：云南。

三纹异草盲蝽 *Heterolygus trivittulatus* (Reuter, 1906)
分布：云南，四川，西藏，湖北，甘肃。

透翅盲蝽属 *Hyalopeplus* Stål, 1871

尖角透翅盲蝽 *Hyalopeplus clatatus* Distant, 1909
分布：云南，广西，福建；马来西亚，孟加拉国。

红纹透翅盲蝽 *Hyalopeplus lineifer* (Walker, 1873)
分布：云南，广西，海南，台湾；日本，越南，马来西亚，印度尼西亚，菲律宾，太平洋岛屿。

斑楔透翅盲蝽 *Hyalopeplus similis* (Pcppius, 1912)
分布：云南，广东；越南，印度，菲律宾，印度尼西亚，马来西亚，巴布亚新几内亚，澳大利亚。

刺角透翅盲蝽 *Hyalopeplus spinosus* Distant, 1904
分布：云南，广西，广东，海南；印度，越南。

杰氏盲蝽属 *Jessopocoris* Carvalho, 1981

云南杰氏盲蝽 *Jessopocoris yunnananus* Mu & Liu, 2012
分布：云南（德宏）。

宽平盲蝽属 *Latizanchius* Liu & Zheng, 2001

绿带宽平盲蝽 *Latizanchius viridivittatus* Liu & Zheng, 2001
分布：云南，台湾。

条斑宽平盲蝽 *Latizanchius zebrinus* Liu & Zheng, 2001
分布：云南（红河）。

毛盲蝽属 *Lasiomiris* Reuter, 1891

完带毛盲蝽 *Lasiomiris albopilosus* (Lethierry, 1888)
分布：云南，广东，海南，台湾；缅甸，斯里兰卡，印度尼西亚。

紫褐毛盲蝽 *Lasiomiris purpurascens* Zheng, 1986
分布：云南。

鳞奇盲蝽属 *Lasiolabops* Poppius, 1914

广谱鳞奇盲蝽 *Lasiolabops cosmopolites* Poppius, 1914
分布：云南，贵州，重庆，浙江，江西，湖南，福建，海南；印度，斯里兰卡，菲律宾，印度尼西亚，巴布亚新几内亚。

厘盲蝽属 *Liistonotus* Reuter, 1906

黑唇厘盲蝽 *Liistonotus melanostoma* (Reuter, 1906)
分布：云南，四川，湖北。

丽盲蝽属 *Lygocoris* Reuter, 1875

暗胝丽盲蝽 *Lygocoris calliger* Lu & Zheng, 2001
分布：云南（普洱）。
红褐丽盲蝽 *Lygocoris ferrugineus* Lu & Zheng, 2001
分布：云南（普洱）。
褐盾丽盲蝽 *Lygocoris fuscoscutellatus* (Reuter, 1906)
分布：云南（丽江），四川。
东亚丽盲蝽 *Lygocoris idoneus* (Linnavuori, 1963)
分布：云南（普洱），四川，福建，甘肃；俄罗斯（远东地区），朝鲜，日本。
林氏丽盲蝽 *Lygocoris linnavuorii* Lu & Zheng, 2001
分布：云南（普洱）。
原丽盲蝽 *Lygocoris pabulinus* (Linnaeus, 1761)
分布：云南（西双版纳），四川，西藏，黑龙江，内蒙古，陕西，甘肃，河北，湖北，福建，台湾；俄罗斯（远东地区），日本，欧洲，北美洲。
中红丽盲蝽 *Lygocoris rufomedialis* Lu & Zheng, 2001
分布：云南（丽江）。
纹角丽盲蝽 *Lygocoris striicornis* (Reuter, 1906)
分布：云南（丽江），四川，陕西，甘肃，湖北。

草盲蝽属 *Lygus* Hahn, 1833

棱额草盲蝽 *Lygus discrepans* Reuter, 1906
分布：云南，四川，河北，陕西，甘肃，宁夏。
邻棱额草盲蝽 *Lygus paradiscrepans* Zheng & Yu, 1992
分布：云南，四川，西藏，陕西，甘肃。

长颈盲蝽属 *Macrolophus* Fieber, 1858

灰长颈盲蝽 *Macrolophus glaucescens* Fieber, 1858
分布：云南（昆明、普洱、保山、大理），贵州，四川，台湾。

柔盲蝽属 *Malacocorisella* Yasunaga, 1999

黄碎斑柔盲蝽 *Malacocorisella aurea* Liu & Zheng, 2014
分布：云南。

曼盲蝽属 *Mansoniella* Poppius, 1915

环曼盲蝽 *Mansoniella annulata* Hu & Zheng, 1999
分布：云南（保山），贵州，四川，陕西，湖北。
樟曼盲蝽 *Mansoniella cinnamomi* (Zheng & Liu, 1992)
分布：云南（保山），广西，浙江，海南，湖南。
脊曼盲蝽 *Mansoniella cristata* Hu & Zheng, 1999
分布：云南。
狭长曼盲蝽 *Mansoniella elongata* Hu & Zheng, 1999
分布：云南（普洱、西双版纳）。
黄翅曼盲蝽 *Mansoniella flava* Hu & Zheng, 1999
分布：云南（保山），陕西，湖北，广西。
红带曼盲蝽 *Mansoniella rubistrigata* Liu & Mu, 2022
分布：云南（玉溪）。

昧盲蝽属 *Mecomma* Fieber, 1858

广昧盲蝽 *Mecomma ambulans* (Fallén, 1807)
分布：云南（普洱），河北；欧洲。
仿广昧盲蝽 *Mecomma imitambulans* Liu & Yamamoto, 2004
分布：云南（大理）。
泸水昧盲蝽 *Mecomma lushuiensis* Liu & Yamamoto, 2004
分布：云南（怒江）。

竹盲蝽属 *Mecistoscelis* Reuter, 1891

竹盲蝽 *Mecistoscelis scirtetoides* Reuter, 1891
分布：云南，台湾；缅甸，印度，印度尼西亚，太平洋岛屿。

沟顶盲蝽属 *Megacoelum* Fieber, 1858

大黑沟顶盲蝽 *Megacoelum formosanum* (Poppius, 1915)
分布：云南，海南，广西，台湾。

米盲蝽属 *Michailocoris* Štys, 1985

暗褐米盲蝽 *Michailocoris brunneus* Liu & Mu, 2022
分布：云南（保山，大理），西藏。

三点米盲蝽 *Michailocoris triamaculosus* Linnaeus, 2007
分布：云南（普洱、保山），广西。

微盲蝽属 *Monalocoris* Distant, 1884

大岛微盲蝽 *Monalocoris amamianus* Yasunaga, 2000
分布：云南（红河、保山），台湾。

蕨微盲蝽 *Monalocoris filicis* (Linnaeus, 1758)
分布：云南（普洱、玉溪、文山），贵州，四川，重庆，黑龙江，甘肃，陕西，河北，天津，安徽，浙江，江西，湖北，湖南，广西，福建，广东，台湾。

黄盾微盲蝽 *Monalocoris fulviscutellatus* Hu & Zheng, 2003
分布：云南（西双版纳）。

黑黄微盲蝽 *Monalocoris nigroflavis* Hu & Zheng, 2003
分布：云南（红河）。

赭胸微盲蝽 *Monalocoris ochraceus* Hu & Zheng, 2003
分布：云南（红河），贵州，四川。

均黑微盲蝽 *Monalocoris totanigrus* Mu & Liu, 2022
分布：云南，贵州，广西，福建，广东。

薄盲蝽属 *Moissonia* Reuter, 1894

新几内亚薄盲蝽 *Moissonia novoguinensis* (Schuh, 1984)
分布：云南；巴布亚新几内亚。

色斑薄盲蝽 *Moissonia punctata* (Fieber, 1861)
分布：云南，江西，广东，海南，台湾；日本，老挝，马来西亚，印度尼西亚，菲律宾，巴布亚新几内亚，印度，非洲，欧洲。

俫树盲蝽属 *Myiomma* puton, 1872

郑氏俫树盲蝽 *Myiomma zhengi* Lin & Yang, 2004
分布：云南（红河），台湾。

篁盲蝽属 *Mystilus* Distant, 1904

篁盲蝽 *Mystilus priamus* Distant, 1904
分布：云南，广西，海南；缅甸，菲律宾。

烟盲蝽属 *Nesidiocoris* Kirkaldy, 1902

寻常烟盲蝽 *Nesidiocoris plebejus* (Poppius, 1915)
分布：云南（西双版纳），台湾。

波氏烟盲蝽 *Nesidiocoris poppiusi* (Carvalho, 1958)
分布：云南（昆明、玉溪、普洱、保山、大理），贵州，广西，福建，海南，台湾。

烟盲蝽 *Nesidiocoris tenuis* (Reuter, 1895)
分布：云南（昆明、怒江、普洱、红河、西双版纳），贵州，四川，西藏，北京，山东，陕西，内蒙古，天津，河北，山西，河南，浙江，江苏，江西，湖北，湖南，广西，福建，广东，海南，台湾；印度，缅甸，尼泊尔，印度尼西亚，斐济，中东，非洲，欧洲，北美洲。

新丽盲蝽属 *Neolygus* Knight, 1917

异斑新丽盲蝽 *Neolygus disciger* (Poppius, 1915)
分布：云南，广东，台湾。

凯氏新丽盲蝽 *Neolygus keltoni* (Lu & Zheng, 1998)
分布：云南，四川，台湾。

刘氏新丽盲蝽 *Neolygus liui* Lu & Zheng, 2004
分布：云南。

南方新丽盲蝽 *Neolygus meridionalis* Lu & Zheng, 2004
分布：云南。

黑盾新丽盲蝽 *Neolygus nigroscutellaris* Lu & Zheng, 2004
分布：云南，台湾。

花斑新丽盲蝽 *Neolygus pictus* Lu & Zheng, 2004
分布：云南。

红颊新丽盲蝽 *Neolygus rufilori* (Lu & Zheng, 1998)
分布：云南，广西，浙江，福建。

拟红颊新丽盲蝽 *Neolygus subrufilori* Lu & Zheng, 2004
分布：云南。

玉龙新丽盲蝽 *Neolygus yulongensis* (Lu & Zheng, 1998)
分布：云南。

蚁盲蝽属 *Nicostratus* Distant, 1904

斑额蚁盲蝽 *Nicostratus frontmaculus* Xu & Liu, 2007
分布：云南（西双版纳）。

华蚁盲蝽 *Nicostratus sinicus* Hsiao & Ren, 1983
分布：云南（普洱），四川，海南。

东亚盲蝽属 *Orientocapsus* Yasunaga & Schwartz, 2007

Orientocapsus cheroti **Yasunaga & Schwartz, 2007**
分布：云南（怒江）。

张氏东亚盲蝽 ***Orientocapsus zhangi*** **(Lu & Zheng, 1998)**
分布：云南；尼泊尔。

东盲蝽属 *Orientomiris* Yasunaga, 1997

云南东盲蝽 ***Orientomiris yunnananus*** **(Li & Zheng, 1991)**
分布：云南。

邹氏东盲蝽 ***Orientomiris zoui*** **(Li & Zheng, 1991)**
分布：云南。

奥盲蝽属 *Orthops* Fieber, 1858

东亚奥盲蝽 ***Orthops udonis*** **(Matsumura, 1917)**
分布：云南，贵州，四川，新疆，吉林，黑龙江，河北，山西，内蒙古，江苏，河南，湖北，广西；俄罗斯（远东地区），日本，朝鲜半岛。

纹头奥盲蝽 ***Orthops vitticeps*** **(Reuter, 1906)**
分布：云南，四川。

单突盲蝽属 *Opuna* Kirkaldy, 1902

异须单突盲蝽 ***Opuna annulata*** **(Knight, 1935)**
分布：云南，福建，台湾，香港；日本，非洲。

齿单突盲蝽 ***Opuna ryandi*** **Schuh, 1984**
分布：云南；印度尼西亚，马来西亚，文莱。

颈盲蝽属 *Pachypeltis* Signoret, 1858

二型颈盲蝽 ***Pachypeltis biformis*** **Hu & Zheng, 1999**
分布：云南（德宏），西藏，广西，海南。

微甘菊颈盲蝽 ***Pachypeltis micranthus*** **Mu & Liu, 2017**
分布：云南（昆明、德宏）。

黑斑颈盲蝽 ***Pachypeltis politum*** **(Walker, 1873)**
分布：云南（德宏、保山、西双版纳），贵州，四川，湖南，广西，海南，广东。

显领盲蝽属 *Paranix* Hsiao & Ren, 1983

双色显领盲蝽 ***Paranix bicolor*** **Hsiao & Ren, 1983**
分布：云南（普洱、保山），贵州。

拟壮盲蝽属 *Paracyphodema* Lu & Zheng, 2004

居间拟壮盲蝽 ***Paracyphodema inexpectata*** **(Zheng & Liu, 1992)**
分布：云南，四川，西藏，陕西，湖北，湖南。

拟颈盲蝽属 *Parapachypeltis* Hu & Zheng, 2001

刻胸拟颈盲蝽 ***Parapachypeltis punctatus*** **Hu & Zheng, 2001**
分布：云南（普洱），贵州，广东。

佩盲蝽属 *Peritropis* Uhler, 1891

斯佩盲蝽 ***Peritropis similis*** **Poppius, 1909**
分布：云南（西双版纳），海南；印度，越南，泰国，菲律宾，马来西亚，文莱，印度尼西亚。

云佩盲蝽 ***Peritropis yunnanensis*** **Liu & Mu, 2022**
分布：云南（文山）。

菲罗盲蝽属 *Philostephanus* Distant, 1909

哀牢山菲罗盲蝽 ***Philostephanus ailaoensis*** **(Lu & Zheng, 1998)**
分布：云南（普洱）；印度，尼泊尔。

喜马拉雅菲罗盲蝽 ***Philostephanus himalayicus*** **(Lu & Zheng, 1998)**
分布：云南，西藏；尼泊尔。

植盲蝽属 *Phytocoris* Fallen, 1814

角斑植盲蝽 ***Phytocoris exohataensis*** **Xu & Zheng, 2001**
分布：云南（普洱），西藏，湖北，湖南。

斑胸植盲蝽 ***Phytocoris knighti*** **Hsiao, 1941**
分布：云南，四川。

微光植盲蝽 ***Phytocoris languidus*** **Xu & Zheng, 2002**
分布：云南。

赤条植盲蝽 ***Phytocoris loriae*** **Poppius, 1914**
分布：云南，江苏；印度尼西亚，巴布亚新几内亚。

突盾植盲蝽 ***Phytocoris notoscutellaris*** **Xu & Zheng, 2002**
分布：云南。

武定植盲蝽 ***Phytocoris wudingensis*** **Xu & Zheng, 2001**
分布：云南（楚雄）。

永平植盲蝽 *Phytocoris yongpinganus* Xu & Zheng, 2001
分布：云南（大理）。

松盲蝽属 *Pinalitus* Kelton, 1955

高山松盲蝽 *Pinalitus alpinus* Lu & Zheng, 2002
分布：云南。

华山松松盲蝽 *Pinalitus armandicola* Lu & Zheng, 2002
分布：云南。

黑头松盲蝽 *Pinalitus nigriceps* Kerzhner, 1988
分布：云南，黑龙江；俄罗斯（远东地区），日本。

红褐松盲蝽 *Pinalitus rubeolus* (Kulik, 1965)
分布：云南；俄罗斯（远东地区）。

束盲蝽属 *Pilophorus* Hahn, 1826

棕二带束盲蝽 *Pilophorus alstoni* Schuh, 1984
分布：云南，广东，海南；印度，印度尼西亚，马来西亚，菲律宾，越南，泰国。

刺盾束盲蝽 *Pilophorus badius* (Zou, 1985)
分布：云南。

贝克束盲蝽 *Pilophorus bakeri* Schuh, 1984
分布：云南，海南；菲律宾。

黑二带束盲蝽 *Pilophorus bistriatus* Zou, 1987
分布：云南。

褐二带束盲蝽 *Pilophorus bivififormis* Zou, 1985
分布：云南（德宏）。

缢胸束盲蝽 *Pilophorus castaneus* (Zou, 1983)
分布：云南（普洱、西双版纳）。

长黑束盲蝽 *Pilophorus dailahn* Schuh, 1984
分布：云南（西双版纳）；印度尼西亚。

十斑束盲蝽 *Pilophorus decimaculatus* Zou, 1983
分布：云南。

宽束盲蝽 *Pilophorus latus* Zou, 1989
分布：云南。

食蚁束盲蝽 *Pilophorus myrmecoides* (Carvalho, 1956)
分布：云南，贵州；菲律宾。

黑束盲蝽 *Pilophorus niger* Poppius, 1914
分布：云南，黑龙江，宁夏，湖北；日本。

泛束盲蝽 *Pilophorus typicus* (Distant, 1909)
分布：云南，贵州，四川，陕西，甘肃，北京，浙江，湖北，湖南，福建，广西，广东，台湾，香港，澳门，海南；日本，印度，斯里兰卡，马来西亚，菲律宾，越南。

斜唇盲蝽属 *Plagiognathus* Fiber, 1858

淡腹斜唇盲蝽 *Plagiognathus albipennis* Carvalho, 1958
分布：云南，四川，新疆，宁夏，黑龙江，河北，山东，山西，福建，海南。

菊斜唇盲蝽 *Plagiognathus chrysanthemi* (Wolff, 1804)
分布：云南，四川，贵州，黑龙江，北京，宁夏；欧洲，北美洲，北非。

黑斜唇盲蝽 *Plagiognathus yomogi* Miyamoto, 1969
分布：云南，贵州，四川，重庆，黑龙江，陕西，北京，安徽，湖北，湖南；日本，俄罗斯（远东地区）。

异盲蝽属 *Polymerus* Hahn, 1831

北京异盲蝽 *Polymerus pekinensis* Horvath, 1901
分布：云南，四川，吉林，黑龙江，北京，天津，山西，内蒙古，山东，陕西，浙江，安徽，江西，福建；朝鲜，日本。

蕉盲蝽属 *Prodromus* Distant, 1904

黄唇蕉盲蝽 *Prodromus clypeatus* Distant, 1904
分布：云南，贵州，广西，福建，海南，广东，台湾。

黑带蕉盲蝽 *Prodromus nigrivittatus* Liu & Mu, 2022
分布：云南（保山）。

喙盲蝽属 *Proboscidocoris* Reutet, 1882

马来喙盲蝽 *Proboscidocoris malayus* Reuter, 1908
分布：云南，贵州，浙江，安徽，广西，海南，台湾；日本，朝鲜，印度尼西亚，菲律宾，太平洋诸岛。

始丽盲蝽属 *Prolygus* Carvalho, 1987

柯氏始丽盲蝽 *Prolygus kirkaldyi* (Poppius, 1915)
分布：云南，广东，广西，海南，台湾；日本。

突额盲蝽属 *Pseudoloxops* Kirkaldy, 1905

壮突额盲蝽 *Pseudoloxops robustus* Liu, 1999
分布：云南（普洱）。

杂盲蝽属 *Psallus* Fieber, 1858

全黑杂盲蝽 *Psallus holomelas* Reuter, 1906
分布：云南（丽江），四川。

拉盲蝽属 *Ragwelellus* Odhiambo, 1962

红色拉盲蝽 *Ragwelellus rubrinus* Hu & Zheng, 2001

分布：云南（普洱、保山），广东，海南。

球盾盲蝽属 *Rhopaliceschatus* Reuter, 1903

灰黄球盾盲蝽 *Rhopaliceschatus flavicanus* Liu & Mu, 2022

分布：云南（丽江）。

鲨盲蝽属 *Rhinomiris* Kirkaldy, 1902

散鲨盲蝽 *Rhinomiris conspersus* (Stål, 1871)

分布：云南（西双版纳）；菲律宾。

红楔盲蝽属 *Rubrocuneocoris* Schuh, 1984

矛红楔盲蝽 *Rubrocuneocoris lanceus* Li & Liu, 2008

分布：云南，贵州，四川，陕西，甘肃，浙江，湖南。

武定红楔盲蝽 *Rubrocuneocoris wudingensis* Li & Liu, 2008

分布：云南。

棱额盲蝽属 *Salignus* Kelton, 1955

原棱额盲蝽 *Salignus distinguendus* (Reuter, 1875)

分布：云南，四川，甘肃，湖北；俄罗斯（远东地区），蒙古国。

柳棱额盲蝽 *Salignus duplicatus* (Reuter, 1906)

分布：云南，四川，西藏，甘肃，河北，湖北；俄罗斯（远东地区），日本。

萨盲蝽属 *Sabactiopus* Zheng & Lin, 2002

邵氏萨盲蝽 *Sabactiopus sauteri* (Poppius, 1912)

分布：云南，四川，广西，海南，台湾。

斑楔盲蝽属 *Sejanus* Distant, 1910

棒角斑楔盲蝽 *Sejanus niveoarcuatus* (Reuter, 1906)

分布：云南，四川。

息奈盲蝽属 *Sinevia* Kerzhner, 1988

暗息奈盲蝽 *Sinevia atritota* Liu & Mu, 2022

分布：云南（保山），广西。

淡足息奈盲蝽 *Sinevia pallidipes* (Zheng & Liu, 1992)

分布：云南，贵州，四川，陕西，山西，湖南，湖北，广西。

军配盲蝽属 *Stethoconus* Flor, 1861

统帅军配盲蝽 *Stethoconus praefectus* (Distant, 1909)

分布：云南（保山），福建，江苏；日本，印度，斯里兰卡。

纤盲蝽属 *Stenotus* Jakovlev, 1877

赤条纤盲蝽 *Stenotus rubrovittatus* (Matsumura, 1913)

分布：云南，吉林，河北，陕西，河南，江苏，湖北；日本，韩国，俄罗斯（远东地区）。

云南纤盲蝽 *Stenotus yunnananus* Zheng, 2004

分布：云南。

狭盲蝽属 *Stenodema* Laporte, 1833

山地狭盲蝽 *Stenodema alpestris* Reuter, 1904

分布：云南，贵州，四川，陕西，甘肃，浙江，湖北，江西，广西，福建。

高山狭盲蝽 *Stenodema alticola* Zheng, 1981

分布：云南，四川。

大理狭盲蝽 *Stenodema daliensis* Zheng, 1992

分布：云南（大理）。

深色狭盲蝽 *Stenodema elegans* Reuter, 1904

分布：云南，四川，陕西，甘肃，浙江，江西，湖北，湖南，广东，广西，福建，台湾。

黑胝狭盲蝽 *Stenodema nigricallum* Zheng, 1981

分布：云南，四川，西藏，陕西。

圆束盲蝽属 *Sthenaridea* Reuter, 1885

棕黑圆束盲蝽 *Sthenaridea piceonigra* (Motschulsky, 1863)

分布：云南，福建，广东，海南，台湾，香港；印度，斯里兰卡，印度尼西亚，马来西亚，泰国。

泰盲蝽属 *Taylorilygus* Leston, 1952

泛泰盲蝽 *Taylorilygus apicalis* (Fieber, 1861)

分布：云南，贵州，四川，西藏，浙江，江西，湖北，湖南，广西，福建，广东，台湾；日本，大洋洲，欧洲，非洲，美洲。

斑胸泰盲蝽 *Taylorilygus ornaticollis* (Reuter, 1908)

分布：云南，台湾；印度尼西亚。

毛眼盲蝽属 *Termatophylum* Reuter, 1884

山毛眼盲蝽 *Termatophylum montanum* Ren, 1983

分布：云南（丽江）。

东方毛眼盲蝽 *Termatophylum orientale* Poppius, 1915
分布：云南（怒江、丽江、普洱、保山、西双版纳），广西，福建，海南，台湾；日本。
云南毛眼盲蝽 *Termatophylum yunnanum* Ren, 1983
分布：云南（昆明、丽江、玉溪、保山、大理、西双版纳），陕西，湖北。

猬盲蝽属 *Tinginotum* Kirkaldy, 1902

台湾猬盲蝽 *Tinginotum formosanum* Poppius, 1915
分布：云南，广西，海南，广东，台湾。
带胸猬盲蝽 *Tinginotum perlatum* Linnavuori, 1961
分布：云南，台湾；日本。
松猬盲蝽 *Tinginotum pini* Kulik, 1965
分布：云南，四川，陕西，甘肃，浙江；日本，朝鲜半岛，俄罗斯（远东地区）。

瘦树盲蝽属 *Totta* Ghauri & Ghauri, 1983

瘦树盲蝽 *Totta puspae* Yasunaga & Duwal, 2006
分布：云南，海南；尼泊尔。

刻爪盲蝽属 *Tolongia* Poppius, 1915

长毛刻爪盲蝽 *Tolongia Pilosa* (Yasunaga, 1991)
分布：云南，广西，广东；日本，印度。

赤须盲蝽属 *Trigonotylus* Fieber, 1858

条赤须盲蝽 *Trigonotylus coelestialium* (Kirkaldy, 1902)
分布：云南，四川，新疆，辽宁，吉林，黑龙江，陕西，甘肃，宁夏，河北，山西，内蒙古，山东，河南，湖北，江苏，江西；朝鲜，俄罗斯（远东地区），欧洲，北美洲。
小赤须盲蝽 *Trigonotylus tenuis* Reuter, 1893
分布：云南，贵州，四川，上海，江苏，浙江，江西，湖北，广西，福建，广东，台湾；日本，泰国，印度，大洋洲，非洲，美洲。

平盲蝽属 *Zanchius* Distant, 1904

黄平盲蝽 *Zanchius apicalis* Poppius, 1915
分布：云南（德宏），台湾。
绿斑平盲蝽 *Zanchius marmoratus* Zou, 1987
分布：云南（西双版纳），贵州，台湾，广东。
五斑平盲蝽 *Zanchius quinquemaculatus* Zou, 1987
分布：云南（西双版纳），海南。
三纹平盲蝽 *Zanchius tristripeus* Liu & Zheng, 2014
分布：云南。
纹腿平盲蝽 *Zanchius viridislineatus* Liu & Zheng, 2014
分布：云南。

毛角鞭蝽科 Schizopteridae

角毛角蝽属 *Cornonannus* Luo, Gong & Xie, 2022

卜氏角毛角蝽 *Cornonannus bui* Luo, Gong & Xie, 2022
分布：云南（德宏）。

柯毛角蝽属 *Kokeshia* Miyamoto, 1960

***Kokeshia acutiformis* Luo & Xie, 2022**
分布：云南（临沧）。
卜氏柯毛角蝽 *Kokeshia bui* Luo & Xie, 2022
分布：云南（临沧）。
蔡氏柯毛角蝽 *Kokeshia caii* Luo & Xie, 2022
分布：云南（西双版纳）。
***Kokeshia drepanoides* Luo & Xie, 2022**
分布：云南（红河）。
***Kokeshia hilli* Luo & Xie, 2022**
分布：云南（红河）。
***Kokeshia pengae* Luo & Xie, 2022**
分布：云南（西双版纳）。
***Kokeshia redeii* Luo & Xie, 2022**
分布：云南（西双版纳）。
***Kokeshia renae* Luo & Xie, 2022**
分布：云南（临沧）。
***Kokeshia weirauchae* Luo & Xie, 2022**
分布：云南（红河）。

水黾科 Gerridae

Amemboides Polhemus & Andersen, 1984

***Amemboides cristata* Polhemus & Andersen, 1984**
分布：云南（西双版纳）；泰国，马来西亚，越南。
***Amemboides fasciculatus* Ye, Polhemus & Bu, 2017**
分布：云南（德宏、保山、普洱、西双版纳）。
***Amemboides lyra* (Paiva, 1918)**
分布：云南；老挝。
***Amemboides pilifer* (Zettel, Yang & Tran, 2007)**
分布：云南（红河、西双版纳）；老挝。
***Amemboides sexualis* Polhemus & Andersen, 1984**
分布：云南；老挝，越南。

***Amemboides vasarhelyii* (Zettel, 1995)**
分布：云南（红河）。
***Amemboides yunnanus* (Zettel, Yang & Tran, 2007)**
分布：云南（西双版纳）。

Chimarrhometra Bianchi, 1896

***Chimarrhometra yunnanensis* Ye, Zhou & Bu, 2016**
分布：云南（德宏）。

涧黾蝽属 *Metrocoris* Mayr, 1865

***Metrocoris schillhammeri* Chen, 1995**
分布：云南（丽江）。

大涧黾蝽属 Rhyacobates Esaki, 1923

安氏大涧黾蝽 *Rhyacobates anderseni* Tran & Yang, 2006
分布：云南（普洱、西双版纳）。

膜蝽科 Hebridae

膜蝽属 *Hebrus* Curtis, 1833

早濑川氏膜蝽 *Hebrus hasegawai* Miyamoto, 1964
分布：云南，海南，台湾；日本。
金毛膜蝽 *Hebrus schillhammeri* Zettel, 2011
分布：云南（临沧）；缅甸。

灰膜蝽属 *Hyrcanus* Distant, 1911

东南亚灰膜蝽 *Hyrcanus capitatus* Distant, 1910
分布：云南（西双版纳），广西，广东；印度，东南亚。

丽膜蝽属 *Timasius* Distant, 1909

金毛丽膜蝽 *Timasius goldmarie* Zettel, 2011
分布：云南（西双版纳）；缅甸。
扁腹丽膜蝽 *Timasius miyamotoi* Andersen, 1981
分布：云南（西双版纳），广西，福建，香港，海南，广东，台湾；缅甸，老挝，越南，泰国。
云南丽膜蝽 *Timasius yunnanensis* Zettel, 2004
分布：云南（西双版纳）。

尺蝽科 Hydrometridae

尺蝽属 *Hydrometra* Latreille, 1796

白纹尺蝽 *Hydrometra albolineata* (Scott, 1874)
分布：云南，贵州，四川，湖北，江苏，江西，湖南，广西，台湾，福建，广东；日本，韩国，巴布亚新几内亚。
安氏尺蝽 *Hydrometra annamana* Hungerford & Evans, 1934
分布：云南（西双版纳），四川，湖北，香港，广东，海南，台湾；越南，泰国，老挝，缅甸，印度，日本。
蔡氏尺蝽 *Hydrometra chaweewanae* Sites & Polhemus, 2003
分布：云南（西双版纳），江西，广西，海南，广东；泰国，新加坡，不丹。
格氏尺蝽 *Hydrometra greeni* Kirkaldy, 1898
分布：云南（西双版纳），江苏，海南；孟加拉国，印度，斯里兰卡，尼泊尔，泰国，缅甸，马来西亚，新加坡，越南，菲律宾，东帝汶，安达曼群岛，印度尼西亚。
毛腹尺蝽 *Hydrometra lineata* Eschscholtz, 1822
分布：云南（德宏），贵州，四川，北京，湖北，江苏，浙江，福建，海南；菲律宾，东帝汶，印度尼西亚，巴布亚新几内亚。
长头尺蝽 *Hydrometra longicapitis* Torre-Bueno, 1927
分布：云南（临沧、西双版纳），海南；印度尼西亚，泰国，越南，马来西亚。
东方尺蝽 *Hydrometra orientalis* Lundblad, 1933
分布：云南（怒江、保山、德宏、西双版纳），江西，海南；菲律宾，印度尼西亚，日本，缅甸，老挝，柬埔寨，泰国，越南，马来西亚，新加坡，巴布亚新几内亚，澳大利亚。
双齿尺蝽 *Hydrometra procera* Horvfith, 1905
分布：云南，四川，江苏，台湾，广东；日本。
岸边尺蝽 *Hydrometra ripicola* Andersen, 1992
分布：云南（西双版纳），广西，广东，海南；泰国，缅甸，越南。

水蝽科 Mesoveliidae

水蝽属 *Mesovelia* Mulsant & Rey, 1852

日本水蝽 *Mesovelia horvathi* Lundblad, 1933
分布：云南（西双版纳），台湾，海南；东南亚，日本，澳大利亚，巴布亚新几内亚，俄罗斯（远东地区），蒙古国，欧洲。
双突水蝽 *Mesovelia thermalis* Horváth, 1915
分布：云南（德宏），内蒙古，广东，天津；俄罗斯（远东地区），蒙古国，欧洲。

单突水蝽 *Mesovelia vittigera* Horváth, 1895
分布：云南（德宏），贵州，四川，内蒙古，天津，山东，浙江，湖北，湖南，广西，海南，台湾；俄罗斯（远东地区），蒙古国，马来半岛，日本，菲律宾，澳大利亚，巴布亚新几内亚，非洲，欧洲。

宽肩蝽科 Veliidae

齿宽肩蝽属 *Baptista* Distant, 1903

钩齿宽肩蝽 *Baptista curvicornis* Ye, Polhemus & Bu, 2014
分布：云南（西双版纳）。
弯齿宽肩蝽 *Baptista digitata* Andersen, 1989
分布：云南（临沧）；泰国。
尖齿宽肩蝽 *Baptista hoedli* Zettel, 2004
分布：云南（临沧）；老挝。
***Baptista obtusa* Ye, Polhemus & Bu, 2014**
分布：云南（西双版纳）。

鞭宽肩蝽属 *Geovelia* Zimmermann, 1984

长毛鞭宽肩蝽 *Geovelia hispida* Ye, Chen & Bu, 2014
分布：云南（西双版纳）。

丽宽肩蝽属 *Perittopus* Fieber, 1860

黑背丽宽肩蝽 *Perittopus anthracinus* Ye, Qiao, Jin & Bu, 2020
分布：云南（红河）。
东南亚丽宽肩蝽 *Perittopus asiaticus* Zettel, 2001
分布：云南（普洱）；泰国，马来西亚。
多毛丽宽肩蝽 *Perittopus crinalis* Ye, Chen & Bu, 2013
分布：云南（西双版纳）。
镰形丽宽肩蝽 *Perittopus falciformis* Ye, Chen & Bu, 2013
分布：云南（红河）。
云南丽宽肩蝽 *Perittopus yunnanensis* Ye, Chen & Bu, 2013
分布：云南（昆明、红河）。

伪宽肩蝽属 *Pseudovelia* Hoberlandt, 1950

***Pseudovelia buccula* Andersen, 1983**
分布：云南（西双版纳）；泰国。
***Pseudovelia curvisetae* Li, Bu & Ye, 2022**
分布：云南（红河）。

壮宽肩蝽属 *Strongylovelia* Esaki, 1924

环带壮宽肩蝽 *Strongylovelia balteiformis* Ye, Chen & Bu, 2015
分布：云南（西双版纳）。
派氏壮宽肩蝽 *Strongylovelia paitooni* Chen, Nieser & Sangpradub, 2006
分布：云南（西双版纳）；泰国。

宽肩蝽属 *Velia* Latreille, 1804

北京湾宽肩蝽 *Velia tonkina* Polhemus & Polhemus, 2003
分布：云南（玉溪、红河）；越南。
云南宽肩蝽 *Velia yunnana* Tran, Zettel & Buzzetti, 2009
分布：云南（大理）。

剑宽肩蝽属 *Xiphovelia* Lundblad, 1933

黄褐剑宽肩蝽 *Xiphovelia fulva* Ye & Bu, 2015
分布：云南（西双版纳）。

跷蝽科 Berytidae

头跷蝽属 *Capyella* Breddin, 1907

弯角头跷蝽 *Capyella distincta* Hsiao, 1974
分布：云南（西双版纳），海南。
直角头跷蝽 *Capyella horni* Breddin, 1907
分布：云南，福建，广东，海南；斯里兰卡，日本。

背跷蝽属 *Metacanthus* Costa, 1847

娇背跷蝽 *Metacanthus pulchellus* Dallas, 1852
分布：云南（西双版纳），贵州，四川，西藏，广西，浙江，湖北，湖南，江西，广东；印度，韩国，日本，斯里兰卡，菲律宾，马来西亚，印度尼西亚，巴布亚新几内亚，澳大利亚。

拟跷蝽属 *Paraberytus* Štusák, 1965

云南拟跷蝽 *Paraberytus yunnanensis* Cai, Dang & Bu, 2011
分布：云南（德宏）。

胁跷蝽属 *Pneustocerus* Horváth, 1905

无纹棒胁跷蝽 *Pneustocerus gravelyi* (Distant, 1911)
分布：云南（西双版纳）；印度，斯里兰卡。
***Pneustocerus stusaki* Cai, Yi & Bu, 2013**
分布：云南（德宏）。

锤胁跷蝽属 *Yemma* Horvath, 1905

印锤胁跷蝽 *Yemma signatus* Hsiao, 1974
分布：云南，贵州，四川，西藏，北京，河北，山东，河南，陕西，甘肃，浙江，江西，湖北，湖南，广西。

异跷蝽属 *Yemmatropis* Hsiao, 1977

肩异跷蝽 *Yemmatropis dispar* (Hsiao, 1974)
分布：云南（普洱、西双版纳），西藏，河南；尼泊尔，泰国，缅甸。

直异跷蝽 *Yemmatropis erectus* Henry, 2002
分布：云南（西双版纳）。

亨异跷蝽 *Yemmatropis henryi* Sun, 1999
分布：云南（德宏）。

萧氏异跷蝽 *Yemmatropis hsiaoi* Cai & Bu, 2011
分布：云南（保山、德宏、怒江）。

黑纹异跷蝽 *Yemmatropis nigrovittatus* Cai & Bu, 2011
分布：云南（普洱、大理、保山、德宏）。

稀毛异跷蝽 *Yemmatropis sparsulus* Sun, 1999
分布：云南（德宏）。

刺胁跷蝽属 *Yemmalysus* Stusak, 1972

刺胁跷蝽 *Yemmalysus parallelus* Stusak, 1972
分布：云南（西双版纳），贵州，江苏，浙江，江西，湖南，广西，广东，福建，海南；越南，尼泊尔，印度尼西亚。

跳蝽科 Saldidae

小跳蝽属 *Micracanthia* Reuter, 1912

雅小跳蝽 *Micracanthia ornatula* (Reuter, 1881)
分布：云南，江苏，福建，海南，台湾。

沟跳蝽属 *Rupisalda* Polhemus, 1985

南方沟跳蝽 *Rupisalda austrosinica* Vinokurov, 2015
分布：云南（大理），广东。

跳蝽属 *Saldula* van Duzee, 1914

黄颊跳蝽 *Saldula arsenjevi* Vinokurov, 1981
分布：云南，四川，黑龙江，青海，河北，湖北。

缅甸跳蝽 *Saldula burmanica* Lindskog, 1975
分布：云南（普洱），四川，西藏，陕西。

福建跳蝽 *Saldula fukiena* Drake, 1954
分布：云南，贵州，四川，福建。

鲜明跳蝽 *Saldula niveo-limbata* (Reuter, 1900)
分布：云南（西双版纳）；越南，非洲。

影斑跳蝽 *Saldula opacula* (Zetterstedt, 1839)
分布：云南（昆明、普洱），四川，黑龙江，新疆，内蒙古，甘肃；日本，印度，中亚，蒙古国，俄罗斯（远东地区），欧洲，北美洲。

广跳蝽 *Saldula pallipes* (Fabricius, 1794)
分布：云南（昆明），西藏，黑龙江，吉林，辽宁，甘肃，内蒙古，河北，山东，台湾；欧洲，中亚，中东，日本，朝鲜半岛，印度。

毛顶跳蝽 *Saldula polosella* (Thomson, 1871)
分布：云南，四川，西藏，黑龙江，吉林，辽宁，新疆，内蒙古，河北，山东，江苏；欧洲，中东，中亚，朝鲜半岛。

直领跳蝽 *Saldula recticollis* (Horváth, 1899)
分布：云南，贵州，四川，黑龙江，青海，河北，河南，湖北，福建；俄罗斯（远东地区），朝鲜，日本。

同蝽科 Acanthosomatidae

同蝽属 *Acanthosoma* Curtis, 1824

漆刺肩同蝽 *Acanthosoma acutangulata* Liu, 1979
分布：云南（昆明、丽江、大理、昭通、保山），四川，重庆，山西，陕西，湖北。

双齿同蝽 *Acanthosoma bidentata* Liu, 1992
分布：云南（大理、怒江）。

显同蝽 *Acanthosoma distinctum* Dallas, 1851
分布：云南（昆明、怒江），四川，浙江，湖北，江西，广西；日本，印度。

伸展同蝽 *Acanthosoma expansum* Horvath, 1905
分布：云南（怒江、迪庆、大理），四川，湖北；日本。

***Acanthosoma firmatum* (Walker, 1868)**
分布：云南，西藏，台湾；日本，越南。

铗同蝽 *Acanthosoma forcipatum* Reuter, 1881
分布：云南（昭通、丽江），新疆，浙江，福建；俄罗斯（远东地区），俄罗斯（西伯利亚）。

剪板同蝽 *Acanthosoma forfex* Dallas, 1851
分布：云南（昆明、大理、迪庆，怒江），四川，浙江，福建；印度，尼泊尔，缅甸。

细铗同蝽 *Acanthosoma forficula* Jakovlev, 1880
分布：云南（怒江、玉溪、迪庆），浙江，福建；朝鲜，日本。

宽铗同蝽 *Acanthosoma labiduroides* Jakovlev, 1880
分布：云南（怒江、迪庆、昭通、丽江），西藏，贵州，四川，吉林，黑龙江，天津，河南，陕西，甘肃，北京，山西，湖北，浙江，广西；日本，俄罗斯（远东地区），朝鲜，印度，缅甸，越南。

山翘同蝽 *Acanthosoma montanum* (Liu, 1987)

分布：云南（红河、大理、怒江、保山）；越南。

***Acanthosoma murreeanum* (Distant, 1900)**

分布：云南（昆明、大理、丽江、普洱），四川，西藏，贵州，重庆，陕西，甘肃，北京，河北，湖北；印度，巴基斯坦，泰国。

***Acanthosoma nigricorne* Walker, 1868**

分布：云南（丽江、怒江、保山），四川，贵州，陕西，浙江；印度，尼泊尔，缅甸，越南。

黑刺同蝽 *Acanthosoma nigrospina* Hsiao & Liu, 1977

分布：云南（丽江、德宏），贵州，山西，湖北，甘肃。

***Acanthosoma rufescens* Dallas, 1851**

分布：云南（普洱、德宏、红河、西双版纳），台湾；印度，巴基斯坦，尼泊尔，泰国，缅甸。

***Acanthosoma sichuanense* (Liu, 1980)**

分布：云南（昆明、大理、怒江、保山、西双版纳），四川，贵州，重庆，湖北，湖南，浙江，福建。

泛刺同蝽 *Acanthosoma spinicolle* Jakovlev, 1880

分布：云南（大理、丽江、迪庆、玉溪、昭通），四川，西藏，新疆，吉林，黑龙江，辽宁，陕西，甘肃，北京，河北，内蒙古，湖北；俄罗斯（远东地区）。

***Acanthosoma tauriforme* (Distant, 1887)**

分布：云南（玉溪、红河、大理）；印度。

云南同蝽 *Acanthosoma yunnanensis* Liu, 1992

分布：云南（大理）。

花椒同蝽 *Acanthosoma zanthoxylum* Hsiao & Liu, 1977

分布：云南，四川。

翘同蝽属 *Anaxandra* Stål, 1876

大翘同蝽 *Anaxandra giganteum* (Matsumura, 1913)

分布：云南，贵州，西藏，广西；日本，越南，老挝。

光角翘同蝽 *Anaxandra laevicornis* (Dallas, 1851)

分布：云南（昆明、红河、西双版纳），四川，浙江，湖北，福建；印度，日本。

光翘同蝽 *Anaxandra levicornis* Dallas, 1900

分布：云南（红河、德宏）。

山翘同蝽 *Anaxandra montana* Liu, 1987

分布：云南（大理、保山）。

黑角翘同蝽 *Anaxandra nigricornis* (Walker, 1868)

分布：云南（大理、红河、普洱），西藏；印度。

翩翼翘同蝽 *Anaxandra pteridis* Hsiao & Liu, 1977

分布：云南（玉溪），四川。

川翘同蝽 *Anaxandra sichuanensis* Liu, 1980

分布：云南（大理），贵州，四川。

小斑翘同蝽 *Anaxandra sigillata* Stål, 1876

分布：云南（保山、西双版纳）；缅甸，印度。

大理翘同蝽 *Anaxandra taurina* Kirkaldy, 1910

分布：云南（德宏、保山、普洱、红河、西双版纳），贵州。

滇翘同蝽 *Anaxandra yunnana* Hsiao & Liu, 1977

分布：云南（保山、西双版纳）。

尖同蝽属 *Cyphostethus* Fieber, 1860

云南尖同蝽 *Cyphostethus yunnanensis* Liu, 1981

分布：云南（昆明）。

直同蝽属 *Elasmostethus* Fieber, 1860

宽肩直同蝽 *Elasmostethus humeralis* Jakovlev, 1883

分布：云南（文山）。

直同蝽 *Elasmostethus interstinctus* (Linnaeus, 1758)

分布：云南（迪庆），黑龙江，吉林，新疆，内蒙古，山西，甘肃，河北，湖北，陕西，广东；日本，朝鲜，俄罗斯（远东地区），北美洲，欧洲。

甘肃直同蝽 *Elasmostethus kansuensis* Hsiao&Liu, 1977

分布：云南（丽江），甘肃，河南。

云南直同蝽 *Elasmostethus yunnanus* Hsiao&Liu, 1977

分布：云南（昆明、保山、丽江、迪庆、大理），贵州，四川，重庆，浙江，湖北，湖南，广西，福建；日本，俄罗斯（远东地区）。

匙同蝽属 *Elasmucha* Stål, 1864

喜匙同蝽 *Elasmucha albicincta* Distant, 1918

分布：云南（玉溪、保山、普洱）；印度，孟加拉国。

糙匙同蝽 *Elasmucha aspera* (Walker, 1867)

分布：云南（怒江、昭通），河南，浙江，江西；印度。

短腹匙同蝽 *Elasmucha brevis* Liu, 1987
分布：云南（丽江）。
周氏匙同蝽 *Elasmucha choui* Li & Zheng, 2000
分布：云南（丽江、大理）。
娇匙同蝽 *Elasmucha decorata* Hsiao & Liu, 1977
分布：云南（丽江），四川。
匙同蝽 *Elasmucha ferrugata* (Fabricius, 1794)
分布：云南（迪庆），四川，西藏，黑龙江；欧洲，日本。
光匙同蝽 *Elasmucha glaber* Hsiao & Liu, 1977
分布：云南（西双版纳），福建。
小光匙同蝽 *Elasmucha minor* Hsiao & Liu, 1977
分布：云南（西双版纳、保山、玉溪、德宏、昭通），福建。
蒙匙同蝽 *Elasmucha necopinata* Kirkaldy, 1909
分布：云南（保山），海南；印度。
毛匙同蝽 *Elasmucha pilosa* Liu, 1989
分布：云南（玉溪、红河、文山、丽江）。
曲匙同蝽 *Elasmucha recurva* (Dallas, 1851)
分布：云南（丽江、迪庆、昆明、大理、怒江），贵州，四川，西藏，北京，河北，山西，陕西，甘肃，宁夏，湖北；印度。
赤匙同蝽 *Elasmucha refescens* (Jakovlev, 1890)
分布：云南（昆明、丽江、大理、玉溪），四川，广西。
红角匙同蝽 *Elasmucha rubra* Liu, 1987
分布：云南（昆明、大理）。
盾匙同蝽 *Elasmucha scutellata* (Distant, 1887)
分布：云南（昆明、普洱），广西，福建，广东；印度。
锡金匙同蝽 *Elasmucha tauricornis* Jensen-Haarup, 1930
分布：云南（红河、怒江、大理），四川，浙江，安徽，江西，湖北，广西；印度。
截匙同蝽 *Elasmucha truncatula* (Walker, 1867)
分布：云南（德宏、西双版纳），西藏，广西，广东；印度。
杨匙同蝽 *Elasmucha yangi* Liu, 1989
分布：云南（怒江）。
滇匙同蝽 *Elasmucha yunnana* Liu, 1980
分布：云南（德宏、保山、怒江、西双版纳）。

板同蝽属 *Lindbergicoris* Leston, 1953

板同蝽 *Lindbergicoris armifer* (Lindberg, 1934)
分布：云南（迪庆、丽江），四川，甘肃。
迷板同蝽 *Lindbergicoris difficilis* (Liu, 1988)
分布：云南，四川。
雪山板同蝽 *Lindbergicoris discolor* (Liu, 1988)
分布：云南（迪庆），甘肃。
萧氏板同蝽 *Lindbergicoris hsiaoi* (Liu, 1992)
分布：云南（迪庆）。
壮尾板同蝽 *Lindbergicoris robustus* (Liu, 1988)
分布：云南，西藏。
殊肩板同蝽 *Lindbergicoris sanguinehemeralis* (Liu, 1988)
分布：云南（怒江）。
似剪板同蝽 *Lindbergicoris similis* (Hsiao & Liu, 1977)
分布：云南（怒江），四川。
滇板同蝽 *Lindbergicoris yannanensis* (Liu, 1992)
分布：云南（迪庆）。

阔同蝽属 *Microdeuterus* Dallas, 1851

阔同蝽 *Microdeuterus megacephalus* (Herrrich-Schaeffer, 1848)
分布：云南（玉溪、西双版纳），广东，海南；缅甸，印度，孟加拉国。

锥同蝽属 *Sastragala* Amyot & Serville, 1843

副锥同蝽 *Sastragala edessoides* Distant, 1900
分布：云南（昆明、文山），四川，北京，山西，陕西；印度。
伊锥同蝽 *Sastragala esakii* Hasegawa, 1959
分布：云南（昆明、昭通），贵州，四川，重庆，陕西，甘肃，天津，浙江，江西，湖北，湖南，广西，福建，台湾；日本，韩国。
异锥同蝽 *Sastragala heterospila* Walker, 1867
分布：云南（西双版纳）；印度。
爪哇锥同蝽 *Sastragala javanensis* Distant, 1887
分布：云南（文山、德宏、丽江、西双版纳），广东，海南；印度尼西亚，缅甸。
桃锥同蝽 *Sastragala kunmingensis* Liu, 1987
分布：云南（昆明）。
棕锥同蝽 *Sastragala parmata* Distant, 1887
分布：云南（文山、西双版纳）；印度，日本。

云南锥同蝽 *Sastragala yunnana* (Hsiao & Liu, 1977)
分布：云南（怒江）。

土蝽科 Cydnidae

阿土蝽属 *Adomerus* Mulsant & Rey, 1866

三点阿土蝽 *Adomerus triguttulus* (Motschulsky, 1886)
分布：云南，四川，北京，内蒙古，陕西，天津，浙江，湖北；日本，韩国，俄罗斯（远东地区）。

鳖土蝽属 *Adrisa* Amyot & Serville, 1843

黑鳖土蝽 *Adrisa birmana* Lis, 1992
分布：云南（怒江、临沧），四川，广东，海南；印度尼西亚。

大鳖土蝽 *Adrisa magna* (Uhler, 1861)
分布：云南（红河、怒江），四川，北京，天津，河北，河南，陕西，湖北，湖南，江西，广东，海南，台湾，香港；日本，韩国，老挝，泰国，越南，缅甸，印度。

缘鳖土蝽 *Adrisa romani* Lis, 1994
分布：云南（普洱）；马来西亚。

苏鳖土蝽 *Adrisa sumatrana* Lis, 1994
分布：云南（怒江）；马来西亚，印度尼西亚。

伊土蝽属 *Aethus* Dallas, 1851

印度伊土蝽 *Aethus indicus* (Westwood, 1837)
分布：云南（红河），广西，江西，福建，广东；缅甸，印度，马来西亚，澳大利亚，南非，马达加斯加。

黑伊土蝽 *Aethus nigritus* (Fabricius, 1794)
分布：云南（昆明、红河），西藏，北京，天津，山东；中南半岛，日本，欧洲。

拟印度伊土蝽 *Aethus pseudindicus* Lis, 1993
分布：云南（红河），江西，广西，福建，广东，海南；越南，老挝，缅甸。

云南伊土蝽 *Aethus yunnanus* Hsiao, 1977
分布：云南（红河）。

紫蓝土蝽属 *Canthophorus* Mulsant & Rey, 1866

紫蓝光土蝽 *Canthophorus niveimarginatus* Scott, 1874
分布：云南（昆明、丽江），四川，内蒙古，山东，陕西，山西，湖北，江苏，福建；印度，日本，哈萨克斯坦，韩国，蒙古国，俄罗斯（远东地区），越南。

领土蝽属 *Chilocoris* Mayr, 1965

阔领土蝽 *Chilocoris birmanus* Lis, 1994
分布：云南（保山、红河），广西；缅甸，印度。

小领土蝽 *Chilocoris minor* Hsiao, 1977
分布：云南（昆明、玉溪、大理、普洱），宁夏；印度。

光领土蝽 *Chilocoris nitidus* Mayr, 1865
分布：云南（红河），四川，甘肃，湖南，江西；日本，尼泊尔，克什米尔。

褐领土蝽 *Chilocoris pseudopiceus* Lis, 1994
分布：云南（普洱、红河、西双版纳），四川，广东，海南；尼泊尔。

拟钩土蝽属 *Fromundiellus* Lis, 1994

拟钩土蝽 *Fromundiellus maurus* (Dallas, 1851)
分布：云南（德宏、迪庆），广西。

佛土蝽属 *Fromundus* Distant, 1901

长佛土蝽 *Fromundus biimpressus* (Horváth, 1919)
分布：云南（西双版纳），福建，广东；印度尼西亚，老挝，马来西亚，泰国，越南。

小佛土蝽 *Fromundus pygmaeus* (Dallas, 1851)
分布：云南（昆明、玉溪、红河、普洱、大理、保山、德宏、西双版纳），四川，江西，湖北，广西，广东，海南，台湾，香港；日本，韩国，印度，斯里兰卡，尼泊尔，缅甸，泰国，越南，老挝，柬埔寨，新加坡，巴布亚新几内亚，菲律宾，文莱，印度尼西亚，马来西亚，中东，澳大利亚。

扁土蝽属 *Garsauria* Walker, 1868

阔扁土蝽 *Garsauria laosana* Lis, 1991
分布：云南（西双版纳），海南；日本，老挝，越南。

龟土蝽属 *Lactistes* Schiedte, 1848

褐龟土蝽 *Lactistes falcoiipe* Hsiao, 1977
分布：云南（西双版纳），湖北，山东，海南；日本。

黑龟土蝽 *Lactistes truncatoserratus* Signoret, 1880
分布：云南（昆明、楚雄、红河），广东；印度，泰国，越南。

边土蝽属 *Legnotus* Schiodte, 1848

三点边土蝽 *Legnotus triguttulus* (Motschulsky, 1866)

分布：云南（昆明），四川，北京，天津，陕西，浙江；日本

革土蝽属 *Macroscytus* Fieber, 1860

短革土蝽 *Macroscytus aequalis* (Walker, 1867)

分布：云南，贵州，广东，福建，香港；印度，不丹，柬埔寨，老挝，尼泊尔，斯里兰卡，泰国，越南。

长革土蝽 *Macroscytus dominiqueae* Lis, 1991

分布：云南（普洱），香港；柬埔寨，印度，老挝，马来西亚，越南，泰国。

横列革土蝽 *Macroscytus gibbulus* (Ellenrieder, 1862)

分布：云南（普洱），广西，海南；印度，印度尼西亚，老挝，马来西亚，新加坡，泰国，越南。

青革土蝽 *Macroscytus subaeneus* (Dallas, 1851)

分布：云南（德宏、红河、昭通、临沧），四川，河北，山东，江苏，浙江，湖北，江西；日本，缅甸，印度，马来西亚。

环土蝽属 *Microporus* Uhler, 1872

小环土蝽 *Microporus laticeps* (Signoret, 1882)

分布：云南（昆明、玉溪、红河），四川，福建，台湾，香港；缅甸，印度，印度尼西亚，老挝，尼泊尔，菲律宾，越南。

拟领土蝽属 *Parachilocoris* Horváth, 1919

拟领土蝽 *Parachilocoris semialbidus* (Walker, 1867)

分布：云南（红河、保山、德宏），四川，福建，台湾；印度，印度尼西亚，尼泊尔，越南，缅甸。

朱蝽属 *Parastrachia* Distant, 1883

华西朱蝽 *Parastrachia nagaensis* Distant, 1908

分布：云南（德宏、文山、怒江、保山），四川，广西；印度。

长土蝽属 *Peltoxys* Signoret, 1880

阔长土蝽 *Peltoxys brevipennis* (Fabricius, 1798)

分布：云南（红河）；柬埔寨，印度，斯里兰卡，越南，缅甸。

狭长土蝽 *Peltoxys typicus* (Distant, 1901)

分布：云南（普洱）；缅甸，印度，越南。

光土蝽属 *Sehirus* Amyot & Serville, 1843

白边光土蝽 *Sehirus niviemarginatus* Scott, 1874

分布：云南（昆明），内蒙古，河北，山东，山西，陕西，江苏；日本，俄罗斯（远东地区），欧洲。

网蝽科 Tingidae

南网蝽属 *Aconchus* Horvath, 1905

南网蝽 *Aconchus urbanus* (Horvath, 1905)

分布：云南（西双版纳），广西；印度，斯里兰卡，菲律宾，马来西亚，印度尼西亚，非洲。

卷脊网蝽属 *Aeipeplus* Drake & Ruhoff, 1962

卷脊网蝽 *Aeipeplus kaianus* Drake & Ruhoff, 1962

分布：云南（西双版纳）；马来西亚。

小网蝽属 *Agramma* Stephens, 1829

湖小网蝽 *Agramma hupehanum* (Drake & Maa, 1954)

分布：云南（西双版纳），湖北；印度。

长小网蝽 *Agramma yunnanum* Jing, 1980

分布：云南（西双版纳）。

硕扁网蝽属 *Ammianus* Distant, 1903

硕扁网蝽 *Ammianus erosus* (Fieber, 1844)

分布：云南（德宏、西双版纳），海南；印度，缅甸，泰国，马来西亚，印度尼西亚，菲律宾。

褐硕扁网蝽 *Ammianus quadrangulatus* Jing, 1980

分布：云南（西双版纳）。

牡荆硕扁网蝽 *Ammianus ravanus* (Kirkaldy, 1902)

分布：云南（西双版纳）；印度，菲律宾，斯里兰卡，新加坡，印度尼西亚。

箬网蝽属 *Aphelotingis* Drake, 1948

箬网蝽 *Aphelotingis muiri* (Drake, 1927)

分布：云南（西双版纳），广东；新加坡，印度尼西亚。

高冠网蝽属 *Baeochila* Drake & Poor, 1937

高冠网蝽 *Baeochila elongata* (Distant, 1903)

分布：云南（普洱）；印度。

宽高冠网蝽 *Baeochila nexa* (Distant, 1903)

分布：云南（西双版纳）；印度，老挝。

叉刺网蝽属 *Belenus* Distant, 1909

叉刺网蝽 *Belenus angulatus* Distant, 1909

分布：云南（西双版纳），青海，广西，海南；

缅甸。

黄叉刺网蝽 *Belenus dentatus* (Fieber, 1844)

分布：云南，贵州，台湾；印度，越南，泰国，马来西亚，菲律宾，印度尼西亚。

窄眼网蝽属 *Birgitta* Lindberg, 1927

南窄眼网蝽 *Birgitta hospita* (Drake & Poor, 1937)

分布：云南（西双版纳），浙江，广东，广西；马来西亚。

长头网蝽属 *Cantacader* Amyot & Serville, 1843

长头网蝽 *Cantacader lethierryi* Scott, 1874

分布：云南（西双版纳、普洱），陕西，北京，河北，浙江，广东，台湾；越南，日本，韩国，泰国。

日本长头网蝽 *Cantacader japanicus* Drake, 1947

分布：云南（西双版纳），海南；日本，越南，泰国。

五脊长头网蝽 *Cantacader quinquecostatus* (Fieber, 1844)

分布：云南（德宏）；印度，缅甸，斯里兰卡，马来西亚，印度尼西亚，菲律宾，巴布亚新几内亚。

壳背网蝽属 *Cochlochila* Stål, 1873

耳壳背网蝽 *Cochlochila conchata* (Stål, 1873)

分布：云南（保山、普洱），四川，北京，吉林，黑龙江；日本。

广翅网蝽属 *Collinutius* Distant, 1903

广翅网蝽 *Collinutius alicollis* (Walker, 1873)

分布：云南（红河），四川；印度。

负板网蝽属 *Cysteochila* Stål, 1873

大负板网蝽 *Cysteochila delineata* (Distant, 1909)

分布：云南（保山、丽江、西双版纳），贵州，四川；印度。

毛负板网蝽 *Cysteochila enthenia* Drake & Ruhoff, 1965

分布：云南（楚雄），贵州，江西；马来西亚。

费氏负板网蝽 *Cysteochila fieberi* (Scott, 1874)

分布：云南（普洱），贵州，四川，重庆，陕西，甘肃，湖北；日本，不丹，尼泊尔。

斑负板网蝽 *Cysteochila monstrosa* (Scott, 1874)

分布：云南（西双版纳），四川，北京，山西，广西，台湾；日本，越南。

负板网蝽 *Cysteochila picta* (Distant, 1903)

分布：云南（西双版纳），广东；缅甸，菲律宾，印度。

满负板网蝽 *Cysteochila ponda* Drake, 1937

分布：云南（西双版纳），四川，江西，湖北，广西，福建。

高脊负板网蝽 *Cysteochila similis* (Pericart, 1985)

分布：云南（普洱）。

长棒网蝽属 *Diconocoris* Mayr, 1864

长棒网蝽 *Diconocoris capusi* (Horváth, 1906)

分布：云南（西双版纳）；越南，老挝。

无孔网蝽属 *Dictyla* Stål, 1874

滇无孔网蝽 *Dictyla nassata* (Puton, 1874)

分布：云南（昆明、丽江、大理、迪庆）；中亚，南亚，中东，非洲。

华无孔网蝽 *Dictyla rasilis* Drake & Maa, 1955

分布：云南（西双版纳），江苏，台湾。

破无孔网蝽 *Dictyla sauteri* (Drake, 1923)

分布：云南（西双版纳），台湾；菲律宾，巴布亚新几内亚。

怪无孔网蝽 *Dictyla seorsa* (Drake & Poor, 1937)

分布：云南（怒江、德宏、西双版纳），四川，西藏，湖北，台湾；印度，菲律宾。

隆背网蝽属 *Eritingis* Drake & Ruhoff, 1962

越南隆背网蝽 *Eritingis recens* (Drake & Poor, 1937)

分布：云南（普洱），海南；越南，新加坡。

菱背网蝽属 *Eteoneus* Distant, 1903

菱背网蝽 *Eteoneus dilatatus* (Distant, 1903)

分布：云南（西双版纳），贵州，四川，海南，台湾；缅甸。

星菱背网蝽 *Eteoneus sigillatus* Drake & Poor, 1936

分布：云南（昆明、德宏、西双版纳）；印度，巴基斯坦。

贝脊网蝽属 *Galeatus* Curtis, 1837

短贝脊网蝽 *Galeatus affinis* (Herrich-Schaeffer, 1835)

分布：云南（昆明、迪庆），四川，重庆，黑龙江，辽宁，甘肃，北京，天津，河北，山西，河南，山东，安徽，湖北，浙江，湖南，广西，福建；日本，朝鲜，蒙古国，俄罗斯（远东地区），中亚，欧洲，美国。

菊贝脊网蝽 *Galeatus spinifrons* (Fallén, 1807)

分布：云南（昆明），四川，吉林，北京，天津，河北，山西，山东，陕西，浙江，湖北，广西，福建，台湾；俄罗斯（远东地区），日本，欧洲，北美洲。

刺肩网蝽属 *Haedus* Distant, 1904

刺肩网蝽 *Haedus vicarius* (Drake, 1927)

分布：云南（西双版纳），贵州，广东；印度，菲律宾，印度尼西亚。

膜肩网蝽属 *Hegesidemus* Distant, 1911

膜肩网蝽 *Hegesidemus eliyanus* Distant, 1911

分布：云南（西双版纳、普洱），广西，海南；斯里兰卡。

华网蝽属 *Hurdchila* Drake, 1953

华网蝽 *Hurdchila togularis* (Drake & Poor, 1936)

分布：云南（西双版纳），海南，广东。

污网蝽属 *Ildefonsus* Distant, 1910

污网蝽 *Ildefonsus provorsus* Distant, 1910

分布：云南（普洱、西双版纳）；印度。

经网蝽属 *Jingicoris* Li & Zheng, 2002

云南经网蝽 *Jingicoris yunnanensis* Li & Zheng, 2002

分布：云南（普洱、大理、玉溪）。

盾网蝽属 *Malala* Distant, 1910

小瘤盾网蝽 *Malala tuberculum* Jing, 1980

分布：云南（西双版纳）。

球背网蝽属 *Penottus* Distant, 1903

指定盔球背网蝽 *Penottus cassideus* Dang, Li & Bu, 2012

分布：云南（玉溪）。

球背网蝽 *Penottus monticollis* (Walker, 1873)

分布：云南（玉溪）。

***Penottus tuberculiformis* Dang, Li & Bu, 2012**

分布：云南（红河）。

高颈网蝽属 *Perissonemia* Drake & Poor, 1937

斑高颈网蝽 *Perissonemia bimaculata* (Distant, 1909)

分布：云南（普洱、西双版纳）；印度，印度尼西亚。

高颈网蝽 *Perissonemia borneenis* (Distant, 1909)

分布：云南（昆明、西双版纳），广东；菲律宾，新加坡，印度尼西亚，巴布亚新几内亚。

齿突高颈网蝽 *Perissonemia cicadifrons* Péricart, 1985

分布：云南（普洱），海南；不丹。

七刺网蝽属 *Phatnoma* Fieber, 1844

印七刺网蝽 *Phatnoma laciniatum* Fieber, 1844

分布：云南；印度，斯里兰卡。

折板网蝽属 *Physatocheila* Fieber, 1844

狭折板网蝽 *Physatocheila angusta* Golub & Soboleva, 2023

分布：云南（大理）。

黄折板网蝽 *Physatocheila fulgoris* Drake, 1937

分布：云南（西双版纳），江西，福建。

冠网蝽属 *Stephanitis* Stål, 1873

钩樟冠网蝽 *Stephanitis ambigua* Horvath, 1912

分布：云南，贵州，辽宁，河北，北京，陕西，山西，河南，山东，安徽，上海，浙江，江苏，江西，湖北，广西，福建，广东，香港，台湾；朝鲜，日本。

阿萨姆冠网蝽 *Stephanitis assamana* Drake & Maa, 1954

分布：云南（保山、大理）。

黑腿冠网蝽 *Stephanitis gallarum* Horvath, 1906

分布：云南（红河、保山、大理、西双版纳），四川，福建，广东，广西；不丹，印度。

黑腹冠网蝽 *Stephanitis gressitti* Drake, 1948

分布：云南（昆明、楚雄、大理），四川。

八角冠网蝽 *Stephanitis illicii* Jing, 1989

分布：云南（保山、文山）。

华南冠网蝽 *Stephanitis laudata* Drake & Poor, 1953

分布：云南（昆明、普洱），贵州，四川，浙江，福建，江西，湖南，广东，海南，台湾。

梨冠网蝽 *Stephanitis nashi* Esaki & Takeya, 1931

分布：云南（大理），四川，吉林，陕西，北京，河北，山东，浙江，安徽，江西，湖北，湖南，广西，福建，广东；日本，朝鲜。

叉脊冠网蝽 *Stephanitis nitor* Drake & Poor, 1937

分布：云南（西双版纳）；菲律宾，印度尼西亚。

杜鹃冠网蝽 *Stephanitis pyrioides* (Scott, 1874)
分布：云南（昆明），贵州，四川，重庆，河北，浙江，上海，广东；朝鲜，日本，俄罗斯（远东地区），不丹，澳大利亚，南美洲。

长脊冠网蝽 *Stephanitis sevensoni* Drake, 1948
分布：云南（昆明）。

毛脊冠网蝽 *Stephanitis suffuse* (Distant, 1903)
分布：云南（昆明、玉溪、保山），海南；缅甸，斯里兰卡。

香蕉冠网蝽 *Stephanitis typica* (Distant, 1903)
分布：云南（西双版纳），广西，福建，台湾，广东；印度，斯里兰卡，巴基斯坦，日本，朝鲜，巴布亚新几内亚，印度尼西亚，马来西亚，菲律宾群岛。

片脊网蝽属 *Taphnoma* Pericart, 1991

瘤片脊网蝽 *Taphnoma tuberculum* (Jing, 1980)
分布：云南（西双版纳）。

菊网蝽属 *Tingis* Fabricius, 1803

卷宽菊网蝽 *Tingis buddleiae* Drake, 1930
分布：云南（昆明、西双版纳），贵州，四川，陕西，湖北，湖南；印度，不丹，菲律宾。

糙皮网蝽属 *Trachypeplus* Horvath, 1926

布氏糙皮网蝽 *Trachypeplus brailovskyi* (Pereart, 1992)
分布：云南（德宏）；不丹。

凹糙皮网蝽 *Trachypeplus depressus* Dang, Guilbert & Bu, 2013
分布：云南（保山、红河、玉溪）。

黄糙皮网蝽 *Trachypeplus fulgoris* (Drake, 1937)
分布：云南（丽江、普洱、西双版纳），福建，广西；印度，不丹。

糙皮网蝽 *Trachypeplus jacobsoni* Horvath, 1926
分布：云南（西双版纳）；印度，印度尼西亚。

经糙皮网蝽 *Trachypeplus jingae* Dang, Guilbert & Bu, 2013
分布：云南（西双版纳）。

大糙皮网蝽 *Trachypeplus magnus* Jing, 1981
分布：云南（德宏、普洱、西双版纳），四川。

毛糙皮网蝽 *Trachypeplus malloti* Drake & Poor, 1936
分布：云南（普洱）；印度，不丹。

滇糙皮网蝽 *Trachypeplus yunnanus* Jing, 1980
分布：云南（西双版纳），四川。

角肩网蝽属 *Uhlerites* Drake, 1927

褐角肩网蝽 *Uhlerites debilis* (Uhler, 1896)
分布：云南（西双版纳），山西，陕西，安徽，湖北，广西，台湾；日本，朝鲜，俄罗斯（远东地区）。

狭网蝽属 *Ulonemia* Drake & Poor, 1937

窄狭网蝽 *Ulonemia angusta* Dang, Li, Guilbert & Bu, 2014
分布：云南（普洱）。

大兜狭网蝽 *Ulonemia magna* Dang, Li, Guilbert & Bu, 2014
分布：云南（普洱、红河、西双版纳）。

细蝽科 Leptopodidae

大细蝽属 *Valleriola* Distant, 1904

爪哇大细蝽 *Valleriola javanica* Drake & Hottes, 1951
分布：云南（西双版纳），广西，海南，台湾；泰国，缅甸，老挝。

狭蝽科 Stenocephalidae

迪狭蝽属 Dicranocephalus Hahn, 1826

淡边迪狭蝽 *Dicranocephalus lateralis* (Signoret, 1879)
分布：云南；孟加拉国，斯里兰卡，印度。

盖蝽科 Aphelocheiridae

盖蝽属 *Aphelocheirus* Westwood, 1833

云盖蝽 *Aphelocheirus altigradus* Zettel, 1998
分布：云南。

斑腿盖蝽 *Aphelocheirus femoratus* Polhemus & Polhemus,1989
分布：云南；泰国，马来西亚。

洁盖蝽 *Aphelocheirus jendeki* Zettel, 1998
分布：云南，四川；越南，泰国。

龙陵盖蝽 *Aphelocheirus longlingensis* Xie & Liu, 2014
分布：云南（保山）。

黄足盖蝽 *Aphelocheirus luteus* Liu & Ding, 2005
分布：云南。

泸盖蝽 *Aphelocheirus maculosus* Liu & Zheng, 1994

分布：云南（怒江、丽江、迪庆）。

泰盖蝽 *Aphelocheirus thai* Polhemus & Polhemus, 1989

分布：云南；泰国，马来西亚。

结节盖蝽 *Aphelocheirus tuberculipes* Zettel & Tran, 2009

分布：云南（普洱）；越南。

负子蝽科 Belostomatidae

拟负蝽属 *Appasus* Amyot & Serville, 1843

日拟负蝽 *Appasus japonicus* Vuillefroy, 1864

分布：云南（文山），贵州，四川，天津，河北，河南，江苏，湖北，江西；韩国，日本。

负子蝽属 *Diplonychus* Laporte, 1833

环负子蝽 *Diplonychus annulatus* Fabricius, 1781

分布：云南，贵州，江苏，上海，浙江，湖北，江西，湖南，福建，台湾，广东，广西；日本，印度，尼泊尔。

艾氏负子蝽 *Diplonychus esakii* Miyamoto & Lee, 1966

分布：云南（西双版纳），贵州，四川，江苏，浙江，湖北，江西，广西，福建，台湾，广东，海南；韩国，日本。

锈色负子蝽 *Diplonychus rusticus* Fabricius, 1781

分布：云南（普洱），贵州，山东，河南，江苏，上海，浙江，湖北，江西，湖南，广西，福建，台湾，广东；日本，印度，缅甸，越南，泰国，斯里兰卡，菲律宾，马来西亚，新加坡，印度尼西亚，澳大利亚。

鳖负蝽属 *Lethocerus* Mayr, 1853

大鳖负蝽 *Lethocerus deyrolli* Vuillefroy, 1864

分布：云南（昆明），贵州，四川，辽宁，北京，天津，河北，山西，山东，陕西，江苏，上海，安徽，浙江，湖北，湖南，广西，台湾；俄罗斯（远东地区），韩国，日本。

印鳖负蝽 *Lethocerus indicus* Lepeletier & Serville, 1825

分布：云南（保山、红河、德宏），浙江，广西，福建，台湾，广东，海南，香港；朝鲜，韩国，日本，印度，尼泊尔，缅甸，越南，泰国，斯里兰卡，菲律宾，马来西亚，新加坡，印度尼西亚。

划蝽科 Corixidae

脊划蝽属 *Cenocorixa* Hungerford, 1948

卜氏脊划蝽 *Cenocorixa bui* Ren & Zhu, 2010

分布：云南（怒江、昭通、玉溪）。

突脊划蝽 *Cenocorixa crestiforma* Ren & Zhu, 2010

分布：云南（玉溪）。

山脊划蝽 *Cenocorixa montana* Ren & Zhu, 2010

分布：云南（昆明、大理），安徽，江西。

元江脊划蝽 *Cenocorixa yuangjiangensis* Xie & Liu, 2021

分布：云南（玉溪）。

夕划蝽属 *Hesperocorixa* Kirkaldy, 1908

法华夕划蝽 *Hesperocorixa hokkensis* Matsumura, 1905

分布：云南，陕西，江苏，上海，湖北；日本。

烁划蝽属 *Sigara* Fabricius, 1775

纹迹烁划蝽 *Sigara lateralis* Leach, 1817

分布：云南，贵州，四川，黑龙江，吉林，辽宁，内蒙古，北京，天津，山西，山东，河南，陕西，宁夏，新疆，湖北；俄罗斯（远东地区），蒙古国，印度，中亚，西亚，中东，非洲，欧洲。

曲纹烁划蝽 *Sigara septemlineata* Paiva, 1918

分布：云南，贵州，四川，黑龙江，内蒙古，山西，山东，陕西，湖北，江西，福建，台湾，香港，广西；俄罗斯（远东地区），日本，韩国，印度，缅甸。

蟾蝽科 Gelastocoridae

蟾蝽属 *Nerthra* Say, 1832

印度蟾蝽 *Nerthra indica* Atkinson, 1889

分布：云南，贵州，四川，西藏，江西，福建，广西；印度，尼泊尔，越南，老挝。

蚤蝽科 Helotrephidae

斯蚤蝽属 *Distotrephes* Polhemus, 1990

老挝斯蚤蝽 *Distotrephes laoticus* Zettel, 1999

分布：云南（西双版纳）；老挝。

帕斯蚤蝽 *Distotrephes pavelstysi* Zettel, 1999

分布：云南（普洱、西双版纳）；老挝，泰国。

蚤蝽属 *Helotrephes* Stål, 1860

极蚤蝽 *Helotrephes australis* Zettel & Polhemus, 1998
分布：云南（西双版纳）；老挝，泰国，马来西亚。
切蚤蝽 *Helotrephes incisus* Zettel & Polhemus, 1998
分布：云南（西双版纳）；泰国。
尼氏蚤蝽 *Helotrephes nieserianus* Zettel & Polhemus, 1998
分布：云南（西双版纳）；老挝，泰国。
巴氏蚤蝽 *Helotrephes papaceki* Zettel, 2001
分布：云南（西双版纳）。
萨氏蚤蝽 *Helotrephes sausai* Zettel, 1995
分布：云南。
佘蚤蝽 *Helotrephes shepardi* Zettel & Polhemus, 1998
分布：云南；泰国，越南。

密实蚤蝽属 *Trephotomas* Papáček, Štys & Tonner, 1988

密实蚤蝽 *Trephotomas compactus* Papáček, Štys & Tonner, 1988
分布：云南（西双版纳），广西，香港；越南，泰国。

小划蝽科 Micronectidae

小划蝽属 *Micronecta* Kirkaldy, 1897

微小划蝽 *Micronecta anatolica anatolica* Lindberg, 1922
分布：云南，贵州，台湾；印度，越南，伊朗，也门。
镰小划蝽 *Micronecta drepani* Nieser, 2000
分布：云南（西双版纳），海南；泰国，马来西亚。
红翅小划蝽 *Micronecta erythra* Nieser, Chen & Yang, 2005
分布：云南（西双版纳），贵州，重庆。
格氏小划蝽 *Micronecta grisea* Fieber, 1844
分布：云南，台湾；巴基斯坦，印度，孟加拉国，越南，泰国，马来西亚，印度尼西亚。
淼小划蝽 *Micronecta guttatostriata* Lundblad, 1933
分布：云南（西双版纳），海南；越南，泰国，马来西亚，印度尼西亚。
哈氏小划蝽 *Micronecta hummeli* Lundblad, 1934
分布：云南，四川。
杰氏小划蝽 *Micronecta jaczewskii* Wróblewski, 1962
分布：云南（西双版纳）；越南，泰国。
詹氏小划蝽 *Micronecta janssoni* Nieser, Chen & Yang, 2005
分布：云南（西双版纳）。
萍小划蝽 *Micronecta lemnae* Nieser, 1999
分布：云南（西双版纳）；泰国，马来西亚。
叶小划蝽 *Micronecta lobata* Nieser, Chen & Yang, 2005
分布：云南（西双版纳）。
黑色小划蝽 *Micronecta melanochroa* Nieser, Chen & Yang, 2005
分布：云南（西双版纳），湖北，江西，广西。
鸟头小划蝽 *Micronecta ornitheia* Nieser, Chen & Yang, 2005
分布：云南（西双版纳），贵州。
四纹小划蝽 *Micronecta quadristrigata* Breddin, 1905
分布：云南，香港，台湾，海南；印度，越南，泰国，斯里兰卡，马来西亚，印度尼西亚，伊朗，澳大利亚。
萨棘小划蝽 *Micronecta sahlbergii* Jakovlev, 1881
分布：云南，贵州，四川，黑龙江，内蒙古，天津，河北，山西，山东，河南，陕西，江苏，安徽，湖北，浙江，江西，湖南，台湾，广东，海南；俄罗斯（远东地区），韩国，日本，伊朗。
鳞小划蝽指名亚种 *Micronecta scutellaris scutellaris* Stål, 1858
分布：云南，天津，福建；印度，孟加拉国，缅甸，越南，泰国，斯里兰卡，马来西亚，非洲。
折棘小划蝽 *Micronecta siva* Kirkaldy, 1897
分布：云南，福建；印度，缅甸，泰国，越南，印度尼西亚。

潜蝽科 Naucoridae

长额潜蝽属 *Cheirochela* Hope, 1841

无膜长额潜蝽 *Cheirochela feana* Montandon, 1897
分布：云南；印度，缅甸，越南。
壮长额潜蝽 *Cheirochela grossa* Xie & Liu, 2015
分布：云南（德宏）。
越南长额潜蝽 *Cheirochela tonkina* Polhemus, Polhemus & Sites, 2008
分布：云南（文山、红河）；越南。

细沼潜蝽属 *Ctenipocoris* Montandon, 1897

亚洲细沼潜蝽 *Ctenipocoris asiaticus* Montandon, 1897

分布：云南（西双版纳）；缅甸，马来西亚。

华细沼潜蝽 *Ctenipocoris sinicus* Zettel, 2012

分布：云南（西双版纳）；老挝，马来西亚，印度尼西亚。

角潜蝽属 *Gestroiella* Montandon, 1897

泥角潜蝽 *Gestroiella limnocoroides* Montandon, 1897

分布：云南（普洱、西双版纳），贵州，广东，广西；印度，缅甸，泰国。

沼潜蝽属 *Heleocoris* Stål, 1876

孟沼潜蝽亚种 *Heleocoris bengalensis montandoni* Lundblad, 1933

分布：云南（西双版纳）；越南，老挝，泰国，印度尼西亚，马来西亚，新加坡。

短沼潜蝽 *Heleocoris breviceps* Montandon, 1897

分布：云南（西双版纳），海南；印度。

吉斯沼潜蝽 *Heleocoris jaechi* Zettel, 2012

分布：云南（西双版纳）。

盾沼潜蝽 *Heleocoris ovatus* Montandon, 1897

分布：云南（西双版纳），海南，香港；缅甸，越南，老挝，泰国。

石沼潜蝽 *Heleocoris strabus* Montandon, 1897

分布：云南（西双版纳）；印度，缅甸，越南，老挝，泰国。

蝎蝽科 Nepidae

类螳蝎蝽属 *Cercotmetus* Amot & Serville, 1843

亚洲类螳蝎蝽 *Cercotmetus asiaticus* Amot & Serville, 1843

分布：云南（西双版纳）；泰国，马来西亚，印度尼西亚。

壮蝎蝽属 *Laccotrephes* Stål, 1866

粗壮蝎蝽 *Laccotrephes grossus* Fabricius, 1787

分布：云南（西双版纳），北京，青海，湖北，江苏，江西，福建，广东，台湾，海南；日本，印度，越南，泰国，斯里兰卡，马来西亚，印度尼西亚。

日壮蝎蝽 *Laccotrephes japonensis* Scott, 1874

分布：云南，贵州，北京，天津，河北，山西，江苏，湖北，江西，台湾；韩国，日本。

长壮蝎蝽 *Laccotrephes pfeiferiae* Ferrari, 1888

分布：云南（昆明、红河、普洱、保山、丽江、文山），贵州，四川，湖北，江西，广西，台湾，广东；缅甸，泰国，马来西亚，印度尼西亚。

蝎蝽属 *Nepa* Linnaeus, 1758

灰蝎蝽 *Nepa cinerea* Linnaeus, 1758

分布：云南，黑龙江，内蒙古，甘肃，新疆；俄罗斯（远东地区），蒙古国，中亚，西亚，欧洲。

螳蝎蝽属 *Ranatra* Fabricius, 1790

中华螳蝎蝽 *Ranatra chinensis* Mayr, 1865

分布：云南（丽江），贵州，四川，黑龙江，天津，山东，湖北，江苏，浙江，江西，台湾，海南，广西；俄罗斯（远东地区），韩国，日本，缅甸，越南，印度。

兰氏螳蝎蝽 *Ranatra lansburyi* Chen, Nieser & Ho, 2004

分布：云南（西双版纳）；泰国。

长足螳蝎蝽指名亚种 *Ranatra longipes longipes* Stål, 1861

分布：云南（西双版纳），福建，江西，湖北，广西，广东，海南，台湾；日本。

固螳蝎蝽 *Ranatra sterea* Chen, Nieser & Ho, 2004

分布：云南（保山、西双版纳）。

一色螳蝎蝽 *Ranatra unicolor* Scott, 1874

分布：云南（昆明、丽江、大理、西双版纳），四川，黑龙江，北京，天津，河北，山西，陕西，宁夏，江苏，浙江，湖北，广东；俄罗斯（远东地区），韩国，日本，中亚，西亚，中东，欧洲。

仰蝽科 Notonectidae

小仰蝽属 *Anisops* Spinola, 1837

须小仰蝽 *Anisops barbatus* Brooks, 1951

分布：云南（西双版纳），广西，台湾，海南；印度，缅甸，越南，老挝，马来西亚，新加坡，泰国，印度尼西亚。

育小仰蝽 *Anisops breddini* Kirkaldy, 1901

分布：云南（西双版纳）；印度，斯里兰卡，缅甸，泰国，越南，马来西亚，印度尼西亚。

淡小仰蝽 *Anisops elstoni* Brooks, 1951

分布：云南（普洱、西双版纳），贵州，福建；越南，澳大利亚，巴布亚新几内亚，所罗门群岛。

南小仰蝽 *Anisops exiguus* Horváth, 1919

分布：云南（西双版纳），福建，广东，海南；印度，马来西亚，巴布亚新几内亚，印度尼西亚。

库罗小仰蝽 *Anisops kuroiwae* Matsumura, 1915

分布：云南（昆明、德宏、普洱、怒江、西双版纳），贵州，四川，江西，广西，福建，台湾，广东，海南；日本，印度，斯里兰卡，缅甸，越南，泰国，马来西亚，新加坡，印度尼西亚，菲律宾，澳大利亚。

平顶小仰蝽 *Anisops occipitalis* Breddin, 1905

分布：云南（昆明），台湾，海南；日本，印度尼西亚，澳大利亚，巴布亚新几内亚。

普小仰蝽 *Anisops ogasawarensis* Matsumura, 1915

分布：云南（昆明、曲靖、西双版纳），贵州，四川，天津，陕西，上海，浙江，湖北，江西，湖南，福建，台湾，广东，海南，广西；日本。

类斯氏小仰蝽 *Anisops pseudostali* Nieser, Chen & Yang, 2005

分布：云南（昆明、保山、临沧）。

塔希小仰蝽 *Anisops tahitiensis* Lundblad, 1934

分布：云南（西双版纳）；日本，越南，马来西亚，印度尼西亚，文莱，巴基斯坦，澳大利亚。

粗仰蝽属 *Enithares* Spinola, 1837

双凹粗仰蝽 *Enithares biimpressa* Uhler, 1860

分布：云南（普洱、西双版纳），江西，福建，广东，香港，广西。

黄斑粗仰蝽 *Enithares ciliata* Fabricius, 1798

分布：云南（西双版纳、普洱），海南；不丹，印度，缅甸，越南，老挝，斯里兰卡，毛里求斯，马来西亚，新加坡，泰国。

线形粗仰蝽 *Enithares lineatipes* Horváth, 1889

分布：云南；印度。

曼德勒粗仰蝽 *Enithares mandalayensis* Distant, 1911

分布：云南；越南，泰国，缅甸。

华粗仰蝽 *Enithares sinica* Stål, 1854

分布：云南（昆明、楚雄、保山、西双版纳），贵州，四川，河南，江苏，上海，浙江，湖北，江西，湖南，广西，福建，台湾，广东，海南，香港；日本，菲律宾，越南，老挝，马来西亚。

窄谷粗仰蝽 *Enithares stridulata* Brooks, 1948

分布：云南（普洱、玉溪、西双版纳）；越南，老挝，泰国。

毛胫粗仰蝽 *Enithares tibialis* Liu & Zheng, 1991

分布：云南（红河），海南；越南，老挝。

大仰蝽属 *Notonecta* Linnaeus, 1758

中华大仰蝽 *Notonecta chinensis* Fallou, 1887

分布：云南（玉溪），贵州，四川，黑龙江，辽宁，北京，河北，山西，山东，河南，江苏，安徽，浙江，湖北，江西，湖南，福建，广东，广西；日本。

滇大仰蝽 *Notonecta kirkaldyi* Martin, 1902

分布：云南（昆明、玉溪、丽江、大理、保山），贵州。

三点大仰蝽 *Notonecta triguttata* Motschulsky, 1861

分布：云南（楚雄、大理），贵州，山东；俄罗斯（远东地区），韩国，日本。

紫红大仰蝽 *Notonecta violacea* Kirkaldy, 1897

分布：云南（丽江、红河），西藏，安徽，湖北，江西；缅甸。

细仰蝽属 *Nychia* Stål, 1860

莎孚细仰蝽 *Nychia sappho* Kirkaldy, 1901

分布：云南（西双版纳），湖南；缅甸，泰国，菲律宾，马来西亚，巴布亚新几内亚，印度尼西亚，澳大利亚。

蜍蝽科 Ochteridae

蜍蝽属 *Ochterus* Latreille, 1807

小蜍蝽 *Ochterus breviculus* Nieser & Chen, 1992

分布：云南，西藏。

固蝽科 Pleidae

邻固蝽属 *Paraplea* Esaki & China, 1928

额邻固蝽 *Paraplea frontalis* Fieber, 1844

分布：云南（怒江），北京，江苏，浙江，江西，福建，台湾，广东，海南；印度，孟加拉国，斯里兰卡，印度尼西亚。

日邻固蝽 *Paraplea japonica* Horváth, 1904

分布：云南，台湾；韩国，日本，印度。

异蝽科 Urostylidae

版纳异蝽属 *Bannacoris* Hsiao, 1964

树版纳异蝽 *Bannacoris arborsus* Hsiao, 1964
分布：云南（红河），广西。

华异蝽属 *Tessaromerus* Kirkaldy, 1908

斑华异蝽 *Tessaromerus maculatus* Hsiao & Ching, 1977
分布：云南（迪庆），四川，甘肃。
四星华异蝽 *Tessaromerus quadriaticulatus* Kirkaldy, 1908
分布：云南（昆明），湖北，陕西。

壮异蝽属 *Urochela* Dallas, 1850

白点壮异蝽 *Urochela albosignata* Ren & Bu, 2003
分布：云南（普洱）。
亮壮异蝽 *Urochela distincta* Distant, 1900
分布：云南，贵州，四川，甘肃，陕西，山西，浙江，湖南，江西，福建。
窄壮异蝽 *Urochela elongate* Blöte, 1945
分布：云南。
扩壮异蝽 *Urochela guttulata* Stål, 1876
分布：云南（德宏、西双版纳）；印度。
钩壮异蝽 *Urochela hamata* Ren, 1986
分布：云南（保山）。
光华异蝽 *Urochela licenti* (Yang, 1939)
分布：云南，甘肃，河北，北京，山西。
叶抱壮异蝽 *Urochela lobata* Ren, 1986
分布：云南（丽江）。
花壮异蝽 *Urochela luteovaria* Distant, 1881
分布：云南（昆明、昭通、大理、曲靖），贵州，四川，甘肃，陕西，河北，江西，湖北，广西，福建；日本。
山壮异蝽 *Urochela montana* Ren, 1984
分布：云南（怒江）。
黑痣壮异蝽 *Urochela notata* Ren, 1986
分布：云南（红河）。
小点壮异蝽 *Urochela parvinotata* Yang, 1980
分布：云南（大理），四川。
无斑壮异蝽 *Urochela pollescens* (Jakovlev, 1890)
分布：云南（迪庆、怒江），四川，甘肃，陕西，山西。
褐壮异蝽 *Urochela punctata* Hsiao & Ching, 1977
分布：云南（西双版纳），甘肃。
宽壮异蝽 *Urochela siamensis* Yang, 1938
分布：云南（德宏）。
云南壮异蝽 *Urochela yunnanana* Ren, 1984
分布：云南（怒江）。

盲异蝽属 *Urolabida* Westwood, 1837

保山盲异蝽 *Urolabida baoshanana* Ren, 1997
发布：云南（保山）。
双斑盲异蝽 *Urolabida bimaculata* Ren, 1986
分布：云南（西双版纳）。
奇突盲异蝽 *Urolabida callosa* Hsiao & Ching, 1977
分布：云南（西双版纳）。
萼突盲异蝽 *Urolabida calycis* Ren, 1984
分布：云南（怒江）。
乳突盲异蝽 *Urolabida concolor* Hsiao & Ching, 1977
分布：云南（西双版纳）。
楔突盲异蝽 *Urolabida cuneata* Ren, 1986
分布：云南（西双版纳）。
扩边盲异蝽 *Urolabida grayii* (White, 1839)
分布：云南（西双版纳）；尼泊尔，印度。
橘盾盲异蝽 *Urolabida histrionica* (Westwood, 1837)
分布：云南（临沧、西双版纳）；印度，缅甸。
黄氏盲异蝽 *Urolabida huangi* Ren, 2001
分布：云南。
黑角盲异蝽 *Urolabida khasiana* Distant, 1887
分布：云南（德宏、西双版纳）；印度。
棕带盲异蝽 *Urolabida lineata* Hsiao & Ching, 1977
分布：云南（红河、西双版纳）。
勐海盲异蝽 *Urolabida menghaiensis* Ren, 2001
分布：云南（西双版纳）。
宫本盲异蝽 *Urolabida miyamotoi* Ren, 1997
分布：云南（西双版纳）。
美盲异蝽 *Urolabida pulchra* Blöte, 1945
分布：云南（西双版纳）；印度。
盾突盲异蝽 *Urolabida scutellata* Ren, 1986
分布：云南（保山、西双版纳）。
华夏盲异蝽 *Urolabida sinica* Ren & Liu, 1997
发布：云南（普洱）。
匙突盲异蝽 *Urolabida spathulata* Ren, 1984
分布：云南（德宏）。

剑突盲异蝽 *Urolabida spathulifera* Blöe, 1945

分布：云南，福建。

斑带盲异蝽 *Urolabida tenera* Westwood, 1837

分布：云南（昆明）；印度。

娇异蝽属 *Urostylis* Westwood, 1837

尖尾娇异蝽 *Urostylis acuminatus* Ren, 1986

分布：云南（玉溪）。

角突娇异蝽 *Urostylis chinai* Maa, 1947

分布：云南（德宏），福建，台湾。

齿缘娇异蝽 *Urostylis denticollis* Ren, 1986

分布：云南（丽江）。

钳突娇异蝽 *Urostylis forcipatis* Ren, 1984

分布：云南（西双版纳）。

芒突娇异蝽 *Urostylis furcatis* Ren, 1984

分布：云南（怒江）。

剑突娇异蝽 *Urostylis gladiatis* Ren, 1984

分布：云南（昆明）。

无斑娇异蝽 *Urostylis insignis* Hsiao & Ching, 1977

分布：云南（保山、怒江、西双版纳），四川。

舌突娇异蝽 *Urostylis linguiformis* Ren, 1984

分布：云南（玉溪）。

高山娇异蝽 *Urostylis montanus* Ren, 1984

分布：云南（大理）。

红突娇异蝽 *Urostylis ruficornis* Ren, 1984

分布：云南（德宏）。

橘边娇异蝽 *Urostylis spectabilis* Distant, 1902

分布：云南（西双版纳）；印度

斑娇异蝽 *Urostylis tricarinata* Maa, 1977

分布：云南（红河、西双版纳），福建，广东。

岔娇异蝽 *Urostylis trifidus* Ren, 1986

分布：云南（保山）。

缘蝽科 Coreidae

瘤缘蝽属 *Acanthocoris* Amyot & Serville, 1843

瘤缘蝽 *Acanthocoris scaber* (Linnaeus, 1763)

分布：云南（红河、昭通、文山、德宏、普洱、楚雄、大理、临沧、丽江、保山、西双版纳），贵州，四川，西藏，山东，江苏，安徽，浙江，湖北，江西，广西，福建，广东；印度，马来西亚。

梭缘蝽属 *Anhomoeus* Hsiao, 1963

梭缘蝽 *Anhomoeus fusiformis* Hsiao, 1963

分布：云南（西双版纳、普洱、临沧、保山）。

安缘蝽属 *Anoplocnemis* Stål, 1873

斑背安缘蝽 *Anoplocnemis binotata* Distant, 1918

分布：云南（昆明、玉溪、迪庆、丽江、德宏、昭通、曲靖、楚雄、大理、临沧），贵州，四川，西藏，山东，河南，江苏，安徽，浙江；印度。

红背安缘蝽 *Anoplocnemis phasiana* (Fabricius, 1781)

分布：云南（昆明、红河、玉溪、曲靖、昭通、文山、普洱、楚雄、大理、丽江、怒江、保山、德宏、西双版纳），四川，西藏，江西，广西，福建，广东。

臭缘蝽属 *Aurelianus* Distant, 1902

云臭缘蝽 *Aurelianus yunnananus* Xiong, 1987

分布：云南（西双版纳）。

勃缘蝽属 *Breddinella* Dispons, 1962

肩勃缘蝽 *Breddinella humeralis* (Hsiao, 1963)

分布：云南（昆明、曲靖、文山、玉溪、昭通、红河、楚雄、大理、丽江、怒江、临沧、保山、西双版纳），四川。

异黛缘蝽属 *Chinadasynus* Hsiao, 1964

异黛缘蝽 *Chinadasynus orientalis* (Distant, 1889)

分布：云南（临沧、西双版纳）；印度。

棒缘蝽属 *Clavigralloides* Dolling, 1978

四刺棒缘蝽 *Clavigralloides acantharis* (Fabricius, 1803)

分布：云南（西双版纳、德宏、红河、普洱、保山），广西，福建，广东；缅甸。

大棒缘蝽 *Clavigralloides tuberosus* (Hsiao, 1964)

分布：云南（昆明），四川，浙江，福建。

拟棘缘蝽属 *Cletomorpha* Mayr, 1866

条拟棘缘蝽 *Cletomorpha insignis* Distant, 1902

分布：云南（西双版纳）；缅甸。

拟棘缘蝽 *Cletomorpha raja* Distant, 1901

分布：云南（西双版纳、红河、德宏）。

点棘缘蝽 *Cletomorpha simulans* Hsiao, 1963

分布：云南（玉溪、红河、普洱、西双版纳），广东。

棘缘蝽属 *Cletus* Stål, 1860

菲棘缘蝽 *Cletus bipunctatus* (Herrich-Schäffer, 1840)

分布：云南（迪庆、大理、怒江、丽江、德宏、西双版纳），贵州，四川，浙江，广西，福建，广东，海南。

刺额棘缘蝽 *Cletus feanus* Distant, 1902

分布：云南（西双版纳），贵州，广西，江西。

禾棘缘蝽 *Cletus graminis* Hsiao & Cheng, 1964

分布：云南（德宏、保山、普洱，红河、怒江、玉溪、西双版纳），广西，福建，海南，广东。

短肩棘缘蝽 *Cletus pugnator* (Fabricius, 1787)

分布：云南（西双版纳、丽江、玉溪、保山），广西，江西，台湾；缅甸，斯里兰卡，印度。

稻棘缘蝽 *Cletus punctiger* Dakkas, 1852

分布：云南（文山、德宏、玉溪、红河、怒江、临沧、保山、西双版纳），西藏，浙江，江西，湖北，广东；印度。

黑须棘缘蝽 *Cletus punctulatus* (Westwood, 1842)

分布：云南（昆明、楚雄、红河、普洱、德宏、保山、大理、怒江、丽江、文山、西双版纳），贵州，四川，西藏，江西；印度。

平肩棘缘蝽 *Cletus tenuis* Kiritshenko, 1916

分布：云南（怒江、玉溪、文山、保山、德宏、西双版纳），四川，河北，陕西，北京，山东，江西。

宽棘缘蝽 *Cletus rusticus* Stål, 1860

分布：云南（红河）。

长肩棘缘蝽 *Cletus trigonus* (Thunberg, 1783)

分布：云南（保山、大理、玉溪、普洱、德宏、西双版纳），江苏，上海，江西，广西，广东，海南，台湾，福建；菲律宾，印度尼西亚，斯里兰卡，孟加拉国。

绿竹缘蝽属 *Cloresmus* Stål, 1860

褐绿竹缘蝽 *Cloresmus modestus* Distant, 1901

分布：云南（红河、普洱、文山、德宏、西双版纳），广东；缅甸，印度。

绿竹缘蝽 *Cloresmus pulchellus* Hsiao, 1963

分布：云南（红河、普洱、怒江、临沧、大理、保山、德宏、西双版纳）。

云南绿竹缘蝽 *Cloresmus yunnanensis* Hsiao, 1963

分布：云南（普洱、德宏、保山、怒江、西双版纳）。

怪缘蝽属 *Cordysceles* Hsiao, 1963

怪缘蝽 *Cordysceles turpis* Hsiao, 1963

分布：云南（玉溪、普洱、临沧、保山、西双版纳），西藏。

缘蝽属 *Coreus* Fabricius, 1794

东方原缘蝽 *Coreus marginatus orientalis* Kiritshenko, 1916

分布：云南（迪庆、大理、怒江），四川，黑龙江；俄罗斯（远东地区），日本，欧洲。

姬缘蝽属 *Corizus* Fallén, 1814

欧姬缘蝽 *Corizus hyoscyami* Linnaeus, 1758

分布：云南（大理），四川，河北，甘肃；古北区广布。

达缘蝽属 *Dalader* Amyot & Serville, 1843

狄达缘蝽 *Dalader distanti* Blöte, 1938

分布：云南（普洱、临沧、怒江、德宏、红河、西双版纳）；缅甸，孟加拉国，印度。

台湾达缘蝽 *Dalader formosanus* Esaki, 1931

分布：云南（红河）。

宽肩达缘蝽 *Dalader planiventris* (Westwood, 1842)

分布：云南（文山、红河、普洱、楚雄、大理、临沧、保山、德宏、西双版纳），贵州，广东；斯里兰卡，印度尼西亚，马来半岛。

小达缘蝽 *Dalader rubiginosus* (Westwood, 1842)

分布：云南（文山、保山、西双版纳），贵州，四川，广东；缅甸。

拟黛缘蝽属 *Dasynopsis* Hsiao, 1863

拟黛缘蝽 *Dasynopsis cunealis* Hsiao, 1863

分布：云南（普洱、西双版纳）。

波缘蝽属 *Enoplops* Amyot & Serville, 1843

波原缘蝽 *Enoplops potanini* (Jakovlev, 1890)

分布：云南（昆明、大理、丽江、楚雄、迪庆、德宏），四川，西藏，河北，湖北，陕西，内蒙古，山西，甘肃。

奇缘蝽属 *Derepteryx* White, 1839

奇异缘蝽 *Derepteryx dissimilis* Hsiao, 1963

分布：云南（昆明）。

格异缘蝽 *Derepteryx grayii* White, 1839

分布：云南（昆明、红河、保山），广东；尼泊尔，缅甸，孟加拉国。

月肩奇缘蝽 *Derepteryx lunata*(Distant, 1900)

分布：云南（昆明、怒江、文山），贵州，四川，河南，浙江，江西，湖北，福建。

勐仑奇缘蝽 *Derepteryx mengluna* (Han, 1991)
分布：云南（西双版纳）。
暗异缘蝽 *Derepteryx obscurata* Stål, 1863
分布：云南（迪庆），四川，江苏，广东。
云南异缘蝽 *Derepteryx yunnana* Ren, 1992
分布：云南（怒江）。

犹希缘蝽属 *Eohydara* Bergroth, 1925

犹希缘蝽 *Eohydara fulviclava* Bergroth, 1925
分布：云南（玉溪、普洱、西双版纳）；中南半岛。

角缘蝽属 *Fracastorius* Distant, 1902

角缘蝽 *Fracastorius cornutus* Distant, 1902
分布：云南（德宏、西双版纳）；缅甸。

岗缘蝽属 *Gonocerus* Berthokd, 1827

黑纹岗缘蝽 *Gonocerus nigrovittatus* Ren, 1984
分布：云南（丽江）。
云南岗缘蝽 *Gonocerus yunnanensis* Hsiao, 1964
分布：云南（昆明、大理、普洱、红河、玉溪、曲靖、昭通、文山、楚雄、丽江、迪庆、怒江、临沧、保山、西双版纳），贵州，四川，湖北，湖南，广西。

骇缘蝽属 *Helcomeria* Stål, 1873

骇缘蝽 *Helcomeria spinosa* Signoret, 1851
分布：云南（西双版纳），西藏；印度。

同缘蝽属 *Homoeocerus* Burmeister, 1835

版纳同缘蝽 *Homoeocerus bannaensis* Hsiao, 1962
分布：云南（德宏、临沧、西双版纳）。
双斑同缘蝽 *Homoeocerus bipunctatus* Hsiao, 1962
分布：云南（普洱、文山、临沧、红河、德宏、西双版纳），四川，广西，福建。
显脉同缘蝽 *Homoeocerus cletoformis* Hsiao, 1963
分布：云南（红河、普洱、临沧、保山、西双版纳）。
一色同缘蝽 *Homoeocerus concoloratus* Uhler, 1860
分布：云南（昭通、楚雄、大理），福建，广东。
草同缘蝽 *Homoeocerus graminis* (Fabricius, 1803)
分布：云南（红河、文山、普洱、临沧、保山、西双版纳），西藏，广西，广东；斯里兰卡。
阔肩同缘蝽 *Homoeocerus humeralis* Hsiao, 1962
分布：云南（红河、文山、普洱、临沧、德宏、西双版纳）。
素同缘蝽 *Homoeocerus impictus* Hsiao, 1962
分布：云南（昆明、西双版纳）。
黄边同缘蝽 *Homoeocerus limbatus* Hsiao, 1963
分布：云南（昭通、普洱、西双版纳）。
小点同缘蝽 *Homoeocerus marginellus* (Herrich-Schäffer, 1840)
分布：云南（怒江，临沧、红河、德宏、西双版纳），四川，福建，江西，广东；印度尼西亚。
斑腹同缘蝽 *Homoeocerus marginiventris* Dohrn, 1860
分布：云南（昆明、玉溪、红河、大理、保山、西双版纳），四川，江西，福建；缅甸，斯里兰卡。
月斑同缘蝽 *Homoeocerus meniscus* Hsiao, 1862
分布：云南（德宏、普洱、西双版纳）。
红斑鼻缘蝽 *Homoeocerus rubromaculatus* (Hsiao, 1963)
分布：云南（德宏、西双版纳）。
黑边同缘蝽 *Homoeocerus simiolus* Distant, 1902
分布：云南（红河、普洱、大理、临沧、保山、德宏、玉溪、文山、西双版纳）；印度。
纹须同缘蝽 *Homoeocerus striicornis* Scott, 1874
分布：云南（文山、德宏、西双版纳），贵州，四川，甘肃，河北，浙江，江西，湖北，台湾，广东；日本，印度，斯里兰卡。
并斑同缘蝽 *Homoeocerus subjectus* Walker, 1871
分布：云南（文山、德宏、红河、西双版纳）；泰国，印度。
一点同缘蝽 *Homoeocerus unipunctatus* (Thunberg, 1783)
分布：云南（昭通、文山、保山、西双版纳），西藏，江苏，浙江，江西，湖北，台湾，广东；日本。
褐同缘蝽 *Homoeocerus varicolor* Xiong, 1987
分布：云南（保山）。
异肩同缘蝽 *Homoeocerus viridis* Hsiao, 1962
分布：云南（文山、德宏、西双版纳）。
合欢同缘蝽 *Homoeocerus walkeri* Kirby, 1892
分布：云南（玉溪、红河、曲靖、昭通、大理、文山、普洱、临沧、保山、德宏、西双版纳），广东；缅甸，印度，斯里兰卡。
瓦同缘蝽 *Homoeocerus walkerianus* Lethierry et Severin, 1894
分布：云南（大理），四川，江苏，江西，湖北。

云南同缘蝽 *Homoeocerus yunnanensis* Hsiao, 1962
分布：云南（昆明、玉溪、红河、普洱、文山、德宏、西双版纳）。

耗缘蝽属 *Hoplolomia* Stål, 1873

耗缘蝽 *Hoplolomia scabricula* Stål, 1873
分布：云南（西双版纳）；缅甸。

希缘蝽属 *Hydarella* Bergroth, 1925

希缘蝽 *Hydarella orientalis* (Distant, 1902)
分布：云南（玉溪、普洱、西双版纳）；印度。

拟希缘蝽属 *Hydaropsis* Hsiao, 1965

拟希缘蝽 *Hydaropsis longirostris* (Hsiao, 1963)
分布：云南（西双版纳）。

黑缘蝽属 *Hygia* Uhler, 1861

扁锥黑缘蝽 *Hygia cornosa* Ren, 1987
分布：云南（西双版纳）。
纹足黑缘蝽 *Hygia fasciiger* Hsiao, 1964
分布：云南（西双版纳）。
大斑黑缘蝽 *Hygia funebris* (Distant, 1901)
分布：云南（德宏、红河、西双版纳）。
大黑缘蝽 *Hygia magna* Hsiao, 1964
分布：云南（红河）。
小黑缘蝽 *Hygia nana* Hsiao, 1964
分布：云南（普洱）。
夜黑缘蝽 *Hygia noctua* (Distant, 1901)
分布：云南（西双版纳）；缅甸，印度，印度尼西亚。
暗黑缘蝽 *Hygia opaca* Uhler, 1860
分布：云南（红河、文山、德宏）。
乳突黑缘蝽 *Hygia pusilla* Ren, 1987
分布：云南（西双版纳）。
长喙黑缘蝽 *Hygia rostrata* Hsiao, 1964
分布：云南（西双版纳）。
玫黑缘蝽 *Hygia signata* Ren, 1987
分布：云南（怒江）。
次小黑缘蝽 *Hygia simulans* Hsiao, 1964
分布：云南（红河、西双版纳）。
环胫黑缘蝽 *Hygia touchei* (Distant, 1901)
分布：云南（昆明、昭通、红河、文山、大理、怒江、保山、迪庆、德宏、西双版纳），四川，西藏，广西，江西；印度。
倾背黑缘蝽 *Hygia unicolor* Ren, 1987
分布：云南（西双版纳）。
云南黑缘蝽 *Hygia yunnana* Hsiao, 1964
分布：云南（西双版纳）。

喙缘蝽属 *Leptoglossus* Guérin-Méneville, 1831

喙缘蝽 *Leptoglossus membranaceus* (Fabricius, 1781)
分布：云南（西双版纳），台湾；印度，马来群岛，大洋洲。

曼缘蝽属 *Manocoreus* Hsiao, 1964

秀曼缘蝽 *Manocoreus astinus* Ren, 1983
分布：云南（怒江）。
边曼缘蝽 *Manocoreus marginatus* Hsiao, 1964
分布：云南（德宏、西双版纳）。
云曼缘蝽 *Manocoreus yunnanensis* Hsiao, 1964
分布：云南（西双版纳）。

昧缘蝽属 *Mecocnemis* Hsiao, 1964

昧缘蝽 *Mecocnemis scutellaris* Hsiao, 1964
分布：云南（玉溪、西双版纳）。

迈缘蝽属 *Melanacanthus* Stål, 1873

迈缘蝽 *Melanacanthus marginatus* (Hsiao, 1965)
分布：云南（玉溪、文山、丽江、保山）。

类侎缘蝽属 *Mictiopsis* Hsiao, 1965

曲足类侎缘蝽 *Mictiopsis curvipes* Hsiao, 1965
分布：云南（昆明、文山）。

侎缘蝽属 *Mictis* Leach, 1814

黑胫侎缘蝽 *Mictis fuscipes* Hsiao, 1963
分布：云南（红河、德宏）。
锐肩侎缘蝽 *Mictis gallina* Dallas, 1852
分布：云南（红河），江西，广东；缅甸。
曲胫侎缘蝽 *Mictis tenbrosa* (Fabricius, 1787)
分布：云南（红河、玉溪、文山、楚雄、普洱、大理、迪庆、昭通、保山、德宏、怒江、曲靖、临沧、西双版纳），四川，西藏，浙江，江西，湖南，广西，福建，广东。

莫缘蝽属 *Molipteryx* Kiritshenko, 1916

哈莫缘蝽指名亚种 *Molipteryx hardwickii hardwickii* (White, 1839)
分布：云南（昆明、玉溪、红河、曲靖、楚雄、普洱、丽江、迪庆、怒江、文山、保山、德宏、西双版纳），西藏；尼泊尔，缅甸，印度。

小竹缘蝽属 *Notobitiella* Hsiao, 1963

双刺小竹缘蝽 *Notobitiella bispina* Jiang, Chen & Bu, 2022
分布：云南（西双版纳）。

小竹缘蝽 *Notobitiella elegans* Hsiao, 1963
分布：云南（西双版纳）。

竹缘蝽属 *Notobitus* Stål, 1860

狭竹缘蝽 *Notobitus elongatus* Hsiao, 1977
分布：云南（红河、普洱、西双版纳）。

大竹缘蝽 *Notobitus excellens* Distant, 1879
分布：云南（红河、普洱、大理、临沧、曲靖、保山、德宏、怒江、西双版纳）；印度。

黑竹缘蝽 *Notobitus meleagris* Fabricius, 1787
分布：云南（红河）。

异足竹缘蝽 *Notobitus sexguttatus* (Westwood, 1842)
分布：云南（红河、文山、普洱、楚雄、临沧、西双版纳），广西，广东。

翅缘蝽属 *Notopteryx* Hsiao, 1963

翅缘蝽 *Notopteryx concolor* Hsiao, 1963
分布：云南（红河、文山、普洱、临沧、大理、保山、德宏）。

赭缘蝽属 *Ochrochira* Stål, 1873

茶色赭缘蝽 *Ochrochira camelina* (Kiritshenko, 1916)
分布：云南（昆明、大理、普洱、楚雄），贵州，四川；缅甸，印度。

绣赭缘蝽 *Ochrochira ferruginea* Hsiao, 1963
分布：云南（昆明、玉溪、曲靖、昭通、文山、大理、楚雄、丽江、迪庆、德宏、红河、怒江、保山、西双版纳），四川，西藏。

黑赭缘蝽 *Ochrochira fusca* Hsiao, 1963
分布：云南（昆明、玉溪、昭通、文山、红河、普洱、楚雄、大理、怒江、临沧、保山、西双版纳），四川。

粒足赭缘蝽 *Ochrochira granulipes* (Westwood, 1842)
分布：云南（昆明、怒江、红河、德宏、文山、西双版纳），贵州，西藏；印度。

双色赭缘蝽 *Ochrochira nigrorufa* Walker, 1871
分布：云南（文山）；缅甸，印度。

白翅赭缘蝽 *Ochrochira pallipennis* Hsiao, 1963
分布：云南（红河、保山）。

波赭缘蝽 *Ochrochira potanini* Kiritshenko, 1916
分布：云南（昆明、楚雄、文山），四川，西藏，湖北。

副黛缘蝽属 *Paradasynus* China, 1934

刺副黛缘蝽 *Paradasynus spinosus* Hsiao, 1963
分布：云南（德宏）。

胫副黛缘蝽 *Paradasynus tibialis* Hsiao, 1965
分布：云南（西双版纳）。

副俅缘蝽属 *Paramictis* Stål, 1873

副俅缘蝽 *Paramictis validus* Hsiao, 1963
分布：云南（昆明、玉溪、红河、西双版纳），西藏，广西，广东；印度。

蜘缘蝽属 *Paraplesius* Scott, 1874

蜘缘蝽 *Paraplesius vulgaris* (Hsiao, 1964)
分布：云南（西双版纳），福建，江西。

拟特缘蝽属 *Petillocoris* Hsiao, 1963

长足特缘蝽 *Petillocoris longipes* Hsiao, 1963
分布：云南（西双版纳）。

类特缘蝽属 *Petillopsis* Hsiao, 1963

角肩特缘蝽 *Petillopsis calcar* (Dalles, 1852)
分布：云南（普洱、临沧、保山、西双版纳）；缅甸，印度，斯里兰卡，菲律宾。

刺肩特缘蝽 *Petillopsis patulicollis* (Walker, 1871)
分布：云南（昭通、保山、德宏、西双版纳）；印度。

菲缘蝽属 *Physomerus* Burmeister, 1835

菲缘蝽 *Physomerus grossipes* (Fabricius, 1794)
分布：云南（昆明、玉溪、曲靖、红河、文山、普洱、怒江、临沧、保山、德宏、西双版纳），四川，广东；缅甸，印度，斯里兰卡，马来西亚。

普缘蝽属 *Plinachtus* Stål, 1860

黑普缘蝽 *Plinachtus acicularis* (Fabricius, 1803)
分布：云南（西双版纳）；不丹，印度，斯里兰卡。

棕普缘蝽 *Plinachtus basalis* (Westwood, 1842)
分布：云南（保山、普洱、红河、德宏、昭通、文山、西双版纳）；缅甸，印度，斯里兰卡。

钝肩普缘蝽 *Plinachtus bicoloripes* Scott, 1874
分布：云南（大理、保山、西双版纳），四川，江西，陕西，湖北；日本。

刺肩普缘蝽 *Plinachtus dissimilis* Hsiao, 1964

分布：云南（昆明、大理、临沧、保山），贵州，山西，陕西，江苏，浙江，江西，湖北。

辟缘蝽属 *Prionolomia* Stål, 1873

大辟缘蝽 *Prionolomia gigas* Distant, 1879

分布：云南（昆明、文山、普洱、临沧、西双版纳）；越南，印度，缅甸。

伪侎缘蝽属 *Pseudomictis* Hsiao, 1963

凸腹伪侎缘蝽 *Pseudomictis brevicornis* Hsiao, 1963

分布：云南（昆明、普洱，楚雄、西双版纳），福建，青海。

长腹伪侎缘蝽 *Pseudomictis distinctus* Hsiao, 1963

分布：云南（红河、玉溪、西双版纳），广西，广东。

类光缘蝽属 *Pseudomyla* Dolling, 1986

类光缘蝽 *Pseudomyla cornuta* (Hsiao, 1965)

分布：云南（普洱、德宏、西双版纳）。

刺类光缘蝽 *Pseudomyla spinicollis* (Spinola, 1837)

分布：云南（普洱、西双版纳）。

皮缘蝽属 *Psilolomia* Breddin, 1909

皮缘蝽 *Psilolomia clavipes* (Hsiao, 1964)

分布：云南（普洱）。

拉缘蝽属 *Rhamnomia* Hsiao, 1963

拉缘蝽 *Rhamnomia dubia* (Hsiao, 1963)

分布：云南（红河、文山、普洱、迪庆、德宏、西双版纳），四川，广西，福建，广东。

滇拉缘蝽 *Rhamnomia dubia serrata* Hsiao, 1964

分布：云南（红河、文山、西双版纳）。

红缘蝽属 *Serinetha* Spinola, 1837

大红缘蝽 *Serinetha abdominalis* (Fabricius, 1803)

分布：云南（西双版纳），广东；斯里兰卡，印度。

小红缘蝽 *Serinetha augur* Fabricits, 1781

分布：云南（红河、保山、德宏），广东；孟加拉国，印度，马来半岛。

凸头红缘蝽 *Serinetha capitis* Hsiao, 1963

分布：云南（西双版纳）。

华黛缘蝽属 *Sinodasynus* Hsiao, 1963

云华黛缘蝽 *Sinodasynus spiraculus* Hsiao, 1965

分布：云南（西双版纳）。

鼻缘蝽属 *Sinotagus* Kiritshenko, 1916

棱须鼻缘蝽 *Sinotagus nasutus* Kiritshenko, 1916

分布：云南（昆明、玉溪、红河、文山、普洱、楚雄、大理、临沧），四川。

特缘蝽属 *Trematocoris* Mayr, 1865

无斑特缘蝽 *Trematocoris insignis* (Hsiao, 1963)

分布：云南（红河、保山、德宏）。

斑足特缘蝽 *Trematocoris lobipes* (Westwood, 1842)

分布：云南（文山、西双版纳）。

叶足特缘蝽 *Trematocoris tragus* (Fabricius, 1878)

分布：云南（西双版纳），湖南，福建，广东，广西。

杆长蝽科 Blissidae

修长蝽属 *Aradacrates* Slater & Wilcox, 1969

郑氏修长蝽 *Aradacrates zhengi* Gao, Dang & Bu, 2011

分布：云南（西双版纳）。

土长蝽属 *Blissus* Burmeister, 1835

淡翅土长蝽 *Blissus putoni* Jakovlev, 1875

分布：云南（昆明）；俄罗斯（远东地区）。

片长蝽属 *Bochrus* Stål, 1861

片长蝽 *Bochrus foveatus* Distant, 1879

分布：云南（德宏、西双版纳）；越南，老挝，缅甸，印度。

裸长蝽属 *Capodemus* Slater & Sweet, 1972

束腰裸长蝽 *Capodemus sinuatus* (Slater, Ashlock & Wilcox, 1969)

分布：云南（西双版纳），江西，广西，福建，海南；越南，泰国，缅甸，马来西亚，巴布亚新几内亚，尼泊尔。

异背长蝽属 *Cavelerius* Distant, 1903

亮翅异背长蝽 *Cavelerius excavatus* (Distant, 1901)

分布：云南（保山、红河、玉溪、西双版纳），西藏；印度。

染色异背长蝽 *Cavelerius tinctus* Distant, 1903

分布：云南（保山、德宏），西藏。

云南异背长蝽 *Cavelerius yunnanensis* Gao & Zhou, 2021

分布：云南（玉溪、西双版纳）。

狭长蝽属 *Dimorphopterus* Stål, 1872

异膜狭长蝽 *Dimorphopterus gibbus* (Fabricius, 1794)

分布：云南（西双版纳），福建，台湾，海南；日本，越南，老挝，菲律宾，印度尼西亚，印度，巴布亚新几内亚。

白翅狭长蝽 *Dimorphopterus latus* Distant, 1909

分布：云南（西双版纳）；印度，泰国，越南，斯里兰卡。

窄长蝽属 *Ischnodemus* Fieber, 1837

灰暗窄长蝽 *Ischnodemus noctulus* Distant, 1901

分布：云南（德宏、普洱、西双版纳），四川，福建；斯里兰卡。

巨股长蝽属 *Macropes* Motschulsky, 1859

细巨股长蝽 *Macropes australis* (Distant, 1901)

分布：云南（保山），湖北，台湾，广东，海南；菲律宾，斯里兰卡，澳大利亚，巴布亚新几内亚。

竹巨股长蝽 *Macropes bambusiphilus* Zheng & Zou, 1982

分布：云南（西双版纳），浙江。

平叶巨股长蝽 *Macropes complanus* Gao & Bu, 2010

分布：云南（德宏、西双版纳）。

台湾巨股长蝽 *Macropes dentipes* Motschulsky, 1859

分布：云南（普洱），海南，台湾；斯里兰卡，印度。

前刺巨股长蝽 *Macropes dilutus* Distant, 1901

分布：云南（昆明）。

暗脉巨股长蝽 *Macropes exilis* Slater & Wilcox, 1973

分布：云南（保山、西双版纳），贵州，四川，浙江，湖北，湖南，福建，广东；越南。

小巨股长蝽 *Macropes harringtonae* Slater & Wilcox, 1969

分布：云南（昆明），贵州，四川，重庆，河南，江苏，浙江，江西，湖北，湖南，广西，福建，台湾，广东，海南。

叶背巨股长蝽 *Macropes lobatus* Slater & Wilcox, 1969

分布：云南（德宏），广西，广东，海南；越南，泰国，印度，印度尼西亚。

瘤腹巨股长蝽 *Macropes obnubilus* Distant, 1883

分布：云南（昆明、红河、西双版纳）；朝鲜半岛，日本。

奇巨股长蝽 *Macropes peculiaris* Gao & Bu, 2010

分布：云南（怒江）。

黄缢巨股长蝽 *Macropes pronotalis* Distant, 1918

分布：云南（西双版纳），广东，贵州；越南，印度。

白胫巨股长蝽 *Macropes raja* Distant, 1909

分布：云南（西双版纳），海南；越南，老挝，泰国，印度尼西亚，印度。

粗壮巨股长蝽 *Macropes robustus* Zheng & Zou, 1982

分布：云南（保山、西双版纳），贵州，广西，浙江。

中华巨股长蝽 *Macropes sinicus* Zheng & Zou, 1982

分布：云南（昆明），四川，广西，福建，广东，海南。

亮巨股长蝽 *Macropes testaceus* Gao & Bu, 2010

分布：云南（玉溪、西双版纳）。

短喙巨股长蝽 *Macropes varipennis* Walker, 1872

分布：云南（西双版纳）。

莎长蝽科 Cymidae

拟莎长蝽属 *Cymodema* Spinola, 1837

南方拟莎长蝽 *Cymodema basicornis* Motschulsky, 1863

分布：云南（西双版纳），广西，福建，广东，海南；菲律宾，马来西亚，印度，斯里兰卡，孟加拉国，大洋洲，非洲。

大眼长蝽科 Geocoridae

大眼长蝽属 *Geocoris* Fallen, 1814

川西大眼长蝽 *Geocoris chinensis* Jakovlev, 1904

分布：云南（昆明、大理），四川。

黄褐大眼长蝽 *Geocoris dubreuili* Montandon, 1909

分布：云南（昆明、玉溪、保山、德宏、大理、西双版纳）；印度。

斑翅大眼长蝽 *Geocoris flaviceps fenestellus* Breddin, 1901

分布：云南（玉溪、保山、德宏、西双版纳），台湾；缅甸，马来西亚，印度尼西亚，斯里兰卡。

长毛大眼长蝽 *Geocoris hirsutus* Montandon, 1907

分布：云南（丽江），四川；印度。

喜大眼长蝽 *Geocoris jucundus* Fieber, 1861

分布：云南；缅甸，印度尼西亚，印度，斯里兰卡。

珍珠大眼长蝽 *Geocoris margaretarum* Kóbor, 2018

分布：云南（保山）。

南亚大眼长蝽 *Geocoris ochropterus* Fieber, 1844

分布：云南（玉溪、普洱、红河、德宏、丽江、西双版纳），贵州，四川，西藏，江苏，安徽，浙江，湖北，福建，台湾，广东，海南，广西；缅甸，斯里兰卡，印度，印度尼西亚。

大眼长蝽指名亚种 *Geocoris pallidipennis pallidipennis* Costa, 1843

分布：云南（昆明、保山、普洱、丽江、楚雄、大理、红河、德宏、西双版纳），四川，辽宁，宁夏，甘肃，北京，天津，河北，山西，陕西，河南，山东，浙江，上海，湖北；印度尼西亚，菲律宾，印度，中东，欧洲，非洲。

三色大眼长蝽 *Geocoris tricolor* Fabricius, 1798

分布：云南，西藏，江苏，山西，上海，湖北，湖南，广西，广东，海南，台湾；缅甸，印度，斯里兰卡，印度尼西亚。

宽大眼长蝽 *Geocoris varius* Uhler, 1860

分布：云南（丽江、保山、西双版纳），贵州，四川，西藏，重庆，甘肃，天津，山西，陕西，江苏，浙江，江西，湖北，湖南，广西，福建，台湾，广东；日本。

泡眼长蝽属 *Germalus* Stål, 1862

泡眼长蝽 *Germalus sinicus* Zheng & Zou, 1981

分布：云南（西双版纳）。

室翅长蝽科 Heterogastridae

缢身长蝽属 *Artemidorus* Distant, 1903

缢身长蝽 *Artemidorus pressus* Distant, 1903

分布：云南（德宏、红河、西双版纳），广东，广西；缅甸，斯里兰卡，印度。

狄长蝽属 *Dinomachus* Distant, 1901

斑狄长蝽 *Dinomachus sikhimensis* Distant, 1904

分布：云南（普洱、西双版纳），广东；印度。

异腹长蝽属 *Heterogaster* Schiling, 1829

中华异腹长蝽 *Heterogaster chinensis* Zou & Zheng, 1981

分布：云南（昆明、德宏、玉溪），贵州，四川，重庆，甘肃，陕西，浙江，江西，湖北，湖南，福建。

裂腹长蝽属 *Nerthus* Distant, 1909

台裂腹长蝽 *Nerthus taivanicus* Bergroth, 1914

分布：云南（德宏），贵州，江苏，陕西，河南，安徽，浙江，广西，福建，江西，湖北，广东，海南，台湾。

拍长蝽属 *Parathyginus* Scudder, 1957

拍长蝽 *Parathyginus sinifer* Walker, 1872

分布：云南（德宏），海南；日本，菲律宾，斯里兰卡。

撒长蝽属 *Sadoletus* Distant, 1904

***Sadoletus abathonotu* Gao & Malipatil, 2019**

分布：云南（文山、玉溪），贵州，四川，广西，天津。

巴撒长蝽 *Sadoletus bakeri* Bergroth, 1918

分布：云南（玉溪、保山、西双版纳）；菲律宾。

***Sadoletus biprotuberan* Gao & Malipatil, 2019**

分布：云南（西双版纳）。

***Sadoletus melasmus* Ban, 2018**

分布：云南（红河）；泰国。

壮撒长蝽 *Sadoletus validus* Distant, 1903

分布：云南（玉溪、德宏），海南，广西，台湾；印度，老挝。

***Sadoletus voluptarius* Bergroth, 1918**

分布：云南（西双版纳）；菲律宾。

长蝽科 Lygaeidae

柄眼长蝽属 *Aethalotus* Stål, 1874

黑头柄眼长蝽 *Aethalotus nigriventris* Horvath, 1914

分布：云南（昆明、西双版纳），贵州，四川，甘肃，浙江，湖北，广西，福建，台湾，广东，海南；日本，越南。

黄柄眼长蝽 *Aethalotus tonkinensis* Scudder, 1963

分布：云南（昆明、西双版纳），海南；越南，印度。

云南柄眼长蝽 *Aethalotus yunnanensis* Zou & Zheng, 1981

分布：云南（西双版纳）。

肿腮长蝽属 *Arocatus* Spinola, 1837

红肿腮长蝽 *Arocatus aurantium* Zou & Zheng, 1981

分布：云南（西双版纳）。

黑腺长蝽属 *Aspilocoryphus* Stål, 1874

宽边黑腺长蝽指名亚种 *Aspilocoryphus mendicus mendicus* Fabricius, 1775

分布：云南（昆明、保山、普洱、丽江、德宏、西双版纳），广东，海南；斯里兰卡，印度，菲律宾，也门。

古铜长蝽属 *Emphanisis* China, 1925

古铜长蝽 *Emphanisis cuprea* China, 1925

分布：云南（昆明、丽江），四川，西藏，甘肃，青海；韩国，俄罗斯（远东地区）。

红腺长蝽属 *Graptostethus* Stål, 1868

橘红腺长蝽 *Graptostethus incertus* Walker, 1872

分布：云南（西双版纳），西藏；印度，孟加拉国。

角红腺长蝽 *Graptostethus quadrisignatus* Distant, 1879

分布：云南（德宏、普洱、西双版纳），广东，海南，广西，云南；印度。

黑带红腺长蝽 *Graptostethus servus servus* Fabricius, 1787

分布：云南（普洱、玉溪、德宏、红河、保山、西双版纳），西藏，广西，台湾，广东，海南；日本，缅甸，越南，菲律宾，印度尼西亚，印度，斯里兰卡，马来西亚，澳大利亚，欧洲，非洲。

显脉长蝽属 *Lygaeosoma* Spinola, 1837

长显脉长蝽 *Lygaeosoma longulum* Zou & Zheng, 1981

分布：云南（普洱）。

小显脉长蝽 *Lygaeosoma pusillum* (Dallas, 1852)

分布：云南（普洱、德宏、西双版纳）；缅甸，印度尼西亚，印度。

云南显脉长蝽 *Lygaeosoma yunnanensis* Zou & Zheng, 1981

分布：云南（玉溪、普洱、楚雄、西双版纳）。

松果长蝽属 *Gastrodes* Westwood, 1840

巨股松果长蝽 *Gastrodes crassifemur* Zheng, 1979

分布：云南（普洱、丽江），浙江。

红长蝽属 *Lygaeus* Fabricius, 1794

红长蝽 *Lygaeus dohertyi* Distant, 1903

分布：云南（西双版纳），四川；缅甸。

横带红长蝽 *Lygaeus equestris* Linnaeus, 1758

分布：云南（玉溪），四川，西藏，黑龙江，吉林，辽宁，内蒙古，宁夏，甘肃，新疆，天津，河北，山西，陕西，山东，江苏；印度，巴基斯坦，欧洲，北非。

横断红长蝽 *Lygaeus flavescens* Winkler & Kerzhner, 1977

分布：云南（迪庆），四川，西藏。

拟方红长蝽 *Lygaeus oreophilus* Kiritshenko, 1931

分布：云南（大理），四川，西藏，甘肃。

方红长蝽 *Lygaeus quadratomaculatus* Kirby, 1891

分布：云南（大理、丽江、普洱、曲靖、保山、西双版纳），四川，西藏，陕西，海南；斯里兰卡。

拟红长蝽 *Lygaeus vicarius* Winkler & Kerzhner, 1977

分布：云南（丽江、怒江），四川，西藏，甘肃。

王氏红长蝽 *Lygaeus wangi* Zheng & Zou, 1992

分布：云南（迪庆），四川。

盾长蝽属 *Melanotelus* Reuter, 1885

二点盾长蝽 *Melanotelus bipunctatus* Dallas, 1852

分布：云南（保山、德宏、西双版纳）；缅甸，越南，印度尼西亚，菲律宾，印度，斯里兰卡，大洋洲。

小长蝽属 *Nysius* Dallas, 1852

绒毛小长蝽 *Nysius graminicola* (Kolenati, 1845)

分布：云南（普洱、西双版纳），贵州，四川，广东。

黄色小长蝽 *Nysius inconspicuus* Distant, 1904

分布：云南（普洱），江西，湖北，海南。

小长蝽 *Nysius ericae* Schilling, 1829

分布：云南（曲靖）。

突角长蝽属 *Oncopeltus* Stål, 1868

黑带突角长蝽指名亚种 *Oncopeltus nigriceps nigriceps* (Dallas, 1852)

分布：云南（西双版纳），海南；日本，菲律宾，印度，印度尼西亚。

蒴长蝽属 *Pylorgus* Stål, 1874

红褐蒴长蝽 *Pylorgus obscurus* Scudder, 1962

分布：云南（昆明、玉溪、楚雄、普洱、保山），贵州，四川，西藏，天津，陕西，浙江，江西，湖南，福建，广东，广西；印度，菲律宾。

黄荆蒴长蝽 *Pylorgus praeceps* Bergroth, 1918

分布：云南（普洱、大理），广东，海南；菲律宾。

灰褐蒴长蝽 *Pylorgus sordidus* Zheng, Zou & Hsiao, 1979

分布：云南（昆明、丽江、普洱、大理、保山、楚雄、红河），贵州，四川，西藏，重庆，甘肃，陕西，浙江，湖北。

痕腺长蝽属 *Spilostethus* Stål, 1868

箭痕腺长蝽指名亚种 *Spilostethus hospes hospes* Fabricius, 1794

分布：云南（德宏、普洱、红河、楚雄、西双版纳），西藏，江西，福建，台湾，香港，广东，海南，广西；缅甸，印度尼西亚，印度，越南，马来西亚，菲律宾，巴布亚新几内亚，澳大利亚。

短箭痕腺长蝽 *Spilostethus pandurus* Scopoli, 1763

分布：云南（昆明、保山、玉溪），四川，西藏，广东，海南；亚洲其他地区，澳大利亚，欧洲，非洲。

拟新长蝽属 *Thunbergia* Horvath, 1914

红缘拟新长蝽 *Thunbergia marginata* Thunberg, 1822

分布：云南（文山、普洱），四川，台湾，广东，广西；斯里兰卡，印度，日本。

大拟新长蝽 *Thunbergia pontifex* Bergroth, 1924

分布：云南（西双版纳）；印度尼西亚。

脊长蝽属 *Tropidothorax* Bergroth, 1894

半脊长蝽 *Tropidothorax autolycus* Distant, 1903

分布：云南（西双版纳）；缅甸。

红脊长蝽 *Tropidothorax sinensis* Reuter, 1888

分布：云南（怒江、西双版纳），四川，西藏，吉林，甘肃，北京，天津，河北，山西，陕西，河南，江苏，安徽，浙江，江西，湖北，湖南，福建，台湾，广东，海南，广西；日本。

束长蝽科 Malcidae

突眼长蝽属 *Chauliops* Scott, 1874

短小突眼长蝽 *Chauliops bisontula* Banks, 1909

分布：云南（西双版纳），江西，湖南，福建，广东，海南，广西；印度尼西亚，菲律宾。

豆突眼长蝽 *Chauliops fallax* Scott, 1874

分布：云南，贵州，四川，西藏，江苏，河北，北京，天津，山西，陕西，甘肃，河南，安徽，浙江，江西，福建，湖北，湖南，广西，广东，台湾；朝鲜，日本，越南，缅甸，印度，泰国，斯里兰卡。

平伸突眼长蝽 *Chauliops horizontalis* Zheng, 1981

分布：云南（德宏、西双版纳），广西，广东，福建，浙江，湖南。

四刺突眼长蝽 *Chauliops quaternaria* Gao & Bu, 2009

分布：云南（德宏、玉溪、西双版纳）。

郑氏突眼长蝽 *Chauliops zhengi* Xue & Bu, 2004

分布：云南（德宏、保山、西双版纳）。

束长蝽属 *Malcus* Stål, 1859

翅束长蝽 *Malcus alatus* Wang & Bu, 2020

分布：云南（保山）。

叶尾束长蝽 *Malcus auriculatus* Štys, 1967

分布：云南（普洱），贵州，四川，广西，湖南；缅甸。

棒束长蝽 *Malcus bacillus* Wang & Bu, 2020

分布：云南（德宏）。

菜胸束长蝽 *Malcus dentatus* Štys, 1967

分布：云南；泰国。

狭长束长蝽 *Malcus elongatus* Štys, 1967

分布：云南，贵州，广西，江西，福建，广东，浙江；缅甸，越南。

黄足束长蝽 *Malcus flavidipes* Stål, 1859

分布：云南，贵州，广西，广东，海南；印度，印度尼西亚，老挝，马来西亚，菲律宾，泰国，斯里兰卡，越南。

叉尾束长蝽 *Malcus furcatus* Štys, 1967

分布：云南；缅甸。

隆肩束长蝽 *Malcus gibbus* Zheng, Zou & Hsiao, 1979

分布：云南（西双版纳、德宏、普洱）。

狭叶束长蝽 *Malcus idoneus* Horváth, 1914

分布：云南（保山），西藏，台湾；印度。

印度束长蝽 *Malcus indicus* Štys, 1967

分布：云南；印度。

瘤突束长蝽 *Malcus noduliferus* Zheng, Zou & Hsiao, 1979

分布：云南，贵州，西藏，江西，广西，广东。

匀束长蝽 *Malcus planus* Wang & Bu, 2020

分布：云南（德宏）。

中国束长蝽 *Malcus sinicus* Štys, 1967

分布：云南（楚雄），贵州，四川，广西，陕西，河南，浙江，江苏，福建，广东。

长棘束长蝽 *Malcus setosus* Štys, 1967
分布：云南（西双版纳）；缅甸。
拟束长蝽 *Malcus similis* Štys, 1967
分布：云南；缅甸。
毛腹束长蝽 *Malcus subauriculatus* Zheng, Zou & Hsiao, 1979
分布：云南（西双版纳），西藏；印度。

尼长蝽科 Ninidae

尼长蝽属 *Ninus* stål, 1860

尼长蝽 *Ninus insignis* Stål, 1860
分布：云南（德宏、西双版纳），福建，广东，海南；印度，斯里兰卡，马来西亚，印度尼西亚，菲律宾，太平洋岛屿。

莞长蝽属 *Cymoninus* Breddin, 1907

黄莞长蝽 *Cymoninus sechellensis* (Bergroth, 1893)
分布：云南（西双版纳），广东；菲律宾，斯里兰卡，斐济，塞舌尔群岛。
灰莞长蝽 *Cymoninus turaensis* Paiva, 1919
分布：云南（西双版纳），浙江，广西，福建，广东；印度，斯里兰卡，日本。

尖长蝽科 Oxycarenidae

尖长蝽属 *Oxycarenus* Fieber, 1837

二色尖长蝽 *Oxycarenus bicolor* Fieber, 1851
分布：云南（保山、普洱、临沧、西双版纳），福建，广东，台湾，海南；缅甸，泰国，新加坡，印度尼西亚，菲律宾，印度，斯里兰卡，密克罗尼西亚，澳大利亚，新喀里多尼亚，巴布亚新几内亚，美国。
褐尖长蝽 *Oxycarenus hsiaoi* Pericart, 2001
分布：云南（保山、玉溪、普洱、西双版纳），四川。
尖长蝽 *Oxycarenus laetus* Kirby, 1891
分布：云南（玉溪），海南；缅甸，斯里兰卡，马来西亚，印度，阿富汗，伊拉克。
黑斑尖长蝽 *Oxycarenus lugubris* Motschulsky, 1859
分布：云南（迪庆、大理、德宏、玉溪、保山、普洱、西双版纳），四川，甘肃，湖北，台湾；印度，斯里兰卡，印度尼西亚，菲律宾，新喀里多尼亚。
红胸尖长蝽 *Oxycarenus rubrothoracicus* Zheng, Zou & Hsiao, 1979
分布：云南（普洱）。

梭长蝽科 Pachygronthidae

拟驼长蝽属 *Opistholeptus* Bergroth, 1894

拟驼长蝽 *Opistholeptus burmanus* Distant, 1903
分布：云南（昆明），海南，广西；缅甸，斯里兰卡，印度。

梭长蝽属 *Pachygrontha* Germar, 1837

长须梭长蝽 *Pachygrontha antennata* Uhler, 1860
分布：云南，贵州，四川，重庆，江苏，河北，陕西，河南，山东，安徽，浙江，江西，湖北，湖南，广西，福建，广东；朝鲜，日本，俄罗斯（西伯利亚）。
二点梭长蝽 *Pachygrontha bipunctata* Stål, 1865
分布：云南（西双版纳、德宏），西藏，浙江，广西，福建，台湾，广东；非洲。
黑盾梭长蝽 *Pachygrontha nigrovittata* Stål, 1871
分布：云南（德宏、西双版纳），江西，广西，福建，台湾，广东，海南；印度，斯里兰卡，马来西亚，菲律宾，印度尼西亚。
拟黄纹梭长蝽 *Pachygrontha similis* Uhler, 1896
分布：云南（德宏、西双版纳），西藏，浙江，广西，台湾，广东；非洲。

驼长蝽属 *Pachyphlegyas* Slater, 1955

驼长蝽 *Pachyphlegyas modigliani* Lethierry, 1888
分布：云南（玉溪、德宏、西双版纳），台湾，海南；印度，菲律宾，印度尼西亚。

地长蝽科 Rhyparochromidae

辉长蝽属 *Adauctus* Distant, 1909

辉长蝽 *Adauctus cupreus* Distant, 1909
分布：云南（普洱）；印度。

粗角长蝽属 *Appolonius* Distant, 1901

粗角长蝽 *Appolonius crassus* Distant, 1906
分布：云南（保山、德宏、普洱、西双版纳），广西，海南；斯里兰卡。

宽翅长蝽属 *Atkinsonianus* Distant, 1909

网宽翅长蝽 *Atkinsonianus reticulatus* Distant, 1909
分布：云南（保山、怒江、大理）；斯里兰卡。

平长蝽属 *Baeocoris* Slater, 1983

柔平长蝽 *Baeocoris molliculus* Slater, 1983
分布：云南（西双版纳）；马来西亚。

微小长蝽属 *Botocudo* Kirkaldy, 1904

黑褐微长蝽 *Botocudo flavicornis* Signoret, 1880
分布：云南（昆明、楚雄、大理、保山、红河、普洱、西双版纳），贵州，四川，西藏，重庆，陕西，甘肃，天津，浙江，江西，湖北，广西，海南，福建；太平洋岛屿，印度尼西亚，菲律宾。

六斑微长蝽 *Botocudo formosanus* Hidaka, 1959
分布：云南（西双版纳），湖南，广东，海南，台湾；日本，泰国，老挝。

长毛微长蝽 *Botocudo hirsutus* Zheng, 1981
分布：云南（西双版纳）。

褐缘微长蝽 *Botocudo marginatus* Zheng, 1981
分布：云南（西双版纳）。

斑盾微长蝽 *Botocudo marianensis* (Usinger, 1946)
分布：云南（西双版纳），贵州，四川，广西；美国（关岛），马里亚纳群岛，泰国，老挝。

完缝长蝽属 *Bryanellocoris* Slater, 1957

东方完缝长蝽 *Bryanellocoris orientalis* Hidaka, 1966
分布：云南（保山、迪庆），贵州，四川，浙江，福建，江西，湖北，湖南，广东，广西，陕西，甘肃，台湾；日本，韩国。

球胸长蝽属 *Caridops* Bergroth, 1894

云南球胸长蝽 *Caridops globosus* Zheng, 1981
分布：云南（德宏、西双版纳）。

小球胸长蝽 *Caridops pseudadmistus* Zheng, 1981
分布：云南（迪庆、楚雄、大理、保山、普洱），贵州，四川，浙江，湖北，江西，湖南，福建。

红翅球胸长蝽 *Caridops rufescens* Zheng, 1981
分布：云南（红河、西双版纳），广西，广东。

刺角球胸长蝽 *Caridops spiniferus* Zheng, 1981
分布：云南（西双版纳），广西。

长足长蝽属 *Dieuches* Dohrn, 1860

喜马长足长蝽 *Dieuches alternatus* Horváth, 1889
分布：云南（迪庆）；印度。

费氏长足长蝽 *Dieuches feai* Eyles, 1973
分布：云南（德宏）；缅甸，泰国。

长足长蝽 *Dieuches femoralis* Dohrn, 1860
分布：云南（德宏）。

方斑长足长蝽 *Dieuches formosus* Eyles, 1973
分布：云南（昆明、普洱、保山、德宏、西双版纳），四川，广西，广东，福建，海南；日本，缅甸，印度，泰国，斯里兰卡。

川甘长足长蝽 *Dieuches kansuensis* Lindberg, 1934
分布：云南（普洱），四川，甘肃。

突喉长蝽属 *Diniella* Bergroth, 1893

白带突喉长蝽 *Diniella glabrata* Stål, 1874
分布：云南（德宏、西双版纳），广东，海南；菲律宾。

垂头突喉长蝽 *Diniella intaminata* Distant, 1903
分布：云南（大理），四川，福建，江西，广东，湖北，广西，海南，甘肃。

大突喉长蝽 *Diniella servosa* Distant, 1901
分布：云南（红河），贵州，重庆，江西，湖北，广西，福建，广东；斯里兰卡。

林长蝽属 *Drymus* Fieber, 1860

二色林长蝽 *Drymus bicolor* Distant, 1901
分布：云南（普洱）；印度。

小林长蝽 *Drymus parvulus* Jakovlev, 1881
分布：云南（大理），贵州，四川，甘肃，内蒙古，河北，黑龙江；日本，韩国，蒙古国，俄罗斯（远东地区）。

黑斑林长蝽 *Drymus ryeii* Douglas & Scott, 1865
分布：云南（普洱）。

林长蝽 *Drymus sylvaticus* Fabricius, 1775
分布：云南（昆明、迪庆、丽江、普洱、楚雄、大理、保山），贵州，四川，西藏，吉林，黑龙江，河北，河南，湖北，陕西，甘肃；欧洲。

褐斑地长蝽属 *Elasmolomus* Stål, 1872

褐斑地长蝽 *Elasmolomus squalidus* Gmelin, 1790
分布：云南（普洱、怒江、临沧、楚雄），广西，福建，广东，海南，台湾；缅甸，印度，斯里兰卡，菲律宾，泰国，印度尼西亚，日本，南非。

小褐斑地长蝽 *Elasmolomus v-album* Stål, 1860
分布：云南（普洱、西双版纳），海南；菲律宾，南太平洋群岛。

叶缘长蝽属 *Emblethis* Fieber, 1860

短胸叶缘长蝽 *Emblethis brachynotus* Horvath, 1897
分布：云南（玉溪、丽江、普洱），四川，新疆，天津，河北，内蒙古，陕西；韩国，欧洲。

脊盾长蝽属 *Entisberus* Distant, 1903

狭长脊盾长蝽 *Entisberus archetypus* Distant, 1903
分布：云南（西双版纳）；斯里兰卡，菲律宾。

云长蝽属 *Eremocoris* Fieber, 1860

中国云长蝽 *Eremocoris sinicus* Zheng, 1981
分布：云南（昆明、丽江），四川，湖北，甘肃。

隆胸长蝽属 *Eucosmetus* Bergroth, 1894

峨嵋隆胸长蝽 *Eucosmetus emeiensis* Zheng, 1981
分布：云南（保山），贵州，四川。

大头隆胸长蝽 *Eucosmetus incisus* (Walker, 1872)
分布：云南（普洱、德宏、西双版纳），贵州，西藏，江西，湖北，广西，福建，海南；印度尼西亚，印度，斯里兰卡，马来西亚。

缢胸长蝽属 *Gyndes* Stål, 1862

狭背缢胸长蝽 *Gyndes angusticollis* Zheng, 1981
分布：云南（保山、德宏、怒江），福建，广东。

黑角缢胸长蝽 *Gyndes malayus* Stål, 1860
分布：云南（普洱），广西，福建；印度尼西亚，文莱，菲律宾，马来西亚。

淡角缢胸长蝽 *Gyndes pallicornis* Dallas, 1852
分布：云南（普洱、德宏、红河、西双版纳），贵州，江西，湖北，广西，福建，广东，海南；日本，印度，缅甸，尼泊尔，马来西亚，太平洋岛屿，菲律宾，印度尼西亚。

川鄂缢胸长蝽 *Gyndes sinensis* Zheng, 1981
分布：云南（临沧），四川，山西，河南，陕西，湖北。

斜眼长蝽属 *Harmostica* Bergroth, 1918

长毛斜眼长蝽 *Harmostica hirsuta* Usinger, 1942
分布：云南（保山、普洱），贵州，浙江，广西，海南，福建。

刺胫长蝽属 *Horridipamera* Malipatil, 1978

褐刺胫长蝽 *Horridipamera inconspicua* Dallas, 1852
分布：云南（保山、普洱），贵州，四川，陕西，浙江，江西，湖北，海南；印度，斯里兰卡，菲律宾，日本，非洲。

紫黑刺胫长蝽 *Horridipamera nietneri* Dohrn, 1860
分布：云南（普洱、德宏、保山、怒江、西双版纳），贵州，浙江，江西，湖南，广西，广东，福建，海南，台湾；斯里兰卡，缅甸，印度，马来西亚，柬埔寨，菲律宾，澳大利亚，日本，韩国，太平洋岛屿。

长毛长蝽属 *Humilocoris* Harrington, 1980

长毛长蝽 *Humilocoris cephalotes* Kritshenko, 1931
分布：云南（丽江），西藏；印度。

棘胫长蝽属 *Kanigara* Distant, 1906

脊盾棘胫长蝽 *Kanigara clypeata* Distant, 1903
分布：云南（普洱），四川，福建；缅甸。

巨盾棘胫长蝽 *Kanigara flavomarginata* Distant, 1906
分布：云南（普洱、西双版纳），广西；印度，斯里兰卡。

亮头长蝽属 *Lamproceps* Reuter, 1882

双刻亮头长蝽 *Lamproceps bipunctalus* Bergroth, 1918
分布：云南（保山）；菲律宾。

亮胸长蝽属 *Lamproplax* Douglas & Scott, 1868

巨亮胸长蝽 *Lamproplax majuscula* Kerzhner, 1977
分布：云南（普洱），贵州，四川，黑龙江，陕西，甘肃，湖南，湖北，广西；日本，俄罗斯（远东地区）。

Lanchnophorus Reuter, 1887

***Lanchnophorus gaoqingae* Kment & Jindra, 2017**
分布：云南（昆明）。

***Lanchnophorus leucospilus* Walker, 1872**
分布：云南（玉溪、大理）；印度，缅甸，老挝。

雷长蝽属 *Lethaeastroides* Malipatil & Woodward, 1989

尖角雷长蝽 *Lethaeastroides sarawakensis* Malipatil & Woodward, 1989
分布：云南（西双版纳）；马来西亚。

原毛肩长蝽属 *Lethaeus* Dallas, 1852

褐原毛肩长蝽 *Lethaeus taprobanes* Kirkeldy, 1908
分布：云南（普洱），海南；斯里兰卡。

迅足长蝽属 *Metochus* Scott, 1874

黑迅足长蝽 *Metochus bengalensis* Dallas, 1852
分布：云南（保山、普洱），四川，广西，福建，海南；印度，斯里兰卡，柬埔寨。

长胸迅足长蝽 *Metochus thoracicus* Zheng, 1981
分布：云南（西双版纳）。

捷足长蝽属 *Narbo* Stål, 1865

褐色捷足长蝽 *Narbo nigricornis* Zheng, 1981
分布：云南（西双版纳）。

新脊盾长蝽属 *Neoentisberus* Scudder, 1968

长头新脊盾长蝽 *Neoentisberus esakii* Slater & Hidaka, 1958
分布：云南（怒江），浙江，福建，广东；日本。

隆背新脊盾长蝽 *Neoentisberus gibbus* (Zheng, 1981)
分布：云南（红河、西双版纳），贵州，四川，浙江，江西，湖北，湖南，广西。

毛肩长蝽属 *Neolethaeus* Distant, 1909

大黑毛肩长蝽 *Neolethaeus assamensis* Distant, 1901
分布：云南（普洱、保山、红河），广西，台湾；日本，韩国，印度。

东亚毛肩长蝽 *Neolethaeus dallasi* (Scott, 1874)
分布：云南（迪庆、普洱），贵州，四川，重庆，北京，天津，河北，河南，陕西，甘肃，内蒙古，江苏，浙江，安徽，江西，山东，湖北，湖南，广西，福建，广东，台湾；日本，韩国。

点刻毛肩长蝽 *Neolethaeus densus* Li & Bu, 2006
分布：云南（普洱、红河、西双版纳），广西。

异毛肩长蝽 *Neolethaeus distinctus* Li & Bu, 2006
分布：云南（普洱），广西，海南。

黑环毛肩长蝽 *Neolethaeus maculacellus* Li & Bu, 2006
分布：云南（丽江、普洱），广西，海南。

新胝盾长蝽属 *Neomizaldus* Scudder, 1968

新胝盾长蝽 *Neomizaldus lewisi* Distant, 1901
分布：云南（西双版纳），湖北，台湾；日本，缅甸，斯里兰卡。

东洋长蝽属 *Orieotrechus* Scudder, 1962

东洋长蝽 *Orieotrechus aeruginosas* Distant, 1904
分布：云南（西双版纳）：缅甸，印度，尼泊尔。

直腮长蝽属 *Pamerana* Distant, 1909

毛胸直腮长蝽 *Pamerana scotti* Distant, 1901
分布：云南（德宏），贵州，浙江，江西，湖北，广西，福建，广东，海南；日本，韩国，印度，缅甸，斯里兰卡。

简胸长蝽属 *Pamerarma* Malipatil, 1978

淡足筒胸长蝽 *Pamerarma ventralis* China, 1930
分布：云南（普洱、德宏、西双版纳），江西，广西，广东，海南；太平洋岛屿。

狭地长蝽属 *Panaorus* Kiritshenko, 1951

淡边狭地长蝽 *Panaorus adspersus* (Mulsant & Rey, 1852)
分布：云南，江苏，河北，福建，广东，海南，台湾；日本，缅甸，印度，孟加拉国，泰国，斯里兰卡，菲律宾，印度尼西亚，非洲。

点列长蝽属 *Paradieuches* Distant, 1883

褐斑点列长蝽 *Paradieuches dissimilis* Distant, 1883
分布：云南（西双版纳），贵州，四川，陕西，湖北，浙江，广西，福建；日本。

细长蝽属 *Paromius* Fiber, 1860

斑翅细长蝽 *Paromius exelsus* Bergroth, 1924
分布：云南（普洱、保山、怒江），贵州，浙江，江西，湖南，广西，海南；菲律宾。

短喙细长蝽 *Paromius gracillis* Rambur, 1839
分布：云南（普洱、玉溪、西双版纳），四川，重庆，西藏，陕西，甘肃，山东，湖南，浙江，江西，湖北，广东，海南，台湾；缅甸，越南，印度，菲律宾，日本，太平洋岛屿，欧洲，非洲。

宽胸细长蝽 *Paromius piratoides* Costa, 1864
分布：云南（普洱、德宏、临沧、西双版纳），浙江，湖南，广西，广东，海南；太平洋岛屿，菲律宾。

蚁穴长蝽属 *Poeantius* Stål, 1865

纹胸蚁穴长蝽 *Poeantius festivus* Distant, 1901
分布：云南（昆明、保山、丽江）；印度，斯里兰卡。

短胸蚁穴长蝽 *Poeantius lineatus* Stål, 1874
分布：云南（普洱、楚雄、丽江、德宏），广东，海南；日本，马来西亚，印度，斯里兰卡，菲律宾，澳大利亚。

棘胸长蝽属 *Primierus* Distan, 1901

长刺棘胸长蝽 *Primierus longispinus* Zheng, 1981
分布：云南（玉溪、普洱、保山、怒江、大理、红河、西双版纳），西藏，广西，福建，广东，海南。

锥股棘胸长蝽 *Primierus tuberculatus* Zheng, 1981

分布：云南（普洱），贵州，四川，浙江，福建，湖北，广东，广西。

钝角长蝽属 *Prosomoeus* Scott, 1874

褐色钝角长蝽 *Prosomoeus brunneus* Scott, 1874

分布：云南（怒江），贵州，四川，西藏，河北，浙江，湖北，广西，福建，广东；日本，韩国，俄罗斯（远东地区）。

短小钝角长蝽 *Prosomoeus pygmoeus* Zheng, 1981

分布：云南（玉溪、迪庆、丽江、楚雄、大理、普洱），贵州，四川。

圆眼长蝽属 *Pseudopachybrachius* Malipatil, 1978

圆眼长蝽 *Pseudopachybrachius guttus* Dallas, 1852

分布：云南（普洱、保山、德宏、怒江、西双版纳），贵州，安徽，江西，湖南，广西，福建，广东，海南；印度，缅甸，泰国，太平洋岛屿，澳大利亚。

筒头长蝽属 *Reclada* White, 1 878

筒头长蝽 *Reclada moesta* White, 1878

分布：云南（红河）；太平洋诸岛。

斑足长蝽属 *Remaudiereana* Hoberlandt, 1954

双环斑足长蝽 *Remaudiereana annulipes* Baerensprung, 1859

分布：云南（德宏），江西，广西，台湾；印度，斯里兰卡，中东，欧洲。

褐斑足长蝽 *Remaudiereana flavipes* Motschulsky, 1863

分布：云南（普洱、西双版纳），浙江，安徽，江西，广西，海南；日本，缅甸，印度尼西亚，菲律宾，斯里兰卡，塞内加尔。

脊盾长蝽属 *Retoka* China, 1935

长头脊盾长蝽 *Retoka esakii* (Slater & Hidaka, 1958)

分布：云南（保山、怒江），浙江，福建，广东；日本。

隆背脊盾长蝽 *Retoka gibbus* Zheng, 1981

分布：云南（红河），贵州，四川，浙江，江西，湖北，湖南，广西。

宽头长蝽属 *Rhodiginus* Distant, 1901

黑宽头长蝽 *Rhodiginus pullatus* Bergroth, 1918

分布：云南（西双版纳）；菲律宾。

拟地长蝽属 *Rhyparothesus* Scudder, 1962

拟地长蝽 *Rhyparothesus dudgeoni* Distant, 1909

分布：云南（普洱、德宏、西双版纳），海南；印度。

淡拟地长蝽 *Rhyparothesus orientalis* Distant, 1903

分布：云南（西双版纳）；印度。

斑长蝽属 *Scolopostethus* Fieber, 1860

中国斑长蝽 *Scolopostethus chinensis* Zheng, 1981

分布：云南（昆明、普洱、大理、丽江、红河），四川，西藏，黑龙江，陕西，甘肃，宁夏，河北，湖北，江西，浙江。

长毛斑长蝽 *Scolopostethus hirsutus* Zheng & Zou, 1987

分布：云南（大理），西藏。

日本斑长蝽 *Scolopostethus takeyai* Hidaka, 1963

分布：云南，四川，甘肃，浙江，江西，湖北，湖南，广西，福建；日本。

凹长蝽属 *Siniasinensis* Scudder, 1968

短凹长蝽 *Siniasinensis brevis* Motschulsky, 1863

分布：云南（西双版纳）；缅甸，斯里兰卡。

浅缢长蝽属 *Stigmatonotum* Lindberg, 1927

小浅缢长蝽 *Stigmatonotum geniculatum* Motschulsky, 1863

分布：云南（普洱），贵州，四川，湖南，湖北，浙江，广西，福建，广东，海南；印度尼西亚，菲律宾，斯里兰卡，印度，日本，非洲。

山地浅缢长蝽 *Stigmatonotum rufipes* Motschulsky, 1866

分布：云南（普洱、玉溪、迪庆），贵州，四川，重庆，黑龙江，陕西，甘肃，山东，河南，湖北，浙江，安徽，江西，湖南，广西；日本，韩国。

赛长蝽属 *Thebanus* Distant, 1903

赛长蝽 *Thebanus politus* Distant, 1903

分布：云南（西双版纳），广西；缅甸。

梯背长蝽属 *Trapezonotus* Fieber, 1861

高山梯背长蝽 *Trapezonotus alticolus* Zheng & Zou, 1981

分布：云南（迪庆），四川，西藏。

披毛长蝽属 *Trichodrymus* Lindberg, 1927

大斑披毛长蝽 *Trichodrymus majusculus* (Distant, 1904)

分布：云南（大理、丽江、怒江、迪庆），四川，西藏，甘肃，湖北；印度，缅甸，斯里兰卡。

凹颊长蝽属 *Usilanus* Distant, 1909

缅甸凹颊长蝽 *Usilanus burmanicus* Distant, 1909

分布：云南（普洱）；缅甸。

巫长蝽属 *Uzza* Distant, 1909

克伦巫长蝽 *Uzza karenia* Distant, 1909

分布：云南（红河、大理、西双版纳），西藏；缅甸。

细颈长蝽属 *Vertomannus* Distant, 1903

短头细颈长蝽 *Vertomannus brevicollum* Zheng, 1981

分布：云南（迪庆、普洱、大理），四川，西藏。

峨眉细颈长蝽 *Vertomannus emeia* Zheng, 1981

分布：云南（保山、红河、普洱），贵州，湖北，湖南，广西，江西。

小细颈长蝽 *Vertomannus parvus* Li & Bu, 2015

分布：云南（保山、红河）。

Meschiidae

Meschia Distant, 1910

***Meschia zoui* Gao & Malipatil, 2019**

分布：云南（西双版纳）。

蛛缘蝽科 Alydidae

锥缘蝽属 *Acestra* Dallas, 1852

光锥缘蝽 *Acestra malayana* Distant, 1903

分布：云南（普洱、西双版纳），广西，海南；越南，泰国，斯里兰卡。

毛锥缘蝽 *Acestra sinica* Dallas, 1852

分布：云南（普洱、西双版纳），广西，海南；斯里兰卡，越南。

蛛缘蝽属 *Alydus* Fabricius, 1803

角蛛缘蝽 *Alydus angulus* Hsiao, 1965

分布：云南（迪庆），四川，西藏。

纯缘蝽属 *Anacestra* Hsiao, 1964

纯缘蝽 *Anacestra hirticornis* Hsiao, 1964

分布：云南（德宏），贵州，湖北，江西，浙江，湖南，广西，福建。

刺纯缘蝽 *Anacestra spiniger* Hsiao, 1965

分布：云南（德宏、保山、大理），贵州，浙江，湖南，广西，广东，海南。

棒缘蝽属 *Clavigralla* Spinola, 1837

小棒缘蝽 *Clavigralla horrens* (Dohrn, 1860)

分布：云南（玉溪、红河、普洱、保山、德宏、西双版纳），福建，广东；缅甸，斯里兰卡，印度。

二刺棒缘蝽 *Clavigralla gibbosa* Spinola, 1837

分布：云南（西双版纳），广东。

扁蛛缘蝽属 *Daclera* Signoret, 1863

头扁蛛缘蝽 *Daclera levana* Distant, 1918

分布：云南（玉溪、保山、普洱、西双版纳），福建，广东，海南，台湾；日本，印度。

狄缘蝽属 *Distachys* Hsiao, 1964

狄缘蝽 *Distachys vulgaris* Hsiao, 1964

分布：云南（丽江、红河、西双版纳），贵州，重庆，江西，浙江，安徽，湖南，广西，福建；日本。

钩缘蝽属 *Grypocephalus* Hsiao, 1963

钩缘蝽 *Grypocephalus pallipectus* Hsiao, 1963

分布：云南（德宏、普洱、保山、玉溪、红河、西双版纳），广西，海南；缅甸，印度。

稻缘蝽属 *Leptocorisa* Latreille, 1829

异稻缘蝽 *Leptocorisa acuta* Thunberg, 1783

分布：云南（玉溪、普洱、红河、临沧、保山、德宏、西双版纳），西藏，广西，广东，台湾，福建；孟加拉国，印度，马来半岛，大洋洲。

中稻缘蝽 *Leptocorisa chinensis* Dallas, 1852

分布：云南（玉溪、红河、普洱、西双版纳、文山），贵州，四川，重庆，江苏，江西，安徽，湖北，天津，浙江，湖南，广西，福建，广东；日本，韩国，马来西亚。

边稻缘蝽 *Leptocorisa costalis* Herrich-Schaeffer, 1846

分布：云南（普洱、红河、西双版纳）；缅甸，印度尼西亚。

小稻缘蝽 *Leptocorisa lepida* Breddin, 1909

分布：云南（玉溪、红河、普洱、临沧、德宏、西双版纳），广西。

大稻缘蝽 *Leptocorisa oratoria* (Fabricius, 1794)

分布：云南（文山、德宏、玉溪、西双版纳），贵州，广西，广东，海南；日本，东南亚。

缍缘蝽属 *Marcius* Stål, 1865

缺刺缍缘蝽 *Marcius inermis* Hsiao, 1964
分布：云南（西双版纳）。

五刺缍缘蝽 *Marcius longirostris* Hsiao, 1964
分布：云南，广西，广东，海南；越南。

曲胫缍缘蝽 *Marcius ornatulus* (Distant, 1908)
分布：云南；缅甸，印度。

贫刺缍缘蝽 *Marcius subinermis* Blöte, 1934
分布：云南（红河、西双版纳）。

三刺缍缘蝽 *Marcius trispinosus* Hsiao, 1964
分布：云南（西双版纳）。

长缘蝽属 *Megalotomus* Fieber, 1860

角长缘蝽 *Megalotomus angulus* (Hsiao, 1965)
分布：云南（昆明、大理、丽江、楚雄、德宏），四川，西藏，甘肃、河北，内蒙古，山西，陕西。

蜂缘蝽属 *Riptortus* Stål, 1860

条蜂缘蝽 *Riptortus linearis* (Fabricius, 1775)
分布：云南（昆明、玉溪、昭通、红河、普洱、楚雄、大理、丽江、迪庆、怒江、临沧、保山、西双版纳、德宏），四川，河北，河南，浙江，江西，江苏，安徽，广西，海南，广东，福建，台湾；缅甸，印度，斯里兰卡，日本，泰国，马来西亚，印度尼西亚，巴布亚新几内亚。

小蜂缘蝽 *Riptortus parvus* Hsiao, 1964
分布：云南（红河、普洱），广西，广东，海南；越南。

点蜂缘蝽 *Riptortus pedestris* (Fabricius, 1775)
分布：云南（昆明、玉溪、迪庆、怒江、丽江、文山、红河、德宏、昭通、普洱、西双版纳），贵州，四川，西藏，辽宁，天津，北京，河南，山西，山东，陕西，河北，安徽，江苏，湖北，江西，浙江，湖南，广西，福建，广东，海南；日本，韩国，泰国，印度尼西亚，马来西亚，斯里兰卡，缅甸，印度。

瘤突缘蝽属 *Tuberculiformia* Ahmad, 1967

瘤突缘蝽 *Tuberculiformia subinermis* (Blöte, 1934)
分布：云南（西双版纳），广西；老挝，印度尼西亚，马来西亚，文莱。

参 考 文 献

艾德强. 2019. 中国蛾蜡蝉科系统分类研究(半翅目: 蜡蝉总科). 咸阳: 西北农林科技大学硕士学位论文.

巴桑, 登增多杰, 文祥兵, 等. 2020. 西藏自治区蚤目分类与区系研究Ⅱ. 新蚤属 3 物种在西藏自治区首次发现. 中国媒介生物学及控制杂志, 31(3): 335-337.

白瑞凯. 2015. 中国菱蜡蝉亚科分类研究(半翅目: 菱蜡蝉科). 咸阳: 西北农林科技大学硕士学位论文.

白晓栓. 2004. 内蒙古划蝽科(Corixidae)昆虫的分类学研究. 呼和浩特: 内蒙古师范大学硕士学位论文.

白晓拴. 2007. 中国扁蝽科的分类研究. 北京: 中国农业大学博士学位论文.

白学慧, 吴贵宏, 邵维治, 等. 2017. 云南咖啡害虫双条拂粉蚧发生初报. 热带农业科学, 37(5): 35-38.

白学慧, 吴贵宏, 邵维治, 等. 2020. 云南咖啡害虫柑橘臀纹粉蚧发生初报. 热带农业科学, 40(11): 90-94.

包立军. 2007. 中国横脊叶蝉亚科系统分类研究. 苏州: 苏州大学硕士学位论文.

宝爱萍. 2007. 内蒙古高原盲蝽族(Mirini)昆虫分类学初步研究. 呼和浩特: 内蒙古师范大学硕士学位论文.

边迅, 王刚, 石福明. 2010. 螽斯科//周善义. 广西大明山昆虫. 桂林: 广西师范大学出版社.

卜文俊, 郑乐怡. 1990a. 中国的乌花蝽属和圆花蝽属记述(半翅目: 花蝽科). 昆虫分类学报, 7(2): 79-84.

卜文俊, 郑乐怡. 1990b. 我国原花蝽属新种记述(半翅目: 花蝽科). 昆虫学报, 33(3): 330-332.

卜文俊, 郑乐怡. 1991a. 中国肩花蝽属记述(半翅目: 花蝽科). 昆虫学报, 30(2): 198-203.

卜文俊, 郑乐怡. 1991b. 中国原花蝽属新种及新纪录(半翅目: 花蝽科). 动物分类学报, 16(1): 89-98.

卜文俊, 郑乐怡. 2001. 中国动物志, 昆虫纲, 第二十四卷, 半翅目, 毛唇花蝽科, 细角花蝽科, 花蝽科. 北京: 科学出版社.

蔡邦华, 陈宁生. 1964. 中国经济昆虫志, 第八册, 等翅目. 北京: 科学出版社.

蔡邦华, 黄复生. 1980. 中国白蚁. 北京: 科学出版社.

蔡波, 党凯, 卜文俊. 2011. 中国新纪录——拟跷蝽属及一新种记述(半翅目: 异翅亚目: 跷蝽科: 跷蝽族). 动物分类学报, 36(2): 241-245.

蔡国瑛. 2015. 蒙古高原长蝽总科(半翅目: 异翅亚目)昆虫分类学研究. 呼和浩特: 内蒙古大学硕士学位论文.

蔡平, 葛钟麟. 1992. 片头叶蝉属三新种(同翅目: 叶蝉总科: 耳叶蝉科). 动物学研究, 13(2): 117-121.

蔡平, 葛钟麟. 1993a. 耳叶蝉科中国一新记录属二新种(同翅目: 叶蝉总科). 动物分类学报, 18(4): 447-450.

蔡平, 葛钟麟. 1993b. 离脉叶蝉科二新种(同翅目: 叶蝉总科). 安徽农业大学学报, 20 (3): 218-221.

蔡平, 葛钟麟. 1994. 云南条大叶蝉属五新种一新纪录(同翅目: 叶蝉总科: 大叶蝉科). 动物学研究, 15(4): 11-19.

蔡平, 葛钟麟. 1995. 中国大叶蝉科一新记录属及五新种(同翅目: 叶蝉总科). 昆虫学报, 38(4): 460-466.

蔡平, 葛钟麟. 1996. 中国隐脉叶蝉科三新种(同翅目: 叶蝉总科). 昆虫学报, 39(2): 186-190.

蔡平, 何俊华. 1997. 耳叶蝉属四新种记述(同翅目: 叶蝉总科). 武夷科学, 13: 8-15.

蔡平, 黄坤炜. 1998. 窗耳叶蝉属二新种及一近缘新属(同翅目: 叶蝉科: 耳叶蝉亚科). 安徽农业大学学报, 25(3): 211-216.

蔡平, 江佳富. 2000. 肖点耳叶蝉属二新种(同翅目: 叶蝉科: 耳叶蝉亚科). 昆虫学报, 43(4): 413-416.

蔡平, 陆庆光. 1998. 叶蝉科四新种(同翅目: 叶蝉总科). 林业科学, 34(6): 55-62.

蔡平, 墨铁路. 1992. 角胸叶蝉属一新种及二其它种雄性记述. 安徽农学院学报, 19(2): 133-137.

蔡平, 沈雪林. 2010. 中国长突叶蝉属三新种记述(半翅目: 叶蝉科: 叶蝉亚科). 昆虫分类学报, 32(Suppl.): 13-19.

蔡平, 孙江华, 江佳富. 2001. 中国葛藤叶蝉名录及新种、新记录描述(同翅目: 叶蝉科). 林业科学, 37(3): 92-100.

蔡平, 杨集昆. 1997. 凹室叶蝉属一新种及其属征的再描记(同翅目: 叶蝉总科, 耳叶蝉科). 华东昆虫学报, 6(2): 1-3.

曹少杰. 2009. 中国器管蓟马族分类研究(缨翅目: 管蓟马科). 咸阳: 西北农林科技大学硕士学位论文.

曹曈, 张娜, 冯纪年. 2019. 中国新记录属、种——三鬃蜡蚧属眼三鬃蜡蚧(半翅目: 蚧次目: 蜡蚧科). 昆虫分类学报, 41(4): 258-265.

曹阳慧. 2014. 世界斑叶蝉族代表属分类及系统发育研究(半翅目: 叶蝉科: 小叶蝉亚科). 咸阳: 西北农林科技大学博士学位论文.

常志敏, 陈祥盛. 2013. 中国梭扁蜡蝉属分类及一新纪录种记述(半翅目, 扁蜡蝉科). 动物分类学报, 38 (4) : 912-916.

常志敏, 陈祥盛. 2014. 中国扁蜡蝉科名录(半翅目: 蜡蝉总科). 山地农业生物学报, 33(4) : 48-53.

车艳丽, 王应伦, 周尧. 2003a. 脊额瓢蜡蝉属分类研究(同翅目: 蜡蝉总科: 瓢蜡蝉科). 昆虫分类学报, 25(2): 102-108.

车艳丽, 王应伦, 周尧. 2003b. 蒙瓢蜡蝉属 *Mongoliana* Distant 的分类研究(同翅目: 蜡蝉总科: 瓢蜡蝉科). 昆虫分类学报, 25(1): 35-44.

车艳丽, 张雅林, 王应伦. 2006. 中国球瓢蜡蝉属二新种记述(半翅目: 瓢蜡蝉科). 动物分类学报, 31(1): 160-164.

车艳丽, 张燕宁, 王宗庆. 2009a. 中国拟截尾蠊属二新种和三新纪录种(蜚蠊目: 姬蠊科). 动物分类学报, 34 (4): 741-750.

车艳丽, 张燕宁, 王宗庆. 2009b. 中国新叶蠊属一新种和一新记录种记述(蜚蠊目: 姬蠊科). 昆虫分类学报, 31(2): 93-98.
陈方洁. 1982. 中国雪盾蚧族. 成都: 四川科学技术出版社.
陈萍萍. 1987. 跳蝽科三中国新记录种(半翅目). 昆虫分类学报, 9(2): 163-166.
陈萍萍. 1994. 中国的涧黾(半翅目). 中国昆虫科学, 1(2): 124-134.
陈萍萍, 凌作培. 1987. 四川省跳蝽科昆虫(半翅目). 四川动物, (1): 14-17.
陈萍萍, 郑乐怡. 1987. 中国跳蝽科新种及新纪录(半翅目: 异翅亚目). 动物分类学报, 12(4): 293-297.
陈树椿, 何允恒. 1997. 云南长腹瓣䗛属一新种(䗛目: 䗛科). 昆虫学报, 40(2): 183-184.
陈树椿, 何允恒. 2008. 中国䗛目昆虫. 北京: 中国林业出版社.
陈树椿, 张培毅. 2008. 云南高黎贡山䗛目昆虫五新种及污色无翅刺䗛雄性的发现(䗛目: 异䗛科: 䗛科). 昆虫分类学报, 30(4): 245-254.
陈顺立, 李友恭, 林思明, 等. 1984. 福建省缘蝽科昆虫名录. 福建林学院学报, (2): 25-30.
陈亭旭. 2016. 贵州白蚁分类研究(昆虫纲: 蜚蠊目: 等翅下目). 贵阳: 贵州大学硕士学位论文.
陈祥盛. 1998. 中国飞虱科系统分类研究(同翅目: 蜡蝉总科). 重庆: 西南农业大学博士学位论文.
陈祥盛, 丁锦华. 2002. 飞虱科一新属二新种(同翅目: 蜡蝉总科). 昆虫学报, 45(2): 226-229.
陈祥盛, 李子忠. 1997. 隐脉叶蝉亚科一新属一新种. 昆虫分类学报, 19(3): 169-172.
陈祥盛, 李子忠. 1998. 隐脉叶蝉族新属新种. 动物分类学报, 23(4): 382-385.
陈祥盛, 李子忠, 丁锦华. 2001. 飞虱科三新属四新种(同翅目: 蜡蝉总科). 动物分类学报, 26(3): 323-332.
陈祥盛, 梁爱萍. 2005. 偏角飞虱属分类研究 (同翅目: 蜡蝉总科: 飞虱科). 动物分类学报, 30(2): 374 -378.
陈祥盛, 梁爱萍. 2005. 中国长突飞虱亚科分类研究及一新种记述 (同翅目: 蜡蝉总科: 飞虱科). 动物分类学报, 30(1): 123-129.
陈祥盛, 梁爱萍, 李子忠. 2009. 中国广东危害竹子的额垠叶蝉属一新种(半翅目: 叶蝉科: 额垠叶蝉亚科). 动物分类学报, 34(1): 144-147.
陈祥盛, 杨琳, 李子忠. 2012. 中国竹子叶蝉. 北京: 中国林业出版社.
陈祥盛, 张争光, 常志敏. 2014. 中国瓢蜡蝉和短翅蜡蝉(半翅目: 蜡蝉总科). 贵阳: 贵州科技出版社.
陈一心, 马文珍. 2004. 中国动物志, 昆虫纲, 第三十五卷, 革翅目. 北京: 科学出版社.
陈友, 罗长维, 李宏伟, 等. 2012. 无量山猎蝽种类及其群落多样性. 广东农业科学, 20: 159-163.
陈又清, 王绍云. 2007. 胶蚧属昆虫的自然分布扩散及地理起源(半翅目: 胶蚧科). 昆虫分类学报, 29(2): 107-115.
陈志腾. 2018. 中国蛾翅目分子系统学及真颚组系统分类研究. 扬州: 扬州大学博士学位论文.
程冬保, 杨兆芬. 2014. 白蚁学. 北京: 科学出版社.
戴仁怀. 2004. 中国殃叶蝉亚科区系分类及系统发育研究. 杭州: 浙江大学博士学位论文.
戴仁怀, 蒋晓红, 李子忠. 2011a. 中国铲头叶蝉亚科二新记录种(半翅目: 叶蝉科). 贵州科学, 29(2) : 32-35.
戴仁怀, 李虎, 李子忠. 2011b. 中国尖尾叶蝉属一新种记述(半翅目: 叶蝉科: 广头叶蝉亚科). 西南大学学报(自然科学版), 3(10): 42-46.
戴仁怀, 李虎, 李子忠. 2018. 中国广头叶蝉(半翅目: 叶蝉科). 北京: 中国农业出版社.
戴仁怀, 李子忠, 陈学新. 2004. 二室叶蝉属中国种类记要(同翅目: 叶蝉科: 殃叶蝉亚科). 动物分类学报, 29(4): 749-755.
戴仁怀, 邢济春, 李子忠. 2009. 中国矛叶蝉属二新记录种(半翅目: 叶蝉科: 角顶叶蝉亚科). 山地农业生物学报, 28(5): 409-412.
戴武. 2001. 中国圆冠叶蝉族分类研究. 咸阳: 西北农林科技大学硕士学位论文.
党凯. 2014. 中国负板类网蝽(Cysteochila-group)及冠网蝽属(*Stephanitis* Stål)分类修订(半翅目: 网蝽科). 天津: 南开大学博士学位论文.
党利红. 2010. 中国花蓟马属 *Frankliniella* 和齿蓟马属 *Odontothrips* 分类研究(缨翅目: 锯尾亚目: 蓟马科). 西安: 陕西师范大学硕士学位论文.
党利红, 乔格侠. 2012. 中国管蓟马亚科一新纪录属及两新纪录种(缨翅目: 管蓟马科: 管蓟马亚科). 动物分类学报, 37(4): 889-893.
登增多杰, 文祥兵, 巴桑, 等. 2020. 西藏自治区蚤目分类与区系研究III.支英继新蚤雌性的记述(蚤目: 栉眼蚤科). 中国媒介生物学及控制杂志, 31(5): 593-595.
邓晗嵩. 2009. 贵州蛾蜡蝉科昆虫分类学研究(半翅目: 蜡蝉总科). 贵阳: 贵州大学硕士学位论文.
邓鋆, 李海斌, 王戌勃, 等. 2014. 我国大陆一新入侵种: 七角星蜡蚧(半翅目: 蚧总科: 蚧科). 应用昆虫学报, 51(1): 278-282.
邓维安. 2016. 中国蚱总科分类学研究. 武汉: 华中农业大学博士学位论文.
邓维安, 郑哲民, 韦仕珍. 2007. 滇桂地区蚱总科动物志. 南宁: 广西科学技术出版社.
邓文波. 2020. 褶翅蠊科物种界定及蜚蠊总科分子系统发育研究. 重庆: 西南大学硕士学位论文.

丁建华. 2004. 中国水生半翅目部分科的系统分类学研究. 天津: 南开大学硕士学位论文.
丁健华, 刘国卿. 2005. 潜蝽科中国一新记录属(半翅目: 潜蝽科). 动物学报, 51(增刊): 123-126.
丁锦华. 2006. 中国动物志, 昆虫纲, 第四十五卷, 同翅目,飞虱科. 北京: 科学出版社.
丁俊杰. 2013. 中国乳白蚁属分类修订研究. 南昌: 江西农业大学硕士学位论文.
董勤刚. 2018. 中国小粉蚧族昆虫的分类研究(半翅目: 蚧总科: 粉蚧科). 北京: 北京林业大学硕士学位论文.
都兰. 2019. 中国网翅叶蝉族分类研究(半翅目: 叶蝉科: 角顶叶蝉亚科). 咸阳: 西北农林科技大学硕士学位论文.
杜刚. 2007. 中国杂盲蝽属(*Psallus*)及喀盲蝽属(*Kasumiphylus*)昆虫分类学研究(异翅亚目: 盲蝽科: 叶盲蝽亚科). 呼和浩特: 内蒙古师范大学硕士学位论文.
杜晓红. 2019. 中国及其邻近地区球瓢蜡蝉族 Hemisphaeriini 分类研究(半翅目: 蜡蝉总科: 瓢蜡蝉科). 北京: 中国科学院大学硕士学位论文.
段文心. 2020. 中国广翅蜡蝉科分类及比较形态学研究. 贵阳: 贵州大学硕士学位论文.
段文心, 陈祥盛. 2020a. 中国 5 种常见宽广蜡蝉形态比较研究. 四川动物, 39(2) : 204-212.
段文心, 陈祥盛. 2020b. 中国疏广蜡蝉属比较形态学研究. 山地农业生物学报, 39(4): 1-9.
段亚妮. 2005. 中国角顶叶蝉族分类研究(半翅目: 叶蝉科: 角顶叶蝉亚科). 咸阳: 西北农林科技大学硕士学位论文.
范中华. 2011. 中国蝽亚科的分类学研究(半翅目: 异翅亚目: 蝽科). 天津: 南开大学博士学位论文.
范中华, 邢杏, 孙溪, 等. 2012. 中国蝽科新记录属种(半翅目: 异翅亚目). 昆虫分类学报, 34(2): 181-191.
范滋德. 1997. 中国动物志, 昆虫纲, 第十三卷, 半翅目. 北京: 科学出版社.
方庆权. 1994. 中国片角叶蝉属三新种记述(同翅目: 叶蝉总科: 片角叶蝉科). 昆虫学报, 37(3): 344-348.
方庆权, 葛钟麟. 1983. 片角叶蝉科昆虫的分类研究. 安徽农学院学报, (2):8-21.
方永琴. 2020. 中国带叶蝉族形态分类及区系分析. 贵阳: 贵州大学硕士学位论文.
方志刚, 武三安, 徐华潮. 2001. 中国竹子蚧虫名录(同翅目: 蚧总科). 浙江林学院学报, 18(1): 102-110.
冯纪年, 王培明, 李陇梅, 等. 2004. 中国盾蚧科二新种记述(同翅目: 盾蚧总科). 昆虫分类学报, 26(1): 19-22.
冯纪年, 张凤萍. 2005. 中国片盾蚧属一新种记述(半翅目: 盾蚧科). 昆虫分类学报, 27(4): 269-271.
冯玲. 2015. 中国及东南亚大叶蝉亚科分类研究(半翅目: 叶蝉科). 咸阳: 西北农林科技大学硕士学位论文.
冯玲. 2019. 大叶蝉亚科系统分类研究(半翅目: 叶蝉科). 咸阳: 西北农林科技大学博士学位论文.
冯平章. 2006. 中国姬蠊科分类与系统发育研究. 北京: 中国农业科学院博士学位论文.
冯平章, 郭豫元. 1990. 云南齿爪蠊属二新种(蜚蠊目: 姬蠊科). 动物分类学报, 15(3): 339-341.
冯平章, 吴福祯. 1988. 云、贵蜚镰目三新种二新记录记述. 昆虫分类学报, 10(3-4): 305-312.
冯平章, 吴福祯. 1990. 中国弯翅镰属(蜚蠊目: 弯翅蠊科)研究. 昆虫学报, 33(2): 213-218.
高翠青. 2010. 长蝽总科十个科中国种类修订及形态学和系统发育研究(半翅目: 异翅亚目). 天津: 南开大学博士学位论文.
高翠青, 卜文俊. 2011. 中国新纪录属—宽瘤长蝽属(异翅亚目: 长蝽总科: 尖长蝽科). 动物分类学报, 36(4): 1006-1008.
高翠青, 党凯, 卜文俊. 2011. 修长蝽属在中国首次报道及一新种记述(异翅亚目: 长蝽总科: 杆长蝽科). 昆虫分类学报, 33(3): 195-201.
高翠青, Kondorosy Előd, 卜文俊. 2012. 红足点胸长蝽 *Acompus rufipes* (Wolff) 新异名(异翅亚目: 长蝽总科: 地长蝽科). 昆虫分类学报, 34(4): 609-612.
高敏. 2013. 中国隐脉叶蝉亚科分类研究(半翅目: 叶蝉科). 咸阳: 西北农林科技大学硕士学位论文.
高亚杰, 项丽雅, 许丽媛, 等. 2018. 浙江省蜉蝣目昆虫的种类. 贵州农业科学, 46(8): 46-50.
高艳. 2007. 弹尾纲系统分类学与土壤动物应用生态学研究. 北京: 中国科学院研究生院博士学位论文.
葛钟麟. 1966. 中国经济昆虫志, 第十册, 同翅目叶蝉科. 北京: 科学出版社.
葛钟麟. 1976. 中国菱纹叶蝉新种描述(同翅目: 叶蝉科). 昆虫学报, 19(4): 431-437.
葛钟麟. 1982. 白翅叶蝉类二新属五新种(同翅目: 叶蝉总科). 动物分类学报, 7(4): 396-404.
葛钟麟. 1983. 白翅叶蝉类昆虫的分类研究. 安徽农学院学报, (1): 1-12.
葛钟麟. 1984. 片头叶蝉属六新种(同翅目: 耳叶蝉科). 昆虫分类学报, 6(4): 271-278.
葛钟麟. 1985. 槽胫叶蝉属新种及一近缘新属(同翅目: 叶蝉总科). 动物学报, 31(4): 377-383.
葛钟麟. 1986a. 短头叶蝉属五新种(同翅目: 叶蝉科). 动物分类学报, 11(1): 80-85.
葛钟麟. 1986b. 云南森林叶蝉九新种(同翅目: 叶蝉总科). 昆虫分类学报, 8(3): 195-207
葛钟麟. 1991. 暗大叶蝉属二新种. 安徽农学院学报, 18(3): 165-168.
葛钟麟. 1992. 中国条大叶蝉属五新种(同翅目: 叶蝉总科). 安徽农学院学报, 19: 123-129.
葛钟麟. 1993a. 斑大叶蝉属四新种(同翅目: 叶蝉总科). 安徽农业大学学报, 20(1): 1-6.
葛钟麟. 1993b. 大叶蝉科一新属新种(同翅目: 叶蝉总科). 动物学报, 39: 38-40.
葛钟麟, 蔡平. 1994. 耳叶蝉属四新种(同翅目: 耳叶蝉科). 动物分类学报, 19(2): 195-201.

葛钟麟，方庆权.1985a. 扁喙叶蝉属二新种记述(同翅目：叶蝉总科). 动物分类学报, 10(2): 189-192.
葛钟麟，方庆权.1985b. 片角叶蝉科一新属新种(同翅目：叶蝉总科). 昆虫学报, 28(1): 91-93.
葛钟麟，方庆权.1986. 凹唇叶蝉属四新种(同翅目：叶蝉总科). 昆虫学报, 29(1): 75-80.
葛钟麟，葛竞麟. 1983. 拟隐脉叶蝉属新种记述(同翅目：隐脉叶蝉科). 昆虫学报, 26(3): 316-325.
葛钟麟，胡家春. 1992. 小叶蝉族一新属二新种(同翅目：叶蝉科). 昆虫学报, 35(3): 322-325.
葛钟麟，张正明. 1991. 大叶蝉科一新属二新种(同翅目：叶蝉总科). 动物学报, 37(4): 367-370.
龚念. 2019. 西南地区短翅蜡蝉科分类及 DNA 条形码研究. 贵阳：贵州大学硕士学位论文.
龚正达，冯锡光. 2004. 云南古蚤雄性的记述及雌性的形态补充. 昆虫分类学报, 26(2): 121-122.
龚正达，李四全. 2020. 滇西北罗氏蚤属一新种及其属征的修订(蚤目：角叶蚤科). 寄生虫与医学昆虫学报, 27(1): 52-56.
龚正达，李章鸿，申文龙. 2000. 方形茸足蚤雌性的记述及其雄性形态的补充(蚤目：细蚤科). 动物分类学报, 25(2): 236-237.
龚正达，吴厚永. 2004. 中国古蚤属分类研究(蚤目：栉眼蚤科). 动物分类学报, 29(4): 809-819.
龚正达，许翔，李春富，等. 2021. 西藏自治区蚤目分类与区系研究Ⅳ.中国藏东南栉眼蚤科二新种记述(蚤目：栉眼蚤科). 中国媒介生物学及控制杂志, 32(1): 85-88.
龚正达，张丽云. 2003. 云南横断山区蚤类的组成、分布及其与疾病关系. 医学动物防制, 19(2): 65-74.
龚正达，张丽云，段兴德，等. 2007. 中国“三江并流”纵谷地蚤类丰富度与区系沿纬度梯度的水平分布格局. 生物多样性, 15(1): 61-69.
顾晓玲. 2003. 中国大叶蝉亚科系统分类研究(同翅目：叶蝉科). 合肥：安徽农业大学硕士学位论文.
归鸿. 1985. 中国蜉蝣目名录. 南京师范大学学报(自然科学版), (4): 79-97.
郭宏伟. 2008. 中国菱蜡蝉科分类研究(半翅目：蜡蝉总科). 咸阳：西北农林科技大学硕士学位论文.
郭华. 2008. 中国合垫盲蝽属分类学研究(半翅目：盲蝽科：合垫盲蝽亚科). 天津：南开大学硕士学位论文.
郭建强，莫琛，杨坚，等. 2014. 云南省苗尾水电工程土料场白蚁种类调查研究. 水利规划与设计, (10): 42-45.
郭江莉. 2012. 中国东部地区蜚蠊目昆虫分类研究. 上海：华东师范大学硕士学位论文.
郭昆. 2005. 中国扁蚜科的系统分类研究(同翅目：蚜总蚜). 西安：陕西师范大学硕士学位论文.
郭良珍. 2005. 中国长突飞虱亚科、飞虱亚科分类研究(同翅目：蜡蝉总科：飞虱科). 北京：中国科学院动物研究所博士学位论文.
郭梅娜. 2015. 中国圆瓢蜡蝉属分类及其 DNA 条形码研究. 贵阳：贵州大学硕士学位论文.
郭梅娜，陈祥盛. 2015. 中国圆瓢蜡蝉属种类名录及贵州省一新纪录种(半翅目：蜡蝉总科：瓢蜡蝉科). 山地农业生物学报, 34(1): 41-46.
郭宪国，龚正达，钱体军，等. 2000. 中国云南人间鼠疫流行区印鼠客蚤在其主要宿主黄胸鼠体表的空间分布格局研究. 中国昆虫科学, 7(1): 47-52.
韩明升. 1991. 巨缘蝽亚科一新种(半翅目：缘蝽科). 昆虫学报, 34(2): 204-205.
韩轶轲. 2016. 中国大陆短丝蜉总科初步分类. 南京：南京师范大学硕士学位论文.
韩永林. 2004. 中国细足猎蝽亚科昆虫分类(异翅亚目：猎蝽科). 北京：中国农业大学硕士学位论文.
郝改莲，马铁山. 2013. 中国花蝽科昆虫多样性及分布格局. 生物灾害科学, 36(1): 35-38.
郝静钧，武三安，贾彩娟，等. 1997. 稀有属—刺毡蚧属在中国的发现和一新种记述(同翅目：蚧总科：毡蚧科). 昆虫学报, 40(1): 71-74.
何佳君. 2020. 拟叶螽亚科属种的厘定及系统发育研究. 重庆：西南大学硕士学位论文.
何婷婷. 2010. 西南地区颖蜡蝉科分类研究. 贵阳：贵州大学硕士学位论文.
何维俊. 2013a. 中国长角枝䗛亚科一新属及五新种(䗛目：笛䗛科). 动物分类学报, 38(3): 530-534.
何维俊. 2013b. 中国薇䗛属分类研究(䗛目：笛䗛科：长角枝䗛亚科). 动物分类学报, 38(1): 81-83.
何维俊. 2013c. 中国无齿䗛属分类研究(䗛目：笛䗛科：长角枝䗛亚科). 动物分类学报, 38(4): 816-819.
何维俊. 2014. 中国副厚䗛属分类研究及二新种记述(䗛目：䗛科). 昆虫学报, 57(2): 244-247.
何维俊. 2015. 副华枝䗛属分类研究及三新种记述(䗛目：笛䗛科：长角枝䗛亚科). 昆虫学报, 58(3): 329-334.
何维俊. 2017. 中国喙尾䗛属分类研究及三新种记述(䗛目：䗛科：克䗛亚科). 昆虫分类学报, 39: 94-102.
何维俊，张兵兰. 2014. 中国及越南突臀䗛属二新种(䗛目：笛䗛科：长角枝䗛亚科). 四川动物, 33(5): 698-699.
何晓英. 2019. 中国棉蚧族昆虫的分类研究(半翅目：蚧次目：蚧科). 北京：北京林业大学硕士学位论文.
何银竹. 2009. 古白蚁属(*Isoptera:* Termopsidae)分类及云南某些白蚁种生物学研究. 昆明：中国科学院昆明动物研究所硕士学位论文.
何银竹，候清柏，梁醒财. 2009a. 中国原白蚁科一新记录属一新记录种. 昆虫分类学报, 31(2): 102-104.
何银竹，刘蓓，梁醒财. 2009b. 云南大白蚁亚科白蚁分飞情况及与蚁巢伞关系. 昆虫知识, 46(6): 935-937.

和秋菊, 牛秋敏, 易传辉, 等. 2015. 昆明地区蝽次目(半翅目: 异翅亚目)昆虫多样性研究. 云南农业大学学报, 30(5): 692-697.
和秋菊, 易传辉, 杨宇明, 等. 2009. 云南省竹子害虫初报. 安徽农业科学, 37(14): 6478-6480.
和秋菊, 易传辉, 杨宇明, 等. 2012. 云南苍山洱海自然保护区蜻蜓目昆虫区系分析. 西北林学院学报, 27(3): 131-136.
贺志强. 2003. 中国铲头叶蝉亚科分类研究. 咸阳: 西北农林科技大学硕士学位论文.
洪霖. 2020. 中国西南地区扁蜉科分类研究(昆虫纲: 蜉蝣目). 广州: 华南农业大学硕士学位论文.
侯小姣. 2017. 中国蒿小叶蝉属分类研究(半翅目: 叶蝉科: 小叶蝉亚科: 小叶蝉族). 咸阳: 西北农林科技大学硕士学位论文.
胡家春, 葛钟麟. 1991. 小叶蝉族六新种(同翅目: 叶蝉科). 昆虫分类学报, 13(4): 255-262.
胡奇, 郑乐怡. 2000. 中国蕨盲蝽属分类修订(半翅目: 盲蝽科). 动物分类学报, 25(3): 241-267.
胡奇, 郑乐怡. 2001. 中国大陆摩盲蝽亚族种类记述(半翅目: 盲蝽科: 单室盲蝽亚科). 动物分类学报, 26(4): 414-430.
胡奇, 郑乐怡. 2003. 薇盲蝽属和宽垫盲蝽族中国种类记述(半翅目: 盲蝽科: 单室盲蝽亚科). 动物分类学报, 28(1): 116-125.
胡庆玲, 冯纪年. 2016. 中国西南部一竹栖蓟马新种—班洪直鬃蓟马(缨翅目: 蓟马科). 昆虫分类学报, 38(4): 243-247.
胡庆玲, 冯纪年. 2017. 中国齿蓟马属一新种(缨翅目: 蓟马科). 昆虫分类学报, 39(3): 176-180.
胡兴平, 李士竹. 1986. 头蚧科一新种记述. 山东农业大学学报, 17(4): 75-80.
胡兴平, 李士竹. 1993. 中国红蚧科一新记录属及一新种. 林业科学, 29(2): 110-114.
胡永桢. 1979. 昆明主要蚜虫的分类鉴定. 云南农业科技, (5): 40-42.
胡泽. 2018. 中国蜉蝣科和越南蜉科初步分类. 南京: 南京师范大学硕士学位论文.
扈克明. 1988. 哀牢山北段西坡蝽类昆虫垂直分布的研究. 动物学研究, 9(2): 193-200.
黄复生, 朱世模, 平正明, 等. 2000. 中国动物志(昆虫纲: 等翅目). 北京: 科学出版社.
黄复生, 李桂祥, 朱世模. 1989. 中国白蚁分类与生物学. 西安: 天则出版社.
黄建华, 黄原, 周善义. 2009. 中国蜢总科昆虫名录. 广西师范大学学报(自然科学版), 27(1): 84-87.
黄敏. 2003. 中国小叶蝉族分类研究(同翅目: 叶蝉科: 小叶蝉亚科). 咸阳: 西北农林科技大学博士学位论文.
黄敏, 张雅林. 1999. 中国雅小叶蝉属八新种(同翅目: 叶蝉科: 小叶蝉亚科). 昆虫分类学报, 21(4): 246-256.
黄敏, 张雅林. 2002. 中国坦小叶蝉属研究(同翅目: 叶蝉科: 小叶蝉亚科). 动物分类学报, 27(2): 290-293.
黄敏, 张雅林, 房丽君. 2003. 中国新纪录属—泰小叶蝉属并记四新种(同翅目: 叶蝉科: 小叶蝉亚科: 塔叶蝉族). 动物分类学报, 28(2): 282-287.
黄少彬, 武三安, 李落叶, 等. 2018. 藜蒴木珠蚧(半翅目: 蚧总科: 木珠蚧科)的初步研究. 环境昆虫学报, 40(2): 314-317.
黄霞. 2007. 广西猎蝽科昆虫分类研究. 桂林: 广西师范大学硕士学位论文.
黄远达, 周志伯. 1999. 中国白蚁学概论. 武汉: 湖北科学技术出版社.
杨集昆. 1955. 寄生于黑尾浮尘子的捻翅目昆虫——二点栉 *Halictophagus bipunctatus* 新种记述. 昆虫学报, 5(3): 327-334.
江佳富. 2002. 中国叶蝉亚科系统分类研究. 合肥: 安徽农业大学硕士学位论文.
江静文. 2021. 中国球瓢蜡蝉族 Hemisphaeriini 昆虫分类研究(半翅目: 蜡蝉总科: 瓢蜡蝉科). 北京: 中国科学院大学硕士学位论文.
姜吉刚. 2005. 中国弹尾纲球角䖴科系统分类学研究. 南京: 南京大学博士学位论文.
蒋朝忠. 2011. 中国凹距飞虱族昆虫分类研究(半翅目: 蜡蝉总科: 飞虱科). 咸阳: 西北农林科技大学硕士学位论文.
蒋光藻. 2002. 美盾蚧属一新种记述(同翅目: 蚧总科: 盾蚧科). 昆虫分类学报, 24(2): 99-102.
蒋光藻. 2004. 中国美盾蚧属一新种(同翅目: 蚧总科: 盾蚧科). 昆虫分类学报, 26(3): 171-174.
蒋惠婷. 2018. 中国光蠊亚科昆虫分类学研究(蜚蠊目: 光蠊科). 上海: 华东师范大学硕士学位论文.
蒋晓红. 2010. 中国铲头叶蝉亚科分类研究(半翅目: 叶蝉科: 铲头叶蝉亚科). 贵阳: 贵州大学硕士学位论文.
蒋昕. 2022. 宽广蜡蝉属和广翅蜡蝉属翅的几何形态学研究 (半翅目: 蜡蝉总科: 广蜡蝉科). 咸阳: 西北农林科技大学硕士学位论文.
蒋昭龙. 1985. 云南半翅目——蝽科昆虫名录. 云南林业科技, (2): 54-67.
焦猛. 2017. 中国眼小叶蝉族和叉脉叶蝉族系统分类研究. 贵阳: 贵州大学博士学位论文.
金青青, 王克卿, 赵海菡, 等. 2022. 扁球链壶蚧在昆明市的生物学研究. 农业与技术, 42(22): 45-48.
经希立. 1980. 中国网蝽科新种记述(半翅目: 异翅亚目). 动物分类学报, 5(4): 395-403.
经希立. 1989. 冠网蝽属一新种记述(半翅目: 网蝽科). 昆虫学报, 32(1): 83-84.
康乐, 刘春香, 刘宪伟. 2014. 中国动物志, 昆虫纲, 第五十七卷, 直翅目, 螽斯科, 露螽亚科. 北京: 科学出版社.
康乐, 杨集昆. 1992. 中国平脉树螽属五新种记述(直翅目: 螽斯科, 树螽亚科). 动物分类学报, 17(3): 325-332.
亢菊侠. 2007. 中国叉脉叶蝉族分类研究(半翅目: 叶蝉科: 小叶蝉亚科). 咸阳: 西北农林科技大学硕士学位论文.
亢菊侠. 2014. 中国眼小叶蝉族和叉脉叶蝉族系统分类研究(半翅目: 叶蝉科: 小叶蝉亚科). 咸阳: 西北农林科技大学博士学位论文.

昆明动植物检疫所. 1986. 云南农业病虫杂草名录. 昆明: 云南科技出版社.
兰粉香, 陈叶, 胡春林, 等. 2012. 江苏省长蝽科昆虫(半翅目: 长蝽总科). 金陵科技学院学报, 28(3): 78-83.
雷仲仁. 1994. 中国寒蝉属新种和新记录(同翅目: 蝉科). 昆虫分类学报, 16(3): 184-188.
雷仲仁. 1996. 中国微螗蝉属一新种及一新纪录(同翅目: 蝉科). 动物分类学报, 21(2): 210-213.
雷仲仁. 1997. 硫磺蝉属一新种(同翅目: 蝉科). 动物分类学报, 22(1): 72-74.
雷仲仁, 李莉. 1994. 马蝉属一新种和二中国新记录种(同翅目: 蝉科). 昆虫分类学报, 16(2): 91-94.
雷仲仁, 周尧, 姚渭, 等. 1995. 碧蝉属 *Hea* Distant 研究(同翅目: 蝉科). 昆虫分类学报, 17(3): 201-204.
李媛媛. 2008. 我国蒙新区草盲蝽复合组(Lygus complex)昆虫分类学初步研究. 呼和浩特: 内蒙古师范大学硕士学位论文.
李斌. 2016. 中国个木虱科分类研究. 贵阳: 贵州大学博士学位论文.
李传仁. 2001. 中国网蝽科分类修订和某些形态特征研究. 天津: 南开大学博士学位论文.
李传仁. 2005. 秦岭的网蝽科昆虫. 长江大学学报(自然科学版), 2(2), 39-44.
李传仁. 2006a. 东亚的两种网蝽及其新异名. 昆虫分类学报, 28(1):30-32.
李传仁. 2006b. 中国菱背网蝽属昆虫记述. 长江大学学报(自然科学版), 3(2): 116-120.
李传仁. 2006c. 中国七刺网蝽属记述. 长江大学学报(自然科学版), 3(1): 108-110.
李传仁, 郑乐怡. 2002. 七刺网蝽族一新属一新种(半翅目: 网蝽科). 昆虫学报, 45(5): 648-650.
李传仁, 郑乐怡. 2006. 中国 *Galeatus* 属群记述(半翅目: 网蝽科). 动物分类学报, 31(2): 378-387.
李法圣. 1993a. 鼻个木虱属二新种(同翅目: 木虱总科: 个木虱科). 武夷科学, 10(10): 25-28.
李法圣. 1993b. 我国为害樟属的个木虱及四新种(同翅目: 木虱总科). 林业科学, 29(2): 115-121.
李法圣. 1994. 个木虱科一新属五新种(同翅目: 木虱总科). 武夷科学, 11: 84-92.
李法圣. 2011. 中国木虱志(上、下). 北京: 科学出版社.
李法圣. 2002. 中国啮虫目志(上、下). 北京: 科学出版社.
李法圣, 杨集昆. 1984. 云贵梨木虱十一新种. 昆虫分类学报, 6(2-3): 218-234.
李法圣, 杨集昆. 1987. 个木虱科狭个木虱属六新种及裂木虱科一新属描述(同翅目: 木虱总科). 武夷科学, 7: 27-38.
李法圣, 杨集昆. 1991. 个木虱属六新种(同翅目: 个木虱科). 昆虫分类学报, 13(4): 263-274.
李凤娥. 2020. 中国西南地区角蝉科分类研究. 贵阳: 贵州大学硕士学位论文.
李葛, 王戌勃, 武三安. 2018. 我国新发现一种入侵蚧虫——藤壶蜡蚧(半翅目: 蚧次目: 蚧科). 应用昆虫学报, 55(3): 527-532.
李光西, 杜绍明, 杨本立, 等. 2005. 云南香料烟害虫种类及发生规律研究. 西南农业大学学报(自然科学版), 27(6): 868-872.
李海斌. 2014. 中国蜡蚧属昆虫的分类研究(半翅目: 蚧总科: 蚧科). 北京: 北京林业大学硕士学位论文.
李宏伟. 2009. 内蒙古跳蝽科昆虫的分类学研究. 呼和浩特: 内蒙古师范大学硕士学位论文.
李鸿昌, 夏凯龄. 2006. 中国动物志, 昆虫纲, 第四十三卷, 直翅目, 蝗总科, 斑腿蝗科. 北京: 科学出版社.
李继钧. 1981. 壮异蝽属一新种(半翅目: 异蝽科). 动物分类学报, 6(3): 320-321.
李建达, 李子忠. 2009. 缺突叶蝉属一新种记述(半翅目: 叶蝉科: 叶蝉亚科). 山地农业生物学报, 28(4): 310-311.
李建达, 李子忠. 2010. 中国点线叶蝉属分类研究(半翅目: 叶蝉科: 叶蝉亚科). 四川动物, 29(4): 569-573.
李建达, 李子忠. 2011. 中国网脉叶蝉属二新种记述(半翅目: 叶蝉科: 叶蝉亚科). 山地农业生物学报, 30(6): 492-495.
李俊兰. 2003. 内蒙古长蝽科(Lygaeidae)昆虫的分类学研究. 呼和浩特: 内蒙古师范大学硕士学位论文.
李俊兰. 2006. 地长蝽科中国种类修订及形态, 生物地理和系统发育研究(半翅目: 异翅亚目: 长蝽总科). 天津: 南开大学博士学位论文.
李俊兰, 卜文俊. 2012. 中国微小族四新纪录属及一新种记述 (半翅目: 长蝽总科: 地长蝽科). 动物分类学报, 37(1) : 133-137.
李梦. 2018. 基于形态和分子数据对中国乙蠊属的物种多样性分析. 重庆: 西南大学硕士学位论文.
李鹏. 2006. 中国大陆细裳蜉科初步研究(昆虫纲: 蜉蝣目). 南京: 南京师范大学硕士学位论文.
李汭莲, 石福明. 2011. 多曲缺翅螽与扁尾缺翅螽雌性记述. 昆虫分类学报, 33(3): 188-191.
李涛. 2010. 中国圆盾蚧族分类研究(半翅目: 盾蚧科). 咸阳: 西北农林科技大学硕士学位论文.
李文超. 2014. 中国竹类植物上具足粉蚧的研究(半翅目: 蚧总科: 粉蚧科). 北京: 北京林业大学硕士学位论文.
李向永, 胡奇, 隋启君, 等. 2015. 云南高原地区马铃薯田有翅蚜种类及迁飞动态. 环境昆虫学报, 37(1): 8-13.
李晓飞, 陈祥盛, 侯晓晖. 2008. 贵州产斑蝥素芫菁科、蜡蝉科昆虫名录与种类鉴定. 山地农业生物学报, 27(1): 79-82.
李晓明. 2008. 中国叶盲蝽族的系统学研究(半翅目: 盲蝽科: 叶盲蝽亚科). 天津: 南开大学博士学位论文.
李晓明, 刘国卿. 2010. 叶盲蝽族中国五新记录种记述(半翅目: 盲蝽科: 叶盲蝽亚科). 昆虫分类学报, 32(2): 100-106.
李晓明, 刘国卿, 胡奇, 等. 2007. 中国点翅盲蝽属及新名记述(半翅目: 盲蝽科). 动物分类学报, 32(4): 766-770.
李秀荣. 2015. 中国曼蝽属的研究(半翅目: 异翅亚目: 蝽科). 天津: 南开大学硕士学位论文.
李秀荣, 范中华, 刘国卿. 2015. 中国曼蝽属(*Menida* Motschulsky)记述(半翅目: 蝽科). 天津师范大学学报(自然科学版), 35(3): 12-32.

李焱. 2020. 基于分子数据的蚧科昆虫种类鉴定及系统发育研究. 北京: 北京林业大学硕士学位论文.
李玉建. 2009. 中国耳叶蝉亚科区系分类研究(半翅目: 叶蝉科). 贵阳: 贵州大学硕士学位论文.
李长安. 1985. 山西省同蝽科、异蝽科及跷蝽科昆虫记述. 山西大学学报, (2): 116-119.
李长安, 熊江. 1986. 我国西双版纳地区缘蝽科昆虫及其区系分析. 山西大学学报, (3): 86-92
李忠诚. 1989. 中国棘跳虫属记述. 绵阳农专学报, 6(4): 1-9.
李子忠. 1986a. 横脊叶蝉科一新属一新种记述. 动物分类学报, 11(3): 309-311.
李子忠. 1986b. 弯茎叶蝉属一新种(同翅目: 片角叶蝉科). 昆虫分类学报, 8(1): 125-127.
李子忠. 1989. 广头叶蝉属一新种(同翅目: 广头叶蝉科). 动物分类学报, 14(3): 335-337.
李子忠. 1991. 刺茎叶蝉属四新种(同翅目: 离脉叶蝉科). 动物分类学报, 16(3): 354-359.
李子忠. 1992. 条大叶蝉属五新种(同翅目: 大叶蝉科). 昆虫分类学报, 17: 344-351.
李子忠. 1993. 中国片叶蝉属分类研究(同翅目: 叶蝉总科). 贵州农学院学报, 12: 29-33.
李子忠, 陈祥盛. 1998. 中国隐脉叶蝉(同翅目: 叶蝉科). 贵阳: 贵州科技出版社.
李子忠, 陈祥盛. 2001. 云南消室叶蝉属一新种(同翅目: 叶蝉科: 隐脉叶蝉亚科). 昆虫分类学报, 23(2): 90-92.
李子忠, 戴仁怀. 2004. 带叶蝉属六新种记述(同翅目: 叶蝉科: 殃叶蝉亚科). 动物分类学报, 29 (2): 281-287
李子忠, 戴仁怀, 邢济春. 2011. 中国角顶叶蝉(半翅目: 叶蝉科). 北京: 科学普及出版社.
李子忠, 杜予州, 汪廉敏. 1995. 云南刺茎叶蝉属 2 新种 (同翅目: 离脉叶蝉亚科). 贵州农学院学报, 14(2): 35-37.
李子忠, 李玉建, 邢济春. 2020. 中国动物志, 昆虫纲, 第七十二卷, 半翅目叶蝉科(四)横脊叶蝉亚科. 北京: 科学出版社.
李子忠, 宋月华. 2009. 为害竹子的叶蝉 2 新种(半翅目: 叶蝉科: 殃叶蝉亚科). 林业科学, 45(2): 82-85.
李子忠, 宋月华. 2010. 中国曲板叶蝉属一新种记述(半翅目: 叶蝉科: 片角叶蝉亚科). 四川动物, 29(2): 203-204.
李子忠, 宋月华, 宋琼章. 2007. 云南带叶蝉属四新种记述(半翅目: 叶蝉科: 殃叶蝉亚科). 动物分类学报, 32(3): 680-685.
李子忠, 汪廉敏. 1992. 脊额叶蝉属三新种记述. 贵州科学, 10(4): 44-47.
李子忠, 汪廉敏. 1995. 中国横脊叶蝉亚科二新属三新种. 昆虫分类学报, 17(3): 89-196.
李子忠, 汪廉敏. 1996. 中国横脊叶蝉(同翅目: 叶蝉科). 贵阳: 贵州科技出版社.
李子忠, 汪廉敏. 1997. 中国弯茎叶蝉属一新种记述(同翅目: 叶蝉科: 片角叶蝉亚科). 动物分类学报, 22(1): 69-71.
李子忠, 汪廉敏. 2001. 云南横脊叶蝉亚科三新种记述(同翅目: 叶蝉科). 动物学研究, 22(5): 387-391
李子忠, 汪廉敏. 2002a. 带叶蝉属中国种类记要(同翅目: 叶蝉科: 殃叶蝉亚科). 动物分类学报, 27(1): 101-115.
李子忠, 汪廉敏. 2002b. 中国叶蝉科四新种记述(同翅目: 叶蝉总科). 昆虫学报, 45(增刊): 43-47.
李子忠, 汪廉敏. 2003a. 拟隐脉叶蝉属三新种记述(同翅目: 叶蝉科: 隐脉叶蝉亚科). 动物分类学报, 28(3): 502-505.
李子忠, 汪廉敏. 2003b. 狭顶叶蝉属分类研究(同翅目: 叶蝉科: 横脊叶蝉亚科). 动物分类学报, 28(4): 708-711.
李子忠, 汪廉敏. 2003c. 窄头叶蝉属中国种类记要(同翅目: 叶蝉科: 叶蝉亚科). 动物分类学报, 28(1): 130-136.
李子忠, 汪廉敏. 2004a. 菱纹叶蝉属中国种类记要(同翅目: 叶蝉科: 殃叶蝉亚科). 动物分类学报, 29(30): 486-490.
李子忠, 汪廉敏. 2004b. 云南带叶蝉属三新种(同翅目: 叶蝉科: 殃叶蝉亚科). 昆虫分类学报, 26(1): 15-18.
李子忠, 汪廉敏. 2005. 中国拟带叶蝉属分类研究(半翅目: 叶蝉科: 殃叶蝉亚科). 昆虫分类学报, 27(3): 187-194.
李子忠, 汪廉敏, 梁爱萍. 2005. 中国带叶蝉属四新种记述(同翅目: 叶蝉科: 殃叶蝉亚科). 动物分类学报, 30(1): 130-134.
李子忠, 汪廉敏, 杨玲环. 2002. 斜脊叶蝉属系统分类研究(同翅目: 叶蝉科: 横脊叶蝉亚科). 动物分类学报, 27(3): 548-555.
李子忠, 徐翩, 梁爱萍. 2005. 广头叶蝉属六新种记述(半翅目: 叶蝉科: 广头叶蝉亚科). 动物分类学报, 30(3): 577-584
李子忠, 张斌. 2009. 片角叶蝉亚科——中国新纪录属种(半翅目: 叶蝉科). 贵州科学, 27(4): 91-92.
李子忠, 张斌, 闫家河. 2008. 中国新纪录属(半翅目: 叶蝉科: 片角叶蝉亚科)及二新种记述. 动物分类学报, 33(3): 595-599.
廉振民, 刘宪伟. 1992. 中国钩顶螽属的新种记述(直翅目: 螽蟖总科: 草螽科). 陕西师范大学学报(自然科学版), 20(4): 62-64.
梁爱萍. 1986. 小无脊沫蝉属——中国新记录及其分类讨论. 昆虫分类学报, 8(1-2): 84.
梁爱萍. 1988. 象沫蝉属一新种记述及其讨论(同翅目: 尖胸沫蝉科). 动物分类学报, 13(4): 400-402.
梁爱萍. 1989. 卵圆周氏沫蝉——中国尖胸沫蝉科一新属新种(同翅目: 沫蝉总科). 昆虫分类学报, 11(3): 213-216.
梁爱萍. 1998. 关于东方蜡蝉属 PYROPS SPINOLA 的名称问题(半翅目: 蜡蝉总科: 蜡蝉科). 动物分类学报, 23(1): 41-47.
梁爱萍. 2003. 西藏南部及其邻近地区沫蝉总科(半翅目)昆虫的动物地理学研究. 动物分类学报, 28(4): 589-598.
梁飞扬. 2018. 中国狭啮科和双啮科系统分类及分子系统学研究(昆虫纲: 啮目). 北京: 中国农业大学博士学位论文.
梁铬球, 郑哲民. 1998. 中国动物志, 昆虫纲, 第 12 卷, 直翅目, 蚱总科. 北京: 科学出版社.
梁旻雯, 魏美才. 2006. 中国花蝽类昆虫动物地理学研究. 中南林学院学报, 26(2): 87-89.
梁宗蕾. 2018. 中国脊冠叶蝉亚科分类研究(半翅目: 头喙亚目: 叶蝉科). 咸阳: 西北农林科技大学硕士学位论文.
林毓鉴. 1993. 中国异蝽科二新种(半翅目: 异蝽科). 江西农业大学学报, 15(3): 235-238.
林毓鉴, 龙骏, 章士美, 等. 2000. 中国益蝽亚科(Asopinae)名录(半翅目: 蝽科). 江西植保, 23(2): 36-39.
林毓鉴, 章士美. 1984. 云南蝽科三新种记述(半翅目: 蝽科). 昆虫分类学报, 6(4): 267-270.

林毓鉴, 章士美. 1996. 赛蝽属中国一新记录种(半翅目: 蝽科). 江西植保, 19(2): 20.
林毓鉴, 章士美. 1998a. 中国龟蝽科昆虫名录(上)(半翅目: 蝽总科). 江西植保, 21(3): 4-8.
林毓鉴, 章士美. 1998b. 中国龟蝽科昆虫名录(下)(半翅目: 蝽总科). 江西植保, 21(4): 16-21.
林敏鉴, 章士美, 林征. 2000. 中国兜蝽科昆虫名录(半翅目: 蝽总科). 江西植保, 23(1): 17-19
刘春红. 2007. 中国耳叶蝉亚科分类研究. 苏州: 苏州大学硕士学位论文.
刘春香, 康乐. 2002. 直翅目: 螽斯总科//黄复生. 海南森林昆虫. 北京: 科学出版社.
刘荻. 2017. 中国金顶盾蚧族的分类研究(半翅目: 蚧总科: 盾蚧科). 咸阳: 西北农林科技大学硕士学位论文.
刘冬. 2007. 中国大陆河花蜉科初步分类研究(昆虫纲: 蜉蝣目). 南京: 南京师范大学硕士学位论文.
刘国卿. 1999. 突额盲蝽属(*Pseudoloxops*)中国种类记述(半翅目: 盲蝽科). 南开大学学报(自然科学版), 32(4): 51-55.
刘国卿. 2014. 中国动物志, 昆虫纲, 第六十二卷, 半翅目, 盲蝽科(二), 合垫盲蝽亚科. 北京: 科学出版社.
刘国卿, 丁建华. 2004. 中国蝎蝽总科(半翅目: 异翅亚目)分类研究//李典谟, 伍一军, 武春生, 等. 当代昆虫学研究——中国昆虫学会成立60周年纪念大会暨学术讨论会论文集. 北京: 中国农业科学技术出版社.
刘国卿, 丁建华. 2005a. 盖蝽属两新种记述(半翅目: 盖蝽科). 动物分类学报, 30(4): 773-776.
刘国卿, 丁建华. 2005b. 盖蝽属一新种及二新记录种记述(半翅目: 盖蝽科). 昆虫分类学报, 27(4): 272-276.
刘国卿, 穆怡然, 许静杨, 等. 2022. 中国动物志, 昆虫纲, 第七十三卷, 半翅目, 盲蝽科(三), 单室盲蝽亚科, 细爪盲蝽亚科, 齿爪盲蝽亚科, 树盲蝽亚科, 撒盲蝽亚科. 北京: 科学出版社.
刘国卿, 许静杨, 张旭. 2011. 中国盲蝽科新种及新记录(半翅目: 异翅亚目: 盲蝽科). 昆虫分类学报, 33(1): 1-11.
刘国卿, 郑乐怡. 1990. 中国仰蝽科一新种及一新纪录(半翅目). 动物分类学报, 15(3): 349-351.
刘国卿, 郑乐怡. 1993. 昧盲蝽属中国种类初记(半翅目: 盲蝽科). 昆虫学报, 36(3): 364-370.
刘浩宇, 许菲, 石福明. 2022. 中国蟋蟀次目昆虫受威胁状况评价. 北京: 科学出版社.
刘慧珍, 秦道正. 2020. 中国阿脉蜡蝉属分类并记一新种(半翅目: 蜡蝉总科). 昆虫分类学报, 42(1): 25-32.
刘琳. 2014. 中国树盲蝽亚科的分类研究(半翅目: 异翅亚目: 盲蝽科). 天津: 南开大学硕士学位论文.
刘露希. 2014. 中国啮科(啮总目: 啮亚目)昆虫的系统分类研究. 北京: 中国农业大学博士学位论文.
刘强, 李新正. 1992. 缘蝽属的种类鉴别和分布. 内蒙古师范大学学报(自然科学汉文版), (1): 47-50.
刘强, 郑乐怡. 1993. 中国环缘蝽属昆虫记述(半翅目: 姬缘蝽科). 昆虫分类学报, 15(3): 157-166.
刘强, 郑乐怡. 1994. 珀蝽属中国种类记述(半翅目: 蝽科). 昆虫分类学报, 16(4): 235-248.
刘强, 郑乐怡, 能乃扎布. 1994. 中国姬缘蝽科(半翅目)昆虫分类问题及区系研究. 干旱区资源与环境, 8(3): 102-115.
刘瑞君. 2020. 我国部分区域襀翅目分类研究. 乌鲁木齐: 新疆农业大学硕士学位论文.
刘胜利. 1980. 中国短喙扁蝽亚科新种记述(半翅目: 扁蝽科). 动物分类学报, 5(2): 175-184.
刘胜利. 1981. 尖同蝽属一新种(半翅目: 同蝽科). 动物分类学报, 6(3): 322-323.
刘胜利. 1988. 云南瘤蝽二新种(半翅目: 瘤蝽科). 昆虫分类学报, 10(1-2): 71-74.
刘硕然. 2020. 高黎贡山高山微水体水生生物多样性格局与驱动因子研究. 长沙: 中南林业科技大学博士学位论文.
刘斯军, 黄邦侃. 1988. 柑桔蚜虫种类及其发生为害的考查(同翅目: 蚜科). 福建农学院学报, 17(4): 328-332.
刘宪伟. 1993. 直翅目: 条螽螽总科, 螽斯总科//黄春梅. 龙栖山动物. 北京: 中国林业出版社.
刘宪伟. 2000. 中国蛩螽族三新属七新种 (直翅目: 螽斯总科: 蛩螽科). 动物学研究, 21(3): 218-226.
刘宪伟, 毕文烜. 2014. 直翅目 螽亚目//王义平, 董彩亮. 浙江清凉峰昆虫. 北京: 中国林业出版社.
刘宪伟, 郭江莉, 方燕, 等. 2012. 中国锥头螽属(直翅目: 螽斯总科: 草螽科)分类研究及一新种描述. 动物分类学报, 37(1): 111-118.
刘宪伟, 金杏宝. 1997. 直翅目: 螽斯总科: 露螽科, 拟叶螽科, 蛩螽科, 草螽科, 螽斯科//杨星科. 长江三峡库区昆虫. 重庆: 重庆出版社.
刘宪伟, 金杏宝. 1999. 直翅目: 螽斯总科//黄邦侃. 福建昆虫志第1卷. 福州: 福建科学技术出版社.
刘宪伟, 王治国. 1998. 河南省螽斯类初步调查(直翅目). 河南科学, 16(1): 66-76.
刘宪伟, 夏凯龄. 1996. 中国麻螽属四新种记述(直翅目: 露螽科). 动物分类学报, 21(2): 196-201.
刘宪伟, 殷海生. 2004. 直翅目: 螽斯总科 沙螽总科//杨星科. 广西十万大山地区昆虫. 北京: 中国林业出版社.
刘宪伟, 张鼎杰. 2007. 中国草螽属的研究及两新种记述(直翅目: 草螽科). 动物分类学报, 32(2): 438-444.
刘宪伟, 章伟年. 2000. 中国螽斯的分类研究 I. 中国蛩螽族十新种(直翅目: 螽斯总科: 蛩螽科). 昆虫分类学报, 22(3): 157-170.
刘宪伟, 章伟年. 2001. 直翅目: 螽斯总科, 驼螽总科, 蟋螽总科//吴鸿, 潘承文. 天目山昆虫. 北京: 科学出版社.
刘宪伟, 章伟年. 2005. 直翅目: 螽斯总科 沙螽总科//杨星科. 秦岭西段及甘南地区昆虫. 北京: 科学出版社.
刘宪伟, 郑哲民, 奚耕思. 1991. 中国露螽科三新种(直翅目: 螽斯总科, 露螽科). 昆虫学研究集刊, 10: 115-118.
刘宪伟, 周敏. 2011. 中国玛蠊属三新种记述(蜚蠊目: 姬蠊科). 动物分类学报, 36(4) : 936- 942.

刘宪伟, 周敏, 毕文烜. 2010. 直翅目: 螽斯总科//徐华潮, 叶碚仙. 浙江凤阳山昆虫. 北京: 中国林业出版社.
刘永杰. 1995. 绛蚧属一新种记述(同翅目: 蚧总科: 绛蚧科). 昆虫分类学报, 17(4): 267-270.
刘永杰. 1996. 二种云南绛蚧形态学研究(同翅目: 蚧总科: 绛蚧科). 山东农业大学学报, 27(4): 413-421.
刘永杰, 石毓亮. 1993. 中国绛蚧属三新种记述. 山东农业大学学报, 24(4): 417-426.
刘永杰, 石毓亮. 1996. 中国绛蚧科种类名录. 森林病虫通讯, (3): 7-9.
刘永琴, 侯大斌, 李忠诚. 1998. 中国弹尾目种目录. 西南农业大学学报, 20(2): 125-131.
刘玉升. 1992. 云南产栎链蚧属一新种记述(同翅目: 蚧总科: 链蚧科). 昆虫分类学报, 14(1): 22-25.
刘玉升, 石毓亮. 1993. 栎链蚧属分类地位讨论及一新种记述(同翅目: 蚧总科: 链蚧科). 昆虫分类学报, 15(3): 181-188.
刘源智, 江涌, 苏祥云, 等. 1998. 中国白蚁生物学及防治. 成都: 成都科技大学出版社.
刘雲祥. 2015. 秦岭及周边地区蟪蛄的种群分化研究(半翅目: 蝉科). 咸阳: 西北农林科技大学硕士学位论文.
刘振江. 2002. 中国广头叶蝉亚科分类研究(同翅目: 叶蝉科). 咸阳: 西北农林科技大学硕士学位论文.
刘振江, 张雅林. 2002. 广头叶蝉亚科一新属一新种(同翅目: 叶蝉科). 昆虫分类学报, 24 (3): 174-177.
刘振江, 张雅林. 2003. 中国广头叶蝉亚科二新种记述(同翅目: 叶蝉科). 昆虫分类学报, 25 (3): 181-186.
刘征, 黄晓磊, 姜立云, 等. 2009. 中国蚜虫类昆虫物种多样性与分布特点(半翅目: 蚜总科). 动物分类学报, 34(2): 277-291.
刘志琦, 杨集昆, 沈佐锐. 2003. 云南省粉蛉两新种记述(脉翅目: 粉蛉科). 昆虫分类学报, 25(2): 143-147.
卢秀梅. 2015. 中国捻翅目系统分类研究. 北京: 中国农业大学博士学位论文.
卢筝. 1982. 中国棘蝉科的一新属和五新种. 昆虫分类学报, 4(4): 273-278.
陆思含. 2014. 长柄叶蝉属群分类研究(半翅目: 叶蝉科: 小叶蝉亚科: 小绿叶蝉族). 咸阳: 西北农林科技大学硕士学位论文.
路进生, 彩万志. 1989. 中国土猎蝽属的地理分布及一新种记述. 昆虫分类学报, 11(3): 191-196.
罗强. 2020. 额垠叶蝉族系统学研究. 贵阳: 贵州大学博士学位论文.
罗强, 陈祥盛, 杨琳. 2017. 中国额垠叶蝉属的形态比较研究. 四川动物, 36(1): 75-81.
罗心宇. 2016. 中国斑木虱科与扁木虱科的分类学研究. 北京: 中国农业大学博士学位论文.
罗心宇, 张润志, 梁红斌. 2018. 中国新入侵害虫——桉梳木虱(半翅目: 木虱科). 生物安全学报, 27(4) : 309-312.
罗志义, 周婵敏. 2001. 中国柑桔粉虱记录(续). 中国南方果树, 30(1): 14-16.
吕旻桦. 2013. 中国蜂缘蝽属 *Riptortus* Stål 和棘缘蝽属 *Cletus* Stål DNA 条形码及种群遗传学研究. 天津: 南开大学硕士学位论文.
吕楠, 郑乐怡. 1998. 中国树丽盲蝽属分类研究(半翅目: 盲蝽科). 昆虫分类学报, 20(2): 79-96.
吕楠, 郑乐怡. 2001. 丽盲蝽属(丽盲蝽亚属)中国种类修订(半翅目: 盲蝽科: 盲蝽亚科). 动物分类学报, 26(2): 121-154.
吕莎莎. 2022. 中国粒脉蜡蝉科分类研究. 贵阳: 贵州大学硕士学位论文.
马兵成, 巴桑, 登增多杰, 等. 2020. 西藏自治区蚤目分类与区系研究 I. 西藏自治区蚤类区系与分布的现状. 中国媒介生物学及控制杂志, 31(1): 66-74.
马成俊, 刘国卿. 2002. 齿爪盲蝽属新种及中国新纪录(半翅目: 盲蝽科). 动物分类学报, 27(3): 508-526.
马振兴. 2019. 中国大陆溪颏蜉亚科三属系统分类. 南京: 南京师范大学硕士学位论文.
毛本勇. 2001. 云南屏顶螳属一新种(螳螂目: 长颈螳科). 动物分类学报, (4): 505-506.
毛本勇, 杨自忠. 2002. 中国原螳属一新种记述(螳螂目: 花螳科). 昆虫分类学报, 24(1): 1-2.
门秋雷. 2009. 中国扁蜡蝉科分类研究(半翅目: 蜡蝉总科). 咸阳: 西北农林科技大学硕士学位论文.
门秋雷, 秦道正, 刘国龙. 2009a. 中国鳎扁蜡蝉属分类研究(半翅目: 蜡蝉总科: 扁蜡蝉科). 昆虫分类学报, 31(4): 263-268.
门秋雷, 秦道正, 刘国龙. 2009b. 中国鳎扁蜡蝉属一新记录种. 昆虫分类学报, 31(1): 6-8.
孟瑞. 2012. 中国瓢蜡蝉科雌性生殖器及分类研究(半翅目: 蜡蝉总科). 咸阳: 西北农林科技大学硕士学位论文.
孟泽洪. 2009. 中国大叶蝉亚科分子系统学研究. 贵阳: 贵州大学硕士学位论文.
慕芳红, 贺同利, 王裕文. 1998. 中国露螽科一新种记述(直翅目: 螽斯总科). 昆虫分类学报, 20(4): 245-247.
穆怡然, 刘国卿. 2017. 中国颈盲蝽属一新种(半翅目: 盲蝽科). 昆虫分类学报, 39(3): 181-187.
穆怡然, 张旭, 刘国卿. 2012. 盲蝽科一新种及中国四新纪录种(半翅目: 盲蝽科). 昆虫分类学报, 37(1): 138-143.
南楠. 2014. 中国毡蚧科昆虫分类研究(半翅目: 胸喙亚目: 蚧总科). 北京: 北京林业大学博士学位论文.
能乃扎布. 1987. 中国跷蝽科一新纪录. 内蒙古师范大学学报(自然科学汉文版), (2): 29-30.
能乃扎布, 李俊兰. 2005. 内蒙古长蝽科昆虫及中国新记录属种记述. 呼和浩特: 内蒙古师范大学学报(自然科学汉文版), 34(1): 84-92.
欧炳荣, 洪广基. 1990. 云南紫胶蚧新种记述(同翅目: 胶蚧科). 昆虫分类学报, 12(1): 15-18.
潘友粮, 黄焜, 刘兴平, 等. 2021a. 云南一新记录粉蚧——杜鹃臀纹粉蚧. 四川动物, 40(2): 203-207.
潘友粮, 黄焜, 刘兴平, 等. 2021b. 中国绵蚧科一新记录属及一新记录种(半翅目: 蚧次目). 广西师范大学学报(自然科学版),

39(1): 102-106.

庞雅文. 2011. 东亚和北美五倍子蚜(半翅目: 瘿绵蚜科)数值分类研究. 太原: 山西大学硕士学位论文.

彭凌飞. 2011. 中国及周边地区蛾蜡蝉科分类与系统发育研究(半翅目: 蜡蝉总科). 咸阳: 西北农林科技大学博士学位论文.

彭凌飞, 王应伦. 2006. 中国络蛾蜡蝉属 *Lawana* 分类与二新记录种. 昆虫分类学报, 28(4): 268-270.

彭凌飞, 张雅林, 王应伦. 2009. 中国缘蛾蜡蝉属分类与二新纪录种(半翅目: 蛾蜡蝉科). 动物分类学报, 34 (4): 878 -884.

彭凌飞, 张雅林, 王应伦. 2010. 中国宽额蛾蜡蝉属分类研究(半翅目: 蛾蜡蝉科). 昆虫分类学报, 32(3): 171-178.

彭晓冬. 2021. 中国毗瓣蝉属和寒蝉属系统分类研究(半翅目: 蝉科). 咸阳: 西北农林科技大学硕士学位论文.

浦冠勤, 毛建萍, 薛贵收, 等. 2009. 中国桑树害虫名录(Ⅶ). 蚕业科学, 35(1): 126-130.

漆一鸣, 胡晓玲. 1998. 方叶栉眼蚤幼虫的形态. 中国昆虫科学, 5(2): 143-148.

齐宝瑛. 1996. 我国小网蝽属昆虫的研究(半翅目: 异翅亚目: 网蝽科). 昆虫分类学报, 18(2): 105-108.

齐宝瑛, 霍科科. 2007. 陕西省秦岭盲蝽科昆虫记述(半翅目: 异翅亚目). 呼和浩特: 内蒙古师范大学学报 (自然科学汉文版), 36(3): 346-350.

祁胜平. 2014. 中国姬蝉亚科的系统分类研究(半翅目: 蝉科). 咸阳: 西北农林科技大学硕士学位论文.

琪勒莫格. 2015. 内蒙古盲蝽科叶盲蝽亚科(Heteroptera, Miridae, Phylinae)昆虫的分类学研究(异翅亚目, 盲蝽科, 叶盲蝽亚科). 呼和浩特: 内蒙古师范大学硕士学位论文.

钱昱含, 杜予州. 2012a. 中国华䗛属一新种记述(䗛翅目: 䗛科). 昆虫分类学报, 34(2): 117-119.

钱昱含, 杜予州. 2012b. 中国诺䗛属两新种记述(䗛翅目: 卷䗛科). 昆虫分类学报, 34 (1): 17-21.

乔格侠. 2005. 中国动物志, 昆虫纲, 第四十一卷, 同翅目, 斑蚜科. 北京: 科学出版社.

乔格侠, 曹岩. 2000. 粉虱蚜属蚜虫的分布格局及其成因探讨(同翅目: 扁蚜科). 动物分类学报, 25(2): 171-174.

乔格侠, 姜立云, 陈静, 等. 2018. 中国动物志. 昆虫纲. 第六十卷, 半翅目, 扁蚜科, 平翅绵蚜科. 北京: 科学出版社.

乔格侠, 姜立云, 张广学. 2003a. 中国长角斑蚜族分类学研究 (同翅目: 蚜总科: 斑蚜科). 动物分类学报, 28(4): 692-707.

乔格侠, 屈延华, 张广学, 等. 2003b. 中国侧棘斑蚜属(蚜科: 角斑蚜亚科) 地理分布格局研究. 动物分类学报, 28(2): 210-220.

乔格侠, 张广学. 1999. 中国长喙大蚜属研究及新种记述(同翅目: 大蚜科). 中国昆虫科学, 1999(4): 289-298.

乔格侠, 张广学. 2004. 中国叶蚜亚科分类学研究(同翅目: 蚜科). 动物分类学报, 29(1): 130-134.

乔俐敏, 赵琼瑶, 郑玉红, 等. 2022. 中国拟歪尾蠊属五新种(蜚蠊目: 硕蠊总科: 姬蠊科). 昆虫分类学报, 44(2): 90-102.

秦道正. 2003. 中国小绿叶蝉族分类研究(同翅目: 叶蝉科). 咸阳: 西北农林科技大学博士学位论文.

秦道正, 张雅林. 2003. 中国新记录属——尼小叶蝉属 *Nikkotettix* 分类(同翅目: 叶蝉科: 小叶蝉亚科). 昆虫分类学报, 25(1): 25-30.

邱庆丰. 2007. 内蒙古及邻近地区欧盲蝽属(*Europiella*)和斜唇盲蝽属(*Plagiognathus*)昆虫的分类研究(异翅亚目, 盲蝽科, 叶盲蝽亚科). 呼和浩特: 内蒙古师范大学硕士学位论文.

冉红凡, 梁爱萍, 江国妹. 2005. 扁足瓢蜡蝉属分类研究(半翅目: 蜡蝉总科: 瓢蜡蝉科). 动物分类学报, 30(3): 570-576.

任朝仪, 邱智涛, 胡春林, 等. 2014. 江苏省菱蜡蝉科和象蜡蝉科附四新记录种(半翅目: 蜡蝉总科). 金陵科技学院学报, 30(3): 76-79.

任凤娟. 2015. 中国飞虱族昆虫分类研究(半翅目: 飞虱科: 飞虱亚科). 咸阳: 西北农林科技大学硕士学位论文.

任珊珊, 乔格侠, 张广学. 2005. 球蚜科分类概述. 动物分类学报, 30(2): 266-274.

任树芝. 1983a. 毛眼盲蝽属(*Termatophylum* Reuter)及亮盲蝽属新种记述(半翅目: 盲蝽科). 动物分类学报, 8(3): 288-292.

任树芝. 1983b. 中国曼缘蝽属记述(半翅目: 缘蝽科). 昆虫分类学报, 5(4): 321-325.

任树芝. 1984a. 中国岗缘蝽属及一新种记述(半翅目: 缘蝽科). 动物分类学报, 9(2): 197-200.

任树芝. 1984b. 云南省娇异蝽属新种记述(半翅目: 异蝽科). 动物分类学报, 9(4): 416-421.

任树芝. 1984c. 中国横断山脉异蝽科新种记述(半翅目: 异翅亚目). 昆虫分类学报, 6(1): 9-14.

任树芝. 1984d. 中国土猎蝽属的研究(半翅目: 猎蝽科). 昆虫分类学报, 6(4): 279-286.

任树芝. 1984e. 中国圆龟蝽属新种记述(半翅目: 龟蝽科). 昆虫学报, 27(1): 91-95.

任树芝. 1986a. 云南壮异蝽属及娇异蝽属新种记述(半翅目: 异蝽科). 动物学研究, 7(2): 139-146.

任树芝. 1986b. 中国异蝽科的新种及新纪录(半翅目: 异翅亚目) . 昆虫分类学报, 8(1-2): 133-135.

任树芝. 1987a. 中国黑缘蝽属新种记述. 昆虫学报, 30(1): 85-90.

任树芝. 1987b. 中国树蝽科新种及一新纪录属(半翅目: 异翅亚目). 动物分类学报, 12(4): 398-403.

任树芝. 1991. 云南省树蝽属一新种(半翅目: 树蝽科). 动物分类学报, 16(2): 204-206.

任树芝. 1992. 赭缘蝽属新种记述(半翅目: 缘蝽科: 巨缘蝽亚科). 南开大学学报(自然科学版), (1): 55-58.

任树芝. 1997. 娇异蝽属及盲异蝽属新种记述(半翅目: 异蝽科). 南开大学学报(自然科学版), 30(1): 57-66.

任树芝. 1998. 中国动物志, 昆虫纲, 第十三卷, 半翅目, 异翅亚目, 姬蝽科. 北京: 科学出版社.

任树芝. 2000a. 我国南方地区龟蝽新属新种记述. 武夷科学, 16(8): 32-39.

任树芝. 2000b. 中国斯捷蝽属新种记述(半翅目: 捷蝽科). 武夷科学, 16(5): 27-31.
任树芝. 2001a. 我国南方真猎蝽亚科二新种记述(半翅目: 猎蝽科). 天津农学院学报, 8(1): 1-4.
任树芝. 2001b. 我国云南地区异蝽新种记述(I)(半翅目: 异蝽科). 华东昆虫学报, 10(1): 1-4.
任树芝, 卜文俊. 2003. 中国异蝽科二新种记述(半翅目: 异翅亚目). 动物分类学报, 28(2): 268-271.
任树芝, 黄邦侃. 1987. 桂树蝽属一新种记述(半翅目: 树蝽科). 武夷科学, 7: 25-26.
任树芝, 萧采瑜. 1981. 中国姬蝽科的新种和新纪录(半翅目: 异翅亚目). 动物分类学报, 6(4): 428-432.
任树芝, 杨集昆. 1988. 中国树蝽科新属及新种记述(半翅目: 异翅亚目). 昆虫分类学报, 10(1-2): 75-79.
任树芝, 杨集昆. 1991. 中国毛角蝽科新属与新种(半翅目: 异翅亚目). 昆虫学报, 34(1): 68-73.
尚素琴. 2003. 亚太地区缘脊叶蝉系统分类研究(同翅目: 叶蝉科). 咸阳: 西北农林科技大学博士学位论文.
尚素琴, 张雅林, 沈林, 等. 2006. 中国缘脊叶蝉亚科二新记录属二新种记述(半翅目: 叶蝉科). 昆虫分类学报, 28(1): 33-39.
沈雪林. 2009. 河南叶蝉分类、区系及系统发育研究. 苏州: 苏州大学硕士学位论文.
沈奕德, 雷仲仁, 杨吉琼. 2006. 中国草蝉属一新种(半翅目: 蝉科). 昆虫分类学报, 28(3): 175-178.
沈媛. 2007. 中国部分地区烟粉虱生物型研究. 扬州: 扬州大学硕士学位论文.
师钟婷. 2007. 中国光猎蝽亚科的分类研究. 北京: 中国农业大学硕士学位论文.
石福明. 2002. 螽斯科, 纺织娘科, 蛩螽科, 露螽科, 草螽科, 拟叶螽科//李子忠, 金道超. 茂兰景观昆虫. 贵阳: 贵州科技出版社.
石福明, 常岩林. 2005. 露螽科, 拟叶螽科, 蛩螽科, 纺织娘科, 草螽科//金道超, 李子忠. 习水景观昆虫. 贵阳: 贵州科技出版社.
石福明, 常岩林. 2006. 拟叶螽科, 露螽科, 纺织娘科, 蛩螽科, 草螽科, 螽斯科//金道超, 李子忠. 赤水桫椤景观昆虫. 贵阳: 贵州科技出版社.
石福明, 常岩林, 毛少利. 2007. 拟叶螽科, 露螽科, 纺织娘科, 螽斯科, 草螽科, 蛩螽科//李子忠, 杨茂发, 金道超. 雷公山景观昆虫. 贵阳: 贵州科技出版社.
石福明, 冯晓丽. 2009. 中国云南草螽属一新种(直翅目: 螽斯科). 动物分类学报, 34 (2): 343-345.
石福明, 郭立英, 赵乐宏. 2012. 螽斯科: 拟叶螽亚科, 草螽亚科, 似织螽亚科, 蛩螽亚科, 纺织娘亚科, 螽斯亚科//戴仁怀, 李子忠, 金道超. 贵州省国家级自然保护区昆虫区系之七, 宽阔水景观昆虫. 贵阳: 贵州科技出版社.
石福明, 毛少利, 冯晓丽. 2010. 直翅目: 露螽科, 草螽科, 螽斯科, 蛩螽科. 纺织娘科//陈祥盛, 李子忠, 金道超. 麻阳河景观昆虫. 贵阳: 贵州科技出版社.
石福明, 王剑锋. 2005. 直翅目: 螽斯总科//杨茂发, 金道超. 贵州大沙河昆虫. 贵阳: 贵州人民出版社.
石福明, 郑哲民. 1994. 四川螽斯二新种(直翅目: 螽斯总科). 山西师范大学学报, 8 (1): 44-46.
石福明, 郑哲民. 1996. 中国剑螽属四新种记述(直翅目: 螽斯总科: 蛩螽科). 昆虫分类学报, 17 (3): 157-161.
石福明, 郑哲民. 1999. 中国四川草螽属一新种(直翅目: 草螽科). 昆虫学报, 6 (3): 219-221.
石毓亮, 孙继林, 张之光. 1991. 球链蚧属栎类群二新种记述(同翅目: 蚧总科: 球链蚧科). 山东农业大学学报, 22(4): 341-346.
宋月华. 2007. 中国斑叶蝉族分类研究. 贵阳: 贵州大学硕士学位论文.
宋月华, 李子忠. 2005. 中国斑叶蝉族名录 (同翅目: 叶蝉科: 小叶蝉亚科). 山地农业生物学报, 24(4): 352-355.
宋月华, 李子忠, 熊康宁. 2012. 中国西南喀斯特地区 Zyginellini 族昆虫物种多样性分析与评价. 贵州师范大学学报(自然科学版), 30(4): 1-4.
宋志顺, 梁爱萍. 2008. 中国象蜡蝉科(半翅目: 蜡蝉总科)一新纪录属. 动物分类学报, 33(1): 33-36.
苏晓梅, 姜立云, 乔格侠. 2011. 中国长管蚜亚科四新纪录属及四新纪录种(半翅目: 蚜科). 动物分类学报, 36(2) : 469- 476.
苏晓梅, 姜立云, 乔格侠. 2012. 中国肖小瘤蚜属(半翅目: 蚜科) 及二新纪录种. 动物分类学报, 37(3): 662-667.
隋敬之. 1986. 中国习见蜻蜓. 北京: 农业出版社.
隋永金. 2019. 西南地区袖蜡蝉科分类研究. 贵阳: 贵州大学硕士学位论文.
孙桂华, 杨春旺, 杨茂发. 2003. 天津自然博物馆馆藏大叶蝉亚科昆虫名录 (同翅目: 叶蝉科). 山地农业生物学报, 22(6): 505-508.
孙晶. 2009. 中国耳叶蝉亚科分类研究(半翅目: 叶蝉科). 咸阳: 西北农林科技大学硕士学位论文.
孙晶. 2014. 中国耳叶蝉亚科分类及系统发育研究(半翅目: 叶蝉科). 咸阳: 西北农林科技大学博士学位论文.
孙路. 1999. 中国跷蝽科的分类(异翅亚目: 长蝽总科). 北京: 中国农业大学硕士学位论文.
孙美玲. 2016. 中国枝螋亚科、库螋亚科和缘螋亚科系统分类学研究(革翅目: 球螋科). 上海: 华东师范大学硕士学位论文.
孙启翰, 戴武. 2022. 中国棘沫蝉属记要并记一新种(半翅目: 沫蝉总科: 巢沫蝉科). 昆虫分类学报, 44(3): 170-178.
孙强. 2004. 中国乌叶蝉亚科系统分类研究(半翅目: 叶蝉科). 咸阳: 西北农林科技大学博士学位论文.
孙强, 张雅林. 2001. 长盾叶蝉属一新种(同翅目: 叶蝉科: 乌叶蝉亚科). 昆虫分类学报, 23(1): 5-7.
孙溪. 2011. 中国蝽亚科五属的分类学研究(半翅目: 异翅亚目: 蝽科). 天津: 南开大学硕士学位论文.

孙昱, 任争争, 魏琮. 2024. 青藏高原东缘地区蝉科昆虫区系及多样性. 环境昆虫学报, 46(1): 89-101.
汤祊德. 1956. 中国柑橘植物上的粉虱. 昆虫知识, (4):155-162.
汤祊德. 1960. 中国粉虱科昆虫整理及二新种记述. 山西大学学报(自然科学版), (1): 137-148.
汤祊德. 1977. 中国园林主要蚧虫. 第一卷. 沈阳: 沈阳市园林科学研究所; 晋中: 山西农学院.
汤祊德. 1984. 中国园林主要蚧虫. 第二卷. 晋中: 山西农业大学.
汤祊德. 1986. 中国园林主要蚧虫. 第三卷. 晋中: 山西农业大学.
汤祊德. 2001. 关于胡氏《中国昆虫名录》(蚧类)的评论和补遗. 山西农业大学学报, 21(2): 97-101.
汤祊德, 周章义. 1983. 云南昆明附近污染区油杉蚧类三新种. 动物分类学报, 8(3): 301-306.
唐春英, 张翔, 李静, 等. 2020. 保山市青华海国家湿地公园蜻蜓目昆虫多样性及其生物指示作用. 湿地科学, 18(6): 712-718.
唐毅. 2007. 西南地区木虱总科区系分类研究(半翅目: 胸喙亚目). 贵阳: 贵州大学硕士学位论文.
唐周怀, 路进生. 1992. 中国长盲蝽属记述(半翅目: 盲蝽科). 昆虫分类学报, 14(2): 93-96.
田村浩志, 赵立军. 1997. 中国䖴属二个新记录(弹尾目: 棘䖴科). 中国昆虫, 4(1): 47-52.
田村浩志, 赵立军. 1998. 云南省三种弹尾目昆虫(无翅亚纲). 动物学研究, 19(2): 153-159.
田枫. 2022. 贵州盾蚧科分类研究. 贵阳: 贵州大学硕士学位论文.
田静, 廖贻昌. 2000. 云南甘蔗主要害虫捕食性蜂螋和寄蝇. 西南农业大学学报, 22(4): 333-334.
田润刚, 袁锋, 徐秋园. 1997. 玳角蝉属 *Terentius* Stål 在中国的发现及三新种记述(同翅目: 角蝉科). 昆虫分类学报, 19(3): 191-197.
通嘎拉. 2008. 内蒙古高原狭盲蝽族(Stenodemini Laporte)昆虫分类学初步研究. 呼和浩特: 内蒙古师范大学硕士学位论文.
佟灵芝. 2007. 蒙新区花蝽类昆虫(Flower Bugs)分类学初步研究. 呼和浩特: 内蒙古师范大学硕士学位论文.
万静. 2015. 粉蚧科一龄若虫分类初步研究(半翅目: 蚧总科). 北京: 北京林业大学硕士学位论文.
万永勤. 2016. 中国扇蟌科分类学研究(蜻蜓目: 均翅亚目). 汉中: 陕西理工大学硕士学位论文.
汪廉敏, 李子忠. 1997. 点翅叶蝉属四新种及其属征的再描述. 贵州科学, 15(3): 223-228.
汪廉敏, 李子忠. 2001. 脊额叶蝉属一新种 (同翅目: 叶蝉科: 横脊叶蝉亚科). 昆虫分类学报, 23(3): 175-176.
汪廉敏, 李子忠. 2003. 痕叶蝉属一新种 (同翅目: 叶蝉科: 隐脉叶蝉亚科). 昆虫分类学报, 25(3): 186-188.
汪廉敏, 李子忠. 2004. 云南带叶蝉属三新种 (同翅目: 叶蝉科: 殃叶蝉亚科). 昆虫分类学报, 26(1): 15-18.
王朝英, 李丹, 赵萍. 2020. 贵州蝽亚科昆虫名录和区系研究(半翅目: 异翅亚目: 蝽科). 凯里学院学报, 38(6): 65-73.
王芳. 2013. 中国蜡蚧科分类研究(半翅目: 蚧总科). 咸阳: 西北农林科技大学博士学位论文.
王芳, 冯纪年. 2012. 中国克里蜡蚧属二新记录种(半翅目: 蚧总科: 蜡蚧科). 昆虫分类学报, 34(2): 233-237.
王芳, 冯纪年. 2013. 中国蜡蚧科一新记录属(半翅目: 蚧总科). 昆虫分类学报, 35(1): 6-10.
王芳, 黄昱, 王心丽. 2009. 蜻科中国一新纪录属种记述 (蜻蜓目: 蜻科). 动物分类学报, 34(2): 391-394.
王瀚强. 2020. 中国蛩螽分类集要. 上海: 上海科学普及出版社.
王洪建. 2002. 中国伊缘蝽属分类研究. 昆虫知识, 39(3): 219-223.
王洪建, 辛中尧, 徐红霞, 等. 2012. 甘肃南部异蝽科昆虫调查及区系初步研究(半翅目: 异蝽科). 四川动物, 31(4): 608-610.
王吉锐. 2015. 中国粉虱科系统分类研究. 扬州: 扬州大学博士学位论文.
王吉锐, 穆丽霞, 杜予州, 等. 2016. 中国茶树的粉虱新记录——粉背刺粉虱(半翅目: 粉虱科). 茶叶科学, 36(4): 427-431.
王建赟. 2016. 中国及周边光猎蝽亚科分类研究(异翅亚目: 猎蝽科). 北京: 中国农业大学博士学位论文.
王剑锋, 石福明. 2005. 中国似织螽属(直翅目: 草螽科) 的分类研究. 昆虫学报, 48(2): 242-246.
王满强. 2010. 中国袖蜡蝉科分类研究(半翅目: 蜡蝉总科). 咸阳: 西北农林科技大学硕士学位论文.
王满强, 王应伦. 2011. 中国扁足瓢蜡蝉属订正及一新种记述. 动物分类学报, 36(3): 551-555.
王梦琳. 2013. 中国颜蜡蝉科、璐蜡蝉科、娜蜡蝉科分类研究(半翅目: 蜡蝉总科). 咸阳: 西北农林科技大学硕士学位论文.
王梦琳. 2016. 东洋区和古北区瓢蜡蝉科分类、系统发育及主要类群生态特征研究(半翅目: 蜡蝉总科). 咸阳: 西北农林科技大学博士学位论文.
王梦琳, 王应伦. 2012. 中国璐蜡蝉科一新记录属 *Podoschtroumpfa* 及其一新记录种(半翅目: 璐蜡蝉科). 昆虫分类学报, 34(4): 629-632.
王宁. 2008. 我国蒙新区网蝽科(Tingidae)昆虫的修订及分类学研究(半翅目: 异翅亚目: 网蝽科). 呼和浩特: 内蒙古师范大学硕士学位论文.
王冉, 徐业, 秦道正. 2023. 哈长柄叶蝉种团一新种及分种检索表(半翅目: 叶蝉科: 小叶蝉亚科). 昆虫分类学报, 45(2): 101-105.
王容玉. 1988. 猎蝽科一新属二新种(半翅目: 异翅亚目). 山东农业大学学报, 19(3): 17-21.
王瑞. 2012. 中国尺蝽科、水蝽科、膜蝽科的分类学研究(半翅目-翅亚目: 黾蝽次目). 天津: 南开大学硕士学位论文.
王世彰. 2003. 中国弹尾目二十五新记录种. 中南林学院学报, 23(1): 64-67.

王树叶. 2011. 中国飞虱族瓶额飞虱亚族昆虫分类研究(半翅目：蜡蝉总科:飞虱科). 咸阳：西北农林科技大学硕士学位论文.
王思玥. 2017. 中国马蝉属和大马蝉属分类研究(半翅目：蝉科). 咸阳：西北农林科技大学硕士学位论文.
王思政，黄桔，宋吉皂. 1990. 广颖蜡蝉 *Catonidia* 中国种类记述. 华北农学报, 5(4): 120-123
王思政，黄桔，王方晓. 1991. 中国颖蜡蝉科(Achilidae)三新种(同翅目：蜡蝉总科). 华北农学报, 6(增刊): 137-140.
王思政，吉皂. 1995. 中国蜡蝉科一新种. 华北农学报, 10(1): 99-100.
王天齐. 1993a. 中国屏顶螳属一新种(螳螂目：长颈螳科). 华东昆虫学报, 2(2): 4-6.
王天齐. 1993b. 中国螳螂目分类概要. 上海：上海科技文献出版社.
王天齐. 1995. 中国大刀螳属研究(螳螂目：螳科). 昆虫学报, 38(2): 191-195.
王天齐，毕道英. 1995. 云南省石纹螳属一新种(螳螂目：螳科). 动物分类学报, (4): 455-457.
王天齐，董大志. 1993. 云南省螳螂三新种记述. 动物学研究, (3): 203-207.
王天齐，梁铬球. 1995. 中国螳螂目新记录属及一新种记述. 中山大学学报(自然科学版), 34(2): 84-85.
王天齐，刘宪伟，殷海生. 1994. 中国花螳属一新种记述(螳螂目：花螳科，花螳亚科). 昆虫分类学报, 16(2): 79-81.
王文静. 2022. 中国螳螂目分子物种界定与系统发育研究. 保定：河北大学硕士学位论文.
王文倩，徐思龙，秦道正. 2018. 中国东方蜡蝉属分类并记一新种(半翅目：蜡蝉科). 昆虫分类学报, 40(4): 296-309.
王文倩，周反，徐思龙，等. 2019. 中国梵蜡蝉属分类研究(半翅目：蜡蝉科). 昆虫分类学报, 41(1): 25-35.
王香文，张昕哲，胡春林，等. 2013. 江苏省网蝽科昆虫(半翅目：网蝽总科). 江苏农业科学, 41(2): 124-126.
王晓静. 2014. 中国及澳大利亚同蝽科的系统学研究(半翅目：异翅亚目：蝽总科). 天津：南开大学硕士学位论文.
王晓静，刘国卿. 2012. 中国荔蝽科名录(半翅目：蝽总科). 昆虫分类学报, 34(2): 167-175.
王晓娅. 2021. 中国安菱蜡蝉族分类及 DNA 条形码研究. 贵阳：贵州大学硕士学位论文.
王秀丹. 2015. 中国弯翅蠊亚科分类研究. 重庆：西南大学硕士学位论文.
王秀丹. 2018. 离脉叶蝉亚科系统分类研究(半翅目：叶蝉科). 咸阳：西北农林科技大学博士学位论文.
王旭. 2014. 中国蝉族系统分类研究(半翅目：蝉科). 咸阳：西北农林科技大学硕士学位论文.
王旭. 2018. 中国蝉亚科系统分类研究(半翅目：蝉科). 咸阳：西北农林科技大学博士学位论文.
王旭，魏琮. 2015. 中国螂蝉属分类研究(半翅目：蝉科). 昆虫分类学报, 37(3): 201-206.
王旭娜. 2019. 中国扁蝽亚科的分类研究(半翅目：扁蝽科). 呼和浩特：内蒙古师范大学硕士学位论文.
王雪莲. 2017. 中国具蕈腺粉蚧分类研究(半翅目：蚧总科：粉蚧科). 北京：北京林业大学硕士学位论文.
王洋. 2013. 基于形态和分子特征的横脊叶蝉亚科分类研究(半翅目：叶蝉科). 咸阳：西北农林科技大学硕士学位论文.
王洋. 2017. 横脊叶蝉亚科系统发育研究(半翅目：叶蝉科). 咸阳：西北农林科技大学博士学位论文.
王洋，周顺，张雅林. 2020. 中国斧螳属修订(螳螂目：螳科). 昆虫分类学报, 42(2): 81-100.
王应伦，车艳丽，袁向群. 2005. 中国碧蛾蜡蝉属的分类研究(半翅目：蛾蜡蝉科). 昆虫分类学报, 27(3): 179-186.
王应伦，郭宏伟. 2007. 中国袖蜡蝉科一新记录属及一新记录种. 昆虫分类学报, 29(2): 125-126
王应伦，彭凌飞，刘海伟. 2008. 中国德颖蜡蝉属分类研究(半翅目：颖蜡蝉科). 动物分类学报, 33 (4): 775-779.
王应伦，彭凌飞. 2007. 中国彩蛾蜡蝉属分类研究(半翅目：蛾蜡蝉科). 动物分类学报, 32 (4): 933 -936.
王应伦，王满强，刘海伟. 2008. 中国颜袖蜡蝉属一新种(半翅目：袖蜡蝉科). 昆虫分类学报, 30(2): 99-102.
王应伦，袁向群. 2004. 中国蛾蜡蝉科一新记录属及一新记录种. 昆虫分类学报, 26(1): 13-14.
王应伦，周尧，袁锋. 1993. 中国袖蜡蝉科一新记录属一新种(同翅目：蜡蝉总科). 昆虫分类学报, 15(3): 178-180.
王应伦，周尧，袁锋. 2000a. 哈颖蜡蝉属 *Hamba* Distant 中国种类记述(同翅目：颖蜡蝉科). 昆虫分类学报, 22(3): 197-203.
王应伦，周尧，袁锋. 2000b. 中国璐蜡蝉科一新记录属及一新种记述(同翅目：蜡蝉总科). 昆虫分类学报, 22(4): 242-246.
王应伦，周尧，袁锋. 2001a. 薇袖蜡蝉属 *Vinata* Distant 中国种类记述(同翅目：袖蜡蝉科). 昆虫分类学报, 23(2): 101-106.
王应伦，周尧，袁锋. 2001b. 阉蜡蝉属 *Kinnara* Distant 中国种类记述(同翅目：阉蜡蝉科). 西北农林科技大学学报(自然科学版), 29(1): 75-83.
王应伦，周尧，袁锋. 2003. 中国鲃袖蜡蝉属 *Epotiocerus* Matsumura(同翅目：袖蜡蝉科)的分类研究. 西北农林科技大学学报(自然科学版), 31(5): 91-95.
王英鉴. 2021. 中国螳螂目分类研究. 贵阳：贵州大学博士学位论文.
王治国. 2007. 河南蜻蜓志，蜻蜓目. 郑州：河南科学技术出版社.
王治国. 2017. 中国蜻蜓分类名录(蜻蜓目). 河南科学, 35(1): 30.
王治国，张秀江. 2007. 螽斯总科. 河南直翅类昆虫志. 郑州：河南科学技术出版社.
王子清. 1982a. 盘蚧科一新属、新种记述(同翅目：蚧总科). 昆虫学报, 25(1): 85-88.
王子清. 1982b. 中国经济昆虫志，第二十四册，同翅目，粉蚧科. 北京：科学出版社.
王子清. 2016. 中国动物志，昆虫纲，第二十二卷，同翅目，蚧总科，粉蚧科，绒蚧科，蜡蚧科，链蚧科，盘蚧科，壶蚧科，仁蚧科. 北京：科学出版社.

王子清, 姚德富, 崔士英, 等. 1982. 胶蚧属一新种及其生物学研究初报(同翅目: 胶蚧科). 林业科学, 18(1): 53-57.
王宗庆. 2006. 中国姬蠊科分类与系统发育研究. 北京: 中国农业科学院博士学位论文.
王宗庆, 车艳丽, 张燕宁. 2009. 中国伪姬蠊亚科一新纪录属和一新种记述(蜚蠊目: 姬蠊科). 动物分类学报, 34(3): 443- 445.
王宗庆, 蒋红云, 车艳丽. 2009. 中国毡蠊属二新种和一纪录种记述(蜚蠊目: 姬蠊科). 动物分类学报, 34(4) :751-756.
王宗庆, 张燕宁, 冯平章. 2006. 中国一新纪录属和一新种记述(蜚蠊目: 姬蠊科: 伪姬蠊亚科). 动物分类学报, 31(2): 408-409.
魏久锋. 2011. 中国圆盾蚧亚科分类研究(半翅目: 盾蚧科). 咸阳: 西北农林科技大学博士学位论文.
魏琮. 2004. 世界秀头叶蝉亚科系统学研究(半翅目: 头喙亚目: 叶蝉科). 咸阳: 西北农林科技大学博士学位论文.
魏重生, 蔡平. 1998. 广头叶蝉属二新种(同翅目: 叶蝉科: 广头叶蝉亚科). 昆虫分类学报, 20(2): 119-122.
文超. 2017. 中国带叶蝉族的分子系统发育及广西带叶蝉属分类订正(半翅目: 叶蝉科: 角顶叶蝉亚科). 咸阳: 西北农林科技大学硕士学位论文.
文祥兵, 登增多杰, 巴桑, 等. 2021. 西藏自治区蚤目分类与区系研究Ⅴ. 中突古蚤和多棘古蚤在西藏自治区首次发现(蚤目: 栉眼蚤科). 中国媒介生物学及控制杂志, 32(2): 204-207.
邬博稳. 2019. 中国绵蚧科昆虫的分类研究(半翅目: 蚧次目). 北京: 北京林业大学硕士学位论文.
吴超, 刘春香. 2017. 中国螳螂四新纪录属六新纪录种(螳螂目). 昆虫分类学报, 39(1): 15-23.
吴福桢, 郭予元, 冯平章. 1986a. 中国弯翅蠊属(蜚蠊目: 弯翅蠊科)三种常见种类的鉴定. 昆虫学报, 29(2): 231-232.
吴福祯, 郭予元, 冯平章. 1986b. 中国真鳖蠊属记述(蜚镰目: 鳖镰科). 昆虫分类学报, 8(1-2): 153-157.
吴福中, 刘海军, 刘志红, 等. 2016. 发生在云南与东盟边境的一种新害虫——热带拂粉蚧(同翅目: 粉蚧科). 生物安全学报, 25(3): 181-184.
吴福中, 何日荣, 胡学难, 等. 2014. 华南地区蚧虫种类及研究综述. 热带作物学报, 35(1): 195-202.
吴海霞. 1998. 中国片角叶蝉亚科分类研究(同翅目: 叶蝉科). 西安: 西北农业科技大学硕士学位论文.
吴海霞, 梁爱萍. 2001. 寡室袖蜡蝉属三新种(同翅目: 袖蜡蝉科). 动物分类学报, 26(4): 511-517.
吴厚永, 格龙, 兰晓辉. 2003. 继新蚤属一新种记述(蚤目: 栉眼蚤科). 寄生虫与医学昆虫学报, 10(4): 243-245.
吴厚永, 刘泉, 龚正达, 等. 2007. 中国动物志. 昆虫纲. 蚤目(上、下). 2 版. 北京: 科学出版社.
吴可量, 王宗庆. 2011. 锯爪蠊属一新种记述(蜚蠊目: 姬蠊科: 伪姬蠊亚科). 动物分类学报, 36(3): 529-532.
吴伟, 刘德波, 文灿, 等. 2013. 高黎贡山百花岭蝽类群落多样性研究Ⅰ——物种组成与类群结构. 安徽农业科学, 41(17): 7520-7521, 7524.
武三安. 2000. 中国黑粉蚧属及其近似属种类记述(半翅目: 蚧总科: 粉蚧科). 动物分类学报, 25(2): 162-169.
武三安. 2000. 中国绵粉蚧属种类记述(同翅目: 蚧总科: 粉蚧科). 动物分类学报, 25(1): 59-72.
武三安. 2009. 中国大陆有害蚧虫名录及组成成分分析(半翅目: 蚧总科). 北京: 北京林业大学学报, 31(4): 55-63.
武三安, 刘锦. 2008. 云南根粉蚧属一新种记述(半翅目: 粉蚧科: 根粉蚧亚科). 动物分类学报, 33 (1):141-142.
武三安, 刘锦. 2009. 中国土粉蚧属一新种及一新纪录种(半翅目: 粉蚧科: 根粉蚧亚科). 动物分类学报, 34(1): 140-143.
夏凯龄. 1994. 中国动物志, 昆虫纲, 第四卷, 直翅目, 蝗总科, 癞蝗科, 瘤锥蝗科, 锥头蝗科. 北京: 科学出版社.
夏凯玲, 刘宪伟. 1988. 剑螽属的新种记述(直翅目: 螽斯科). 昆虫学研究集刊, 8: 221-228.
夏凯龄, 刘宪伟. 1989. 中国蜢总科五新种记述(直翅目: 蜢总科). 昆虫分类学报, 11(4): 253-258.
夏凯龄, 刘宪伟. 1990a. 草螽的新种记述(直翅目: 螽斯科). 昆虫学研究集刊, 9: 162-166.
夏凯龄, 刘宪伟. 1990b. 云南螽斯五新种(直翅目: 螽斯科). 昆虫学研究集刊, 9: 155-161.
夏凯龄, 刘宪伟. 1993. 直翅目: 螽斯总科, 蟋蟀总科//黄复生. 西南武陵山地区昆虫. 北京: 科学出版社.
萧采瑜. 1963. 中国缘蝽新种记述(半翅目: 缘蝽科)I. 动物学报, 15(4): 611-620.
萧采瑜. 1964a. 云南生物考察报告(半翅目: 扁蝽科). 昆虫学报, 13(4): 587-606.
萧采瑜. 1964b. 云南生物考察报告(半翅目: 红蝽科及大红蝽科). 昆虫学报, 13(3): 401-406.
萧采瑜. 1964c. 中国姬猎蝽属初志. 昆虫学报, 13(2): 231-239.
萧采瑜. 1964d. 中国姬猎蝽新种记述(半翅目: 姬猎蝽科). 昆虫学报, 13(1): 76-87.
萧采瑜. 1964e. 中国缘蝽新种记述(半翅目: 缘蝽科)II. 动物学报, 16(1): 89-100.
萧采瑜. 1964f. 中国缘蝽新种记述(半翅目: 缘蝽科)III. 动物学报, 16(2): 251-258.
萧采瑜. 1965a. 中国猎蝽科的新种和新纪录. 动物分类学报, 2(2): 109-116.
萧采瑜. 1965b. 中国缘蝽新种记述(半翅目: 缘蝽科)IV. 动物学报, 17(4): 421-434.
萧采瑜. 1973. 中国光猎蝽亚科新种记述(半翅目: 猎蝽科). 昆虫学报, 16(1): 57-72.
萧采瑜. 1974a. 中国猎蝽科的新种和新纪录 II. 昆虫学报, 17(3): 318-324.
萧采瑜. 1974b. 中国跷蝽科记述(半翅目: 异翅亚目). 昆虫学报, 17(1): 55-65.
萧采瑜. 1976. 中国猎蝽亚科简记(半翅目: 猎蝽科). 昆虫学报, 19(1): 77-89.

萧采瑜. 1977a. 中国蝽类昆虫鉴定手册, 半翅目异翅亚目, 第一册. 北京: 科学出版社.
萧采瑜. 1977b. 中国细足猎蝽亚科新种记述(半翅目: 猎蝽科). 昆虫学报, 20(1): 68-82.
萧采瑜. 1979a. 中国真猎蝽亚科新种记述 I(半翅目: 猎蝽科). 动物分类学报, 4(2): 137-145.
萧采瑜. 1979b. 中国真猎蝽亚科新种记述 II(半翅目: 猎蝽科). 动物分类学报, 4(3): 238-249.
萧采瑜. 1981a. 中国蝽类昆虫鉴定手册, 半翅目异翅亚目, 第二册. 北京: 科学出版社.
萧采瑜. 1981b. 中国姬蝽科的新种和新记录及两种棒姬蝽的小记(半翅目: 异翅亚目). 昆虫学报, 24(1): 63-69.
萧采瑜, 刘胜利. 1979. 中国瘤蝽科的新种和新纪录(半翅目: 异翅亚目). 昆虫学报, 22(2): 169-174.
萧采瑜, 任树芝. 1983. 齿爪盲蝽亚科的新属和新种记述(半翅目: 盲蝽科). 昆虫学报, 26(1): 69-77.
肖诗雅, 高翠青. 2022. 尖长蝽科一中国新记录属种(半翅目: 异翅亚目). 南京林业大学学报(自然科学版), 46(3): 165-168.
肖维良, 李桂祥. 1995. 西双版纳白蚁的种类和特征. 白蚁科技, 12(3): 6-10.
肖子豪. 2019. 蜡蝉科昆虫生物地理学及鼻蜡蝉属分类归属研究(半翅目: 蜡蝉总科). 咸阳: 西北农林科技大学硕士学位论文.
谢会. 2009. 中国大陆细蜉科和新蜉科初步分类研究(昆虫纲: 蜉蝣目). 南京: 南京师范大学硕士学位论文.
谢荣栋. 2000. 云南古蚖属六新种(原尾纲: 古蚖目). 动物研究, 21(3): 210-217.
谢荣栋, 尹文英. 2000. 云南古蚖属四新种(原尾纲: 古蚖目). 动物学研究, 21(2): 149-154.
谢桐音. 2015. 中国蝎蝽次目(Nepomorpha)系统学研究(半翅目: 异翅亚目). 天津: 南开大学博士学位论文.
谢永辉, 张宏瑞, 李正跃, 等. 2012. 中国角蓟马属一传毒媒介新记录种记述(缨翅目: 蓟马科). 昆虫分类学报, 34(1): 30-34.
解宝琦, 曾静. 1999. 云南蚤类志. 昆明: 云南科技出版社.
邢东亮, 戴仁怀. 2014. 中国长盾叶蝉属一新种记述(半翅目: 叶蝉科: 乌叶蝉亚科). 山地农业生物学报, 33(2): 69-70.
邢济春. 2009. 中国角顶叶蝉族分类及系统发育研究(半翅目: 叶蝉科: 角顶叶蝉亚科). 贵阳: 贵州大学硕士学位论文.
邢济春, 曹巍, 李子忠. 2008. 甘肃皱背叶蝉属一新种记述(半翅目: 叶蝉科: 片角叶蝉亚科). 山地农业生物学报, 27(4): 362-364.
邢杏. 2013. 中国舌蝽亚科的分类学研究(半翅目: 异翅亚目: 蝽科). 天津: 南开大学硕士学位论文.
熊江. 1987. 缘蝽科三新种记述(半翅目: 缘蝽科). 动物学研究, 8(1): 87-93.
熊江, 刘强. 1995. 云南阔头蝽属二新种. 昆虫分类学报, 17(4): 263-266.
熊江, 刘强. 1996a. 蝽科一中国新纪录及印度篁蝽的补充描述(半翅目). 动物学研究, 17(3): 306, 314.
熊江, 刘强. 1996b. 中国蝽科二新种. 动物学研究, 17(4): 371-375.
熊忠平, 刘金燕, 潘涌智. 2012. 昆明刺䗛生物学特性研究. 中国森林病虫, 31(1): 18-20.
徐桂兰, 葛永竹, 葛钟麟. 2002. 无突叶蝉属二新种 (同翅目: 叶蝉科, 离脉叶蝉亚科) . 昆虫学报, 45(增刊): 37-39.
徐吉山. 2007. 云南华小翅螳属一新种(螳螂目: 螳科) . 昆虫分类学报, (4): 244-246.
徐吉山, 毛本勇. 2004. 滇西横断山区屏顶螳属一新种(螳螂目: 长颈螳科). 昆虫分类学报, (1): 8-10.
徐进. 2006. 中国竹节虫异䗛科四属成虫分类及部分卵的初步研究. 北京: 北京林业大学硕士学位论文.
徐翩. 2005. 中国广头叶蝉亚科分类研究. 贵阳: 贵州大学硕士学位论文.
徐翩, 梁爱萍, 李子忠. 2006. 中国横皱叶蝉属二新种记述(半翅目: 叶蝉科: 广头叶蝉亚科). 动物分类学报, 31(4): 835-839.
徐奇涵. 2006. 中国微桥蟌属研究(蜻蜓目: 原蟌科). 动物分类学报, 31(4): 807-810.
徐业. 2016. 中国长柄叶蝉属群分类及系统发育研究(半翅目: 叶蝉科: 小叶蝉亚科). 咸阳: 西北农林科技大学硕士学位论文.
徐业, Christopher H. DIETRICH, 秦道正. 2022. 长柄叶蝉属群中国一新属二歧叶蝉属(半翅目: 叶蝉科: 小叶蝉亚科). 昆虫分类学报, 44(3): 179-183.
徐艺逸. 2020. 云南省热带、亚热带和亚高山森林凋落物层中弹尾类群落组成的研究. 绿色科学, 12: 11-15.
徐艺逸, 曹敏, 徐国瑞. 2020. 云南省三种典型气候带凋落物层弹尾类多样性分布格局. 生态学报, 40(14): 5008-5017.
徐正会, 刘兴平, 尹成凤. 1998. 李缘刺蜡蚧生物学及防治措施研究. 西南林学院学报, 18(4): 282-289.
许兵红, 郑乐怡. 2001. 中国植盲蝽属四新种记述(半翅目: 盲蝽科). 动物分类学报, 26(3): 257-265.
许菲. 2021. 中国蟋蟀次目物种多样性与地理分布格局研究. 保定: 河北大学硕士学位论文.
许瑾, 刘恩德, 向春雷, 等. 2011. 昆明旌蚧 *Orthezia quadrua* (Homoptera: Ortheziidae) ——紫茎泽兰和飞机草的一种本地天敌. 云南农业大学学报, 26(4): 577-579.
许静杨, 马成俊, 刘国卿. 2005. 齿爪盲蝽属新种及新名记述(半翅目: 盲蝽科: 齿爪盲蝽亚科). 动物分类学报, 30(4): 768-772.
许姝婧. 2017. 中国条粉蚧族的分类研究(半翅目: 蚧总科: 粉蚧科). 北京: 北京林业大学硕士学位论文.
薛怀君. 2001. 中国龟蝽科分类学研究(昆虫纲: 半翅目). 天津: 南开大学硕士学位论文.
薛怀君. 2004. 中国长蝽总科若虫形态与分类研究 (昆虫纲: 半翅目: 蝽次目). 天津: 南开大学博士学位论文.
薛怀君, 卜文俊. 2004a. 突眼长蝽属一新种及其五龄若虫记述(半翅目: 束长蝽科: 突眼长蝽亚科). 动物分类学报, 29(1):

121-125.
薛怀君, 卜文俊. 2004b. 中国直腹长蝽族三种若虫记述(半翅目: 长蝽科: 地长蝽亚科). 昆虫分类学报, 26(4): 264-271.
薛怀君, 刘国卿. 2002. 异龟蝽属记述(半翅目: 龟蝽科). 动物分类学报, 27(1): 96-100.
薛明, 张之光. 1880. 云南链壶蚧属一新种(蚧总科: 壶蚧科). 山东农业大学学报, 21(4): 36-40.
薛清泉. 2014. 中国及周边国家片角叶蝉亚科分类研究(半翅目: 叶蝉科). 咸阳: 西北农林科技大学硕士学位论文.
薛清泉. 2017. 亚太地区片角叶蝉亚科系统分类研究(半翅目: 叶蝉科). 咸阳: 西北农林科技大学博士学位论文.
闫凤鸣, 白润娥. 2016. 中国粉虱志. 郑州: 河南科技出版社.
闫凤鸣, 李大建. 2000. 粉虱分类的基本概况和我国常见种的识别. 北京农业科学, (S1): 20-30.
严斌. 2019. 中国小叶蝉族分类及分子系统学研究(半翅目: 叶蝉科: 小叶蝉亚科). 贵阳: 贵州大学博士学位论文.
燕迪, 吴朝妍, 杨翰, 等. 2018. 昆明市园林常见网蝽种类调查. 林业调查规划, 43(4): 67-70.
杨兵, 朱世模, 黄复生. 1995. 云南白蚁二新种. 昆虫分类学报, 17(2): 79-83.
杨晨, 任曦鹏, 林中阳, 等. 2019. 云南省西畴县蜉次目昆虫多样性研究. 西北林学院学报, 34(3):139-143.
杨定, 李卫海. 2018. 中国生物物种名录, 第二卷, 动物, 昆虫(III), 蜻翅目. 北京: 科学出版社.
杨定, 李卫海, 祝芳. 2015. 中国动物志, 昆虫纲, 第五十八卷, 蜻翅目, 叉蜻总科. 北京: 科学出版社.
杨国辉. 2019. 中国头蜓属一新种记述(蜻蜓目: 蜓科). 昆虫分类学报, 41(3): 238-242.
杨国辉, 毛本勇, 徐吉山, 等. 2008. 苍山国家自然保护区蜻蜓调查初报. 大理学院学报, 7(2): 9-11.
杨国辉, 毛本勇, 张大治. 2006. 云南亚春蜓属一新种(蜻蜓目: 春蜓科). 动物分类学报, 31(4): 811-812.
杨国辉, 徐吉山, 杨自忠, 等. 2012. 云南省蜻蜓目昆虫资源概述. 大理学院学报, 11(10): 59-65.
杨欢. 2014. 哑蝉属系统地理学研究(半翅目: 蝉科). 咸阳: 西北农林科技大学硕士学位论文.
杨集昆. 1979. 珠蚧科的研究(同翅目: 蚧总科). 昆虫分类学报, 1(1): 35-48.
杨集昆. 1984. 滇西害竹的一种新叶蝉(同翅目: 大叶蝉科). 昆虫分类学报, 6:197-199.
杨集昆. 1997a. 裂个木虱新亚科及新属新种记述(同翅目: 木虱总科: 个木虱科). 武夷科学, 13: 16-19.
杨集昆. 1997b. 珍稀的云南螳螂四新种(昆虫纲: 螳螂目). 云南农业大学学报, (4): 2-8.
杨集昆, 李法圣. 1980. 黑尾大叶蝉考订——凹大叶蝉属二十二新种记述(同翅目: 大叶蝉科). 昆虫分类学报, 2(3):191-210.
杨集昆, 李法圣. 1981a. 木虱科半翅木虱新亚科记述(同翅目: 胸喙亚目). 昆虫分类学报, 3(3): 179-187.
杨集昆, 李法圣. 1981b. 前个木虱属初报——记八新种(同翅目: 木虱科). 昆虫分类学报, 3(2): 119-131.
杨集昆, 李法圣. 1983. 长角木虱属六新种(同翅目: 木虱科). 昆虫分类学报, 5(4): 307-320.
杨集昆, 李法圣. 1984a. 厚毛木虱的研究并记云南十新种(同翅目: 木虱科). 昆虫分类学报, 6(2-3): 201-216.
杨集昆, 李法圣. 1984b. 卵痣木虱属的研究及中国六新种(同翅目: 木虱科). 北京农业大学学报, 10(4): 369-380.
杨集昆, 李法圣. 1984c. 缨个木虱属重订及三新种(同翅目: 木虱科). 动物学研究, 5(2): 129-138.
杨集昆, 李法圣. 1984d. 云南木虱科九新种及一新属. 昆虫分类学报, 6(4): 251-266.
杨集昆, 李法圣. 1985a. 毛个木虱属的修订及五新种. 昆虫分类学报, 7(4): 301-312.
杨集昆, 李法圣. 1985b. 乔木虱及近缘属五新种(同翅目: 木虱科). 昆虫分类学报, 7(3): 205-214.
杨集昆, 李法圣. 1988. 小头木虱属五新种及母生滑头木虱新属种(同翅目: 木虱科: 小头木虱亚科). 武夷科学, 6: 45-58.
杨建设. 2004. 云南昭通市城区蟑螂种群及地区分布的调查. 医学动物防制, 20(3): 155-156.
杨丽元. 2014. 中国及周边国家广头叶蝉亚科分类研究(半翅目: 叶蝉科). 咸阳: 西北农林科技大学硕士学位论文.
杨丽元. 2017. 亚太地区广头叶蝉亚科系统分类研究 (半翅目: 叶蝉科). 咸阳: 西北农林科技大学博士学位论文.
杨莲芳, 胡春林. 1985. 粒脉蜡蝉科四新种记述(同翅目: 蜡蝉总科). 南京农业大学学报, (4): 21-27.
杨莲芳, 胡春林. 1987. 宽翅花虱属 *Kermesia* Melichar 两新种记属(同翅目: 粒脉蜡蝉科). 昆虫分类学报, 9(1): 35-38.
杨琳, 罗强, 常志敏, 等. 2022. 中国额垠叶蝉族 2 新记录属和 2 新记录种记述(半翅目: 叶蝉科: 角顶叶蝉亚科). 山地农业生物学报, 41(6): 1-5.
杨玲环. 2001. 中国横脊叶蝉系统分类. 咸阳: 西北农林科技大学博士学位论文.
杨玲环, 张雅林. 1999. 云南狭顶叶蝉属二新种(同翅目: 叶蝉科: 横脊叶蝉亚科). 昆虫分类学报, 21(2): 101-104.
杨玲环, 张雅林. 2001. 中国横脊叶蝉亚科一新属二新种(同翅目: 叶蝉科). 昆虫分类学报, 23(3): 177-181.
杨茂发. 1998. 中国大叶蝉亚科系统分类(同翅目: 叶蝉科). 重庆: 西南大学博士学位论文.
杨茂发. 2009. 台湾窗翅叶蝉属种类纪要(半翅目: 叶蝉科: 大叶蝉亚科). 动物分类学报, 34(4): 885-893.
杨茂发, 杜艳丽, 李子忠. 2001. 中国斑大叶蝉属三新种一新记录(同翅目: 叶蝉科: 大叶蝉亚科). 动物学研究, 22(2): 89-92.
杨茂发, 杜艳丽, 李子忠. 2001. 中国斑大叶蝉属三新种一新记录. 动物学研究, 22: 142-145.
杨茂发, 李子忠. 1999a. 条大叶蝉属二新种记述(同翅目: 大叶蝉科). 华东昆虫学报, 8(2): 4-5.
杨茂发, 李子忠. 1999b. 云南斑大叶蝉属一新种. 山地农业生物学报, 18: 15-16.
杨茂发, 李子忠. 1999c. 中国大叶蝉科一新记录属及一新种一新组合(同翅目: 叶蝉总科). 昆虫分类学报, 21: 205-205.

杨茂发，李子忠. 1999d. 云南斑大叶蝉属一新种(同翅目：大叶蝉科). 山地农业生物学报, 18(1): 15-16.
杨茂发，李子忠. 2000a. 中国边大叶蝉属的分类研究(同翅目：大叶蝉科). 昆虫学报, 43: 403-412.
杨茂发，李子忠. 2000b. 中国边大叶蝉属的分类研究 (同翅目：大叶蝉科). 昆虫学报, 43(4): 403-412.
杨茂发，李子忠. 2002a. 云南窗翅叶蝉属一新种(同翅目：叶蝉科：大叶蝉亚科). 中南林学院学报, 22(4): 102-103.
杨茂发，李子忠. 2002b. 云南条大叶蝉属三新种(同翅目：叶蝉科：大叶蝉亚科). 动物分类学报, 27(3): 556-561.
杨茂发，李子忠. 2005. 斑大叶蝉属一新种(半翅目：叶蝉科：大叶蝉亚科). 昆虫分类学报, 27(1): 14-16.
杨茂发，李子忠，蒋书楠. 1999. 中国南无僧叶蝉属的研究(同翅目：大叶蝉科). 昆虫分类学报, 21(1): 29-32.
杨茂发，孟泽洪. 2010. 云南窗翅叶蝉属三新种(半翅目：叶蝉科：大叶蝉亚科). 昆虫分类学报, 32(1): 18-24.
杨茂发，孟泽洪，李子忠. 2007. 中国长冠叶蝉属分类研究并一新种记述(同翅目：叶蝉科：大叶蝉亚科). 动物分类学报, 32(2): 465-467.
杨茂发，孟泽洪，李子忠. 2010. 云南窗翅叶蝉属五新种记述(半翅目：叶蝉科：大叶蝉亚科). 动物分类学报, 35 (4): 892-901
杨茂发，孟泽洪，李子忠. 2011. 条大叶蝉属三新种记述(半翅目：叶蝉科：大叶蝉亚科). 动物分类学报, 36: 765-771.
杨茂发，孟泽洪，李子忠. 2017. 中国动物志，昆虫纲，第六十七卷，半翅目叶蝉科(二)，大叶蝉亚科. 北京：科学出版社.
杨茂发，倪俊强，孟泽洪，等. 2009. 海南大叶蝉亚科昆虫种类纪要(半翅目：叶蝉科). 山地农业生物学报, 28(6): 475-484.
杨茂发，宋冬梅. 2005. 中国西藏大叶蝉亚科二新种(半翅目：叶蝉科). 昆虫分类学报, 27(2): 97-102.
杨茂发，张雅林. 2000. 中国大叶蝉亚科三新种记述(同翅目：叶蝉科). 昆虫分类学报, 22(3): 185-190.
杨茂发，张雅林. 2001. 云南大叶蝉亚科二新属二新种记述(同翅目：叶蝉科). 昆虫分类学报, 23(3): 169-174.
杨平澜. 1982. 中国蚧虫分类概要. 上海：上海科学技术出版社.
杨惟义. 1962. 中国经济昆虫志，第二册，半翅目 蝽科. 北京：科学出版社.
杨效东，刘宏茂，沙丽清，等. 2002. 西双版纳 2 种热带雨林类型土壤节肢动物群落结构及分布特征. 林业科学研究, 15(3): 343-348.
杨效东，佘宇平. 1998. 西双版纳热带森林雨季土壤动物群落组成与分布特征. 东北林业大学学报, 26(6): 65-70.
杨星科，杨集昆，李文柱. 2016. 中国动物志，昆虫纲，第三十九卷，脉翅目，草蛉科. 北京：科学出版社.
杨真. 2016. 云南省烟草蓟马种类及其天敌种类研究. 昆明：云南农业大学硕士学位论文.
姚廉. 1995. 中药蜚蠊的研究 II，我国蜚蠊目昆虫室内常见种类、分布及主要种的检索表. 天津药学, 7(2): 37-41.
姚亚林. 2018. 西南地区竹子叶蝉物种多样性及 DNA 条形码研究. 贵阳：贵州大学硕士学位论文.
伊文博. 2016. 基于形态和分子数据的中国蛛缘蝽科分类学修订研究(半翅目：异翅亚目). 天津：南开大学博士学位论文.
伊文博，卜文俊. 2017. 中国三种稻缘蝽名称订正(半翅目：蛛缘蝽科). 环境昆虫学报, 39 (2) : 460 -463.
尹文英. 1982. 中国原尾虫的研究：云南省的十二种古蚖. 动物学研究, 3(1): 11-30.
尹文英. 1992. 中国亚热带土壤动物. 北京：科学出版社.
尹文英. 1998. 中国土壤动物检索图鉴. 北京：科学出版社.
尹文英. 1999. 中国动物志，节肢动物门，原尾纲. 北京：科学出版社.
尹文英. 2000. 中国土壤动物. 北京：科学出版社.
印象初，夏凯龄. 2003. 中国动物志，昆虫纲，第三十二卷，直翅目，蝗总科，槌角蝗科，剑角蝗科. 北京：科学出版社.
尤大寿，归鸿. 1995. 中国经济昆虫志，第四十八册，蜉蝣目. 北京：科学出版社.
于昕. 2008. 中国蜻蜓目螅总科、丝螅科分类研究(蜻蜓目：均翅亚目). 天津：南开大学博士学位论文.
于昕，杨国辉，卜文俊. 2008. 中国红螅属研究及新种记述(蜻蜓目：螅科). 动物分类学报, 33(2): 358-362.
余洲. 2019. 中国胫槽叶蝉族分类研究. 贵阳：贵州大学硕士学位论文.
袁锋. 1985. 角蝉科一新属二新种(同翅目：头喙亚目). 昆虫分类学报, 3(2): 19-32.
袁锋. 1988. 中国耳角蝉属的分类研究(同翅目：角蝉科). 昆虫分类学报, 6(3-4): 255-267.
袁锋，范骁凌. 1995. 中国雅角蝉属一新种(同翅目：角蝉科). 昆虫分类学报, 17(2): 105-106.
袁锋，范晓凌，崔志新，等. 1997. 三刺角蝉族 Tricentrini 系统学研究 I. 三刺角蝉属 *Tricenlrus* 中国八新种(同翅目：角蝉科：露盾角蝉亚科). 昆虫分类学报, 19(2): 91-103.
袁锋，田润刚. 1993. 隐盾角蝉亚科 Oxyrhachinae 在中国的发现及一新种记述. 昆虫分类学报, 15(3): 173-177.
袁锋，田润刚. 1994. 二刺角蝉属分类地位的讨论及中国种类的记述(同翅目：角蝉科). 昆虫分类学报, 16(1): 19-32.
袁锋，周尧. 1983a. 结角蝉属与锯角蝉属中国种记述. 昆虫分类学报, 5(2): 133-144.
袁锋，周尧. 1983b. 巨刺角蝉属中国种类记述(同翅目：角蝉科). 昆虫分类学报, 5(4): 293-303.
袁锋，周尧. 1984. 雅角蝉属一新种(同翅目：角蝉科). 昆虫分类学报, 6(2-3): 187-189.
袁锋，周尧. 2016. 中国动物志，昆虫纲，第二十八卷，同翅目，角蝉总科，犁胸蝉科，角蝉科. 北京：科学出版社.
袁锋，周尧，崔志新. 1986. 为害榕树的三种耀光角蝉及新种记述(同翅目：角蝉科). 昆虫分类学报, 8(4): 281-289.
袁水霞. 2007. 中国牡蛎蚧亚科分类研究(半翅目：盾蚧科). 咸阳：西北农林科技大学硕士学位论文.

袁水霞, 冯纪年. 2007. 中国安蛎蚧属一新种记述(半翅目: 盾蚧科). 动物分类学报, 32 (2): 449-450.

曾涛. 2001. 中国新栎盾蚧属一新种及二新纪录种(同翅目: 蚧总科: 盾蚧科). 动物分类学报, 26(4): 528-532.

查岭生, 张大治, 郑哲民. 2005. 中国小叶春蜓属研究(蜻蜓目, 春蜓科). 动物分类学报, 30(4): 812-814.

张斌. 2006. 中国片角叶蝉亚科分类及系统发育研究. 贵阳: 贵州大学硕士学位论文.

张斌. 2012. 中国围盾蚧族分类研究(半翅目: 盾蚧科). 咸阳: 西北农林科技大学硕士学位论文.

张斌, 李子忠. 2005. 中国角突叶蝉属一新种(半翅目: 叶蝉科: 片角叶蝉亚科). 动物分类学报, 30(4): 801-803.

张斌, 李子忠. 2006. 中国叉突叶蝉属一新种记述(半翅目: 叶蝉科: 片角叶蝉亚科). 昆虫分类学报, 28(1): 40-42.

张斌, 李子忠. 2010. 危害罗汉松的叶蝉一新种记述(半翅目: 叶蝉科). 动物分类学报, 34(4): 730-732.

张斌, 李子忠. 2012. 半翅目: 叶蝉科: 片角叶蝉//戴仁环, 李子忠, 金道超. 宽阔水景观昆虫. 贵阳: 贵州科学技术出版社.

张斌, 李子忠, 齐宝瑛. 2007. 曲板叶蝉属一新种及一新纪录种(半翅目: 叶蝉科: 片角叶蝉亚科). 动物分类学报, 32(4): 937-940.

张斌, 李子忠, 齐宝瑛. 2008. 角突叶蝉属二新种记述(半翅目: 叶蝉科: 片角叶蝉亚科). 动物分类学报, 33(1): 143-146.

张斌, 李子忠, 徐翩. 2008. 中国新纪录属——宽盾叶蝉属及一新种记述(半翅目: 叶蝉科: 片角叶蝉亚科). 动物分类学报, 33(4): 674-676.

张兵兰. 2006. 中国蜻蜓目昆虫物种多样性研究(昆虫纲: 蜻蜓目). 广州: 中山大学博士学位论文.

张灿, 郭健玲, 杨童童, 等. 2023. 埃及吹绵蚧与捷氏吹绵蚧(半翅目: 蚧次目: 绵蚧科)的形态特征比较. 环境昆虫学报, 45(3): 828-832.

张东, 乔格侠. 2008. 刺蚜属分类学研究(半翅目: 蚜科: 毛管蚜亚科). 动物分类学报, 33(1): 151-156.

张东, 乔格侠, 张广学. 2006. 刚毛蚜族系统分类及分布格局(半翅目: 毛管蚜科). 动物分类学报, 31(4): 736-745.

张东晓. 2018. 云南蟋蟀总科区系研究. 保定: 河北大学硕士学位论文.

张凤萍. 2006. 中国片盾蚧亚科分类研究(半翅目: 盾蚧科). 咸阳: 西北农林科技大学硕士学位论文.

张凤萍, 冯纪年, 刘宪伟. 2006. 中国片盾蚧属一新种及一新纪录种(半翅目: 盾蚧科). 动物分类学报, 31(4): 832-834.

张广学. 1980. 绵蚜科二新种(同翅目: 蚜总科). 动物分类学报, 5(4): 392-394.

张广学. 1999a. 西北农林蚜虫志(昆虫纲:, 同翅目: 蚜虫类). 北京: 中国环境科学出版社.

张广学. 1999b. 中国动物志, 昆虫纲, 第十四卷, 同翅目, 纩蚜科, 瘿绵蚜科. 北京: 科学出版社.

张广学, 乔格侠, 钟铁森, 等. 2016. 中国动物志, 昆虫纲, 第十四卷, 同翅目, 纩蚜科, 瘿绵蚜科. 北京: 科学出版社.

张广学, 张万玉, 钟铁森, 等. 1993. 中国蓟马蚜属研究(同翅目: 斑蚜科). 昆虫分类学报, 15(3): 167-172.

张广学, 钟铁森. 1980. 中国长管蚜亚科新种记述(II)(同翅目: 蚜科). 昆虫分类学报, 2(3): 215-222.

张广学, 钟铁森. 1983. 中国经济昆虫志, 第二十五册, 同翅目, 蚜虫类. 北京: 科学出版社.

张广学, 钟铁森. 1984a. 云南纩蚜科一新种. 昆虫分类学报, 6(2-3): 235-236.

张广学, 钟铁森. 1984b. 中国蚜科新纪录, 1. 动物分类学报, (4): 374.

张广学, 钟铁森. 1984c. 中国蚜科新纪录, 3. 动物分类学报, (2): 225.

张广学, 钟铁森. 1984d. 中国蚜科新纪录, 4. 动物分类学报, (2): 240.

张广学, 钟铁森. 1985a. 云南斑蚜科新种、新亚种和新纪录. 昆虫学报, 28(2): 219-222.

张广学, 钟铁森. 1985b. 云南扁蚜科二新种记述(同翅目: 蚜总科). 动物分类学报, 10(2): 193-195.

张广学, 钟铁森. 1985c. 云南大蚜科新种、新亚科与新纪录. 动物分类学报, 10(3): 309-315.

张广学, 钟铁森. 1985d. 云南毛管蚜科新种新亚种和新纪录. 昆虫分类学报, 7(3): 219-223.

张广学, 钟铁森. 1985e. 云南毛蚜属二新种. 动物学研究, 6(4Sup.): 127-130.

张广学, 钟铁森. 1985f. 云南瘿绵蚜科新种与新纪录(同翅目: 蚜总科). 昆虫学报, 28(1): 94-96.

张广学, 钟铁森. 1985g. 中国蚜科新纪录, 2. 动物分类学报, (1): 101.

张桂梅, 赵敏. 2020. 贵州省六盘水市猎蝽科昆虫名录. 凯里学院学报, 38(3): 91-93.

张国忠. 1990. 中国广腹螳螂属一新种记述(螳螂目: 螳螂科). 昆虫分类学报, 12(2): 113-114.

张国忠. 1992. 中国巨腿花螳属二新种记述(螳螂目: 花螳螂亚科). 动物分类学报, 16(2): 79-81.

张国忠, 邹德清. 1991. 中国宽额广腹螳螂属一新种(螳螂目: 螳螂科). 昆虫分类学报, 13(4): 235-236.

张汉鹄. 2004. 我国茶树蜡蝉区系及其主要种类. 茶叶科学, 24(4): 240-242.

张浩淼. 2019. 中国蜻蜓大图鉴. 重庆: 重庆大学出版社.

张宏杰, 李星星. 2011. 中国长尾蜓属(蜻蜓目: 蜓科)研究. 安徽农业科学, 39(13): 7562-7564.

张惠宁. 2013. 中国隆脊叶蝉族分类研究(半翅目: 叶蝉科: 角顶叶蝉亚科). 咸阳: 西北农林科技大学硕士学位论文.

张惠宁. 2017. 中德隆脊叶蝉族的分类和系统发育研究(半翅目: 叶蝉科: 角顶叶蝉亚科). 咸阳: 西北农林科技大学博士学位论文.

张慧. 2010. 中国圆痕叶蝉亚科系统分类研究(半翅目: 叶蝉科). 呼和浩特: 内蒙古师范大学硕士学位论文.

张江涛. 2018. 中国瞥纹粉蚧族和柽粉蚧族昆虫分类研究(半翅目: 蚧总科: 粉蚧科: 粉蚧亚科). 北京: 北京林业大学博士学位论文.
张江涛, 武三安. 2016. 中国拂粉蚧属一新记录种(半翅目: 蚧总科: 粉蚧科). 环境昆虫学报, 38(5): 1061-1065.
张俊, 归鸿, 尤大寿. 1995. 中国蜉蝣科(昆虫纲: 蜉蝣目)研究. 南京师范大学学报(自然科学版), 18(3): 68-74.
张骏, 谢荣栋, 尹文英. 1996. 云南省原尾虫多样性的研究. 动物学研究, 17(2): 139-146.
张兰. 2021. 中国圆冠叶蝉族分类修订. 贵阳: 贵州大学硕士学位论文.
张磊, 王应伦. 2009. 中国露额瓢蜡蝉属的分类研究(半翅目: 瓢蜡蝉科). 昆虫分类学报, 31(3): 176-180.
张敏. 2021. 中国大陆小蜉科系统分类. 南京: 南京师范大学硕士学位论文.
张娜. 2019. 中国软蜡蚧亚科分类研究(半翅目: 蚧总科: 蜡蚧科). 咸阳: 西北农林科技大学硕士学位论文.
张培. 2008. 西南地区菱蜡蝉科分类研究(半翅目: 蜡蝉总科). 贵阳: 贵州大学硕士学位论文.
张赛男. 2019. 中国姬蠊亚科分类研究(蜚蠊目: 姬蠊科). 上海: 华东师范大学硕士学位论文.
张赛男, 刘宪伟, 李恺. 2019. 中国拟歪尾蠊属八新种(蜚蠊目: 姬蠊亚科). 昆虫分类学报, 41(3): 198-213.
张胜勇, 郭宪国, 龚正达, 等. 2008. 云南蚤类区系及分布特征. 昆虫学报, 51(9): 967-973.
张胜勇, 吴滇, 郭宪国, 等. 2008. 云南省 19 县市小兽及其体表寄生蚤的种类与性比分析. 中国病原生物学杂志, 3(6): 455-458.
张万良. 2003. 中国仰蝽科分类学研究(昆虫纲: 半翅目). 天津: 南开大学硕士学位论文.
张万玉, 张广学. 1995. 中国毛根蚜属研究及新种记述. 昆虫学报, 38(1): 88-91.
张万玉, 张广学, 钟铁森, 等. 1994. 中国绵叶蚜属(同翅目: 斑蚜科)研究及新种记述. 动物学报, 40(1): 19-23.
张维球, 童晓立. 1990. 云南西双版纳蓟马三新种记述. 动物学研究, 11(3): 193-198.
张伟. 2021. 中国大陆扁蜉科系统分类(昆虫纲: 蜉蝣目). 南京: 南京师范大学博士学位论文.
张文珠, 张雅林. 1998. 中国沟顶叶蝉属种类记述. 昆虫分类学报, 20(3): 177-181.
张晓春, 杨集昆. 1994. 中国张球螋属的研究及一新种记述(革翅目: 球螋科). 昆虫学报, 34(3): 331-333.
张新民. 2008. 中国叶蝉亚科分类研究(半翅目: 叶蝉科). 咸阳: 西北农林科技大学硕士学位论文.
张新民. 2011. 世界横脊叶蝉亚科系统分类研究(半翅目: 叶蝉科). 咸阳: 西北农林科技大学博士学位论文.
张新民, 徐正会, 李春良. 2015. 云南南滚河自然保护区蝉次目昆虫记述. 西南林业大学学报, 35(4): 66-74.
张旭. 2010. 中国叶盲蝽亚科的系统学研究(半翅目: 异翅亚目: 盲蝽科). 天津: 南开大学博士学位论文.
张雅林. 1990. 中国叶蝉分类研究(同翅目: 叶蝉科). 西安: 天则出版社.
张雅林. 1994. 中国离脉叶蝉分类(同翅目: 叶蝉科). 郑州: 河南科学技术出版社.
张雅林, 车艳丽, 孟瑞, 等. 2020. 中国动物志, 昆虫纲, 第七十卷, 半翅目, 杯瓢蜡蝉科, 瓢蜡蝉科. 北京: 科学出版社.
张雅林, 陈波, 沈林. 1995. 中国脊翅叶蝉属种类记述(同翅目: 叶蝉科). 昆虫分类学报, 17(增刊): 9-14.
张雅林, 陈波, 张文珠. 1997. 中国增脉叶蝉属分类(同翅目: 叶蝉科: 缘脊叶蝉亚科). 昆虫分类学报, 19(3): 173-181.
张雅林, 陈波, 张文珠. 1999. 缘脊叶蝉亚科一新属一新种(同翅目: 叶蝉科). 昆虫分类学报, 21(1): 25-28.
张雅林, 黄敏, 沈林. 2003. 杨小叶蝉属分类研究(同翅目: 叶蝉科: 小叶蝉亚科: 塔叶蝉族). 动物分类学报, 28(1): 99-104.
张雅林, 秦道正. 2004. 中国新纪录属——兜小叶蝉属并记三新种(同翅目: 叶蝉科: 小叶蝉亚科: 小绿叶蝉族). 动物分类学报, 29(2): 276-280.
张雅林, 秦道正. 2005. 中国新纪录属——芜小叶蝉属分类研究(半翅目: 叶蝉科: 小叶蝉亚科). 动物分类学报, 30(1): 114-122.
张雅林, 沈林. 1994. 犀角杆蝉属一新种(同翅目: 叶蝉科: 杆蝉亚科). 昆虫分类学报, 16(1): 33-36.
张雅林, 魏琮, 沈林, 等. 2022. 中国动物志, 昆虫纲, 第七十一卷, 半翅目, 叶蝉科(三), 杆叶蝉亚科, 秀头叶蝉亚科, 缘脊叶蝉亚科. 北京: 科学出版社.
张雅林, 魏琮, 孙桂华. 2002. 弓背叶蝉属分类研究(同翅目: 叶蝉科). 动物分类学报, 24(1): 27-44.
张雅林, 吴海霞. 2000. 片角叶蝉一新属一新种(同翅目: 叶蝉科). 昆虫分类学报, 22(1): 23-26.
张雅林, 张延军. 1994. 无突叶蝉属二新种一新记录种(同翅目: 叶蝉科: 离脉叶蝉亚科). 昆虫分类学报, 16(2): 95-98.
张雅林, 周尧. 1988. 零叶蝉属四新种(同翅目: 叶蝉科: 小叶蝉亚科). 昆虫分类学报, 6(3-4): 248-254.
张雅森, 周尧, 黄敏. 1992. 中国辜小叶蝉属分类(同翅目: 叶蝉科: 小叶蝉亚科). 昆虫分类学报, 14(2):97-106.
张艺, 车艳丽. 2009. 圆瓢蜡蝉属种名名录及中国二新种记述(半翅目: 瓢蜡蝉科: 球瓢蜡蝉亚科). 昆虫分类学报, 31(3): 181-187.
张玉波. 2009. 西南地区广翅蜡蝉科昆虫分类研究(半翅目: 蜡蝉总科). 贵阳: 贵州大学硕士学位论文.
张玉波. 2016. 中国广蜡蝉科分类研究及其网络鉴定系统的构建. 贵阳: 贵州大学博士学位论文.
张争光. 2007. 西南地区瓢蜡蝉科分类研究(半翅目: 蜡蝉总科). 贵阳: 贵州大学硕士学位论文.
张争光, 陈祥盛. 2012. 中国圆顶瓢蜡蝉属回顾及一新种描记(半翅目: 蜡蝉总科: 瓢蜡蝉科). 昆虫分类学报, 34(2): 227-232.

张争光, 陈祥盛. 2013. 伯象瓢蜡蝉族 Parahiraciini (蜡蝉总科: 瓢蜡蝉科)区系分类研究. 井冈山大学学报(自然科学版), 34(1): 101-106.
张正明, 葛钟麟. 1993. 条大叶蝉属八新种一新记录种(同翅目: 叶蝉总科). 安徽农业大学学报, 20(1): 7-17.
章士美. 1995. 中国经济昆虫志. 第五十册, 半翅目. 北京: 科学出版社.
章士美, 林毓鉴. 1982. 益蝽亚科三新种(半翅目: 蝽科). 昆虫分类学报, 4(1-2): 57-60.
章士美, 林毓鉴. 1984. 我国蝽科三种新纪录. 动物分类学报, 9(3): 323.
章耀文, 于晓飞, 杨茂发. 2017. 窗翅叶蝉亚科昆虫名录及区系分析. 山地农业生物学报, 36(6): 49-57.
赵广宇. 2014. 猎蝽科昆虫条形码研究. 北京: 中国农业大学博士学位论文.
赵梦媛. 2022. 中国叉𫌀科(𫌀翅目: 叉𫌀总科)形态分类及系统发育研究. 扬州: 扬州大学硕士学位论文.
赵萍, 曹亮明, 龙兰珍. 2022. 中国红蝽总科分类(半翅目: 异翅亚目). 北京: 中国林业出版社.
赵萍, 崔建新, 张华剑. 2014. 贵州省瘤蝽亚科(半翅目: 异翅亚目: 猎蝽科)昆虫记述. 环境昆虫学报, 36(4): 469-474.
赵萍, 袁继林. 2010. 贵州省宽肩蝽科记述(半翅目: 异翅亚目). 贵州农业科学, 38(11): 135-136.
赵萍, 袁继林. 2011. 贵州真猎蝽亚科昆虫名录及区系分析. 贵州农业科学, 39(7): 99-102.
赵清. 2013. 中国益蝽亚科修订及蠋蝽属、辉蝽属和二星蝽属的 DNA 分类学研究(半翅目: 蝽科). 天津: 南开大学硕士学位论文.
赵清, 卜文俊, 刘国卿. 2011. 中国丹蝽属记述 (半翅目: 蝽科). 动物分类学报, 36(4): 950-955.
赵瑞君. 1997. 西北地区四属盲蝽名录(半翅目: 盲蝽科). 山西大学学报(自然科学版), 20(1): 99-100.
赵瑞君, 李长安. 1996. 西北叶盲蝽区系调查一新种记述(半翅目: 盲蝽科). 山西大学学报(自然科学版), 19(3): 352-354.
赵修复. 1965. 中国大蜓属研究及一新种记述(蜻蜓目: 综蜓科). 动物分类学报, 2(3): 187-196.
赵修复. 1982. 中国箭蜓分类万籁俱寂, VI(蜻蜓目: 箭蜓科). 昆虫分类学报, 4(4): 287-298.
赵修复. 1990. 中国春蜓分类(蜻蜓目: 春蜓科). 福州: 福建科学技术出版社.
赵修复. 1993. 中国箭蜓地理分布的研究(蜻蜓目: 箭蜓科). 武夷科学, 8: 97-109.
赵修复. 1994. 1955-1957 中苏考察云南蜻蜓标本鉴定纪录. 武夷科学, 11: 65-72.
赵修复. 1995. 中国春蜓新种及珍稀种记述, I(蜻蜓目: 春蜓科). 武夷科学, 12: 1-47.
赵修复. 1999. 中国裂唇蜓科 Chlorogomphidae 记述附二新种描述及一已知种雄性首次记载(蜻蜓目: 裂唇蜓科). 武夷科学, 15: 1-11.
赵正学. 2018. 中国瓢蜡蝉科生物地理学研究(半翅目: 蜡蝉总科). 贵阳: 贵州大学硕士学位论文.
照日格图, 齐宝瑛. 1996. 内蒙古水生与半水生半翅目昆虫的研究(Ⅰ)——尺蝽科、水蝽科. 内蒙古师范大学学报(自然科学汉文版), (3): 71-73.
郑方强. 2013. 中国蜢总科分类研究(直翅目: 锥瓣亚目). 泰安: 山东农业大学博士学位论文.
郑乐怡. 1979. 松果长蝽属三新种(半翅目: 长蝽科). 昆虫分类学报, 1(1): 61-66.
郑乐怡. 1980. 我国益蝽亚科(Asopinae)小记(半翅目: 蝽科). 昆虫分类学报, 2(4): 321-324.
郑乐怡. 1980. 斜眼长蝽属一新种(半翅目: 长蝽科). 昆虫分类学报, 2(2): 153-156.
郑乐怡. 1981. 突眼长蝽属一新种(半翅目: 长蝽科). 昆虫学报, 24(2): 188-189.
郑乐怡. 1981. 中国的蠋蝽属 *Arma* Hahn(半翅目: 蝽科). 昆虫天敌, 3(4): 28-32.
郑乐怡. 1984. 原花蝽属新种及中国新纪录(半翅目: 花蝽科). 动物分类学报, 9(1): 62-68.
郑乐怡. 1986. 狭盲蝽族新种及新纪录(半翅目: 盲蝽科). 动物分类学报, 11(1): 86-91.
郑乐怡. 1990. 中国的纹唇盲蝽属和喙盲蝽属(半翅目: 盲蝽科). 动物分类学报, 15(2): 209-217.
郑乐怡. 1991. 中国的厚盲蝽属和拟厚盲蝽属(半翅目: 盲蝽科). 动物分类学报, 16(2): 197-203.
郑乐怡. 2016. 中国动物志, 昆虫纲, 第三十三卷, 半翅目, 盲蝽科, 盲蝽亚科. 北京: 科学出版社.
郑乐怡, 卜文俊. 1991. 花蝽科中国新纪录. 动物分类学报, 16(1): 126.
郑乐怡, 董建臻. 1995. 棘缘蝽属中国种类的修订(半翅目: 缘蝽科). 动物学研究, 16(3): 199-206.
郑乐怡, 凌作培. 1983. 真蝽属五新种(半翅目: 蝽科). 昆虫分类学报, 5(3): 233-238.
郑乐怡, 刘国卿. 1987a. 蝽科新属种及盾蝽科中国新纪录(半翅目). 动物分类学报, 12(3): 286-296.
郑乐怡, 刘国卿. 1987b. 云南省蝽科新属和新种(半翅目). 动物分类学报, 12(2): 181-191.
郑乐怡, 刘国卿. 1998. 束长蝽科若虫记述及其系统学意义. 动物分类学报, 23(2): 191-197.
郑乐怡, 汪兴鉴. 1982. 丽盲蝽属的新种(半翅目: 盲蝽科). 昆虫分类学报, 5(1): 47-59.
郑乐怡, 汪兴鉴. 1983. 中国丽盲蝽属 *Apolygus* 亚属新种及新纪录(半翅目: 盲蝽科). 动物分类学报, 8(4): 422-429.
郑乐怡, 王中富. 1987. 我国竹类杆长蝽亚科昆虫新记载. 竹子研究汇刊, 6(4): 65-69.
郑乐怡, 熊江. 2001. 曼蝽属一新种记述及对 *Menida salvazana* Distant 的重新描述(半翅目: 蝽科). 动物学研究, 22(3): 216-219.

郑乐怡, 于超. 1992. 草盲蝽属中国种类纪要(半翅目: 盲蝽科). 动物分类学报, 17(3): 352-359.
郑乐怡, 邹环光, 萧采瑜. 1979. 中国长蝽科新种记述(I)蒴长蝽亚科, 尖长蝽亚科, 梭长蝽亚科(半翅目: 异翅亚目). 动物分类学报, 4(3): 273-280.
郑乐怡, 邹环光. 1982a. 杆长蝽亚科新种记述(半翅目: 长蝽科). 昆虫学报, 25(1): 68-70.
郑乐怡, 邹环光. 1982b. 中国狭长蝽属初记(半翅目: 长蝽科: 杆长蝽亚科). 昆虫学报, 25(4): 423-430.
郑乐怡, 邹环光, 萧采瑜. 1979. 中国长蝽科新种记述(II)蒴长蝽亚科, 尖长蝽亚科, 梭长蝽亚科(半翅目: 异翅亚目). 动物分类学报, 4(4): 352-371.
郑心怡. 2021. 贵州旌蚧总科分类研究. 贵阳: 贵州大学硕士学位论文.
郑延丽, 陈祥盛. 2010. 中国象蜡蝉种类调查初报(半翅目: 蜡蝉总科: 象蜡蝉科). 山地农业生物学报, 29(6): 547-551.
郑延丽, 陈祥盛. 2011. 中国鼻象蜡蝉属一新种记述(半翅目: 蜡蝉总科: 象蜡蝉科). 四川动物, 30(4): 541-543.
郑延丽, 杨琳, 陈祥盛, 等. 2021. 中国长头象蜡蝉属一新种记述(半翅目: 蜡蝉总科: 象蜡蝉科). 四川动物, 40(1): 71-74.
郑哲民. 1985. 云贵川陕宁地区的蝗虫. 北京: 科学出版社.
郑哲民. 2005. 中国西部蚱总科志. 北京: 科学出版社.
郑哲民, 夏凯龄. 1998. 中国动物志, 昆虫纲, 第十卷, 直翅目, 蝗总科, 斑翅蝗科, 网翅蝗科. 北京: 科学出版社.
智妍. 2019. 中国菱蜡蝉亚科分类、比较形态学及系统发育研究. 贵阳: 贵州大学博士学位论文.
中国科学院青藏高原综合科学考察队. 1992. 横断山区昆虫. 北京: 科学出版社.
周文豹. 1998. 中国圆臀大蜓一新种(蜻蜓目: 大蜓科). 武夷科学, 14: 16-17.
周文豹. 1999. 云南显春蜓属一新种(蜻蜓目: 春蜓科). 武夷科学, 15: 40-41.
周文豹, 李自忠. 2000. 中国春蜓科两新种记述(蜻蜓目: 春蜓科). 武夷科学, 16: 18-21.
周文豹, 罗华元, 胡永旭, 等. 1993. 中国弓蜻属研究(蜻蜓目: 伪蜻科, 大蜻亚科). 云南农业大学学报, 8(2): 111-114.
周文豹, 吴鸿, 周忠朗. 1992. 中国春蜓新种新记录种(蜻蜓目: 春蜓科). 浙江林学院学报, 9(4): 392-401.
周昕, 周文豹. 2004. 中国太阳隼蟌属一新种(蜻蜓目: 隼蟌科). 武夷科学, 20: 136-138.
周昕, 周文豹. 2005. 云南丝尾螋属一新种(革翅目: 丝尾螋科). 昆虫分类学报, 27(3): 171-172.
周昕, 周文豹, 卢盛贤. 2005. 云南钩尾春蜓亚科二新种(蜻蜓目: 春蜓科). 昆虫分类学报, 27(1): 1-4.
周尧. 1976. 云南省角蝉科二新属二新种. 昆虫学报, 19(4): 438-442.
周尧. 1980. 中国屈角蝉属的研究. 昆虫分类学报, 2(3): 185-190.
周尧. 1982. 中国盾蚧志(第一卷、第二卷). 西安: 陕西科学技术出版社.
周尧. 1985. 中国经济昆虫志, 第三十六册, 同翅目: 蜡蝉总科. 北京: 科学出版社.
周尧. 1986. 中国盾蚧志. 第三卷. 西安: 陕西科学技术出版社.
周尧, 黄桔, 王思政. 1984. 云南蜡蝉总科新种记述. 昆虫分类学报, 6(2-3): 191-196.
周尧, 雷仲仁, 姚渭. 1992. 拟红眼蝉属的订正(同翅目: 蝉科). 昆虫分类学报, 14(3): 170-178.
周尧, 路进生. 1977. 中国的广翅蜡蝉科附八新种. 昆虫学报, 20(3): 314-322.
周尧, 吴正亮. 1987. 长头沫蝉属种的记述(同翅目: 沫蝉科). 昆虫分类学报, 9(2): 101-105.
周尧, 闫凤鸣. 1988. 中国粉虱科新种和新纪录(同翅目). 昆虫分类学报, 10(3-4): 243-247.
周尧, 姚渭. 1985. 中国斑蝉族的研究(同翅目: 蝉科). 昆虫分类学报, 7(2): 123-137.
周尧, 姚渭. 1986. 中国网翅蝉族一新属八新种(同翅目: 蝉科). 昆虫分类学报, 8(3): 185-194.
周尧, 袁锋. 1980. 中国高冠角蝉族的记述. 昆虫分类学报, 2(1): 47-52.
周尧, 袁锋. 1981. 脊角蝉属的讨论及其中国种记述. 昆虫分类学报, 3(2): 19-32.
周尧, 袁锋. 1983. 齿瓣角蝉属鉴别特征讨论及中国一新种记述(同翅目: 角蝉科). 昆虫分类学报, 5(1): 33-36.
周尧, 袁锋, 梁爱萍. 1986. 华沫蝉属的分类及其系统发育(同翅目: 尖胸沫蝉科). 昆虫分类学报, 8(1-2): 97-111.
周尧, 袁锋, 王应伦. 1994a. 中国璐蜡蝉科 1 新记录属 1 记录种和 3 新种(同翅目: 蜡蝉总科). 西北林学院学报, 9(1):44-51.
周尧, 袁锋, 王应伦. 1994b. 卡颖蜡蝉属 *Caristianus* Distant 中国种类记述(同翅目: 颖蜡蝉科). 昆虫分类学报, 16(1): 38-50.
周尧, 张雅林. 1985. 中国塔叶蝉族分类(同翅目: 叶蝉科: 小叶蝉亚科). 昆虫分类学报, 7(4): 287-296.
周尧, 张雅林. 1987. 中国长柄叶蝉属分类(同翅目: 叶蝉科: 小叶蝉亚科). 昆虫分类学报, 9(4): 289-298.
周长发. 2002. 中国大陆蜉蝣目分类研究. 天津: 南开大学博士学位论文.
周长发, 归鸿, 苏翠荣. 2000. 短尾蜉属(蜉蝣目: 细蜉科)在中国的首次发现及一新种记述. 中国昆虫科学, 7(2): 132-134.
周长发, 郑乐怡. 2003. 中国似动蜉属及一新种记述(蜉蝣目: 扁蜉科). 昆虫学报, 46(6): 755-760.
周长发, 郑乐怡. 2004. 我国大陆细蜉属 *Caenis* 修订及一新种描述(蜉蝣目: 细蜉科). 昆虫分类学报, 26(1): 1-7.
周正湘. 2019. 基于形态学特征和分子数据的中国飞虱族分类订正. 贵阳: 贵州大学博士学位论文.
周忠会. 2007. 中国色蟌总科区系分类研究(蜻蜓目: 均翅亚目). 贵阳: 贵州大学硕士学位论文.
朱彬, 胡春林, 孙长海. 2022. 中国捻翅目昆虫名录及江苏一新记录种记述. 浙江林业科技, 42(3): 76-80.

朱耿平. 2011. 中国土蝽科分类学及生物地理学研究(半翅目: 异翅亚目). 天津: 南开大学博士学位论文.
朱耿平, 刘国卿. 2009. 中国鳖土蝽属记述. 昆虫分类学报, 31(2): 88-92.
朱慧倩. 1999a. 中国云南的大理赤蜻(蜻蜓目: 蜻科). 武夷科学, 15: 27-29.
朱慧倩. 1999b. 中国云南环尾蜓一新种(蜻蜓目: 蜻科). 武夷科学, 15: 36-37.
朱慧倩, 毛本勇. 1999. 黄面赭丝蟌雄虫及基凹长尾蜓雌虫的首次描述(蜻蜓目: 丝蟌科、蜓科). 武夷科学, 15: 30-32.
朱慧倩, 杨国辉, 吴岗. 2007. 中国云南省奇春蜓属一新种(蜻蜓目: 春蜓科). 昆虫分类学报, 29(2): 81-84.
朱慧倩, 周文豹. 1999. 云南异翅溪蟌属一新种(蜻蜓目: 溪蟌科). 武夷科学, 15: 33-35.
朱笑愚, 吴超, 袁勤. 2012. 中国螳螂. 北京: 西苑出版社.
邹环光. 1983. 中国束盲蝽族(Pilophorini)一新属三新种(半翅目: 盲蝽科). 动物分类学报, 8(3): 283-287.
邹环光. 1987a. 中国平盲蝽属新种记述(半翅目: 盲蝽科). 动物分类学报, 12(3): 297-300.
邹环光. 1987b. 中国束盲蝽属一新种记述(半翅目: 盲蝽科). 昆虫分类学报, 9(2): 107-108.
邹环光. 1989. 中国盲蝽科两新种六新纪录(半翅目: 盲蝽科). 动物分类学报, 14(3): 327-331.
邹环光, 郑乐怡. 1980. 中国古铜长蝽属记述(半翅目: 长蝽科). 动物分类学报, 5(4): 404-408.
邹环光, 郑乐怡. 1981. 中国显脉长蝽属两新种记述(半翅目: 长蝽科). 昆虫学报, 24(3): 291-294.
邹环光, 郑乐怡. 1982. 中国狭长蝽属初记(半翅目: 长蝽科: 杆长蝽亚科). 昆虫学报, 25(4): 423-430.
Mirab-Balou M, 陈学新, 童晓立. 2012. 中国呆蓟马属团分类研究及二新种记述(缨翅目: 蓟马科). 昆虫学报, 55(6): 719-726.
Rider D A, 郑乐怡. 2002. 中国蝽科名录与有关学名变动 I . 益蝽亚科(半翅目: 异翅亚目). 昆虫分类学报, 24(2): 107-115.
Adelung N. 1902. Beitrag zur kenntnis der paläarctischen Stenopelmatiden (Orthoptera, Locustodea). Annuaire du Musée Zoologique de l'Académie Impériale des Sciences de St.-Pétersbourg, 7: 55-75.
Ahmad A, Sharma K K, Ramamurthy V V, et al. 2013. Three new species of *Kerria* (Hemiptera: Sternorrhyncha: Coccoidea: Tachardiidae), a redescription of *K. yunnanensis* Ou & Hong, and a revised key to species of *Kerria*. Zootaxa, 3620(4): 518-532.
Ahmed M Z, He R R, Wu M T, et al. 2015. First report of the papaya mealybug, *Paracoccus marginatus* (Hemiptera: Pseudococcidae), in China and genetic record for its recent invasion in Asia and Africa. Florida Entomologist, 98(4): 1157-1162.
Ai D Q, Peng L F, Zhang Y L. 2020. Five new species of the planthopper genus *Atracis* Stål (Hemiptera, Fulgoromorpha, Flatidae) from China. European Journal of Taxonomy, 717: 108-128.
Bai Q K, Wang L L, Wang Z Q, et al. 2018a. Exploring the diversity of Asian Cryptocercus (Blattodea: Cryptocercidae): species delimitation based on chromosome numbers, morphology and molecular analysis. Invertebrate Systematics, 32: 69-91.
Bai X S, Heiss E, Cai W Z. 2017. A new genus and three new species of apterous Carventinae from China (Hemiptera: Heteroptera: Aradidae). Acta Entomologica Musei Nationalis Pragae, 57(1): 35-46.
Bai X S, Heiss E, Cai W Z. 2018b. Reconsideration of the apterous carventine genus *Crassocoris* and description of *Paracrassocoris* gen. nov. from China (Hemiptera: Heteroptera: Aradidae). Zootaxa, 4455(3): 537-546.
Bai X, Shen D, Qian Y H. 2022. Two new species of *Indonemoura* (Plecoptera: Nemouridae) from Yunnan, China. European Journal of Taxonomy, 823: 1-9.
Barrantes E A, Echavarria M A Z, Bartlett C R, et al. 2020. A new species of planthopper in the genus *Anotia* Kirby (Hemiptera: Auchenorrhyncha: Derbidae) from coconut palm in Costa Rica. Zootaxa, 4763(1): 50-60.
Bashir N H, Wang W W, Liu J, et al. 2021. First record of the lac-producing species *Kerria nepalensis* Varshney (Hemiptera, Kerriidae) from China, with a key to Chinese species. ZooKeys, 1061: 1-9.
Basu S, Subramanian K A, Polhemus D A. 2014. Two new species of *Amemboa* Esaki (Heteroptera: Gerridae) from West Bengal, India. Zootaxa, 3774(6): 567-577.
Bey-Bienko G Y. 1951. Studies on long-horned grasshoppers of the USSR and adjacent countries (Orthoptera, Tettigoniidae). Trudy Vsesojuznovo Entomologicheskovo Obshchestva, 43: 129-170.
Bey-Bienko G Y. 1955. Faunistic observations on and systematics of the superfamily Tettigonioidea (Orthoptera) from China. Zoologicheskii Zhurnal, 34: 1250-1271.
Bey-Bienko G Y. 1957. Results of Chinese-Soviet zoological-botanical expeditions to south-western China 1955-1956: Tettigonioidea (Orthoptera) of Yunnan. Entomologicheskoe Obozrenie, 36: 401-417.
Bey-Bienko G Y. 1962. Results of the Chinese-Soviet zoological-botanical expeditions to south-western China 1955-1957. New or less known Tettigonioidea (Orthoptera) from Szechuan and Yunnan. Transactions of the Zoological Institute of the Academy of Sciences of the U.S.S.R. Leningrad, 30: 109-138.
Bey-Bienko G Y. 1971. A revision of the bush-crickets of the genus *Xiphidiopsis* Redtenbacher (Orthoptera, Tettigonioidea). Entomological Review, 50: 472-483.
Bian X, Guo L Y, Shi F M. 2015. A new record of *Larnaca* Walker, 1869 (Orthoptera: Gryllacrididae: Gryllacridinae) from China with description of a new species. Zootaxa, 3994(2): 292-294.
Bian X, Guo L Y, Shi F M. 2016a. First record of the genus *Dialarnaca* Gorochov, 2005 from China, with description of two new species (Orthoptera, Gryllacrididae, Gryllacridinae). ZooKeys, 558: 1-8.
Bian X, Liu J, Yang Z Z. 2021a. Anotated Checklist of Chinese Ensifera: The Gryllacrididae. Zootaxa, 4969(2): 201-254.

Bian X, Lu R S, Shi F M. 2016b. Review of the genus *Apterolarnaca* Gorochov (Orthoptera: Gryllacrididae) with proposal of a new synonym and description two new species. Zootaxa, 4079(3): 357-362.

Bian X, Lu X Y, Chen J L. 2021b. A new addition to the genus *Apterolarnaca* Gorochov, 2004 (Orthoptera: Gryllacrididae). Zootaxa, 4975(1): 198-200.

Bian X, Shi F M. 2016. Contribution to the Chinese subfamily Rhaphidophorinae Walker, 1869 (Orthoptera: Rhaphidophoridae: Rhaphidophorinae): New additions to the genera *Eurhaphidophora* and *Stonychophora*. Zootaxa, 4109(1): 46-58.

Bian X, Shi F M. 2018. New taxa of the genus *Phlugiolopsis* (Orthoptera: Tettigoniidae: Meconematinae) from Yunnan, China, with comments on the importance to taxonomy of the left tegmen. Zootaxa, 4532(3): 341-366.

Bian X, Shi F M, Chang Y L. 2012a. Review of the genus *Phlugiolopsis* Zeuner, 1940 (Orthoptera: Tettigoniidae: Meconematinae) from China. Zootaxa, 3281(1): 1-21.

Bian X, Shi F M, Chang Y L. 2012b. Supplement for the genus *Phlugiolopsis* Zeuner, 1940 (Orthoptera: Tettigoniidae: Meconematinae) from China. Zootaxa, 3411(1): 55-62.

Bian X, Shi F M, Chang Y L. 2013. Second supplement for the genus *Phlugiolopsis* Zeuner, 1940 (Orthoptera: Tettigoniidae: Meconematinae) from China, with eight new species. Zootaxa, 3701(2): 159-191.

Bian X, Wang S Y, Shi F M. 2014a. One new species of the genus *Apotrechus* (Orthoptera: Gryllacrididae), with provided morphological photographs for five Chinese species. Zootaxa, 3884(4): 379-386.

Bian X, Xie G L, Chang Y L, et al. 2014b. One new genus and two new species of the tribe Meconematini (Orthoptera, Tettigoniidae, Meconematinae) from Yunnan, China. Zootaxa, 3793(2): 286-290.

Bian X, Zhu Q D, Shi F M. 2017a. Contribution to the Chinese *Rhaphidophorinae* Walker, 1869 (Orthoptera: Rhaphidophoridae: Rhaphidophorinae): New species of *Rhaphidophora* Serville, 1838 from China. Zootaxa, 4317(2): 261-278.

Bian X, Zhu Q D, Shi F M. 2017b. New genus to science of Meconematinae (Orthoptera, Tettigoniidae) from China with descriptions two new species and proposal of one new combination. Zootaxa, 4317(1): 165-173.

Bian X, Zhu Q D, Shi F M. 2017c. Two new speices of Gryllacridnae (Orthotera: Gryllacrididae) from Yunnan, China. Far Eastern Entomologist, 338: 1-9.

Bin W, Bian X. 2021a. New descriptions of *Eugryllacris* (Orthoptera: Gryllacrididae: Gryllacridinae) from China. Zootaxa, 5048(2): 279-288.

Bin W, Bian X. 2021b. One new subspecies of the genus *Ultragryllacris* Gorochov & Dawwrueng, 2015 (Orthoptera: Gryllacrididae: Gryllacridinae) and its new record from China. Zootaxa, 5047(5): 596-600.

Biswas B, Hassan M E, Chandra K, et al. 2014. On an account of Pentatomoidea (Heteroptera: Hemiptera) from Chhattisgarh, India. Records of the Zoological Survey of India, 114(2): 211-231.

Bolívar I. 1900. Les Orthoptères de St-Joseph's College à Trichinopoly (Sud de l'Inde). Annales De La Societe Entomologique De France, 68(1899): 761-812.

Bolívar I. 1906. Fasgonuridos de la Guinea Española. Memorias de la Real Sociedad Española de Historia Natural, 1: 327-377.

Bresseel J, Constant J. 2020. *Microrestes* gen. nov., a new genus in the Oriental stick insect tribe Datamini Rehn & Rehn, 1939 with a new species and a new combination (Phasmida: Heteropterygidae: Dataminae). Belgian Journal of Entomology, 106: 1-19.

Brock P D, Okada M. 2005. Taxonomic notes on *Pylaemenes* Stål 1875 (Phasmida: Heteropterygidae: Dataminae), including the description of the male of *P. guangxiensis* (Bi & Li 1994). Journal of Orthoptera Research, 14: 23-26.

Brunner V W C. 1891. Additamenta zur Monographie der Phaneropteriden. Verh. Zool.-Bot. Ges. Wien, 41: 1-196.

Brunner V W C. 1893. Révision du système des orthoptères et description des espèces rapportées par M. Leonardo Fea de Birmanie. Annali del Museo civico di storia naturale de Genova, 33: 1-230.

Burmeister H. 1838. Kaukerfe, Gymnognatha (Erste Hälfte; vulgo Orthoptera). Handbuch der Entomologie, 22(Ⅰ–Ⅷ): 397-756.

Cadena-Castañeda O J. 2019. A proposal towards classification of the Raspy Crickets (Orthoptera: Stenopelmatoidea: Gryllacrididae) with zoogeographical comments: An initial contribution to the higher classification of the Gryllacridines. Zootaxa, 4605(1): 1-100.

Cai B, Bu W J. 2011. A review of *Yemmatropis* (Hemiptera: Lygaeoidea: Berytidae), with descriptions of two new species from China. Zootaxa, 2808: 41-48.

Cai B, Yi W B, Bu W J. 2013. The genus *Pneustocerus* Horváth 1905 (Hemiptera: Heteroptera: Berytidae) from China. Pan-Pacific Entomologist, 89(3): 147-152.

Cai W Z, Cai X Y, Wang Y Z. 2004. Notes on the genus *Sphedanolestes* Stål (Heteroptera: Reduviidae:Harpactorinae) from China, with the description of three new species. The Raffles Bulletin of Zoology, 52(2): 379-388.

Cao C Q, Rong H, Naveed H. 2020a. Two new species of the genus *Xya* Latreille, 1809 (Orthoptera, Tridactyloidea, Tridactylidae) from Yunnan with a key to all Xya species in China. ZooKeys, 947: 103-112.

Cao J J, Mo R R, Li W H, et al. 2019a. An additional new species of *Peltoperlopsis* Illies, 1966 (Plecoptera: Peltoperlidae) from China. Zootaxa, 4686(3): 429-434.

Cao L M, Rédei D, Li H, et al. 2014a. Revision of the genus *Acanthaspis* Amyot & Serville (Hemiptera: Heteroptera: Reduviidae: Reduviinae) from China, with new records of species to adjacent countries. Zootaxa, 3892(1): 1-66.

Cao L M, Tomokuni M, Cai W Z. 2011. Taxonomic notes on Physoderinae (Heteroptera: Reduviidae) from China. Zootaxa, 2888:

23-30.
Cao S J, Guo F Z, Feng J N. 2020b. The genus *Ophthalmothrips* Hood (Thysanoptera: Phlaeothripidae) from the Chinese mainland with description of one new species. Transactions of the American Entomological Society, 136(3-4): 263-268.
Cao T, Feng J N. 2020. The genus *Pulvinaria* (Hemiptera: Coccomorpha: Coccidae) in China, with description of a new species and a new record. Zootaxa, 4750(2): 225-236.
Cao T, Zhang N, Feng J N. 2019b. The genus *Saissetia* (Hemiptera, Coccomorpha, Coccidae) in China, with description of a new species. ZooKeys, 873: 55-63.
Cao Y H, Dmitriev D A, Dieterch C H, et al. 2019c. New taxa and new records of Erythroneurini from China (Hemiptera: Cicadellidae: Typhlocybinae). Acta Entomologica, 50(1): 189-210.
Cao Y H, Dmitriev D A, Dietrich C H, et al. 2020c. Review of the leafhopper genus *Thaia* Ghauri and related genera (Hemiptera: Cicadellidae: Typhlocybinae: Erythroneurini). Zootaxa, 4868(3): 331-367.
Cao Y H, Huang M, Zhang Y L. 2012a. *Irenaneura*, a new leafhopper genus from China (Hemiptera: Cicadellidae: Typhlocybinae: Erythroneurini), with description of four new species. Zootaxa, 3333: 58-65.
Cao Y H, Huang M, Zhang Y L. 2012b. Taxonomic study of the Oriental leafhopper genus *Kabakra* Dworakowska (Hemiptera: Cicadellidae: Typhlocybinae: Erythroneurini), with description of three new species and one new record. Zootaxa, 3434: 59-68.
Cao Y H, Yang M X, Lin S G, et al. 2018. Review of the leafhopper genus *Anufrievia* Dworakowska (Hemiptera: Cicadellidae: Typhlocybinae: Erythroneurini). Zootaxa, 4446(2): 203-232.
Cao Y H, Yang M X, Zhang Y L. 2014b. Review of the leafhopper genus *Singapora* Mahmood (Hemiptera: Cicadellidae: Typhlocybinae: Erythroneurini). Zootaxa, 3774(4): 333-350.
Cao Y H, Yang M X, Zhang Y L. 2016. Review of the leafhopper genus *Alnetoidia* Dlabola (Hemiptera: Cicadellidae: Typhlocybinae: Erythroneurini) from China, with descriptions of two new species. Zootaxa, 4193(3): 573-587.
Cao Y H, Zhang Y L. 2014. Taxonomic study of the leafhopper genera *Gredzinskiya* Dworakowska and *Musbrnoia* Dworakowska (Hemiptera: Cicadellidae: Typhlocybinae: Erythroneurini) with descriptions of seven new species. Zootaxa, 3753(1): 59-70.
Cao Z, Yang D, Li W. 2020d. A new species of *Eucapnopsis* (Plecoptera: Capniidae) from China. Zootaxa, 4779: 142-148.
Carl J. 1914. Phasgonurides du Tonkin. Revue Suisse de Zoologie, 22: 541-555.
Caudell A N. 1935. A new species of katydid from China (Orthoptera, Tettigoniidae, Phaneropterinae). Peking Society of Natural History Bulletin, 9: 245-246.
Cen Y J, Zhang L N, Xia Y L, et al. 2012. Detection of '*Candidatus* Liberibacter Asiaticus' in Cacopsylla (Psylla) citrisuga (Hemiptera: Psyllidae). Florida Entomologist, 95(2): 304-311.
Chai R, Ma Y T. 2017. Two new species of *Willowsia* (Collembola: Entomobryidae) from Yunnan Province, China. European Journal of Taxonomy, 311: 1-12.
Chang Z M, Chen X S, Webb M. 2015a. Review of the planthopper genus *Neodurium* Fennah, 1956 (Hemiptera, Fulgoromorpha, Issidae). ZooKeys, 517: 83-97.
Chang Z M, Chen X S. 2014a. A New genus of the tribe Eporini (Hemiptera: Fulgoromorpha: Tropiduchidae) with description of three new species from Yunnan, China. Florida Entomologist, 97(4): 1602-1613.
Chang Z M, Chen X S. 2014b. Review of the planthopper genus *Ommatissus* Fieber (Hemiptera: Fulgoromorpha: Tropiduchidae) with descriptions of three new species from China. Zootaxa, 3856(2): 241-252.
Chang Z M, Yang L, Zhang Z G, et al. 2015b. Review of the genus *Neotetricodes* Zhang et Chen (Hemiptera: Fulgoromorpha: Issidae) with description of two new species. Zootaxa, 4057(3): 340-352.
Chang Z M, Zhang Z G, Yang L, et al. 2014. Review of the Chinese species of the genus *Varma* Distant (Hemiptera, Fulgoromorpha, Tropiduchidae), with description of two new species. ZooKeys, 417: 21-35.
Chao Z, Tong X L. 2016. A new species of *Baenothrips* Crawford from China (Thysanoptera, Phlaeothripidae). ZooKeys, 636: 67-75.
Che Y L, Zhang Y L, Wang Y L. 2012. A new genus of the tribe Issini (Hemiptera, Fulgoromorpha, Issidae) from China. ZooKeys, 228: 51-57.
Chen F Y, Dai W, Zhang Y L. 2015. Review of species of the *Scaphoideus albovittatus* group (Hemiptera, Cicadellidae, Deltocephalinae) from China, with a checklist and distribution summary for Chinese species in the genus. Zootaxa, 3904(3): 334-358.
Chen J Y, Gao Y L, Han D Y, et al. 2018. Species composition and distribution of thrips (Thysanoptera) in Mango Orchards of China. Animal Biology, 68: 175-192.
Chen J, Jiang L Y, Qiao G X. 2011. Revision of *Neothoracaphis* Takahashi with description of a new species from China (Hemiptera: Aphididae: Hormaphidinae). Oriental Insects, 45(2-3): 146-161.
Chen J, Jing L Y, Qiao G X. 2016. Review of *Parathoracaphis* Takahashi, 1958 with description of a new species from China (Hemiptera, Aphididae, Hormaphidinae). ZooKeys, 623: 61-73.
Chen J, Yu X. 2013. Odonata diversity of the middle and lower reaches of the Red River basin, Yunnan, China. Journal of Insect Biodiversity, 1(9): 1-11.
Chen L X, Cui P, Zhuo Z, et al. 2020a. Notes on the genus *Macroteratura* Gorochov, 1993 (Tettigoniidae, Meconematinae, Meconematini) with description of one new species from China. Zootaxa, 4857(1): 95-104.

Chen P P, Nieser N, Ho J Z, et al. 2004. Review of Chinese Ranatrinae (Hemiptera: Nepidae). With descriptions of four new species of *Ranatra* Fabricius. Tijdschrift voor Entomologie, 147(1): 81-102.

Chen P P. 1995. A new species of *Metrocoris* Mayr from Yunnan, China (Insecta: Heteroptera: Gerridae). Annalen des Naturhistorischen Museums in Wien. Serie B für Botanik und Zoologie, 97: 155-158.

Chen P W, Xie H C, Wu X, et al. 2021a. A new species of genus *Hexacentrus* Serville, 1831 from Taiwan (Orthoptera: Tettigoniidae: Hexacentrinae). Zootaxa, 4933(4): 543-556.

Chen X M, Chen H, Feng Y, et al. 2021b. Status of two species of lac insects in the genus *Kerria* from China based on morphological, cellular, and molecular evidence. Journal of Insect Science, 11: 106.

Chen X S. 2003. A new species of the genus *Neobelocera* (Homoptera: Delphacidae) from China. Zootaxa, 290 (1): 1-4.

Chen X S, Li Y, James H T. 2007a. Revision of the bamboo delphacid genus *Belocera* (Hemiptera: Fulgoroidea: Delphacidae). Florida Entomologist, 90(4): 674-683.

Chen X S, Li Z Z, Yang L. 2007b. Oriental bamboo leafhoppers: revision of Chinese species of *Mohunia* (Hemiptera: Cicadellidae: Mukariinae) with descriptions of new genera and new species. Annals of the Entomological Society of America,100(3): 366-374.

Chen X S, Li Z Z, Yang L. 2008. Oriental bamboo leafhoppers: A new genus and two species of Mukariinae (Hemiptera: Cicadellidae) from Southwest China and notes on related group. Annales de la Society entomologique de France (n. s.), 44(3): 301-307.

Chen X S, Liang A P. 2007. Revision of the oriental genus *Bambusiphaga* Huang and Ding (Hemiptera: Fulgoroidea: Delphacidae). Zoological Studies, 46(4): 503-519.

Chen X S, Yang L, Tsai J H. 2007c. Revision of the bamboo delphacid genus *Belocera* (Hemiptera: Fulgoroidea: Delphacidae). The Florida Entomologist, 90(4): 674-682.

Chen X S, Zhang Z G. 2011. *Bambusicaliscelis*, a new bamboo-feeding planthopper genus of Caliscelini (Hemiptera: Fulgoroidea: Caliscelidae: Caliscelinae), with descriptions of two new species and their fifth-instar nymphs from Southwestern China. Annals of the Entomological Society of America, 104(2): 95-104.

Chen Y Z, Deng W A. 2022. Two new species of the genus *Zhengitettix* (Orthoptera: Tetrigidae: Scelimeninae) from China. Zootaxa, 5154(1): 71-80.

Chen Z T. 2019. *Peltoperlopsis mengmanensis* sp. nov., the second species of *Peltoperlopsis* (Plecoptera: Peltoperlidae) from China. Zootaxa, 4656: 177-182.

Chen Z T. 2020. *Etrocorema yunnanensis* sp. nov., a new species of the tropical genus *Etrocorema* (Plecoptera: Perlidae) from China. Zootaxa, 4759: 433-439.

Chen Z T. 2022. Discovery of *Mesyatsia karakorum* (Šámal, 1935) (Plecoptera: Taeniopterygidae) in Yunnan Province of China. Aquatic Insects, 43: 297-306.

Chen Z T, Du Y Z. 2017. Description of two new *Capnia* species (Plecoptera: Capniidae) from the Hengduan Mountains of southwestern China. Zootaxa, 4273: 595-599.

Chen Z T, Hou J L. 2020. A new species of *Hemacroneuria* and additions to *Chinoperla* (Plecoptera: Perlidae) from China. Zootaxa, 4751(1): 161-171.

Chen Z, Li H, Cai W Z. 2020b. First record of *Chinemesa* Wygodzinsky (Hemiptera: Heteroptera: Reduviidae: Emesinae) from China, with the description of a new species. Annales de la Société entomologique de France (N.S.), 56(1): 1-10.

Cheng L N, Yang C M, Li D Q, et al. 2006. Aquatic Heteroptera (Insecta: Gerromorpha and Nepomorpha) from Xishuangbanna,Yunnan, China. Raffles Bulletin of Zoology, 54(2): 203-214.

Chopard L. 1912. On some cavernicolous Dermaptera and Orthoptera from Assam. Records of the Indian Museum, 22: 511-527.

Chopard L. 1918. Diagnoses d'Orthoptères nouveaux (Phasgonuridae). Bulletin de la Société Entomologique de France, 23: 243-246.

Chopard L. 1919. Les orthoptères cavernicoles de Birmanie et de la Péninsule Malaise. Memoirs of the Asiatic Society of Bengal, 6: 341-396.

Cigliano M M, Braun H, Eades D C, et al. 2023. Orthoptera Species File. Version 5.0/5.0. http://Orthoptera.SpeciesFile.org [2023-10-25].

Constant J, Pham H T. 2018. Extension of the lanternfly genus *Neoalcathous* Wang & Huang, 1989 to Vietnam with a new species and new subfamily placement (Hemiptera: Fulgoromorpha: Fulgoridae). Belgian Journal of Entomology, 59: 1-11.

Cui J X, Li S J, Cai W Z. 2006. A case of teratology in *Amblythyreus potaninae* (Bianchi, 1899) (Hemiptera: Reduviidae: Phymatinae) from China. Entomological News, 117(1): 91-94.

Cui P, Liu Q, Chang Y L. 2020a. Two new species of the genus *Xiphidiopsis* Redtenbacher, 1891 (Tettigoniidae, Meconematinae, Meconematini) from Yunnan, China. Zootaxa, 4845(1): 127-132.

Cui P, Liu Q, Shi F M. 2020b. Two new species of the genus *Xizicus* Gorochov, 1993(Tettigoniidae, Meconematinae, Meconematini) from Gaoligongshan, Yunnan, China. Zootaxa, 4748(1): 44-50.

Cui P, Liu Q, Shi F M. 2021. Notes on the genus *Nigrimacula* Shi, Bian & Zhou, 2016 (Tettigoniidae, Meconematinae, Meconematini) from Yunnan, China with two new species. Journal of Natural History, 55: 15-16.

Cui P, Liu Y H, Shi F M. 2019a. Notes on the genus *Kuzicus* Gorochov, 1993(Tettigoniidae, Meconematinae, Meconematini) in China with description of one new species. Zootaxa, 4651(3): 555-564.

Cui Y Z, Xi J H, Wang J. 2019b. New record of *Caprithrips melanophthalmus* (Bagnall, 1927) (Thysanoptera: Thripidae) in China, with the first description of the male. The Pan-Pacific Entomologist, 95(2): 93-98.

Cumming R T, Bank S, Bresseel J, et al. 2021. *Cryptophyllium*, the hidden leaf insect descriptions of a new leaf insect genus and thirteen species from the former celebicum species group (Phasmatodea, phylliidae). ZooKeys, 1018(1): 1-179.

Dai R H, Li H. 2013. Five new species and a new record of genus *Oncopsis* from China (Hemiptera: Cicadellidae, Macropsinae). Entomologica Fennica, 24(1): 9-20.

Dai R H, Li Z Z. 2013. New species and new record of the genus *Pedionis* Hamilton, 1980 (Hemiptera: Cicadellidae: Macropsinae) from China, with a nomenclatural note. Journal of the Entomological Research Society, 15(2):11-16.

Dai R H, Qu L, Yang M F. 2016. First record of the tribe Phlepsiini (Hemiptera: Cicadellidae: Deltocephalinae) from China, with description a new genus and species. Zootaxa, 4107(1): 81-84.

Dai W, Cui W, Xiao B, et al. 2010a. A new genus and species of Old World Opsiini (Hemiptera: Cicadellidae: Deltocephalinae), with a key to genera and species checklist for the tribe. Zootaxa, 2607: 55-68.

Dai W, Dietrich C H, Zhang Y L. 2015. A review of the leafhopper tribe Hyalojassini (Hemiptera: Cicadellidae: Iassinae) with description of new taxa. Zootaxa, 3911(1): 1-142.

Dai W, Shen L, Zhang Y L. 2003. A new species of the genus *Lamprotettix* Ribaut (Homoptera: Cicadellidae: Deltocephalinae) from China. Entomotaxonomia, 25(1): 17-20.

Dai W, Viraktamath C A, Zhang Y L, et al. 2009. A review of the leafhopper genus *Scaphotettix* Matsumura (Hemiptera: Cicadellidae: Deltocephalinae), with description of a new genus. Zoological Science, 26: 656-663.

Dai W, Zahniser, J N, Viraktamath C A, et al. 2017. Punctulini (Hemiptera: Cicadellidae: Deltocephalinae), a new leafhopper tribe from the Oriental region and Pacific Islands. Zootaxa, 4226(2): 229-248.

Dai W, Zhang Y L, Hu J. 2005. Review of the Chinese leafhopper genus *Paralaevicephalus* (Hemiptera: Cicadellidae: Deltocephalinae) with descriptions of two new species from China. Entomological Society of Canada, 137: 404-409.

Dai W, Zhang Y L. 2011. A new Oriental genus of Deltocephalinae (Hemiptera: Cicadellidae) from China and Thailand. Zootaxa, 3055: 62-68.

Dai W, Zhang Y L, Webb M D. 2010b. Review of the Old-World leafhopper genus *Mimotettix* Matsumura (Hemiptera: Cicadellidae: Deltocephalinae) with description of new species. Zootaxa, 2651: 1-26.

Dang K, Guilber E, Bu W J. 2013a. New species and records of the genus *Trachypeplus* Horváth (Hemiptera: Tingidae) from China. Zootaxa, 3669(4): 531-550.

Dang K, Li C R, Bu W J. 2012. Four new species of *Penottus* Distant (Hemiptera: Tingidae) from China. Zootaxa, 3346: 29-42.

Dang K, Li C R, Bu W J. 2014. Contributions to the genus *Ulonemia* Drake and Poor (Hemiptera: Heteroptera: Tingidae) from China, with descriptions of three new species. Zootaxa, 3878(1): 49-60.

Dang L H, Mound L A, Qiao G X. 2013b. Leaf-litter thrips of the genus *Adraneothrips* from Asia and Australia (Thysanoptera, Phlaeothripinae). Zootaxa, 3716(1): 1-21.

Dang L H, Qiao G X. 2016. Species of the Poaceae-associated genus *Bamboosiella* (Thysanoptera, Phlaeothripidae) from China, with three new species. Zootaxa, 4184(3): 541-552.

Dang L H, Zhang B, Li Z Z. 2016. Studies on idiocerine leafhoppers with descriptions of *Chinaocerus* gen. nov. and three new species from China (Hemiptera: Cicadomorpha: Cicadellidae). Zootaxa, 4088(2): 236-244.

Dang L H, Zhao L P, Li Y Q, et al. 2021. Studies on the genus *Psephenothrips* Reyes from China (Thysanoptera, Phlaeothripinae), with one new species. ZooKeys, 1029: 113-121.

Dang L H, Zhao L P, Wang X, et al. 2019. Review of *Podothrips* from China (Thysanoptera, Phlaeothripidae), with one new species and three new records. ZooKeys, 882: 41-49.

Deng W A, Lu X Y, Zhao C L, et al. 2019. A review of the genus *Systolederus* Bolívar (Orthoptera: Metrodorinae) from China. Zootaxa, 4585(3): 489-500.

Deng W B, Liu Y C, Wang Z Q, et al. 2020. Eight new species of the genus *Anaplecta* Burmeister, 1838 (Blattodea: Blattoidea: Anaplectidae) from China based on molecular and morphological data. European Journal of Taxonomy, 720: 77-106.

Deng Y, Wang M Q, Mao B Y. 2021. One new species of *Tetrix* Latreille (Orthoptera: Tetrigidae: Tetriginae) from China. Entomotaxonomia, 43(3): 163-167.

Deng Y, Wang M Q, Mao B Y, et al. 2022. Two new species of *Xistra* Bolívar, 1887 (Orthoptera: Tetrigidae: Metrodorinae) from China, with a key to species of the genus. Oriental Insects, 56(3): 408-427.

Di J X, Li H, Mao S L, et al. 2015. Two new species of the genus *Xizicus* (Orthoptera: Tettigoniidae: Meconematinae) in China. Zootaxa, 4007(1): 121-125.

Dietrich C H. 2004. Phylogeny of the leafhopper subfamily Evacanthinae with a review of Neotropical species and notes on related groups (Hemiptera: Membracoidea: Cicadellidae). Systematic Entomology, 29: 455-487.

Dietrich C H. 2005. Keys to the families of cicadomorpha and subfamilies and tribes of Cicadellidae (Hemiptera: Auchenorrhyncha). Florida Entomologist, 88(4): 502-517.

Ding F, Guo X G, Song W Y, et al. 2021. Infestation and distribution of chigger mites on Brown rat (Rattus norvegicus) in Yunnan Province, Southwest China. Tropical Biomedicine, 38(1): 111-121.

Ding Y H, Zhang F. 2015. Contribution to the eyed Sinella from China: two new species and additional reports on nine known species (Collembola: Entomobryidae). Zootaxa, 3973(3): 474-490.
Dohrn H. 1982. Neue und ungenügend bekannte Phaneropteriden aus dem malayischen Faunengebiete. Stettiner Entomologische Zeitung, 53: 63-74.
Dong Z W, Liu X Y, Mao C Y, et al. 2022. *Xenos yangi* sp. nov.: A new twisted-wing parasite species (Strepsiptera, Xenidae) from Gaoligong Mountains, Southwest China. ZooKeys, 1085: 11-27.
Dow R A, Zhang H M. 1986. First description of the female of *Coeliccia furcata* Hämäläinen, with descriptive notes on males from Yunnan, China (Odonata: Zygoptera: Platycnemididae). Zootaxa, 4974(1): 151-164.
Dow R A, Zhang H M. 2018. *Yunnanosticta* gen. nov., from Yunnan, a new genus from the Sinostictinae, with the description of two new species (Odonata: Zygoptera: Platystictidae). Zootaxa, 4375(4): 567-577.
Dow R A, Zhang H M. 2020. Two new species of *Coeliccia* Kirby from Yunnan, China (Odonata: Zygoptera: Platycnemididae). Zootaxa, 4838(4): 491-502.
Du B J, Bian X, Shi F M. 2016. A supplement of the genus *Diaphanogryllacris* (Orthoptera: Gryllacridinae) from China. Zootaxa, 4175(1): 90-93.
Du B J, Bian X, Shi F M. 2017. Notes on the genus *Larnaca* Walker, 1869 (Orthoptera: Gryllacridinae) from China. Zootaxa, 4231(4): 585-589.
Du B J, Song Q, Shi F M. 2015. Notes on the genus *Conanalus* Tinkham, 1943 (Orthoptera: Tettigoniidae: Conocephalinae) with one new species from Yunnan, China. Zootaxa, 3964(5): 577-582.
Du L, Dai W. 2019. High species diversity of the leafhopper genus *Hishimonus* Ishihara (Hemiptera: Cicadellidae: Deltocephalinae) from China, with description of ten new species. Insects, 10: 120.
Du Y M, Liang Z L, Dai W. 2019. A remarkable new opsiine leafhopper genus (Hemiptera: Cicadellidae: Deltocephalinae) from Southern China, with notes on its phylogenetic position. Systematics and Biodiversity, 17(1): 1-9.
Du Y Z, Chen Z T. 2019. Review of the rare and little-known Chinese species of the family Taeniopterygidae (*Plecoptera*), with description of two new species of *Kyphopteryx*. Zootaxa, 4550: 129-134.
Du Z Z, Chen Y Z, Mao B Y, et al. 2023. A new species in the genus *Tetradinodula* Zha (Orthoptera: Tetrigidae) from Yunnan, China. Entomotaxonomia, 45(1): 1-5.
Duan Y H, Guo Q, Shi F M. 2022a. Two new species of the genus *Nigrimacula* (Orthoptera: Tettigoniidae: Meconematinae) from Yunnan, China. Zootaxa, 5154(5): 577-582.
Duan Y H, Liu Q, Chang Y L. 2022b. One new species of the genus *Microconema* Liu, 2005 (Orthoptera: Tettigoniidae: Meconematinae) from Yunnan, China. Zootaxa, 5154(1): 81-86.
Duan Y H, Su J, Shi F M. 2023a. Two new species of the genus *Homogryllacris* (Orthoptera: Gryllacrididae) with the male of *Homogryllacris irregularis* Lu, Zhang & Bian, 2022 from Yunnan, China. Zootaxa, 5277(2): 388-394.
Duan Y H, Su J, Shi F M, et al. 2023b. Three new species of the genus *Nigrimacula* Shi, Bian & Zhou, 2016 (Orthoptera: Tettigoniidae: Meconematinae) from Yunnan, China. Zootaxa, 5285(3): 564-570.
Duan Y N, Zhang Y L. 2012. A taxonomic review of the grassland leafhopper genus *Aconurella* Ribaut (Hemiptera: Cicadellidae: Deltocephalinae: Chiasmini) from China with the description of two new species. Zootaxa, 3397: 28-44.
Duan Y N, Zhang Y L. 2013. A new leafhopper genus and two new species of the tribe Scaphytopiini (Hemiptera: Cicadellidae: Deltocephalinae) from China. Zootaxa, 3670(3): 362-370.
Duan Y, Webb M D, Zhang Y. 2016. Review of the leafhopper tribe Stenometopiini (Hemiptera: Cicadellidae: Deltocephalinae) from China with description of four new species. Zootaxa, 4171(1): 101-138.
Ebner R. 1993. Tettigoniiden (Orthoptera) aus China. Lingnan Science Journal, 18(2): 293-302.
Fan C M, Li M, Mao B Y. 2023. Descriptions on two new species of the genus *Macromotettixoides* (Orthoptera: Tetrigidae: Metrodorinae) from China. Zootaxa, 5306(1): 127-134.
Fan C M, Li M, Mao B Y. 2023. One new species in the genus *Macromotettix* (Orthoptera: Tetrigidae: Metrodorinae) from China. Entomotaxonomia, 45(2): 81-88.
Fan Z H, Dai R H, Li Z Z. 2013a. Four new species of *Olidiana* McKamey (Hemiptera: Cicadellidae: Coelidiinae) from Southern China. Journal of the Kansas Entomological Society, 86(4): 363-372.
Fan Z H, Dai R H, Li Z Z. 2013b. Two new species of Coelidiinae leafhoppers from China (Hemiptera: Cicadellidae). Proceedings of the Entomological Society of Washington, 11(2): 140-147.
Fan Z H, Li Z Z, Chen X. 2014. A new species of the leafhopper genus *Calodia* Nielson, 1982 (Hemiptera, Cicadellidae, Coelidiinae) from China, with a key to Chinese species. ZooKeys, 466: 95-102.
Fan Z H, Li Z Z, Dai R H. 2015. Taxonomic study of the leafhopper genus *Thagria* Melichar (Hemiptera: Cicadellidae: Coelidiinae) from Guangxi, China. Zootaxa, 3918(4): 451- 491.
Fan Z H, Liu G Q. 2010. A new genus *Ramivena* (Hemiptera: Pentatomidae), with descriptions of two new Species. Oriental Insects, 44: 211-223.
Fan Z H, Liu G Q. 2013. The genus *Cahara* Ghauri, 1978 of China (Hemiptera, Heteroptera, Pentatomidae, Halyini) with descriptions of two new species. ZooKeys, 319: 37-50.

Fang Y Q, Xing J C. 2018. Review of the leafhopper genus *Longicornus* Li & Song (Hemiptera: Cicadellidae: Deltocephalinae) with description of two new species. Zootaxa, 4462(3): 435-442.

Fang Y Q, Xing J C. 2019. Description of a new leafhopper species of the genus *Longicornus* (Hemiptera, Cicadellidae, Deltocephalinae) from China, with a revised key to species. ZooKeys, 888: 67-73.

Farooq M, Li X F, Fornacca D, et al. 2021. Ephemeroptera (Mayflies) assemblages and environmental variation along three streams located in the Dry-Hot Valleys of Baima Snow Mountain, Yunnan, Southwest China. Insects, 12(9): 775.

Farooqi M K, Usmani M K. 2018. Review of genus *Conocephalus* Thunberg, 1815 (Orthoptera, Tettigoniidae, Conocephalinae) with one new species from India. Zootaxa, 4461(3): 381-398.

Farooqi M K, Usmani M K. 2019. Description of one new species of *Conocephalus* Thunberg, 1815 (Tettigoniidae, Conocephalinae, Conocephalini) from India. Entomological News, 129(1): 16-22.

Froeschner R C. 1969. Zoogeographic and systematic notes on the lace bug tribe Litadeini, with the description of the new genus Stragulotingis (Hemiptera: Tingidae). The Great Basin Naturalist, 29(3): 129-132.

Fu X, Zhang Y L. 2015. Description of two new species and a new combination for the leafhopper genus *Reticuluma* (Hemiptera: Cicadellidae: Deltocephalinae: Penthimiini) from China. Zootaxa, 3931(2): 253-260.

Gao C Q, Malipatil M B. 2019a. *Meschia zoui* sp. nov., first representative of the family Meschiidae from China (Hemiptera: Heteroptera: Lygaeoidea). Zootaxa, 4603(1): 172-182.

Gao C Q, Malipatil M B. 2019b. Revision of the genus *Sadoletus* Distant, with description of new species from China and Australia (Hemiptera: Heteroptera: Heterogastridae). Zootaxa, 4613(2): 251-289.

Gao C Q, Zhou Y. 2021. Review of the genus *Cavelerius* (Heteroptera: Blissidae) with descriptions of three new species from China and Southeast Asia. Acta Entomologica Musei Nationalis Pragae, 61(1): 113-132.

Gao H R, Liang L. 2021. A new subspecies of *Trachythorax* Redtenbacher, 1908 (Phasmatodea: Necrosciinae) from Yunnan, China. Faunitaxys, 9(4): 1-5.

Gao H R, Wang Z Z, Wang C. 2022. Further study on the Oriental stick insect genus *Paragongylopus* Chen & He, 1997, with additional descriptions and one newly recorded species from China (Phasmatodea; Bacillidae; Gratidiini). Journal Insect Biodiversity, 35(2): 38-50.

Gao M, Dai W, Zhang Y L. 2014. Two new Nirvanini genera from China (Hemiptera: Cicadellidae). Zootaxa, 3841(4): 491-500.

Gao X, Huang M, Zhang Y L. 2012. Review of the Chinese leafhopper genus *Parazyginella* Chou & Zhang (Hemiptera, Cicadellidae, Typhlocybinae, Zyginellini) with description of a new species. ZooKeys, 183: 17-22.

Gavrilov-Zimin I A. 2019. New Asterolecaniidae s.l. (Homoptera: Coccinea) from different regions of the world and some distributional records. Tropical Zoology, (1): 1-13.

Gavrilov-Zimin I A. 2021. New and poorly known giant scale insects (Homoptera: Coccinea: Margarodidae s. lat.) from the Oriental region with taxonomic and nomenclatural notes on the subfamily Monophlebinae. European Journal of Taxonomy, 746: 50-61.

Golub V B, Soboleva V A. 2023. Descriptions of three new species and one subspecies of *Physatocheila* (Heteroptera: Tingidae) from China and the Russian Far East, with an identification key to the species of the Russian fauna. Zoosystematica Rossica, 32(1):27-42.

Gong D W, Zhou C F. 2023. The imaginal and nymphal morphology of *Gilliesia pulchra* Zhou, 2004 and its contribution to understanding generic phylogeny (Ephemeroptera: Leptophlebiidae). Zootaxa, 5263(4): 531-540.

Gong N, Yang L, Chen X S. 2018. Two new species of the bamboo-feeding genus *Bambusicaliscelis* Chen & Zhang, 2011 from China (Hemiptera, Fulgoromorpha, Caliscelidae). ZooKeys, 776: 81-89.

Gong N, Yang L, Chen X S. 2020a. New genus and new species of the tribe Augilini (Hemiptera, Fulgoromorpha: Caliscelidae) from Yunnan Province in China. Zootaxa, 4895(3): 411-420.

Gong N, Yang L, Chen X S. 2020b. Two new species of the genus *Symplanella* Fennah (Hemiptera, Fulgoromorpha, Caliscelidae) from China. Zootaxa, 4801(2): 355-362.

Gong N, Yang L, Chen X S. 2021. First record of the genus *Augilina* Melichar, 1914 (Hemiptera, Fulgoromorpha, Caliscelidae) from China, with descriptions of two new bamboo-feeding species. European Journal of Taxonomy, 744: 38-48.

Gorochov A V, Kang L. 2002. Review of the Chinese species of Ducetiini (Orthoptera: Tettigoniidae: Phaneropterinae). Insect Systematics and Evolution, 33: 337-360.

Gorochov A V, Kang L. 2004. New species of the genera *Stictophaula* Hebard and *Mirollia* Stål (Orthoptera: Tettigoniidae: Phaneropterinae) from China. Entomological News, 115(5): 263-272.

Gorochov A V, Liu C X, Kang L. 2005. Studies on the tribc Meconematini (Orthoptera: Tettigoniidae: Meconematinae) from China. Oriental Insects, 39(1): 63-87.

Gorochov A V, Storozhenko S Y. 2015. New and little-known taxa of the tribe Diestramimini (Orthoptera: Rhaphidophoridae: Aemodogryllinae) from Southeast Asia. Part 1. Zoosystematica Rossica, 24(1): 48-84.

Gorochov A V, Storozhenko S Y. 2019. New and little-known taxa of the tribe Diestramimini (Orthoptera: Rhaphidophoridae: Aemodogryllinae) from Southeast Asia. Part 2. Zoosystematica Rossica, 28(1): 132-154.

Gorochov A V, Woznessenskij A J. 2000. Species of Diaphanogryllacris from Indochina and adjacent territories (Orthoptera: Stenopelmatidae: Gryllacridinae). Zoosystematica Rossica, 8(2): 257-265.

Gorochov A V. 1993. A contribution to the knowledge of the tribe Meconematini (Orthoptera: Tettigoniidae). Zoosystematica Rossica, 2(1): 63-92.

Gorochov A V. 1998a. Data on fauna and taxonomy of Stenopelmatoidea (Orthoptera) from Indochina and some other territories: I. Entomolosical Review, 78: 26-53.

Gorochov A V. 1998b. Material on the fauna and systematics of the Stenopelmatoidea (Orthoptera) of Indochina and some other territories. Ⅰ. Entomologicheskoe Obozrenie, 77(1): 73-105.

Gorochov A V. 1998c. New and little-known Meconematinae of the tribes Meconematini and Phlugidini (Orthoptera, Tettigoniidae). Zoosystematica Rossica,7(1): 101-131.

Gorochov A V. 1999. Contribution to the knowledge of the fauna and systematics of the Stenopelmatoidea (Orthoptera) of Indochina and some other territories. II. Entomologicheskoe Obozrenie, 78(1): 60-78.

Gorochov A V. 2000a. A new species of *Ducetia* from China (Orthoptera: Tettigoniidae: Phaneropterinae). Zoosystematica Rossica, 9(2): 284-294.

Gorochov A V. 2000b. A review of the genus *Mecopoda* (Orthoptera: Tettigoniidae: Mecopodinae) from Indo-Malayan and Papuan Regions. Proceedings of the Zoological Institute RAS, 324(4): 564-586.

Gorochov A V. 2000c. New species of the genus *Phlugiolopsis* from its subgenus *Omkoiana* stat. nov. (Orthoptera: Tettigoniidae: Meconematinae). Proceedings of the Zoological Institute RAS, 324(3): 346-352.

Gorochov A V. 2001. A new species of the genus *Kuwayamaea* (Orthoptera: Tettigoniidae: Phaneropterinae). Zoosystematica Rossica, 9(1): 194.

Gorochov A V. 2002. A new subgenus and two new species of *Xizicus* (Orthoptera, Tettigoniidae, Meconematinae). Zoosystematica Rossica, 10(2): 256.

Gorochov A V. 2003. Contribution to the knowledge of the fauna and systematics of the Stenopelmatoidea (Orthoptera) of Indochina and some other territories. IV. Entomologicheskoe Obozrenie, 82(3): 629-649.

Gorochov A V. 2004. A contribution to the fauna of Stenopelmatoidea (Orthoptera) of Indochina and some other territories. V. Entomological Review, 84(8): 900-921.

Gorochov A V. 2004. New and little-known katydids of the genera *Hemielimaea*, *Deflorita*, and *Hueikaeana* (Orthoptera: Tettigoniidae: Phaneropterinae) from South-East Asia. Russian Entomological Journal, 12(4): 359-368.

Gorochov A V. 2005. A new species of *Mirollia* Stål from China (Orthoptera: Tettigoniidae: Phaneropterinae). Zoosystematica Rossica, 14(1): 22.

Gorochov A V. 2007. Notes on taxonomy of the subfamily Hexacentrinae with descriptions of some taxa (Orthoptera, Tettigoniidae). Zoosystematica Rossica, 16(2): 209-214.

Gorochov A V. 2008. New and little-known katydids of the tribe Meconematini (Orthoptera, Tettigoniidae, Meconematinae) from south-east Asia. Proceedings of the Zoological Institute of the Russian Academy of Sciences, 312(1-2): 26-42.

Gorochov A V. 2009. New and little-known katydids of the tribe Elimaeini (Orthoptera, Tettigoniidae, Phaneropterinae). Proceedings of the Russian Entomological Society, Sankt Petersburg, 80(1): 77-128.

Gorochov A V. 2010. New species of the families Anostostomatidae and Rhaphidophoridae (Orthoptera: Stenopelmatoidea) from China. Far Eastern Entomologist, 206: 1-16.

Gorochov A V. 2012. Material on the fauna and systematics of Stenopelmatoidea (Orthoptera) from Indochina and some other territories. X. Entomologicheskoe Obozrenie, 91(2): 269-297.

Gorochov A V. 2014. Taxonomy of the katydids (Orthoptera: Tettigoniidae) from East Asia and adjacent islands (Communication 8). Far Eastern Entomologist, 273: 1-14.

Gorochov A V. 2015. Taxonomy of the katydids (Orthoptera, Tettigoniidae) from East Asia and adjacent islands. Communication 10. Far Eastern Entomologist, 304: 1-32.

Gorochov A V. 2021. The families Stenopelmatidae and Anostostomatidae (Orthoptera). 1. Higher classification, new and little-known taxa. Entomologicheskoe Obozrenie, 99(4): 905-961.

Gorochov A V. 2022. Taxonomy of the katydids (Orthoptera: Tettigoniidae) from East Asia and adjacent islands. Communication 15. Far Eastern Entomologist, 459: 1-26.

Gou G L, Xing J C. 2022. Key to species of the genus *Longicornus* Li & Song (Hemiptera: Cicadellidae: Deltocephalinae) with description of a new species. Zootaxa, 5129(2): 250-256.

Griffini A. 1911. Note intornoad alcuni Grillacridie Stenopelmatidi del Museum d'Histoire naturelle de Genève. Revue Suisse De Zoologie, 19: 461-500.

Griffni A. 1914. Le specie orientali del gen. *Neanias* Bruniier. Wiener Entomologische Zeitung, 33: 235-251.

Guglielmino A, Xu Z F, Bückle C, et al. 2012. Description of a new species of Arboridia (Hemiptera: Auchenorrhyncha: Cicadellidae: Typhlocybinae) from China. Florida Entomologist, 95(4): 877-881.

Guo H F, Guan B, Shi F M, et al. 2016. DNA Barcoding of genus *Hexacentrus* in China reveals cryptic diversity within *Hexacentrus japonicus* (Orthoptera, Tettigoniidae). ZooKeys, 596: 53-63.

Guo H W, Wang Y L, Feng J N. 2009. Taxonomic study of the genus *Oecleopsis* Emeljanov, 1971 (Hemiptera: Fulgoromorpha: Cixiidae: Pentastirini), with descriptions of three new species from China. Zootaxa, 2172: 45-58.

Guo L Y, Shi F M. 2011. Descriptions of new species of the genus *Woznessenskia* (Orthoptera: Gryllacrididae: Gryllacridinae) from China. Zootaxa, 2784: 62-68.

Guo L Z, Liang A P, Jiang G M. 2005. Four new species of Delphacidae (Hemiptera) are described from China. Oriental Insects, 39: 161-174.

Guo Q, Shi F M, Chang Y L. 2021. One new genus and species of the tribe Meconematini (Orthoptera: Tettigoniidae: Meconematini) from Yunnan, China. Zootaxa, 5020(2): 397-400.

Guo Q, Wang T, Shi F M. 2021. *Chuanicosmetura* gen. nov. of the tribe Meconematini (Orthoptera, Tettigoniidae) from southwest China and *Chuanicosmetura emarginata* (Liu, 2000) comb. nov. Zootaxa, 4981(2): 393-397.

Guo Q, Zhu Q D, Zhou Z J, et al. 2023. Phylogeography and genetic structure of the bush cricket *Decma fissa* (Orthoptera, Tettigoniidae) in China. Zoological Studies, 62: 32.

Guo X G, Speakman J R, Dong W G. 2013. Ectoparasitic insects and mites on Yunnan red-backed voles (*Eothenomys miletus*) from a localized area in southwest China. Parasitol Res, 112: 3543-3549.

Hajek A E, Solter L F, Maddox J V, et al. 2017. *Nosema maddoxi* sp. nov. (Microsporidia, Nosematidae), a widespread pathogen of the green stink bug *Chinavia hilaris* (Say) and the brown marmorated stink bug *Halyomorpha halys* (Stål). Journal of Eukaryotic Microbiology, 65(4): 315-330.

Han L, Di J X, Chang Y L, et al. 2015a. Three new species of the genus *Xiphidiopsis* Redtenbacher, 1891 (Orthoptera, Tettigoniidae, Meconematinae) in China. Zootaxa, 4018(4): 553-562.

Han L, Liu H Y, Shi F M. 2015b. The investigation of Orthoptera from Huagaoxi Nature Reserve of Sichuan, China. International Journal of Fauna and Biological Studies, 2(1): 17-24.

Han L, Shi F M. 2014. One new species of the genus *Kuzicus* (Orthoptera, Tettigoniidae, Meconematinae) from Yunnan, China. Zootaxa, 3861(4): 398-400.

Han W, Qiu L, Zhu J, et al. 2022. Exploring the diversity of *Eupolyphaga* Chopard, 1929 (Blattodea, Corydioidea): species delimitation based on morphology and molecular analysis. ZooKeys, 1120: 67-94.

Han Y P, Li M, Mao B Y. 2020a. A taxonomic study of the genus *Macromotettixoides* (Tetrigidae, Metrodorinae) with descriptions of two new species and two newly discovered males. Zootaxa, 4718(4): 562-572.

Han Y P, Li M, Shan S Y, et al. 2020b. A new species of *Saussurella* Bolivar (Orthoptera: Tetrigoidea: Batrachididae) from China with a key to species. Entomotaxonomia, 42(1): 10-15.

Hartung V, Haselböck A. 2019. Annotated type catalogue of the true bugs (Insecta: Heteroptera) at the State Museum of Natural History Stuttgart. Integrative Systematics, 2: 11-37.

He J J, Jin D T, Wang Y S, et al. 2021. Species delimitation of *Margattea* cockroaches from China, with seven new species (Blattodea, Ectobiidae, Pseudophyllodromiinae). ZooKeys, 1036: 121-151.

He Z Q, Liu Y J. 2021. A new species of dune cricket from China (Orthoptera: Ensifera: Schizodactylidae). Zootaxa, 4999(4): 356-362.

He Z Q, Wang H Q, Liu Y F, et al. 2020. New and little-known Agraeciini species from Hainan, China (Orthoptera, Ensifera, Tettigoniidae, Conocephalinae, Agraeciini). Zootaxa, 4748(1): 153-162.

He Z Q, Zhang Y L, Mckamey S H, et al. 2019. The Chinese Hecalina (Hemiptera: Cicadellidae: Deltocephalinae: Hecalini) with descriptions of a new genus and seven new species. Zootaxa, 4679(2): 257-285.

He Z X, Ma L B, Zhang T, et al. 2022a. *Flospes* gen. nov. (Orthoptera, Trigonidiidae, Trigonidiinae), a genus of swordtail crickets from China, with two new species and new combinations. ZooKeys, 1090: 113-128.

He Z X, Wang N, Huang H. et al. 2022b. Two new species of ground crickets (Orthoptera: Trigonidiidae; Nemobiinae) from China. Zootaxa, 5092(4):473-479.

He Z X, Wu Q, Ma L B, et al. 2022c. A new genus and two new species of swordtail crickets (Orthoptera: Trigonidiidae; Trigonidiinae) from China. Zootaxa, 5124(5): 585-593.

Hebard M. 1922. Studies in Malayan, Melanesian and Australian Tettigoniidae (Orthoptera). Proceedings the Academy of Natural Sciences. Philadelphia, 74: 121-299.

Hébert C, Xu X, Yang Z X, et al. 2022. A new genus and species of gall-forming Fordini (Hemiptera: Aphididae) on *Rhus wilsonii* Hemsl. from Yunnan, China. Insects, 13: 1104.

Heiss E. 2001. A new species of the flat bug genus *Aradus* FABRICIUS 1803 from China (Heteroptera, Aradidae). Linzer Biologische Beitraege, 33(2): 1017-1023.

Heiss E. 2003. A review of the East Palaearctic Aradus orientalis-compar group, with descriptions of two new species (Heteroptera, Aradidae). Zeitschrift der Arbeitsgemeinschaft Oesterreichischer Entomologen, 55(1-2): 9-26.

Heiss E. 2007. *Aneurus* (*Neaneurus*) *cai* nov.sp. nova from China and synonymy of *Aradus chinensis* VÁSÁRHELYI 1988 (Heteroptera, Aradidae). Linzer Biologische Beiträge, 39(2): 973-978.

Heiss E. 2010. Review of the Barcinus-complex with description of new taxa (Hemiptera: Heteroptera: Aradidae). Zootaxa, 2448: 1-25.

Helfert B, Sänger K. 2002. Description of *Omkoiana aculeata* gen. n. & sp. n. (Orthoptera: Tettigoniidae: Meconematinae) from northwestern Thailand with notes on its biology. Insect Systematics and Evolution, 33(4): 471-480.

Heller K G, Baker E, Ingrisch S, et al. 2021. Bioacoustics and systematics of *Mecopoda* (and related forms) from South East Asia and adjacent areas (Orthoptera, Tettigonioidea, Mecopodinae) including some chromosome data. Zootaxa, 5005(2): 101-144.

Heller K G, Hemp C, Liu C X, et al. 2014. Taxonomic, bioacoustic and faunistic data on a collection of Tettigonioidea from Eastern Congo (Insecta: Orthoptera). Zootaxa, 3785(3): 343-376.

Hennemann F H, Conle O V. 2008. Revision of Oriental Phasmatodea: the tribe Pharnaciini Günther, including the description of the world's longest insect, and a survey of the family Phasmatidae Gray, 1835 with keys to the subfamilies and tribes (Phasmatodea: "Anareolatae": Phasmatidae). Zootaxa, 1906(Monograph): 1-306.

Hennemann F H, Conle O V, Zhang W W, et al. 2008. Descriptions of a new genus and three new species of Phasmatodea from Southwest China (Insecta: Phasmatodea). Zootaxa, 1701(1): 40-62.

Ho G W C. 2012. Notes on the genera *Sinophasma* Günther, 1940 and *Pachyscia* Redtenbacher, 1908 (Phasmatodea: Diapheromeridae: Necrosciinae), with the description of four new species from China. Zootaxa, 3495(1): 57-72.

Ho G W C. 2017a. A new species of the genus *Parasipyloidea* Redtenbacher, 1908 (Phasmida: Diapheromeridae: Necrosciinae) from Yunnan, China. Hong Kong Entomological Bulletin, 9(1): 3-7.

Ho G W C. 2017b. Contribution to the knowledge of Chinese Phasmatodea IV: Taxonomy on Medaurini (Phasmatodea: Phasmatidae: Clitumninae) of China. Zootaxa, 4365(5): 501-546.

Ho G W C. 2017c. Contribution to the knowledge of Chinese Phasmatodea V: New taxa and new nomenclatures of the subfamilies Necrosciinae (Diapheromeridae) and Lonchodinae (Phasmatidae) from the Phasmatodea of China. Zootaxa, 4368(1): 1-72.

Ho G W C. 2017d. Contribution to the knowledge of Oriental Phasmatodea I: A taxonomic study of the genus *Parasinophasma* (Phasmatodea: Necrosciinae). Journal of Orthoptera Research, 26: 181-194.

Ho G W C. 2020a. Contribution to the knowledge of Chinese Phasmatodea VI: New taxa and new nomenclature of the subfamily Necrosciinae from the Phasmatodea of China. Hong Kong Entomological Bulletin, 12(2): 328.

Ho G W C. 2020b. Two new species of the genus *Parapachymorpha* Brunner von Wattenwyl, 1893 (Phasmida: Phasmatidae: Clitumninae: Medaurini) from China. Hong Kong Entomological Bulletin, 12(1): 3-9.

Ho G W C. 2021a. Contribution to the knowledge of Chinese Phasmatodea IX: First report of Xeroderinae (Phasmatodea: Phasmatidae) from China. Zoological Systematics, 46: 187-190.

Ho G W C. 2021b. Contribution to the knowledge of Chinese Phasmatodea VII: A new genus for two new species of Medaurini from China (Phasmatidae: Clitumninae). Hong Kong Entomological Bulletin, 13(1): 3-11.

Ho G W C. 2021c. Contribution to the knowledge of Chinese Phasmatodea VIII: Four new species of *Carausius* Stål, 1875 from China (Lonchodidae: Lonchodinae). Hong Kong Entomological Bulletin, 13(1): 12-21.

Ho G W C. 2021d. Contribution to the knowledge of Chinese Phasmatodea X: Eight new species of *Cnipsomorpha* from China (Phasmatidae: Clitumninae: Medaurini). Zootaxa, 5026: 102-126.

Ho G W C. 2021e. Contribution to the knowledge of Chinese Phasmatodea XI: New taxa and new nomenclature of Medaurini (Phasmatidae: Clitumninae) from China. Zoological Systematics, 46(3): 234-239.

Ho G W C. 2022. Contribution to the knowledge of Chinese Phasmatodea XII: Four new species of *Interphasma* Chen & He, 2008 from Yunnan, China (Phasmatidae: Clitumninae: Medaurini). Hong Kong Entomological Bulletin, 14(2): 3-14.

Hou X H, Yang L, Chen X S. 2014. Review of the Oriental genus *Neunkanodes* Yang (Hemiptera: Fulgoromorpha: Delphacidae) with descriptions of two new species. Zootaxa, 3795(2): 174-180.

Hou X J, Zhang Y L, Huang M. 2016a. A review of the Oriental leafhopper genera *Thampoa* Mahmood and *Guheswaria* Thapa (Hemiptera: Cicadellidae: Typhlocybinae). Zootaxa, 4144(2): 253-262.

Hou X J, Zhang Y L, Huang M. 2016b. A taxonomic study of the genus *Eupteryx* Curtis (Hemiptera: Cicadellidae: Typhlocybinae), with description of five new records and one new species from China. Zootaxa, 4117(4): 591-599.

Hu Q L. 2019. Re-description and illustration of two species of the genus *Parabaliothrips* Priesner, 1935 (Thysanoptera: Thripidae), with report of new host plant. Pakistan Journal of Zoology, 51(4): 1583-1586.

Hu S J, Dong L M, Wang W X, et al. 2019. Identifying immigrating *Sogatella furcifera* (Hemiptera: Delphacidae) using field cages: a case study in the Yuanjiang (Red River) Valley of Yunnan, China. Journal of Insect Science, 19(1): 11, 1-9.

Huang M, Zhang Y L. 2005. Two new leafhopper species of *Bolanusoides* Distant (Hemiptera: Cicadellidae: Typhlocybinae: Typhlocybini) from China. Proceedings of the Entomological Society of Washington, 107(2): 428-431.

Huang M, Zhang Y L. 2006a. On the genus *Baaora* (Hemiptera: Cicadellidae: Typhlocybinae) from China, with descriptions of five new species. Entomological Society of Canada, 138: 189-197.

Huang M, Zhang Y L. 2006b. Systematic study of the oriental genus *Vatana* Dworakowska (Hemiptera: Cicadellidae: Typhlocybinae: Typhlocybini). Proceedings of the Entomological Society of Washington, 108(4):945-952.

Huang M, Zhang Y L. 2011. New species and new records of the leafhopper genus *Aguriahana* Distant (Hemiptera: Cicadellidae: Typhlocybinae) from China. Zootaxa, 2830: 39-54.

Huang X L, Lei F M, Qiao G X. 2008. Areas of endemism and patterns of diversity for aphids of the Qinghai Tibetan Plateau and the Himalayas. Journal of Biogeography, 35: 230-240.

Huo Q B, Du Y Z. 2018. Two new species of *Cryptoperla* (Plecoptera: Peltoperlidae) from China, with description of the nymph of *Cryptoperla dui* sivec. Zootaxa, 4374: 395-408.

Imadaté G. 1965. Proturans-fauna of Southeast Asia. Nature and Life in Southeast Asia, 4: 195- 302.

Imadaté G, Yin W Y, Xie R D. 1995. Three new eosentomid species (Protura Eosentomidae) from Yunnan Southwest China. Japanese Journal of Entomology ,63(1): 15-24.

Ingrisch S. 1990a. Grylloptera and Orthoptera s. str. from Nepal and Darjeeling in the Zoologische Staatssammlung München. Spixiana, 13: 149-182.

Ingrisch S. 1990b. Revision of the genus *Letana* Walker (Grylloptera: Tettigonioidea: Phaneropteridae). Entomologica Scandinavica, 21: 241-276.

Ingrisch S. 1990c. Zur Laubheuschrecken-Fauna von Thailand (Insecta: Saltatoria: Tettigoniidae). Senckenbergiana Biologica, 70: 89-138.

Ingrisch S. 1998a. A review of the Elimaeini in Western Indonesia, Malay Peninsula and Thailand (Ensifera, Phaneropteridae). Tijdschrift voor Entomologie, 141: 65-108.

Ingrisch S. 1998b. Neue Taxa der Mirolliini aus Südostasien (Ensifera: Tettigonioidea: Phaneropteridae). Entomologische Zeitschrift, 108: 85-104.

Ingrisch S, Gorochov A V. 2007. Review of the genus *Hemielimaea* Brunner von Wattenwyl, 1878 (Orthoptera, Tettigoniidae). Tijdschrift voor Entomologie, 150: 87-100.

Ingrish S. 2018. New taxa and records of Gryllacrididae (Orthoptera, Stenopelmatoidea) from South East Asia and New Guinea with a key to the genera. Zootaxa, 4510(1): 1-278.

Ishihara T. 1961. Hemiptera of southeast Asia collected by the Osaka city university biological expedition to southeast Asia 1957-1958. Nature & Life in Southeast Asia, 1: 224-257.

Jiang C X, Chen X L, Bi J C, et al. 2015a. Source areas for the early immigration of *Sogatella furcifera* (Homoptera: Delphacidae) at Xiushan in the middle reach of Yangtze River of China. Journal of Economic Entomology, 108(6): 2789-2799.

Jiang H, Zhang Y L. 2016. First record of the leafhopper genus *Zyginopsis* Ramakrishnan & Menon (Hemiptera: Cicadellidae: Typhlocybinae: Erythroneurini) from China, with descriptions of two new species. Zootaxa, 4147(3): 335-342.

Jiang J G, Yin W Y. 2014. New *Hypogastrura* species and new distributional data for *Hypogastrura distincta* (Axelson 1902) from China (Collembola: Poduromorpha: Hypogastruridae). International Journal of Entomology, 48(1-2): 115-122.

Jiang K, Chen J H, Bu W J. 2022. A new species in Notobitiella Hsiao in China confirmed by morphological and molecular data (Hemiptera: Heteroptera: Coreidae). Insects, 13(5): 411.

Jiang L Y, Chen J, Guo K, et al. 2015b. Review of the genus *Ceratovacuna* (Hemiptera: Aphididae) with descriptions of five new species from China. Zootaxa, 3986(1): 35-60.

Jiang Y, Yu X F, Yang M F. 2023. Three new species of *Atkinsoniella* (Arthropoda, Insecta, Hemiptera, Cicadellidae, Cicadellinae) from China, with an updated checklist to the known species worldwide. ZooKeys, 1161: 89-115.

Jiao M, Yang M F. 2015. Flatseta, a new genus of Dikraneurini (Hemiptera: Cicadellidae: Typhlocybinae) from China, with description of a new species. Zootaxa, 3974(1): 140-144.

Jiao M, Yang M F. 2020. Uniformus, a new genus of Dikraneurini (Hemiptera: Cicadellidae: Typhlocybinae) from China, with description of two new species. Zootaxa, 4868(4): 596-600.

Jin X B, Liu X W, Wang H Q. 2020. New taxa of the tribe Meconematini from South-Pacific and Indo-Malayan Region (Orthoptera, Tettiginiidae, Meconematinae). Zootaxa, 4772(1): 1-53.

Jin X B, Xia K L. 1994. An index-catalogue of Chinese Tettigonioidea (Orthoptera: Grylloptera). Journal of Orthoptera Research, 3: 15-41.

Jin Z H, Fu S Y, Ye Z. 2023. Taxonomic notes of subgenus *Velia* (*Cesavelia*) Koçak & Kemal, 2010 (Hemiptera, Heteroptera, Veliidae) from China, with description of one new species. ZooKeys, 1149: 37-52.

Jordan K. 1932. Siphonaptera collected by Harold Stevens on the Kelley-Roosevelt expedition in Yunnan and Szechuan. Novitates Zoologicae Tring, 38: 276-290.

Karny H H. 1907. Revisio Conocephalidarum. Abhandlungen der K. K. Zoologisch-botanischen Gesellschaft Wien, 4(3): 1-114.

Karny H H. 1912. Orthoptera, Fam. Locustidae, Subfam. Copiphorinae. Genera Insectorum, 139: 1-50.

Karny H H. 1920. Dodecas Conodephalidarum novarum. Verhandlungen der Kaiserlich-Königlichen Zoologisch-Botanischen Gesellschaft in Wien, 70: 21-33.

Karny H H. 1926a. Beiträge zur malayischen Orthopterenfauna XIII. Die Scaphurinen des Buitenzorger Museums. Treubia, 9: 12-151.

Karny H H. 1926b. On Malaysian katydids (Tettigoniidae). Journal of the Federal Malay States Museums, 13(2-3): 67-111.

Karny H H. 1937. Orthoptera, Fam. Gryllacrididae, Subfamiliae Omnes. Fascicule: Genera Insectorum, 1-317.

Karny H H. 1996. Gryllacridae (China-Ausbeute von R. Mell). Mitteilungen aus dem Zoologischen Museum in Berlin,12: 257-394.

Kaur R, Singh D, Kaur H. 2021. Taxonomic notes on *Stenozygum speciosum* (Dallas) (Pentatomidae: Pentatominae: Strachiini) with new distributional records from North India. International Journal of Entomology Research, 6(3): 174-177.

Kevan D K M, Jin X B. 1993. New species of the Xiphidiopsis-group from the Indian region (Grylloptera, Tettigonioidea, Meconematidae). Tropical Zoology, 6: 253-274.

Kim J, Kim T. 2001. Taxonomic review of Korean Phaneropterinae (Orthoptera, Tettigoniidae). Korean Journal of Entomology, 31(3):

147-156.

Kim T W, Kim J I. 2002. Taxonomic study of the genus *Conocephalus* Thunberg in Korea (Orthoptera, Tettigoniidae, Conocephalinae). Korean Journal of Entomology, 32(1): 13-19.

Kirby W F. 1906. A Synonymic Catalogue of Orthoptera. Vol. II. Orthoptera Saltatoria. Part I. (Achetidae et Phasgonuridae). London: Forgotten Books: 1-562.

Kluge N J, Godunko R J, Svitok M. 2020. Nomenclatural changes in *Centroptella* Braasch & Soldán, 1980 (Ephemeroptera, Baetidae). ZooKeys, 914: 81-125.

Kluge N, Zhou C F, Jacobus L M, et al. 2004. A new Southeast Asian mayfly species (Ephemeroptera: Ephemerellidae: Ephemerellinae). Journal of the New York Entomological Society, 112(2/3):148-152.

Kment P, Carapezza A, Jindra Z, et al. 2017. Review of the genus *Lanchnophorus* (Hemiptera: Heteroptera: Rhyparochromidae) with description of three new species and other nomenclatural changes. Zootaxa, 4226(1): 47-74.

Kóbor P. 2018. Geocoris margaretarum: description of a new species from the Oriental region with remarks on allied taxa (Heteroptera: Lygaeoidea: Geocoridae). Raffles Bulletin of Zoology, 66: 580-586.

Kondo T, Gullan P J. 2007. Taxonomic review of the lac insect genus *Paratachardina* Balachowsky (Hemiptera: Coccoidea: Kerriidae), with a revised key to genera of Kerriidae and description of two new species. Zootaxa, 1617: 1-41.

Krishna K, Grimaldi D A, Krishna V, et al. 2013. Treatise on the Isoptera of the world. Bulletin of the American Museum of Natural History.

Li B L, Hu P H, Guo L, et al. 2024. Discovery of five new species of *Allacta* from Yunnan and Hainan, China (Blattodea, Pseudophyllodromiidae). ZooKeys, 1191: 1-21.

Li F E, Yang L, Long J K, et al. 2020a. First description of adult males of four species of the treehopper genus *Tricentrus* Stål from China (Hemiptera, Membracidae, Centrotinae, Tricentrini). Zootaxa, 4894(2): 247-260.

Li F S, Liu X Y. 2009. Discovery in China of *Dorypteryx* Aaron (Psocoptera: Trogiomorpha: Psyllipsocidae), with one new species. Zootaxa, 1983: 63-65.

Li F S, Mockford E L. 1993. A description and notes on *Diplopsocus*, gen. nov. and twenty-one new species from China (Psocoptera: Peripsocidae). Oriental Insects, 27(1): 55-91.

Li F S, Mockford E L. 1997. Two new genera and four new species of Epipsocidae (Psocoptera) from China. Oriental Insects, 31(1): 139-148.

Li H X, Yang L, Chen X S. 2018a. Two new species of the bamboo-feeding planthopper genus *Bambusiphaga* Huang & Ding from China (Hemiptera, Fulgoromorpha, Delphacidae). ZooKeys, 735: 83-96.

Li H X, Yang L, Chen X S. 2019a. Taxonomic study of the genus *Malaxa* Melichar, with descriptions of two new species from China (Hemiptera, Fulgoroidea, Delphacidae). ZooKeys, 861: 43-52.

Li H X, Yang L, Chen X S. 2019b. Two new species of the bamboo-feeding planthopper genus *Arcofacies* Muir (Hemiptera: Fulgoroidea: Delphacidae) from China. Zootaxa, 4706(2): 384-390.

Li H X, Yang L, Chen X S. 2019c. Two new species of the bamboo-feeding planthopper genus *Purohita* Distant from China (Hemiptera, Fulgoromorpha, Delphacidae). ZooKeys, 855: 85-94.

Li H, Dai R H, Li Z Z, et al. 2013. Taxonomic study of Chinese species of the genus *Macropsis* Lewis, 1836 (Hemiptera: Cicadellidae: Macropsinae) II: a new subgenus for *Macropsis flavovirens* Kuoh. Zootaxa, 3641(1): 57-62.

Li H, Dai R H, Li Z Z, et al. 2012a. Taxonomic study of Chinese species of the genus *Macropsis* (Hemiptera: Cicadellidae: Macropsinae): new species, new records, synonymy and replacement name. Zootaxa, 3420: 41-62.

Li H, Dai R H, Li Z Z. 2012b. First record of the leafhopper genus *Igerna* (Hemiptera: Cicadellidae: Megophthalminae) in China with a description of a new species. Florida Entomologist, 95(4): 979-982.

Li H, Dai R H, Li Z Z. 2014a. Additions to *Japanagallia Ishihara* (Hemiptera, Cicadellidae, Megophthalminae) from Guizhou, and Yunnan Provinces, and Guangxi Autonomous Region, Southwest China. Zootaxa,3754(2): 133-147.

Li H, Dai R H, Li Z Z. 2015a. Description of *Sangeeta sinuomacula* sp. nov. (Hemiptera: Cicadellidae: Megophthalminae: Agalliini) from Yunnan Province of Southwest China. Zootaxa, 3974(1): 129-134.

Li H, Dai R H, Li Z Z. 2016a. Additions to the leafhopper subgenus *Pediopsoides* (*Pediopsoides*) Matsumura, 1912 (Hemiptera: Cicadellidae: Macropsinae) from Southern China. Zootaxa, 4150(3): 341-350.

Li H, Dai R H, Li Z Z. 2017a. Leafhopper subgenus *Pedionis* (*Pedionis*) Hamilton, 1980 (Hemiptera: Cicadellidae: Macropsinae) with new species, record, combination and synonymy from Southern China. Zootaxa, 4294(1): 112-118.

Li H, Dai R H, Webb M D. 2023a. Description of two new species of the leafhopper genus *Pediopsis* Burmeister (Hemiptera, Cicadellidae, Eurymelinae, Macropsini) from China. ZooKeys, 1149: 135-144.

Li H, Li J, Webb M D, et al. 2023b. Six new species of the leafhopper subgenus *Pediopsoides* (*Pediopsoides*) (Hemiptera, Cicadellidae, Eurymelinae, Macropsini) from China. ZooKeys, 1165: 183-201.

Li H, Tishechkin Y D, Dai R H, et al. 2014b. Taxonomic study of Chinese species of the genus *Macropsis* Lewis, 1836 (Hemiptera: Cicadellidae: Macropsinae) III: a review of oak-dwelling species. Zootaxa, 3760(3): 351-368.

Li J L, Bu W J. 2015. Review of the genus *Vertomannus* Distant (Hemiptera: Heteroptera: Lygaeoidea: Rhyparochromidae: Ozophorini), with description of two new species. Zootaxa, 3972(4): 581-588.

Li K F, Murányi D, Li W H. 2022a. New species and a new province record of *Hemacroneuria* (Plecoptera: Perlidae) from China. Zootaxa, 5205(6): 594-600.

Li K Q, Wang Y Z, Dong D Z, et al. 2015b. Catalog of insect type specimens preserved at the Kunming Institute of Zoology, Chinese Academy of Science with corrections of some specimens. Zoological Research, 36(5): 263-284.

Li M M, Fang Y, Liu X W, et al. 2014c. Review of the species of the genus *Marthogryllacris* (Orthoptera, Gryllacrididae, Gryllacridinae). Zootaxa, 3889(2): 277-288.

Li M M, Fang Y, Liu X W, et al. 2014d. Taxonomic revision of the genus *Phryganogryllacris* (Orthoptera: Gryllacrididae) from China. Zoological Systematics, 39(4): 507-519.

Li M M, Sun M L, Liu X W, et al. 2015c. A taxonomic study on the species of the genus *Furcilarnaca* (Orthoptera, Gryllacrididae, Gryllacridinae). Zootaxa, 4039(3): 418-430.

Li M, Deng Y, Yin F X, et al. 2020b. A new species of *Macromotettixoides* (Orthoptera: Tetrigidae: Metrodorinae) from Yunnan, China. Entomotaxonomia, 42(2): 110-115.

Li M, Han Y P, Mao B Y. 2019d. A new species of *Hyboella* Hancock (Orthoptera: Tetrigoidea: Metrodoridae) from China with a key to Chinese species. Entomotaxonomia, 41(3): 181-187.

Li M, Wang J J, Wang X Y, et al. 2022b. Description of a new species of the leafhopper genus *Chinaocerus* (Hemiptera: Cicadellidae) from Yunnan, China. Zootaxa, 5190(3): 431-437.

Li M, Xu J S, Mao B Y. 2020c. Two new species of the genus *Tetradinodula* Zha, 2017 (Orthoptera: Tetrigidae: Cladonotinae) from China. Oriental Insects, 55(4): 485.

Li M, Yang D, Li W. 2023d. Two new species of *Amphinemura* (Plecoptera: Nemouridae) from Yunnan Province, Southwestern China. Zootaxa, 5231: 591-597.

Li S Y, Liu Y J, He Z Q. 2022c. New and little-known mute Trigonidiinae species from China (Orthoptera: Grylloidea: Trigonidiidae). Zootaxa, 5115(2): 210-220.

Li T T, Liu D X, Qiu D Y, et al. 2020d. Two new species of *Episymploce* Bey-Bienko, 1950 (Blattodea, Ectobiidae, Blattellinae) from China. ZooKeys, 954: 31-46.

Li T, Zhang J Z, Ma E B. 2011. A new species of the genus *Oxya* (Orthoptera, Acridoidea) from Yunnan, China. Acta Zootaxonomica Sinica, 36(4): 946-949.

Li W H, Wang Y, Yang D. 2016b. Two new species of *Amphinemura* (Plecoptera: Nemouridae) from the Gaoligong Mountains of Yunnan, China. Zootaxa, 4200(3): 381-388.

Li W, Kong F. 2020. A new species and new record of *Tyloperla* (Plecoptera: Perlidae) from China. Zootaxa, 4728: 289-294.

Li W, Murányi D, Wang R. 2014e. Species of *Neoperla* (Plecoptera: Perlidae) from Yunnan Province, China. Zootaxa, 3753: 1-9.

Li X F, Luo Y P, Jiang J, et al. 2021a. Description of a new species of the genus *Ameletus* Eaton, 1885 (Ephemeroptera, Ameletidae) from Yunnan, China. ZooKeys, 1021: 37-51.

Li X F, Sun Y K, Liu Z Y, et al. 2022d. A new species of *Notacanthella* Jacobus & McCafferty, 2008 (Ephemeroptera, Ephemerellidae) from Yunnan, China. ZooKeys, 1103: 25-44.

Li X R, Wang L L, Wang Z Q. 2018b. Rediscovered and new perisphaerine cockroaches from SW China with a review of subfamilial diagnosis (Blattodea: Blaberidae). Zootaxa, 4410(2): 251-290.

Li Y F, Wang S J, Chen J H, et al. 2022e. Two new stick insect species of *Sosibia* Stål (Phasmatodea: Lonchodidae: Necrosciinae) from China and the first report on mitochondrial genomes of this genus. Archives of Insect Biochemistry and Physiology, 111(1): e21901.

Li Y J, Elie N, Liu H, et al. 2022f. Aduncothrips newly recorded from China, with three new species and a new generic synonym (Thysanoptera: Aeolothripidae). Zootaxa, 5141(1): 49-59.

Li Y J, Li Z H, Yang M F. 2017b. *Simaonukia*, a new genus of the leafhopper tribe *Evacanthini* (Hemiptera, Cicadellidae, Evacanthinae), with descriptions of a new species from China. ZooKeys, 669: 107-112.

Li Y J, Li Z Y, Zhang H R. 2017c. Two new species of Mycterothrips (Thysanoptera: Thripidae) from Southwestern China. Zootaxa, 4353(2): 371-377.

Li Y J, Li Z Y, Zhang H R. 2018c. A new Panchaetothripinae genus and species, also a newly recorded genus, from Southwestern China (Thysanoptera: Thripidae). Zootaxa, 4394(2): 235-242.

Li Y J, Li Z Y, Zhang H R. 2019e. Trichromothrips genus-group (Thysanoptera, Thripidae) from China, with descriptions of three new species and ten new records. Zootaxa, 4544(1): 79-92.

Li Y J, Li Z Z. 2011a. Descriptions of six new species of *Midoria* (Hemiptera: Cicadellidae: Ledrinae) from China with a key to the species of the genus. Zootaxa, 2897: 57-63.

Li Y J, Li Z Z. 2011b. Descriptions of three new species of *Petalocephala* Stål, 1853 from China (Hemiptera: Cicadellidae: Ledrinae). Munis Entomology & Zoology, 6(1): 499-503.

Li Y J, Li Z Z. 2011c. Notes on the leafhopper genus *Angustella* Li (Hemiptera: Cicadellidae: Evacanthinae), with descriptions of four new species from China. Zootaxa, 2740: 44-52.

Li Y J, Li Z Z. 2012a. A new species of the leafhopper genus *Riseveinus* Li, 1995 (Hemiptera: Cicadellidae: Evacanthinae) from China. Zootaxa, 3185: 59-63.

Li Y J, Li Z Z. 2012b. *Multiformis*, a new genus of Evacanthini (Hemiptera: Cicadellidae: Evacanthinae), with the descriptions of two new species from China. Zootaxa, 3185 (1): 53-58.

Li Y J, Li Z Z. 2014a. A new species of the leafhopper genus *Multiformis* Li & Li (Hemiptera: Cicadellidae: Evacanthinae) from China. Zootaxa,3755(5): 496-500.

Li Y J, Li Z Z. 2014b. *Shortcrowna*, a new genus of *Evacanthinae* (Hemiptera: Cicadellidae) from China. Zootaxa, 3764: 467-474.

Li Y J, Li Z Z, Yang M F. 2015d. A review of the leafhopper genus *Subulatus* Yang & Zhang (Hemiptera: Cicadellidae: Evacanthinae), with description of a new species from China. Zootaxa, 3914(1): 77-82.

Li Y J, Liu Z C, Zhang H R. 2021b. *Rhamphothrips* genus-group in China, with description of two new species and two new records (Thysanoptera: Thripidae). Zootaxa, 5039(3): 425-432.

Li Y J, Mound L A, Xie Y L, et al. 2021c. Species of *Astrothrips* from China, with one new species and a list of plant associations (Thysanoptera, Panchaetothripinae). Zootaxa, 4920(2): 267-277.

Li Y J, Xie Y H, Zhang H R. 2016c. A new species of *Danothrips* from Southwestern China (Thysanoptera: Thripidae). Zootaxa, 4161(1): 116-118.

Li Y J, Xie Y H, Zhang H R. 2016d. First description of the male of *Yaobinthrips yangtzei* (Thysanoptera: Thripidae). Zootaxa, 4066(1): 83-84.

Li Y J, Yuan S Y, Zhang H R. 2020e. *Filicopsothrips* genus recorded from China, with description of a new species (Thysanoptera: Thripidae). Zootaxa, 4845(2): 297-300.

Li Y J, Zhang H R. 2022. Five new species and two new records of *Mycterothrips* (Thysanoptera: Thripidae) from Southern China. Zootaxa, 5214(4): 544-566.

Li Y Q, Shi F M. 2018. Notes on the genus *Conocephalus* Thunberg, 1815 (Orthoptera: Tettigoniidae: Conocephalinae) in Southwest China with description of one new species. Zootaxa, 4438(1): 148-158.

Li Y Q, Wang T, Xin Y R, et al. 2019e. The genus *Conocephalus* (Orthoptera: Tettigoniidae: Conocephalinae) from Guangdong and Nanling region, China with description of two new species. Zootaxa, 4565(4): 590-600.

Li Y, Chen C, Chang Y L. 2021d. Further notes on the genus *Kuzicus* Gorochov, 1993 (Orthoptera: Tettigoniidae: Meconematinae) with description of one new species from China. Zootaxa, 5067(2): 273-278.

Li Z H, Jin Z Z, Bu W J, et al. 2022e. Notes on the genus *Pseudovelia* Hoberlandt, 1950 (Hemiptera: Heteroptera: Veliidae) with description of four new species from the East and Southeast Asian mainland. Zootaxa, 5162(5): 507-524.

Li Z H, Jin Z Z, Polhemus D A, et al. 2023e. Two new species of *Valleriola* (Hemiptera: Heteroptera: Leptopodidae) and taxonomic notes on the tribe Leptopodini Brullé, 1836 from East and Southeast Asia. Zootaxa, 5256(4): 329-344.

Li Z H, Kučerová Z, Yang Q Q, et al. 2012c. New record of stored product pest *Lepinotus reticulatus* (Psocoptera: Trogiidae) from China: Identification through scanning electron microscopy and DNA barcode. African Journal of Biotechnology, 11(88): 15460-15464.

Li Z Z, Chen X S. 2005. A checklist and key to species of the genus *Sophonia* (Insecta: Auchenorrhyncha: Cicadellidae: Nirvaninae) in China with descriptions of two new species. Journal of Natural History, 39(1): 71-78.

Li Z Z, Wang L M. 2001. A new genus and a new species of Evacanthinae from Yunnan Province, China (Homoptera: Cicadellidae). Actazootaxonomica Sinica, 26(4): 518-519.

Liang A P. 1996. The spittlebug genus *Eoscarta* Breddin of China and adjacent areas (Homoptera: Cercopidae). Oriental Insects, 30: 1, 101-130.

Liang A P. 2002. New taxa of Vizcayinae (Hemiptera: Auchenorrhyncha: Delphacidae), including a remarkable new genus from China. Journal of Natural History, 36: 601-616.

Liang A P. 2002. Seven new species of *Kinnara* Distant (Hemiptera: Fulgoroidea: Kinnaridae), with notes on antennal sensilla and wax glands. Zoological Studies, 41(4): 388-402.

Liang A P. 2015. Revision, phylogeny, and biogeography of the spittlebug tribe Capnodistini (Hemiptera: Cercopoidea: Aphrophoridae) from Southeast Asia. Annals of the Entomological Society of America, 108(3): 383-402.

Liang A P. 2017. *Zanna robusticephalica* sp. nov. (Hemiptera: Fulgoromorpha: Fulgoridae) from China, with comments on some ultrastructural characters of the new species. Zootaxa, 4338(2): 361-373.

Liang A P. 2022. Three new species of the genus *Philagra* Stål (Hemiptera: Cercopidea: Aphrophoridae) from China and Bangladesh. Zootaxa, 5200(2): 169-180.

Liang A P, Jiang G M. 2001. First records of the genus *Opistharsostethus* Schmidt (Hemiptera: Cercopidae) from Laos and China with description of a new species. Journal of the Kansas Entomological Society, 74(3): 121-127.

Liang A P, Jiang G M, Webb M. 2006. Revision of the Oriental spittlebug genera *Baibarana* Matsumura and *Telogmometopius* Jacobi (Hemiptera: Cercopidae: Rhinaulacini). Journal of Natural History, 40(35-37): 2071-2099.

Liang A P, Song Z S. 2012. Revision of the Austro-Oriental planthopper genus *Dictyomorpha* with Description of a new genus *Indodictyophara* gen. nov. From South India (Hemiptera: Fulgoroidea: Dictyopharidae). Annals of the Entomological Society of America, 105(3): 403-421.

Liang A P, Webb M. 2002. New taxa and revisionary notes in *Rhinaulacini* spittlebugs from Southern Asia (Homoptera: Cercopidae). Journal of Natural History, 36: 729-756.

Lin S G, Zou H F, Huang M, et al. 2022. Taxonomic study of the leafhopper genus *Mitjaevia* Dworakowska (Hemiptera: Cicadellidae: Typhlocybinae: Erythroneurini) from China, with descriptions of five new species. Zootaxa, 5194(3): 403-415.

Lin S H, Zou H F, Huang M, et al. 2023. Five new species and two new records of Erythroneurini from China (Hemiptera, Cicadellidae, Typhlocybinae). Zootaxa, 5227(5): 568-582.

Liu C X. 2011. *Phaneroptera* Serville and *Anormalous* gen. nov. (Orthoptera: Tettigoniidae: Phaneropterinae) from China, with description of two new species. Zootaxa, 2979: 60-68.

Liu C X, Heller K G, Wang X S, et al. 2020a. Taxonomy of a katydid genus *Mecopoda* Serville (Orthoptera: Tettigoniidae, Mecopodinae) from East Asia. Zootaxa, 4758(2): 296-310.

Liu C X, Kang L. 2006. A review of the genus *Parapsyra* Carl (Orthoptera: Tettigoniidae: Phaneropterinae), with descriptions of three new species from China. Oriental Insects, 40: 219-230.

Liu C X, Kang L. 2007a. New taxa and records of Phaneropterinae (Orthoptera: Tettigoniidae) from China. Zootaxa, 1624: 17-29.

Liu C X, Kang L. 2007b. Revision of the genus *Sinochlora* Tinkham (Orthoptera: Tettigoniidae, Phaneropterinae). Journal of Natural History, 41(21-24): 1313-1341.

Liu C X, Kang L. 2009. A new genus, *Paraxantia* gen. nov., with descriptions of four new species (Orthoptera: Tettigoniidae: Phaneropterinae) from China. Zootaxa, 2031(1): 36-52.

Liu C X, Kang L. 2010a. A review of the genus *Ruidocollaris* Liu (Orthoptera: Tettigoniidae), with description of six new species from China. Zootaxa, 2664: 36-60.

Liu C X, Kang L. 2010b. The genus *Tapiena* Bolívar (Orthoptera: Tettigoniidae: Phaneropterinae; Holochlorini), with description of three new species from China. Zootaxa, 2328: 49-64.

Liu C X, Liu X W. 2011. *Elimaea* Stål (Orthoptera: Tettigoniidae: Phaneropterinae) and its relative from China, with description of twenty-three new species. Zootaxa, 3020: 1-48.

Liu C X, Liu X W, Kang L. 2008. Review of the genus *Holochlora* Stål (Orthoptera, Tettigoniidae, Phaneropterinae) from China. Deutsche Entomologische Zeitschrift, 55(2): 223-240.

Liu G H, Yang H F, Li G Q, et al. 2022a. A new species of the idiocerine leafhopper genus *Chinaocerus* Zhang & Li (Hemiptera: Cicadellidae) from Northwest China, with a checklist and key to species. Zootaxa, 5105(3): 445-450.

Liu G Q, Zheng L Y. 2000. The Aphelocheirid Bugs of China (Heteroptera: Aphelocheiridae). Aquatic Insects, 22: 4, 297-303.

Liu H, Mound L, Zhang H R. 2020b. *Streothrips jianshuiensis* sp. n., a tropical addition to the Aeolothripidae fauna of China (Thysanoptera). Zootaxa, 4819(1): 1-5.

Liu J, Bin W, Bian X. 2021a. Contribution to the knowledge of Chinese Gryllacrididae (Orthoptera) III: New additions of *Metriogryllacris* Karny, 1937. Zootaxa, 5068(1): 142-148.

Liu J, Li Z M, Bian X. 2021b. Contribution to the Chinese subfamily Rhaphidophorinae Walker, 1869 (Orthoptera: Rhaphidophoridae: Rhaphidophorinae): One new species of *Rhaphidophora*. Zootaxa, 5027(4): 597-599.

Liu J, Wu X Y, Bian X. 2022b. Contribution to the knowledge of Chinese Gryllacrididae (Orthoptera) IV: New additions of Chinese *Furcilarnaca* Gorochov, 2004. Zootaxa, 5087(2): 335-356.

Liu J, Yang Z Z, Lu X Y, et al. 2021c. New additions to the Chinese *Anelytra* Redtenbacher, 1891 (Tettigoniidae: Conocephalinae; Agraeciini). Zootaxa, 5072(3): 238-254.

Liu L X, Li F S, Liu Z Q. 2013a. A new species from southwestern China of *Clematoscenea* (Psocoptera: Psocidae), with a key to known species. Zootaxa, 3666(3): 382-388.

Liu L X, Yoshizawa K, Li F S, et al. 2012. A review of the genus *Neopsocopsis* (Psocodea,"Psocoptera", Psocidae), with one new species from China. ZooKeys, 203: 27-46.

Liu L, Dietrich C H, Zhang Y L. 2013b. Review of the leafhopper genus *Evinus* Dlabola (Hemiptera: Cicadellidae: Deltocephalinae). Zootaxa, 3701(4): 421-436.

Liu Q P, Liu Z J, Wang G L, et al. 2021d. Taxonomic revision of the praying mantis subfamily Hierodulinae of China (Mantodea: Mantidae). Zootaxa, 4951(3): 401-433.

Liu S J, Yang X D, Ives A R, et al. 2017. Effects of seasonal and perennial grazing on soil fauna community and microbial biomass carbon in the Subalpine Meadows of Yunnan, Southwest China. Pedosphere, 27(2): 371-379.

Liu X W, Zhang D J. 2007. A new genus of the tribe Meconematini (Orthoptera: Tettigoniidae: Meconematinae). Zootaxa, 1581: 37-43.

Liu X W, Zhang W N. 2005. Orthoptera: Tettigonioidea and Stenopelmatoide // Yang X K. Insect Fauna of Middle-West Qinling Range and South Mountains of Gansu Procince. Beijing: Science Press.

Liu Y F, Shen C Z, Gong P, et al. 2019. Three new species of genus *Mecopoda* Serville, 1831 from China (Orthoptera: Tettigoniidae: Mecopodinae). Zootaxa, 4585(3): 561-572.

Liu Y J, He Z Q. 2022. A new species of genus *Phonarellus* Gorochov, 1983 from Yunnan, China (Orthoptera: Gryllidae: Gryllinae). Zootaxa, 5093(1): 94-100.

Liu Y J, He Z Q. 2022. First report of a cricket with filiform hairs on foretibia (Orthoptera: Gryllidae: Gryllinae). Zootaxa, 5125(5): 583-588.

Liu Y, Fletcher M J, Zhang Y L. 2014. Reinstatement of *Distantasca* Dworakowska (Hemiptera: Cicadellidae: Typhlocybinae:

Empoascini) as a valid genus with new species and new combinations. Zootaxa, 3869(1): 90-96.

Liu Y, Qin D Z, Fletcher M J, et al. 2011a. Four new species of *Empoasca* (Hemiptera: Cicadellidae: Typhlocybinae: Empoascini) and one new record from China. Zootaxa, 3070: 29-39.

Liu Y, Qin D Z, Fletcher M J, et al. 2011b. Review of *Empoasca* (*Matsumurasca*) Anufriev (Hemiptera: Cicadellidae: Typhlocybinae: Empoascini), with description of three new species from China. Zootaxa, 3003: 22-42.

Liu Y, Qin D Z, Fletcher M J, et al. 2011c. Review of *Empoasca* (*Okubasca*) Dworakowska (Hemiptera: Cicadellidae: Typhlocybinae: Empoascini), first record from China and description of two new species. Zootaxa, 3101: 59-64.

Long J K, Yang L, Chen X S. 2014. A review of the genus *Magadha* Distant, 1906 (Hem tera: Fulgoromorpha: Achilidae). Zootaxa, 3872(3): 235-256.

Long J K, Yang L, Chen X S. 2015.a A review of Chinese tribe Achilini (Hemiptera: Fulgoromorpha: Achilidae), with descriptions of *Paracatonidia webbeda* gen. & sp. nov. Zootaxa, 4052(2): 180-186.

Long J K, Yang L, Chen X S. 2015b. Six new species of the planthopper genus *Usana* Distant, 1906 (Hemiptera: Fulgoromorpha: Achilidae) from China. Zootaxa, 3947(4): 489-507.

Lü D B, Yan Y H, Li W H, et al. 2019. A new species of the genus *Chinoperla* (Plecoptera: Perlidae) from Southern China. Zootaxa, 4614(1): 187-190.

Lu W M, Wang J. 2019a. A new species of *Urothrips* (Thysanoptera, Phlaeothripidae) from canopy of monsoon forest in China. Zootaxa, 4614(1): 191-194.

Lu W M, Wang J. 2019b. New record of *Macrophthalmothrips* Karny, 1922 (Thysanoptera: Phlaeothripidae) in China, with the first description of the male of *M. splendidus* Ananthakrishnan, 1968. The Pan-Pacific Entomologist, 95(3-4): 139-144.

Lu X Y, Bin W, Bian X. 2021. Contribution to the knowledge of Chinese Gryllacrididae II: Study of the genus of *Microlarnaca* (Orthoptera:) with description one new species from Yunnan, China. Zootaxa, 5061(2): 353-360.

Lu X Y, Huang X J, Bian X. 2022a. Contribution to the Chinese subfamily Rhaphidophorinae Walker, 1869 (Orthoptera: Rhaphidophoridae) V: Two new species of *Eurhaphidophora*. Zootaxa, 5093(3): 392-396.

Lu X Y, Liu J, Bian X. 2022b. Study on the Chinese Subfamily Anostostomatinae (Orthoptera: Anostostomatidae) IV: One new recorded species *Anabropsis* (*Apteranabropsis*) *tonkinensis* Rehn, 1906. Zootaxa, 5100(3): 349-360.

Lu X Y, Liu J, Huang X J, et al. 2022c. Contribution to the Chinese subfamily Rhaphidophorinae Walker, 1869 (Orthoptera: Rhaphidophoridae: Rhaphidophorinae) IV: Seven new species of *Rhaphidophora* and one new mitogenome. Zootaxa, 5087(1): 129-153.

Lu X Y, Zhang Q W, Bian X. 2022d. Contribution to the knowledge of Chinese Gryllacrididae (Orthoptera) VII: Review the genus *Apterolarnaca* Gorochov, 2004. Zootaxa, 5115(3): 381-396.

Lu X Y, Zhang Q W, Bian X. 2022e. Contribution to the knowledge of Chinese Gryllacrididae (Orthoptera) XI: Three new species of *Homogryllacris* from Yunnan Province. Zootaxa, 5200(3): 281-290.

Lu X Y, Zhang Q W, Bian X. 2022f. Study on the Chinese Subfamily Anabropsinae (Orthoptera: Anostostomatidae) VI: One new species of *Anabropsis* (Pteranabropsis) from Yunnan Province. Zootaxa, 5178(2): 178-192.

Luo J Y, Gong Q B, Xie Q. 2022. A new genus and species of minute litter bugs family Schizopteridae Reuter, 1891 from China (Hemiptera, Heteroptera, Dipsocoromorpha). ZooKeys, 1120: 177-193.

Luo J Y, Xie Q. 2022. Taxonomic review of *Kokeshia* Miyamoto, 1960 from China, with description of ten new species (Hemiptera: Heteroptera: Schizopteridae). European Journal of Taxonomy, 802: 1-57.

Luo Q L, Yao Y L, Yang L, et al. 2019a. A key to the bamboo-feeding genus *Bambusana* Anufriev (Hemiptera, Cicadellidae, Deltocephalinae, Athysanini), with description of one new species from China. ZooKeys, 861: 53-61.

Luo Q, Yang L, Chen X S. 2018a. Review of the bamboo-feeding genus *Agrica* Strand (Hemiptera: Cicadellidae: Deltocephalinae), with descriptions of two new species from China. Zootaxa, 4418(1): 75-84.

Luo Q, Yang L, Chen X S. 2018b. Review of the bamboo-feeding leafhopper genus *Neomohunia,* with descriptions of two new species from China (Hemiptera, Cicadellidae, Deltocephalinae, Mukariini). ZooKeys, 790: 101-113.

Luo Q, Yang L, Chen X S. 2019b. Two new species of the bamboo-feeding subgenus *Myittana* (*Benglebra*) from China (Hemiptera: Cicadellidae: Deltocephalinae). Zootaxa, 4646(1): 164-172.

Luo X Y, Li F S, Cai W Z. 2016. Chinese psyllids in the genus *Cacopsylla* (Hemiptera:Sternorrhyncha: Psylloidea) associated with *Spiraea* (Rosaceae). Journal of Natural History, 50 (35-36): 1-21.

Luo X Y, Li Q, Li F S, et al. 2013. A revision of the endemic Chinese genus *Cornopsylla* (Hemiptera: Psyllidae), with potential pests on *Zanthoxylum* (Rutaceae). Zootaxa, 3646(2): 127-148.

Lv S S, Bourgoin T, Yang L, et al. 2021. Four new species of the planthopper genus *Metanigrus* Tsaur, Yang & Wilson from China (Hemiptera, Fulgoromorpha, Meenoplidae). ZooKeys, 1024: 197-213.

Ma Y T. 2018. Two new species of the genus *Sinella* Brook, 1882 (Collembola: Entomobryidae) from China. Transactions of the American Entomological Society, 144(2): 389-404.

Ma Y T, Shi S D. 2018. Three new species of *Entomobrya* (Collembola: Entomobryidae) from China. European Journal of Taxonomy, 419: 1-21.

Ma Z X, Zhou C F. 2021. The imaginal characters of *Neoephemera projecta* showing its plesiomorphic position and a new genus status in the family (Ephemeroptera: Neoephemeridae). Insects, 12(8): 723.

Mao B Y, Li M, Huang J H. 2016. Proposal of *Caryanda nigrospina* species group (Orthoptera: Acrididae) with description of two new species from China. Entomotaxonomia, 38(3): 1-9.

Mao B Y, Li M. 2015a. Two new species of grasshopper from China (Orthoptera: Pyrgomorphidae). Acta Zootaxonomica Sinica, 40(1): 63-69.

Mao B Y, Li M. 2015b. Proposal of the *Caryanda amplexicerca* species group (Orthoptera: Acridoidea) with description of two new species from China. Zoological Systematics, 40(4): 451-458.

Mao B Y, Luo Z W. 2014. A new species in the rice grasshopper genus *Oxya* Serville (Orthoptera: Catantopidae) from Yunnan. Entomotaxonomia, 36(4): 257-260.

Mao B Y, Niu Y, Huang J H. 2021. Taxonomic review of the genus *Assamacris* (Orthoptera: Acrididae: Catantopinae) with a new species and a newly discovered female. Zootaxa, 4985(4): 542556.

Mao B Y, Niu Y, Ou X H. 2011a. A taxonomic study of the genus *Longchuanacris* Zheng et Fu (Orthoptera: Acrididae: Catantopinae), with descriptions of two new species from Yunnan, China. Zootaxa, 3118(1): 51-61.

Mao B Y, Niu Y, Zheng Z M. 2015a. Proposal of the *Caryanda dentata* species group (Orthoptera: Acrididae) with description of a new species from China. Entomotaxonomia, 37(3): 171-176.

Mao B Y, Niu Y, Zheng Z M, et al. 2015b. Review of the genus *Qinshuiacris* (Orthoptera: Acrididae) from China with proposal of Caryanda viridis- species group and description of a new species. Zootaxa, 3981(4): 565-576.

Mao B Y, Ren G D, Ou X H. 2011b. Fauna, distribution pattern and adaptability on Acridoidea from Yunnan. Beijing: China Forestry Publishing House.

Mao B Y, Xu J S, Li M. 2017. Proposal of the *Caryanda aurata* species group (Orthoptera: Acrididae) with descriptions of two new species from China. Entomotaxonomia, 39(2): 85-93.

Matsumura S, Shiraki T. 1908. Locustiden Japans. Journal of the College of Agriculture, Tohoku Imperial University, 3 (1): 1-80.

Men J X, He Y W, Liu L, et al. 2020. A new fort crockett virus strain isolated from *Culicoides* in Yunnan Province, China, near the China-Laos-Vietnam Border. Vector Borne and Zoonotic Diseases, 20(12): 932-935.

Men Q L, Feng J N, Qing D Z. 2010. Description of one new species of the genus *Varma* (Hemiptera: Fulgoroidea: Tropiduchidae) with a key to all the species. Entomologica Americana, 116(3): 93-97.

Men Q L, Qing D Z. 2012. Revision of the planthopper genus *Tambinia* (Hemiptera: Fulgoromorpha: Tropiduchidae) from China, with description of a new species. Florida Entomologist, 95(4): 1095-1110.

Meng R, Wang Y L, Qin D Z. 2013. A new genus of the tribe Hemisphaeriini (Hemiptera: Fulgoromorpha: Issidae) from China. Zootaxa, 3691(2): 283-290.

Meng R, Wang Y L. 2016. Descriptions of new species of the genera *Sarima* Melichar and *Sarimodes* Matsumura from Southern China (Hemiptera, Fulgoromorpha, Issidae). ZooKeys, 557: 93-109.

Meng R, Wang Y L, Qing D Z. 2016. Four new species of the genus *Mongoliana* Distant (Hemiptera: Fulgoromorpha: Issidae) from Southern China. Zootaxa, 4061(2): 101-118.

Meng R, Webb M D, Wang Y L. 2017. Nomenclatural changes in the planthopper tribe Hemisphaeriini (Hemiptera: Fulgoromorpha: Issidae), with the description of a new genus and a new species. European Journal of Taxonomy, 298: 1-25.

Meng Z H, Yang M F. 2012. Female genitalia of *Seasogonia* Young from China, with a new synonym and a new record (Hemiptera, Cicadellidae, Cicadellini). ZooKeys, 164: 25-40.

Meng Z H, Yang M F. 2015. A new genus and species of Cicadellini (Hemiptera: Cicadellidae) from China. Zootaxa, 4039(3): 489-494.

Miao S Y, Yang B B, Wang S S, et al. 2021. Identification of reference genes for normalization of gene expression in *Liposcelis entomophila* (Psocoptera: Liposcelididae). Journal of Asia-Pacific Entomology, 24(4): 1206-1215.

Min G, Zhang Y L. 2013. Review of the leafhopper genus *Oniella* Matsumura (Hemiptera: Cicadellidae), with description of a new species from China. Zootaxa, 3693: 36-48.

Mirab-balou M, Tong X L, Yang S L. 2013. *Neohydatothrips* (Thysanoptera: Thripidae) from China: new species and records, with a key to species. Zootaxa, 3700(1): 185-194.

Mirab-balou M, Wang Z H, Tong X L. 2017. Review of the Panchaetothripinae (Thysanoptera: Thripidae) of China, with two new species descriptions. The Canadian Entomologist, 149(2):141-158.

Mo R, Wang G, Li W. 2020a. A new species and two new records of the *Neoperla diehli* subgroup of the *N. montivaga* group (Plecoptera: Perlidae) from China. Zootaxa, 4790: 515-524.

Mo R, Liu R, Li W, et al. 2020b. Rediscovery of two species of *Neoperla* (Plecoptera: Perlidae) from China. Zootaxa, 4758: 369-377.

Mo R, Wang Y, Wang G, et al. 2021a. Review of *Phanoperla* (Plecoptera, Perlidae) from China. ZooKeys, 1052: 71-81.

Mo R R, Liu R J, Wang G Q, et al. 2021b. Review of the genus *Chinoperla* Zwick, 1980 (Plecoptera: Perlidae: Perlinae) from China. European Journal of Taxonomy,775: 62-85.

Mo R R, Wang G Q, Yang D, et al. 2018. Two new species of the *Rhopalopsole magnicerca* group (Plecoptera: Leuctridae) from China. Zootaxa, 4388(3): 444-450.

Mo R R, Wang G Q, Yang D, et al. 2020c. A new species of the *Indonemoura fujianensis* complex (Plecoptera: Nemouridae) from the

Guangxi Zhuang Autonomous Region of Southern China. Zootaxa, 4801(2): 395-400.
Mound L, Li Y J, Zhang H R. 2020. Species of the genus *Allothrips* (Thysanoptera, Idolothripinae) from Southeast Asia, with one new species from Yunnan, China. Zootaxa, 4732(4): 593-595.
Mukherjee P, Cai W Z, Saha G K. 2015. A new species of *Aulacogenia* Stål (Hemiptera: Heteroptera: Reduviidae: Stenopodainae) from India. Zootaxa, 3904(3): 415-420.
Naveed H, Zhang Y L. 2018. Review of the grass feeding leafhopper genus *Hecalus* Stål (Hemiptera: Cicadellidae: Deltocephalinae) with description of four new species from Pakistan. Zootaxa, 4415(3): 580-590.
New T R. 1991. Psocoptera from southern China. Oriental Insects, 25(1): 99-116.
Nie J, Liang A P. 2008. A new species of *Machaerota* Burmeister (Hemiptera: Cercopoidea: Machaerotidae) from China and Laos. Zootaxa, 1727: 63-68.
Nie J, Liang A P. 2009. *Dianmachaerota serratiphalla*, a new genus and species of *Machaerotini* from China (Hemiptera: Cercopoidea: Machaerotidae). Annals of the Entomological Society of America, 102(5): 739-746.
Nielson M W. 2013. New species in the genus *Thagria* Melichar from the Oriental and Australian regions, with a revised key to genera and species and a synoptic catalogue of the genus (Hemiptera: Cicadellidae: Coelidiinae). Zootaxa, 3625(1): 1-105.
Nieser N, Chen P P. 2005. A new subgenus and six new species of *Nepomorpha* (Insecta: Heteroptera) from Yunnan, China. The Raffles Bulletin of Zoology, 53(2): 189-209.
Niu M M, Feng J N. 2018. A new species of *Parlatoria* from China (Hemiptera, Coccomorpha, Diaspididae). ZooKeys, 779: 147-155.
Niu M M, Feng J N. 2019. Two new species of the genus *Unaspis* MacGillivray, 1921 (Hemiptera: Coccomorpha: Diaspididae) from China. Zootaxa, 4555(4): 573-580.
Ntirengany E, Li Y J, Xie Y L, et al. 2021. Checklist of the suborder Terebrantia (Thysanoptera): generic diversity and species composition in Xishuangbanna, Yunnan Province, China. Biodiversity Data Journal, 9: e72670.
Pan Y, Bian X. 2023. Notes on the *Cyrtopsis* Bey-Bienko, 1962 (Orthoptera: Tettigoniidae: Meconematinae) with description the female sex of *Cyrtopsis robusta* Liu & Zhang, 2007. Zootaxa, 5318(4): 580-586.
Pang S Y, Lu X Y, Bian X. 2023. Study of the Chinese members of the subfamily Anabropsinae (Orthoptera: Anostostomatidae) VII: Description of two new subgenera and five new species of *Anabropsis* from China. Zootaxa, 5318(2): 253-267.
Peng A C, Engel M S, Zhuang Y H, et al. 2022. A new genus of striped earwigs allied to Zigrasolabis in mid Cretaceous Kachin amber (Dermaptera: Labiduridae). Cretaceous Research, 139(3): 105305.
Peng L F, Fletcher M J, Zhang Y L. 2012. Review of the Oriental planthopper genus *Flata* Fabricius (Hemiptera: Fulgoroidea: Flatidae) with the description of five new species. Zootaxa, 3399: 1-22.
Peng L F, Fletcher M J, Zhang Y L. 2016. A new genus in the family Flatidae with one new combination and three new species (Hemiptera: Fulgoromorpha). Zootaxa, 4117(2): 265-276.
Peng P Y, Guo X G, Song W Y, et al. 2015. Analysis of ectoparasites (chigger mites, gamasid mites, fleas and sucking lice) of the Yunnan red-backed vole (*Eothenomys miletus*) sampled throughout its range in Southwest China. Medical and Veterinary Entomology, 29: 403-415.
Phan Q T, Kompier T, Karube H, et al. 2018. A synopsis of the Euphaeidae (Odonata: Zygoptera) of Vietnam, with descriptions of two new species of *Euphaea*. Zootaxa, 4375(2): 151-190.
Polhemus D A. 1988. The Aphelocheirinae of tropical Asia (Heteroptera: Naucoridae). Raffles Bulletin Zoology, 36(2): 167-300.
Polhemus J T, Tran A D. 2009. The genus *Eotrechus* (Heteroptera: Gerridae) in Vietnam, with descriptions of two new species. The Raffles Bulletin of Zoology, 57(1): 29-37.
Puissant S, Lee Y J. 2016. Description of a new species of the genus *Hyalessa* China (Hemiptera: Cicadidae: Sonatini) from Yunnan, China, with a key to the species of *Hyalessa* and a calling song analysis for two *Hyalessa* species. Zootaxa, 4114(4): 434-446.
Qian Y H, Du Y Z. 2017. Two new species of *Rhopalopsole* (Plecoptera: Leuctridae) from China. Zootaxa, 4273: 296-300.
Qian Y H, Fu L, Jiao J Y, et al. 2019a. Two new species of *Sphaeronemoura* (Plecoptera: Nemouridae) from Yunnan Province of China. Zootaxa, 4568: 194-200.
Qian Y H, Xiang J H, Jiao J Y, et al. 2019b. A new species of *Agnetina* from China with redescription of *Paragnetina indentata* Wu & Claassen, 1934 (Plecoptera: Perlidae). Zootaxa, 4612: 289-286.
Qian Y H, Xiao Q, Chen Z T, et al. 2018. A remarkable new species of *Nemoura* (Plecoptera: Nemouridae) from Chuxiong Yi Autonomous Prefecture of Yunnan Province, China. Zootaxa, 4375: 281-295.
Qian Y H, Xie C X, Li C. 2022. First record of the genus *Medaura* Stål (Phasmatodea, Phasmatidae, Clitumninae) from China, with description of a new species. Biodiversity Data Journal, 10: 1-13.
Qiao G X, Zhang G X. 2000a. A new species of *Sumatraphis* (Homoptera: Aphidoidea: Greenideidae) from China. Oriental Insects, 34: 321-324.
Qiao G X, Zhang G X. 2000b. The genus *Cervaphis* from China with description of a new species (Homoptera: phidoidea: Greenideidae). Oriental Insects, 34: 325-330.
Qin D Z. 2007. Two new species of the Chinese endemic delphacid genus *Neuterthron* Ding (Hemiptera: Fulgoromorpha) from Yunnan and Shaanxi Provinces. Zootaxa, 1547: 59-64.

Qin D Z, Liu Y, Zhang Y L. 2010. A taxonomic study of Chinese Empoascini (Hemiptera: Cicadellidae: Typhlocybinae) (I). Zootaxa, 2481: 52-60.
Qin D Z, Liu Y, Zhang Y L. 2011a. A taxonomic study of Chinese Empoascini (Hemiptera: Cicadellidae: Typhlocybinae) (II). Zootaxa, 2923: 48-58.
Qin D Z, Liu Y, Zhang Y L. 2011b. A taxonomic study of Chinese Empoascini (Hemiptera: Cicadellidae: Typhlocybinae) (III). Zootaxa, 3094: 30-42.
Qin D Z, Lu S H, Dietrich C H. 2014. A key to the genera of Empoascini (Hemiptera: Cicadellidae: Typhlocybinae) in China, with descriptions of two new genera and two new species. Florida Entomologist, 97(4): 1493-1510.
Qin D Z, Zhang Y L. 2007. A taxonomic study on the subgenus *Empoasca* (Distantasca) Dworakowska (Hemiptera: Cicadellidae: Typhlocybinae: Empoascini) from China. The Pan-Pacific Entomologist, 83(3): 185-192.
Qin D Z, Zhang Y L. 2008. Two new empoascine leafhopper genera and species (Hemiptera: Cicadellidae: Typhlocybinae) from Southern China, with a key to Chinese genera of Empoascini. Zootaxa, 1966: 62-68.
Qin D Z, Zhang Y L. 2011. Taxonomic study of the typhlocybine leafhopper genus *Alebroides* Matsumura (Hemiptera: Cicadellidae) in China. Zootaxa, 2987: 31-44.
Qin H M, Kang J X, Huang M, et al. 2020a. On the Oriental leafhopper genus *Takagioma* Thapa, 1989 (Hemiptera: Cicadellidae: Typhlocybinae: Dikraneurini) with descriptions of six new species. Zootaxa, 4742(2): 299-310.
Qin Y Y, Jiang H T, Liu X W, et al. 2018a. A new genus of Rhaphidophorinae (Orthoptera, Rhaphidophoridae) from China. Zootaxa, 4500(2): 179-194.
Qin Y Y, Liu X W, Li K. 2016a. Review of the cave cricket genus *Tamdaotettix* Gorochov with a new species and some new descriptions (Orthoptera: Rhaphidophoridae, Aemodogryllinae). Zootaxa, 4154(3): 339-345.
Qin Y Y, Liu X W, Li K. 2019a. Review of the subgenus *Tachycines* (Gymnaeta) Adelung, 1902 (Orthoptera, Rhaphidophoridae, Aemodogryllinae, Aemodogryllini). Zootaxa, 4560(2): 273-310.
Qin Y Y, Wang H Q, Li K. 2019b. A new species of the genus *Tamdaotettix* (Orthoptera: Rhaphidophoridae) from Yunnan with a key to Chinese species. Far Eastern Entomologist, 387: 1-6.
Qin Y Y, Wang H Q, Liu X W, et al. 2016b. A taxonomic study on the species of the genus *Diestramima* Storozhenko (Orthoptera: Rhaphidophoridae: Aemodogryllinae). Zootaxa, 4126(4): 514-532.
Qiu L, Che Y L, Wang Z Q. 2016c. *Sinolatindia petila* gen. n. and sp. n. from China (Blattodea, Corydiidae, Latindiinae). ZooKeys, 596: 27-38.
Qiu L, Che Y L, Wang Z Q. 2017a. Contribution to the cockroach genus *Ctenoneura* Hanitsch, 1925 (Blattodea: Corydioidea: Corydiidae) with descriptions of seven new species from China. Zootaxa, 4237(2): 265-299.
Qiu L, Che Y L, Wang Z Q. 2017b. Revision of *Eucorydia* Hebard, 1929 from China, with notes on the genus and species worldwide (Blattodea, Corydioidea, Corydiidae). ZooKeys, 709: 17-56.
Qiu L, Che Y L, Wang Z Q. 2018b. A taxonomic study of *Eupolyphaga* Chopard, 1929 (Blattodea: Corydiidae: Corydiinae). Zootaxa, 4506(1): 1-68.
Qiu L, Wang Z Q, Che Y L. 2020b. Discovery of the second Asian *Holocompsa* species from China, and supplemental description of the male of *H. debilis* (Blattodea: Corydiidae: Euthyrrhaphinae). Annales de la Société entomologique de France (N.S.), 56(6): 481-487.
Qiu M, Shi F M. 2010. Remarks on the species of the genus *Teratura* Redtenbacher, 1891 (Orthoptera, Meconematinae) from China. Zootaxa, 2543: 43-50.
Ragge D R. 1980. A review of the African Phaneropterinae with open tympana (Orthoptera: Tettigoniidae). Bulletin of the British Museum (Natural History) Entomology, 40(2): 67-192.
Rédei D. 2017. A revision of *Sagriva* (Hemiptera: Heteroptera: Dinidoridae). Acta Entomologica Musei Nationalis Pragae, 57(1): 73-95.
Rehman A, Huo Q B, Du Y Z. 2022. A new species of *Suwallia* Ricker, 1943 (Plecoptera, Chloroperlidae) from Southwestern China, with an updated key to male *Suwallia* species. ZooKeys, 1089: 169-180.
Rehn J A G. 1901. Some necessary changes and corrections in names of Orthoptera. The Canadian entomologist, 33: 271-272.
Ren F J, Huang Y X, Zheng L F, et al. 2015a. Review of the genus *Malaxella* (Hemiptera: Fulgoroidea: Delphacidae) endemic in China, with a description of a new species. Florida Entomologist, 98(1): 104-113.
Ren F J, Xie Q, Qin D Z. 2015b. *Mestus cruciatus*, a new delphacid species from Southwest China with some remarks on the genus (Hemiptera, Fulgoromorpha, Delphacidae). ZooKeys, 545: 67-74.
Ren S Z. 1986. Novaj specioj kaj nova rekordo de urostylidae el cinio new species and new record of Urostylidae from China. Entomotaxonomia, (Z1): 133-138.
Ren S Z, Yang C K. 1988. New genus and new species of Isometopidae from China (Hemiptera-Heteroptera). Entomotaxonomia, Z1: 86-88.
Ren S Z, Zhu W B. 2010. Three new species of genus *Cenocorixa* (Hemiptera: Heteroptera: Corixidae: Corixinae) from China. Zootaxa, 2350: 35-45.
Rider D A. 1995. Rolstoniellini, replacement name proposed for *Compastini* Distant, 1902, a tribal name based on a generic junior

homonym (Heteroptera: Pentatomidae: Pentatominae). Journal of the New York Entomological Society, 103(4): 401-403.
Rider D A. 2006. Review of the genus *Madates* Strand with the description of three new species (Heteroptera, Pentatomidae) // Rabitsch W. Hug the Bug - For Love of True Bugs. Festschrift zum 70. Geburtstag von Ernst Heiss. Denisia, 19: 599-610.
Rider D A, Zheng L Y, Kerzhner L M. 2002. Checklist and nomenclatural notes on the Chinese Pentatomidae (Heteroptera). II. Pentatominae. Zoosystematica Rossica, 11(1): 135-153.
Sänger K, Helfert B. 2004. Four new species and new records of Meconematinae in Thailand (Insecta, Ensifera, Tettigoniidae). Senckenbergiana Biologica, 84(1-2): 45-58.
Sanmartín-Villar I, Olallalorenzo-Carballa M, Zhang H M, et al. 2022. *Ischnura praematura* sp. nov. (Odonata: Zygoptera: Coenagrionidae): a species from Yunnan (China) whose female's mate in the teneral state. Zootaxa, 5087(1): 59-74.
Serville J G A. 1831. Revue méthodique des insectes de l'ordre des Orthoptères. Annales des Sciences Naturelles, 22(86): 28-65, 134-167, 262-292.
Serville J G A. 1838. Histoire naturelle des Insectes. Orthoptères. Librairie Encyclopédique de Roret [Collection des suites a Buffon]. Paris: Librairie encylopédique de Roret.
Shen L, Zhang Y L. 1995. A new species and a new Chinese record of the genus *Kalasha* Distant (Homoptera: Cicadellidae: Hylicinae). Entomotaxonomia, 17(3): 185-188.
Shi F M, Bian X, Chang Y L. 2021a. New bushcrickets of the tribe Meconematini (Orthoptera, Tettigoniidae, Meconematinae) from China. Zootaxa, 2981: 36-42.
Shi F M, Bian X, Zhou Z J. 2016a. Comments on the status of *Xiphidiopsis quadrinotata* Bey-Bienko, 1971 and related species with one new genus and species (Orthoptera, Tettigoniidae, Meconematinae). Zootaxa, 4105(4): 353-367.
Shi F M, Chang Y L. 2004. Two new species of *Sinochlora* Tinkham (Orthoptera: Tettigonioidea: Phaneropteridae) from China. Oriental Insects, 38: 335-340.
Shi F M, Di J X, Chang Y L. 2014. One new species of the genus *Alloteratura* Hebard, 1922 (Orthoptera, Tettigoniidae, Meconematinae) from Yunnan, China. Zootaxa, 3846(4): 597-600.
Shi F M, Guo L Y, Bian X. 2012. Remarks on the genus *Homogryllacris* Liu, 2007 (Orthoptera: Gryllacrididae: Gryllacridinae). Zootaxa, 3414: 58-68.
Shi F M, Mao S L, Ou X H. 2007. A new species of the genus *Teratura* Redtenbacher, 1891 from Yunnan, China (Orthoptera, Meconematidae). Acta Zootaxonomica Sinica, 32(1): 61-63.
Shi F M, Mao S L, Ou X H. 2008. A revision of the genus *Conanalus* Tinkham, 1943 (Orthoptera, Tettigoniidae). Zootaxa, 1949: 30-36.
Shi F M, Ou X H. 2005. A review of the genus *Phlugiolopsis* with description of a new species from China (Orthoptera, Meconematidae). Acta Zootaxonomica Sinica, 30(2): 358-362.
Shi F M, Qiu M. 2009. Remarks on the Chinese species of the genus *Anelytra* Redtenbacher, 1891 (Orthoptera, Conocephalinae). Zootaxa, 2280(1): 53-62.
Shi F M, Wang J F, Fu P. 2005. A review of the genus *Conanalus* Tinkham (Orthoptera, Tettigonioidea) from China. Acta Zootaxonomica Sinica, 30 (1): 84-86.
Shi F M, Wang P. 2015. The genus *Conocephalus* Thunberg (Orthoptera: Tettigoniidae: Conocephalinae) in Hainan, China with description of one new species. Zootaxa, 3994(1): 142-144.
Shi F M, Xie G L. 2015. The genus *Anelytra* (Orthoptera, Conocephalinae, Agraeciini, Liarina), with one new species from Hainan, China. Zootaxa, 3914(5): 597-600.
Shi F M, Zhang L D. 2021. One new genus and six new species (Orthoptera, Tettigoniidae, Meconematini) from Yunnan, China. Zootaxa, 5027(4): 576-586.
Shi F M, Zheng Z M. 1999a. A new species of the genus *Conanalus* Tinkham (Orthoptera: Conocephallidae) from Sichuan, China. Entomologia Sinica, 6 (3): 219-221.
Shi F M, Zheng Z M. 1999b. Studies on male stridulatory apparatus of *Kuwayamaea* Matsumura & Shiraki and a description of a new species (Orthoptera: Phaneropteridae). Acta Entomology Sinica, 42: 401-405.
Shi F M, Zhu Q D, Wang H J. 2022. Review of the genus *Woznessenskia* Gorochov, 2002 (Orthoptera: Gryllacrididae) from China. Zootaxa, 5087(1): 191-200.
Shi F M, Zhu Q D. 2021. Further notes on the genus *Ocellarnaca* Gorochov, 2004 (Orthoptera: Gryllacrididae) from China. Zootaxa, 5068(3): 428-434.
Shi K, Bai X S, Wu Z Y, et al. 2016b. Pseudowuiessa, a new genus of *brachypterous* Mezirinae (Hemiptera: Heteroptera: Aradidae) from China. Zootaxa, 4158(1): 146-150.
Shi L Y, Qin J L, Zheng H Y, et al. 2021b. New genotype of *Yersinia pestis* found in live rodents in Yunnan Province, China. Frontiers in Microbiology, 12: 628335.
Shi M F, Wang P. 2015. The genus *Conocephalus* Thunberg (Orthoptera: Tettigoniidae: Conocephalinae) in Hainan, China with description of one new species. Zootaxa, 3994(1): 142-144.
Shi W F, Tong X L. 2015. Taxonomic notes on the genus *Baetiella* Uéno from China, with the descriptions of three new species (Ephemeroptera: Baetidae). Zootaxa, 4012(3): 553-569.

Sismondo E. 1990. Synchronous, alternating, and phase-locked stridulation by a tropical katydid. Science, 249: 55-58.

Song Q, Guo H F, Bian X, et al. 2016. Review of the genus *Pteranabropsis* Gorochov, 1988 (Orthoptera: Anostostomatidae: Anabropsinae) with description of two new species from China. Zootaxa, 4121(4): 473-484.

Song Y H, Li Z Z. 2011. Five new species of the leafhopper genus *Limassolla* Dlabola (Hemiptera: Cicadellidae: Typhlocybinae) from China. Zootaxa, 3127: 53-63.

Song Y C, Li Z Z. 2012a. A new species and new record of the leafhopper genus *Seriana* Dworakowska (Hemiptera, Cicadellidae, Typhlocybinae) from China. ZooKeys, 172: 1-6.

Song Y H, Li Z Z. 2012b. A new genus and species of Erythroneurini (Hemiptera: Cicadellidae: Typhlocybinae) from Southwest China. The Pan-Pacific Entomologist, 87(3): 196-200.

Song Y H, Li Z Z. 2012c. A new record of the genus *Sylhetia* Ahmed from China (Hemiptera: Cicadellidae: Typhlocybinae: Zyginellini). The Pan-Pacific Entomologist, 87(4): 223-226.

Song Y H, Li Z Z. 2012d. Description of a new species of the leafhopper genus *Zyginella* Löw from Southwest China (Hemiptera, Cicadellidae, Typhlocybinae). ZooKeys, 168: 13-17.

Song Y H, Li Z Z. 2012e. Seven new species of the leafhopper genus *Salka* Dworakowska (Hemiptera: Cicadellidae: Typhlocybinae) from China. Zootaxa, 3430: 50-60.

Song Y H, Li Z Z. 2013a. A new erythroneurine leafhopper genus from China (Hemiptera: Cicadellidae: Typhlocybinae). Zootaxa, 3722(4): 596-598.

Song Y H, Li Z Z. 2013b. Two new species of *Empoascanara* Distant (Hemiptera: Cicadellidae: Typhlocybinae) from Yunnan Province, China. Zootaxa, 3637(1): 89-93.

Song Y H, Li Z Z. 2013c. Two new species of the genus *Tautoneura* Anufriev 1969 (Hemiptera: Cicadellidae: Typhlocybinae) from China. The Pan-Pacific Entomologist, 89(1): 32-36.

Song Y H, Li Z Z. 2014. Five new species of *Qadria* Mahmood (Hemiptera: Cicadellidae: Typhlocybinae) from China. Zootaxa, 3760(3): 439-448.

Song Y C, Li Z Z, Xiong K N. 2011a. Three new species of the leafhopper genus *Tautoneura* Anufriev (Hemiptera, Cicadellidae, Typhlocybinae) from China. ZooKeys, 83: 63-72.

Song Y H, Li Z Z, Xiong K N. 2011b. A new species of the leafhopper genus *Diomma* Motschulsky (Hemiptera, Cidadellidae, Typhlocybinae) from China. Zookeys, 83: 57-62.

Song Z S, Liang A P. 2012. Taxonomic revision of the Oriental genus *Metaurus* Stål (Hemiptera: Fulgoromorpha: Dictyopharidae), with description of a new species. Journal of Natural History, 46: 41-42, 2563-2575.

Srivastava G K. 2003. On the higher classification of Chelisochidae (Insecta: Dermaptera) with a check list of species. Records of the Zoological Survey of India, 101(3-4): 159-166

Stål C. 1861. Orthoptera species novas descripsit. Kongliga Svenska Fregatten Eugenies Resa, Omkring Jorden, 3: 299-350.

Stål C. 1873. Orthoptera nova descripsit. Öfversigt of Kongliga Vetenskaps-Akademiens Förhandlinger, 30(4): 39-53.

Stål C. 1874. Recensio orthopterorum. Revue critique des Orthoptères décrits par Linné, DeGeer et Thunberg. 2. Öfversigt of Kongliga Vetenskaps-Akademiens Förhandlinger, 31: 1-121.

Storozhenko S Y, Dawwrueng P. 2014. New genus of the tribe Diestramimini (Orthoptera: Rhaphidophoridae) from Thailand. Zootaxa, 3765(3), 288-294.

Storozhenko S Y. 1990. Review of the orthopteran subfamily Aemodogryllinae (Orthoptera, Rhaphidophoridae). Entomologicheskoe Obozrenie, 69 (4): 835-849.

Storozhenko S Y, Mao B Y, Dawwrueng P, et al. 2022. Revision of the genera *Pseudotraulia* Laosinchai & Jago, 1980 and *Bannacris* Zheng, 1980 (Orthoptera: Acrididae) with proposal of new synonyms. European Journal of Taxonomy, 846: 42-54.

Su J, Duan Y H, Liu Q, et al. 2023a. One new species of the genus *Xizicus* Gorochov, 1993 (Orthoptera: Tettigoniidae: Meconematinae) from Yunnan, China. Zootaxa, 5318(2): 286-290.

Su J, Wang H J, Chang Y L. 2023b. Two new species of the genus *Nicephora* Bolívar, 1900 (Orthoptera: Tettigoniidae: Meconematinae) from Yunnan, China. Zootaxa, 5297(1): 133-138.

Sui Y J, Chen X S. 2019. Review of the genus *Vekunta* Distant from China, with descriptions of two new species (Hemiptera, Fulgoromorpha, Derbidae). ZooKeys, 825: 55-69.

Sui Y J, Yang L, Long J K, et al. 2023. Review of the genus *Hauptenia* Szwedo (Hemiptera, Fulgoromorpha, Derbidae), with descriptions of two new species from China. ZooKeys, 1157: 95-108.

Sun M L, Li K, Liu X W. 2016. Three new species of the subfamily Opisthocosmiinae from China (Dermaptera, Forficulidae), with new synonymies and combinations. Zootaxa, 4109(3): 359-371.

Suo H F, Dietrich C H, Qin D Z. 2016. *Yunicella*, a new genus in the Empoasca-complex of the Empoascini (Hemiptera: Cicadellidae: Typhlocybinae) from China and Thailand. Zootaxa, 4173(4): 396-400.

Surnaa T, Bai X S, Heiss E, et al. 2020a. A new apterous genus of Carventinae from Hainan, China (Hemiptera: Heteroptera: Aradidae). Zootaxa, 4885(2): 235-248.

Surnaa T, Bai X S, Heiss E, et al. 2020b. *Paracremastaptera*, a new apterous genus of Mezirinae from China (Hemiptera: Aradidae). Zootaxa, 4894(3): 445-450.

Szwedo J. 2005. Notes on Otiocerini with a second record of Derbidae in Eocene Baltic amber (Hemiptera: Fulgoromorpha: Derbidae). Insect Systematics & Evolution, 36(2): 161-172.

Takagi S. 1987. Notes on the Beesoniidae (Homoptera: Coccoidea). Insecta Matsumurana, 37: 27-41.

Tan M K, Dawwrueng P, Artchawakom T. 2015. Taxonomic review of *Kuzicus* Gorochov, 1993 (Tettigoniidae, Meconematinae), with two new species from Thailand and key to species. Zootaxa, 3999(2): 279-290.

Tan M K, Duncan J, Wahab C Y L, et al. 2023. The calling songs of some katydids (Orthoptera, Tettigonioidea) from the tropical forests of Southeast Asia. Journal of Orthoptera Research, 32(1): 1-24.

Tan M K, Kamaruddin K N. 2016. A contribution to the knowledge of Orthoptera diversity from *Peninsular* Malaysia: Bukit Larut, Perak. Zootaxa, 4111(1): 21-40.

Tang J, Zhang Y L. 2021. Review of the leafhopper genus *Hatigoria* Distant with one new species (Hemiptera: Cicadellidae: Hylicinae). Zootaxa, 5005(3): 358-366.

Thunberg C P. 1815. Hemipterorum maxillosorum genera illustrata plurimisque novis speciebus ditata ac descripta. Mémoires de l'Academie Imperiale de Sciences de Saint-Pétersbourg, 5: 211-301.

Tinkham E R. 1936. Notes on a small collection of Orthoptera from Hupeh and Kiangsi with key to Mongolotettix Rehn. Lingnan Science Journal, 15 (2): 201-218.

Tinkham E R. 1943. New species and records of Chinese Tettigoniidae from the Heude Museum, Shanghai. Notes d'Entomogia Chinoise, 10: 33-66.

Tinkham E R. 1944. Twelve new species of Chinese leaf-katydids of the genus *Xiphidiopsis*. Proceedings of the United States National Museum, 94: 505-526.

Tinkham E R. 1945. *Sinochlora*, a new tettigoniid genus from China with description of five new species. Transactions of the American Entomological Society, 70: 235-246.

Tran A D, Yang C M. 2006. New species of the water strider genera *Eotrechus* Kirkaldy and *Ryacobates* Esaki (Heteroptera : Gerridae) from Vietnam. The Raffles Bulletin of Zoology, 54(1): 11-20.

Tran A D, Zettel H, Buzzetti F M. 2009. Revision of the Oriental subgenus *Velia* (*Haldwania*) Tamanini, 1955 (Heteroptera: Veliidae), with descriptions of four new species. Insect Systematics & Evolution, 40: 171-199.

Tsai J F, Rédei D. 2015. Redefinition of *Acanthosoma* and taxonomic corrections to its included species (Hemiptera: Heteroptera: Acanthosomatidae). Zootaxa, 3950 (1): 1-60.

Uvarov B P. 1925. Orthoptera (except Blattidae) collected by Prof. Gregory's expedition to Yunnan. Journal of the Asiatic Society of Bengal, 20: 313-335.

Vinokurov N N. 2015. A new species and new data on distribution of the shore bugs of China (Hemiptera: Heteroptera: Saldidae). Acta Entomologica Musei Nationalis Pragae, 55(2): 569-584.

Viraktamath C A, Dai W, Zhang Y L. 2012. Taxonomic revision of the leafhopper tribe Agalliini (Hemiptera: Cicadellidae: Megophthalminae) from China, with description of new taxa. Zootaxa, 3430: 1-49.

Walker F. 1869. Catalogue of the Specimens of Dermaptera Saltatoria in the Collection of the British Museum. Part II. London: Catalogue of Locustidae.

Wang C B. 2023. A new species of *Hea* Distant, 1906 from China, with annotated catalogue for the genus (Hemiptera: Cicadidae: Cicadettinae). Zootaxa, 5231(5): 575-583.

Wang C B, Liu P Y. 2022. A new species of *Polyneura* Westwood, 1842 fromYunnan, China (Hemiptera, Cicadidae, Cicadinae). Biodiversity Data Journal, 10: e84554.

Wang D M, Zhang Y L. 2019. Two new species of the genus *Reticuluma* Cheng & Li (Hemiptera: Cicadellidae: Deltocephalinae: Penthimiini) from China. *Zootaxa*, 4668(2): 289-295.

Wang D M, Zhang Y L. 2022. Three new species in the genus *Chanohirata* (Hemiptera: Cicadellidae: Deltocephalinae: Penthimiini) from China. Zootaxa, 5129(3): 432-441.

Wang F, Feng J N. 2012. A new species of *Coccus* (Hemiptera, Coccoidea, Coccidae) from China. ZooKeys, 244: 59-65.

Wang G, Lu R S, Shi F M. 2012a. Remarks on the genus *Sinochlora* Tinkham (Orthoptera: Tettigoniidae, Phaneropterinae). Zootaxa, 3526: 1-16.

Wang G, Shi F M. 2009. A review of the genus *Abaxisotima* Gorochov, 2005 (Orthoptera: Tettigoniidae: Phaneropterinae). Zootaxa, 2325: 29-34.

Wang G, Shi F M. 2012. The genus *Abaxisotima* Gorochov (Orthoptera: Tettigoniidae: Phaneropterinae) from China. Journal of Natural History, 46: 41-42, 2537-2547.

Wang G, Shi F M. 2017. New species of the genus *Elimaea* Stål, 1874 (Tettigoniidae: Phaneropterinae) from China. Zootaxa, 4294(2): 209-225.

Wang G, Wang H J, Shi F M. 2015a. Remarks of the genus *Mirollia* (Orthoptera: Tettigoniidae: Phaneropterinae) from China. Zootaxa, 4021(2): 307-333.

Wang H J, Shi F M. 2011. Review of the genus *Euconocephalus* Karny (Tettigoniidae, Conocephalinae, Copiphorini) from China. Zootaxa, 2790: 61-68.

Wang H Q, Li K, Liu X W. 2012b. A taxonomic study on the species of the genus *Phlugiolopsis* Zeuner (Orthoptera, Tettigoniidae,

Meconematinae). Zootaxa, 3332(1), 27-48.
Wang H Q, Liu X W. 2022. Notes on the genus *Gryllacris* Audinet-Serville (Orthoptera: Gryllacrididae) with description of a new species from China. Zootaxa, 5091(2): 258-268.
Wang H Q, Liu X W, Li K. 2013a. Revision of the genus *Neocyrtopsis* Liu & Zhang (Orthoptera, Tettigoniidae, Meconematinae). Zootaxa, 3626(2): 279-287.
Wang H Q, Liu X W, Li K. 2015b. New taxa of Meconematini (Orthoptera, Tettigoniidae, Meconematinae) from Guangxi, China. Zootaxa, 3941(4): 509-541.
Wang H S, Cai W Z, Li Q. 2008. Notes on the genus *Aulacogenia* Stål (Hemiptera: Reduviidae: Stenopodainae) from China, with the description of a new species. Zootaxa, 1727: 57-62.
Wang J F, Shi F M, Ou X H. 2011. Review of the genus *Euconocephalus* Karny (Tettigoniidae: Conocephalinae: Copiphorini) from China. Zootaxa, 2790: 61-68.
Wang J F, Shi F M. 2005. A taxonomic review of the genus *Hexacenthrus* Serville from China. Acta Entomologica Sinica, 48(2): 242-246.
Wang J J, Li X R, Wang Z Q, et al. 2014. Four new and three redescribed species of the cockroach genus *Margattea* Shelford, 1911 (Blattodea, Ectobiidae, Pseudophyllodromiinae) from China. Zootaxa, 3827(1): 31-44.
Wang J Y, Wang B H, Cao L M, et al. 2015c. *Ocelliemesina sinica*, the second ocelli-bearing genus and species of thread-legged bugs (Hemiptera: Reduviidae: Emesinae). Zootaxa, 3936(3): 429-434.
Wang J, Tong X L. 2011. The genus *Terthrothrips* Karny (Thysanoptera: Phlaeothripidae) from China with one new species. Zootaxa, 2745: 63-67.
Wang L M, Li Z Z. 2003. A new species of *Mohunia* (Homoptera: Cicadellidae: Nirveninae) from China. Entomotaxonomia, 25: 186-188.
Wang L, Xu Y J, Zeng L. 2013b. Resurgence of bed bugs (Hemiptera: Cimicidae) in the Chinese mainland. Florida Entomologist, 96(1): 131-136.
Wang M G, Bourgoin T, Zhang Y L. 2015d. A new genus of the tribe Parahiraciini (Hemiptera: Fulgoroidea: Issidae) from Southern China. Zootaxa, 3957(1): 77-84.
Wang M L, Bourgoin Y, Zhang Y L. 2017a. New Oriental genera in the family Issidae (Hemiptera: Fulgoromorpha). Zootaxa, 4312(2): 355-367.
Wang M L, Soulier-perkins A, Wang Y L, et al. 2016a. Taxonomic updates and descriptions of four new Lophopini planthopper species (Hemiptera, Fulgoroidea, Lophopidae) from Yunnan province, South China. European Journal of Taxonomy, 185: 1-25.
Wang M L, Wang Y L. 2013. Review of the genus *Loxocephala* Schaum, 1850 (Hemiptera: Fulgoromorpha: Eurybrachidae) with description of three new species from China. Zootaxa, 3664(2): 176-198.
Wang M L, Wang Y L, Soulier-perkins A. 2016b. Neither Menoscinae nor Lophopinae, a new genus that challenges the current classifi cation of the *Lophopidae* Stål, 1866 (Hemiptera: Fulgoromorpha). European Journal of Entomology, 113(1): 233-239.
Wang M L, Zhang Y L, Bourgoin T. 2019a. On the tribe Sarimini with two new genera from south of China (Hemiptera, Fulgoromorpha, Issidae). Zootaxa, 4706(2): 375-383.
Wang M L, Zhang Y L, Bourgoin T. 2020a. Notes on genera of *Sarimini* with description of two new species in the genera *Microsarimodes* and *Tetrichina* (Hemiptera: Fulgoromorpha: Issidae). Zootaxa, 4858(4): 589-600.
Wang M M, Liu X W, Li K. 2015e. Review of the genus *Pteranabropsis* Gorochov (Orthoptera: Stenopelmatoidea: Anostostomatidae: Anabropsinae) from China. Zootaxa, 3905(4): 529-540.
Wang P, Li W, Zhang Z K, et al. 2016c. Characters of Yulong *Yersinia pestis* strains from Yunnan Province, China. International Journal of Clinical and Experimental Medicine, 9(3): 6394-6402.
Wang P, Zhang D X, Yuan L L, et al. 2020b. A contribution to taxonomy of the superfamily Grylloidea Laicharting from Yunnan, China (Orthoptera: Grylloidea). Zootaxa, 4729(4): 575-581.
Wang R Q, Li S, Dong R, et al. 2019b. New genus and species of the Psyllipsocidae (Psocodea: Trogiomorpha) from mid-Cretaceous Burmese amber. Cretaceous Research, 104:104178.
Wang R X, Yu X, Xue J L, et al. 2017b. Descriptions of larvae of *Vestalaria venusta* (Hämäläinen, 2004) and *Matrona basilaris* Selys, 1853 (Odonata: Calopterygidae). Zootaxa, 4306(4): 580-592.
Wang R, Xu Y, Qin D Z. 2023a. A new species from China and a key to the species of *Alebroides haculus* group (Hemiptera: Cicadellidae: Typhlocybinae). Entomotaxonomia, 45(2): 101-105.
Wang S J, Bu W J. 2020. A key to species of genus *Malcus* Stål, with descriptions of four new species from China (Hemiptera: Heteroptera: Malcidae). Zootaxa, 4759(1): 31-48.
Wang T, Zhou Z J, Chang Y L. 2020c. *Pseudophlugiolopsis bitubera* gen. nov., sp. nov. and a new species of *Allicyrtaspis* Shi, Bian & Chang, 2013 (Tettigoniidae, Meconematinae, Meconematini) from China. Zootaxa, 4802(1): 182-188.
Wang X D, Zhang Y L. 2017. Five new species of the leafhopper genus *Thagria* Melichar (Hemiptera: Cicadellidae: Coelidiinae) from China. Zootaxa, 4250(3): 219-228.
Wang X Y, Li Z Z, Dai R H. 2020d. Three new species of the leafhopper genus *Thagria* Melichar (Hemiptera: Cicadellidae: Coelidiinae) from China. Zootaxa, 4821(2): 363-370.

Wang X Y, Li Z Z, Dai R H. 2021a. Two new species of the leafhopper genus *Calodia* Nielson (Hemiptera, Cicadellidae, Coelidiinae) from China, with a checklist and key to Chinese species. ZooKeys, 1023: 49-60.
Wang X Y, Wang J J, Dai R H, et al. 2022a. Descriptions of two new Idiocerini leafhoppers of the genus *Idioscopus* (Hemiptera, Cicadellidae) from China. ZooKeys, 1095: 97-110.
Wang X Y, Wang J J, Dai R H. 2021b. A new genus and new species of the leafhopper tribe Idiocerini (Hemiptera: Cicadellidae: Eurymelinae). Zootaxa, 4942(1): 146-150.
Wang X Y, Wang J J, Zhou X L, et al. 2021c. Description of three new species of the leafhopper genus *Idioscopus* Baker, (Hemiptera: Cicadellidae: Eurymelinae) from Yunnan, China. Zootaxa, 4995(2): 375-381.
Wang X Y, Wu Y F, Dai R H. 2018a. Three new species of the leafhopper subfamily Iassinae (Hemiptera: Cicadellidae) from China. Zootaxa, 4442(3): 378-388.
Wang X Y, Yang N N, Dai R H. 2018b. Spittlebug genus *Kanozata* Matsumura (Hemiptera, Cercopoidea: Cercopidae) with a new distribution record of *K. contermina* (Distant) to China. Entomologica Fennica, 29(4): 191-200.
Wang X Y, Zhi Y, Chen X S. 2022b. Five new species of the genus *Andes* Stål, 1866 from China (Hemiptera, Fulgoromorpha, Cixiidae). European Journal of Taxonomy, 831: 45-66.
Wang X Y, Zhi Y, Yang L, et al. 2023b. Four new species of the genus *Andixius* Emeljanov & Hayashi (Hemiptera, Fulgoromorpha, Cixiidae) from China. ZooKeys, 1141: 149-168.
Wang X Z, Cai Q H, Tang T, et al. 2015f. Spatial distribution of benthic macroinvertebrates in the Erhai basin of Southwestern China. Journal of Freshwater Ecology, 27(1): 89-96.
Wang X, Hayashi M, Wei C. 2018c. Revision, phylogeny and phylogeography of the cicada genus *Auritibicen* (Hemiptera: Cicadidae), with descriptions of ten new species. European Journal of Entomology, 115: 53-103.
Wang X, He Z Q, Wei C. 2017c. A new species of *Cicadatra* Kolenati, 1857 from China, with primary phylogenetic analyses of the tribe Cicadatrini (Hemiptera: Cicadidae). Zootaxa, 4242(1): 174-184.
Wang X, Qiu Y, Wei C. 2016d. A new species of the genus *Hyalessa* (Hemiptera, Cicadidae) from China, with DNA barcoding data and a key to related species. Zootaxa, 4085(2): 296-300.
Wang Y, Dietrich C H, Zhang Y L. 2018d. Four new species of the leafhopper genus *Riseveinus* Li (Hemiptera: Cicadellidae: Evacanthinae) from China and Thailand. Zootaxa, 4508(2): 259-266.
Wang Y, Li W L, Li W H. 2022c. New species and records of *Phanoperla* (Plecoptera: Perlidae) from Southwestern China. Zootaxa, 5120: 263-272.
Wang Y, Li W L, Li W H. 2022d. Two new species and records of *Neoperla* (Plecoptera, Perlidae) from Yunnan, China. ZooKeys, 1092(1): 1-18.
Wang Y, Zhang Y. 2015. Two new species in the leafhopper genus *Pythamus* Melichar (Hemiptera: Cicadellidae: Evacanthinae) from China. Zootaxa, 4058: 429-436.
Wang Z L, Xu D P, Liao W K, et al. 2023c. Predicting the current and future distributions of *Frankliniella occidentalis* (Pergande) based on the MaxEnt species distribution model. Insects, 14, 458.
Wang Z M, Zhi Y, Yang L, et al. 2023d. First record of the genus *Parandes* Muir, 1925 from China with descriptions of two new species (Hemiptera, Fulgoromorpha, Cixiidae). European Journal of Taxonomy, 888: 111-123.
Wang Z Q, Che Y L. 2010. The genus *Scalida* Hebard (Blattaria: Blattellidae, Blattellinae) in China. Zootaxa, 2502: 37-46.
Wang Z Q, Che Y L. 2011. Revision of the genus *Glomerexis* Bey-Bienko with description of one new species from China (Blattodea, Perisphaeriinae). Transactions of the American Entomological Society, 137(3-4): 367-371.
Wang Z Q, Jiang H Y, Feng P Z. 2006. Two new species of *Anaplectoidea* Shelford 1906 from China (Blattaria: Blattellidae). Zootaxa, 1160: 21-28.
Wang Z Q, Li Y, Che Y L, et al. 2015g. The wood-feeding genus *Cryptocercus* (Blattodea: Cryptocercidae), with description of two new species based on female genitalia. Florida Entomologist, 98(1): 260-271.
Wang Z Z, Yang R, Wang Z Q. 2017d. First record of Rhabdoblattella (Blaberidae, Epilamprinae) from China with descriptions of two new species. Zootaxa, 4294(3): 381-388.
Wasscher M, Goudsmits K. 2018. Unusual Chinese records of *Lestes sponsa*, *Coenagrion armatum* and *Libellula quadrimaculata* (Odonata: Lestidae, Coenagrionidae, Libellulidae), far south of their known range. Notulae Odonatologicae, 9(2): 55-59.
Wattenwyl C B. 1878-1891. Monographie der Phaneropteriden. (Suivi de:)-Additamenta zur Monographie. Wien: F.A. Brockhaus.
Wei C, Tang G H, He H, et al. 2009. Review of the cicada genus *Karenia* (Hemiptera: Cicadidae), with a description of one new species trapped by clapping hands and its entomogenous fungus. Systematics and Biodiversity, 7(3): 337-343.
Wei C, Wang S Y, Hayashi M, et al. 2020. New genus and species of Leptopsaltriini (Hemiptera: Cicadidae: Cicadinae) from China and Vietnam, with colour-changing behaviour reported for the first time in Cicadoidea. Zootaxa, 4759(2): 277-286.
Wei C, Webb M D, Zhang Y. 2014. Identity of Baker's species described in the Oriental leafhopper genus *Pythamus* (Hemiptera: Cicadellidae) with description of a new genus. Zootaxa, 3795: 289-300.
Wei C, Zhang Y L, Webb M D. 2006. New synonymy in the leafhopper genus *Stegelytra* Mulsant and Rey and description of a new genus (Hemiptera: Cicadellidae: Stegelytrinae). Journal of Natural History, 40: 35-37.
Wei C, Zhang Y L, Webb M D. 2008. Revision of the Oriental leafhopper genus *Pachymetopius* Matsumura (Hemiptera: Cicadellidae:

Stegelytrinae) with description of five new species. Annales de la Société entomologique de France (N. S.), 44(3): 289-299.
Wei S Z, Deng W A. 2023. Two new species of the genus *Macromotettixoides* Zheng, Wei & Jiang (Orthoptera: Tetrigidae: Metrodorinae) from China. Oriental Insects, 57(2): 626-642.
Wei X T, Xing J C. 2018. Additions to the leafhopper genus *Mimotettix* (Hemiptera, Cicadellidae, Deltocephalinae) from Yunnan Province, China. ZooKeys, 786: 129-138.
Wei X T, Xing J C. 2019. Review of Chinese species of the genus *Nakaharanus* Ishihara (Hemiptera: Cicadellidae: Deltocephalinae), with description of a new species. Zootaxa, 4615(1): 165-175.
Wu C, Liu C X. 2018. Two new species of the genus *Leptoderes* Serville, 1838 (Orthoptera, Tettigoniidae) from China. Zootaxa, 4497(3): 439-446.
Wu C, Liu C X. 2021. Taxonomic revision of the genus *Phyllothelys* Wood-Mason (Mantodea: Hymenopodidae) from China. Annales de la Société entomologique de France (N.S.), 57(5): 449-480
Wu C, Liu C X. 2022. New and little-known species of genus *Pliacanthopus* Giglio-Tos (Dictyoptera: Mantodea: Nanomantidae). Journal of Natural History, 56: 29-32, 1279-1296.
Wu C, Liu C X. 2023. Taxonomical study of the genus *Anaxarcha* Stål in China (Mantodea: Hymenopodidae), Annales de la Société entomologique de France (N.S.), 59(1): 14-36.
Wu C, Yang Z, Liu C X, et al. 2017. Molpa: A newly recorded genus (Orthoptera: Tettigoniidae: Phaneropterinae) from China. Zootaxa, 4365(5): 585-589.
Wu H X, Liang A P. 2003. Three new species of *Pamendanga* Distant (Homoptera: Derbidae) from China. Oriental Insects, 37(1): 457-462.
Wu H X, Liang A P, Zhang G X, et al. 2003. The genus *Neoproutista* Yang & Wu (Homoptera: Derbidae) from China. Oriental Insects, 37: 463-472.
Wu S A, Wang X B. 2019. A review species of the genus *Ceroplastes* (Hemiptera: Coccomorpha: Coccidae) in China. Zootaxa, 4701(6): 520-536.
Wu X Y, Zhang H R, Li Z Y. 2009. Occurrence and seasonal pattern of western flower thrips, *Frankliniella occidentalis* (Pergande) (Thysanoptera: Thripidae) in Yunnan Province. Acta Phytopathologica et Entomologica Hungarica, 44(1): 135-146.
Xiang C, Song L, Zhang P, et al. 2016. The case study on soil fauna diversity in different ecological system in Shilin National Park, Yunnan, China. Acta Carsologica Karsoslovni Zbornik, 32(2): 187-194.
Xiao Q, Zhao J, Qian Y H. 2019. Two new species of *Mesonemoura* (Plecoptera: Nemouridae) from Yunnan Province of China. Zootaxa, 4565(4): 531.
Xiao W, Mao S L, Wang J F, et al. 2016. Tettigoniidae (Orthoptera, Tettigonioidea) from Hunan Province, China. Part 2. Subfamilies Conocephalinae, Hexacentrinae and Meconematinae. Far Eastern Entomologist, 305: 13-24.
Xie C X, Cai J, Qian Y H. 2022. New species of *Andropromachus* (Phasmatodea: Lonchodidae: Necrosciinae: Necrosciini) from Yunnan Province, China. Biodiversity Data Journal, 10: e78080.
Xie H C, Wang H Q, Li K, et al. 2021. Taxonomy of genus *Orophyllus* Beier, 1954 (Orthoptera: Tettigoniidae, Pseudophyllinae). Zootaxa, 4990(1): 147-159.
Xie T Y, Liu G Q. 2014. Two new species and three new records of the genus *Aphelocheirus* (Hemiptera: Heteroptera: Aphelocheiridae) from China. Zootaxa, 3793(2): 222-230.
Xie T Y, Liu G Q. 2015. The creeping water bugs (Hemiptera: Heteroptera: Naucoridae) of China, with description of a new species. Zootaxa, 3911(4): 571-580.
Xie T Y, Liu G Q. 2021. A new species of the genus *Cenocorixa* (Hemiptera, Heteroptera, Corixidae) from China. ZooKeys, 1055: 89-94.
Xie Y H, Yuan S Y, Li Z Y, et al. 2013. A new leaf-feeding species of *Ctenothrips* (Thysanoptera: Thripidae) from China. Florida Entomologist, 96(2): 610-618.
Xie Y H, Zhang H R, Mound L A. 2010. A new species from Southwestern China of the holarctic genus *Odontothrips* (Thysanoptera: Thripidae). Zootaxa, 2729: 53-57.
Xie Y L, Li Y J, Zhang H R. 2022. The genus *Helionothrips* (Thysanoptera, Panchaetothripinae) in China, with two new species and an identification key. Zootaxa, 5194(3): 392-402.
Xie Y L, Mound L A, Zhang H R. 2019. A new species of *Heliothrips* (Thysanoptera, Panchaetothripinae), based on morphological and molecular data. Zootaxa, 4638(1): 143-150.
Xin Y R, Shi F M. 2019. Three new species of the genus *Alloteratura* Hebard, 1922 (Orthoptera, Tettigoniidae, Meconematinae, Meconematini) from China. Zootaxa, 4651(2): 289-296.
Xing J C. 2018. Key to species of the genus *Xenovarta* Viraktamath (Hemiptera: Cicadellidae: Deltocephalinae) with description of a new species from China. Zootaxa, 4441(1): 195-200.
Xing J C, Chen X S. 2014. Taxonomic study of the planthopper genus *Lacusa* Stål, 1862 (Hemiptera, Fulgoromorpha, Lophopidae). ZooKeys, 405: 139-148.
Xing J C, Li Z Z. 2012. Two new species of the genus *Maiestas* Distant, 1917 from China (Hemiptera: Cicadellidae: Deltocephalinae). Munis Entomology & Zoology, 7 (2): 1256-1259.

Xing J C, Li Z Z. 2013. New replacement name for *Angustella* Li, 1986 (Hemiptera: Cicadellidae: Evacanthinae: Evacanthini), with description of a new species. Zootaxa, 3702(4): 386-390.

Xing J C, Li Z Z. 2015. Review of Chinese species of the leafhopper genus *Scaphoidella* Vilbaste, 1968 (Hemiptera, Cicadellidae, Deltocephalinae), with description of a new species. ZooKeys, 491: 79-93.

Xing J C, Li Z Z. 2016. Key to species of the genus *Bambusananus* Li & Xing (Hemiptera: Cicadellidae: Deltocephalinae), and with description of a new species from China. Zootaxa, 4085(2): 265-272.

Xing J, Li Z. 2013. New replacement name for *Angustella* Li, 1986 (Hemiptera: Cicadellidae: Evacanthinae: Evacanthini), with description of a new species. Zootaxa, 3702: 386-390.

Xu A L, Zhang Y L. 2020. Taxonomy of the Oriental leafhopper genus *Parabolopona* (Hemiptera: Cicadellidae: Deltocephalinae: Drabescini) with a new species from China. Zootaxa, 4821(1): 189-195.

Xu C Q, Liang A P, Jiang G M. 2006. The genus *Euricania* Melichar (Hemiptera: Ricaniidae) from China. The Raffles Bulletin of Zoology, 54(1):1-10.

Xu D L, Li S Y, Zhang Y L. 2021a. Taxonomy of the leafhopper genus *Nirvanguina* (Hemiptera: Cicadellidae: Deltocephalinae: Drabescini) with description of a new species from China. Zootaxa, 4966(5): 585-590.

Xu G L. 2000. Three new species of *Lodiana* (Homoptera: Cicadellidae) from China. Insect Science, 7(3): 218-222.

Xu G L, Kuoh Z L. 1999. A new species and a new record of *Calodia* (Homoptera: Cicadellidae: Coelidiinae) from China. Entomotaxonomia, 21(3): 209-212.

Xu S J, Wu S A. 2018. The Chinese species of the mealybug genus *Neotrionymus* Borchsenius (Hemiptera: Coccoidea: Pseudococcidae). Zoological Systematics, 43(1): 52-57.

Xu S L, Qin D Z. 2012. Two new species of the genus *Saigona* Matsumura (Hemiptera, Fulgoromorpha, Dictyopharidae) from China. Acta Zootaxonomica Sinica,37(1): 232-235.

Xu S Y, Long J K, Chen X S. 2018. Two new species of genus *Magadhaideus* Long & Chen, 2017 from China (Hemiptera: Fulgoromorpha: Achilidae). ZooKeys, 787: 81-90.

Xu T L, Yu Z, Dai R H, et al. 2020. Description of a new species of the leafhopper genus *Reticuluma* Cheng & Li, 2005 (Hemiptera: Cicadellidae: Penthimiini) from China with a key to species. Zootaxa, 4809(1): 177-186.

Xu X T, Deng W Y D, Zhou Z K, et al. 2021b. The first Fulgoridae (Hemiptera: Fulgoromorpha) from the Eocene of the central Qinghai–Tibetan Plateau. Fossil Record, 24(2): 263-274.

Xu Y, Dietrich C H, Qin D Z. 2022a. Bifurcus, a new leafhopper genus of the *Alebroides* group (Hemiptera: Cicadellidae: Typhlocybinae) from China. Entomotaxonomia, 44(3): 179-183.

Xu Y, Dietrich C H, Zhao W H, et al. 2017a. *Condensella* and *Endogena*, two new genera of the *Alebroides* genus group (Hemiptera: Cicadellidae: Typhlocybinae) from the Oriental Region with notes on the phylogeny of Empoascini. European Journal of Entomology, 114: 462-469.

Xu Y, Jiang L Y, Chen J, et al. 2022b. A new species of *Aphis* (Aphidinae: Aphidini) feeding on *Rubus* from China. Zootaxa, 5183(1): 282-292.

Xu Y, Lu S H, Dietrich C H, et al. 2019. Three new species of *Inflatopina* Lu, Dietrich et Qin (Hemiptera: Cicadellidae: Empoascini), with a revised key to species and a proposed nomen novum for a junior homonym. Annales Zoologici (Warszawa), 69(4): 687-696.

Xu Y, Lu S H, Qin D Z. 2015. *Flaviata longa*, a new species in *Flaviata* Lu & Qin and new synonymies in *Empoasca* (*Matsumurasca*) Anufriev (Hemiptera: Cicadellidae: Empoascini). Zootaxa, 4027(2): 296-300.

Xu Y, Wang Y R, Dietrich C H, et al. 2017b. Review of Chinese species of the leafhopper genus *Amrasca* Ghauri (Hemiptera, Cicadellidae, Typhlocybinae), with description of a new species, species checklist and notes on the identity of the Indian cotton leafhopper. Zootaxa, 4353(2): 360-370.

Xu Y, Wang Y R, Lu S H, et al. 2016. *Rubiparvus bistigma*, a new genus and species of Empoascini (Hemiptera, Cicadellidae, Typhlocybinae), with a checklist of the *Alebroides* group in Chinese fauna. Zootaxa, 4109(5): 583-589.

Xue Q Q, Mckamey S H, Zhang Y L. 2017. Philippogalla, a new genus for *Philipposcopus modestus* (Baker) from the Philippines, and a new species of *Philipposcopus* (Hemiptera: Cicadellidae: Idiocerinae) from China. Zootaxa, 4291(1): 34-40.

Xue Q Q, Viraktamath C A, Zhang Y L. 2016. Checklist to Chinese idiocerine leafhoppers, key to genera and description of a new species of *Anidiocerus* (Hemiptera: Auchenorrhyncha: Cicadellidae). Entomologica Americana, 122(3): 405-417.

Xue Q Q, Zhang Y L. 2017. Two new species of *Jogocerus* Viraktamath (Hemiptera: Cicadellidae: Idiocerinae) from China. Zootaxa, 4247(2): 174-180.

Xue Q Q, Zhang Y L. 2020. Phylogeny and revision of the Oriental leafhopper genus *Amritodus* (Hemiptera: Cicadellidae: Idiocerini). Zoological Journal of the Linnean Society, 189: 1438-1463.

Yamada K. 2016. *Cardiastethus brevirostris* and its close relatives from Asia, with descriptions of four new species (Hemiptera: Heteroptera: Anthocoridae). Entomologica Americana, 122(1-2): 1-17.

Yan B, Yang M F. 2016. Three new species and one new record of the leafhopper genus *Agnesiella* Dworakowska, 1970 (Hemiptera: Cicadellidae: Typhlocybinae: Typhlocybini) from China. Zootaxa, 4184(3): 529-540.

Yan B, Yang M F. 2019. Chinese species of the genus of *Agnesiella* Dworakowska (Hemiptera: Cicadellidae: Typhlocybini), with

four new species and four new records. Zootaxa, 4565(2): 151-170.
Yang D D, Peng X Y, Bian X. 2021. New taxa in the genus *Neolarnaca* Gorochov, 2004 (Orthoptera: Gryllacrididae) based on specimens from Yunnan and Guangxi, China. Zootaxa, 5060(4): 582-588.
Yang G H, Hämäläinen M, Zhang H M. 2014a. Description of *Atrocalopteryx fasciata* spec. nov. from Yunnan, China (Odonata: Calopterygidae). Zootaxa, 3779(3): 389-393.
Yang G H, Li Z X, Fan C Q. 2017. The effect of ecological rehabilitation of the Erhai lakeside on Odonata species richness and abundance. Aquatic Insects, 38(4): 231-238.
Yang G H, Liu Q. 2020. Descriptions of the last instar larvae of two species of *Megalestes* Selys from Yunnan, China (Odonata: Zygoptera: Synlestidae). International Journal of Odonatology, 23(4): 357-363.
Yang G H, Orr A G, Zhang H M. 2022. Descriptions of the larvae of *Huosoma* Guan, Dumont, Yu, Han & Vierstraete, 2013 from China (Odonata: Coenagrionidae). Zootaxa, 5134(3): 426-434.
Yang H L, Cao L M, Cai W Z. 2012a. *Paralenaeus* (Hemiptera: Reduviidae: Reduviinae) found in China with the description of the second species of the genus. Zootaxa, 3281: 56-60.
Yang H L, Li H, Dai X, et al. 2012b. New cytogenetic data on Coreoidea (Hemiptera: Heteroptera) with special reference to Coreidae. Zootaxa, 3313: 53-61.
Yang H Y, Dai R H. 2022. Description of two new species of the genus *Siniassus* (Hemiptera: Cicadellidae: Iassinae: Hyalojassini) from China. Zootaxa, 5093(1): 75-82.
Yang J K. 1984. A new leafhopper infesting bamboo from west of Yunnan Province (Homoptera: Cicadellidae). Entomotaxonomia, 6 (2-3): 197-199.
Yang K, Li X F, Tong X L, et al. 2023. A new species of *Siphlonurus* Eaton, 1868 (Ephemeroptera, Siphlonuridae) from Yunnan, China. ZooKeys, 1166: 121-139
Yang L J, Chang Z M, Yang L, et al. 2021. A new species of the genus *Euxaldar* Fennah, 1978 (Hemiptera, Fulgoromorpha, Issidae) from China and revision on the molecular phylogeny of the family. ZooKeys, 1021: 19-35.
Yang L J, Yang L, Chang Z M, et al. 2019a. Two new species of the tribe Hemisphaeriini (Hemiptera, Fulgoromorpha, Issidae) from Southwestern China. ZooKeys, 861: 29-41.
Yang L Y, Zhang Y L. 2013. Leafhopper genus *Pediopsoides* Matsumura (Hemiptera: Cicadellidae: Macropsinae), with descriptions of two new species from China. Zootaxa, 3734(5): 583-590.
Yang L, Chen X S, Li Z Z. 2013a. Review of the bamboo-feeding species of tribe Evacanthini (Hemiptera: Cicadellidae) with description of two new species from China. Zootaxa, 3620(3): 453-472.
Yang L, Chen X S, Li Z Z. 2016. *Bambusimukaria,* a new bamboo-feeding leafhopper genus from China, with description of one new species (Hemiptera, Cicadellidae, Deltocephalinae, Mukariini). ZooKeys, 563: 21-32
Yang L, Chen X S. 2011. Review of bamboo-feeding leafhopper genus *Mukaria* Distant (Hemiptera: Cicadellidae: Mukariinae) with description of a new species from China. Zootaxa, 2882: 27-34.
Yang L, Chen X S. 2013. Two new species of the bamboo-feeding leafhopper genus *Abrus* Dai & Zhang (Hemiptera, Cicadellidae, Deltocephalinae) from China. ZooKeys, 318: 81-89.
Yang L, Chen X S. 2014. Three new bamboo-feeding species of the genus *Symplanella* Fennah (Hemiptera, Fulgoromorpha, Caliscelidae) from China. ZooKeys, 408: 19-30.
Yang M F, Meng Z H, Li Z Z. 2015. Taxonomic study on the leafhopper genus *Cofana* Melichar (Hemiptera: Cicadellidae: Cicadellinae) from China, with description of two new species. Zootaxa, 3994(3): 253-264.
Yang M H, Wei C. 2014. New species of the cicada genus *Semi*a Matsumura (Hemiptera: Cicadidae) from China and a phylogeny of *Semia* spp. and their relatives based on molecular data. Journal of Natural History, 48: 37-38.
Yang M X, Cao Y H, Zhang Y L. 2014b. Review of the leafhopper genus *Coloana* Dworakowska (Hemiptera: Cicadellidae: Typhlocybinae: Erythroneurini). Zootaxa, 3802(3): 346-358.
Yang M X, Cao Y H, Zhang Y L. 2013b. Taxonomic study of the genus *Kapsa* Dworakowska with a new subgenus, and new combinations and records for *Tautoneura* Anufriev (Hemiptera: Cicadellidae: Typhlocybinae: Erythroneurini). Zootaxa, 3630(1): 117-142.
Yang M, Chen X, Huo W, et al. 2014c. Morphological variation versus genetic divergence: a taxonomic implication for *Mogannia* species (Cicadidae: Cicadinae). Systematics and Biodiversity, 12: 456-472.
Yang R, Wang Z Z, Zhou Y S, et al. 2019b. Establishment of six new *Rhabdoblatta* species (Blattodea, Blaberidae, Epilamprinae) from China. ZooKeys, 851: 27-69.
Yang Z Z, Lu X Y, Bian X. 2021b. Contribution to the *Glolarnaca* Gorochov, 2008 (Orthoptera: Gryllacrididae: Hyperbaeninae) from China. Zootaxa, 5048(1): 127-134.
Ye Z, Bu W J. 2015. A review of the genus *Xiphovelia* Lundblad, 1933 (Hemiptera: Heteroptera: Veliidae) from China, with descriptions of three new species. Zootaxa, 3946(2): 190-200.
Ye Z, Chen P P, Bu W J. 2013a. Contribution to the knowledge on the Oriental genus *Perittopus* Fieber, 1861 (Hemiptera: Heteroptera: Veliidae) with descriptions of four new species from China and Thailand. Zootaxa, 3616(1): 31-48.
Ye Z, Chen P P, Bu W J. 2014a. First record of the genus *Geovelia* Zimmermann 1984 (Hemiptera: Heteroptera: Veliidae) from China,

with description of a new species. The Pan-Pacific Entomologist, 90(1): 16-22.

Ye Z, Chen P P, Bu W J. 2015a. A new species and new data on distribution of the shore bugs of China (Hemiptera: Heteroptera: Saldidae). Acta Entomologica Musei Nationalis Pragae, 55(2): 569-584.

Ye Z, Chen P P, Bu W J. 2015b. A review of the *Strongylovelia* Esaki, 1924 (Hemiptera: Heteroptera: Veliidae) from China, with descriptions of three new species. Zootaxa, 3920(4): 534-544.

Ye Z, Polhemus D A, Bu W J. 2013b. A taxonomic contribution to the genus *Pseudovelia* Hoberlandt, 1951 (Hemiptera: Veliidae) from China, with descriptions of ten new species. Zootaxa, 3636(2): 290-318.

Ye Z, Polhemus D A, Bu W J. 2014b. First record of the genus *Baptista* Distant, 1903 (Heteroptera: Veliidae) from China, with descriptions of two new species. Zootaxa, 3811(3): 301-315.

Ye Z, Polhemus D A, Bu W J. 2017. Review of the genus *Amemboides* Polhemus & Andersen, 1984 (Hemiptera: Heteroptera: Gerridae) from China, with description of a new species. Zootaxa, 4286(3): 401-410.

Ye Z, Qiao M, Jin Z Z, et al. 2020. Notes on the genus *Perittopus* Fieber, 1860 (Hemiptera: Heteroptera: Veliidae) with descriptions of three new species from Indochina. Zootaxa, 4858(3): 417-426.

Ye Z, Zhou Y Y, Bu W J. 2016. Description of a new species of *Chimarrhometra* Bianchi, 1896 (Hemiptera: Heteroptera: Gerridae) from China. Zootaxa, 4175(2): 180-188.

Yeh W C, Kiyoshi T, Wang M. 2015. *Sarasaeschna gaofengensis* sp. nov. (Odonata，Aeshnidae), a new dragonfiy species described from Yunnan, China. Bulletin of the National Museum of Nature and Science, Series A, 41(3): 163-169.

Yin W Y, Xie R D, Imadaté G. 1965a. Four new species of the genus *Eosentomon* (Protura) from Yunnan Southwest China. Japanese Journal of Entomology, 64(4): 799-810.

Yin W Y, Xie R D, Imadaté G. 1965b. Notes on *Eosentomon belli* Yin (Protura Eosentomidae) with description of a new species from Yunnan, Southwest China．Japanese Journal of Entomology, 63(1): 151-158.

Yin Z L, Mao B Y. 2023. A review of *Caryanda* viridis- species group (Orthoptera: Acrididae) with a new species. Zootaxa, 5263(4): 505-519.

Yin Z W, Li L Z. 2017. *Zorotypus huangi* sp. nov. (Zoraptera: Zorotypidae) from Yunnan, Southern China. Zootaxa, 4300(2): 287-294.

Yin Z X, Meng L X. 2021. Review of the genus *Larnaca* Walker, 1869 from China (Orthoptera: Gryllacrididae: Gryllacridinae). Zootaxa, 5027(4): 587-596.

Yin Z X, Shen S Z. 2021. New and little-known *Eugryllacris* from Yunnan, China (Orthoptera: Gryllacrididae: Gryllacridinae). Zootaxa, 5026(4): 541-554.

Yin Z X, Shen S Z. 2023. Notes on the taxonomy revision of poorly known of tribe Eremini Cadena Castañeda, 2019 from China (Orthoptera: Gryllacrididae: Gryllacridinae). Zootaxa, 5271(1): 140-154.

Ying X L, Zhou C F. 2021. The exact status and synonyms of three Chinese *Afronurus* Lestage, 1924 established by Navás in 1936 (Ephemeroptera: Heptageniidae). Zootaxa, 5082(1): 95-100.

Yu D Y, Yang X D, Liu M Q. 2018. Three new species of *Tomocerus* from tropical zone of China (Collembola, Tomoceridae). Zootaxa, 4508 (2): 225-236.

Yu X. 2015. First record of *Ceriagrion fallax* Ris (Odonata: Coenagrionidae) preying on small web-building spiders (Arachnida: Tetragnathidae). International Journal of Odonatology, 18(2): 153-156.

Yu X, Bu W J. 2011. Chinese damselflies of the genus *Coenagrion* (Zygoptera: Coenagrionidae). Zootaxa, 2808: 31-40.

Yu X, Chen J. 2013. *Calicnemia soccifera* sp. nov. from Yunnan, China (Zygoptera: Platycnemididae). International Journal of Odonatology, 16(2): 183-188.

Yu X F, Yang M F. 2013. Two new species of *Membranacea* Qin & Zhang from China (Hemiptera: Cicadellidae: Typhlocybinae: Empoascini). ZooKeys, 260: 77-83.

Yu X F, Yang M F. 2014. Four new species of *Alebroides* Matsumura (Hemiptera: Cicadellidae: Typhlocybinae) from China. Zootaxa, 3780(2): 248-262.

Yu X F, Yang M F. 2019. *Okubasca* Dworakowska (Hemiptera: Cicadellidae: Typhlocybinae: Empoascini) elevated to separate genus status with description of two new species from China. Zootaxa, 4609(2): 395-400.

Yu X F, Yang M F, Dietrich C H. 2015. Five new species of *Ishiharella* Dworakowska (Hemiptera: Cicadellidae: Typhlocybinae) with a key to worldwide species of the genus. Zootaxa, 4000(5): 571-580.

Yuan L L, Xu F, Wang X X, et al. 2021. Checklist of the infraorder Gryllidea (Orthoptera: Ensifera) from Yunnan Province, China, with description of one new species. Zootaxa, 4995(3): 492-504.

Zahniser J N. 2008. Seven new species and new distributions of Old World Chiasmini (Hemiptera: Cicadellidae: Deltocephalinae), with a redescription, key to genera, and species checklist for the tribe. Zootaxa,1808: 1-32

Zettel H. 1998. Neue Taxa der *Gattung Aphelocheirus* Westwood, 1833 (Insecta: Heteroptera: Aphelocheiridae) aus der Orientalischen Region sowie Bemerkungen zu einigen beschriebenen Arten und zu den Raubbeinen der Naucoroidea. Annalen des Naturhistorischen Museums in Wien. Serie B für Botanik und Zoologie, 100: 77-97.

Zettel H. 2003. Helotrephidae (Insecta: Heteroptera) aus den chinesischen Provinzen Guangdong, Yünnan und Guizhou, mit Beschreibungen neuer Arten der Gattungen Helotrephes und Distotrephes. Annalen des Naturhistorischen Museums in Wien.

Serie B für Botanik und Zoologie,105: 397-409.

Zettel H. 2004. Revision of the *Timasius chinai* species group (Insecta: Heteroptera: Hebridae), with descriptions of ten new species. Insect Systematics & Evolution, 35(3): 241-260.

Zettel H. 2009. Three new genera of Ptilomerinae (Hemiptera: Heteroptera: Gerridae) from Southeast Asia. Zootaxa, 2046: 26-42.

Zettel H. 2012. New creeping water bugs (Insecta: Heteroptera: Naucoridae) from China and the Philippines. Annalen des Naturhistorischen Museums in Wien. Serie B für Botanik und Zoologie, 113: 27-36.

Zettel H, Yang C M, Tran A D. 2007. Two new species of *Amemboa* subgenus *Amemboides* (Heteroptera: Gerridae) from China and Laos. The Raffles Bulletin of Zoology, 55(2): 223-229.

Zeuner F E. 1940. *Phlugiolopsis henryi*, n. g., n. sp., a new tettigoniid, and other Saltatoria (Orthop.) from the Royal Botanic Gardens, Kew. Journal of the Society for British Entomology, 2: 76-84.

Zhan H P, Li H, Dai R H. 2018. Checklist and key to species of the leafhopper genus *Japanagallia* Ishihara, 1955 with description of a new species from China (Hemiptera: Cicadellidae, Megophthalminae). Entomologica Fennica, 29: 13-20.

Zhang B. 2011. Revision of the leafhopper genus *Onukigallia* Ishihara, 1955 (Hemiptera: Cicadellidae: Megophthalminae). Zootaxa, 2915: 52-60.

Zhang B. 2014. A new species of *Sangeeta* Viraktamath from China (Hemiptera: Cicadellidae: Megophthalminae). Zootaxa, 3765(1): 92-94.

Zhang B. 2018. A new idiocerine leafhopper genus, *Dianica*, from China (Hemiptera: Cicadellidae). Zootaxa, 4420(4): 588-592.

Zhang B, Chi W F, Webb M D. 2018a. Description of two new idiocerine leafhoppers of the genus *Chinaocerus* (Hemiptera: Cicadellidae) from Southwestern China. Zootaxa, 4457(4): 583-588.

Zhang B, Lou Y M, Qiao G X. 2013a. A new genus and species of Macrosiphini (Hemiptera, Aphididae) from China, living on *Isodon eriocalyx*. ZooKeys, 359: 1-12.

Zhang B, Viraktamath C A. 2010. New species of macropsine leafhopper genus *Pedionis* Hamilton (Hemiptera, Cicadellidae) from China, with a key to Chinese species. Zootaxa, 2484: 53-60.

Zhang B, Zhang R L. 2014. A revision of the subgenus *Pedionis* (*Pedionis*) Hamilton from China, with description of two new species (Hemiptera: Cicadellidae). Zootaxa, 3802(4): 469-476.

Zhang C N, Pan L X, Lu Y P, et al. 2016a. Reinvestigation of the antennal morphology of the white-backed planthopper *Sogatella furcifera* (Horváth) (Hemiptera: Delphacidae). Zoologischer Anzeiger, 262: 20-28.

Zhang F, Deharveng L. 2011. Cave Sinella (Collembola: Entomobryidae) from China. Journal of Natural History, 45(19-10): 1213-1231.

Zhang F, Liu X W. 2009. A review of the subgenus *Diestrammena* (*Gymnaeta*) from China (Orthoptera: Rhaphidophoridae: Aemodogryllinae). Zootaxa, 2272: 21-36.

Zhang G X. 1995. A study on *Baizongia* Rondani, 1848 with descriptions of a new subgenus and two new species (Homoptera: Pemphigidae). Entomological Sinica, 2(4): 291-299.

Zhang G X, Qiao G X. 1997. Nine new species of Pemphiginae (Homoptera: Pemphigidae) from China. Entomological Sinica, 4(4): 283-294.

Zhang H J. 2014. A new species of *Nychogomphus* (Anisoptera: Gomphidae) from Yunnan Province, China. International Journal of Odonatology, 17(2): 59-62.

Zhang H M, Cai Q H. 2013. Descriptions of two new *Cephalaeschna* species from Yunnan, China (Odonata: Aeshnidae). International Journal of Odonatology, 16(3): 239-246.

Zhang H M, Guan Z Y, Wang W Z. 2017. Updated information on genus *Gomphidictinus* (Odonata: Gomphidae) in China with description of *Gomphidictinus tongi* sp. nov. Zootaxa, 4344(2): 321-332.

Zhang H M, Hämäläinen M. 2020. Description of a new *Caliphaea* species from Yunnan, China (Odonata: Calopterygidae). Zootaxa, 4895(1): 103-110.

Zhang H M, Hämäläinen M, Cai Q H. 2014a. *Anisopleura pelecyphora* sp. nov. from south-western Yunnan, China (Odonata: Euphaeidae). Odonatologica, 43(1): 43-50.

Zhang H M, Hämäläinen M, Cai Q H. 2015a. Description of *Echo candens* sp. nov. from western Yunnan, China (Odonata: Calopterygidae). Odonatologica, 44(1): 107-116.

Zhang H M, Hämäläinen M, Wang W Z. 2018b. *Indocypha cyanicauda* sp. nov. from southern Yunnan, China (Odonata: Chlorocyphidae). International Journal of Odonatology, 21(1): 71-80.

Zhang H M, Kosterin O E, Cai Q H. 2015b. New species and records of *Burmagomphus* Williamson, 1907 (Odonata, Gomphidae) from China. Zootaxa, 3999(1): 62-78.

Zhang H M, Yang G H, Cai Q H. 2016b. A new species of *Lamelligomphus* Fraser, 1922 (Odonata: Gomphidae) from southern Yunnan, China. Zootaxa, 4098(3): 571-581.

Zhang H R, Mound L A, Xie Y H. 2010a. A new genus and species from southwestern China in the *Frankliniella* genus-group (Thysanoptera: Thripidae). Zootaxa, 2729: 65-68.

Zhang H, Wang W Q, Stroiński A, et al. 2021a. Two new species and a new combination in the genus *Ricanula* Melichar, 1898 for Ricaniidae from China (Hemiptera: Fulgoromorpha). Zootaxa, 5047(3): 353-369.

Zhang J T, Wang X B, Watson G W. 2023a. A new mealybug species in the genus *Dysmicoccus* Ferris (Hemiptera: Coccomorpha: Pseudococcidae), with a key to Chinese species. Zootaxa, 5239(1): 127-134.

Zhang J T, Wu S A. 2017. A study of the genus *Paraputo* Laing, 1929 of China, with description of two new species (Hemiptera, Sternorrhyncha, Coccomorpha). ZooKeys, 709: 57-70.

Zhang J T, Wu S A. 2022. A review of the genus *Formicococcus* Takahashi, 1928 (Hemiptera: Coccomorpha: Pseudococcidae) of China, with description of a new species. Zootaxa, 5188(2): 157-168.

Zhang L, Xing J C. 2020. Description of a new leafhopper species of the genus *Watanabella* (Hemiptera, Cicadellidae, Deltocephalinae) from China. Zootaxa, 4808(3): 539-546.

Zhang N, Cao T, Feng J N. 2018c. Description of a new species of *Saissetia* from China (Hemiptera, Coccomorpha, Coccidae). ZooKeys, 791: 97-105.

Zhang P, Chen X S. 2013a. First record of the genus *Dilacreon* Fennah, 1980 (Hemiptera: Fulgoromorpha: Cixiidae: Eucarpiini) from China, with description of one new species feeding on bamboo. Journal of the Kansas Entomological Society, 86(4): 318-324.

Zhang P, Chen X S. 2013b. Taxonomic study on the planthopper genus *Macrocixius* Matsumura (Hemiptera: Fulgoromorpha: Cixiidae) with descriptions of two new species from China. Zootaxa, 3646(3): 277-288.

Zhang Q W, Bian X. 2023a. Contribution to the knowledge of Chinese Gryllacrididae (Orthoptera) XVI: One new genus with one new species. Zootaxa, 5319(1): 135-140.

Zhang Q W, Bian X. 2023b. One new species of *Xizicus* in the genus subgenus *Paraxizicus* (Orthoptera: Tettigoniidae: Meconematinae) from Yunnan Province, China. Zootaxa, 5325(1): 147-150.

Zhang Q W, Liu M Y, Bian X. 2023b. Contribution to the knowledge of Chinese Gryllacrididae (Orthoptera) XVII: New reports on Chinese *Homogryllacris*. Zootaxa, 5330(2): 295-300.

Zhang Q W, Pang S Y, Rong P Y, et al. 2023c. Contribution to the knowledge of Chinese Gryllacrididae (Orthoptera) XIII: Review the genus *Ocellarnaca* Gorochov, 2004. Zootaxa, 5230(3): 305-332.

Zhang Q W, Yang T, Bian X. 2022. Contribution to the knowledge of Chinese Gryllacrididae (Orthoptera) X: One new species of *Capnogryllacris* from Yunnan Province. Zootaxa, 5190(3): 425-430.

Zhang Q W, Zhang B, Bian X. 2023d. Contribution to the knowledge of Chinese Gryllacrididae (Orthoptera) XV: Two new species of *Larnaca* (*Larnaca*) from Yunnan Province. Zootaxa, 5315(3): 291-296.

Zhang R M, Zhou H X, Guo D, et al. 2014b. Two putative bridgehead populations of *Aphelinus mali* (Hymenoptera: Aphelinidae) introduced in China as revealed by mitochondrial DNA marker. Florida Entomologist, 97(2): 401-405.

Zhang W J, Bai X H, Cai W Z. 2010b. Notes on *Yangiella* Hsiao (Hemiptera: Aradidae: Mezirinae), with description of a new species from China. Zootaxa, 2530: 29-38.

Zhang W, Lei Z M, Li W J, et al. 2021b. A contribution to the genus *Afronurus* Lestage, 1924 in China (Ephemeroptera: Heptageniidae, Ecdyonurinae). European Journal of Taxonomy, 767: 94-116.

Zhang W, Zhang M, Han N, et al. 2020a. Two new species of the genus *Notacanthurus* from China (Ephemeroptera: Heptageniidae, Ecdyonurinae). Zootaxa, 4802(2): 335-348.

Zhang X Y, Xu J, Shah B, et al. 2023e. New taxa in the leafhopper tribe Deltocephalini (Hemiptera: Cicadellidae: Deltocephalinae) from China. Zootaxa, 5271(3): 525-537.

Zhang X Z, Li R, Hu C X, et al. 2020b. Population numbers and physiological response of an invasive and native thrip species following repeated exposure to imidacloprid. Frontiers in Physiology, 11: 216.

Zhang X M, Zhang Y L, Wei C. 2010c. Review of the leafhopper genus *Taperus* Li & Wang (Hemiptera: Cicadellidae: Evacanthinae) from China, with description of three new species. Zootaxa, 2721(2721): 39-46.

Zhang Y L, Che Y L, Wang Y L, et al. 2010d. Two new species of the planthopper genus *Flavina* Stål (Hemiptera: Fulgoromorpha: Issidae) from China. Zootaxa, 2641: 27-36.

Zhang Y L, Dai Wu. 2006. A taxonomic study on the leafhopper genus *Scaphoidella* Vilbaste (Hemiptera: Cicadellidae: Deltocephalinae) from China. Zoological Science of Japan, 23: 843-851.

Zhang Y L, Duan Y N. 2011. Review of the *Deltocephalus* group of leafhoppers (Hemiptera: Cicadellidae: Deltocephalinae) in China. Zootaxa, 2870: 1-47.

Zhang Y L, Huang M. 2005a. Taxonomic study of the Oriental genus *Amurta* (Hemiptera: Cicadellidae: Typhlocybinae: Typhlocybini), including *A. bimaculata* sp. nov. and *A. upunctata* sp. nov. Entomological Society of Canada, 137: 410-415.

Zhang Y L, Huang M. 2005b. Two new leafhopper genera, *Direnaia* and *Xaniona* (Hemiptera: Cicadellidae: Typhlocybinae: Typhlocybini) from China. Proceedings of the Entomological Society of Washington, 107(2): 376-381.

Zhang Y L, Huang M. 2007. Taxonomic study of the leafhopper genus *Warodla* Dworakowska (Hemiptera: Cicadellidae: Typhlocybinae), with descriptions of six new species. Proceedings of the Entomological Society of Washington, 109(4): 886-896.

Zhang Y L, Lu L, Yong J K. 2013b. Review of the leafhopper genus *Macrosteles* Fieber (Hemiptera: Cicadellidae: Deltocephalinae) from China. Zootaxa, 3700(3): 361-392.

Zhang Y L, Wei C. 2002. Study on the Oriental leafhopper genus *Kunasia* Distant (Homoptera: Cicadellidae). Entomotaxonomia, 24(2): 83-88.

Zhang Y L, Wei C, Webb M D. 2006. A new stegelytrine leafhopper genus from China and Thailand (Hemiptera: Cicadellidae). Zootaxa, 1333: 55-62.

Zhang Y L, Wei C, Webb M D. 2007. The Oriental 'Fly-like' leafhoppers of the subfamily Stegelytrinae - the Doda Group (Hemiptera: Cicadellidae). Zoologivcal Science, 24: 414-426.

Zhang Y L, Xiao N N. 2000. Typhlocybinae (Auchenorryncha:Cicadellidae) collected by a light trap in Yuxi, Yunann. Entomotaxonomia, 22(2): 107-115.

Zhang Y L, Yang M X. 2011. The second species of the leafhopper genus *Watara* Dworakowska (Hemiptera: Cicadellidae: Typhlocybinae: Erythroneurini). Zootaxa, 2897: 64-68.

Zhang Y L, Zhang X M, Dai W. 2008. Three new species of the genus *Krisna* Kirkaldy (Hemiptera: Cicadellidae: Iassinae) from China, with a checklist of the genus. Zootaxa, 1783: 40-60.

Zhang YL, Zhang X M, Wei C. 2010e. Review of the genus *Boundarus* Li & Wang (Hemiptera: Cicadellidae: Evacanthinae) from China, with description of two new species. Zootaxa, 2575: 63-68.

Zhang Z G, Chen X S. 2008. Two new species of the Oriental genus *Neodurium* Fennah (Hemiptera: Fulgoromorpha: Issidae) from Southwest China. Zootaxa, 1785: 63-68.

Zhang Z G, Chen X S. 2009. Review of the oriental Issid genus *Tetricodes* Fennah (Hemiptera: Fulgoroidea: Issidae) with the description of one new species. Zootaxa, 2094: 16-22.

Zhang Z G, Chen X S. 2010. Taxonomic study of the genus *Kodaianella* Fennah (Hemiptera: Fulgoromorpha: Issidae). Zootaxa, 2654: 61-68.

Zhang Z S. 1992a. A new species of *Metatachardia* (Chamberlin) from Yunnan, China (Homoptera: Tachardiidae). Oriental Insects, 26(1): 383-385.

Zhang Z S. 1992b. Description of a new genus and two new species of lac insects (Homoptera: Tachardiidae). Oriental Insects, 26(1): 386-390.

Zhang Z S. 1993. Four new species of lac insects of the genera *Metatachardia* and *Kerria* from China (Homoptera: Tachardiidae). Oriental Insects, 27(1): 273-286.

Zhao C, Jia H M, Tong X L. 2018a. Two new records and one new species of the genus *Apelaunothrips* from China (Thysanoptera: Phlaeothripidae). Zootaxa, 4450(3): 385-393.

Zhao C, Tong X L. 2017. Two new species and two new records of fungus-feeding Phlaeothripinae from China (Thysanoptera, Phlaeothripidae). ZooKeys, 694: 1-10.

Zhao C, Wang Z H, Tong X L. 2018b. Three new species and three new records of the genus *Bamboosiella* from China (Thysanoptera: Phlaeothripidae). Zootaxa, 4514(2): 167-180.

Zhao M Y, Huo Q B, Du Y Z. 2020. Contribution to the knowledge of Chinese *Cerconychia* Klapálek (Plecoptera: Pteronarcyoidea: Styloperlidae) with a new synonym. Zootaxa, 4759(3): 427-432.

Zhao M Y, Rehman A, Du Y Z. 2023a. New species of *Illiesonemoura* and *Nemoura* (Plecoptera: Nemouridae) from Yunnan Province of southern China. Zootaxa, 5249: 477-484.

Zhao P, Chen S Y, Wang J Y, et al. 2023b. Revision of the genus *Sycanus* Amyot & Serville, 1843 (Heteroptera: Reduviidae: Harpactorinae) from China based on DNA barcoding and morphological evidence. Preprints, 2023: 081674.

Zhao P, Mao R Q, Cao L M. 2019. Two new and one little-known damsel bug of the subfamily Prostemmatinae Reuter (Hemiptera, Heteroptera, Nabidae) from China. ZooKeys, 845: 139-152.

Zhao P, Pham M, Truong X, et al. 2014a. Flexitibia, a new genus of *Harpactorinae* (Hemiptera: Heteroptera: Reduviidae), with a discussion on the functional morphology of fore legs of the related genera. Zootaxa, 3795(5): 564-570.

Zhao P, Wang J Y, Cai W Z. 2014b. Description of a new species of the genus *Henricohahnia* Breddin (Hemiptera: Heteroptera: Reduviidae: Harpactorinae) from China, with a key to Chinese species. Zootaxa, 3811(3): 367-373.

Zhao Q, Bu W J, Liu G Q. 2016. The genus *Cecyrina* Walker, 1867, with the description of two new species (Hemiptera: Pentatomidae: Asopinae). Zootaxa, 4114(3): 309-319.

Zhao Q, Liu G Q, Bu W J. 2013. A review of the Chinese species of the genus *Picromerus* Amyot and Serville, with description of a new species (Hemiptera: Heteroptera: Pentatomidae: Asopinae). Zootaxa, 3613(2): 146-164.

Zhao Y T, Luo Q, Yang L, et al. 2023c. Two new species of the bamboo-feeding subgenus *Myittana* (*Benglebra*) (Hemiptera: Cicadellidae: Deltocephalinae) from China. Zootaxa, 5244(1): 82-88.

Zhao Y Z, Wang H, Huang H M, et al. 2022. A DNA barcode library for katydids, cave crickets, and leaf-rolling crickets (Tettigoniidae, Rhaphidophoridae and Gryllacrididae) from Zhejiang Province, China. ZooKeys, 1123: 147-171.

Zheng M J, Duan Y H, Liu Q, et al. 2023a. A supplement of the genus *Phlugiolopsis* Zeuner, 1940 (Tettigoniidae: Meconematinae) from Yunnan, China. Zootaxa, 5306(3): 385-391.

Zheng M J, Shi F M, Chang Y L. 2023b. Two new species of the genus *Phlugiolopsis* (Tettigoniidae: Meconematinae) and the male description of *Phlugiolopsis circolobosis* Bian, Shi & Chang, 2013 from Yunnan, China. Zootaxa, 5296(1): 67-74.

Zheng X, Zhang J, Chen Y D, et al. 2014. Effects of tomato zonate spot virus infection on the development and reproduction of its vector *Frankliniella occidentalis* (Thysanoptera: Thripidae). Florida Entomologist, 97(2): 549-554.

Zheng Y H, Li X R, Wang Z Q. 2016. A taxonomic report on the cockroach genus *Haplosymploce* Hanitsch from China including one new species (Blattodea: Ectobiidae: Blattellinae). Zootaxa, 4066(2): 161-170.

Zheng Y L, Yang L, Chen X S, et al. 2018. Two new species of the genus *Miasa* Distant, 1906 from China, with a key to all species (Hemiptera, Fulgoromorpha, Dictyopharidae). ZooKeys, 754: 23-32.

Zheng Y N, Cai X R, Ma L B. 2022. Taxonomy of *Landrevus* species group of *Velarifictorus* Randell, 1964 (Orthoptera, Gryllidae, Gryllinae) with one new species and morphological diversity of *Velarifictorus flavifrons* Chopard, 1966. ZooKeys, 1084: 101-117.

Zhi Y, Wang X Y, Yang L, et al. 2022. Two new species of *Betacixius* Matsumura, 1914 (Hemiptera: Fulgoromorpha: Cixiidae) from Southwestern China, with an updated checklist and key to species. Insects, 512: 1-14.

Zhi Y, Yanf L, Zhang P. 2017. Taxonomic study of the genus *Neocarpia* Tsaur & Hsu, with descriptions of two new species from China (Hemiptera, Fulgoromorpha, Cixiidae). ZooKeys, 695: 19-35.

Zhi Y, Yang L, Chen X S. 2021. Two new bamboo-feeding species of the genus *Kirbyana* Distant, 1906 from China (Hemiptera, Fulgoromorpha, Cixiidae). ZooKeys, 1037: 1-14.

Zhi Y, Yang L, Chen X S. 2023. Taxonomic study of the genus *Kuvera* Distant, 1906 (Hemiptera, Fulgoromorpha, Cixiidae) with descriptions of two new species from China. ZooKeys, 1141: 41-63.

Zhi Y, Yang L, Zhang P, et al. 2018a. Two new species of genus *Oecleopsis* Emeljanov from China, with descriptions of female genitalia of five species (Hemiptera, Fulgoromorpha, Cixiidae). ZooKeys, 768: 1-17.

Zhi Y, Yang L, Zhang P, et al. 2018b. Two new species of the genus *Andixius* Emeljanov & Hayashi from China (Hemiptera, Fulgoromorpha, Cixiidae). ZooKeys, 739: 55-64.

Zhi Y, Zhang C H, Yang L, et al. 2020a. Two new species of the genus *Betacixius* Matsumura, 1914 from China (Hemiptera, Fulgoromorpha, Cixiidae). ZooKeys, 956: 1-18.

Zhi Y, Zhang P, Yang L, et al. 2020b. Two new species of the genus *Indolipa* Emeljanov (Hemiptera, Fulgoromorpha, Cixiidae) from Yunnan Province, China, with a key to species. ZooKeys, 956: 19-30.

Zhou C F, Peters J G. 2004. A new subgenus of *Rhithrogena* from China, with description of a new species (Ephemeroptera: Heptageniidae). Entomological Society of America, 97(5): 898-902.

Zhou C F, Sun L, Mccafferta W P. 2003. A new species of *Caenoculis* Soldán from China (Ephemeroptera: Caenidae). The Pan-Pacific Entomologist, 79(3): 185-191.

Zhou C F, Zheng L Y. 2004. The Genus *Prosopistoma* from China, with descriptions of two new species (Ephemeroptera: Prosopistomatidae). Aquatic Insects, 26(1): 3-8.

Zhou C F. 2004a. A new southeast Asian mayfly species (Ephemeroptera: Ephemerellidae: Ephemerellinae). Journal of the New York Entomological Society, 112(2-3):148-152.

Zhou C F. 2004b. A new species of *Brachycercus curtis* (Ephemeroptera: Caenidae) from China. Proceedings of the Entomological Society of Washington, 106(2):312-318.

Zhou C F. 2006. The status of *Cryptopenella* Gillies, with description of a new species from Southwestern China (Ephemeroptera: Leptophlebiidae). Oriental Insects, 40: 295-302.

Zhou J, Zhang Y L, Huang M. 2022a. *Eurhadina* (Singhardina) Mahmood (Hemiptera: Cicadellidae: Typhlocybinae) from China: a review of the asian species with descriptions of 14 new species. Insects, 13: 345.

Zhou M, Bi W X, Liu X W. 2020. The genus *Conocephalus* (Orthoptera, Tettigonioidea) in China. Zootaxa, 2527: 49-60.

Zhou X D, Bisset M, Xu M Z, et al. 2019a. A new species of *Behningia* Lestage, 1929 (Ephemerotera: Behningiidae) from China. Zootaxa, 4671(3): 420-426.

Zhou X, Zhang Y L, Huang M. 2022b. New leafhopper species and new records of Typhlocybini (Hemiptera, Cicadellidae, Typhlocybinae) from China. ZooKeys, 1082: 135-151.

Zhou Z X, Yang L, Chen X S. 2018. *Parasogata* gen. n., a new genus of the tribe Delphacini with descriptions of two new species from China (Hemiptera, Fulgoromorpha, Delphacidae). ZooKeys, 806: 73-85.

Zhou Z X, Yang L, Chen X S. 2019b. Taxonomic study of the genus *Aoyuanus* Ding & Chen, with descriptions of two new species (Hemiptera, Fulgoromorpha, Delphacidae). ZooKeys, 822: 53-65.

Zhu H Q, Han F Y. 2000. *Cercion Yunnaensis* spec. nov., a new damselfly from Yunnan, China (Zygoptera: Coenagrionidae). Odonatologica, 29(2): 163-166.

Zhu J, Zhang J W, Luo X X, et al. 2022a. Three cryptic *Anaplecta* (Blattodea, Blattoidea, Anaplectidae) species revealed by female genitalia, plus seven new species from China. ZooKeys, 1080: 53-97.

Zhu Q D, Bian X, Shi F M. 2018a. Remarks on the genus *Tamdaotettix* Gorochov, 1998 (Orthoptera: Rhaphidophoridae: Aemodogryllinae) from China. Zootaxa, 4378(2): 294-300.

Zhu Q D, Lu LM, Shi F M. 2020. First record of the genus *Paradiestrammena* Chopard, 1919 from China, with description of two new species (Orthoptera: Rhaphidophoridae: Aemodogryllinae). Journal of Natural History, 54 (19-20): 1271-1278.

Zhu Q D, Shi F M. 2017. One new species and one new recorded species of the genus *Kuzicus* (Tettigoniidae, Meconematinae, Meconematini) from China. Zootaxa, 4268(3): 433-438.

Zhu Q D, Shi F M. 2018. Review of the genus *Diestramima* Storozhenko, 1990 (Orthoptera: Rhaphidophoridae: Aemodogryllinae) from China. Zootaxa, 4450(2): 249-274.

Zhu Q D, Wu Y X, Shi F M. 2018b. The genus *Mimadiestra* Storozhenko & Dawwrueng, 2014 (Orthoptera: Rhaphidophoridae) from China, with description of two new species. Zootaxa, 4531(2): 295-300.

Zhu Q D, Zhou Z J, Guo Q, et al. 2023. Insights into the evolutionary history of Diestramimini cave crickets (Orthoptera, Rhaphidophoridae). Zoologica Scripta, 52: 440-453.

Zhu Q D, Zhou Z J, Zheng X, et al. 2022b. Phylogeny and phylogeography of *Diestramima* cave crickets (Orthoptera: Rhaphidophoridae): Speciation driven by multiple dispersal and vicariance events. Systematic Entomology, 47(1): 179-201.

Zuo X H, Guo X G. 2011. Epidemiological prediction of the distribution of insects of medical significance: comparative distributions of fleas and sucking lice on the rat host *Rattus norvegicus* in Yunnan Province, China. Medical and Veterinary Entomology, 25: 421-427.

中文名索引

C

D

E

F

G

H

J

K

M

N

O

P

T

W

Y

Z

拉丁名索引

A

B

C

D

E

G

H

I

J

K

L

M

N

O

P

Q

R

S

T

U